EUL
VERLAG

Reihe: Steuer, Wirtschaft und Recht · Band 342

Herausgegeben von vBP StB Prof. Dr. Johannes Georg Bischoff, Wuppertal, Dr. Alfred Kellermann, Vorsitzender Richter (a. D.) am BGH, Karlsruhe, Prof. (em.) Dr. Günter Sieben, Köln, und WP StB Prof. Dr. Dr. h. c. Norbert Herzig, Köln

Andreas Pfuhl

Steuerorientierte Rechtsformplanung mittels Thesaurierungsbegünstigung und Abgeltungsteuer

Steuerwirkung, Steuerplanung, Steuergestaltung

Bibliografische Information der Deutschen Nationalbibliothek

Die Deutsche Nationalbibliothek verzeichnet diese Publikation in der Deutschen Nationalbibliografie; detaillierte bibliografische Daten sind im Internet über <http://dnb.d-nb.de> abrufbar.

Dissertation, Universität Freiburg im Breisgau, 2013

ISBN 978-3-8441-0334-2
1. Auflage Juni 2014

JOSEF EUL VERLAG GmbH
Brandsberg 6
53797 Lohmar
Tel.: 0 22 05 / 90 10 6-6
Fax: 0 22 05 / 90 10 6-88
E-Mail: info@eul-verlag.de
http://www.eul-verlag.de

Bei der Herstellung unserer Bücher möchten wir die Umwelt schonen. Dieses Buch ist daher auf säurefreiem, 100% chlorfrei gebleichtem, alterungsbeständigem Papier nach DIN 6738 gedruckt.

Vorwort

Die vorliegende Arbeit wurde im Wintersemester 2012/2013 von der Wirtschafts- und Verhaltenswissenschaftlichen Fakultät der Albert-Ludwigs-Universität Freiburg im Breisgau als Dissertation angenommen. Sie basiert auf dem Rechtsstand Dezember 2012 und geht auf meine Tätigkeit als wissenschaftlicher Mitarbeiter am dortigen Lehrstuhl für Betriebswirtschaftliche Steuerlehre zurück.

Bei der Anfertigung meiner Dissertation habe ich von vielen Seiten Unterstützung erfahren.

An vorderster Stelle möchte ich mich bei meinem verehrten akademischen Lehrer und Doktorvater, Herrn Steuerberater Professor Dr. Wolfgang Kessler, bedanken. Er hat mein Dissertationsprojekt von Anfang an mit großem Interesse und konstruktiver Hilfestellung begleitet. Die ausgezeichneten Arbeitsbedingungen und wissenschaftlichen Freiräume, die ich an seinem Lehrstuhl erleben durfte, haben einen großen Anteil am erfolgreichen Abschluss der Promotion.

Herrn Professor Dr. Stephan Lengsfeld danke ich herzlich für die Erstellung des Zweitgutachtens sowie für seine wertvollen Hinweise.

Zu Dank verpflichtet bin ich ferner meinen ehemaligen Kolleginnen und Kollegen des Lehrstuhls für Betriebswirtschaftliche Steuerlehre. Von guter Zusammenarbeit zu sprechen, wäre maßlos untertrieben. Uns verbindet vielmehr eine weit über steuerwissenschaftliche Diskussionen hinausgehende Freundschaft. Meine Promotionszeit werde ich nicht zuletzt dank ihnen in freudiger Erinnerung behalten.

Mein Dank gilt zudem all denen, die bei der formalen und inhaltlichen Durchsicht des Manuskripts mitgewirkt haben.

Des Weiteren danke ich meinen Freunden und Familienangehörigen, die mich auf ihre Weise bei meiner Arbeit unterstützten.

Größten Dank schulde ich schließlich meiner Freundin Judith sowie meinen Eltern. Durch ihren uneingeschränkten Rückhalt, ihren steten Zuspruch und ihre tiefe Verbundenheit haben sie maßgeblich zum Gelingen dieser Arbeit beigetragen. Ihnen sei daher dieses Werk gewidmet.

Freiburg im Breisgau, April 2014 Andreas Pfuhl

„Angesichts der Existenz so zahlreicher steuerlicher Rechtswahlmöglichkeiten [...] ist offensichtlich, daß [sic!] Differenzen zwischen der Steuerlast bei guter und der Steuerlast bei schlechter Ausnutzung eines Optionsrechts entstehen, und zwar in durchaus beträchtlicher Höhe. [...] Daraus folgt generell, daß [sic!] der wirklich ökonomisch denkende Steuerpflichtige schon „vorsichtshalber“ gezwungen ist, seinen Steuerberatungsaufwand vergleichsweise zu erhöhen [...].“

*Gerd Rose**, Besteuerung nach Wahl – Probleme aus der
Existenz steuerlicher Rechtswahlmöglichkeiten,
Grundsätze für ihre Ausnutzung,
StbJb 1979/1980, 50, 89 f.

* Prof. Dr. Dr. h.c. *Gerd Rose* († 29. Oktober 2006) untersuchte schon frühzeitig und scharfsinnig die Optimierungspotenziale steuerlicher Wahlrechte. Das heutige, mit zahlreichen (neuen) Wahlrechten durchsetzte Steuersystem – und hier insbesondere die Thesaurierungsoption nach § 34a EStG – hätte ihn sicherlich für weitergehende Steuerwirkungs- und Steuergestaltungsanalysen inspiriert.

Inhaltsübersicht

Inhaltsverzeichnis

Abbildungsverzeichnis

Abkürzungsverzeichnis

a.A.	anderer Ansicht
ABl. EG	Amtsblatt der Europäischen Gemeinschaft
Abs.	Absatz
AE	Anteilseigner
AEAO	Anwendungserlass zur Abgabenordnung
AEErbSt	Anwendungserlass zu den geänderten Vorschriften des ErbStG
AEUV	Vertrag über die Arbeitsweise der Europäischen Union
a.F.	alte Fassung
AfA	Absetzung für Abnutzung
AG	Aktiengesellschaft / Die Aktiengesellschaft (Zeitschrift)
AbgSt	Abgeltungsteuer
AktG	Aktiengesetz
allg.	allgemein
AO	Abgabenordnung
arqus	Arbeitskreis Quantitative Steuerlehre
Art.	Artikel
AStG	Außensteuergesetz
Az.	Aktenzeichen
B	Begünstigungsbetrag i.S.d. § 34a EStG (nicht entnommener Gewinn)
BA	Betriebsausgabe
BAföG	Bundesausbildungsförderungsgesetz
BARefG	Berufsaufsichtsreformgesetz
BASP	Betriebsaufspaltung
BayObLG	Bayerisches Oberstes Landesgericht
BB	Betriebs-Berater (Zeitschrift)
BC	Zeitschrift für Bilanzierung, Rechnungswesen und Controlling (Zeitschrift)
Bd.	Band
BDI	Bundesverband der Deutschen Industrie e.V.
BeckRS	Beck-Rechtsprechung (Online-Entscheidungen)
BeckVer	Verwaltungsanweisungen in Beck SteuerDirekt und Beck Steuerrecht Plus
BewG	Bewertungsgesetz
BFH	Bundesfinanzhof
BFHE	Sammlung der Entscheidungen des Bundesfinanzhofs (Zeitschrift)

BFH/NV	Sammlung amtlich nicht veröffentlichter Entscheidungen des BFH (Zeitschrift)
BFH/PR	Entscheidungen des BFH für die Praxis der Steuerberatung (Zeitschrift)
BFuP	Betriebswirtschaftliche Forschung und Praxis (Zeitschrift)
BGB	Bürgerliches Gesetzbuch
BGBl.	Bundesgesetzblatt
BGH	Bundesgerichtshof
BilMoG	Bilanzrechtsmodernisierungsgesetz
BM	Betriebswirtschaftliche Mandantenbetreuung (Zeitschrift)
BMF	Bundesministerium der Finanzen
BMG	Bemessungsgrundlage
BMJ	Bundesministerium der Justiz
BpO	Betriebsprüfungsordnung
BR-Drs.	Bundesrats-Drucksache
Brfg.	Berufung
bspw.	beispielsweise
BStBK	Bundessteuerberaterkammer
BStBl.	Bundessteuerblatt
BT-Drs.	Bundestags-Drucksache
Buchst.	Buchstabe
BV	Betriebsvermögen
BVerfG	Bundesverfassungsgericht
BVerfGE	Amtliche Sammlung von Entscheidungen des BVerfG (Zeitschrift)
bzw.	beziehungsweise
ca.	circa
CDU	Christlich Demokratische Union
CSU	Christlich Soziale Union
Co.	Compagnie
c.p.	ceteris paribus (unter sonst gleichen Bedingungen)
DAI	Deutsches Aktieninstitut
DB	Der Betrieb (Zeitschrift)
DBA	Doppelbesteuerungsabkommen
DBW	Die Betriebswirtschaft (Zeitschrift)
d.h.	das heißt
DHBW	Duale Hochschule Baden-Württemberg
DIHK	Deutscher Industrie- und Handelskammertag e.V.
Diss.	Dissertation

DIW	Deutsches Institut für Wirtschaftsforschung e.V.
DJT	Deutscher Juristentag
DK	Der Konzern (Zeitschrift)
DStJG	Deutsche steuerjuristische Gesellschaft
DStR	Deutsches Steuerrecht (Zeitschrift)
DStRE	Deutsches Steuerrecht Entscheidungsdienst (Zeitschrift)
DStV	Deutscher Steuerberaterverband e.V.
DStZ	Deutsche Steuer-Zeitung (Zeitschrift)
EBITDA	earnings before interest, taxes, depreciation and amortization
EDV	Elektronische Datenverarbeitung
EFG	Entscheidungen der Finanzgerichte (Zeitschrift)
EG	Europäische Gemeinschaft
EGV	Vertrag zur Gründung der Europäischen Gemeinschaft
Einf.	Einführung
EinglAnpG	Eingliederungsanpassungsgesetz
ErbStB	Der Erbschaft-Steuer-Berater (Zeitschrift)
ErbStR	Erbschaftsteuer-Richtlinien
ErbBstg	Erbfolgebesteuerung (Zeitschrift)
ErbStG	Erbschaft- und Schenkungsteuergesetz
Erg. Lfg.	Ergänzungslieferung
ESt	Einkommensteuer
EStB	Der Ertrag-Steuer-Berater (Zeitschrift)
EStDV	Einkommensteuer-Durchführungsverordnung
EStG	Einkommensteuergesetz
EStH	Einkommensteuer-Hinweise
EStR	Einkommensteuer-Richtlinien
ET	European Taxation (Zeitschrift)
ETR	Effective Tax Rate (Konzernsteuerquote)
EU	Europäische Union
EuGH	Europäischer Gerichtshof
EÜR	Einnahmenüberschussrechnung
e.V.	eingetragener Verein
EV	Endvermögen
EWR	Europäischer Wirtschaftsraum
EWU	Europäische Währungsunion

f.	folgende
FAZ	Frankfurter Allgemeine Zeitung (Tageszeitung)
FB	Finanzbetrieb (Zeitschrift)
FDP	Freie Demokratische Partei
ff.	fortfolgende
FG	Finanzgericht
FGO	Finanzgerichtsordnung
Fn.	Fußnote
FR	Finanzrundschau (Zeitschrift)
FS	Festschrift
FTD	Financial Times Deutschland (Tageszeitung)
FVG	Gesetz über die Finanzverwaltung
GbR	Gesellschaft bürgerlichen Rechts
G.d.E.	Gesamtbetrag der Einkünfte
GE	Geldeinheit(en)
gem.	gemäß
GesR	Gesellschaftsrecht
GewSt	Gewerbesteuer
GewStG	Gewerbesteuergesetz
GewStR	Gewerbesteuer-Richtlinien
GG	Grundgesetz
ggf.	gegebenenfalls
gl.A.	gleicher Ansicht
GmbH	Gesellschaft mit beschränkter Haftung
GmbHG	Gesetz betreffend die Gesellschaften mit beschränkter Haftung
GmbHR	GmbH-Rundschau (Zeitschrift)
GmbH-StB	GmbH-Steuer-Berater (Zeitschrift)
GmbH-Stpr.	GmbH-Steuerpraxis (Zeitschrift)
grds.	grundsätzlich
GrS	Großer Senat
GS	Gedächtnisschrift
GStB	Gestaltende Steuerberatung (Zeitschrift)
h	Gewerbesteuerhebesatz
H	Hinweis
Hdb.	Handbuch
HFR	Höchstrichterliche Finanzrechtsprechung (Zeitschrift)

HGB	Handelsgesetzbuch
h.M.	herrschende Meinung
Hrsg.	Herausgeber
Hs.	Halbsatz / Hebesatz
i	Zinssatz
IBFD	International Bureau of Fiscal Documentation
i.d.F.	in der Fassung
i.d.R.	in der Regel
IDW	Institut der Wirtschaftsprüfer in Deutschland e.V.
i.e.S.	im engeren Sinne
IfM	Institut für Mittelstandsforschung
Ifo	Institut für Wirtschaftsforschung e.V.
IFSt	Institut „Finanzen und Steuern“ e.V.
i.H.d.	in Höhe des / der
i.H.v.	in Höhe von
INF	Die Information über Steuer und Wirtschaft (Zeitschrift)
insbes.	insbesondere
InsO	Insolvenzordnung
InvZulG	Investitionszulagengesetz
i.S.d.	im Sinne des / der
IStR	Internationales Steuerrecht (Zeitschrift)
i.S.e.	im Sinne eines / einer
i.S.v.	im Sinne von
i.V.m.	in Verbindung mit
IWB	Internationale Wirtschaftsbriefe (Zeitschrift)
i.w.S.	im weiteren Sinne
JbFStR	Jahrbuch der Fachanwälte für Steuerrecht (Monographie)
JKU	Johannes Kepler Universität (Linz)
JStG	Jahressteuergesetz
JZ	Juristenzeitung (Zeitschrift)
Kap.	Kapitel
KapESt	Kapitalertragsteuer
KapG (es)	Kapitalgesellschaft
KG	Kommanditgesellschaft
KGaA	Kommanditgesellschaft auf Aktien
KiSt	Kirchensteuer

KoR	Zeitschrift für internationale und kapitalmarktorientierte Rechnungslegung (Zeitschrift)
KMU	Kleine und mittlere Unternehmen
KÖSDI	Kölner Steuerdialog (Zeitschrift)
KONSENS	Koordinierte neue Software-Entwicklung der Steuerverwaltung
KSt	Körperschaftsteuer
KStG	Körperschaftsteuergesetz
KStR	Körperschaftsteuer-Richtlinien
KWG	Gesetz über das Kreditwesen
LB	Länderbericht
lfd.	laufend(e)
LiFo	last in first out
LKV	Landes- und Kommunalverwaltung (Zeitschrift)
LLC	Limited Liability Company
LLP	Limited Liability Partnership
LSt	Lohnsteuer
lt.	laut
Ltd.	Private Limited Company by Shares
MA	Musterabkommen
m.a.W.	mit anderen Worten
MAH	Münchener Anwaltshandbuch (Monographie)
mbH	mit beschränkter Haftung
m.E.	meines Erachtens
mind.	Mindestens
MoMiG	Gesetz zur Modernisierung des GmbH-Rechts und zur Bekämpfung von Missbräuchen
Münch. Hdb.	Münchener Handbuch (Monographie)
m.w.N.	mit weiteren Nachweisen
nat. Pers.	natürliche Person(en)
n.F.	neue Fassung
NJW	Neue Juristische Wochenschrift (Zeitschrift)
NJW-RR	Neue Juristische Wochenschrift – Rechtsprechungsreport (Zeitschrift)
No.	Numero
NP	Natürliche Person
Nr.	Nummer
NV	Nichtveranlagung
NWB	Neue Wirtschaftsbriefe (Zeitschrift)

NZG	Neue Zeitschrift für Gesellschaftsrecht (Zeitschrift)
OECD	Organisation for Economic Cooperation and Development
ÖStZ	Österreichische Steuer-Zeitung (Zeitschrift)
OFD	Oberfinanzdirektion
OHG	Offene Handelsgesellschaft
OTB	optional transparente Besteuerung
o.V.	ohne Verfasser
p.a.	per annum
PartG	Partnerschaftsgesellschaft
PartGG	Partnerschaftsgesellschaftsgesetz
PartG mbH	Partnerschaftsgesellschaft mit beschränkter Berufshaftung
PersG (es)	Personengesellschaft
PersU	Personenunternehmen
PiStB	Praxis Internationale Steuerberatung (Zeitschrift)
PV	Privatvermögen
PWC	PricewaterhouseCoopers
QSt	Quellensteuer
R	Richtlinie
RdF	Recht der Finanzinstrumente (Zeitschrift)
R E	Richtlinie zum Erbschaftsteuergesetz
Rev.	Revision
RFH	Reichsfinanzhof
RGBl.	Reichsgesetzblatt
RL	Richtlinie
Rs.	Rechtssache
RSt	Rückstellungen
RStBl.	Reichssteuerblatt
Rz.	Randziffer
S.	Satz / Seite
s	(Teil-) Steuersatz
SBV	Sonderbetriebsvermögen
S.d.E.	Summe der Einkünfte
SE	Societas Europaea (Europäische Gesellschaft)
SEStEG	Gesetz über steuerliche Begleitmaßnahmen zur Einführung der Europäischen Gesellschaft und zur Änderung weiterer steuerrechtlicher Vorschriften
Slg.	Sammlung

sog.	so genannt (e)
SolZ	Solidaritätszuschlag
SolZG	Solidaritätszuschlaggesetz
SPD	Sozialdemokratische Partei Deutschlands
SPE	Societas Privata Europaea (Europäische Privatgesellschaft)
SR	Status Recht (Zeitschrift, Beilage des DB)
StAuskV	Steuer-Auskunftsverordnung
StÄVO	Steueränderungs-Verordnung
StB	Steuerberater / Der Steuerberater (Zeitschrift)
StBerG	Steuerberatungsgesetz
Stbg	Die Steuerberatung (Zeitschrift)
StbJb	Steuerberaterjahrbuch (Monographie)
StbKongRep	Steuerberaterkongress-Report (Monographie)
StBMag	Steuerberater-Magazin (Zeitschrift)
StBp	Die steuerliche Betriebsprüfung (Zeitschrift)
SteuK	Steuerrecht kurzgefaßt (Zeitschrift)
SteuerStud	Steuer und Studium (Zeitschrift)
StRO	Steuerrechtsordnung (Monographie)
StSenkG	Steuersenkungsgesetz
StVerG	Steuervereinfachungsgesetz
StVergAbG	Steuervergünstigungsabbaugesetz
StuB	Steuern und Bilanzen (Zeitschrift)
StuW	Steuer und Wirtschaft (Zeitschrift)
SWI	Steuer und Wirtschaft International (Zeitschrift)
SWK	Steuer- und WirtschaftsKartei (Zeitschrift)
SWZ	Südtiroler Wirtschaftszeitung (Tageszeitung)

t	Anfangsperiode
T	Schlussperiode
Tab.	Tabelle
TEV	Teileinkünfteverfahren
Thes.	Thesaurierung
TNI	Tax Notes International (Zeitschrift)

u.a.	unter anderem / und andere
Ubg	Die Unternehmensbesteuerung (Zeitschrift)
UG	Unternehmergesellschaft
UmwStG	Umwandlungssteuergesetz

UntStRefG	Unternehmensteuerreformgesetz
USt	Umsatzsteuer
v.	von / vom
vE	verdeckte Einlage
VermBG	Vermögensbildungsgesetz
VfSlg.	Sammlung der Erkenntnisse und wichtigsten Beschlüsse des (österreichischen) Verfassungsgerichtshofes
vGA	verdeckte Gewinnausschüttung
Vgl.	Vergleich / vergleiche
vs.	versus
VZ	Veranlagungszeitraum
WD	Wirtschaftsdienst (Zeitschrift)
WISt	Wirtschaftswissenschaftliches Studium (Zeitschrift)
WISU	Das Wirtschaftsstudium (Zeitschrift)
WK	Werbungskosten
WM	Wertpapier-Mitteilungen, Zeitschrift für Wirtschafts- und Bankrecht (Zeitschrift)
WoPG	Wohnungsbauprämiengesetz
WP	Wirtschaftsprüfer
WPg	Die Wirtschaftsprüfung (Zeitschrift)
WPO	Wirtschaftsprüferordnung
z.B.	zum Beispiel
ZEV	Zeitschrift für Erbrecht und Vermögensnachfolge (Zeitschrift)
ZEW	Zentrum für Europäische Wirtschaftsforschung
ZfB	Zeitschrift für Betriebswirtschaft (Zeitschrift)
zfbf	Schmalenbachs Zeitschrift für betriebswirtschaftliche Forschung (Zeitschrift)
ZfSö	Zeitschrift für Sozialökonomie (Zeitschrift)
ZGR	Zeitschrift für Unternehmens- und Gesellschaftsrecht (Zeitschrift)
ZIP	Zeitschrift für Wirtschaftsrecht (Zeitschrift); vormals: Zeitschrift für Wirtschaftsrecht und Insolvenzpraxis (Zeitschrift)
ZSteu	Zeitschrift für Steuern & Recht (Zeitschrift)
zugl.	zugleich
z.v.E.	zu versteuerndes Einkommen
zzgl.	zuzüglich

Teil 1.
Grundlegung

Kapitel 1.
Problemstellung

A. Untersuchungsanlass

In der Bundesrepublik Deutschland existiert kein eigenständiges Unternehmensteuerrecht. Struktur und Höhe der Steuerbelastung orientieren sich vielmehr an der rechtsförmlichen Einkleidung des unternehmerischen Engagements.[1] Dies veranlasst dazu, Wahl und Optimierung der Rechtsform (auch) nach steuerplanerischen Gesichtspunkten vorzunehmen.

Mit dem Unternehmensteuerreformgesetz 2008[2] haben sich deren Parameter grundlegend geändert.[3] Nach dem Willen des Gesetzgebers sollte die steuerliche Attraktivität des Standortes Deutschland – unabhängig von der Rechtsform – erhöht werden.[4] Hierzu wurden in erster Linie die Steuersätze gesenkt, weil man sich davon eine entscheidende psychologische Signalwirkung versprach. Auf diese Weise entstand ein Unternehmensteuerkonzept, das die synthetische Einkommensteuer im Grundsatz anerkennt, diese jedoch mit unterschiedlichen *Schedulen der Steuerwettbewerbsfähigkeit* ausstattet.[5]

(1) Der ersten Schedule liegt die separate Besteuerung der Kapitalgesellschaften nach dem Trennungsprinzip zugrunde. Die Ertragsteuerbelastung thesaurierter Gewinne ist hier infolge der Senkung des Körperschaftsteuersatzes auf 15% drastisch zurückgeführt worden. Zusammen mit der Gewerbesteuer beträgt sie – abhängig vom lokalen Hebesatz – ca. 30%-Punkte.

(2) Gewinnausschüttungen unterliegen beim Anteilseigner einer partiell nachgelagerten (Sonder-) Besteuerung. Diese zweite Schedule basiert auf der Neugestaltung der Kapitaleinkünftebesteuerung durch die 25%ige *Abgeltungsteuer* i.S.d. § 32d EStG.

(3) Da die Tarifentlastung nicht auf Kapitalgesellschaften beschränkt bleiben konnte, wurde für Personenunternehmen mit § 34a EStG ein Wahlrecht eingeführt, nicht entnommene Gewinne einem 28,25%igen Sondertarif zu unterwerfen. Dieser lineare Sondertarif tritt an die Stelle des progressiven Einkommensteuersatzes. Im Zeitpunkt der Entnahme kommt es zu einer Nachversteuerung mit 25%. Damit ist diese sog. *Thesaurierungsbegünstigung* den ersten beiden Punkten nachempfunden. Sie bildet die dritte Schedule der Unternehmensbesteuerung.

---

1 *Kessler/Schiffers/Teufel*, Rechtsformwahl - Rechtsformoptimierung, 2002, § 1, Rz. 59.
2 Unternehmensteuerreformgesetz v. 14.8.2007, BGBl. I 2007, 1912.
3 *Förster*, Ubg 2008, 185 f.; *Herzig* in: Wachter, FS Spiegelberger, 2009, 210, 224.
4 BT-Drs. 16/4841 v. 27.3.2007, 1 f.
5 *Lang* in: Tipke/Lang, Steuerrecht, § 8, Rz. 83 ff.; *Homburg/Houben/Maiterth*, zfbf 2008, 29, 30; *Seer*, GmbHR 2009, 1036, 1046 f.; *Hechtner*, ZfB 2011, 1141, 1142.

Hinsichtlich der steuerlichen Belastungswirkungen ließ sich der Gesetzgeber von folgenden Idealvorstellungen leiten.

	Kapitalgesellschaften (und Anteilseigner)	**Personenunternehmen (ohne § 34a EStG)**	**Personenunternehmen (mit § 34a EStG)**
Gewinn (z.v.E.)	100,00	100,00	100,00
GewSt (Hebesatz 400%)	14,00	14,00	14,00
KSt (15%)	15,00		
ESt (§ 32a EStG: bis 45%)		45,00	
ESt (§ 34a EStG: 28,25%)			28,25
GewSt-Anrechnung		13,30	13,30
SolZ (5,5%)	0,83	1,74	0,82
Thesaurierungsbelastung	**29,83%**	**47,44%**	**29,77%**
Ausschüttung / Entnahme	70,18		70,20
Abgeltungsteuer (25%)	17,54		
Nachversteuerung (25%)			17,55
SolZ (5,5%)	0,96		0,97
Nachbelastung	**18,51%**	**0,00%**	**18,51%**
Gesamtsteuerbelastung	**48,33%**	**47,44%**	**48,28%**

Abbildung 1: Steuerbelastungsvergleich KapGes vs. PersU unter Idealbedingungen

Quelle: Eigene Darstellung

B. Untersuchungsgegenstand

Aus steuerplanerischer Sicht stellt sich die Frage, inwieweit diese Idealwirkungen in der Praxis Bestand haben und welche Konsequenzen sich für die steuerorientierte Rechtsformwahl und Rechtsformoptimierung ergeben. Diese Einschätzung wird von der steuerwissenschaftlichen Literatur einhellig geteilt:

Herzig[6] „Mit dem Verzicht auf Rechtsformneutralität bleiben die steuerliche Rechtsformwahl und die Rechtsformoptimierung zentrale Beratungsfelder [...].“

Kessler[7] Die „Tarifbegünstigung für nicht entnommene Gewinne [führt] zu einem kompletten Umdenken bei der Steuergestaltung von Personenunternehmen. Im Zuge des Systemwechsels gewinnt deshalb die Frage der Rechtsformwahl [und -optimierung] immer weiter an Bedeutung.“

Förster[8] „Das Unternehmensteuerreformgesetz 2008 [... führt ...] wieder zu einer deutlichen Verschiebung der steuerlichen Rahmenbedingungen für Rechtsformentscheidungen.“

6 *Herzig* in: Wachter, FS Spiegelberger, 2009, 210.
7 *Kessler* in: Herzig/Tobin/Eckhardt u.a., Handbuch Unternehmensteuerreform 2008, 74.
8 *Förster,* Ubg 2008, 185.

Schiffers[9] „Im Bereich der Rechtsformwahl sind wesentliche Änderungen bei ertragstarken mittelständischen Unternehmen absehbar. Die wesentlichen Auswirkungen gehen dabei von der Senkung des KSt-Satzes und der Steuersatzbegünstigung für nicht entnommene Gewinne bei Personengesellschaften aus."

Weber[10] „Die tiefgreifenden Änderungen [...] zwingen dazu, wieder einmal die Frage der Rechtsformwahl zu stellen [...]. Für mittelständische Unternehmen ergeben sich wesentliche Auswirkungen bei der Kapitalgesellschaft durch die Senkung des Körperschaftsteuersatzes, der Einführung einer Abgeltungsteuer auf Dividenden sowie [...] durch das Teileinkünfteverfahren. Bei Personenunternehmen ist insbesondere die Steuervergünstigung für nicht entnommene Gewinne zu erwähnen. [...] Vor diesem Hintergrund sind [...] die strategischen Fragen der Rechtsformwahl und Rechtsformoptimierung aus einem neuen steuerlichen Blickwinkel zu beleuchten."

Harle[11] Die Unternehmensteuerreform 2008 zeigt einmal mehr, wie „wichtig es im Einzelfall sein kann, auf die speziellen Bedürfnisse des Mandanten zunächst durch Wahl der Rechtsform und dann durch eine gezielte Steuerpolitik in dieser Rechtsform eine Optimierung zu erreichen."

Dabei erweckt gerade die *Thesaurierungsbegünstigung* das Interesse des (rechtsformoptimierenden) Steuerplaners, ist § 34a EStG doch explizit dem zweistufigen Besteuerungsverfahren der Kapitalgesellschaften und ihrer Anteilseigner nachgebildet. Daraus resultiert wiederum das Erfordernis, die *Abgeltungsteuer* in die Analyse einzubeziehen. Dies scheint auf den ersten Blick zu überraschen. Schließlich betrifft § 32d EStG „bloß" die Einkünfte aus Kapitalvermögen, während für die Unternehmensbesteuerung Körperschaft- und Gewerbesteuer sowie Einkommensteuer auf die Gewinneinkunftsarten zu berücksichtigen sind.[12] Der Zusammenhang erklärt sich daraus, dass Gewinne personenbezogener Kapitalgesellschaften spätestens beim Transfer auf die Anteilseignerebene (z.B. Gewinnausschüttung, Darlehenszinsen) zu privaten Kapitalerträgen werden und dort i.d.R. der Abgeltungsteuer unterliegen. Die Abgeltungsteuer diente mithin als Vorbild für die Nachversteuerung i.S.d. § 34a Abs. 4 EStG.[13]

Des Weiteren erfordert eine ökonomische Untersuchung stets die Denkweise in Alternativen. Da ein Investor diejenige (Rechtsform-) Alternative auswählt, die ihm die höchste Nachsteuerrendite liefert, ist es für die *steuerliche Rechtsformplanung* unerlässlich, sowohl die Besteuerungssituation eines Personenunternehmens (inkl. § 34a EStG) als auch die steuerliche

9 *Schiffers*, GmbHR 2007, 505.
10 *Weber*, NWB 2007, 3031 u. 3033.
11 *Harle*, BB 2008, 2151, 2166.
12 *Wiegard*, FR 2007, 1011, 1012.
13 BR-Drs. 220/07 v. 30.3.2007, 55; *Ley/Bodden* in: Korn/Carlé/Stahl u.a., EStG, § 34a, Rz. 6.

Behandlung einer Kapitalgesellschaft (inkl. Anteilseignerbesteuerung nach § 32d EStG) zu analysieren. Die Untersuchungsresultate bewahren den Steuerplaner somit vor einem unüberlegten Rechtsformwechsel.[14] Auf diese Weise ergibt sich zugleich ein gegenseitiger Vergleichs- und Optimierungsmaßstab (sog. Benchmarking). Denn sowohl § 34a EStG als auch § 32d EStG bieten unzählige, durchaus vergleichbare Ansatzpunkte, die sich in den Dienst der betrieblichen Steuerpolitik stellen lassen.

Überdies tritt die Abgeltungsteuer häufig in Konkurrenz zur Thesaurierungsbegünstigung, wenn bspw. darüber zu entscheiden ist, ob Unternehmensgewinne innerhalb oder außerhalb des Betriebsvermögens investiert werden sollen.[15] Beide Normen weisen generell einige Gemeinsamkeiten und (Inter-) Dependenzen auf. Vor diesem Hintergrund wäre eine steuerplanerische Analyse der Thesaurierungsbegünstigung ohne Einbeziehung der Abgeltungsteuer unterkomplex und würde damit ins Leere laufen.[16]

C. Gegenwärtiger Stand der Forschung

Fragestellungen im Kontext der rechtsformspezifischen Unternehmensbesteuerung zählen zwar vordergründig zu den ausdiskutierten Themen aller steuerwissenschaftlichen Disziplinen.[17] Doch ist es bisher weder allgemein für die Wahl der optimalen Rechtsform noch speziell für steuerorientierte Rechtsformgestaltungen gelungen, universelle Ansätze zu konzipieren.[18] Darüber hinaus ist es dem Eifer des Gesetzgebers geschuldet, in dem (steuerlichen) Rechtsformkalkül ein aktuelles wie zeitloses Thema zu sehen.[19] Folglich rechnen Untersuchungen zur Rechtsformplanung – als Oberbegriff für Rechtsformwahl und Rechtsformoptimierung – nach wie vor zu den essentiellen Forschungsgebieten der Betriebswirtschaftlichen Steuerlehre.[20]

In diesem Zusammenhang eröffnet gerade die Tarifoption nach § 34a EStG bisher unbekannte Forschungsfelder. Gewinnverwendungsorientierte Rechtsformgestaltungen waren in der Vergangenheit ausschließlich Kapitalgesellschaften vorbehalten. Für Personenunternehmen existieren keine (steuerplanerischen) Erfahrungswerte, da die Thesaurierungsbegünstigung ohne (jüngere) Vorgängerregelung auskommen muss.[21]

---

14 Instruktiv *Kessler/Schiffers* in: Müller/Hoffmann, Beck'sches Handbuch der Personengesellschaften, 2009, § 1, Rz. 52.

15 *Homburg,* DStR 2007, 686, 688 f.; *Knirsch/Schanz,* ZfB 2008, 1231, 1239 f.; *Houben/Maiterth,* StuW 2008, 228, 235 f.; *Homburg/Houben/Maiterth,* zfbf 2008, 29, 30 ff.

16 So auch *Hey,* DStR 2007, 925, 930.

17 Ähnlich *Fischer/Breithecker*, Geleitwort zur Reihe "Rechtsformen der Wirtschaft", 2007.

18 *Wehrheim,* Partnerschaftsgesellschaft, 2007, 123 (m.w.N.).

19 So bereits *Rose,* JbFSt 1986/1987, 55 f.; *Schneeloch,* BFuP 2011, 244, 246.

20 Treffend *Kaminski,* StuB 2008, 3, 11; *Hundsdoerfer/Kiesewetter/Sureth,* ZfB 2008, 61 ff.

21 Ähnlich *Wendt,* Stbg 2009, 1, 5.

Während das Besteuerungskonzept bei Kapitalgesellschaften und deren Gesellschaftern noch intuitiv erscheinen mag, gilt das Regelwerk des § 34a EStG nicht ohne Grund als äußerst komplexe Vorschrift.[22] Zwar liegen mittlerweile zahlreiche Einzelbeiträge sowohl in der Zeitschriften-, Monografie-, Kommentar- als auch Kongressliteratur vor.[23] Deren Inhalte beschränken sich jedoch meist auf die Darstellung des Anwendungsbereichs und der allgemeinen Wirkungsweise.

Im Vordergrund der bisherigen Forschung stand darüber hinaus die Auseinandersetzung mit der Sinnhaftigkeit des § 34a EStG, die in einem regelrechten Literaturstreit gipfelte.[24] Vorschläge zu dessen Fortentwicklung waren ebenfalls Gegenstand der steuerrechtlichen Diskussion.[25] Des Weiteren wurde bereits (steuerrechtswissenschaftlich) untersucht, inwieweit sich § 34a EStG in das Bestreben nach rechtsformneutraler Unternehmensbesteuerung einfügt.[26] Die Charakterisierung und Analyse der Thesaurierungsbegünstigung als Gestaltungsinstrument der steuerorientierten Rechtsformplanung gelingt währenddessen nur wenigen (Kurz-) Beiträgen und dies eher beiläufig.[27] Diesbezügliche Dissertationsschriften liegen – soweit ersichtlich – noch nicht vor.

Aber auch das neue System der (abgeltenden) Besteuerung von Kapitaleinkünften kann unter dem Blickwinkel der Steueroptimierung als Einladung zur weiteren steuerwissenschaftlichen Diskussion verstanden werden. Erhebliche Forschungslücken offenbaren sich ferner beim Versuch, Optimierungsstrategien einem steuersystematischen Vergleich zu unterwerfen. Einzig zur Thematik der optimalen Ausschüttungspolitik bei Kapitalgesellschaften existieren diverse Untersuchungen[28], deren Ergebnisse wegen der geänderten steuerlichen Rahmenbedingungen indes stark an Aussagekraft verloren haben. Neuere Veröffentlichungen, welche die Auswirkungen der Abgeltungsteuer im Rahmen der betrieblichen Steuerplanung berücksichtigen, sind noch rar[29] oder thematisieren Gestaltungsüberlegungen im Übergangszeitraum 2007/2008/2009.[30]

---

22 Stellvertretend *Herzig,* WPg 2007, 7, 11; *Hey,* DStR 2007, 925; *Schiffers,* GmbHR 2007, 841.

23 Vgl. etwa die umfangreichen Literaturnachweise bei *Ley/Bodden* in: Korn/Carlé/Stahl u.a., EStG, § 34a; *Stein* in: Herrmann/Heuer/Raupach, EStG/KStG, § 34a EStG.

24 Federführend für die Forderung nach „Abschaffung der misslungenen Thesaurierungsbegünstigung" *Knirsch/Maiterth/Hundsdoerfer,* DB 2008, 1405 f. *(mit Zustimmung von 34 Fachkollegen).* Dem (m.E. zu Recht) entgegnend *Fechner/Bäuml,* DB 2008, 1652 ff. *(mit Zustimmung von 27 Steuerabteilungsleitern von Personenunternehmen und Spitzenverbänden),* die zur Beibehaltung mit moderaten Modifikationen des § 34a EStG aufrufen.

25 *Dörfler/Fellinger/Reichl,* Beihefter zu DStR 29 / 2009, 69 ff.; *Fechner/Bäuml,* FR 2010, 744 ff.

26 *Kraus,* Körperschaftsteuerliche Integration, 2009, passim; *Höller,* Unternehmensteuerreform 2008 im historischen Kontext, 2010, passim.

27 Am Rande *Schiffers,* GmbHR 2007, 841 ff.; *Förster,* Ubg 2008, 185, 192; *Jorde/Götz,* BB 2008, 1032 ff.

28 Bspw. *Kutschker,* Steueroptimale Gewinnverwendung, 2004; *Freyer,* Unternehmensrechtsform und Steuern, 2004 sowie *Bolik,* Steueroptimale Unternehmensfinanzierung und Gewinnthesaurierung, 2006.

29 Z.B. *Kollruss,* GmbHR 2007, 1133 ff.; *Homburg,* DStR 2007, 686 ff.; *Strahl,* Ubg 2008, 143 ff.; *Jorde/Götz,* BB 2008, 1032 ff.; *Gratz,* BB 2008, 1105 ff.; *Schiffers,* GmbH-StB 2008, 262 ff.

30 Bspw. *Kußmaul/Hilmer,* GmbHR 2007, 1021 f.; *Förster,* Stbg 2007, 559, 571; *Patek,* BFuP 2007, 443, 456 f.; *Ott, StuB 2008, 815* ff.; *Schiffers,* GmbH-StB 2008, 141 ff.; *Korn/Strahl,* KÖSDI 2008, 16246, 16251 f.

Insgesamt hat die steuerwissenschaftliche Forschung also noch keine systematische Analyse der steuerorientierten Rechtsformplanung mittels Thesaurierungsbegünstigung und Abgeltungsteuer hervorgebracht. Gerade die nun entstandene Parallelität der Personen- und Kapitalgesellschaften sowie die daraus resultierenden Optimierungsmöglichkeiten wurden bisher nicht endgültig erschlossen und wissenschaftlich nutzbar gemacht.

D. Praktische und wissenschaftliche Relevanz

Die praktische Relevanz der Thematik resultiert in erster Linie aus dem fortwährenden (steuer-) ökonomischen Zwang eines jeden (monetär) erfolgreichen Unternehmens, den relativen Steuerbarwert durch entsprechende Gestaltungsmöglichkeiten zu minimieren.[31] Neuartige (Begünstigungs-) Instrumente und Wahlrechte gilt es hierbei steueroptimal und zieladäquat einzusetzen. Wie ausgeprägt das praktische Verlangen nach konkreten Optimierungsmaßnahmen ist, belegt die Vielzahl an diesbezüglichen Seminar- und Tagungsbeiträgen.[32] Darüber hinaus war die Thesaurierungsbegünstigung auch Prüfungsgegenstand der schriftlichen Steuerberaterprüfung 2011 (Klausur Ertragsteuerrecht).

Ausgehend von diesen Erkenntnissen liegt die akademische Herausforderung insbesondere darin, den Vorgaben und Forderungen aus der Steuer(beratungs)praxis mit wissenschaftlich fundierten Ansätzen und verifizierbaren Lösungsmöglichkeiten zu begegnen. Besonders anschaulich lässt sich diese notwendige Kombination aus wissenschaftlicher Theorie und praktischer Ausübung[33] am Spektrum der fachlichen Auseinandersetzung mit der Thesaurierungsbegünstigung beobachten: Sowohl Vertreter aus juristischer[34] wie wirtschaftswissenschaftlicher[35] Forschung als auch Repräsentanten der Steuerberatung[36], der Konzern-

---

31 *Wacker*, Steuerplanung, 1979, 34 f.; *Wagner/Dirrigl*, Steuerplanung der Unternehmung, 1980, 284; *Siegel*, Steuerwirkungen und Steuerpolitik, 1982, 178; *Wagner,* Finanzarchiv 1986, 32 ff.

32 Bspw. die entsprechenden Referate beim Beck-Seminar „Steuerfocus Personenunternehmen" (April 2008), bei der Haufe Akademie „Steuerrecht in der Praxis: Personen- bzw. Kapitalgesellschaften" (Mai 2009), beim Euroforum-Seminar „Strategien für Familienunternehmen" (Januar 2010), bei der DAA-Veranstaltung „Steuergünstige Gestaltung mittelständischer Unternehmen" (März 2010), beim BStBK-Aufbauseminar „Rechtsformoptimierung für mittelständische Unternehmen (März 2010), beim IWW-Seminar „Die GmbH und ihre Gesellschafter" (Juni 2010), bei der 43. Jahres-Arbeitstagung „Recht und Besteuerung der Familienunternehmen" des DWS e.V. (Oktober 2010) sowie z.B. beim Seminar „GmbH & Co. KG: Rechtsform für den Mittelstand" der Centrale für GmbH Dr. Otto Schmidt (November 2011).

33 Zur *theoria cum praxi* im Steuerrecht *Drüen* in: Tipke/Seer/Hey/Englisch, FS Lang, 2010, 57, 81.

34 *Hey,* DStR 2007, 925 ff.; *Crezelius* in: Kirchhof/Nieskens, FS Reiß, 2008, 399 ff.; *Reiß* in: Kirchhof, EStG Kompaktkommentar, § 34a EStG.

35 *Homburg,* DStR 2007, 686 ff.; *Kleineidam/Liebchen,* DB 2007, 409 ff.; *Siegel,* FR 2008, 663 ff.; *Homburg/Houben/Maiterth,* zfbf 2008, 29 ff.; *Bareis,* FR 2008, 537 ff.; *Knirsch/Maiterth/Hundsdoerfer,* DB 2008, 1405 ff.; *Houben/Maiterth,* StuW 2008, 228 ff.; *Kessler* in: Herzig/Tobin/Eckhardt u.a., Handbuch Unternehmensteuerreform 2008, 51 ff.; *Kessler/Pfuhl* in: Wege zu Eigenkapital, FS Kary, 2009, 59 ff.

36 *Dörfler/Graf/Reichl,* DStR 2007, 645 ff.; *Schiffers,* GmbHR 2007, 841 ff.; *Ley,* KÖSDI 2007, 15737 ff., *Rödder,* Beihefter zu DStR 40 / 2007; *Weber,* NWB 2007, 3031 ff.; *Cordes,* WPg 2007, 526 ff.; *Schultes-Schnitzlein/Keese,* NWB 2007, 2841 ff.; *Hölzerkopf/Taetzner,* BB 2007, 2769 ff.; *Rogall,* DStR 2008, 429 ff.; *Husken/Schmidt/Siegmund,* BB 2008, 1204 ff.; *Schanz/Kollruss/Zipfel,* DStR 2008, 1702 ff.

steuerabteilungen großer Personengesellschaften[37], der Steuerverwaltung[38], der Industrieverbände[39] und der Finanzgerichtsbarkeit[40] beschäftigten sich im Fachschrifttum (mehr oder weniger intensiv) mit der Norm des § 34a EStG.[41]

Kapitel 2.
Lösungsansatz

A. Wissenschaftlicher Standort

Die vorliegende Untersuchung lässt sich in das Forschungsprogramm der Betriebswirtschaftlichen Steuerlehre einordnen. Deren Gegenstand ist die Analyse der Besteuerung auf betriebswirtschaftliche Zustände, Vorgänge und Entscheidungen (et vice versa). Dabei bedient sich die Betriebswirtschaftliche Steuerlehre qualitativer, quantitativer und empirischer Verfahren. Mit ihnen sollen die steuerlichen Wirkungen unterschiedlicher Handlungsalternativen bestimmt und die Höhe der daraus resultierenden Steuerbelastungen ermittelt werden. Die Ziele der Betriebswirtschaftlichen Steuerlehre bestehen folglich darin, die Zensiten bei steuerplanerischen und steuergestalterischen Entscheidungen zu unterstützen sowie steuerpolitische Handlungsempfehlungen an den Gesetzgeber auszusprechen.[42]

Diese Ansprüche erhebt auch die vorliegende Arbeit. Sie greift überdies auf (steuer-) rechtsdogmatische und kautelarjuristische Überlegungen zurück. Die Steuerjurisprudenz ist insoweit als notwendige „Hilfswissenschaft" anzusehen.[43] Ein Widerspruch zwischen wirkungsorientierter Steuerlehre und strukturbasierter Steuerrechtswissenschaft kann – nach hier vertretener Auffassung – negiert werden.[44] Es ist vielmehr so, dass gerade die Rechtsformwahl und -optimierung eine integrierte Gestaltungsaufgabe „von Betriebswirten *und* Juristen [darstellt], die es weiter wissenschaftlich sowie besteuerungspraktisch aufzuarbeiten gilt."[45] Das Ergebnis dieser interdisziplinären Kooperation[46] darf mithin als „steuerrechtlich-fundierte Betriebswirtschaftliche Steuerlehre" umschrieben werden.

---

37 *Fechner/Bäuml,* DB 2008, 1652 ff.; *Gerner* in: Oestreicher, Unternehmensbesteuerung, 2008, 73 ff.; *Fischer* in: Spindler/Tipke/Rödder, FS Schaumburg, 2009, 319 ff.; *Fechner/Bäuml,* FR 2010, 744 ff.

38 *Gragert/Wißborn,* NWB 2007, 2551 ff.; *Bäumer,* DStR 2007, 2089 ff.; *Eisgruber,* DK 2008, 343 ff.; *Harle/Geiger,* StBp 2009, 1 ff.; *Harle/Geiger,* BB 2009, 587 ff.; *Harle,* SteuerStud 2009, 244 ff.

39 *Fellinger,* DB 2008, 1877 ff.; *Richter/Welling,* FR 2010, 752 ff.

40 *Wacker* in: Schmidt, EStG, § 34; *Nacke,* GStB 2008, 99 ff.; *Wacker,* FR 2008, 605 ff.; *Wendt,* Stbg 2009, 1 ff.; *Levedag,* GmbHR 2009, 13 ff.; *Wendt,* DStR 2009, 406 ff.

41 So auch die Erkenntnis von *Wagner/Zeller,* Perspektiven der Wirtschaftspolitik 2011, 303, 310.

42 Zum Ganzen *Rose,* StbJb 1969/1970, 31, 36 ff.; *Fischer/Schneeloch/Sigloch,* DStR 1980, 699, 700 f.; *Lang* in: Tipke/Lang, Steuerrecht, § 1, Rz. 46 ff.; *Hundsdoerfer/Kiesewetter/Sureth,* ZfB 2008, 61, 63 ff.; *Marx,* SteuerStud 2009, 521, 523 ff.; *Schneeloch,* BFuP 2011, 244 ff.

43 *Rose,* StbKongRep 1977, 191, 199; *Fischer/Schneeloch/Sigloch,* DStR 1980, 699, 700.

44 Zweifelnd *Wagner* in: Schneider/Rückle/Küpper/Wagner, FS Siegel, 2005, 611, 620 ff.

45 *Prinz,* FR 2009, 593, 598. Ebenso *Teufel,* Steuerliche Rechtsformoptimierung, 2002, 14 ff.

46 Zum interdisziplinären „Brückenschlag" zwischen Betriebswirtschaftlicher Steuerlehre und den Steuerrechtswissenschaften vgl. grundlegend *Höhn,* StuW 1977, 170 ff.; *Elschen,* StuW 1991, 99 ff.; *Wagner* in: Elschen/Siegel/Wagner, FS Schneider, 1995, 724 ff.; *Siegel/Kirchner/Elschen u.a.,* StuW 2000, 257 ff.;

B. Untersuchungsmethodik

Als zweckdienlicher Lösungsansatz hat sich in der Betriebswirtschaftlichen Steuerlehre eine Kombination aus qualitativer Deskription und quantitativer Analyse durchgesetzt.[47] Dieser Methodik soll auch hier gefolgt werden, indem steuerplanerische Ausführungen mittels formalanalytischer Darstellungen und modellhafter Berechnungen untermauert werden. Auf dieser Basis lassen sich sinnvolle Entscheidungsalternativen generieren und somit wichtige Erkenntnisse für steuerliche Gestaltungsmodelle ableiten.[48]

Zur Quantifizierung der Steuerbelastung existieren verschiedene Methoden.[49] Hervorzuheben sind Tarifvergleiche, kasuistische Veranlagungssimulationen[50], die Teilsteuerrechnung[51], EDV-basierte (Experten-) Modelle[52], investitionstheoretische Kapitalkostenansätze[53] sowie betriebswirtschaftliche Simulationsrechnungen.[54] Im Folgenden werden die steuerlichen Wirkungen der Thesaurierungsbegünstigung und der Abgeltungsteuer im Wesentlichen mittels *vereinfachter EDV-gestützter Veranlagungssimulationen* dargestellt.[55] Als Ausgangsbasis sollen (Teil-) Steuersätze dienen, die vorab ermittelt werden. Sie finden Anwendung auf einen Vergleichsgewinn von 100 GE. Daraus resultieren aussagekräftige Steuerbelastungsquoten. Im Ergebnis wird damit der Ansatz eines Kombinationsmodells verfolgt.[56] Dies dient der Verbesserung der Darstellbarkeit und der Verallgemeinbarkeit der Ergebnisse. Für bestimmte Einzelfälle sollen jedoch auch detaillierte Veranlagungssimulationen (anlassbezogen) zum Einsatz kommen. Mit ihnen lassen sich bspw. Progressionseffekte herausstellen, die gerade bei § 34a EStG und § 32d EStG eine wichtige steuerplanerische Rolle einnehmen.

Quantitative Belastungsrechnungen können sowohl ein- als auch mehrperiodig ausgestaltet sein. Die Entscheidung, ob eine periodenübergreifende Modellrechnung erforderlich ist, hängt dabei vom zugrundeliegenden (Teil-) Analyseziel ab.[57] Während also die bloße Darstellung der Unternehmensteuerbelastung mit einperiodigen Belastungskalkülen auszukommen vermag, bedarf es zur Abbildung des interperiodischen Steuerrechts dynamischer Steuerbelas-

---

Raupach in: Wehrheim/Heurung, FS Mellwig, 2007, 367, 369 ff.; *Marx,* SteuerStud 2009, 521, 523; *Tipke* in: Spindler/Tipke/Rödder, FS Schaumburg, 2009, 183, 196 ff.

47 *Rose,* JbFSt 1986/1987, 55, 59; *Herzig/Kessler,* GmbHR 1992, 232; *Herzig/Schiffers,* StuW 1994, 103 f.

48 *Rose,* StbKongRep 1977, 191, 200.

49 *Marettek,* WISU 1982, 389 ff.; *Beranek,* SteuerStud 1999, 494, 495 ff.

50 Frühe Beispiele finden sich bereits bei *Wünschmann,* StuW 1925, 1721 ff.; *Bühler,* Zeitschrift für handelswissenschaftliche Forschung 1941, 81 ff.

51 Erstmals *Rose,* DB 1968, Beilage 7, passim und ausführlich *Rose*, Teilsteuerrechnung, 1973, passim. Darauf aufbauend *Rose* in: Jakobs/Knobbe-Keuk/Picker/Wilhelm, FS Flume, 1978, 257 ff.; *Rose,* BFuP 1979, 293 ff.; *Rose*, Betriebswirtschaftliche Steuerlehre, 1992, 38 ff. Zur Teilsteuerrechnung nach der Unternehmensteuerreform 2008 *Marx/Hetebrügge,* DB 2007, 2381 ff.; *Eichfelder,* StB 2008, 199 ff.

52 *Herzig/Kessler/Wawroschek,* DB 1989, Beilage 13, 8 f.; *Herzig/Kessler/Wawroschek,* BB 1990, Beilage 12, 1 ff.; *Herzig/Kessler,* GmbHR 1992, 232 ff.

53 *King/Fullerton*, The Taxation of Income from Capital, 1984, passim; *Devereux/Griffith,* Journal of Public Economics 1998, 335 ff.; *Devereux/Griffith*, The Taxation of Discrete Investment Choices, 1999.

54 *Jacobs/Spengel*, European Tax Analyzer, 1996, passim.

55 Ähnlich *Kessler/Schiffers/Teufel*, Rechtsformwahl - Rechtsformoptimierung, 2002, § 3, Rz. 35.

56 So auch *Freyer*, Unternehmensrechtsform und Steuern, 2004, 18.

57 Vgl. etwa *Gröschel*, Steuerbelastungsvergleiche, 2000, 48.

tungssimulationen.[58] Dies gilt im Besonderen für die Analyse des § 34a EStG, da ihre Vorteilhaftigkeit im Wesentlichen auf Zeiteffekten beruht.

Als Vorteilhaftigkeitskriterium soll grds. die *Endvermögensmaximierung* herangezogen werden. Da die Einzahlungen aber unabhängig von der Rechtsform anfallen, vereinfacht sich die steuerliche (Partial-) Zielsetzung zu einem reinen Auszahlungsbarwertmodell. Es konkretisiert sich mithin in der *relativen Steuerbarwertminimierung*.[59]

Steuerliche Belastungsvergleiche müssen bestimmten Mindestanforderungen genügen.[60] Diese bestehen insbesondere darin, dass

- ein steuerlicher Durchgriff auf die Ebene der Entscheidungsträger zu erfolgen hat, daher Gesellschaft und Anteilseigner als wirtschaftliche Einheit betrachtet werden,
- alle relevanten (Ertrag-) Steuerarten, Bemessungsgrundlagen, Tarife sowie deren Abhängigkeiten einzubeziehen sind,
- der progressive Einkommensteuertarifverlauf berücksichtigt wird,
- die zeitliche Komponente nicht vernachlässigt werden darf, also ggf. eine mehrperiodige Betrachtung vorzunehmen ist,
- alle relevanten rechtsformspezifischen Steuercharakteristika analysiert werden (z.B. auch Verluste, Gewinnverwendung, Leistungsvergütungen, etc.)
- neben der laufenden Ertragsbesteuerung auch aperiodische Geschäftsvorfälle Berücksichtigung finden sollten (bspw. Umstrukturierungen, Unternehmenskauf, etc.).

C. Untersuchungsprämissen

Der Untersuchung liegt der Rechtsstand 2012 zugrunde. Dem stetigen, oft raschen Wandel der steuerlichen Gesetzgebung, Rechtsprechung und Verwaltungsauffassung geschuldet, können vermeintlich aktuelle Ausführungen zum Zeitpunkt ihrer späteren Lektüre bereits (teilweise) wieder überholt sein.[61] Mit *Tipke*[62] bleibt festzustellen, dass wissenschaftliche Steuerplanung ohnehin nicht apodiktisch möglich scheint, weil über die künftige Rechtslage als Planungsfundament nur spekuliert werden kann.[63] Darum könne jedwede Steuerplanungsaktivität

---

58 *Brähler,* DBW 2008, 654, 656, der zugleich jedoch nachweist, dass dynamische Modelle aufgrund der hohen Änderungsgeschwindigkeit im deutschen Steuerrecht teilweise an Aussagekraft verlieren.

59 *Eisenach,* Steuerplanung, 1974, 263; *Wacker,* Steuerplanung, 1979, 34 f.; *Wagner/Dirrigl,* Steuerplanung der Unternehmung, 1980, 284; *Siegel,* Steuerwirkungen und Steuerpolitik, 1982, 178; *Wagner,* Finanzarchiv 1986, 32 ff.; *Kessler,* Euro-Holding, 1996, 74.

60 *Wagner,* DStR 1981, 243 ff.; *Hoffmann,* GmbH-StB 2002, 86 f.; *Jacobs/Spengel/Hermann u.a.,* StuW 2003, 308, 309 ff.; *Scholes/Wolfson/Erickson u.a.*, Taxes and Business Strategy, 2008, 13 ff. („all parties, all taxes, all costs“).

61 *Rose,* Betriebswirtschaftliche Steuerlehre, 1992, 12 f.; *Rose* in: Hebig/Kaiser/Koschmieder/Oblau, FS Wacker, 2006, 49, 57.

62 *Tipke* in: Spindler/Tipke/Rödder, FS Schaumburg, 2009, 183, 205.

63 Zur Steuerplanungssicherheit als Rechtsproblem vgl. umfassend *Hey,* Steuerplanungssicherheit, 2002, passim. Ähnlich auch *Seer* in: Carlé/Stahl/Strahl, FS Korn, 2005, 707, 708.

in logischem Widerspruch zum Rechtsänderungsrisiko einer „permanenten Steuerreform" stehen.[64]

In vorliegender Arbeit wird deshalb großen Wert darauf gelegt, den systematischen und steuergestalterischen Überlegungen einen grundlegenden Charakter beizumessen. Die konzeptionellen Ausführungen sollten demnach auch auf spätere VZ übertragbar sein, wenngleich sich das Ertragsteuerrecht in seinen Details zweifelsohne fortentwickeln wird. Solange unternehmerische Dispositionen steuerrechtlich nicht langfristig abgesichert werden können, vermag auch die vorliegende Arbeit keinen Vertrauensschutz zu bieten.[65]

Betriebswirtschaftliche Modellrechnungen müssen vereinfachen, darin besteht ihr Sinn.[66] Als Referenzpunkt aller Schilderungen dient demzufolge ein auf dem nationalen Markt agierendes gewerbliches Modellunternehmen des Mittelstands.[67] Als in Betracht kommende (Grund-) Rechtsformen wird zwischen einem Personenunternehmen und einer Kapitalgesellschaft unterschieden.[68] Andere (besondere) Rechtsvehikel, wie bspw. die Familienstiftung[69], bleiben unberücksichtigt.

Aus informationsökonomischer Sicht wird – soweit notwendig – ein unvollkommener Kapitalmarkt unterstellt. Dies zeigt sich in den Modellanalysen durch abweichende Soll- und Habenzinssätze sowie durch Liquiditätsrestriktionen.[70]

Sofern auf natürliche Personen eingegangen wird, ist regelmäßig von einem ledigen, konfessionslosen Steuerpflichtigen auszugehen. Er soll nach *Tipkes* Steuerzahlerypisierung dem „legalistischen Steuervermeider" entsprechen.[71] Dieser zeichnet sich dadurch aus, dass er versucht, durch Verhaltensanpassung und Ausnutzung von Gestaltungsmöglichkeiten „seine persönliche Steuerlast auf legalem Wege zu minimieren, wobei er bereitwillig den Rat eines Steuerrechtskundigen sucht."[72]

Die engeren Grenzlinien des Untersuchungsbereichs werden unmittelbar durch die Themenstellung gesetzt. Im Fokus steht die Systematisierung der Thesaurierungsbegünstigung (§ 34a EStG) und der Abgeltungsteuer (§ 32d EStG) als Instrumente der steuerorientierten Rechtsformplanung. Betrachtet wird ausschließlich die Minimierung der Ertragsteuerbelastung. An-

---

64 *Schmölders,* StuW 1971, 37 ff.; *Rose* in: John, FS Wöhe, 1989, 291, 295; *Rose,* StbKongRep 1992, 37 ff.
65 Ein richtungsweisender Gesetzgebungsvorschlag zur steuerlichen Absicherung langfristiger Dispositionen findet sich bereits bei *Rose,* StbJb 1987/1988, 361, 381 ff.
66 Bspw. *Jonas,* WPg 2011, 299. Ähnlich bereits *Robinson*, Theory of Economic Growth, 1962, 33: „Ein Modell, das die ganze Buntheit der Wirklichkeit berücksichtigt, würde nicht nützlicher sein als eine Landkarte im Maßstab Eins zu Eins."
67 Eine vertiefende Betrachtung und Eingrenzung erfolgt im 2. Teil der Arbeit (Unterkapitel 3, C).
68 Zum Begriffsverhältnis „Rechtsform" – „Unternehmungsform" – „Unternehmensform" vgl. *Zieren*, Unternehmungsrechtsformwahl, 1989, 20 ff.; *Mielke*, Steuerorientierte Rechtsformwahl, 1997, 19 ff.
69 Für einen diesbezüglichen Steuerbelastungsvergleich mit anderen Rechtsformen bspw. *Heuser/Frye,* BB 2011, 983, 986 ff.
70 Bspw. *Perridon/Steiner*, Finanzwirtschaft, 2009, 82.
71 *Tipke*, Besteuerungsmoral und Steuermoral, 2000, 85 f.
72 *Lösel/Brähler/Hackert,* StuW 2009, 221, 222.

dere Steuerarten (bspw. Erbschaft- und Schenkungsteuer[73], Umsatzsteuer) werden – trotz unbestrittener Relevanz – weitestgehend außer Acht gelassen. Die Analyse beschränkt sich zudem auf das nationale Steuerrecht. Bei der Abgeltungsteuer konzentrieren sich die Ausführungen auf die Steuerwirkungen zwischen (Kapital-) Gesellschaft und Gesellschafter. Andere (Optimierungs-) Überlegungen bleiben unberücksichtigt.

Begrifflich ist die (legale) Steuerplanung bzw. -gestaltung von der (sanktionierten) Steuerumgehung, der (deliktischen) Steuerverkürzung (§ 378 AO) sowie der (deliktischen) Steuerhinterziehung (§ 370 AO) abzugrenzen.[74] Obwohl die Grenzen fließend verlaufen, sollen illegale Gestaltungsmaßnahmen im weiteren Verlauf der Arbeit nicht in das steuerliche Planungskalkül einbezogen werden.[75]

D. Ziel, Struktur und Fortgang der Untersuchung

In Anbetracht der dargelegten Forschungslücken und der aufgezeigten praktischen wie wissenschaftlichen Bedeutung scheint es geboten, das strategische Optimierungskalkül i.S.d. § 34a EStG und § 32d EStG als Teil der steuerorientierten Rechtsformplanung systematisch aufzubereiten. Das erklärte Ziel der vorliegenden Arbeit lautet daher, den (interdependenten) Einfluss der Thesaurierungsbegünstigung und der Abgeltungsteuer auf die steuerorientierte Rechtsformwahl und Rechtsformoptimierung zu identifizieren, qualifizieren, quantifizieren und empirisch zu überprüfen. Im Besonderen soll nachgewiesen werden, dass es mittels beider Tarifnormen möglich ist, die steuerliche Position einer Personen- bzw. Kapitalgesellschaft zu optimieren, es hierzu aber einer strategischen Steuerplanung bedarf.

Die Beantwortung dieser Forschungsfragen erfolgt anhand eines sechsstufigen Verfahrens, an dem sich auch die Struktur der vorliegenden Arbeit ausrichtet:

1. Zunächst sind die *Stellung, Bedeutung und systematische Einordnung* der Thesaurierungsbegünstigung und der Abgeltungsteuer im gegenwärtigen System der (rechtsformabhängigen) Unternehmensbesteuerung aufzuzeigen und das Konzept der steuerorientierten Rechtsformplanung vorzustellen (Teil 2).

---

[73] Zu Rechtsformwirkungen der – ab dem Jahr 2009 grundlegend reformierten – Erbschaft- und Schenkungsteuer vgl. *Schiffers,* DStZ 2008, 887 ff.; *Spengel/Elschner,* Ubg 2008, 408, 412; *Schiffers,* DStZ 2009, 548, 556 ff.; *Bäuml,* GmbHR 2009, 1135 ff.; *Scheffler,* BB 2009, 2469 ff.

[74] So etwa *Marx,* SteuerStud 2009, 521, 522; *Ehrke-Rabel/Kofler,* ÖStZ 2009, 456 f.

[75] Steuerehrlichkeit ist notwendige Bedingung steuerberuflicher Existenz (*Lang* in: Tipke, FS Pelka, 2010, 51, 55 f.). Ähnlich bereits *Rose,* StbJb 1969/1970, 31, 38.

2. Sodann sind in Teil 3 die *steuerrechtlichen Grundstrukturen* beider Tarifnormen zu skizzieren, um die späteren steuerplanerischen Ausführungen „nicht in den Verdacht einer freischwebenden Abstraktion zu bringen."[76]

3. Im Anschluss werden die *Steuerwirkungen*, die von der Thesaurierungsbegünstigung und der Abgeltungsteuer ausgehen, analysiert (Teil 4). Dies erfolgt vor dem Hintergrund, dass die Ableitung steuerplanerischer Entscheidungshilfen im Wesentlichen auf Steuerwirkungsanalysen basiert.[77]

4. Anschließend ist der Einfluss auf die *steuerplanerische Rechtsformwahl* zu untersuchen (Teil 5). Neben quantitativen Steuerbelastungsvergleichen sollen rechtsformspezifische Steuercharakteristika analysiert und verglichen werden.

5. Aus dem bis dahin identifizierten Ursache-Wirkungs-Zusammenhang sollen im 6. Teil *steuergestalterische* Ziel-Mittel-Aussagen getroffen werden. Dabei werden mit abnehmendem Abstraktionsgrad Möglichkeiten zur steuerorientierten *Rechtsformoptimierung* mittels § 34a EStG und § 32d EStG dargestellt.

6. Zuletzt soll in Teil 7 ein *empirisches Bild* von der Thesaurierungsbegünstigung und der Abgeltungsteuer gewonnen werden. Damit lassen sich steuerplanerische und steuerpolitische Handlungsempfehlungen ableiten. Die Arbeit endet mit einer Zusammenfassung der Ergebnisse (Teil 8).

---

[76] *Kröner*, Verrechnungsbeschränkte Verluste, 1986, 32.

[77] *Chmielewicz*, Forschungskonzeptionen, 1979, 182 ff.; *Fischer/Schneeloch/Sigloch,* DStR 1980, 699, 700; *Rose*, Betriebswirtschaftliche Steuerlehre, 1992, 19; *Rose* in: Klein/Vogel, FS Wallis, 1985, 275, 276; *Schneeloch* in: Siegel/Kirchhof/Schneeloch/Schramm, FS Bareis, 2005, 251, 254.

Teil 2.
Systematische Aufbereitung des Untersuchungsgegenstands

Kapitel 1.
Grundstrukturen der gegenwärtigen Unternehmensbesteuerung

A. Zivilrechtliche Rechtsform als steuerlicher Anknüpfungspunkt

Das deutsche Steuerrecht ist nicht rechtsformneutral. Seit den reichseinheitlichen Gesetzen des Jahres 1920 orientiert sich die Besteuerung vielmehr an der zivilrechtlichen Rechtsfähigkeit – ergo an der rechtsförmlichen Einkleidung des unternehmerischen Engagements.[78] Dabei verkörpern Einzelunternehmen (natürliche Personen) und Kapitalgesellschaften (juristische Personen) die Eckpfeiler unserer Steuerrechtsordnung. Aus der steuerlichen Gleichstellung von Einzel- und Mitunternehmern (§ 15 Abs. 1 S. 1 Nr. 2 EStG) resultiert letzten Endes ein dualistisches, auf zwei Grundrechtsformen (Kapitalgesellschaften und Personenunternehmen) beruhendes System, das abhängig vom gewählten Rechtskleid unterschiedliche Steuerarten und -wirkungen vorsieht.[79]

Der verfassungsrechtlich garantierte Grundsatz der Privatautonomie legitimiert die unternehmerischen Entscheidungsträger zur freien Wahl der Unternehmensform.[80] Den Wirtschaftsteilnehmern stehen allerdings nur eine gesetzlich vorgegebene Auswahl an Gesellschaftsformen zur Verfügung (Typenzwang bzw. *numerus clausus*).[81] Dennoch lässt sich eine sukzessive Fortentwicklung des „Pools“ an zugänglichen Rechtsformen beobachten.

Dies kann zum einen auf die Disposivität des Gesellschaftsrechts zurückgeführt werden, die eine (vermeintlich steuergünstige) Kombination bzw. Verzahnung verschiedener Rechtsformen ermöglicht (Typendehnung bzw. Typenfreiheit). So ist bspw. die im Mittelstand weit verbreitete *GmbH & Co. KG* seit dem Urteil des BayObLG v. 16.2.1912 als zulässiges Rechtsgebilde anerkannt.[82] Gleichwohl stellt sie „bloß“ eine Sonderform der *KG* dar und ist damit – auch im Steuerrecht – eine Personengesellschaft.[83]

Darüber hinaus eröffneten die EuGH-Entscheidungen *Centros*[84], *Überseering*[85] und *Inspire Art*[86] auch für inländische Unternehmen die Inanspruchnahme von Organisationsstrukturen aus den Rechtskreisen des EU/EWR-Raums. Hervorzuheben sind die englische *Private Limited Company by Shares* (kurz: *Limited* bzw. *Ltd.*) und die *Limited Liability Partnership*

---

78 Exemplarisch *Hey* in: Tipke/Lang, Steuerrecht, § 18, Rz. 1 ff.; *Drüen,* GmbHR 2008, 393; *Martini,* DStR 2012, 388.

79 Zur Kritik am *Dualismus der Unternehmensbesteuerung* vgl. etwa *Seer,* StuW 1993, 114 ff.

80 Stellvertretend *Dörner*, Rechtsform, 1994, 21.

81 Statt vieler *Kessler/Schiffers/Teufel*, Rechtsformwahl - Rechtsformoptimierung, 2002, 9.

82 BayObLG, Urteil v. 16.2.1912, III 12/12, GmbHR 1914, 9.

83 BFH, Beschluss v. 25.6.1984, GrS 4/82, BStBl. II 1984, 751, 759.

84 EuGH, Urteil v. 9.3.1999, Rs. C-212/97, NJW 1999, 2027.

85 EuGH, Urteil v. 5.11.2002, Rs. C-208/00, GmbHR 2002, 1137.

86 EuGH, Urteil v. 30.9.2003, Rs. C-167/01, GmbHR 2003, 1260.

(*LLP*), die gerade in Deutschland weite Verbreitung finden.[87] US-Rechtsformen – bspw. die *Limited Liability Company (LLC)*[88] – stehen deutschen Gesellschaften aufgrund staatsvertraglicher Sonderregelungen[89] zur Verfügung.[90]

Die Steuersubjektqualifikation ausländischer Gesellschaftsstrukturen hat nach ständiger Rechtsprechung des BFH[91] anhand innerstaatlicher, gesamtabwägender Rechtsgrundsätze zu erfolgen.[92] Für Zwecke der deutschen Besteuerung wird man daher stets zu dem Ergebnis einer Einordnung als Körperschaft oder als Personengesellschaft kommen (müssen). Des Weiteren zeichnet sich ein Trend ab, ausländische Gesellschaftsformen mit inländischen zu kombinieren, bspw. in Form der *Ltd. & Co. KG*.[93]

Als Reaktion auf die „flächenbrandartige Verbreitung“ [94] der *Ltd.* in Deutschland schuf der Gesetzgeber mit dem MoMiG[95] die sog. *Unternehmergesellschaft (haftungsbeschränkt)*.[96] Die *UG (haftungsbeschränkt)* stellt jedoch keine eigenständige Rechtsform dar, sondern ist lediglich eine (Einstiegs-) Variante der klassischen GmbH und damit eine Kapitalgesellschaft.[97] Gleichwohl kann sie mit einem Stammkapital unterhalb des gesetzlichen Mindestkapitals der GmbH gegründet werden, § 5a Abs. 1 GmbHG.[98] Hybride Rechtsformgestaltungen lassen sich bspw. mittels einer *UG (haftungsbeschränkt) & Co. KG* realisieren.[99]

Nicht zuletzt erweitert der europäische Verordnungsgeber den Raum zur Verfügung stehender Rechtsformalternativen stetig. Während die *Societas Europaea (SE)*[100] bereits seit Ende des

---

87 *Bayer/Hoffmann,* GmbHR 2007, 414 ff.; *Niemeier,* ZIP 2007, 1794 ff.; *Westhoff,* GmbHR 2007, 474 ff. Zur steuerlichen Behandlung der *Ltd.* umfassend *Kessler/Eicke,* DStR 2005, 2101 ff.

88 Zur steuerlichen Beurteilung einer *US-LLC* vgl. BMF, Schreiben v. 19.3.2004, IV B 4 – S 1301 USA – 22/04, BStBl. I 2004, 411; bestätigt durch BFH, Urteil v. 20.8.2008, I R 34/08, IStR 2008, 811.

89 Freundschafts-, Handels- und Schifffahrtsvertrag zwischen der BRD und den USA v. 29.10.1954, BGBl. II 1956, 487.

90 Exemplarisch *Mellert/Verfürth*, Wettbewerb der Gesellschaftsformen, 2005, 64 ff.

91 Bspw. BFH, Urteil v. 23.6.1992, IX R 182/87, BStBl. II 1992, 972.

92 Der Grundsatz des (zweistufigen) Rechtstypenvergleichs wurde erstmals im sog. „Venezuela“-Urteil des RFH v. 12.2.1930, VI A 899/27, RStBl. 1930, 444 angewandt. Eine Übersicht ausländischer Rechtsformen mit der entsprechenden deutschen Subjektqualifikation findet sich bspw. in den Betriebsstätten-Verwaltungsgrundsätzen, BMF-Schreiben v. 24.12.1999, IV B 4 – S 1300 – 111/99, BStBl. I 1999, 1076.

93 So entschied der BFH mit Urteil v. 14.3.2007, XI R 15/05, HFR 2007, 651, dass auch ausländische Kapitalgesellschaften eine gewerbliche Prägung i.S.d. § 15 Abs. 3 Nr. 2 EStG initiieren können.

94 *Leuering,* NJW-Spezial 2007, 315 f.

95 Gesetz zur Modernisierung des GmbH-Rechts und zur Bekämpfung von Missbräuchen v. 23.10.2008, BGBl. I 2008, 2026 ff.

96 Weiterführend bspw. *Wachter,* GmbHR 2008, 1296 ff. Für eine empirische Untersuchung zur erfolgreichen Verbreitung der *UG (haftungsbeschränkt)* vgl. *Bayer/Hoffmann/Lieder,* GmbHR 2010, 9 ff.

97 OFD Münster v. 15.12.2008, Kurzinformation KSt 11/2008.

98 In ihrer Bilanz ist jedoch eine gesetzliche Rücklage zu bilden, in die ein Viertel des Jahresüberschusses einzustellen ist. Ziel dieser (Zwangs-) Thesaurierung ist die Ausstattung mit einem höheren Eigenkapital innerhalb einiger Jahre, so dass die *UG (haftungsbeschränkt)* ihr Stammkapital auf 25.000 € erhöhen und zu einer „normalen“ GmbH erstarken kann.

99 *Wachter,* Stbg 2008, 554 ff. Ebenso KG Berlin, Urteil v. 8.9.2009, 1 W 244/09, DStR 2009, 2114.

100 Vgl. die EG-Verordnung Nr. 2157/2001 des Rates v. 8.10.2001 über das Statut der Europäischen Gesellschaft, die nach einer Übergangsfrist von drei Jahren am 8.10.2004 in Kraft getreten ist, allerdings noch eines (nationalen) Einführungsgesetzes (SEEG v. 28.12.2004, BGBl. I 2004, 3675) bedurfte.

Jahres 2004 als supranationale europäische Aktiengesellschaft zur Verfügung steht[101], werden deutsche Mittelständler wohl in naher Zukunft in der Rechtform der Europäischen Privatgesellschaft *Societas Privata Europaea (SPE)*[102] firmieren können. In beiden Fällen handelt es sich um Gesellschaften körperschaftlicher Struktur, die steuersystematisch als Kapitalgesellschaft einzuordnen sind.[103] Sie können auch als Gesellschafter einer *KG* (z.B. *SE & Co. KG*) fungieren.

B. Rechtsformen des Mittelstands und empirische Bestandsaufnahme

Betriebswirtschaftliche Untersuchungen sollten nicht den Versuch unternehmen, die Vielzahl an speziellen Rechtsformausprägungen abschließend zu würdigen.[104] Vielmehr reicht es für Zwecke dieser Arbeit aus, die der mittelständischen Unternehmenspraxis derzeit zur Verfügung stehenden (Grund-) Rechtsformen wie folgt zu skizzieren.

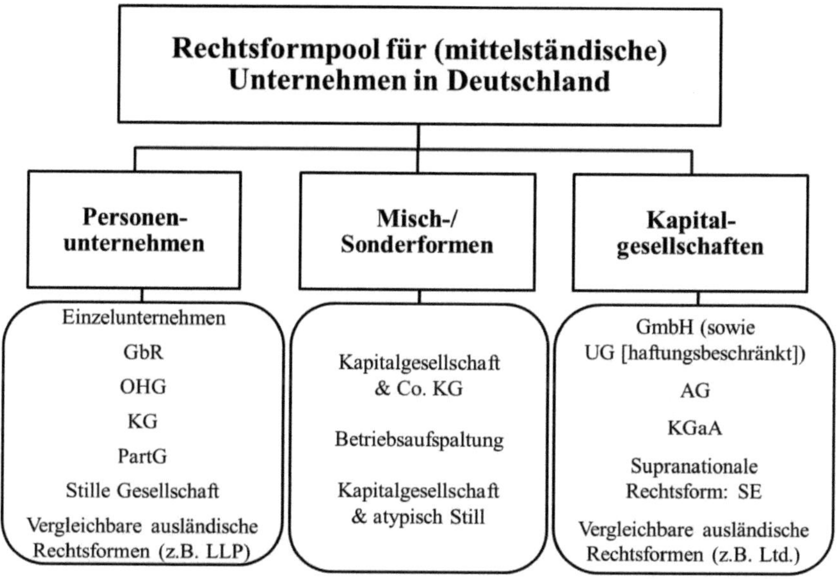

Abbildung 2: Rechtsformpool für (mittelständische) Unternehmen in Deutschland

Quelle: Eigene Darstellung

Trotz der jüngsten (Weiter-) Entwicklungen im nationalen wie supranationalen Recht der Kapitalgesellschaften nehmen Personenunternehmen in der Bundesrepublik Deutschland einen –

---

101 Für eine empirische Bestandsaufnahme *Eidenmüller/Engert/Hornuf,* AG 2008, 721 ff. (70 „deutsche" SE); *Ernst & Young*, Studie im Auftrag der EU über die Umsetzung und Auswirkungen des Statuts der SE, 2009 (91 „deutsche" SE) sowie *Bayer/Hoffmann/Schmidt,* AG 2009, 480 ff. (106 „deutsche" SE).

102 Weiterführend *Jung,* DStR 2009, 1700 ff.; *Hommelhoff/Teichmann,* GmbHR 2010, 337 f.

103 *Balmes/Rautenstrauch/Kott,* DStR 2009, 1557, 1558 ff.

104 Ähnlich *Mielke*, Steuerorientierte Rechtsformwahl, 1997, 29.

international nicht annähernd vergleichbar – hohen wirtschaftlichen Stellenwert ein.[105] Hervorzuheben sind insoweit der mittlere und obere Mittelstand.[106] Die Personengesellschaft, speziell die *GmbH & Co. KG*, scheint offensichtlich derart attraktiv zu sein, dass sich der Gesetzgeber[107] gezwungen sah, sie unter Inkaufnahme neuer Diskrepanzen auch Steuerberatern und Wirtschaftsprüfern – nicht aber Rechtsanwälten[108] – zugänglich zu machen (§ 50 Abs. 1 S. 3 StBerG, § 28 Abs. 1 S. 2 WPO).[109] Vor diesem Hintergrund ist auch das Gesetzesvorhaben zur Einführung einer *Partnerschaftsgesellschaft mit beschränkter Berufshaftung* (*PartG mbH*) zu sehen.[110]

Aufschlussreiche Erkenntnisse über die Verbreitung der unterschiedlichen Rechtsformen in Deutschland liefert bspw. die Umsatzsteuerstatistik des Statistischen Bundesamtes.[111]

	Anzahl		Umsatz (in Tsd. €)	
	absolut	**relativ**	**absolut**	**relativ**
Personenunternehmen	**2.578.416**	**82,23%**	**1.866.894.652**	**38,12%**
Einzelunternehmen	2.173.332	69,31%	507.222.430	10,36%
Personengesellschaften	405.084	12,92%	1.359.672.222	27,76%
[davon GmbH & Co. KG]	*[119.080]*	*[3,80%]*	*951.077.255*	*[19,42%]*
Kapitalgesellschaften	**481.721**	**15,36%**	**2.653.346.815**	**54,17%**
[davon GmbH]	*[473.782]*	*[15,11%]*	*[1.761.948.919]*	*[35,97%]*
Sonstige Rechtsformen	75.405	2,41%	377.696.515	7,71%
Summe	3.135.542	100,00%	4.897.937.982	100,00%

Abbildung 3: USt-pflichtige Unternehmer und deren Leistungen nach Rechtsformen

Quelle: Komprimierte Darstellung anhand der Umsatzsteuerstatistik 2009 v. 31.5.2011, Tabelle 4.2

105 *Rädler* in: Lang, DStJG Band 16, 1994, 277, 278; *Lethaus* in: Kley/Sünner/Willemsen, FS Ritter, 1997, 427, 456; *Pyszka/Brauer*, Ausländische Personengesellschaften im Unternehmenssteuerrecht, 2004, 17.

106 Bspw. *Rädler* in: Kirchhof/Schmidt/Schön/Vogel, FS Raupach, 2006, 97, 98; *Lang* in: Kessler/Förster/Watrin, FS Herzig, 2010, 323, 326.

107 Bspw. durch das Achte Steuerberatungsänderungsgesetz v. 8.4.2008, BGBl. I 2008, 666 und die Siebente WPO-Novelle (BARefG) v. 3.9.2007, BGBl. I 2007, 2178.

108 BGH, Urteil v. 18.7.2011, AnwZ (Brfg) 18/10, NZG 2011, 1063; BVerfG, Beschluss v. 6.12.2011, 1 BvR 2280/11, BeckRS 2012, 46345. Dazu *Henssler,* NZG 2011, 1121 ff.; *Schmidt,* DB 2011, 2477 ff.

109 *Henssler,* BB-Special 3, 2010, 2. Weiterführend *Fuhrmann,* NWB 2008, 1673 ff.; *Schmidt-Keßeler,* DStR 2008, 525, ff.; *Lahmann,* DStR 2008, 1847 ff.; *Schmidt,* DB 2009, 271 ff.; *Arens,* DStR 2011, 1825 ff. Kritisch zur Eintragungsfähigkeit einer „StB/WP-GmbH & Co. KG" im Handelsregister *Tersteegen,* NZG 2010, 651 ff.; *Hölscheidt,* NWB 2011, 3311 ff. Unabhängig von der berufsrechtlichen Zulässigkeit vermittelt eine „Freiberufler-GmbH & Co. KG" gem. § 15 Abs. 3 Nr. 1 EStG (Infektionstheorie) Einkünfte aus Gewerbebetrieb (BFH, Urteil v. 10.10.2012, VIII R 42/10, DStR 2012, 2532). So auch BT-Drs. 16/7077 v. 12.11.2007, 36; *Wendt,* EStB 2008, 245 ff. Kritisch *Karl,* DStR 2011, 159 f.

110 Referentenentwurf des BMJ v. 3.2.2012 zur Einführung einer PartG mbH.

111 Ähnlich *Hansen,* GmbHR 2004, 39 ff. Übereinstimmende Ergebnisse lassen sich auch durch Auswertung des Unternehmensregisters durch das Statistische Bundesamt (www.destatis.de) gewinnen. Eine (jährliche) bundesweite Bestandsaufnahme zu den in den Registergerichten eingetragenen Rechtsformen bietet *Kornblum,* GmbHR 2011, 692 ff.; *Kornblum,* GmbHR 2012, 728 ff.

Demnach beläuft sich der Anteil von Personenunternehmen auf etwas über 82%, während Kapitalgesellschaften einen Umfang von ca. 15% der dort erfassten Unternehmen einnehmen (vgl. Abbildung 3). Bei diesen Werten muss berücksichtigt werden, dass zu den Personenunternehmen auch einzelunternehmerisch geführte Kleinstbetriebe zählen. Das Einzelunternehmen stellt mithin die am häufigsten gewählte Unternehmensform, nicht nur in Deutschland, dar.[112] Andererseits sind in der Rubrik „Kapitalgesellschaften" auch sehr viele (nicht operativtätige) Komplementär-GmbHs enthalten. Die Mehrheit der Kapitalgesellschaften ist selbstorganschaftlich organisiert und besteht typischerweise aus einer überschaubaren Anzahl an Gesellschaftern.[113]

Auf den Umsatz bezogen kehrt sich das Bild zugunsten der Kapitalgesellschaften um. Sie erzielen mehr als die Hälfte aller Gesamtumsätze. So überrascht auch nicht, dass über 90% der „100 größten Unternehmen Deutschlands" als Körperschaft organisiert sind.[114] Demgegenüber befinden sich unter den 500 umsatzstärksten Familienunternehmen Deutschlands immerhin knapp 230 Personengesellschaften.[115]

Als abschließender Befund ist festzuhalten, dass sich das unternehmerische Engagement – außerhalb kapitalmarktorientierter Publikumsgesellschaften und Kleinstunternehmen – ganz überwiegend in den haftungsbeschränkten, personalistisch geprägten Rechtsformen der *GmbH* (Kapitalgesellschaft) oder der *GmbH & Co. KG* (Personengesellschaft) abspielt.[116] Dies unterstreicht die praktische Relevanz der vorliegenden, rechtsformübergreifenden Untersuchung, so sich die steuerorientierte Rechtsformplanung gerade an diese (mittelständische) Zielgruppe richtet.

C. Grundsätzliche Besteuerungsprinzipien bei Personenunternehmen

Unter dem Oberbegriff Personenunternehmen sind sowohl Einzelunternehmen als auch Personen(handels)gesellschaften zusammengefasst.[117] Die laufende wie aperiodische Besteuerung von Einzelunternehmen vollzieht sich nach dem *Einheitsprinzip*. Demzufolge werden die erzielten Einkünfte *immediat* der natürlichen Person (Alleinunternehmer) zugerechnet und unterliegen dort der individuellen Einkommensteuer.[118]

---

112 *Broer*, StuW 2010, 57, 58 (bezugnehmend auf Daten von *Eurostat*).
113 *Meyer*, GmbHR 2002, 177, 180.
114 DAI-Factbook 2009, 35 unter Berufung auf das 17. Hauptgutachten der Monopolkommission 2006/2007 (vgl. BT-Drs. 16/10140 v. 19.8.2008, 157 ff.).
115 *Stiftung Familienunternehmen*, Volkswirtschaftliche Bedeutung der Familienunternehmen, 2009, Tabelle 7-3, 90 ff.; *Institut für Mittelstandsforschung*, Die größten Familienunternehmen in Deutschland, 2010, 24 f.
116 *Schiffers*, DStR 2008, 1805; *Seer* in: Tipke/Seer/Hey/Englisch, FS Lang, 2010, 655, 658; *Binz/Sorg*, GmbHR 2011, 281, 283; *Becker/Ulrich/Baltzer*, DB 2011, 309, 311.
117 Bspw. *Köhler*, DStZ 1989, 185.
118 Prägnant *Jacobs*, Unternehmensbesteuerung und Rechtsform, 2009, 94.

Personenzusammenschlüsse, gleich welcher Ausprägung, sind als solche weder einkommen- noch körperschaftsteuerpflichtig.[119] Das *Transparenz- bzw. Durchgriffsprinzip* stellt vielmehr auf die dahinterstehenden Gesellschafter ab und gewährleistet eine (weitgehende) Gleichstellung mit dem Einzelunternehmer.[120] Dies gilt insbesondere für die Frage der subjektiven Einkommen- bzw. Körperschaftsteuerpflicht (Grundtatbestand der Einkünfteerzielung), während die Qualifikation der Einkunftsart (Artentatbestand) sowie die Einkünfteermittlung (Höhentatbestand) auf Ebene der Personengesellschaft stattfinden.[121]

Daraus resultiert ein Spannungsverhältnis zwischen „Einheit der Gesellschaft und Vielheit der Gesellschafter"[122], das fortwährenden Schwankungen unterworfen ist. Nach zutreffender Auffassung von *Ley*[123] ist dieses Spannungsverhältnis in der Weise zu lösen, dass die Einheit der Gesellschaft hinter der Vielheit der Gesellschafter zurückzutreten hat, wenn nach dem Gesetzeszweck eine transparente Besteuerung angezeigt ist. Dies gilt bspw. auch für die gesellschafterbezogene Prüfung der Inanspruchnahme personenbezogener Steuervergünstigungen (z.B. § 34a EStG).[124] Die (semi-) transparente Besteuerung findet selbst bei Personen(handels)gesellschaften Anwendung, die kapitalistisch organisiert sind und eher die Funktion einer Kapitalgesellschaft erfüllen.[125] Die Einkommensteuer besitzt somit neben der Körperschaftsteuer den Charakter einer eigenständigen Unternehmensteuer.[126]

Gewerblich tätige Personenunternehmen unterliegen überdies der Gewerbesteuer, § 2 Abs. 1 GewStG. Während sich bei Einzelunternehmen die Gewerblichkeit nur kraft gewerblicher Betätigung i.S.d. § 15 Abs. 2 EStG ergeben kann, sind bei Personengesellschaften zusätzlich die Gewerbefiktionen des § 15 Abs. 3 EStG zu beachten (Infektionstheorie und gewerbliche Prägung).[127]

---

119 Dogmatisch weiterführend *Pinkernell*, Einkünftezurechnung bei Personengesellschaften, 2001, 62 ff. Aus der jüngeren Rechtsprechung bspw. BFH, Urteil v. 24.8.2000, IV R 51/98, BStBl. II 2005, 173, 174; BFH, Urteil v. 6.12.2000, VIII R 21/00 BStBl. II 2003, 194, 196. Kritisch *Knobbe-Keuk*, Bilanz- und Unternehmenssteuerrecht, 1993, 361 f.

120 Vgl. grundlegend BFH, Beschluss v. 25.6.1984, GrS 4/82, BStBl. II 1984, 751; BFH, Beschluss v. 3.7.1995, GrS 1/93, BStBl. II 1995, 617, 621; BFH, Urteil v. 27.4.2009, IV R 41/04, BStBl. II 2006, 755. Wegweisend bereits *Knobbe-Keuk,* StuW 1974, 1 ff.

121 So die gefestigte Rechtsprechung des BFH (vgl. etwa BFH, Beschluss v. 11.4.2005, GrS 2/02, BStBl. II 2005, 679). Zur partiellen Steuerrechtsfähigkeit von Personenmehrheiten instruktiv *Herzig/Kessler,* DB 1985, 2476 ff. Die einst gültige „Bilanzbündeltheorie" wurde vom BFH mit Beschluss v. 25.6.1984, GrS 4/82, BStBl. II 1984, 751 aufgegeben und durch den „Einheitsgedanken" ersetzt.

122 So die eindringliche Formel des BFH (Beschluss v. 25.6.1984, GrS 4/82, BStBl. II 1984, 751). Ferner *Kempermann,* GmbHR 2002, 200 ff.; *Hennrichs,* FR 2010, 721, 722.

123 *Ley,* Ubg 2011, 274 f.

124 *Wacker* in: Schmidt, EStG, § 15, Rz. 165.

125 So der BFH mit Beschluss v. 25.6.1984, GrS 4/82, BStBl. II 1984, 751 zur steuerlichen Einordnung einer Publikums-GmbH & Co. KG. Ferner *Frotscher*, Körperschaftsteuer, 2008, Rz. 57; *Prinz,* FR 2010, 736, 737. Kritisch *Hennrichs,* FR 2010, 721, 731 („Personengesellschaften stehen hinsichtlich der relevanten Leistungsfähigkeitsindikatoren [und den zivilrechtlichen Grundentscheidungen] den Kapitalgesellschaften näher als den Einzelunternehmen und sollten de lege ferenda in die KSt einbezogen werden.").

126 *Herzig* in: Kirchhof/Lambsdorff/Pinkwart, FS Solms, 2005, 115, 116.

127 Zu den einzelnen Tatbestandsmerkmalen und Anwendungsbereichen der Gewerbefiktionen i.S.d. § 15 Abs. 3 EStG eingehend *Herzig/Kessler,* DStR 1986, 451 ff.

Das Steuerrecht spricht auch nicht von einer Personen(handels)gesellschaft, sondern verwendet den Begriff der *Mitunternehmerschaft*. Gesellschafter einer Personengesellschaft erzielen demnach nur dann Einkünfte aus Gewerbebetrieb, wenn sie als *Mitunternehmer* einer (teilweise) gewerblich tätigen (bzw. geprägten) Personengesellschaft anzusehen sind, § 15 Abs. 1 S. 1 Nr. 2 S. 1 EStG.[128] Die Mitunternehmereigenschaft zeichnet sich durch das Tragen von *Mitunternehmerrisiko* und durch die Möglichkeit, *Mitunternehmerinitiative* entfalten zu können, aus.[129] Des Weiteren normiert § 15 Abs. 1 S. 1 Nr. 2 S. 1 Hs. 2 EStG, dass nicht nur die Gewinnanteile, sondern auch etwaige schuldrechtliche Leistungsbeziehungen zwischen Gesellschaft und Gesellschafter (Sondervergütungen) zu den Einkünften aus Gewerbebetrieb zählen.[130]

Bei Personengesellschaften ist gem. § 5 Abs. 1 S. 3 GewStG die Mitunternehmerschaft Steuerschuldner der Gewerbesteuer. Es erfolgt insofern kein unmittelbarer Durchgriff auf die Gesellschafter. Gleichwohl sind Träger des Gewerbebetriebs – und damit Ertragsteuersubjekte – die Gesellschafter der Personengesellschaft, so dass im Ergebnis auch hinsichtlich der Gewerbesteuer eine transparente Besteuerung vorliegt. Die Folgen dieser (einstufigen) Transparenz verdeutlichen sich insbesondere beim Verlustabzug nach § 10a GewStG, wonach der Wechsel des (unmittelbaren) Gesellschafters zum anteiligen Wegfall des gewerbesteuerlichen Verlustvortrags der Personengesellschaft führt.[131] Um eine Doppelbelastung zu vermeiden, sieht § 35 EStG eine typisierte Anrechnung der Gewerbesteuer in Höhe des 3,8fachen des Gewerbesteuermeßbetrages auf die Einkommensteuer vor.

Ein weiteres systemtragendes Element bei der Besteuerung von Personenunternehmen verbirgt sich hinter dem *Feststellungsprinzip*. Hieraus folgt die unmittelbare Erfassung der Gewinnanteile im VZ ihres Entstehens.[132] Wie sich noch zeigen wird, relativiert die Tarifoption i.S.d. § 34a EStG Teile dieses Konzepts.[133]

Die Einkünfte aus der gewerblichen Einzel- oder Mitunternehmerschaft werden nach den persönlichen Verhältnissen des Steuerpflichtigen zusammen mit etwaigen weiteren Einkünften der Einkommensteuer unterworfen.[134] Im Grundsatz ist die gegenwärtige Tariffunktion (§ 32a

---

[128] Zum offenen Typusbegriff des Mitunternehmers ausführlich *Streck,* FR 1974, 297, 304 f.; *Meßmer,* StbJb 1979/1980, 163, 226; *Erdweg,* FR 1984, 601, 605. Im Ergebnis auch BFH, Urteil v. 8.2.1979, IV R 163/76, BStBl. II 1979, 405, 408; BFH, Urteil v. 17.1.1980, IV R 115/76, BStBl. II 1980, 336, 338.

[129] Entscheidend ist stets das Gesamtbild der Verhältnisse, so dass beide Merkmale zwar vorliegen müssen, im Einzelfall aber mehr oder weniger stark ausgeprägt sein können und daher (eingeschränkt) kompensierbar sind. Statt vieler *Wacker* in: Schmidt, EStG, § 15, Rz. 262.

[130] Näher *Jachmann,* DStR 2005, 2019 ff. (mit umfangreichen Nachweisen aus der Rechtsprechung). Begründet wird dies damit, dass es aufgrund des Selbstkontrahierungsverbots nach § 181 BGB nicht möglich ist, die Unternehmensebene von der des Gesellschafters zu trennen.

[131] *Brandenberg,* FR 2010, 731, 732; *Ley,* Ubg 2011, 274, 278; *Fuhrmann/Urbach,* KÖSDI 2011, 17630 ff.

[132] Gem. § 4a EStG ist der Gewinnanteil für den jeweiligen VZ zu ermitteln und in diesem zu versteuern.

[133] *Niehus/Wilke*, Besteuerung der Personengesellschaften, 2010, 121.

[134] *Jacobs*, Unternehmensbesteuerung und Rechtsform, 2009, 141.

EStG) als linear-progressiver (indirekt progressiver)[135] Formeltarif ausgestaltet, sofern nicht das Wahlrecht auf lineare Sondertarifierung (§ 34a EStG) ausgeübt wird oder die abgeltende Besteuerung nach § 32d Abs. 1 i.V.m. § 43 Abs. 5 EStG greift.

D. Grundsätzliche Besteuerungsprinzipien bei Kapitalgesellschaften

Strikt am Zivilrecht ausrichtend differenziert das Steuerrecht zwischen der Ebene der Kapitalgesellschaft (Verband) und der Ebene der Anteilseigner (Mitglied).[136] Kapitalgesellschaften entfalten deshalb eine Abschirmwirkung gegenüber ihren Anteilseignern.[137] Als Ausfluss dieses *Trennungsprinzips* werden schuldrechtliche Vertragsbeziehungen zwischen Kapitalgesellschaft und Gesellschafter – ihre Angemessenheit unterstellt – anerkannt und darüber hinaus für steuergestalterische Zwecke genutzt.

Wegen ihrer eigenen wirtschaftlichen Leistungsfähigkeit werden Kapitalgesellschaften selbst dann als steuerpflichtige Körperschaften behandelt, wenn sie aufgrund ihrer gesellschaftsvertraglichen und/oder rechtstatsächlichen Ausgestaltung personalistisch strukturiert sind.[138] An dieser (juristischen) Betrachtungsweise ist festzuhalten, obgleich Betriebswirte[139] wie Finanzwissenschaftler[140] gelegentlich argumentieren, die Gesellschaft sei lediglich ein Instrument zur Einkommenserzielung und könne daher keine eigene Leistungsfähigkeit besitzen.[141]

Die von der Kapitalgesellschaft erwirtschafteten Gewinne unterliegen zunächst nur bei dieser der Ertragsbesteuerung (KSt und GewSt, zzgl. SolZ).[142] Zu einer Erfassung auf Anteilseignerebene kommt es erst im (Zufluss-) Zeitpunkt einer Gewinnausschüttung, Beteiligungsveräußerung bzw. Leistungsbeziehung.[143] Der Gesellschafter einer Kapitalgesellschaft wird mithin als „vermögensverwaltender Kapitalanleger“[144] betrachtet.

Zur Vermeidung der (wirtschaftlichen) Doppelbesteuerung stehen dem Gesetzgeber verschiedene Körperschaftsteuersysteme zur Verfügung.[145] Kategorisiert man die Systeme in Abhängigkeit des Umfangs der Steuerentlastung, so können drei Typen mit jeweils unterschiedlichen Ausprägungen abgeleitet werden: Nichtentlastungs-, Teilentlastungs- und Vollentlastungssysteme.[146] Das gegenwärtige Körperschaftsteuersystem der Bundesrepublik Deutsch-

---

135 Zur (lokalen) Progressionsmessung und deren Inkonsistenz vgl. bspw. *Raffelhüschen,* WISt 1988, 581 ff.
136 Stellvertretend *Rose/Glorius-Rose*, Rechtsformen und Verbindungen, 2001, 9. Für eine weiterführende juristische Betrachtungsweise vgl. nur *Schmidt*, Gesellschaftsrecht, 2002, 218 ff. (m.w.N.).
137 Etwa *Carlé,* KÖSDI 2009, 16769, 16775; *Böhmer,* StuW 2012, 33, 34.
138 *Frotscher*, Körperschaftsteuer, 2008, Rz. 57.
139 Bspw. *Schneider,* StuW 1975, 97, 101 f.; *Siegel,* BFuP 2007, 625, 641 f.
140 Dem „opfertheoretischen Ansatz“ folgend bspw. *Brümmerhoff*, Finanzwissenschaft, 2001, 393 ff., 502 ff.; *Bohley*, Öffentliche Finanzierung, 2003, 303 ff.
141 Zum Ganzen *Tipke*, Steuerrechtsordnung Band II, 2003, 1169 ff. (m.w.N.).
142 Bspw. *Teufel* in: Lüdicke/Sistermann, Unternehmensteuerrecht, § 2, Rz. 1.
143 Etwa *Scheidle/Jahn* in: Lüdicke/Rieger, MAH Unternehmenssteuerrecht, § 2, Rz. 13.
144 *Seer* in: Tipke/Seer/Hey/Englisch, FS Lang, 2010, 655, 659.
145 Exemplarisch *Weinelt*, Körperschaftsteuersystem, 2007, 10 ff.
146 *Jacobs*, Unternehmensbesteuerung und Rechtsform, 2009, 160 ff.

land ist seit dem Steuersenkungsgesetz 2001[147] als Teilentlastungssystem (*shareholder-relief*-Konzept) ausgestaltet.[148]

Natürliche Personen haben Gewinnausschüttungen ab dem VZ 2009 einem abgeltenden, pauschalen Steuersatz i.H.v. 25% (+ SolZ) zu unterwerfen (satzermäßigte Besteuerung einer Kapitalanlage im Privatvermögen nach § 32d EStG: Abgeltungsteuer) bzw. erfahren eine 40%ige Freistellung der Bemessungsgrundlage (Teileinkünfteverfahren für Beteiligungen im Betriebsvermögen gem. § 3 Nr. 40 Buchst. d) EStG). Für Kapitalgesellschaften als Empfängerin einer Gewinnausschüttung greift im Ergebnis eine 95%ige Beteiligungsertragsbefreiung nach § 8b Abs. 1, 5 KStG.

Ungeachtet der gesellschafterbezogenen Entlastungsmechanismen hat die ausschüttende Gesellschaft auf alle Gewinnausschüttungen Kapitalertragsteuer i.H.v. 25% anzumelden (§ 45a Abs. 1 EStG) und einzubehalten (§ 43 Abs. 1 S. 1 Nr. 1 i.V.m. § 43a Abs. 1 S. 1 Nr. 1 EStG). Der Steuerabzug ist explizit ohne Berücksichtigung des Teileinkünfteverfahrens (§ 3 Nr. 40 EStG) bzw. der Beteiligungsertragsbefreiung nach § 8b KStG vorzunehmen, § 43 Abs. 1 S. 3 EStG. Die einbehaltene Quellensteuer wird – abgesehen von der Abgeltungsteuer im Privatvermögen – bei der Veranlagung des Anteilseigners verrechnet, so dass in dieser Hinsicht keine endgültige Belastung eintritt.[149]

E. Rechtsformabhängigkeit der Unternehmensbesteuerung als Ausgangspunkt steuerorientierter Rechtsformplanung

Die Koexistenz von Trennungsprinzip (Kapitalgesellschaften) und Transparenzprinzip (Personenunternehmen) mündet nolens volens in einer rechtsformdependenten Besteuerung unternehmerischer Aktivitäten. Identische Sachverhalte entfalten in einer Welt fehlender Rechtsformneutralität unterschiedliche steuerliche Wirkungen. Eine gleich hohe Steuerbelastung von Kapitalgesellschaften und Personenunternehmen ist c.p. zwar denkbar, wäre aber rein akzidentell. Die fehlende Rechtsformneutralität ist deshalb gemeinsamer Ausgangspunkt jedweder Maßnahmen zur steuerorientierten Rechtsformplanung.[150]

Unter Rechtsformneutralität als Ausfluss eines betriebswirtschaftlichen Neutralitätsverständnisses begreift man gemeinhin, dass das Steuerrecht die Entscheidung zwischen unterschied-

[147] StSenkG v. 23.10.2000, BGBl. I 2000, 1433.

[148] Anschaulich *Jacobs*, Unternehmensbesteuerung und Rechtsform, 2009, 159 ff. Zur Historie und Entwicklung der verschiedenen Körperschaftsteuersysteme in der Bundesrepublik Deutschland eingehend *Seer*, GmbHR 2009, 1036 ff.

[149] Statt aller *Frotscher*, Körperschaftsteuer, 2008, Rz. 552.

[150] Ähnlich *Pöhland/Keilhoff* in: Baumhoff/Dücker/Köhler, FS Krawitz, 2010, 328, 330 ff.

lichen Rechtsformen nicht beeinflussen soll.[151] Als Leitlinie der horizontalen Gerechtigkeit wird sie oftmals als Unterfall der Finanzierungsneutralität eingestuft.[152]

Inwiefern das Grundgesetz (Art. 3 Abs. 1 GG) die Rechtsformneutralität der Unternehmensbesteuerung fordert, wird bereits seit dem 33. Deutschen Juristentag im Jahre 1924 diskutiert.[153] Die Debatte dauert bis heute an.[154] Fakt ist, dass sowohl das BVerfG[155] als auch der EuGH[156] das Postulat rechtsformneutraler Besteuerung aufgegeben haben. In diesem Sinne akzentuierte der 66. Deutsche Juristentag im Jahre 2006, dass sich „die dualistische Struktur der Unternehmensbesteuerung [...] bewährt [hat]. Sie entspricht – bei typisierender Betrachtungsweise – den zivilrechtlichen Unterschieden und sollte daher beibehalten werden.“[157]

Auch wirkungsorientierte Betriebswirte ziehen – im Unterschied zu den eher prinzipienorientierten Ökonomen – Neutralitätspostulate zunehmend in Zweifel.[158] Mit *Rose*[159] bleibt festzuhalten, dass betriebswirtschaftliche Anstrengungen um abstrakt-normative Kriterien wie die Rechtsformneutralität nicht weiter vertretbar scheinen, so sie bloß Ressourcenverschwendung geistiger Kapazitäten darstellen. Dies gilt selbst dann, wenn festgestellt werden muss, dass mittelständische Unternehmensstrukturen, namentlich die *GmbH* und die *GmbH & Co. KG*, gesellschaftsrechtlich einander angeglichen sind.[160]

Gleichwohl ertönt die Forderung nach einer rechtsformneutralen Besteuerung „gebetsmühlenartig“ bei jedem Anlass einer grundlegenden Steuerreform.[161] Aus der jüngeren Vergangenheit sind hier insbesondere folgende Reformvorschläge zu nennen:

- die „Brühler Empfehlungen“[162]
- der „Karlsruher Entwurf“[163]

---

151 *Haase* in: Herzig, FS Rose, 1991, 239, 243 ff.; *Herzig/Watrin,* StuW 2000, 378, 379 f.; *Maiterth/Sureth,* BFuP 2006, 225 f.; *Siegel* in: Winkeljohann/Bareis/Volk, FS Schneeloch, 2007, 271.

152 *Schreiber,* WPg 2002, 557, 563; *Schmiel,* BFuP 2006, 246, 259.

153 Vgl. insbesondere die Referate von *Becker/Lion* in: Deutscher Juristentag, 33. DJT, 1925, 429 ff. Zur Historie vgl. ausführlich *Hey* in: Herrmann/Heuer/Raupach, EStG/KStG, Einf. KSt, Rz. 184 ff.

154 Aus dem jüngeren Schrifttum vgl. nur *Hennrichs,* StuW 2002, 201 ff.; *Wagner,* StuW 2006, 101 ff.; *Hennrichs/Lehmann,* StuW 2007, 16 ff.; *Drüen,* GmbHR 2008, 393 ff.; *Musil/Leibohm,* FR 2008, 807 ff.; *Lauterbach*, Rechtsformneutralität, 2008, passim; *Eisgruber* in: Wachter, FS Spiegelberger, 2009, 103 ff.; *Lang* in: Kessler/Förster/Watrin, FS Herzig, 2010, 323 ff.; *Palm,* JZ 2012, 297 ff.

155 So befand das BVerfG, Beschluss v. 21.6.2006, 2 BvL 2/99, DStR 2006, 1316 (zur Tarifbegrenzung für gewerbliche Einkünfte gem. § 32c EStG a.F.), dass es kein allgemeines Verfassungsgebot einer rechtsformneutralen Besteuerung gebe. Bestätigend BVerfG, Beschluss v. 24.3.2010, 1 BvR 2130/09, FR 2010, 670 (zur Gewerbesteuerpflicht einer Freiberufler-Kapitalgesellschaft).

156 Aus der Niederlassungsfreiheit i.S.d. Art. 49 AEUV (vormals Art. 43 EGV) lässt sich nach ganz h.M. kein Gebot auf Gleichbehandlung unterschiedlicher Niederlassungsformen entnehmen. Vgl. z.B. *Jacobs* in: Kleineidam, FS Fischer, 1999, 85, 95.

157 Der Beschluss wurde (bei einer Enthaltung) mit 21 zu 10 Stimmen angenommen. Vgl. *o.V.*, 66. DJT, Band II/2, 2006, Q 300 (Beschlussfassung) sowie Q 310 (Beschluss).

158 *Ewert/Niemann,* zfbf Sonderheft 63/11, 94, 95.

159 *Rose* in: Hebig/Kaiser/Koschmieder/Oblau, FS Wacker, 2006, 49, 50. Ähnlich *Marx/Nienaber,* GmbHR 2006, 686 f. Kritisch *Siegel* in: Winkeljohann/Bareis/Volk, FS Schneeloch, 2007, 271 ff.

160 *Schiffers* in: Kessler/Förster/Watrin, FS Herzig, 2010, 823, 826.

161 *Schneider*, Steuerlast und Steuerwirkung, 2002, 216

162 *Kommission zur Reform der Unternehmensbesteuerung*, Brühler Empfehlungen, 1999, passim.

- die „zinsbereinigte Einfachsteuer“[164]
- der „Frankfurter Entwurf“[165]
- der „Kölner Entwurf“[166]
- das „Steuergesetzbuch der Stiftung Marktwirtschaft“[167]
- die „Duale Einkommensteuer des Sachverständigenrates“[168]
- sowie „*Kirchhofs* Entwurf für ein Bundessteuergesetzbuch“[169]

F. Modelle einer rechtsformneutralen Unternehmensbesteuerung

Zur Beseitigung des Steuerbelastungsgefälles zwischen Personen- und Kapitalgesellschaften steht dem Gesetzgeber grundsätzlich eine Vielzahl an divergenten Steuerkonzepten zur Verfügung. Es kann zwischen drei Gruppen unterschieden werden.[170]

- Die *Teilhabersteuer* fordert eine transparente Behandlung aller Unternehmensformen.[171] Thesaurierte wie ausgeschüttete Gewinne von Kapitalgesellschaften sind demnach – analog der Behandlung einer Personengesellschaft – ausschließlich beim Anteilseigner der Einkommensteuer zu unterwerfen. Ein solch umfassendes Transparenzprinzip könnte ggf. auch als Wahlrecht ausgestaltet sein.[172] Die *Steuer ohne Namen*[173] verfolgt den gleichen Gedanken, schließt allerdings Kleinaktionäre wegen hohen Vollzugs- und Informationskosten vom Mitunternehmerkonzept aus.[174] Verglichen mit ausländischen Staaten gab es in Deutschland noch keine (dezidierten) Gesetzesvorhaben, Kapitalgesellschaften für eine Besteuerung nach dem Transparenzprinzip optieren zu lassen.[175] Gleichwohl erfreut sich das Modell einer optional transpa-

---

163 *Kirchhof*, Karlsruher Entwurf, 2001, passim.

164 *Rose*, Einfachsteuer, 2002, passim.

165 *Mitschke*, Erneuerung des deutschen Einkommensteuerrechts, 2004, passim.

166 *Lang/Herzig/Hey u.a.*, Kölner Entwurf eines Einkommensteuergesetzes, 2005, passim.

167 *Stiftung Marktwirtschaft*, Steuerpolitisches Programm, 2006, passim.

168 *Rürup/Wiegard/Schön u.a.*, Reform der Einkommens- und Unternehmensbesteuerung, 2006, passim.

169 *Kirchhof*, Bundessteuergesetzbuch, 2011, passim (insbes. 361).

170 Eingehend hierzu *Hey* in: Tipke/Lang, Steuerrecht, § 18, Rz. 535 ff. Zu diskutierten Reformmodellen der Besteuerung von Personenunternehmen in Deutschland vgl. der Bericht der *Kommission zur Reform der Unternehmensbesteuerung*, Brühler Empfehlungen, 1999, 72 ff.; *Hennrichs*, StuW 2002, 201, 210 ff.; *Dorenkamp*, Nachgelagerte Besteuerung, 2004, 353 ff.; *Hey* in: Kirchhof/Schmidt/Schön/Vogel, FS Raupach, 2006, 479, 484 ff.

171 Grundlegend *Engels/Stützel*, Teilhabersteuer, 1968, passim; *Friauf*, FR 1969, 27 ff. Kritisch *Tipke*, NJW 1980, 1079 ff.; *Knobbe-Keuk*, Bilanz- und Unternehmenssteuerrecht, 1993, 562 f.

172 Bestimmten italienischen Kapitalgesellschaften steht ein solches Wahlrecht bereits seit dem Jahr 2005 zur Verfügung (vgl. *Mayr/Frei*, IWB 2004, 913 ff.); ebenso seit dem Jahr 2008 in Frankreich (vgl. *Kern*, IStR-LB 2009, 74).

173 *Schreiber*, Rechtsformabhängige Unternehmensbesteuerung, 1987, 207 ff.

174 *Homburg*, Allgemeine Steuerlehre, 2010, 265.

175 *Bogenschütz*, Ubg 2009, 604.

renten Besteuerung der GmbH (*OTB-GmbH*) von *Fechner/Lethaus*[176] wachsender Beliebtheit. Es hat sogar Eingang in das Steuerkonzept 2010 der *FDP* gefunden.[177]

- Spiegelbildlich gliedern *körperschaftsteuerliche Integrationsmodelle* bestimmte Personenunternehmen – optional[178] oder per se[179] – in die intransparente Besteuerung ein.[180] Solche Modelle wurden auch in Deutschland wiederholt vorgestellt, jedoch (bis heute) allesamt verworfen.[181] Als Sonderform körperschaftsteuerlicher Integrationsversuche können im weitesten Sinne auch die *allgemeine Betrieb-*[182] bzw. *Unternehmensteuer*[183] sowie die von *Lang* entwickelte *Inhabersteuer*[184] verstanden werden. Diese Konzepte haben sich ebenfalls weder national noch international durchgesetzt.[185]

- *Einkommensteuerliche Integrationsmodelle* gewähren den Personenunternehmen eine sondertarifierte, der Kapitalgesellschaftsbelastung nachempfundene Einkommensbesteuerung des nicht entnommenen Gewinns. Es bleibt bei einem dualen Unternehmensteuersystem. Die steuerliche Angleichung der Rechtsformen beschränkt sich im Wesentlichen auf den Tarif, mithin auf die Annäherung der Steuerbelastung. In unterschiedlichen Ausprägungen findet sich dieses Konzept bspw. in der *integrierten Unternehmensbesteuerung nach Ritter*[186], im *Modell 2 der Brühler Empfehlungen*[187], im

---

176 *Fechner/Lethaus* in: Spindler/Tipke/Rödder, FS Schaumburg, 2009, 287 ff. Ähnlich auch *Fechner/Bäuml*, FR 2010, 744, 748 ff.

177 Beschluss des 61. Ordentlichen Bundesparteitages der FDP v. 24./25.4.2010, 9.

178 Die optionale Integration zur Körperschaftsteuer wird bspw. in Frankreich (vgl. hierzu bspw. *Kußmaul/Schäfer*, IStR 2000, 161 ff.) und den USA („check-the-box" vgl. hierzu etwa *Tanenbaum/Otto*, RIW 1996, 678 ff.; *Flick*, IStR 1998, 110 f.) praktiziert.

179 So ordnen z.B. bestimmte Staaten des romanischen Rechtskreises (u.a. Portugal, Spanien) sowie einige osteuropäische Länder (bspw. Estland, Litauen, Slowenien) Personen(handels)gesellschaften grds. als Körperschaften ein. Zu einer Übersicht über die Besteuerung von Personengesellschaften in den Mitgliedstaaten der Europäischen Union, der Schweiz und den USA vgl. *Hey/Bauersfeld*, IStR 2005, 649 ff.; *Spengel/Schaden/Wehrße*, StuW 2010, 44 ff.; *Hennrichs*, FR 2010, 721, 728.

180 *Hey* in: Kirchhof/Schmidt/Schön/Vogel, FS Raupach, 2006, 479, 491 ff.; *Kraus*, Körperschaftsteuerliche Integration, 2009, 185 ff.

181 *Rädler* in: Kirchhof/Schmidt/Schön/Vogel, FS Raupach, 2006, 97, 99 f. Das geplante Wahlrecht nach § 4a KStG-E i.R.d. StSenkG-Entwurfs 2000 wurde wegen (vermeidbaren) Fehlern und Abstimmungsproblemen (insbesondere wegen des Sonderbetriebsvermögens) nicht umgesetzt. Vgl. hierzu das *Modell 1* der *Kommission zur Reform der Unternehmensbesteuerung*, Brühler Empfehlungen, 1999, 72 ff. Aus dem Schrifttum nur *Rödder/Schumacher*, DStR 2000, 353, 362 ff.; *Schön*, StuW 2000, 151, 156 ff.

182 Vgl. bereits *Boettcher*, StuW 1947, 67 ff. sowie der eingesetzte *Betriebsteuerausschuß der Verwaltung für Finanzen*, StuW 1949, 929 ff. Darüber hinaus statt vieler *Flume*, DB 1971, 692 ff.; *Heidinger*, StuW 1982, 268 ff.; *Knobbe-Keuk*, DB 1989, 1303, 1305 ff.

183 So bspw. der Vorschlag der Kommission Steuergesetzbuch der *Stiftung Marktwirtschaft*, Steuerpolitisches Programm, 2006, 16 ff. Weiterführend *Homburg*, BB 2005, 2382 ff.; *Herzig* in: Kirchhof/Lambsdorff/Pinkwart, FS Solms, 2005, 115 ff.; *Herzig/Bohn*, DB 2006, 1 ff.; *Hey*, StuB 2006, 267 ff.; *Schreiber/Spengel*, BFuP 2006, 275 ff.

184 *Lang* in: *Kommission zur Reform der Unternehmensbesteuerung*, Brühler Empfehlungen, 1999, Anhang Nr. 1, 19 ff.; *Lang* in: Ebling, DStJG Band 24, 2001, 49, 106 ff.

185 *Lang* in: Kessler/Förster/Watrin, FS Herzig, 2010, 323, 325 begründet dies anhand der Tatsache, dass auch das internationale Doppelbesteuerungsrecht am Dualismus von ESt und KSt ausgerichtet sei.

186 *Ritter*, StuW 1989, 319 ff.; *Ritter*, BB 1993, 2197 ff.

T-Modell[188], in der *Tarifrücklage*[189], im *Halbsatzverfahren*[190], im *virtuellen Trennungsprinzip*[191] sowie schließlich in der *Thesaurierungsbegünstigung* wieder.

Mit der Unternehmensteuerreform 2008 hat sich der Gesetzgeber – in enger Abstimmung mit der Industrie – bekanntlich für ein einkommensteuerliches Integrationsmodell, namentlich für die Thesaurierungsbegünstigung nach § 34a EStG, entschieden. Eine solche Tarifoption ist von der Technik und Komplexität her das anspruchsvollste aller drei Konzepte.[192] Gleichwohl wurde – um es vorweg zu nehmen – Rechtsformneutralität nicht erreicht.

Zwar sprachen sich die Regierungsparteien – wie bereits im Rahmen des StSenkG 2001[193] – auch im Zuge der Unternehmensteuerreform 2008[194] für eine „weitgehende Rechtsformneutralität" aus. Die Botschaft und auch die Umsetzung durch § 34a EStG relativierte sich aber zu einer deutlich schwächer einzustufenden „weitgehenden Belastungsneutralität".[195] Etwas vager lautet sonach auch das mittelfristige Ziel im Koalitionsvertrag vom Herbst 2009, wonach sich das Unternehmensteuerrecht – „unabhängig von Rechtsform, Organisation und Finanzierung – in erster Linie nach wirtschaftlichen Gesichtspunkten und nicht nach steuerlichen Aspekten richten" sollte.[196]

Die Steuer(beratungs)praxis hat sich demnach auf die bestehende Dichotomie der Unternehmensbesteuerung einzustellen. Vor diesem Hintergrund ist die Rechtsformabhängigkeit als Datum in das steuerliche Optimierungskalkül aufzunehmen. Dabei kommt der steuerorientierten Rechtsformplanung eine besondere Bedeutung zu, so sie als legitime und ständige Gestaltungsaufgabe wahrgenommen wird.[197]

---

187 Vgl. hierzu *Kommission zur Reform der Unternehmensbesteuerung*, Brühler Empfehlungen, 1999, 82 ff. (Sondertarifierung in Höhe des Körperschaftsteuersatzes).

188 *Wissenschaftlicher Beirat Steuern der Ernst & Young AG*, BB 2005, 1653 ff.

189 Zur Tarifrücklage als Alternative einer satzermäßigten Besteuerung von Personenunternehmen vgl. *Fechner/Lethaus*, Die Tarifrücklage, 2006, passim.

190 *Steckmeister*, Stbg 2006, 161 ff.; *Haase/Hinterdobler*, BB 2006, 1191 ff.

191 *Schneider/Wesselbaum-Neugebauer*, FR 2011, 166, 169 ff.; *Wesselbaum-Neugebauer*, Schumpeter Discussion Papers 2008-009, 19 ff.; *Schneider/Wesselbaum-Neugebauer*, Schumpeter Discussion Papers 2010-002, 19 ff.

192 *Kühn*, ifo-Schnelldienst 23/2006, 10, 11.

193 BT-Drs. 14/2683 v. 15.2.2000, 94 und 98.

194 Koalitionsvertrag v. CDU, CSU und SPD v. 11.11.2005, Gemeinsam für Deutschland – Mit Mut und Menschlichkeit, 81 f.

195 BR-Drs. 220/07 v. 30.3.2007, 54 f.; *Dörfler/Graf/Reichl*, DStR 2007, 645 f.; *Hey*, DStR 2007, 925 f.

196 Koalitionsvertrag v. CDU, CSU und FDP v. 26.10.2009, Wachstum – Bildung – Zusammenhalt, 13 f.

197 *Drüen*, GmbHR 2008, 393, 394; *Herzig* in: Wachter, FS Spiegelberger, 2009, 210.

Kapitel 2.
Steuersystematische Einordnung der Thesaurierungsbegünstigung und der Abgeltungsteuer

A. Grundprinzipien

I. Thesaurierungsbegünstigung

In Analogie zur Besteuerung von Kapitalgesellschaften sieht das Grundkonzept des § 34a EStG für (einkommensteuerpflichtige) Personenunternehmen eine optionale Steuersatzermäßigung für nicht entnommene Gewinne vor. Die Systematik der Thesaurierungsbegünstigung basiert auf drei Säulen:[198]

- Die Besteuerung erfolgt außerhalb des individuellen progressiven Steuersatzes linear mit 28,25% im Zeitpunkt der Gewinnentstehung. Hinzu kommen Solidaritätszuschlag, ggf. Kirchensteuer und ggf. Gewerbesteuer (abzüglich Anrechnung).
- Zeitgleich kommt es zu einer gesonderten Feststellung des nachversteuerungspflichtigen Betrags. Dieser besteht – vereinfacht ausgedrückt – aus dem Begünstigungsbetrag abzüglich der darauf entfallenden Sonderbesteuerung.
- Im VZ einer gewinnübersteigenden Entnahme wird eine 25%ige Nachversteuerung (zzgl. SolZ und ggf. Kirchensteuer) ausgelöst. Darüber hinaus existieren weitere Sondertatbestände, die eine (Zwangs-) Nachversteuerung auslösen können.

Der Gesetzesaufbau der Thesaurierungsbegünstigung stellt sich wie folgt dar:

§ 34a EStG			
Abs. 1 Voraussetzungen, Besteuerung 28,25%	Abs. 2 Nicht entnommener Gewinn	Abs. 3 Nachversteuerungs-pflichtiger Betrag	Abs. 4 Nachversteuerungsbetrag, Nachversteuerung 25%
Abs. 5 Übertragung von Wirtschaftsgütern	Abs. 6 Zwangsnach-versteuerung	Abs. 7 Unentgeltliche Übertragung, Einbringung	Abs. 8 Verlustausgleichs-/ abzugsverbot
Abs. 9 - 11 Verfahrensfragen			

Abbildung 4: Gesetzesaufbau der Thesaurierungsbegünstigung

Quelle: Eigene Darstellung in Anlehnung an *Gerner* in: Oestreicher, Unternehmensbesteuerung, 2008, 73, 80

[198] *Ley* in: Kessler/Förster/Watrin, FS Herzig, 2010, 469 f.

II. Abgeltungsteuer

Die Abgeltungsteuer nach § 32d EStG ist keine eigene Steuerart, sondern eine besondere Erhebungsform der Einkommensteuer bzw. Kapitalertragsteuer.[199] Grundsätzlich gilt:

- Die Abgeltungsteuer erfasst sämtliche Einkünfte aus Kapitalvermögen i.S.d. § 20 EStG, also laufende Kapitalerträge und Veräußerungsgewinne von im Privatvermögen gehaltenen (Portfolio-) Beteiligungen.
- Die Besteuerung erfolgt mit einem einheitlichen Steuersatz i.H.v. 25% (zzgl. SolZ).
- Der an der Quelle durchzuführende Kapitalertragsteuerabzug hat abgeltende Wirkung (§ 43 Abs. 5 S. 1 EStG), so dass ein Veranlagungsverfahren entfällt.
- Gleichwohl existieren zahlreiche Veranlagungsoptionen und -pflichten.
- Abgeltend besteuerte Einkünfte gehen nicht in das z.v.E. ein (§ 2 Abs. 5b EStG).
- Ein Abzug von Werbungskosten ist – unbeschadet des Sparer-Pauschbetrags i.H.v. 801 € – ebenso wenig möglich wie ein Verlustausgleich mit anderen Einkünften.

Der Gesetzesaufbau der abgeltungsteuerrelevanten Normen stellt sich wie folgt dar:

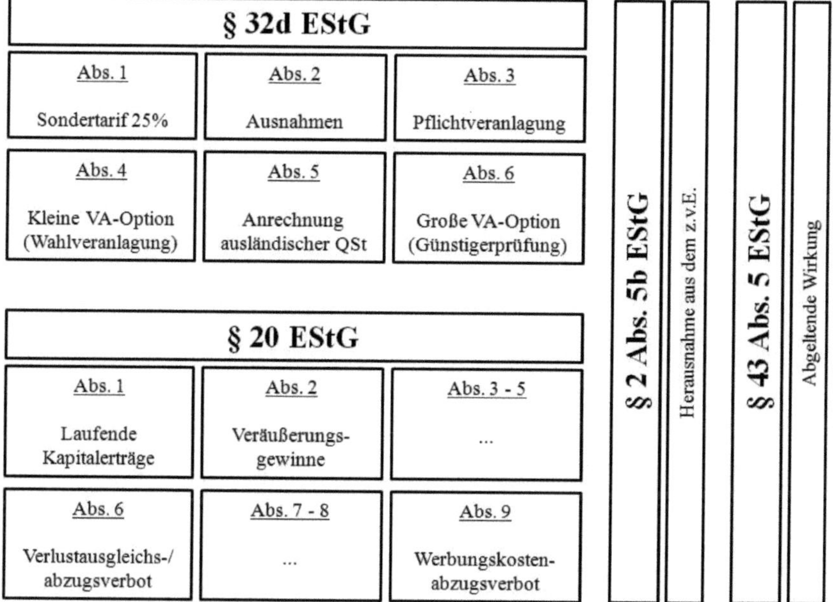

Abbildung 5: Gesetzesaufbau der Abgeltungsteuer

Quelle: Eigene Darstellung

[199] *Harenberg/Zöller*, Abgeltungsteuer, 2012, 29.

B. Gesetzesentwicklung

I. Thesaurierungsbegünstigung

Die Thesaurierungsbegünstigung nach § 34a EStG ist keine grundlegende Innovation der Unternehmensteuerreform 2008.[200] Die gesetzgebende Gewalt konnte vielmehr auf Erkenntnisse der Vergangenheit rekurrieren.

Eine erste Regelung findet sich bereits in § 58a EStG des Jahres 1931. Wenn Gewinnanteile nicht entnommen, sondern zur Schaffung von Rücklagen verwendet wurden, beschränkte sich der Einkommensteuersatz auf 20%, den damaligen Körperschaftsteuertarif.[201] Diese Norm entfiel 1934 und wurde erst durch § 3 StÄVO v. 20.8.1941 in modifizierter Form wieder aufgenommen.[202] Sie ging in der Nachkriegszeit über in § 10 Abs. 1 Nr. 3 EStG 1948 bzw. später in § 10a EStG 1950 und sah einen (begrenzten) Sonderausgabenabzug für nicht entnommene Gewinne vor.[203]

Alternativ konnte gem. § 32a EStG 1950 zur Einkommensbesteuerung mit dem Körperschaftsteuertarif optiert werden. Diese Vorschrift hatte aufgrund des damaligen Belastungsgefälles zwischen Einkommensteuer (bis zu 95%) und Körperschaftsteuer (50% bis 60%) zwar durchaus ihre Berechtigung.[204] Gleichwohl waren sowohl § 32a EStG 1950 als auch § 10a EStG 1950 wegen „fast unüberwindlichen technischen und verwaltungsmäßigen Schwierigkeiten" nur im VZ 1950 anwendbar.[205]

Mit § 32b EStG 1951[206] schuf der Gesetzgeber ein gesellschafterbezogenes Wahlrecht, den nicht entnommenen Gewinn aus Gewerbebetrieb dem Körperschaftsteuersatz (60%) zu unterwerfen.[207] An diesen Antrag war der Steuerpflichtige für drei Veranlagungszeiträume gebunden. Der per Betriebsvermögensvergleich ermittelte Gewinn durfte um eine angemessene Unternehmervergütung gekürzt werden. Spätere Entnahmen mussten mit 10% bis 40% des nicht entnommenen Gewinns nachversteuert werden.[208] Die Gesamtbelastung lag mithin bei max. 76%, also 4% unter der max. Regelbelastung (sog. Plafond i.H.v. 80%). Wegen fehlender Planungssicherheit, ihrer Komplexität und der späteren Senkung des Spitzensteuersatzes

---

200 *Kraus*, Körperschaftsteuerliche Integration, 2009, 98 f.; *van Heek*, SteuerStud 2010, 503, 505.

201 *Bühler*, Steuerrecht der Gesellschaften, 1953, 7 f. u. 46 ff.; *Desens*, Halbeinkünfteverfahren, 2004 44; *Höller*, Unternehmensteuerreform 2008 im historischen Kontext, 2010, 78 f.

202 RStBl. 1941, 5593.

203 *Neufang/Strathmann*, BB 2005, 2612, 2613; *Fuest/Mitschke*, Gutachten zur Einführung einer Ertragsteuerbegünstigung der Eigenkapitalbildung mittelständischer Unternehmen, 2007, 16.

204 *Söffing*, GmbH & Co. KG, 2009, 504.

205 *Bühler*, DB 1950, 13 ff.; *Grieger*, BB 1951, 481; *Siara*, DB 1951, 101 f.; *Voß*, IFSt-Schrift Nr. 324, 1994, 5.

206 ESt- und KSt-Änderungsgesetz v. 27.6.1951, BGBl. I 1951, 411; BStBl. I 1951, 223.

207 Aus dem seinerzeitigen Schrifttum *Vogt*, FR 1951, 257 f.; *Merkle*, WPg 1951, 451 ff.; *Grieger*, BB 1951, 481 ff.; *Siara*, DB 1951, 512 f.; *Theis*, DB 1951, 552 f.; *Grieger*, BB 1951, 889 ff.; *Merkle*, WPg 1952, 437 ff.; *Grieger*, DStZ 1952, 327 f.

208 *Dorenkamp*, Nachgelagerte Besteuerung, 2004, 356 f.; *van Heek*, SteuerStud 2010, 503, 505 f.

auf 70% erlangte § 32b EStG 1951 allerdings kaum praktische Bedeutung.[209] Vollzugsschwierigkeiten führten vielmehr dazu, auch diese Vorschrift alsbald wieder (ersatzlos) abzuschaffen.[210] Die Tarifoption nach § 32b EStG hatte demnach nur für die VZ 1951 und 1952 bestanden.[211]

Des Weiteren normierte § 10a EStG 1952 einen Sonderausgabenabzug thesaurierter Gewinne für Vertriebene und politisch Verfolgte des Nationalsozialismus. Aufgrund seiner besonderen gesellschaftspolitischen Intention war § 10a EStG 1952 aber auf einen bestimmten, immer wieder verlängerten Zeitraum beschränkt, zuletzt bis zum Jahr 1992.[212]

Mit dem Standortsicherungsgesetz 1994 führte der Gesetzgeber in § 32c EStG eine Tarifermäßigung für gewerbliche Einkünfte ein.[213] Auf diese Weise reduzierte sich der Einkommensteuerspitzentarif für Einkünfte aus Gewerbebetrieb von 53% auf 47% (Tarifbegrenzung). Der Tarif entsprach somit in etwa dem damaligen Körperschaftsteuersatz. Es wurde jedoch nicht zwischen entnommenen und thesaurierten Gewinnen differenziert.[214] Darüber hinaus hat der Gesetzgeber kurze Zeit später den Körperschaftsteuersatz auf 40% gesenkt. Die Tarifangleichung war damit nur von kurzer Dauer.[215]

Deshalb wurde die Idee einer rechtsformneutralen Besteuerung im Vorfeld der Unternehmensteuerreform 2001 erneut ins Spiel gebracht.[216] Neben einer Option zur Körperschaftsbesteuerung (Modell 1) und einem Gewerbesteuer-Anrechnungsverfahren (Modell 3) sahen die *Brühler Empfehlungen* eine einkommensteuerliche Sondertarifierung nicht entnommener Gewinne vor (Modell 2).[217] Gleichwohl mussten sowohl das Options- als auch das Tarifmodell – nach umfangreichen Planspielen[218] – dem Anrechnungsverfahren nach § 35 EStG (Modell 3) weichen. Das Anrechnungsverfahren trat an die Stelle des § 32c EStG. Belastungsneutralität wurde nicht erreicht.

Mit der Thesaurierungsbegünstigung nach § 34a EStG hat der Gesetzgeber im Zuge der Unternehmensteuerreform 2008 die jahrzehntelange Forderung nach Belastungsangleichung nochmals aufgegriffen.[219] Da eine einheitliche Unternehmensteuer (haushalts-) politisch nicht tragfähig und eine Körperschaftsteueroption steuertechnisch immer noch zu komplex schien,

---

209 *Grund,* DB 1953, 493 beziffert die tatsächlichen Antragstellungen auf schätzungsweise 1.200 Fälle, während bei *Bühler*, Steuerrecht der Gesellschaften, 1953, 48 von ca. 300 bis 400 Fällen die Rede ist.
210 Ausführlich *Voß*, IFSt-Schrift Nr. 324, 1994, 7 ff. (Gesetzeswortlaut, EStDV, Verwaltungsanordnung sowie die amtliche Anlage zur ESt-Erklärung 1951 sind im dortigen Anhang I-V abgedruckt).
211 BGBl. I 1953, 413; BStBl. I 1953, 192; *Söffing*, GmbH & Co. KG, 2009, 505.
212 Art. 10 EinglAnpG v. 22.12.1989, BGBl. I 1989, 2398. Hierzu *Heinicke* in: Schmidt, EStG, 13. Auflage, 1994, § 10a, Rz. 1; *van Heek,* SteuerStud 2010, 503, 506.
213 BGBl. I 1993, 1569.
214 *Levedag*, Begünstigung gewerblicher Einkünfte, 2000, 4.
215 *Höller*, Unternehmensteuerreform 2008 im historischen Kontext, 2010, 116.
216 Statt vieler *Kraus*, Körperschaftsteuerliche Integration, 2009, 98.
217 *Kommission zur Reform der Unternehmensbesteuerung*, Brühler Empfehlungen, 1999, 72 ff.
218 *BMF*, Planspiele Unternehmensteuerreform, 2000, 33 ff.
219 *Fellinger,* DB 2008, 1877; *Schmitt,* FR 2010, 750 f.

suchte der Gesetzgeber nach einer vermeintlich einfachen, vertretbaren Tariflösung.[220] Dabei schien der Gesetzgeber sichtlich bemüht, die Fehler der Vergangenheit (insbesondere § 32b EStG 1951) nicht zu wiederholen.[221]

Als ausgearbeitete Vorlagen dienten die sog. „Tarifrücklage“ von *Fechner/Lethaus*[222] und das sog. „Tarifmodell“ („T-Modell“) des *Wissenschaftlichen Beirats des Fachbereichs Steuern bei der Ernst & Young AG.*[223] Beide Konzepte wurden – zusammen mit dem körperschaftsteuerlichen Optionsmodell – im Rahmen einer Tagung der *Stiftung Marktwirtschaft* („Expertengespräch Integrationsmodelle“) am 15.6.2005 vorgestellt.[224]

Der Gesetzgeber hat sich letztlich für das „T-Modell“ entschieden, wenngleich mit einigen Modifizierungen.[225] So ging das „T-Modell“ bspw. noch von einer Abschaffung der Gewerbesteuer aus und sah einen Thesaurierungssteuersatz i.H.d. Körperschaftsteuertarifs vor. Charakteristisch ist dagegen die Anknüpfung an vordefinierte Begriffe, der Rückgriff auf bewährte Gesetzestechniken (z.B. § 15a EStG) sowie die Tatsache, dass keine weiteren (Rücklagen-) Konten innerhalb der Buchführung notwendig sind.[226]

II. Abgeltungsteuer

Für die Abgeltungsteuer nach § 32d EStG existierte keine nationale Vorgängerregelung. Obwohl es schon bisher einen Kapitalertragsteuerabzug an der Quelle gab, entfaltet dieser nun abgeltende Wirkung (§ 43 Abs. 5 EStG). Auch die Einbeziehung langfristiger privater Veräußerungsgewinne außerhalb des § 17 EStG war dem deutschen Einkommensteuerrecht bis zur Einführung der Abgeltungsteuer fremd. Eine solche unbeschränkte Wertzuwachsbesteuerung gab es nur für kurze Zeit in der deutschen Kolonie *Tsingtau.*[227]

Die Abgeltungsteuer nach § 32d EStG weist jedoch gewisse Ähnlichkeiten mit dem Besteuerungsverfahren beschränkt Steuerpflichtiger auf.[228] So findet im grenzüberschreitenden Kontext ebenfalls keine Veranlagung statt; der Kapitalertragsteuerabzug ist abgeltend (§ 50 Abs. 2 EStG, § 32 Abs. 1 Nr. 2 KStG).[229]

---

220 *Ratschow* in: Blümich, EStG/KStG/GewStG, § 34a EStG, Rz. 2.
221 *Kraus*, Körperschaftsteuerliche Integration, 2009, 99.
222 *Fechner/Lethaus*, Die Tarifrücklage, 2006, passim.
223 Die Grundzüge sind dargestellt in BB 2005, 1653 ff. Hierzu auch *Kessler,* Der Mittelstand 9/2005, 38 f.
224 *Stiftung Marktwirtschaft*, Tagungsbericht der Kommission "Steuergesetzbuch", 2005, passim.
225 *Hey,* DStR 2007, 925, 926.
226 *Wissenschaftlicher Beirat Steuern der Ernst & Young AG,* BB 2005, 1653 f.
227 *Sinn,* IStR-Länderbericht 7/ 2007, 1. Vgl. hierzu *Matzat,* ZfSö Folge 120, März 1999.
228 Zur Kennzeichnung der Besteuerung beschränkt Steuerpflichtiger als „Schedulenbesteuerung“ bereits *Wassermeyer* in: Vogel, DStJG Band 8, 1985, 49, 72 ff.
229 Dies erachtet der EuGH (Urteil v. 20.10.2011, Rs. C-284/09, DStR 2011, 2038, Rz. 57) als unvereinbar mit der Kapitalverkehrsfreiheit (Art. 63 AEUV; vormals Art. 56 EGV). Vgl. hierzu *Kessler/Dietrich,* IStR 2011, 2131 ff.; *Grieser/Faller,* DB 2011, 2798 ff.

Auch bei beschränkt einkommensteuerpflichtigen Künstlern entfaltet der (15%ige) Quellensteuerabzug gem. § 50 Abs. 2 S. 1 EStG i.V.m. § 50a EStG abgeltende Wirkung. Des Weiteren ist es beschränkt Steuerpflichtigen i.S.d. §§ 50, 50a EStG versagt, Werbungskosten bzw. Betriebsausgaben geltend zu machen (Bruttobesteuerung).[230] Beschränkt Steuerpflichtige mit Staatsangehörigkeit eines EU/EWR-Staates, die ihren Wohnsitz oder gewöhnlichen Aufenthalt in einem dieser Staaten haben, können seit dem JStG 2009 gleichwohl zur Veranlagung optieren (§ 50 Abs. 2 S. 2 Nr. 5 i.V.m. S. 7 EStG). Alternativ kann der Schuldner der Vergütung (i.d.R. der Veranstalter) von den Bruttoeinnahmen des EU/EWR-Staatsangehörigen etwaige Werbungskosten bzw. Betriebsausgaben abziehen. In diesen Fällen erhöht sich der Pauschalsteuersatz auf 30% (§ 50a Abs. 3 EStG).[231]

Mit der Abgeltungsteuer nach § 32d EStG folgt der Gesetzgeber in Ansätzen den Vorschlägen des *Sachverständigenrates zur Reform der Einkommens- und Unternehmensbesteuerung* v. 13.2.2006 („Duale Einkommensteuer").[232] Kapitaleinkünfte werden in beiden Varianten einem proportionalen Tarif unterworfen, während die übrigen Einkünfte dem progressiven Tarif unterliegen. Im Unterschied zur Dualen Einkommensteuer umfasst das Kapitaleinkommen im Rahmen der Abgeltungsteuer aber keine (betrieblichen) Gewinnanteile, die einer kalkulatorischen Verzinsung des eingesetzten Eigenkapitals entsprechen.

Die *Stiftung Marktwirtschaft*[233] hatte eine Abgeltungsteuer – nach reiflichen Überlegungen – nicht in ihr ursprüngliches Reformkonzept einer einheitlichen Unternehmensteuer aufgenommen.[234] In ihrem Entwurf eines Einkommensteuergesetzes 2009 akzeptiert sie nun allerdings die gesetzgeberische Entscheidung für eine Abgeltungsteuer.[235]

C. Gesetzesziele und rechtspolitische Hintergründe

I. Thesaurierungsbegünstigung

Die Thesaurierungsbegünstigung nach § 34a EStG ist primär eingeführt worden, um die Steuerbelastung ertragstarker, im internationalen Wettbewerb stehender Personenunternehmen an die Steuerbelastung reinvestierender Kapitalgesellschaften anzugleichen.[236] Mit der Senkung des Körperschaftsteuersatzes auf 15% wäre die Steuerbelastung von Kapital- und Personenge-

230 Dies hat der EuGH als Verstoß gegen die Dienstleistungsfreiheit (Art. 56 AEUV; vormals Art. 49 EGV) gewertet. Vgl. EuGH, Urteil v. 12.6.2003, C-234/01, Rs. *Gerritse*, BStBl. II 2003, 859; EuGH, Urteil v. 3.10.2006, C-290/04, Rs. *Scorpio*, BStBl. II 2007, 352; EuGH, Urteil v. 15.2.2007, C-345/04, Rs. *Centro Equestre*, IStR 2007, 212. Ebenso BFH, Urteil v. 5.5.2010, I R 104/08, BFH/NV 2010, 1814.

231 Vgl. etwa *Frotscher*, Internationales Steuerrecht, 2009, 68 ff.; *Hartmann,* DB 2009, 197 ff. Ferner BMF, Schreiben v. 25.11.2010, IV C 3 – S 2303/09/10002, BStBl. I 2010, 1350.

232 *Rürup/Wiegard/Schön u.a.*, Reform der Einkommens- und Unternehmensbesteuerung, 2006, passim.

233 *Stiftung Marktwirtschaft*, Steuerpolitisches Programm, 2006, 49 f.

234 *Treiber* in: Blümich, EStG/KStG/GewStG, § 32d EStG, Rz. 22.

235 *Stiftung Marktwirtschaft*, Entwurf eines Einkommensteuergesetzes, 2009, 35 f.

236 BR-Drs. 220/07 v. 30.3.2007, 55.

sellschaften noch weiter auseinandergedriftet.[237] Dem standen nicht nur steuer-, wirtschafts-, rechts- und wettbewerbspolitische Vorgaben, sondern auch vehemente Forderungen aus der Unternehmenspraxis gegenüber.[238] Nicht zuletzt wegen der zahlenmäßigen Dominanz deutscher Personenunternehmen, wird § 34a EStG als Beitrag gesehen, Personenunternehmen unter Fortführung der Rechtsform an der niedrigen Thesaurierungsbelastung der Kapitalgesellschaften teilhaben zu lassen.[239]

Neben diesem *relativen* Gesetzesziel stand andererseits das *absolute* Ziel der Förderung der Eigenkapitalbildung von Personenunternehmen.[240] Mit Einführung der Tarifoption nach § 34a EStG wird versucht, die Gewinnthesaurierung als Reaktion auf die begünstigte Besteuerung nicht entnommener Gewinne gezielt zu stimulieren. Aus Sicht des Gesetzgebers soll der ermäßigte Thesaurierungssteuersatz zu der allokativ wünschenswerten Folge einer höheren Eigenkapitalquote deutscher Personenunternehmen führen.[241] Eine verbesserte Eigenkapitalausstattung stärke überdies die Investitionsfähigkeit der Unternehmen und sei gleichzeitig ein Insolvenzschutz in Krisenzeiten.[242] Die Thesaurierungsbegünstigung stellt damit eine Lenkungsnorm dar.

II. Abgeltungsteuer

Durch die Abgeltungsteuer soll einerseits die Attraktivität und Wettbewerbsfähigkeit des deutschen Finanzplatzes verbessert werden, um den Kapitalabfluss ins Ausland zu bremsen. Dies soll durch einen international attraktiven Steuersatz i.H.v. 25% erreicht werden. Zum anderen möchte der Gesetzgeber – zumindest mittelfristig – das Steueraufkommen auf Kapitalerträge erhöhen, dessen Vollzug sichern, Steuerverkürzungen einschränken und damit eine gleichheitsgerechte Belastung sicherstellen.[243]

Ferner soll die Abgeltungsteuer zu einer merklichen Steuervereinfachung führen, da sämtliche Kapitalerträge – wegen ihrer abgeltenden Besteuerung – grundsätzlich nicht mehr in der Einkommensteuererklärung anzugeben sind. Zugleich soll die Anonymität der Kapitalanleger

---

237 Statt vieler *Kessler/Ortmann-Babel/Zipfel,* BB 2007, 523, 526.

238 *Houben/Maiterth,* FR 2008, 1044 f. sehen vor dem Hintergrund der damaligen Großen Koalition auch einen politökonomischen Erklärungsansatz für die Koexistenz von „Reichensteuer" (tendenziell SPD) und § 34a EStG (tendenziell CDU/CSU).

239 Instruktiv *Stein* in: Herrmann/Heuer/Raupach, EStG/KStG, § 34a EStG, Rz. 1.

240 *Hey,* DStR 2007, 925, 926; *Knörzer,* Unterkapitalisierungsnormen, 2012, 142.

241 BR-Drs. 220/07 v. 30.3.2007, 55. Eine Übersicht über die (geringen) Eigenkapitalquoten im deutschen Mittelstand findet sich bei *Creditreform Wirtschaftsforschung,* Wirtschaftslage und Finanzierung im Mittelstand, 2011, 22 ff.

242 Zur ökonomischen Notwendigkeit einer Ertragsteuerbegünstigung für eigenkapitalschwache (Personen-) Unternehmen vgl. *Jacobs,* StbKongRep 1985, 53, 62 ff.; *Fuest/Mitschke,* Gutachten zur Einführung einer Ertragsteuerbegünstigung der Eigenkapitalbildung mittelständischer Unternehmen, 2007. Ferner *Neufang/Strathmann,* BB 2005, 2612 f.; *Haase/Hinterdobler,* BB 2006, 1191 f.

243 Das Bonmot des damaligen Bundesfinanzministers *Steinbrück* lautete: „Ich möchte lieber 25% auf X, statt 42% auf nichts haben." (vgl. BR-Plenarprotokoll 835 v. 6.7.2007, 208 D).

gewahrt werden.[244] In Anbetracht dieser Gesetzesziele stellt die Abgeltungsteuer sowohl eine Lenkungsnorm als auch eine Fiskalzwecknorm dar.

D. Rechtsform- und Finanzierungsneutralität

I. Thesaurierungsbegünstigung

Mit der Thesaurierungsbegünstigung ist die Idee verbunden, an dem gegenwärtigen Dualismus der Unternehmensbesteuerung festzuhalten und trotzdem das Prinzip einer weitgehenden Belastungsneutralität faktisch zu verwirklichen.[245] Das Ziel der Rechtsformneutralität wird hingegen – wie bisweilen angenommen und zunächst auch propagiert – nicht (mehr) verfolgt.[246] Strukturelle Unterschiede zwischen der Besteuerung von Personenunternehmen und Kapitalgesellschaften bleiben im Rahmen einkommensteuerlicher Integrationsmodelle zwangsläufig erhalten.[247] § 34a EStG durchbricht nur punktuell das Transparenzprinzip zugunsten des den Kapitalgesellschaften vorbehaltenen Trennungsprinzips.[248]

Die Thesaurierungsbegünstigung stellt letzten Endes eine „Mischlösung“[249] aus Transparenzprinzip und Optionsmodellen dar. In diesem Sinne ist der optionale Sondertarif auch nicht als *Unternehmen*steuer, sondern als besondere Steuer des einzelnen *Unternehmers* ausgestaltet.[250] Die intendierte Angleichung an die Besteuerung der Kapitalgesellschaften findet demnach im Rahmen des Steuertarifs statt.[251] Der Gesetzgeber hat versucht, eine weitgehende Belastungsneutralität mittels *Steuersatzparität* herzustellen.[252] Implizit erfolgt die Annäherung aber auch über das zweistufige Besteuerungsverfahren, mithin über den gestuften Steuertatbestand (Thesaurierung und Entnahme).[253]

Das Steuerrecht war bis zur Einführung des § 34a EStG in Bezug auf Personenunternehmen weitgehend finanzierungsneutral.[254] Es wurde nicht zwischen entnommenen und einbehaltenen Gewinnen differenziert. Die Thesaurierungsbegünstigung verzerrt nun jedoch die Finanzierungsentscheidung. Durch die Option nach § 34a EStG kann der Steuerpflichtige den nicht

---

244 Zum Ganzen BR-Drs. 220/07 v. 30.3.2007, 57; *Brusch,* FR 2007, 999; *Schmidt/Eck,* RdF 2012, 251 ff.
245 *Herzig,* WPg 2007, 7, 10.
246 *Hey,* DStR 2007, 925, 926 f.; *Ley/Brandenberg,* FR 2007, 1085; *Rogall* in: Schaumburg/Rödder, Unternehmensteuerreform 2008, 410; *Schneider/Wesselbaum-Neugebauer,* FR 2011, 166.
247 Bspw. *Bäumer,* DStR 2007, 2089.
248 *Seer,* GmbHR 2009, 1036, 1046; *Goebel/Ungemach/Schmidt u.a.,* IStR 2009, 877; *Lausterer/Jetter* in: Blumenberg/Benz, Unternehmensteuerreform 2008, 10.
249 *Crezelius* in: Kirchhof/Nieskens, FS Reiß, 2008, 399, 401.
250 *Herzig,* WPg 2007, 7, 10 f.; *Hey,* DStR 2007, 925, 927 mit Hinweis auf den *Wissenschaftlichen Beirat Steuern der Ernst & Young AG,* BB 2005, 1653.
251 Statt vieler *Ratschow* in: Blümich, EStG/KStG/GewStG, § 34a EStG, Rz. 2; *Dörfler/Graf/Reichl,* DStR 2007, 645, 649.
252 *Dörfler* in: Littmann/Bitz/Pust, EStG, § 34a, Rz. 9.
253 *Stein* in: Herrmann/Heuer/Raupach, EStG/KStG, § 34a EStG, Rz. 8.
254 *Homburg/Houben/Maiterth,* WPg 2007, 376, 381; *Homburg,* DStR 2007, 686, 688 f.

entnommenen Gewinn einem ermäßigten Steuersatz unterwerfen. Infolgedessen resultiert eine Ungleichbehandlung thesaurierter und entnommener Beträge.

II. Abgeltungsteuer

Unter Berücksichtigung der Abgeltungsteuer kommt die Ungleichbehandlung von Eigen- und Fremdkapital noch deutlicher zum Vorschein.[255] Während Dividenden bei der ausschüttenden Kapitalgesellschaft nicht abzugsfähig sind, können (fremdübliche) Zinsen – vorbehaltlich der Zinsschranke (§ 4h EStG, § 8a KStG) und der gewerbesteuerlichen Hinzurechnung (§ 8 Nr. 1 GewStG) – zum Abzug gebracht werden. Gleichwohl unterliegen beide „Finanzierungsinstrumente" dem gleichen Besteuerungsregime beim Anteilseigner: der Abgeltungsteuer. Vorbesteuerte und risikoreiche Investitionen (Dividenden) werden gleich hoch besteuert wie unbesteuerte und risikolosere Kapitalanlagen (Zinsen).[256] Gewinnmaximierende Unternehmen werden daher versucht sein, die Fremdfinanzierung so weit wie möglich auszudehnen.[257]

Des Weiteren gehen von der Abgeltungsteuer erhebliche Ausschüttungsanreize aus, da die ausgekehrten Beträge im Privatvermögen womöglich steuergünstiger angelegt werden können als im Betriebsvermögen der Kapitalgesellschaft.[258] Dies gilt im Übrigen auch für Personenunternehmen, weil entnommene und auf dem Kapitalmarkt angelegte Beträge durch die Abgeltungsteuer privilegiert werden, wodurch sich die Opportunitätskosten der Eigenkapitalfinanzierung erhöhen.[259]

Es bleibt festzuhalten, dass trotz – bzw. gerade wegen – der Thesaurierungsbegünstigung und der Abgeltungsteuer die Rechtsform- und Finanzierungsneutralität weiterhin Desiderate bleiben.[260] Während § 34a EStG die Eigenkapitalfinanzierung besser stellen möchte, wirkt die Abgeltungsteuer in die entgegengesetzte Richtung.

E. Schedulare Tarifnormen

I. Thesaurierungsbegünstigung

Die Thesaurierungsbegünstigung ist keine (Bilanz-) Rücklage, sondern – wie die Abgeltungsteuer – ein Sondertarif.[261] Folgerichtig befinden sich § 34a und § 32d im IV. Teil des EStG. Es handelt sich in beiden Fällen – in Abkehr vom Prinzip der synthetischen Gesamt-

[255] Statt vieler *Haarmann* in: Kessler/Förster/Watrin, FS Herzig, 2010, 423, 425.

[256] *Rädler,* DB 2007, 988, 990.

[257] Instruktiv *Kiesewetter/Niemann/Blaufus u.a.,* DB 2008, 957 f.; *Wiegard,* FR 2007, 1011, 1014; *Bachmann/Schultze,* DBW 2008, 9, 19 ff.; *Posch/Knoll,* Corporate Finance 2010, 297, 299 f.

[258] *Endres/Spengel/Reister,* WPg 2007, 478, 485.

[259] *Homburg,* DStR 2007, 686, 689.

[260] *Stein* in: Herrmann/Heuer/Raupach, EStG/KStG, § 34a EStG, Rz. 5.

[261] *Eisgruber,* DK 2008, 343, 347; *Bodden,* FR 2012, 68.

einkommensteuer[262] – um analytische Sondertarife.[263] Sondertarife brechen mit dem Syntheseprinzip des bis heute gültigen EStG 1934.[264] Der Übergang auf ein solches Prinzip wird auch als steuersystematischer Paradigmen- bzw. Epochenwechsel bezeichnet.[265]

Die einem analytischen Sondertarif unterliegenden Einkünfte separieren sich von der regulären einkommensteuerlichen Bemessungsgrundlage.[266] Man spricht von einer sog. Schedulenbesteuerung bzw. Schedularisierungsstrategie.[267] Eine Schedulensteuer variiert den Steuertarif nach der Art der Einkünfte.[268] Im System der synthetischen Einkommensteuer stellen Schedulensteuern „Fremdkörper" dar.[269] Ihre Existenzberechtigung ist – aus steuersystematischen Gründen – nicht unumstritten.[270] Wenngleich schon vor Einführung der Thesaurierungsbegünstigung und der Abgeltungsteuer eine (versteckte) Schedulenbesteuerung im EStG existierte – bspw. § 5a, § 13a EStG – liegt eine solche nun explizit vor.[271]

Die Schedule umfasst bei § 34a EStG den „nicht entnommenen Gewinn aus Land- und Forstwirtschaft, Gewerbebetrieb oder selbständiger Arbeit" bzw. den „nachversteuerungspflichtigen Betrag". Diese gleichermaßen isolierte wie entindividualisierte Bemessungsgrundlage bildet sodann die Basis für einen gesonderten, linearen Schedulentarif.[272] Er beträgt – unabhängig von der wirtschaftlichen Leistungsfähigkeit – 28,25% (Thesaurierung) bzw. 25% (Nachversteuerung). Es kommt zu einer tariflichen Trennung von thesaurierten und entnommenen Beträgen.[273]

Scheduleneinkünfte gehen grundsätzlich nicht in die reguläre einkommensteuerliche Bemessungsgrundlage – das z.v.E. – ein. Die Thesaurierungsbegünstigung stellt aber eine *unvollkommene Schedulensteuer* dar. Denn die Einkünfte nach § 34a EStG sind Bestandteil des z.v.E.[274] Sie werden lediglich für die Tarifberechnung aus der regulären Bemessungsgrundla-

262 Grundlegend *Neumark*, Einkommensbesteuerung, 1947, 55 ff.; *Mennel*, StuW 1973, 1, 5 ff.; *Giloy*, FR 1978, 205 ff.

263 *Hey*, BB 2007, 1303, 1308; *Schmidtmann*, DStR 2010, 2418.

264 *Homburg*, DStR 2007, 686 f.; *Ferdinand/Hallebach*, SteuerStud 2010, 115, 116.

265 So bspw. *Heurung* in: Erle/Sauter, KStG, 1815.

266 *Kirchhof*, Beihefter zu DStR 49 / 2009, 140.

267 *Lang* in: Tipke/Lang, Steuerrecht, § 9, Rz. 1, Rz. 804; *Barth*, Unternehmensteuerreform 2008, 2007, 89; *Seer*, GmbHR 2009, 1036, 1046 f.; *Hechtner*, Einkommensteuertarife, 2010, 25.

268 *Lang* in: Kirchhof/Nieskens, FS Reiß, 2008, 379, 383 ff.

269 *Herzig*, WPg 2007, 7, 14; *Lausterer/Jetter* in: Blumenberg/Benz, Unternehmensteuerreform 2008, 9 f.; *Seer*, GmbHR 2009, 1036, 1046; *Ondracek*, DStR 2011, 1, 4. Ähnlich auch BFH, Urteil v. 20.11.2006, VIII R 33/05, BStBl. II 2007, 261, Rz. 46.

270 So propagierte *Faltlhauser* in: Kley/Sünner/Willemsen, FS Ritter, 1997, 511 ff. noch, den „Verlockungen der Schedule" zu widerstehen. Hierzu auch *Kanzler*, FR 1999, 363, 366; *Bäuml*, Besteuerung privater Veräußerungsgeschäfte, 2005, 115 ff.

271 Allgemein gilt, dass das EStG nach Einkunftsarten sowohl bei der Ermittlung der Bemessungsgrundlage und der Verlustverrechnung als auch beim Tarif differenziert bzw. schematisiert. Vgl. *Kanzler*, FR 1999, 363, 364 f.; *Eckhoff* in: Kirchhof/Lambsdorff/Pinkwart, FS Solms, 2005, 27, 29 ff.; *Kirchhof*, Beihefter zu DStR 49 / 2009, 143; *Lang* in: Tipke/Lang, Steuerrecht, § 9, Rz. 1, Rz. 402.

272 *Englisch*, StuW 2007, 221, 222 f.

273 *König/Maßbaum/Sureth*, Besteuerung und Rechtsformwahl, 2011, 39.

274 Statt vieler *Dörfler* in: Littmann/Bitz/Pust, EStG, § 34a, Rz. 9; *Bäumer*, DStR 2007, 2089, 2091.

ge herausgenommen und dem Sondertarif nach § 34a Abs. 1 EStG unterworfen.[275] Aus diesem Umstand erwachsen weitere Friktionen, auf die im Einzelnen noch eingegangen wird. Der Nachversteuerungsbetrag i.S.d. § 34a Abs. 4 EStG hat demgegenüber keinen Einfluss auf das z.v.E.[276]

II. Abgeltungsteuer

Die Schedule umfasst bei der Abgeltungsteuer nach § 32d EStG die Einkünfte aus Kapitalvermögen i.S.d. § 20 EStG. Der lineare Sondertarif beträgt 25%. Die abgeltend besteuerten Einkünfte gehen nicht in das z.v.E. ein (§ 2 Abs. 5b EStG). Die Abgeltungsteuer ist deshalb eine *vollkommene Schedulensteuer*. Die nahezu vollständige Abkopplung vom allgemeinen Tarif und von der Bemessungsgrundlage verleihen der Schedulenbesteuerung objektsteuerartige Züge. Das objektive wie subjektive Nettoprinzip wird zugunsten einer Schedularisierung verdrängt.[277]

F. Partiell nachgelagerte Besteuerung

I. Thesaurierungsbegünstigung

Nach dem Konzept der partiell nachgelagerten Besteuerung von Unternehmensgewinnen werden investierte Reinvermögensmehrungen zunächst einer meist proportionalen (Thesaurierungs-) Steuerbelastung unterworfen, die unterhalb der (Spitzen-) Steuerbelastung für konsumiertes Einkommen liegt.[278] Im Zeitpunkt der Ersparnisauflösung kommt es – unter Berücksichtigung der Vorbelastung – zu einer Nachversteuerung. Der Steuerzugriff erfolgt demnach erst bei konsumtiver Verwendung, also bei Entnahme bzw. Ausschüttung.[279] Thesaurierten Gewinnen wird somit ein teilweiser Besteuerungsaufschub gewährt.

Die Thesaurierungsbegünstigung nach § 34a EStG durchbricht punktuell das reinvermögenszugangstheoretische Ideal der traditionellen Einkommensteuer vom *Schanz-Haig-Simons*[280]-Typ. Statt einer zeitnahen, verwendungsunabhängigen Regelbesteuerung im Zeitpunkt der Gewinnentstehung steht es dem Einzel- bzw. Mitunternehmer durch die Option nach § 34a EStG offen, den nicht entnommenen Gewinn einem ermäßigten Tarif von 28,25% zu unterwerfen und eine spätere Entnahme mit 25% nachzuversteuern.[281]

---

275 *Ley/Bodden* in: Korn/Carlé/Stahl u.a., EStG, § 34a, Rz. 19; *Winkeljohann/Fuhrmann* in: PWC, Unternehmensteuerreform 2008, 31; *Wacker,* FR 2008, 605, 607.
276 *Reiß* in: Kirchhof, EStG Kompaktkommentar, § 34a, Rz. 16.
277 *Englisch,* StuW 2007, 221, 223; *Hänsch,* SteuerStud 2012, 275, 276.
278 *Dorenkamp,* StuW 2000, 121, 122 u. 128 f.; *Dorenkamp*, Nachgelagerte Besteuerung, 2004, 303.
279 *Wernsmann/Falkner* in: Fuest/Mitschke, Nachgelagerte Besteuerung, 2008, 161, 165.
280 *Schanz,* Finanzarchiv 1896, 1 ff.; *Haig*, Federal Income Tax, 1921, passim; *Simons*, Personal Income Taxation, 1938, passim.
281 Bspw. *Niehus/Wilke*, Besteuerung der Personengesellschaften, 2010, 31, 121.

Die Thesaurierungsbegünstigung nach § 34a EStG entspricht daher einer sog. echten gestreckten (zweistufigen) Besteuerung mit gespaltenem Steuersatz. Sie verfolgt den Leitgedanken der partiell nachgelagerten Besteuerung, wenngleich mit einigen Einschränkungen und Nachteilen.[282]

II. Abgeltungsteuer

Die partiell nachgelagerte Besteuerung ist dem gegenwärtigen Körperschaftsteuersystem immanent.[283] Dies gilt insbesondere vor dem Hintergrund, dass mit der Unternehmensteuerreform 2008 die Tarifbelastung auf 15% gesenkt wurde. Damit kam es zu einer weiteren Privilegierung der Gewinnthesaurierung und zu einer erheblichen Steuersatzspreizung zwischen Körperschaft- und Einkommensteuer.[284] Der Abgeltungsteuer nach § 32d EStG kommt hierbei „bloß“ die Funktion der Vermeidung einer wirtschaftliche Doppelbelastung (i.S. einer Teilentlastung) zu.[285] Sie ist Ausfluss, nicht aber Auslöser, der partiell nachgelagerten Besteuerung von Unternehmenserträgen.

G. Bezeichnungen

I. Thesaurierungsbegünstigung

§ 34a EStG wird vereinfachend meist als „Thesaurierungsbegünstigung“ umschrieben. Etwas präziser ist der Gesetzeswortlaut, so er von einer „Begünstigung der nicht entnommenen Gewinne“ spricht. Darüber hinaus finden sich im Schrifttum Bezeichnungen wie „Sondertarifierung“[286], „Tarifermäßigung“[287], „Tariflösung“[288], „Tarifbegünstigung“[289], „Tarifvergünstigung“[290], „Tarifmodell“[291], „Tarifoption“[292], „Alternativbesteuerung“[293], „Steuervergünstigung“[294], „Steuersatzermäßigung“[295], „Option zur Gewinnthesaurierung“[296], „Thesau-

---

282 *Jehner* in: Kohl/Kübler/Ott/Schmidt, GS Walz, 2008, 307, 326.

283 *Lang* in: Ebling, DStJG Band 24, 2001, 49, 63 u. 90. Ähnlich auch *Siegmund*, Unternehmensbesteuerung im Halbeinkünfteverfahren, 2006, 160 („zwangsläufiger Thesaurierungseffekt“).

284 Ein solches Vorgehen entspricht auch dem internationalen Trend und kann als Folge des weltweiten Steuerwettbewerbs betrachtet werden. Mehrbelastungen werden auf Anteilseignerebene zu kompensieren versucht. Vgl. *Endres/Spengel/Reister,* WPg 2007, 478, 480; *Herzig* in: Wachter, FS Spiegelberger, 2009, 210, 213; *Spengel* in: Kessler/Förster/Watrin, FS Herzig, 2010, 879, 880.

285 Die Abgeltungsteuer stellt insbesondere keine Steuervergünstigung dar, sondern ist notwendiger Bestandteil des Körperschaftsteuersystems. So *BMF*, 21. Subventionsbericht, 2008, 29.

286 Bspw. *Hey,* DStR 2007, 925; *Schiffers/Köster,* DStZ 2008, 830, 839.

287 So z.B. *Korn/Strahl,* KÖSDI 2008, 16246, 16253.

288 Exemplarisch *Ley,* KÖSDI 2007, 15737, 15740.

289 Vgl. etwa *Schulze zur Wiesche,* DB 2007, 1610; *Fellinger,* DB 2008, 1877; *Reiß* in: Kirchhof, EStG Kompaktkommentar, § 34a, Rz. 1.

290 Bspw. *Mössner* in: Rautenberg, Neue Unternehmensbesteuerung, 2007, 15, 23; *Wendt,* Stbg 2009, 1, 5; *Wendt,* DStR 2009, 406.

291 Beispielshalber *Bindl,* DB 2008, 949, 956.

292 Statt vieler *Stein* in: Herrmann/Heuer/Raupach, EStG/KStG, § 34a EStG, Rz. 105.

293 *Hölzerkopf/Taetzner,* BB 2007, 2769.

294 *Wilk,* WD 2007, 236; *Wilk,* DStZ 2007, 216, 217; *Weber,* NWB 2007, 3031.

295 Beispielhaft *Schultes-Schnitzlein/Keese,* NWB 2007, 2841.

rierungsvergünstigung“[297], „Thesaurierungsrücklage“[298], „Thesaurierungstarif“[299], „Thesaurierungsmodell“[300], „Thesaurierungsbesteuerung“[301] sowie „Thesaurierungsoption“[302].

Dabei gilt es zu bedenken, dass Personenunternehmen ihre Gewinne begrifflich gar nicht „thesaurieren“, sondern nur „einbehalten“ können.[303] Überdies stellt § 34a EStG nur in bestimmten Fällen eine „Begünstigung“ dar.[304] Selbst das *Bundesministerium der Finanzen* betont, dass § 34a EStG „vor dem Hintergrund des vom Gesetzgeber formulierten Ziels eines rechtsformneutralen Unternehmensteuersystems [...] als Regelung zur Gleichbehandlung von Personenunternehmen und Kapitalgesellschaften und gerade *nicht* als Begünstigung einer bestimmten Gruppe von Unternehmen zu sehen“ sei.[305]

So findet sich der kompakte Begriff „Thesaurierungsbegünstigung“ auch im Gesetzestext nicht wieder. Trotzdem hat er sich sowohl im allgemeinen Sprachgebrauch als auch im steuerwissenschaftlichen Fachschrifttum durchgesetzt, so dass er auch im Rahmen der vorliegenden Arbeit verwendet wird. Treffender wäre hingegen die Bezeichnung als „einkommensteuerlicher Sondertarif für nicht entnommene Gewinne“.

II. Abgeltungsteuer

Ähnlich verhält es sich mit dem Terminus „Abgeltungsteuer“. Abgesehen von der Überschrift des § 52a EStG ist der Begriff im Gesetzestext nicht enthalten. „Abgeltungsteuer“ ist die untechnische Bezeichnung für die einkommensteuerliche Quellenbesteuerung privater Kapitalerträge mit abgeltender Wirkung (§ 43 Abs. 5 EStG).[306] Gleichwohl soll es bei der Betitelung als „Abgeltungsteuer“ bleiben, da er sich schon eingebürgert zu haben scheint. Ein „Fugen-s“ unterbleibt, wenngleich sich selbst in der Gesetzesbegründung (auch) der Begriff „Abgeltungssteuer“ findet.[307]

---

296 So bspw. *Knief/Nienaber*, BB 2007, 1309, 1313.

297 Z.B. *Gerner* in: Oestreicher, Unternehmensbesteuerung, 2008, 73; *Korn/Strahl*, NWB 2010, 3946, 4009.

298 Diesen Terminus verwenden insbesondere Ökonomen, bspw. der *Sachverständigenrat zur Begutachtung der gesamtwirtschaftlichen Entwicklung*, Jahresgutachten 2007/2008, 2007, 271; *Endres/Spengel/Reister*, WPg 2007, 478, 482; *Baretti/Radulescu/Stimmelmayr*, ifo-Schnelldienst 2/2008, 30, 35.

299 Per exemplum *Forst/Schaaf*, EStB 2007, 263, 268.

300 Etwa *Dörfler/Graf/Reichl*, DStR 2007, 645; *Brandenberg*, JbFSt 2007/2008, 324; *Winkeljohann/Fuhrmann*, BFuP 2007, 464, 467; *Goebel/Ungemach/Schmidt u.a.*, IStR 2009, 877.

301 Vgl. nur *Kleineidam/Liebchen*, DB 2007, 409; *Schiffers*, GmbH-StB 2007, 345, 346; *Schiemann*, Stbg 2008, 141; *Blum*, BB 2008, 322; *Stollenwerk/Piron*, GmbH-StB 2010, 261.

302 *Crezelius* in: Wachter, FS Spiegelberger, 2009, 65, 68.

303 *Homburg*, SteuerConsultant 2007, 18, 19; *Wesselbaum-Neugebauer*, Schumpeter Discussion Papers 2008-009, 13. Ähnlich auch *Crezelius* in: Wachter, FS Spiegelberger, 2009, 65, 67.

304 *Schiffers*, DStR 2008, 1805. Gegen „trügerisch-affektierte“, „jargonhafte“ oder gar „irreführende“ Bezeichnungen des § 34a EStG sprechen sich insbesondere *Homburg*, SteuerConsultant 2007, 18, 19 und *Kleineidam/Liebchen*, DB 2007, 409 aus. Zum verwandten Problem der Bagatellisierung bestimmter Steuerarten („Kohlepfennig“, „Notopfer Berlin“, „Solidaritätszuschlag“) *Homburg*, Allgemeine Steuerlehre, 2010, 52.

305 *BMF*, 21. Subventionsbericht, 2008, 29.

306 Ähnlich *Harenberg*, NWB Beilage 4/2008, 3; *Ferdinand/Hallebach*, SteuerStud 2010, 115, 116.

307 Bspw. BT-Drs. 16/4841 v. 27.3.2007, 77, 104 ff. Vgl. *Hechtner/Hundsdoerfer*, StuW 2009, 23, Fn. 1; *Schlotter/Jansen*, Abgeltungsteuer, 2008, Vorwort.

H. Internationaler Vergleich

I. Thesaurierungsbegünstigung

Neben Deutschland verfüg(t)en auch Italien, Österreich, Schweden und Polen über eine der deutschen Thesaurierungsbegünstigung vergleichbare Tarifoption.[308] Da die im Jahr 2008 eingeführte italienische Regelung[309] jedoch nicht durch ein entsprechendes Ministerialdekret (Durchführungsverordnung) umgesetzt wurde, ist sie nie anwendbar gewesen.[310] Darüber hinaus wurde die österreichische Thesaurierungsbegünstigung[311], die gem. § 11a EStG-Ö eine einstweilige Besteuerung des nicht entnommenen Gewinns mit dem halben Durchschnittssteuersatz vorsah, ab dem VZ 2010 durch einen investitionsbedingten Gewinnfreibetrag (§ 10 EStG-Ö) ersetzt.[312]

Mit der schwedischen Expansionsrücklage können thesaurierte Gewinne aus gewerblicher Tätigkeit mit dem dortigen Körperschaftsteuersatz besteuert werden (VZ 2013: 22%; VZ 2009-2012: 26,3%; davor: 28%).[313] Das polnische Modell (§ 9a EStG-PL i.V.m. § 30c EStG-PL) erlaubt eine optionale Linearbesteuerung (19%) unternehmerischer Einkünfte.[314] Verglichen mit anderen Nationen scheint das Erfordernis nach einer einkommensteuerlichen Thesaurierungsbegünstigung in Deutschland aber am größten. Dies liegt zum einen an der relativ hohen Belastungsspreizung zwischen Körperschaft- und Einkommensteuer. Des Weiteren existiert kaum ein anderer Staat mit einem so hohen Anteil an Personengesellschaften.

II. Abgeltungsteuer

Einer der maßgeblichen Gründe zur Einführung der Abgeltungsteuer in Deutschland war die Tatsache, dass andere (EU-) Staaten – bspw. die skandinavischen Länder („*Dual Income*

---

308 Ähnlich auch die Feststellung im Tagungsbericht zum Steuerkongress „Personengesellschaften im Internationalen Steuerrecht" von *Fellinger,* FR 2009, 221, 224.

309 Eingeführt i.R.d. legge finanziaria 2008. Vgl. hierzu *Großmann,* SWZ v.8.11.2007; *Romani/Grabbe/Imbrenda,* IStR 2008, 210, 214; *Galeano/Rhode,* Tax Planning International Review 2008, 18, 21; *Mayr,* IWB 2008, 339, 342; *Hilpold/Steinmair* in: Brähler/Lösel, FS Djanani, 2008, 363, 378.

310 *Großmann,* SWZ v.29.8.2008.

311 *Kanduth-Kristen,* Rechtsformneutrale Unternehmensbesteuerung, 2007, 97 ff. (m.w.N.). Rechtsvergleichend mit der deutschen Thesaurierungsbegünstigung *Lüking/Schanz,* ÖStZ 2007, 597 ff.; *Speidel/Widinski,* ÖStZ 2007, 422; *Niemann* in: Rautenberg, Neue Unternehmensbesteuerung, 2007, 45 ff.; *Kainz/Knirsch/Schanz,* arqus-Diskussionsbeitrag Nr.41 2008; *van Heek,* SteuerStud 2010, 503, 506 f.

312 *Gierlinger/Sutter,* ÖStZ 2009, 93 ff.; *Aigner/Moshammer/Schneiderbauer,* SWK 2009, 379 ff.; *Grangl/Petuschnig,* ÖStZ 2009, 172 ff.; *Bruckner* in: Urnik/Fritz-Schmied/Kanduth-Kristen, FS Kofler, 2009, 423 ff.; *Schwarz* in: öBMF/JKU Linz, GS Quantschnigg, 2010, 389 ff.

313 Zum schwedischen *expansionsmedel* bzw. *expansionsfond* vgl. *Jasmand,* IStR 2004, 847, 852; *Weißmann,* Einkommensbesteuerung, 2008, 69 ff.; *Lüdicke/Naumburg* in: Debatin/Wassermeyer, DBA, Schweden, Anhang, Rz. 47; *Fellinger* in: Wassermeyer/Richter/Schnittker, Personengesellschaften im IStR, 1243.

314 Hierzu (insbes. auch rechtsvergleichende mit § 34a EStG) *Gieralka,* Viadrina Discussion Paper No. 273, 2009, 23 ff.; *Ziółek/von Brocke* in: Pelka/Niemann, Beck'sches StB-Handbuch 2010/2011, 2010, 1223, 1227; *Jamrozy* in: Wassermeyer/Richter/Schnittker, Personengesellschaften im IStR, 1226; *Kudert/Jamrozy,* PIStB 2010, 275, 276; *Makowicz/Werner/Wierzbicki,* Polnisches Steuerrecht, 2010, 201 f.

Tax“)[315] und Österreich („*Endbesteuerung*“)[316] – gute Erfahrungen mit einer solchen Besteuerungsform gemacht haben.[317] In Europa kennen gegenwärtig mehr als die Hälfte der 27 EU-Mitgliedstaaten eine Art Abgeltungsteuer in unterschiedlich ausgeprägter Weise.[318] Die empirische Evidenz von vermehrt analytischen Einkommensteuersystemen ist auch vor dem Hintergrund eines zunehmenden Steuerwettbewerbs zu sehen.[319]

I. Verfassungsrechtliche Bedenken

I. Thesaurierungsbegünstigung

Sowohl gegen die Thesaurierungsbegünstigung als auch gegen die Abgeltungsteuer werden bisweilen verfassungsrechtliche Vorwürfe erhoben. Obwohl das BVerfG eine Schedulenbesteuerung ausdrücklich für zulässig erklärt hat[320], stehen einkommensteuerliche Sondertarife dem Gebot einer gleichmäßigen Besteuerung nach der Leistungsfähigkeit entgegen (abgeleitet aus Art. 3 Abs. 1 GG). Sie bedürfen daher einer Rechtfertigung.[321] Dabei vermögen bei einem Sondertarif für nicht entnommene Gewinne primär lenkungsteuerliche Gründe („Stärkung der Innen- bzw. Selbstfinanzierung“) zu überzeugen.[322]

Im Unterschied zur Abgeltungsteuer gewährt § 34a EStG wegen der späteren Nachversteuerung bloß einen temporären Steuersatzvorteil gegenüber anderen Einkünften. Der Tarifvorteil bei der Abgeltungsteuer ist hingegen permanent. Darüber hinaus wurde § 34a EStG gerade deshalb eingeführt, die – womöglich gleichheitswidrige – Tarifspreizung zwischen Körperschaftsteuer (15%) und Einkommensteuer (bis 45%) zu beseitigen. Gleichwohl scheint es verfassungsrechtlich bedenklich, dass sich § 34a EStG nur für Bezieher hoher Einkommen, mithin für ertragstarke Personenunternehmen, lohnt.[323]

Als verfassungswidrig wird des Weiteren beanstandet, dass die private Vermögensverwaltung, nicht bilanzierende (Mit-) Unternehmer und Kleinstgesellschafter von Publikumsgesell-

---

315 Zum System der Dualen Einkommensteuer vgl. *Englisch*, Duale Einkommensteuer (IFSt-Schrift Nr. 432), 2005, passim; *Wagner*, StuW 2000, 431 ff.; *Schön/Schreiber/Spengel u.a.*, Stbg 2006, 103 ff.; *Genser/Reutter*, Finanzarchiv 2007, 436 ff.; *Liekenbrock*, DStZ 2007, 279 ff. Zum Vorbild der skandinavischen *Dual Income Tax* (Nordisches Modell) vgl. etwa *Cnossen*, Finanzarchiv 1999, 18 ff.

316 Zum Vergleich der deutschen Abgeltungsteuer mit der österreichischen Endbesteuerung *Djanani/Weitbrecht* in: Urnik/Fritz-Schmied/Kanduth-Kristen, FS Kofler, 2009, 237 ff.

317 BR-Drs. 220/07 v. 30.3.2007, 52.

318 Ähnlich *Axer*, Stbg 2007, 201; *Wagner*, Stbg 2007, 313, 314; *Baumgärtel/Lange* in: Herzig/Tobin/Eckhardt u.a., Handbuch Unternehmensteuerreform 2008, 294; *Wagner* in: Tipke/Seer/Hey/Englisch, FS Lang, 2010, 345, 352 ff.; *Scheffler/Krebs*, IStR 2010, 859, 862; BT-Drs. 16/4714 v. 19.3.2007, 1 u. 9 ff.

319 *Bösl*, Schedulensteuer, 2007, 22.

320 BVerfG, Urteil v. 21.6.2006, 2 BvL 2/99, DStR 2006, 1316. Ferner bereits BVerfG, Urteil v. 27.6.1991, 2 BvR 1493/89, BStBl. II 1991, 654 („Zinsurteil“). Hierzu *Kanzler*, NWB 2006, 3191, 3194; *Eckhoff*, FR 2007, 989, 996; *Baumgärtel/Lange* in: Herrmann/Heuer/Raupach, EStG/KStG, § 32d EStG, Rz. 5.

321 *Englisch*, StuW 2007, 221, 224; *Wilk*, DStZ 2007, 216, 218.

322 *Wendt*, StuW 1992, 66, 71 ff.; *Levedag*, Begünstigung gewerblicher Einkünfte, 2000, 190 ff.; *Hüttemann* in: Pelka, DStJG Band 23, 2000, 127, 139 ff.

323 *Wilk*, DStZ 2007, 216, 218; *Paus*, EStB 2008, 322, 325. A.A. *Wacker* in: Schmidt, EStG, § 34a, Rz. 12.

schaften vom Anwendungsbereich des § 34a EStG ausgeschlossen sind.[324] Wegen einer fehlenden Veranlagungsoption werden zudem Vorbehalte hinsichtlich des Gebots der Folgerichtigkeit erhoben.[325]

II. Abgeltungsteuer

Der Sondertarif nach § 32d EStG widerspricht dem Gleichheitsgrundsatz, so er Einkünfte aus Kapitalvermögen privilegiert.[326] Die Ungleichbehandlung lässt sich aber nach Auffassung des FG Nürnberg[327] durch folgende Gründe rechtfertigen: Vermeidung struktureller Vollzugsdefizite, Gleichmäßigkeit und Vereinheitlichung der Besteuerung, Einschränkung von Möglichkeiten zur Steuerverkürzung, Vereinfachung des Besteuerungsverfahrens sowie der weite gesetzgeberische Typisierungsspielraum.

Die Tragfähigkeit dieser Rechtfertigungsgründe ist umstritten.[328] Zugleich wirft die konkrete Ausgestaltung die Frage nach der Folgerichtigkeit auf.[329] Hierbei werden speziell das Werbungskostenabzugs- und Verlustverrechnungsverbot als Verletzung des objektiven Nettoprinzips gesehen.[330] Ferner werden verfassungsrechtliche Bedenken wegen der Einbeziehung (vorbelasteter) Dividenden in die Abgeltungsteuer geäußert.[331]

Inwiefern tatsächlich ein Verfassungsverstoß durch oder innerhalb § 34a EStG bzw. § 32d EStG vorliegt, soll an dieser Stelle indes nicht weiter behandelt werden, sondern obliegt (steuer-) rechtswissenschaftlichen Untersuchungen[332] bzw. letztendlich dem BVerfG. Dabei werden auch zwischenzeitliche Erfahrungen aus der Steuerrechtspraxis zu berücksichtigen sein.[333]

---

324 *Herzig,* WPg 2007, 7, 11; *Nacke,* GStB 2008, 99, 100 f.; *Rogall* in: Schaumburg/Rödder, Unternehmenssteuerreform 2008, 411; *Wacker* in: Schmidt, EStG, § 34a, Rz. 12; *Dörfler/Graf/Reichl,* DStR 2007, 645, 648; *Stein* in: Herrmann/Heuer/Raupach, EStG/KStG, § 34a EStG, Rz. 10.

325 *Stein* in: Herrmann/Heuer/Raupach, EStG/KStG, § 34a EStG, Rz. 10; *Ley/Bodden* in: Korn/Carlé/Stahl u.a., EStG, § 34a, Rz. 22.2.

326 Statt vieler *Koss* in: Korn/Carlé/Stahl u.a., EStG, § 32d, Rz. 14; *Baumgärtel/Lange* in: Herrmann/Heuer/Raupach, EStG/KStG, § 32d EStG, Rz. 5.

327 FG Nürnberg, Urteil v. 7.3.2012, 3 K 1045/11, EFG 2012, 1054.

328 Während *Englisch,* StuW 2007, 221, 224 ff. einen Verfassungsverstoß annimmt, äußern *Eckhoff,* FR 2007, 989, 997 f.; *Jochum,* DStZ 2009, 309, 315 und *Musil,* FR 2010, 149, 154 lediglich steuersystematische Zweifel. *Weber-Grellet,* NJW 2008, 545, 548 ff. spricht von einer „in sich abgewogenen" und „sachlich gerechtfertigten" Regelung.

329 *Treiber* in: Blümich, EStG/KStG/GewStG, § 32d EStG, Rz. 46.

330 *Behrens,* BB 2007, 1025, 1028; *Hey,* BB 2007, 1303 ff.; *Oho/Hagen/Lenz,* DB 2007, 1322, 1323; *Wenzel,* DStR 2009, 1182 ff.; *Hänsch,* SteuerStud 2012, 275, 280 ff.

331 *Loos,* DB 2007, 704 ff.; *Intemann,* DB 2007, 1658 ff.; *Boochs* in: Lademann, EStG, § 32d, Rz. 26.

332 Zu § 34a EStG vgl. *Kraus,* Körperschaftsteuerliche Integration, 2009, 166 ff. Zur Abgeltungsteuer vgl. *Strohm,* Abgeltungsteuer, 2010, 121 ff.; *Recnik,* Besteuerung privater Kapitaleinkünfte, 2011, passim.

333 *Treiber* in: Blümich, EStG/KStG/GewStG, § 32d EStG, Rz. 49.

Kapitel 3.
Konzept der steuerorientierten Rechtsformplanung

A. Steuerplanung

Steuern treten in aller Regel nicht nur als negative *cash flows* am Ende des Wirtschaftsjahres auf. Vielmehr stellt der Besteuerungsprozess einen gestalterischen Vorgang dar, welcher ex ante (und teilweise auch ex post) strategisch im Sinne des Unternehmens navigiert werden kann.[334]

Unter „Planung" versteht man allgemein die gedankliche Vorwegnahme zweckbewussten Handelns.[335] Betriebswirtschaftliche Steuerplanung ist daher als ökonomischer Entscheidungsprozess zu sehen, bei dem dispositionsbezogene Steuerbelastungen explizit Berücksichtigung finden.[336] Durch sie sollen Maßnahmen und Handlungsmöglichkeiten entwickelt werden, durch die der Steuerpflichtige (in gewissen Grenzen) gestalterisch auf die individuelle Ertragsteuerbelastung einwirken kann.

Steuerplanung entfaltet – wie *Wagner*[337] grundlegend erörtert hat – aber auch einen gesellschaftlichen Nutzen. Zum einen werde „Steuergestaltungs-Know-how" allen interessierten Steuerpflichtigen zu Verfügung gestellt und nicht nur denjenigen, die sich umfassende Beratung leisten können. Zum anderen sei der Gesetzgeber selbst darauf angewiesen, dass die Steuerpflichtigen auf steuerliche Anreize reagieren, also Steuerplanung betreiben.[338] Dies gilt gerade für investitionsfördernde Lenkungsnormen, bspw. die Thesaurierungsbegünstigung und die Abgeltungsteuer.

Steuerplanung ist insbesondere darauf gerichtet, Steuerbegünstigungen optimal zu nutzen oder Steuerbenachteiligungen weitestgehend zu vermeiden.[339] Übertragen auf den Akteur spricht *Flick*[340] von einer perspektivisch angelegten „vorausschauenden Steuerberatung".

Generell wird Steuerplanung in

(α) strategische Steuerplanung und

(β) operative Steuerplanung unterteilt.[341]

---

334 *Nieland*, Betriebliche Steuergestaltung, 1997, 58.

335 *Schneider*, BWL Band 3, 1997, 82; *Wöhe/Döring*, Betriebswirtschaftslehre, 2010, 76.

336 Bspw. *Rose* in: Klein/Vogel, FS Wallis, 1985, 275; *König/Wosnitza*, Betriebswirtschaftliche Steuerplanung, 2004, 1; *Schneeloch*, BFuP 2011, 244, 245 f.

337 *Wagner*, Finanzarchiv 1986, 32 ff. Ähnlich *Schneider*, DB 1997, 485, 486 f.; *Thiel* in: Tipke, FS Pelka, 2010, 9, 18 ff. Kritisch *Schneider* in: Fischer, FS Scherpf, 1983, 21, 31 ff.; *Nawrath*, DStR 2009, 2, 4.

338 *Hundsdoerfer/Kiesewetter/Sureth*, ZfB 2008, 61, 64.

339 Bspw. *Schreiber*, Besteuerung der Unternehmen, 2008, 529.

340 *Flick*, StbKongRep 1964, 83 ff.

341 Bspw. *Vera*, Organisation von Steuerabteilungen, 2001, 61 f.

Marettek[342] unterscheidet weitergehend zwischen

(α) nicht-autonomer Steuerplanung und

(β) relativ-autonomer Steuerplanung.

Rödder[343] differenziert auf ähnliche Weise zwischen

(α) reagierender Steuereinplanung und

(β) agierender Steuergestaltung.

B. Rechtsformplanung als Oberbegriff für Rechtsformwahl und -optimierung

Rechtsformplanung ist im Rahmen dieser Arbeit als Oberbegriff für *Rechtsformwahl* und *Rechtsformoptimierung* zu verstehen. Ihr Ziel ist es, wie *Harle*[344] zutreffend ausführt, zunächst durch die Wahl der Rechtsform, sodann durch eine gezielte Steuerpolitik in dieser Rechtsform eine Optimierung zu erreichen. Für die *Rechtsformwahl* spielen steuerliche Gesichtspunkte stets nur *eine*, gleichwohl wichtige Rolle.[345]

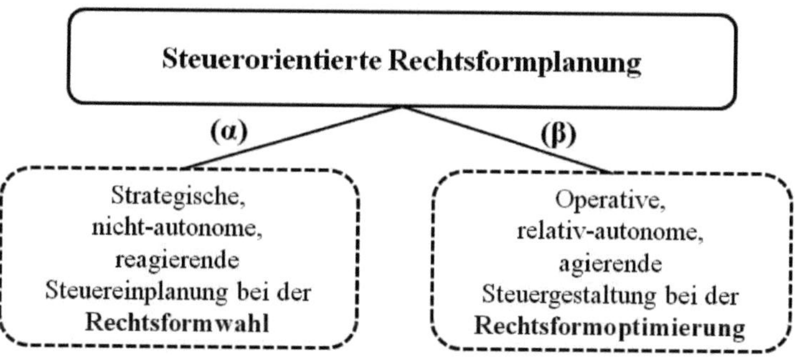

Abbildung 6: Steuerorientierte Rechtsformplanung

Quelle: Eigene Darstellung

Als spezielle Variante untersucht die *steuerorientierte Rechtsformwahl* den Einfluss der Steuerbelastung auf die Rechtsformwahlentscheidung (et vice versa).[346] Sie ist klassischer Bestandteil der strategischen (konstitutiven) Unternehmensplanung und muss notwendigerweise fortgeschrieben und regelmäßig überprüft werden. Die steuerorientierte Rechtsformwahl ist

342 *Marettek,* WISU 1982, 19, 20 ff.

343 *Rödder,* BB 1988, Beilage 19, 1, 3; *Rödder*, Gestaltungssuche im Ertragsteuerrecht, 1991, 5.

344 *Harle,* BB 2008, 2151, 2166. Ähnlich bereits *Kessler/Schiffers/Teufel*, Rechtsformwahl - Rechtsformoptimierung, 2002, § 1, Rz. 17 ff.

345 Statt vieler *Wöhe*, Betriebswirtschaftliche Steuerlehre II/1, 1990, 24 ff.; *Beranek,* SteuerStud 1999, 494, 495. Zum bisweilen unangemessenen Gewicht steuerlicher Gesichtspunkte in unternehmenspolitischen Entscheidungsprozessen *Hauschildt/Wacker,* StuW 1974, 252 ff.

346 So bereits *Findeisen*, Unternehmung und Steuer, 1923, 6 f.

somit der reagierenden, nicht-autonomen Steuereinplanung (α) zuzurechnen. Die Formulierung eigenständiger Steuer-Zielfunktionen ist hier nicht sinnvoll.[347] Ihr liegt meist ein mittel- bis langfristiger (Steuer-) Planungshorizont (ca. 5 - 10 Jahre) zugrunde.[348]

Demgegenüber fundiert die *Rechtsformoptimierung* nahezu ausschließlich auf steuerlichen Motiven.[349] Nach *Kessler/Schiffers*[350] umfasst die Rechtsformoptimierung jedwede (steuergestalterische) Maßnahmen, mit denen eine bestehende Rechtsform an die geänderten Rahmenbedingungen oder Zielvorstellungen angepasst werden kann. Denn gerade bei mittelständischen Unternehmen ist es möglich, die Steuerbelastung so zu gestalten, dass auch heterogenen Präferenzen der Gesellschafter Rechnung getragen werden kann, ohne Abstand von der Form der Personen- oder der Kapitalgesellschaft nehmen zu müssen.[351]

Die Rechtsformoptimierung gehört demnach zur Gruppe der agierenden, relativ-autonomen Steuergestaltung (β). Ihre Aktionsparameter sind meist nicht gleichzeitig Kalkülbestandteil eines übergeordneten Entscheidungsproblems und folglich einer eigenständigen operativen (Steuer-) Planung zugänglich. Sie ist dem Bereich der permanent anfallenden Steuerplanungsaufgaben zuzuordnen. *Teufel*[352] kommt das Verdienst zu, die steuerliche Gestaltungssuche i.S. *Rödders*[353] allgemein auf die steuerorientierte Rechtsformoptimierung übertragen zu haben.

Die vorliegende Arbeit widmet sich sowohl der strategisch-reagierenden (nicht-autonomen) als auch der operativ-agierenden (relativ-autonomen) steuerlichen Rechtsformplanung. Außersteuerliche Gesichtspunkte bleiben dagegen unberücksichtigt. Damit soll den steuerlichen Überlegungen aber keineswegs ein falscher (übermäßiger) Stellenwert eingeräumt werden. Steuerliche Aspekte müssen stets mit der gesellschaftsrechtlichen Absicherung und vor allem mit der betriebswirtschaftlichen Unternehmenskonzeption in Einklang stehen.[354]

---

347 *Marettek*, WISU 1982, 439, 443.

348 *Rose* in: Ackermann, FS 40 Jahre DER BETRIEB, 1988, 93, 103; *Kessler/Schiffers* in: Müller/Hoffmann, Beck'sches Handbuch der Personengesellschaften, 2009, § 1, Rz. 51.

349 *Kessler/Schiffers/Teufel*, Rechtsformwahl - Rechtsformoptimierung, 2002, § 3, Rz. 3.

350 Erstmals *Kessler/Schiffers* in: Müller/Hoffmann, Beck'sches Handbuch der Personengesellschaften, 1999, § 1, Rz. 52.

351 *König/Maßbaum/Sureth*, Besteuerung und Rechtsformwahl, 2011, 1.

352 *Teufel*, Steuerliche Rechtsformoptimierung, 2002, passim.

353 *Rödder*, Gestaltungssuche im Ertragsteuerrecht, 1991, passim.

354 Statt vieler *Mann*, WISt 1973, 114, 116; *Hennerkes/Kirchdörfer*, Familiengesellschaften, 1998, 30 f.

C. Personenbezogene Unternehmen als Adressatenkreis

Für die Privatwirtschaft kann grob zwischen drei Unternehmenskategorien unterschieden werden.

Kategorie	Beschreibung	Rechtsform	§ 34a EStG	§ 32d EStG
[1]	Kleines Unternehmen	Rechtsform i.d.R. durch Flexibilität und Aufwand/Kosten vorgegeben: Personenunternehmen	Nicht bedeutsam	Nicht bedeutsam
[2]	Mittelständisches bis großes (Familien-) Unternehmen	Rechtsformplanung bedeutsam: Personenunternehmen vs. Kapitalgesellschaft	Bedeutsam	Bedeutsam
[3]	Große Publikums-gesellschaft	Rechtsform i.d.R. durch Börsentauglichkeit vorgegeben: Kapitalgesellschaft	Nicht bedeutsam	Nur für AE bedeutsam

Abbildung 7: Unternehmenskategorien

Quelle: Eigene Darstellung in Anlehnung an *Schiffers,* GmbHR 2007, 505, 506

Die nachfolgenden Ausführungen werden sich auf die Steueroptimierung größerer mittelständischer Unternehmensstrukturen – Kategorie [2] – beschränken. Nur in diesem Segment sind (steuerorientierte) Rechtsformfragen entscheidungsrelevant.[355] Zudem kommt die Thesaurierungsbegünstigung (§ 34a EStG) ausschließlich für solche (Personen-) Unternehmen in Betracht.

Mittelständische Unternehmen[356] im hier verstandenen Sinne zeichnen sich typischerweise durch ihre enge – möglicherweise auch auf den Familienkreis begrenzte[357] – *Personenbezogenheit* aus. Die Untersuchung erfolgt damit ganz im Sinne von *Schumpeters methodologischem Individualismus*[358], so Wirtschaftsprozesse durch menschliches Handeln gesteuert werden. Demnach ist allein das Verhalten natürlicher Personen für die Erklärung (betriebswirtschaftlicher) Prozesse ausschlaggebend.[359] Wenngleich die formelle Abschirmwirkung einer (Kapital-) Gesellschaft akzeptiert werden muss, ist für den „Nationalökonom [...] von größerer Bedeutung, dass hinter einer *personne morale* stets *personnes physiques* stehen, die früher

---

355 *Wagner,* DStR 1981, 243; *Knobbe-Keuk,* Bilanz- und Unternehmenssteuerrecht, 1993, 1027 f.; *Schiffers,* GmbHR 2007, 505, 506.

356 Für eine (quantitative und qualitative) Approximation an den Begriff des „wirtschaftlichen Mittelstands" vgl. *Waschbusch/Kaminski/Staub,* StB 2009, 105 ff.; *Becker/Ulrich/Baltzer,* DB 2011, 309 f. Zur Bedeutung des Mittelstands sowie den aktuellen Querbezügen zum Steuerrecht vgl. anschaulich *Raupach,* JbFSt 2008/2009, 451 ff.; *Waschbusch/Staub,* StB 2009, 157 ff.

357 Trotz vieler Überschneidungen darf der Begriff „Familienunternehmen" nicht synonym mit „mittelständischen Unternehmen" bzw. „KMU" verwendet werden (vgl. *Reuter,* ZGR 1991, 467, 477; *Becker/Ulrich,* WISt 2009, 2 ff.). Zu weiteren Besonderheiten und der Relevanz von Familienunternehmen vgl. nur *Turner* in: Hommelhoff/Schmidt-Diemitz/Sigle, FS Sigle, 2000, 111 ff.; *Lange,* BB 2005, 2585 ff.; *Klein* in: Rödl/Scheffler/Winter, FS Rödl, 2008, 1 ff.; *Iliou,* GmbHR 2009, 81 f.

358 *Schumpeter,* Nationalökonomie, 1908, 90 f.

359 In diesem Sinne auch *Siegel,* FR 2011, 45, 46; *Bareis,* FR 2011, 153, 154.

oder später, in dieser oder jener Gestalt an den Gewinnen (freilich auch an den Verlusten) der Gesellschaft partizipieren.“[360]

Aus der *Personenbezogenheit* erwachsen wiederum besondere steuerliche Problem- und Handlungsfelder. Vor diesem Hintergrund und der Tatsache, dass gerade durch Gewinnverwendungsmaßnahmen Mittel auf die Gesellschafterebene transferiert werden, ergibt sich das Erfordernis, Unternehmen und Anteilseigner integrativ als wirtschaftliche Einheit zu erfassen.[361] Darüber hinaus trägt – ökonomisch betrachtet – der Gesellschafter auch die (Vor-) Belastung auf Unternehmensebene.[362] Bei der Bestimmung der Steuerwirkungen sind demzufolge nicht nur die betrieblichen Steuern des Unternehmens, sondern auch die steuerlichen Folgewirkungen auf Ebene der Unternehmensträger (inländische, natürliche Personen) mit in die Betrachtung einzubeziehen.[363]

D. Betriebswirtschaftliche Notwendigkeit

Der besonnene und auf seinen Vorteil bedachte Steuerpflichtige ist stets versucht, sein Wirtschaftsleben planmäßig und frei von Willkür proaktiv zu gestalten.[364] Hierzu zählt freilich auch, eine möglichst geringe Kosten- und Steuerbelastung tragen zu müssen. Die Notwendigkeit zur unternehmerischen Steueroptimierung resultiert daher aus dem betriebswirtschaftlichen Diktat, sich einer vermeidbaren Steuerbelastung zu entziehen.[365] Durch sie verschafft sich der Steuerpflichtige steuerlastbedingte Wettbewerbsvorteile bzw. verhindert zumindest das Entstehen von steuerlastbedingten Wettbewerbsnachteilen.[366] Er folgt insoweit einer „Nach-Steuer-Ratio“.[367]

Steueroptimierung existiert, weil die Steuerbelastung nicht nur ein bedeutsamer, sondern (in gewissen Grenzen) auch gestaltbarer Kostenfaktor ist.[368] Mithin beruht das Optimierungserfordernis auf „dem einfachen wirtschaftlichen Gesetz, daß [sic!] der dem wirtschaftenden Subjekt verbleibende Nutzen umso größer ist, je geringer seine Ausgaben aller Art, zu denen die Steuer zu rechnen ist.“[369] Obgleich eine (zu hohe) Steuerbelastung nicht als Sanktion eines unerlaubten Verhaltens zu sehen ist, bestraft sie letztendlich die steuerlich Unwissenden bzw.

---

360 *Neumark*, Ökonomisch rationale Steuerpolitik, 1970, 131 f.

361 *Beranek,* SteuerStud 1999, 494, 497; *Gratz,* DB 2002, 489, 490; *König,* StuW 2004, 260, 261; *König/Wosnitza*, Betriebswirtschaftliche Steuerplanung, 2004, 2; *Marx/Nienaber,* GmbHR 2006, 686, 687.

362 *Hechtner/Hundsdoerfer,* StuW 2009, 23, 25.

363 So auch *Kessler/Schiffers* in: Müller/Hoffmann, Beck'sches Handbuch der Personengesellschaften, 2009, § 1, Rz. 120.

364 Instruktiv *Ehrke-Rabel/Kofler,* ÖStZ 2009, 456.

365 Statt vieler *Pelka* in: Tipke, DStJG Band 5, 1982, 209, 217.

366 *Wagner,* Finanzarchiv 1986, 32, 35; *Rödder* in: Spindler/Tipke/Rödder, FS Schaumburg, 2009, 87, 90.

367 *Wagner,* StuW 2001, 354, 355; *Hageböge*, KGaA-Modell, 2008, 22 f.; *Rose,* StbJb 1975/1976, 41, 44.

368 *Rose,* StbKongRep 1977, 191, 194 ff.; *Rose*, Betriebswirtschaftliche Steuerlehre, 1992, 15.

369 *Lion*, Steuerersparung, 1931, 26.

schlecht Beratenen.[370] Eine solche Steuer verkommt zur *Dummensteuer*[371], die es – unter Einsatz von Wahl- und Gestaltungsmöglichkeiten – rechtskonform zu vermeiden gilt.

Die (bewusste) Entscheidung des Gesetzgebers für ein nicht rechtsformneutrales und mit mannigfaltigen Wahlrechten durchsetztes Unternehmensteuerrecht darf sich der Steuerpflichtige zu Nutze machen. Im Rahmen einer betriebswirtschaftlichen Sichtweise steht deshalb die Auslotung der Gestaltungsspielräume zur (legalen) Steuerminimierung im Vordergrund. In diesem Sinne gilt es, Gestaltungspotenziale, die sich dem Steuerplaner mit der Thesaurierungsbegünstigung und der Abgeltungsteuer bieten, bewusst, zieladäquat und vollumfänglich für die steuerliche Rechtsformplanung auszunutzen.

Andererseits folgt aus der ökonomischen Denkweise die Vermeidung von steuerlichen Nachteilen bzw. Minimierung etwaiger Gestaltungsrisiken. So kann sich nämlich bei unsachgemäßer Anwendung die scheinbar begünstigte Besteuerung nach § 34a EStG durchaus als *Dummensteuer* entpuppen.[372]

E. Komplexe und entscheidungsaneutrale Steuerrechtsordnung

Das deutsche Steuerrecht ist bekanntermaßen durch einen hohen Komplexitätsgrad gekennzeichnet.[373] Die Thesaurierungsbegünstigung und die Abgeltungsteuer werden in diesem Zusammenhang sogar als äußerst komplizierte Normen eingestuft. Aus einem derartigen „Steuerchaos"[374] erwachsen dem Steuerpflichtigen jedoch auch Gelegenheiten und Motive, die im zweckdienlichen Einsatz Möglichkeiten zur Steueroptimierung erlauben. Ein unsystematisches Steuerrecht fordert den Steuerpflichtigen bzw. seinen Berater geradezu heraus, etwaige Mängel und Lücken durch geschickte Gestaltungen auszunutzen.[375] Notwendige Voraussetzung ist ein steuerlich-fundiertes Fachwissen bzw. eine qualifizierte Steuerberatung.[376] Denn „wo ein Urwald oder Sumpf schwer zu überwinden ist, haben Führer durch den Sumpf Konjunktur. Folgerichtig hat der heillose Zustand unseres Steuerrechts zu einem Aufblühen der Steuerberatungs- und Steuerplanungsindustrien geführt."[377]

In diesem Zusammenhang stellen sowohl § 34a EStG als auch § 32d EStG besonders beratungsintensive Normen dar, die erst bei sachgemäßer Anwendung und zieladäquater Gestal-

---

370 *Hey*, Steuerplanungssicherheit, 2002, 15.

371 *Rose* in: Lang, FS Tipke, 1995, 153: „Dummensteuern sind (Teile von) Steuerlasten, die nicht entstanden wären, wenn der Steuerpflichtige das gleiche wirtschaftliche Ziel unter klugem Einsatz der vorhandenen Gestaltungsmöglichkeiten anders erreicht hätte."

372 *Homburg,* DStR 2007, 686, 690; *Knief/Nienaber,* BB 2007, 1309, 1313; *Bäumer,* DStR 2007, 2089, 2095; *ZEW*, Auswirkungen von Steuervereinfachungen, 2010, 136.

373 *Lang,* BB 2006, 1769, 1770; *Kraus*, Körperschaftsteuerliche Integration, 2009, 177.

374 *Flume,* DB 1948, 502; *Borell/Schemmel,* DStZ 1987, 110 f.; *Lang,* Stbg 1994, 10 f.

375 *Benz/Goß,* DStR 2010, 839, 845; *Pelka* in: Tipke, FS Pelka, 2010, 95, 113.

376 *Homburg,* SteuerConsultant 2007, 18, 23: „Wie viel Steuern ein Pflichtiger zahlt, hängt in erster Linie von der Kompetenz seines Steuerberaters ab." So auch *Lang* in: Tipke/Lang, Steuerrecht, § 9, Rz. 180.

377 *Vogel* in: Friauf, DStJG Band 12, 1989, 123, 126. Ähnlich *Lang* in: Tipke, FS Pelka, 2010, 51, 64.

tung ihre volle Positivwirkung entfalten. Ihre „mangelhafte Verzahnung mit der Unternehmensbesteuerung“[378] darf sich der Steuerpflichtige freilich zu Nutze machen. Gleichwohl gilt zu bedenken, dass Steueroptimierung stets Planungskosten erzeugt, die in das Entscheidungskalkül aufzunehmen sind.[379]

Darüber hinaus ist das deutsche Steuerrecht nicht gestaltungs- bzw. entscheidungsneutral. Obgleich noch im Vorfeld der Unternehmensteuerreform 2008 gefordert, vermögen weder die Thesaurierungsbegünstigung noch die Abgeltungsteuer Rechtsform- bzw. Finanzierungsneutralität zu gewährleisten.[380] Im Gegenteil: Ihre mangelnde Abstimmung mit dem Unternehmensteuerrecht führt vielmehr zu Friktionen bzw. Verzerrungen.[381] Soweit wirtschaftlich vergleichbare Lebenssachverhalte allein wegen ihrer steuerrechtlichen Ausgestaltung unterschiedliche Besteuerungsfolgen auslösen bzw. auslösen können, werden Steuerpflichtige stets zu Optimierungsmaßnahmen neigen.[382] Gerade im Bereich der Unternehmensbesteuerung existieren mit § 34a EStG und § 32d EStG vielfältige Anwendungsfelder zur Rechtsformplanung, die dem Steuerrechtssystem nicht entgegenstehen, sondern inhärent sind.[383] Mit *Hey* kann Steuerplanung und -gestaltung daher als „legitime Antwort auf ein entscheidungs*a*neutrales und hochbelastetes Steuerrecht“ verstanden werden.[384]

F. Gestaltungsfreiheit des Steuerpflichtigen

Steuergestaltung ist legitim. Jedem Steuerpflichtigen steht es frei, seine tatsächlichen und rechtlichen Verhältnisse so einzurichten, eine möglichst geringe Steuerbelastung auszulösen.[385] Der BFH betont, dass dies auch für die Wahl (und Optimierung) der zivilrechtlichen Rechtsform gelte.[386] Es existiert keine patriotische Pflicht, möglichst viel Steuern zu zahlen.[387] Das Motiv, Steuern zu sparen, ist moralisch nicht verwerflich, sondern entspricht –

---

378 *Sachverständigenrat zur Begutachtung der gesamtwirtschaftlichen Entwicklung*, Jahresgutachten 2008/2009, 2008, 236.

379 Grundlegend *Wagner*, StuW 1992, 2, 3.

380 Exemplarisch *Morawitz/Wiegard* in: Schulze, Reformen für Deutschland, 2009, 207, 225; *Wiegard*, FR 2010, 401, 403 f.

381 *Kollruss*, GmbHR 2007, 1133.

382 *Rödder*, Gestaltungssuche im Ertragsteuerrecht, 1991, 436; *Schreiber*, Besteuerung der Unternehmen, 2008, 528 f.

383 *Benz/Goß*, DStR 2010, 839, 845.

384 *Hey*, Steuerplanungssicherheit, 2002, 13.

385 BVerfG, Urteil v. 14.4.1959, 1 BvL 23, 34/57, BVerfGE 9, 237, 249 f.; BFH, Beschluss v. 29.11.1982, GrS 1/81, BStBl. II 1983, 272; BFH, Urteil v. 12.7.1988, IX R 149/83, BStBl. II 1988, 942; BFH, Urteil v. 12.9.1995, IX R 54/93, BStBl. II 1996, 158; BFH, Urteil v. 29.8.2007, IX R 17/07, BStBl. II 2008, 502; BFH, Urteil v. 29.5.2008, IX R 77/06, BStBl. II 2008, 789.

386 BFH, Beschluss v. 24.7.2003, X B 123/02, BFH/NV 2003, 1571, 1573; BFH, Urteil v. 18.3.2004, III R 25/02, BStBl. II 2004, 787, 793.

387 *Hey*, StuW 2008, 167, 169; *Drüen* in: Tipke/Kruse, AO/FGO, § 42 AO, Rz. 3.

soweit sich der Steuerpflichtige und sein Berater innerhalb des Gesetzes bewegen – einem von der Rechtsordnung anerkannten und berechtigten Interesse des Steuerpflichtigen.[388]

Ein allumfassendes „Grundrecht auf steueroptimierende Gestaltung“[389] gibt es indes nicht. Gleichwohl resultiert aus dem Prinzip der Tatbestandsmäßigkeit der Besteuerung – in Verbindung mit der Freiheit der Person, des Berufs und des Eigentums – eine gewisse steuerliche Gestaltungs- bzw. Handlungsfreiheit.[390] Denn eine Steuerbelastung entsteht nur dann, wenn der Steuerpflichtige einen Steuertatbestand verwirklicht, an den als Rechtsfolge eine Steuer anknüpft (§ 38 AO).[391] Der Steuerpflichtige kann (möglicherweise auf Rat des Steuerplaners) den Steuertatbestand erfüllen, ihn aber auch – als Ausdruck seiner persönlichen Lebensgestaltung – bewusst nicht verwirklichen. Er darf gesetzliche Gestaltungsspielräume und Freiheitsgrade ausnutzen.[392] Kein (Steuer-) Gesetz verbietet, wirtschaftliche Erfolge auf anderen als den vom Gesetzgeber vorgesehenen Wegen zu erreichen. Die Auswahl der rechtlichen Mittel zur Realisierung wirtschaftlicher Intentionen ist vielmehr jedermann freigestellt.[393]

Darüber hinaus steht es dem Steuerpflichtigen bisweilen (ex post) offen, zwischen bestimmten steuerlichen Rechtsfolgen zu wählen (steuerliche Wahlrechte). Dabei liegt es in seiner Hand, gesetzlich zulässige Steuerbegünstigungen in möglichst hohem Maße zu beanspruchen.[394] Die (optionale) Inanspruchnahme von Steuervergünstigungen, wie sie bspw. auch § 34a EStG und § 32d EStG darstellen, sowie deren Optimierung sind folglich rechtmäßige und legitime Mittel der betrieblichen Steuerplanung.[395] In diesem Sinne erweist sich die Gestaltungsfreiheit als *conditio sine qua non* für die steuerliche Rechtsformplanung, mithin für die Steueroptimierung mit § 34a EStG und § 32d EStG. Der (gut beratene) Steuerpflichtige darf sich auf die tatbestandlichen Differenzierungen in den Steuergesetzen einstellen und wird dies im Regelfall auch tun.[396]

G. Zusammenspiel mit der verfassungsrechtlichen Güterabwägung

Das Erfordernis nach rechtsformspezifischer Steueroptimierung kann sich auch aus steuerjuristischen Gründen ergeben. Bisweilen ist es sogar die Judikative selbst, die Gestaltungsemp-

388 BFH, Urteil v. 22.8.1951, IV 246/50 S, BStBl. III 1951, 181; EuGH, Urteil v. 12.9.2006, Rs. C-196/04, *Cadbury Schweppes*, IStR 2006, 670, Rz. 37. Ferner *Thiel,* FR 1976, 53 ff.; *Vogel,* StuW 1980, 206, 208.

389 So aber *Lenz/Gerhard,* BB 2007, 2429 ff.

390 *Seer* in: Carlé/Stahl/Strahl, FS Korn, 2005, 707 f.; *Schön* in: Hüttemann, DStJG Band 33, 2010, 29, 38 f.

391 *Tipke*, Steuerrechtsordnung Band I, 2000, 120; *Lang* in: Tipke/Lang, Steuerrecht, § 4, Rz. 150.

392 Bspw. BFH, Urteil v. 20.3.2002, I R 63/99, BStBl. II 2003, 50.

393 So bereits *Hensel*, Steuerrecht, 1924, 137 f.

394 BFH, Urteil v. 31.10.1986, VI R 52/81, BStBl. II 1987, 139; BFH, Urteil v. 17.6.2010, VI R 50/09, DStR 2010, 1886.

395 *Lang* in: Tipke, FS Pelka, 2010, 51, 66 f.

396 *Rödder* in: Hüttemann, DStJG Band 33, 2010, 93, 100.

fehlungen zur Steuervermeidung ausspricht.[397] Mit der Billigung von Ausweichgestaltungen soll sich aber andererseits auch die Frage der Verfassungsmäßigkeit bestimmter Normen in einem anderen Licht stellen.[398]

So haben sich die Steuerpflichtigen im Rahmen der verfassungsrechtlichen Überprüfung von Steuernormen vorsorgende Ausweichgestaltungen als belastungsmindernde, möglicherweise rechtfertigende Gründe entgegenhalten zu lassen.[399] Dies gilt allerdings nur dann, wenn „das in Frage kommende Verhalten zweifelsfrei legal ist, keinen unzumutbaren Aufwand für den Steuerpflichtigen bedeutet und ihn auch sonst keinem nennenswerten finanziellen oder rechtlichen Risiko aussetzt."[400] Unter diesen Voraussetzungen „drängt" die Rechtsprechung mit ihrer sog. „Ausweichtheorie" die Steuerpflichtigen de facto zur Inanspruchnahme präventiver Gestaltungsmöglichkeiten.

Das BVerfG sah die genannten Bedingungen in seinem Beschluss zu § 15 Abs. 3 Nr. 1 EStG noch als erfüllt an und sprach der sog. „Abfärberegelung" Verfassungskonformität zu.[401] Die steuerwirksame Aufspaltung in eine freiberufliche und eine gewerbliche Personengesellschaft (sog. „Ausgliederungsmodell"[402]) sei vergleichsweise einfach und offenkundig steuerlegal.[403] Dagegen kam es bei der Beurteilung der Übergangsregelungen vom körperschaftsteuerlichen Anrechnungsverfahren zum Halbeinkünfteverfahren zu einem gegenteiligen Ergebnis.[404] Konkret seien die dort erörterten Gestaltungen (insbes. das sog. „Schütt-aus-Hol-zurück-

---

397 Bspw. RFH, Urteil v. 25.8.1937, VI A 449/37, RStBl. 1937, 1129 (Gründung separater gewerblicher und nicht gewerblicher Gesellschaften, um den Umfang gewerblicher Einkünfte [Gewerbesteuer] zu begrenzen); BFH, Urteil v. 22.2.2005, VIII R 89/00, BFH/NV 2005, 1411 (Geltendmachung eines Übernahmeverlustes durch vorherige Liquidation i.S.d. § 17 Abs. 4 EStG); BVerfG, Urteil v. 14.2.2008, 1 BvR 19/07, HFR 2008, 754 (Vermeidung einer Betriebsaufspaltung durch ehevertragliche Regelung).

398 *Drüen,* DStR 2010, 513, 518; *Hey* in: Kessler/Förster/Watrin, FS Herzig, 2010, 7, 17; *Gosch,* BFH/PR 2010, 172, 173.

399 Nach Auffassung des BVerfG (Beschluss v. 4.5.1982, 1 BvL 26/77, 1 BvL 66/78, BVerfGE 60, 329, 346) ist eine großzügige Rechtfertigungsprüfung angebracht, wenn sich die Betroffenen auf die Regelung einstellen und nachteiligen Auswirkungen durch eigenes Verhalten begegnen können. Kritisch *Schwendy,* INF 1995, 75, 76; *Schulze-Osterloh* in: Schön, GS Knobbe-Keuk, 1997, 531, 537 f.

400 So ausdrücklich BVerfG, Urteil v. 15.1.2008, 1 BvL 2/04, DStRE 2008, 1003, Rz. 134; BVerfG, Beschluss v. 17.11.2009, 1 BvR 2192/05, DStR 2010, 434, Rz. 78.

401 BVerfG, Urteil v. 15.1.2008, 1 BvL 2/04, DStRE 2008, 1003, Rz. 135. „Die Personengesellschaft kann die drohende Erstreckung der Gewerbesteuer auf Einkünfte aus anderen Einkunftsarten und die entsprechende Verstrickung der zugehörenden Vermögenswerte weitgehend risikolos und ohne großen Aufwand durch Gründung einer zweiten personenidentischen Schwestergesellschaft vermeiden." Ähnlich bereits BFH, Urteil v. 19.2.1998, IV R 11/97, BStBl. II 1998, 603; BVerfG, Beschluss v. 26.10.2004, 2 BvR 246/98, DStRE 2005, 877.

402 Instruktiv *Seer/Drüen,* BB 2000, 2176, 2180 ff.; *Siegmund/Ungemach,* DStZ 2009, 133, 134 ff.

403 *Korn,* NWB 2010, 641.

404 BVerfG, Beschluss v. 17.11.2009, 1 BvR 2192/05, DStR 2010, 434, Rz. 79 f. „Die nachteiligen Folgen […] konnten von den Unternehmen zwar durch entsprechende steuerliche Gestaltung vermieden oder zumindest verringert werden. Die Verweisung auf eine solche Gestaltungsmöglichkeit brauchen sich die Körperschaften aber schon deshalb nicht entgegenhalten zu lassen, weil [...] es sich bei dem ‚Schütt-aus-Leg-ein-Verfahren' und dem ‚Leg-ein-Hol-zurück-Verfahren' nicht um einfach durchzuführende [risikolose und rein vorteilhafte] Gestaltungen [handelt.]" Anders hingegen noch der vorinstanzliche BFH mit Urteil v. 31.5.2005, I R 107/04, BStBl. II 2005, 884.

Verfahren") kompliziert, mit Unsicherheiten behaftet und mangels Liquidität und divergierender Gesellschafterinteressen nicht in jedem Fall erreichbar.[405]

Mit letztgenanntem Judikat präzisierte das BVerfG seine Ausweichrechtsprechung und scheint den „Teufelskreis von Gestaltungsmöglichkeiten und Gestaltungszwang" durchbrochen zu haben.[406] Eine (Bürger-) Pflicht zur Steuergestaltung besteht demnach nicht.[407] Gleichwohl bleibt festzuhalten, dass zumutbare Steuergestaltungen – auch vor dem Hintergrund einer verfassungsrechtlichen Güterabwägung – stets in Erwägung zu ziehen sind.

Für eine (erneute) verfassungsrechtliche Überprüfung der steuerlichen Ungleichbehandlung von Personen- und Kapitalgesellschaften wird deshalb – neben der allgemeinen Freiheit der Rechtsformwahl und des Rechtsformwechsels – zweifelsohne die Möglichkeit zur Inanspruchnahme der Thesaurierungsbegünstigung als Rechtfertigungsgrund zu erörtern sein. Andererseits müssen sich möglichweise diejenigen Steuerpflichtigen, die gegen das Werbungskostenabzugsverbot im Rahmen der Abgeltungsteuer (§ 20 Abs. 9 EStG) prozessieren, denkbare Gestaltungen zur Geltendmachung von Aufwendungen (bspw. die Option zum Teileinkünfteverfahren nach § 32d Abs. 2 Nr. 3 EStG) entgegen halten lassen. Eine Auseinandersetzung mit den Optimierungspotenzialen der § 34a, § 32d EStG ist daher auch aus Sicht der Steuerrechtsdurchsetzung von Bedeutung.

H. Steuerberatungsmandat und Haftungsrisiko

Adressat steuerlicher Rechtsformgestaltungen ist der Steuerplaner.[408] Um aktive Steuerplanung zu betreiben, muss sich der Steuerpflichtige fast notgedrungen eines steuerlichen Beraters bedienen.[409] Professioneller Beratung bedarf es gerade im mittelständischen Bereich.[410]

Steuerberater haben gem. § 33 S. 1 StBerG „die Aufgabe, im Rahmen ihres Auftrags ihre Auftraggeber in Steuersachen zu beraten, sie zu vertreten und ihnen bei der Bearbeitung ihrer Steuerangelegenheiten und bei der Erfüllung ihrer steuerlichen Pflichten Hilfe zu leisten" (sog. Vorbehaltsaufgaben).[411] Ihnen obliegt es insbesondere, das Steuerrecht bestmöglich für ihre Mandanten auszunutzen. Schon jetzt ist aber ein Trend zu beobachten, wonach die reine

---

405 Ähnlich *Prinz,* GmbHR 2010, 375, 376 f.; *Bareis,* FR 2010, 455, 459.
406 *Drüen,* DStR 2010, 513, 519.
407 *Schön* in: Hüttemann, DStJG Band 33, 2010, 29, 40.
408 *Kessler/Schiffers/Teufel*, Rechtsformwahl - Rechtsformoptimierung, 2002, 280.
409 *Heinhold*, Betriebliche Steuerplanung, 1979, 4; *Hey*, Steuerplanungssicherheit, 2002, 94; *Schenke*, Rechtsfindung im Steuerrecht, 2007, 125. Ähnlich auch BFH, Urteil v. 10.3.1999, XI R 86/95, BStBl. II 1999, 522. In der Türkei besteht bisweilen sogar ein gesetzlicher Zwang zur Steuerberatung (so *Tipke* in: Tipke, FS Pelka, 2010, 1, 5).
410 *Rose* in: Ackermann, FS 40 Jahre DER BETRIEB, 1988, 93, 101.
411 Ähnlich *BStBK*, Leitbild des steuerberatenden Berufs, 2006.

Steuerdeklaration an Bedeutung verliert, während die Steuerplanung und Steuergestaltung immer wichtiger werden.[412]

Im Gegensatz zu einem Finanzrichter oder Finanzbeamten kann sich nämlich ein qualifizierter Berater nicht darauf beschränken, verwirklichte Lebenssachverhalte (ex post) steuerlich zu würdigen.[413] Er hat vielmehr (ex ante) die steuerlichen Folgen abzuschätzen und dem Mandanten gestaltende Planungshilfe zu leisten. Eine pflichtgemäße Steuerberatung verlangt sachgerechte Hinweise über die Art und Höhe einer Steuerbelastung, eines Steuervorteils oder eines Steuerrisikos.[414] Der Mandant muss auf der Grundlage der Beratung in der Lage sein, die Vor- und Nachteile der aufgezeigten Gestaltungsalternative selbst abzuwägen und eine eigenverantwortliche Grundentscheidung zu treffen.[415]

Im Rahmen eines Dauermandats sind Steuerberater verpflichtet, ihre Auftraggeber – auch ungefragt – über alle steuerlichen Einzelheiten und deren Folgen zu unterrichten sowie sie vor Schaden zu bewahren.[416] Kommt der Berater diesen Verpflichtungen schuldhaft nicht nach, macht er sich seinen Mandanten gegenüber schadenersatzpflichtig (§ 280 Abs. 1 BGB i.V.m. § 241 Abs. 2 BGB).[417] Die rechtsformspezifische Steueroptimierung lässt sich damit als zentrales Tätigkeitsfeld direkt aus dem Steuerberatungsmandat ableiten.[418] Der um Rat ersuchte steuerliche Berater muss nicht nur steueroptimal deklarieren und die gefundene Rechtsauffassung gegenüber den Finanzbehörden und -gerichten durchsetzen, sondern den Mandanten auch auf bestehende Wahlrechte hinweisen[419] und vorausschauende Veränderungen betrieblicher Organisationsformen oder Geschäftsabläufe anregen.[420]

Nach Aufklärung des Sachverhalts und Feststellung des steuerlichen Ist-Zustands hat der Steuerberater die Zielvorstellungen seines Mandanten zu eruieren. Anschließend muss er die sichersten Wege für die angestrebten steuerlichen Ziele aufzeigen und sachgerechte Vor-

---

412 *Vinken,* DStR 2012, 725, 726.

413 Exemplarisch *Teufel*, Steuerliche Rechtsformoptimierung, 2002, 18; *Seer* in: Carlé/Stahl/Strahl, FS Korn, 2005, 707, 708.

414 BGH, Urteil vom 15.11.2007, IX ZR 34/04, DB 2008, 55.

415 BGH, Urteil v. 6.2.2003, IX ZR 77/02, WM 2003, 1138; *Hölscheidt,* NWB 2011, 1898, 1901 f.

416 So die ständige Rechtsprechung des BGH; bspw. BGH, Urteil v. 20.2.2003, IX ZR 384/99, NJW-RR 2003, 931; BGH, Urteil v. 16.10.2003, IX ZR 167/02, DStRE 2004, 237. Ferner *Zugehör,* DStR 2007, 673, 676 f. Ein Steuerberater muss über weitreichende mandatsbezogene Gesetzes- und Rechtskenntnisse verfügen und sich anhand von Fachzeitschriften innerhalb einer Karenzzeit von vier bis sechs Wochen über den Stand der Gesetzgebung und Rechtsprechung informieren (BGH, Urteil v. 28.9.2000, IX ZR 6/99, DB 2001, 329). Gleichwohl muss er nicht sämtliche Entscheidungen der Finanzgerichte kennen, sondern nur diejenigen, die in den amtlichen Sammlungen und in den einschlägigen allgemeinen Fachzeitschriften veröffentlicht sind (OLG Stuttgart, Urteil v. 15.12.2009, 12 U 110/09, DStR 2010, 401; BGH, Urteil v. 23.9.2010, IX ZR 26/09, DB 2010, 2325).

417 So bereits *Felix* in: Tipke, DStJG Band 5, 1982, 99, 127 unter Verweis auf OLG Koblenz, Urteil v. 22.1.1971, 2 U 958/69, DStR 1971, 545. Weiterführend *Hey*, Steuerplanungssicherheit, 2002, 94 ff.; *Gräfe/Lenzen/Schmeer*, Steuerberaterhaftung, 2006, 8; *Nickert*, Haftung des Steuerberaters, 2008, 19 ff.; *Carlé/Helms,* KÖSDI 2009, 16571 ff.

418 *Rose,* StbJb 1969/1970, 31, 38; *Söffing*, Gestaltung der steuerlichen Beratung, 1993, 69.

419 *Volmer,* StB 1967, 69, 71 f.

420 BGH, Urteil v. 7.7.2005, IX ZR 425/00, DStR 2006, 344.

schläge zu deren Verwirklichung unterbreiten.[421] Der Berater hat Steuervorteile für seine Mandanten vollständig auszuschöpfen und steuerliche Nachteile zu verhindern, soweit solche vorhersehbar und vermeidbar sind.[422] Er steht in der Pflicht, auch neue oder geänderte Rechtsnormen bei erkennbarem Anlass zu ermitteln.[423] Besondere Problemfelder der Steueroptimierung stellen die Vertragsgestaltung sowie Steuerbelastungsvergleiche unterschiedlicher Rechtsformalternativen dar.[424]

Für die Rechtsformplanung eines Personenunternehmens bedeutet dieser weite Pflichtenumfang insbesondere, dass der Steuerberater über die Möglichkeit und die positiven wie negativen Folgen einer Inanspruchnahme des § 34a EStG informieren muss.[425] Dazu gehören die Anfertigung vielschichtiger Belastungsrechnungen, Rechtsformvergleiche, mandantenindividueller Vorteilhaftigkeitsanalysen und die Aufgabe, den Unternehmer auf die Unwägbarkeiten hinzuweisen und ggf. von einer unbedachten Antragstellung abzuhalten.[426] Darüber hinaus steht der Berater in der Pflicht, sofern zur Thesaurierungsbesteuerung optiert wird, verschiedene Gestaltungsmöglichkeiten und -risiken aufzuzeigen.

Gesellschafter einer Kapitalgesellschaft müssen gleichermaßen darauf vertrauen können, dass sie ihr steuerlicher Berater über etwaige Optimierungsstrategien und -risiken im Rahmen einer Gewinnausschüttung oder Gesellschafterfinanzierung, mithin bei der Abgeltungsteuer, belehrt. Können – wie sowohl bei § 34a EStG als auch bei § 32d EStG – alternative Steuervergünstigungen mit unterschiedlichen Rechtsfolgen in Anspruch genommen werden, hat der Steuerberater über alle Möglichkeiten auch dann umfassend zu informieren, wenn noch nicht erkennbar ist, ob die verschiedenen Rechtsfolgen für den Mandanten jemals bedeutsam werden.[427] Allgemeine Ausführungen in Mandantenrundschreiben eignen sich hierzu ebenso wenig, wie nach Art eines Lehrbuchs verfasste Merkblätter.[428]

Der Steuerberater sieht sich im Kontext der steuerlichen Rechtsformplanung somit stets zwei unterschiedlichen Haftungsrisiken ausgesetzt. Zum einen hat er die Gestaltungspotenziale von (neuartigen) Besteuerungsalternativen (z.B. Thesaurierungsbegünstigung und Abgeltungsteuer) aufzuzeigen, dementsprechende Steuervorteile auszuschöpfen und notwendige Wahlrechts- und Sachverhaltsgestaltungen zu initiieren. Andererseits muss er seine Mandanten vor

---

421 Bspw. BGH, Urteil v. 10.12.1992, IX ZR 54/92, NJW 1995, 1605; BGH, Urteil v. 21.9.2000, IX ZR 439/99, NJW 2000, 3560; BGH, Urteil v. 15.7.2004, IX ZR 472/00, NJW 2004, 3487; BGH, Urteil v. 8.2.2007, IX ZR 188/05, DStRE 2007, 992; BGH, Urteil v. 19.3.2009, IX ZR 214/07, DK 2009, 506. Ferner *Gehrlein,* DStR 2010, 350, 352; *Ehlers,* DStR 2010, 2154 ff.

422 BGH, Urteil v. 19.3.2009, IX ZR 214/07, DK 2009, 506.

423 BGH, Urteil v. 23.3.2006, IX ZR 140/03, DStRE 2006, 958.

424 *Ehlers,* DStR 2010, 2154, 2155; *Fischer,* DB 2011, 1905.

425 Ähnlich *Munkert,* SteuerConsultant 2007, 34 f.; *Henkel,* GStB 2009, 122, 125; *Kaligin* in: Lademann, EStG, § 34a, Rz. 9; *Ley/Bodden* in: Korn/Carlé/Stahl u.a., EStG, § 34a, Rz. 11.

426 *Hey,* DStR 2007, 925, 930. Ähnlich *Wangler/Schill* in: DHBW Villingen-Schwenningen, 2009, 41, 102.

427 Allgemein BGH, Urteil v. 16.10.2003, IX ZR 167/02, DStRE 2004, 237.

428 OLG Düsseldorf, Urteil v. 29.1.2008, I-23 U 64/07, DStR 2008, 1159.

etwaigen Gestaltungsrisiken, die mit der Inanspruchnahme solcher „Steuervergünstigungen" zusammenhängen, von Anfang an warnen und sie vor möglichen Gefahren bewahren.

Kapitel 4.
Schlussfolgerungen

Vorstehende Ausführungen haben die Grundstrukturen des Untersuchungsgegenstands nachgezeichnet. Besonderes Augenmerk galt der steuersystematischen Einordnung der Thesaurierungsbegünstigung und der Abgeltungsteuer. Es konnte nachgewiesen werden, dass beide Normen über vergleichbare Grundeigenschaften verfügen. Bei genauerer Betrachtung offenbarten sich aber auch (Inter-) Dependenzen und (gestaltungsrelevante) Unterschiede.

Überdies wurde das Konzept der steuerorientierten Rechtsformplanung skizziert und speziell für die Steueroptimierung mittels § 34a EStG und § 32d EStG aufbereitet. Dabei ist deutlich geworden, dass sowohl die Thesaurierungsbegünstigung als auch die Abgeltungsteuer besonders komplexe und beratungsintensive (Tarif-) Vorschriften darstellen, die erst bei zieladäquater Planung und sachgemäßer Anwendung ihre volle Positivwirkung entfalten können. Ihre konkrete steuerrechtliche Ausgestaltung ist Gegenstand des nachfolgenden Kapitels.

Teil 3.
Steuerrechtliche Ausgestaltung der Thesaurierungsbegünstigung und der Abgeltungsteuer

Kapitel 1.
Feststellung des steuerlichen Status quo

Zur Sondierung jedweder steuerlicher (Rechtsform-) Gestaltungen bedarf es einer eingehenden Analyse der Ausgangssituation.[429] Hierzu sollen die Thesaurierungsbegünstigung nach § 34a EStG sowie die Abgeltungsteuer nach § 32d EStG in ihrer konkreten steuerrechtlichen Ausgestaltung dargestellt werden. Diese Bestandsaufnahme soll allerdings nicht isoliert im Sinne einer kommentarähnlichen Struktur erfolgen. Vielmehr wird ein integrativer Ansatz gewählt, wonach die Stellung und Bedeutung beider Normen im gegenwärtigen System der rechtsformabhängigen Unternehmensbesteuerung besser nachvollzogen werden können.

Kapitel 2.
Besteuerung der Personenunternehmen und ihrer Gesellschafter

A. Ganzheitliche Betrachtung von Gesellschaft und Gesellschafter

Trotz gewisser Einschränkungen fordert das den Personengesellschaften inhärente Transparenzprinzip einen unmittelbaren Durchgriff auf die dahinterstehenden Rechtspersonen und damit eine ganzheitliche Betrachtung von Gesellschaft und Gesellschafter. Eine strikte Unterscheidung hinsichtlich der Besteuerungsebenen ist nicht zielführend. Vielmehr wird typischerweise – so auch im Folgenden – zwischen der Regelbesteuerung sowie der optionalen Thesaurierungsbegünstigung differenziert.

B. Grundsatz der Regelbesteuerung

I. Einkommensteuerliche Behandlung

Unbeschränkt einkommensteuerpflichtige natürliche Personen[430] erzielen mit ihrer einzelunternehmerisch geführten Unternehmensaktivität Gewinneinkünfte i.S.d. § 2 Abs. 1 Nr. 1 EStG, namentlich Einkünfte aus Land- und Forstwirtschaft (§ 13 EStG), aus Gewerbebetrieb (§ 15 EStG) oder aus selbständiger Arbeit (§ 18 EStG). Gesellschafter einer Personengesellschaft können darüber hinaus auch Einkünfte vermögensverwaltender Natur beziehen.[431] Die

---

429 Wegweisend *Paulus*, Ziele und Phasen steuerlicher Entscheidungen, 1978, 151 ff.; *Rödder*, Gestaltungssuche im Ertragsteuerrecht, 1991, 20 ff.; *Jacobsen,* FR 2009, 162, 165 ff.

430 Natürliche Personen mit Wohnsitz (§ 8 AO) oder gewöhnlichem Aufenthalt (§ 9 AO) im Inland, § 1 Abs. 1 S. 1 EStG.

431 Einkünfte aus Kapitalvermögen (§ 20 EStG), Einkünfte aus Vermietung und Verpachtung (§ 21 EStG) sowie sonstige Einkünfte (§ 22 EStG). Lediglich Einkünfte aus nichtselbständiger Arbeit (§ 19 EStG) können nicht über eine Personengesellschaft vermittelt werden.

Einkünfte sind der natürlichen Person unmittelbar, d.h. ohne einen separaten Ausschüttungsvorgang, im Jahr der Erzielung zuzurechnen (*Feststellungsprinzip*). Ob tatsächlich über den Gewinn verfügt werden kann oder ob der Gewinn im Unternehmen verbleibt (Rücklagenbildung), spielt für die (Regel-) Besteuerung keine Rolle.[432] Es besteht insoweit Gewinnverwendungsneutralität.[433]

Die Einkünfte stehen – vorbehaltlich § 15a EStG und anderen Verlustverrechnungsbeschränkungen[434] – sowohl für den horizontalen wie vertikalen (intraperiodischen) Verlustausgleich als auch für den (interperiodischen) Verlustabzug im Rahmen des § 10d EStG zur Verfügung. Im Unterschied zu Kapitalgesellschaften berücksichtigt die einkommensteuerliche Bemessungsgrundlage – das z.v.E. (§ 2 Abs. 5 EStG) – auch die individuellen Verhältnisse des Steuerpflichtigen. Als Ausfluss der persönlichen Komponente des Leistungsfähigkeitsprinzips können insbesondere der Grundfreibetrag (§ 32a Abs. 1 Nr. 1 EStG) sowie Sonderausgaben (primär §§ 10, 10a, 10b EStG) und außergewöhnliche Belastungen (§§ 33, 33a EStG) zum Abzug gebracht werden.[435]

II. Besteuerung bei fehlender Gewerbesteuerpflicht

Die Einkommensteuerbelastung einer nicht gewerblich tätigen natürlichen Person ermittelt sich durch Anwendung des progressiven Tarifs i.S.d. § 32a EStG (s_{Tarif}) auf die Bemessungsgrundlage. In Verbindung mit dem Solidaritätszuschlag (s_{SolZ}) i.H.v. 5,5% (§ 4 SolZG) ergibt sich folgende Belastungsformel.

$$s_{PersU} = s_{Tarif} \times (1 + s_{SolZ}) = s_{Tarif} \times 1{,}055$$

s_{Tarif} =	20%	25%	30%	35%	40%	45%
z.v.E.	100	100	100	100	100	100
ESt	20	25	30	35	40	45
SolZ (5,5% d. ESt)	1,1	1,38	1,65	1,93	2,20	2,48
Belastungsquote	**21,10%**	**26,38%**	**31,65%**	**36,93%**	**42,20%**	**47,48%**

Abbildung 8: Steuerbelastung von PersU (Regelbesteuerung ohne GewSt-Pflicht)

Quelle: Eigene Berechnungen

Unter Anwendung normierter Einkommensteuersätze lässt sich die (Teil-) Steuerbelastung einer regelbesteuerten natürlichen Person (ohne Gewerbesteuerpflicht) wie oben dargestellt abbilden. Die Annahme normierter (Durchschnitts- bzw. Grenz-) Steuersätze täuscht über den

432 BFH, Urteil v. 24.2.1988, I R 95/84, BStBl. II 1988, 663; BFH, Urteil v. 15.11.2011, VIII R 12/09, DB 2012, 23.

433 *Kessler/Schiffers/Teufel*, Rechtsformwahl - Rechtsformoptimierung, 2002, § 3, Rz. 8.

434 Bspw. § 2a EStG, § 15 Abs. 4 EStG, § 15b EStG, § 22 Nr. 3 EStG.

435 Etwa *Scheffler*, Besteuerung von Unternehmen, 2007, 35.

tatsächlichen linear-progressiven Tarifverlauf des § 32a EStG hinweg. Dennoch erlauben exemplarische Belastungsziffern die Induktion allgemeingültiger Aussagen. So ist anhand obiger Darstellung bspw. ersichtlich, dass die Maximalbelastung bei 47,48% liegt.

III. Besteuerung bei Gewerbesteuerpflicht

Wie eingangs dargestellt liegt der Fokus dieser Arbeit auf Unternehmen, die einen Gewerbebetrieb zum Gegenstand haben und mithin der Gewerbesteuer unterliegen.[436] Gem. § 4 Abs. 5b EStG stellt die Gewerbesteuer keine (abziehbare) Betriebsausgabe dar.[437] Es findet somit keine reziproke Beeinträchtigung der einkommen- und gewerbesteuerlichen Bemessungsgrundlagen statt, wie es bspw. in den VZ vor 2008 der Fall war.[438]

Ansatzpunkt der Gewerbesteuer ist der Gewerbeertrag i.S.d. § 6 GewStG, welcher sich gem. § 7 S. 1 GewStG aus den einkommensteuerpflichtigen Einkünften aus Gewerbebetrieb – modifiziert um etwaige Hinzurechnungen (§ 8 GewStG) und Kürzungen (§ 9 GewStG) – ergibt.[439] Im Gegensatz zu Kapitalgesellschaften dürfen natürliche Personen und Personengesellschaften bei der Ermittlung des Gewerbeertrags einen Freibetrag i.H.v. 24.500 € zum Abzug bringen, § 11 Abs. 1 S. 3 Nr. 1 GewStG.[440] Die effektive Gewerbesteuerbelastung errechnet sich sodann durch Multiplikation des (maßgebenden) Gewerbeertrages mit der Steuermesszahl (§ 11 Abs. 2 GewStG) i.H.v. 3,5% und des lokalen Hebesatzes (h) der jeweiligen Gemeinde (§ 16 GewStG, mind. 200%). Die Gewerbesteuertarifbelastung (s_{GewSt}) kann wie folgt formalisiert werden: $s_{GewSt} = 0{,}035 \times h$

Um eine Doppelbelastung von Einkommen- und Gewerbesteuer zu vermeiden, sieht § 35 EStG eine typisierte Anrechnung der Gewerbesteuer in Höhe des 3,8fachen des Gewerbesteuermeßbetrages auf die Einkommensteuer vor. Allerdings ist der Abzug der Steuerermäßigung zum einen auf die tatsächlich zu zahlende Gewerbesteuer, zum anderen auf die tarifliche Einkommensteuer, die anteilig auf die im z.v.E. enthaltenen gewerblichen Einkünfte entfällt,

---

436 Gesellschafter einer Personengesellschaft sind demnach als Mitunternehmer i.S.d. § 15 Abs. 1 S. 1 Nr. 2 EStG anzusehen.

437 Entgegen dem ausdrücklichen Gesetzeswortlaut („keine Betriebsausgabe“) handelt es sich hierbei um ein Betriebsausgabenabzugsverbot und nicht um eine Versagung der Eigenschaft als Betriebsausgabe. Zur gesetzestechnischen und steuersystematischen Kritik vgl. *Heinicke* in: Schmidt, EStG, § 4, Rz. 614. Demnach ist auch in der Steuerbilanz eine Gewerbesteuerrückstellung zu bilden; allerdings ohne Berücksichtigung der Gewerbesteuer als abziehbare Betriebsausgabe. Für die Ermittlung der steuerpflichtigen Einkünfte müssen diese Gewinnminderungen außerbilanziell wieder hinzugerechnet werden (so ausdrücklich OFD Rheinland, Verfügung v. 5.5.2009, S 2137 – 2009/006 – St 141, DB 2009, 1046; ergänzend OFD Hannover, Verfügung v. 23.11.2009, S 2137 – 135 – StO 221/StO 222, DB 2010, 24).

438 Bspw. *Bergemann/Raffel* in: RP Richter & Partner, Gewerbesteuer, 2008, 93, 98 ff.

439 Während die Hinzurechnungen primär dem Objektsteuercharakter der Gewerbesteuer geschuldet sind, sollen Kürzungen auch etwaige Doppelbelastungen vermeiden (so etwa *Güroff* in: Glanegger/Güroff, GewStG, § 8, Rz. 1; § 9, Rz. 1).

440 Als Bemessungsgrundlageneffekt spiegelt sich der Freibetrag nicht im (Teil-) Steuersatz, sondern in der (geminderten) Bemessungsgrundlage wider.

beschränkt (§ 35 Abs. 1 S. 2 und 5 EStG).[441] Bei mehreren unternehmerischen Engagements soll sich die Deckelung auf die einzelnen Betriebe beziehen.[442] Bei Mitunternehmerschaften erfolgt eine am allgemeinen Gewinnverwendungsschlüssel orientierte (anteilige) Zurechnung des Gewerbesteuermeßbetrages, § 35 Abs. 2 S. 2 EStG.[443] Gleiches gilt für die Ermittlung der den Mitunternehmern zuzurechnenden, tatsächlich zu zahlenden Gewerbesteuer.[444]

$$Anrechnung = min[0{,}035 \times h; 0{,}035 \times 3{,}8] = 0{,}035 \times min[h; 3{,}8]$$

Unterstellt man eine Übereinstimmung von einkommen- und gewerbesteuerlicher Bemessungsgrundlage, (Gewerbeertrag ≙ z.v.E.) lässt sich folgende Tarifbelastung ableiten, die auch dem Teilsteuersatz i.S.d. *Rose'schen* Teilsteuerrechnung[445] entspricht.[446]

$$s_{PersU\_GewSt} = (s_{Tarif} - Anrechnung) \times (1 + s_{SolZ}) + s_{GewSt}$$

$$s_{PersU\_GewSt} = (s_{Tarif} - 0{,}035 \times min[h; 3{,}8]) \times 1{,}055 + (0{,}035 \times h)$$

s_{Tarif} =	20%			35%			45%		
h =	300%	400%	500%	300%	400%	500%	300%	400%	500%
z.v.E.	100	100	100	100	100	100	100	100	100
ESt	20	20	20	35	35	35	45	45	45
GewSt	10,5	14	17,5	10,5	14	17,5	10,5	14	17,5
Anr. § 35 EStG	10,5	13,3	13,3	10,5	13,3	13,3	10,5	13,3	13,3
ESt nach Anr.	9,5	6,7	6,7	24,5	21,7	21,7	34,5	31,7	31,7
SolZ (5,5%)	0,52	0,37	0,37	1,35	1,19	1,19	1,90	1,74	1,74
Belast. quote	**20,52%**	**21,07%**	**24,57%**	**36,35%**	**36,89%**	**40,39%**	**46,90%**	**47,44%**	**50,94%**

Abbildung 9: Steuerbelastung von PersU (Regelbesteuerung mit GewSt-Pflicht)

Quelle: Eigene Berechnungen

Die obige Belastungsrechnung offenbart – trotz ihrer typisierten Ausgestaltung – gleich mehrere Steuereffekte, die insbesondere mit der Steuerermäßigung i.S.d. § 35 EStG in Verbindung stehen. Primär ist ersichtlich, dass die Belastungswirkung der Gewerbesteuer nahezu vollständig aufgehoben wird, sofern die Anrechnung nach § 35 EStG gelingt.[447] Unter dieser Voraussetzung spielt die Gewerbesteuer für Personenunternehmen kaum eine Rolle.[448] Des

441 BMF, Schreiben v. 24.2.2009, IV C 6 – S 2296-a/08/10002, BStBl. I 2009, 440, Rz. 6 ff.

442 BMF, Schreiben v. 25.11.2010, IV C 6 – S 2296-a/09/10001, BStBl. I 2010, 1312, Rz. 10; *Michel,* DStR 2011, 611 ff. Kritisch *Cordes,* DStR 2010, 1416 ff.

443 Sonder- und Vorabvergütungen bleiben dabei außer Betracht (bestätigt durch BFH, Beschluss v. 7.4.2009, IV B 109/08, DB 2009, 1930). Zu daraus resultierenden „Steuerfallen" und Gestaltungsempfehlungen *Schröder/Patek,* DStZ 2009, 922 ff.

444 *Glanegger* in: Schmidt, EStG, § 35, Rz. 22 f.

445 *Rose,* Teilsteuerrechnung, 1973, passim. Zur Teilsteuerrechnung nach der Unternehmensteuerreform 2008 vgl. *Marx/Hetebrügge,* DB 2007, 2381 ff.; *Eichfelder,* StB 2008, 199 ff.

446 Gewerbesteuerliche Modifikationen und der Freibetrag werden aus Vereinfachungsgründen nicht weiter berücksichtigt, da sie für die nachfolgenden Argumentationen nicht von wesentlicher Bedeutung sind.

447 *Derlien/Wittkowski,* DB 2008, 835, 839 f.

448 In diesem Sinne auch *Herzig* in: Wachter, FS Spiegelberger, 2009, 210, 217.

Weiteren wird die Begrenzung der Anrechnung nach § 35 Abs. 1 S. 5 EStG auf die tatsächlich zu zahlende Gewerbesteuer deutlich, die bei Hebesätzen unter 380% eintritt.[449]

Die Darstellung illustriert ferner die überkompensatorische Wirkung der Steuerermäßigung nach § 35 EStG bei Hebesätzen bis zu einem kritischen Wert von $h = 400{,}9\%$ (Solidaritätszuschlagseffekt).[450] Dies erklärt die insoweit zu beobachtende geringere Gesamtsteuerbelastung im Vergleich zur Gewerbesteuerfreiheit und unterstreicht den ambivalenten Wirkungszusammenhang von Gewerbesteuer und § 35 EStG. Der „Optimal"-Hebesatz liegt bei exakt 380%. Darüber hinaus wird evident, dass regelbesteuerte Gewinne ertragstarker Personenunternehmen – unabhängig von der Gewinnverwendung – einer Steuerbelastung von annähernd 50% unterliegen können.

C. Thesaurierungsbegünstigung

I. Grundkonzept

Die Tarifoption nach § 34a EStG räumt Personenunternehmern die Möglichkeit zur Sonderbesteuerung ihres nicht entnommenen Gewinns ein.[451] Im VZ einer späteren Entnahme kommt es zu einer Nachversteuerung. Anstelle der progressiven Regelbesteuerung kann der (unbeschränkt oder beschränkt) einkommensteuerpflichtige Unternehmer für seine im z.v.E. enthaltenen, nicht entnommenen Gewinne aus Land- und Forstwirtschaft (§ 13 EStG), Gewerbebetrieb (§ 15 EStG) oder selbständiger Arbeit (§ 18 EStG) ganz oder teilweise zur Sondertarifierung nach § 34a EStG optieren.

Die Tarifbegünstigung setzt nach bzw. außerhalb der Ermittlung des z.v.E. an.[452] Es liegt daher eine (unvollkommene) Schedulenbesteuerung vor. Ohne entsprechenden Antrag bleibt es bei der Regelbesteuerung.[453]

II. Begünstigte Besteuerung im VZ der Gewinnentstehung

1. Voraussetzungen zur Inanspruchnahme

Da es sich bei der Thesaurierungsbegünstigung um eine (Tarif-) Vorschrift im EStG handelt, steht das Wahlrecht ausschließlich natürlichen Personen – entweder als Einzel- oder als Mit-

---

449 In Abbildung 9 ($h = 300\%$) beträgt der Anrechnungsbetrag i.S.d. § 35 EStG 10,5 GE (tatsächliche Gewerbesteuer) statt 13,3 GE (3,8 × Gewerbesteuer-Messbetrag [3,5]).

450 *Förster,* DB 2007, 760 ff.; *Herzig/Lochmann,* DB 2007, 1037, 1038 ff.; *Schiffers,* GmbHR 2007, 505, 511. Die Überkompensation resultiert aus dem Umstand, dass die Steuerermäßigung nach § 35 EStG eine Ermäßigung des Solidaritätszuschlags zur Folge hat.

451 *Ley,* KÖSDI 2007, 15737 ff.; *Schiffers,* GmbHR 2007, 841 ff.; *Ley/Brandenberg,* FR 2007, 1085 ff.

452 *Gragert/Wißborn,* NWB 2007, 2551, 2579; *Seitz,* StbJb 2007/2008, 314, 337; *Fellinger,* DB 2008, 1877. Zu denkbaren Zweifelsfragen vgl. *Söffing,* DStZ 2008, 471 ff.

453 Statt vieler *Kessler/Ortmann-Babel/Zipfel,* BB 2007, 523, 527; *Kessler/Ortmann-Babel/Zipfel* in: Ernst & Young/BDI, Unternehmensteuerreform 2008, 23.

unternehmer – zur Verfügung. Der Antrag muss für jeden VZ gesondert gestellt werden, § 34a Abs. 1 S. 2 EStG.[454] Dem Antragsteller wird allerdings die Möglichkeit eingeräumt, die Option bis zur Unanfechtbarkeit des Einkommensteuerbescheids für den nächsten VZ ganz oder teilweise wieder zurückzunehmen (§ 34a Abs. 1 S. 4 EStG).[455]

Die Tarifoption ist betriebs- und personenbezogen ausgestaltet, sodass deren Voraussetzungen für jeden Betrieb bzw. Mitunternehmeranteil gesondert zu prüfen sind.[456] Das Mitunternehmerkonzept (*Transparenzprinzip*) bleibt erhalten, weil § 34a EStG erst auf Ebene des jeweiligen Gesellschafters zur Anwendung kommt.[457] Die Antragstellung erfolgt unabhängig von der Entscheidung der anderen Gesellschafter.[458] Antragsberechtigt sind jedoch nur Mitunternehmer, deren steuerlicher Gewinnanteil mehr als 10% beträgt oder 10.000 € übersteigt (§ 34a Abs. 1 S. 3 EStG).[459] Für Einzelunternehmer ist diese Klausel irrelevant; entsprechende Gewinne sind hier stets begünstigungsfähig.[460]

2. Ermittlung des begünstigungsfähigen Gewinns

Ausgangspunkt bei der Bestimmung des nicht entnommenen, also begünstigungsfähigen Gewinns ist gem. § 34a Abs. 2 EStG der nach § 4 Abs. 1 S. 1 EStG oder § 5 EStG ermittelte (anteilige) Steuerbilanzgewinn bzw. Handelsbilanzgewinn einschließlich steuerbilanzieller Korrekturen nach § 60 EStDV. Dieser Betrag ist um den positiven Saldo der getätigten Entnahmen und Einlagen zu mindern.

Der Verweis auf § 4 Abs. 1 S. 1 EStG oder § 5 EStG ist verbaliter als Verweis auf den *Steuerbilanzgewinn* und nicht etwa auf die steuerpflichtigen Einkünfte zu verstehen.[461] Im begünstigungsfähigen Gewinn sind demnach noch solche Beträge enthalten, die zur weiteren Ermittlung des steuerpflichtigen Gewinns außerbilanziell zu kürzen oder hinzuzurechnen sind.[462]

---

454 Statt aller *Kessler* in: Herzig/Tobin/Eckhardt u.a., Handbuch Unternehmensteuerreform 2008, 54.

455 Hierdurch sollen unbillige Härtefälle vermieden werden, wie sie bspw. durch unvorhersehbare Verluste entstehen könnten (BR-Drs. 220/07 v. 30.3.2007, 10). Im JStG 2009 wurden insoweit die verfahrensrechtlichen Regelungen (§ 34a Abs. 11 EStG) geschaffen. Bspw. *Grützner,* StuB 2009, 182 ff.

456 Stellvertretend *Reiß* in: Kirchhof, EStG Kompaktkommentar, § 34a, Rz. 24 f.

457 *Rogall* in: Schaumburg/Rödder, Unternehmensteuerreform 2008, 410.

458 *Ortmann-Babel/Zipfel,* BB 2007, 2205, 2209; *Gragert/Wißborn,* NWB 2007, 2551, 2554.

459 Diese „Fondsklausel" richtet sich vor allem an (Kleinst-) Gesellschafter von Medien- u. Windkraftfonds.

460 *Kessler/Ortmann-Babel/Zipfel,* BB 2007, 523, 527.

461 *Schultes-Schnitzlein/Keese,* NWB 2007, 2841, 2842 unter Berufung auf die Gesetzesbegründung BR-Drs. 220/07 v. 30.3.2007, 102 f.

462 *Gragert/Wißborn,* NWB 2007, 2551, 2558 ff.; *Ley/Brandenberg,* FR 2007, 1085, 1091 ff.; *Hey,* DStR 2007, 925, 928. Ferner Rz. 11, 16 und 17 des BMF-Schreibens v. 11.8.2008, IV C 6 – S 2290-a/07/10001, BStBl. I 2008, 838. A.A. hingegen *Schiffers,* GmbHR 2007, 841, 842, nach dessen Auffassung der verwendete Gewinnbegriff (2. Stufe) auch die außerbilanziellen Korrekturen umfasse. Zur Diskussion *Söffing/Worgulla,* NWB 2009, 841, 842 ff.

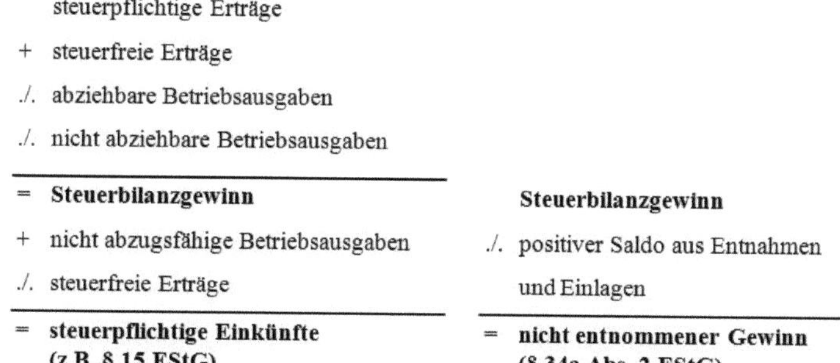

Abbildung 10: Ermittlung des begünstigungsfähigen Gewinns (§ 34a EStG)
Quelle: Eigene Darstellung

Steuerfreie Gewinnanteile[463] erhöhen folglich das Thesaurierungspotenzial, obgleich sie selbst nicht Gegenstand des § 34a EStG sein können.[464] Zudem gelten steuerfreie Einkünfte als vorrangig entnommen und können sonach zur Verrechnung von Entnahmen und nicht abziehbaren Betriebsausgaben verwendet werden.[465] Übernahme- und Ausschüttungsgewinne i.S.d. §§ 4, 7 UmwStG sind ebenfalls begünstigungsfähig.[466]

Die Thesaurierung bereits verausgabter Beträge, wie etwa nicht abziehbare Betriebsausgaben (§ 4 Abs. 5 EStG) sowie die Gewerbesteuer nach § 4 Abs. 5b EStG, ist indes ausgeschlossen.[467] Sie unterliegen der Regelbesteuerung und können nicht durch Einlagen, sondern nur durch steuerfreie Erträge kompensiert werden.[468]

Der Steuerbilanzgewinn ist in einer zweiten Ermittlungsstufe um die im Wirtschaftsjahr getätigten Entnahmen und Einlagen zu korrigieren.[469] Dabei ist allerdings nur ein positiver Saldo zu berücksichtigen, d.h. Einlagen können max. bis zur Höhe der Entnahmen angesetzt werden. Übereinlagen wirken sich nicht aus. Die Begleichung der individuellen Einkommensteuerschuld aus betrieblichen Mitteln stellt eine Entnahme dar. Daher mindert sich das begünstigungsfähige Volumen um jene Beträge. Sie können nicht nach § 34a EStG besteuert werden, sondern unterliegen der Regelbesteuerung.[470]

Die in Bezug auf Personengesellschaften bestehenden Besonderheiten haben keinen expliziten Niederschlag im Wortlaut des § 34a EStG gefunden. Jedoch gebieten es die steuersyste-

---

463 Z.B. die nach § 12 InvZulG steuerfrei vereinnahmte Investitionszulage, die nach § 3 Nr. 40 EStG steuerfreien Teileinkünfte oder die nach den DBA im Inland steuerbefreiten Betriebsstättengewinne.
464 BR-Drs. 220/07 v. 30.3.2007, 102.
465 Differenzierend *Pohl,* BB 2007, 2483 ff.; *Husken/Schmidt/Siegmund,* BB 2008, 1204 ff.
466 *Ley,* Ubg 2008, 13; *Wacker,* FR 2008, 605, 608; *Niehus/Wilke,* DStZ 2009, 14, 27.
467 *Kleineidam/Liebchen,* DB 2007, 409, 410; *Thiel/Sterner,* DB 2007, 1099, 1100.
468 *Schiffers,* DStR 2008, 1805, 1809; *Reiß* in: Kirchhof, EStG Kompaktkommentar, § 34a, Rz. 50 f.
469 *Ley/Bodden* in: Korn/Carlé/Stahl u.a., EStG, § 34a, Rz. 64.
470 Statt aller *Kleineidam/Liebchen,* DB 2007, 409, 410; *Kessler/Ortmann-Babel/Zipfel* in: Ernst & Young/BDI, Unternehmensteuerreform 2008, 29.

matischen Grundsätze, dass bei der Ermittlung des nicht entnommenen Gewinns auch die Sonder- und Ergänzungsbilanzen mit einbezogen werden.[471] Abgeflossene Sondervergütungen, d.h. Vergütungen, die dem Gesellschafter auf dem Privatkonto gutgeschrieben werden, sind aus dem begünstigungsfähigen „nicht entnommenen Gewinn" zu eliminieren.[472] Dagegen führt die Gutschrift auf einem Kapital- oder Darlehenskonto nicht zu einer schädlichen Entnahme.[473]

Bei doppel- und mehrstöckigen Personengesellschaftsstrukturen ist für den Mitunternehmer der Obergesellschaft ein einheitlicher (zusammengefasster) begünstigungsfähiger Gewinn zu ermitteln.[474] Dies gilt auch für den Sondermitunternehmeranteil der Obergesellschafters bei der Untergesellschaft (§ 15 Abs. 1 S. 1 Nr. 2 S. 2 EStG).

Um eine Doppelbegünstigung zu vermeiden, findet die Thesaurierungsbegünstigung für Gewinnanteile, für die der Freibetrag nach § 16 Abs. 4 EStG oder die Steuerermäßigung nach § 34 Abs. 3 EStG in Anspruch genommen wird, keine Anwendung (§ 34a Abs. 1 S. 1 Hs. 2 EStG). Dies gilt gleichermaßen für die Thesaurierung sog. *Carried Interests* nach § 18 Abs. 1 Nr. 4 EStG.

3. Besteuerung des nicht entnommenen Gewinns

Der nicht entnommene Gewinn (B) unterliegt auf Antrag des Steuerpflichtigen – ganz oder teilweise[475] – einem ermäßigten proportionalen Steuersatz i.H.v. $s_{ESt\_§34a} = 28{,}25\%$.

Ein verbleibender, also nicht der Begünstigung unterliegender Gewinn $(G - B)$ ist hingegen der progressiven Regelbesteuerung (s_{Tarif}) zu unterwerfen.[476] Die (kombinierte) Einkommensteuer beträgt deshalb bei einem auf eins normierten Gesamtgewinn $(G = B + [1 - B] = 1)$ zunächst:[477]

$$s_{ESt} = (B \times s_{ESt\_§34a}) + ([1 - B] \times s_{Tarif}) = (B \times 0{,}2825) + ([1 - B] \times s_{Tarif})$$

Auf die Ermittlung und die Höhe der Gewerbesteuer hat die Thesaurierungsbegünstigung keine Auswirkung. Konsequenterweise sind auch die nicht entnommenen Gewinne in voller Hö-

471 Statt vieler *Hey,* DStR 2007, 925, 927 f. Klarstellend auch Rz. 2 und Rz. 12 des BMF-Schreibens v. 11.8.2008, IV C 6 – S 2290-a/07/10001, BStBl. I 2008, 838.

472 *Dörfler/Graf/Reichl,* DStR 2007, 645, 649; *Thiel/Sterner,* DB 2007, 1099, 1102; *Levedag* in: Gummert/Weipert, Münch. Hdb. GesR II, § 58, Rz. 6.

473 *Schiffers,* DStR 2008, 1805, 1810.

474 BMF, Schreiben v. 11.8.2008, IV C 6 – S 2290-a/07/10001, BStBl. I 2008, 838, Rz. 21. Weiterführend *Ley* in: Kessler/Förster/Watrin, FS Herzig, 2010, 469, 483 ff. Kritisch *Wacker,* FR 2008, 605, 608; *Söffing/Worgulla,* NWB 2009, 916, 917 ff.

475 Die begünstigte Besteuerung kann gem. § 34a Abs. 1 S. 1 EStG auf einen Teilbetrag beschränkt werden.

476 *Wacker* in: Schmidt, EStG, § 34a, Rz. 50.

477 So bspw. *Beckmann/Schanz,* FB 2009, 162, 163.

he in die Steuerermäßigung i.S.d. § 35 EStG einzubeziehen.[478] Hinsichtlich der Ermittlung der festzusetzenden Einkommensteuer ist der vorläufige Einkommensteuerbetrag abzüglich der Gewerbesteueranrechnung nach § 35 EStG anzusetzen. Darauf ist sodann der Solidaritätszuschlag sowie etwaige Kirchensteuer zu erheben. Bei der formal-analytischen Darstellung schlägt sich der Sondertarif nach § 34a EStG – in konsequenter Fortführung obiger (Teil-) Steuersätze – wie folgt nieder.[479]

$$s_{PersU\_Thes} = \left(s_{ESt} - 0{,}035 \times \min\left[h;3{,}8\right]\right) \times \left(1 + s_{SolZ}\right) + \left(0{,}035 \times h\right)$$

$$s_{PersU\_Thes} = \left(\left\langle\left(B \times 0{,}2825\right) + \left(\left\{1 - B\right\} \times s_{Tarif}\right)\right\rangle - 0{,}035 \times \min\left[h;3{,}8\right]\right) \times 1{,}055 + \left(0{,}035 \times h\right)$$

Bei vollständiger Thesaurierung $(B = 1)$ resultiert eine Steuerbelastung von 29,77%-Punkten (siehe Abbildung 11). Hierbei handelt es sich aber um einen theoretischen Grundfall, der in der Realität eher selten erreicht wird.[480] Denn bei der Bestimmung des begünstigungsfähigen Gewinns (B) treten praktische Probleme auf. Der nicht entnommene Gewinn knüpft gem. § 34a Abs. 2 EStG an den Steuerbilanzgewinn i.S.d. § 4 Abs. 1 S. 1 EStG an. Diese Anknüpfung geht fehl, weil darin auch nicht abziehbare Betriebsausgaben (z.B. die Gewerbesteuer, § 4 Abs. 5b EStG) enthalten sind.[481] Die Thesaurierung bereits verausgabter Beträge ist denklogisch ausgeschlossen.[482] Nicht abziehbare Betriebsausgaben können daher nicht begünstigt besteuert werden, sondern unterliegen dem Regeltarif. Der Begünstigungsbetrag (B) ist mithin um jene Beträge – insbesondere um die Gewerbesteuer – zu vermindern.

$$B = 1 - GewSt = 1 - \left(0{,}035 \times h\right) = 0{,}86$$

Bei einem steuerpflichtigen Gewinn von 100 GE und einem Hebesatz von 400% können folglich max. 86 GE dem Thesaurierungssteuersatz i.H.v. 28,25% unterworfen werden. Die verbleibenden 14 GE, die auf die Gewerbesteuerzahlung entfallen, unterliegen dem Regelsteuersatz. Unterstellt man einen Steuersatz von 45%, ergibt sich eine kombinierte Thesaurierungsbelastung i.H.v. 32,25%-Punkten (vgl. Abbildung 11).

Wird überdies derjenige Betrag entnommen, den der Steuerpflichtige zur Bezahlung der persönlichen Einkommensteuer (+ SolZ) verwendet, kommt es zu einer weiteren Reduzierung

---

478 Zur Wechselwirkung der Thesaurierungsbegünstigung (§ 34a EStG) mit der Steuerermäßigung nach § 35 EStG vgl. *Rohler,* GmbH-StB 2008, 238 ff. Ergänzend BMF, Schreiben v. 24.2.2009, IV C 6 – S 2296-a/08/10002, BStBl. I 2009, 440, Rz. 15; *Hallerbach,* StuB 2009, 390, 392 f.

479 Ähnlich *Lühn/Lühn,* StuB 2007, 253, 254; *Blum,* BB 2008, 322, 325; *Eichfelder,* StB 2008, 199, 201; *Beckmann/Schanz,* FB 2009, 162 ff.

480 *Kessler/Ortmann-Babel/Zipfel,* BB 2007, 523, 526.

481 *Kleineidam/Liebchen,* DB 2007, 409 f.

482 BR-Drs. 220/07 v. 30.3.2007, 102 f.

des Thesaurierungsvolumens. Infolgedessen ermittelt sich der maximale Begünstigungsbetrag (*B*) wie folgt:[483]

$$B = 1 - (GewSt - Anrechnung) - ESt$$

$$B = 1 - s_{GewSt\_nach\_Anrechnung} - \{(s_{ESt\_\S 34a} \times B) + (s_{PersU} \times [1 - B])\}$$

Die Auflösung dieser rekursiven (Zirkelschluss-) Beziehung (*B* steht auf der linken und rechten Seite der Gleichung) erfordert ein iteratives bzw. retrogrades Verfahren.[484] Im Ergebnis ergibt sich folgende Formel:

$$B = \frac{1 - s_{GewSt\_nach\_Anrechnung} - s_{PersU}}{1 + s_{ESt\_\S 34a} - s_{PersU}}$$

$$B = \frac{(1 - [0{,}035 \times h - 0{,}035 \times min\{3{,}8; h\} \times 1{,}055] - s_{Tarif} \times 1{,}055)}{(1{,}2980375 - s_{Tarif} \times 1{,}055)}$$

Bei einem Steuersatz von 45% und einem Hebesatz von 400% resultiert ein Thesaurierungsvolumen i.H.v. 63,84 GE und somit eine Steuerbelastung i.H.v. 36,16%-Punkten.

	Vollständige Thesaurierung		Thesaurierung ohne GewSt		Thesaurierung ohne ESt, SolZ, GewSt	
s_{Tarif} =	35%	45%	35%	45%	35%	45%
z.v.E. = Gewinn *(G)*	100	100	100	100	100	100
GewSt *(h = 400%)*	14	14	14	14	14	14
Begünstigter Gewinn *(B)*	100	100	86	86	67,95	63,84
ESt (§ 34a EStG: 28,25%)	28,25	28,25	24,30	24,30	19,19	18,03
Nicht begünstigter Gewinn *(G-B)*	0	0	14	14	32,05	36,16
ESt (Regelbesteuerung: s_{Tarif})	0	0	4,90	6,30	11,22	16,27
Anrechnung (§ 35 EStG)	13,3	13,3	13,3	13,3	13,3	13,3
ESt nach Anrechnung (§ 35 EStG)	14,95	14,95	15,90	17,30	17,11	21,01
SolZ (5,5%)	0,82	0,82	0,87	0,95	0,94	1,16
Belastungsquote	**29,77%**	**29,77%**	**30,77%**	**32,25%**	**32,05%**	**36,16%**

Abbildung 11: Thesaurierungsbelastung von PersU (§ 34a EStG)

Quelle: Eigene Berechnungen in Anlehnung an *Kessler/Ortmann-Babel/Zipfel,* BB 2007, 523, 526

Abbildung 11 verdeutlicht, dass mittels Antragstellung nach § 34a EStG eine vergleichsweise günstige Thesaurierungsbelastung erzielt werden kann.[485] Dies gilt insbesondere für Steuer-

483 *Homburg,* DStR 2007, 686, 688; *Homburg/Houben/Maiterth,* WPg 2007, 376, 379.

484 *Dörfler* in: Littmann/Bitz/Pust, EStG, § 34a, Rz. 91; *Kleineidam/Liebchen,* DB 2007, 409, 410; *Blum,* BB 2008, 322, 325.

485 Aus Gründen der Übersichtlichkeit wird hier ein konstanter Gewerbesteuerhebesatz i.H.v. 400% unterstellt. Darüber hinaus wird auf den Ansatz eines geringen Einkommensteuersatzes (z.B. 20%) verzichtet, da die Inanspruchnahme des § 34a EStG nur bei Steuersätzen über 28,25% vorteilhaft sein kann.

pflichtige, die einem hohen persönlichen Steuersatz unterliegen. Gleichwohl weicht die „realistische“ Steuerbelastung (36,16%) erheblich von der „idealtypischen“ Steuerbelastung (29,77%) ab.[486] Real- und Papierwirkung von § 34a EStG klaffen auseinander.[487] Vor diesem Hintergrund wird die Thesaurierungsbegünstigung häufig kritisiert.[488] Ist der Steuerpflichtige auf zusätzliche Entnahmen (z.B. für konsumtive Zwecke) angewiesen, verstärkt sich dieser Effekt noch weiter.[489]

Es ist ferner darauf hinzuweisen, dass aufgrund der (quasi-) schedularen Besteuerung ein Verlustausgleich mit anderen negativen Einkünften nicht gelingt. Auch ein Verlustabzug bzw. -rücktrag in vergangene VZ wird durch § 34a Abs. 8 EStG ausgeschlossen.[490] Zudem sieht § 37 Abs. 3 S. 5 EStG vor, dass bei den Einkommensteuer-Vorauszahlungen die Steuerermäßigung nach § 34a EStG außer Acht zu lassen ist. Damit mindert sich das Thesaurierungspotenzial nochmals.[491]

III. Nachversteuerung

1. Systematik der Nachversteuerung

Die ermäßigte Besteuerung nicht entnommener Gewinne führt zur Entstehung eines nachversteuerungspflichtigen Betrags. Dessen Ermittlung und Fortschreibung nach § 34a Abs. 3 S. 2 EStG wird durch folgendes Schema veranschaulicht:

	Begünstigungsbetrag des laufenden VZ
./.	darauf entfallende Sonderbelastung i.H.v. 28,25% (+ SolZ)
=	**Nachversteuerungspflichtiger Betrag des laufenden VZ**
+	Nachversteuerungspflichtiger Betrag des Vorjahres
+	auf diesen Betrieb nach § 34a Abs. 5 EStG übertragener nachversteuerungspflichtiger Betrag
./.	Nachversteuerungspflichtiger Nachversteuerungsbetrag des laufenden VZ (§ 34a Abs. 4, 5, 6 EStG)
./.	auf einen anderen Betrieb nach § 34a Abs. 5 EStG übertragener nachversteuerungspflichtiger Betrag
=	**Nachversteuerungspflichtiger Betrag am Ende des laufenden VZ**

Abbildung 12: Ermittlung des nachversteuerungspflichtigen Betrags (§ 34a EStG)

Quelle: Eigene Darstellung in Anlehnung an Rz. 25 des BMF-Schreibens zu § 34a EStG

---

486 Statt vieler *Rödder,* Beihefter zu DStR 40 / 2007, 4; *Rödder,* WPg Sonderheft 2008, S 66, S 68 f.

487 *Eisgruber,* DK 2008, 343, 348. Ähnlich auch *Kleineidam/Liebchen,* DB 2007, 409, 412.

488 *Knirsch/Maiterth/Hundsdoerfer,* DB 2008, 1405 ff.

489 *Ortmann-Babel/Zipfel,* BB 2007, 2205, 2210.

490 Bspw. *Bäumer,* DStR 2007, 2089, 2091. Kritisch *Wacker,* FR 2008, 605, 606 ff.; *Wendt,* DStR 2009, 406 ff.

491 *Dörfler/Graf/Reichl,* DStR 2007, 645, 649 f. quantifizieren die Thesaurierungsbelastung in diesen Fällen auf 38,16% (bei einem unterstellten Spitzeneinkommensteuersatz von 45%).

Der nachversteuerungspflichtige Betrag setzt sich zusammen aus dem Begünstigungsbetrag des laufenden Jahres, vermindert um die darauf entfallende 28,25%ige Steuerbelastung (zzgl. Solidaritätszuschlag[492]). Dieser Betrag ist um einen nachversteuerungspflichtigen Vorjahresbetrag zu vermehren. Ist auf diesen Betrieb im Zusammenhang mit § 6 Abs. 5 EStG ein nachversteuerungspflichtiger Betrag übertragen worden (§ 34a Abs. 5 EStG), ist der übertragene nachversteuerungspflichtige Betrag ebenfalls hinzuzurechnen. Abzuziehen ist der nachversteuerungspflichtige Nachversteuerungsbetrag des laufenden Jahres. Wurde ein nachversteuerungspflichtiger Betrag gem. § 34a Abs. 5 EStG auf einen anderen Betrieb übertragen, ist dieser abzuziehen.

Der so ermittelte nachversteuerungspflichtige Betrag markiert das potenzielle Nachversteuerungsvolumen der Folgeperioden.[493] Er ist gesondert festzustellen und jährlich fortzuschreiben (§ 34a Abs. 3 S. 3 EStG). Als nachversteuerungsauslösende Momente sind sowohl die Überentnahme als auch etwaige Sondertatbestände denkbar.

2. Nachversteuerung im VZ der Überentnahme

Soweit in den Folgeperioden etwaige Entnahmen die Summe aus Gewinn und Einlagen übersteigt, wird gem. § 34a Abs. 4 EStG eine Nachversteuerung ausgelöst.[494] Dabei spielt es keine Rolle, ob es sich um Bar-, Sach- oder Nutzungsentnahmen handelt. Die Entnahme kann aus dem Gesamthands- oder Sonderbetriebsvermögen stammen.

Entnahmen	>	*Gewinn + Einlagen*	➔ *Nachversteuerung*
Entnahmen	≤	*Gewinn + Einlagen*	➔ *Keine Nachversteuerung*

Der Entnahmeüberhang führt insoweit zur Bildung eines Nachversteuerungsbetrags. Die Nachsteuer beträgt stets 25% (+ SolZ). Bemessungsgrundlage ist der Nachversteuerungsbetrag, max. jedoch der nachversteuerungspflichtige Betrag.[495]

$$s_{PersU\_Nachversteuerung} = 0{,}25 \times \left(1 + s_{SolZ}\right) = 26{,}375\%$$

Da die Einkünfte aus Gewerbebetrieb bereits im VZ der Gewinnentstehung (Thesaurierungszeitpunkt) in voller Höhe der Gewerbesteuer unterlagen, findet zum Zeitpunkt der Gewinnentnahme keine nochmalige (Nach-) Belastung mit Gewerbesteuer statt. Ferner zählt der Nachversteuerungsbetrag nicht zu den begünstigten gewerblichen Einkünften i.S.d. § 35

492 Der Solidaritätszuschlag ist isoliert zu berechnen. Vgl. etwa *Ley,* KÖSDI 2007, 15737, 15747.
493 *Ley/Bodden* in: Korn/Carlé/Stahl u.a., EStG, § 34a, Rz. 129; *Korn/Strahl,* KÖSDI 2009, 16717, 16743.
494 Statt vieler *Wacker* in: Schmidt, EStG, § 34a, Rz. 10; *Winkeljohann/Fuhrmann* in: PWC, Unternehmensteuerreform 2008, Rz. 535.
495 *Ley,* KÖSDI 2007, 15737, 15747.

EStG, obgleich die Nachsteuer in die tarifliche Einkommensteuer nach § 35 Abs. 1 S. 1 EStG einzubeziehen ist.[496] Anhand der nachstehenden Abbildung 13 ist sowohl die Arithmetik der Nachversteuerung als auch die Höhe der Nachbelastung ersichtlich.

	Vollständige Thesaurierung		Thesaurierung ohne GewSt		Thesaurierung ohne ESt, SolZ, GewSt	
s_{Tarif} =	35%	45%	35%	45%	35%	45%
Begünstigter Gewinn *(B)*	100	100	86	86	67,95	63,84
ESt (§ 34a EStG: 28,25%)	28,25	28,25	24,30	24,30	19,20	18,03
SolZ (5,5%)	1,55	1,55	1,34	1,34	1,06	0,99
Nachversteuerungspflichtiger Betrag	70,20	70,20	60,37	60,37	47,70	44,81
Nachversteuerung (25%)	17,55	17,55	15,09	15,09	11,92	11,20
SolZ (5,5%)	0,97	0,97	0,83	0,83	0,66	0,62
Nachbelastungsquote	**18,51%**	**18,51%**	**15,92%**	**15,92%**	**12,58%**	**11,82%**

Abbildung 13: Nachversteuerungsbelastung von PersU (§ 34a EStG)

Quelle: Eigene Berechnungen

Es fällt auf, dass die Nachbelastung ausschließlich von der ursprünglichen Höhe des begünstigt besteuerten Gewinns (B) abhängt. Die Nachversteuerung erfolgt stets mit 25% (+ SolZ) und unterstreicht den schedularen Charakter der Thesaurierungsbegünstigung. Eine optionale Veranlagung zum persönlichen Steuersatz bzw. eine Günstigerprüfung sieht § 34a EStG *nicht* vor.[497] Die Überentnahme stellt keinen eigenen Einkunftstatbestand dar, sondern löst vielmehr eine zeitlich verzögerte Nachbelastung aus.[498] Folgerichtig wirkt sich die Nachversteuerung weder auf das z.v.E. noch auf die Progression aus.[499]

3. Verwendungsreihenfolge

Im Entnahmefall impliziert der Mechanismus des § 34a Abs. 4 EStG eine gedankliche Verwendungsreihenfolge, d.h. eine Vorgabe in welcher Rangordnung entsprechende Beträge als entnommen und damit als nachversteuerungspflichtig gelten.[500] Die Abfolge stellt sich wie folgt dar:[501]

1. Einlagen und steuerfreie Gewinne des laufenden Jahres
2. Steuerpflichtiger Gewinn des laufenden Jahres
3. Nicht entnommene, nach § 34a EStG begünstigte Vorjahresgewinne
4. Einlagen, steuerfreie Gewinne und regelbesteuerte Gewinne der Vorjahre

[496] *Gragert/Wißborn,* NWB 2009, 1980, 1981 f.; *Hechtner,* BB 2009, 1556, 1562.
[497] Statt vieler *Knief/Nienaber,* BB 2007, 1309, 1312; *Lausterer/Jetter* in: Blumenberg/Benz, Unternehmensteuerreform 2008, 22.
[498] *Stein* in: Herrmann/Heuer/Raupach, EStG/KStG, § 34a EStG, Rz. 62.
[499] *Wacker* in: Schmidt, EStG, § 34a, Rz. 64; *Rogall* in: Schaumburg/Rödder, Unternehmensteuerreform 2008, 428; *Ley/Bodden* in: Korn/Carlé/Stahl u.a., EStG, § 34a, Rz. 17.
[500] *Ley,* KÖSDI 2007, 15737, 15747 f.
[501] BMF, Schreiben v. 11.8.2008, IV C 6 – S 2290-a/07/10001, BStBl. I 2008, 838, Rz. 29.

In diesem Sinne werden zuerst Einlagen und steuerfreie Gewinne des laufenden Jahres mit den Entnahmen kompensiert.[502] Daran schließt sich die Verrechnung mit dem steuerpflichtigen Gewinn des laufenden VZ an. Sodann kommen nachversteuerungspflichtige Gewinne der Vorjahre zur Entnahme. Erst wenn diese Beträge „verbraucht" sind, kann auf Einlagen der Vorjahre sowie auf steuerfreie und regelbesteuerte Vorjahresgewinne (nachversteuerungsfrei) zugegriffen werden.[503] Mittels dieser – für den Steuerpflichtigen ungünstigen – Entnahmereihenfolge, die in etwa dem LiFo-Verfahren entspricht, kommt es zur frühestmöglichen Nachversteuerung.[504]

Zusammenfassend lassen sich die Binnensystematik sowie die (grobe) Verwendungsreihenfolge des § 34a EStG in folgender Grafik abbilden.

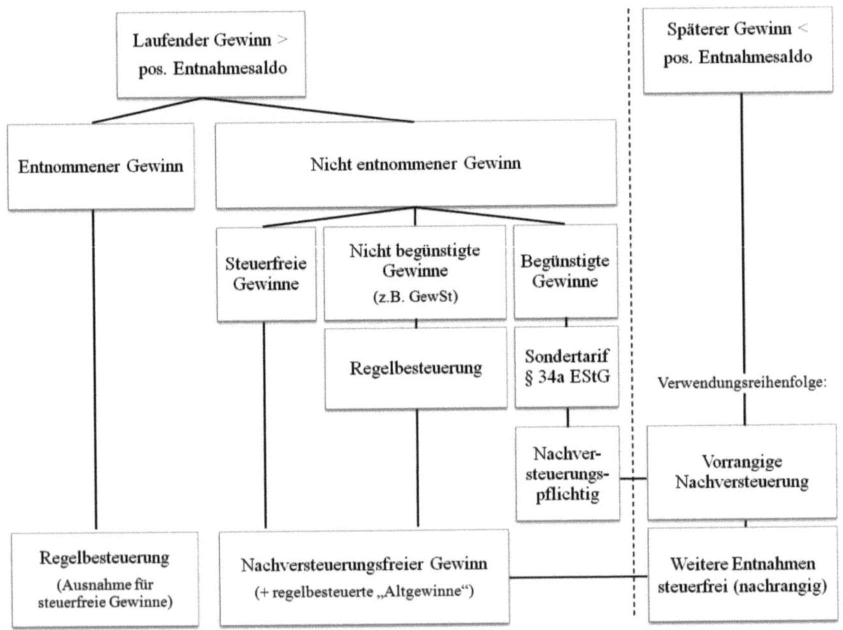

Abbildung 14: Binnensystematik und Verwendungsreihenfolge des § 34a EStG

Quelle: *Brandenberg,* JbFSt 2007/2008, 324, 331

4. Sondertatbestände der Nachversteuerung

Auch ohne Vorliegen eines Entnahmeüberhangs bzw. Nachversteuerungsbetrags kann eine Nachversteuerung eintreten. Zu diesen Sondertatbeständen (§ 34a Abs. 6 S. 1 EStG) zählen

502 Statt vieler *Meyer/Sterner,* Ubg 2008, 733, 736.

503 *Schiffers,* DStR 2008, 1805, 1811; *Fischer* in: Spindler/Tipke/Rödder, FS Schaumburg, 2009, 319, 327.

504 Die Verfasser des BMF-Schreibens (*Gragert/Wißborn,* NWB 2008, 3995, 4010) weisen – wenig überzeugend – auf verwaltungstechnische Praktikabilitätsgründe hin. Kritisch *Hey,* DStR 2007, 925, 929; *Crezelius* in: Kirchhof/Nieskens, FS Reiß, 2008, 399, 405.

Nr. 1 die Betriebsveräußerung oder -aufgabe (§ 14, § 16 Abs. 1 und 3 sowie § 18 Abs. 3 EStG)

Nr. 2 die Einbringung eines Betriebs oder Mitunternehmeranteils in eine Kapitalgesellschaft[505] (§ 20 UmwStG)[506] und – nach Ansicht des BMF– die Realteilung[507]

Nr. 3 die Tatsache, dass der Gewinn nicht mehr nach § 4 Abs. 1 S. 1 EStG oder § 5 EStG ermittelt

Nr. 4 eine freiwillige Nachversteuerung auf Antrag.[508]

Für bestimmte Härtefälle ist gem. § 34a Abs. 6 S. 2 EStG in den Fällen der Nummer 1 (Veräußerung/Aufgabe) und Nummer 2 (Rechtsformwechsel) eine zinslose 10-jährige Stundung möglich. Steuerneutrale Übertragungen oder Überführungen von Wirtschaftsgütern zwischen Betrieben desselben Steuerpflichtigen (§ 6 Abs. 5 S. 1 bis 3 EStG) führen gem. § 34a Abs. 5 EStG zu einer Nachversteuerung, sofern nicht das Wahlrecht in Anspruch genommen wird, den nachversteuerungspflichtigen Betrag in Höhe des Buchwerts mit zu übertragen.[509]

Bei der buchwertneutralen Einbringung in eine Personengesellschaft i.S.d. § 24 UmwStG und nach einer unentgeltlichen Übertragung des Betriebs oder Mitunternehmeranteils (§ 6 Abs. 3 EStG) sieht § 34a Abs. 7 EStG die Fortführung des nachversteuerungspflichtigen Betrags durch den Rechtsnachfolger (natürliche Person) vor. Bei der Übertragung eines Teils eines Betriebs, eines Teilbetriebs oder eines Teils eines Mitunternehmeranteils verbleibt der nachversteuerungspflichtige Betrag beim bisherigen (Mit-) Unternehmer.[510]

Im Falle einer unentgeltlichen Betriebsübertragung ist eine nachversteuerungsunschädliche Entnahme der Beträge möglich, um die Erbschaft- oder Schenkungsteuer zu bezahlen, § 34a Abs. 4 S. 3 EStG.[511] Da diese Entnahmen zwar den Nachversteuerungsbetrag, nicht aber den nachversteuerungspflichtigen Betrag mindern, wird die Nachversteuerung nicht endgültig vermieden, sondern „bloß" in die Zukunft verlagert.[512]

---

505 Auch die Einbringung in eine Genossenschaft bzw. ein Formwechsel in eine Kapitalgesellschaft oder Genossenschaft sind hiervon betroffen.

506 Dies gilt allerdings nur, sofern ein *ganzer* Betrieb oder ein *ganzer* Mitunternehmeranteil vollständig aufgegeben, real geteilt, veräußert oder in eine Kapitalgesellschaft eingebracht wird (vgl. Rz. 42 und 43 des BMF-Schreibens v. 11.8.2008, IV C 6 – S 2290-a/07/10001, BStBl. I 2008, 838).

507 BMF, Schreiben v. 11.8.2008, IV C 6 – S 2290-a/07/10001, BStBl. I 2008, 838, Rz. 42. Kritisch *Ley/Bodden* in: Korn/Carlé/Stahl u.a., EStG, § 34a, Rz. 176.

508 Allgemein zu den Sondertatbeständen der Nachversteuerung *Ley,* Ubg 2008, 214 ff.

509 *Pohl,* BB 2008, 1536 ff.; *Niehus/Wilke,* DStZ 2009, 14 ff.; *Harle/Geiger,* BB 2009, 587 ff.

510 Rz. 47 des BMF-Schreibens v. 11.8.2008, IV C 6 – S 2290-a/07/10001, BStBl. I 2008, 838. Ferner *Wacker,* JbFSt 2010/2011, 711, 712 ff.

511 Vertiefend hierzu *Brüggemann,* ErbBstg 2007, 210 f.; *Schulze zur Wiesche,* DB 2008, 1933 ff.

512 *Ley,* Ubg 2008, 13, 22 (zum ersten Entwurf eines BMF-Schreibens zu § 34a EStG); *Wacker* in: Schmidt, EStG, § 34a, Rz. 65.

IV. Gesamtsteuerbelastung

Die kombinierte Gesamtsteuerbelastung bei Inanspruchnahme des § 34a EStG besteht aus der Thesaurierungsbelastung und der Nachsteuerbelastung. Sie stellt sich – in Abhängigkeit des Steuersatzes und des Thesaurierungsvolumens – wie folgt dar.

	Vollständige Thesaurierung		Thesaurierung ohne GewSt		Thesaurierung ohne ESt, SolZ, GewSt	
s_{Tarif} =	35%	45%	35%	45%	35%	45%
Thesaurierungsbelastung	29,77	29,77	30,77	32,25	32,05	36,16
Nachversteuerungsbelastung	18,51	18,51	15,92	15,92	12,58	11,82
Gesamtbelastungsquote	**48,28%**	**48,28%**	**46,69%**	**48,17%**	**44,63%**	**47,98%**

Abbildung 15: Gesamtsteuerbelastung bei § 34a EStG

Quelle: Eigene Berechnungen

Es wird deutlich, dass die nominale Gesamtbelastung mit ca. 48% stets *über* der Steuerbelastung liegt, die sich ergeben hätte, wenn die Thesaurierungsbegünstigung nicht beantragt worden wäre (Regelbesteuerung, ca. 47%).[513] Dem (temporären) Thesaurierungsvorteil steht ein (permanenter) Nachversteuerungsnachteil gegenüber. Die Inanspruchnahme des § 34a EStG wird deshalb daran auszurichten sein, ob der Stundungsvorteil aus der vorübergehend ersparten Steuerbelastung die nominale Mehrbelastung zu kompensieren vermag.[514] Mit dieser Feststellung ist bereits jetzt die Grundproblematik des § 34a EStG identifiziert worden, auf die im weiteren Verlauf noch explizit eingegangen wird.

Kapitel 3.
Besteuerung der Kapitalgesellschaften und ihrer Gesellschafter

A. Wirtschaftliche Einheit von Gesellschaft und Gesellschafter

Steuerliche Würdigungen zu personenbezogenen Kapitalgesellschaften sind – trotz des Trennungsprinzips – stets unter Berücksichtigung der Anteilseigner vorzunehmen. Im Folgenden werden daher sowohl die Gewinnbesteuerung auf Ebene der Kapitalgesellschaft als auch die Nachbelastung auf Gesellschafterebene betrachtet und quantifiziert.

B. Gewinnbesteuerung auf Ebene der Kapitalgesellschaft

Kapitalgesellschaften mit Geschäftsleitung (§ 10 AO) oder Sitz (§ 11 AO) im Inland unterliegen mit ihrem Welteinkommen der unbeschränkten Körperschaftsteuerpflicht (§ 1 Abs. 1 Nr. 1 KStG i.V.m. § 1 Abs. 2 KStG). Der Körperschaftsteuersatz (s_{KSt}) liegt seit dem VZ 2008 bei 15%, § 23 Abs. 1 KStG. Als Ergänzungsabgabe wird der Solidaritätszuschlag (s_{SolZ})

513 Statt vieler *Knief/Nienaber,* BB 2007, 1309, 1314; *Reichert/Düll,* ZIP 2008, 1249, 1252 f.

514 *Wacker* in: Schmidt, EStG, § 34a, Rz. 7; *Houben/Maiterth,* FR 2008, 1044, 1045.

i.H.v. 5,5% auf die festgesetzte Körperschaftsteuer erhoben. Daraus resultiert folgende Körperschaftsteuerbelastung:

$$s_{KSt/SolZ} = s_{KSt} \times \left(1 + s_{SolZ}\right) = 0{,}15 \times \left(1 + 0{,}055\right) = 15{,}825\%$$

Kapitalgesellschaften erzielen stets und in vollem Umfang Einkünfte aus Gewerbebetrieb (§ 8 Abs. 2 KStG bzw. § 2 Abs. 2 GewStG). Aus diesem Grund unterliegen die erwirtschafteten Gewinne kraft Rechtsform der Gewerbesteuer.

$$s_{GewSt} = 0{,}035 \times h$$

Im Ergebnis ermittelt sich der kombinierte tarifliche Ertragsteuersatz für Kapitalgesellschaften (s_{KapG}) wie folgt.[515]

$$s_{KapG} = s_{KSt/SolZ} + s_{GewSt} = 0{,}15 \times \left(1 + 0{,}055\right) + \left(0{,}035 \times h\right) = 0{,}15825 + \left(0{,}035 \times h\right)$$

Für unterschiedliche Gewerbesteuerhebesätze (h) ergeben sich die nachfolgend dargestellten Thesaurierungsbelastungsquoten:

h =	200%	250%	300%	350%	400%	450%	500%
Gewinn (z.v.E.)	100	100	100	100	100	100	100
./. KSt (15%)	15	15	15	15	15	15	15
./. SolZ (5,5% d. KSt)	0,83	0,83	0,83	0,83	0,83	0,83	0,83
./. GewSt (3,5% * h)	7	8,75	10,5	12,25	14	15,75	17,5
Belastungsquote	**22,83%**	**24,58%**	**26,33%**	**28,08%**	**29,83%**	**31,58%**	**33,33%**

Abbildung 16: Thesaurierungsbelastung von KapGes

Quelle: Eigene Berechnungen in Anlehnung an *Kessler/Ortmann-Babel/Zipfel*, BB 2007, 523, 524

Bei der Betrachtung wird deutlich, inwieweit sich eine Abhängigkeit vom lokalen Gewerbesteuerhebesatz ergibt. Des Weiteren wird offenbar, dass die (vom Gesetzgeber intendierte) Unterschreitung der 30%-Marke nur bei Hebesätzen unter 405% eintritt.[516] Ferner ist die gestiegene Bedeutung der Gewerbesteuer ersichtlich, die ab einem Hebesatz von 452% zur „dominierenden Unternehmensteuer“ [517] avanciert. Unter Berücksichtigung gewerbesteuerlicher Hinzurechnungen verstärken sich diese Effekte noch weiter.[518]

Gleichwohl bleibt festzuhalten, dass Kapitalgesellschaften in Deutschland relativ steuergünstige Thesaurierungsbedingungen vorfinden. Moderate Definitivbelastungen in der aufgezeig-

---

515 Bspw. *Diller/Wimmer*, FB 2007, 573, 574; *Lühn/Lühn*, StuB 2007, 253, 256.

516 Der durchschnittliche Gewerbesteuerhebesatz in Gemeinden mit 50.000 und mehr Einwohnern betrug im Jahr 2010 435%. Vgl. *Beland*, Entwicklung der Realsteuerhebesätze (IFSt-Schrift Nr. 465), 2010, 37.

517 *Herzig*, DB 2007, 1541 ff.

518 *Herzig* in: Wachter, FS Spiegelberger, 2009, 210, 212.

ten Größenordnung verweilen zwar „nur“ auf durchschnittlichem EU-Niveau[519], setzen innerstaatlich jedoch erhebliche Anreize zur Gewinnthesaurierung.

C. Gewinntransfer an die Gesellschafter über Gewinnausschüttungen

I. Grundsätzliche Besteuerungsprinzipien und Initialdifferenzierungen

Gewinne, die den körperschaftlichen Sektor verlassen, unterliegen auf Ebene der Anteilseigner einer zusätzlichen Belastung. Dabei folgt die Gewinnverteilung in aller Regel dem Verhältnis der Gesellschaftsanteile (bspw. § 29 Abs. 3 S. 1 GmbHG). Inkongruente Gewinnausschüttungen werden steuerlich nur unter strengen Voraussetzungen akzeptiert.[520]

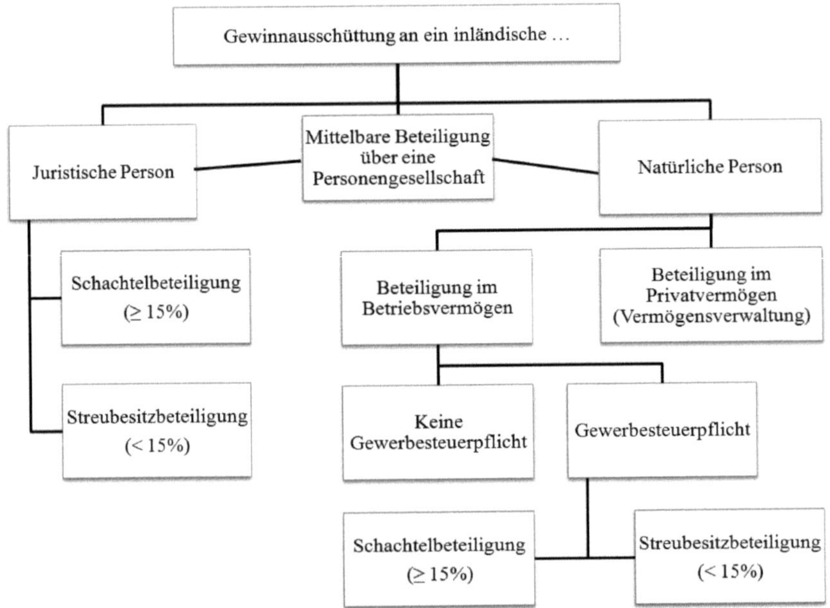

Abbildung 17: Initialdifferenzierungen zur Qualifikation einer Gewinnausschüttung
Quelle: Darstellung modifiziert und erweitert nach *Kutschker*, Steueroptimale Gewinnverwendung, 2004, 46

Zur qualitativen wie quantitativen Beurteilung der Nachbelastung bedarf es mehrerer Vorab-Unterscheidungen. Zum einen muss zwischen der Rechtsperson des Anteilseigners differenziert werden (juristische Person – natürliche Person – Personengesellschaft). Des Weiteren hat – bei natürlichen Personen als Anteilseigner – eine Unterscheidung hinsichtlich der Lokation der Anteile zu erfolgen (Betriebsvermögen vs. Privatvermögen). Liegt Betriebsvermögen vor,

---

519 *Zielke*, DB 2007, 2781, 2784 f.; *BMF*, Steuern im internationalen Vergleich, 2010, 20 ff.

520 BMF, Schreiben v. 7.12.2000, IV A 2 – S 2810 – 4/00, DB 2000, 2501. Weniger restriktiv BFH, Urteil v. 19.8.1999, I R 77/96, DStR 1999, 1849; BFH, Urteil v. 28.6.2006, I R 97/05, FR 2007, 38. Vertiefend hierzu *Müller*, FR 2010, 825 ff.

so muss darauf aufbauend geklärt werden, ob eine Gewerbesteuerpflicht besteht. Wurde auch diese Frage bejaht, gilt es (wie bei juristischen Personen unmittelbar) zwischen Schachtel- und Streubesitzanteilen zu differenzieren.

II. Juristische Personen als Gesellschafter

Inländische Kapitalgesellschaften erzielen mit dem Bezug einer Gewinnausschüttung Betriebseinnahmen. Gemäß § 8b Abs. 1 KStG bleiben diese Dividenden bei der Ermittlung des körperschaftsteuerlichen Einkommens außer Ansatz (Beteiligungsertragsbefreiung). Allerdings gelten 5% der erhaltenen Bezüge pauschal als nichtabziehbare Betriebsausgaben (§ 8b Abs. 5 KStG).[521] Im Ergebnis werden also 95% der Dividenden von der Körperschaftsteuer freigestellt, während Betriebsausgaben in vollem Umfang steuermindernd berücksichtigt werden können. Hingegen kommt bei Kredit- oder Finanzdienstleistungsinstituten bzw. Finanzunternehmen i.S.d. KWG mit dem Ziel des kurzfristigen Eigenhandelserfolgs die Beteiligungsertragsbefreiung nicht zur Anwendung (§ 8b Abs. 7 KStG).

Die zeitliche Erfassung (Aktivierung) der Gewinnausschüttung erfolgt zum Zeitpunkt der Wirksamkeit des Gewinnverwendungsbeschlusses.[522] Abweichend vom Handelsrecht kommt eine phasengleiche Gewinnvereinnahmung nur in Ausnahmefällen in Betracht.[523]

Für die Gewerbesteuer gilt es zwischen Schachtel- und Streubesitzanteilen zu unterscheiden.[524] Analog der Dividendenfreistellung im KStG gewährt der Gesetzgeber eine 95%ige Gewerbesteuerentlastung, wenn die Beteiligung zu Beginn des Erhebungszeitraums mind. 15% beträgt (Schachtelbeteiligungen).[525] Durch das Zusammenspiel der Hinzurechnungsvorschrift des § 8 Nr. 5 GewStG mit der Kürzungsnorm des § 9 Nr. 2a GewStG wird insoweit eine einheitliche Bemessungsgrundlage von Körperschaft- und Gewerbesteuer verwirklicht (5% der Dividenden).[526] Der dazugehörende (Teil-) Steuersatz lautet wie folgt:

$$s_{AE\_KapG\_Beteiligung \geq 15\%} = 0{,}05 \times \left(s_{KapG}\right) = 0{,}05 \times \left(s_{KSt/SolZ} + s_{GewSt}\right)$$

$$s_{AE\_KapG\_Beteiligung \geq 15\%} = 0{,}05 \times \left(0{,}15825 + \left[0{,}035 \times h\right]\right) = 0{,}0079125 + \left(0{,}00175 \times h\right)$$

---

521 Selbst bei nachweislich geringeren Aufwendungen ist das pauschalierte Abzugsverbot verfassungsgemäß (BVerfG, Beschluss v. 12.10.2010, 1 BvL 12/07, BB 2011, 92).

522 Stellvertretend *Binnewies,* GmbH-StB 2009, 255, 258 f.

523 Zu den Voraussetzungen eingehend bspw. BFH, Urteil v. 7.2.2007, I R 15/06, BStBl. II 2008, 340.

524 Vertiefend *Gosch* in: Kessler/Förster/Watrin, FS Herzig, 2010, 63 ff.

525 Ausnahmen bestehen für ausländische Beteiligungen i.S.d. Mutter-Tochter-Richtlinie (§ 9 Nr. 7 GewStG: mind. 10%) sowie für Dividenden im Schutzbereich eines Doppelbesteuerungsabkommens (§ 9 Nr. 8 GewStG). Explizit hierzu *Kessler/Knörzer,* IStR 2008, 121 ff.

526 Klarstellend § 9 Nr. 2a S. 4 GewStG (i.d.F. des JStG 2007). Vgl. auch BFH, Urteil v. 10.1.2007, I R 53/06, DStR 2007, 1078.

Dividenden aus einer Streubesitzbeteiligung (unter 15%) unterliegen dagegen in vollem Umfang der Gewerbesteuer. Gesetzestechnisch geschieht dies durch eine Hinzurechnung nach § 8 Nr. 5 GewStG.[527]

$$s_{AE\_KapG\_Beteiligung<15\%} = 0{,}05 \times (s_{KSt}) + s_{GewSt} = 0{,}0079125 + (0{,}035 \times h)$$

Für unterschiedliche Gewerbesteuerhebesätze (h) ergeben sich die unten dargestellten Belastungsquoten in Abhängigkeit der Beteiligungsquote. Es ist ersichtlich, dass Ausschüttungen an eine Kapitalgesellschaft äußerst gering belastet werden, sofern eine Schachtelbeteiligung von mind. 15% gehalten wird (ca. 1,5%-Punkte). Besteuert wird lediglich die 5%ige „Schachtelstrafe“. In mehrstufigen Beteiligungsstrukturen kann es aber dennoch zu nachteiligen Kaskadeneffekten kommen.[528] Streubesitzdividenden werden hingegen – aufgrund der vollständigen gewerbesteuerlichen Erfassung – vergleichsweise hoch besteuert (ca. 15%-Punkte). Ferner gilt zu bedenken, dass es im Zeitpunkt der Weiterausschüttung an die Anteilseigner zu einer nochmaligen Nachbelastung kommt.[529]

h =	200%		300%		400%		500%	
Beteiligungshöhe	≥ 15%	< 15%	≥ 15%	< 15%	≥ 15%	< 15%	≥ 15%	< 15%
Dividende	100	100	100	100	100	100	100	100
KSt-pflichtig	5	5	5	5	5	5	5	5
KSt / SolZ	0,79	0,79	0,79	0,79	0,79	0,79	0,79	0,79
GewSt-pflichtig	5	100	5	100	5	100	5	100
GewSt	0,35	7	0,525	10,5	0,7	14	0,875	17,5
Belastungsquote	**1,14%**	**7,79%**	**1,32%**	**11,29%**	**1,49%**	**14,79%**	**1,67%**	**18,29%**

Abbildung 18: Steuerbelastung bei Ausschüttungen an KapGes

Quelle: Eigene Berechnungen in Anlehnung an *Ortmann-Babel/Zipfel,* BB 2007, 1869, 1874

III. Natürliche Personen als Gesellschafter

1. Betriebsvermögen vs. Privatvermögen

Natürliche Personen können ihre Kapitalgesellschaftsanteile einerseits in einem – gewerblichen oder nicht gewerblichen – Betriebsvermögen halten (z.B. Einzelunternehmen). Anderenfalls ist die Beteiligung dem Privatvermögen zuzurechnen. Beide Konstellationen erfahren unterschiedliche steuerliche Würdigungen und Belastungseffekte, weshalb bisweilen auch von einer „zersplitterten Besteuerung“ von Kapitalerträgen gesprochen wird.[530]

---

527 Bspw. *Sarrazin* in: Lenski/Steinberg, GewStG, § 8 Nr. 5, Rz. 3 ff.; *Strahl,* Stbg 2010, 152, 158.

528 *Dötsch/Pung* in: Dötsch/Jost/Pung u.a., KSt, § 8b, Rz. 219; *Strahl,* Stbg 2010, 152, 153.

529 Statt vieler *Alefs,* GmbH-StB 2009, 39, 41.

530 *Herzig* in: Wachter, FS Spiegelberger, 2009, 210, 212.

2. Anteile im Betriebsvermögen

a) Einkommensteuerliche Behandlung

Befindet sich die Beteiligung an einer Kapitalgesellschaft im gewillkürten oder notwendigen (Sonder-) Betriebsvermögen einer natürlichen Person, so stellen die erhaltenen Gewinnausschüttungen wegen der Subsidiaritätsklausel in § 20 Abs. 8 EStG keine Einkünfte aus Kapitalvermögen, sondern Einkünfte der jeweiligen Gewinneinkunftsart dar.[531] Gem. § 3 Nr. 40 Buchst. d) EStG werden diese Betriebsvermögensmehrungen jedoch zu 40% von der Besteuerung freigestellt (sog. *Teileinkünfteverfahren*).[532] Der steuerfreie Anteil ist bei der Gewinnermittlung außerbilanziell zu kürzen und geht nicht – wie zunächst diskutiert – in den Progressionsvorbehalt nach § 32b EStG ein.[533]

In scheinbarer (formal-technischer) Konsequenz[534] können 60% der mit den Dividenden in wirtschaftlichem Zusammenhang stehenden Betriebsausgaben zum Abzug gebracht werden (§ 3c Abs. 2 S. 1 EStG).[535] Dies gilt ab dem VZ 2011 selbst dann, wenn der Steuerpflichtige – trotz Einkünfteerzielungsabsicht – keinerlei durch seine Beteiligung vermittelten Einnahmen erzielt hat (§ 3c Abs. 2 S. 2 EStG). Das Teilabzugsverbot verkennt allerdings, dass § 3 Nr. 40 EStG keine echte, sondern systembedingte Steuerbefreiung darstellt und Betriebsausgaben deshalb vollumfänglich abziehbar sein müssten.[536]

Da die Anteile im Betriebsvermögen gehalten werden, findet bei der zeitlichen Zurechnung das sog. *Realisationsprinzip* Anwendung. Demnach gelten die Ausschüttungen zum Zeitpunkt des Gewinnverteilungsbeschlusses als vereinnahmt.[537] Die auf diese Weise ermittelten Einkünfte gehen unmittelbar in das z.v.E. ein. Sie unterliegen dort dem progressiven Einkommensteuertarif i.S.d. § 32a EStG $\left(s_{Tarif}\right)$, sofern nicht zur Besteuerung nach § 34a EStG optiert wird. Zur Quantifizierung der Steuerbelastung ist zu bestimmen, ob die Einkünfte auch der Gewerbesteuer unterliegen.

531 § 2 Abs. 2 Nr. 1 EStG: Einkünfte aus Land- und Forstwirtschaft (§ 13 EStG), Einkünfte aus Gewerbebetrieb (§ 15 EStG) oder Einkünfte aus selbständiger Arbeit (§ 18 EStG).

532 Ausnahme: Kredit- oder Finanzdienstleistungsinstitute bzw. Finanzunternehmen i.S.d. KWG mit dem Ziel des kurzfristigen Eigenhandelserfolgs (§ 3 Nr. 40 S. 3 EStG).

533 *Heinicke* in: Schmidt, EStG, § 3, Stichwort „Halbeinkünfteverfahren", 1 b) dd) 4.

534 Pointierend *Seer,* GmbHR 2009, 1036, 1045.

535 Die Verfassungskonformität des beschränkten Betriebsausgabenabzugs bestätigend BFH, Urteil v. 19.6.2007, VIII R 69/05, DStR 2007, 1756. Kritisch *Otto,* DStR 2008, 228 ff.; *Englisch,* FR 2008, 230 ff.

536 So die beinahe einheitliche Auffassung des Schrifttums; bspw. *Intemann,* DB 2007, 2797, 2799 f.; *Hey* in: Tipke/Lang, Steuerrecht, § 11, Rz. 15; *Förster,* GmbHR 2010, 1009 ff.

537 *Jacobs*, Unternehmensbesteuerung und Rechtsform, 2009, 176; *Weber-Grellet* in: Schmidt, EStG, § 5, Rz. 270, Stichwort „Dividendenansprüche".

b) Besteuerung bei fehlender Gewerbesteuerpflicht

Ist eine Gewerbesteuerpflicht – trotz Betriebsvermögen – zu verneinen[538], unterliegen 60% der Dividenden „lediglich“ der individuellen Einkommensteuer des Gesellschafters.

$$s_{AE\_NP\_BV} = 0{,}6 \times s_{Tarif} \times (1 + s_{SolZ}) = 0{,}633 \times s_{Tarif}$$

s_{Tarif} =	20%	25%	30%	35%	40%	45%
Dividende	100	100	100	100	100	100
ESt-pflichtig	60	60	60	60	60	60
ESt	12	15	18	21	24	27
SolZ (5,5% d. ESt)	0,66	0,83	0,99	1,16	1,32	1,49
Belastungsquote	**12,66%**	**15,83%**	**18,99%**	**22,16%**	**25,32%**	**28,49%**

Abbildung 19: Steuerbelastung bei Ausschüttungen an nat. Personen (BV, ohne GewSt)

Quelle: Eigene Berechnungen in Anlehnung an *Ortmann-Babel/Zipfel,* BB 2007, 1869, 1875

c) Besteuerung bei Gewerbesteuerpflicht

Unterliegt das unternehmerische Engagement der Gewerbesteuer, so ist zwischen Schachtel- und Streubesitzanteilen zu differenzieren. Da im Falle einer Schachtelbeteiligung (≥ 15%) der Gewerbeertrag um die einkommensteuerpflichtigen Dividenden (60%) nach § 9 Nr. 2a GewStG gekürzt wird, fällt insoweit keine Gewerbesteuer an.[539] Es ergeben sich die gleichen Belastungsfolgen wie bei fehlender Gewerbesteuerpflicht (siehe oben).[540]

Bei Streubesitzdividenden (Beteiligung < 15%) erfolgt eine gewerbesteuerliche Hinzurechnung nach § 8 Nr. 5 GewStG, da die Voraussetzungen des § 9 Nr. 2a GewStG nicht erfüllt sind. Im Ergebnis werden die Gewinnausschüttungen somit zu 100% der Gewerbesteuer unterworfen.[541] Über § 35 EStG ermäßigt sich die tarifliche Einkommensteuer jedoch (in pauschalisierter Form) um diese Gewerbesteuer.

$$s_{AE\_NP\_BV\_Beteiligung<15\%} = (0{,}6 \times s_{Tarif} - Anrechnung) \times (1 + s_{SolZ}) + s_{GewSt}$$

$$s_{AE\_NP\_BV\_Beteiligung<15\%} = (0{,}6 \times s_{Tarif} - 0{,}035 \times min[h;3{,}8]) \times 1{,}055 + (0{,}035 \times h)$$

Wegen der Hinzurechnung nach § 8 Nr. 5 GewStG liegt die gewerbesteuerliche Bemessungsgrundlage stets über jener der Einkommensteuer. Dies führt bei geringen Steuersätzen (hier z.B. bei $s_{Tarif} = 20\%$) in Verbindung mit hohen Hebesätzen zu (nicht nutzbaren) Anrech-

538 Bspw. bei Einkünften aus selbständiger Arbeit (§ 18 EStG) oder bei einem maßgebenden Gewerbeertrag unter dem Gewerbesteuerfreibetrag i.H.v. 24.500 € (§ 11 Abs. 1 Nr. 1 GewStG).

539 Stellvertretend *Watrin/Wittkowski/Strohm,* GmbHR 2007, 785, 791 f.

540 Ebenso *Eichfelder,* StB 2008, 199, 202; *Siegmund/Kleene,* DStZ 2009, 366, 368.

541 Aus Vereinfachungsgründen wird der Freibetrag i.H.v. 24.500 € (§ 11 Abs. 1 S. 3 Nr. 1 GewStG) bei der Quantifizierung der Steuerbelastung vernachlässigt.

nungsüberhängen.[542] Die Gewerbesteuer wird damit zu einer definitiven Belastung.[543] Andererseits mindert die Anrechnung nach § 35 EStG die Bemessungsgrundlage für den Solidaritätszuschlag, so dass es insoweit zu einer Überkompensation kommen kann (*Solidaritätszuschlagseffekt*).

s_{Tarif} =	20%			35%			45%		
h =	300%	400%	500%	300%	400%	500%	300%	400%	500%
Dividende	100	100	100	100	100	100	100	100	100
ESt-pflichtig	60	60	60	60	60	60	60	60	60
ESt	12	12	12	21	21	21	27	27	27
GewSt-pflichtig	100	100	100	100	100	100	100	100	100
GewSt	10,5	14	17,5	10,5	14	17,5	10,5	14	17,5
Anr. § 35 EStG	10,5	13,3	13,3	10,5	13,3	13,3	10,5	13,3	13,3
ESt nach Anr.	1,5	0	0	10,5	7,7	7,7	16,5	13,7	13,7
SolZ (5,5%)	0,08	0	0	0,58	0,42	0,42	0,91	0,75	0,75
Belast. quote	**12,08%**	**14,00%**	**17,50%**	**21,58%**	**22,12%**	**25,62%**	**27,91%**	**28,45%**	**31,95%**

Abbildung 20: Steuerbelastung bei Ausschüttungen an nat. Personen (BV, GewSt, < 15%)

Quelle: Eigene Berechnungen in Anlehnung an *Ortmann-Babel/Zipfel,* BB 2007, 1869, 1875

d) Besteuerung bei Inanspruchnahme der Thesaurierungsbegünstigung

Werden die in ein Betriebsvermögen ausgeschütteten Dividenden nicht entnommen, kann der Steuerpflichtige – unter den weiteren Voraussetzungen des § 34a EStG – wahlweise die Thesaurierungsbegünstigung in Anspruch nehmen.[544] Der steuerpflichtige Teil der Dividende (60%) ist dann dem proportionalen Einkommensteuersatz i.H.v. 28,25% (+ SolZ) zu unterwerfen.

Steuerfreie Dividendenanteile (40%) sind aufgrund ihrer Steuerfreiheit nicht Gegenstand der Thesaurierungsbegünstigung. Sie gelten als vorrangig entnommen.[545] Zudem können mit ihnen (Steuer-) Entnahmen sowie nicht abziehbare Betriebsausgaben (z.B. die Gewerbesteuer) kompensiert werden. Daher ist im Folgenden zu unterstellen, dass der steuerpflichtige Teil der Dividenden (60%) in voller Höhe der Thesaurierungsbegünstigung unterworfen werden kann.[546] Bei fehlender Gewerbesteuerpflicht oder für Schachtelbeteiligung (≥ 15%) beträgt die Steuerbelastung stets:

$$s_{AE\_NP\_BV\_\S\ 34a} = 0{,}6 \times 28{,}25\% \times (1 + s_{SolZ}) = 17{,}88\%$$

542 Ein Vor- bzw. Rücktrag von ungenutztem Steuerermäßigungspotenzial nach § 35 EStG ist nicht möglich. Darin wird kein Verfassungsverstoß gesehen. So BFH, Urteil v. 23.4.2008, X R 32/06, DStR 2008, 1582.

543 Zur Problematik von Anrechnungsüberhängen ausführlich *Herzig/Lochmann,* DB 2000, 1192, 1196 ff.; *Schiffers* in: Korn/Carlé/Stahl u.a., EStG, § 35, Rz. 49.

544 *Lühn/Lühn,* StuB 2007, 253, 257; *Rech,* BC 2008, 86, 87 f.; *Hierl/Huber*, Rechtsformen und Rechtsformwahl, 2008, 206; *Stollenwerk/Piron,* GmbH-StB 2010, 261, 262 ff.

545 BMF, Schreiben v. 11.8.2008, IV C 6 – S 2290-a/07/10001, BStBl. I 2008, 838, Rz. 17.

546 Ähnlich *Weber,* NWB 2008, 3075, 3082; *Lothmann,* DStR 2008, 945, 946.

Streubesitzdividenden (Beteiligung < 15%) unterliegen folgender Steuerbelastung:

$$s_{AE\_NP\_BV\_§34a\_Beteiligung<15\%} = (0{,}6 \times 28{,}25\% - 0{,}035 \times \min[h;3{,}8]) \times 1{,}055 + (0{,}035 \times h)$$

Des Weiteren gilt zu bedenken, dass die begünstigt besteuerten Dividenden (abzüglich der Steuerbelastung nach § 34a Abs. 1 EStG) im Zeitpunkt ihrer Entnahme mit 25% (+ SolZ) nachversteuert werden müssen (§ 34a Abs. 4 EStG). Die Nachversteuerung beträgt

$$s_{AE\_NP\_BV\_Nachversteuerung} = 0{,}6 \times (1 - 28{,}25\% \times (1 + s_{SolZ}) \times 25\% \times (1 + s_{SolZ}) = 11{,}11\%$$

Anhand nachstehender Belastungsrechnung ist ersichtlich, dass bei Inanspruchnahme des § 34a EStG sowohl für Schachtel- als auch für Streubesitzbeteiligungen im Zeitpunkt der Gewinnthesaurierung eine relativ günstige Steuerbelastung (ca. 18%) resultiert. Dieser Belastungsvorteil offenbart sich gerade im Vergleich zur Besteuerung mit dem regulären Spitzentarif (ca. 28%, siehe oben) und wird bei mittel- bis langfristiger Thesaurierung noch weiter verstärkt.[547] Die nominale Gesamtbelastung (nach Nachversteuerung) liegt mit ca. 29% nur knapp über jener bei Regelbesteuerung (Spitzensteuersatz).

h =	200%		300%		400%		500%	
Beteiligungshöhe	≥ 15%	< 15%	≥ 15%	< 15%	≥ 15%	< 15%	≥ 15%	< 15%
Dividende	100	100	100	100	100	100	100	100
ESt-pflichtig	60	60	60	60	60	60	60	60
ESt (28,25%)	16,95	16,95	16,95	16,95	16,95	16,95	16,95	16,95
GewSt-pflichtig	0,00	100,00	0,00	100,00	0,00	100,00	0,00	100,00
GewSt	0,00	7,00	0,00	10,50	0,00	14,00	0,00	17,50
Anr. § 35 EStG	0,00	7,00	0,00	10,50	0,00	13,30	0,00	13,30
ESt nach Anr.	16,95	9,95	16,95	6,45	16,95	3,65	16,95	3,65
SolZ (5,5%)	0,93	0,55	0,93	0,35	0,93	0,20	0,93	0,20
Belastungsquote	**17,88%**	**17,50%**	**17,88%**	**17,30%**	**17,88%**	**17,85%**	**17,88%**	**21,35%**
Nachversteuerung	11,11	11,11	11,11	11,11	11,11	11,11	11,11	11,11
Gesamtbelastung	**28,99%**	**28,61%**	**28,99%**	**28,41%**	**28,99%**	**28,96%**	**28,99%**	**32,46%**

Abbildung 21: Steuerbelastung bei Ausschüttungen an nat. Personen (BV, § 34a EStG)

Quelle: Eigene Berechnungen

3. Anteile im Privatvermögen (Abgeltungsteuer)

a) Grundsatz der Abgeltungsteuer

Natürliche Personen, die ihre Anteile im Privatvermögen halten, erzielen mit dem Bezug einer Gewinnausschüttung Einkünfte aus Kapitalvermögen i.S.d. § 20 Abs. 1 Nr. 1 EStG.[548] Diese

[547] *Stollenwerk/Piron,* GmbH-StB 2010, 261, 263.

[548] Dies gilt wegen § 20 Abs. 8 EStG nur soweit die Dividenden keiner anderen Einkunftsart (bspw. Vermietung und Verpachtung gem. § 21 EStG) zuzurechnen sind (sog. Subsidiaritätsprinzip).

Einkünfte unterliegen in voller Höhe dem Sondertarif nach § 32d Abs. 1 EStG. Das Teileinkünfteverfahren ist nicht anzuwenden (§ 3 Nr. 40 S. 2 EStG). Ausnahmen bestehen für spezielle (Missbrauchs-) Tatbestände in § 32d Abs. 2 Nr. 1 EStG.

Wegen der abgeltenden Wirkung (§ 43 Abs. 5 S. 1 EStG) ist der Steuerpflichtige von der Veranlagung der Kapitaleinkünfte in seiner Steuererklärung grds. befreit (§ 25 Abs. 1 Hs. 2 EStG). Die Abgeltungsteuer wird an der Quelle in Form der Kapitalertragsteuer einbehalten und an die Finanzbehörden abgeführt. Kapitalerträge, die nicht der Kapitalertragsteuer unterlegen haben (z.B. Privatdarlehen), hat der Steuerpflichtige im Rahmen seiner Einkommensteuererklärung der Abgeltungsteuer zu unterwerfen (§ 32d Abs. 3 EStG).[549]

Der Abgeltungsteuersatz (s_{AbgSt}) i.S.d. § 32d Abs. 1 S. 4 EStG beträgt – sofern keine Kirchensteuerpflicht besteht und keine anrechenbaren ausländischen Steuern vorliegen – einheitlich 25%. Die Einkommensteuer nach § 32d Abs. 1 EStG stellt *keine* tarifliche Einkommensteuer i.S.d. § 32a Abs. 1 EStG dar.[550]

$$s_{AbgSt} = \frac{\text{Kapitalerträge} - (4 \times \text{ausländische Steuer})}{4 + \text{Kirchensteuer}} = \frac{100}{4} = 25\%$$

Zusammen mit dem 5,5%igen Solidaritätszuschlag führt dies zu folgender Steuerbelastung:

$$s_{AE\_NP\_PV} = s_{AbgSt} \times (1 + s_{SolZ}) = 0{,}25 \times (1 + 0{,}055) = 26{,}375\%$$

Die Kapitaleinkünfte sind nicht in das z.v.E. einzubeziehen (§ 2 Abs. 5b EStG). Sie erzielt derjenige, dem nach § 39 AO die Anteile im Zeitpunkt des Gewinnverteilungsbeschlusses zuzurechnen sind (§ 20 Abs. 5 EStG). Im Privatvermögen gelten Gewinnausschüttungen als zugeflossen (§ 11 Abs. 1 S. 1 EStG), wenn der Steuerpflichtige über sie wirtschaftlich verfügen kann, mithin bei Gutschrift auf dem Verrechnungs- bzw. Bankkonto.[551] Beherrschende Gesellschafter haben sich die Kapitalerträge allerdings schon im Moment ihrer Fälligkeit, ergo im Zeitpunkt der Feststellung des Jahresabschlusses, zuzurechnen.[552]

b) Werbungskostenabzugsverbot und Verlustverrechnungsbeschränkung

Ein Abzug tatsächlicher Werbungskosten ist im Rahmen der abgeltend besteuerten Einkünfte aus Kapitalvermögen nicht möglich (sog. Bruttobesteuerung). Es kann lediglich ein Sparer-Pauschbetrag i.H.v. 801 €, bei Zusammenveranlagung i.H.v. 1.602 € angesetzt werden (§ 20

---

[549] *Fuhrmann/Demuth,* KÖSDI 2009, 16613, 16616.

[550] BMF, Schreiben v. 22.12.2009, IV C 1 – S 2252/08/10004, BStBl. I 2010, 94, Rz. 132.

[551] BFH, Urteil v. 8.10.1991, VIII R 48/88, BStBl. II 1992, 174. Die Kapitalertragsteuer-Fiktionen des § 44 Abs. 2 und 4 EStG sind für den Zufluss beim Gesellschafter dagegen nicht von Bedeutung (vgl. BFH, Urteil v. 9.12.1987, I R 148/86, BFH/NV 1988, 524).

[552] BFH, Urteil v. 17.11.1998, VIII R 24/98, BStBl. II 1999, 223 (m.w.N.).

Abs. 9 S. 1 EStG). Deswegen wird bei der Abgeltungsteuer auch stets von einer Einkünfteerzielungsabsicht ausgegangen.[553] Die analytische Schedulenbesteuerung hat überdies zur Folge, dass eine Verlustverrechnung mit anderen Einkünften ausgeschlossen ist (§ 2 Abs. 5b EStG, § 20 Abs. 6 EStG).[554]

c) Veranlagungsoptionen

Falls die Anwendung des progressiven Einkommensteuertarifs i.S.d. § 32a Abs. 1 EStG zu einer niedrigeren Individualbelastung führen würde, kann der Steuerpflichtige beantragen, die Kapitaleinkünfte – anstelle der Abgeltungsteuer – in voller Höhe der tariflichen Einkommensteuer zu unterwerfen („große" Veranlagungsoption mit Günstigerprüfung nach § 32d Abs. 6 EStG).[555] Dabei ist nicht allein auf die festgesetzte Einkommensteuer, sondern auf die gesamte effektive Steuerbelastung (inkl. Zuschlagsteuern, z.B. SolZ) abzustellen. In diesen Fällen gehen sämtliche Kapitaleinkünfte in das z.v.E. ein. Positive Kapitaleinkünfte können somit auch am vertikalen Verlustausgleich teilnehmen. Die abgeltende Wirkung der Kapitalertragsteuer entfällt.

Die dargestellte Prüfbedingung darf jedoch nicht so verstanden werden, dass § 32d Abs. 6 EStG immer dann greift, wenn der (Grenz-) Steuersatz unter 25% liegt. Vielmehr muss der Differenzsteuersatz, also die durchschnittliche Zusatzbelastung auf die Kapitaleinkünfte, unter 25% liegen.[556] Das Finanzamt führt in dieser Hinsicht eine Günstigerprüfung durch.

Die Veranlagungsoption suspendiert weder § 20 Abs. 6 EStG noch § 20 Abs. 9 EStG. Demnach bleibt die Verrechnung negativer Kapitaleinkünfte eingeschränkt und der Werbungskostenabzug versagt.[557] Lediglich der Sparer-Pauschbetrags (801 €) darf angesetzt werden.[558] Ferner kommt das Teileinkünfteverfahren nicht zur Anwendung (§ 3 Nr. 40 S. 2 EStG). Der Antrag kann nicht auf einzelne Kapitalerträge beschränkt werden, sondern gilt für sämtliche Kapitaleinkünfte des Jahres.[559] Die Steuerbelastung ermittelt sich über folgende Formel.[560]

$$s_{VA-Option} = min\langle s_{Tarif} \times (1 + s_{SolZ}); 0{,}26375 \rangle = min\langle s_{Tarif} \times 1{,}055; 0{,}26375 \rangle$$

Mit der sog. „kleinen" Veranlagungsoption nach § 32d Abs. 4 EStG i.V.m. § 43 Abs. 5 S. 3 EStG kann der Steuerpflichtige eine Neufestsetzung der Abgeltungsteuer beantragen. Hiermit

---

553 BMF-Schreiben v. 22.12.2009, IV C 1 – S 2252/08/10004, BStBl. I 2010, 94, Rz. 125. Weiterführend *Haisch/Krampe,* DStR 2011, 2178 ff.

554 Stellvertretend *Kessler/Ortmann-Babel/Zipfel,* BB 2007, 523, 533.

555 Hierzu ist freilich die Abgabe einer entsprechenden Einkommensteuererklärung erforderlich.

556 *Hechtner,* NWB 2011, 1769.

557 Statt vieler *Schlotter/Jansen*, Abgeltungsteuer, 2008, 127; *Paukstadt/Luckner,* DStR 2007, 653, 656.

558 Etwa *Oho/Hagen/Lenz,* DB 2007, 1322, 1323; *Homburg,* SteuerConsultant 2007, 18, 21.

559 *Ronig,* DB 2010, 128, 133; *Strahl,* KÖSDI 2010, 16853, 16863.

560 *Diller/Wimmer,* FB 2007, 573, 575; *Siegmund/Kleene,* DStZ 2009, 366, 367.

können Einzelsachverhalte, die beim Quellensteuereinbehalt nicht oder nicht richtig berücksichtigt wurden, im Rahmen der Einkommensteuererklärung bereinigt werden.[561] Abgesehen von der Durchbrechung der Abgeltungswirkung bleibt es aber sowohl dem Grunde als auch der Höhe nach bei einem schedularen (Brutto-) Besteuerungsregime.

d) Steuerbelastung

Unter Berücksichtigung der ermittelten Eckdaten lassen sich folgende Belastungsquoten in Abhängigkeit unterschiedlicher Einkommensteuersätze abbilden.

s_{Tarif} =	20%	25%	30%	35%	40%	45%
Dividende	100	100	100	100	100	100
ESt-pflichtig	100	100	100	100	100	100
Abgeltungsteuer / ESt	20	25	25	25	25	25
SolZ (5,5% d. ESt)	1,1	1,38	1,38	1,38	1,38	1,38
Belastungsquote	**21,10%**	**26,38%**	**26,38%**	**26,38%**	**26,38%**	**26,38%**

Abbildung 22: Steuerbelastung bei Ausschüttungen an nat. Personen (PV)

Quelle: Eigene Berechnungen

Die Abgeltungsteuer führt zu einer einkommensteuersatzunabhängigen Belastung von Gewinnausschüttungen. Mittels der „großen" Veranlagungsoption nach § 32d Abs. 6 EStG wird für Anteilseigner mit einem Steuersatz unter 25% jedoch die Möglichkeit geschaffen, die Kapitalerträge mit diesem geringeren Steuersatz (z.B. 20%, siehe Abbildung 22) besteuern zu lassen. Im Vergleich zur Regelbesteuerung ist eine Tarifspreizung feststellbar.

e) Option zur Besteuerung nach dem Teileinkünfteverfahren

Nach § 32d Abs. 2 Nr. 3 EStG kann für Kapitalerträge i.S.d. § 20 Abs. 1 Nr. 1 und 2 EStG (insbesondere Dividenden) statt des gesonderten Steuertarifs – auf Antrag – das Teileinkünfteverfahren angewendet werden („qualifizierte Option zum Teileinkünfteverfahren bei typischerweise unternehmerischen Beteiligungen").[562] Hierzu muss der Anteilseigner an der Kapitalgesellschaft mittel- oder unmittelbar zu mindestens 25% beteiligt sein. Es ist ausreichend, wenn die Mindestbeteiligungshöhe zu irgendeinem Zeitpunkt in demjenigen VZ vorliegt, für den der Antrag erstmals gestellt wird.[563] Alternativ muss der Steuerpflichtige zu mind. 1% beteiligt und für die Gesellschaft beruflich tätig sein. Für die berufliche Tätigkeit ist es unerheblich, ob sie selbständig oder nichtselbständig ausgeübt wird.[564]

561 Bspw. zur Geltendmachung eines nicht (vollständig) ausgeschöpften Sparer-Pauschbetrags.
562 Nachträglich eingeführt durch das JStG 2008 (so z.B. *Hofrichter,* SteuK 2010, 177, 179).
563 BMF-Schreiben v. 22.12.2009, IV C 1 – S 2252/08/10004, BStBl. I 2010, 94, Rz. 139.
564 BMF-Schreiben v. 22.12.2009, IV C 1 – S 2252/08/10004, BStBl. I 2010, 94, Rz. 138.

Der spätestens mit Abgabe der Einkommensteuererklärung zu stellende Antrag ist für fünf Jahre bindend, kann aber auch widerrufen werden. Innerhalb dieses Fünfjahreszeitraums hat keine erneute Überprüfung der Antragsvoraussetzungen zu erfolgen.[565] Die Option nach § 32d Abs. 2 Nr. 3 EStG ist selbst dann möglich, wenn in dem betreffenden VZ keine Kapitalerträge realisiert werden.[566] Soweit die Antragstellung widerrufen wird, ist eine erneute Option für diese Beteiligung nicht mehr zulässig (§ 32d Abs. 2 Nr. 3 S. 6 EStG).

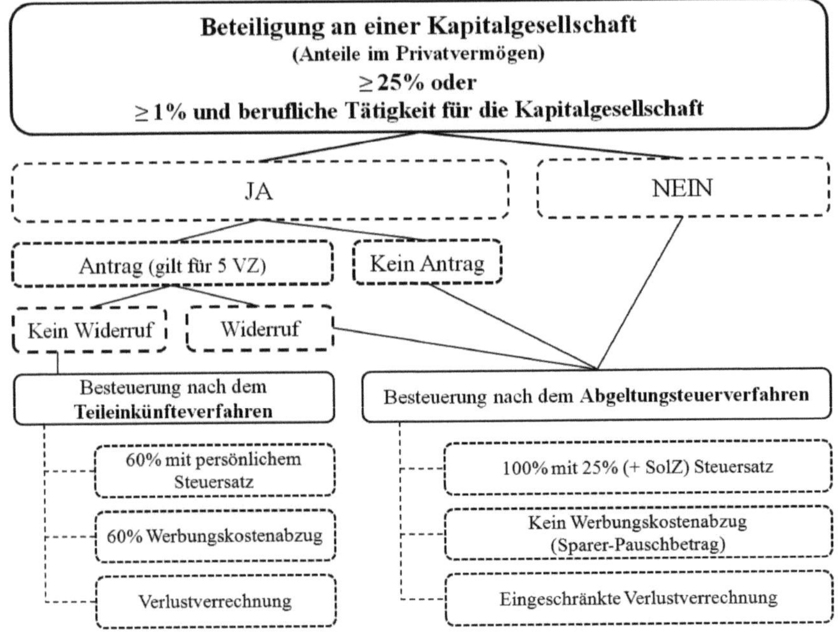

Abbildung 23: Voraussetzungen und Rechtsfolgen der Teileinkünfteoption

Quelle: Eigene Darstellung

Der Anteilseigner kann für jede seiner Beteiligungen, die die obigen Voraussetzungen erfüllen, zur Besteuerung nach dem Teileinkünfteverfahren optieren.[567] Statt der 25%igen Abgeltungsteuer auf die volle Dividende (mit Werbungskostenabzugsverbot und Verlustverrechnungsbeschränkung) hat der Steuerpflichtige dann 60% der Dividende dem persönlichen Steuersatz zu unterwerfen, während auch 60% der Werbungskosten (nebst Verlustverrechnung) abziehbar sind.[568] Für Belastungsanalysen finden demnach obige Ausführungen zur Besteuerung im BV bei fehlender Gewerbesteuerpflicht analoge Anwendung.

---

565 *Strahl,* DStR 2008, 9, 11.

566 Die Vorschrift erfordert nur abstrakt das Vorliegen von Kapitalerträgen i.S.d. § 20 Abs. 1 Nr. 1, 2 EStG. Vgl. BMF, Schreiben v. 22.12.2009, IV C 1 – S 2252/08/10004, BStBl. I 2010, 94, Rz. 143.

567 Nicht aber für jeden einzelnen Gesellschaftsanteil.

568 *Neumann/Stimpel,* GmbHR 2008, 57, 61 f.

4. Mittelbare Beteiligung über eine Personengesellschaft

Werden Anteile an Kapitalgesellschaften mittelbar über eine Personengesellschaft gehalten, führt die transparente Betrachtungsweise im Grundsatz zu den gleichen – dann jedoch quotalen – Besteuerungsfolgen, wie bei einer unmittelbaren Beteiligung.[569] Zu klären bleibt lediglich die Frage, ob es sich um eine gewerbliche oder vermögensverwaltende Personengesellschaft handelt.[570]

Über die Frage der Anwendung des Teileinkünfteverfahrens (§ 3 Nr. 40 EStG, § 3c Abs. 2 EStG) bzw. § 8b KStG ist auf Ebene des Gesellschafters zu entscheiden.[571] Einzig für den Fall, dass sowohl Kapitalgesellschaften als auch natürliche Personen über eine gewerbliche Personengesellschaft mittelbar an einer Kapitalgesellschaft (zu mind. 15%) beteiligt sind, können sich nennenswerte Besonderheiten ergeben.[572] Bei dieser Konstellation schlagen im Ergebnis die gewerbesteuerlichen Folgen der (anteiligen) 5%igen Schachtelstrafe nach § 8b Abs. 5 KStG auch auf die natürlichen Personen durch. Mittels § 35 EStG wird die Mehrbelastung aber weitestgehend wieder neutralisiert.

5. Gesamtsteuerbelastungen bei Gewinnausschüttung

Die unten dargestellte Tabelle 24 offenbart die komplexen Gesamtbelastungsfolgen, die sich aus den einzelnen Fallkonstellationen ergeben.

Anhand dieser Ansammlung von (verdichteten) Belastungsziffern können wertvolle Hinweise zur Gesamtsteuerbelastung abgelesen werden. Im späteren Verlauf der Arbeit wird hierauf punktuell Bezug genommen.

Aus der Bandbreite der Belastungsquoten spiegeln sich schon zum jetzigen Zeitpunkt die steuerplanerischen Potenziale auf Anteilseignerebene wider. Es bleibt darauf hinzuweisen, dass es sich um eine statische Steuersatzperspektive handelt, intertemporale Belastungseffekte daher (noch) ausgeblendet werden.

---

569 Klarstellend § 8b Abs. 6 S. 1 KStG und § 7 S. 4 GewStG.

570 *Geck,* KÖSDI 2010, 16843 ff.; *Früchtl/Prokscha,* DStZ 2010, 595, 599 ff.

571 BFH, Beschluss v. 11.4.2005, GrS 2/02, BStBl. II 2005, 679.

572 *Siegmund/Kleene,* DStZ 2009, 366, 370. Auf Besonderheiten bei einer sog. „Zebragesellschaft“ soll an dieser Stelle nicht weiter eingegangen werden.

s_{Tarif} =	20%			35%			45%		
h =	300%	400%	500%	300%	400%	500%	300%	400%	500%
Belastung KapG	26,33	29,83	33,33	26,33	29,83	33,33	26,33	29,83	33,33
Ausschüttung	*73,68*	*70,18*	*66,68*	*73,68*	*70,18*	*66,68*	*73,68*	*70,18*	*66,68*
Nachbelastung AE									
AE = KapG (≥ 15%)	0,97	1,05	1,11	0,97	1,05	1,11	0,97	1,05	1,11
AE = KapG (< 15%)	8,32	10,38	12,19	8,32	10,38	12,19	8,32	10,38	12,19
AE = NP BV (≥ 15%)*	9,33	8,88	8,44	16,33	15,55	14,78	20,99	19,99	19,00
AE = NP § 34a (≥ 15%)	-	-	-	21,36	20,34	19,33	21,36	20,34	19,33
AE = NP BV (< 15%)	8,90	9,82	11,67	15,90	15,52	17,08	20,56	19,96	21,30
AE = NP § 34a (< 15%)	-	-	-	20,93	20,32	21,64	20,93	20,32	21,64
AE = NP PV	15,55	14,81	14,07	19,44	18,51	17,59	19,44	18,51	17,59
Gesamtbelastung									
AE = KapG (≥ 15%)	27,30	30,87	34,44	27,30	30,87	34,44	27,30	30,87	34,44
AE = KapG (< 15%)	34,64	40,20	45,52	34,64	40,20	45,52	34,64	40,20	45,52
AE = NP BV (≥ 15%)*	35,65	38,71	41,77	42,65	45,38	48,10	47,32	49,82	52,32
AE = NP § 34a (≥ 15%)	-	-	-	47,68	50,17	52,65	47,68	50,17	52,65
AE = NP BV (< 15%)	35,22	39,65	44,99	42,22	45,35	50,41	46,89	49,79	54,63
AE = NP § 34a (< 15%)	-	-	-	47,26	50,15	54,97	47,26	50,15	54,97
AE = NP PV	41,87	44,63	47,39	45,76	48,34	50,91	45,76	48,34	50,91
* Entspricht: AE = PV BV (keine GewSt-Pflicht) sowie bei Option zum TEV									

Abbildung 24: Gesamtsteuerbelastung: KapGes und Anteilseigner

Quelle: Eigene Berechnungen

D. Gewinntransfer an die Gesellschafter über Leistungsvergütungen

I. Angemessene Leistungsvergütungen

1. Besteuerung auf Ebene der Kapitalgesellschaft

Kapitalgesellschaften können mit ihren Anteilseignern – wie mit jedem fremden Dritten – zivilrechtlich wirksame Verträge abschließen.[573] Gegenstand solcher Leistungsbeziehungen sind Gehalts-, Pensions-, Miet-, Pacht-, Lizenz-, Darlehens- oder stille Beteiligungsverhältnisse.[574] Sofern die Vertragsbeziehungen wirtschaftlich angemessen sind, finden sie auch steuerlich Anerkennung.[575]

Das Trennungsprinzip führt auf Ebene der Kapitalgesellschaft dazu, dass die Leistungsvergütungen – vorbehaltlich etwaiger Abzugsverbote (z.B. Zinsschranke i.S.d. § 4h EStG i.V.m. § 8a KStG[576]) – als Betriebsausgaben das körperschaftsteuerliche Einkommen mindern.[577] Für die Ermittlung der Gewerbesteuer ist zwischen nicht hinzurechnungspflichtigen Vergütungen,

---

573 Statt vieler *Seer*, StuW 1993, 114, 120; *Kessler/Teufel*, DStR 2000, 1836, 1839.

574 Exemplarisch *Kutschker*, Steueroptimale Gewinnverwendung, 2004, 52.

575 Für Pensionsrückstellungen gilt jedoch die Besonderheit, dass sie nur unter den Voraussetzungen des § 6a EStG gebildet werden dürfen.

576 Aufgrund der hohen Freigrenze i.H.v. 3 Mio. € (§ 4h Abs. 2 S. 1 Buchst. a) EStG) fallen typische mittelständische Betriebe – und demnach auch das Modellunternehmen der vorliegenden Untersuchung – nicht in den Anwendungsbereich der Zinsschranke.

577 Statt vieler *Jacobs*, Unternehmensbesteuerung und Rechtsform, 2009, 168.

wie bspw. Gehalts- und Pensionszahlungen[578], und hinzurechnungspflichtigen Vergütungen, z.B. Miet- und Darlehenszinsen, zu unterscheiden.[579]

Die Hinzurechnung richtet sich nach § 8 Nr. 1 GewStG. Demzufolge sind Entgelte für Schulden (Buchst. a) und Gewinnanteile eines stillen Gesellschafters (Buchst. c) zu 100% als Finanzierungskosten zu erfassen. Der typisierte Finanzierungsanteil bei Miet- und Pachtzinsen für bewegliche Wirtschaftsgüter (Buchst. d) liegt bei 20%, der für unbewegliche Wirtschaftsgüter (Buchst. e) bei 50% und derjenige für Lizenzgebühren (Buchst. f) bei 25%. Die Summe der Finanzierungskosten ist um einen gemeinsamen Freibetrag i.H.v. 100.000 € zu kürzen. Der übersteigende Betrag wird zu 25% der gewerbesteuerlichen Bemessungsgrundlage (maßgebender Gewerbeertrag) hinzugerechnet.

Leistungsvergütung	keine	Nicht hinzu-rechnungspflichtig (z.B. Gehalt)	hinzurechnungspflichtig		
			z.B. Zinsen	z.B. Miete für bewegliche WG	z.B. Miete für unbewegliche WG
Vorläufiger Gewinn	100	100	100	100	100
Leistungsvergütung	0	20	20	20	20
z.v.E. (KSt)	100	80	80	80	80
./. KSt (15%)	15	12	12	12	12
./. SolZ (5,5% d. KSt)	0,825	0,66	0,66	0,66	0,66
GewSt-Hinzurechnung	0,00	0,00	5,00	1,00	2,50
Gewerbeertrag	100,00	80,00	85,00	81,00	82,50
./. GewSt (3,5% * h)	14	11,2	11,9	11,34	11,55
Steuern	29,83	23,86	24,56	24,00	24,21
Belastungsquote	**29,83%**	**23,86%**	**24,56%**	**24,00%**	**24,21%**

Abbildung 25: Steuerbelastung bei Leistungsvergütungen auf Ebene der KapGes

Quelle: Eigene Berechnungen in Anlehnung an *Kaminski*, StuB 2008, 3, 7 f.

Bei der Betrachtung der Steuerbelastung (siehe Abbildung 25) ist festzustellen, dass der Abschluss schuldrechtlicher Verträge zu einer sinkenden Steuerbelastung der Gesellschaft führt. Die Belastungsquote ist hier als Quotient von Steuerbetrag und vorläufigem Gewinn ausgedrückt. Darüber hinaus zeigt die Berechnung, dass das Ausmaß der Minderbelastung von der konkreten Leistungsvergütung, deren Höhe sowie dem Hebesatz abhängen. Eine genaue Aussage zum Optimierungskalkül bedarf jedoch einer weiteren Auseinandersetzung mit den steuerlichen Faktoren auf Ebene der Anteilseigner.

2. Besteuerung auf Ebene der Gesellschafter

Beim Gesellschafter sind die vereinnahmten Bezüge im Rahmen seiner individuellen Einkommensteuer zu berücksichtigen und einer der sieben Einkunftsarten zuzurechnen. Im Re-

578 Pensionszahlungen aufgrund einer unmittelbar vom Arbeitgeber erteilten Versorgungszusage gelten nicht als hinzurechnungspflichtige dauernde Last (§ 8 Nr. 1 Buchst. b) S. 2 GewStG).

579 *Kessler/Schiffers/Teufel*, Rechtsformwahl - Rechtsformoptimierung, 2002, § 3, Rz. 114.

gelfall dürften Überschusseinkünfte anzunehmen sein, namentlich Einkünfte aus nichtselbständiger Arbeit (§ 19 Abs. 1 EStG), Einkünfte aus Kapitalvermögen (§ 20 Abs. 1 Nr. 4 bzw. 7 EStG), Einkünfte aus Vermietung und Verpachtung (§ 21 Abs. 1 EStG) oder sonstige Einkünfte (§ 22 EStG).[580] Die Besteuerung erfolgt im Zeitpunkt des individuellen Zuflusses (§ 11 Abs. 1 EStG).

Zinsen aus einem Gesellschafterdarlehen (§ 20 Abs. 1 Nr. 7 EStG) bzw. Gewinnanteile aus einer typisch stillen Beteiligung (§ 20 Abs. 1 Nr. 4 EStG) nehmen eine besondere steuerplanerische Rolle ein. Sie unterliegen grundsätzlich dem abgeltenden Sondertarif nach § 32d Abs. 1 EStG (25% + SolZ). Mit ihnen ist es daher möglich, Gewinne steuermindernd von der Kapitalgesellschaft „abzusaugen“ und in den Anwendungsbereich der Abgeltungsteuer zu transferieren.

Dies hat der Gesetzgeber erkannt und mit § 32d Abs. 2 Nr. 1 EStG eine Missbrauchsvermeidungsregelung geschaffen. Demnach fallen Kapitalerträge i.S.d. § 20 Abs. 1 Nr. 4 und Nr. 7 EStG *nicht* unter die Abgeltungsteuer, wenn

a) Gläubiger und Schuldner einander nahe stehende Personen sind und die Zinsen als Betriebsausgaben oder als Werbungskosten abgezogen wurden,

b) eine Beteiligungsquote von ≥ 10% gegeben ist oder

c) eine schädliche, d.h. unangemessene Back-to-Back-Finanzierung vorliegt.

Dabei ist im Gesellschaft-Gesellschafter-Verhältnis vor allem § 32d Abs. 2 Nr. 1 Buchst. b) EStG zu beachten (Beteiligungsquote ≥ 10%). Der praktische Anwendungsbereich von § 32d Abs. 2 Nr. 1 Buchst. a) EStG wird auf Fremdfinanzierungsverhältnisse zwischen natürlichen Personen reduziert.[581] In den genannten Sachverhalten ist statt des 25%igen Steuersatzes der progressive Einkommensteuertarif i.S.d. § 32a EStG – ohne Ansatz des Teileinkünfteverfahrens – anzuwenden. Die Kapitaleinkünfte gehen dann in voller Höhe in das z.v.E. ein.

Der potenziell höheren Steuerbelastung stehen über § 32d Abs. 2 Nr. 1 S. 2 EStG aber folgende Vorteile gegenüber:[582]

- Vollständiger Werbungskostenabzug (weder § 20 Abs. 9 EStG noch § 3c Abs. 2 EStG finden Anwendung)
- Keine Einschränkungen bei der Verlustverrechnung (§ 20 Abs. 6 EStG ist nicht einschlägig).

---

580 Befinden sich die Anteile an der Kapitalgesellschaft hingegen in einem Betriebsvermögen, können – abhängig von der Tätigkeit – auch Einkünfte aus Gewerbebetrieb (§ 15 Abs. 1 Nr. 2 EStG) vorliegen (*Jacobs*, Unternehmensbesteuerung und Rechtsform, 2009, 185).

581 *Elser/Bindl*, FR 2010, 360, 361.

582 Etwa *Strahl*, Stbg 2010, 152, 161.

Für Kapitalerträge i.S.d. § 32d Abs. 2 Nr. 1 EStG ergeben sich damit auf Anteilseignerebene die gleichen Belastungsfolgen wie für die anderen Leistungsvergütungen (z.B. Gehalt, Miete).

s_{Tarif} =	20%		35%		45%	
Leistungsvergütung	100	100	100	100	100	100
Abgeltungsteuer	Nein	Ja	Nein	Ja	Nein	Ja
ESt (§ 32a EStG)	20	20	35	---	45	---
Abgeltungsteuer (§ 32d EStG)	---	---	---	25	---	25
SolZ (5,5% d. ESt)	1,1	1,1	1,93	1,38	2,48	1,38
Belastungsquote	**21,10%**	**21,10%**	**36,93%**	**26,38%**	**47,48%**	**26,38%**

Abbildung 26: Steuerbelastung bei Leistungsvergütungen auf Ebene der Anteilseigner

Quelle: Eigene Berechnungen

Das steuerliche Optimierungspotenzial hängt also von der Art der Leistungsvergütung, der Beteiligungsquote und dem individuellen Einkommensteuersatz ab. Im Besonderen geht es um die Frage, inwiefern die Abgeltungsbesteuerung nach § 32d EStG oder die reguläre Besteuerung nach § 32a EStG anzuwenden sind.

3. Gesamtsteuerbelastung bei Leistungsvergütungen

Zur Beurteilung, inwiefern Leistungsvergütungen ein adäquates Instrument zur Steueroptimierung darstellen, ist zusammenfassend zu berücksichtigen[583], dass die Vergütungen

- bei der Kapitalgesellschaft – ihre Angemessenheit unterstellt – die körperschaftsteuerliche Bemessungsgrundlage mindern,
- bei der Kapitalgesellschaft auch die gewerbesteuerliche Bemessungsgrundlage mindern, jedoch teilweise wieder hinzugerechnet werden sowie
- bei den Anteilseignern entweder der regulären oder der abgeltenden Einkommensbesteuerung im Zuflusszeitpunkt unterliegen.

In ihrer gesamtsteuerlichen Wirkung kommt es – wie die nachstehende Belastungsrechnung exemplarisch aufzeigt – zu einer Verlagerung von Steuerbemessungsgrundlagen von der Gesellschafts- auf die Gesellschafterebene.[584] Betrachtet wird hier die Gesellschafterfremdfinanzierung. Sie bietet erhebliches Optimierungspotenzial. Mit Gesellschafterdarlehen lässt sich im Einzelfall die Steuersatzspreizung zwischen Abgeltungsteuer und Regeltarif nutzen. Wegen § 32d Abs. 2 Nr. 1 Buchst. b) EStG kommt es dabei insbesondere auf die Beteiligungshö-

---

583 *Jacobs*, Unternehmensbesteuerung und Rechtsform, 2009, 605.

584 *Kessler/Schiffers/Teufel*, Rechtsformwahl - Rechtsformoptimierung, 2002, § 3, Rz. 117. Für die Modellrechnungen wird unterstellt, dass der nach Abzug der Leistungsvergütung (Annahme: 20% des vorläufigen Gewinns) verfügbare Gewinn in voller Höhe an die Anteilseigner ausgeschüttet wird. Annahmegemäß sollen die Anteile im Privatvermögen (Abgeltungsteuer) gehalten werden.

he an, deren Ausmaß entweder eine Besteuerung nach § 32d EStG zulässt (< 10%) oder ausschließt (≥ 10%). Beide Szenarien sind unten abgebildet (vgl. Abbildung 27).

	s_{Tarif} =	20%			35%			45%		
	h =	300%	400%	500%	300%	400%	500%	300%	400%	500%
Gesellschaftsebene	Vorläufiger Gewinn	100	100	100	100	100	100	100	100	100
	Darlehenszinsen	20	20	20	20	20	20	20	20	20
	z.v.E. (KSt)	80	80	80	80	80	80	80	80	80
	./. KSt (15%)	12	12	12	12	12	12	12	12	12
	./. SolZ	0,66	0,66	0,66	0,66	0,66	0,66	0,66	0,66	0,66
	GewSt-Hinzurechn.	5	5	5	5	5	5	5	5	5
	Gewerbeertrag	85	85	85	85	85	85	85	85	85
	./. GewSt (3,5% * h)	8,93	11,90	14,88	8,93	11,90	14,88	8,93	11,90	14,88
	Steuern KapG	**21,59**	**24,56**	**27,54**	**21,59**	**24,56**	**27,54**	**21,59**	**24,56**	**27,54**
Gesellschafterebene	Darlehenszinsen	20	20	20	20	20	20	20	20	20
	ESt (AE < 10%)	4	4	4	5	5	5	5	5	5
	SolZ (AE < 10%)	0,22	0,22	0,22	0,28	0,28	0,28	0,28	0,28	0,28
	ESt (AE ≥ 10%)	4	4	4	7	7	7	9	9	9
	SolZ (AE ≥ 10%)	0,22	0,22	0,22	0,39	0,39	0,39	0,50	0,50	0,50
	Ausschüttung	58,42	55,44	52,47	58,42	55,44	52,47	58,42	55,44	52,47
	ESt (§ 32d EStG)	11,68	11,09	10,49	15,41	14,62	13,84	15,41	14,62	13,84
	SolZ	0,64	0,61	0,58	0,85	0,80	0,76	0,85	0,80	0,76
Steuern AE (< 10%)		**16,55**	**15,92**	**15,29**	**21,53**	**20,70**	**19,87**	**21,53**	**20,70**	**19,87**
Steuern AE (≥ 10%)		**16,55**	**15,92**	**15,29**	**23,64**	**22,81**	**21,98**	**25,75**	**24,92**	**24,09**
Gesamtbel. (< 10%)		**38,13**	**40,48**	**42,83**	**43,11**	**45,26**	**47,41**	**43,11**	**45,26**	**47,41**
Gesamtbel. (≥ 10%)		**38,13**	**40,48**	**42,83**	**45,22**	**47,37**	**49,52**	**47,33**	**49,48**	**51,63**

Abbildung 27: Gesamtsteuerbelastung bei Darlehenszinsen und Ausschüttung

Quelle: Eigene Berechnungen

II. Unangemessene Leistungsvergütungen

Das von einer Kapitalgesellschaft erzielte Einkommen kann sowohl *offen*, als auch – hinter (unangemessenen) schuldrechtlichen Vereinbarungen – *verdeckt* auf die Anteilseignerebene transferiert werden.[585] Verdeckte Gewinnausschüttungen sind daher primär ein Phänomen personenbezogener Kapitalgesellschaften.[586] Der Begriff der verdeckten Gewinnausschüttung (vGA) ist gesetzlich nicht definiert, sondern beruht auf ständig erweiterten „teleologischen Umschreibungen“[587] der BFH-Judikatur. Demnach stellt eine vGA eine „Vermögensminderung oder verhinderte Vermögensmehrung [dar], die durch das Gesellschaftsverhältnis veranlasst ist, sich auf die Höhe des Unterschiedsbetrags i.S.d. § 4 Abs. 1 S. 1 EStG auswirkt und nicht auf einem den gesellschaftsrechtlichen Vorschriften entsprechenden Gewinnverteilungsbeschluss beruht“.[588] Eine vGA setzt ferner voraus, „dass die Unterschiedsbetragsminde-

585 *Lang* in: Dötsch/Jost/Pung u.a., KSt, § 8 Abs. 3, Teil C, Rz. 4.
586 *Marx*, DB 2003, 673.
587 FG Saarland, Urteil v. 5.2.2003, 1 K 49/99, EFG 2003, 566.
588 Grundlegend BFH, Urteil v. 22.2.1989, I R 44/85, BStBl. II 1989, 475. Vgl. auch R 36 Abs. 1 S. 1 KStR.

rung bei der Körperschaft die Eignung hat, beim Gesellschafter einen sonstigen Bezug i.S.d. § 20 Abs.1 Nr. 1 S. 2 EStG auszulösen".[589] In Situationen mit beherrschenden Gesellschaftern hat die Rechtsprechung – wegen fehlender Interessengegensätze – weitergehende Anforderungen entwickelt und verlangt zivilrechtlich wirksame, klare, eindeutige und im Voraus abgeschlossene Vereinbarungen.[590]

Das KStG regelt durch § 8 Abs. 3 S. 2 KStG lediglich die Konsequenzen und stellt klar, dass (auch) vGA das Einkommen nicht mindern dürfen, sondern erfolgsneutral zu behandeln sind.[591] Als Gewinnermittlungsvorschrift dient § 8 Abs. 3 S. 2 KStG somit der Abgrenzung zwischen der (erfolgswirksamen) Sphäre der Einkommenserzielung von jener der (erfolgsneutralen) Einkommensverwendung.[592] Die einer vGA zugrundeliegenden Geschäftsvorfälle sind bei der Kapitalgesellschaft *außerbilanziell*[593] zu korrigieren, da Kapitalgesellschaften nicht über einen „privaten Bereich" verfügen.[594]

Beim Anteilseigner führen vGA zu einem sonstigen Bezug i.S.d. § 20 Abs. 1 Nr. 1 S. 2 EStG. Das shareholder-relief-Konzept vermindert die (wirtschaftliche) Doppelbesteuerung nach den oben dargestellten Grundsätzen der Anteilseignerbesteuerung. Bei natürlichen Personen findet daher die Abgeltungsteuer (nebst Veranlagungsoption) bzw. das Teileinkünfteverfahren Anwendung. Da in der Praxis aber i.d.R. für vGA auf einen Kapitalertragsteuerabzug verzichtet wird, hat der Steuerpflichtige diese Kapitalerträge nach § 32d Abs. 3 S. 1 EStG in seiner Einkommensteuererklärung anzugeben.[595] Unter den Voraussetzungen des § 32d Abs. 2 Nr. 3 EStG steht auch für vGA die Option zur Teileinkünftebesteuerung zur Verfügung.[596]

Im Gegensatz zu einer offenen Gewinnausschüttung werden bei vGA zusätzliche Voraussetzungen für eine Teilentlastung gefordert.[597] So ist die Anwendung der körperschaftsteuerlichen Beteiligungsertragsbefreiung (§ 8b Abs. 1 S. 2 – 4 KStG), des Teileinkünfteverfahrens (§ 3 Nr. 40 Buchst. d) S. 2 – 3 EStG) sowie der Abgeltungsteuer (§ 32d Abs. 2 Nr. 4 EStG) davon abhängig, dass die vGA das Einkommen der Kapitalgesellschaft nicht gemindert hat.[598]

---

589 BFH, Urteil v. 7.8.2002, I R 2/02, BStBl. II 2004, 131.
590 Grundlegend BFH, Urteil v. 15.12.1971, I R 5/69, BStBl. II 1972, 438. Vgl. auch R 36 Abs. 2 S. 1 KStR.
591 Im Einzelnen etwa *Hauber/Höreth/Schaden* in: Ernst & Young, vGA/vE, Fach 3, Rz. 1 ff.
592 In diesem Sinne bereits RFH, Urteil v. 29.10.1929, I Aa 378/29, RStBl. 1929, 667.
593 BMF, Schreiben v. 28.5.2002, IV A 2 – S 2742 – 32/02, BStBl. I 2002, 603, Rz. 1. Vgl. auch *Harle,* GmbHR 2008, 1257 ff. Kritisch *Bareis,* GmbHR 2009, 813 ff.; *Wassermeyer,* DB 2010, 1959 ff.
594 So die ständige BFH-Rechtsprechung seit dem Senatsurteil v. 4.12.1996, I R 54/95, BFHE 182, 123.
595 BMF, Schreiben v. 22.12.2009, IV C 1 – S 2252/08/10004, BStBl. I 2010, 94, Rz. 144.
596 *Koss* in: Korn/Carlé/Stahl u.a., EStG, § 32d, Rz. 65.
597 Statt vieler *Bogenschütz,* Ubg 2008, 533, 542.
598 *Pohl/Raupach,* FR 2007, 210 ff.; *Kohlhepp,* DStR 2007, 1502 ff.

E. Beteiligungsveräußerung

I. Grundsätzliche Besteuerungsprinzipien und Initialdifferenzierungen

Auch bei der steuerlichen Beurteilung von Beteiligungsveräußerungen muss danach unterschieden werden, wer die Beteiligung gehalten hat (juristische vs. natürliche Person) und in welchem Vermögensbereich sie gehalten wurde (Betriebs- vs. Privatvermögen). Ferner sind Besonderheiten zu beachten, wenn vor der Beteiligungsveräußerung eine formwechselnde Umwandlung oder Einbringung eines (Teil-) Betriebs oder Mitunternehmeranteils unter dem gemeinen Wert erfolgte.[599]

II. Juristische Personen als Veräußerer

Veräußert eine Körperschaft Anteile an einer anderen Körperschaft, bleibt der Veräußerungsgewinn gem. § 8b Abs. 2 KStG außer Ansatz.[600] Vom Veräußerungsgewinn gelten jedoch 5% als nicht abziehbare Betriebsausgaben (§ 8b Abs. 3 S. 1 KStG), so dass es im Ergebnis zu einer 95% Steuerbefreiung kommt.[601] Veräußerungskosten mindern den (steuerfreien) Veräußerungsgewinn; eine (nochmalige) Erfassung als Betriebsausgabe ist – trotz § 8b Abs. 3 S. 2 KStG – nicht möglich.[602] Verluste oder Teilwertabschreibungen dürfen nicht abgezogen werden (§ 8b Abs. 3 S. 3 KStG). Für die Gewerbesteuer existieren keine Hinzurechnungs- oder Kürzungsvorschriften, so dass es bei der 5%igen Bemessungsgrundlage bleibt (§ 7 S. 4 GewStG).[603] Für Belastungsanalysen kann deshalb auf die obigen Ausführungen zur Besteuerung von Schachteldividenden (≥ 15%) verwiesen werden.

III. Natürliche Personen als Veräußerer

1. Anteile im Betriebsvermögen

a) Einkommen- und gewerbesteuerliche Behandlung

Werden die Anteile im (Sonder-) Betriebsvermögen einer natürlichen Person gehalten, sind Gewinne aus der Veräußerung von Anteilen an Kapitalgesellschaften nach dem Teileinkünfteverfahrens zu besteuern. Demnach unterliegt der Veräußerungsgewinn gem. § 3 Nr. 40 Buchst. a) EStG i.V.m. § 3c Abs. 2 EStG zu 60% der persönlichen Einkommensteuer.[604]

---

599 Sog. rückwirkende Einbringungsbesteuerung sperrfristverhafteter Anteile nach § 22 UmwStG bzw. Veräußerungsgewinnbesteuerung einbringungsgeborener Anteile i.S.d. § 21 UmwStG a.F. Hierauf wird allerdings nicht weiter eingegangen.

600 Ausnahme: Kredit- oder Finanzdienstleistungsinstitute bzw. Finanzunternehmen i.S.d. KWG mit dem Ziel des kurzfristigen Eigenhandelserfolgs (§ 8b Abs. 7 KStG).

601 Statt aller *Watrin/Wittkowski/Strohm,* GmbHR 2007, 785, 791; *Wehrheim/Steinhoff,* DStR 2008, 989 f.

602 *Dötsch/Pung* in: Dötsch/Jost/Pung u.a., KSt, § 8b, Rz. 103. Kritisch *Gosch*, KStG, 2009, § 8b, Rz. 283.

603 *Sarrazin* in: Lenski/Steinberg, GewStG, § 8 Nr. 5, Rz. 10; *Strahl,* Stbg 2010, 152, 158 f.

604 Bspw. *Happe,* SteuK 2011, 91 ff. Ausnahme: Kredit- oder Finanzdienstleistungsinstitute bzw. Finanzunternehmen i.S.d. KWG mit dem Ziel des kurzfristigen Eigenhandelserfolgs (§ 3 Nr. 40 S. 3 EStG).

Im Unterschied zu den Gewinnausschüttungen ist für die gewerbesteuerliche Behandlung von Veräußerungsgewinnen keine Differenzierung zwischen Schachtel- und Streubesitzbeteiligungen vorzunehmen. Die Gewerbesteuer übernimmt gem. § 7 S. 4 GewStG insoweit die einkommensteuerliche Bemessungsgrundlage (60% des Veräußerungsgewinns).

$$s_{AE\_NP\_BV\_Veräußerung} = 0{,}6 \times \left(s_{Tarif} - 0{,}035 \times min[h;3{,}8]\right) \times 1{,}055 + \left(0{,}6 \times 0{,}035 \times h\right)$$

s_{Tarif} =	20%				35%				45%			
h =	---	300%	400%	500%	---	300%	400%	500%	---	300%	400%	500%
VG	100	100	100	100	100	100	100	100	100	100	100	100
ESt-BMG	60	60	60	60	60	60	60	60	60	60	60	60
ESt	12	12	12	12	21	21	21	21	27	27	27	27
GSt-BMG	0	60	60	60	0	60	60	60	0	60	60	60
GewSt	0	6,3	8,4	10,5	0	6,3	8,4	10,5	0	6,3	8,4	10,5
§ 35 EStG	0	6,3	7,98	7,98	0	6,3	7,98	7,98	0	6,3	7,98	7,98
ESt	12	5,7	4,02	4,02	21	14,7	13,02	13,02	27	20,7	19,02	19,02
SolZ	0,66	0,31	0,22	0,22	1,16	0,81	0,72	0,72	1,49	1,14	1,05	1,05
Belast.-quote	**12,66%**	**12,31%**	**12,64%**	**14,74%**	**22,16%**	**21,81%**	**22,14%**	**24,24%**	**28,49%**	**28,14%**	**28,47%**	**30,57%**

Abbildung 28: Steuerbelastung bei Anteilsveräußerung einer nat. Person (BV)

Quelle: Eigene Berechnungen

b) Besteuerung bei Inanspruchnahme der Thesaurierungsbegünstigung

Nicht entnommene Veräußerungsgewinne können auch der Thesaurierungsbegünstigung nach § 34a EStG unterworfen werden.[605]

$$s_{AE\_NP\_BV\_Veräußerung\_§34a} = 0{,}6 \times (28{,}25\% - 0{,}035 \times \min[h;3{,}8]) \times 1{,}055 + (0{,}6 \times 0{,}035 \times h)$$

Begünstigt besteuerte Beträge sind im Zeitpunkt ihrer Entnahme nachzuversteuern:

$$s_{AE\_NP\_BV\_Nachversteuerung} = 0{,}6 \times (1 - 28{,}25\% \times (1 + s_{SolZ}) \times 25\% \times (1 + s_{SolZ}) = 11{,}11\%$$

Die 40%ige Steuerbefreiung nach § 3 Nr. 40 Buchst. a) EStG führt dazu, dass der steuerpflichtige Teil (60%) in voller Höhe der Thesaurierungsbegünstigung unterworfen werden kann (vgl. Abbildung 29). Hinsichtlich des Begünstigungsbetrags nach § 34a EStG treten keine „Schatteneffekte" auf, da die Einkommen- und Gewerbesteuer durch die steuerfreien Einkünfte kompensiert werden können. Die Vorteilhaftigkeit zeigt sich hier besonders deutlich, wenn man die temporäre Steuerbelastung nach § 34a EStG (17,9%) mit jener bei Anwendung des regulären Spitzensteuersatzes vergleicht (28,5%). Selbst bei späterer Nachversteuerung (11,1%) liegt die Gesamtsteuerbelastung nur geringfügig darüber (29%).

605 *Rech,* BC 2008, 86, 88.

h =	300%		400%		500%	
GewSt-Pflicht	Nein	Ja	Nein	Ja	Nein	Ja
Veräußerungsgewinn	100	100	100	100	100	100
ESt-pflichtig	60	60	60	60	60	60
ESt (28,25%)	16,95	16,95	16,95	16,95	16,95	16,95
GewSt-pflichtig	0,00	60,00	0,00	60,00	0,00	60,00
GewSt	0,00	6,30	0,00	8,40	0,00	10,50
Anr. § 35 EStG	0,00	6,30	0,00	7,98	0,00	7,98
ESt nach Anr.	16,95	10,65	16,95	8,97	16,95	8,97
SolZ (5,5%)	0,93	0,59	0,93	0,49	0,93	0,49
Belastungsquote	**17,88%**	**17,54%**	**17,88%**	**17,86%**	**17,88%**	**19,96%**
Nachversteuerung	11,11	11,11	11,11	11,11	11,11	11,11
Gesamtbelastung	**28,99%**	**28,64%**	**28,99%**	**28,97%**	**28,99%**	**31,07%**

Abbildung 29: Steuerbelastung bei Anteilsveräußerung einer nat. Person (BV, § 34a EStG)

Quelle: Eigene Berechnungen

2. Anteile im Privatvermögen

a) Anteile ≥ 1%

Werden die Anteile im Privatvermögen gehalten und war der Veräußerer innerhalb der letzten fünf Jahre zu mindestens 1% an dieser Kapitalgesellschaft beteiligt, gelten die Veräußerungsgewinne als (fiktive) Einkünfte aus Gewerbebetrieb nach § 17 EStG. Es kommt folglich zur Anwendung des Teileinkünfteverfahrens i.S.d. § 3 Nr. 40 Buchst. c) EStG, so dass 60% des Veräußerungsgewinns der persönlichen Einkommensteuer unterliegen. Veräußerungsverluste können gem. § 3c Abs. 2 EStG zu 60% in Abzug gebracht werden. Die Veräußerungsgewinne unterliegen nicht der Gewerbesteuer (R 7.1 Abs. 3 Nr. 2 GewStR). Die Norm des § 17 EStG hat Vorrang gegenüber der Abgeltungsteuer (§ 20 Abs. 8 EStG).[606] Bezüglich der Belastungsquoten kann auf die Ausführungen zur Dividendenbesteuerung im Betriebsvermögen bei fehlender Gewerbesteuerpflicht verwiesen werden.

b) Anteile < 1%

Beträgt der Beteiligungsumfang weniger als 1%, ist danach zu differenzieren, wann die Anteile erworben wurden. Für Anschaffungen vor dem 1.1.2009 gilt § 22 Nr. 2 EStG i.V.m. § 23 Abs. 1 Nr. 2 EStG (privates Veräußerungsgeschäft), mit der Folge, dass etwaige Veräußerungsgewinne nicht besteuert werden, soweit zwischen Anschaffung und Veräußerung mehr als ein Jahr liegt (§ 52a Abs. 10 S. 1 EStG). Steuerlich relevante (Alt-) Verluste können gem. § 20 Abs. 6 S. 1 EStG für eine Übergangszeit von fünf Jahren mit Veräußerungsgewinnen neuen Rechts (§ 20 Abs. 2 EStG) verrechnet werden.

606 Statt aller *Weber-Grellet* in: Schmidt, EStG, § 20, Rz. 231; *Hamacher/Dahm* in: Korn/Carlé/Stahl u.a., EStG, § 20, Rz. 435.

Veräußerungsgewinne, die aus Anteilserwerben nach dem 31.12.2008 resultieren, sind den Einkünften aus Kapitalvermögen i.S.d. § 20 Abs. 2 Nr. 1 EStG zuzuordnen und unterliegen gem. § 32d Abs. 1 EStG der 25%igen Abgeltungsteuer (+ SolZ). Der Veräußerungsgewinn ermittelt sich durch Abzug der Anschaffungs- und Transaktionskosten vom Veräußerungspreis (§ 20 Abs. 4 S. 1 EStG).

Bei Steuersätzen unter 25% kann der Steuerpflichtige zur Veranlagung nach dem Normaltarif optieren (§ 32d Abs. 6 EStG). Der Abzug tatsächlicher Werbungskosten bleibt gem. § 20 Abs. 9 EStG ausgeschlossen (Sparer-Pauschbetrag i.H.v. 801 €). Bei pauschalen Depot- und Vermögensverwaltungsgebühren (sog. *all-in-fee*) ist jedoch der Transaktionskostenanteil abzugsfähig, sofern die Pauschale einen Betrag von 50% der Gesamtgebühr nicht überschreitet.[607] Eine Option zum Teileinkünfteverfahren – analog § 32d Abs. 2 Nr. 3 EStG – sieht das Gesetz bei Einkünften i.S.d. § 20 Abs. 2 Nr. 1 EStG nicht vor.[608]

Für (Neu-) Verluste aus Aktienveräußerungen gilt über § 20 Abs. 6 S. 5 EStG eine noch strengere Beschränkung des Verlustausgleichs: Sie dürfen weder mit anderen Einkunftsarten noch mit anderen Kapitaleinkünften, sondern nur mit Gewinnen aus eben solchen Geschäften, verrechnet werden. Hinsichtlich der Belastungsquoten kann auf die Ausführungen zur Dividendenbesteuerung im Privatvermögen verwiesen werden.

Kapitel 4.
Schlussfolgerungen

Das Ziel der steuerlichen (Rechtsform-) Optimierung besteht – allgemein formuliert – darin, einen bestimmten Steueranspruch zu minimieren.[609] Ansprüche aus dem Steuerschuldverhältnis entstehen gem. § 38 AO, sobald der *Tatbestand* verwirklicht ist, an den das Gesetz die *Leistungspflicht* knüpft. Dieses Kapitel hat dargelegt, welche Tatbestandsanforderungen an die Thesaurierungsbegünstigung (§ 34a EStG) und die Abgeltungsteuer (§ 32d EStG) gestellt werden. Im Zuge dessen wurde zugleich ihr sachlicher und persönlicher Anwendungsbereich (qualitativ) umrissen. Es ist deutlich geworden, an welchen Anknüpfungspunkten des Unternehmensteuerrechts beide Vorschriften Anwendung finden (können), insbesondere bei Gewinnentstehung, bei Gewinnentnahme bzw. -ausschüttung, im Rahmen von Leistungsvergütungen sowie bei Betriebs- bzw. Beteiligungsveräußerungen.

Des Weiteren wurde (quantitativ) herausgearbeitet, welche Rechtsfolgen (Leistungspflichten) aus ihrer Anwendung resultieren. Anhand von (Teil-) Steuersätzen ließen sich konkrete Steuerbelastungsquoten entwickeln. Erste Optimierungs- und Risikopotenziale wurden identi-

607 BMF, Schreiben v. 22.12.2009, IV C 1 – S 2252/08/10004, BStBl. I 2010, 94, Rz. 93 f.
608 *Baumgärtel/Lange* in: Herrmann/Heuer/Raupach, EStG/KStG, § 32d EStG, Rz. 48.
609 *Jacobsen*, Methodik steuerlicher Gestaltungssuche, 2007, 9.

fiziert. Überdies sind steuerliche Belastungswirkungen relevanter Gestaltungsalternativen aufgezeigt worden. Damit wurde das steuerrechtliche Fundament für die nachfolgenden steuerplanerischen Ausführungen gelegt.

Teil 4.
Steuerwirkungen der Thesaurierungsbegünstigung und der Abgeltungsteuer

Kapitel 1.
Gestaltungsimpulse und Verursachung von Steuerwirkungen

Die (rechtsformspezifische) Steuerplanung bedingt sowohl in ihrer allgemeinen als auch in ihrer speziellen Ausprägung einen rechtstatsächlichen Stimulus.[610] Solche Gestaltungsanreize ergeben sich in aller Regel aus:[611]

(α) einer ökonomischen Sachverhaltsänderung der Unternehmung (sachlich angezeigte Gestaltungssuche),

(β) einer Neugestaltung bzw. Modifikation des Unternehmensteuerrechts (rechtlich angezeigte Gestaltungssuche),

(γ) Systembrüchen bzw. Abstimmungsmängeln im Steuerrecht (systematisch angezeigte Gestaltungssuche) und/oder

(δ) einer als „zu hoch" wahrgenommenen Steuerbelastung (steuerlich angezeigte Gestaltungssuche).

Da die Thesaurierungsbegünstigung und die Abgeltungsteuer im Rahmen der Unternehmensteuerreform 2008/2009 neu eingeführt wurden, lassen sich die Gestaltungsimpulse, die von diesen Normen ausgehen, zunächst der rechtlich angezeigten Gestaltungssuche (β) zuordnen. Aber auch geänderte betriebswirtschaftliche Aktivitäten (α) – bspw. Leistungsverflechtungen zwischen Gesellschaft und Gesellschafter, Gewinnverwendungsentscheidungen oder Aspekte der Unternehmensfinanzierung – können Anregung für die steuerorientierte Rechtsformplanung mittels § 34a EStG und § 32d EStG sein.

Des Weiteren führt die mangelhafte Verzahnung der Thesaurierungsbegünstigung und der Abgeltungsteuer mit dem Unternehmensteuerrecht zu steuersystematischen Gestaltungsstimuli (γ). Nicht zuletzt entstammen Gestaltungsanreize aus der (ökonomischen) Analyse des Steuerrechts (δ), mithin aus einer als „zu hoch" empfundenen Steuerbelastung. Dies gilt gerade für ertragstarke Personenunternehmen, die im Wettbewerb mit anderen (Kapital-) Gesellschaften stehen und vor Einführung der Thesaurierungsbegünstigung einem spürbaren Belastungsnachteil ausgesetzt waren.

---

610 Bspw. *Kröner*, Verrechnungsbeschränkte Verluste, 1986, 10 f.

611 Systematisierung in Anlehnung an *Jacobsen,* FR 2009, 162, 164. Ähnlich bereits *Rose* in: Jakobs/Knobbe-Keuk/Picker/Wilhelm, FS Flume, 1978, 257, 278; *Rödder*, Gestaltungssuche im Ertragsteuerrecht, 1991, 21.

Um die Auswirkungen dieser Gestaltungsimpulse zu konkretisieren, bedarf es einer umfassenden Steuerwirkungsanalyse. Sie ist zudem notwendige Vorstufe jedweder betriebswirtschaftlicher Steuerplanungsaktivität.[612] Steuerwirkungen bedeuten, dass das Handeln von Wirtschaftssubjekten durch die Besteuerung beeinflusst wird. Sie umfassen nach *Schneider*[613] „Handlungen, die wegen der Besteuerung so und nicht anders erfolgen."

Direkte Steuerwirkungen können laut *Wagner*[614]durch

- Bemessungsgrundlageneffekte,
- Tarifeffekte und
- Zeiteffekte sowie Kombinationen zwischen diesen verursacht werden.

Rose[615] typisiert elementare betriebswirtschaftliche Steuerwirkungen hingegen in

- Liquiditäts-,
- Vermögens- und
- Organisationswirkungen.

Im Rahmen dieser Arbeit wird ein etwas umfassenderes Begriffsverständnis zugrundegelegt, das sich zwar an jenen *Schneiders*, *Wagners* und *Roses* orientiert, gleichwohl auch indirekte ökonomische Wirkungen beinhaltet. Dies erfolgt vor dem Hintergrund, dass sich steuerliche Vorschriften – so auch § 34a, § 32d EStG – einerseits unmittelbar in der konkreten (quantitativen) Steuerbelastung niederschlagen, andererseits auch mittelbare (qualitative) Auswirkungen auf steuerliche (Optimierungs-) Entscheidungen haben.

Die Zerlegung steuerlicher Gesamtwirkungen in ihre Bestandteile hat den Zweck, relevante (direkte wie indirekte) Einzelwirkungen zu identifizieren. Erst durch eine solche Atomisierung können sämtliche Optimierungs- aber auch Risikopotenziale offenbart werden. Optimierungsmaßnahmen beruhen auf der (gedanklichen) Grundlage, dass der Steuerplaner etwaige Gestaltungschancen (er-) kennt und – unter Beachtung von Gestaltungsrisiken – nutzt. Im Zuge dessen sollen im Folgenden die steuerlichen Entscheidungswirkungen analysiert und systematisiert werden, die von der Thesaurierungsbegünstigung und der Abgeltungsteuer ausgehen. Die Untersuchung beschränkt sich auf jene Aspekte, welche für die steuerorientierte Rechtsformplanung relevant erscheinen.

---

612 *Rose* in: Klein/Vogel, FS Wallis, 1985, 275, 276; *Schneeloch,* BFuP 2011, 244, 245.
613 *Schneider*, Steuerlast und Steuerwirkung, 2002, 19.
614 *Wagner,* BFuP 1984, 201, 211; *Wagner,* StuW 2004, 237, 239 f.; *Wagner,* StuW 2008, 97, 98 f. Ähnlich auch *Niemann/Kastner,* StuW 2009, 128, 131.
615 *Rose*, Betriebswirtschaftliche Steuerlehre, 1992, 15 f.

Kapitel 2.
Einzelwirkungen

A. Bemessungsgrundlageneffekte

I. Steuerliche Bemessungsgrundlageneffekte

Unternehmerische Entscheidungen können sich auf die steuerliche Bemessungsgrundlage auswirken. Sofern die zur Entscheidung stehenden Alternativen unterschiedliche Wirkungen auf die steuerliche Bemessungsgrundlage haben, ist die Rede von Bemessungsgrundlageneffekten.[616] Für Zwecke der Analyse von § 34a EStG und § 32d EStG ist des Weiteren zu differenzieren zwischen:

- der Ermittlung der allgemeinen einkommensteuerlichen Bemessungsgrundlage – dem z.v.E. – und
- der Ermittlung der Bemessungsgrundlage, für die der Sondertarif nach § 34a, § 32d EStG anzuwenden ist.

II. Thesaurierungsbegünstigung

Trotz der schedularen Ausgestaltung der Thesaurierungsbegünstigung sind begünstigt besteuerte Gewinne i.S.d. § 34a EStG im z.v.E. enthalten. Die Ermittlung der einkommensteuerlichen Bemessungsgrundlage bleibt somit unberührt von § 34a EStG.[617] Dies folgt aus dem Umstand, dass die Thesaurierungsbegünstigung eine *unvollkommene Schedulensteuer* darstellt. Die sondertarifierten Einkünfte nach § 34a EStG werden lediglich für die Tarifbestimmung aus dem z.v.E. herausgenommen (sog. Tarif-Segmentierung).[618] Für andere steuerliche wie außersteuerliche Zwecke, bei denen das Gesetz an die Einkünfte, die S.d.E., den G.d.E. oder das z.v.E. anknüpft, sind die ermäßigt besteuerten Einkünfte i.S.d. § 34a EStG daher einzubeziehen.

Die Antragstellung gefährdet deshalb auch nicht den Abzug von Sonderausgaben oder außergewöhnlichen Belastungen.[619] Gleichwohl sei angemerkt, dass gerade bei Spenden in nennenswertem Umfang die Auswirkungen des § 34a EStG zu prüfen sind, da deren Entlastungswirkungen bei Antragstellung „bloß" 28,25% betragen.[620] Hier könnte sich anbieten, den Antrag in der Weise zu begrenzen, dass eine möglichst vollständige Entlastung erfolgt.[621]

---

616 *Wagner,* BFuP 1984, 201, 212.
617 *Bodden,* FR 2012, 68 f.
618 *Reiß* in: Kirchhof, EStG Kompaktkommentar, § 34a, Rz. 15 f.; *Ley/Bodden* in: Korn/Carlé/Stahl u.a., EStG, § 34a, Rz. 19; *Wacker* in: Schmidt, EStG, § 34a, Rz. 50; *Schmidtmann,* DBW 2012, 137, 138.
619 *Ley/Brandenberg,* FR 2007, 1085, 1101; *Schiffers,* DStR 2008, 1805, 1806.
620 *Buchna/Seeger/Brox,* Gemeinnützigkeit im Steuerrecht, 2010, 465 f.; *Bodden,* FR 2012, 68, 71.
621 *Ley/Bodden* in: Korn/Carlé/Stahl u.a., EStG, § 34a, Rz. 16.0.1.

Die Ermittlung der Bemessungsgrundlage für die Thesaurierungsbegünstigung erfolgt hingegen separat. Begünstigungsfähig ist der im z.v.E. enthaltene, nach § 4 Abs. 1 S. 1 EStG oder § 5 EStG ermittelte Steuerbilanzgewinn, welcher um den positiven Saldo der Entnahmen und Einlagen zu mindern ist (§ 34a Abs. 2 EStG). Vom begünstigungsfähigen Betrag wird aber nur derjenige Betrag begünstigt besteuert, für welchen der Höhe nach ein Antrag gestellt wird (§ 34a Abs. 1 S. 1 EStG: „ganz oder teilweise"). Dabei handelt es sich begrifflich um den sog. *Begünstigungsbetrag*.

Wegen der Anknüpfung an den Steuerbilanzgewinn sind außerbilanzielle Korrekturen (Hinzurechnungen nicht abziehbarer Betriebsausgaben und Kürzungen steuerfreier Gewinne) nicht zu berücksichtigen.[622] Dies führt insbesondere wegen der Nichtabziehbarkeit der Gewerbesteuer (§ 4 Abs. 5b EStG) dazu, dass von den steuerpflichtigen Einkünften nur ein Teilbetrag der Thesaurierungsbegünstigung unterworfen werden kann. Der Restbetrag ist mit dem Normaltarif (§ 32a EStG) zu besteuern.[623] Der gegenläufige Effekt bei steuerfreien Einkünften vermag die negative Wirkung nur im Einzelfall zu kompensieren.[624]

Vom Steuerbilanzgewinn ist sodann der positive Saldo von Entnahmen und Einlagen abzuziehen. Einlagen können Entnahmen max. bis zur Höhe der Entnahmen kompensieren. Materiell bedeutsam sind Steuer- und Konsumentnahmen.[625] Müssen die (Einkommen-) Steuerbeträge aus betrieblichen Mitteln bezahlt werden, ergibt sich deshalb eine weitere Reduzierung des begünstigungsfähigen Betrags. Im Ergebnis sind weder die Gewerbesteuer noch die Einkommensteuer (zzgl. SolZ und ggf. Kirchensteuer) begünstigt. Sie unterliegen der regulären Tarifbelastung nach § 32a EStG, die bis zu 45% betragen kann. Diese negativen Effekte lassen sich – zumindest teilweise – über steuerfreie Einkünfte bzw. Einlagen kompensieren.

Die Nachversteuerung beruht auf einer eigenen Bemessungsgrundlage, dem *Nachversteuerungsbetrag* (§ 34a Abs. 4 EStG). Ein Nachversteuerungsbetrag entsteht, wenn der positive Saldo der Entnahmen und Einlagen den nach § 4 Abs. 1 S. 1 EStG, § 5 EStG ermittelten Gewinn übersteigt. Die Höhe ist beschränkt auf den *nachversteuerungspflichtigen Betrag*, der sich – analog zur Besteuerung von Kapitalgesellschaften – aus der Differenz von Begünstigungsbetrag und Steuerbelastung ableitet.[626] In den Fällen des § 6 Abs. 3 EStG geht der nachversteuerungspflichtige Betrag auf den Rechtsnachfolger (§ 34a Abs. 7 S. 1 EStG), bei der buchwertneutralen Einbringung nach § 24 UmwStG auf den neuen Mitunternehmeranteil über (§ 34a Abs. 7 S. 2 EStG). Ferner besteht gem. § 34a Abs. 5 S. 2 EStG die Möglichkeit, den

622 BMF, Schreiben v. 11.8.2008, IV C 6 – S 2290-a/07/10001, BStBl. I 2008, 838, Rz. 11; *Hey,* DStR 2007, 925, 928; *Gragert/Wißborn,* NWB 2007, 2551, 2559 f.; *Ley,* KÖSDI 2007, 15737, 15745; *Ley/Brandenberg,* FR 2007, 1085, 1091. Teilweise a.A. *Kleineidam/Liebchen,* DB 2007, 409, 410; *Schiffers,* GmbHR 2007, 841, 842; *Söffing/Worgulla,* NWB 2009, 841, 843.

623 *Kessler/Ortmann-Babel/Zipfel,* BB 2007, 523, 526.

624 Z.B. *Meyer/Sterner,* Ubg 2008, 733, 734 f.; *Husken/Schmidt/Siegmund,* BB 2008, 1204 ff.

625 *Ley/Bodden* in: Korn/Carlé/Stahl u.a., EStG, § 34a, Rz. 92.

626 *Wacker* in: Schmidt, EStG, § 34a, Rz. 51 f.

nachversteuerungspflichtigen Betrag anlässlich einer Überführung von Wirtschaftsgütern nach § 6 Abs. 5 EStG mit zu übertragen. Die Bemessungsgrundlage der Nachversteuerung folgt dem übertragenen Wirtschaftsgut. Darüber hinaus ist der Nachversteuerungsbetrag um die Beträge, die für die Erbschaft-/ Schenkungsteuer entnommen werden, zu vermindern (§ 34a Abs. 4 S. 3 EStG). Eine sofortige Nachversteuerung wird vermieden.

III. Abgeltungsteuer

Gem. § 2 Abs. 5b EStG sind Kapitalerträge nach § 32d Abs. 1 EStG nicht in die Einkünfte, die S.d.E., den G.d.E. oder das z.v.E. einzubeziehen (*vollkommene Schedulensteuer*). Sie sind daher nicht Bestandteil der einkommensteuerlichen Bemessungsgrundlage. Dessen ungeachtet wurden sie vor Inkrafttreten des StVerG 2011[627], d.h. vor dem VZ 2012, für bestimmte steuerliche Zwecke wieder hinzugerechnet: für die Ermittlung der Einkommensgrenzen bei der Berücksichtigung von Kindern (§ 32 Abs. 4 S. 2 EStG), für die Ermittlung der zumutbaren Eigenbelastung bei außergewöhnlichen Belastungen (§ 33 Abs. 3 EStG), für die Ermittlung des berücksichtigungsfähigen Unterhalts (§ 33a Abs. 1 S. 4 EStG) und für die Ermittlung des Ausbildungsfreibetrags (§ 33a Abs. 2 S. 2 EStG).[628] Gem. § 2 Abs. 5b S. 2 Nr. 1 EStG a.F. bestand zudem das Wahlrecht auf Berücksichtigung der Kapitaleinkünfte für Zwecke des Spendenabzugs.[629] Ab dem 1.1.2012 gilt dies nicht mehr, d.h. die abgeltend besteuerten Kapitalerträge werden (systemgerecht) nicht mehr für diese Zwecke berücksichtigt.[630]

Für außersteuerliche Leistungen (z.B. BAföG, Wohngeld) sind hingegen sämtliche Kapitaleinkünfte, die der Abgeltungsteuer unterlegen haben, einzubeziehen (§ 2 Abs. 5a EStG). Eine Ausnahme besteht für die Arbeitnehmersparzulage (§ 13 Abs. 1 S. 2 VermBG) und die Wohnungsbauprämie (§ 2a S. 2 WoPG), bei denen abgeltend besteuerte Kapitalerträge hinsichtlich der Einkommensgrenzen außer Betracht bleiben.[631]

Über die Veranlagungsoption nach § 32d Abs. 6 EStG werden die Einkünfte aus Kapitalvermögen den Einkünften i.S.d. § 2 EStG hinzugerechnet, falls dies zu einer niedrigeren Einkommensteuer führt. Sie sind dann zu 100% Bestandteil der einkommensteuerlichen Bemessungsgrundlage. Dies gilt analog für die Ausnahmefälle des § 32d Abs. 2 EStG. Die (optionale) Teileinkünftebesteuerung hat zur Folge, dass die Kapitalerträge zu 60% in die einkommensteuerliche Bemessungsgrundlage eingehen. Im Gegensatz zur Abgeltungsteuer gewährt das Teileinkünfteverfahren somit eine (Teil-) Entlastung bei der Bemessungsgrundlage.

---

627 Steuervereinfachungsgesetz v. 1.11.2011, BGBl. I 2011, 2131.

628 *Baumgärtel/Lange* in: Herzig/Tobin/Eckhardt u.a., Handbuch Unternehmensteuerreform 2008, 295. Dies erfordert(e) freilich die Erklärung und Offenlegung der Einkünfte gegenüber den Finanzbehörden.

629 *Musil,* FR 2010, 149, 151 f.

630 *Hechtner,* NWB 2011, 1769 f.; *Painter,* DStR 2011, 1877; *Hörster,* NWB 2011, 3350 f.; *Scharfenberg/Marbes,* DB 2011, 2282; *Grottke/Kittl,* StuB 2011, 819, 821; *Krämer,* ESt 2012, 105, 106 ff.

631 BT-Drs. 17/2249 v. 21.6.2010, 88 f.

Durch die Einbeziehung von Veräußerungsgewinnen (§ 20 Abs. 2 EStG) wurde der Geltungsbereich der Einkünfte aus Kapitalvermögen deutlich erweitert. Die Abgeltungsteuer ist daher auf eine breite Bemessungsgrundlage anzuwenden. Dieser Effekt verstärkt sich dadurch, dass Werbungskosten nicht über den Sparer-Pauschbetrag i.H.v. 801 € hinaus geltend gemacht werden können (§ 20 Abs. 9 S. 1 EStG). Es liegt folglich eine Bruttobesteuerung vor, selbst wenn zur Veranlagung gem. § 32d Abs. 6 EStG optiert wird. Die (alternative) Teileinkünftebesteuerung von Gewinnausschüttungen und Veräußerungsgewinnen ermöglicht zumindest einen 60%igen Betriebsausgaben- bzw. Werbungskostenansatz (§ 3 Nr. 40, § 3c Abs. 2 EStG).[632]

IV. Beurteilung

Die Effekte hinsichtlich der Ermittlung der allgemeinen einkommensteuerlichen Bemessungsgrundlage können sowohl positiv als auch negativ sein. Sie wirken isolierend und entindividualisierend.[633] Ihre konkrete Wirkung hängt davon ab, inwiefern der Steuerpflichtige die Einbeziehung sondertarifierter Einkünfte in das z.v.E. begehrt.

So kann es bspw. für die Ermittlung des Spendenhöchstbetrags (§ 10b Abs. 1 S. 1 EStG) und des Altersentlastungsbetrags (§ 24a EStG)[634] vorteilhaft sein, einen möglichst hohen G.d.E. zu haben. Demgegenüber ist die Einbeziehung in die steuerliche Bemessungsgrundlage nachteilig für die Ermittlung der Einkommensgrenzen bei der Berücksichtigung von Kindern (§ 32 Abs. 4 S. 2 EStG), der zumutbaren Eigenbelastung bei außergewöhnlichen Belastungen (§ 33 Abs. 3 EStG), des berücksichtigungsfähigen Unterhalts (§ 33a Abs. 1 S. 5 EStG), des Ausbildungsfreibetrags (§ 33a Abs. 2 S. 2 EStG) sowie der Anteilsrechnung nach § 35 Abs. 1 S. 2 EStG.[635]

Da bei Anwendung des § 34a EStG die begünstigten Einkünfte im z.v.E. enthalten sind, treten – im Vergleich zur Regelbesteuerung – keine Unterschiede bei der Ermittlung der einkommensteuerlichen Bemessungsgrundlage auf. Dagegen sind die Kapitalerträge im Rahmen des § 32d EStG nicht in der regulären einkommensteuerlichen Bemessungsgrundlage inbegriffen.[636] Dies kann – verglichen mit der Veranlagungsoption bzw. der Teileinkünftebesteuerung – sowohl vorteilhaft als auch mit Nachteilen verbunden sein. Derartige steuerliche Bemessungsgrundlageneffekte entfalten daher bei der Thesaurierungsbegünstigung und der Abgeltungsteuer unterschiedliche und unbestimmte Wirkungen.

---

632 Zur Einkünfteermittlung bei der Abgeltungsteuer *Jachmann* in: Hey, DStJG Band 34, 2011, 251 ff.

633 Ähnlich *Breithecker* in: Breithecker/Förster/Förster u.a., UntStRefG 2008, 234, Fn. 12.

634 Hierzu liegen bereits Urteile vor, wonach abgeltend besteuerte Kapitalerträge – infolge des § 2 Abs. 5b EStG – nicht für Zwecke des Altersentlastungsbetrags i.S.d. § 24a EStG berücksichtigt werden können (vgl. FG Düsseldorf, Urteil v. 13.10.2010, 15 K 2712/10 E, EFG 2011, 798; FG Münster, Urteil v. 28.3.2012, 11 K 3383/11 E, EFG 2012, 1464).

635 Ähnlich *Hechtner,* NWB 2011, 1769, 1770.

636 *Reiß* in: Kirchhof, EStG Kompaktkommentar, § 34a, Rz. 15.

Zur Anwendung der Thesaurierungsbegünstigung muss eine eigenständige Bemessungsgrundlage („Begünstigungsbetrag“) ermittelt werden. Dies hat in aller Regel negative Effekte, da nur ein Teil der steuerpflichtigen Einkünfte begünstigt besteuert werden kann. Des Weiteren darf eine Steuerplanung bei § 34a EStG nicht allein auf die Handels- oder Steuerbilanz aufbauen, sondern hat auch alle Besonderheiten bei der Abgrenzung der Einkünfte sowie der Entnahmen und Einlagen einzubeziehen.[637]

Die Abgeltungsteuer ist auf eine breite Bemessungsgrundlage anzuwenden und versagt den Werbungskostenabzug. Übersteigen die tatsächlichen Aufwendungen den Sparer-Pauschbetrag (801 €), führt dies zu einer höheren effektiven Belastungsquote. Die Norm des § 20 Abs. 9 EStG wirkt damit negativ.

B. Steuertarifeffekte

I. Steuerliche Sondertarife

Die einkommensteuerlichen Sondertarife nach § 34a, § 32d EStG sind linear ausgestaltet und liegen in einer (scheinbar) „privilegierten“ Größenordnung. Enthält die Tarifform – wie bei § 34a EStG und § 32d EStG – eine klare Zuordnung zwischen Bemessungsgrundlage und Steuerschuld, so spricht man von absoluten Tarifstrukturen.[638] Als *leges specialis* haben sie Vorrang gegenüber dem progressiven Regeltarif (§ 32a Abs. 1 S. 2 EStG).[639]

Steuerliche Tarifeffekte bzw. Steuersatzeffekte treten ein, wenn auf verschiedene Handlungsalternativen (bzw. Bemessungsgrundlagen) unterschiedliche Steuertarife Anwendung finden.[640] Dies trifft sowohl bei Personenunternehmen als auch bei Kapitalgesellschaften (und ihren Anteilseignern) zu, da hier *de jure* (mittels steuerlicher Wahlrechte) und/oder *de facto* (mittels steuerlicher Sachverhaltsgestaltungen) zwischen verschiedenen Steuertarifen „gewählt“ werden kann.

II. Thesaurierungsbegünstigung

Die Norm des § 34a EStG gewährt eine einkommensteuerliche Sondertarifierung für nicht entnommene Gewinne. Der besondere Einkommensteuersatz beträgt auf Antrag 28,25% (§ 34a Abs. 1 S. 1 EStG) und kommt anstelle der progressiven Tarifbelastung nach § 32a EStG, die bis zu 45% betragen kann, zur Anwendung. Da die Bemessungsgrundlage („nicht

---

637 *Schiffers,* DStR 2008, 1805, 1806.
638 *Hechtner*, Einkommensteuertarife, 2010, 28.
639 *Baumgärtel/Lange* in: Herrmann/Heuer/Raupach, EStG/KStG, § 32d EStG, Rz. 10; *Wacker* in: Schmidt, EStG, § 34a, Rz. 11.
640 *Wagner,* BFuP 1984, 201, 213.

entnommener Gewinn") unterschiedlichen Tarifformen unterworfen werden kann, ordnet man die Wirkung des § 34a EStG auch dem Tarifeffekt im engen Sinne zu.[641]

Der Thesaurierungssteuersatz ist nicht willkürlich gewählt, sondern setzt sich rechnerisch aus dem Körperschaftsteuersatz und der durchschnittlichen Gewerbesteuerbelastung zusammen.[642] Mit § 34a EStG wurde ein Instrument geschaffen, um ertragstarken Personenunternehmen einen international wettbewerbsfähigen Steuersatz anzubieten, der sich am Belastungsniveau von Kapitalgesellschaften orientiert.[643] Es erfolgt eine (vorübergehende) Tarifentlastung. Gleichwohl bleibt die Steuerermäßigung nach § 34a EStG bei der Bemessung der Einkommensteuer-Vorauszahlungen außer Ansatz (§ 37 Abs. 3 S. 5 EStG). Der Sondertarif kann nur im Nachhinein beantragt werden, was einen Liquiditätsnachteil zur Folge hat.[644]

Der Sondertarif nach § 34a EStG wirkt *prima facie* begünstigend, sobald der individuelle Grenzeinkommensteuersatz über 28,25% liegt. Der (temporäre) Steuersatzvorteil ist umso größer, je höher der individuelle Grenzeinkommensteuersatz nach § 32a EStG ist.[645] Das nominale Maximum liegt bei 16,75% (45% – 28,25%).[646] Mit der Thesaurierungsbegünstigung lässt sich demnach ein beachtlicher (einstweiliger) Einkommensteuertarifvorteil im Zeitpunkt der Gewinnerzielung (Thesaurierung) erreichen.

Dieses simple Vorteilhaftigkeitskalkül muss jedoch aus zwei Gründen relativiert werden. Zum einen kommt es im Zeitpunkt einer späteren Entnahme (bzw. eines Sondertatbestands nach § 34a Abs. 6 EStG) zu einer Nachversteuerung. Zum anderen führt die Tatsache, dass im Regelfall nicht sämtliche Einkünfte der Thesaurierungsbegünstigung unterworfen werden können (namentlich die Gewerbe- und Einkommensteuer), zu abweichenden effektiven Tarifbelastungen.

Die Nachversteuerung gem. § 34a Abs. 4 EStG ist – wie die Thesaurierungsbesteuerung – schedular ausgestaltet und erfolgt mit einem Sondertarif i.H.v. 25%. Der Nachversteuerungstarif entspricht der Abgeltungsteuerbelastung bei Anteilseignern einer Kapitalgesellschaft. Da die Bemessungsgrundlage der Nachversteuerung um die Steuerbelastung nach § 34a Abs. 1 S. 1 EStG und den darauf entfallenden Solidaritätszuschlag zu vermindern ist (§ 34a Abs. 3 S. 2 EStG), beträgt der effektive Nachversteuerungstarif 17,55% (+ SolZ). Es erfolgt weder eine Günstigerprüfung hinsichtlich eines geringeren individuellen Steuersatzes noch eine (weitere) Entlastung bei der Bemessungsgrundlage.[647]

---

641 *Hechtner*, Einkommensteuertarife, 2010, 21.
642 BT-Drs. 16/4841 v. 27.3.2007, 63.
643 *Herzig* in: Wachter, FS Spiegelberger, 2009, 210, 217.
644 *Schiffers* in: Korn/Carlé/Stahl u.a., EStG, § 37, Rz. 30.1.
645 Statt aller *Houben/Maiterth*, StuW 2008, 228, 231; *Knirsch/Schanz*, ZfB 2008, 1231, 1235.
646 *Dörfler* in: Littmann/Bitz/Pust, EStG, § 34a, Rz. 127; *Ortmann-Babel/Zipfel*, BB 2007, 2205, 2208.
647 *Knief/Nienaber*, BB 2007, 1309, 1312; *Hey*, DStR 2007, 925, 928; *Kavcic*, FR 2008, 404, 412; *Lausterer/Jetter* in: Blumenberg/Benz, Unternehmensteuerreform 2008, 22.

Die tarifliche Gesamteinkommensteuerlast (exkl. SolZ und Gewerbesteuer) liegt damit bei unterstellter vollständiger Thesaurierung bei 45,8% (28,25% + 17,55%) und mithin um 0,8%-Punkte über der Maximalbelastung, die sich ergeben hätte, wenn nicht zur Besteuerung nach § 34a EStG optiert worden wäre (45%). Der kumulierte Sondertarif i.S.d. § 34a EStG kann daher – isoliert betrachtet – niemals begünstigend wirken. Der Steuersatzvorteil wird im Zeitpunkt der Nachversteuerung rückgängig gemacht und letztendlich in einen Steuersatznachteil transformiert.[648] Der Tarifeffekt bei Entnahme ist deshalb negativ. Der Nachteil ist umso größer, je weiter der individuelle Steuersatz vom Spitzentarif entfernt ist. Die nominalen Steuersatzeffekte lassen sich in folgender Tabelle quantifizieren.

ESt bei Regelbesteuerung	30,00%	35,00%	40,00%	42,00%	45,00%
ESt bei Thesaurierung § 34a EStG	28,25%	28,25%	28,25%	28,25%	28,25%
ESt bei Entnahme § 34a EStG	17,55%	17,55%	17,55%	17,55%	17,55%
ESt Gesamt § 34a EStG	45,80%	45,80%	45,80%	45,80%	45,80%
Temporärer ESt-Vorteil	**1,75%**	**6,75%**	**11,75%**	**13,75%**	**16,75%**
Permanenter ESt-Nachteil	**-15,80%**	**-10,80%**	**-5,80%**	**-3,80%**	**-0,80%**

Abbildung 30: Nominale Einkommensteuersatzvor- bzw. -nachteile bei § 34a EStG

Quelle: Eigene Darstellung in Anlehnung an *van Heek,* SteuerStud 2010, 503, 505

In der auf die Einkommensteuer fokussierten Grenzbetrachtung lassen sich die nominalen Tarifeffekte nach § 34a EStG (im Vergleich zur Regelbesteuerung nach § 32a EStG) grafisch wie folgt illustrieren, wobei die gestreifte Fläche den (temporären) Einkommensteuersatzvorteil und die schwarze Fläche den (permanenten) Steuersatznachteil darstellen.

648 *Ortmann-Babel/Zipfel,* BB 2007, 2205, 2208; *Schneider/Wesselbaum-Neugebauer,* FR 2011, 166, 167.

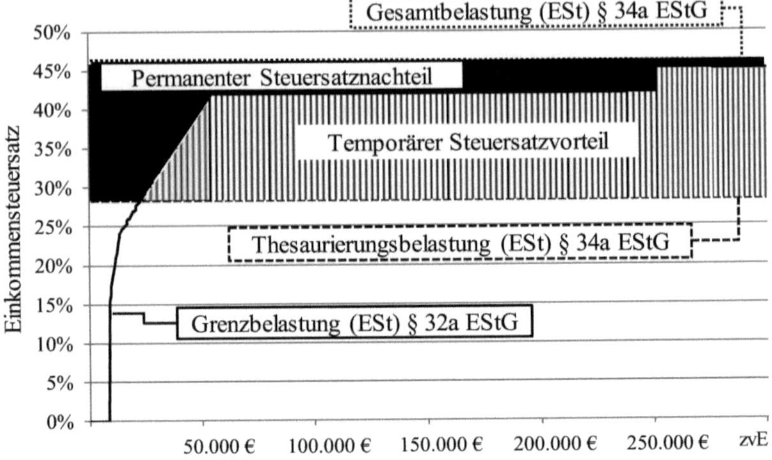

Abbildung 31: Einkommensteuerliche Tarifeffekte bei § 34a EStG

Quelle: Eigene Darstellung

Unter Berücksichtigung der Gewerbesteuer und deren Anrechnung (§ 35 EStG), des Solidaritätszuschlags sowie der Nichtbegünstigung von Gewerbe- und Einkommensteuerbeträgen ergeben sich folgende effektiven Steuersatzvor- bzw. -nachteile.[649]

s_{Tarif} =	30%	35%	40%	42%	45%
Steuerbelastung bei Regelbesteuerung	31,62%	36,89%	42,17%	44,28%	47,44%
Thesaurierungsbelastung § 34a EStG	30,33%	32,05%	33,99%	34,82%	36,16%
Nachbelastung § 34a EStG	12,90%	12,58%	12,22%	12,07%	11,82%
Gesamtsteuerbelastung § 34a EStG	43,23%	44,63%	46,21%	46,89%	47,98%
Temporärer Steuersatzvorteil	**1,29%**	**4,84%**	**8,18%**	**9,46%**	**11,28%**
Permanenter Steuersatznachteil	**-11,61%**	**-7,74%**	**-4,04%**	**-2,61%**	**-0,54%**

Abbildung 32: Effektive Steuersatzvor- bzw. -nachteile bei § 34a EStG

Quelle: Erweitert nach *Houben/Maiterth,* StuW 2008, 228, 231

Der maximal erzielbare Steuersatzvorteil beträgt – unter Berücksichtigung effektiver Belastungsquoten – 11,28%-Punkte. Der minimale Steuersatznachteil liegt bei 0,54%-Punkten. Es ist offensichtlich, dass mit hohen Grenzsteuersätzen sowohl der temporäre Steuersatzvorteil

[649] GewSt 400%. Zur Herleitung der Belastungsquoten vgl. Teil 3 dieser Arbeit.

steigt als auch der permanente Steuersatznachteil abnimmt (et vice versa).[650] Die ambivalenten Tarifeffekte des § 34a EStG verdeutlichen sich in nachstehender Grafik.

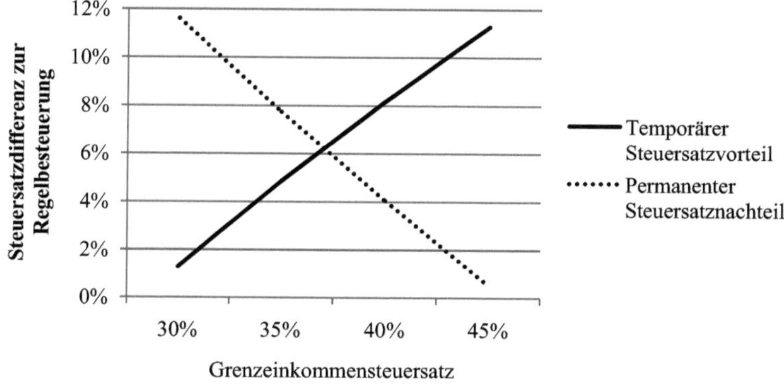

Abbildung 33: Ambivalente Tarifeffekte bei § 34a EStG

Quelle: Eigene Darstellung in Anlehnung an *Schiffers,* GmbHR 2007, 841, 844

Wie sich noch zeigen wird, vermag der temporäre Steuersatzvorteil den permanenten Steuersatznachteil erst in Kombination mit Progressions- und vor allem Zeiteffekten in einen positiven Gesamtbelastungseffekt zu transformieren.[651]

III. Abgeltungsteuer

Soweit auf Steuertarifeffekte bei Kapitalgesellschaften und ihren Anteilseignern einzugehen ist, muss zunächst die Belastungsspreizung zwischen Gewinnthesaurierung und Ausschüttung betrachtet werden.

	Abgeltungsteuer			Teileinkünfteverfahren		
Steuersatz des AE	*20%*	*35%*	*45%*	*20%*	*35%*	*45%*
Belastung KapG (h = 400%) (Gewinnthesaurierung)	29,83			29,83		
Nachbelastung AE (Gewinnausschüttung)	14,81	18,51	18,51	8,88	15,55	19,99
Gesamtbelastung	44,64	48,34	48,34	38,71	45,38	49,82

Abbildung 34: Steuertarifeffekte bei Gewinnthesaurierung (KapGes) und Ausschüttung (AE)

Quelle: Eigene Darstellung

650 Ähnlich *Dörfler* in: Littmann/Bitz/Pust, EStG, § 34a, Rz. 123.

651 *Knirsch/Schanz,* ZfB 2008, 1231, 1234 ff.; *Rauenbusch,* DB 2008, 656, 659.

Der vergleichsweise geringen Unternehmensteuerbelastung (29,83%-Punkte) steht eine relativ hohe Gesamtbelastung (48,34% bzw. 49,82%-Punkte) gegenüber. Der Steuersatzvorteil beläuft sich – bei Anwendung der Abgeltungsteuer – auf 18,51%-Punkte.[652] Er entspricht der effektiven Ausschüttungsbelastung. Eine Gewinnausschüttung verursacht demnach einen Belastungsnachteil.[653]

Aufgrund der einheitlichen Abgeltungsteuer nach § 32d EStG hängen die Steuertarifeffekte auf Anteilseignerebene nur bedingt vom individuellen Einkommensteuersatz ab. Überdies wird die Vorbelastung auf Ebene der Kapitalgesellschaft nicht weiter kompensiert.[654] Des Weiteren können im Rahmen des § 32d EStG keine Steuersatzvorteile des Gesellschafters zu Nutze gemacht werden, da die Besteuerung stets mit 25% (+ SolZ) erfolgt. Die persönlichen Steuersätze wirken sich bloß bei der Veranlagungsoption nach § 32d Abs. 6 EStG sowie bei der (ggf. optionalen) Teileinkünftebesteuerung aus. Nur in diesen beiden Fällen kann durch Steuersatzeffekte ggf. eine weitere Entlastung erzielt werden.[655]

Nimmt man – ungeachtet der Tatsache, dass Dividenden schon einer Vorbelastung unterlegen haben – auch andere Einkunftsarten in das Belastungskalkül auf, so offenbart die Abgeltungsteuer einen erheblichen Steuersatzspreizungseffekt. Dieser resultiert aus der Steuersatzdifferenz zwischen Abgeltungsteuer (25%) und progressivem Steuersatz (bis zu 45%). Das nominale Maximum des Steuersatzvorteils liegt bei 20% (45% – 25%).

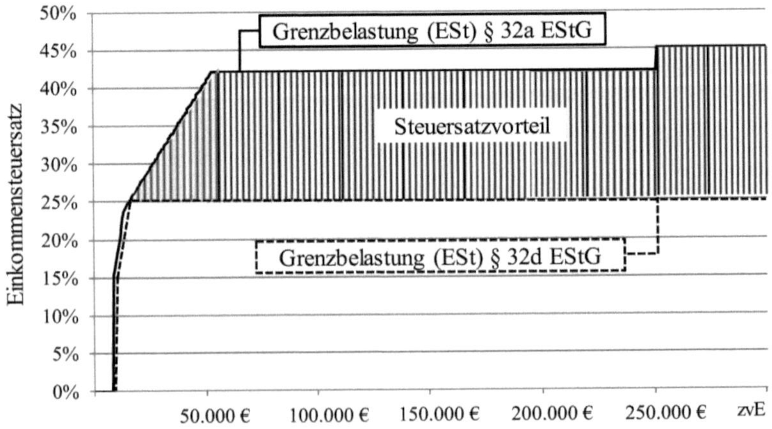

Abbildung 35: Steuersatzvorteil § 32d EStG (AbgSt) vs. § 32a EStG (Regelbesteuerung)

Quelle: Eigene Darstellung

[652] *Schiffers* in: Strahl, Ertragsteuern, 2010, Rz. 13.
[653] *Scheffler,* BB 2001, 2297, 2298.
[654] *Jochum,* DStZ 2009, 309, 311.
[655] *Jacobs,* Unternehmensbesteuerung und Rechtsform, 2009, 581 f.

Wegen der Günstigerprüfung nach § 32d Abs. 6 EStG, die bei Einkommensteuersätzen unter 25% eine Veranlagung zum progressiven Tarif (§ 32a EStG) erlaubt, kann sich kein negativer nominaler Tarifeffekt ergeben. Die Abgeltungsteuer bewirkt ab einem individuellen Grenzsteuersatz i.H.v. 25% stets positive Tarifeffekte, also Steuersatzvorteile. Der Steuersatzvorteil ist dabei umso größer, je höher der individuelle Grenzeinkommensteuersatz ist.

Die dargestellten Steuersatzunterschiede setzen erhebliche Anreize, Einkünfte in den Anwendungsbereich der Abgeltungsteuer zu überführen.[656] Dies gilt im Besonderen, wenn die Einkünfte keiner Vorbelastung unterlegen haben bzw. es gelingt, Unternehmensgewinne steuermindernd abzusaugen („Tax Rate Shopping").[657] Denn die 25%ige Besteuerung nach § 32d EStG liegt nicht nur unter dem einkommensteuerlichen Spitzentarif, sondern i.d.R. auch unter der Steuerbelastung einer Kapital- oder Personengesellschaft („Steuersatzspreizung").

IV. Beurteilung

Die Wirkungen steuerlicher Tarifeffekte bei § 34a, § 32d EStG lassen sich nicht pauschal beurteilen. Es ist vielmehr zwischen den beiden Phasen „Thesaurierung" und „Ausschüttung / Entnahme" zu differenzieren. Im Zeitpunkt der Gewinnentstehung lassen sich sowohl bei Personenunternehmen (§ 34a EStG) als auch bei Kapitalgesellschaften erhebliche positive Tarifeffekte realisieren. Auf der anderen Seite führt die spätere Nachbelastung zu negativen Steuersatzwirkungen.

Das Ausmaß der Tarifeffekte hängt bei Personenunternehmen vom persönlichen Steuersatz ab. Je höher dieser ist, desto größer ist der Steuervorteil bei Thesaurierung und geringer der Nachteil bei Entnahme. Aus diesen ambivalenten Tarifeffekten folgt eine Begünstigung für Steuerpflichtige mit hohen Einkünften. Im Unterschied zur Nachversteuerung i.S.d. § 34a Abs. 4 EStG vermögen die Günstigerprüfung nach § 32d Abs. 6 EStG bzw. die (optionale) Teileinkünftebesteuerung im Rahmen der Abgeltungsteuer die negativen Tarifeffekte (etwas) zu minimieren. Darüber hinaus kann es nur bei § 32d EStG gelingen, nicht vorbelastete Unternehmensgewinne (z.B. Zinsen) in den Anwendungsbereich der begünstigten Besteuerung (Abgeltungsteuer) zu transferieren. So ist es z.B. möglich, von der Spreizung zwischen Abgeltungs- und Regeltarif zu profitieren und Arbitragegewinne von bis zu 20% zu generieren.[658]

Es bleibt festzuhalten, dass die steuergestalterische Nutzung von Steuersatzdifferenzen einen entscheidenden Optimierungsfaktor im Kontext der (nationalen) Rechtsformplanung mit § 34a, § 32d EStG darstellt. Daraus ergeben sich Anreize, Einkommen in den Anwendungsbe-

---

656 *Strahl,* Ubg 2008, 143, 146 ff.; *Gratz,* BB 2008, 1105, 1109.
657 *Kollruss,* GmbHR 2007, 1133.
658 *Dinkelbach,* DStR 2011, 941, 946.

reich dieser Normen zu verlagern. In der Vergangenheit waren solche Arbitragegestaltungen ausschließlich im internationalen Umfeld realisierbar.[659]

C. Steuerstundungseffekte

I. Steuerliche Stundungseffekte

Steuerliche Stundungseffekte bzw. Zeiteffekte liegen vor, wenn Unterschiede in der zeitlichen Struktur der Bemessungsgrundlagen dazu führen, dass die Fälligkeiten der darauf basierenden Steuerzahlungen differieren.[660] Sie können daher nur bei mehrperiodiger Wirkungsdauer auftreten (intertemporale Effekte). Fallen Steuern erst zu einem späteren Zeitpunkt an, so ist der Steuerbarwert geringer als der Nominalwert der Steuerlast.[661]

Um den Barwert der Steuerzahlungen möglichst gering zu halten, ist es naheliegend, die Besteuerung in die Zukunft zu verlagern. Die ersparte Differenz kann zwischenzeitlich am Kapitalmarkt oder im eigenen Unternehmen verzinslich angelegt werden. Die Wirkung des Zeiteffekts wird deshalb als Zins- bzw. Zinseszinseffekt bezeichnet.[662] Während steuerliche Stundungseffekte in der Vergangenheit den Kapitalgesellschaften und ihren Anteilseignern durch Gewinnthesaurierung vorbehalten waren, erlaubt die Tarifoption nach § 34a EStG nunmehr auch Personenunternehmen die Inanspruchnahme dieses Vorteils.

II. Thesaurierungsbegünstigung

Die Thesaurierungsbegünstigung gewährt keinen permanenten Steuervorteil. Auf dem nach § 34a EStG begünstigt besteuerten Gewinn lastet vielmehr eine Steuerlatenz, die bei späterer Entnahme zu einer Nachbelastung führt.[663]

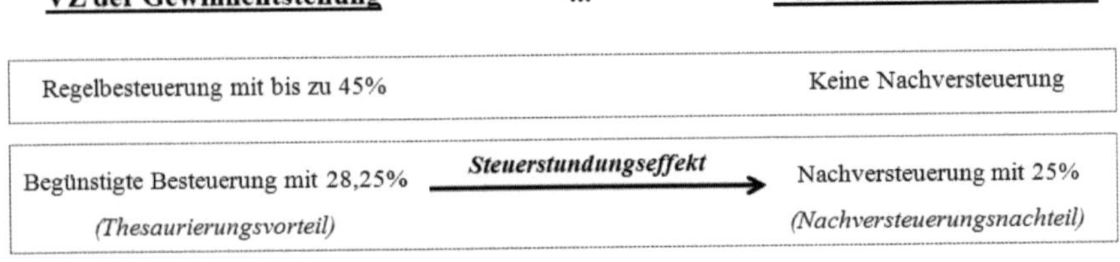

Abbildung 36: Steuerlicher Stundungseffekt bei § 34a EStG

Quelle: Eigene Darstellung

659 Bspw. *Herzig*, WPg 1998, 280, 282; *Kessler*, Euro-Holding, 1996, 289 ff.
660 *Wagner*, BFuP 1984, 201, 211.
661 *Hechtner*, Einkommensteuertarife, 2010, 22.
662 Zur Relevanz von Verzinsung, Zins und Zinsfuß im Steuerrecht vgl. grundlegend *Rose*, FR 1974, 49 ff.
663 Bspw. *Ley*, KÖSDI 2007, 15737, 15740; *Levedag* in: Gummert/Weipert, Münch. Hdb. GesR II, § 58, Rz. 7.

Mit der Thesaurierungsbegünstigung verschiebt sich also ein Teil der Steuerzahlung – die Nachversteuerung – in die Zukunft. Deren Barwert sinkt mit zunehmender Verweildauer. Der maßgebliche Vorteil aus § 34a EStG besteht somit in der Stundungswirkung und dem daraus resultierenden Zinseffekt.[664]

Die nominale Gesamtbelastung bei Ausübung der Tarifoption nach § 34a EStG liegt stets über jener bei Regelbesteuerung nach § 32a EStG. Im Ergebnis erhebt der Fiskus damit für die Stundung der Nachversteuerung eine Art „Gebühr" i.H.d. Mehrbelastung.[665] Der Grenznutzen dieser „Stundungsprämie" steigt mit der Dauer der Thesaurierung.[666] Ein letztendlicher (Barwert-) Vorteil kann sich demnach nur für die Fälle einstellen, in denen der temporäre Thesaurierungsvorteil den permanenten Nachversteuerungsnachteil übersteigt.[667] Der Vorteil aus der (zunächst) ersparten Steuerbelastung muss den Barwert der Nachversteuerungsmehrbelastung aufwiegen:[668]

$$\textit{Steuerersparnis} > \textit{Nachversteuerungsmehrbelastung} \, / \, (1 + \text{Rendite})^{n}$$

In allen anderen Fällen ist die Anwendung von § 34a EStG nachteilig. Die Prüfung, ob eine Antragstellung sinnvoll ist, hängt von vielen Einzelfaktoren ab, auf die an späterer Stelle eingegangen wird. Gleichwohl kann schon jetzt festgehalten werden, dass die Thesaurierungsdauer eine relevante Einflussgröße darstellt. Der Steuerstundungseffekt bewirkt einen Steueraufschub, der sich in Abhängigkeit weiterer Parameter durch den damit verbundenen Zinseffekt rentieren kann.[669] An der Gewinnthesaurierung ist folglich über einen gewissen Zeitraum festzuhalten, um den Zins- und Stundungsvorteil, der sich aus § 34a EStG ergibt, so groß werden zu lassen, dass die Nachversteuerung nicht zu einer insgesamt höheren Steuerbelastung führt. Mit dem Steuerstundungseffekt müssen die negativen Nominalsteuereffekte kompensiert werden, um die Thesaurierungsbegünstigung vorteilhaft erscheinen zu lassen.

Durch bestimmte Sonderregelungen lässt sich die Nachversteuerung sogar noch weiter in die Zukunft verlagern. Hierzu zählen die nachversteuerungsunschädliche Entnahme der Erbschaft-/ Schenkungsteuer (§ 34a Abs. 4 S. 3 EStG), die Übertragung des nachversteuerungspflichtigen Betrags bei der Überführung von Wirtschaftsgütern (§ 34a Abs. 5 S. 2 EStG) sowie die Möglichkeit zur zinslosen Stundung in Härtefällen (§ 34a Abs. 6 S. 2 EStG).

---

664 *Houben/Maiterth,* StuW 2008, 228; *Knirsch/Schanz,* ZfB 2008, 1231, 1232; *Diller,* WISt 2008, 674, 675.
665 *Paus,* EStB 2008, 322, 325; *Paus,* EStB 2008, 403, 404.
666 *Lausterer/Jetter* in: Blumenberg/Benz, Unternehmensteuerreform 2008, 29.
667 Statt aller *Pflüger,* GStB 2007, 390, 397; *Houben/Maiterth,* FR 2008, 1044, 1045.
668 *Schiemann,* Stbg 2008, 141 ff.; *Blum,* BB 2008, 322 ff.; *Houben/Maiterth,* StuW 2008, 228 ff.
669 *Ratschow* in: Blümich, EStG/KStG/GewStG, § 34a EStG, Rz. 4; *Kaligin* in: Lademann, EStG, § 34a, Rz. 5.

III. Abgeltungsteuer

Steuerliche Stundungseffekte stellen sich nicht direkt bei der Abgeltungsteuer nach § 32d EStG. Sie resultieren vielmehr aus der vorgelagerten Gewinnverwendungsentscheidung der Kapitalgesellschaft. Solange Gewinne nicht auf die Anteilseignerebene transferiert, sondern im Unternehmen thesauriert werden, ergeben sich keine einkommensteuerlichen Anknüpfungspunkte beim Gesellschafter (Trennungsprinzip).[670] Die Anteilseignerbesteuerung wird zeitlich aufgeschoben, mithin verzögert. Es bleibt insoweit bei einer moderaten Thesaurierungsbelastung von 29,83%.

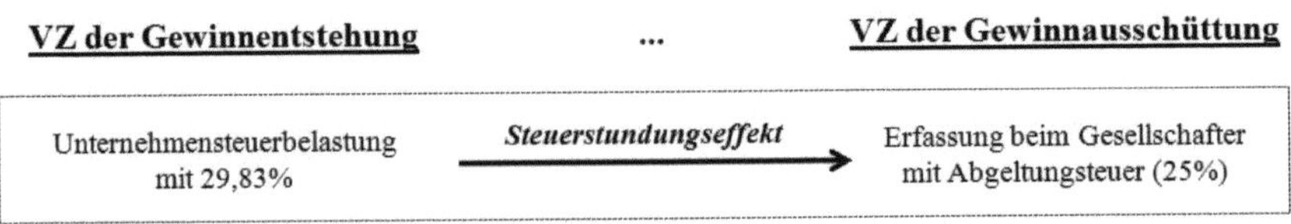

Abbildung 37: Steuerlicher Stundungseffekt bei KapGes und AE (AbgSt)
Quelle: Eigene Darstellung

Erst wenn die Gewinne an die Gesellschafter über Ausschüttungen oder Leistungsvergütungen ausgekehrt werden, kommt es zu einer Erfassung beim Gesellschafter mit Einkommensteuer (i.d.R. Abgeltungsteuer).[671] In der Zwischenzeit ergeben sich zinslose Steuerstundungseffekte. Deren Ausmaße hängen primär vom Thesaurierungszeitraum ab. Seit Einführung der Abgeltungsteuer haben sich diese Effekte noch weiter verstärkt, da die Steuerbelastung der Kapitalgesellschaften gesenkt und die Ausschüttungsbelastung erhöht wurde.[672] Steuerstundungseffekte sind eine zwangsläufige Erscheinung einer thesaurierenden Kapitalgesellschaft.[673] Sie werden ohne Wahlmöglichkeit gewährt.[674] Durch Gewinnthesaurierung (Ausschüttungsverzögerung) kann die Steuerpflicht beim Gesellschafter in die Zukunft verlagert und daher ein (temporärer) Steuervorteil erzielt werden.[675]

IV. Beurteilung

Steuerliche Stundungseffekte ergeben sich durch den zeitlichen Besteuerungsaufschub mittels steuergünstiger Gewinnthesaurierung. Sie sind Ausfluss des zweistufigen Besteuerungsverfahrens. Die Endbesteuerung wird temporär in die Zukunft verschoben. Es kommt zu einem

---

670 Statt aller *Vituschek*, Steuerbelastung, 2003, 207 f.; *Wehrheim/Steinhoff*, DStR 2008, 989, 990.
671 Die Ausschüttungsbesteuerung wird bisweilen als „Strafsteuer" bezeichnet (so z.B. *Elser*, BB 2001, 805).
672 *Grashoff*, Steuerrecht, 2011, 137.
673 *Siegmund*, Unternehmensbesteuerung im Halbeinkünfteverfahren, 2006, 160.
674 *Paus*, EStB 2008, 403, 404.
675 *Elser*, BB 2001, 805; *Prinz* in: Kessler/Kröner/Köhler, Konzernsteuerrecht, 2008, § 10, Rz. 346.

zinslosen Steuerkredit und damit zu einem Liquiditätsvorteil.[676] Ferner werden Investitionsanreize geschaffen.[677] Sowohl die Nachsteuerbelastung nach § 34a Abs. 4 EStG als auch die Abgeltungsteuerbelastung nach § 32d EStG fallen barwertbedingt geringer aus, als es ihre nominalen Werte vorgeben.[678] Es existiert keine Indizierung oder (Straf-) Verzinsung. Infolgedessen wird auch die Besteuerung inflationsbedingter Scheingewinne vermieden bzw. vermindert.[679]

Stundungseffekte wirken deshalb – zumindest isoliert betrachtet – positiv. Sie harmonieren mit der Zielsetzung der relativen Steuerbarwertminimierung. Inwieweit sie bei Personenunternehmen zu einer Vorteilhaftigkeit des § 34a EStG führen, hängt vom Einzelfall ab. Dies gilt auch für die Frage, ob Gewinne in der Kapitalgesellschaft thesauriert werden oder besser ausgeschüttet und im Privatvermögen angelegt werden sollen.[680] Als Grundregel gilt, dass die Stundungs- und Zinseszinseffekte, die aus dem Steuersatzvorteil bei Gewinnthesaurierung resultieren, die Steuersatznachteile bei Entnahme bzw. Ausschüttung überwinden müssen. Hierzu sind intertemporale (Barwert-) Berechnungen notwendig, die im 6. Teil der Arbeit durchgeführt werden.

D. Progressionsentlastungseffekte

I. Steuerliche Progressionsentlastungseffekte

Die Einkommensteuer ist progressiv, d.h. höhere Einkommen unterliegen einem höheren Steuersatz (allgemeiner Progressionseffekt).[681] Lineare Sondertarife durchbrechen diesen Grundsatz in zweierlei Hinsicht. Einerseits werden die begünstigten Einkünfte der progressiven Besteuerung entzogen und einem proportionalen Sondertarif unterworfen. Andererseits kann sich durch die Herausnahme der Einkünfte aus der einkommensteuerlichen Bemessungsgrundlage der Steuersatz für die übrigen Einkünfte mindern. Steuerliche Progressionsentlastungseffekte bzw. Progressionsvermeidungseffekte ergeben sich somit aus dem Zusammenspiel von Bemessungsgrundlagen- und Tarifeffekten.

II. Thesaurierungsbegünstigung

Die Antragstellung nach § 34a EStG macht eine besondere Tarifberechnung notwendig. Die begünstigt besteuerten Einkünfte unterliegen zunächst dem 28,25%igen Sondertarif nach § 34a Abs. 1 S. 1 EStG. Der Nachversteuerungsbetrag ist bei späterer Entnahme einer Steuer-

676 *Klöne*, Steuerplanung, 1980, 5 f.; *Wilk*, WD 2007, 236, 238; *Haase*, Betriebliche Steuerplanung, 2009, 82. Positiver Liquiditätseffekt i.S.v. *Rose*, Betriebswirtschaftliche Steuerlehre, 1992, 15 f.
677 *Knief/Nienaber*, BB 2007, 1309, 1315; *Schanz/Kollruss/Zipfel*, DStR 2008, 1702, 1706.
678 *Henkel*, GStB 2009, 122, 125.
679 *Kleinmanns*, Besteuerung inflationsbedingter Scheingewinne, 2010, 97.
680 *Jacobs*, Unternehmensbesteuerung und Rechtsform, 2009, 588 ff.
681 Bspw. *Schult*, WPg 1979, 376 f.; *Haase*, Betriebliche Steuerplanung, 2009, 51.

belastung von 25% zu unterwerfen (§ 34a Abs. 4 S. 2 EStG). In beiden Fällen erfolgt also eine lineare Sondertarifbesteuerung, unabhängig von der individuellen Progressionsstufe. Es tritt eine Progressionsentlastung für die begünstigt besteuerten Einkünfte ein.

Verfügt der Steuerpflichtige über weitere Einkünfte, stellt sich die Frage, wie sich die Einkommensteuer für jene Einkünfte ermittelt. Da dem Gesetzestext diesbezüglich keine explizite Regelung zu entnehmen ist, sind grds. zwei Lösungsmöglichkeiten denkbar:[682]

1. Zum einen könnte sich die Reststeuer für die übrigen Einkünfte nach dem Durchschnittssteuersatz aller Einkünfte ermitteln. In ihrer Wirkung käme dies einem Progressionsvorbehalt gleich.
2. Zum anderen könnte die Reststeuer isoliert nach § 32a EStG ermittelt werden. Dies entspräche dem Charakter einer Schedulensteuer.

Folgende Modellrechnung[683] verdeutlicht die Problematik und stellt die Steuerbelastung beider Lösungsalternativen exemplarisch gegenüber:

		1. Alternative	2. Alternative
Einkünfte aus § 18 EStG: (= nicht entnommener Gewinn i.S.d. § 34a Abs. 2 EStG)	200.000 € (ermittelt nach § 4 Abs. 1 EStG)		
Einkünfte aus § 19 EStG:	150.000 €		
Einkünfte aus § 21 EStG:	-40.000 €		
SoA / agB:	10.000 €		
z.v.E.	300.000 €		
ESt (§ 32a EStG - VZ 2012) Durchschnittsteuersatz	119.306 € 39,77%		
ESt für begünstigte Einkünfte 200.000 € * 28,25% (§ 34a EStG)		56.500 €	56.500 €
ESt für übrige Einkünfte 100.000 € * Durchschnittsteuersatz (39,77%)		39.769 €	
100.000 € * Tarifbelastung (§ 32a EStG - VZ 2012)			33.828 €
Gesamtsteuerbelastung		**96.269 €**	**90.328 €**
Differenz			-5.941 €

Im Unterschied zur ersten Alternative fallen bei der zweiten Lösungsmöglichkeit die begünstigt besteuerten Gewinne komplett aus der regulären Tarifberechnung nach § 32a EStG heraus. Dies hätte zur Folge, dass die restlichen Einkünfte einer niedrigeren Progressionsstufe

---

682 *Krane/Czisz,* GStB 2008, 302 ff.

683 In Anlehnung an *Kirch* in: Fachinstitut der Steuerberater, Tagungsunterlage zur 27. Kölner Steuerkonferenz, 2008, Gliederungspunkt III.

unterlägen.[684] Da es insofern zu einer (vom Gesetzgeber womöglich unbeabsichtigten) Zusatzbegünstigung käme, befürworten *Krane/Czisz*[685] die Ermittlung der Reststeuer nach dem Durchschnittssteuersatz (Alternative 1), mit der Folge einer deutlich höheren Steuerbelastung.

Dessen ungeachtet hat sich die h.M.[686] und die Finanzverwaltung[687] der zweiten, für den Steuerpflichtigen vorteilhafteren Berechnungsvariante angeschlossen. Dies ist folgerichtig, wenn man die Thesaurierungsbegünstigung als schedulare Tarifnorm begreift. Auch der *Wissenschaftliche Beirat von Ernst & Young*, auf deren Entwurf § 34a EStG basiert, hat eine Berechnung nach diesem Schema vorgeschlagen.[688] Die Anwendung des § 34a EStG begünstigt daher – neben den ermäßigt besteuerten Einkünften – auch die Besteuerung der übrigen Einkünfte. Die Thesaurierungsbegünstigung entfaltet einen positiven „umgekehrten Schatteneffekt" auf andere Einkommensbestandteile.[689] Sie wirkt progressionsmildernd.[690] Da der Nachversteuerungsbetrag nicht Teil des z.v.E. ist, wirkt er sich ebenfalls nicht auf die Progression aus. Es existiert weder für die Thesaurierungs- noch für Nachsteuerbelastung ein Progressionsvorbehalt.[691]

Die Thesaurierungsbegünstigung wirkt letzten Endes in doppelter Hinsicht progressionsentlastend und bietet zusätzliches Optimierungspotenzial.[692] Während ein positiver Effekt für die ermäßigt besteuerten Einkünfte erst bei individuellen Steuersätzen über 28,25% eintreten kann, wirkt sich der Progressionsentlastungseffekt für die übrigen Einkünfte schon bei Überschreitung des Grundfreibetrags aus.[693] Mit der Thesaurierungsbegünstigung steht dem Steuerpflichtigen somit ein Instrument zur Verfügung, mit dem er das Ausmaß der Progression auf seine Einkünfte (in Grenzen) selbst bestimmen kann.[694]

III. Abgeltungsteuer

Auch bei der Abgeltungsteuer kommt es zu einer doppelten Progressionsentlastung. Die sondertarifierten Einkünfte unterliegen einerseits dem 25%igen Abgeltungsteuersatz nach § 32d

---

684 *Henkel,* GStB 2009, 122, 123.

685 *Krane/Czisz,* GStB 2008, 302, 305 f. Ähnlich auch *Seitz,* StbJb 2007/2008, 314, 350.

686 *Ley/Bodden* in: Korn/Carlé/Stahl u.a., EStG, § 34a, Rz. 19; *Reiß* in: Kirchhof, EStG Kompaktkommentar, § 34a, Rz. 16; *Wacker* in: Schmidt, EStG, § 34a, Rz. 50; *Schiffers/Köster,* DStZ 2008, 830, 839 f.; *Bodden,* FR 2012, 68, 72.

687 BMF, Schreiben v. 11.8.2008, IV C 6 – S 2290-a/07/10001, BStBl. I 2008, 838, Rz. 23. Ebenso *Gragert/Wißborn,* NWB 2008, 3995, 4001.

688 *Wissenschaftlicher Beirat Steuern der Ernst & Young AG,* BB 2005, 1653 f.

689 *Knirsch/Schanz,* ZfB 2008, 1231, 1240. Im Ergebnis auch *Patek,* BFuP 2007, 443, 460 f.; *Breithecker* in: Breithecker/Förster/Förster u.a., UntStRefG 2008, 233, Fn. 10.

690 *Schiffers/Köster,* DStZ 2008, 830, 840; *Bodden,* FR 2012, 68, 72.

691 *Ley/Brandenberg,* FR 2007, 1085, 1101; *Fischer* in: Spindler/Tipke/Rödder, FS Schaumburg, 2009, 319, 334 f.; *Fischer* in: Schaumburg/Piltz, Grenzüberschreitende Gesellschaftsstrukturen, 2010, 55, 69 ff.; *Schmidtmann,* DStR 2010, 2418, 2420; *Hechtner*, Einkommensteuertarife, 2010, 32; *Schmidtmann,* DBW 2012, 137, 138.

692 *Schiffers,* DStR 2008, 1805, 1806; *Diller,* WISt 2008, 674, 675.

693 *Broer/Dwenger,* BFuP 2009, 422, 428.

694 *Hechtner/Hundsdoerfer/Sielaff,* zfbf 2011, 214, 215.

Abs. 1 EStG. Diese Quellensteuer ist definitiv (§ 43 Abs. 5 EStG). Die sondertarifierten Einkünfte scheiden aus dem progressiv zu versteuernden Einkommen aus und werden linear mit 25% belastet.[695] Andererseits gehen die sonderbesteuerten Einkünfte aus Kapitalvermögen gem. § 2 Abs. 5b EStG nicht in die einkommensteuerliche Bemessungsgrundlage ein. Es existiert kein Progressionsvorbehalt.[696] Anderweitige Einkünfte werden insoweit von der einkommensteuerlichen Progression entlastet. Es ergibt sich ein zusätzlicher Progressionsvorteil.[697] Die Einbeziehung in das z.v.E. über § 32d Abs. 2, 6 EStG wäre allerdings wieder progressionsbelastend – auch für die übrigen Einkünfte.[698]

IV. Beurteilung

Die Thesaurierungsbegünstigung und die Abgeltungsteuer sind besonders aussagekräftige Beispiele für die Wirkung von Progressionsentlastungseffekten. Sie i.R.d. Steuerplanung zu vernachlässigen, kann – wie *Hechtner/Hundsdoerfer/Sielaff* nachweisen – zu Fehlentscheidungen mit spürbaren Auswirkungen führen.[699] Neben ihren linearen, progressionsunabhängigen Sondertarifen wirken schedular besteuerte Einkünfte nach § 34a, § 32d EStG auch progressionsentlastend für die übrigen Einkünfte. Dies gilt indes nur unter der Bedingung, dass die übrigen Einkünfte im progressionsrelevanten Bereich liegen, also zwischen dem Grundfreibetrag (VZ 2012: 8.004 €) und der Bemessungsgrundlage für den Einkommensteuerspitzensatz (VZ 2012: 250.731 €).

Mit diesem positiven Doppeleffekt lassen sich Progressionsspitzen abbauen. Im Einzelfall kann die Progressionsentlastung sogar genutzt werden, um die sog. „Reichensteuer" zu vermeiden, namentlich die Grenzsteuerbelastung von 45% auf max. 42% zu senken.[700] Hierzu ist freilich eine Feinjustierung sondertarifierter Einkünfte erforderlich. Im Rahmen der Thesaurierungsbegünstigung lässt sich die Feinjustierung über die Antragsbegrenzung (§ 34a Abs. 1 S. 1 EStG) bewerkstelligen. Die nicht vollständige Ausschöpfung des Thesaurierungshöchstbetrags kann sinnvoll sein, um die individuelle Progression optimal zu nutzen.[701] Bei der Abgeltungsteuer erlaubt im Einzelfall die Option nach § 32d Abs. 2 Nr. 3 EStG eine Feinsteuerung zwischen regulär besteuerten und sondertarifierten Einkünften. Darüber hinaus kann anstelle einer (abgeltungsteuerpflichtigen) Gewinnausschüttung die Vereinbarung von (regelbesteuerten) Leistungsvergütungen erwogen werden.

---

695 Bspw. *Schiffers,* GmbH-StB 2008, 262, 265.

696 *Schmitt,* Stbg 2009, 101, 108; *Schmidtmann,* DBW 2012, 137, 138.

697 *Worgulla/Söffing,* FR 2007, 1005, 1006; *Schiffers/Köster,* DStZ 2007, 773, 786; *Busch/Brandtner,* GmbHR 2007, R 289 f.; *Spengel/Ernst,* DStR 2008, 835 f.; *Ashauer-Moll/Rösch*, Abgeltungsteuer, 2008, 188; *Hechtner/Hundsdoerfer,* StuW 2009, 23, 24 f.

698 *Graf/Paukstadt,* FR 2011, 249, 261.

699 *Hechtner/Hundsdoerfer/Sielaff,* zfbf 2011, 214 ff.

700 Ähnlich *Henkel,* GStB 2009, 122, 124; *Hechtner/Hundsdoerfer/Sielaff,* zfbf 2011, 214, 228 f.

701 *Husken/Schmidt/Siegmund,* BB 2008, 1204, 1208.

Aber auch im unteren Progressionsbereich wird der Steuerpflichtige geneigt sein, über regelbesteuertes Einkommen zu verfügen. Damit kann der untere Tarifverlauf sowie der Grundfreibetrag ausgenutzt werden.[702] Ferner wird Sorge getragen, dass private Aufwendungen (Sonderausgaben, außergewöhnliche Belastungen), Freibeträge und Steuerabzugsbeträge steuerwirksam geltend gemacht werden können.[703] Im Einzelfall kann auch der Altersentlastungsbetrag (§ 24a EStG) sowie der Härteausgleich nach § 46 Abs. 3 EStG genutzt werden.[704]

Für die steuerorientierte Rechtsformplanung ist der Progressions(entlastungs)effekt daher von besonderer Bedeutung, obgleich er in der steuerplanerischen Literatur (und der Praxis) offensichtlich unterschätzt wird. Notwendige Voraussetzung zur optimalen Ausnutzung ist das Wissen um Höhe und Struktur aller Einkünfte.[705] Die Berücksichtigung der Progression unter Einbeziehung endogener Steuersätze macht eine umfassende Steuerplanung erforderlich. Bisher waren Progressionsentlastungseffekte i.d.R. nur mittels zeitlicher bzw. personeller Verlagerung von Einkünften sowie im Zuge der Bilanz- und Ausschüttungspolitik möglich.[706]

E. Lock-In-Effekte

I. Steuerliche Lock-In-Effekte

Bleiben Ressourcen allein aus steuerlichen Gründen in einer bestimmten Verwendung eingeschlossen, spricht man von steuerlichen Lock-In-Effekten, Einschlusseffekten bzw. Sperreffekten.[707] Sie setzen voraus, dass bereits eine Entscheidung getroffen wurde und die Besteuerung den Steuerpflichtigen in dieser Entscheidung einschließt.[708] Steuerliche Lock-In-Effekte stellen demnach Entscheidungswirkungen der Besteuerung dar.[709] Im Kontext der steuerorientierten Rechtsformplanung beziehen sie sich primär auf die „Gefangenschaft" von Mitteln im Unternehmen.

Jedwede steuerliche Begünstigung einbehaltener Gewinne bewirkt prima facie einen Anreiz, Mittel im eigenen Unternehmen zu thesaurieren, selbst wenn es aus wirtschaftlichen Erwägungen geboten wäre, in anderen Bereichen oder im Privatvermögen zu investieren.[710] Die damit verbundene (vermeintliche) Diskriminierung von Gewinnausschüttungen bzw. Entnahmen führt zu einem Lock-In-Effekt, der jedem System mit späterer Nachbelastung zugrunde liegt. Die Einsperrwirkung entspricht jedoch der Zielsetzung des Gesetzgebers, so er davon ausgeht, dass die im Unternehmen „geparkten" Gewinne volkswirtschaftlich nützlicher

[702] *Krane/Czisz,* GStB 2008, 302, 304.
[703] *Fischer* in: Spindler/Tipke/Rödder, FS Schaumburg, 2009, 319, 335, Fn. 57.
[704] *Schneider/Hoffmann,* Stbg 2010, 457.
[705] *Rohler,* GmbH-StB 2008, 238, 242.
[706] *Hechtner/Hundsdoerfer/Sielaff,* zfbf 2011, 214, 215.
[707] *Schreiber*, Besteuerung der Unternehmen, 2008, 755 f.; *Grawert*, Lock-In-Effekte, 2010, 1 f.
[708] *Sielaff,* WISt 2011, 96.
[709] *Hundsdoerfer,* StuW 2001, 113, 114.
[710] *Maiterth/Sureth,* BFuP 2006, 225, 233, Fn. 46.

seien als ausgeschüttete bzw. entnommene Gewinne.[711] Die Selbstfinanzierung soll gezielt gefördert werden.

Mit der Unternehmensteuerreform 2008 haben sich die Parameter für einen solchen Lock-In-Effekt (scheinbar) verstärkt.[712] Mit § 34a EStG wurde eigens eine Regelung für Personenunternehmen geschaffen, deren Ziel es (mitunter) ist, die Gewinnthesaurierung zu fördern. Aber auch die deutliche Tarifabsenkung im KStG verbunden mit der gestiegenen Ausschüttungsbelastung durch die Abgeltungsteuer (§ 32d EStG) lassen die Gewinnthesaurierung bei Kapitalgesellschaften attraktiv erscheinen.

II. Thesaurierungsbegünstigung

Der Mechanismus des § 34a EStG bewirkt, dass begünstigt besteuerte Beträge spätestens bei deren Entnahme nachzuversteuern sind. Die Entnahme steht unter „Steuerstrafe".[713] Sofern die Entscheidung für eine Besteuerung nach § 34a EStG gefallen ist, bleiben begünstigt besteuerte Beträge im Unternehmen eingesperrt.[714] Entscheidet sich der Steuerpflichtige hingegen für die Regelbesteuerung nach § 32a EStG, kommt es zu keinem Einschluss. Dieser allgemeine Lock-In-Effekt ist expliziter Bestandteil des Entscheidungskalküls des Steuerpflichtigen.[715] Er geht in die dynamische Barwert- bzw. Vorteilhaftigkeitsberechnung des § 34a EStG ein.

Darüber hinaus existiert im Rahmen des § 34a EStG auch ein spezieller, normimmanenter Lock-In-Effekt. Denn sobald die Thesaurierungsbegünstigung einmal in Anspruch genommen wird, verhindert die – implizite – Verwendungsreihenfolge, die in etwa dem LiFo-Verfahren entspricht, einen unmittelbaren Zugriff auf bisher voll versteuerte Gewinne (Altrücklagen).[716] Gewinnübersteigende Entnahmen lösen damit zwangsläufig eine Nachversteuerung aus, obwohl regelbesteuerte Altrücklagen existieren, mit denen diese Entnahmen gespeist werden könnten. Dies liegt daran, dass begünstigt besteuerte Gewinne als vorrangig entnommen gelten.[717] *Hölzerkopf/Taetzner* sprechen deshalb auch vom BiFo-Verfahren („Begünstigt-In-First-Out").[718]

---

711 BT-Drs. 14/2683 v. 15.2.2000, 93; BT-Drs. 16/4841 v. 27.3.2007, 32 f.; *Reiß* in: Kirchhof, EStG Kompaktkommentar, § 34a, Rz. 79.

712 *Herzig,* WPg 2007, 7, 9 f.; *Englisch,* StuW 2007, 221, 232; *Kaminski,* StuB 2008, 3, 8; *Herzig* in: Wachter, FS Spiegelberger, 2009, 210, 211; *Wiesmann* in: Erle/Sauter, KStG, 1479 f.

713 *Fuest/Mitschke*, Gutachten zur Einführung einer Ertragsteuerbegünstigung der Eigenkapitalbildung mittelständischer Unternehmen, 2007, 32; *Neubert/Plenk,* SteuerStud 2008, 37, 41.

714 *Kudert/Klipstein,* zfbf 2010, 455, 467 ff.

715 Ähnlich *Sielaff,* WISt 2011, 96, 99.

716 Z.B. *Thiel/Sterner,* DB 2007, 1099, 1100; *Cordes,* WPg 2007, 526, 528; *Reiß* in: Kirchhof, EStG Kompaktkommentar, § 34a, Rz. 70 ff.; *Stein* in: Herrmann/Heuer/Raupach, EStG/KStG, § 34a EStG, Rz. 63.

717 BMF, Schreiben v. 11.8.2008, IV C 6 – S 2290-a/07/10001, BStBl. I 2008, 838, Rz. 29.

718 *Hölzerkopf/Taetzner,* BB 2007, 2769 ff.

Gleiches gilt für steuerfreie Einkünfte, für Gewinne, die nicht nach § 34a EStG begünstigt besteuert werden sollen (oder können) sowie für nicht entnommene Gewinne aus Interimsperioden.[719] Sofern diese Beträge nicht im Jahr ihrer Erzielung entnommen werden, bleiben sie bis auf weiteres im Unternehmen eingesperrt.[720] Erst wenn eine Nachversteuerung komplett durchgeführt wurde, können diese Beträge ohne Konsequenzen entnommen werden. Deswegen ist dieser spezielle Lock-In-Effekt auch kein Übergangsproblem, sondern eine permanente Erscheinung.[721] Eine Gliederung des verwendbaren Eigenkapitals, wie es sie beim früheren Körperschaftsteuer-Anrechnungsverfahren gab[722] (sog. „Eigenkapitaltöpfe"), findet sich für thesaurierende Personenunternehmen nicht.[723] Die vom Gesetzgeber genannten Praktikabilitätserwägungen vermögen nicht zu überzeugen.[724]

III. Abgeltungsteuer

Gewinnausschüttungen einer Kapitalgesellschaft unterliegen beim Gesellschafter einer zusätzlichen Steuerbelastung („Strafsteuer"[725]), die i.d.R. abgeltend nach § 32d Abs. 1 EStG erfolgt. Bei rein statischer Betrachtung ist es daher stets vorteilhaft, Gewinne in der Kapitalgesellschaft zu thesaurieren, anstatt sie auszuschütten.[726] Die Folge ist ein (vermeintlicher) Lock-In-Effekt.

Dieses scheinbar triviale Ergebnis verkennt jedoch, dass ausgeschüttete Gewinne im Privatvermögen womöglich (steuer-) günstiger angelegt werden können als im Betriebsvermögen.[727] Ein Lock-In-Effekt tritt bei mehrperiodiger Analyse nur dann ein, wenn die (Steuer-) Bedingungen auf Ebene der Kapitalgesellschaft günstiger sind als jene auf Anteilseignerebene. Für die Gewinnverwendungsentscheidung ist deshalb die Besteuerung thesaurierter Gewinne gegen die Besteuerung einer alternativen (Privat-) Anlagemöglichkeit abzuwägen.[728]

Wenngleich sich durch die Körperschaftsteuertarifsenkung die Thesaurierungsbedingungen deutlich verbessert haben, strahlt die Abgeltungsteuer nach § 32d EStG gegenteilige Anreize aus, das Kapital vom betrieblichen in den privaten Bereich zu verlagern.[729] Aus dem vermute-

---

719 *Fellinger,* DB 2008, 1877, 1881; *Wacker* in: Schmidt, EStG, § 34a, Rz. 63.

720 *Hey,* DStR 2007, 925, 929; *Ley/Bodden* in: Korn/Carlé/Stahl u.a., EStG, § 34a, Rz. 150.

721 *Wacker* in: Schmidt, EStG, § 34a, Rz. 63.

722 Hier wurde im Wege des § 27 KStG a.F. sichergestellt, dass zuvor höher belastete Gewinne unter Erstattung der Differenz ausgeschüttet werden konnten.

723 *Dörfler* in: Littmann/Bitz/Pust, EStG, § 34a, Rz. 114; *Reiß* in: Kirchhof, EStG Kompaktkommentar, § 34a, Rz. 71.

724 So auch *Hey,* DStR 2007, 925, 929; *Crezelius* in: Kirchhof/Nieskens, FS Reiß, 2008, 399, 405; *Schiffers,* DStR 2008, 1805, 1811.

725 *Elser,* BB 2001, 805.

726 Bspw. *Sigloch,* StuW 2000, 160, 171; *Prinz* in: Kessler/Kröner/Köhler, Konzernsteuerrecht, 2008, § 10, Rz. 346; *Jacobs,* Unternehmensbesteuerung und Rechtsform, 2009, 167.

727 *Elser,* BB 2001, 805 ff.; *Hundsdoerfer,* StuW 2001, 113 f.; *Scheffler,* BB 2001, 2297; *Dörner,* INF 2002, 11, 17; *Kudert/Klipstein,* zfbf 2010, 455, 458.

728 *Maiterth/Müller,* Vierteljahreshefte zur Wirtschaftsforschung 2007, 49, 60.

729 *Homburg,* DStR 2007, 686, 688; *Schreiber/Ruf,* BB 2007, 1099 ff.; *Houben/Maiterth,* StuW 2008, 228, 235.

ten Lock-In-Effekt würde dann ein Push-Out-Effekt resultieren.[730] Vor diesem Hintergrund kann es vorteilhaft sein, die (Unternehmens-) Fremdfinanzierung auszudehnen.[731]

Von der Abgeltungsteuer geht jedoch auch ein ganz anderer Lock-In-Effekt aus. Durch die erhebliche Ausweitung des Einkünftebegriffs nach § 20 Abs. 2 EStG fallen ab dem VZ 2009 Gewinne aus der Veräußerung von Anteilen < 1% an einer Körperschaft unter die Abgeltungsteuer. Eine solche Veräußerungsgewinnbesteuerung (*capital-gains-taxation*) kann dazu führen, dass Kapitalanleger in ihrem Investment „eingeschlossen" sind.[732]

IV. Beurteilung

Lock-In-Effekte, wie sie von einer begünstigten Besteuerung thesaurierter Gewinne ausgehen können, behindern die von der makroökonomischen Wohlfahrtstheorie geforderte freie Wanderung des Kapitals in die bestmögliche Verwendung.[733] Sie sind mit der Gefahr effizienzmindernder Fehlallokationen, mithin der Ressourcenverschwendung verbunden.[734] Es kann zu einem (negativen) Vermögenseffekt i.S.v. *Rose*[735] kommen.

Gleichwohl stellt die Gewinnthesaurierung in einer Kapitalgesellschaft bzw. über § 34a EStG in einem Personenunternehmen mitunter eine mikroökonomisch rationale Handlung des Steuerpflichtigen dar. In diesem Sinne kann sich das eigene Unternehmen durchaus als „Spardose" eignen.[736] Der dabei auftretende allgemeine Lock-In-Effekt ist daher integraler Bestandteil des gewinnverwendungsorientierten Steuerplanungsproblems.

Die Anreize zur Gewinnthesaurierung – sowohl bei Kapitalgesellschaft als auch bei § 34a EStG – vermögen jedoch nicht immer den von der Abgeltungsteuer hervorgerufenen Push-Out-Effekt zu kompensieren.[737] Des Weiteren führt bei der Thesaurierungsbegünstigung die implizite Verwendungsreihenfolge zu einem drohenden (speziellen) Lock-In von Altrücklagen und steuerfreien Gewinnen. Obgleich sich eine solche Einsperrwirkung in Grenzen ver-

---

730 *Homburg/Houben/Maiterth,* WPg 2007, 376, 380, Fn. 14.; *Sielaff,* WISt 2011, 96, 98. Grundlegend zum Push-Out-Effekt bei einer unter dem Unternehmensteuersatz liegenden Abgeltungsteuer *Wagner,* DB 1999, 1520, 1528; *Homburg*, Allgemeine Steuerlehre, 2010, 256.

731 *Kiesewetter/Niemann/Blaufus u.a.,* DB 2008, 957 f.; *Wiegard,* FR 2007, 1011, 1014; *Bachmann/Schultze,* DBW 2008, 9, 19 ff.; *Posch/Knoll,* Corporate Finance 2010, 297, 299 f.

732 *Döring,* zfbf 1985, 81; *Schneider*, Steuerlast und Steuerwirkung, 2002, 157 f.; *Klein,* Journal of Public Economics 1999, 355 ff.; *Watrin/Benhof,* StuW 2009, 300 ff.; *Sielaff,* WISt 2011, 96, 97; *Nippel/Podlech,* ZfB 2011, 519, 520; *Schmiel,* ZfB 2011, 1053, 1058 ff.

733 *Fuest/Mitschke*, Gutachten zur Einführung einer Ertragsteuerbegünstigung der Eigenkapitalbildung mittelständischer Unternehmen, 2007, 32; *Rehkugler*, Finanzwirtschaft, 2007, 190.

734 *Kommission zur Reform der Unternehmensbesteuerung,* BB 1999, 1188, 1191 f. (Sondervotum *Pollak*); *Rödder/Schumacher,* DStR 2000, 353, 355; *Siegel/Bareis/Herzig u.a.,* BB 2000, 1269, 1270; *Schreiber/Rogall,* DBW 2000, 721, 734; *Wagner* in: Wagner, FS Loitlsberger, 2001, 431, 440.

735 *Rose*, Betriebswirtschaftliche Steuerlehre, 1992, 16.

736 *Elser,* BB 2001, 805 ff.; *Schiffers,* DStZ 2007, 744 ff.; *Lothmann,* DStR 2008, 945, 946 ff.; *Wehrheim/Steinhoff,* DStR 2008, 989 ff.

737 *Ratschow* in: Blümich, EStG/KStG/GewStG, § 34a EStG, Rz. 6; *Endres/Spengel/Reister,* WPg 2007, 478, 482; *Houben/Maiterth,* StuW 2008, 228, 235; *Knirsch/Schanz,* ZfB 2008, 1231, 1239; *Müller/Schmidt/Langkau,* StuW 2010, 81, 85.

meiden lässt, bleibt festzuhalten, dass die gesetzgeberischen Bemühungen zur Stärkung der Eigenkapitalbildung mittels der Unternehmensteuerreform 2008 teilweise in ihr Gegenteil verkehrt werden.[738]

F. Klienteleffekte

I. Steuerliche Klienteleffekte

Werden Investitions-, Finanzierungs- oder Rechtsformentscheidungen primär nach Maßgabe individueller (Grenz-) Steuersätze getroffen, kommt es zwangsläufig zu einer steuerlichen Klientelbildung. Ein steuerlicher Klienteleffekt setzt demnach ein, wenn die Ausgestaltung und Wirkung bestimmter Steuernormen die Grundgesamtheit aller Steuerpflichtigen in unterschiedliche Segmente spaltet.[739] Er resultiert daraus, dass gewisse Besteuerungsalternativen für eine Gruppe von Steuerpflichtigen interessant sind, für andere hingegen weniger. Derartige Effekte ergeben sich insbesondere bei der Thesaurierungsbegünstigung nach § 34a EStG.

II. Thesaurierungsbegünstigung

Die Inanspruchnahme des § 34a EStG rentiert sich nur für Steuerpflichtige im oberen Tarifbereich.[740] Für Steuerpflichtige mit geringen bzw. mittelhohen Einkünften wirkt sie in aller Regel nachteilig. Die Thesaurierungsbegünstigung bedient demzufolge die Klientel ertragstarker Personenunternehmen. Sie kann als Ergebnis erfolgreicher Lobbyarbeit gesehen werden.[741] Genau diese Zielgruppe hatte der Gesetzgeber aber auch im Fokus. Ausschließlich hier vermag der steuerliche Stundungs- und Progressionseffekt den negativen Steuersatznachteil zu kompensieren und in einen Gesamtbelastungsvorteil zu wandeln.

III. Abgeltungsteuer

Vor Einführung der Abgeltungsteuer bestand ein steuerlicher Klienteleffekt dergestalt, dass Investoren mit hohen Steuersätzen (> Steuerbelastung einer Kapitalgesellschaft) eine Gewinnthesaurierung, Anleger mit niedrigeren Steuersätzen eine Ausschüttung bevorzugten.[742] Solche Steuerwirkungen können bei einer pauschalen Abgeltungsteuer jedoch nicht mehr eintreten, da die Besteuerung mit einem einheitlichen Steuersatz i.H.v. 25% erfolgt.

---

738 *Knirsch/Maiterth/Hundsdoerfer*, DB 2008, 1405, 1406; *Kessler/Pfuhl* in: Wege zu Eigenkapital, FS Kary, 2009, 59, 75 f.

739 *Schreiber*, Besteuerung der Unternehmen, 2008, 814; *Homburg*, Allgemeine Steuerlehre, 2010, 130. Grundlegend bereits *Miller*, The Journal of Finance 1977, 261 ff.

740 Statt vieler *Dörfler/Fellinger/Reichl*, Beihefter zu DStR 29 / 2009, 69 ff.

741 *Lang* in: Mellinghoff/Schön/Viskorf, FS Spindler, 2011, 139, 143 f.

742 *Haase/Lüdemann*, DStR 2000, 747, 752; *Wagner* in: Wagner, FS Loitlsberger, 2001, 431, 439.

Dagegen hat der persönliche Steuersatz Bedeutung für die Frage, ob die Veranlagungsoption nach § 32d Abs. 6 EStG bzw. die Teileinkünftebesteuerung (§ 32d Abs. 2 Nr. 3 EStG) beantragt wird. Des Weiteren ist zu bedenken, dass Bezieher hoher Einkünfte deutlich mehr von der Abgeltungsteuer profitieren, als Steuerpflichtige mit geringen Steuersätzen.[743]

IV. Beurteilung

Die steuerliche Begünstigung bzw. Diskriminierung gewisser (Anleger-) Gruppen hat naturgemäß verteilungspolitische Folgen, da weiten Bevölkerungskreisen die Inanspruchnahme bestimmter Besteuerungs- und Finanzierungsalternativen verwehrt wird.[744] Dieser steuerliche Klienteleffekt resultiert aus dem mikroökonomischen Optimierungskalkül, wonach z.B. die Entscheidung für oder gegen § 34a EStG von den individuellen steuerlichen Verhältnissen, also bspw. dem Steuersatz, abhängen. In diesem Kontext ist festzustellen, dass primär Steuerpflichtige, die dem Spitzentarif unterliegen, Vorteile aus der Thesaurierungsbegünstigung und der Abgeltungsteuer ziehen können. Dies hat die unbestimmte, meist negative Folge, dass der (faktische) Anwendungsbereich – insbesondere von § 34a EStG – stark geschmälert wird.

G. Verlustverrechnungsbeschränkungen

I. Steuerliche Verlustverrechnungsbeschränkungen

Das deutsche Steuerrecht ist von vielfältigen Verlustverrechnungsbeschränkungen durchsetzt.[745] Gerade Einkünfte, für die ein besonderer Steuersatz gilt, erfahren Einschränkungen bei der Verlustverrechnung.[746] Eine Verrechnung von Einkünften aus dem niedrig besteuerten Bereich mit jenen aus dem Bereich der Regelbesteuerung wäre systemwidrig. Spezielle Verlustverrechnungsbeschränkungen finden sich daher – als Kehrseite einer begünstigten Schedulenbesteuerung – sowohl bei der Thesaurierungsbegünstigung nach § 34a EStG als auch bei der Abgeltungsteuer nach § 32d EStG.

II. Thesaurierungsbegünstigung

Soweit zur Thesaurierungsbegünstigung optiert wird, dürfen anderweitige negative Einkünfte nicht mit ermäßigt besteuerten Gewinnen ausgeglichen werden (§ 34a Abs. 8 Hs. 1 EStG). Da § 34a EStG aber ohnehin nur auf im z.v.E. enthaltene, nicht entnommene Gewinne anwend-

---

743 Bspw. *Hechtner/Hundsdoerfer,* StuW 2009, 23, 26 ff.

744 So bereits *Wagner/Baur/Wader,* BB 1999, 1296, 1299.

745 Grundlegend *Kröner*, Verrechnungsbeschränkte Verluste, 1986, passim; *Lüdicke/Kempf/Brink*, Verluste im Steuerrecht, 2010, passim; *Röder*, Verlustverrechnung, 2010, passim.

746 *Dorenkamp*, Systemgerechte Neuordnung der Verlustverrechnung (IFSt-Schrift Nr. 461), 2010, 14 f.

bar ist, bedurfte es der Regelung des § 34a Abs. 8 EStG im Prinzip nicht.[747] Sie läuft leer und hat nur klarstellende Bedeutung.[748] Der Verlustausgleich ist demnach vorrangig durchzuführen.[749]

Gleichwohl können Reihenfolgeprobleme auftreten, wenn begünstigungsfähige Gewinne mit anderen positiven und negativen Einkünften zusammentreffen. Ihnen ist i.S.d. Meistbegünstigungsdoktrin[750] zu begegnen, d.h. negative Einkünfte sind vorrangig mit den positiven nicht begünstigungsfähigen Einkünften zu saldieren.[751] Damit wird zugleich dem Umstand Rechnung getragen, dass sich begünstigte Einkünfte von der einkommensteuerlichen Bemessungsgrundlage isolieren. Die Ermittlung des z.v.E. bleibt unberührt. In diesem Sinne ist auch der Nachversteuerungsbetrag nicht Teil des z.v.E.[752] Mit dem Nachversteuerungsbetrag können keine Verluste ausgeglichen werden.[753]

Negative Einkünfte dürfen insoweit auch nicht nach § 10d EStG von ermäßigt besteuerten Gewinnen abgezogen werden (§ 34a Abs. 8 Hs. 2 EStG). Da für den Verlustrücktrag der G.d.E. des unmittelbar vorangegangenen VZ ohnehin um den Begünstigungsbetrag i.S.d. § 34a Abs. 3 S. 1 EStG zu mindern ist (§ 10d Abs. 1 S. 2 EStG), hätte es dieser Regelung nicht bedurft.[754] Nicht rücktragsfähige Verluste anlässlich dieser „Rücktragssperre“ gehen aber in den Verlustvortrag ein.[755] Ausgeschlossen ist die Verrechnung ermäßigt besteuerter Gewinne mit etwaigen Verlustvorträgen sowie der (nachträgliche) Verlustvortrag in einen VZ, für den § 34a EStG bereits in Anspruch genommen wurde.[756] Dem Steuerpflichtigen bleibt es hingegen unbenommen, den Antrag nach § 34a Abs. 1 S. 4 EStG ganz oder teilweise wieder zurückzunehmen und hierdurch eine Verlustverrechnung zu erreichen.[757]

III. Abgeltungsteuer

Unter Geltung des Trennungsprinzips können Verluste der Kapitalgesellschaft nicht in die Sphäre des Gesellschafters, mithin in den Anwendungsbereich der Abgeltungsteuer nach

[747] *Wacker,* FR 2008, 605 f.; *Fellinger,* DB 2008, 1877; *Wacker* in: Schmidt, EStG, § 34a, Rz. 36; *Kaligin* in: Lademann, EStG, § 34a, Rz. 48 f.; *Ratschow* in: Blümich, EStG/KStG/GewStG, § 34a EStG, Rz. 85.

[748] *Thiel/Sterner,* DB 2007, 1099, 1103; *Schiffers,* DStR 2008, 1805, 1806; *Lüdicke/Kempf/Brink,* Verluste im Steuerrecht, 2010, 129; *Röder,* Verlustverrechnung, 2010, 47.

[749] BMF, Schreiben v. 11.8.2008, IV C 6 – S 2290-a/07/10001, BStBl. I 2008, 838, Rz. 1.

[750] BFH, Urteil v. 27.9.2006, X R 25/04, DStR 2007, 387 (zum vergleichbaren Problem bei § 35 EStG); BFH, Urteil v. 13.8.2003, XI R 27/03, BStBl. II 2004, 547 (zum vergleichbaren Problem bei § 34 EStG).

[751] *Fellinger,* DB 2008, 1877, 1878; *Stein* in: Herrmann/Heuer/Raupach, EStG/KStG, § 34a EStG, Rz. 31; *Ley/Bodden* in: Korn/Carlé/Stahl u.a., EStG, § 34a, Rz. 209. A.A. *Wendt,* DStR 2009, 406, 408.

[752] *Kessler/Jüngling/Pfuhl,* Ubg 2008, 741.

[753] *Paus,* EStB 2008, 322, 327; *Wacker* in: Schmidt, EStG, § 34a, Rz. 64.

[754] *Bäumer,* DStR 2007, 2089, 2091; *Reiß* in: Kirchhof, EStG Kompaktkommentar, § 34a, Rz. 82.

[755] *Thiel/Sterner,* DB 2007, 1099, 1103.

[756] *Ratschow* in: Blümich, EStG/KStG/GewStG, § 34a EStG, Rz. 86; *Lüdicke/Kempf/Brink,* Verluste im Steuerrecht, 2010, 129; *Bodden,* FR 2012, 68, 70 f.

[757] *Grützner,* StuB 2009, 182, 182; *Ley/Bodden* in: Korn/Carlé/Stahl u.a., EStG, § 34a, Rz. 57.

§ 32d EStG, verlagert werden.[758] Sie verbleiben bei der Kapitalgesellschaft und können dort gem. § 8 Abs. 1 KStG i.V.m. § 10d EStG bzw. § 10a GewStG vorgetragen werden.

Auf Anteilseignerebene dürfen Verluste aus Kapitalvermögen gem. § 20 Abs. 6 S. 2 EStG weder mit Einkünften aus anderen Einkunftsarten ausgeglichen noch nach § 10d EStG abgezogen werden. Sie mindern jedoch die Einkünfte aus Kapitalvermögen, die der Steuerpflichtige in den folgenden VZ erzielt (§ 20 Abs. 6 S. 3 EStG). Verluste, die aus der Veräußerung von Aktien resultieren, dürfen nur mit Gewinnen aus der Veräußerung von Aktien verrechnet werden (§ 20 Abs. 6 S. 5 EStG). Darüber hinaus sind Altverluste aus privaten Veräußerungsgeschäften i.S.d. § 23 Abs. 3 S. 9 und 10 EStG übergangsweise für fünf Jahre vorrangig mit anderen Gewinnen i.S.d. § 23 EStG sowie mit Veräußerungsgewinnen i.S.d. § 20 Abs. 2 EStG neuen Rechts zu verrechnen.[759] Es sind deshalb verschiedene „Verlustverrechnungstöpfe" zu führen.[760]

Positive Kapitaleinkünfte, die nach § 32d Abs. 1 EStG abgeltend besteuert werden, gehen nicht in das z.v.E. ein (§ 2 Abs. 5b EStG). Eine Verrechnung mit Verlusten aus anderen Einkunftsarten ist insofern ausgeschlossen.[761] Ein Verlustausgleich gelingt einzig über die Veranlagungsoption nach § 32d Abs. 6 EStG bzw. zu 60% mit der Teileinkünfteoption nach § 32d Abs. 2 Nr. 3 EStG.[762]

IV. Beurteilung

Sowohl § 34a EStG als auch § 32d EStG enthalten hochkomplexe Vorschriften, die eine (inter- und intraperiodische sowie inter- und intraschedulare) Verlustverrechnung erschweren, sogar fast unmöglich machen. Durch entsprechende Wahlrechte steht es aber in beiden Fällen offen, zur Regelbesteuerung und damit zur Teilnahme an den „normalen" (horizontalen und vertikalen) Verlustverrechnungsmechanismen zurückzukehren.

H. Missbrauchsvermeidungsregelungen

I. Einzelsteuergesetzliche Missbrauchsvermeidungsregelungen

Zur Vermeidung einer (vermeintlichen) Mehrfachbegünstigung bzw. planwidrigen Inanspruchnahme nimmt der Gesetzgeber in viele begünstigende Steuernormen spezielle Anti-

---

758 *Kessler* in: Kessler/Kröner/Köhler, Konzernsteuerrecht, 2008, § 8, Rz. 159.

759 Bspw. *Schlotter/Jansen*, Abgeltungsteuer, 2008, 99. Strategien zur Nutzung von Altverlusten bietet etwa *Strauch,* DStR 2010, 254 ff.

760 *Geurts,* DStZ 2007, 341, 345 f.; *Ashauer-Moll/Rösch*, Abgeltungsteuer, 2008, 78 ff.; *Lappas,* Stbg 2009, 446 ff.; *Seitz,* StB 2009, 426 ff.

761 *Englisch,* StuW 2007, 221, 234; *Hamacher/Dahm* in: Korn/Carlé/Stahl u.a., EStG, § 20, Rz. 423.

762 *Behrens,* BB 2007, 1025, 1028; *Brusch,* FR 2007, 999, 1002; *Schlotter/Jansen*, Abgeltungsteuer, 2008, 108; *Baumgärtel/Lange* in: Herrmann/Heuer/Raupach, EStG/KStG, § 32d EStG, Rz. 82; *Ratschow* in: Blümich, EStG/KStG/GewStG, § 2 EStG, Rz. 104; *Baumgärtel/Lange* in: Herzig/Tobin/Eckhardt u.a., Handbuch Unternehmensteuerreform 2008, Rz. 802.

missbrauchsregelungen auf.[763] Sie regeln, in welchen Fällen die günstige Rechtsfolge nicht einzutreten hat bzw. unter welchen Umständen die Begünstigung (im Nachhinein) wegfallen soll. Eine solche Ausnahmeregelung kann entweder direkt im Steuertatbestand verankert oder als separate Missbrauchsklausel ausgestaltet sein. Ihr liegen normspezifische Typisierungen zu Grunde.[764]

II. Thesaurierungsbegünstigung

Die Thesaurierungsbegünstigung soll nach Auffassung des Gesetzgebers nicht zusätzlich zu anderen Steuervergünstigungen gewährt werden.[765] Von der Anwendung der Tarifoption sind daher begünstigt besteuerte Veräußerungsgewinne i.S.d. § 16 Abs. 4, § 34 Abs. 3 EStG sowie Gewinne nach § 18 Abs. 1 Nr. 4 EStG („*carried interests*") ausgeschlossen.[766]

Der Anwendungsbereich ist ferner auf bilanzierende Gewinneinkünfte beschränkt, da nach Auffassung des Gesetzgebers nur bei der Gewinnermittlung durch Betriebsvermögensvergleich die Nachverfolgung des Nachversteuerungsbetrags gewährleistet sei.[767] Des Weiteren kann bei Mitunternehmerschaften § 34a EStG nur dann beantragt werden, wenn der Gewinnanteil mehr als 10% beträgt oder 10.000 € übersteigt (§ 34a Abs. 1 S. 3 EStG). Kleinstgesellschafter werden somit – aus (vermeintlichen) Missbrauchs- und Praktikabilitätsgründen – von der Anwendung des § 34a EStG ausgeschlossen.[768]

Darüber hinaus bleibt die Steuerermäßigung nach § 34a EStG bei der Festsetzung der Einkommensteuer-Vorauszahlungen außer Ansatz (§ 37 Abs. 3 S. 5 EStG). Damit soll verhindert werden, dass der Steuerpflichtige eine Herabsetzung der Vorauszahlungen verlangen kann, später jedoch den Antrag nicht stellt und auf diese Weise einen (ungerechtfertigten und unsanktionierten) Zinsvorteil erlangt.[769]

Die Sondertatbestände des § 34a Abs. 6 Nr. 1 – 3 EStG sind ebenfalls als Missbrauchsvermeidungsregelungen einzustufen.[770] Die Zwangsnachversteuerung soll gewährleisten, dass sich der Steuerpflichtige nicht durch

Nr. 1 Betriebsveräußerung oder -aufgabe,

Nr. 2 Einbringung/Formwechsel in eine Kapitalgesellschaft,

---

763 *Roser,* FR 2005, 178; *Hey,* StuW 2008, 167, 168; *Hey* in: Hüttemann, DStJG Band 33, 2010, 139, 140.
764 *Gabel*, Missbrauchsnormen, 2010, 18 f.; *Gabel,* StuW 2011, 3, 4.
765 BT-Drs. 16/4841 v. 27.3.2007, 63.
766 Weiterführend *Ley/Bodden* in: Korn/Carlé/Stahl u.a., EStG, § 34a, Rz. 38 ff.
767 *Herzig,* WPg 2007, 7, 11; *Hey,* DStR 2007, 925, 931, Fn. 38. Kritisch *Dörfler/Graf/Reichl,* DStR 2007, 645, Fn. 21; *Ratschow* in: Blümich, EStG/KStG/GewStG, § 34a EStG, Rz. 20.
768 BT-Drs. 16/4841 v. 27.3.2007, 63. Kritisch *Söffing/Worgulla,* NWB 2009, 841, 847 f.
769 *Paus,* EStB 2008, 403, 404.
770 *Kaminski/Hofmann/Kaminskaite,* Stbg 2007, 161, 164; *Rohler,* GmbH-StB 2008, 238; *Crezelius,* FR 2011, 401, 403.

Nr. 3 Wechsel der Gewinnermittlungsart

des (Nach-) Steuerzugriffs entziehen kann.[771] Die Vorschrift des § 34a Abs. 6 Nr. 1 EStG geht allerdings nicht soweit, auch die Veräußerung oder Aufgabe eines Teilbetriebs bzw. Teilmitunternehmeranteils als schädlichen Vorgang zu sehen, obgleich dies im Vorfeld als Antimissbrauchsregelung diskutiert wurde.[772] Der Zwangsnachversteuerung nach § 34a Abs. 6 Nr. 2 EStG bei einer Umwandlung in eine Kapitalgesellschaft hätte es demgegenüber nicht (zwingend) bedurft, da die Fortführung des nachversteuerungspflichtigen Betrags bei der Kapitalgesellschaft möglich gewesen wäre.[773]

Zur Missbrauchsverhinderung sollte in § 34a Abs. 5 S. 3 EStG-E geregelt werden, dass bei der Übertragung des nachversteuerungspflichtigen Betrags anlässlich eines Vorgangs nach § 6 Abs. 5 EStG die Übertragung bzw. Überführung beim aufnehmenden Betrieb nicht als Einlage zu werten ist.[774] Des Weiteren wurde erwogen, gesetzlich festzuschreiben, dass Geldbeträge keine Wirtschaftsgüter i.S.d. § 34a Abs. 5 EStG seien. Überdies sollte § 34a Abs. 1 S. 4 EStG (Antragsrücknahme) um den Zusatz erweitert werden, dass § 233a Abs. 2a AO nicht anzuwenden sei, um Gestaltungen zur Erreichung einer zinslosen Stundung zu vermeiden.[775] Alle drei Vorschläge sind aber gesetzlich nicht umgesetzt worden. Ungeachtet dessen vertritt das BMF die (zweifelhafte) Auffassung, wonach Geldbeträge nicht nach § 34a Abs. 5 EStG übertragungsfähig seien.[776]

Durch die (Zwangs-) Nachversteuerung bedurfte es darüber hinaus keiner weiteren Ausschlusstatbestände bzw. Antimissbrauchsregelungen. Der Gesetzgeber musste im Rahmen des § 34a EStG bloß sicherstellen, dass eine Nachversteuerung nicht dauerhaft umgangen werden kann. Dies ist ihm – teilweise überschießend – gelungen.

III. Abgeltungsteuer

Der Gesetzgeber ging von Beginn an davon aus, dass die Besteuerung nach § 32d EStG zu (missbräuchlichen) Finanzierungsgestaltungen einlädt.[777] Mit § 32d Abs. 2 Nr. 1 EStG ist daher eine komplizierte Missbrauchsvermeidungsregelung eingeführt worden. Sie bestimmt, welche Kapitalerträge nicht unter den abgeltenden Steuersatz von 25% fallen, sondern dem

---

771 *Kaligin* in: Lademann, EStG, § 34a, Rz. 42; *Dörfler* in: Littmann/Bitz/Pust, EStG, § 34a, Rz. 137.

772 BT-Drs. 16/5377 v. 18.5.2007, 14 f. Hierzu *Bäumer,* DStR 2007, 2089, 2091 f.

773 *Cordes,* WPg 2007, 526, 530; *Bindl,* DB 2008, 949, 954 f.; *Dörfler/Fellinger/Reichl,* Beihefter zu DStR 29 / 2009, 69, 72 ff.; *Schiffers* in: Kessler/Förster/Watrin, FS Herzig, 2010, 823, 828 ff.

774 Prüfbitte des Finanzausschusses des Bundesrats, BR-Drs. 545/1/08 v. 9.9.2008, 30 ff. Hierzu ausführlich *Pohl,* DStR 2007, 1336, 1537; *Niehus/Wilke,* DStZ 2009, 14, 16 f.; *Ley* in: Kessler/Förster/Watrin, FS Herzig, 2010, 469, 481.

775 *Wendt,* Stbg 2009, 1, 6; *Wendt,* DStR 2009, 406, 407, Fn. 10. Ähnlich bereits *Gragert/Wißborn,* NWB 2008, 3995, 4001.

776 BMF, Schreiben v. 11.8.2008, IV C 6 – S 2290-a/07/10001, BStBl. I 2008, 838, Rz. 32. Zur fiskalischen Motivation vgl. *Gragert/Wißborn,* NWB 2008, 3995, 4011 f.

777 *Lambrecht* in: Kirchhof, EStG Kompaktkommentar, § 32d, Rz. 2; *Dinkelbach,* DStR 2011, 941, 945.

Normaltarif unterliegen.[778] Es sollen insbesondere Gestaltungen vermieden werden, bei denen „aufgrund der Steuersatzspreizung betriebliche Gewinne z.B. in Form von Darlehenszinsen abgesaugt werden und so die Steuerbelastung auf den Abgeltungsteuersatz reduziert wird.“[779]

Die Abgeltungsteuer findet gem. § 32d Abs. 2 Nr. 1 EStG für Kapitalerträge i.S.d. § 20 Abs. 1 Nr. 4 und 7 EStG (Zinsen und Gewinnanteile typisch stiller Gesellschafter) keine Anwendung,

a) wenn Gläubiger und Schuldner einander nahe stehende Personen sind und die Aufwendungen beim Schuldner als Betriebsausgaben oder (abziehbare) Werbungskosten die inländischen Einkünfte mindert,

b) wenn sie von einer Kapitalgesellschaft an einen Anteilseigner (oder eine diesem nahe stehende Person) gezahlt werden, der zu mindestens 10% beteiligt ist, oder

c) soweit eine betriebliche Kapitalanlage im Zusammenhang mit einer wechselseitigen Kapitalüberlassung steht. Dies gilt auch, wenn Kapital an rückgriffsberechtigte Dritte vergeben wird (sog. „back-to-back-Finanzierung“).

Die Ergänzung in § 32d Abs. 2 Nr. 1 Buchst. a) EStG um jene Fälle, bei denen der (nahe stehende) Schuldner die Entgelte als Betriebsausgaben oder Werbungskosten steuermindernd geltend machen kann, wurde erst durch das JStG 2010 eingefügt. Damit soll die Versagung der Abgeltungsteuer auf solche Gestaltungen beschränkt werden, bei denen Steuerpflichtige dem regulären Einkommensteuertarif unterliegende Einkünfte in den für sie günstigeren Abgeltungsteuerbereich verlagern.[780]

Das „Nahestehen“ wird vom Gesetzgeber und von der Finanzverwaltung mit den Merkmalen „beherrschender Einfluss“ und des „eigenen wirtschaftlichen Interesses“ äußerst weit gefasst und erfolgt in Anlehnung an § 1 Abs. 2 Nr. 3 AStG.[781] Des Weiteren sollen nach Auffassung des BMF verwandtschaftliche Beziehungen (Angehörige i.S.d. § 15 AO) stets ein Nahestehen begründen.[782] Das Niedersächsische Finanzgericht führt – am Gesetzeszweck ausrichtend – aus, dass die das Näheverhältnis begründenden Beziehungen familienrechtlicher, gesell-

---

[778] *Hey,* StuW 2008, 167, 168; *Weber-Grellet,* NJW 2008, 545, 549.

[779] BT-Drs. 16/4841 v. 27.3.2007, 60. Hierzu etwa *Watrin/Wittkowski/Strohm,* GmbHR 2007, 785, 790; *Behrens/Renner,* BB 2008, 2319 ff.; *Strahl,* Ubg 2008, 143, 144 f.; *Hahne/Lenz,* BC 2008, 207, 208 ff.

[780] *Bron/Seidel,* Deutscher AnwaltSpiegel Spezial "Private Clients" 2011, 17, 18.

[781] BT-Drs. 16/4841 v. 27.3.2007, 61; *Strahl,* Stbg 2010, 152, 160. Kritisch *Fischer,* DStR 2007, 1898, 1899; *Behrens/Renner,* BB 2008, 2319, 2321; *Baumgärtel/Lange* in: Herrmann/Heuer/Raupach, EStG/KStG, § 32d EStG, Rz. 20.

[782] BMF, Schreiben v. 22.12.2009, IV C 1 – S 2252/08/10004, BStBl. I 2010, 94, Rz. 136. Kritisch *Kollruss,* GmbHR 2007, 1133; *Schulz/Vogt,* DStR 2008, 2189, 2191; *Strahl,* Stbg 2010, 152, 160; *Strahl,* KÖSDI 2010, 16853, 16858.

schaftsrechtlicher, schuldrechtlicher oder auch tatsächlicher Art sein können.[783] Es orientiert sich dabei an den Kriterien, die der Feststellung verdeckter Gewinnausschüttungen bei Vorteilsgewährung an Nichtgesellschafter zugrundegelegt werden.

Der gesetzgeberische Missbrauchsvermeidungswille kommt ferner darin zum Ausdruck, dass gem. § 32d Abs. 2 Nr. 1 Buchst. c) S. 3 ff. EStG ein schädlicher Zusammenhang dann anzunehmen ist, falls „die Kapitalanlage und die Kapitalüberlassung auf einem einheitlichen Plan beruhen. Hiervon ist insbesondere dann auszugehen, wenn die Kapitalüberlassung in engem zeitlichen Zusammenhang mit einer Kapitalanlage steht oder die jeweiligen Zinsvereinbarungen miteinander verknüpft sind. Von einem Zusammenhang ist jedoch nicht auszugehen, wenn die Zinsvereinbarungen marktüblich sind oder die Anwendung [... der Abgeltungsteuer] zu keinem Belastungsvorteil führt."[784] Mit dieser Formulierung hielt schließlich die Rechtsfigur des „Gesamtplans" erstmals Einzug in ein Steuergesetz.[785]

Um eine Doppelbegünstigung für Lebensversicherungen zu vermeiden, sieht § 32d Abs. 2 Nr. 2 EStG vor, dass Kapitalerträge i.S.d. § 20 Abs. 1 Nr. 6 S. 2 EStG nicht unter die Abgeltungsteuer fallen, da sie ohnehin nur hälftig anzusetzen sind.[786] Weiterhin stellt § 32d Abs. 2 Nr. 4 EStG sicher, dass die Abgeltungsteuer im Falle verdeckter Gewinnausschüttungen nur dann anzuwenden ist, wenn die verdeckte Gewinnausschüttung das Einkommen der Kapitalgesellschaft nicht gemindert hat (materielle Korrespondenz).[787]

Die Veranlagungsoption nach § 32d Abs. 6 EStG kann nur einheitlich für sämtliche Kapitalerträge gestellt werden (§ 32d Abs. 6 S. 3 EStG). Damit soll verhindert werden, dass der Steuerpflichtige durch findige Aufteilung ungerechtfertigte Steuervorteile erlangen kann, z.B. durch Versteuerung eines Teils der Kapitaleinkünfte bis zum Grundfreibetrag, darüber hinaus mit dem Pauschalsteuersatz.[788] § 32d Abs. 2 Nr. 3 S. 6 EStG schreibt für die Teileinkünfteoption vor, dass nach einem Widerruf nicht mehr zum progressiven Einkommensteuertarif zurückgekehrt werden kann. Diese Regelung soll einen auf Steueroptimierung gerichteten ständigen Wechsel des Besteuerungsregimes verhindern.[789]

---

783 FG Niedersachsen, Urteil v. 6.7.2011, 4 K 322/10, EFG 2012, 242 (Rev. eingelegt: BFH, VIII R 31/11).

784 Damit wird – zum Schutze des traditionell-mittelständischen „Hausbankenprinzips" – ein Missbrauchsfall nicht allein deshalb angenommen, wenn die Bank einen Rückgriff auf das Privatvermögen des Steuerpflichtigen hat (vgl. *Strahl,* DStR 2008, 9, 11 f.; *Strahl,* KÖSDI 2008, 15896 ff.). Zur vorherigen Problematik vgl. *Fischer,* DStR 2007, 1898 f.

785 *Strahl* in: Kessler/Förster/Watrin, FS Herzig, 2010, 577, 582.

786 *Rengier,* DB 2007, 1771, 1773 f.

787 Dieses materielle Korrespondenzprinzip wurde erst durch das JStG 2010 (BGBL. I 2010, 1768) mit Wirkung ab dem VZ 2011 eingeführt. Zu vorherigen steuerplanerischen Ansatzpunkten *Kollruss,* BB 2008, 2437 ff.; *Fuhrmann/Demuth,* KÖSDI 2009, 16613, 16617; *Horst,* NWB 2010, 982, 987.

788 BT-Drs. 16/4841 v. 27.3.2007, 62; *Koss* in: Korn/Carlé/Stahl u.a., EStG, § 32d, Rz. 108.

789 BT-Drs. 16/7036 v. 8.11.2007, 14; *Baumgärtel/Lange* in: Herrmann/Heuer/Raupach, EStG/KStG, § 32d EStG, Rz. 47.

IV. Beurteilung

Sowohl bei der Thesaurierungsbegünstigung als auch bei der Abgeltungsteuer finden sich zahlreiche Missbrauchsvermeidungsregelungen. Sie schießen in ihrer Anwendung bisweilen über ihr Ziel hinaus. Für die steuerorientierte Rechtsformplanung stellen einzelsteuergesetzliche Antimissbrauchsvorschriften Gestaltungshindernisse, mitunter Gestaltungsgrenzen dar. Da es sich um „Regelung[en] in einem Einzelsteuergesetz [... handelt], die der Verhinderung von Steuerumgehungen" dienen, bieten sie gem. § 42 Abs. 1 S. 2 AO aber Schutz vor der allgemeinen Antimissbrauchsregelung des § 42 AO („*lex specialis derogat legi generali*").[790]

I. Wahlrechte

I. Steuerliche Wahlrechte

Das Steuerrecht erlaubt es in vielen Fällen, zwischen die Sachverhaltsermittlung und die Bestimmung der Steuerfolgen eine der Entscheidung des Steuerpflichtigen zugängliche Zwischenstufe einzuschalten.[791] Derartige steuerliche Rechtswahlmöglichkeiten bzw. Optionen geben dem Steuerpflichtigen, der einen bestimmten Sachverhalt bereits verwirklicht hat, das Recht und die Möglichkeit, zwischen mehreren Rechtsfolgen zu wählen.[792] Hierzu bedarf es einer Willenserklärung, regelmäßig in Gestalt eines Antrags. Die Entscheidung kann sich freilich auch dadurch ergeben, dass die Unterlassungsalternative gewählt wird, der Steuerpflichtige mithin keinen Antrag stellt.[793] Gerade Steuervergünstigungen – so auch § 34a EStG – werden typischerweise im Rahmen eines Wahlrechts gewährt.[794]

II. Thesaurierungsbegünstigung

Die Thesaurierungsbegünstigung nach § 34a EStG stellt *als solche* ein mehrstufiges steuerliches Wahlrecht dar. Sie wird nur auf Antrag gewährt. Erfolgt keine Antragstellung, bleibt es bei der progressiven Tarifbelastung nach § 32a EStG. Der Antrag kann für jeden Betrieb und nach Maßgabe von § 34a Abs. 1 S. 3 EStG für jeden Mitunternehmeranteil sowie für jeden VZ gestellt werden.[795] Die Antragstellung wird im Regelfall zusammen mit der Einkommensteuererklärung auf der „Anlage 34a" erfolgen[796], wenngleich er auch durch schlüssiges Ver-

---

[790] *Drüen* in: Tipke/Kruse, AO/FGO, § 42 AO, Rz. 20; *Fischer* in: Hübschmann/Hepp/Spitaler, AO/FGO, § 42 AO, Rz. 25; *Schmieszek* in: Beermann/Gosch, AO/FGO, § 42 AO, Rz. 79.

[791] Grundlegend *Rose,* StbJb 1979/1980, 49, 53; *Michels*, Steuerliche Wahlrechte, 1982, 40 f.

[792] *Birk,* NJW 1984, 1325; *Tipke*, Steuerrechtsordnung Band I, 2000, 516; *Weber-Grellet,* DStR 1992, 1417, 1418.

[793] *Michels*, Steuerliche Wahlrechte, 1982, 41.

[794] *Kuhn* in: John, FS Wöhe, 1989, 229, 236.

[795] *Ley/Bodden* in: Korn/Carlé/Stahl u.a., EStG, § 34a, Rz. 43; *Dörfler* in: Littmann/Bitz/Pust, EStG, Rz. 22 ff. Kritisch *Niehus/Wilke,* DStZ 2009, 14.

[796] *Schalburg,* Stbg 2011, 102, 106.

halten gestellt werden kann.[797] Der Antrag ist auch nach Abgabe der Einkommensteuererklärung für den betreffenden VZ bis zur Unanfechtbarkeit des entsprechenden Einkommensteuerbescheids möglich.[798] Aus ihm erwächst keine Bindungswirkung für das Folgejahr.[799]

Des Weiteren sieht das Gesetz *innerhalb* der Antragstellung nach § 34a EStG folgende umfangreiche Wahlrechtsmöglichkeiten vor:

- Antrag auf Begrenzung der Höhe der Begünstigung nach § 34a Abs. 1 S. 1 EStG
- Erweiterte Möglichkeit zur Antragsrücknahme (§ 34a Abs. 1 S. 4 EStG)
- Wahlrecht zwischen der Besteuerung nach § 34a EStG oder § 34 Abs. 1 EStG (sog. „Fünftelregelung") bzw. § 34b EStG, sofern die Voraussetzungen erfüllt sind (BMF-Schreiben v. 11.8.2008, IV C 6 – S 2290-a/07/10001, BStBl. I 2008, 838, Rz. 6)
- Antrag auf Übertragung des nachversteuerungspflichtigen Betrags in Fällen des § 6 Abs. 5 EStG (§ 34a Abs. 5 S. 2 EStG)
- Antrag auf Nachversteuerung nach § 34a Abs. 6 S. 1 Nr. 4 EStG
- Antrag auf zinslose Stundung der Nachsteuer nach § 34a Abs. 6 S. 2 EStG

Es wird deutlich, dass die Thesaurierungsbegünstigung ein flexibles steuerliches Wahlrecht darstellt. Aufgrund ihrer gesellschafterbezogenen Ausgestaltung bedarf es keiner einheitlichen Antragstellung aller Mitunternehmer.[800] Durch ihre normimmanenten Optionsmöglichkeiten wird ihr sogar noch weitere Flexibilität verliehen. Speziell mit der Möglichkeit zur alljährlichen, der Höhe nach wählbaren Antragstellung mit Rücknahmeoption wird dem Umstand Rechnung getragen, dass § 34a EStG in einem VZ vorteilhaft erscheinen mag, in einem anderen VZ jedoch nachteilig wirken kann.[801] Die Thesaurierungsbegünstigung erlaubt es daher in Grenzen, auf die individuelle Situation des Steuerpflichtigen zu reagieren.

III. Abgeltungsteuer

Die Abgeltungsteuer ist *kein* steuerliches Wahlrecht. § 32d Abs. 1 EStG bestimmt vielmehr zwingend, dass sämtliche Einkünfte aus Kapitalvermögen, die nicht unter § 20 Abs. 8 EStG oder § 32d Abs. 2 EStG fallen, abgeltend mit 25% zu besteuern sind. Gleichwohl existieren

---

797 *Winkeljohann/Fuhrmann* in: PWC, Unternehmensteuerreform 2008, Rz. 517.

798 BMF, Schreiben v. 11.8.2008, IV C 6 – S 2290-a/07/10001, BStBl. I 2008, 838, Rz. 10.

799 *Schiffers,* DStR 2008, 1805, 1807.

800 Bspw. *Ley/Brandenberg,* FR 2007, 1085, 1090; *Kessler/Ortmann-Babel/Zipfel* in: Ernst & Young/BDI, Unternehmensteuerreform 2008, 23; *Stein* in: Herrmann/Heuer/Raupach, EStG/KStG, § 34a EStG, Rz. 35; *Reichert/Düll,* ZIP 2008, 1249, 1254.

801 *Ley/Bodden* in: Korn/Carlé/Stahl u.a., EStG, § 34a, Rz. 47.

innerhalb der Abgeltungsteuer zahlreiche Wahlrechte und Antragsmöglichkeiten, die im Rahmen der Einkommensteuererklärung („Anlage KAP“) auszuüben sind:[802]

- „Kleine“ Veranlagungsoption nach § 32d Abs. 4 EStG
- „Große“ Veranlagungsoption nach § 32d Abs. 6 EStG (Günstigerprüfung)
- Wahlrecht auf Besteuerung nach dem Teileinkünfteverfahren bei typischerweise unternehmerischen Beteiligungen nach § 32d Abs. 2 Nr. 3 EStG
- Bis einschließlich VZ 2011: Antrag auf Berücksichtigung der Kapitaleinkünfte für Zwecke des Spendenabzugs nach § 2 Abs. 5b S. 2 Nr. 1 EStG a.F.[803]

Es ist ersichtlich, dass auch im Zusammenhang mit der Abgeltungsteuer dem Steuerpflichtigen (nach Verwirklichung des Sachverhalts) gewisse Entscheidungen hinsichtlich der steuerrechtlichen Konsequenzen offen stehen. Hierbei erweisen sich gerade das Wahlrecht auf Besteuerung nach dem Teileinkünfteverfahren (§ 32d Abs. 2 Nr. 3 EStG) sowie die Veranlagungsoption nach § 32d Abs. 6 EStG als nützliche Gestaltungsinstrumente, mit denen entsprechende Dispositionen getroffen werden können.

IV. Beurteilung

Steuerliche Wahlrechte erhöhen den Handlungs- und Optimierungsspielraum. Durch sie verschafft sich der Steuerplaner zusätzliche Flexibilitäts- und Freiheitsgrade.[804] Unter dem Aspekt der Gesetzmäßigkeit sowie des Leistungsfähigkeitsprinzips sind sie jedoch zweifelhaft.[805] Sie verkomplizieren das Steuerrecht.[806] Denn für eine vernünftige Wahl müssen die Folgen aller durch die Option herbeiführbaren Alternativszenarien bekannt sein.[807] Dazu sind umfangreiche Steuerbelastungsrechnungen und Schattenveranlagungen vorzunehmen.[808] Dies verursacht hohe Informations- und Planungskosten.[809]

---

802 Ähnlich *Schiffers,* GmbH-StB 2008, 262, 264; *Delp,* DB 2010, 526, 528 ff.; *Gebhardt,* EStB 2010, 232, 233 f.; *Harenberg,* NWB 2010, Beilage zu Heft 13, 37; *Strauch,* GStB 2010, 326 ff.; *Schmidt/Eck,* BB 2010, 1123, 1130 (Checkliste); *Harenberg/Zöller*, Abgeltungsteuer, 2012, 159 f. Darüber hinaus können folgende Anträge beim Schuldner der Kapitalerträge bzw. dem Kreditinstitut gestellt werden: Antrag auf Ausstellung eines Freistellungsauftrags nach § 44a Abs. 1 Nr. 1 EStG, Antrag auf Ausstellung einer NV-Bescheinigung nach § 44a Abs. 1 Nr. 2 EStG, Antrag auf Ausstellung einer Steuerbescheinigung nach § 45a Abs. 2 S. 1 EStG, Antrag auf Ausstellung einer Verlustbescheinigung nach § 43a Abs. 3 S. 4 EStG, Antrag auf Berücksichtigung der tatsächlichen Anschaffungskosten bei Depotübertrag nach § 43a Abs. 2 S. 5 EStG, Antrag auf Veranlagung bzw. Abzug der Kirchensteuer nach § 51a Abs. 2c S. 1 EStG.

803 § 2 Abs. 5b S. 2 EStG a.F. wurde mit Wirkung ab dem 1.1.2012 aufgeboben (Steuervereinfachungsgesetz 2011 v. 1.11.2011, BGBl. I 2011, 2131).

804 *Hennrichs,* FR 2010, 721, 728.

805 *Hey* in: Ebling, DStJG Band 24, 2001, 155, 216.

806 *Herzig* in: Kirchhof/Lambsdorff/Pinkwart, FS Solms, 2005, 115, 116.

807 *Rose*, Betriebswirtschaftliche Steuerlehre, 1992, 287 f.

808 *Treiber* in: Blümich, EStG/KStG/GewStG, § 32d EStG, Rz. 2; *Hechtner,* NWB 2011, 1769, 1770.

809 *Sieker* in: Seeger, DStJG Band 25, 2002, 145, 171; *Kaligin* in: Lademann, EStG, § 34a, Rz. 14.

Ihre zieladäquate Ausnutzung ist gleichwohl Teil jedweder Steuerplanung. Für die steuerorientierte Rechtsformplanung mittels § 34a EStG und § 32d EStG sind steuerliche Wahlrechte – trotz des damit verbundenen Aufwands – willkommene und vom Gesetzgeber ausdrücklich gewollte Gestaltungsinstrumente. Sie zu erkennen und sinnvoll einzusetzen ist laufende Aufgabe der Steuerplanung von (mittelständischen) Unternehmen.[810]

J. Flexibilität

I. Steuerliche Flexibilität

Unter steuerlicher Flexibilität wird die Möglichkeit verstanden, sich auf geänderte (interne oder externe) Rahmenbedingungen mittels entsprechender Gestaltungen steuerneutral einzustellen.[811] Betriebliche Veränderungsprozesse sollen folglich keine Steuerbelastung auslösen. Fehlende bzw. eingeschränkte steuerliche Flexibilität bedeutet daher, dass sinnvolle (betriebswirtschaftlichen) Entscheidungen allein aus steuerlichen Gründen womöglich nicht durchgeführt werden.

II. Thesaurierungsbegünstigung

Personengesellschaften zeichnen sich typischerweise durch ihre – nicht nur steuerliche – Flexibilität aus.[812] Als Ausfluss des Transparenzprinzips können organisatorische Veränderungsprozesse zwischen Gesellschaft und Gesellschafter, aber auch gesellschaftsübergreifend, meist ohne Aufdeckung stiller Reserven vollzogen werden. Dies zeigt sich in concreto durch vielfältige Umstrukturierungsmöglichkeiten in- und außerhalb des Umwandlungs(steuer)gesetzes.[813]

Die Flexibilitätsvorteile werden jedoch durch die Inanspruchnahme des § 34a EStG eingeschränkt.[814] Auf die begünstigte Besteuerung des nicht entnommenen Gewinns folgt spätestens im Zeitpunkt der Überentnahme eine Nachversteuerung. Diese drohende Nachbelastung (Steuerlatenz) ist bei betriebswirtschaftlichen Entscheidungen zu berücksichtigen. Dies gilt zuvörderst für die Gewinnverwendung, also für die Frage, in welchem Umfang Geld bzw. Betriebsvermögen aus dem Unternehmen nachversteuerungsfrei entnommen werden kann.

Darüber hinaus ist zu bedenken, dass ein Rechtsformwechsel in eine Kapitalgesellschaft eine Zwangsnachversteuerung nach § 34a Abs. 6 Nr. 2 EStG auslöst. Die Nachbelastung wirkt

---

810 *Rose* in: Ackermann, FS 40 Jahre DER BETRIEB, 1988, 93, 111.

811 Grundlegend *Kessler/Schiffers* in: Müller/Hoffmann, Beck'sches Handbuch der Personengesellschaften, 2009, § 1, Rz. 222.

812 *Herzig,* StuW 1988, 342, 343; *Korn/Strahl,* NWB 2008, 4537, 4627; *Prinz,* FR 2010, 736 f.; *Bünning,* BB 2010, 2357 f.

813 *Herzig/Kessler,* GmbHR 1992, 232, 233.

814 *Schiffers,* GmbHR 2007, 841, 845 f.; *Schiffers,* DStR 2008, 1805, 1806.

umso dramatischer, als dem Steuerpflichtigen durch die Umstrukturierung keine Liquidität zufließt. Die Inanspruchnahme der Thesaurierungsbegünstigung erweist sich insofern als Umwandlungshemmnis.[815] Eine Fortführung des nachversteuerungspflichtigen Betrags in der Kapitalrücklage der Kapitalgesellschaft ist de lege lata ausgeschlossen, wenngleich eine spätere Ausschüttung der gleichhohen 25%igen Abgeltungsteuer unterläge.[816]

Demgegenüber findet sich innerhalb des Wahlrechts nach § 34a EStG eine Vielzahl von Einzelregelungen, die eine flexible Ausübung der Thesaurierungsbegünstigung gewährleistet.[817] Hierzu zählen bspw.

- die individuelle, gesellschafterbezogene Antragstellung
- die Antragstellung für jeden Betrieb bzw. jeden Mitunternehmeranteil
- die Antragstellung für jeden VZ
- die Möglichkeit zur Antragsbegrenzung
- die Möglichkeit zur Antragsrücknahme (§ 34a Abs. 1 S. 4 EStG)
- die Möglichkeit zur Saldierung von Entnahmen und Einlagen (bzw. die Saldierung nicht abziehbarer Betriebsausgaben und steuerfreier Einkünfte)
- die zusammengefasste Sichtweise des BMF[818] bei doppelstöckigen Personengesellschaften (unschädliche Vermögensverschiebungen)
- die Tatsache, dass kein bilanzielles Rücklagenkonto geführt werden muss
- die Tatsache, dass etwaige Mehr-Kapitalkontensysteme bei Personengesellschaften grds. keiner Überarbeitung bedürfen
- die Tatsache, dass keine gesellschaftsvertraglichen Abreden bzw. Anpassungen notwendig sind
- die Möglichkeit zur Übertragung des nachversteuerungspflichtigen Betrags in Fällen des § 6 Abs. 5 EStG (§ 34a Abs. 5 S. 2 EStG)
- die Tatsache, dass Beträge für die Erbschaft- und Schenkungsteuer unschädlich entnommen werden können (§ 34a Abs. 4 S. 3 EStG)

---

815 *Hey,* DStR 2007, 925, 930; *Cordes,* WPg 2007, 526, 529; *Ley/Brandenberg,* FR 2007, 1085, 1106; *Bindl,* DB 2008, 949, 954; *Rödder,* WPg Sonderheft 2008, S 66, S 70 f.; *Levedag* in: Gummert/Weipert, Münch. Hdb. GesR II, § 58, Rz. 9; *Schiffers* in: Kessler/Förster/Watrin, FS Herzig, 2010, 823, 827.

816 *Cordes,* WPg 2007, 526, 530; *Bindl,* DB 2008, 949, 954 f.; *Dörfler/Fellinger/Reichl,* Beihefter zu DStR 29 / 2009, 69, 72 ff.; *Schiffers* in: Kessler/Förster/Watrin, FS Herzig, 2010, 823, 828 ff.

817 *Schiffers,* GmbHR 2007, 841, 845 f.; *Hey,* DStR 2007, 925, 929; *Wilk,* DStZ 2007, 216, 218; *Kraus,* Körperschaftsteuerliche Integration, 2009, 138 ff.

818 BMF, Schreiben v. 11.8.2008, IV C 6 – S 2290-a/07/10001, BStBl. I 2008, 838, Rz. 21.

- der Übergang des nachversteuerungspflichtigen Betrags auf den Rechtsnachfolger i.S.d. § 6 Abs. 3 EStG bzw. auf den neuen Mitunternehmeranteil bei einer Einbringung nach § 24 UmwStG (§ 34a Abs. 7 EStG).

III. Abgeltungsteuer

Aus dem Trennungsprinzip folgt naturgemäß eine gewisse Inflexibilität bei der Besteuerung von Kapitalgesellschaften und ihren Anteilseignern.[819] Dies gilt in besonderem Maße bei der Übertragung von Wirtschaftsgütern und bei der Veränderung der Unternehmensstruktur, da es hier meist zu einer Gewinnrealisierung kommt.[820]

Mit Einführung der Abgeltungsteuer nach § 32d EStG haben sich diese Grundsätze nicht verändert. Es bleibt vielmehr dabei, dass die fingierte Vollausschüttung bei einem Rechtsformwechsel in eine Personengesellschaft (§ 7 Abs. 1 S. 1 UmwStG) zu Einkünften aus Kapitalvermögen führt, die dann – abhängig von Betriebs- oder Privatvermögen bzw. Beteiligungshöhe – der Abgeltungsteuer oder dem Teileinkünfteverfahren unterliegen.[821] Diese Rechtsfolge kann auch nicht dadurch vermieden werden, dass die Gewinnrücklagen (ggf. optional) in den nachversteuerungspflichtigen Betrag nach § 34a Abs. 3 S. 2 EStG übertragen werden.[822]

Eine weitere Inflexibilität zeigt sich darin, dass die Gewinnverwendungsstrategie grundsätzlich nur für alle Gesellschafter einheitlich bestimmt werden kann, aus der sich dann auch zwingend die steuerlichen Konsequenzen ergeben.[823] Die Bildung individueller Rücklagen (bzw. eine inkongruente Gewinnausschüttung) ist nur unter strengen Voraussetzungen möglich.[824] Offene wie verdeckte Gewinnausschüttungen können ferner nicht mit steuerlicher Wirkung rückgängig gemacht werden.[825]

Im Rahmen des § 32d EStG sind die Möglichkeiten hinsichtlich einer flexiblen Besteuerung ebenfalls begrenzt, da die Besteuerung einheitlich mit 25% erfolgt. Einzige Ausnahmen sind die Veranlagungs- und Teileinkünfteoption.[826] In diesen Fällen existieren allerdings verfahrensrechtliche Antragsbeschränkungen, die die Flexibilität beider Wahlrechte einschränken.[827] So kann die Veranlagungsoption nach § 32d Abs. 6 EStG nur für alle Kapitalerträge gemein-

---

819 *Herzig,* GmbHR 1987, 140 f.

820 *Kessler/Schiffers* in: Müller/Hoffmann, Beck'sches Handbuch der Personengesellschaften, 2009, § 1, Rz. 222.

821 *Schmitt* in: Schmitt/Hörtnagl/Stratz, UmwStG, § 7 UmwStG D, Rz. 17 ff.

822 Kritisch *Herzig,* WPg 2007, 7, 11; *Bindl,* DB 2008, 949, 956; *Schiffers* in: Kessler/Förster/Watrin, FS Herzig, 2010, 823, 836.

823 *Schiffers,* GmbHR 2007, 505, 506 f.; *Schiffers,* GmbH-StB 2008, 262, 263.

824 BMF, Schreiben v. 7.12.2000, IV A 2 – S 2810 – 4/00, DB 2000, 2501. Weniger restriktiv BFH, Urteil v. 19.8.1999, I R 77/96, DStR 1999, 1849; BFH, Urteil v. 8.8.2001, I R 25/00, BStBl. II 2003, 923; BFH, Urteil v. 28.6.2006, I R 97/05, FR 2007, 38. Vertiefend hierzu *Müller,* FR 2010, 825 ff.

825 *Hey,* DStR 2007, 925, 929.

826 *Jacobs,* Unternehmensbesteuerung und Rechtsform, 2009, 588.

827 *Prinz,* GmbHR 2008, 626, 630.

sam gestellt werden. An die Teileinkünfteoption (§ 32d Abs. 2 Nr. 3 EStG) ist der Steuerpflichtige für fünf Jahre gebunden.

IV. Beurteilung

Die Thesaurierungsbegünstigung ist im Ansatz ein flexibles, weil gesellschafterbezogenes Wahlrecht. Gleichwohl verliert der Steuerpflichtige mit der Inanspruchnahme des § 34a EStG wichtige Freiheitsgrade hinsichtlich betriebswirtschaftlicher Entscheidungen. Gerade die Zwangsnachversteuerung bei der Umwandlung in eine Kapitalgesellschaft dürfte ein bedeutsamer Grund sein, der gegen eine Beantragung der Thesaurierungsbegünstigung spricht. Damit büßen thesaurierende Personenunternehmen einen wesentlichen Vorteil ein, den sie gegenüber Kapitalgesellschaften haben bzw. hatten. Trotzdem bleibt festzustellen, dass § 34a EStG ein deutlich flexibleres Wahlrecht darstellt, als es das Besteuerungsverfahren der Kapitalgesellschaften und ihrer (abgeltend besteuerten) Anteilseigner ist.[828]

K. Verfahrensrechtliche Auswirkungen

I. Steuerliches Verfahrensrecht

Die ökonomische Bedeutung des steuerlichen Verfahrensrechts ergibt sich aus der Notwendigkeit, neben den materiellen auch formelle steuerliche Aspekte in den betriebswirtschaftlichen Planungs- und Entscheidungsprozess zu integrieren.[829] Entsprechende Regelungen finden sich in der AO, aber auch in den Einzelsteuergesetzen (so z.B. in § 34a Abs. 9 ff. EStG).

II. Thesaurierungsbegünstigung

Die Besteuerung nach § 34a EStG hat vielschichtige und VZ-übergreifende Auswirkungen auf steuerverfahrensrechtliche Zusammenhänge.[830] Zunächst ist anzumerken, dass die Thesaurierungsbegünstigung gem. § 34a Abs. 1 S. 2 EStG bei dem für die Einkommensbesteuerung zuständigen Finanzamt (Wohnsitzfinanzamt i.S.d. § 19 AO) beantragt werden muss. Dort wird auch der nachversteuerungspflichtige Betrag gesondert festgestellt (§ 34a Abs. 3 S. 3 EStG i.V.m. § 34a Abs. 9 S. 1 EStG). Diese Feststellung erfordert einen gewissen Verwaltungsaufwand, der mit der Überwachung der Verluste nach § 15a EStG bzw. des Schuldzinsenabzuges nach § 4 Abs. 4a EStG vergleichbar ist.[831] Der Feststellungsbescheid kann gem. § 34a Abs. 9 S. 3 EStG mit dem Einkommensteuerbescheid verbunden werden.

---

828 *Kraus*, Körperschaftsteuerliche Integration, 2009, 139 f.; *Schmidtmann,* DBW 2012, 137, 153.
829 *Rose*, Abgabenordnung, 2003, 23.
830 Ausführlich *Bodden,* FR 2011, 829 ff.
831 *van Heek,* SteuerStud 2010, 503, 505.

Ein Feststellungsbescheid i.S.d. § 34a Abs. 3 S. 3 EStG ist zu erlassen, aufzuheben oder zu ändern, soweit der Steuerpflichtige einen Antrag auf begünstigte Besteuerung nach § 34a Abs. 1 S. 1 EStG stellt oder einen solchen in Anwendung von § 34a Abs. 1 S. 4 EStG ganz oder teilweise zurücknimmt und sich die Besteuerungsgrundlagen im Einkommensteuerbescheid ändern (§ 34a Abs. 11 S. 1 EStG). Ferner kommen die Nachversteuerung i.S.d. § 34a Abs. 4 EStG sowie die Vorgänge nach § 34a Abs. 5, 6, 7 EStG als Feststellungs- bzw. Aufhebungsanlässe in Betracht.[832] Dabei ist gem. § 34a Abs. 11 S. 2 EStG unbeachtlich, ob sich eine steuerliche Auswirkung ergibt.

Die gesonderte Feststellung des nachversteuerungspflichtigen Betrags wird über § 34a Abs. 11 S. 3 EStG in die für den Einkommensteuerbescheid des betreffenden Jahres geltenden Verjährungsgrundsätze eingebunden.[833] Der Feststellungsbescheid kann jedoch nur insoweit angegriffen werden, als sich der nachversteuerungspflichtige Betrag gegenüber dem Vorjahr geändert hat (§ 34a Abs. 9 S. 2 EStG).[834]

Werden die Einkünfte nicht von dem für die Einkommensteuer zuständigen Wohnsitzfinanzamt, sondern von einem separaten Betriebs- bzw. Lagefinanzamt (§ 18 Abs. 1 AO) festgestellt (§ 180 Abs. 1 Nr. 2 AO), können zugleich auch die für die Inanspruchnahme der Thesaurierungsbegünstigung relevanten Besteuerungsmerkmale gesondert festgestellt werden (§ 34a Abs. 10 S. 1, 2 EStG). Diese fakultative, anlassbezogene Feststellung kann gem. § 34a Abs. 10 S. 3 EStG mit der „normalen" Feststellung nach § 180 Abs. 1 Nr. 2 AO verbunden werden.[835] Sie kommt insbesondere für folgende (gesellschafterbezogenen) Besteuerungsmerkmale in Betracht: Gewinn nach § 4 Abs. 1 S. 1 EStG oder § 5 EStG, steuerfreie Gewinne, nicht abziehbare Betriebsausgaben, Entnahmen des laufenden VZ, Entnahmen für Erbschaft-/ Schenkungsteuer, Einlagen des laufenden VZ, Buchwerte von übertragenen oder überführten Wirtschaftsgütern, Betrieben oder Mitunternehmeranteilen, Wechsel der Gewinnermittlungsart, Betriebsveräußerung/Betriebsaufgabe, Einbringung/Formwechsel in eine Kapitalgesellschaft.[836]

Um einen verjährungstechnischen Gleichlauf zwischen der Feststellung nach § 34a Abs. 10 EStG und jener nach § 180 Abs. 1 Nr. 2 AO sicherzustellen, ordnet § 34a Abs. 10 S. 4 EStG an, dass die Feststellungsfrist i.S.d. § 34a Abs. 10 EStG nicht vor Ablauf der Feststellungsfrist i.S.d. § 180 Abs. 1 Nr. 2 AO endet.[837] Die gesonderte und ggf. einheitliche Gewinnfeststellung nach § 180 Abs. 1 Nr. 2 AO entfaltet Grundlagencharakter (§ 171 Abs. 10 i.V.m. § 180

832 *Ley/Bodden* in: Korn/Carlé/Stahl u.a., EStG, § 34a, Rz. 224 f.; *Bodden,* FR 2011, 829, 836 f.

833 *Bodden,* FR 2011, 829, 830.

834 Die Norm des § 34a Abs. 9 S. 2 EStG enthält daher eine dem § 351 Abs. 2 AO vergleichbare Regelung, da in beiden Fällen die Bestandskraft des Grundlagenbescheids zu respektieren ist (so *Reiß* in: Kirchhof, EStG Kompaktkommentar, § 34a, Rz. 84; *Bodden,* FR 2011, 829, 838).

835 *Stein* in: Herrmann/Heuer/Raupach, EStG/KStG, § 34a EStG, Rz. 105.

836 *Ley,* Ubg 2008, 13, 22 f.

837 *Nacke,* StuB 2009, 87, 88.

Abs. 1 AO) sowohl für den zu berücksichtigenden Gewinnanteil als auch für den nach § 34a Abs. 10 S. 1 EStG fakultativ zu erlassenden Feststellungsbescheid.[838] Einwendungen gegen den Feststellungsbescheid nach § 34a Abs. 10 EStG sind deshalb nur insoweit zulässig, als der (Folge-) Feststellungsbescheid nach § 34a Abs. 10 EStG über den (Grundlagen-) Gewinnfeststellungsbescheid nach § 180 Abs. 1 Nr. 2 AO hinaus eigene Feststellungen trifft (§ 351 Abs. 2 AO).[839] Da aber auch im Rahmen des § 180 Abs. 1 Nr. 2 AO individuelle § 34a EStG-relevante Besteuerungsmerkmale festgestellt werden, ist oftmals unklar, welcher Bescheid richtigerweise angefochten werden muss. Es empfiehlt sich, beide Bescheide anzufechten.[840]

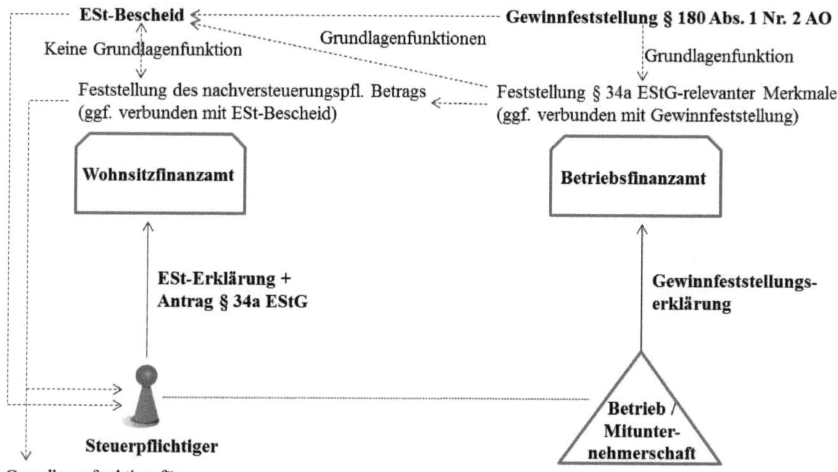

Abbildung 38: Verfahrensrechtliche Zusammenhänge bei § 34a EStG
Quelle: Eigene Darstellung in Anlehnung an *Bodden,* FR 2011, 829, 832 f.

Für die Einkommensteuerveranlagung hat das Wohnsitzfinanzamt die Besteuerungsgrundlagen nach § 180 Abs. 1 Nr. 2 AO, § 34a Abs. 10 EStG zu übernehmen und in der Folge einen Einkommensteuerbescheid zu erlassen (Änderungsmöglichkeit i.R.d. § 175 Abs. 1 Nr. 1 AO).[841] Zugleich wird der nachversteuerungspflichtige Betrag vom Wohnsitzfinanzamt auf Grundlage des Feststellungsbescheids nach § 34a Abs. 10 EStG gesondert festgestellt (§ 34a Abs. 3 S. 3 EStG) und ggf. mit dem Einkommensteuerbescheid verbunden.[842] Indes kommt dem Einkommensteuerbescheid im Verhältnis zum Feststellungsbescheid nach § 34a Abs. 3

838 *Wacker* in: Schmidt, EStG, § 34a, Rz. 99; *Bodden,* FR 2011, 829, 831.
839 *Bodden,* FR 2011, 829, 834.
840 *Stein* in: Herrmann/Heuer/Raupach, EStG/KStG, § 34a EStG, Rz. 105; *Wacker* in: Schmidt, EStG, § 34a, Rz. 99; *Bodden,* FR 2011, 829, 834.
841 *Grützner,* StuB 2009, 182, 183.
842 *Wacker* in: Schmidt, EStG, § 34a, Rz. 99.

S. 3 EStG keine Grundlagenfunktion zu (auch nicht umgekehrt).[843] Beide Bescheide müssen daher gesondert angefochten werden.[844] Sollte nur der Einkommensteuerbescheid angefochten werden, käme ggf. eine Änderung des Feststellungsbescheids i.S.d. § 34a Abs. 3 S. 3 EStG nach der Korrekturvorschrift des § 174 Abs. 4 S. 1 AO (widerstreitende Steuerfestsetzung) in Betracht.[845]

Der Feststellungsbescheid nach § 34a Abs. 3 S. 3 EStG entfaltet Grundlagenwirkung im Verhältnis zum Einkommensteuerbescheid des Folgejahres (hinsichtlich des Höchstbetrags der Nachversteuerung), zum Feststellungsbescheid über den nachversteuerungspflichtigen Betrag des Folgejahres (§ 34a Abs. 3 S. 3 EStG) sowie zu den Feststellungsbescheiden des Rechtsnachfolgers (§ 34a Abs. 7 S. 1 EStG), aufnehmenden Mitunternehmeranteils (§ 34a Abs. 7 S. 2 EStG) oder aufnehmenden Betriebs (§ 34a Abs. 5 S. 2 EStG).[846]

III. Abgeltungsteuer

Das steuerliche Verfahrensrecht betrifft im Kontext der Abgeltungsteuer insbesondere die Steuererhebung durch Kapitalertragsteuerabzug. Den 25%igen Steuerabzug nach § 43, § 43a EStG hat der Schuldner der Kapitalerträge (z.B. die ausschüttende Kapitalgesellschaft), in den meisten Fällen aber die auszahlende Stelle (inländisches Kreditinstitut) vorzunehmen, § 44 Abs. 1 S. 3 f. EStG.[847] Die (EDV-) technische Abwicklung der Abgeltungsteuer wurde auf die Banken (Zahlstellen) übertragen.[848] Den Finanzbehörden steht jedoch jederzeit das Recht auf eine Kapitalertragsteuer-Sonderprüfung zu (§ 193 Abs. 2 Nr. 1 AO i.V.m. § 50b EStG i.V.m. § 194 Abs. 1 S. 4 AO).[849]

Die Kapitalertragsteuer entfaltet für den Steuerpflichtigen abgeltende Wirkung (§ 43 Abs. 5 S. 1 EStG). Einer Deklaration bedarf es grds. nicht, § 25 Abs. 1 Hs. 2 EStG. Gleichwohl machen zahlreiche Einzelaspekte – gerade im Gesellschaft-Gesellschafter-Verhältnis – die Abgabe einer Einkommensteuererklärung notwendig (§ 32d Abs. 3 EStG). Hierzu zählen u.a. Sachverhalte, bei denen

---

843 *Bäumer,* DStR 2007, 2089, 2094; *Ratschow* in: Blümich, EStG/KStG/GewStG, § 34a EStG, Rz. 91.

844 *Rogall* in: Schaumburg/Rödder, Unternehmensteuerreform 2008, 445; *Wacker* in: Schmidt, EStG, § 34a, Rz. 92.

845 *Wacker* in: Schmidt, EStG, § 34a, Rz. 92; *Bodden,* FR 2011, 829, 835.

846 *Bodden,* FR 2011, 829, 837.

847 Durch das OGAW-IV-Umsetzungsgesetz v. 22.6.2011 (BGBl. I 2011, 1126) wird der Kapitalertragsteuerabzug im Hinblick auf Dividendenzahlungen ab dem 1.1.2012 nicht mehr von der inländischen Aktiengesellschaft, sondern (wie auch bei den übrigen Erträgen) von der Depotbank durchgeführt (vom Quellen- zum Zahlstellenprinzip). Vgl. hierzu etwa *Rau,* DStR 2011, 2325 ff.; *Niedling,* RdF 2012, 43 ff.

848 *Oho/Hagen/Lenz,* DB 2007, 1322, 1326; *Schlotter/Jansen,* Abgeltungsteuer, 2008, 15; *Arntz,* StbJb 2010/2011, 381, 407. Hierzu zählt insbes. die Berechnung der Abgeltungsteuer unter Berücksichtigung der Einkünfteermittlung, des Sparer-Pauschbetrags, der (ehegatten- und depotübergreifenden) Verlustverrechnung, der Kirchensteuer sowie anrechenbarer ausländischer Quellensteuern (§ 43a Abs. 3 EStG).

849 *Wagner,* Stbg 2007, 313, 318; *Findeis,* DB 2009, 2397 ff.; *Schmidt/Eck,* BB 2011, 1751 ff.

- keine Abgeltungsteuer einbehalten wurde (z.B. Veräußerung von GmbH-Anteilen, Zinserträge aus einem Privat- bzw. Gesellschafterdarlehen, verdeckte Gewinnausschüttungen, Kapitalerträge von ausländischen Banken, Steuererstattungszinsen)
- die abgeltende Wirkung des Steuerabzugs aufgrund der Ausnahmeregelung des § 32d Abs. 2 EStG nicht in Betracht kommt
- eine Kirchensteuerpflicht besteht, die Bank aber aufgrund fehlender Informationen die Kirchensteuer auf die Abgeltungsteuer nicht abgeführt hat
- die Veranlagungsoptionen nach § 32d Abs. 4, 6 EStG bzw. § 32d Abs. 2 Nr. 3 EStG beantragt werden.

Dabei ist von besonderer verfahrensrechtlicher Relevanz, dass die Veranlagungsoptionen nach § 32d Abs. 4, 6 EStG bis zur Unanfechtbarkeit des betreffenden Einkommensteuerbescheids ausgeübt werden können.[850] Nach Eintritt der Bestandskraft müssen die Korrekturvoraussetzungen der §§ 172 ff. AO vorliegen. Demgegenüber ist der Antrag auf Besteuerung nach dem Teileinkünfteverfahren (§ 32d Abs. 2 Nr. 3 EStG) bereits bei Abgabe der Einkommensteuererklärung zu stellen. Nach Auffassung des BMF soll es sich dabei um eine Ausschlussfrist handeln.[851] Dessen ungeachtet sind entsprechende Anträge von Steuerpflichtigen, die mittelbar über eine vermögensverwaltende Personengesellschaft beteiligt sind, im Rahmen der individuellen Einkommensteuerveranlagung zu stellen.[852]

Beantragt der Steuerpflichtige eine Steuerfestsetzung nach § 32d Abs. 6 EStG, stimmt er damit dem automatisierten Abruf von Kontoinformationen nach § 93b AO zu (§ 93 Abs. 7 AO). Nicht ausgeglichene Verluste i.S.d. § 20 Abs. 6 EStG werden nach Maßgabe des § 10d Abs. 4 EStG gesondert festgestellt. Hierbei ist zwischen Verlusten aus Aktiengeschäften und Verlusten aus anderen Kapitalerträgen zu unterscheiden.[853]

Mit § 32d Abs. 2 Nr. 4 EStG existiert eine Regelung, die die materielle Korrespondenz verdeckter Gewinnausschüttungen (vGA) sicherstellen soll. Demnach ist der besondere Steuersatz i.S.d. § 32d Abs. 1 EStG nur für solche Sachverhalte anzuwenden, in denen die vGA bei der Körperschaft das Einkommen nicht gemindert hat.[854] Die formelle Korrespondenz wird über § 32a KStG gewährleistet. Danach kann ein Steuer- oder Feststellungsbescheid gegenüber dem Gesellschafter, dem die vGA zuzurechnen ist, erlassen, aufgehoben oder geändert

---

850 BMF, Schreiben v. 9.10.2012, IV C 1 – S 2252/10/10013, BStBl. I 2012, 953, Rz. 145, 149. So auch BT-Drs. 17/5568 v. 15.4.2011, 10 f.; *Sikorski,* NWB 2011, 1064, 1066 ff.; *Hechtner,* NWB 2011, 1769, 1770 f.

851 BMF, Schreiben v. 22.12.2009, IV C 1 – S 2252/08/10004, BStBl. I 2010, 94, Rz. 141. Kritisch *Gebhardt,* EStB 2010, 232, 233.

852 BMF, Schreiben v. 22.12.2009, IV C 1 – S 2252/08/10004, BStBl. I 2010, 94, Rz. 142.

853 *von Beckerath* in: Kirchhof, EStG Kompaktkommentar, § 20, Rz. 176.

854 *Storg* in: Frotscher, EStG, § 32d, Rz. 44c; *Baumgärtel/Lange* in: Herrmann/Heuer/Raupach, EStG/KStG, § 32d EStG, J 10-7.

werden, soweit gegenüber der Körperschaft ein Steuerbescheid hinsichtlich der Berücksichtigung einer vGA erlassen, aufgehoben oder geändert wird. Damit kann nach Aufdeckung einer vGA auch die (i.d.R. schon bestandskräftige) Einkommensteuerfestsetzung des Gesellschafters unter Berücksichtigung der Abgeltungsteuer oder des Teileinkünfteverfahrens korrigiert werden.[855] Da in der vGA-Praxis aber regelmäßig auf den Kapitalertragsteuerabzug verzichtet wird, stellt sich die Frage, ob die pauschale Abgeltungsteuer im Rahmen der Veranlagung überhaupt in Betracht kommt. Dies ist zu bejahen, da der Steuerpflichtige jene Kapitalerträge nach § 32d Abs. 3 S. 1 EStG in seiner Einkommensteuererklärung anzugeben hat.[856]

IV. Beurteilung

Das steuerliche Verfahrensrecht stellt den Steuerpflichtigen vor besondere Herausforderungen. Wenngleich die Abgeltungsteuer eine verfahrensrechtliche Vereinfachung für den Steuerpflichtigen – nicht aber für die Banken – verspricht, müssen Kapitaleinkünfte im Gesellschaft-Gesellschafter-Verhältnis meist auch weiterhin in der Einkommensteuererklärung angegeben werden. Die umfangreichen Mitwirkungs- und Hilfedienstleistungsverpflichtungen, insbesondere die technische Abwicklung des Abgeltungsteuerverfahrens, führen bei den Kreditinstituten zu (negativen) Organisationswirkungen i.S.v. *Rose*.[857]

Die verfahrensrechtlichen Zusammenhänge der Thesaurierungsbegünstigung gewährleisten zwar ein geordnetes Besteuerungsverfahren, sind jedoch „vielschichtig, hochkomplex und dogmatisch noch nicht bis ins letzte Detail durchdrungen."[858] Der Steuerpflichtige steht insbesondere vor der Schwierigkeit, in einem möglichen Rechtsbehelfsverfahren gegen den „richtigen" Steuerbescheid vorzugehen. Dies kann als ein weiterer Beleg für die verfahrensrechtliche Schlechterstellung der Personengesellschaften im Vergleich zu den Kapitalgesellschaften gewertet werden.[859]

L. Komplexität

I. Komplexität des deutschen Steuerrechts

Die Verflechtung mit anderen Rechtskreisen sowie das steuergesetzgeberische Bemühen, komplexe wirtschaftliche Vorgänge zu erfassen, dabei jedem Einzelfall gerecht zu werden, Missbrauchsgestaltungen einzuschränken, das Steueraufkommen zu sichern, Regelungen an höherrangiges Recht anzupassen, bestimmten Interessenvertretern entgegenzukommen und

---

855 Bspw. *Gosch*, KStG, 2009, § 32a, Rz. 7.

856 BMF, Schreiben v. 22.12.2009, IV C 1 – S 2252/08/10004, BStBl. I 2010, 94, Rz. 144; *Lang* in: Dötsch/Jost/Pung u.a., KSt, § 32a, Rz. 43d.

857 *Rose*, Betriebswirtschaftliche Steuerlehre, 1992, 16; *Breithecker/Garden/Thönnes*, DStR 2007, 361, 362.

858 So wörtlich *Bodden*, FR 2011, 829, 840.

859 *Breithecker* in: Breithecker/Förster/Förster u.a., UntStRefG 2008, 232.

gleichzeitig das Verhalten der Steuerpflichtigen in eine gewisse (wirtschafts- oder sozialpolitisch) gewünschte Richtung zu lenken, hat im Laufe der Zeit zu einem hochkomplexen, intransparenten und eigendynamischen Steuerrecht geführt.[860]

Dieser Eindruck manifestiert sich in dem Mythos, die „deutliche Mehrheit der internationalen Steuerliteratur [stamme] aus deutscher Feder."[861] Obwohl mehrmals entkräftet[862], dokumentiert jene Steuerlegende ein hohes Maß an gefühlter Komplexität.[863] Bisweilen erschließen sich „Inhalt und Systematik [... einer] Vorschrift [...] allenfalls ‚mit subtiler Sachkenntnis, außerordentlichen methodischen Fähigkeiten und einer gewissen Lust zum Lösen von Denksport-Aufgaben'."[864]

Mit § 34a EStG und § 32d EStG führt der Gesetzgeber diese Tradition offensichtlich nahtlos fort.[865] Schon die Kleinbuchstaben hinter den Paragraphenzeichen (sog. „a-Vorschriften") weisen darauf hin, dass es sich in beiden Fällen um neuartige, nachträglich eingefügte, systematisch umstrittene und hochkomplexe (Tarif-) Regelungen im Normengeflecht des EStG handelt.[866]

II. Thesaurierungsbegünstigung

Die Thesaurierungsbegünstigung nach § 34a EStG muss mitunter als „Paradebeispiel für die Verkomplizierung des deutschen Steuerrechts"[867] geradestehen. Hervorzuheben sind die eigenständige Ermittlung des Begünstigungsbetrags, der Nachversteuerungsmechanismus, die verfahrensrechtlichen Zusammenhänge sowie die umfangreichen Vorteilhaftigkeitsberechnungen.

Wurde § 34a EStG einmal in Anspruch genommen, ist in jedem nachfolgenden VZ zu prüfen, ob der positive Saldo aus Entnahmen und Einlagen den Gewinn übersteigt. Entnahmen und

---

860 Ähnlich *Haegert,* BB 1991, 36 ff.; *Helsper,* BB 1995, 17 ff.; *Quantschnigg* in: Fischer, DStJG Band 21, 1998, 129 ff.; *Kirchhof* in: Fischer, DStJG Band 21, 1998, 9 ff.; *Lang/Herzig/Hey u.a.*, Kölner Entwurf eines Einkommensteuergesetzes, 2005, 31 ff.

861 *Mitschke,* FR 2008, 249; *Mitschke* in: Wehrheim/Heurung, FS Mellwig, 2007, 309, 311. Ähnlich (falsch) auch *Neufang,* BB 2006, 1420, 1421; *Beckers*, Deferred Compensation, 2007, 32.

862 So weist *Rädler,* FR 2004, 1039 nach, dass Deutschland in der weltgrößten Sammlung an steuerlicher Literatur (Bibliothek des *IBFD* in Amsterdam) zwar die größte Einzelposition darstellt, jedoch nur ungefähr 10% des Gesamtbestandes ausmacht. Ähnlich *Schön,* StuW 2002, 23, 27, Fn. 51; *Wagner,* StuW 2005, 93, 94, Fn. 6; *Mansmann/König,* StBMag 3/2008, 10 ff.; *Wagner/Zeller,* Perspektiven der Wirtschaftspolitik 2011, 303 ff.

863 *Eichfelder*, Folgekosten der Besteuerung, 2009, 2; *Wiegard,* FR 2010, 401, 402.

864 Wörtlich BFH, Beschluss v. 6.9.2006, XI R 26/04, DStR 2006, 2019 (zur möglichen Verfassungswidrigkeit der Mindestbesteuerung nach § 2 Abs. 3 S. 2 – 8 EStG a.F. wegen Verletzung der Normenklarheit) unter Berufung auf die Erkenntnisse des Österreichischen Verfassungsgerichts v. 29.6.1990, G 81/82/90 u. a., VfSlg. 12420/1990.

865 *Vinken,* FR 2010, 417, 418; *Richter/Welling,* FR 2010, 752.

866 Bereits *Tipke,* StuW 1983, 1 merkte treffend an, dass „Paragraphen, die mit den kleinen Buchstaben des Alphabets nachträglich in Steuergesetze eingefügt werden, [...] durchweg die Vermutung für sich [haben], systematisch und sprachlich verunglückt zu sein." Ähnlich auch *Klein,* DStR 1991, 793, 795.

867 *Sachverständigenrat zur Begutachtung der gesamtwirtschaftlichen Entwicklung*, Jahresgutachten 2008/2009, 2008, 230. Ähnlich *ZEW/Stiftung Familienunternehmen*, Steuerpolitik, 2012, 112.

Einlagen müssen daher streng wirtschaftsjahr- und gesellschafterbezogen geplant und überwacht werden („Entnahmen-Einlagen-Management“ bzw. „§ 34a EStG-Monitoring“).[868] Die sinnvolle Anwendung des § 34a EStG erfordert einen enormen Planungs-, Durchführungs- und Kontrollaufwand. Schon vor Inkrafttreten des § 34a EStG wurde deshalb proklamiert, dass die Neuregelung technisch zu kompliziert sei, um jemals Bedeutung zu erlangen.[869]

Der Steuerpflichtige sieht sich in jedem VZ der schwierigen Frage gegenüber, ob und in welcher Höhe der Gewinn thesauriert und ggf. der Thesaurierungsbegünstigung unterworfen werden soll.[870] Infolgedessen stellt die Norm des § 34a EStG den Steuerpflichtigen vor ein diffiziles Entscheidungs- und Optimierungsproblem. Die ohnehin schon komplexe Materie der Besteuerung von Personengesellschaften wird durch das Wahlrecht nach § 34a EStG zusätzlich und nachhaltig verkompliziert.[871] Zu bedenken gilt, dass einkommensteuerliche Integrationsmodelle zwangsläufig einen gewissen Komplexitätsgrad aufweisen.[872]

Gerade die Option zur Rücknahme des Antrags (§ 34a Abs. 1 S. 4 EStG) zeigt aber auch, dass der Gesetzgeber die durch die Komplexität der Regelung bestehenden Unsicherheiten (im Ansatz) erkannt hat. Darüber hinaus wurde aus Praktikabilitätsgründen auf eine bürokratisch aufwändige Feststellung etwaiger Rücklagenkonten und anderer Werte verzichtet.[873] Damit sind zwar Lock-In-Effekte von Altgewinnen verbunden. Demgegenüber konzentriert sich der Verwaltungsaufwand somit auf jene Fälle, in denen tatsächlich § 34a EStG beantragt wird.[874]

Weiteres Indiz für den Komplexitätsgrad des § 34a EStG ist der vergleichsweise lange Gesetzestext mit seinen elf Absätzen. Der Regelungsinhalt erschließt sich nicht nur einem steuerlich unbedarften Leser erst nach mehrmaliger Lektüre.[875] Die Norm des § 34a EStG enthält zudem neuartige Begriffsbestimmungen (Begünstigungsbetrag, Nachversteuerungsbetrag, nachversteuerungspflichtiger Betrag). Das BMF-Schreiben[876] ist mit seinen 48 Randziffern ebenfalls vergleichsweise umfangreich.[877] Die Thesaurierungsbegünstigung als „Paragrafenmonster“[878] zu bezeichnen, geht indes zu weit.

---

868 *Schiffers,* GmbHR 2007, 841, 846 f.; *Meyer/Sterner,* Ubg 2008, 733, 736; *Eßers/Sirchich von Kis-Sira,* StbJb 2009/2010, 89, 93; *Ley/Bodden* in: Korn/Carlé/Stahl u.a., EStG, § 34a, Rz. 140.

869 *Homburg,* ifo-Schnelldienst 23/2006, 6, 8.

870 Bspw. *Maiterth/Müller,* Vierteljahreshefte zur Wirtschaftsforschung 2007, 49, 56 f.; *Kraus,* Körperschaftsteuerliche Integration, 2009, 179.

871 *Herzig,* WPg 2007, 7, 11; *Müller-Gatermann,* Stbg 2007, 145, 156; *Lühn/Lühn,* StuB 2007, 253, 255; *Schiffers,* GmbHR 2007, 505, 512; *Grützner,* StuB 2007, 295, 301; *Schiffers,* GmbHR 2007, 841, 847; *Schultes-Schnitzlein/Keese,* NWB 2008, 1305, 1309 f.; *Herzig* in: Wachter, FS Spiegelberger, 2009, 210, 217.

872 *Kühn,* ifo-Schnelldienst 23/2006, 10, 11.

873 *Gragert/Wißborn,* NWB 2008, 3995, 4010.

874 Das *BMF* (Unternehmensteuerreform 2008 – Häufige Fragen und Antworten, 6) führt dazu aus, dass sich die großen Personengesellschaften, die § 34a EStG nachdrücklich gefordert haben, im Vorhinein mit dem ihnen entstehenden Aufwand bereit erklärt hätten.

875 *Maiterth/Müller,* Vierteljahreshefte zur Wirtschaftsforschung 2007, 49, 57; *Wendt,* DStR 2009, 406.

876 BMF, Schreiben v. 11.8.2008, IV C 6 – S 2290-a/07/10001, BStBl. I 2008, 838.

877 *Schiffers,* DStZ 2008, 623, 624; *Schiffers,* DStR 2008, 1805.

878 *Kudert/Klipstein,* zfbf 2010, 455, 477.

Daneben war der Tagespresse[879] zu entnehmen, dass es einzelnen Länderfinanzbehörden nicht gelang, die Tarifoption nach § 34a EStG rechtzeitig in ihre eigene Software zu implementieren.[880] Mitunter waren die Steuerpflichtigen aufgerufen, ihren eigenen Bescheid anzufechten und ihre Steuerschuld selbst zu berechnen. Teilweise wurden Steuererklärungen sogar liegen gelassen. Eigene Recherchen ergaben, dass im Dezember 2009 – also knapp zwei Jahre nach Inkrafttreten des § 34a EStG – lediglich die Finanzbehörden in Baden-Württemberg, Hessen und Rheinland-Pfalz in der Lage waren, die Thesaurierungsbegünstigung automatisch zu verarbeiten. Die Komplexität der Thesaurierungsbegünstigung wird gelegentlich als Grund für die Forderung nach (ersatzloser) Abschaffung der Norm genannt.[881]

III. Abgeltungsteuer

Aber auch die Abgeltungsteuer, die eigentlich als Vereinfachung gedacht war, offenbart sich aufgrund ihrer unzähligen Detail-, Übergangs-, Ausnahme- und Rückausnahmeregelungen als hochkomplexe Norm.[882] Davon zeugt das umfangreiche BMF-Schreiben[883] mit seinen 326 Randziffern.[884] Überdies ist § 20 EStG von einst vier auf nunmehr zehn Absätze und die Vorschriften über den Kapitalertragsteuerabzug (§§ 43, 43a, 44, 44a EStG) auf knapp 5.000 Wörter angeschwollen.[885] Die Tarifvorschrift in § 32d EStG umfasst knapp 1.000 Wörter.

Vor diesem Hintergrund hatten zahlreiche Großbanken[886], aber auch die Finanzbehörden[887], erhebliche Probleme, alle Besonderheiten im Zusammenhang mit der Abgeltungsteuer in ihre Computersysteme einzupflegen. So erhielten einerseits viele Bankkunden ihre Steuerbescheinigungen erst sehr spät.[888] Auf der anderen Seite waren die Finanzämter offenbar erst ab Oktober 2010 in der Lage, alle Sonderfälle privater Kapitaleinkünfte im Rahmen der Anlage KAP zu verarbeiten.[889]

Die Komplexitätseffekte betreffen zwar primär die verfahrensrechtliche und technische Abwicklung der Abgeltungsteuer. Diese Aufgaben wurden de facto von den Finanzbehörden auf

---

879 *Schäfers*, FAZ v. 30.11.2009, 11 („Das deutsche Steuerrecht überfordert Finanzämter").

880 *Kaligin* in: Lademann, EStG, § 34a, Rz. 10b; *Schwab/Ende* in: Mellinghoff/Schön/Viskorf, FS Spindler, 2011, 203, 216 f. Schon im Vorfeld der Unternehmensteuerreform 2008 wies *Herzig,* WPg 2007, 7, 11 auf administrative Probleme des § 34a EStG hin.

881 *Knirsch/Maiterth/Hundsdoerfer*, DB 2008, 1405 ff.

882 *Maiterth/Müller,* Vierteljahreshefte zur Wirtschaftsforschung 2007, 49, 61; *Baumgärtel/Lange* in: Herzig/Tobin/Eckhardt u.a., Handbuch Unternehmensteuerreform 2008, 295; *Hofrichter,* SteuK 2010, 177, 181; *Elser/Bindl,* FR 2010, 360, 369; *Ondracek,* DStR 2011, 1, 4; *Graf/Paukstadt,* FR 2011, 249, 266; *Hänsch,* SteuerStud 2012, 275, 279 f.

883 BMF, Schreiben v. 22.12.2009, IV C 1 – S 2252/08/10004, BStBl. I 2010, 94. Ergänzung durch BMF, Schreiben v. 9.10.2012, IV C 1 – S 2252/10/10013, BStBl. I 2012, 953.

884 *Delp,* DB 2011, 196; *Lang* in: Mellinghoff/Schön/Viskorf, FS Spindler, 2011, 139, 150.

885 *Harenberg,* NWB 2010, Beilage zu Heft 13/2010, 1.

886 *Göggelmann/Lebert/Hinterberger*, FTD v. 4.5.2010, 1 („Computer-Chaos bei Deutschlands Banken").

887 *von Landenberg*, FTD v. 2.8.2010, 1 („Fiskus lässt Anleger verzweifeln").

888 *Appel*, FAZ v. 2.11.2010, 21 („Fehlerhafte Steuerbescheinigungen").

889 *Kracht*, FTD v. 25.10.2010, 15 („Fiskus reicht Bescheide nach").

die Kreditinstitute „ausgelagert".[890] Gleichwohl sind auch im Bereich des materiellen Steuerrechts komplexe Einzelregelungen vorzufinden, z.B. die Wahl- und Veranlagungsmöglichkeiten sowie die Verlustverrechnungsbestimmungen. Die Komplexität der Abgeltungsteuer wird daher – ähnlich wie bei der Thesaurierungsbegünstigung – als (vermeintliche) Rechtfertigung für die Forderung genannt, die Norm alsbald wieder abzuschaffen.[891]

IV. Beurteilung

Regelungen, mit denen spezielle (Lenkungs-) Ziele verfolgt werden, sind i.d.R. kompliziert ausgestaltet.[892] Die Thesaurierungsbegünstigung und die Abgeltungsteuer bilden hier keine Ausnahme. Beide Vorschriften bereiten in der Praxis erhebliche Schwierigkeiten.[893] In den Augen mancher zählen sie zu den großen „Problemfeldern des deutschen Steuerrechts".[894] Aus ihnen erwachsen hohe Vollzugs- und Planungskosten.

Die Komplexität von (begünstigenden) Wahlrechten und Lenkungsnormen kann dazu führen, dass der Steuerpflichtige sie nicht in Anspruch nimmt. Gerade die Komplexität des § 34a EStG und der damit verbundene Durchführungsaufwand scheint viele Steuerpflichtige vor einer Antragstellung abzuschrecken.[895] Es kommt folglich zu einer negativen Organisationswirkung i.S.v. *Rose*.[896]

Zu bedenken gilt aber, dass (große und ertragstarke) Personenunternehmen, die § 34a EStG in Anspruch nehmen möchten, regelmäßig gut beraten sind. Die Komplexität der Norm dürfte bei diesen Unternehmen weniger im Fokus stehen.[897] Die Kompliziertheit unterstreicht vielmehr das Erfordernis nach einer umfassenden Steuerberatung und Steuerplanung. Dies deckt sich mit der empirischen Feststellung *Eichfelders*, dass mit zunehmender Unternehmensgröße die Bereitschaft zu komplexen Planungsstrategien und zur Inkaufnahme umfangreicher Verwaltungstätigkeiten steigt.[898] *Prinz*[899] stellt abschließend und zutreffend fest:

> „Die Personengesellschaftsbesteuerung ist insgesamt zwar alles andere als einfach, aber letztlich [auch im Hinblick auf § 34a EStG] weder unpraktikabel noch realitätsfremd, sondern beherrschbar."

---

890 *Laves,* FB 2007, 561 ff.; *Schlotter/Jansen*, Abgeltungsteuer, 2008, 15; *Schmidt/Eck,* BB 2011, 1751 ff.

891 *Ondracek*, DStR 2011, 1, 4; *Schäfers*, FAZ v. 25.1.2011, 11 („Abgeltungsteuer bringt viel weniger ein"); BT-Drs. 17/4878 v. 22.2.2011, 2 f.

892 *Ebling/Ebling* in: Mellinghoff/Schön/Viskorf, FS Spindler, 2011, 51, 52 f.

893 *Lang,* StuW 2011, 144, 156; *Kühn,* FR 2012, 543, 546 f.

894 *ZEW/Stiftung Familienunternehmen*, Steuerpolitik, 2012, 110.

895 *Ratschow* in: Blümich, EStG/KStG/GewStG, § 34a EStG, Rz. 7; *Weber,* NWB 2008, 3075, 3080; *Liess,* GStB 2012, 128, 129.

896 *Rose*, Betriebswirtschaftliche Steuerlehre, 1992, 16. Ähnlich auch *Breithecker/Garden/Thönnes,* DStR 2007, 361.

897 *Harle/Kulemann,* GmbHR 2007, 1138, 1144; *Schiffers,* DStR 2008, 1805, 1806; *Kessler* in: Herzig/Tobin/Eckhardt u.a., Handbuch Unternehmensteuerreform 2008, 74.

898 *Eichfelder,* zfbf 2011, 810, 812 ff.

899 *Prinz,* FR 2010, 736, 737.

M. Planungs(un)sicherheit

I. Steuerliche Planungs(un)sicherheit

Unsicherheit bzw. Ungewissheit erschwert jedwede (Steuer-) Planung.[900] Grundlegend kann zwischen allgemeiner und (steuer-) rechtlicher Planungsunsicherheit differenziert werden. Während die allgemeine Planungsunsicherheit die Unvorhersehbarkeit realer Lebenssachverhalte umfasst, versteht man unter (steuer-) rechtlicher Planungsunsicherheit die Ungewissheit hinsichtlich der gegenwärtigen und zukünftigen (Steuer-) Rechtslage.[901]

II. Thesaurierungsbegünstigung

Die Vorteilhaftigkeit der Thesaurierungsbegünstigung hängt – wie kaum eine andere Steuernorm – von vielen unbeeinflussbaren (zukünftigen) Faktoren ab. Hierzu zählen insbesondere zuverlässige Prognosen über die Geschäftsentwicklung, die Gewinn- und Entnahmesituation, die persönlichen Einkommensteuerverhältnisse sowie die Renditen im Betriebs- und Privatvermögen.

Dem langen Planungshorizont, der dem individuellen Vorteilhaftigkeitskalkül zugrunde liegt, wohnen unvorhersehbare Entwicklungen und Unwägbarkeiten inne. Dies führt zu fehlender Planungssicherheit, namentlich zu Sachverhaltsrisiken.[902] Dagegen lässt sich einwenden, dass es dem Steuerpflichtigen gem. § 34a Abs. 1 S. 4 EStG offen steht, den Antrag bis zur Unanfechtbarkeit des Einkommensteuerbescheids für den nächsten VZ ganz oder teilweise wieder zurückzunehmen. Damit können insbesondere in Fällen unvorhergesehener Verluste unbillige Härten vermieden werden.[903] Ferner dürfte in der Praxis der Steuerbescheid regelmäßig unter dem Vorbehalt der Nachprüfung (§ 164 AO) stehen, so dass insoweit eine (Antrags-) Änderung problemlos möglich ist.[904]

Neben diesen allgemeinen Sachverhaltsrisiken existieren bei § 34a EStG auch zahlreiche steuerliche Beurteilungsrisiken. Mit dem BMF-Anwendungsschreiben konnten zwar einige Unklarheiten, die sich aus dem Gesetzestext ergaben, beseitigt werden. Dennoch blieben manche Zweifelsfragen unbeantwortet. Nicht abschließend geklärt ist bspw.,

---

900 Bspw. *Rose* in: Klein/Vogel, FS Wallis, 1985, 275, 278; *Rose* in: Elschen/Siegel/Wagner, FS Schneider, 1995, 479, 483 ff.

901 Zur Steuerplanungssicherheit als Rechtsproblem vgl. umfassend *Hey*, Steuerplanungssicherheit, 2002, passim. Ähnlich auch *Seer* in: Carlé/Stahl/Strahl, FS Korn, 2005, 707, 708.

902 *Schiffers* in: Strahl, Ertragsteuern, 2010, Rz. 39.

903 BT-Drs. 16/4841 v. 27.3.2007, 63.

904 *Wacker*, FR 2008, 605, 606; *Wacker* in: Schmidt, EStG, § 34a, Rz. 7.

- welche Beträge bei Organschaften genau in den nicht entnommenen Gewinn und das entsprechende z.v.E. beim Organträger eingehen[905]
- wie sich ein Verlustausgleich oder andere Abzugsbeträge bei der Ermittlung des z.v.E. auf die Höhe des Begünstigungsbetrags nach § 34a EStG auswirken[906]
- wie zu verfahren ist, wenn in einem VZ mehrere Wirtschaftsjahre enden[907]
- wann der Zinslauf i.S.d. § 233a Abs. 2 AO bei Antragsrücknahme beginnt[908]
- welche Gestaltungen die Finanzverwaltung als missbräuchlich ansieht.[909]

Des Weiteren vermögen einige vom BMF und in der Literatur gebotene Lösungen nicht durchweg zu überzeugen.[910] Zu nennen wäre z.B. die Auffassung, dass

- die Thesaurierungsbegünstigung nicht für Veräußerungsgewinne in Betracht komme, die nach Abzug des Freibetrags i.S.d. § 16 Abs. 4 EStG zu versteuern sind[911]
- Geldbeträge keine Wirtschaftsgüter i.S.d. § 34a Abs. 5 S. 2 EStG seien[912]
- nur der Teil des nachversteuerungspflichtigen Betrags nach § 34a Abs. 5 S. 2 EStG übertragungsfähig sei, der nach Berücksichtigung aller Entnahmen verbleibt[913]
- bei doppelstöckigen Personengesellschaften nur ein einheitlicher (zusammengefasster) begünstigter Gewinn zu ermitteln sei, der auch den Sondermitunternehmeranteil i.S.d. § 15 Abs. 1 S. 1 Nr. 2 S. 2 EStG einschließe[914]

---

905 *Rogall*, SR 2008, 326; *Ley*, Ubg 2008, 13, 16; *Fellinger*, DB 2008, 1877, 1880; *Kaligin* in: Lademann, EStG, § 34a, Rz. 18a. Zur Problematik *Pohl*, DB 2008, 84 ff.; *Rogall*, DStR 2008, 429, 431 f.; *Wacker*, FR 2008, 605, 609; *von Freeden/Rogall*, FR 2009, 785 ff.

906 *Schiffers*, DStR 2008, 1805, 1807; *Fellinger*, DB 2008, 1877, 1878; *Ratschow* in: Blümich, EStG/KStG/GewStG, § 34a EStG, Rz. 12.

907 *Meyer/Sterner*, Ubg 2008, 733, 736; *Schiffers*, DStR 2008, 1805, 1809.

908 *Stein* in: Herrmann/Heuer/Raupach, EStG/KStG, § 34a EStG, Rz. 43; *Ley/Bodden* in: Korn/Carlé/Stahl u.a., EStG, § 34a, Rz. 57.1.

909 *o.V.*, GmbHR 2008, R 279, R 282.

910 *Paus*, EStB 2008, 322.

911 BMF, Schreiben v. 11.8.2008, IV C 6 – S 2290-a/07/10001, BStBl. I 2008, 838, Rz. 4. Ebenso BT-Drs. 16/4841 v. 27.3.2007, 63. A.A. *Ley*, Ubg 2008, 13, 14; *Paus*, EStB 2008, 322, 323; *Meyer/Sterner*, Ubg 2008, 733, 734; *Schiffers*, DStR 2008, 1805, 1807; *Wrede/Friederich*, Stbg 2010, 57, 60; *Ratschow* in: Blümich, EStG/KStG/GewStG, § 34a EStG, Rz. 47.

912 BMF, Schreiben v. 11.8.2008, IV C 6 – S 2290-a/07/10001, BStBl. I 2008, 838, Rz. 32; *Gragert/Wißborn*, NWB 2008, 3995, 4011 f. A.A. *Pohl*, BB 2008, 1536, 1539; *Meyer/Sterner*, Ubg 2008, 733, 738; *Paus*, EStB 2008, 365; *Ley/Bodden* in: Korn/Carlé/Stahl u.a., EStG, § 34a, Rz. 169; *Stein* in: Herrmann/Heuer/Raupach, EStG/KStG, § 34a EStG, Rz. 70.

913 BMF, Schreiben v. 11.8.2008, IV C 6 – S 2290-a/07/10001, BStBl. I 2008, 838, Rz. 33. Kritisch *Fellinger*, DB 2008, 1877, 1882; *Reiß* in: Kirchhof, EStG Kompaktkommentar, § 34a, Rz. 77; *Kessler/Ortmann-Babel/Zipfel* in: Ernst & Young/BDI, Unternehmensteuerreform 2008, 40; *Ley/Bodden* in: Korn/Carlé/Stahl u.a., EStG, § 34a, Rz. 172.

914 BMF, Schreiben v. 11.8.2008, IV C 6 – S 2290-a/07/10001, BStBl. I 2008, 838, Rz. 21. Zustimmend *Reiß* in: Kirchhof, EStG Kompaktkommentar, § 34a, Rz. 57; *Fischer* in: Spindler/Tipke/Rödder, FS Schaumburg, 2009, 319, 324. Kritisch bzw. a.A. *Ley/Brandenberg*, FR 2007, 1085, 1089; *Ley*, Ubg 2008, 13, 19; *Meyer/Sterner*, Ubg 2008, 733, 737; *Dörfler* in: Littmann/Bitz/Pust, EStG, § 34a, Rz. 78; *Wacker* in: Schmidt, EStG, § 34a, Rz. 22; *Ley/Bodden* in: Korn/Carlé/Stahl u.a., EStG, § 34a, Rz. 46.

- bei beschränkt Steuerpflichtigen die Anwendung des § 34a EStG auf die inländische Betriebsstätte begrenzt sei.[915]

Weitere Planungsschwierigkeiten bereitet die Instabilität der Gesetzgebung. Zwar gab es bisher nur eine (geringfügige) Gesetzesänderung bei § 34a EStG, die auch „bloß" verfahrensrechtliche Aspekte betraf.[916] Freilich kann nicht ausgeschlossen werden, dass durch sog. „Steuerrechtssprünge" überraschende Änderungen der Rechtslage herbeigeführt werden.[917] Die Thesaurierungsbegünstigung ist dabei dem besonderen Risiko ausgesetzt, (ersatzlos) abgeschafft zu werden, weil sich einige Kritiker vehement dafür aussprechen.[918]

III. Abgeltungsteuer

Im Rahmen der Abgeltungsteuer können sich Unsicherheiten über (künftige) Sachverhalte ebenfalls auf die steuerorientierte Rechtsformplanung auswirken, wenngleich in geringerem Ausmaß als bei § 34a EStG. So erfordert insbesondere die Option zum Teileinkünfteverfahren gem. § 32d Abs. 2 Nr. 3 EStG eine zuverlässige Einschätzung über die Höhe der Dividendeneinkünfte, etwaiger Werbungskosten, der anderen Einkünfte sowie des Einkommensteuersatzes innerhalb des fünfjährigen Planungshorizonts. Treten die Prognosen nicht ein, kann der Steuerpflichtige zwar den Antrag widerrufen. Nach einem Widerruf ist eine erneute Antragstellung für diese Beteiligung aber nicht mehr zulässig (§ 32d Abs. 2 Nr. 3 S. 6 EStG).

Auch bei der Veranlagungsoption nach § 32d Abs. 6 EStG, die aus Gründen des damit verbundenen Verlustausgleichs beantragt wurde, sind zukünftige Einkommensentwicklungen mit in Betracht zu ziehen. Denn bei erwarteten hohen Einkommen kann es sich empfehlen, ggf. auf den Antrag zugunsten eines höheren Verlustvortrags zu verzichten.[919]

Des Weiteren sind mit der Abgeltungsteuer gewisse Beurteilungsrisiken verbunden. Zwar bezog die Finanzverwaltung in ihrem umfangreichen BMF-Schreiben zu vielen Einzelaspekten Stellung. Gleichwohl sind einige Zweifelsfragen offen geblieben.[920] Für die steuerorientierte Rechtsformplanung ist daher bspw. unklar,

- welche konkreten Anforderungen an das berufliche Tätigsein für die Kapitalgesellschaft im Rahmen der Option nach § 32d Abs. 2 Nr. 3 EStG zu stellen sind[921]

---

915 BMF, Schreiben v. 11.8.2008, IV C 6 – S 2290-a/07/10001, BStBl. I 2008, 838, Rz. 36. Kritisch *Kessler/Jüngling/Pfuhl,* Ubg 2008, 741, 745; *Paus,* EStB 2008, 322, 325.

916 Änderung durch das JStG 2009 v. 19.12.2008, BGBl. I 2008, 2794, BStBl. I 2009, 74.

917 *Rose* in: John, FS Wöhe, 1989, 291, 292.

918 *Knirsch/Maiterth/Hundsdoerfer,* DB 2008, 1405 ff. Ebenso *Wilk,* WD 2007, 236, 242; *Jacobs,* Unternehmensbesteuerung und Rechtsform, 2009, Vorwort zur 4. Auflage.

919 *Günther,* EStB 2010, 113, 115; *Graf/Paukstadt,* FR 2011, 249, 261; *Hechtner,* NWB 2011, 1769, 1771.

920 So bspw. *Ronig,* DB 2010, 128, 137; *Paukstadt/Kerpf,* DStR 2010, 678, 683.

921 *Elser/Bindl,* FR 2010, 360, 362.

- ob der Progressionsvorbehalt i.S.d. § 32b Abs. 1 S. 1 Nr. 2 - 5 EStG in entsprechenden Auslandsfällen auf (fiktiv) abgeltend besteuerte Kapitalerträge Anwendung findet.[922]

Ferner vermögen einige (fiskalisch geprägte) Auslegungen nicht durchweg zu überzeugen. Hierzu zählt bspw. die Auffassung, dass

- zu den nahe stehenden Personen i.S.d. § 32d Abs. 2 Nr. 1 Buchst. a) EStG auch alle Angehörigen i.S.d. § 15 AO zählen sollen[923]
- im Rahmen der 10%igen Beteiligungsgrenze i.S.d. § 32d Abs. 2 Nr. 1 Buchst. b) EStG sowohl unmittelbare als auch mittelbare Beteiligungen einzubeziehen seien[924]
- die Teileinkünfteoption nach § 32d Abs. 2 Nr. 3 EStG ein fristgebundes Wahlrecht darstelle, das spätestens mit der Abgabe der erstmaligen Einkommensteuererklärung auszuüben sei (Ausschlussfrist).[925]

Die Regelungen zur Abgeltungsteuer sind seit ihrer Einführung durch das Unternehmensteuerreformgesetz 2008 schon mehrmals – teilweise sogar vor Inkrafttreten – überarbeitet worden (JStG 2008, JStG 2009, JStG 2010, StVerG 2011).[926] Darüber hinaus finden sich in der Literatur und in der steuerpolitischen Diskussion immer wieder Reformvorschläge[927] sowie radikale Forderungen nach Abschaffung.[928] Vor diesem Hintergrund ist auch mit weiteren Steueränderungen zu rechnen, die eine sichere Steuerplanung verhindern.

IV. Beurteilung

Fehlende Steuerplanungssicherheit mündet letztlich in einem nur bedingt kalkulierbaren Steuerrisiko. Unter Steuerrisiko versteht man die Wahrscheinlichkeit, dass ein steuerliches Ergebnis von dem abweicht, was durch den Steuerpflichtigen erwartet bzw. akzeptiert wird.[929]

---

922 *Kühling/Gühne,* NWB 2011, 226 ff.

923 BMF, Schreiben v. 22.12.2009, IV C 1 – S 2252/08/10004, BStBl. I 2010, 94, Rz. 136. A.A. *Kollruss,* GmbHR 2007, 1133; *Schulz/Vogt,* DStR 2008, 2189, 2191; *Strahl,* Stbg 2010, 152, 160; *Strahl,* KÖSDI 2010, 16853, 16858.

924 BMF, Schreiben v. 22.12.2009, IV C 1 – S 2252/08/10004, BStBl. I 2010, 94, Rz. 137. A.A. *Treiber* in: Blümich, EStG/KStG/GewStG, § 32d EStG, Rz. 76; *Koss* in: Korn/Carlé/Stahl u.a., EStG, § 32d, Rz. 53; *Schulz/Vogt,* DStR 2008, 2189, 2194; *Behrens/Renner,* BB 2008, 2319, 2322; *Elser/Bindl,* FR 2010, 360, 362; *Graf/Paukstadt,* FR 2011, 249, 262.

925 BMF, Schreiben v. 22.12.2009, IV C 1 – S 2252/08/10004, BStBl. I 2010, 94, Rz. 141; BMF, Schreiben v. 9.10.2012, IV C 1 – S 2252/10/10013, BStBl. I 2012, 953, Rz. 141. Kritisch *Gebhardt,* EStB 2010, 232, 233.

926 Ähnlich *Graf/Paukstadt,* FR 2011, 249, 250.

927 *Kiesewetter/Niemann/Blaufus u.a.,* DB 2008, 957 ff.; *Sachverständigenrat zur Begutachtung der gesamtwirtschaftlichen Entwicklung,* Jahresgutachten 2008/2009, 2008, 228 ff.; Beschluss Nr. 53 des *SPD*-Parteitags v. 4.-6.12.2011, 18 (Anhebung auf 32%, ggf. spätere Abschaffung).

928 Bspw. *Ondracek,* DStR 2011, 1, 4; *BÜNDNIS 90/DIE GRÜNEN,* Ergebnisse der Arbeitsgruppe Steuerpolitik v. 3.7.2008, 9 f.; BÜNDNIS 90/DIE GRÜNEN, Beschluss der 33. Ordentlichen Bundesdelegiertenkonferenz v. 25.-27.11.2011, 4 f.; *DIE LINKE,* Beschluss des Parteivorstands v. 29./30.1.2011, Steuerkonzept, 7.

929 Zum Begriff „Steuerrisiko" vgl. etwa *Liekenbrock,* Zinsschrankenrisiken, 2011, 14 ff. (m.w.N.); *Risse,* Ubg 2012, 169, 170.

Während steuerrechtliche Beurteilungsrisiken in der Breite ihrer Auswirkungen aber noch erkennbar sind, bereiten Änderungen der Rechtslage („Rechtssprünge") oder des Sachverhalts nicht eingrenzbare Planungsschwierigkeiten.[930]

Entwickeln sich die Lebensumstände und/oder das Steuerrecht anders als prognostiziert, können erhebliche ökonomische – positive wie negative – Steuerbelastungsänderungen eintreten (Ergebniswirkungen).[931] Des Weiteren führen Ungewissheiten zu Zielwirkungen, d.h. zu möglichen Beeinträchtigungen (Soll-Ist-Abweichungen) in der steuerlichen Dispositionsplanung.[932] Ein steuerliches Risiko stellt demzufolge stets auch ein monetäres (Unternehmens-) Risiko dar.[933]

Die allgemeine und/oder (steuer-) rechtliche Unsicherheit kann deshalb massiv gegen die Inanspruchnahme der Thesaurierungsbegünstigung sprechen. Im Einzelfall könnte sich der Antrag nach § 34a EStG sogar als „unentrinnbare Falle" erweisen.[934] Ähnlich, wenngleich in ihrer Auswirkung etwas weniger bedeutsam, verhält es sich mit der Teileinkünfteoption (§ 32d Abs. 2 Nr. 3 EStG).[935]

Eine Absicherung durch eine verbindliche Auskunft i.S.d. § 89 Abs. 2 AO gelingt nur für die steuerrechtliche Beurteilung genau bestimmter, noch nicht verwirklichter Sachverhalte.[936] Sie gewährleistet keinerlei Schutz vor Rechtssprüngen, weil sie den Steuerplaner nur solange absichert, als das Gesetz, auf dem die Auskunft beruht, nicht aufgehoben oder geändert wird (§ 2 Abs. 2 StAuskV). Naturgemäß wird auch die Frage unbeantwortet bleiben, in welchen Fällen eine Antragstellung nach § 34a EStG bzw. § 32d Abs. 2 Nr. 3 EStG für den Steuerpflichtigen überhaupt sinnvoll ist.[937] Allein bei der Veranlagungsoption nach § 32d Abs. 6 EStG führt das Finanzamt von Amts wegen eine Günstigerprüfung durch, die jedoch intertemporale (Verlustverrechnungs-) Effekte nicht berücksichtigen kann.

N. Fremdbestimmte Wirkungen

I. Fremdbestimmte Steuerwirkungen

Steuerwirkungen sind fremdbestimmt, wenn sie nicht durch den Steuerpflichtigen selbst, sondern durch Drittverhalten hervorgerufen werden.[938] Der Steuerträger weicht somit von der Person ab, die die Entstehung der Steuer, deren Umfang sowie deren (temporäre oder perso-

[930] *Rose,* StbJb 1987/1988, 361, 367.
[931] *Rose* in: John, FS Wöhe, 1989, 291, 295.
[932] *Rose* in: Ackermann, FS 40 Jahre DER BETRIEB, 1988, 93, 102.
[933] *Risse,* Ubg 2012, 169, 171.
[934] *Ratschow* in: Blümich, EStG/KStG/GewStG, § 34a EStG, Rz. 28.
[935] *Gebhardt,* EStB 2010, 232, 234 („Dramatik der Optionsmöglichkeit").
[936] Weiterführend *Söhn* in: Hübschmann/Hepp/Spitaler, AO/FGO, § 89 AO, Rz. 170 ff. Zum Vertrauensschutz im Steuerrecht außerhalb der verbindlichen Auskunft vgl. *Klass,* DB 2010, 2464 ff.
[937] *Schiffers,* DStR 2008, 1805, 1814.
[938] *Rabald,* Fremdbestimmte Steuerwirkungen, 1987, 1; *Söffing,* DStZ 1993, 587; *Crezelius,* FR 2002, 805.

nelle) Verteilung auslöst.[939] Verursachungs- und Auswirkungsebene fallen auseinander.[940] Fremdbestimmte Steuerwirkungen setzen denklogisch die Beteiligung mehrerer Parteien voraus. Sie treten insbesondere bei Gesellschaftern von Personen- und Kapitalgesellschaften auf und haben infolge der Unternehmensteuerreform 2008 an Bedeutung gewonnen.[941]

II. Thesaurierungsbegünstigung

Gesellschafter einer Personengesellschaft haben die Möglichkeit, zwischen der Regel- und der Thesaurierungsbesteuerung frei zu wählen. Erfolgt das Wahlrecht uneinheitlich, kann es daher zu einem drittwirkenden Liquiditätsentzug zu Lasten der Gesellschaft und damit zu Lasten aller Mitunternehmer kommen.[942] Darüber hinaus kann eine Drittwirkung bei § 34a EStG dergestalt erfolgen, dass im Rahmen der einheitlichen und gesonderten Gewinnfeststellung der individuelle Gewinnanteil eines Mitunternehmers unter 10% liegt und damit (sofern der Gewinn auch unter 10.000 € liegt) eine Inanspruchnahme versagt wird.[943]

Ferner mindert die Gewerbesteuer als nicht abziehbare Betriebsausgabe (§ 4 Abs. 5b EStG) den begünstigungsfähigen Gewinn i.S.d. § 34a Abs. 2 EStG.[944] Sie wird auf Ebene der Personengesellschaft erfasst und von allen Gesellschaftern nach dem allgemeinen Gewinnverteilungsschlüssel getragen. Daraus folgt, dass Mitunternehmer mit hohen (gewerbesteuerpflichtigen) Sondervergütungen das Thesaurierungspotenzial aller Gesellschafter mindern.[945] Die Beeinflussung des Thesaurierungsvolumens durch individuell verursachte Ergänzungs- und Sonderbilanzergebnisse stellt demnach eine fremdbestimmte Steuerwirkung dar.[946] Vergleichbare Drittwirkungen durch zu hohe (Einkommensteuer-) Entnahmen treten bei § 34a EStG aber nicht auf, da Entnahmen gesellschafterbezogen ermittelt werden.[947]

Wird ein (ganzer) Betrieb oder ein (ganzer) Mitunternehmeranteil unentgeltlich übertragen (§ 6 Abs. 3 EStG), führt der Rechtsnachfolger gem. § 34a Abs. 7 S. 1 EStG den nachversteuerungspflichtigen Betrag fort. Bei einer späteren Überentnahme muss der Beschenkte die (gestundete) Steuer i.S.d. § 34a EStG des Schenkers nachzahlen.[948] Es kommt insofern zu einer fremdbestimmten Steuerwirkung.

---

939 *Kläne*, Fremdbestimmte Steuerwirkungen, 2010, 9.
940 Ähnlich bereits *Knobbe-Keuk*, Bilanz- und Unternehmenssteuerrecht, 1993, 765 f.
941 *Marx/Löffler/Kläne,* StuW 2010, 65 f.
942 *Rodewald/Pohl,* DStR 2008, 724, 726; *Levedag,* GmbHR 2009, 13, 20; *Levedag* in: Wachter, FS Spiegelberger, 2009, 328, 341; *Schumm,* NWB 2009, 1266, 1267; *Schiffers/Köster,* DStZ 2011, 851, 860.
943 *Kläne*, Fremdbestimmte Steuerwirkungen, 2010, 121.
944 BMF, Schreiben v. 11.8.2008, IV C 6 – S 2290-a/07/10001, BStBl. I 2008, 838, Rz. 16.
945 *Levedag,* GmbHR 2009, 13, 15; *Levedag* in: Wachter, FS Spiegelberger, 2009, 328, 331.
946 *Kläne*, Fremdbestimmte Steuerwirkungen, 2010, 97 f.
947 *Schiffers/Köster,* DStZ 2007, 773, 784.
948 *Levedag,* GmbHR 2009, 13, 21; *Levedag* in: Wachter, FS Spiegelberger, 2009, 328, 342.

III. Abgeltungsteuer

Im Rahmen des § 32d EStG kann es zu fremdbestimmten Steuerwirkungen kommen, wenn sich durch Handlungen Dritter Sachverhalte ändern, durch die die Anwendung des 25%igen Steuersatzes versagt (oder ermöglicht) wird. Zu denken wäre bspw. an den Fall, dass ein Privatdarlehen zwischen nahe stehenden Personen zunächst dem Erwerb einer selbstgenutzten Immobilie dient, die Immobilie aber später fremdvermietet wird. Die Darlehenszinsen stellen ab dem Zeitpunkt der Vermietung Werbungskosten beim Schuldner dar (Einkünfte aus Vermietung und Verpachtung nach § 21 EStG) und unterliegen folglich beim Gläubiger nicht mehr der Abgeltungsteuer, sondern dem Regeltarif (§ 32d Abs. 2 Nr. 1 Buchst. a) EStG).[949]

Des Weiteren können das erstmalige Begründen eines Näheverhältnisses bzw. Änderungen der Beteiligungsquote (z.B. durch Kapitalerhöhungen oder -herabsetzungen) abgeltungsteuerschädliche Drittwirkungen auslösen (§ 32d Abs. 2 Nr. 1 EStG). In diesem Zusammenhang wäre freilich auch denkbar, dass sich durch eine Erhöhung der Beteiligungsquote das Wahlrecht nach § 32d Abs. 2 Nr. 3 EStG eröffnet.

Fremdbestimmte Steuerwirkungen können bei Kapitalgesellschaften auftreten, wenn Gesellschafts- und Gesellschaftersphären vermischt werden.[950] Derartige Konstellationen ergeben sich bspw. bei verdeckten Gewinnausschüttungen (vGA). Die außerbilanzielle Gewinnerhöhung verursacht zusätzliche Körperschaft- und Gewerbesteuer, die den verfügbaren Gewinn reduzieren.[951] Währenddessen erhält der durch die vGA begünstigte Anteilseigner einen individuellen, gedanklich schon um diese Unternehmensteuern geminderten Zusatzbetrag.[952] Technisch gesehen wird der unzutreffend deklarierte Betrag ohne Berücksichtigung der auf Gesellschaftsebene anfallenden Steuern in Einkünfte aus Kapitalvermögen umqualifiziert und i.d.R. der Abgeltungsteuer (§ 32d EStG) unterworfen.[953] Dies führt zu deutlichen Vermögensverschiebungen zu Lasten der Kapitalgesellschaft – und damit aller Gesellschafter – und zu Gunsten des durch die vGA begünstigten Gesellschafters (sog. Divergenzeffekt).[954]

IV. Beurteilung

Fremdbestimmte Steuerwirkungen führen zu interpersonellen Belastungsverschiebungen, mithin zu Vermögenswirkungen i.S.v. *Rose*.[955] Dies kann sich im Einzelfall positiv auf die Steuerbelastung einzelner Gesellschafter auswirken, wird aber i.d.R. mit negativen Steuereffekten verbunden sein. Die Steuerwirkung ist daher unbestimmt. Zweifelsohne entsteht ein erhebli-

949 Ähnlich *Günther,* Mandat im Blickpunkt 2011, 95 f.
950 *Marx/Löffler/Kläne,* StuW 2010, 65, 69; *Kläne*, Fremdbestimmte Steuerwirkungen, 2010, 66 f.
951 *Binz,* DStR 2008, 1820, 1821.
952 *Bareis,* GmbHR 2009, 813, 815 f.
953 *Dörner,* INF 2001, 76 ff.; *Harle/Kulemann,* GmbHR 2007, 1138, 1139 f.
954 So bereits *Herzig,* DB 1985, 353 ff.; *Herzig,* WPg 2001, 253, 262; *Marx,* DB 2003, 673, 678.
955 *Rose*, Betriebswirtschaftliche Steuerlehre, 1992, 16.

ches Konfliktpotenzial unter den Gesellschaftern.[956] Darüber hinaus resultieren aus fremdbestimmten Steuerwirkungen schwer kalkulierbare Steuerplanungsrisiken.

Wenngleich die Thesaurierungsbegünstigung gesellschafterbezogen ausgestaltet ist, führen Drittwirkungen bei der Gewerbesteuer und Belastungen des Rechtsnachfolgers mit übergehenden Nachversteuerungsbeträgen (§ 34a Abs. 7 EStG) zu fremdbestimmten Steuerwirkungen. Zu einer Drittbesteuerung kann es bei Kapitalgesellschaften (bzw. ihren Anteilseignern) auch hinsichtlich etwaiger Wechselwirkungen bei der Abgeltungsteuer sowie verdeckter Gewinnausschüttungen kommen. Aus diesen Gründen hat die kautelarjuristische Beratungspraxis sog. Steuer- bzw. Satzungsklauseln entwickelt, die eine verursachungsgerechte Zuteilung der Steuerbelastung sicherstellen sollen. Für die Anwendung der Thesaurierungsbegünstigung ist es demnach empfehlenswert, folgende gesellschaftsvertraglichen Regelungen zu treffen:

- Gewerbesteuerklausel, die eine verursachungsgerechte Verteilung des Gewerbesteueraufwands (auch für Zwecke des § 34a EStG) regelt[957]
- Steuerentnahmeklausel, die die Steuerbelastung nach § 34a EStG (inkl. Nachversteuerung) – entweder pauschalierend oder individuell – berücksichtigt.[958]
- Ergebnisverwendungsklauseln oder Optionspflichtklauseln bedarf es indes nicht.[959]

Vertragsklauseln zur Vermeidung von vGA werden steuerlich nicht anerkannt.[960] Etwaige Vermögensschäden – auch anlässlich einer Versagung der Abgeltungsteuer – lassen sich aber im Innenverhältnis regulieren. Bisweilen können fremdbestimmte Steuerwirkungen auch mittels Sachverhaltsgestaltungen und/oder steuerlicher Wahlrechte vermieden werden.[961] So ist es z.B. möglich, dass der Schenker vor der Übertragung eines Betriebs oder eines Mitunternehmeranteils (§ 34a Abs. 7 S. 1 EStG) einen Antrag nach § 34a Abs. 6 Nr. 4 EStG stellt, um damit selbst eine Nachversteuerung auszulösen und seinen Rechtsnachfolger zu entlasten.[962]

Kapitel 3.
Schlussfolgerungen

Die identifizierten Einzelwirkungen seien in nachfolgender Übersicht nochmals systematisch zusammengefasst. Hierbei wurde unterschieden, inwieweit sie einen positiven (+), unbestimmten (+/-) oder negativen (-) Effekt für die steuerorientierte Rechtsformplanung entfalten.

---

956 *Roser,* EStB 2003, 157 f.; *Kläne*, Fremdbestimmte Steuerwirkungen, 2010, 1.
957 *Levedag,* GmbHR 2009, 13, 15 ff.; *Levedag* in: Wachter, FS Spiegelberger, 2009, 328, 331 ff.
958 *Rodewald/Pohl,* DStR 2008, 724, 726 f.; *Reichert/Düll,* ZIP 2008, 1249, 1256 ff.; *Eßers/Sirchich von Kis-Sira,* StbJb 2009/2010, 89, 94 ff.; *Schumm,* NWB 2009, 1266, 1267 ff.; *Winter,* Ubg 2009, 822, 824.
959 *Levedag* in: Wachter, FS Spiegelberger, 2009, 328, 338; *Winter,* Ubg 2009, 822, 824.
960 *Gosch*, KStG, 2009, § 8, Rz. 516; *Carlé/Demuth,* KÖSDI 2008, 15979, 15980 f.
961 *Marx/Löffler/Kläne,* StuW 2010, 65, 72 ff.; *Kläne*, Fremdbestimmte Steuerwirkungen, 2010, 205.
962 *Müller/Marchand,* ErbStB 2008, 272, 273 f.; *Levedag,* GmbHR 2009, 13, 21.

Steuerwirkungen	
Thesaurierungsbegünstigung (§ 34a EStG)	**Abgeltungsteuer (§ 32d EStG)**
Einbeziehung in das z.v.E. (+/-) Nichtbegünstigung der GewSt und ESt (-)	Keine Einbeziehung in das z.v.E. (+/-) Werbungskostenabzugsverbot (-)
Steuersatzvorteil bei Thesaurierung (+) Keine Berücksichtigung bei den VZ (-) Steuersatznachteil bei Nachversteuerung (-)	Steuersatzspreizung zu den übrigen Einkünften und zur Unternehmensteuerbelastung (+) Keine Entlastung bei vorbelasteten Einkünften (-)
Steuerstundung durch Thesaurierung (+)	Steuerstundung durch KapG-Thesaurierung (+)
Doppelte Progressionsentlastung (+)	Doppelte Progressionsentlastung (+)
Lock-In-Effekte (-)	Push-Out-Effekte (-)
Klienteleffekt durch geringen (faktischen) Anwendungsbereich (+/-)	Klienteleffekt dadurch, dass insbes. Steuerpfl. mit hohen Einkünften profitieren (+/-)
Verlustverrechnungsbeschränkung (-)	Verlustverrechnungsbeschränkung (-)
Überschießende Missbrauchsvermeidung (-)	Überschießende Missbrauchsvermeidung (-)
Umfangreiche Wahlrechtsmöglichkeiten (+)	Gewisse Wahlrechtsmöglichkeiten (+)
Flexible Antragstellung (+) Eingeschränkte Rechtsformwechselflexibilität (-)	Eingeschränkte Flexibilität (-)
Komplexe verfahrensrechtl. Zusammenhänge (-)	Wg. Abgeltungswirkung grds. keine ESt-Erklärung, aber Ausnahmen; gerade im G-G'er-Verhältnis (+/-)
Komplexität, Planungs-/ Durchführungsaufwand (-)	Komplexität (-)
Fehlende Planungssicherheit (-)	Eingeschränkte Planungssicherheit (-)
Fremdbestimmte Steuerwirkungen (+/-)	Fremdbestimmte Steuerwirkungen (+/-)

Abbildung 39: Steuerliche Einzelwirkungen von § 34a EStG und § 32d EStG

Quelle: Eigene Darstellung

Die Vielzahl der identifizierten Steuerwirkungen sowie deren (Inter-) Dependenzen machen das Erfordernis nach einer umfassenden Steuerplanung deutlich. Sie markieren die Grundlage für die sich nun anschließenden Ausführungen zur steuerorientierten Rechtsformplanung. Wenngleich die negativen Wirkungen quantitativ dominieren, ist noch keine Aussage über die Qualität der Einzeleffekte getroffen. Für die steuerorientierte Rechtsformplanung impliziert die Aufstellung vielmehr,

- die positiven Wirkungen i.S.v. Gestaltungschancen bestmöglich auszunutzen,
- die unbestimmten Wirkungen in eine positive Wirkung zu transferieren sowie
- die negativen Wirkungen i.S.v. Gestaltungsrisiken bzw. Gestaltungsgrenzen zu vermeiden bzw. zu minimieren.

Teil 5.
Steuerplanung mittels Rechtsformwahl

Kapitel 1.
Konzeption

A. Strukturbestimmende Unternehmensentscheidung

Die Wahl der Rechtsform ist eine strukturbestimmende, strategische, mithin konstitutive Unternehmensentscheidung.[963] Sie stellt sich bei Gründung und nach (internen oder externen) Änderungen der Rahmenbedingungen. Darüber hinaus ist es empfehlenswert, die Rechtsform turnusmäßig (ca. alle fünf Jahre) zu überprüfen.[964] Dabei sind jene Entscheidungskriterien zu berücksichtigen, denen rechtsformspezifische Ausprägungen zugrundeliegen.

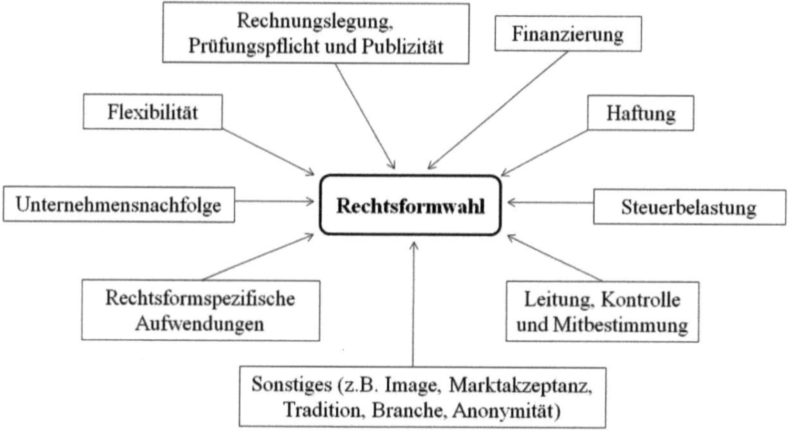

Abbildung 40: Allgemeine Einflussfaktoren bei der Rechtsformwahl

Quelle: Kriterien nach *Kessler/Schiffers/Teufel*, Rechtsformwahl - Rechtsformoptimierung, 2002, § 1, Rz. 47

B. Entscheidungsverfahren

Da die Vielfalt der Rechtsformalternativen, die Fülle an Einflussfaktoren sowie deren Interdependenzen kein effizientes Lösungsverfahren erlaubt, wird die Rechtsformwahl als schlecht-strukturiertes Entscheidungsproblem gesehen.[965] Erschwerend kommt hinzu, dass die meisten Entscheidungskriterien lediglich qualitativ (und nicht quantitativ) fassbar sind. In der Praxis der Rechtsformwahlberatung haben sich daher heuristisch-pragmatische (Nutzwert-) Verfahren entwickelt.[966] Hervorzuheben sind zwei Totalmodelle:[967]

---

963 *Kessler/Schiffers/Teufel*, Rechtsformwahl - Rechtsformoptimierung, 2002, § 1, Rz. 8.

964 *Rose* in: Ackermann, FS 40 Jahre DER BETRIEB, 1988, 93, 103.

965 *Heinen*, Entscheidungsorientierte BWL, 1976, 243; *Rose*, JbFSt 1986/1987, 55, 61.

966 *Heidemann*, Rechtsformwahl, 1992, 14; *Rose/Glorius-Rose*, Rechtsformen und Verbindungen, 2001, Rz. 375 ff.; *Kessler/Schiffers/Teufel*, Rechtsformwahl - Rechtsformoptimierung, 2002, § 1, Rz. 112.

- Nach dem sog. *Scoring-Modell* (bzw. Punktwertmatrix) werden die unterschiedlichen Rechtsformeigenschaften und Anforderungskriterien zusammengetragen und gegenübergestellt. Sodann können die Charakteristika mit Wertungsziffern und Gewichtungsfaktoren versehen werden. Durch Multiplikation ergeben sich Punktwerte, die eine Rangfolge erlauben.

- Alternativ können mittels Hauptentscheidungskriterien zunächst die Rechtsformen ausgeschieden werden, die das jeweils für zwingend erachtete (K.O.-) Kriterium nicht erfüllen. Damit engt sich das Entscheidungsfeld – ggf. unter Zuhilfenahme EDV-basierter Expertensysteme[968] – allmählich auf immer weniger werdende Unternehmensformen ein (sog. *sukzessive Stufenmethode*).[969]

C. Stellenwert der Steuerbelastung

Die Steuerbelastung stellt nur ein Kriterium unter vielen bei der Rechtsformwahl dar.[970] Ihr Stellenwert ist individuell verschieden. Gleichwohl zeigen empirische Studien, dass steuerliche Aspekte – neben der Haftungs- und Nachfolgefrage – zu den zentralen Einflussfaktoren zählen.[971] Die Steuerkomponente darf somit weder über- noch unterschätzt werden.

Die steuerorientierte Wahl der Unternehmensform fügt sich als Teilproblem in das allgemeine Rechtsformwahlkalkül ein. Sie untersucht i.S.e. Partialanalyse den Einfluss der Besteuerung auf die Rechtsformwahlentscheidung (et vice versa).[972] Für die Ermittlung der Steuerbelastung ist daher von vorgegebenen Daten auszugehen, die lediglich unter steuerlichen Aspekten optimal auszugestalten sind.[973] Daraus folgt, dass steuerplanerische Konsequenzen nicht autonom gezogen werden dürfen; sie müssen stets mit der übergeordneten Unternehmenszielsetzung harmonieren (nicht-autonome Steuerplanung).[974]

---

967 *Rose* in: Fachinstitut der Steuerberater, FS Meilicke, 1985, 111, 120 ff.; *Monz*, Methodische Entscheidungshilfen bei der Rechtsformwahl, 1985, 140 ff.; *Sigloch,* WISU 1989, 345, 347 ff.; *Rose/Glorius-Rose*, Rechtsformen und Verbindungen, 2001, Rz. 376 ff.; *Kessler/Schiffers/Teufel*, Rechtsformwahl - Rechtsformoptimierung, 2002, § 1, Rz. 113 ff.; *Schneeloch*, Rechtsformwahl und Rechtsformwechsel, 2006, 95; *Grziwotz* in: Priester/Mayer, Münch. Hdb. GesR III, § 2, Rz. 5.

968 *Müller-Bölling/Kirchhoff,* DBW 1991, 231 ff.; *Heidemann*, Rechtsformwahl, 1992, 16 f.; *Mertens/Borkowski/Geis*, Expertensystem-Anwendungen, 1993, 293. Zum Einsatz von Expertensystemen in der Steuerberatung vgl. *Herzig* in: Herzig, Betriebswirtschaftliche Steuerlehre und Steuerberatung, 1991, 23 ff.; *Buchwald*, Expertensysteme für das Steuermanagement, 2007, 76 f.

969 Beiden Verfahren kann eine gewisse Scheingenauigkeit attestiert werden. Gleichwohl wird mit ihnen sichergestellt, dass sich die Entscheidungsträger mit den Kriterien und Zielvorstellungen auseinandersetzen.

970 *Hauschildt/Wacker,* StuW 1974, 252 ff.; *Wöhe*, Betriebswirtschaftliche Steuerlehre II/1, 1990, 24 ff.; *Beranek,* SteuerStud 1999, 494, 495.

971 *Buschmann/Reif/Hillenbrand* in: Achleitner/Klandt/Koch/Voigt, Jahrbuch Entrepreneurship 2004/2005, 2005, 121 ff. Ähnlich bereits *Zieren*, Unternehmungsrechtsformwahl, 1989, 173 ff.; *Gordon/MacKie-Mason,* Journal of Public Economics 1994, 279 ff.; *Gordon/MacKie-Mason,* The Journal of Finance 1997, 477 ff.; *Breithecker/Baumann,* DStR 1998, 219, 223 f.

972 So bereits *Findeisen*, Unternehmung und Steuer, 1923, 6 f.

973 *Heidemann*, Rechtsformwahl, 1992, 24.

974 *Marettek,* WISU 1982, 439, 443.

D. Interstrukturelle Perspektive

Bei der steuerorientierten Rechtsformwahl lassen sich die zur Wahl stehenden Alternativen auf die beiden Grundrechtsformen reduzieren. Das Entscheidungsproblem konkretisiert sich in der steuervergleichenden Gegenüberstellung von Personenunternehmen und Kapitalgesellschaften, also in der Frage, welche Grundrechtsform steuerlich vorteilhafter ist.[975] Es wird eine interstrukturelle Perspektive eingenommen.

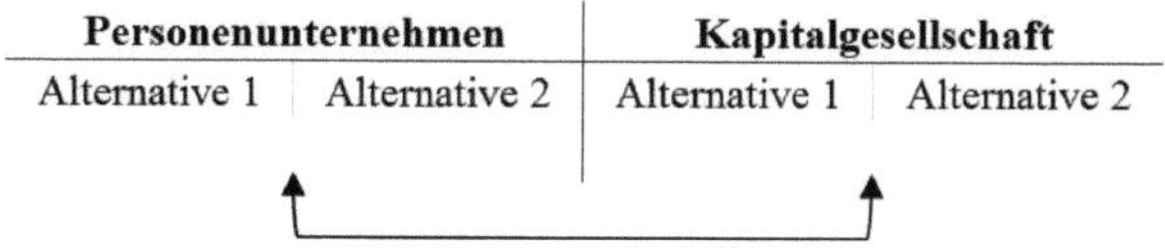

Abbildung 41: Interstrukturelle Perspektive der steuerorientierten Rechtsformwahl

Quelle: Eigene Darstellung

E. Subziele und Vorteilhaftigkeitskriterien

Wenngleich die Rechtsformwahl keiner eigenständigen Steuerplanung zugänglich ist, bedarf es zur Durchführung des Steuer(belastungs)vergleichs eines einheitlichen Vorteilhaftigkeitskriteriums und einer steuerlichen Zielsetzung.[976] Dabei kann auf das monetäre Unternehmensziel der *langfristigen Endvermögensmaximierung* zurückgegriffen werden.[977] Demnach stellt diejenige Grundrechtsform die steuerlich vorteilhaftere dar, deren Wahl das höchste Endvermögen am Ende des Planungszeitraums verspricht.[978]

Da Realinvestitionen und Einzahlungen (Umsatzerlöse) von der Wahl der Rechtsform weitestgehend unberührt bleiben, engt sich das Kriterium der Endvermögensmaximierung auf ein reines Auszahlungsbarwertkriterium ein.[979] Für steuerliche Partialanalysen kann folglich die *relative Steuerbarwertminimierung* als Vorteilhaftigkeitskriterium herangezogen werden.[980] Können intertemporale Effekte ausgeblendet werden, kommt als weitere Vereinfachung auch der Vergleich der *Jahresbelastungsziffern* in Betracht.[981]

---

975 Bspw. *Dörner*, Rechtsform, 1994, 233.

976 *Schneeloch*, Betriebliche Steuerpolitik, 2009, 6 f. und 67 ff.

977 *Kruschwitz*, Investitionsrechnung, 2009, 10 ff.; *Schneeloch*, Betriebliche Steuerpolitik, 2009, 67 f.; *Wöhe/Döring*, Betriebswirtschaftslehre, 2010, 70.

978 *Kessler/Schiffers/Teufel*, Rechtsformwahl - Rechtsformoptimierung, 2002, § 3, Rz. 23 ff.; *Schneeloch*, Rechtsformwahl und Rechtsformwechsel, 2006, 96.

979 *Schneider*, Investition, 1992, 99; *Schneeloch*, Rechtsformwahl und Rechtsformwechsel, 2006, 97.

980 Hierzu etwa *Mann*, WISt 1973, 114, 116 f.; *Eisenach*, Steuerplanung, 1974, 263; *Wacker*, Steuerplanung, 1979, 34 f.; *Wagner/Dirrigl*, Steuerplanung der Unternehmung, 1980, 13; *Siegel*, Steuerwirkungen und Steuerpolitik, 1982, 23; *Kessler*, Euro-Holding, 1996, 74.

981 *Schneeloch*, Betriebliche Steuerpolitik, 2009, 74.

F. Steuerliche Einflussfaktoren

Im Fachschrifttum wird die Rechtsformwahl oft auf den Vergleich der tariflichen Steuerbelastung reduziert. Bei der steuerorientierten Rechtsformwahl kommen jedoch naturgemäß weitaus mehr Einflussfaktoren zum Tragen.[982] Diese lassen sich grob in laufende und aperiodische (Ertrags-) Besteuerungssachverhalte unterscheiden.[983]

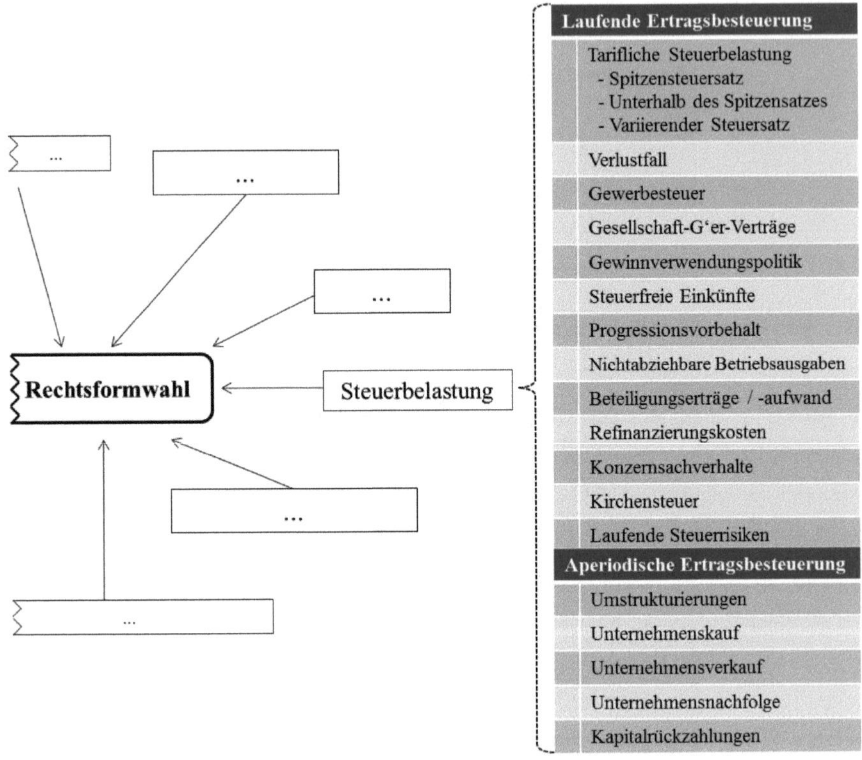

Abbildung 42: Steuerliche Einflussfaktoren bei der Rechtsformwahl

Quelle: Eigene Darstellung

G. Einfluss von Thesaurierungsbegünstigung und Abgeltungsteuer

Im Folgenden wird daher zu untersuchen sein, welche Grundrechtsform hinsichtlich unterschiedlicher Einflussfaktoren eine geringere Steuerbelastung aufweist. Dabei soll besonderes Augenmerk darauf gelegt werden, ob – und bejahendenfalls in welchem Ausmaß – die Thesaurierungsbegünstigung (§ 34a EStG) und die Abgeltungsteuer (§ 32d EStG) Einfluss neh-

---

982 *Kessler/Schiffers/Teufel*, Rechtsformwahl - Rechtsformoptimierung, 2002, § 3, Rz. 36 ff.; *Busch/Wrede* in: Priester/Mayer, Münch. Hdb. GesR III, § 3, Rz. 3.

983 Rechtsformbedingte Steuerbelastungsunterschiede hinsichtlich anderweitiger Steuerarten (z.B. USt, ErbSchSt) sind meist nur marginal und liegen daher außerhalb des Untersuchungsbereichs.

men. In diesem Zusammenhang ist ferner die Frage zu beantworten, inwieweit es dem Gesetzgeber gelungen ist, mit § 34a EStG eine weitgehende Belastungsneutralität zwischen Personen- und Kapitalgesellschaften herzustellen.

Des Weiteren ist zu analysieren, welche Gestaltungsmöglichkeiten (i.S.e. Steuerminimierung) sich mittels der Thesaurierungsbegünstigung und der Abgeltungsteuer ergeben. Hierzu sind – wie *Ley/Bodden* zutreffend anmerken – vielschichtige Belastungsrechnungen und Rechtsformvergleiche erforderlich.[984]

Kapitel 2.
Laufende Ertragsbesteuerung

A. Tarifliche Steuerbelastung im Gewinnfall

I. Belastungsvergleiche

1. Bedeutung und Grenzen

Das offensichtlichste Unterscheidungskriterium verschiedenartiger Besteuerungsalternativen manifestiert sich im konkreten Steuerbelastungsvergleich. Quantifizierende Belastungsvergleiche stellen aufgrund ihrer Indiz- bzw. Signalwirkung eine der primären steuerlichen Auswahlkriterien bei der Wahl und Optimierung der Unternehmensform dar.[985] Gerade für Steuergestaltungsüberlegungen bildet die Kenntnis der aggregierten ertragsteuerlichen Gesamtbelastung eine erste, aber überzeugende Orientierungshilfe.

Tarifgestützte Belastungsvergleiche berücksichtigen Interdependenzen zwischen den Steuersätzen und markieren Zusammenhänge zwischen Steuerbemessungsgrundlagen einzelner Steuerarten.[986] Trotz einiger Simplifizierungen ist festzustellen, dass unternehmerische Handlungen primär auf (Grenz-) Steuerbelastungsrechnungen beruhen.[987] Auch lassen sich die gestaltungsrelevanten, rechtsformspezifischen Besonderheiten – insbesondere jene nach § 34a EStG und § 32d EStG – anschaulich darstellen.

Gleichwohl stoßen steuerliche Belastungsvergleiche an gewisse Grenzen. Diese ergeben sich insbesondere daraus, dass es per se nicht gelingen kann, jeden Einzelfall abzubilden.[988] Es kommen vielmehr Modellrechnungen zum Tragen, deren Darstellungen auf bestimmten Prämissen beruhen. Daraus folgt, dass die Frage nach der steuerlich optimalen Rechtsform nicht

---

[984] *Ley/Bodden* in: Korn/Carlé/Stahl u.a., EStG, § 34a, Rz. 11.
[985] Bspw. *Kiesel* in: Ernst & Young, Unternehmensteuerreform, 2000, 106.
[986] *Lammersen*, Steuerbelastungsvergleiche, 2005, 45 ff.; *Gutekunst*, Steuerbelastungen und Steuerwirkungen, 2005, 16.
[987] *Schiffers,* GmbHR 2007, 505, 506.
[988] *Jacobs/Spengel/Hermann u.a.,* StuW 2003, 308; *Weber,* NWB 2007, 3031, 3033.

allgemeingültig beantwortet werden kann und den Beispielsrechnungen keine Beweiskraft zukommt.[989]

2. Grundannahmen

Im Folgenden werden sowohl einperiodige (statische) als auch mehrperiodige (dynamische) Belastungsrechnungen dargestellt. Die Ermittlung der jeweiligen Steuerbelastung bezieht sich auf die Untersuchungsergebnisse in Teil 3 dieser Arbeit. Soweit nicht anders angegeben, liegen den Belastungsrechnungen folgende Annahmen zugrunde:

- Gewinn (bzw. Gewinnanteil) = z.v.E. = Gewerbeertrag (keine Modifikationen)
- Gewerbesteuerhebesatz i.H.v. 400%
- Einzelveranlagung (Grundtarif 2012, soweit kein typisierter Steuersatz)
- Keine Kirchensteuerpflicht
- Keine anderen Einkünfte
- Freie Mittel (Gewinne) werden – soweit keine Ausschüttung/Entnahme erfolgt – im Unternehmen benötigt (Liquiditätsbeschränkung)

Ferner wird stets zwischen folgenden Fällen unterschieden:

- Personenunternehmen (*PersU*), die der Regelbesteuerung (§ 32a EStG) unterliegen
- Personenunternehmen (*PersU*), die das Wahlrecht nach § 34a EStG ausüben
    - *Grundfall*: der gesamte Gewinn kann thesauriert werden
    - *GewSt*: der Gewinn nach Abzug der Gewerbesteuer kann thesauriert werden
    - *Effektiv*: der Gewinn nach Abzug der Gewerbesteuer und Einkommensteuer kann thesauriert werden
- Kapitalgesellschaften (*KapG*)
    - Anteilseigner (*AE*) unterliegen der Abgeltungsteuer (*AbgSt*, § 32d EStG)
    - Anteilseigner (*AE*) unterliegen dem Teileinkünfteverfahren (*TEV*)

Bei den einperiodigen Modellrechnungen werden die systematischen Differenzen zwischen Kapitalgesellschaften und Personenunternehmen dadurch vermieden, dass die Besteuerung der Gewinnausschüttungen beim Anteilseigner phasengleich in den Steuerbelastungsvergleich einbezogen wird.[990] Darüber hinaus werden aus Wesentlichkeitsgründen weitere Vereinfa-

---

[989] *Beranek,* SteuerStud 1999, 494, 495; *Wagner,* StuW 2006, 101, 108.

[990] Fiktive Vorabausschüttung (so auch *Kessler/Teufel,* DStR 2000, 1836, Fn. 13).

chungen getroffen, z.B. die Vernachlässigung etwaiger Freibeträge und Modifikationen in der steuerlichen Bemessungsgrundlage.[991]

Im Folgenden soll zunächst eine einfache Gegenüberstellung der Steuerbelastungsziffern unter Berücksichtigung verschiedener Steuersätze erfolgen. Anschließend wird die rechtsformspezifische Steuerbelastung anhand konkreter Modellfälle (Klein-, Mittel- und Großbetrieb) analysiert. Sodann folgen alternative Modelle zur Ermittlung der Steuerbelastung.

II. Gegenüberstellung der Steuerbelastungsziffern

1. Belastungsvergleich bei Anwendung des Spitzensteuersatzes

a) Gewinnthesaurierung

Werden die Gewinne im Unternehmen thesauriert, stellt sich die Steuerbelastung bei Anwendung des Spitzensteuersatzes wie folgt dar.

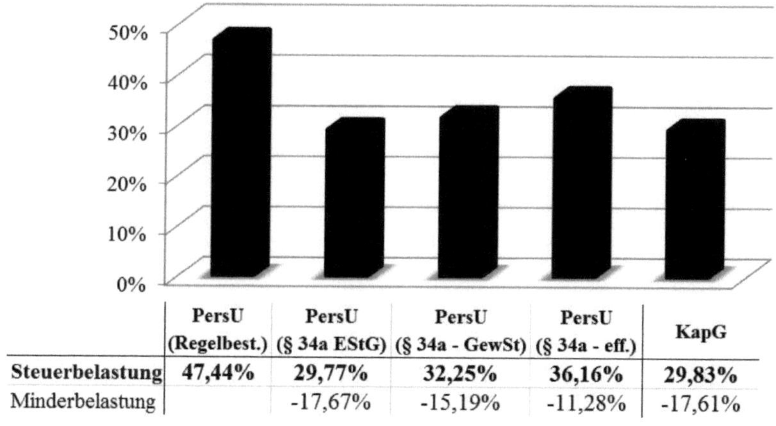

	PersU (Regelbest.)	PersU (§ 34a EStG)	PersU (§ 34a - GewSt)	PersU (§ 34a - eff.)	KapG
Steuerbelastung	**47,44%**	**29,77%**	**32,25%**	**36,16%**	**29,83%**
Minderbelastung		-17,67%	-15,19%	-11,28%	-17,61%

Abbildung 43: Statischer Steuerbelastungsvergleich (Thesaurierung) bei ESt 45%

Quelle: Eigene Darstellung

Im direkten Rechtsformvergleich fällt auf, dass die Steuerbelastung einer Kapitalgesellschaft mit 29,83%-Punkten deutlich unter derjenigen eines regelbesteuerten Personenunternehmens liegt (47,44%-Punkte). Dies lässt sich auf den niedrigen KSt-Satz i.H.v. 15% zurückführen, während Personenunternehmen einem Einkommensteuersatz i.H.v. bis zu 45% (+ SolZ + anrechenbarer GewSt) unterliegen.[992] Der Steuervorteil der Kapitalgesellschaft (Minderbelastung) beläuft sich auf knapp 18%-Punkte.

---

[991] So werden bspw. der Sparer-Pauschbetrag (§ 20 Abs. 9 EStG), der Gewerbesteuerfreibetrag für Personenunternehmen (§ 11 Abs. 1 S. 3 Nr. 1 GewStG) oder die gewerbesteuerlichen Modifikationen (§§ 8, 9 GewStG) vernachlässigt, soweit diese nicht explizit einbezogen werden.

[992] *Weber*, NWB 2007, 3031, 3038; *Weber*, NWB 2008, 3075, 3086.

Der Steuerbelastungsvergleich zwischen Kapitalgesellschaft und thesaurierender Personengesellschaft (§ 34a EStG) erfordert indes eine differenzierte Betrachtung. So fällt zunächst auf, dass im Grundfall des § 34a EStG die Steuerbelastung bei 29,77%-Punkten liegt. Unter Berücksichtigung dieses idealtypischen Zustands ist die Steuerbelastung von Personenunternehmen und Kapitalgesellschaften nahezu identisch hoch.[993]

Gleichwohl gilt zu bedenken, dass dieser Grundfall in der Praxis selten vorliegen dürfte.[994] Zum einen kann die Gewerbesteuer, die wegen § 4 Abs. 5b EStG den steuerlichen Gewinn nicht mindern darf, nicht der Thesaurierungsbegünstigung unterworfen werden. Zum anderen wird der Steuerpflichtige regelmäßig gezwungen sein, seine persönliche Einkommensteuer aus dem Betrieb zu finanzieren, mithin eine entsprechende Entnahme vorzunehmen. Dieser Teil des Gewinns steht dann ebenfalls nicht mehr für die Thesaurierungsbegünstigung zur Verfügung.[995] Der Steuerpflichtige kann zwar die Gewerbe- und Einkommensteuer durch steuerfreie Einkünfte kompensieren und/oder aus dem Privatvermögen begleichen. Für einen methodisch adäquaten und aussagekräftigen Belastungsvergleich kann dieses Vorgehen allerdings nicht unterstellt werden.[996] Deshalb ist nicht nur die (theoretische) Vollthesaurierung (s.o.), sondern auch die (praxisnähere) Thesaurierung nach Abzug der Gewerbesteuer und/oder Einkommensteuer zu betrachten.

Für den Fall, dass der volle Gewinn nach Abzug der Gewerbesteuer thesauriert werden kann, beträgt die Steuerbelastung bei Anwendung des § 34a EStG zunächst 32,25%-Punkte.[997] Die Steuerbelastung liegt damit um ca. 2,5%-Punkte über jener einer thesaurierenden Kapitalgesellschaft. Die Mehrbelastung resultiert aus dem Umstand, dass die Gewerbesteuer nach § 4 Abs. 5b EStG außerbilanziell hinzugerechnet und mit dem regulären Tarif (hier: Spitzensteuersatz 45%) belastet wird. Im Vergleich zur Regelbesteuerung beträgt die Minderbelastung aber immer noch ca. 15%-Punkte.

Muss darüber hinaus auch die auf den Gewinn der Personengesellschaft entfallende Einkommensteuer aus der Unternehmensliquidität bedient werden, beläuft sich die effektive Thesau-

---

993 *Hey,* DStR 2007, 925, 927; *Schultes-Schnitzlein/Keese,* NWB 2007, 2841, 2844 f.; *Schiffers,* GmbHR 2007, 505, 509; *Cordes,* WPg 2007, 526, 527; *Rödder,* WPg Sonderheft 2008, S 66, S 68; *Kessler* in: Herzig/Tobin/Eckhardt u.a., Handbuch Unternehmensteuerreform 2008, 56; *Klipstein,* DStZ 2009, 805.

994 *Dörfler/Graf/Reichl,* DStR 2007, 645, 646; *Thiel/Sterner,* DB 2007, 1099 f.; *Homburg/Houben/Maiterth,* WPg 2007, 376; *Weber,* NWB 2007, 3031, 3039; *Jorde/Götz,* BB 2008, 1032 f.

995 *Kleineidam/Liebchen,* DB 2007, 409, 410; *Thiel/Sterner,* DB 2007, 1099 f.; *Kessler/Ortmann-Babel/Zipfel* in: Ernst & Young/BDI, Unternehmensteuerreform 2008, 29.

996 Statt vieler *Kleineidam/Liebchen,* DB 2007, 409, 410; *Dörfler/Graf/Reichl,* DStR 2007, 645, 649; *Homburg,* DStR 2007, 686, 688; *Homburg/Houben/Maiterth,* WPg 2007, 376, 379; *Sachverständigenrat zur Begutachtung der gesamtwirtschaftlichen Entwicklung,* Jahresgutachten 2007/2008, 2007, 273.

997 *Ley,* KÖSDI 2007, 15737, 15741; *Schulze zur Wiesche,* DB 2007, 1610; *Lühn/Lühn,* StuB 2007, 253, 254; *Winkeljohann/Fuhrmann,* BFuP 2007, 464, 474; *Eisgruber,* DK 2008, 343, 348; *Neubert/Plenk,* SteuerStud 2008, 37, 43 f.; *Herzig* in: Wachter, FS Spiegelberger, 2009, 210, 218 f.

rierungsbelastung bei Anwendung des § 34a EStG auf 36,16%-Punkte.[998] Die Gewerbesteuer (§ 4 Abs. 5b EStG) und die notwendigen Entnahmen für die Einkommensteuer (+ SolZ) unterliegen in diesen Fällen nicht dem begünstigten Steuersatz von 28,25%, sondern der Regelbesteuerung (hier 45%).[999] Dadurch ist die effektive Belastung i.S.d. § 34a EStG um etwa 6%-Punkte höher als die Steuerbelastung einer Kapitalgesellschaft. Mit der Thesaurierungsbegünstigung kann daher *keine* Belastungsneutralität hergestellt werden.[1000] Verglichen mit dem regelbesteuerten Personenunternehmen ist gleichwohl ein Thesaurierungsvorteil i.H.v. 11,28%-Punkten realisierbar.

Da § 34a EStG bei der Bemessung der Einkommensteuer-Vorauszahlungen außer Ansatz bleibt (§ 37 Abs. 3 S. 5 EStG), erfährt das thesaurierende Personenunternehmen einen weiteren (liquiditätswirksamen) Rechtsformnachteil gegenüber Kapitalgesellschaften.[1001] Es ist festzuhalten: Bei Gewinnthesaurierung ist die Kapitalgesellschaft im Vorteil. Dies gilt auch bei Anwendung des § 34a EStG.

b) Gewinnausschüttung bzw. Gewinnentnahme

Im Zeitpunkt einer Gewinnausschüttung bzw. Gewinnentnahme kommt es für die Anteilseigner einer Kapitalgesellschaft sowie für Personenunternehmen, die § 34a EStG in Anspruch genommen haben, zu einer zusätzlichen Steuerbelastung (Nachbelastung).

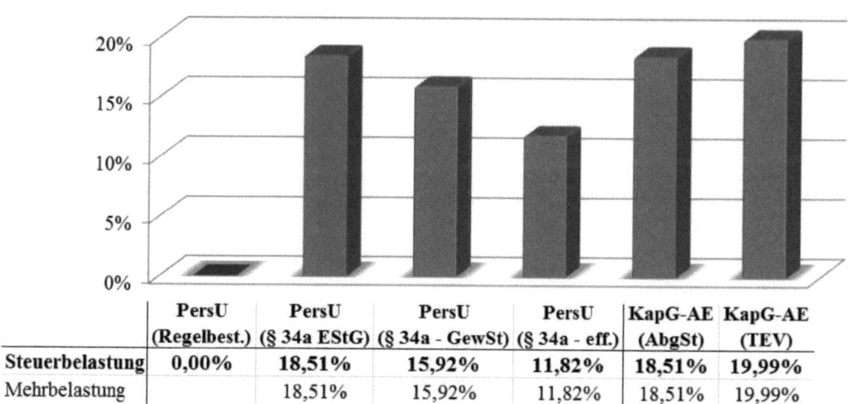

	PersU (Regelbest.)	PersU (§ 34a EStG)	PersU (§ 34a - GewSt)	PersU (§ 34a - eff.)	KapG-AE (AbgSt)	KapG-AE (TEV)
Steuerbelastung	**0,00%**	**18,51%**	**15,92%**	**11,82%**	**18,51%**	**19,99%**
Mehrbelastung		18,51%	15,92%	11,82%	18,51%	19,99%

Abbildung 44: Statischer Steuerbelastungsvergleich (Ausschüttung/Entnahme) bei ESt 45%

Quelle: Eigene Darstellung

---

998 *Kessler/Ortmann-Babel/Zipfel,* BB 2007, 523, 526 f.; *Ley,* KÖSDI 2007, 15737, 15742; *Kleineidam/Liebchen,* DB 2007, 409, 410; *Dörfler/Graf/Reichl,* DStR 2007, 645, 649; *Schiffers,* GmbHR 2007, 505, 510; *Weber,* NWB 2007, 3031, 3040; *Cordes,* WPg 2007, 526, 527.

999 *Hey,* DStR 2007, 925, 927; *Ley/Brandenberg,* FR 2007, 1085, 1086.

1000 Statt aller *Rödder,* Beihefter zu DStR 40 / 2007, 4 f.; *Forst/Schaaf,* EStB 2007, 263, 266; *Houben/Maiterth,* StuW 2008, 228, 234; *Schneider/Wesselbaum-Neugebauer,* FR 2011, 166, 167.

1001 So auch *Dörfler* in: Littmann/Bitz/Pust, EStG, § 34a, Rz. 182.

Für regelbesteuerte Personenunternehmen ist die Gewinnentnahme ohne Bedeutung. Die Gewinne unterlagen bereits im Entstehungszeitpunkt der vollen Besteuerung; es erfolgt keine Nachversteuerung. Demgegenüber beläuft sich die Nachbelastung bei Anteilseignern einer Kapitalgesellschaft auf 18,51%-Punkte (*Abgeltungsteuer*) bzw. 19,99%-Punkte (*Teileinkünfteverfahren*).[1002] Eine Gewinnausschüttung löst demnach eine beträchtliche Steuerbelastung aus. Es ergibt sich folglich eine deutliche Belastungsspreizung zwischen Thesaurierung und Ausschüttung.[1003] Für Steuerpflichtige, die dem Spitzensteuersatz unterliegen (und keine Werbungskosten haben), ist die Abgeltungsteuer günstiger als das Teileinkünfteverfahren.

Bei Personenunternehmen, die zur Besteuerung nach § 34a EStG optiert haben, kommt es im Zeitpunkt der Gewinnentnahme ebenfalls zu einer Nachbelastung. Die Nachversteuerung beträgt im Grundfall des § 34a EStG 18,51%-Punkte und liegt damit in gleicher Höhe wie die Steuerbelastung eines abgeltend besteuerten Anteilseigners einer Kapitalgesellschaft. Für diesen idealtypischen (Ausnahme-) Fall besteht demnach – auch auf Ebene der Gesellschafter – Belastungsneutralität.[1004]

Berücksichtigt man indes, dass bloß der Gewinn nach Abzug der Gewerbesteuer dem Sondersteuersatz des § 34a EStG unterworfen werden konnte, so ergibt sich eine entsprechend geringere Bemessungsgrundlage für die Nachversteuerung. Dies schlägt sich folgerichtig in einer geringeren effektiven Nachbelastung i.H.v. 15,92%-Punkten nieder. Für den Fall, dass auch die Zahlung der Einkommensteuer (per Entnahme) aus dem Betriebsvermögen erfolgte, beträgt die effektive Nachversteuerung i.S.d. § 34a EStG 11,82%-Punkte.

Rechtsformübergreifend bleibt festzuhalten: Werden Gewinne steuergünstig thesauriert – sei es über Kapitalgesellschaften oder über § 34a EStG – unterliegen diese im Zeitpunkt einer Gewinnausschüttung bzw. Entnahme einer (mitunter hohen) Nachbelastung. Die Höhe der Nachversteuerung hängt dabei positiv von der Höhe der Thesaurierungsquote ab. Es ergibt sich – isoliert betrachtet – ein Vorteil für Personenunternehmen. Dies gilt auch bei Anwendung des § 34a EStG.

c) Gesamtbelastung

Die Gesamtbelastung (Thesaurierung + Ausschüttung/Entnahme) stellt sich im Rechtsformvergleich folgendermaßen dar.

[1002] Statt vieler *Cordes,* WPg 2007, 526, 528; *Lindberg* in: Frotscher, EStG, § 34a, Rz. 5.
[1003] *Schiffers* in: Strahl, Ertragsteuern, 2010, Rz. 12.
[1004] *Dörfler/Graf/Reichl,* DStR 2007, 645, 647; *Klipstein,* DStZ 2009, 805, 806 f.

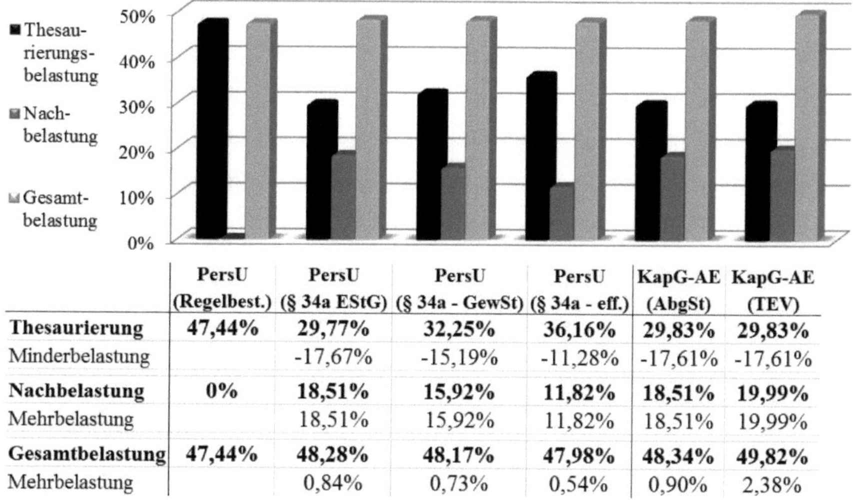

	PersU (Regelbest.)	PersU (§ 34a EStG)	PersU (§ 34a - GewSt)	PersU (§ 34a - eff.)	KapG-AE (AbgSt)	KapG-AE (TEV)
Thesaurierung	**47,44%**	**29,77%**	**32,25%**	**36,16%**	**29,83%**	**29,83%**
Minderbelastung		-17,67%	-15,19%	-11,28%	-17,61%	-17,61%
Nachbelastung	**0%**	**18,51%**	**15,92%**	**11,82%**	**18,51%**	**19,99%**
Mehrbelastung		18,51%	15,92%	11,82%	18,51%	19,99%
Gesamtbelastung	**47,44%**	**48,28%**	**48,17%**	**47,98%**	**48,34%**	**49,82%**
Mehrbelastung		0,84%	0,73%	0,54%	0,90%	2,38%

Abbildung 45: Statischer Steuerbelastungsvergleich (Gesamtbelastung) bei ESt 45%

Quelle: Eigene Darstellung

Es ist offensichtlich, dass – zumindest im hier betrachteten Fall des Spitzensteuersatzes – kaum Gesamtbelastungsunterschiede zwischen den Rechtsformalternativen bestehen.[1005] Die Gesamtsteuerbelastung [hellgraue Balken] beträgt in allen Grundrechtsformvarianten zwischen 47,44%-Punkten und 49,82%-Punkten, die maximale Differenz also 2,38%-Punkte. Dabei stellt das regelsteuerte Personenunternehmen mit 47,44%-Punkten die steuergünstigste Rechtsform dar. Sie ist im Fall der sofortigen Entnahme bzw. Ausschüttung die vorteilhafteste Alternative.[1006]

Personenunternehmen, die § 34a EStG in Anspruch genommen haben, liegen mit ihrer Gesamtsteuerbelastung (47,98%- bis 48,28%-Punkte) geringfügig darüber. Die Thesaurierungsbegünstigung wirkt daher im statischen Modell stets negativ.[1007] Vorteile können sich einzig über den Stundungseffekt ergeben, der aus dem zinsfreien Steueraufschub resultiert (siehe unten im dynamischen Modell).

Mit minimalem Abstand folgt die Kapitalgesellschaft (inkl. AE: 48,34%- bis 49,82%-Punkte). Bemerkenswert ist insbesondere, dass der bis zum Jahr 2007 bestehende Belastungsnachteil

[1005] *Knief/Nienaber,* BB 2007, 1309, 1312; *Ley,* KÖSDI 2007, 15737, 15743; *Lühn/Lühn,* StuB 2007, 253, 259; *Ley/Brandenberg,* FR 2007, 1085, 1087 f.; *Förster,* Ubg 2008, 185, 189; *Jorde/Götz,* BB 2008, 1032, 1033; *Rödding* in: Lüdicke/Sistermann, Unternehmensteuerrecht, § 3, Rz. 33; *Herzig* in: Wachter, FS Spiegelberger, 2009, 210, 222; *Dörfler* in: Littmann/Bitz/Pust, EStG, § 34a, Rz. 43.

[1006] *Diller/Wimmer,* FB 2007, 573, 577; *Winkeljohann/Fuhrmann* in: PWC, Unternehmensteuerreform 2008, 59; *Jacobs*, Unternehmensbesteuerung und Rechtsform, 2009, 558.

[1007] Statt aller *Patek,* BFuP 2007, 443, 459; *Ley/Bodden* in: Korn/Carlé/Stahl u.a., EStG, § 34a, Rz. 10.

vollausschüttender Kapitalgesellschaften fast gänzlich verschwunden ist.[1008] Überdies gilt zu bedenken, dass die „schlechteste“ Alternative (*AE – TEV*) i.d.R. einen Antrag nach § 32d Abs. 2 Nr. 3 EStG verlangt.[1009]

Dem Gesetzgeber ist es gelungen, die (statischen) Steuerbelastungsunterschiede weitestgehend zu nivellieren.[1010] Gleichwohl ist anzumerken, dass es sich lediglich um Angleichungen des (Spitzen-) Steuertarifs handelt. Unterschiede in der steuerlichen Bemessungsgrundlage von Personen- und Kapitalgesellschaften münden zwangsläufig in unterschiedlichen Effektivsteuerbelastungen; ebenso bei geringeren Steuersätzen (siehe unten).[1011]

Aus obiger Grafik geht aber auch hervor, dass sich die (ähnlich hohe) Gesamtsteuerbelastung bei den einzelnen Rechtsformen ganz unterschiedlich zusammensetzt. So gibt es drastische Verwerfungen zwischen der Besteuerungssituation bei Thesaurierung [schwarze Balken] und bei Ausschüttung/Entnahme [dunkelgraue Balken].[1012] Wesentlich deutlicher kommen diese Effekte indes erst bei intertemporaler Betrachtung zum Ausdruck (siehe unten). Sie schlagen sich dort auch in der Gesamtsteuerbelastung nieder.

d) Dynamische Betrachtung

Bei einem unterstellten Kalkulationszins (i) i.H.v. 5% und einem Planungshorizont (n) von zehn Jahren ergeben sich die nachstehend abgebildeten Steuerbelastungen in einem dynamischen Modell (vgl. Abbildung 46). Es basiert auf dem Konzept der relativen Steuerbarwertminimierung.[1013]

Die dynamische Betrachtung macht deutlich, dass der einstweilige Thesaurierungsvorteil der Kapitalgesellschaften und der § 34a EStG-Personenunternehmen auch in einen Gesamtbelastungsvorteil umschlägt. Im Vergleich zum regelbesteuerten Personenunternehmen (47,44%-Punkte) ergeben sich effektive Gesamtbelastungsvorteile zwischen 4%- und 6,3%-Punkten. Der Vorteil ist dabei umso größer, je steuergünstiger thesauriert werden konnte. Bei realistischer Betrachtung befinden sich deshalb Kapitalgesellschaften (*AE-AbgSt*: 41,19%-Punkte) im Vorteil gegenüber optierenden Personenunternehmen (*§ 34a EStG-effektiv*: 43,42%).

1008 *Binz,* DStR 2007, 1692, 1695; *Winkeljohann/Fuhrmann,* BFuP 2007, 464, 474; *Pflüger,* GStB 2008, 83, 85; *Weber,* NWB 2008, 3075, 3086; *Schiffers* in: Strahl, Ertragsteuern, 2010, Rz. 14.

1009 *Förster,* Ubg 2008, 185, 189.

1010 *Ley/Brandenberg,* FR 2007, 1085, 1087; *Schiffers* in: Kessler/Förster/Watrin, FS Herzig, 2010, 823, 826.

1011 *Rödding* in: Lüdicke/Sistermann, Unternehmensteuerrecht, § 3, Rz. 33.

1012 *Korn/Strahl,* NWB 2008, 4537, 4626.

1013 Zur Ermittlung der Gesamtbelastung wurde die (sofortige) Thesaurierungsbelastung mit der abgezinsten Nachbelastung addiert.

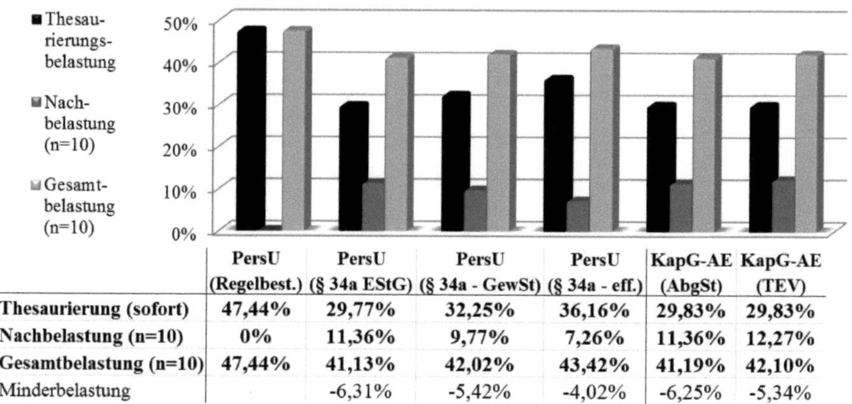

	PersU (Regelbest.)	PersU (§ 34a EStG)	PersU (§ 34a - GewSt)	PersU (§ 34a - eff.)	KapG-AE (AbgSt)	KapG-AE (TEV)
Thesaurierung (sofort)	**47,44%**	**29,77%**	**32,25%**	**36,16%**	**29,83%**	**29,83%**
Nachbelastung (n=10)	**0%**	**11,36%**	**9,77%**	**7,26%**	**11,36%**	**12,27%**
Gesamtbelastung (n=10)	**47,44%**	**41,13%**	**42,02%**	**43,42%**	**41,19%**	**42,10%**
Minderbelastung		-6,31%	-5,42%	-4,02%	-6,25%	-5,34%

Abbildung 46: Dynamischer Steuerbelastungsvergleich bei ESt 45% ($i = 5\%$, $n = 10$ Jahre)

Quelle: Eigene Berechnungen

Aus obiger Darstellung geht des Weiteren hervor, welche Optimierungspotenziale mit der Thesaurierungsbegünstigung nach § 34a EStG verbunden sind. Der nominale Gesamtbelastungsnachteil im statischen Modell (47,98% bzw. 48,17% bzw. 48,28% > 47,44%) wandelt sich bei dynamischer Betrachtung in einen effektiven Gesamtbelastungsvorteil (41,13% bzw. 42,02% bzw. 43,42% < 47,44%).

Verwendet man – anstelle des Konzepts der Steuerbarwertminimierung – ein dynamisches Endvermögensmaximierungsmodell, so stellt sich das Ergebnis wie folgt dar (vgl. Abbildung 47). Hierbei wurde unterstellt, dass ein Ausgangsgewinn i.H.v. 100 GE erwirtschaftet wurde, der (nach Abzug der Steuerbelastung) im Unternehmen verbleibt und am Ende des Planungshorizonts $(n = 10)$ ausgeschüttet bzw. entnommen wird.[1014]

Den Berechnungen liegen ein Zinssatz (i) i.H.v. 4,5% und folgende Formeln zugrunde:

Allgemein: $$EV = Vermögen_{1.\,Periode} \cdot (1 + i \cdot (1 - lfd.\,Steuerbelastung))^n \cdot (1 - Nachbelastung)$$

Konkret: $$EV_{PersU\,(Regelbesteuerung)} = 52{,}56 \cdot (1 + i \cdot (1 - 0{,}4744))^n$$

$$EV_{PersU\,(\S\,34a\,EStG-effektiv)} = 63{,}84 \cdot (1 + i \cdot (1 - 0{,}3616))^n \cdot (1 - 0{,}1851)$$

$$EV_{KapG\,(AE-AbgSt)} = 70{,}17 \cdot (1 + i \cdot (1 - 0{,}2983))^n \cdot (1 - 0{,}2638)$$

1014 Aus Vereinfachungsgründen konzentriert sich die Darstellung auf die drei praxisrelevanten Rechtsformalternativen: *PersU-Regelbesteuerung*, *PersU-§ 34a EStG effektiv* und *KapG (AE-AbgSt)*.

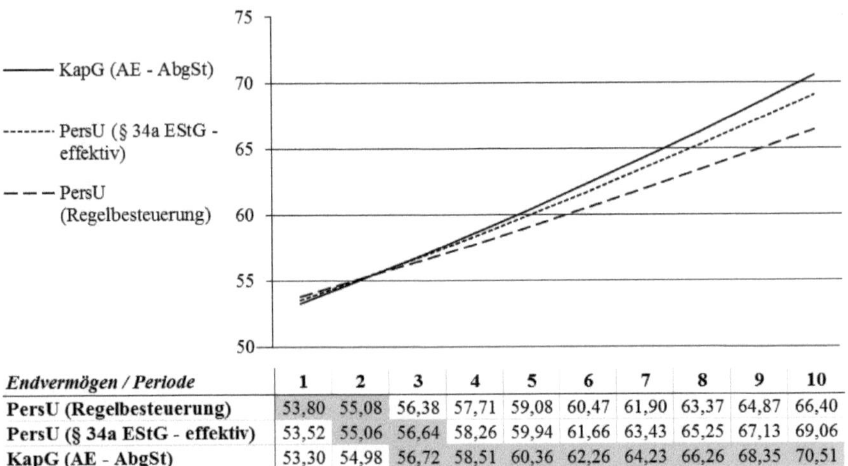

Endvermögen / Periode	1	2	3	4	5	6	7	8	9	10
PersU (Regelbesteuerung)	53,80	55,08	56,38	57,71	59,08	60,47	61,90	63,37	64,87	66,40
PersU (§ 34a EStG - effektiv)	53,52	55,06	56,64	58,26	59,94	61,66	63,43	65,25	67,13	69,06
KapG (AE - AbgSt)	53,30	54,98	56,72	58,51	60,36	62,26	64,23	66,26	68,35	70,51

Abbildung 47: Dynamischer Endvermögensvergleich bei ESt 45% (i = 4,5%, n = 10 Jahre)

Quelle: Darstellung in Anlehnung an *Knief/Nienaber,* BB 2007, 1309, 1313 f.

Nach zehn Jahren zeigt sich, dass zwar die Inanspruchnahme der Thesaurierungsbegünstigung (§ 34a EStG - effektiv) für Personenunternehmen lohnenswert ist (69,06 GE > 66,40 GE), die Kapitalgesellschaft jedoch zuletzt das höchste Endvermögen erwirtschaftet (70,51 GE).[1015] Ein Blick in die einzelnen Perioden offenbart, dass sich bei sehr kurzer Thesaurierungsdauer das regelbesteuerte Personenunternehmen im Vorteil befindet (z.B. Periode 2: 55,08 GE > 55,06 GE bzw. 54,98 GE). Erst ab einer Einbehaltungsdauer von ca. zwei bis drei Jahren wäre an dieser Stelle die Option zur Sondertarifierung nach § 34a EStG zu empfehlen, während bereits in Periode drei die Kapitalgesellschaft unter den hier getroffenen Annahmen als vorteilhaft einzuschätzen ist (56,72 GE > 56,64 GE > 56,38 GE).[1016]

Diesen Zusammenhang hat *Förster* für höhere Kalkulationszinssätze in folgender Vergleichsrechnung anschaulich aufbereitet.[1017]

	PersU (Regelbesteuerung)	**PersU (§ 34a EStG - effektiv)**
i = 10%	1,03	1,14
i = 15%	0,71	0,79
i = 20%	0,54	0,61

Abbildung 48: Mindestthesaurierungszeiten KapGes vs. PersU bei ESt 45%

Quelle: *Förster,* Ubg 2008, 185, 191

[1015] So auch das Ergebnis der Untersuchung von *Houben/Maiterth,* StuW 2008, 228, 234.

[1016] *Knief/Nienaber,* BB 2007, 1309, 1314 (dortige Berechnungen mit i = 5%).

[1017] *Förster,* Ubg 2008, 185, 191.

Die obigen Werte zeigen an, welche Mindestthesaurierungszeiten bei Kapitalgesellschaften notwendig wären, um eine Gleichbelastung mit den Personenunternehmen zu erzielen.[1018] Es verdeutlicht sich, dass Kapitalgesellschaften relativ schnell den Personenunternehmen überlegen sind. Bei entsprechend hohen Renditen (und Steuersätzen) reicht hierzu meist schon ein Zeitraum von ein bis zwei Jahren aus.

Sowohl das Konzept der relativen Steuerbarwertminimierung als auch das Endvermögensmaximierungsmodell kommen zu dem (konsistenten) Ergebnis, dass sich bei intertemporaler Betrachtung die thesaurierende Kapitalgesellschaft im Vorteil befindet. Personenunternehmen können ggf. von § 34a EStG profitieren.

2. Belastungsvergleich unterhalb des Spitzensteuersatzes

a) Statische Betrachtung

Nimmt man von der Annahme des Spitzensteuersatzes Abstand und verwendet stattdessen einen niedrigeren Steuersatz, so können weitere Erkenntnisse – insbesondere für kleinere und mittelgroße Betriebe – gewonnen werden. Die folgende Abbildung 49 veranschaulicht diese Sichtweise anhand eines typisierten Einkommensteuersatzes i.H.v. 35% (+ SolZ).

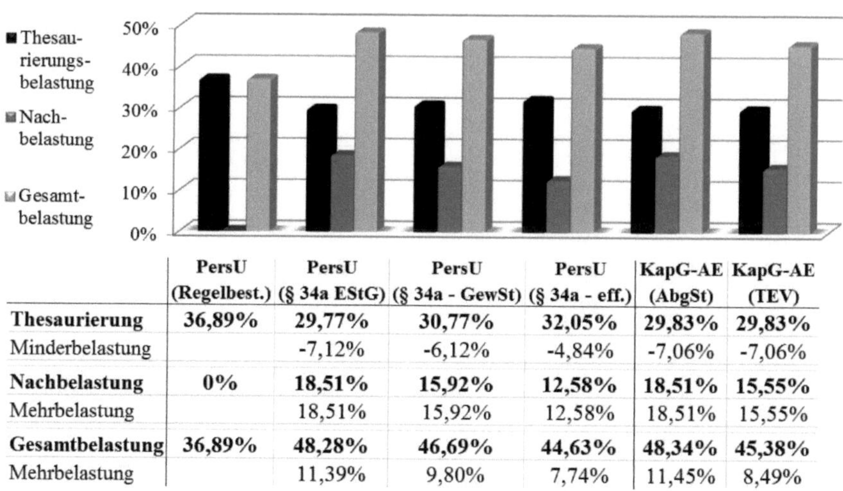

	PersU (Regelbest.)	PersU (§ 34a EStG)	PersU (§ 34a - GewSt)	PersU (§ 34a - eff.)	KapG-AE (AbgSt)	KapG-AE (TEV)
Thesaurierung	**36,89%**	**29,77%**	**30,77%**	**32,05%**	**29,83%**	**29,83%**
Minderbelastung		-7,12%	-6,12%	-4,84%	-7,06%	-7,06%
Nachbelastung	**0%**	**18,51%**	**15,92%**	**12,58%**	**18,51%**	**15,55%**
Mehrbelastung		18,51%	15,92%	12,58%	18,51%	15,55%
Gesamtbelastung	**36,89%**	**48,28%**	**46,69%**	**44,63%**	**48,34%**	**45,38%**
Mehrbelastung		11,39%	9,80%	7,74%	11,45%	8,49%

Abbildung 49: Statischer Steuerbelastungsvergleich bei ESt 35%

Quelle: Eigene Darstellung

[1018] Ähnlich *Herzig* in: Wachter, FS Spiegelberger, 2009, 210, 223; *Jacobs*, Unternehmensbesteuerung und Rechtsform, 2009, 584 f.

Es zeigt sich, dass bei geringeren Steuersätzen regelbesteuerte Personenunternehmen stets die geringste Gesamtbelastung aufweisen (hier: 36,89%-Punkte).[1019] Der Gesamtbelastungsvorteil gegenüber Kapitalgesellschaften (mit abgeltend besteuerten Anteilseignern) beträgt hier 11,5%-Punkte. Unterliegen die Gesellschafter dem Teileinkünfteverfahren, beträgt die Differenz 8,5%-Punkte. Bei geringen Steuersätzen erweist sich daher das Teileinkünfteverfahren günstiger als die Abgeltungsteuer.

Die Belastungsrechnung bringt ferner zum Ausdruck, dass die Inanspruchnahme des § 34a EStG bei Steuersätzen dieser Größenordnung i.d.R. nicht sinnvoll ist.[1020] Die Mehrbelastung im Vergleich zur Regelbesteuerung beträgt zwischen ca. 8%-Punkten bis 11,5%-Punkten. Der geringe Steuersatz wirkt sich bei thesaurierenden Personenunternehmen wegen der fixen Höhe des Sonder- und Nachversteuerungstarifs nur marginal aus.[1021] In diesen Fällen „profitieren" lediglich die nicht begünstigten Gewinnanteile (*GewSt* bzw. *effektiv*).

b) Dynamische Betrachtung

Im obigen (statischen) Modell darf nicht übersehen werden, dass im Zeitpunkt der Gewinnthesaurierung bei Kapitalgesellschaften und bei optierenden Personenunternehmen (§ 34a EStG) Minderbelastungen zwischen ca. 5%-Punkten und 7%-Punkten resultieren. Gleichwohl zehrt die hohe Nachbelastung (zwischen 12,5%-Punkten und 18,5%-Punkten) diese Thesaurierungsvorteile umgehend auf.

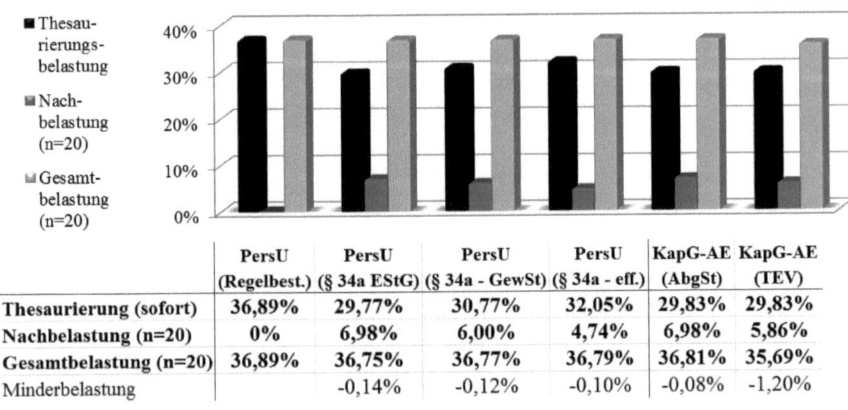

	PersU (Regelbest.)	PersU (§ 34a EStG)	PersU (§ 34a - GewSt)	PersU (§ 34a - eff.)	KapG-AE (AbgSt)	KapG-AE (TEV)
Thesaurierung (sofort)	**36,89%**	**29,77%**	**30,77%**	**32,05%**	**29,83%**	**29,83%**
Nachbelastung (n=20)	**0%**	**6,98%**	**6,00%**	**4,74%**	**6,98%**	**5,86%**
Gesamtbelastung (n=20)	**36,89%**	**36,75%**	**36,77%**	**36,79%**	**36,81%**	**35,69%**
Minderbelastung		-0,14%	-0,12%	-0,10%	-0,08%	-1,20%

Abbildung 50: Dynamischer Steuerbelastungsvergleich bei ESt 35% ($i = 5\%$, $n = 20$ Jahre)

Quelle: Eigene Darstellung

[1019] Statt aller *Endres/Spengel/Reister,* WPg 2007, 478, 482 f.; *Förster,* Ubg 2008, 185, 189; *Harle,* BB 2008, 2151, 2161; *Frye,* BC 2008, 93, 96 f.; *Mindermann/Lukas,* NWB 2011, 3847, 3852 f.

[1020] Statt aller *Cordes,* WPg 2007, 526, 529; *Knief/Nienaber,* BB 2007, 1309, 1313; *Houben/Maiterth,* StuW 2008, 228, 234.

[1021] *Rödding* in: Lüdicke/Sistermann, Unternehmensteuerrecht, § 3, Rz. 33; *Förster,* Ubg 2008, 185, 190; *Herzig* in: Wachter, FS Spiegelberger, 2009, 210, 222.

Die Möglichkeit zur steuergünstigen Gewinnthesaurierung verändert die Vorteilhaftigkeitsrangfolge – wie vorstehende Abbildung 50 (dynamische Betrachtung) zeigt – erst bei einem sehr langem Planungshorizont (hier $n = 20$ Jahre; $i = 5\%$). Selbst bei einem Einkommensteuersatz i.H.v. 42% sind noch folgende Mindestthesaurierungszeiten notwendig, damit die Kapitalgesellschaft steuergünstiger abschneidet.

	PersU (Regelbesteuerung)	**PersU (§ 34a EStG - effektiv)**
$i = 10\%$	5,56	5,88
$i = 15\%$	3,81	4,05
$i = 20\%$	2,94	3,13

Abbildung 51: Mindestthesaurierungszeiten KapGes vs. PersU bei ESt 42%

Quelle: *Förster,* Ubg 2008, 185, 191

Festzuhalten bleibt: Bei Steuersätzen unterhalb des Spitzentarifs stellen Personenunternehmen, die keinen Antrag nach § 34a EStG stellen, grds. die steuerlich vorteilhafteste Rechtsform dar.

3. Belastungsvergleich bei variierenden Einkommensteuersätzen

a) Gewinnthesaurierung

Unter Berücksichtigung variierender Einkommensteuersätze (0 – 45%) ergeben sich die in Abbildung 52 dargestellten (statischen) Thesaurierungssteuerbelastungen im Rechtsformvergleich.

Es fällt auf, dass das regelbesteuerte Personenunternehmen bis zu einem Einkommensteuersatz i.H.v. 28,25% die vorteilhafteste Rechtsform darstellt. Bei Steuersätzen zwischen 28,25% und 28,42% ist die thesaurierende Personengesellschaft am günstigsten. Die (positive) Differenz zur Kapitalgesellschaft ist bei Anwendung des § 34a EStG jedoch nur minimal und schwindet gänzlich, sofern der persönliche Steuersatz des Gesellschafters über 28,42% liegt.[1022] Ab diesem Grenzwert schneidet die Kapitalgesellschaft steuerlich am besten ab.

[1022] *Jacobs*, Unternehmensbesteuerung und Rechtsform, 2009, 574 f.

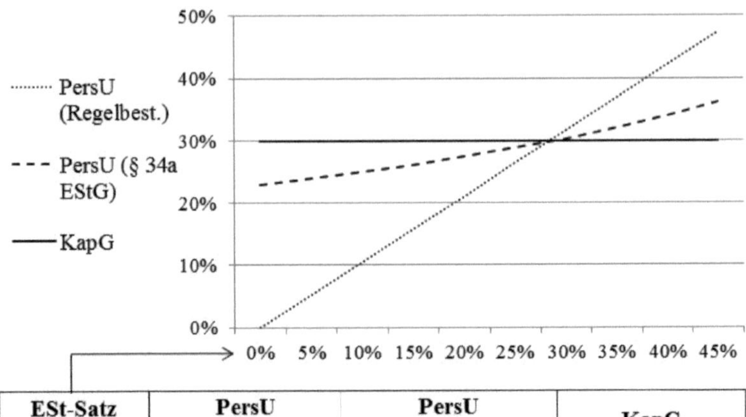

ESt-Satz (Gesellschafter)	PersU (Regelbest.)	PersU (§ 34a EStG - eff.)	KapG
0,00%	0,00%	22,94%	29,83%
10,00%	10,52%	24,97%	29,83%
20,00%	21,07%	27,39%	29,83%
25,00%	26,34%	28,79%	29,83%
28,25%	29,77%	29,77%	29,83%
28,30%	29,83%	29,79%	29,83%
28,42%	29,95%	29,83%	29,83%
30,00%	31,62%	30,33%	29,83%
35,00%	36,89%	32,05%	29,83%
40,00%	42,17%	33,99%	29,83%
42,00%	44,28%	34,82%	29,83%
45,00%	47,44%	36,16%	29,83%

Abbildung 52: Statischer Vergleich der Thesaurierungsbelastung bei variierenden ESt-Sätzen

Quelle: *Jacobs*, Unternehmensbesteuerung und Rechtsform, 2009, 575, Tab. 35

b) Gewinnausschüttung bzw. Gewinnentnahme

Bezieht man spätere Ausschüttungen bzw. Entnahmen in den (statischen) Rechtsformvergleich ein, ergeben sich die in Abbildung 53 aufgezeigten Gesamtsteuerbelastungseffekte. Demnach sind regelbesteuerte Personenunternehmen allen anderen Rechtformalternativen überlegen. Der Belastungsvorteil nimmt jedoch mit steigendem Steuersatz des Gesellschafters ab.[1023] Umgekehrt erweist sich die Inanspruchnahme des § 34a EStG umso nachteiliger, je geringer der persönliche Steuersatz des Gesellschafters ist.[1024]

Aus Abbildung 53 geht des Weiteren hervor, dass hinsichtlich der Anteilseigner einer Kapitalgesellschaft das Teileinkünfteverfahren im Vergleich zur Abgeltungsteuer bei Einkommen-

[1023] *Jacobs*, Unternehmensbesteuerung und Rechtsform, 2009, 556 f.; *Mindermann/Lukas,* NWB 2011, 3847, 3852.

[1024] *Weber,* NWB 2008, 3075, 3081.

steuersätzen bis 41,67% vorteilhafter ist.[1025] Ähnliches gilt – wegen des Abzugsverbots in § 20 Abs. 9 EStG – im Falle hoher Werbungskosten bzw. Betriebsausgaben.

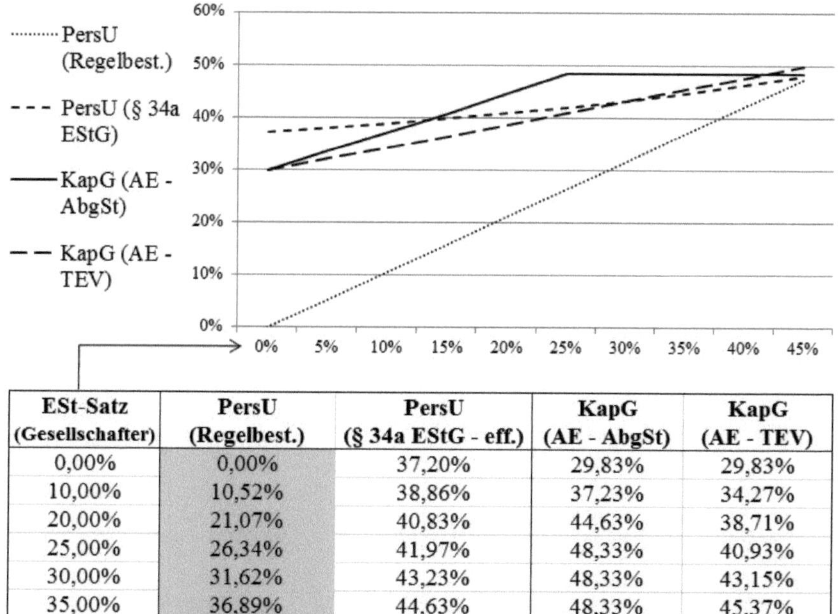

ESt-Satz (Gesellschafter)	PersU (Regelbest.)	PersU (§ 34a EStG - eff.)	KapG (AE - AbgSt)	KapG (AE - TEV)
0,00%	0,00%	37,20%	29,83%	29,83%
10,00%	10,52%	38,86%	37,23%	34,27%
20,00%	21,07%	40,83%	44,63%	38,71%
25,00%	26,34%	41,97%	48,33%	40,93%
30,00%	31,62%	43,23%	48,33%	43,15%
35,00%	36,89%	44,63%	48,33%	45,37%
40,00%	42,17%	46,21%	48,33%	47,59%
41,67%	43,91%	46,77%	48,33%	48,33%
42,00%	44,28%	46,89%	48,33%	48,48%
45,00%	47,44%	47,98%	48,33%	49,82%

Abbildung 53: Statischer Vergleich der Gesamtbelastung bei variierenden ESt-Sätzen

Quelle: Eigene Darstellung

c) Dynamische Betrachtung

Bei intertemporaler Betrachtung ist festzustellen, dass sich die Rangfolge der Vorteilhaftigkeit leicht verändert (Abbildung 54). Für die Ermittlung der Gesamtsteuerbelastungen wurden ein Planungshorizont von zehn Jahren und ein Kalkulationszins i.H.v. 5% angenommen.

Bei geringen bis mittelhohen Steuersätzen (hier: bis 38,17%) stellt demnach das regelbesteuerte Personenunternehmen die steuergünstigste Rechtsform dar. Unterliegt der Gesellschafter hingegen einem höheren individuellen Steuersatz, ist die Kapitalgesellschaft vorteilhafter. Dies gilt zunächst für Anteilseigner, die ihre Gewinnausschüttung dem Teileinkünfteverfahren unterwerfen. Ab einem Steuersatz i.H.v. 41,67% erweist sich die Abgeltungsteuer als attraktiver. Bei Anwendung des § 34a EStG resultiert in etwa eine ähnlich hohe Gesamt-

[1025] Herleitung: 25% / 60% = 41,67%. So auch *Diller/Wimmer,* FB 2007, 573, 575; *Strahl,* Ubg 2008, 143, 144; *Jacobs*, Unternehmensbesteuerung und Rechtsform, 2009, 556.

steuerbelastung wie bei einer Kapitalgesellschaft mit Anteilseignern, die dem Teileinkünfteverfahren unterliegen.

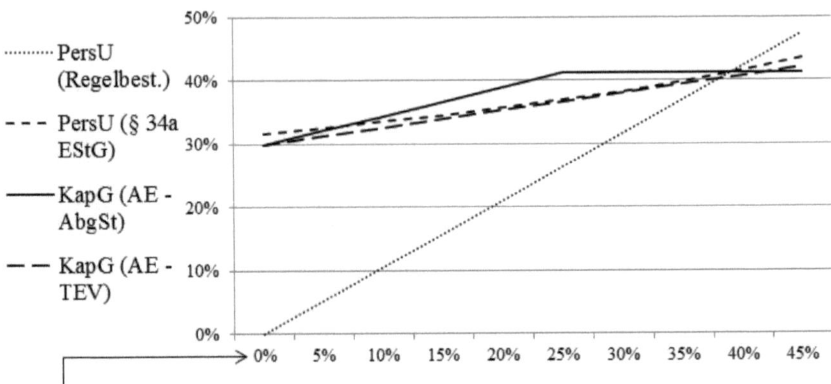

ESt-Satz (Gesellschafter)	PersU (Regelbest.)	PersU (§ 34a EStG - eff.)	KapG (AE - AbgSt)	KapG (AE - TEV)
0,00%	0,00%	31,71%	29,83%	29,83%
10,00%	10,52%	33,50%	34,37%	32,56%
20,00%	21,07%	35,64%	38,92%	35,28%
25,00%	26,34%	36,88%	41,19%	36,65%
30,00%	31,62%	38,25%	41,19%	38,01%
35,00%	36,89%	39,77%	41,19%	39,38%
38,17%	40,24%	40,84%	41,19%	40,24%
40,00%	42,17%	41,49%	41,19%	40,74%
41,67%	43,91%	42,09%	41,19%	41,19%
42,00%	44,28%	42,23%	41,19%	41,29%
45,00%	47,44%	43,42%	41,19%	42,10%

Abbildung 54: Dynamischer Vergleich der Gesamtbelastung bei variierenden ESt-Sätzen

Quelle: Eigene Darstellung

III. Modellfälle anhand kasuistischer Veranlagungssimulationen

1. Methodik des Belastungsvergleichs

Im Unterschied zur Gegenüberstellung der Steuerbelastungsziffern können mit steuerlichen Modellfällen etwaige Besonderheiten (ideal-) typischer Unternehmensstrukturen abgebildet werden.[1026] So ist im Folgenden zwischen einem Klein-, Mittel- und Großbetrieb zu unterscheiden. Die Belastungsvergleiche beruhen auf der Methode der kasuistischen Veranlagungssimulation. Freibeträge (Grundfreibetrag, GewSt-Freibetrag, Arbeitnehmer-Pauschbetrag sowie Sparer-Pauschbetrag) und progressive Steuersätze (§ 32a EStG) finden daher explizite Berücksichtigung.

[1026] *Kessler/Schiffers* in: Müller/Hoffmann, Beck'sches Handbuch der Personengesellschaften, 2009, § 1, Rz. 196 ff.

2. Kleinbetrieb

Ein Kleinbetrieb soll im Rahmen dieser Analyse als ein Unternehmen mit einem Gewinn vor Steuern i.H.v. 50.000 € und einem Geschäftsführergehalt i.H.v. 30.000 € gekennzeichnet sein.[1027] Demnach ergeben sich die in Abbildung 55 dargestellten absoluten Steuerbelastungen. Dabei wurde in Bezug auf das thesaurierende Personenunternehmen (hier und im Folgenden) unterstellt, dass der Gewinn nach GewSt und Gehalt dem Sondertarif nach § 34a EStG unterworfen werden kann. Die latente Steuerbelastung, die sich bei der thesaurierenden Personen- und Kapitalgesellschaft durch eine spätere Entnahme bzw. Gewinnausschüttung ergibt, wurde zur Orientierung angegeben und in der Grafik *grau* hinterlegt.

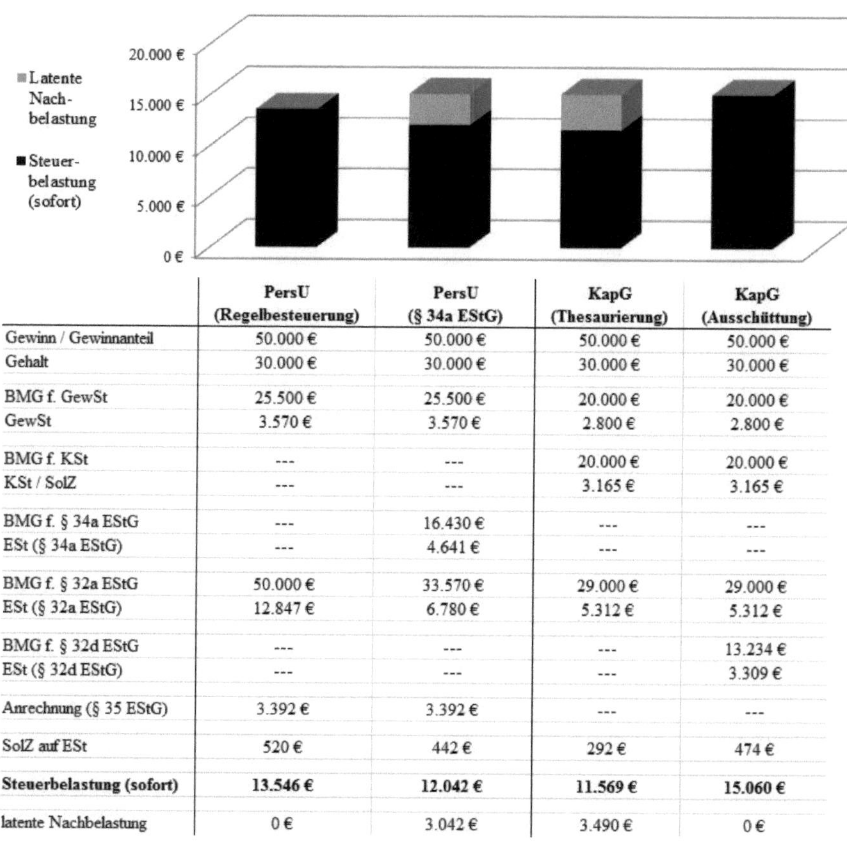

	PersU (Regelbesteuerung)	PersU (§ 34a EStG)	KapG (Thesaurierung)	KapG (Ausschüttung)
Gewinn / Gewinnanteil	50.000 €	50.000 €	50.000 €	50.000 €
Gehalt	30.000 €	30.000 €	30.000 €	30.000 €
BMG f. GewSt	25.500 €	25.500 €	20.000 €	20.000 €
GewSt	3.570 €	3.570 €	2.800 €	2.800 €
BMG f. KSt	---	---	20.000 €	20.000 €
KSt / SolZ	---	---	3.165 €	3.165 €
BMG f. § 34a EStG	---	16.430 €	---	---
ESt (§ 34a EStG)	---	4.641 €	---	---
BMG f. § 32a EStG	50.000 €	33.570 €	29.000 €	29.000 €
ESt (§ 32a EStG)	12.847 €	6.780 €	5.312 €	5.312 €
BMG f. § 32d EStG	---	---	---	13.234 €
ESt (§ 32d EStG)	---	---	---	3.309 €
Anrechnung (§ 35 EStG)	3.392 €	3.392 €	---	---
SolZ auf ESt	520 €	442 €	292 €	474 €
Steuerbelastung (sofort)	**13.546 €**	**12.042 €**	**11.569 €**	**15.060 €**
latente Nachbelastung	0 €	3.042 €	3.490 €	0 €

Abbildung 55: Steuerbelastungsvergleich „Kleinbetrieb“

Quelle: Eigene Darstellung

[1027] Dies entspricht auch der Größenklasseneinteilung gem. § 3 BpO („Kleinbetrieb“ bzw. „K“).

Anhand des Modellfalls „Kleinbetrieb“ wird deutlich, dass das regelbesteuerte Personenunternehmen wegen des progressiven Tarifverlaufs nach § 32a EStG relativ günstig abschneidet. Dies gilt gerade im Vergleich zur ausschüttenden Kapitalgesellschaft, deren Anteilseigner der Abgeltungsteuer unterliegen.[1028] Die Veranlagungsoption nach § 32d Abs. 6 EStG ist im obigen Beispielsfall nicht sinnvoll, da die tarifliche Einkommensteuer (inkl. der ESt auf das Gehalt als Einkünfte nach § 19 EStG) *über* der Steuerbelastung unter Berücksichtigung der Abgeltungsteuer läge.

Die Steuerbelastungen des thesaurierenden Personenunternehmens sowie der thesaurierenden Kapitalgesellschaft liegen zwar (knapp) unter derjenigen des regelbesteuerten Personenunternehmens. Gleichwohl lastet auf dieser Minderbelastung eine vergleichsweise hohe latente Nachbelastung. Dem relativ geringen Steuervorteil steht also ein relativ hoher Belastungsnachteil gegenüber. Die Antragstellung nach § 34a EStG dürfte daher bei „Kleinbetrieben“ in der Rechtsform der Personengesellschaft regelmäßig nicht sinnvoll sein, da

- verhältnismäßig hohe Entnahmen (für Konsum und Steuern) notwendig sind und deswegen nur ein relativ kleiner Betrag begünstigt besteuert werden kann,
- Geschäftsführergehälter bei Personengesellschaften zwar zu den Einkünften aus Gewerbebetrieb zählen (§ 15 Abs. 1 S. 1 Nr. 2 Hs. 2 EStG), allerdings privat vereinnahmt werden und daher nicht nach § 34a EStG begünstigt besteuert werden können[1029],
- die Steuersatzdifferenz zwischen dem persönlichen (Grenz-) Steuersatz und dem Steuersatz nach § 34a EStG (28,25%) nicht hinreichend groß ist und darum
- relativ lange Thesaurierungszeiten (> 10 Jahre) vorliegen müssten, um durch den Zinsvorteil den Gesamtbelastungsnachteil zu kompensieren.
- Zudem stünde der (hohe) Planungs-, Beratungs-, Durchführungs- und Deklarationsaufwand nicht im Verhältnis zum (geringen) erzielbaren Steuervorteil.

3. Mittelbetrieb

Ein Mittelbetrieb soll hier als ein Unternehmen mit einem Gewinn (bzw. Gewinnanteil) vor Steuern i.H.v. 250.000 € und einem Geschäftsführergehalt i.H.v. 100.000 € gekennzeichnet sein.[1030] Die Steuerbelastungen sind in der Abbildung 56 dargestellt.

[1028] Ähnlich *Merkel,* SteuerStud 2007, 539, 545; *Harle/Kulemann,* GmbHR 2007, 1138, 1141; *Frye,* BC 2008, 93, 96; *Harle,* BB 2008, 2151, 2153 ff.; *Kessler/Schiffers* in: Müller/Hoffmann, Beck'sches Handbuch der Personengesellschaften, 2009, § 1, Rz. 196 ff.

[1029] *Dörfler/Graf/Reichl,* DStR 2007, 645, 647; *Hey,* DStR 2007, 925, 928; *Winkeljohann/Fuhrmann* in: PWC, Unternehmensteuerreform 2008, 38.

[1030] Dies entspricht auch der Größenklasseneinteilung gem. § 3 BpO („Mittelbetrieb“ bzw. „M“).

Bei dieser Größenordnung kommen die Thesaurierungsvorteile, die sich sowohl bei der thesaurierenden Kapitalgesellschaft als auch beim „§ 34a EStG-Personenunternehmen" niederschlagen, deutlicher zum Ausdruck.[1031] Im Vergleich zum regelbesteuerten Personenunternehmen ergeben sich Minderbelastungen zwischen ca. 17.000 € (§ 34a EStG) bzw. ca. 22.000 € (Kapitalgesellschaft). Gleichwohl stehen dieser Steuerersparnis latente Nachbelastungen in beträchtlicher Höhe gegenüber (ca. 22.000 € bzw. 27.500 €).

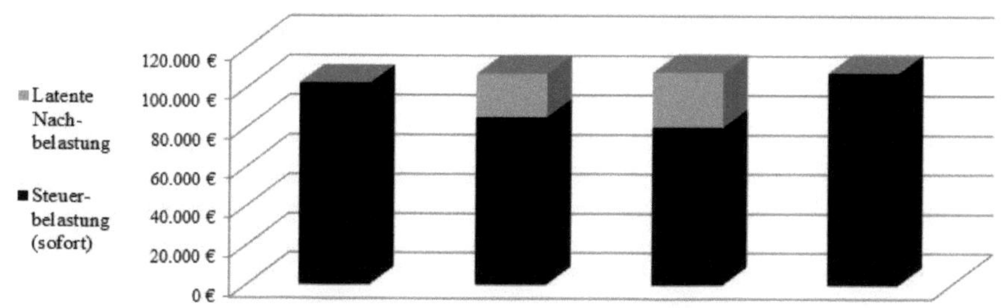

	PersU (Regelbesteuerung)	PersU (§ 34a EStG)	KapG (Thesaurierung)	KapG (Ausschüttung)
Gewinn / Gewinnanteil	250.000 €	250.000 €	250.000 €	250.000 €
Gehalt	100.000 €	100.000 €	100.000 €	100.000 €
BMG f. GewSt	225.500 €	225.500 €	150.000 €	150.000 €
GewSt	31.570 €	31.570 €	21.000 €	21.000 €
BMG f. KSt	---	---	150.000 €	150.000 €
KSt / SolZ	---	---	23.738 €	23.738 €
BMG f. § 34a EStG	---	118.430 €	---	---
ESt (§ 34a EStG)	---	33.456 €	---	---
BMG f. § 32a EStG	250.000 €	131.570 €	99.000 €	99.000 €
ESt (§ 32a EStG)	96.828 €	47.087 €	33.408 €	33.408 €
BMG f. § 32d EStG	---	---	---	104.462 €
ESt (§ 32d EStG)	---	---	---	26.115 €
Anrechnung (§ 35 EStG)	29.992 €	29.992 €	---	---
SolZ auf ESt	3.676 €	2.780 €	1.837 €	3.274 €
Steuerbelastung (sofort)	**102.083 €**	**84.902 €**	**79.983 €**	**107.535 €**
latente Nachbelastung	0 €	21.926 €	27.552 €	0 €

Abbildung 56: Steuerbelastungsvergleich „Mittelbetrieb"

Quelle: Eigene Darstellung

Die nominale Mehrbelastung im Zeitpunkt einer späteren Gewinnentnahme beträgt bei Anwendung des § 34a EStG gegenüber der Regelbesteuerung (§ 32a EStG) 4.745 €. Ob sich die Antragstellung lohnt, hängt von der Dauer des Steueraufschubs ab.[1032] Für den dargestellten Musterfall wären in dieser Hinsicht mittelfristige Thesaurierungszeiten (fünf bis zehn Jahre)

[1031] *Kessler/Schiffers* in: Müller/Hoffmann, Beck'sches Handbuch der Personengesellschaften, 2009, § 1, Rz. 200 ff.

[1032] Bspw. *Harle/Kulemann,* GmbHR 2007, 1138, 1142 f.

notwendig. Des Weiteren ist festzustellen, dass das regelbesteuerte Personenunternehmen geringer belastet wird als die vollausschüttende Kapitalgesellschaft.[1033] Für „Mittelbetriebe", deren Gesellschafter auf hohe Entnahmen bzw. Gewinnausschüttungen angewiesen sind, stellt daher die „klassische" Personengesellschaft die steuergünstigste Rechtsform dar.

4. Großbetrieb

Ein Großbetrieb soll hier als ein Unternehmen mit einem Gewinn (-anteil) vor Steuern i.H.v. 500.000 € und einem Geschäftsführergehalt i.H.v. 150.000 € gekennzeichnet sein.[1034]

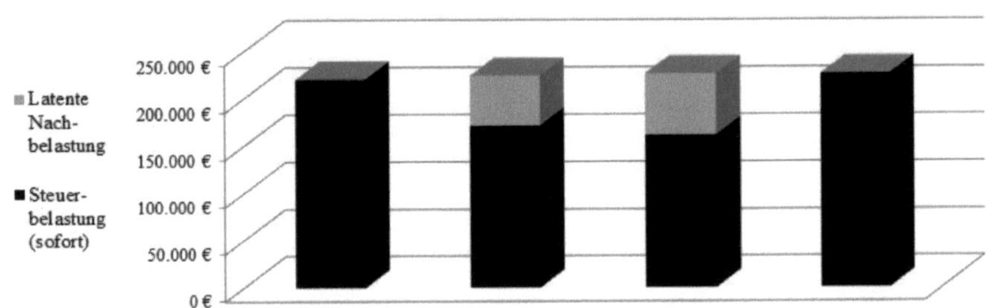

	PersU (Regelbesteuerung)	PersU (§ 34a EStG)	KapG (Thesaurierung)	KapG (Ausschüttung)
Gewinn / Gewinnanteil	500.000 €	500.000 €	500.000 €	500.000 €
Gehalt	150.000 €	150.000 €	150.000 €	150.000 €
BMG f. GewSt	475.500 €	475.500 €	350.000 €	350.000 €
GewSt	66.570 €	66.570 €	49.000 €	49.000 €
BMG f. KSt	---	---	350.000 €	350.000 €
KSt / SolZ	---	---	55.388 €	55.388 €
BMG f. § 34a EStG	---	283.430 €	---	---
ESt (§ 34a EStG)	---	80.069 €	---	---
BMG f. § 32a EStG	500.000 €	216.570 €	149.000 €	149.000 €
ESt (§ 32a EStG)	209.306 €	82.787 €	54.408 €	54.408 €
BMG f. § 32d EStG	---	---	---	244.812 €
ESt (§ 32d EStG)	---	---	---	61.203 €
Anrechnung (§ 35 EStG)	63.242 €	63.242 €	---	---
SolZ auf ESt	8.034 €	5.479 €	2.992 €	6.359 €
Steuerbelastung (sofort)	**220.668 €**	**171.663 €**	**161.788 €**	**226.357 €**
latente Nachbelastung	0 €	52.475 €	64.569 €	0 €

Abbildung 57: Steuerbelastungsvergleich „Großbetrieb"

Quelle: Eigene Darstellung

1033 *Frye,* BC 2008, 93, 97.

1034 Dies entspricht auch der Größenklasseneinteilung gem. § 3 BpO („Großbetrieb" bzw. „G").

Für Unternehmen dieser Größenordnung stellt die thesaurierende Kapitalgesellschaft mit Abstand die vorteilhafteste Rechtsform dar.[1035] Die Belastungsdifferenz zum regelbesteuerten Personenunternehmen beträgt ca. 59.000 €; im Vergleich zum § 34a EStG-Personenunternehmen ca. 10.000 €. Daraus folgt zwangsläufig eine hohe latente Nachbelastung (64.500 €). Bei einer Vollausschüttung existiert zwar ein steuerlicher Belastungsnachteil für Kapitalgesellschaften. Der Belastungsunterschied zum regelbesteuerten Personenunternehmen (ca. 5.700 €) hat gleichwohl – zumindest relativ gesehen – abgenommen.

Für die Anwendung der Thesaurierungsbegünstigung bei ertragstarken „Großbetrieben" ergeben sich ebenfalls aufschlussreiche Erkenntnisse. So können mit § 34a EStG im Zeitpunkt der Gewinnthesaurierung spürbare Steuerentlastungen erzielt werden (ca. 49.000 €). Darauf lastet zwar eine latente Nachsteuer i.H.v. ca. 52.500 €. Gleichwohl liegt die Gesamtbelastung bei späterer Entnahme „nur" ca. 3.500 € über der Steuerbelastung, die sich ergeben hätte, wenn § 34a EStG nicht beansprucht worden wäre. Der Zinsvorteil würde den Belastungsnachteil daher schon nach relativ kurzer Thesaurierungsdauer (ein bis fünf Jahre) kompensieren.

IV. Alternative Methoden des Steuerbelastungsvergleichs

1. Übersicht

Zur Messung der (effektiven) Steuerbelastung stehen neben Tarifvergleichen und Modellfällen weitere Methoden zur Verfügung. Diese lassen sich anhand ihrer Blickrichtung unterscheiden.[1036] Zu den zukunftsorientierten Maßen zählen der investitionstheoretische Ansatz (*Kapitalkostenvergleich*) sowie betriebswirtschaftliche Simulationsrechnungen (z.B. *European Tax Analyzer*). Vergangenheitsorientierte Maße können aus *Unternehmensdaten* errechnet werden.[1037] Im Folgenden sollen diese drei Methoden und deren Ergebnisse kurz dargestellt werden.

2. Investitionstheoretischer Ansatz

Mit dem neoklassischen Investitionsmodell von *King/Fullerton*[1038], weiterentwickelt von *Devereux/Griffith*[1039], lässt sich die effektive Grenz- bzw. Durchschnittssteuerbelastung ermitteln.

$$Grenzsteuerbelastung = \frac{Kapitalkosten - Nachsteuerrendite_{Alternativinvestition}}{Kapitalkosten}$$

[1035] *Bergemann/Markl/Althof,* DStR 2007, 693, 696; *Weber,* NWB 2008, 3075, 3085 f.; *Kessler/Schiffers* in: Müller/Hoffmann, Beck'sches Handbuch der Personengesellschaften, 2009, § 1, Rz. 217 ff.; *Schiffers* in: Strahl, Ertragsteuern, 2010, Rz. 49; *Pflüger,* GStB 2011, 424, 426 f.

[1036] *Lammersen,* Steuerbelastungsvergleiche, 2005, 45.

[1037] *Spengel/Lammersen,* StuW 2001, 222, 224.

[1038] *King/Fullerton,* The Taxation of Income from Capital, 1984, passim.

[1039] *Devereux/Griffith,* Journal of Public Economics 1998, 335 ff.; *Devereux/Griffith,* The Taxation of Discrete Investment Choices, 1999, passim.

Bei diesem Konzept sind jene Kapitalkosten gesucht, die ein Unternehmen vor Steuern mit einer marginalen Investition erwirtschaften muss, damit dem Kapitalgeber nach Steuern gerade die gewünschte Mindestrendite (Referenzanlage) gezahlt werden kann.[1040] Die gewünschte Mindestverzinsung (Alternativinvestition) entspricht dem (risikolosen) Kapitalmarktzins im Privatvermögen, der dem Regime der Abgeltungsteuer unterliegt. Die Kapitalkosten berechnen sich daher folgendermaßen:

$$Kapitalkosten = i \cdot \left(\frac{1 - s_{AbgSt}}{1 - s_{lfd.\ Steuerbelastung}} \right)$$

Daraus folgt: Je höher die Kapitalkosten, desto unvorteilhafter ist die entsprechende Investition bzw. Rechtsform.[1041] Im Rechtsformvergleich ergeben sich folgende Kapitalkosten, wobei ein Kalkulationszins von $i = 5\%$ sowie ein unendlicher Planungshorizont unterstellt wurde.[1042]

	Personenunternehmen			**Kapitalgesellschaften**		
	Selbst-finanzierung (Thesaurierung: § 34a EStG)	Beteiligungs-finanzierung (Regel-besteuerung)	Fremd-finanzierung (Bank-darlehen)	Selbst-finanzierung (Thesau-rierung)	Beteiligungs-finanzierung (Ausschüttung: AE - AbgSt)	Fremd-finanzierung (Bank-darlehen)
Grenzbelastung	36,16%	47,44%	28,37%	29,83%	48,34%	29,87%
Kapitalkosten	5,77%	7,00%	5,14%	5,25%	7,13%	5,25%

Abbildung 58: Kapitalkosten im Rechtsformvergleich

Quelle: Darstellung in Anlehnung an *Schreiber/Ruf,* BB 2007, 1099, 1103 f.

Es zeigt sich, dass das fremdfinanzierte Personenunternehmen die geringsten Kapitalkosten erzeugt. Bestehen allerdings Liquiditätsrestriktionen (oder kein Zugang zu Krediten), so stellt wiederum die selbstfinanzierte Kapitalgesellschaft (Gewinnthesaurierung) die steuergünstigste Alternative dar.[1043] Der Vorteil kann auch nicht mittels § 34a EStG ausgeglichen werden.[1044] Gleichwohl eröffnet die Thesaurierungsbegünstigung für Personenunternehmen die Möglichkeit, verstärkt auf die Selbstfinanzierung zurückzugreifen.[1045]

3. European Tax Analyzer

Alternativ zum investitionstheoretischen Ansatz kann die effektive Steuerbelastung mittels finanzplangestützter Simulationsmodelle ermittelt werden. Hierzu zählt bspw. der *European*

[1040] *Spengel* in: Statistisches Bundesamt, Forum der Bundesstatistik (Band 44), 2004, 91, 96; *Homburg,* Allgemeine Steuerlehre, 2010, 254 f.; *Rumpf/Wiegard,* Arbeitspapier 05/2010 des Sachverständigenrats zur Begutachtung der gesamtwirtschaftlichen Entwicklung, 2 f.

[1041] *Homburg,* DStR 2007, 686, Fn. 7.

[1042] Für eine formal-theoretische Darstellung der unterschiedlichen Kapitalkosten vgl. *Sachverständigenrat zur Begutachtung der gesamtwirtschaftlichen Entwicklung,* Jahresgutachten 2007/2008, 2007, 482 ff.

[1043] *Homburg/Houben/Maiterth,* WPg 2007, 376, 381.

[1044] *Houben/Maiterth,* StuW 2008, 228, 235 f.

[1045] *Schreiber/Ruf,* BB 2007, 1099, 1103.

Tax Analyzer des *ZEW*.[1046] Der *European Tax Analyzer* ist ein Modell eines repräsentativen Unternehmens, welches die Steuerbelastungen unter Einbeziehung aller relevanten Steuersysteme, -arten, -tarife und -bemessungsgrundlagen über einen Zeitraum von zehn Perioden berechnet. Als Bezugsgröße gilt das Endvermögen, wobei stets auf die Gesamtebene, also inklusive der Anteilseigner, abgestellt wird. Die folgende Tabelle gibt einen groben Überblick über die effektiven Steuerbelastungen.

	Personenunternehmen		**Kapitalgesellschaften**
	Regelbesteuerung	§ 34a EStG	
effektive Gesamtsteuerbelastung	57,1 Mio. €	58,5 Mio. €	56,0 Mio. €

Abbildung 59: Effektive Steuerbelastungen nach dem *European Tax Analyzer*

Quelle: *Endres/Spengel/Reister,* WPg 2007, 478, 484

Demnach ist die Kapitalgesellschaft die steuerlich günstigere Rechtsform. Dies hängt mit den konkreten Modellannahmen zusammen. Zum einen unterstellt der *European Tax Analyzer* sehr hohe Gewinne (ca. 7 Mio. € p.a.) und jährliche Gewinnausschüttungen i.H.v. 750.000 €. Zum anderen finanziert sich das Unternehmen in hohem Maße über Gesellschafterdarlehen, deren Zinsen bei den Anteilseignern der Abgeltungsteuer unterworfen werden. Die Ausnahmevorschrift des § 32d Abs. 2 Nr. 1 Buchst. b) EStG wurde dabei *nicht* berücksichtigt.[1047]

Bei Personenunternehmen unterliegen die Zinsen indes der progressiven Regelbesteuerung (§ 15 Abs. 1 Nr. 2 EStG). Dies gilt selbst bei Anwendung des § 34a EStG, da die Zinsen privat vereinnahmt, also entnommen werden. Personenunternehmen erfahren daher einen Gesamtbelastungsnachteil. Vor diesem Hintergrund ist das Wahlrecht zur Inanspruchnahme der Thesaurierungsbegünstigung für das konkret betrachtete Unternehmen nicht sinnvoll.[1048] Gleichwohl ist auch hier ersichtlich, dass sich am Ende des Betrachtungszeitraums eine annähernd gleich hohe Steuerbelastung zwischen den Rechtsformen ergibt. Der Belastungsvorteil der Kapitalgesellschaften ist bei dieser Größenordnung relativ gering (1,9% bzw. 4,4%).[1049]

4. Unternehmensbezogene Mikrodaten

Die Messung der Steuerbelastung kann auch auf Grundlage konkreter Unternehmensdaten erfolgen.[1050] In diesem Sinne haben bspw. *Oestreicher/Klett/Koch*[1051] eine komparativ-statische Simulationsrechnung durchgeführt. Als Datenbasis dienten die Unternehmensdatenbanken *AMADEUS* und *DAFNE*. Es resultieren folgende Belastungsquoten.

[1046] *Jacobs/Spengel*, European Tax Analyzer, 1996, passim; *Spengel/Reister,* DB 2006, 1741 ff.
[1047] *Endres/Spengel/Reister,* WPg 2007, 478, 484 f.
[1048] *Spengel/Elschner/Grünewald u.a.,* Vierteljahreshefte zur Wirtschaftsforschung 2007, 86, 92.
[1049] *Endres/Spengel/Reister,* WPg 2007, 478, 484 f.
[1050] *Spengel/Lammersen,* StuW 2001, 222, 224; *Lammersen*, Steuerbelastungsvergleiche, 2005, 47 ff.
[1051] *Oestreicher/Klett/Koch,* StuW 2008, 15, 19 ff.

	Personen-unternehmen	**Kapitalgesellschaften (ohne AE)**
effektive Steuerbelastung	32,47%	26,39%

Abbildung 60: Effektive Steuerbelastungen anhand unternehmensbezogener Mikrodaten

Quelle: *Oestreicher/Klett/Koch,* StuW 2008, 15, 24 f.

Demnach werden Kapitalgesellschaften deutlich geringer belastet als Personenunternehmen. Daran hat die Absenkung des Körperschaftsteuersatzes auf 15% wesentlichen Anteil. Bei Personenunternehmen – so zeigt eine größenklassendifferenzierte Betrachtung – können sich Vorteile mittels § 34a EStG nur für mittelgroße und große Unternehmen ergeben.[1052]

Die Ergebnisse erlauben indes keinen sinnvollen Rechtsformvergleich. Zum einen erstrecken sich die Berechnungen bei den Kapitalgesellschaften allein auf die Gesellschaftsebene. Zum anderen handelt es sich um vergangenheitsorientierte Daten veröffentlichter Jahresabschlüsse. Die eigentlich relevanten Steuerbilanzergebnisse bleiben unberücksichtigt. Ähnliches gilt im Übrigen auch für die Simulationsmodelle *BizTax* des *DIW*[1053], *TAXCoMM* des *ZEW*[1054] und *SSBE-BTAX* von *Neugebauer/Schneider*[1055].

V. Beurteilung

Als Zwischenergebnis lassen sich folgende Erkenntnisse hinsichtlich der tariflichen Steuerbelastung unterschiedlicher Rechtsformen festhalten:[1056]

1. Bei mittleren bzw. geringen Gewinnen bzw. Steuersätzen sind (regelbesteuerte) Personenunternehmen wegen des progressiven Tarifverlaufs klar im Vorteil („Progressionsvorteil“).
2. Im Falle hoher Gewinne (bspw. Großbetriebe) dominiert die Kapitalgesellschaft, sofern die Gewinne nicht an die Gesellschafter ausgeschüttet, sondern thesauriert werden („Thesaurierungsvorteil“).
3. Selbst wenn Gewinne ausgeschüttet werden, liegt die nominale Steuerbelastung einer Kapitalgesellschaft und ihrer Anteilseigner nur geringfügig über jener eines (regelbesteuerten oder thesaurierenden) Personenunternehmens, soweit die Gesellschafter dem Spitzensteuersatz unterliegen.
4. Anteilseigner einer Kapitalgesellschaft sehen sich durch die Abgeltungsteuer einer gestiegenen Ausschüttungsbelastung gegenüber. Die 25%ige Pauschalbelastung (plus

[1052] *Oestreicher/Klett/Koch,* StuW 2008, 15, 25.
[1053] *Bach/Buslei/Dwenger u.a.,* Vierteljahreshefte zur Wirtschaftsforschung 2007, 74 ff.
[1054] *Finke/Heckemeyer/Reister u.a.,* ZEW Discussion Paper 10-036 / 2010, passim.
[1055] Bspw. *Neugebauer/Schneider,* zfbf 2011, 832, 835 ff.
[1056] Ähnlich *Jacobs*, Unternehmensbesteuerung und Rechtsform, 2009, 664 ff.

SolZ) erweist sich nur für Bezieher hoher Einkommen als vorteilhaft. Liegt der persönliche Steuersatz unter 41,67% oder hat der Steuerpflichtige hohe Werbungskosten/Betriebsausgaben, ist das Teileinkünfteverfahren günstiger.

5. Personenunternehmen, die die Thesaurierungsbegünstigung in Anspruch nehmen, liegen mit ihrer Steuerbelastung meist zwischen der Steuerbelastung einer Kapitalgesellschaft und der Steuerbelastung eines regelbesteuerten Personenunternehmens. Eine thesaurierende Personengesellschaft (§ 34a EStG) ist daher niemals *die* dominierende Rechtsform. Gleichwohl können ertragstarke Personenunternehmen von § 34a EStG profitieren, falls die Gesellschafter für einen gewissen Zeitraum nicht auf wesentliche Entnahmen angewiesen sind. Als Faustregel gilt:
   a. Kleinere Verhältnisse: langfristige Thesaurierung notwendig (> 10 Jahre)
   b. Mittlere Verhältnisse: mittelfristige Thesaurierung notwendig (5 – 10 Jahre)
   c. Große Verhältnisse: kurzfristige Thesaurierung ausreichend (1 – 5 Jahre)
6. Die Maßnahmen der Unternehmensteuerreform 2008, namentlich die Körperschaftsteuertarifsenkung, die Abgeltungsteuer sowie die Thesaurierungsbegünstigung nach § 34a EStG, haben zu einer gewissen Angleichung der Steuerbelastung unterschiedlicher Rechtsformvarianten geführt. Belastungsgleichheit oder gar Rechtsformneutralität wurden indes nicht erreicht. Aufgrund dessen gewinnen andere Faktoren für die steuerorientierte Rechtsformwahl stärkere Bedeutung.[1057] Sie werden im Folgenden ausführlich analysiert.

B. Verlustfall

I. Personenunternehmen – Thesaurierungsbegünstigung

Ein steuerorientierter Rechtsformvergleich darf sich nicht allein auf den Gewinnfall beschränken, sondern hat ebenso die Verlustsituation zu berücksichtigen.[1058] Dies gilt auch bzw. gerade bei der Analyse schedularer Tarifnormen nach § 34a EStG und § 32d EStG, so Einkünfte, für die ein besonderer Steuersatz gilt, üblicherweise gewisse Einschränkungen bei der Verlustverrechnung erfahren.[1059] Verluste werden bei Personenunternehmen infolge des Transparenzprinzips einkommensteuerlich an die Gesellschafter weitergeleitet, die diese dann mit anderen Einkünften saldieren können.[1060] Zu beachten sind in diesem Zusammenhang

[1057] *Korn/Strahl,* NWB 2008, 4537, 4626 f.
[1058] *Kessler/Schiffers* in: Müller/Hoffmann, Beck'sches Handbuch der Personengesellschaften, 2009, § 1, Rz. 190.
[1059] *Dorenkamp*, Systemgerechte Neuordnung der Verlustverrechnung (IFSt-Schrift Nr. 461), 2010, 14 f.
[1060] *Schneeloch*, Rechtsformwahl und Rechtsformwechsel, 2006, 141 ff.; *Pflüger,* GStB 2008, 83, 85 ff.; *Korn/Strahl,* NWB 2008, 4537, 4627; *Heinhold/Hüsing/Kühnel u.a.*, Besteuerung der Gesellschaften, 2010, 76 f.; *König/Maßbaum/Sureth*, Besteuerung und Rechtsformwahl, 2011, 52 f.

etwaige Verlustverrechnungsbeschränkungen anderer Einkunftsarten (etwa bei den Einkünften aus Kapitalvermögen, § 20 Abs. 6 EStG), die Vorschriften zur Mindestbesteuerung[1061] und ggf. die Verlustverrechnungsbeschränkung des § 15a EStG.

Die Inanspruchnahme der Thesaurierungsbegünstigung für negative (Gewinn-) Einkünfte ist weder möglich noch sinnvoll. § 34a EStG stellt eine Begünstigung für nicht entnommene *Gewinne* dar. Ihr unmittelbarer Anwendungsbereich ist auf den Gewinnfall beschränkt. Darüber hinaus löst ein Verlust keine Nachversteuerung i.S.d. § 34a Abs. 4 EStG aus. Gleichwohl können *durch* einen Verlust Entnahmen notwendig sein, die dann zu einer Nachversteuerung führen.[1062] Aus diesem Grund kann der Antrag nach § 34a EStG bis zur Unanfechtbarkeit des Einkommensteuerbescheids für den nächsten VZ ganz oder teilweise wieder zurückgenommen werden (§ 34a Abs. 1 S. 4 EStG). Dies empfiehlt sich insbesondere, wenn Verluste zurückgetragen werden sollen.[1063]

Negative Einkünfte aus anderen Einkunftsquellen können nur mit regulär besteuerten Gewinnen verrechnet werden. Für begünstigt besteuerte Einkünfte nach § 34a EStG ist ein (horizontaler wie vertikaler) Verlustausgleich, -abzug bzw. -rücktrag nicht möglich, § 34a Abs. 8 EStG. Entsprechendes gilt für den Nachversteuerungsbetrag, da er nicht Teil des z.v.E. ist.[1064] Die nicht entnommenen Gewinne nach § 34a EStG isolieren sich insoweit von den übrigen Einkünften, da für die Steuerberechnung der Begünstigungsbetrag aus dem z.v.E. herauszurechnen ist (partielles Trennungsprinzip).[1065] Führen Verluste aus anderen Einkünften dazu, dass der begünstigungsfähige Gewinn höher als das z.v.E. ist, dann kann der begünstigungsfähige Gewinn lediglich bis zur Höhe des z.v.E. mit dem Thesaurierungssteuersatz besteuert werden.[1066] Des Weiteren können gewerbesteuerliche Verluste aufgrund der eigenen Steuersubjekteigenschaft nur von der Mitunternehmerschaft selbst geltend gemacht bzw. vorgetragen werden, wobei ein Gesellschafterwechsel zu einer quotalen Kürzung des Verlustvortrags führt (§ 10a GewStG).[1067]

[1061] § 10d Abs. 2 EStG: unbeschränkter Verlustabzug i.H.v. 1 Mio. €; darüber hinaus nur 60%. Im Gegensatz zu Kapitalgesellschaften können verheiratete Mitunternehmer von der Verdoppelung des Sockelbetrages auf 2 Mio. € profitieren (vgl. etwa *Pflüger,* GStB 2008, 83, 88).

[1062] *Forst/Schaaf,* EStB 2007, 263, 265.

[1063] *Kessler/Ortmann-Babel/Zipfel* in: Ernst & Young/BDI, Unternehmensteuerreform 2008, 42.

[1064] *Kessler/Jüngling/Pfuhl,* Ubg 2008, 741.

[1065] *Rogall* in: Schaumburg/Rödder, Unternehmensteuerreform 2008, 428 f.

[1066] *Reiß* in: Kirchhof, EStG Kompaktkommentar, § 34a, Rz. 82.

[1067] Statt vieler *Kessler/Schiffers/Teufel,* Rechtsformwahl - Rechtsformoptimierung, 2002, § 3, Rz. 162 ff.; *Wehrheim/Haussmann,* StuW 2008, 317, 318. Allerdings haben gewerbesteuerliche Verluste bei Personenunternehmen wegen der Anrechnung nach § 35 EStG nur noch begrenzte Bedeutung.

II. Kapitalgesellschaft – Abgeltungsteuer

Bei Kapitalgesellschaften wirkt sich die Abschirmwirkung nachteilig aus, da körperschaft- und gewerbesteuerliche Verluste nicht an die Gesellschafter „durchgereicht“ werden können.[1068] Es besteht keine Möglichkeit, die Verluste der Kapitalgesellschaft in die Sphäre des Gesellschafters, mithin in den Anwendungsbereich der Abgeltungsteuer zu transferieren. Es verbleibt – vorbehaltlich etwaiger Organschaftsverhältnisse – lediglich der Verlustabzug gem. § 8 Abs. 1 KStG i.V.m. § 10d EStG bzw. § 10a GewStG auf Unternehmensebene. Hinzu kommt, dass die Fortführung von Verlustvorträgen (und ggf. Zinsvorträgen i.S.d. § 4h EStG) anlässlich eines schädlichen Beteiligungserwerbs durch § 8c KStG massiv gefährdet ist.[1069]

Überdies können Anteilseigner einer Kapitalgesellschaft ihre erhaltenen Gewinnausschüttungen (Einkünfte aus Kapitalvermögen) nicht mit anderen negativen Einkünften verrechnen, sofern die Dividendenbesteuerung abgeltend nach § 32d Abs. 1 EStG erfolgt. Die schedulare Ausgestaltung der Abgeltungsteuer verhindert eine Verlustverrechnung, da Kapitalerträge i.S.d. § 32d Abs. 1 EStG nicht in die Summe der Einkünfte eingehen (§ 2 Abs. 5b EStG).[1070] Ein Verlustausgleich gelingt nur bzw. teilweise über die Veranlagungsoption nach § 32d Abs. 6 EStG bzw. die Teileinkünfteoption nach § 32d Abs. 2 Nr. 3 EStG.[1071] Umgekehrt dürfen Verluste aus Kapitalvermögen auch nicht mit positiven Einkünften aus anderen Einkunftsarten ausgeglichen werden (§ 20 Abs. 6 EStG).

III. Beurteilung

Im Ergebnis zeichnen sich Personenunternehmen hinsichtlich der steuerlichen Verlustnutzung deutlich vorteilhafter aus als Kapitalgesellschaften.[1072] Gleichwohl schränkt die Thesaurierungsbegünstigung die Verlustverrechnung drastisch ein. Dies kann im Einzelfall, insbesondere bei vorhandenem Verlustausgleichspotenzial, gegen § 34a EStG sprechen. Überdies mindern Verluste bei thesaurierenden Personenunternehmen – anders als bei Kapitalgesellschaften – nicht den nachzuversteuernden Betrag.[1073]

[1068] *Krüger*, Zweckmäßige Wahl der Unternehmensform, 2002, Rz. 47; *Jorde/Götz*, BB 2008, 1032, 1034.
[1069] Statt aller *Kaminski*, StuB 2008, 3, 10; *Paus*, EStB 2008, 403, 406.
[1070] *Englisch*, StuW 2007, 221, 234; *Hamacher/Dahm* in: Korn/Carlé/Stahl u.a., EStG, § 20, Rz. 423.
[1071] *Behrens*, BB 2007, 1025, 1028; *Brusch*, FR 2007, 999, 1002.
[1072] *Merkel*, SteuerStud 2007, 539, 542; *Förster*, Ubg 2008, 185, 192 f.
[1073] *Paus*, EStB 2008, 322, 325 f.

C. Gewerbesteuer

I. Personenunternehmen – Thesaurierungsbegünstigung

Die Rechtsformabhängigkeit der Besteuerung zeigt sich besonders deutlich an der Belastungswirkung der Gewerbesteuer. Personenunternehmen können den Freibetrag nach § 11 Abs. 1 GewStG (24.500 €) in Abzug bringen.[1074] Sie profitieren zudem von der Steuerermäßigung nach § 35 EStG. Damit wird eine weitgehende Entlastung von der Gewerbesteuer auf Ebene der natürlichen Person gewährleistet.[1075] Die Gewerbesteueranrechnung führt wegen des sog. Solidaritätszuschlageffekts sogar dazu, dass bei Hebesätzen bis 401% eine Überentlastung eintritt.[1076] Erst bei darüber liegenden Hebesätzen kommt es zu einer Mehrbelastung.

Gewerbesteuerliche Hinzurechnungen nach § 8 GewStG verursachen insoweit auch keine effektiven Zusatzbelastungen. Es „verschieben" sich bloß die Steuerlasten (mehr Gewerbesteuer, dafür geringere Einkommensteuer).[1077] Dies kann bei Anwendung der Thesaurierungsbegünstigung aber eine geringere Bemessungsgrundlage für § 34a EStG zur Folge haben, da die Gewerbesteuer den begünstigungsfähigen (Steuerbilanz-) Gewinn mindert und – im Gegensatz zur Einkommensteuer – nicht durch Einlagen, sondern nur durch steuerfreie Einkünfte kompensiert werden kann.[1078]

II. Kapitalgesellschaft – Abgeltungsteuer

Demgegenüber ist die Gewerbesteuer bei Kapitalgesellschaften eine definitive, standortabhängige, oft „dominierende" Unternehmensteuer.[1079] Sie tritt der Körperschaftsteuer in vielen Fällen (mindestens) gleichwertig gegenüber. Es besteht weder eine Anrechnungsmöglichkeit noch ein Freibetrag. Gewerbesteuerliche Hinzurechnungen (§ 8 GewStG) und ein Anstieg des lokalen Hebesatzes schlagen sich unmittelbar in einer höheren Gesamtsteuerbelastung nieder.[1080] Gleichwohl lässt sich die gewerbesteuerliche Bemessungsgrundlage ggf. durch Leistungsvergütungen mindern.

Inwieweit Ausschüttungen der Kapitalgesellschaft beim Anteilseigner der Gewerbesteuer zu unterwerfen sind, hängt davon ab, ob die natürliche Person ihre (Streubesitz-) Beteiligung in einem steuerlichen Betriebsvermögen hält. Gewinnausschüttungen in das Privatvermögen unterliegen keiner gewerbesteuerlichen Belastungen; sie sind ausschließlich mit der Abgeltungsteuer zu besteuern (§ 20 Abs. 1 Nr. 1 i.V.m. § 32d Abs. 1 EStG).

[1074] *Jacobs*, Unternehmensbesteuerung und Rechtsform, 2009, 566.
[1075] *Schiffers*, GmbHR 2007, 505, 511; *Neubert/Plenk*, SteuerStud 2008, 37, 41 f.
[1076] *Herzig/Lochmann*, DB 2007, 1037, 1039.
[1077] *Schiffers* in: Strahl, Ertragsteuern, 2010, Rz. 23.
[1078] *Ley*, KÖSDI 2007, 15737, 15741.
[1079] *Herzig*, DB 2007, 1541, 1542; *Neugebauer/Schneider*, zfbf 2011, 832, 843 f.
[1080] *Bergemann/Markl/Althof*, DStR 2007, 693, 695 ff.

III. Beurteilung

Die nachstehende Abbildung 61 illustriert die effektive Gewerbesteuerbelastung – also die Belastungsdifferenz zwischen Gewerbesteuerpflicht und fehlender Gewerbesteuerpflicht – bei variierenden Hebesätzen. Das Steuerminimum liegt demnach bei Kapitalgesellschaften bei 200% (Mindesthebesatz); bei Personenunternehmen bei 380%.[1081] Ab diesen Grenzhebesätzen verläuft die Gewerbesteuerbelastung in beiden Rechtsformalternativen linear mit einer Steigung von 3,5% (entspricht der Gewerbesteuermesszahl). Gleichwohl können sich auch bei Personenunternehmen geringere Hebesätze vorteilhaft auswirken, wenn dadurch Anrechnungsüberhänge vermieden oder zumindest reduziert werden können.[1082]

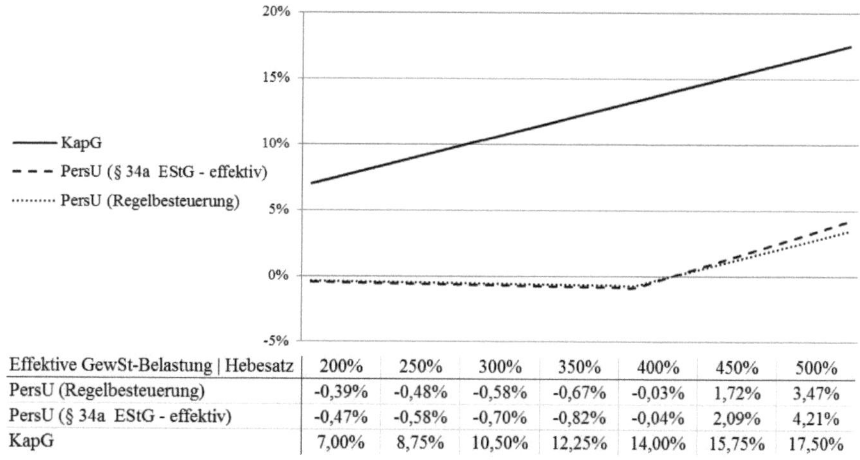

Effektive GewSt-Belastung | Hebesatz	200%	250%	300%	350%	400%	450%	500%
PersU (Regelbesteuerung)	-0,39%	-0,48%	-0,58%	-0,67%	-0,03%	1,72%	3,47%
PersU (§ 34a EStG - effektiv)	-0,47%	-0,58%	-0,70%	-0,82%	-0,04%	2,09%	4,21%
KapG	7,00%	8,75%	10,50%	12,25%	14,00%	15,75%	17,50%

Abbildung 61: Effektive GewSt-Belastung im Rechtsformvergleich (ESt 45%)

Quelle: Angelehnt an *Schiffers,* GmbHR 2007, 505, 511

Aus Abbildung 61 geht des Weiteren hervor, dass die Anwendung des § 34a EStG keinen unmittelbaren Einfluss auf die effektive Gewerbesteuerbelastung hat. Sowohl Gewerbesteuer als auch deren Anrechnung (§ 35 EStG) nehmen Bezug auf die Einkünfte aus Gewerbebetrieb (§ 15 EStG) und nicht etwa auf den begünstigt besteuerten „nicht entnommenen Gewinn". Die (minimale) Differenz zur Regelbesteuerung resultiert einzig aus den unterschiedlichen Ausmaßen des Solidaritätszuschlagseffekts.[1083]

Durch § 34a EStG mindert sich jedoch die tarifliche Einkommensteuer i.S.d. § 35 Abs. 1 EStG, so dass es ggf. zu Anrechnungsüberhängen kommen kann.[1084] Im Zeitpunkt der Nachversteuerung neutralisiert sich dieser Effekt, da der Nachversteuerungsbetrag die tarifliche

1081 Bspw. *Klipstein,* DStZ 2009, 805, 807 f.
1082 *Scheffler,* Ubg 2011, 262, 263.
1083 *Reiß* in: Kirchhof, EStG Kompaktkommentar, § 34a, Rz. 31.
1084 *Blaufus/Hechtner/Hundsdoerfer,* BB 2008, 80, 85 f.

Einkommensteuer wieder erhöht.[1085] Im Einzelfall kann daher die Beantragung der Nachversteuerung (§ 34a Abs. 6 S. 1 Nr. 4 EStG) sinnvoll sein, um den Untergang von Anrechnungsüberhängen zu vermeiden.[1086]

Bei der Betrachtung der Gesamtbelastung (vgl. untenstehende Abbildung 62) wird gleichwohl deutlich, dass die Kapitalgesellschaft – selbst bei variierenden Gewerbesteuerhebesätzen – im Thesaurierungsfall stets die steuerlich vorteilhaftere Rechtsform darstellt. Auch mittels § 34a EStG gelingt es nicht, gewerbesteuerliche Vorteile eines Personenunternehmens in einen Gesamtbelastungsvorteil zu transformieren.

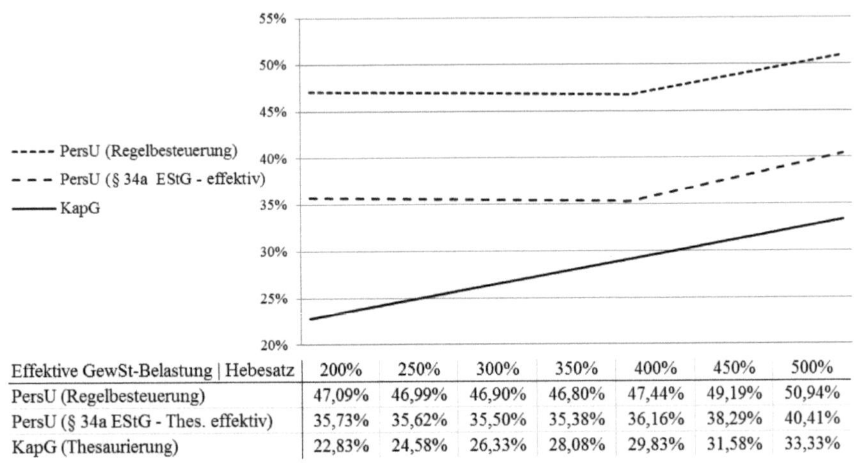

Effektive GewSt-Belastung | Hebesatz	200%	250%	300%	350%	400%	450%	500%
PersU (Regelbesteuerung)	47,09%	46,99%	46,90%	46,80%	47,44%	49,19%	50,94%
PersU (§ 34a EStG - Thes. effektiv)	35,73%	35,62%	35,50%	35,38%	36,16%	38,29%	40,41%
KapG (Thesaurierung)	22,83%	24,58%	26,33%	28,08%	29,83%	31,58%	33,33%

Abbildung 62: Steuerbelastungsvergleich (Thesaurierung) bei variierendem GewSt-Hebesatz

Quelle: Eigene Darstellung

D. Gesellschaft-Gesellschafter-Verträge

I. Personenunternehmen – Thesaurierungsbegünstigung

Personenunternehmen haben keine Möglichkeit, ihre Steuerlast durch vertragliche Leistungsbeziehungen zu mindern. Gem. § 15 Abs. 1 S. 1 Nr. 2 Hs. 2 EStG gehören Tätigkeits- und Nutzungsvergütungen zum Gewinn aus Gewerbebetrieb und unterliegen somit in voller Höhe der Einkommen- und der Gewerbesteuer.[1087]

Negative Effekte können sich über die Steuerermäßigung nach § 35 EStG ergeben.[1088] Die tarifliche Einkommensteuer wird in Höhe des 3,8fachen des anteiligen Gewerbesteuermessbe-

[1085] *Förster,* DB 2007, 760, 764; *Wacker* in: Schmidt, EStG, § 34a, Rz. 64.

[1086] *Schiffers,* DStR 2008, 1805, 1806.

[1087] Statt aller *Seer,* StuW 1993, 114, 120 f.; *Schneeloch*, Rechtsformwahl und Rechtsformwechsel, 2006, 148; *Patek,* BFuP 2007, 443, 457; *Kaminski,* StuB 2008, 3, 7; *Hierl/Huber*, Rechtsformen und Rechtsformwahl, 2008, 213; *Preißer/von Rönn*, GmbH & Co. KG, 2010, 136 f.; *Mindermann/Lukas,* NWB 2011, 3847, 3855.

[1088] *Jacobs*, Unternehmensbesteuerung und Rechtsform, 2009, 600.

trags ermäßigt. Gem. § 35 Abs. 2 S. 2 EStG richtet sich der Anteil am Gewerbesteuermessbetrag ausschließlich nach dem allgemeinen Gewinnverteilungsschlüssel. Eine anderweitige Aufteilung, wie sie etwa durch Sondervergütungen verursacht wird, bleibt unberücksichtigt. Dies kann für diejenigen Gesellschafter, die keine Sondervergütungen erhalten, zu Anrechnungsüberhängen führen, da deren Einkünfte im Verhältnis zu den auf sie entfallenden Anrechnungsbeträgen relativ gering sind.[1089]

Im Übrigen verhindert § 20 Abs. 8 EStG i.V.m. § 15 Abs. 1 S. 1 Nr. 2 Hs. 2 EStG, dass Zinsen aus einem Gesellschafterdarlehen der Abgeltungsteuer unterworfen werden können.[1090] Jedem Mitunternehmer steht es aber offen, seinen individuellen Gewinnanteil (inkl. Sondervergütung) nach § 34a EStG besteuern zu lassen.[1091] Bei Geschäftsführergehältern gilt zu bedenken, dass sie i.d.R. privat vereinnahmt werden und daher als entnommen (und damit nicht begünstigungsfähig i.S.d. § 34a EStG) gelten.[1092]

II. Kapitalgesellschaft – Abgeltungsteuer

Das Trennungsprinzip führt bei Kapitalgesellschaften dazu, dass Leistungsvergütungen – ihre Angemessenheit unterstellt – den steuerlichen Gewinn mindern. Für gewerbesteuerliche Zwecke werden Aufwendungen, die einen (ggf. fiktiven) Zinsanteil enthalten, jedoch wieder zu bestimmten Anteilen hinzugerechnet.

Beim Anteilseigner sind jene Einkünfte der Einkommensteuer zu unterwerfen. In diesem Kontext haben insbesondere Gesellschafterdarlehen an Bedeutung gewonnen (Gesellschafterfremdfinanzierung).[1093] Als Einkünfte aus Kapitalvermögen (§ 20 Abs. 1 Nr. 7 EStG) unterliegen die Zinsen bzw. Gewinnanteile der Abgeltungsteuer, sofern eine Beteiligung unter 10% vorliegt (§ 32d Abs. 2 Nr. 1 Buchst. b) EStG).[1094]

1089 In der Praxis der Personengesellschaftsverträge finden sich daher sog. „Gewerbesteuerklauseln“, die eine verursachungsgerechte Zuteilung des Gewerbesteueraufwands und des § 35 EStG vorsehen. Hierzu etwa *Levedag,* GmbHR 2009, 13, 16 f.; *Levedag* in: Wachter, FS Spiegelberger, 2009, 328, 332 ff.

1090 *Hey,* DStR 2007, 925, 930.

1091 *Strahl,* Ubg 2008, 143, 145.

1092 *Schiffers,* DStR 2008, 1805, 1810.

1093 *Endres/Spengel/Reister,* WPg 2007, 478, 483.

1094 Bei der (Kapital-) Gesellschaft sind ggf. die Wirkungen der Zinsschranke (§ 4h EStG, § 8a KStG) zu beachten (vgl. bspw. *Watrin/Wittkowski/Strohm,* GmbHR 2007, 785, 787).

III. Beurteilung

Im Rechtsformvergleich stellen sich Leistungsvergütungen qualitativ wie folgt dar.

Leistungsvergütungen	Personenunternehmen	Kapitalgesellschaften
Aufwand bei der Gesellschaft	Nein (§ 15 Abs. 1 Nr. 2 EStG)	Ja (KSt + GewSt), sofern fremdüblich
Einkunftsart beim Gesellschafter	Einkünfte § 15 EStG Gewinneinkunftsart	Einkünfte §§ 19, 20, 21, 22 EStG Überschusseinkunftsarten
Einkünfteermittlung	Betriebsvermögensvergleich	Einnahmenüberschussrechnung
Tarif	Regeltarif § 32a EStG Ggf. § 34a EStG	Regeltarif § 32a EStG § 32d EStG nur bei Zinsen u. < 10%
Gewerbesteuer	Ja, aber Anrechnung § 35 EStG Gefahr von Überhängen	Teilweise Hinzurechnung (0-25%) Keine GewSt beim Anteilseigner
Aufwendungen beim Gesellschafter	Abzug als (Sonder-) Betriebsausgabe	Abzug als Werbungskosten Kein Abzug bei Zinsen u. < 10%
Pauschbeträge	Nein	AN-PB (§ 9a Nr. 1a EStG) Sparer-PB (§ 20 Abs. 9 EStG)
Verlustverrechnung	Ja	Ja; Ausnahme: Zinsen und < 10%

Abbildung 63: Leistungsvergütungen im Rechtsformvergleich

Quelle: Angelehnt an *Jacobs*, Unternehmensbesteuerung und Rechtsform, 2009, 617

Die Belastungswirkungen von Leistungsvergütungen sind in Abbildung 64 am Beispiel einer Gesellschafterfremdfinanzierung dargestellt.[1095] Es wird deutlich, dass mit ihnen bei (regelbesteuerten oder § 34a EStG-besteuerten) Personenunternehmen keine Steuervorteile generiert werden können. Bei Kapitalgesellschaften und deren Anteilseignern können sie jedoch als steuerliche Gestaltungsinstrumente – gerade im Vergleich zur Vollausschüttung – genutzt werden.[1096] Obwohl die Zinsen nur zu 75% den Gewerbeertrag mindern, stellt sich in diesem Modellfall das Gesellschafterdarlehen bei einer Beteiligung unter 10% (also im Anwendungsbereich der Abgeltungsteuer) stets günstiger dar, als eine Dividendenausschüttung.

Bei Beteiligungsquoten ab 10% (Regelbesteuerung) ist die Gesellschafterfremdfinanzierung – zumindest im Bereich höherer Steuersätze – nicht mehr sinnvoll. Etwas anderes kann sich ergeben, wenn der Gesellschafter hohe Aufwendungen hat, Verluste verwerten möchte oder die Höhe der Leistungsvergütung variiert. Eine pauschale Aussage zur Vorteilhaftigkeit ist daher ausgeschlossen. Mit der Möglichkeit, Leistungsvergütungen zu vereinbaren und mittels Sachverhaltsgestaltungen die Einkunftsart und den Steuertarif zu beeinflussen, stehen dem

[1095] Hierbei wurde unterstellt, dass der nach Abzug der Leistungsvergütung (Annahme: 20% des vorläufigen Gewinns) verfügbare Gewinn in voller Höhe an die Anteilseigner ausgeschüttet wird. Annahmegemäß sollen die Anteile im Privatvermögen (Abgeltungsteuer) gehalten werden.

[1096] *Kaminski/Hofmann/Kaminskaite,* Stbg 2007, 210, 211 ff.; *Patek,* BFuP 2007, 443, 445 ff.; *Kaminski,* StuB 2008, 3, 8 f.; *Förster,* Ubg 2008, 185, 194; *Hermann,* NWB 2008, 507, 519 f.

Anteilseigner einer Kapitalgesellschaft aber wirkungsvolle Optimierungsstrategien zur Verfügung.

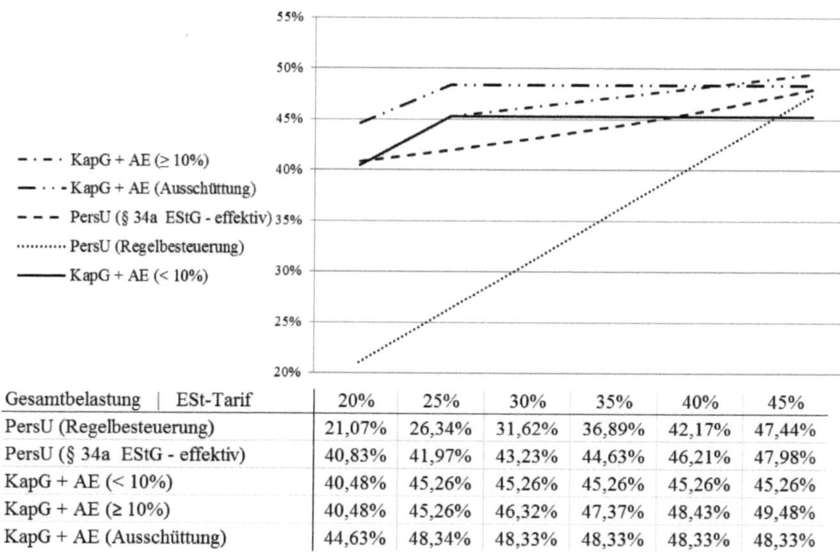

Gesamtbelastung | ESt-Tarif	20%	25%	30%	35%	40%	45%
PersU (Regelbesteuerung)	21,07%	26,34%	31,62%	36,89%	42,17%	47,44%
PersU (§ 34a EStG - effektiv)	40,83%	41,97%	43,23%	44,63%	46,21%	47,98%
KapG + AE (< 10%)	40,48%	45,26%	45,26%	45,26%	45,26%	45,26%
KapG + AE (≥ 10%)	40,48%	45,26%	46,32%	47,37%	48,43%	49,48%
KapG + AE (Ausschüttung)	44,63%	48,34%	48,33%	48,33%	48,33%	48,33%

Abbildung 64: Steuerbelastungsvergleich (Gesamtbelastung) bei Gesellschafterdarlehen

Quelle: Eigene Darstellung

E. Gewinnverwendungspolitik

I. Personenunternehmen – Thesaurierungsbegünstigung

Bis zum VZ 2008 nahm das Gewinnverwendungskalkül bei Personenunternehmen keine besondere Rolle für die Besteuerung ein. Es bestand „Ausschüttungsneutralität". Mit der Thesaurierungsbegünstigung ändert sich dieses Bild grundlegend. So verfügen natürliche Personen als Gesellschafter einer Personenunternehmung nun über ein Gestaltungsinstrument zur begünstigten Besteuerung ihres nicht entnommenen Gewinns.[1097] Die Gewinnverwendungspolitik gewinnt ergo auch für Personenunternehmen an Bedeutung, da ein Teil der Steuerbelastung in die Zukunft verlagert werden kann.[1098] Es besteht hingegen keine Möglichkeit, anderweitige Verluste mit dem Nachversteuerungsbetrag auszugleichen (§ 34a Abs. 8 EStG) bzw. Steuersatzvorteile im Zeitpunkt der Entnahme auszunutzen. Die Nachversteuerung erfolgt stets mit 25% (§ 34a Abs. 4 S. 2 EStG). Eine Veranlagungs- bzw. Teileinkünfteoption besteht nicht.

[1097] Stellvertretend *Förster,* Ubg 2008, 185, 192; *Herzig* in: Wachter, FS Spiegelberger, 2009, 210, 217.
[1098] Bspw. *Popp,* WPg 2008, 935, 936; *Herzig* in: Wachter, FS Spiegelberger, 2009, 210, 218.

II. Kapitalgesellschaft – Abgeltungsteuer

Die Gewinnverwendung stellt seit jeher einen entscheidenden Faktor der Besteuerungssituation von personenbezogenen Kapitalgesellschaften und ihren Anteilseignern dar.[1099] Mithin bietet die Frage, ob, wann und in welchem Umfang eine Gewinnausschüttung stattfinden soll, erhebliches steuerliches Optimierungspotenzial.[1100] Verstärkt wird dieser Befund durch die stark abgemilderte Thesaurierungsbelastung auf Ebene der Kapitalgesellschaft bei gleichzeitiger Erhöhung der Ausschüttungsbelastung auf Anteilseignerebene.[1101]

Die Gewinnthesaurierung ist bei Kapitalgesellschaften daher nach wie vor die steuergünstigste Art der Gewinnverwendung, obgleich ihr ein diskriminierendes Element gegenüber kleineren Kapitalgesellschaften innewohnt, deren Anteilseigner auf Ausschüttungen angewiesen sind.[1102] Des Weiteren ist bei personenbezogenen Kapitalgesellschaften zu erwägen, dass ausgeschüttete Gewinne im Privatvermögen des Anteilseigners womöglich (steuer-) günstiger angelegt werden können als im Betriebsvermögen der Kapitalgesellschaft.[1103]

Im Anwendungsbereich der Abgeltungsteuer büßt das Optimierungspotenzial der Ausschüttungspolitik indes stark ein. Zwar kann auch weiterhin die Steuerpflicht durch Gewinnthesaurierung in die Zukunft verlagert und damit ein (temporärer) Steuervorteil erzielt werden. Ein Verlustausgleich der vereinnahmten Dividenden mit anderen negativen Einkünften ist jedoch nicht (mehr) möglich, da Kapitalerträge i.S.d. § 32d Abs. 1 EStG nicht in die Summe der Einkünfte eingehen (§ 2 Abs. 5b EStG). Ebenso scheidet ein Werbungskostenabzug wegen § 20 Abs. 9 EStG aus. Ferner können im Rahmen des § 32d EStG keine Steuersatzvorteile des Gesellschafters zu Nutze gemacht werden, da Gewinnausschüttungen – mit Ausnahme der Optionen nach § 32d Abs. 6 EStG bzw. § 32d Abs. 2 Nr. 3 EStG – stets mit 25% (+ SolZ) besteuert werden. In der Vergangenheit wurden Gewinnausschüttungen hingegen gezielt zur Verlustkompensation und zur Progressionsglättung genutzt.[1104]

Gestaltungsspielräume zur Berücksichtigung der persönlichen Einkommensteuersituation eröffnet aber die Teileinkünftebesteuerung, die entweder zwangsläufig (im Betriebsvermögen eines Personenunternehmens) oder wahlweise (durch Option nach § 32d Abs. 2 Nr. 3 EStG) zur Anwendung kommt. Im Einzelfall ist auch die Veranlagungsoption nach § 32d Abs. 6 EStG zu prüfen, die es ermöglicht, positive Kapitaleinkünfte am vertikalen Verlustausgleich teilhaben zu lassen.

1099 *Kessler/Schiffers/Teufel*, Rechtsformwahl - Rechtsformoptimierung, 2002, § 3, Rz. 72.

1100 So bereits *Wagner/Dirrigl*, Steuerplanung der Unternehmung, 1980, 190; *Beranek*, SteuerStud 1999, 494, 504; *Schiffers*, DStR 2003, 302; *Heinhold/Hüsing/Kühnel u.a.*, Besteuerung der Gesellschaften, 2010, 67 f.

1101 *Ott*, StuB 2008, 815.

1102 *Prinz* in: Kessler/Kröner/Köhler, Konzernsteuerrecht, 2008, § 10, Rz. 346. Ähnlich bereits *Fischer* in: Herzig, FS Rose, 1991, 217, 226.

1103 *Elser*, BB 2001, 805 ff.; *Hundsdoerfer*, StuW 2001, 113 f.; *Maiterth/Müller*, Vierteljahreshefte zur Wirtschaftsforschung 2007, 49, 60; *Kudert/Klipstein*, zfbf 2010, 455, 458.

1104 *Jacobs*, Unternehmensbesteuerung, 2002, 541 ff.

III. Beurteilung

Die qualitativen Auswirkungen verschiedener Gewinnverwendungsstrategien sind in folgender Abbildung rechtsformvergleichend gegenübergestellt.

Gewinnverwendung	Personenunternehmen			Kapitalgesellschaften
Sofortiger Gewinntransfer auf die Gesellschafterebene	Entnahme / Leistungsvergütungen; Kein Antrag nach § 34a EStG möglich			Gewinnausschüttung; Leistungsvergütungen
Gewinnthesaurierung	Regel-besteuerung	Wahlrecht	§ 34a EStG	Aufschub der Ausschüttung; Aufschub der AE-Besteuerung
Späterer Transfer auf die Gesellschafterebene	Keine Auswirkung		Nachver-steuerung	AE-Besteuerung (Abgeltungsteuer, TEV, Regelbesteuerung)

Abbildung 65: Gewinnverwendungsstrategien im steuerlichen Rechtsformvergleich
Quelle: Darstellung in Anlehnung an *Schiffers,* GmbHR 2007, 505, 506; *Winter,* Ubg 2009, 822

Wenngleich es aufgrund der Thesaurierungsbegünstigung zu einer gewissen Konvergenz beider Besteuerungssysteme kam, bestehen erhebliche konzeptionelle Unterschiede. So bestimmt bei Kapitalgesellschaften die Entscheidung über die Ergebnisverwendung zwangsläufig die steuerlichen Konsequenzen, während bei Personenunternehmen erst die Thesaurierung das gesellschafterbezogene Wahlrecht zur sondertarifierten Besteuerung des nicht entnommenen Gewinns eröffnet.[1105] Darüber hinaus wird im Körperschaftsteuerrecht die Gesellschaft als solche belastet, während die einkommensteuerliche Thesaurierungsbegünstigung – dem Transparenzprinzip folgend – ausschließlich auf Ebene des Gesellschafters stattfindet.

Der (nicht entnommene) Gewinn auf Gesellschaftsebene stellt bloß einen Zwischenschritt dar, der um die Ergebnisse aus den individuellen Sonder- und Ergänzungsbilanzen zu korrigieren ist.[1106] Gleichwohl müssen sich Personenunternehmen die (vermeintlich) steuergünstige Thesaurierung durch eine in der Summe höhere nominale Gesamtsteuerbelastung erkaufen.[1107] Des Weiteren kann der Beschluss über die Gewinnverwendung bei Kapitalgesellschaften grundsätzlich nur einheitlich für alle Gesellschafter gewählt werden, während die gesellschafterbezogene Ausübung der Thesaurierungsbegünstigung sowie die Möglichkeit, den einmal gestellten Antrag wieder zurückzunehmen, zu einer deutlich höheren Flexibilität der Personenunternehmen führt.[1108]

Die individuelle Rücklagenbildung ist bei Personenunternehmen nicht nur möglich, sondern die gesetzliche Regel.[1109] Sofern der Gesellschaftsvertrag entsprechende Möglichkeiten vor-

[1105] Diese Flexibilitätsvorteile erkennend *Schiffers,* GmbHR 2007, 505, 507.
[1106] *Hey,* DStR 2007, 925, 927; *Crezelius* in: Wachter, FS Spiegelberger, 2009, 65.
[1107] *Paus,* EStB 2008, 403, 404.
[1108] *Hey,* DStR 2007, 925, 929; *Kaminski/Hofmann/Kaminskaite,* Stbg 2007, 161, 165.
[1109] *Müller,* FR 2010, 825.

sieht, kann – selbst bei unterschiedlichen Interessenlagen der Gesellschafter – eine steuerliche Optimierung mit § 34a EStG vergleichsweise einfach erfolgen.[1110]

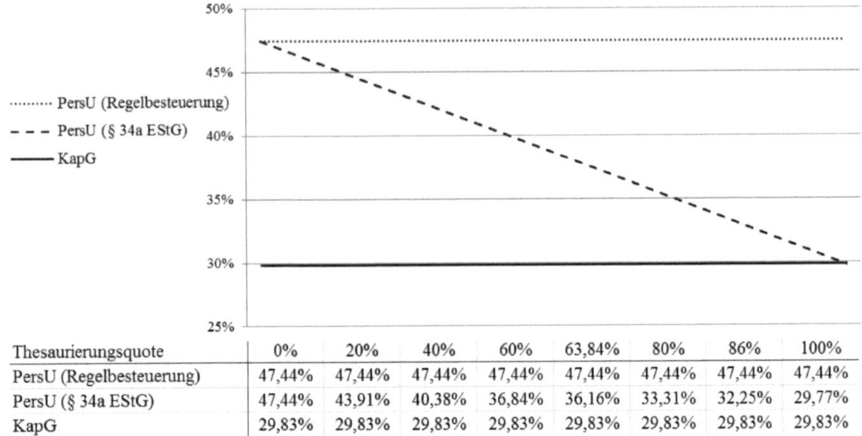

Thesaurierungsquote	0%	20%	40%	60%	63,84%	80%	86%	100%
PersU (Regelbesteuerung)	47,44%	47,44%	47,44%	47,44%	47,44%	47,44%	47,44%	47,44%
PersU (§ 34a EStG)	47,44%	43,91%	40,38%	36,84%	36,16%	33,31%	32,25%	29,77%
KapG	29,83%	29,83%	29,83%	29,83%	29,83%	29,83%	29,83%	29,83%

Abbildung 66: Thesaurierungsbelastung bei variierender Ausschüttungsquote

Quelle: *Kessler/Ortmann-Babel/Zipfel* in: Ernst & Young/BDI, Unternehmensteuerreform 2008, 94 f.

Unterschiedlich hohe Ausschüttungsquoten beeinflussen, wie in Abbildung 66 ersichtlich, einzig die Thesaurierungsbelastung bei Personenunternehmen, die § 34a EStG in Anspruch nehmen. Dies liegt daran, dass sich mit zunehmender Thesaurierungsquote der begünstigungsfähige Betrag, der einem Steuersatz i.H.v. 28,25% (statt 45%) unterliegt, stetig erhöht. Folglich sinkt die (temporäre) Steuerbelastung i.S.d. § 34a EStG bei steigender Thesaurierungsquote. Um die Vorteile der Thesaurierungsbegünstigung vollumfänglich auszunutzen, sind daher hohe Thesaurierungsquoten erforderlich.[1111]

Die Ausschüttungsquote hat dagegen weder bei regelbesteuerten Personenunternehmen noch auf Ebene einer Kapitalgesellschaft eine (direkte) Wirkung. Ferner wird deutlich, dass bei einer Thesaurierungsquote von 0% die Steuerbelastung eines § 34a EStG-Personenunternehmens derjenigen eines regelbesteuerten Personenunternehmens entspricht. Bei einer Thesaurierungsquote von 100% stimmt die Steuerbelastung eines optierenden Personenunternehmens mit derjenigen einer Kapitalgesellschaft (fast) überein.

Bei Quoten zwischen diesen beiden Extremen liegt die § 34a EStG-Belastung zwar unter derjenigen eines regelbesteuerten Personenunternehmens, aber über derjenigen einer Kapitalgesellschaft. Exemplarisch sei eine 63,84% Thesaurierungsquote genannt, die zu einer Steuerbe-

[1110] *Schiffers,* GmbHR 2007, 505, 507.
[1111] *Harle,* BB 2008, 2151, 2158; *Knief/Nienaber,* BB 2007, 1309, 1314.

lastung i.H.v. 36,16%-Punkten führt. Dies entspricht der effektiven § 34a EStG-Belastung, falls die GewSt und die ESt aus dem Betriebsvermögen finanziert werden müssen.[1112]

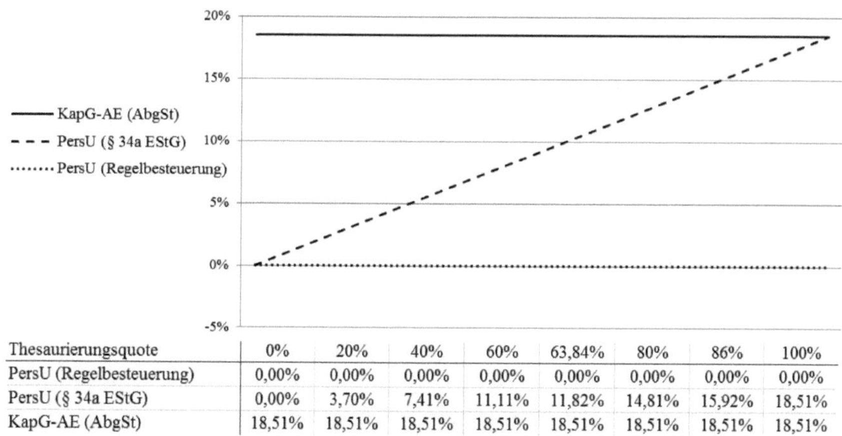

Thesaurierungsquote	0%	20%	40%	60%	63,84%	80%	86%	100%
PersU (Regelbesteuerung)	0,00%	0,00%	0,00%	0,00%	0,00%	0,00%	0,00%	0,00%
PersU (§ 34a EStG)	0,00%	3,70%	7,41%	11,11%	11,82%	14,81%	15,92%	18,51%
KapG-AE (AbgSt)	18,51%	18,51%	18,51%	18,51%	18,51%	18,51%	18,51%	18,51%

Abbildung 67: Ausschüttungs-/ Entnahmebelastung bei variierender Ausschüttungsquote

Quelle: Eigene Darstellung

Spiegelbildlich verändern sich die Verhältnisse, wenn man die Ausschüttungsbelastung betrachtet (siehe Abbildung 67). Sie beträgt bei Anteilseignern einer Kapitalgesellschaft stets 18,51%-Punkte (Abgeltungsteuer). Thesaurierende Personenunternehmen sehen sich mit steigender Thesaurierungsquote einer steigenden Entnahmebelastung gegenüber. Regelbesteuerte Personenunternehmen unterliegen keiner separaten (Nach-) Steuerbelastung. Anhand alledem wird deutlich, dass das unternehmerische Thesaurierungsverhalten einen bestimmenden Faktor bei der steuerorientierten Rechtsformwahl darstellt.[1113]

F. Steuerfreie Einkünfte

I. Personenunternehmen – Thesaurierungsbegünstigung

Bezieht ein Personenunternehmen steuerfreie Einkünfte, so wird die Steuerfreiheit – ggf. unter Progressionsvorbehalt – auch auf Ebene des Gesellschafters definitiv.[1114] Dies gilt in gleichem Maße bei Ausübung der Tarifoption nach § 34a EStG. Darüber hinaus zeigen sich weitere Vorteile bei der Ausgestaltung der Thesaurierungsbegünstigung. Für Zwecke der Ermittlung des Nachversteuerungsbetrags gelten steuerfreie Einkünfte als nachsteuerunschädlich entnommen.[1115] Sie können vorrangig zur Verrechnung von Entnahmen und nicht abziehba-

1112 Analog führt eine Thesaurierungsquote von 86% zu einer Thesaurierungsbelastung von 32,25%, die der Steuerbelastung nach § 34a EStG entspricht, wenn nur die GewSt aus dem BV finanziert werden muss.

1113 *Houben/Maiterth,* StuW 2008, 228, 235.

1114 *Korn/Strahl,* NWB 2008, 4537, 4627.

1115 BMF, Schreiben v. 11.8.2008, IV C 6 – S 2290-a/07/10001, BStBl. I 2008, 838, Rz. 17, 29.

ren Betriebsausgaben verwendet werden. Damit nähert sich bei hinreichend hohen steuerfreien Einkünften der tatsächliche Steuersatzeffekt der theoretischen Entlastungsmöglichkeit.[1116]

II. Kapitalgesellschaft – Abgeltungsteuer

Anders verhält es sich bei Kapitalgesellschaften. Steuerfreie Einkünfte sind zwar auf Unternehmensebene steuerfrei. Im Ausschüttungsfall führen die Dividenden aber zu steuerpflichtigen Kapitalerträgen der Anteilseigner.[1117] Es besteht keine Möglichkeit, die Steuerfreiheit in die Sphäre der Gesellschafter, mithin in den Anwendungsbereich der Abgeltungsteuer nach § 32d EStG zu transferieren.

III. Beurteilung

Aus nachstehender Modellrechnung[1118] ist erkennbar, dass die Gesamtsteuerbelastung einer Kapitalgesellschaft und ihrer Anteilseigner bei hohen steuerfreien Einkünften deutlich über der Steuerbelastung eines Personenunternehmens liegt (vgl. Abbildung 68). Ferner wird offensichtlich, dass sich in diesen Fällen die effektive § 34a EStG-Belastung auf 29,77%-Punkte absenken lässt.[1119]

Darüber hinaus können steuerfreie Einkünfte im Entstehungsjahr ohne Nachversteuerung entnommen werden. Das Begünstigungsvolumen i.S.d. § 34a EStG wird dadurch nicht geschmälert. Mittels steuerfreier Einkünfte kann deshalb steuergünstig Liquidität auf die Gesellschafterebene transferiert werden.[1120]

Insgesamt zeigt sich bei der Vereinnahmung steuerfreier Einkünfte auch bzw. gerade wegen § 34a EStG ein deutlicher Rechtsformvorteil für Personenunternehmen.[1121] Speziell in Unternehmensgruppen bietet es sich an, steuerfreie Einkünfte über Personengesellschaften zu vereinnahmen.

1116 *Husken/Schmidt/Siegmund,* BB 2008, 1204, 1206.

1117 Exemplarisch *Schneeloch,* Rechtsformwahl und Rechtsformwechsel, 2006, 139 f.

1118 Unterstellt seien steuerfreie Einkünfte (50 GE) im Verhältnis 1:3 zum Gesamtgewinn (150 GE). Weitere Annahmen: ESt 45% bzw. Abgeltungsteuer 25%, GewSt-Hs 400%, Beteiligung ≥ 15%.

1119 Ähnlich *Rödder,* WPg Sonderheft 2008, S 66, S 69; *Husken/Schmidt/Siegmund,* BB 2008, 1204, 1206.

1120 *Kessler/Schiffers* in: Müller/Hoffmann, Beck'sches Handbuch der Personengesellschaften, 2009, § 1, Rz. 175.

1121 So auch *Rödl* in: Rödl/Scheffler/Winter, FS Rödl, 2008, 61, 77.

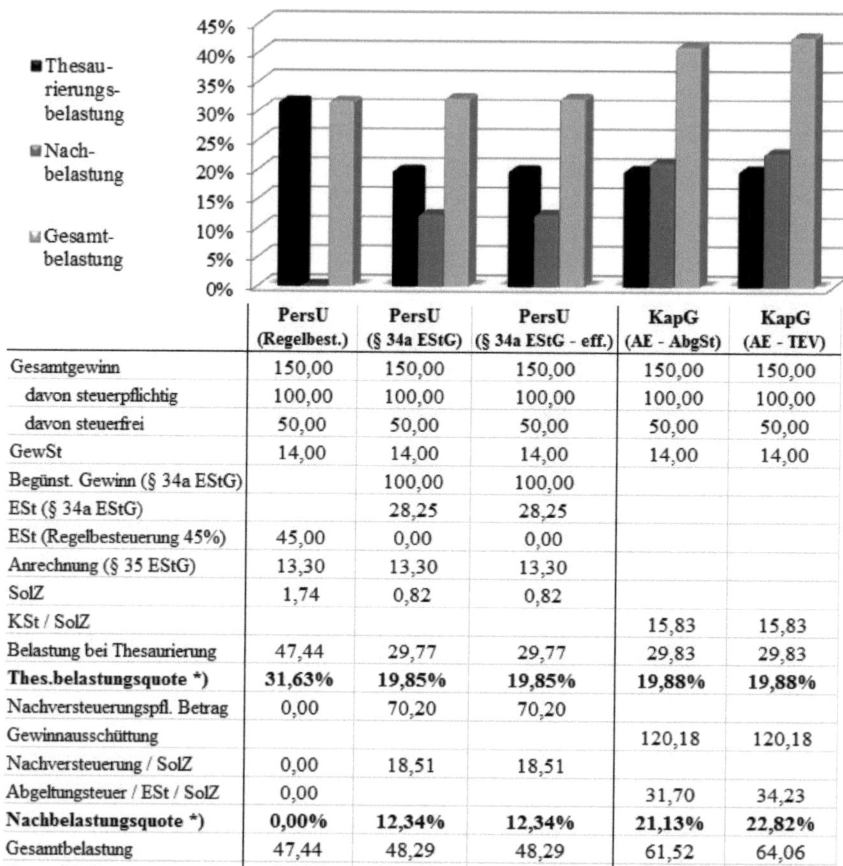

	PersU (Regelbest.)	PersU (§ 34a EStG)	PersU (§ 34a EStG - eff.)	KapG (AE - AbgSt)	KapG (AE - TEV)
Gesamtgewinn	150,00	150,00	150,00	150,00	150,00
davon steuerpflichtig	100,00	100,00	100,00	100,00	100,00
davon steuerfrei	50,00	50,00	50,00	50,00	50,00
GewSt	14,00	14,00	14,00	14,00	14,00
Begünst. Gewinn (§ 34a EStG)		100,00	100,00		
ESt (§ 34a EStG)		28,25	28,25		
ESt (Regelbesteuerung 45%)	45,00	0,00	0,00		
Anrechnung (§ 35 EStG)	13,30	13,30	13,30		
SolZ	1,74	0,82	0,82		
KSt / SolZ				15,83	15,83
Belastung bei Thesaurierung	47,44	29,77	29,77	29,83	29,83
Thes.belastungsquote *)	**31,63%**	**19,85%**	**19,85%**	**19,88%**	**19,88%**
Nachversteuerungspfl. Betrag	0,00	70,20	70,20		
Gewinnausschüttung				120,18	120,18
Nachversteuerung / SolZ	0,00	18,51	18,51		
Abgeltungsteuer / ESt / SolZ	0,00			31,70	34,23
Nachbelastungsquote *)	**0,00%**	**12,34%**	**12,34%**	**21,13%**	**22,82%**
Gesamtbelastung	47,44	48,29	48,29	61,52	64,06
Gesamtbelastungsquote *)	**31,63%**	**32,19%**	**32,19%**	**41,01%**	**42,70%**

*) jeweils in Bezug auf Gesamtgewinn (150)

Abbildung 68: Steuerbelastungsvergleich bei steuerfreien Einkünften

Quelle: Eigene Darstellung

G. Progressionsvorbehalt

I. Personenunternehmen – Thesaurierungsbegünstigung

Bisweilen erfolgt eine Steuerfreiheit nur unter Progressionsvorbehalt. Dies gilt vor allem bei der (inländischen) Freistellung ausländischer DBA-Betriebsstättengewinne, § 32b Abs. 1 S. 1 Nr. 3 EStG bzw. Art. 23A Abs. 1, 3 OECD-MA. Demnach ist die Steuer auf das z.v.E. nach dem Durchschnittssteuersatz (sog. „besonderer Steuersatz") zu berechnen, der sich ergäbe, wenn die steuerfreien Einkünfte in die Steuerberechnung einbezogen worden wären.[1122]

[1122] *Heinicke* in: Schmidt, EStG, § 32b, Rz. 1; *Wagner* in: Blümich, EStG/KStG/GewStG, § 32b, Rz. 16.

Im Rahmen des Progressionsvorbehalts ist der besondere Steuersatz (§ 32b Abs. 2 EStG) nach § 32a Abs. 1 EStG zu ermitteln. Dort heißt es wörtlich, dass sich die Einkommensteuer „...vorbehaltlich der §§ 32b, 32d, 34, 34a, 34b und 34c EStG" bemisst. Sonach ist das z.v.E. in einen dem Sondertarif des § 34a EStG unterliegenden und einen dem normalen Tarif des § 32a EStG unterliegenden Teilbetrag aufzuspalten.[1123]

Die nach § 34a Abs. 1 EStG besteuerten Einkünfte haben daher weder Einfluss auf die Progression des Tarifs für die regulär besteuerten (übrigen) Einkünfte[1124] noch auf den Progressionsvorbehalt nach § 32b EStG.[1125] Dies trägt dem Umstand zutreffend Rechnung, dass die Thesaurierungsbegünstigung eine schedulare Besteuerungsform darstellt, deren Einkünfte einem Sondertarif unterworfen werden. Für Personenunternehmen wirkt sich der Progressionsvorbehalt somit ausschließlich bei regulär besteuerten Einkünften aus.

II. Kapitalgesellschaft – Abgeltungsteuer

Kapitalgesellschaften unterliegen keinem progressiven, sondern einem linearen Steuertarif. Aus diesem Grund bleibt der Progressionsvorbehalt ohne Auswirkung. Die Steuerbelastung beträgt stets 29,83%.[1126] Der Progressionsvorbehalt wird insoweit auch nicht an die Gesellschafter „weitergeleitet" (Trennungsprinzip).

Einkünfte aus Kapitalvermögen, die gem. § 32d Abs. 1 EStG i.V.m. § 43 Abs. 5 EStG abgeltend besteuert werden, gehen weder in das z.v.E. des Anteilseigners ein (§ 2 Abs. 5b EStG) noch erhöhen sie den Steuersatz für die übrigen Einkünfte.[1127] Für die Abgeltungsteuer existiert damit ebenfalls kein Progressionsvorbehalt.[1128] Dies muss im Übrigen auch für ausländische Kapitaleinkünfte bei zeitweise unbeschränkter Einkommensteuerpflicht[1129] sowie bei Einkommensteuerveranlagungen nicht im Inland ansässiger Personen[1130] gelten, sofern die Kapitaleinkünfte im Inland der Abgeltungsteuer unterlägen.[1131]

III. Beurteilung

Dem Progressionsvorbehalt sind ausschließlich Steuerpflichtige ausgesetzt, die sich im Anwendungsbereich progressiver Steuersätze befinden und über andere Einkünfte verfügen. Für Kapitalgesellschaften spielt er deswegen keine Rolle. Im Rahmen der Abgeltungsteuer ist er

1123 *Ley/Bodden* in: Korn/Carlé/Stahl u.a., EStG, § 34a, Rz. 19.
1124 *Reiß* in: Kirchhof, EStG Kompaktkommentar, § 34a, Rz. 16.
1125 *Fischer* in: Spindler/Tipke/Rödder, FS Schaumburg, 2009, 319, 334 f.; *Fischer* in: Schaumburg/Piltz, Grenzüberschreitende Gesellschaftsstrukturen, 2010, 55, 69 ff.; *Schmidtmann,* DStR 2010, 2418, 2420. Implizit auch *Husken/Schmidt/Siegmund,* BB 2008, 1204 ff.
1126 Gewerbesteuerhebesatz 400%; keine gewerbesteuerlichen Hinzurechnungen.
1127 *Schmidtmann,* DStR 2010, 2418, 2419.
1128 *Schmitt,* Stbg 2009, 101, 108.
1129 § 32b Abs. 1 S. 1 Nr. 2 EStG.
1130 § 50 Abs. 2 S. 2 Nr. 4 EStG, § 1 Abs. 3 EStG, § 1a Abs. 1 EStG; je i.V.m. § 32b Abs. 1 S. 1 Nr. 5 EStG.
1131 *Kühling/Gühne,* NWB 2011, 226, 228 ff.

ebenso wenig bedeutsam. Der Progressionsvorbehalt kann letztlich nur bei (regelbesteuerten) Personenunternehmen eine steuerliche Mehrbelastung verursachen. In diesem Kontext bietet § 34a EStG allerdings gewisse Gestaltungsoptionen. Denn Einkünfte, die sondertariflich besteuert werden, sind aus anderen Tarifberechnungen – z.B. dem Progressionsvorbehalt – herauszunehmen. Mit der Thesaurierungsbegünstigung können daher die Negativwirkungen des Progressionsvorbehalts minimiert werden.

H. Nichtabziehbare Betriebsausgaben

I. Personenunternehmen – Thesaurierungsbegünstigung

Personenunternehmen müssen nichtabziehbare Betriebsausgaben mit bis zu 47,44% versteuern. Dies gilt selbst dann, wenn zur Thesaurierungsbegünstigung optiert wurde, da für nichtabziehbare Betriebsausgaben § 34a EStG nicht beansprucht werden darf.[1132] Die Thesaurierungsbegünstigung knüpft an den nach § 4 Abs. 1 S. 1 EStG oder § 5 EStG ermittelten Gewinn an, so dass außerbilanzielle Gewinnkorrekturen, insbesondere nichtabziehbare Betriebsausgaben, für die Ermittlung des nicht entnommenen Gewinns außer Betracht bleiben.[1133] Die Nichtabziehbarkeit der Gewerbesteuer ist – zusammen mit der Tatsache, dass Beträge zur Bezahlung der Einkommensteuer meist aus dem Betriebsvermögen entnommen werden müssen – mithin der Grund, warum die effektive Steuerbelastung bei Inanspruchnahme des § 34a EStG bei 36,16% (anstelle der angestrebten 29,77%) liegt.

II. Kapitalgesellschaft – Abgeltungsteuer

Bei Kapitalgesellschaften werden nichtabziehbare Betriebsausgaben allein auf der Gesellschaftsebene gewinnerhöhend erfasst.[1134] Sie unterliegen dort der gleich hohen Steuerbelastung wie steuerpflichtige Erträge (29,83%). Für die Anteilseigner reduziert sich folglich der ausschüttungsfähige Gewinn um diesen Betrag. Dadurch mindert sich die Ausschüttungsbelastung.

III. Beurteilung

Nichtabziehbare Betriebsausgaben (bspw. die Gewerbesteuer nach § 4 Abs. 5b EStG) dürfen weder bei Kapitalgesellschaften noch bei Personenunternehmen die steuerpflichtigen Einkünfte mindern. Der Aufwand ist außerbilanziell hinzuzurechnen und der Besteuerung zu unterwerfen.[1135] Wegen der Anknüpfung in § 34a Abs. 2 EStG an den Steuerbilanzgewinn

---

[1132] *Weber,* NWB 2007, 3031, 3039 ff.

[1133] *Hey,* DStR 2007, 925, 928.

[1134] Bspw. *Niehus/Wilke*, Besteuerung der Kapitalgesellschaften, 2009, 46.

[1135] BMF, Schreiben v. 11.8.2008, IV C 6 – S 2290-a/07/10001, BStBl. I 2008, 838, Rz. 16.

werden außerbilanzielle Korrekturen bei thesaurierenden Personenunternehmen aber mit dem regulären (progressiven) Einkommensteuertarif deutlich höher belastest, als jene einer Kapitalgesellschaft.[1136] Erst im Entnahmefall kehrt sich dieser Nachteil zugunsten der Personenunternehmen um.[1137]

I. Beteiligungserträge und -aufwendungen

I. Personenunternehmen – Thesaurierungsbegünstigung

Erhaltene Gewinnausschüttungen führen bei Personenunternehmen und Kapitalgesellschaften aufgrund der ungleichen Besteuerungskonzepte zu unterschiedlichen steuerlichen Folgen. So greift für Beteiligungserträge im Betriebsvermögen gewerblicher Personenunternehmen das Teileinkünfteverfahren mit der Folge, dass 40% der Erträge steuerbefreit sind (§ 3 Nr. 40 Buchst. d) EStG). Die verbleibenden 60% unterliegen der regulären – oder nach § 34a EStG sondertarifierten – Einkommensbesteuerung.[1138] Wie bereits dargelegt, bleibt die (40%ige) Steuerfreiheit auch im Rahmen der Wahlrechtsausübung nach § 34a EStG erhalten und kann dort beachtliche Steuervorteile generieren.[1139] Gesellschafter vermögensverwaltender Personengesellschaften beziehen hingegen Einkünfte aus Kapitalvermögen i.S.d. § 20 EStG und befinden sich damit im Geltungsbereich der Abgeltungsteuer (§ 32d EStG).[1140]

Auf der Aufwandsseite können gewerbliche Personenunternehmen gem. § 3c Abs. 2 EStG Aufwendungen im Zusammenhang mit Anteilen zu 60% zum Abzug bringen. Das Gleiche gilt für Veräußerungsverluste. Bei vermögensverwaltenden Personengesellschaften ist ein Werbungskostenabzug nicht möglich (§ 20 Abs. 9 EStG).

II. Kapitalgesellschaft – Abgeltungsteuer

Dividenden sind bei Kapitalgesellschaften im Ergebnis zu 95% von der Körperschaft- und Gewerbesteuer befreit.[1141] Des Weiteren erlaubt es § 8b Abs. 3 S. 2 bzw. § 8b Abs. 5 S. 2 KStG, dass Kapitalgesellschaften etwaige Beteiligungsaufwendungen (z.B. Zinsen, jedoch vorbehaltlich der Zinsschranke i.S.d. § 4h EStG, § 8a KStG) grds. in voller Höhe geltend machen können. Veräußerungsverluste und Teilwertabschreibungen bleiben indes unberücksichtigt. Ferner ist anzuführen, dass Wertminderungen auf eigenkapitalersetzende Gesellschafterdarlehen an Tochter-Kapitalgesellschaften unter gewissen Voraussetzungen nicht zum Abzug zugelassen werden (§ 8b Abs. 3 S. 4 ff. KStG).

1136 *Rogall* in: Schaumburg/Rödder, Unternehmensteuerreform 2008, 413 f.

1137 *Schiffers,* DStR 2008, 1805, 1809; *Jacobs,* Unternehmensbesteuerung und Rechtsform, 2009, 657.

1138 Diese Systematik wird auch im Falle entsprechender Veräußerungsgewinne beibehalten.

1139 *Jorde/Götz,* BB 2008, 1032, 1034.

1140 *Geck,* KÖSDI 2010, 16843, 16847; *Früchtl/Prokscha* in: Strahl, Ertragsteuern, 2011, Rz. 116 f.

1141 Bspw. *Weber,* NWB 2008, 3075, 3087. Bei der Gewerbesteuer gilt dies nur, sofern die Beteiligungsgrenze von 15% erfüllt ist (§ 9 Nr. 2a, 7, 8 GewStG).

III. Beurteilung

Bei rein steuersubjektiver Betrachtung ist die (Holding-) Kapitalgesellschaft die eindeutig vorteilhaftere Rechtsform, wenngleich sich durch § 34a EStG und ggf. § 32d EStG auch spürbare Vorteile für gewerbliche oder vermögensverwaltende Personengesellschaften ergeben können.[1142] Allerdings wäre es falsch, die Beteiligungsertragsbefreiung nach § 8b KStG als Steuervergünstigung bzw. (Schachtel-) Privileg zu bezeichnen, denn hierdurch soll lediglich eine Mehrfachbelastung im Bereich der Körperschaftsteuer vermieden werden (sog. *ne-bis-in-idem*-Prinzip).[1143] Bei der Weiterausschüttung einer Kapitalgesellschaft kommt es – abhängig von der Person des Anteilseigners – zu einer zusätzlichen Besteuerungsebene unter Anwendung der 25%igen Abgeltungsteuer, des Teileinkünfteverfahrens bzw. der 95%igen Beteiligungsertragsbefreiung.

J. Refinanzierungskosten

I. Personenunternehmen – Thesaurierungsbegünstigung

Aufwendungen im Zusammenhang mit dem unternehmerischen Engagement – insbesondere Refinanzierungskosten – führen zu deutlichen steuerlichen Verwerfungen zwischen den Rechtsformen.[1144] Wird der Erwerb eines Anteils an einer Personengesellschaft fremdfinanziert, so können – vorbehaltlich der Zinsschranke – die Zinszahlungen vollumfänglich als Sonderbetriebsausgaben geltend gemacht werden.[1145] Die Refinanzierungskosten sind jedoch bei der Gewerbesteuer zu 25% hinzuzurechnen (§ 8 Nr. 1 Buchst. a) GewStG), wobei die Mehrbelastung über § 35 EStG (pauschalisiert) wieder angerechnet wird. Dies gilt auch unter dem Regime des § 34a EStG, obwohl sich durch den Refinanzierungsaufwand der Begünstigungsbetrag mindert.[1146]

II. Kapitalgesellschaft – Abgeltungsteuer

Demgegenüber regelt § 20 Abs. 9 EStG, dass Anteilseigner von Kapitalgesellschaften ihre Refinanzierungskosten im Privatvermögen (Abgeltungsteuer nach § 32d EStG) nicht über den Sparer-Pauschbetrag (801 €) hinaus geltend machen können. Dies gilt selbst dann, wenn gem. § 32d Abs. 6 EStG zur Veranlagung optiert wird.[1147] Befindet sich die Beteiligung im Be-

[1142] *Husken/Schmidt/Siegmund,* BB 2008, 1204, 1209.

[1143] *Kessler* in: *Kessler/Kröner/Köhler*, Konzernsteuerrecht, 2004, § 1, Rz. 23 f. Siehe auch Richtlinie des Rates über das gemeinsame Steuersystem der Mutter- und Tochtergesellschaften verschiedener Mitgliedstaaten, 90/435/EWG, Abl. 1990, L 225, 6 (sog. Mutter-Tochter-Richtlinie).

[1144] *Paus,* EStB 2008, 403, 406; *Kessler/Schiffers* in: Müller/Hoffmann, Beck'sches Handbuch der Personengesellschaften, 2009, § 1, Rz. 177.

[1145] Statt vieler *Jorde/Götz,* BB 2008, 1032, 1034; *Desens* in: Herrmann/Heuer/Raupach, EStG/KStG, § 3c EStG, Rz. 58.

[1146] *Förster,* Ubg 2008, 185, 193 f.

[1147] Vgl. hierzu ausführlich *Schiffers,* GmbHR 2007, 505, 511; *Korn/Strahl,* NWB 2008, 4537, 4626.

triebsvermögen eines Personenunternehmens oder wird das Wahlrecht nach § 32d Abs. 2 Nr. 3 EStG ausgeübt, so kommt es zur Anwendung des Teileinkünfteverfahrens. Dies hat zur Folge, dass 60% der Refinanzierungskosten steuermindernd berücksichtigt werden können (§ 3c Abs. 2 EStG).

III. Beurteilung

Hinsichtlich etwaiger Refinanzierungskosten der *Gesellschafter* stellt das Personenunternehmen die deutlich vorteilhaftere Rechtsform dar. Dies zeigt sich exemplarisch anhand nachstehender Belastungsrechnung.[1148]

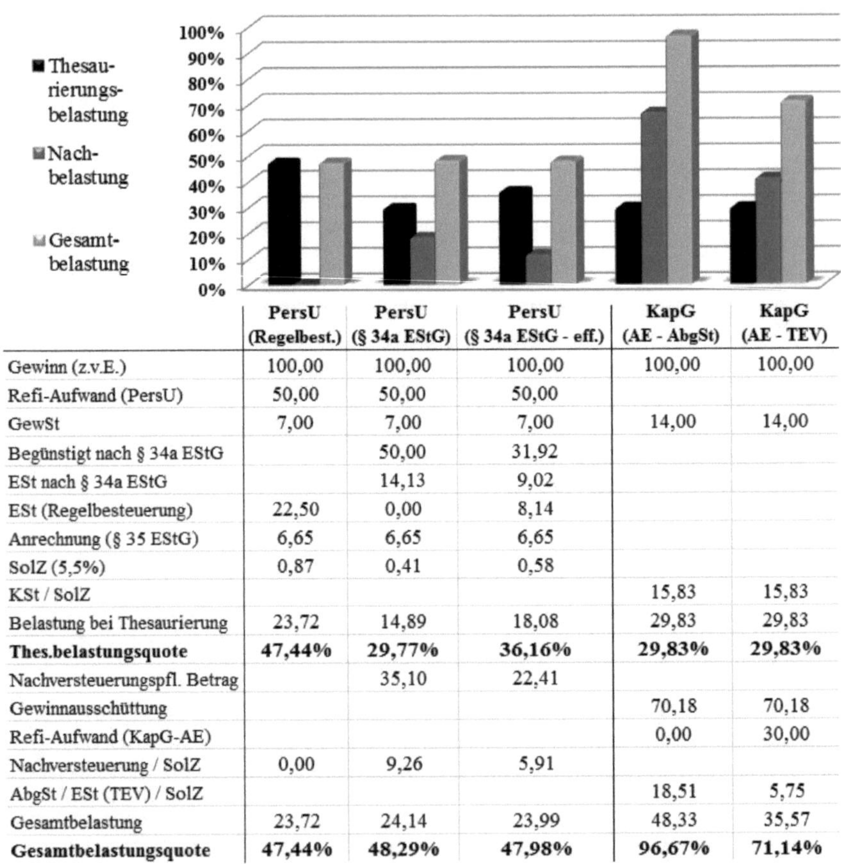

	PersU (Regelbest.)	PersU (§ 34a EStG)	PersU (§ 34a EStG - eff.)	KapG (AE - AbgSt)	KapG (AE - TEV)
Gewinn (z.v.E.)	100,00	100,00	100,00	100,00	100,00
Refi-Aufwand (PersU)	50,00	50,00	50,00		
GewSt	7,00	7,00	7,00	14,00	14,00
Begünstigt nach § 34a EStG		50,00	31,92		
ESt nach § 34a EStG		14,13	9,02		
ESt (Regelbesteuerung)	22,50	0,00	8,14		
Anrechnung (§ 35 EStG)	6,65	6,65	6,65		
SolZ (5,5%)	0,87	0,41	0,58		
KSt / SolZ				15,83	15,83
Belastung bei Thesaurierung	23,72	14,89	18,08	29,83	29,83
Thes.belastungsquote	**47,44%**	**29,77%**	**36,16%**	**29,83%**	**29,83%**
Nachversteuerungspfl. Betrag		35,10	22,41		
Gewinnausschüttung				70,18	70,18
Refi-Aufwand (KapG-AE)				0,00	30,00
Nachversteuerung / SolZ	0,00	9,26	5,91		
AbgSt / ESt (TEV) / SolZ				18,51	5,75
Gesamtbelastung	23,72	24,14	23,99	48,33	35,57
Gesamtbelastungsquote	**47,44%**	**48,29%**	**47,98%**	**96,67%**	**71,14%**

Abbildung 69: Steuerbelastungsvergleich bei Refinanzierungsaufwand

Quelle: Darstellung in Anlehnung an *Förster,* Ubg 2008, 185, 193, Tab. 10

1148 Für die Modellrechnung wurden Refinanzierungsaufwendungen i.H.v. 50% des Gewinns vor Steuern unterstellt. Ähnlich auch *Weber,* NWB 2007, 3031, 3056 ff.; *Jorde/Götz,* BB 2008, 1032, 1035; *Rödding* in: Lüdicke/Sistermann, Unternehmensteuerrecht, § 3, Rz. 68.

Finanzierungskosten der *Gesellschaft* können möglicherweise der Zinsschranke i.S.d. § 4h EStG, § 8a KStG unterliegen.[1149] Diese Vorschrift begrenzt den Zinsabzug auf die Höhe der Zinserträge und darüber hinaus auf 30% des steuerlichen EBITDA. Übersteigende Beträge dürfen nicht als Betriebsausgaben abgezogen werden, sondern sind in die folgenden Wirtschaftsjahre unbegrenzt vorzutragen (Zinsvortrag). Ein voller Abzug gelingt allerdings, sollte eine der in § 4h Abs. 2 EStG genannten Ausnahmen (Freigrenze i.H.v. 3 Mio. €, Konzernklausel, Escapeklausel) erfüllt sein. Soweit die Zinsschranke nicht eingreift, entsteht ein EBITDA-Vortrag, der in den folgenden fünf Jahren genutzt werden kann.

Wenngleich die Zinsschranke sowohl für Personen- als auch für Kapitalgesellschaften zur Anwendung gelangen kann, entfaltet sie im Detail rechtsformspezifische Wirkungen.[1150] Diese bestehen insbesondere darin, dass

- Einzelunternehmen u.U. mehrere Betriebe haben können, während Personen- und Kapitalgesellschaften jeweils nur über einen Betrieb verfügen können,
- bei Personengesellschaften auch das Sonderbetriebsvermögen einzubeziehen ist,
- Zinsen aus Gesellschafterdarlehen bei Personengesellschaften nicht betroffen sind (§ 15 Abs. 1 S. 1 Nr. 2 Hs. 2 EStG),
- die Möglichkeit zur Bildung einer Organschaft (die nur *einen* Betrieb i.S.d. Zinsschranke darstellt) lediglich Kapitalgesellschaften zusteht,
- sich das steuerliche EBITDA bei Personen- und Kapitalgesellschaften unterschiedlich zusammensetzen kann (maßgeblicher Gewinn vs. maßgebliches Einkommen),
- die Rückausnahmen i.S.d. § 8a KStG nur für Kapitalgesellschaften gelten (Ausnahme: Personengesellschaften, die einer Kapitalgesellschaft nachgeordnet sind),
- der Zinsvortrag beim Gesellschafterwechsel quotal (Personengesellschaft) bzw. gemäß § 8c KStG (Kapitalgesellschaft) untergeht,
- der verlorene Steueraufwand bei Kapitalgesellschaften 29,83%, bei Personenunternehmen hingegen bis zu 47,44% beträgt. Dies gilt selbst bei Anwendung des § 34a EStG, da Zinsen i.S.d. § 4h EStG bereits verausgabt wurden und deshalb nicht thesaurierungsfähig sind.[1151]

[1149] Zur Ausgestaltung und Wirkung der Zinsschranke grundlegend *Hick* in: Herrmann/Heuer/Raupach, EStG/KStG, § 4h EStG, Rz. 1 ff.; *Hoffmann* in: Littmann/Bitz/Pust, EStG, § 4h, Rz. 1 ff.

[1150] *Köhler,* DStR 2007, 597 f.; *Hahne,* DStR 2007, 1947, 1948; *Kaminski,* StuB 2008, 3, 11; *Prinz,* DB 2008, 368 f.; *Kollruss/Erl/Seitz u.a.,* DStZ 2009, 117 ff.; *Schmidt*, Zinsschranke und Rechtsformwahl, 2010, 223 f.

[1151] *Weber,* NWB 2007, 3031, 3057.

K. Konzernsachverhalte

I. Personenunternehmen – Thesaurierungsbegünstigung

Die *Organschaft* ermöglicht es, das Einkommen einer (rechtlich) selbständigen Organgesellschaft dem Organträger zuzurechnen und nur bei diesem der Ertragsbesteuerung zu unterwerfen. Damit soll – unter formaler Aufrechterhaltung der subjektiven Steuerpflicht der einzelnen (Konzern-) Gesellschaften – im Ergebnis eine Besteuerung erreicht werden, die der eines einheitlichen Unternehmens entspricht.[1152] Für diese Zwecke muss die Organgesellschaft finanziell in die Organträger-Gesellschaft eingegliedert sein und sich für mindestens fünf Jahre verpflichten, ihren ganzen Gewinn abzuführen (§ 14 Abs. 1 KStG).

Organgesellschaften können nur Kapitalgesellschaften sein (Geschäftsleitung und Sitz im Inland). Personengesellschaften sind nicht organgesellschaftsfähig. Dies wirkt sich insbesondere bei der Gewerbesteuer aus. Die selbständige Gewerbesteuerpflicht einer (gewerblichen) Personengesellschaft führt dazu, dass Gewerbeerträge und Gewerbeverluste zwischen Mutter- und Tochter(personen)gesellschaften nicht saldiert werden können (sog. „Inselbildung").[1153] Hinsichtlich der Einkommensteuer bedarf es demgegenüber keiner Organschaft, da die Einkünfte einer Personengesellschaft unmittelbar dem Gesellschafter zuzurechnen sind (Transparenzprinzip).[1154]

Für die Fähigkeit, *Organträger* zu sein, hat die Rechtsform indes keine wesentliche Bedeutung.[1155] Neben Kapitalgesellschaften können demnach auch (unbeschränkt steuerpflichtige) natürliche Personen und Personengesellschaften als Organträger fungieren, sofern sie ein gewerbliches Unternehmen i.S.d. § 15 Abs. 1 S. 1 Nr. 1 EStG unterhalten.[1156]

Die von der Organ(kapital)gesellschaft abgeführten Gewinne erhöhen bei dem Organträger-Personenunternehmen den (Handels- und Steuerbilanz-) Gewinn. Unter den weiteren Voraussetzungen des § 34a EStG kann hierfür die Thesaurierungsbegünstigung beansprucht werden.[1157] Außerbilanzielle Korrekturen sind auf Ebene des Organträgers zu berücksichtigen (Bruttomethode).[1158] Handelsrechtliche Mehrabführungen werden steuerbilanziell durch einen passiven Ausgleichsposten neutralisiert; sie sind – ähnlich wie steuerfreie Einkünfte – nicht

---

[1152] *Jacobs*, Unternehmensbesteuerung und Rechtsform, 2009, 208.

[1153] *Köhler* in: Kessler/Kröner/Köhler, Konzernsteuerrecht, 2008, § 4, Rz. 69 f. Die Wirkungen einer gewerbesteuerlichen Organschaft lassen sich jedoch im Einzelfall über das sog. „Treuhandmodell" (BFH, Urteil v. 3.2.2010, IV R 26/07, BStBl. II 2010, 751) herstellen. Vgl. hierzu ausführlich *Kromer*, DStR 2000, 2157, 2160 ff.; *Rödder*, DStR 2005, 955 ff.; *Ley*, Ubg 2009, 260 ff.; *Benz/Grundke*, StuW 2009, 151 ff.; *Hahne*, StuB 2010, 420 ff.; *Benz/Goß*, DStR 2010, 839 ff.; *Kraft/Sönnichsen*, DB 2011, 1936 ff.

[1154] *Frotscher* in: Frotscher/Maas, KStG/UmwStG, § 14 KStG, Rz. 80c.

[1155] Bspw. *Krüger*, Zweckmäßige Wahl der Unternehmensform, 2002, Rz. 553.

[1156] Zur Einbindung von Personengesellschaften im ertragsteuerlichen Organkreis vgl. *Frotscher*, Ubg 2009, 426 ff.; *Dötsch* in: Kessler/Förster/Watrin, FS Herzig, 2010, 243 ff.

[1157] BMF, Schreiben v. 11.8.2008, IV C 6 – S 2290-a/07/10001, BStBl. I 2008, 838, Rz. 11; *Rogall*, DStR 2008, 429, 430 ff.; *Dötsch/Pung* in: Dötsch/Jost/Pung u.a., KSt, § 14, Rz. 597.

[1158] *Ley/Bodden* in: Korn/Carlé/Stahl u.a., EStG, § 34a, Rz. 111.

Teil des (nicht entnommenen) Gewinns des Organträgers.[1159] Sie können aber im VZ der Mehrabführung nachsteuerunschädlich entnommen werden. Handelsrechtliche Minderabführungen führen zu einem aktiven Ausgleichsposten. Sie erhöhen das steuerbilanzielle Ergebnis und mithin die Bemessungsgrundlage für § 34a EStG.[1160]

Sollte die Unternehmensgruppe über *doppel- oder mehrstöckige Personengesellschaften* strukturiert sein, ist für den Mitunternehmer der Obergesellschaft nur ein einheitlicher begünstigter Gewinn i.S.d. § 34a EStG zu ermitteln, der neben dem Gewinn aus der Obergesellschaft auch den Gewinnanteil an der Untergesellschaft umfasst (zusammengefasste Betrachtung).[1161] Dies gilt nach Auffassung des BMF auch für den Sondermitunternehmeranteil des Obergesellschafters bei der Untergesellschaft (§ 15 Abs. 1 S. 1 Nr. 2 S. 2 EStG).[1162] Vermögenstransfers (Zahlungen, Übertragungen von Wirtschaftsgütern, Entnahmen, Einlagen) zwischen Ober- und Untergesellschaft(en) haben damit keinen Einfluss auf das Begünstigungsvolumen i.S.d. § 34a Abs. 2 EStG. Bei der Ermittlung des nicht entnommenen Gewinns des Obergesellschafters sind also nur dessen Entnahmen aus und dessen Einlagen in das Gesamthands- und Sonderbetriebsvermögens der Obergesellschaft zu berücksichtigen.[1163] Wird die Beteiligung an der Untergesellschaft veräußert, liegt – falls insoweit bei der Obergesellschaft keine Entnahmen erfolgen – weder eine Entnahme noch ein Sondertatbestand nach § 34a Abs. 6 Nr. 1 EStG vor.[1164]

II. Kapitalgesellschaft – Abgeltungsteuer

Kapitalgesellschaften können als Organträger sowie als Organgesellschaften fungieren. Der bedeutendste Vorteil der körperschaft- und gewerbesteuerlichen Organschaft besteht in der Möglichkeit des sofortigen Verlustausgleichs.[1165] Im Ergebnis hebt die Organschaft das Trennungsprinzip auf.

Da stets der gesamte Gewinn abzuführen ist, bedarf es keiner Gewinnausschüttungen zwischen Organgesellschaft und Organträger. Etwaige Minderheitsgesellschafter haben aber An-

---

[1159] *Erle/Heurung* in: Erle/Sauter, KStG, § 14, Rz. 602 ff.

[1160] So auch *Wacker,* FR 2008, 605, 609; *von Freeden/Rogall,* FR 2009, 785, 789 ff.; *Ley/Bodden* in: Korn/Carlé/Stahl u.a., EStG, § 34a, Rz. 61. Im Ergebnis auch *Pohl,* DB 2008, 84, 85.

[1161] BMF, Schreiben v. 11.8.2008, IV C 6 – S 2290-a/07/10001, BStBl. I 2008, 838, Rz. 21; *Thiel/Sterner,* DB 2007, 1099, 1104 f.; *Rogall,* DStR 2008, 429, 432; *Niehus/Wilke,* DStZ 2009, 14, 23; *Fischer* in: Spindler/Tipke/Rödder, FS Schaumburg, 2009, 319, 324; *Ley* in: Kessler/Förster/Watrin, FS Herzig, 2010, 469, 483; *Reiß* in: Kirchhof, EStG Kompaktkommentar, § 34a, Rz. 57. A.A. (getrennte Betrachtung) *Wacker,* FR 2008, 605, 608; *Wacker* in: Schmidt, EStG, § 34a, Rz. 22; *Söffing/Worgulla,* NWB 2009, 916, 917 ff.

[1162] BMF, Schreiben v. 11.8.2008, IV C 6 – S 2290-a/07/10001, BStBl. I 2008, 838, Rz. 21; *Thiel* in: Wachter, FS Spiegelberger, 2009, 504, 510 f. Kritisch *Meyer/Sterner,* Ubg 2008, 733, 737; *Ley* in: Kessler/Förster/Watrin, FS Herzig, 2010, 469, 485.

[1163] *Ley* in: Kessler/Förster/Watrin, FS Herzig, 2010, 469, 485.

[1164] *Ley,* Ubg 2008, 214, 218; *Reiß* in: Kirchhof, EStG Kompaktkommentar, § 34a, Rz. 57.

[1165] *Fuhrmann,* KÖSDI 2008, 15989, 15994; *Jacobs,* Unternehmensbesteuerung und Rechtsform, 2009, 211.

spruch auf Ausgleichszahlungen für ihren (abführungsbedingten) Vermögensverlust.[1166] Diese Ausgleichszahlungen stellen beim außenstehenden Anteilseigner Kapitalerträge i.S.d. § 20 Abs. 1 Nr. 1 EStG dar. Sie unterliegen bei natürlichen Personen der Abgeltungsteuer bzw. dem Teileinkünfteverfahren.[1167] Bei der zahlenden Organgesellschaft dürfen sie nicht als Betriebsausgaben abgezogen werden (§ 4 Abs. 5 Nr. 9 EStG). Um die körperschaftsteuerliche Erfassung dieser Beträge sicherzustellen, hat die Organgesellschaft ihr Einkommen i.H.v. 20/17 der geleisteten Ausgleichszahlungen selbst zu versteuern (§ 16 S. 1 KStG).

Rechtsbeziehungen zwischen Organträger-Kapitalgesellschaft und ihren Anteilseignern werden hingegen nach der üblichen Besteuerungssystematik erfasst. So sind bspw. Ausschüttungen der Organträger-Kapitalgesellschaft der Abgeltungsteuer zu unterwerfen, vorausgesetzt es handelt sich bei dem Gesellschafter um eine natürliche Person, die ihre Beteiligung im Privatvermögen hält.

III. Beurteilung

Im Rahmen von Konzernsachverhalten bietet die Organschaft viele Vorzüge, insbesondere die (phasengleiche) Einkommensverrechnung in einer Unternehmensgruppe. Des Weiteren lassen sich mit Hilfe der Organschaft folgende Vorteile erzielen:[1168]

- Vermeidung der 5%igen „Schachtelstrafe“ (§ 8b Abs. 5 S. 1 KStG) beim Gewinntransfer an den Organträger,
- Vermeidung gewerbesteuerlicher Hinzurechnungen (§ 8 Nr. 1 GewStG) zwischen Organgesellschaft und Organträger,
- Organgesellschaft und Organträger gelten bei der Zinsschranke (§ 4h EStG, § 8a KStG) als *ein* Betrieb (§ 15 S. 1 Nr. 3 S. 2 KStG),
- Vermeidung einer (temporären) Kapitalertragsteuer-Belastung beim Gewinntransfer an den Organträger,
- Vermeidung einer Steuerbelastung beim Transfer steuerfreier (ausländischer) Einkünfte an den Organträger.

Soll ein Unternehmen deshalb als Organgesellschaft fungieren, eignet sich hierfür ausschließlich die Kapitalgesellschaft. Die gewerbesteuerlichen Ergebnisse einer Tochter-Personengesellschaft können nicht bei der Muttergesellschaft saldiert werden.

[1166] Bspw. *Herzig*, Organschaft, 2003, 14 f.
[1167] *Dötsch* in: Dötsch/Jost/Pung u.a., KSt, § 16, Rz. 55 ff.
[1168] *Dötsch* in: Dötsch/Jost/Pung u.a., KSt, § 14, Rz. 31 ff.

Demgegenüber kommt als Organträgerin auch ein Personenunternehmen in Betracht. Mittels der Organschaft ist folglich erreichbar, Einkommen aus der körperschaftsteuerlichen in die einkommensteuerliche Sphäre zu transferieren.[1169] Somit können eigene und zugerechnete Gewinne einer Organträger-Personengesellschaft der Thesaurierungsbegünstigung (§ 34a EStG) unterworfen werden, sofern diese nicht entnommen werden. Organschaftliche Mehr- und Minderabführungen bieten in diesem Kontext gewisse Gestaltungspotenziale.

Gleichwohl sind mit einer Organschaft auch Nachteile verbunden. So bestehen bspw. hohe formelle Voraussetzungen beim Abschluss und der Durchführung des Ergebnisabführungsvertrags. Auch die Folgen von Mehr- und Minderabführungen sowie die Bildung und Abwicklung organschaftlicher Ausgleichsposten sind verwaltungsaufwändig. Nicht zuletzt kann die Verlustausgleichsverpflichtung des Organträgers (§ 302 AktG) zu betriebswirtschaftlichen Fehlanreizen führen.[1170] Aus diesen Gründen sind viele Unternehmensgruppen nicht als Organschaft, sondern über Tochter-Personengesellschaften strukturiert. Dabei ist für Zwecke des § 34a EStG – falls an der Spitze eine natürliche Person steht – ein einheitlicher begünstigter Gewinn zu ermitteln. Dies gewährleistet hohe Flexibilität.[1171] Ein davon abweichendes Verfahren wäre bei komplexen Konzernstrukturen praktisch auch gar nicht durchführbar.[1172]

L. Kirchensteuer

I. Personenunternehmen – Thesaurierungsbegünstigung

Die Kirchensteuer knüpft als sog. Annex- bzw. Zuschlagsteuer an die Einkommensteuer an, soweit der Steuerpflichtige einer anerkannten Religionsgemeinschaft zugehörig ist.[1173] Sie findet auch bei den speziellen Ausprägungen der Einkommensteuer Anwendung, ergo bei der Abgeltungsteuer und der Thesaurierungsbegünstigung.

Das Teileinkünfteverfahren (§ 3 Nr. 40, § 3c EStG) sowie die Steuerermäßigung nach § 35 EStG bleiben jedoch unberücksichtigt, § 51a Abs. 2 S. 2 f. EStG. Der Kirchensteuersatz ist nicht bundeseinheitlich festgelegt, sondern beträgt in Bayern und Baden-Württemberg 8%, in den übrigen Bundesländern 9%.[1174]

Die gezahlte Kirchensteuer ist als Sonderausgabe (§ 10 Abs. 1 Nr. 4 EStG) vom Gesamtbetrag der Einkünfte abzuziehen. Für Steuerbelastungsrechnungen ist daher ein effektiver Steuersatz anzuwenden, der den Sonderausgabenabzug (phasengleich) berücksichtigt.[1175] Bei ei-

---

[1169] *Herzig,* StuW 2010, 214, 226; *Herzig,* Beihefter zu DStR 30 / 2010, 61, 64.
[1170] *BMF*, Verlustverrechnung und Gruppenbesteuerung, 2011, 107 f.
[1171] *Schiffers,* DStR 2008, 1805, 1810.
[1172] *Ley/Bodden* in: Korn/Carlé/Stahl u.a., EStG, § 34a, Rz. 46.
[1173] *Lang* in: Tipke/Lang, Steuerrecht, § 10, Rz. 14.
[1174] *Jacobs*, Unternehmensbesteuerung und Rechtsform, 2009, 145.
[1175] *Scheffler*, Steuerplanung, 2010, 15.

nem unterstellten Einkommensteuersatz i.H.v. 45% und einem Kirchensteuersatz von 9% beträgt er bspw.

$$s_{ESt\_effektiv\_KiSt} = \frac{ESt}{1 + KiSt * ESt} = \frac{45\%}{1 + 9\% * 45\%} = 43{,}25\%$$

Nimmt der Steuerpflichtige die Thesaurierungsbegünstigung in Anspruch, hängt die Entlastungswirkung des Sonderausgabenabzugs (Einkommensteuersatz im Nenner) davon ab, ob auch regelbesteuerte Einkünfte existieren (45%) oder nicht (28,25%).[1176] Bei der Besteuerung nach § 34a EStG fällt Kirchensteuer sowohl auf die Thesaurierungsbelastung als auch auf die Nachbelastung an. Infolgedessen lässt sich mit § 34a EStG der Sonderausgabenabzug der Kirchsteuer in zeitlicher und betragsmäßiger Hinsicht gestalten. Insbesondere bei hohen Einkommensteuersätzen kann dies – im Vergleich zur Abgeltungsteuer – zugunsten der Thesaurierungsbegünstigung wirken.[1177] Dazu sind im VZ der Nachversteuerung andere Einkünfte notwendig, gegen welche die Nachversteuerungs-Kirchensteuer verrechnet werden kann. Der nachversteuerungspflichtige Betrag steht hierfür nicht zur Verfügung, da er nicht in das z.v.E. eingeht.

II. Kapitalgesellschaft – Abgeltungsteuer

Wegen der abgeltenden Wirkung der Steuerbelastung nach § 32d EStG wird die Kirchensteuer bereits steuermindernd in den Steuersatz nach § 32d Abs. 1 S. 4 EStG integriert (§ 51a Abs. 2b - 2d EStG) und der Sonderausgabenabzug insoweit versagt.[1178] Aufgrund dessen bedarf es keiner separaten Modifikation für etwaige Modellrechnungen.

$$s_{\S 32dEStG} = \frac{1}{4 + KiSt - Tarif} = \frac{1}{4 + 9\%} = \frac{1}{4{,}09} = 24{,}45\%$$

III. Beurteilung

Im Rechtsformvergleich (vgl. Abbildung 70) muss berücksichtigt werden, dass bei Kapitalgesellschaften die Kirchensteuer nur auf die Ausschüttungsbelastung anfallen kann, während Personenunternehmen ihren gesamten Gewinnanteil der Kirchensteuer unterwerfen müssen.

Bei Kapitalgesellschaften zeigen sich insoweit Vorteile der Abgeltungsbesteuerung nach § 32d EStG gegenüber der Teileinkünftebesteuerung, als § 3 Nr. 40 EStG für Kirchensteuerzwecke nicht berücksichtigt wird (§ 51a Abs. 2 S. 3 EStG). Insgesamt belastet die Kirchen-

---

1176 *Homburg/Houben/Maiterth*, WPg 2007, 376, 377.

1177 *Jacobs*, Unternehmensbesteuerung und Rechtsform, 2009, 581, Fn. 51.

1178 Zum Umgang und Wirkung der Kirchensteuer im Rahmen der Abgeltungsteuer vgl. *Kußmaul/Meyering*, DStR 2008, 2298 ff.; *Rausch*, NWB 2009, 3725 ff.; *von Arps-Aubert*, DStR 2011, 1548 ff.

steuer die Personenunternehmen stärker; dies gilt auch bei Anwendung der Thesaurierungsbegünstigung nach § 34a EStG.

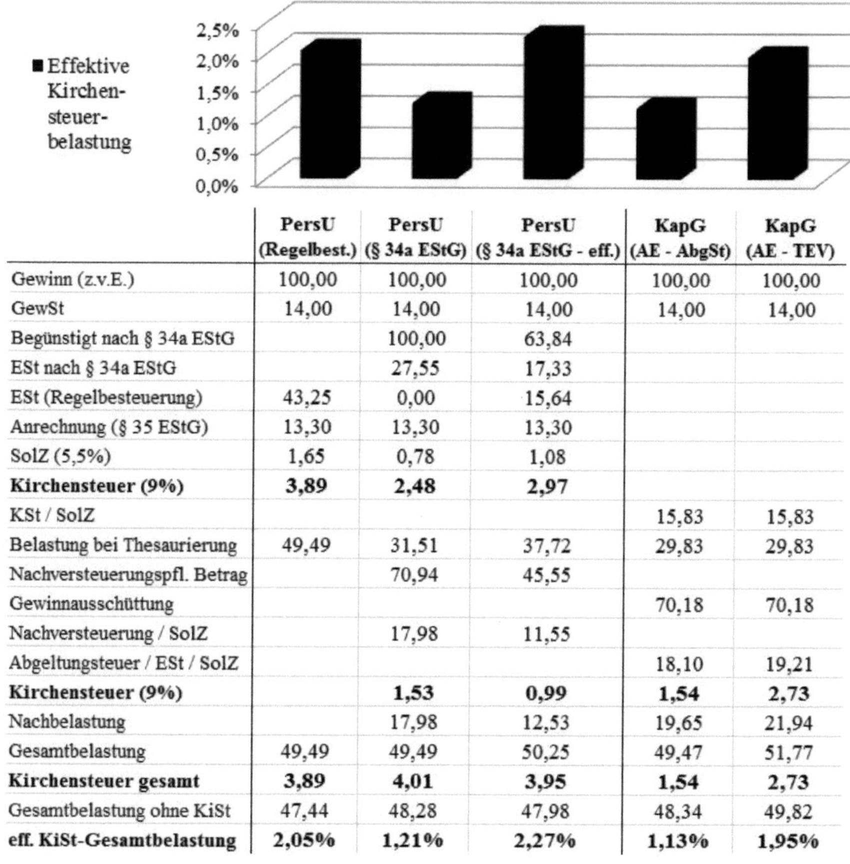

	PersU (Regelbest.)	PersU (§ 34a EStG)	PersU (§ 34a EStG - eff.)	KapG (AE - AbgSt)	KapG (AE - TEV)
Gewinn (z.v.E.)	100,00	100,00	100,00	100,00	100,00
GewSt	14,00	14,00	14,00	14,00	14,00
Begünstigt nach § 34a EStG		100,00	63,84		
ESt nach § 34a EStG		27,55	17,33		
ESt (Regelbesteuerung)	43,25	0,00	15,64		
Anrechnung (§ 35 EStG)	13,30	13,30	13,30		
SolZ (5,5%)	1,65	0,78	1,08		
Kirchensteuer (9%)	**3,89**	**2,48**	**2,97**		
KSt / SolZ				15,83	15,83
Belastung bei Thesaurierung	49,49	31,51	37,72	29,83	29,83
Nachversteuerungspfl. Betrag		70,94	45,55		
Gewinnausschüttung				70,18	70,18
Nachversteuerung / SolZ		17,98	11,55		
Abgeltungsteuer / ESt / SolZ				18,10	19,21
Kirchensteuer (9%)		**1,53**	**0,99**	**1,54**	**2,73**
Nachbelastung		17,98	12,53	19,65	21,94
Gesamtbelastung	49,49	49,49	50,25	49,47	51,77
Kirchensteuer gesamt	**3,89**	**4,01**	**3,95**	**1,54**	**2,73**
Gesamtbelastung ohne KiSt	47,44	48,28	47,98	48,34	49,82
eff. KiSt-Gesamtbelastung	**2,05%**	**1,21%**	**2,27%**	**1,13%**	**1,95%**

Abbildung 70: Effektive Kirchensteuerbelastung im Rechtsformvergleich

Quelle: Eigene Darstellung

M. Laufende Steuerrisiken

I. Personenunternehmen – Thesaurierungsbegünstigung

Von Steuerrisiken sind die Grundrechtsformen in unterschiedlicher Weise betroffen. Bei Personenunternehmen birgt – neben der Gefahr von Gewerbesteueranrechnungsüberhängen (§ 35 EStG)[1179] und dem Schuldzinsenabzugsverbot bei Überentnahmen (§ 4 Abs. 4a EStG) – gerade § 34a EStG umfangreiche Steuerrisiken. Diese ergeben sich insbesondere aus der Komplexität der Norm, dem enormen Planungsaufwand und den Planungsunsicherheiten. Darüber hinaus besteht stets das Risiko einer (unbeabsichtigten) Nachversteuerung, der regelmäßig

[1179] *Herzig,* WPg 2001, 253, 260; *Förster,* DB 2007, 760, 761; *Herzig/Lochmann,* DB 2007, 1037, 1042.

kein Liquiditätszufluss gegenübersteht.[1180] Die latente Nachversteuerungsgefahr ergibt sich speziell aus folgenden Tatbeständen:

- Betriebsveräußerung bzw. -aufgabe (§ 34a Abs. 6 Nr. 1 EStG)
- Rechtsformwechsel in eine Kapitalgesellschaft (§ 34a Abs. 6 Nr. 2 EStG)
- Wechsel der Gewinnermittlungsart (§ 34a Abs. 6 Nr. 3 EStG)
- Unbemerkte bzw. ungeplante Entnahmen (z.B. aus dem Sonderbetriebsvermögen).[1181]

II. Kapitalgesellschaft – Abgeltungsteuer

Bei Kapitalgesellschaften ist vor allem das Risiko verdeckter Gewinnausschüttungen (vGA, § 8 Abs. 3 S. 2 KStG) hervorzuheben.[1182] Zum einen ergeben sich hier i.d.R. höhere Steuerbelastungen im Vergleich zu einer offenen Gewinnausschüttung, da dem vermeintlichen Vorteil durch die abgeltende Besteuerung des Anteilseigners ein beachtlicher Nachteil auf Ebene der Gesellschaft gegenübersteht. Zum anderen kommt es zu Vermögensverschiebungen zu Lasten der Kapitalgesellschaft und zu Gunsten des durch die vGA begünstigten Gesellschafters.[1183] Die Ausmaße dieses sog. Divergenzeffekts hängen von den Beteiligungsquoten ab.[1184]

Über die steuerlichen Auswirkungen hinaus wird die Kapitalgesellschaft ggf. durch die Einbehaltung und Abführung der Kapitalertragsteuer in ihrer Liquidität belastet.[1185] Zudem ist das Ausmaß potenzieller vGA-Sachverhalte kaum mehr zu überschauen.[1186] Des Weiteren können vGA für gewöhnlich nicht rückgängig gemacht werden.[1187] Gleichwohl ist es über vGA möglich, Gewinne individuell an einzelne Gesellschafter zu transferieren.

III. Beurteilung

Sowohl das Personenunternehmen als auch die Kapitalgesellschaft sehen sich unterschiedlichen Steuerrisiken ausgesetzt. Eine Aussage zur Vorteilhaftigkeit ist daher ausgeschlossen. Gleichwohl ist festzustellen, dass die Thesaurierungsbegünstigung nur mit Bedacht anzuwenden ist, da sie vielfältige Steuerrisiken – insbesondere die Gefahr einer (unbeabsichtigten)

[1180] *Förster,* Ubg 2008, 185, 196; *Dörfler* in: Littmann/Bitz/Pust, EStG, § 34a, Rz. 53.
[1181] *Wangler/Arendt* in: DHBW Villingen-Schwenningen, 2009, 1, 27.
[1182] *Förster,* Ubg 2008, 185, 195; *Schiffers* in: Strahl, Ertragsteuern, 2010, Rz. 40. Daneben besteht z.B. auch die Gefahr eines Verlustuntergangs nach § 8c KStG.
[1183] Weiterführend *Herzig,* DB 1985, 353 ff.; *Herzig,* WPg 2001, 253, 262; *Marx,* DB 2003, 673, 678; *Schulte* in: Erle/Sauter, KStG, § 8, Rz. 101.
[1184] Zu möglichen Belastungsfolgen und abhelfenden Lösungsansätzen *Bareis,* DStR 2009, 600 ff.; *Siegel,* DB 2009, 2116 ff.; *Bareis* in: Baumhoff/Dücker/Köhler, FS Krawitz, 2010, 3, 13 ff.
[1185] Ferner bewirkt die Übernahme der Abgeltungsteuer durch die Gesellschaft eine weitere verdeckte Gewinnausschüttung, so dass sich die Steuerbelastung auf 33,33% (+ SolZ) kumuliert.
[1186] *Kessler/Schiffers/Teufel,* Rechtsformwahl - Rechtsformoptimierung, 2002, § 3, Rz. 225.
[1187] BFH, Urteil v. 14.7.2009, VIII R 10/07, BFH/NV 2009, 1815.

Nachversteuerung – birgt. Diese zu vermeiden ist Aufgabe der vorausschauenden Steuerplanung, mithin der steuerlichen Rechtsformoptimierung.

Kapitel 3.
Aperiodische Besteuerungssachverhalte

A. Umstrukturierungen

I. Personenunternehmen – Thesaurierungsbegünstigung

Oberstes steuerliches Ziel einer jeden Umstrukturierung sollte grds. die Steuerneutralität (sog. Flexibilität) sein.[1188] Diese kann sich einerseits in der Möglichkeit des steuerneutralen Transfers einzelner Wirtschaftsgüter und zum anderen hinsichtlich der steuerlichen Behandlung von Umwandlungsvorgängen zeigen.[1189] Beide Situationen lösen rechtsformspezifische Folgen aus, von denen auch § 34a EStG und die Abgeltungsteuer betroffen sind.

Die Übertragung bzw. Überführung von Wirtschaftsgütern zwischen verschiedenen inländischen (Sonder-) Betriebsvermögen eines Mitunternehmers hat durch § 6 Abs. 5 EStG bzw. im Rahmen einer Realteilung nach § 16 Abs. 3 S. 2 EStG steuerneutral, d.h. zum Buchwert zu erfolgen. Auch bei Inanspruchnahme des § 34a EStG kann auf Antrag eine (ansonsten drohende) Nachversteuerung vermieden werden, § 34a Abs. 5 EStG.[1190]

Soll die Unternehmensstruktur durch eine Umwandlung geändert werden, so regelt das UmwStG die entsprechenden steuerlichen Folgen. Der Rechtsformwechsel eines Personenunternehmens in eine Kapitalgesellschaft kann dabei regelmäßig steuerneutral erfolgen.[1191] Wurde jedoch von § 34a EStG Gebrauch gemacht, so löst die Einbringung des ganzen Betriebs bzw. Mitunternehmeranteils in eine Kapitalgesellschaft (§ 20 UmwStG) bzw. der Formwechsel einer Personengesellschaft in eine Kapitalgesellschaft (§ 25 i.V.m. § 20 UmwStG) eine Nachversteuerung i.S.d. § 34a Abs. 6 Nr. 2 EStG aus (ggf. zinslose 10jährige Stundung).[1192] Dies erfolgt unabhängig davon, ob die Umstrukturierung zum Buch-, Zwischen- oder gemeinen Wert erfolgt[1193] und wird vom Gesetzgeber damit begründet, dass das bisherige Steuersubjekt (natürliche Person) nicht mehr selbst steuerpflichtig sei.[1194]

Die Anwendung der Option nach § 34a EStG erweist sich daher als wesentliches Umwandlungshindernis, da eine Nachversteuerung ohne Liquiditätszufluss vorzunehmen ist.[1195] Der Steuerpflichtige kann den nachversteuerungspflichtigen Betrag *de lege lata* auch nicht in der

---

[1188] *Herzig,* StuW 1988, 342, 343; *Herzig/Kessler,* GmbHR 1992, 232, 233.
[1189] *Herzig,* WPg 2001, 253, 264.
[1190] Bspw. *Cordes,* WPg 2007, 526, 529.
[1191] Z.B. *Schultes-Schnitzlein/Kaiser,* NWB 2009, 2500, 2504 ff.
[1192] Statt aller *Rödl/Lindner,* StB 2007, 131, 132.
[1193] *Wacker* in: Schmidt, EStG, § 34a, Rz. 77; *Söffing* in: Binnewies/Spatscheck, FS Streck, 2011, 195, 207.
[1194] BR-Drs. 220/07 v. 30.3.2007, 104.
[1195] *Hey,* DStR 2007, 925, 930; *Cordes,* WPg 2007, 526, 529; *Ley/Brandenberg,* FR 2007, 1085, 1106; *Bindl,* DB 2008, 949, 954; *Schiffers* in: Kessler/Förster/Watrin, FS Herzig, 2010, 823, 827.

(ggf. gesellschafterbezogenen) Kapitalrücklage der Kapitalgesellschaft fortführen, obwohl eine spätere Ausschüttung der gleichhohen 25%igen Abgeltungsteuer unterläge.[1196] Bringt der Steuerpflichtige hingegen nur Teile eines Betriebs, Teilbetriebe oder Teilmitunternehmeranteile in eine Kapitalgesellschaft ein, so wird keine Nachversteuerung auslöst.[1197] Es existiert keine Wesentlichkeitsgrenze für das zurückbehaltene Vermögen.[1198]

Bei der unentgeltlichen Übertragung eines Betriebs oder Mitunternehmeranteils (§ 6 Abs. 3 EStG) auf eine natürliche Person sowie im Falle der Einbringung in eine Personengesellschaft (§ 24 UmwStG) fällt ebenfalls keine Nachversteuerung an, da der nachversteuerungspflichtige Betrag gem. § 34a Abs. 7 EStG auf den neuen Mitunternehmeranteil übergeht. Wenngleich die Einbringung nach § 24 UmwStG als (fiktive) Veräußerung zu beurteilen ist, überspielt § 34a Abs. 7 S. 2 EStG als *lex specialis* den Grundtatbestand der Zwangsnachversteuerung i.S.d. § 34a Abs. 6 S. 1 EStG.[1199] Bei der Einbringung von Teilbetrieben oder Teil-Mitunternehmeranteilen bleibt der nachversteuerungspflichtige Betrag hingegen beim bisherigen (Mit-) Unternehmer und geht nicht etwa partiell über.[1200]

II. Kapitalgesellschaft – Abgeltungsteuer

Die Überführung von Wirtschaftsgütern zwischen verschiedenen Kapitalgesellschaften ist nicht steuerneutral möglich; es kommt zu einer Aufdeckung stiller Reserven.[1201] Des Weiteren führt der Rechtsformwechsel einer Kapitalgesellschaft in eine Personengesellschaft zu einer fiktiven Vollausschüttung der Gewinnrücklagen gem. § 7 Abs. 1 S. 1 UmwStG.[1202] Die Vollausschüttungsfiktion kann nach geltender Rechtslage auch nicht dadurch vermieden werden, dass die Gewinnrücklagen (ggf. optional) in den nachversteuerungspflichtigen Betrag nach § 34a Abs. 3 S. 2 EStG transferiert werden.[1203]

Die zugerechneten Beträge gelten stets als Einkünfte aus Kapitalvermögen i.S.d. § 20 Abs. 1 Nr. 1 EStG (Dividenden).[1204] Soweit für die Anteilseigner ein Übernahmeergebnis zu ermitteln ist, d.h. soweit die Anteile zu einem Betriebsvermögen gehören oder nach § 5 Abs. 2 UmwStG in das Betriebsvermögen der übernehmenden Personengesellschaft als eingelegt gelten (Beteiligungen i.S.d. § 17 EStG; $\geq$ 1%), unterliegen die Beträge dem Teilein-

---

1196 *Cordes,* WPg 2007, 526, 530; *Bindl,* DB 2008, 949, 954 f.; *Dörfler/Fellinger/Reichl,* Beihefter zu DStR 29 / 2009, 69, 72 ff.; *Niehus/Wilke,* DStZ 2009, 14, 26 f.; *Schiffers* in: Kessler/Förster/Watrin, FS Herzig, 2010, 823, 828 ff.

1197 BMF, Schreiben v. 11.8.2008, IV C 6 – S 2290-a/07/10001, BStBl. I 2008, 838, Rz. 43.

1198 *Meyer/Sterner,* Ubg 2008, 733, 737.

1199 *Crezelius,* FR 2011, 401, 410.

1200 BMF, Schreiben v. 11.8.2008, IV C 6 – S 2290-a/07/10001, BStBl. I 2008, 838, Rz. 47.

1201 *Förster,* Ubg 2008, 185, 195.

1202 *Rauenbusch,* DB 2008, 656, 660; *Müller/Langkau/Schmidt,* zfbf 2011, 90, 91.

1203 Kritisch *Herzig,* WPg 2007, 7, 11; *Bindl,* DB 2008, 949, 956; *Niehus/Wilke,* DStZ 2009, 14, 27; *Schiffers* in: Kessler/Förster/Watrin, FS Herzig, 2010, 823, 836.

1204 BMF, Schreiben v. 11.11.2011, IV C 2 – S 1978-b/08/10001, BStBl. I 2011, 1314, Rz. 07.07.

künfteverfahren. Bei Anteilseignern, für die kein Übernahmeergebnis zu ermitteln ist, d.h. insbesondere bei Beteiligungen unter 1%, kommt es dagegen zur Anwendung der Abgeltungsteuer.[1205] Eine Option zum Teileinkünfteverfahren gem. § 32d Abs. 2 Nr. 3 EStG scheidet in diesen Fällen mangels entsprechender Beteiligungshöhe aus. Zudem kommt es durch den Rechtsformwechsel zu einem Untergang etwaiger Verlust- und Zinsvorträge (§ 4 Abs. 2 UmwStG). Ein Übertragungsgewinn kann aber in aller Regel durch den antragsgebundenen Buchwertansatz (§ 3 Abs. 2 UmwStG) vermieden werden.[1206]

III. Beurteilung

Insgesamt zeigt sich, dass den Personenunternehmen eine größere Flexibilität zugesprochen werden muss als den Kapitalgesellschaften. Gleichwohl wird deutlich, dass sich mit zunehmender Dauer einer in Anspruch genommenen Thesaurierungsbegünstigung die Hemmung verstärken wird, in eine Kapitalgesellschaft umzuwandeln. Optierende Personenunternehmen sehen sich damit der gleichen Problematik gegenüber wie thesaurierende Kapitalgesellschaften. Vor der erstmaligen Anwendung des § 34a EStG ist deshalb vorsorglich zu prüfen, ob in absehbarer Zeit ein Rechtsformwechsel geplant ist.[1207]

B. Unternehmenskauf

I. Personenunternehmen – Thesaurierungsbegünstigung

Beim Unternehmenskauf steht auf Erwerberseite – neben der Sicherstellung der Abzugsfähigkeit von (Refinanzierungs-) Kosten sowie der Erhaltung von Verlustvorträgen – vor allem die steuerliche Geltendmachung des Kaufpreises im Vordergrund.[1208] Wird ein Mitunternehmeranteil erworben, so liegt aus steuerlicher Sicht (Transparenzprinzip) ein Kauf einzelner Wirtschaftsgüter vor (sog. *asset-deal*).[1209] Dem *asset-deal* liegt juristisch ein Sachkauf i.S.d. § 433 Abs. 1 S. 1 BGB zugrunde. Die durch die stillen Reserven verursachten Mehrzahlungen stellen für den Erwerber aktivierungspflichtige Anschaffungskosten dar, die ggf. unter Verwendung von steuerlichen Ergänzungsbilanzen abschreibbar sind.[1210]

Nachversteuerungspflichtige Beträge nach § 34a Abs. 3 EStG bereiten wegen der gesellschafterbezogenen Ausgestaltung – zumindest aus Sicht des Käufers – keine Probleme. Der Erwer-

---

1205 *Benecke/Schnitger,* Ubg 2011, 1, 4; *Bogenschütz,* Ubg 2011, 393, 406 f.

1206 Statt vieler *Dötsch/Pung,* DB 2006, 2704, 2708 ff.

1207 *Söffing* in: Binnewies/Spatscheck, FS Streck, 2011, 195, 207.

1208 *Rödder/Hötzel/Mueller-Thuns,* Unternehmenskauf, 2003, § 23, Rz. 1 ff.; *Beck/Klar,* DB 2007, 2819, 2824; *Holzapfel/Pöllath,* Unternehmenskauf in Recht und Praxis, 2010, Rz. 237.

1209 BFH, Urteil v. 7.11.1985, IV R 7/83, BStBl. II 1986, 176; *Mammen/Sassen,* StuB 2011, 667 f.

1210 BFH, Urteil v. 26.1.1978, IV R 97/76, BStBl. II 1978, 368; *Rödl* in: Rödl/Scheffler/Winter, FS Rödl, 2008, 61, 79 f.; *Korn/Strahl,* NWB 2008, 4537, 4627.

ber übernimmt zwar wirtschaftlich die (ggf. vorhandenen) thesaurierten Gewinne des Veräußerers; die Begünstigung nach § 34a EStG kann hingegen nicht weitergeführt werden.[1211]

II. Kapitalgesellschaft – Abgeltungsteuer

Indes können bei sog. *share-deals*, also Übertragungen von Anteilen an Kapitalgesellschaften (Rechtskauf i.S.d. § 453 BGB), seitens der Gesellschafter keine (planmäßigen) Abschreibungen geltend gemacht werden.[1212] Nur bei voraussichtlich dauernder Wertminderung sind Abschreibungen auf den niedrigeren Teilwert möglich (§ 6 Abs. 1 Nr. 2 S. 2 EStG). Die (außerplanmäßige) Teilwertabschreibung ist bei Personenunternehmen allerdings nur zu 60% steuerwirksam (§ 3c Abs. 2 EStG).[1213] Für Kapitalgesellschaften besteht ein vollständiges Abzugsverbot (§ 8b Abs. 3 S. 3 KStG).[1214]

III. Beurteilung

Für den Erwerber eines Unternehmens stellt das Personenunternehmen die vorteilhaftere Rechtsform dar. Der *asset-deal* erlaubt, im Gegensatz zum *share-deal*, die Geltendmachung des Kaufpreises (*step-up*). Die Thesaurierungsbegünstigung und die Abgeltungsteuer entfalten in diesem Punkt keinen nennenswerten Einfluss.

C. Unternehmensverkauf

I. Personenunternehmen – Thesaurierungsbegünstigung

Im Zuge eines Unternehmensverkaufs stellt sich auf Verkäuferseite in erster Linie die Frage nach der Nutzung von Steuerermäßigungen bzw. Freistellungen.[1215] Veräußert eine natürliche Person ihren Betrieb, Teilbetrieb oder Mitunternehmeranteil, so liegen hinsichtlich des Veräußerungsgewinns außerordentliche Einkünfte i.S.d. § 34 Abs. 2 Nr. 1 EStG vor. Veräußerungsverluste können zu 100% angesetzt werden. Für die Veräußerungsgewinne kommt die Tarifermäßigung nach der sog. Fünftelregelung des § 34 Abs. 1 EStG zur Anwendung. Alternativ kann der Steuerpflichtige auf Antrag einmal im Leben die außerordentlichen Einkünfte mit 56% des durchschnittlichen Steuersatzes besteuern lassen (§ 34 Abs. 3 EStG), sofern er das 55. Lebensjahr vollendet hat oder dauernd berufsunfähig ist. Unter den gleichen Voraussetzungen steht ihm der Freibetrag nach § 16 Abs. 4 EStG zur Verfügung.

[1211] *Rogall* in: Schaumburg/Rödder, Unternehmensteuerreform 2008, 434.
[1212] *Schreiber/Ruf,* BB 2007, 1099, 1104; *Schiffers,* GmbHR 2007, 505, 513.
[1213] Statt aller *Knott/Mielke*, Unternehmenskauf, 2008, Rz. 207; *Heinicke* in: Schmidt, EStG, § 3c, Rz. 30.
[1214] Bspw. *Brück/Sinewe*, Steueroptimierter Unternehmenskauf, 2010, 77.
[1215] *Rödder/Hötzel/Mueller-Thuns*, Unternehmenskauf, 2003, § 22, Rz. 2; *Schaumburg*, Unternehmenskauf im Steuerrecht, 2004, 5 ff.; *Holzapfel/Pöllath*, Unternehmenskauf in Recht und Praxis, 2010, Rz. 235 f.

Nimmt der Steuerpflichtige § 16 Abs. 4 EStG oder § 34 Abs. 3 EStG in Anspruch, darf er hierfür nicht zusätzlich die Thesaurierungsbegünstigung beantragen (§ 34a Abs. 1 Hs. 2 EStG).[1216] Darüber hinaus müssen begünstigt besteuerte Gewinne i.S.d. § 34a EStG nachversteuert werden (§ 34a Abs. 6 Nr. 1 EStG), wenn es sich um die Veräußerung von ganzen Betrieben oder ganzen Mitunternehmeranteilen handelt. Gleiches gilt für die Realteilung.[1217] Demnach ist der erzielte Veräußerungspreis sowohl mit der Einkommensteuer auf den Veräußerungsgewinn (§ 16 EStG) als auch mit der Nachversteuerung i.S.d. § 34a EStG belastet.[1218] Aus Sicht des Veräußerers liegt damit eine Endbesteuerung aller (mit-) unternehmerischen Aktivitäten vor.[1219] Veräußert der Steuerpflichtige jedoch nur einen Teil seines Betriebes oder Mitunternehmeranteils oder einen Teilbetrieb, so löst dies keine Nachversteuerung aus, da eine Nachversteuerung im Rahmen des verbleibenden Teils weiterhin möglich ist.[1220]

II. Kapitalgesellschaft – Abgeltungsteuer

Demgegenüber führt der Verkauf von Kapitalgesellschaftsanteilen < 1% aus dem Privatvermögen zur Anwendung der Abgeltungsteuer (§ 20 Abs. 2 Nr. 1 EStG i.V.m. § 32d EStG). Verluste aus Aktiengeschäften können nur innerhalb der Einkunftsart Kapitalvermögen mit anderweitigen Aktien-Veräußerungsgewinnen verrechnet werden (§ 20 Abs. 6 S. 5 EStG). Eine 40%ige Befreiung, respektive ein 60%iger Verlustansatz, gelingt hingegen für Beteiligungen i.S.d. § 17 EStG (≥ 1%) oder für solche im Betriebsvermögen eines Personenunternehmens (Teileinkünfteverfahren). Eine Option zur Teileinkünftebesteuerung des Veräußerungsgewinns sieht § 32d Abs. 2 Nr. 3 EStG nicht vor.

III. Beurteilung

Während die Veräußerung einer Kapitalgesellschaftsbeteiligung stets begünstigt ist (Abgeltungsteuer bzw. Teileinkünfteverfahren), kann die Begünstigung i.S.d. § 16 Abs. 4, § 34 Abs. 3 EStG bei der Veräußerung eines Personenunternehmens nur einmal im Leben in Anspruch genommen werden. Tendenziell stellt daher die Kapitalgesellschaft die vorteilhaftere Rechtsform dar.[1221] Dies gilt insbesondere, wenn bei dem Personenunternehmen die Thesaurierungsbegünstigung in Anspruch genommen wurde, da die Betriebsveräußerung eine Nachversteuerung nach § 34a Abs. 6 Nr. 1 EStG auslöst.

1216 *Brück/Sinewe*, Steueroptimierter Unternehmenskauf, 2010, 148.

1217 BMF, Schreiben v. 11.8.2008, IV C 6 – S 2290-a/07/10001, BStBl. I 2008, 838, Rz. 41. Zustimmend *Gragert/Wißborn,* NWB 2008, 3995, 4013. Kritisch *Ley,* Ubg 2008, 214, 217; *Fellinger,* DB 2008, 1877, 1882; *Schiffers,* DStR 2008, 1805, 1813; *Niehus/Wilke,* DStZ 2009, 14, 23.

1218 *Levedag,* GmbHR 2009, 13, 21; *Levedag* in: Wachter, FS Spiegelberger, 2009, 328, 343.

1219 *Rogall* in: Schaumburg/Rödder, Unternehmensteuerreform 2008, 434.

1220 BMF, Schreiben v. 11.8.2008, IV C 6 – S 2290-a/07/10001, BStBl. I 2008, 838, Rz. 42.

1221 *Pflüger,* GStB 2008, 83, 87 f.; *Holzapfel/Pöllath*, Unternehmenskauf in Recht und Praxis, 2010, Rz. 242.

	Verkauf eines PersU	Verkauf einer KapG
Steuerbelastung (natürliche Person)	max. 47,48% (ohne § 34 Abs. 3 EStG)	max. 28,49% [60% v. 47,48%] (Teileinkünfteverfahren)
	max. 26,59% [56% v. 47,48%] (mit § 34 Abs. 3 EStG)	26,38% (Abgeltungsteuer)
	ggf. Nachversteuerung § 34a Abs. 6 EStG	

Abbildung 71: Steuerbelastungsvergleich beim Unternehmensverkauf

Quelle: Eigene Darstellung

D. Unternehmensnachfolge und -bewertung

I. Personenunternehmen – Thesaurierungsbegünstigung

Die unentgeltliche Übertragung eines Betriebs tangiert sowohl das Ertragsteuerrecht als auch die Erbschaft- und Schenkungsteuer. Gesellschafter einer Personengesellschaft führen die Steuerbilanzwerte des Rechtsvorgängers gem. § 6 Abs. 3 EStG, § 11d EStDV fort. Ein vorhandener nachversteuerungspflichtiger Betrag geht auf den Rechtsnachfolger über (§ 34a Abs. 7 S. 1 EStG), sofern es sich dabei um eine natürliche Person handelt.[1222]

Bei der vorweggenommenen Erbfolge spielt die Vermögensübergabe gegen Versorgungsleistungen eine bedeutende Rolle. Hierbei besteuert der Übergeber die (lebenslange) Versorgungsleistung gem. § 22 Nr. 1b EStG, während der Zahlungsverpflichtete einen Sonderausgabenabzug nach § 10 Abs. 1 Nr. 1a EStG hat. Die übereinstimmende Abzugsfähigkeit und Besteuerung kann allerdings nur bei Übertragungen von Personenunternehmen i.S.d. § 13, § 15 Abs. 1 Nr. 1, § 18 Abs. 1 EStG (Betrieb, Teilbetrieb, Mitunternehmeranteil) stattfinden.[1223]

Seit der Reform der Erbschaft- und Schenkungsteuer 2009 gibt es hinsichtlich der dafür notwendigen Unternehmensbewertung kaum noch rechtsformbedingte Unterschiede. Sowohl Personen- als auch Kapitalgesellschaften werden grundsätzlich nach den gleichen Methoden zum gemeinen Wert bewertet (§ 11 Abs. 2 BewG).[1224] Im Rahmen der Thesaurierungsbegünstigung spielt die Erbschaft- und Schenkungsteuer aber insofern eine wichtige Rolle, als entnommene Beträge zur Begleichung einer solchen keine (sofortige) Nachversteuerung auslösen, § 34a Abs. 4 S. 3 EStG. Der Nachversteuerungsbetrag wird insoweit nicht gemindert. Gleichwohl bleibt der nachversteuerungspflichtige Betrag in voller Höhe existent. Die Nachversteuerung schiebt sich damit „bloß" zeitlich auf.[1225]

[1222] *Haag,* BB 2012, 1966 ff. Bei einer unentgeltlichen Nachfolge durch juristische Personen kommt es zu einer Nachversteuerung i.S.d. § 34a Abs. 6 Nr. 2 EStG (analoge Anwendung).

[1223] Zum Ganzen *Wälzholz,* FR 2008, 641 ff.; *von Oertzen/Stein,* DStR 2009, 1117 ff.; *Levedag,* GmbHR 2010, 855 ff. Ferner BMF, Schreiben v. 11.3.2010, IV C 3 – S 2221/09/10004, BStBl. I 2010, 227.

[1224] *Söffing,* DStZ 2008, 867, 868; *Creutzmann,* DB 2008, 2784 ff.

[1225] *Brüggemann,* ErbBstg 2007, 210 f.; *Grützner,* StuB 2007, 295 f.; *Schulze zur Wiesche,* DB 2008, 1933 f.

II. Kapitalgesellschaft – Abgeltungsteuer

Gehen Anteile an Kapitalgesellschaften unentgeltlich auf einen Rechtsnachfolger über, so ordnet § 17 Abs. 2 S. 5 EStG bzw. § 20 Abs. 4 S. 6 EStG die Fortführung der Steuerwerte an.[1226] Die Vermögensübergabe gegen Versorgungsleistungen i.S.d. § 10 Abs. 1 Nr. 1a Buchst. c) EStG gelingt nur, falls mindestens 50% eines GmbH-Anteils übertragen werden, der Übergeber als Geschäftsführer tätig war und der Übernehmer diese Tätigkeit künftig übernimmt.[1227] Im Zuge der Erbschaft- und Schenkungsteuer existieren für Anteilseigner einer Kapitalgesellschaft gewisse Nachteile hinsichtlich des Zugangs zu den Verschonungsregelungen i.S.d. § 13a, b ErbStG (Beteiligung > 25%, ggf. Stimmrechtspooling).[1228]

III. Beurteilung

Die erbschaftsteuerliche Unternehmensbewertung erfolgt weitestgehend rechtsformneutral. Dies zeigt sich exemplarisch an der Ausgestaltung des vereinfachten Ertragswertverfahrens (§§ 199 ff. BewG). Gem. § 202 Abs. 3 BewG wird das Betriebsergebnis zur Abgeltung des Ertragsteueraufwands rechtsformunabhängig um 30% gekürzt. Während dieser Wert in etwa der Tarifbelastung einer Kapitalgesellschaft entspricht, unterstellt er bei Personenunternehmen offenbar die Anwendung der Thesaurierungsbegünstigung.[1229] Die persönlichen Steuern der Gesellschafter sowie eine etwaige Nachversteuerung gem. § 34a Abs. 4 EStG bleiben indes unberücksichtigt.[1230]

Erfolgt die Unternehmensbewertung hingegen gem. § 109 Abs. 1 S. 2 BewG i.V.m. § 11 Abs. 2 S. 2 BewG nach *IDW S 1*, so kann anstelle eines typisierten Steuersatzes (z.B. 35%) auch ein individueller Steuersatz in das Bewertungskalkül einbezogen werden.[1231] Bei der Bewertung von Personenunternehmen wäre es daher möglich, die effektive Steuerbelastung nach § 34a EStG zu berücksichtigen, vorausgesetzt die Thesaurierungsbegünstigung wurde in Anspruch genommen.[1232] Zu diesem Zweck müssten aber Daten für eine längere Detailplanungsphase vorliegen.[1233] Der Unternehmenswert der Personengesellschaft hinge mithin von der Gewinnverwendungs- und Antragspolitik ab.[1234]

[1226] So bspw. *Schneeloch*, Rechtsformwahl und Rechtsformwechsel, 2006, 311.
[1227] Dazu BMF, Schreiben v. 11.3.2010, IV C 3 – S 2221/09/10004, BStBl. I 2010, 227.
[1228] *Schiffers*, DStZ 2009, 548, 556 f.; *Piltz/Stalleiken*, ZEV 2011, 67 ff.
[1229] So auch *Kühnold/Mannweiler*, DStZ 2008, 167, 172; *Bäuml*, GmbHR 2009, 1135, 1138.
[1230] Ähnlich *Neufang*, BB 2009, 2004, 2009. Kritisch *Spengel/Elschner*, Ubg 2008, 408, 410.
[1231] IDW S 1 i.d.F. 2008, WPg Supplement 3/2008, 68 ff., Rz. 28 ff. Ferner *Jonas*, WPg 2008, 826 f.
[1232] *Dörschell/Franken/Schulte*, WPg 2008, 444, 449; *Popp*, WPg 2008, 935, 936 ff.
[1233] *Ruiz de Vargas/Zollner*, WPg 2012, 606, 611 ff. (mit Beispielsrechnungen).
[1234] *Homburg/Houben/Maiterth*, WPg 2007, 376, 381; *Schoberth/Ihlau*, BB 2008, 2114, 2116.

E. Kapitalrückzahlungen

I. Personenunternehmen – Thesaurierungsbegünstigung

Kapitalrückzahlungen stellen bei Personenunternehmen Entnahmen dar. Sie sind erfolgsneutral.[1235] Gleichwohl führen Entnahmen, die über den Gewinn (+ Einlagen) hinausgehen, zu einer Nachversteuerung i.S.d. § 34a Abs. 4 EStG, sofern ein nachversteuerungspflichtiger Betrag existiert.[1236] Ein Zugriff auf stehengelassene, bereits voll versteuerte Altrücklagen ist aufgrund der impliziten gesetzlichen Verwendungsreihenfolge (LiFo) des § 34a EStG nicht möglich, da seitens des Gesetzgebers auf eine spezielle Eigenkapitalgliederung verzichtet wurde. Dies gilt selbst dann, wenn durch separate Kontenführung nachgewiesen werden kann, dass der nicht entnommene Gewinn dem Betrieb verblieben ist.[1237]

II. Kapitalgesellschaft – Abgeltungsteuer

Kommt es bei Kapitalgesellschaften zu einer Ausschüttung aus dem Nennkapital oder dem steuerlichen Einlagekonto i.S.d. § 27 KStG, so stellen diese Bezüge bei den Gesellschaftern grundsätzlich keine steuerbaren Einkünfte dar (§ 20 Abs. 1 Nr. 1 S. 3 EStG). Vielmehr mindern sich dadurch die Anschaffungskosten ihrer Beteiligung.[1238] Soweit aber die Einlagenrückgewähr die Anschaffungskosten übersteigt, liegt ein veräußerungsgleicher Tatbestand vor. Bei Anteilen ≥ 1% erfolgt die Besteuerung nach § 17 Abs. 4 EStG (Teileinkünfteverfahren: 40%ige Steuerbefreiung gem. § 3 Nr. 40 Buchst. c) EStG).[1239] Demgegenüber unterliegt der veräußerungsgleiche Gewinn bei Beteiligungen < 1% der Abgeltungsteuer (§ 20 Abs. 2 S. 1 Nr. 1 i.V.m. § 20 Abs. 2 S. 2 EStG i.V.m. § 32d Abs. 1 EStG).

III. Beurteilung

Die Rückzahlung von Eigenkapital ist – sowohl bei Personen- als auch bei Kapitalgesellschaften – grds. als ergebnisneutrale Minderung des Beteiligungsbuchwerts zu erfassen. Wurde jedoch von § 34a EStG Gebrauch gemacht, ist zu prüfen, ob hierdurch eine Nachversteuerung ausgelöst wird. Thesaurierende Personenunternehmen erfahren damit eine Schlechterstellung gegenüber Kapitalgesellschaften.

1235 *Schiffers,* GmbH-StB 2011, 176, 181.

1236 *Weber,* NWB 2007, 3031, 3054.

1237 *Schulze zur Wiesche,* DB 2007, 1610, 1611.

1238 BMF, Schreiben v. 22.12.2009, IV C 1 – S 2252/08/10004, BStBl. I 2010, 94, Rz. 92.

1239 BFH, Urteil v. 28.10.2009, I R 116/08, Rz. 10, DStR 2010, 215; *Lechner/Haisch/Bindl,* Ubg 2010, 339 f.

Kapitel 4.
Schlussfolgerungen

Die vorangegangenen Ausführungen haben unter Beweis gestellt, dass aus steuerlicher Sicht – nach wie vor – *keine* ideale Rechtsform existiert. Zwar gibt es situationsbezogene Vorteile sowohl für Kapital- als auch für Personengesellschaften. Diese müssen jedoch durch entsprechende Nachteile in anderer (steuerlicher) Hinsicht erkauft werden.[1240]

Der Versuch, mit der Thesaurierungsbegünstigung eine „Quasi-Rechtsformneutralität [herzustellen] und dabei alle Vorteile des Personengesellschaftsrechts zu behalten“, konnte – wie *Hey*[1241] zutreffend anmerkt – nicht aufgehen. Ertragstarke Personenunternehmen haben zwar mit § 34a EStG eine steuerliche Annäherung erfahren, werden aber stets mit einem Belastungsnachteil gegenüber thesaurierenden Kapitalgesellschaften leben müssen („Thesaurierungsvorteil“ der Kapitalgesellschaften). Dafür bieten Personengesellschaften „Progressions- und Transparenzvorteile“, die sich insbesondere bei der Verlustverrechnung, bei der Vereinnahmung steuerfreier Einkünfte sowie hinsichtlich der Gewerbesteuer zeigen.

Kriterium	Personenunternehmen	Kapitalgesellschaften
Tarifliche Steuerbelastung	Nutzung des progressiven Tarifs (0 - 45%) Ggf. Antrag § 34a EStG (36,16%)	Günstige Thesaurierungsbelastung (29,83%)
AE-Besteuerung	Nachversteuerung bei § 34a EStG (25%)	Nachbelastung AbgSt (25%) bzw. TEV
Verlustverrechnung	ESt-Verrechnung beim Gesellschafter (aber § 10d II, § 15a, § 34a VIII EStG)	Kein Transfer auf Gesellschafterebene; Verlustvorträge: § 8c KStG
Gewerbesteuer	Weitgehende Entlastung (§ 35 EStG); FB	Definitive Belastung
Leistungsvergütung	Keine steuerliche Anerkennung	Steuerliches Gestaltungsinstrument (ggf. AbgSt auf Gesellschafterdarlehen)
Gewinnverwendung	Gesellschafterbezogen; auch bei § 34a EStG	Ausschüttungsplanung für alle Gesellschafter gemeinsam (quotal)
Steuerfreie Einkünfte	„Weiterleitung“ an Gesellschafter; Vorteile bei § 34a EStG; ggf. Progressionsvorbehalt	Steuerpflichtig bei Ausschüttung (AbgSt)
Beteiligungserträge	40%ige Freistellung (TEV)	95%ige Freistellung (§ 8b KStG)
Refinanz.kosten	Sonderbetriebsausgaben in voller Höhe	PV/AbgSt: kein Ansatz; BV/TEV: 60%
Organschaft	Nur Organträger (§ 34a EStG möglich)	Organträger und Organgesellschaft
Risiken	Anrechnungsüberh. § 35 EStG; § 34a EStG	vGA (ggf. AbgSt)
Umstrukturierungen	Hohe Flexibilität; Nachversteuerung bei Rechtsformwechsel (§ 34a VI Nr. 2 EStG)	Besteuerung offener Rücklagen bei Rechtsformwechsel (ggf. AbgSt)
Unternehmenskauf	Vorteile beim asset-deal (step-up)	Nachteile beim share-deal (kein step-up)
Unternehmensverkauf	§§ 16, 34 EStG; ggf. Nachversteuerung (§ 34a VI Nr. 1 EStG)	AbgSt-pflichtig; ggf. § 17 EStG (TEV)
Unternehmensnachf.	ErbSt-Begünstigung unabhängig v. Quote	ErbSt-Begünstigung abhängig von Quote
Kapitalrückzahl.	Neutral; ggf. Nachversteuerung (§ 34a EStG)	Nicht steuerbar soweit < AK, ggf. AbgSt

Abbildung 72: Synoptischer Überblick über die rechtsformbedingten steuerlichen Unterschiede

Quelle: Eigene Darstellung in Anlehnung an *Schiffers* in: Strahl, Ertragsteuern, 2010, Rz. 49

[1240] So bereits *Hennerkes/May,* DB 1988, 483, 486.

[1241] *Hey,* DStR 2007, 925, 931. Ebenso *Kraus*, Körperschaftsteuerliche Integration, 2009, 146.

Die vorstehende Zusammenfassung macht deutlich, dass sowohl die Thesaurierungsbegünstigung als auch die Abgeltungsteuer die einzelnen Kriterien der steuerorientierten Rechtsformwahl durchaus beeinflussen (können). Ihre Einflüsse sind in der Summe allerdings nicht so stark, einer bestimmten Rechtsform den (steuerlichen) Vorzug zu geben. Denn trotz augenscheinlicher Parallelen zwischen Personenunternehmen, die § 34a EStG beanspruchen, und Kapitalgesellschaften, deren Anteilseigner der Abgeltungsteuer unterliegen, existieren im direkten Rechtsformvergleich starke Verzerrungen. Die (steuerliche) Rechtsformwahl wird damit weder einfacher noch eindeutiger. Sie bleibt stets dem Einzelfall vorbehalten.

Im Sinne einer nicht-autonomen Steuerplanung kommt der *Rechtsformwahl* insoweit die (strategische) Aufgabe zu, die Wirkungen von § 34a EStG und § 32d EStG bei der Entscheidungsfindung zu berücksichtigen. Der Steuerplaner hat die (Belastungs-) Folgen, wie sie im Rahmen dieses Kapitels qualifiziert und quantifiziert wurden, einzuplanen.

Im Vergleich dazu geht die steuerliche *Rechtsformoptimierung* weit über diese „bloße" Einplanung hinaus. Sie wirkt operativ-gestaltend auf die Steuerbelastung ein und kommt insbesondere dann zum Tragen, wenn die zivilrechtliche Gesellschaftsform durch außersteuerliche Gründe vorgegeben ist. Inwieweit sich vor diesem Hintergrund die Thesaurierungsbegünstigung und die Abgeltungsteuer als Instrumente der *Rechtsformoptimierung* einsetzen lassen, soll im nachfolgenden Kapitel eingehend analysiert werden.

Teil 6.
Steuergestaltung mittels Rechtsformoptimierung

Kapitel 1.
Konzeption

A. Operative Maßnahme der betrieblichen Steuerplanung

Die steuerliche Optimierung einer bestehenden Rechtsform zählt zu den laufenden (operativen) Maßnahmen der betrieblichen Steuerplanung. Sie lässt sich definieren als „steuerlich motivierte Gestaltung des Gesellschaft-Gesellschafter-Verhältnisses i.S.e. Optimierung der einzelnen Grundrechtsformen“.[1242]

Da die gesellschaftsrechtlichen und betriebswirtschaftlichen Grundstrukturen in ihren Ausgangsformen bestehen bleiben, können Steuergestaltungen i.S.e. Rechtsformoptimierung – im Unterschied zur Rechtsformwahl – relativ-autonom vollzogen werden. Als Steigerung der Steuerplanung wirkt die Steuergestaltung aktiv auf die Höhe der Steuerbelastung ein.[1243] Ihre Aktionsparameter sind meist nicht gleichzeitig Bestandteil eines übergeordneten Entscheidungsproblems.

B. Intrastrukturelle Perspektive

Wenngleich Rechtsformwahl und Rechtsformoptimierung inhaltliche Überschneidungen aufweisen, nehmen sie doch unterschiedliche Perspektiven ein.[1244] Bei der Rechtsformoptimierung geht es darum, wie man eine am Markt operativ tätige Grundrechtsform steuerlich optimieren kann, ohne die Rechtsform wechseln zu müssen. Die Rechtsformoptimierung nimmt also eine intrastrukturelle Perspektive ein, so sie steuerliche Alternativen *innerhalb* einer bestehenden (Grund-) Rechtsform identifiziert, qualifiziert und quantifiziert.

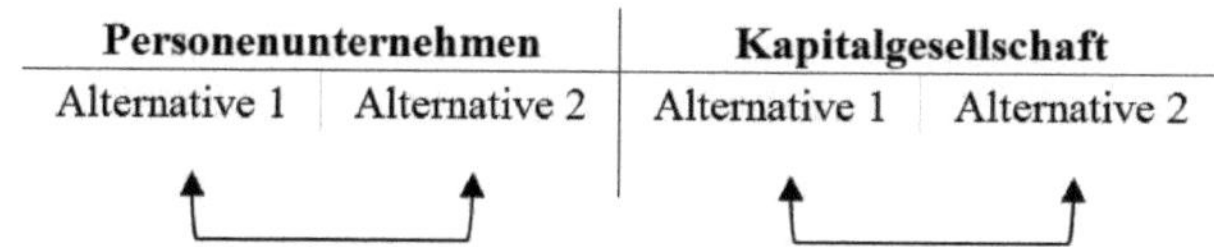

Abbildung 73: Intrastrukturelle Perspektive der steuerorientierten Rechtsformoptimierung
Quelle: Eigene Darstellung

Der Steuerbelastungsvergleich umfasst mithin unterschiedliche Alternativzustände *innerhalb* einer gegebenen Rechtsformstruktur. Dabei ist derjenige steuerliche Zustand „herzustellen“, der die geringste Steuerbelastung aufweist.

1242 *Teufel*, Steuerliche Rechtsformoptimierung, 2002, 4.
1243 *Rödder*, Gestaltungssuche im Ertragsteuerrecht, 1991, 4 f.; *Hey*, Steuerplanungssicherheit, 2002, 11.
1244 *Kessler/Schiffers/Teufel*, Rechtsformwahl - Rechtsformoptimierung, 2002, § 4, Rz. 7.

C. Einfluss von Thesaurierungsbegünstigung und Abgeltungsteuer

Kessler/Schiffers[1245] haben schon frühzeitig angemerkt, dass insbesondere „durch Nutzung steuerlicher Wahlrechte und Gestaltungen oft schon mit geringem Aufwand eine Optimierung der bestehenden Rechtsform erreicht werden“ könne. In diesem Sinne zeichnen sich die Thesaurierungsbegünstigung und die Abgeltungsteuer als effektive Gestaltungsinstrumente zur Rechtsformoptimierung aus.[1246] Sie können als „Einladungen“, bisweilen gar „Aufforderungen“ zur Steueroptimierung verstanden werden.[1247] Entsprechende Optimierungsmaßnahmen sind Resultat einer bewussten gesetzgeberischen Entscheidung und mitnichten ein „zu bekämpfendes Übel“.[1248]

Die Thesaurierungsbegünstigung, aber auch die Abgeltungsteuer, beinhalten erhebliches Optimierungs- und Arbitragepotenzial.[1249] Gerade die Tarifspreizung und die Progressionsentlastung animieren den Steuerpflichtigen zu Steuergestaltungen.[1250] Davon ging selbst der Gesetzgeber von Beginn an aus.[1251] Andererseits sind mit ihnen auch gewisse Nachteile verbunden. Für eine optimale Ausnutzung bedarf es daher systematischer Vorgehensweisen, die mit einem hohen Maß an Beratungs- und Planungsaufwand einhergehen.[1252]

Befasst man sich intensiver mit solchen Gestaltungsfragen, so fällt auf, dass die Steuerforschung und -praxis eine ganze Reihe punktueller Gestaltungsüberlegungen kennt, jedoch eine systematische Zusammenstellung fehlt.[1253] Vor diesem Hintergrund soll der Versuch unternommen werden, die relevanten Gestaltungsmaßnahmen im Zusammenhang mit § 34a EStG und § 32d EStG in das Grundkonzept der steuerlichen (Rechtsform-) Gestaltungssuche einzubetten.

D. Gestaltungsprozess

Die betriebliche Steuerpolitik im Allgemeinen sowie die Rechtsformoptimierung mittels § 34a, § 32d EStG im Besonderen ist legitime und notwendige Aufgabe des Steuerplaners. Um diese Aufgabe zu bewältigen, benötigt er eine gedankliche Grundstruktur, eine Methode steuerlicher Gestaltungsfindung.[1254] In der steuerlichen Gestaltungspraxis hat sich daher ein

---

[1245] *Kessler/Schiffers* in: Müller/Hoffmann, Beck'sches Handbuch der Personengesellschaften, 1999, § 1, Rz. 52.

[1246] *Förster,* Ubg 2008, 185, 192: „Aus der Möglichkeit der Antragstellung nach § 34a EStG ergibt sich ein neuartiges Problem der *Rechtsformoptimierung von Personenunternehmen.*“

[1247] Ähnlich *Rose,* StbJb 1979/1980, 49, 89; *Rönitz,* StbJb 1980/1981, 359, 361; *Hoffmann,* GmbH-StB 2004, 31 f.; *Homburg,* DStR 2007, 686, 687.

[1248] *Rödder* in: Hüttemann, DStJG Band 33, 2010, 93, 100.

[1249] *Haarmann* in: Kessler/Förster/Watrin, FS Herzig, 2010, 423, 427.

[1250] Bspw. *Homburg,* DStR 2007, 686, 687.

[1251] BT-Drs. 16/7036 v. 8.11.2007, 13 f.

[1252] Im Zusammenhang mit § 34a EStG vgl. etwa *Ortmann-Babel/Zipfel,* BB 2007, 2205, 2217; *Rogall* in: Schaumburg/Rödder, Unternehmensteuerreform 2008, 421; *Houben/Maiterth,* StuW 2008, 228, 236.

[1253] So schon die grundlegenden Überlegungen von *Herzig,* BB 1984, 741, 744.

[1254] *Kessler/Schiffers/Teufel*, Rechtsformwahl - Rechtsformoptimierung, 2002, § 4, Rz. 2.

(dynamischer) Strukturzyklus bzw. Entscheidungsprozess[1255] etabliert, der im Folgenden kurz vorgestellt wird:

1. Der Denkprozess beginnt stets mit der *Problemerkennung*, ausgelöst durch *Gestaltungsimpulse*. Er umfasst mithin die Analyse von Optimierungs- und Risikopotenzialen etwaiger Steuernormen (siehe Teil 3 und 4 dieser Arbeit).
2. Hieran schließt sich die eigentliche *Gestaltungsfindung* an. Dabei sind Gestaltungsziele, -mittel und -grenzen aufzuzeigen. Die Gestaltungssuche endet in der Rezeption des *Gestaltungsplans* (Beurteilungs- und Entscheidungsphase).
3. Sodann ist der Gestaltungsplan zu *realisieren* und im Rahmen der Steuererklärung zu *deklarieren*.
4. Nach Umsetzung und Deklaration der Optimierungsmaßnahmen gilt es, diese zu kontrollieren, mögliche Konsequenzen laufend zu überwachen und ggf. die Rechtsauffassung gegenüber den Finanzbehörden durchzusetzen (*Kontroll-, Überwachungs- und Durchsetzungsphase*).

An dieser vorgegebenen (Phasen-) Struktur, die ihrerseits nicht weiter untersucht wird, orientiert sich auch der weitere Aufbau dieses Kapitels.

Abbildung 74: Ablauf der Steuergestaltung

Quelle: Modifiziert nach *Rödder*, Gestaltungssuche im Ertragsteuerrecht, 1991, 12

E. Gestaltungsfindung

I. Instrumentelle Rechtsverwendung

Im Gegensatz zur deklarativen, vergangenheitsorientierten Rechtsanwendung setzt der Steuerplaner das (Steuer-) Recht instrumental als Gestaltungsmittel ein und/oder betrachtet es als

[1255] *Höhn,* StuW 1977, 170, 171 f.; *Paulus*, Ziele und Phasen steuerlicher Entscheidungen, 1978, 151 ff.; *Siegel*, Steuerwirkungen und Steuerpolitik, 1982, 78; *Herzig,* BB 1984, 741, 744 f.; *Kröner*, Verrechnungsbeschränkte Verluste, 1986, 340 ff.; *Rödder*, Gestaltungssuche im Ertragsteuerrecht, 1991, 8; *Rose*, Betriebswirtschaftliche Steuerlehre, 1992, 280; *Nieland*, Betriebliche Steuergestaltung, 1997, 62; *Teufel*, Steuerliche Rechtsformoptimierung, 2002, 21 ff.; *Jacobsen*, Methodik steuerlicher Gestaltungssuche, 2007, 31 ff.; *Hageböge*, KGaA-Modell, 2008, 28 ff.; *Jacobsen,* FR 2009, 162, 164 ff.

Gestaltungsgrenze.[1256] Die instrumentelle Rechtsverwendung kehrt folglich den (juristischen) Kausalzusammenhang zwischen Sachverhalt, Tatbestand und Rechtsfolge um.

deklarative Rechtsanwendung →

Sachverhalt (Obersatz)	Tatbestand (Untersatz)	Rechtsfolge (Schluss)
Gestaltungsmittel	Gestaltungsgrenze	Gestaltungsziel

← **instrumentelle Rechtsverwendung**

Abbildung 75: Deklarative Rechtsanwendung vs. instrumentelle Rechtverwendung
Quelle: *Rödder*, Gestaltungssuche im Ertragsteuerrecht, 1991, 125

Eine gewünschte (positive) steuerliche Rechtsfolge (Gestaltungsziel) soll dadurch erreicht werden, dass ein zu beeinflussender Lebenssachverhalt (Gestaltungsmittel) einen Steuertatbestand (Gestaltungsgrenze) bewusst (nicht) erfüllt. Steuerplanung transformiert daher eine „Ursache-Wirkungs-Beziehung" in eine gestaltungsorientierte „Ziel-Mittel-Relation".[1257] Diese (umgekehrte) Reihenfolge der instrumentellen Rechtsverwendung eignet sich dazu, den Denkprozess des Steuergestalters zu skizzieren.

II. Gestaltungsziele

1. Allgemeines Zielsystem

Steuerliche Entscheidungen werden zielgerichtet getroffen. Sie setzen implizit – meist jedoch explizit – ein Zielsystem voraus.[1258] Analog zur betrieblichen (Steuer-) Planung im Allgemeinen gilt für die Rechtsformoptimierung mit § 34a, § 32d EStG im Besonderen das monetäre Ober- bzw. Fundamentalziel der *langfristigen Endvermögensmaximierung.*[1259]

Da die Steuerbelastung einen negativen Zielbeitrag liefert und (Rechtsform-) Optimierungsentscheidungen die Einzahlungsseite der Unternehmen weitestgehend unberührt lassen, besteht das bedeutendste komplementäre Zwischenziel darin, die Höhe der Steuerabflüsse möglichst gering und dem Zeitpunkt nach so günstig wie möglich zu halten. Es konkretisiert sich demzufolge in der *relativen Steuerbarwertminimierung.*[1260]

1256 *Rehbinder*, Vertragsgestaltung, 1993, 42 f. und 46 ff.; *Teufel*, Steuerliche Rechtsformoptimierung, 2002, 18; *Kessler/Schiffers/Teufel*, Rechtsformwahl - Rechtsformoptimierung, 2002, 281.

1257 Bspw. *Kessler*, Euro-Holding, 1996, 71 f.

1258 Grundlegend *Paulus*, Ziele und Phasen steuerlicher Entscheidungen, 1978, 13 ff. Weiterführend *Freyer*, Unternehmensrechtsform und Steuern, 2004, 10.

1259 *Wacker*, Steuerplanung, 1979, 34 f.; *Wagner/Dirrigl*, Steuerplanung der Unternehmung, 1980, 284; *Siegel*, Steuerwirkungen und Steuerpolitik, 1982, 178; *Wagner*, Finanzarchiv 1986, 32 ff.; *Kruschwitz*, Investitionsrechnung, 2009, 10 ff.; *Schneeloch*, Betriebliche Steuerpolitik, 2009, 67 f.

1260 *Mann*, WISt 1973, 114, 116 f.; *Eisenach*, Steuerplanung, 1974, 263; *Wacker*, Steuerplanung, 1979, 34 f.; *Wagner/Dirrigl*, Steuerplanung der Unternehmung, 1980, 13; *Kessler*, Euro-Holding, 1996, 74.

Davon ist die *Optimierung der Konzernsteuerquote* (sog. *effective tax rate*, ETR) abzugrenzen. Sie dient primär international tätigen, kapitalmarktorientierten Konzernen als Zielgröße.[1261] Für die steuerorientierte Rechtsformplanung mittelständischer Unternehmen ist dieses Konzept jedoch ungeeignet. Wegen der kompensatorischen Wirkung latenter Steuern (es erfolgt keine Abzinsung) bleiben steuerliche Barwert-, Liquiditäts- und Zinseffekte für die ETR ohne Bedeutung.[1262] Gerade hierin bestehen aber die wesentlichen Gestaltungsziele der Steuerplanung mittels § 34a, § 32d EStG.

Ferner beinhaltet die Zielstruktur der mittelständischen Rechtsformplanung – im Unterschied zur (internationalen) Konzernsteuerplanung – nicht (nur) die Steuerbelastungsminimierung aller (Konzern-) Gesellschaften, sondern die relative Minimierung der Gesamtsteuerbelastung, die bei der Gesellschaft <u>und</u> deren Gesellschaftern anfällt.[1263] Die Gestaltungsziele werden daher entscheidend von den Ziel- und Nutzenvorstellungen der Gesellschafter (Entscheidungsträger) beeinflusst.[1264] Der Steuergestalter steht insofern vor der Herausforderung, als es bei mittelständischen Unternehmen bisweilen an der betrieblichen Steuerplanung mangelt, es hingegen den meisten Entscheidungsträgern beinahe eine Lust ist, ihre private Steuersituation zu optimieren.[1265] Beides gilt es in Einklang zu bringen, da sich der maßgebliche Steuerbarwert aus der Summe der auf den Beginn des Planungszeitraums kapitalisierten betrieblichen wie privaten Ertragsteuerzahlungen ergibt.[1266]

$$Steuerbarwert = \sum_{t=1}^{T} \frac{\left(Steuerbelastung^{Gesellschaft} + Steuerbelastung^{Gesellschafter}\right)}{(1+i)^{t}} \rightarrow Min!$$

Allerdings ist einzuräumen, dass sich das strategische Ziel der Ergebnismaximierung (bzw. relativen Steuerbarwertminimierung) auf pragmatische Art nur im Sinne einer Optimierung – nicht aber einer Maximierung (bzw. Minimierung) i.e.S. – anstreben lässt. Zur Konkretisierung bedarf es deshalb weiterer nachgeordneter Zwischen- und Unterziele.[1267] Das im Schrifttum am häufigsten genannte, zudem empirisch überprüfte und im Einklang mit der hier getroffenen Untersuchungsbeschränkung stehende nachgeordnete Zwischenziel ist die Minimierung der laufenden Ertragsteuerbelastung.[1268]

1261 *Haberstock,* BFuP 1984, 260, 266 ff.; *Vera,* StuW 2001, 308 ff.; *Grotherr* in: Grotherr, Handbuch der internationalen Steuerplanung, 2002, 3, 10; *Lühn,* DK 2008, 93, 94; *Dörfler/Adrian,* Ubg 2009, 385, 386.

1262 *Herzig/Dempfle,* DB 2002, 1, 4 f.; *Lühn* in: Grotherr, Handbuch der internationalen Steuerplanung, 2011, 153, 156 f. Gleichwohl kann die relative Steuerbarwertminimierung eine „ETR-kompatible" Zielsetzung sein, wenn durch steuergestaltende Maßnahmen aktive latente Steuern tendenziell reduziert und passive Latenzen tendenziell erhöht werden (vgl. *Kröner/Beckenbaub,* Ubg 2008, 631, 633).

1263 Ähnlich *Wöhe,* BFuP 1977, 216, 226; *Eigenstetter*, Steuerpolitik, 1997, 18 ff.

1264 *Schiffers,* GmbH-StB 2001, 136; *Schiffers,* DStR 2003, 302.

1265 *Hennerkes/Kirchdörfer*, Familiengesellschaften, 1998, 29.

1266 *Marettek,* BFuP 1970, 7, 25; *Schneeloch*, Betriebliche Steuerpolitik, 2009, 73.

1267 *Heinen*, Zielsystem, 1966, 102 ff.; *Paulus*, Ziele und Phasen steuerlicher Entscheidungen, 1978, 61 ff.; *Heinhold*, Betriebliche Steuerplanung, 1979, 35 f.; *Hebig*, Steuerabteilung und Steuerberatung, 1984, 70.

1268 *Vera*, Organisation von Steuerabteilungen, 2001, 34 f., 172 ff. Zur Struktur betriebswirtschaftlicher Ziele, Planungen und Entscheidungen vgl. grundlegend *Wöhe/Döring*, Betriebswirtschaftslehre, 2010, 78 ff.

2. Thesaurierungsbegünstigung

Das elementare Gestaltungsziel bei Inanspruchnahme der Thesaurierungsbegünstigung nach § 34a EStG besteht in der

Ausschöpfung der temporären Steuerentlastung,

mithin in der Vorteilhaftigkeit der Antragstellung selbst. Anders formuliert sollen mit § 34a EStG Barwertvorteile höchsten Umfangs aus der zeitlichen Verlagerung der Steuerabflüsse realisiert werden. Die operativen Unter- bzw. Instrumentalziele lauten:

- Vermeidung bzw. Verzögerung der Nachversteuerung,
- Erhöhung des Thesaurierungsvolumens,
- Progressionsminderung,
- Vermeidung von Lock-In-Effekten und
- Optimierung anderer (Tarif-) Normen.

3. Abgeltungsteuer

Das zentrale Gestaltungsziel bei Anwendung der Abgeltungsteuer konkretisiert sich in der

Ausschöpfung des permanenten Steuersatzvorteils,

also in der Nutzung der Steuersatzspreizung. Die Unter- bzw. Instrumentalziele lauten:

- Vermeidung der Antimissbrauchsregelungen des § 32d Abs. 2 Nr. 1 EStG,
- Herstellung eines Betriebsausgabenabzugs auf Unternehmensebene,
- Progressionsminderung,
- Nutzung eines geringeren persönlichen Steuersatzes,
- Geltendmachung von Aufwendungen sowie von Steuerabzugs- und Freibeträgen,
- Sicherstellung der Verlustverrechnung,
- Optimierung anderer (Tarif-) Normen.

Die Möglichkeit, Gewinne steuergünstig zu thesaurieren, ist *kein* spezielles Gestaltungsziel der Rechtsformoptimierung einer Kapitalgesellschaft und ihrer Anteilseigner. Der steuerliche Vorteil aus der Zuflussverzögerung ergibt sich bereits für eine nichtoptimierte Grundrechtsform.[1269] Gleichwohl können mittels § 32d EStG die Gewinnverwendung, der Gewinntransfer und die Unternehmensfinanzierung steuerlich optimiert werden.

[1269] *Teufel*, Steuerliche Rechtsformoptimierung, 2002, 63.

III. Gestaltungsmittel

1. Typisierung der Gestaltungsmittel

Zur Verwirklichung betriebswirtschaftlicher Ziele bedarf es des Einsatzes konkreter Instrumentarien. Dies gilt in gleichem Maße für die steuerliche Rechtsformoptimierung mittels § 34a, § 32d EStG. Gestaltungsmittel sind demnach Maßnahmen zur Realisierung steuerlicher (Sub-) Ziele.[1270] Sie konkretisieren sich allgemein in der zielentsprechenden Ausübung steuerlicher Wahlrechte, in der Ausschöpfung steuerlicher Ermessensspielräume sowie in steuerorientierten Sachverhaltsgestaltungen.[1271]

Mit *Kröner*[1272] soll im Zuge dieser Arbeit jedoch ein eher entscheidungs- denn rechtsorientierter Weg beschritten werden. Die Gestaltungsmittel bzw. Aktionsparameter werden daher zunächst abstrakt und entsprechend ihrer rechtsformspezifischen Zielformulierung dargestellt. Ihre konkrete Anwendung wird etwas später aufgezeigt.

2. Thesaurierungsbegünstigung

Das wichtigste Gestaltungsmittel bei Anwendung der Thesaurierungsbegünstigung ist die *optimale Antragstellung*, also die Frage, ob, wann und in welcher Höhe das Wahlrecht nach § 34a EStG ausgeübt und ggf. wieder zurückgenommen wird.[1273] Hierbei existieren zahlreiche Einflussgrößen, die es zu qualifizieren und quantifizieren gilt. Hervorzuheben ist die Ermittlung der Mindestthesaurierungsdauer. Zur sinnvollen Anwendung bedarf es umfangreicher und mehrperiodiger Planungs- und Belastungsrechnungen.

Zusätzlich stehen dem Steuerplaner (nach erfolgter Inanspruchnahme der Thesaurierungsbegünstigung) folgende normimmanenten Gestaltungsmittel zur Verfügung, die regelmäßig im Rahmen eines Wahlrechts gewährt werden:

- Möglichkeit zur Übertragung des nachversteuerungspflichtigen Betrags in Fällen des § 6 Abs. 5 EStG (§ 34a Abs. 5 S. 2 EStG)
- Übertragung des nachversteuerungspflichtigen Betrags bei einer Einbringung nach § 24 UmwStG (§ 34a Abs. 7 S. 2 EStG)
- Vornahme nachversteuerungsunschädlicher Entnahmen zur Begleichung der Erbschaft- und Schenkungsteuer (§ 34a Abs. 4 S. 3 EStG)

1270 *Rödder*, Gestaltungssuche im Ertragsteuerrecht, 1991 62 ff.; *Teufel*, Steuerliche Rechtsformoptimierung, 2002, 113.

1271 *Rose,* StbJb 1979/1980, 49 ff.; *Wagner/Dirrigl*, Steuerplanung der Unternehmung, 1980, 23; *Fischer/Schneeloch/Sigloch,* DStR 1980, 699, 702; *Schneeloch,* WISt 1987, 326 ff.; *Kuhn* in: John, FS Wöhe, 1989, 229, 236 ff.; *Scheffler*, Steuerplanung, 2010, 218 ff.; *Schneeloch,* BFuP 2011, 244, 246.

1272 *Kröner*, Verrechnungsbeschränkte Verluste, 1986, 7.

1273 *Förster,* Ubg 2008, 185, 192; *Houben/Maiterth,* StuW 2008, 228 ff.; *Schanz/Kollruss/Zipfel,* DStR 2008, 1702 ff.

Alle drei Gestaltungsmittel haben den Zweck, die Nachversteuerung temporär zu vermeiden, sie also in die Zukunft zu verschieben. Dabei bedingen die beiden erstgenannten Gestaltungsmittel wiederum neue Gestaltungswege, in concreto eine betriebliche Umstrukturierung (bspw. über § 6 Abs. 5 EStG oder § 24 UmwStG).

Weitere Gestaltungsmittel leiten sich primär aus den Unter- bzw. Instrumentalzielen ab bzw. zielen auf die Vermeidung von Gestaltungsgrenzen. Bei der Thesaurierungsbegünstigung können in diesem Zusammenhang folgende Aktionsparameter genannt werden:

- Schaffung der Antragsvoraussetzungen (nebst Standortwahl)
- Entnahme- und Einlagepolitik
- Nutzung steuerfreier Einkünfte
- Schaffung separater Thesaurierungs- und Entnahmeeinheiten durch Installation von Ober-, Zwischen- oder Schwestergesellschaften

3. Abgeltungsteuer

Ganz allgemein ist für Zwecke des steueroptimalen Einsatzes der Abgeltungsteuer zunächst die *Gewinnverwendungsentscheidung* auf Ebene der Kapitalgesellschaft als grundlegendes Gestaltungsmittel zu nennen. Es konkretisiert sich in den Instrumentarien der Gewinnthesaurierung, in der (offenen oder verdeckten) Gewinnausschüttung sowie in der Vereinbarung schuldrechtlicher Verträge (Leistungsvergütungen).[1274] Diese Gestaltungsmittel werden sodann um die Kriterien erweitert, ob, wann und in welcher Höhe der *Mitteltransfer* stattfinden soll. Die Abgeltungsteuer nach § 32d EStG kann sowohl bei der Gewinnausschüttung als auch bei Leistungsvergütungen in Gestalt eines Gesellschafterdarlehens zur (steueroptimalen) Anwendung gelangen. Im Einzelfall sind die Anwendungsvoraussetzungen des § 32d EStG zu schaffen bzw. zu vermeiden.

Darüber hinaus kommt der Abgeltungsteuer im Rahmen der *Unternehmensfinanzierung* die Bedeutung eines wesentlichen Gestaltungsvehikels zu.[1275] Dies liegt daran, dass die Höhe der Abgeltungsteuer nicht mit der Unternehmensteuerbelastung abgestimmt ist, sondern i.d.R. darunter liegt. Neben der Gewinnverwendungspolitik (Thesaurierung im Betriebsvermögen oder Ausschüttung mit Anlage im Privatvermögen) ist daher die Frage von Relevanz, ob das Unternehmen mit Eigen- oder Fremdkapital ausgestattet wird.

[1274] *Krawitz,* BB 2003, 1925; *Schiffers,* GmbH-StB 2008, 262.

[1275] *Homburg,* DStR 2007, 686 ff.; *Schreiber/Ruf,* BB 2007, 1099 ff.; *Schreiber*, Besteuerung der Unternehmen, 2008, 639 ff.; *Jacobs*, Unternehmensbesteuerung und Rechtsform, 2009, 588.

Zur Nutzung eines geringeren persönlichen Steuersatzes, zur Geltendmachung von Aufwendungen und Steuerabzugsbeträgen sowie zur Sicherstellung der Verlustverrechnung stehen folgende Gestaltungsmittel zur Verfügung:

- Veranlagungsoption nach § 32d Abs. 6 EStG
- Option zum Teileinkünfteverfahren (§ 32d Abs. 2 Nr. 3 EStG)
- Einlage in ein (Sonder-) Betriebsvermögen bzw. in eine Kapitalgesellschaft

Dabei bedürfen gerade die Optionen nach § 32d Abs. 6 EStG und § 32d Abs. 2 Nr. 3 EStG eines durchdachten Antragsmanagements, da sich durch die Inanspruchnahme ggf. auch Folgewirkungen für die Zukunft ergeben können. Ferner sind möglicherweise vorab die Antragsvoraussetzungen herzustellen. Des Weiteren können durch Zwischenschaltung rechtlich selbständiger Rechtsträger Einkünfte umgeleitet und umgeformt, Rechtsverhältnisse und Einkünfte abgeschirmt, ein Wechsel des Besteuerungsregimes herbeigeführt und die Zahl der beteiligten Rechtsträger vervielfacht werden.[1276]

IV. Gestaltungsgrenzen

1. Typisierung von Gestaltungsgrenzen

Bevor die Gestaltungsziele durch die Gestaltungsmittel umgesetzt werden können, ist es notwendig, etwaige Gestaltungsgrenzen zu erkennen und zu berücksichtigen. Hierbei kann zwischen (steuer-) rechtlichen und faktischen Gestaltungsgrenzen differenziert werden.[1277]

2. Thesaurierungsbegünstigung

Steuerrechtliche Gestaltungsgrenzen werden primär durch Rechtsanwendung auf Tatbestandsebene gesetzt (Subsumtions- bzw. Auslegungsgrenze).[1278] Der Steuertatbestand ist im Steuergesetz abstrakt verankert und wird bisweilen durch Rechtsprechung[1279] und Verwaltungsauffassung[1280] zu konkretisieren versucht. Dabei ist zunächst auf den persönlichen und sachlichen Anwendungsbereich in § 34a EStG abzustellen. Sind jene Voraussetzungen nicht erfüllt, kann die Thesaurierungsbegünstigung erst gar nicht zur Anwendung kommen.

Auf Rechtsfolgenseite besteht die bedeutendste Gestaltungsgrenze darin, dass die nominale Gesamtsteuerbelastung bei § 34a EStG stets über jener bei Regelbesteuerung (§ 32a EStG)

1276 *Kessler/Schiffers/Teufel*, Rechtsformwahl - Rechtsformoptimierung, 2002, § 4, Rz. 19 ff.

1277 *Kröner*, Verrechnungsbeschränkte Verluste, 1986, 365 ff.

1278 *Eisenach*, Steuerplanung, 1974, 113; *Teufel*, Steuerliche Rechtsformoptimierung, 2002, 67; *Schreiber*, Besteuerung der Unternehmen, 2008, 584.

1279 Die Norm des § 34a EStG hat bisher noch keinen (wesentlichen) Eingang in die Rechtsprechung der FG und des BFH gefunden (vgl. *Preißer/von Rönn*, GmbH & Co. KG, 2010, 193; *Haag*, BB 2012, 1966).

1280 BMF, Schreiben v. 11.8.2008, IV C 6 – S 2290-a/07/10001, BStBl. I 2008, 838.

liegt. Vorteile können sich allein durch Stundungseffekte ergeben. Insoweit begrenzt auch die Abgeltungsteuer etwaige Optimierungsüberlegungen, weil die Mittel im Privatvermögen womöglich steuergünstiger angelegt werden können als im Betriebsvermögen.

Des Weiteren limitieren Antimissbrauchsnormen, die insbesondere in § 34a Abs. 6 EStG (Zwangsnachversteuerung) verankert sind, steuerrechtliche Gestaltungen.[1281] Aber auch nachträgliche Feststellungen im Zuge einer Betriebsprüfung erschweren die Steuerplanung mit § 34a EStG.[1282] Ferner können die Nichtbegünstigung der Einkommensteuer (Entnahme i.S.d. § 34a Abs. 2 EStG), die Nichtbegünstigung der Gewerbesteuer (§ 4 Abs. 5b EStG), die fehlende Verlustverrechnung (§ 34a Abs. 8 EStG), der Lock-In-Effekt (Verwendungsreihenfolge) sowie die fragwürdige Verwaltungsauffassung, wonach Geldbeträge keine Wirtschaftsgüter i.S.d. § 34a Abs. 5 EStG seien, als Gestaltungsgrenzen begriffen werden. Nicht zuletzt schränkt der Gesetzgeber eine steuerliche Optimierung ein, indem er § 34a EStG für Vorauszahlungszwecke nicht berücksichtigt (§ 37 Abs. 3 S. 5 EStG).[1283]

Es wird deutlich, dass die tatbestandlichen Voraussetzungen i.S.e. Gestaltungsgrenze wiederum spezielle Unter- bzw. Instrumentalziele der Rechtsformoptimierung vorgeben können.[1284] So stellt bspw. die Verwendungsreihenfolge des § 34a EStG zunächst eine Gestaltungsgrenze, die Vermeidung des damit zusammenhängenden Lock-In-Effekts sodann ein Unterziel der Rechtsformoptimierung mit § 34a EStG dar.

3. Abgeltungsteuer

Auch bei der Abgeltungsteuer markieren zunächst der persönliche und der sachliche Anwendungsbereich des § 32d EStG die ersten Gestaltungs- bzw. Subsumtionsgrenzen. Dabei sind Rechtsprechung[1285] und Verwaltungsauffassung[1286] zu berücksichtigen. Darüber hinaus existiert mit § 32d Abs. 2 Nr. 1 EStG eine spezielle Regelung, die den günstigen Steuersatz bei (vermeintlich) missbräuchlichen Gestaltungen versagt.[1287]

1281 Ähnlich *Rödder* in: Hüttemann, DStJG Band 33, 2010, 93, 101.

1282 *Harle/Geiger,* StBp 2009, 1 f.; *Harle/Geiger,* StBp 2009, 39; *Kaligin* in: Lademann, EStG, § 34a, Rz. 10.

1283 *Dörfler/Fellinger/Reichl,* Beihefter zu DStR 29 / 2009, 69, 71.

1284 *Teufel,* Steuerliche Rechtsformoptimierung, 2002, 21.

1285 Zur Abgeltungsteuer liegen bereits folgende Entscheidungen vor: FG Düsseldorf, Urteil v. 13.10.2010, 15 K 2712/10 E, EFG 2011, 798 (Altersentlastungsbetrag); FG Niedersachsen, Urteil v. 6.7.2011, 4 K 322/10, EFG 2012, 242 (Nahestehende Person); FG Hessen, Urteil v. 16.2.2012, 4 K 639/11, EFG 2012, 1163 (Übergangsregelung bei Genussrechten); FG Nürnberg, Urteil v. 7.3.2012, 3 K 1045/11, EFG 2012, 1054 (Verfassungsmäßigkeit der Abgeltungsteuer); FG Münster, Urteil v. 28.3.2012, 11 K 3383/11 E, EFG 2012, 1464 (Altersentlastungsbetrag); FG Niedersachsen, Urteil v. 18.6.2012, 15 K 417/10, EFG 2012, 2009 (Verfassungsmäßigkeit von § 32d Abs. 2 Nr. 1 Buchst. a) EStG). Darüber hinaus sind zahlreiche Verfahren anhängig, so z.B. FG Münster, 6 K 607/11 F (Werbungskostenabzugsverbot); FG Baden-Württemberg, 9 K 1637/10 (Werbungskostenabzugsverbot); FG Niedersachsen, 14 K 335/10 (Gesellschafterdarlehen); FG Münster, 8 K 1763/11 E (Gesellschafterdarlehen).

1286 BMF, Schreiben v. 22.12.2009, IV C 1 – S 2252/08/10004, BStBl. I 2010, 94. Ergänzung durch BMF, Schreiben v. 9.10.2012, IV C 1 – S 2252/10/10013, BStBl. I 2012, 953.

1287 *Homburg,* DStR 2007, 686, 689; *Strahl,* Stbg 2010, 152, 159 f.

Das Werbungskostenabzugsverbot (§ 20 Abs. 9 EStG) ist ebenfalls als Gestaltungsgrenze zu sehen. Ferner stellen die eingeschränkte Verlustverrechnung (§ 20 Abs. 6 EStG) und die eingeschränkte Möglichkeit zur Geltendmachung von Steuerabzugsbeträgen typische Gestaltungsgrenzen schedularer Besteuerungsalternativen dar. Hieraus ergeben sich sodann neue Unter- bzw. Instrumentalziele (z.B. Geltendmachung von Aufwendungen).

4. Übergreifende Gestaltungsgrenzen

a) Einzelsteuergesetzliche Regelungen

Des Weiteren enthält das (übrige) Steuerrecht zahlreiche spezifische Einzelregelungen, die einen Missbrauch verhindern sollen bzw. aus anderen Gründen gestaltungsbegrenzend wirken. Für *Finanzierungsgestaltungen* müssen in diesem Kontext bspw. die Zinsschranke (§ 4h EStG, § 8a KStG) und die gewerbesteuerlichen Hinzurechnungen nach § 8 Nr. 1 GewStG beachtet werden. Sollen für die Optimierung des § 34a EStG *Entnahmegestaltungen* angedacht sein, sind stets die Beschränkungen nach § 4 Abs. 4a EStG, § 6 Abs. 5 S. 4 EStG, § 15a EStG, § 13a Abs. 5 Nr. 3 ErbStG sowie § 3 Abs. 2 Nr. 2 UmwStG oder § 24 UmwStG zu berücksichtigen.[1288] Bei *Thesaurierungsgestaltungen* über eine (vermögensverwaltende) Kapitalgesellschaft hat der Steuerplaner § 8b Abs. 7 KStG (Versagung der Steuerbefreiung) als mögliche Gestaltungsgrenze zu bedenken. Entsprechendes gilt über § 3 Nr. 40 S. 3 f. EStG für eine Personengesellschafts-Holding.

b) Allgemeine Steuerrechtsgrundsätze

Mitunter begrenzen auch allgemeine steuerrechtliche Grundsätze die Gestaltungsfreiheit des Steuerpflichtigen. Hierzu zählen im Kontext der steuerorientierten Rechtsformplanung das (Semi-) Transparenzprinzip bei Personengesellschaften, das Trennungsprinzip bei Kapitalgesellschaften, das Zu- und Abflussprinzip im Privatvermögen (§ 11 EStG), das Realisationsprinzip im Betriebsvermögen, die Zurechnungsvorschrift des § 39 AO (ggf. i.V.m. § 20 Abs. 5 EStG), die Subsidiarität der Nebeneinkunftsarten (bspw. § 20 Abs. 8 EStG), die Qualifizierung von Vergütungen einer Personengesellschaft als Sonderbetriebseinnahmen (§ 15 Abs. 1 S. 1 Nr. 2 Hs. 2 EStG), die Rechtsinstitute der Betriebsaufspaltung und der atypisch stillen Beteiligung sowie die Regelungen zur Bilanzierungskonkurrenz zwischen Betriebsvermögen und Sonderbetriebsvermögen (z.B. bei doppelstöckigen Personengesellschaften und Schwester-Personengesellschaften).

[1288] *Ley,* KÖSDI 2007, 15737, 15756; *Ley/Bodden* in: Korn/Carlé/Stahl u.a., EStG, § 34a, Rz. 149.

c) Fremdvergleich

Verträge zwischen Gesellschaft und Gesellschafter bzw. zwischen nahen Angehörigen müssen wegen fehlender Interessengegensätze einem Fremdvergleich standhalten. Bei Personenunternehmen wird der Fremdvergleich über das Instrument der (verdeckten) Entnahme, bei Kapitalgesellschaften über das Institut der verdeckten Gewinnausschüttung (vGA) gesichert.[1289] Wenngleich schon über § 32d Abs. 2 Nr. 1 EStG nahe stehende Personen (und wesentliche Anteilseigner) vom Anwendungsbereich der Abgeltungsteuer ausgeschlossen sind, müssen (Darlehens-) Verträge zwischen nahen Angehörigen auch den Kriterien[1290] des BMF-Schreibens vom 23.12.2010 genügen.[1291] Dies gilt auch für (Darlehens-) Verträge zwischen einer Personengesellschaft und Angehörigen beherrschender Gesellschafter.

d) Gestaltungsmissbrauch

Steuerliche Gestaltungen finden stets dort ihr Ende, wo die missbräuchliche Steuerumgehung, kurz: der Gestaltungsmissbrauch, beginnt.[1292] Ein Missbrauch rechtlicher Gestaltungsmöglichkeiten liegt gem. § 42 Abs. 2 AO vor, soweit eine unangemessene rechtliche Gestaltung gewählt wird, die zu einem gesetzlich nicht vorgesehenen Steuervorteil führt und durch beachtliche außersteuerliche Gründe nicht zu rechtfertigen ist.[1293] Ein derartiger Sachverhalt bleibt steuerrechtlich unbeachtlich; der Steueranspruch soll vielmehr aus einer angemessenen Gestaltung hergeleitet werden (§ 42 Abs. 1 S. 3 AO).[1294]

Allerdings stellt der BFH in ständiger Rechtsprechung heraus, dass das Motiv Steuern zu sparen, eine Gestaltung noch nicht unangemessen mache.[1295] Er betont, dass die Wahl (und Optimierung) der Rechtsform dem Steuerpflichtigen auch dann freigestellt sei, wenn damit das Ziel verbunden werde, eine geringere Steuerbelastung zu erreichen.[1296] Eine Gestaltung gilt erst dann als unangemessen, falls der Steuerpflichtige einen Weg wählt, auf dem nach den Wertungen des Gesetzgebers das Ziel nicht erreichbar sein soll. Dies ist insbesondere dann der Fall, wenn die Gestaltung ohne Berücksichtigung der beabsichtigten steuerlichen Effekte

---

1289 *Teufel*, Steuerliche Rechtsformoptimierung, 2002, 101 f.

1290 Insbes. die zivilrechtliche Wirksamkeit, tatsächliche Durchführung, Vereinbarungen über Laufzeit, Art und Rückzahlung, fristgerechte Zahlungen und ausreichende Besicherung des Rückzahlungsanspruchs.

1291 BMF, Schreiben v. 23.12.2010, IV C 6 – S 2144/07/10004, BStBl. I 2011, 37. Dazu *Löbe,* NWB 2011, 176 f.; *Wüster,* NWB 2011, 1240 ff.; *Schoor,* NWB 2011, 2650 ff.

1292 *Rödder,* FR 1988, 355, 358 f.; *Kessler/Schiffers/Teufel*, Rechtsformwahl - Rechtsformoptimierung, 2002, § 4, Rz. 125 ff.

1293 Vertiefend *Ratschow* in: Klein, AO, § 42, Rz. 6 ff.; *Fischer* in: Hübschmann/Hepp/Spitaler, AO/FGO, § 42 AO, Rz. 61 ff.; *Drüen* in: Tipke/Kruse, AO/FGO, § 42 AO, Rz. 8 ff.

1294 Statt aller *Glorius-Rose*, Gestaltungsmissbrauch und Steuerberatung, 2005, 15.

1295 BFH, Beschluss v. 29.11.1982, GrS 1/81, BStBl. II 1983, 272; BFH, Urteil v. 3.2.1998, IX R 38/96, BStBl. II 1998, 539; BFH, Urteil v. 29.5.2008, IX R 77/06, BStBl. II 2008, 789; BFH, Urteil vom 25.8.2009, IX R 60/07, DB 2009, 2354; BFH, Urteil v. 17.3.2010, IV R 25/08, DStR 2010, 1022.

1296 BFH, Beschluss v. 24.7.2003, X B 123/02, BFH/NV 2003, 1571, 1573; BFH, Urteil v. 18.3.2004, III R 25/02, BStBl. II 2004, 787, 793.

unwirtschaftlich, umständlich, kompliziert, schwerfällig, gekünstelt, überflüssig, ineffektiv oder widersinnig erscheint.[1297]

Des Weiteren gilt gerade für die Rechtsformoptimierung mit § 34a EStG und § 32d EStG, dass Steuervorteile, die sich aus solchen Lenkungsnormen ergeben, ohnehin gesetzlich vorgesehen sind. Ihre Inanspruchnahme und Optimierung befindet sich in Einklang mit dem Regelungszweck und kann daher kaum missbräuchlich sein.[1298] Ferner findet § 42 AO insoweit keine Anwendung, als eine einzelsteuergesetzliche Missbrauchsvermeidungsregelung – z.B. § 34a Abs. 6 EStG bzw. § 32d Abs. 2 Nr. 1 EStG – erfüllt ist (§ 42 Abs. 1 S. 2 AO). Der Gesetzgeber hat die Möglichkeiten zur Steuersatzspreizung erkannt und vorsorglich die Tatbestände der Thesaurierungsbegünstigung und der Abgeltungsteuer eng gefasst. Für den Fall, dass eine einzelsteuergesetzliche Missbrauchsvermeidungsnorm nicht erfüllt ist, scheinen aber sowohl der Gesetzgeber als auch die Finanzverwaltung von einer uneingeschränkten Anwendung des § 42 AO auszugehen.[1299]

Insgesamt wird deutlich, dass § 42 AO sehr allgemein und unbestimmt gefasst ist, es mithin keine trennscharfen Abgrenzungskriterien gibt. Der BFH wendet § 42 AO daher eher selten an.[1300] Mit *Rödder*[1301] lassen sich jedoch vier Grundsätze ableiten, denen jede Steuergestaltung gerecht werden sollte, um nicht in den Verdacht des Gestaltungsmissbrauchs zu geraten. Steuerorientierte (Rechtsform-) Gestaltungen sollten demnach

1. wirtschaftlich plausibel sein und stets auf mindestens einem gewichtigen außersteuerlichen Grund („*good business reason*“) beruhen,
2. eher einfach, denn komplex ausgestaltet sein,
3. auf Dauer angelegt sein (nicht nur um den Anschein eines „Gesamtplans“[1302] zu vermeiden),
4. systemkonform sein und sich nicht ausschließlich auf (ggf. systemwidrige) Wortlautlücken beziehen.

[1297] AEAO zu § 42 AO, Rz. 2.2.

[1298] BFH, Urteil v. 17.6.2010, VI R 50/09, DStR 2010, 1886; BFH, Urteil v. 7.12.2010, IX R 40/09, DB 2011, 506; *Thiel* in: Tipke, FS Pelka, 2010, 9, 27.

[1299] BT-Drs. 16/7036 v. 8.11.2007, 24; AEAO zu § 42 AO, Rz. 1. Kritisch *Jehke,* DStR 2012, 677, 678 f.

[1300] *Crezelius,* StuW 1995, 313; *Rödder* in: Hüttemann, DStJG Band 33, 2010, 93, 101.

[1301] *Rödder* in: Wassermeyer/Baumhoff/Hürholz, FS Gocke, 2002, 235, 242 f. Ähnlich auch *Rose/Glorius-Rose,* Steuerplanung und Gestaltungsmissbrauch, 2002, 105 f.

[1302] Nach der vom BFH (Urteil v. 6.9.2000, IV R 18/99, BStBl. II 2001, 229) entwickelten Rechtsfigur des „Gesamtplans“ ist eine zeitraumbezogene Betrachtung anzustellen, wenn ein Gesamtplan mehrere Teilakte umfasst. Im Ergebnis wird eine Vielzahl von Rechtsgeschäften, die auf einheitlicher Planung basieren und in einem engen zeitlichen und sachlichen Zusammenhang stehen, für die steuerliche Beurteilung zu einem einheitlichen wirtschaftlichen Vorgang zusammengefasst. Vertiefend hierzu etwa *Rose/Glorius-Rose,* DB 2003, 409 ff.; *Förster/Schmidtmann,* StuW 2003, 114 ff.; *Söffing,* BB 2004, 2777 ff.; *Spindler,* DStR 2005, 1 ff.; *Förster* in: Carlé/Stahl/Strahl, FS Korn, 2005, 3 ff.; *Damas/Ungemach,* DStZ 2007, 552 ff.; *Strahl,* FR 2004, 929 ff.; *Strahl,* KÖSDI 2011, 17363 ff.; *Strahl* in: Kessler/Förster/Watrin, FS Herzig, 2010, 577 ff.; *Offerhaus* in: Mellinghoff/Schön/Viskorf, FS Spindler, 2011, 677 ff.; *Offerhaus,* FR 2011, 878 ff.

5. Faktische Gestaltungsgrenzen

Faktische Gestaltungsgrenzen sind vielfältiger Natur, da sich steuerliche Optimierungsmaßnahmen nicht in einem isolierten Raum vollziehen.[1303] Sie ergeben sich insbesondere aus einzel- bzw. gesamtwirtschaftlichen Umständen (z.B. Wirtschaftskrisen[1304]), aus betriebswirtschaftlichen Erwägungen (z.B. Haftung, Rendite, Finanzierung, Rechtsformwechsel), aus individuellen Gesellschafterinteressen (z.B. Konsum), aus ethischen Gründen (Steuermoral[1305]) sowie aus Vorgaben anderer Rechtsgebiete.

So bedarf es bspw. für die optimale Anwendung der Thesaurierungsbegünstigung ggf. einer Anpassung des Personengesellschaftsvertrags hinsichtlich der Gewinnverwendungs- und Steuerentnahmeklauseln.[1306] Bei Kapitalgesellschaften können die Ausschüttungssperren nach BilMoG (§ 268 Abs. 8 HGB)[1307], die Zwangsthesaurierung bei der *Unternehmergesellschaft (haftungsbeschränkt)*[1308] sowie gesellschaftsvertragliche Gewinnverwendungsklauseln[1309] eine ausschüttungsorientierte Steuergestaltung begrenzen. Besonders relevant ist ferner, inwieweit Renditeunterschiede zwischen Betriebs- und Privatvermögen existieren. Außerdem muss – nicht nur für die späteren Modellrechnungen – bekannt sein, ob der Steuerpflichtige etwaigen Entnahmebeschränkungen (Liquiditätsrestriktionen) unterliegt.[1310]

Eine ökonomische Gestaltungsgrenze besteht dergestalt, dass die durch die Gestaltung eintretende Steuerersparnis die Höhe des Steuerplanungsaufwands übersteigen muss (Kosten-Nutzen-Relation).[1311] Dies gilt gerade für § 34a EStG, da die optimale Anwendung der Thesaurierungsbegünstigung mit großem Planungs- und Überwachungsaufwand verbunden ist.

Darüber hinaus können Informationsdefizite bzw. -asymmetrien eine sinnvolle Steuergestaltung verhindern. Sind mehrere Parteien an einer Gestaltung beteiligt bzw. von einer Gestaltung betroffen, können etwaige Interessengegensätze eine Optimierungsmaßnahme beschränken. So führt bspw. eine uneinheitliche Wahlrechtsausübung nach § 34a EStG zu einem Liquiditätsentzug zu Lasten der Gesellschaft und damit zu Lasten aller Mitunternehmer.[1312] Im

---

1303 So bereits *Rödder,* FR 1988, 355, 356; *Kessler*, Typologie der Betriebsaufspaltung, 1989, 12.

1304 Zur Problematik des § 34a EStG im Rahmen der Finanzmarktkrise der Jahre 2008 – 2010 vgl. *Wrede/Friederich,* Stbg 2010, 57, 60.

1305 *Tipke*, Besteuerungsmoral und Steuermoral, 2000, passim; *Seer* in: Tipke/Kruse, AO/FGO, § 208 AO, Rz. 44.

1306 *Rodewald/Pohl,* DStR 2008, 724, 726 ff.; *Reichert/Düll,* ZIP 2008, 1249 ff.; *Levedag,* GmbHR 2009, 13 ff.; *Schumm,* NWB 2009, 1266, 1267 ff.; *Levedag* in: Wachter, FS Spiegelberger, 2009, 328 ff.; *Winter,* Ubg 2009, 822 ff.; *Crezelius* in: Wachter, FS Spiegelberger, 2009, 65 ff.; *Eßers/Sirchich von Kis-Sira,* StbJb 2009/2010, 89 ff.; *Bisle,* SteuK 2012, 182, 183; *Ley/Bodden* in: Korn/Carlé/Stahl u.a., EStG, § 34a, Rz. 21.1.

1307 *Funnemann/Kerssenbrock,* BB 2008, 2674 ff.; *Petersen/Zwirner/Froschhammer,* KoR 2010, 334 ff.

1308 *Fischer,* Ubg 2008, 684 f.; *Fuhrmann,* NWB 2008, 3745, 3752 f.

1309 Bspw. *Neumayer,* BB 2011, 2411, 2414 f.; *Emmerich* in: Scholz, GmbHG, § 29, Rz. 30a.

1310 *Kudert/Klipstein,* zfbf 2010, 455, 460 ff.

1311 Bspw. *Kessler/Schiffers/Teufel,* Rechtsformwahl - Rechtsformoptimierung, 2002, § 1, Rz. 131; *Hageböge,* KGaA-Modell, 2008, 36.

1312 *Rodewald/Pohl,* DStR 2008, 724, 726; *Levedag,* GmbHR 2009, 13, 20; *Levedag* in: Wachter, FS Spiegelberger, 2009, 328, 341; *Schumm,* NWB 2009, 1266, 1267.

Übrigen kann eine § 34a EStG-induzierte Entnahme- und Einlagestrategie möglicherweise ein nicht gewolltes Auseinanderlaufen der Gesellschafterdarlehenskonten einer Personengesellschaft auslösen.[1313]

Bei Kapitalgesellschaften bestehen mitunter deutlich stärkere ausschüttungspolitische Interessengegensätze.[1314] Des Weiteren ist zu berücksichtigen, wie ein möglicher „Steuervorteil" unter den Betroffenen aufgeteilt wird. Überdies kann die (steuerliche) Planungsunsicherheit etwaige Steuergestaltungen begrenzen.[1315]

V. Beurteilungskriterien und Rezeption des Gestaltungsplans

Nachdem die Ziele, Mittel und Grenzen der steuerorientierten Rechtsformoptimierung mit § 34a, § 32d EStG (abstrakt) klassifiziert wurden, sind konkrete Gestaltungsalternativen zu entwickeln und zu bewerten. Als Maßstäbe kommen folgende Beurteilungskriterien in Betracht[1316]:

- Optimierungspotenzial (hoch, mittel, gering)
- Anerkennungsrisiko (hoch, mittel, gering)
- Aufwand (hoch, mittel, gering)
- Flexibilitätsgrad (hoch, mittel, gering)
- Außersteuerliche (Folge-) Wirkungen (positiv, indifferent, negativ)

Dabei werden jene Gestaltungsalternativen den Vorzug erhalten, die ein hohes Optimierungspotenzial und ein geringes Anerkennungsrisiko aufweisen. Ferner sollte der Aufwand überschaubar sein sowie mit der Gestaltungsmaßnahme flexibel auf geänderte Rahmenbedingungen reagiert werden können. Die Gestaltungsmaßnahme sollte zudem nicht in Zielkonkurrenz zu anderen (Unternehmens-) Zielen stehen.

Diesen Kriterien werden die Gestaltungsmöglichkeiten im Rahmen der Rechtsformoptimierung mit § 34a, § 32d EStG in unterschiedlicher Weise gerecht. So kann bspw. die Inanspruchnahme der Thesaurierungsbegünstigung ein hohes (quantitatives) Optimierungspotenzial bieten. Indessen könnte der Antragstellung ein hoher Implementierungs- und Verwaltungsaufwand bzw. eine eingeschränkte (Rechtsformwechsel-) Flexibilität entgegenstehen.

Auf der anderen Seite sind mit steuerlichen Wahlrechten – so bspw. bei § 34a Abs. 5 S. 2 EStG oder § 32d Abs. 2 Nr. 3 EStG – keine Anerkennungsrisiken, nur ein geringer Aufwand,

---

[1313] *Schiffers/Köster,* DStZ 2009, 880, 893 f.; *Schiffers/Köster,* DStZ 2011, 851, 860.
[1314] *Seer,* GmbHR 2009, 1036, 1041.
[1315] *Rödder* in: Hüttemann, DStJG Band 33, 2010, 93, 100.
[1316] Ähnlich *Rödder*, Gestaltungssuche im Ertragsteuerrecht, 1991, 66; *Reitsam*, Verlustverwertung im Konzern, 2006, 44.

hohe Freiheitsgrade und kaum außersteuerliche Nebenwirkungen verbunden.[1317] Größere Sachverhaltsgestaltungen, wie bspw. die Zwischenschaltung rechtlich selbständiger Rechtsträger, bieten dafür meist hohes steuerliches Optimierungspotenzial.

Die Beurteilungs- und Entscheidungsphase endet sodann in der Rezeption eines Gestaltungsplans. Zur Absicherung kann ein Antrag auf (kostenpflichtige) verbindliche Auskunft i.S.d. § 89 Abs. 2 AO gestellt werden.[1318]

F. Gestaltungsumsetzung und -deklaration

Der Steuergestalter darf sich nicht damit begnügen, einen zieladäquaten Plan zu entwerfen; er muss ihn auch durchführen.[1319] Während Sachverhaltsgestaltungen denklogisch *vor* Verwirklichung des wirtschaftlichen Sachverhalts realisiert werden müssen (sog. ex-ante-Steuergestaltungen), vollzieht sich die Steuergestaltung mittels steuerlicher Wahlrechte erst *nach* Realisierung des Sachverhalts (sog. ex-post-Steuergestaltungen).[1320] Gleichwohl bedarf es auch bei der Steueroptimierung mit Wahlrechten eines Gestaltungsplans, der vor der Wahlrechtsausübung zu entwerfen ist. Darüber hinaus kann die optimale Inanspruchnahme von Wahlrechten – z.B. die Antragstellung nach § 34a EStG oder § 32d Abs. 2 Nr. 3 EStG – eine vorherige Sachverhaltsgestaltung erforderlich machen. So erfordert bspw. die Vermeidung eines Lock-In-Effekts steuergestalterische Aktivitäten im VZ vor der erstmaligen Inanspruchnahme des § 34a EStG.

Wenngleich es in Deutschland (noch) keine Anzeigepflicht für Steuergestaltungen gibt[1321], hat der Steuerpflichtige gem. § 90 Abs. 1 AO bei der Ermittlung des steuerrelevanten Sachverhalts mitzuwirken. Er ist insbesondere verpflichtet, eine vollständige und wahrheitsgemäße Steuererklärung (nebst Ergänzungsunterlagen[1322]) nach amtlich vorgeschriebenem Muster abzugeben bzw. elektronisch zu übermitteln. Moderne Steuerverwaltungen schaffen hierzu sowohl Mitwirkungsanreize[1323] als auch Sanktionen[1324] für den Fall der Nichtkooperation.[1325]

Gerade die Verkennzifferung mittels elektronischer Steuerbilanz („E-Bilanz") und mittels elektronischer Anlage EÜR sollen dem Risikomanagement der Finanzverwaltung dienen.[1326] Um diesen zunehmend komplexen und kostenintensiven Tax-Compliance-Anforderungen

---

[1317] *Rose,* StbJb 1979/1980, 49, 69 ff.
[1318] *Jacobsen*, Methodik steuerlicher Gestaltungssuche, 2007, 91 ff.
[1319] *Flick,* StbKongRep 1964, 83, 90.
[1320] *Fischer/Schneeloch/Sigloch,* DStR 1980, 699, 702; *Michels*, Steuerliche Wahlrechte, 1982, 43 f.
[1321] *Kessler/Eicke,* BB 2007, 2370 ff.
[1322] Bspw. ergänzende Unterlagen zur Ermittlung des maximalen Begünstigungsbetrags i.S.d. § 34a EStG („vorgeschaltete Nebenrechnung"). Vgl. etwa *Rogall,* DStR 2008, 429, 430.
[1323] Z.B. die bevorzugte Behandlung elektronischer Steuererklärungen, Telefonauskünfte, Internetleistungen.
[1324] Bspw. Verspätungszuschläge nach § 152 AO, Schätzungen nach § 162 AO, Zwangsmaßnahmen nach §§ 328 ff. AO, Verzögerungsgeld nach § 146 Abs. 2b AO.
[1325] Instruktiv *Seer,* SteuerStud 2010, 369, 372.
[1326] *Seer* in: Tipke/Kruse, AO/FGO, § 150 AO, Rz. 38.

gerecht zu werden, sollte die Gestaltungsumsetzung daher auch eine umfassende Deklarations- und Dokumentationsberatung umfassen.[1327] Dies gilt in besonderem Maße für Steuergestaltungen, die erst im Rahmen der Steuererklärung realisiert bzw. finalisiert werden, mithin für die Inanspruchnahme von Wahlrechten (z.B. § 34a EStG, § 32d Abs. 6 EStG oder § 32d Abs. 2 Nr. 3 EStG).[1328]

G. Gestaltungskontrolle, -überwachung und -durchsetzung

Der Erfolg steuerlicher Optimierungsmaßnahmen ist ex post zu kontrollieren. Hierzu müssen die tatsächlichen Steuerfolgen (Ist-Zustand) mit den Zielvorgaben (Soll-Zustand) verglichen werden. Dieser Vorgang ist klassischer Bestandteil des Steuercontrollings.[1329] Darüber hinaus müssen die Wahlrechtsausübungen und Sachverhaltsgestaltungen unter laufender Beobachtung stehen, so sie steuerliche Folgen für die Zukunft oder (rückwirkend) für die Vergangenheit haben. Dies gilt insbesondere für Gestaltungen, die an gewisse

- Behalte- bzw. Nachversteuerungsfristen (z.B. § 34a Abs. 4, 6 EStG) oder
- Bindungsfristen (z.B. § 32d Abs. 2 Nr. 3 EStG: fünf Jahre)

geknüpft sind, da deren Verletzung erhebliche Steuerbelastungen auslösen können.[1330] Einer unterjährigen Überwachung bedarf es bei der Thesaurierungsbegünstigung zudem für die laufenden Entnahmen und Einlagen („§ 34a EStG-Monitoring"). Ihr Saldo wirkt sich sowohl auf die Höhe des begünstigungsfähigen Gewinns i.S.d. § 34a Abs. 2 EStG als auch auf den Nachversteuerungsbetrag (§ 34a Abs. 3 EStG) aus.

Werden steuerorientierte Gestaltungen nicht anerkannt, ist die den Optimierungsmaßnahmen zugrunde liegende Rechtsauffassung gegenüber den Finanzbehörden durchzusetzen.[1331] Dieser Prozess, der als steuerliche Abwehrberatung bezeichnet wird, umfasst die Bescheidprüfung, Verhandlungen mit den Finanzbehörden, ggf. die Mediation[1332], die Unterstützung bei Außenprüfungen, das außergerichtliche Rechtsbehelfsverfahren sowie das finanzgerichtliche Klageverfahren.[1333] Da sich die Finanzbehörden den Anwendungsfällen des § 34a EStG intensiv widmen werden, die Thesaurierungsbegünstigung somit in den „Fokus der Betriebsprüfung"[1334] gerät, nimmt die Abwehrberatung eine wichtige Rolle ein.

1327 *Delp,* DB 2010, 526. Grundlegend zur Tax Compliance *Streck/Binnewies,* DStR 2009, 229 ff.; *Streck,* StbJb 2009/2010, 415 ff.; *Streck/Mack/Schwedhelm,* Tax Compliance, 2010, 11.

1328 Zum Umgang mit der „Anlage § 34a" bei der Steuerdeklaration vgl. *Ley/Bodden* in: Korn/Carlé/Stahl u.a., EStG, § 34a, Rz. 48.2.

1329 Grundlegend *Zimmermann,* Steuercontrolling, 1997, 149 ff.; *Schiffers* in: Carlé/Stahl/Strahl, FS Korn, 2005, 19, 35.

1330 *Korn/Fuhrmann,* KÖSDI 2010, 17077 ff.

1331 Statt vieler *Thiel* in: Tipke, FS Pelka, 2010, 9, 16 f.

1332 *Hölzer/Schnüttgen/Bornheim,* DStR 2010, 2538, 2543.

1333 *Tipke* in: Spindler/Tipke/Rödder, FS Schaumburg, 2009, 183, 192 f.

1334 *Harle/Geiger,* StBp 2009, 39, 45. Ähnlich auch *Wrede/Friederich,* Stbg 2010, 57, 59.

Kapitel 2.
Rechtsformoptimierung mit der Thesaurierungsbegünstigung

A. Entwicklung einer grundlegenden Gestaltungsabfolge

Die (Rechtsform-) Optimierungsüberlegen im Zusammenhang mit § 34a EStG erstrecken sich insbesondere auf die Vorteilhaftigkeit der Antragstellung sowie auf die Vermeidung bzw. Verzögerung einer Nachversteuerung.[1335] Bevor auf diese Maßnahmen eingegangen wird, ist es aber erforderlich, eine individuelle Planungs- und Gestaltungsabfolge zu entwickeln. Eine solche (vorgeschaltete) Gestaltungsroutine dient der Prüfung, ob die Inanspruchnahme des § 34a EStG überhaupt möglich und vor allem sinnvoll ist.[1336] Damit können rechtzeitig ggf. unnötiger Planungsaufwand vermieden bzw. notwendige Gestaltungsmaßnahmen initiiert werden.

Für die Gestaltungspraxis bietet sich für das weitere Vorgehen – nicht nur aus Haftungsgründen[1337] – eine „Checkliste" mit folgenden Prüffragen an:[1338]

1. Existieren Gewinne, die nicht entnommen werden sollen (bzw. dürfen) und liegt der individuelle Steuersatz deutlich über 28,25% (*steuerrechtliche Voraussetzung*)?
2. Ist die Gewinnthesaurierung gesellschaftsvertraglich möglich oder gar notwendig (*gesellschaftsrechtliche Voraussetzung*)?
3. Ist die Unternehmensfinanzierung über Gewinnthesaurierung betriebswirtschaftlich sinnvoll (*betriebswirtschaftliche Voraussetzung*)?
4. Sind für die nahe Zukunft eine Betriebsveräußerung, eine Betriebsaufgabe, ein Rechtsformwechsel oder hohe Entnahmen geplant (*Flexibilität*)?
5. Führt die Inanspruchnahme des § 34a EStG zu einer steuerlichen Minderbelastung (*finanzmathematische Vorteilhaftigkeit*)?
6. Können steuerliche Gestaltungsmaßnahmen zur Optimierung des § 34a EStG umgesetzt werden (*Gestaltungsaspekte*)?

Zu 1. Zur Anwendung der Thesaurierungsbegünstigung bedarf es – neben einer Gewinnermittlung nach § 4 Abs. 1 S. 1, § 5 EStG und Einkünften i.S.d. §§ 13 – 18 EStG – steuerpflichtiger Gewinne, die nicht entnommen werden. Daher wird man zunächst prüfen müssen, ob für den jeweiligen Betrieb / Mitunternehmeranteil die Entstehung eines nicht entnommenen Gewinns erreichbar ist.[1339] Darüber hinaus kann sich § 34a EStG wegen des Stundungseffekts nur dann lohnen, wenn die Gewinne über einen gewissen

[1335] *Herzig* in: Wachter, FS Spiegelberger, 2009, 210, 220.
[1336] *Schiffers,* GmbH-StB 2007, 345; *Dörfler* in: Littmann/Bitz/Pust, EStG, § 34a, Rz. 194.
[1337] *Ehlers,* DStR 2010, 2154, 2156.
[1338] In Anlehnung an *Schiffers,* GmbHR 2007, 841, 844 ff.
[1339] *Korn/Strahl,* KÖSDI 2008, 16246, 16253.

Zeitraum thesauriert werden und der Grenzsteuersatz des Steuerpflichtigen 28,25% deutlich übersteigt. Anderenfalls führt die Inanspruchnahme der Thesaurierungsbegünstigung bereits im VZ der Antragstellung zu einer Mehrbelastung.[1340] Interessant wird § 34a EStG deswegen erst bei hohen Grenzsteuersätzen, die nachhaltig bei mindestens 40% liegen sollten.[1341]

Zu 2. Die individuelle Wahlrechtsausübung nach § 34a EStG ist zwar ohne explizite Regelung im Gesellschaftsvertrag möglich. Gleichwohl macht die optimale Anwendung der Thesaurierungsbegünstigung Anpassungen hinsichtlich der Gewinnverwendungs-, Gewerbesteuer- und Steuerentnahmeklauseln notwendig.[1342] Ist der Steuerpflichtige an etwaige Gewinnverwendungsvorgaben gebunden, wird die Frage der Inanspruchnahme des § 34a EStG einzig durch steuerliche Erwägungen bestimmt (weiter zu Prüffrage 4).[1343] Kann er hingegen individuell über die Gewinnverwendung bestimmen, hängt das weitere Vorgehen von der ökonomischen Vorteilhaftigkeit der Innen- bzw. Selbstfinanzierung ab (Prüffrage 3).

Zu 3. Ein Unternehmer steht stets vor der Frage, wie er sein Unternehmen optimal finanziert. Hierbei wird grundlegend zwischen Außen- und Innenfinanzierung unterschieden.[1344] Die Außenfinanzierung umfasst die Finanzierung mittels Fremd- oder Eigenkapital. Die Innenfinanzierung erfolgt primär über Gewinnthesaurierung (Selbstfinanzierung). Welche Finanzierungsform der Unternehmer wählt, hängt insbesondere von der Rendite sowie von steuer- und haftungsrechtlichen Aspekten ab.[1345]

Für die Anwendung des § 34a EStG ist demnach entscheidend, ob der Steuerpflichtige *innerhalb* oder *außerhalb* seines Unternehmens freie Mittel investiert. Sollen Gelder am Kapitalmarkt angelegt werden, lohnt sich die Thesaurierungsbegünstigung regelmäßig nicht, da bei einer Anlage im Privatvermögen die steuergünstige Abgeltungsteuer genutzt werden kann.[1346] Besteht wegen Kredit- oder Liquiditätsrestriktionen

---

1340 *Lange* in: Strahl, Ertragsteuern, 2010, Rz. 118.

1341 Statt vieler *Hey,* DStR 2007, 925, 930; *Kessler/Schiffers* in: Müller/Hoffmann, Beck'sches Handbuch der Personengesellschaften, 2009, § 1, Rz. 151; *Schiffers/Köster,* DStZ 2011, 851, 859 f.

1342 *Rodewald/Pohl,* DStR 2008, 724, 726; *Reichert/Düll,* ZIP 2008, 1249, 1254; *Levedag,* GmbHR 2009, 13 ff.; *Schumm,* NWB 2009, 1266, 1268; *Winter,* Ubg 2009, 822, 823; *Crezelius* in: Wachter, FS Spiegelberger, 2009, 65, 67; *Ley/Bodden* in: Korn/Carlé/Stahl u.a., EStG, § 34a, Rz. 21.1 ff.

1343 *Dörfler* in: Littmann/Bitz/Pust, EStG, § 34a, Rz. 195; *Schiffers,* GmbHR 2007, 841, 844.

1344 *Wöhe/Bilstein/Ernst u.a.*, Unternehmensfinanzierung, 2009, 16; *Perridon/Steiner*, Finanzwirtschaft, 2009, 358; *Wöhe/Döring*, Betriebswirtschaftslehre, 2010, 523; *Rehkugler*, Finanzwirtschaft, 2007, 185 f.

1345 *Schiffers,* GmbHR 2007, 841, 844.

1346 *Homburg/Houben/Maiterth,* WPg 2007, 376, 381; *Schanz/Kollruss/Zipfel,* DStR 2008, 1702 ff.; *Schiffers/Köster,* DStZ 2011, 851, 860.

kein Zugang zu Fremdkapital, bestimmen jedoch ausschließlich steuerliche Faktoren die Frage, ob zur Thesaurierungsbegünstigung optiert werden soll.[1347]

Zu 4. Da eine Betriebsveräußerung und -aufgabe sowie eine Umwandlung in eine Kapitalgesellschaft eine Nachversteuerung i.S.d. § 34a Abs. 6 EStG auslösen, ist bei entsprechenden Vorhaben die Inanspruchnahme der Thesaurierungsbegünstigung nicht sinnvoll. Gleiches gilt, falls in naher Zukunft hohe Entnahmen geplant sind. Zur Wahrung der steuerlichen Flexibilität sollte daher in solchen Fällen von vornherein auf § 34a EStG verzichtet werden.[1348]

Zu 5. Da die nominale Gesamtsteuerbelastung bei Inanspruchnahme des § 34a EStG stets über jener bei Regelbesteuerung liegt, kann sich ein (Barwert-) Vorteil lediglich dann einstellen, wenn die Nachversteuerung zeitlich hinausgeschoben wird (Steuerstundungseffekt).[1349] Der temporäre Thesaurierungsvorteil muss den permanenten Nachversteuerungsnachteil übersteigen.

Die Ermittlung der notwendigen Mindestthesaurierungsdauer erfolgt über finanzmathematische Entscheidungsmodelle (siehe Unterkapitel B). Dabei spielen insbesondere der individuelle Steuersatz und die Rendite im Betriebsvermögen eine Rolle. Relevant ist ferner der Planungshorizont (i.d.R. 3 – 10 Jahre). Liegt dieser deutlich unter der ermittelten Mindestverweildauer, sollte ebenfalls von einer Antragstellung abgesehen werden.[1350]

Zu 6. Kommt man anhand obiger Prüffragen und Berechnungen zu dem Schluss, dass die Antragstellung nach § 34a EStG mit hoher Wahrscheinlichkeit zu einem steuerlichen Vorteil (i.S.e. Minderbelastung) führt, gilt es, die Anwendung der Thesaurierungsbegünstigung zu optimieren.[1351] Die hierbei relevanten Gestaltungsansätze (siehe Unterkapitel C) lassen sich in zeitlicher Hinsicht wie folgt systematisieren:

I. Gestaltungsmaßnahmen vor Inanspruchnahme
II. Laufende Gestaltungsmaßnahmen während der Inanspruchnahme
III. Aperiodische Gestaltungsmaßnahmen nach Inanspruchnahme

[1347] *Homburg,* DStR 2007, 686, 688; *Knirsch/Schanz,* ZfB 2008, 1231, 1242 ff.; *Kudert/Klipstein,* zfbf 2010, 455, 476 f.

[1348] Ähnlich *Cordes,* WPg 2007, 526, 529; *Hey,* DStR 2007, 925, 930; *Ley/Brandenberg,* FR 2007, 1085, 1106; *Bindl,* DB 2008, 949, 954; *Schiffers* in: Kessler/Förster/Watrin, FS Herzig, 2010, 823, 827.

[1349] Statt vieler *Hölzerkopf/Taetzner,* BB 2007, 2769, 2774; *Knief/Nienaber,* BB 2007, 1309, 1314; *Houben/Maiterth,* FR 2008, 1044, 1045.

[1350] *Dörfler* in: Littmann/Bitz/Pust, EStG, § 34a, Rz. 195.

[1351] Ähnlich *Dörfler* in: Littmann/Bitz/Pust, EStG, § 34a, Rz. 198.

Während die Prüffragen 1 – 4 noch relativ unproblematisch beantworten werden können und/oder andere (Rechts-) Gebiete betreffen, bedarf es hinsichtlich substanzieller Vorteilhaftigkeitsanalysen (5.) und Gestaltungsmaßnahmen (6.) weitergehender (steuerlicher) Untersuchungen. Vor diesem Hintergrund werden im Folgenden die Kriterien finanzmathematisch herausgearbeitet, nach welchen die Inanspruchnahme der Thesaurierungsbegünstigung sinnvoll ist (Vorteilhaftigkeitsanalyse). Darauf aufbauend gilt es, Gestaltungsmaßnahmen zu entwickeln, mit denen die Wirkungen der Thesaurierungsbegünstigung weiter optimiert werden können (Optimierungsanalyse).

B. Vorteilhaftigkeit der Inanspruchnahme

I. Vorteilhaftigkeitskalkül

Das Vorteilhaftigkeitskalkül der Thesaurierungsbegünstigung basiert auf der simplen Überlegung, dass es bei Anwendung des § 34a EStG zunächst zu einer Steuerentlastung gegenüber der Regelbesteuerung kommt (Thesaurierungsvorteil). Die (Zins-) Erträge aus dieser Steuerersparnis müssen die Zusatzbelastung kompensieren, die sich anlässlich der Nachversteuerung bei späterer Gewinnentnahme ergibt.[1352] Die Vorteilhaftigkeit der Wahlrechtsausübung nach § 34a EStG hängt folglich von der Höhe des Zinsvorteils ab, der aus der temporären Minderbelastung resultiert. Der Zinsvorteil wird wiederum maßgeblich von der Thesaurierungsdauer, dem Steuersatz und der Rendite bestimmt.[1353]

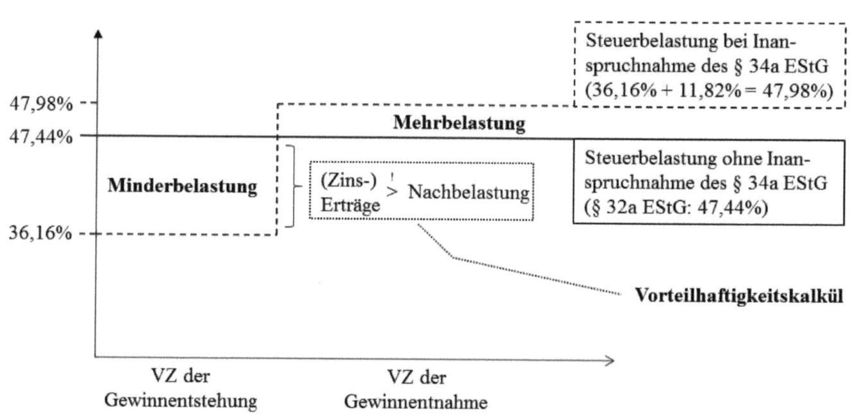

Abbildung 76: Vorteilhaftigkeitskalkül des § 34a EStG

Quelle: Eigene Darstellung

[1352] Statt aller *Houben/Maiterth,* FR 2008, 1044, 1045; *Schiemann,* Stbg 2008, 141 f.; *Blum,* BB 2008, 322 f.; *Knirsch/Schanz,* ZfB 2008, 1231 f.; *Ratschow* in: Blümich, EStG/KStG/GewStG, § 34a EStG, Rz. 4; *Kaligin* in: Lademann, EStG, § 34a, Rz. 5.

[1353] Instruktiv *Houben/Maiterth,* StuW 2008, 228, 231.

Im Rahmen der Rechtsformoptimierung eines Personenunternehmens ist mithin die Regelbesteuerung i.S.d. § 32a ESG mit der zweistufigen Steuerbelastung nach § 34a EStG unter Barwertgesichtspunkten zu vergleichen. Es wird nachfolgend angenommen, dass die Einkommen- und Gewerbesteuer (Hebesatz 400%) aus dem Betriebsvermögen finanziert werden müssen, sie daher nicht begünstigt besteuert werden können (*§ 34a EStG - effektiv*). Die Gewinnentnahme ins Privatvermögen zur Ausnutzung der Abgeltungsteuer (§ 32d EStG) bleibt einem eigenen Kapitel vorbehalten. Insofern wird unterstellt, dass die Entscheidung für die Innenfinanzierung bereits getroffen ist und lediglich geklärt werden muss, wie die (Unternehmen-) Steuerbelastung optimiert (minimiert) werden kann.[1354]

II. Statischer Ansatz

Auch ohne komplexe Barwertberechnungen ist anhand nachstehender (statischer) Abbildung 77 ersichtlich, dass Steuerpflichtige mit hohen Steuersätzen die größten Vorteile aus der Inanspruchnahme des § 34a EStG ziehen können. Hier kommt es zu vergleichsweise hohen Thesaurierungsvorteilen (11%-Punkte) und zu vergleichsweise geringen Nachversteuerungsnachteilen (0,5%-Punkte).[1355]

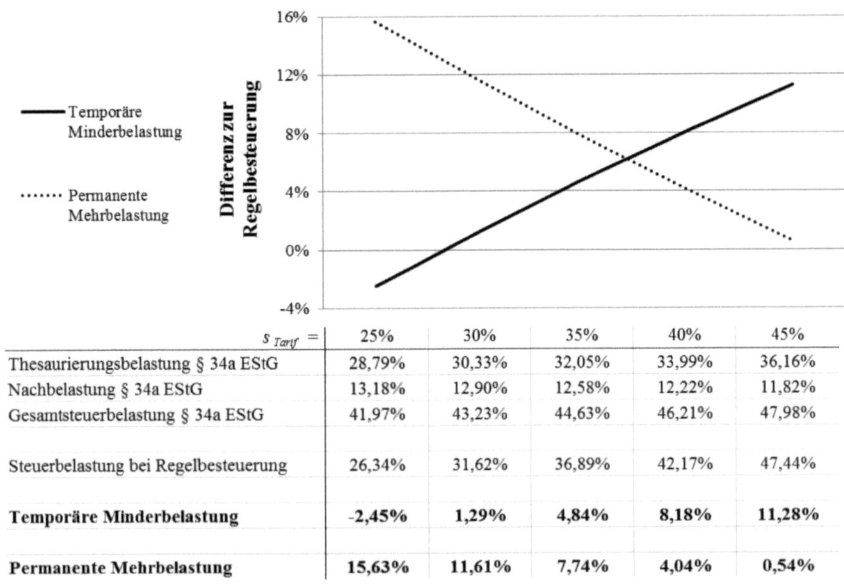

s_{Tarif} =	25%	30%	35%	40%	45%
Thesaurierungsbelastung § 34a EStG	28,79%	30,33%	32,05%	33,99%	36,16%
Nachbelastung § 34a EStG	13,18%	12,90%	12,58%	12,22%	11,82%
Gesamtsteuerbelastung § 34a EStG	41,97%	43,23%	44,63%	46,21%	47,98%
Steuerbelastung bei Regelbesteuerung	26,34%	31,62%	36,89%	42,17%	47,44%
Temporäre Minderbelastung	**-2,45%**	**1,29%**	**4,84%**	**8,18%**	**11,28%**
Permanente Mehrbelastung	**15,63%**	**11,61%**	**7,74%**	**4,04%**	**0,54%**

Abbildung 77: Statische Vorteilhaftigkeitsbetrachtung bei § 34a EStG

Quelle: Erweitert nach *Houben/Maiterth,* StuW 2008, 228, 231; *Schiffers,* GmbHR 2007, 841, 844

[1354] So auch *Patek,* BFuP 2007, 443, 459.

[1355] *Pflüger,* GStB 2007, 390, 397; *Kessler/Ortmann-Babel/Zipfel* in: Ernst & Young/BDI, Unternehmensteuerreform 2008, 45 f.; *Helmreich/Rupp*, Gewinnthesaurierung bei Personengesellschaften, 2008, 22 ff.

Gleichwohl ist bereits bei einperiodiger Betrachtung zu erkennen, dass selbst im Anwendungsbereich höherer Steuersätze ein (nominaler) Gesamtbelastungsnachteil resultiert.[1356] Der Steuerpflichtige hat also stets abzuwägen, wie lange er den Gewinn im Unternehmen belassen muss, damit der Barwert der Steuerersparnis die effektive Mehrbelastung kompensiert.[1357] Statische Modelle vermögen diese Frage nicht exakt zu beantworten, bieten aber eine erste Orientierung. So lassen sich folgende Tendenzaussagen treffen:[1358]

- Für Steuerpflichtige mit Steuersätzen unter 28,25% stellt sich die Frage der Wahlrechtsausübung nicht.[1359] Für sie ist § 34a EStG stets nachteilig.
- Steuerpflichtige, die nachhaltig dem Spitzensteuersatz i.H.v. 45% unterliegen, gehen mit dem Sondertarif nach § 34a EStG indes kaum (Belastungs-) Risiken ein. Die Mehrbelastung wird bereits nach sehr kurzer Thesaurierungsdauer (meist schon weniger als ein Jahr) durch den Zinsvorteil ausgeglichen.
- Vor schwierige Barwertberechnungen und Gestaltungsüberlegungen stellt § 34a EStG hingegen all jene Steuerpflichtigen, deren Steuersatz zwischen 28,25% und 45% liegt.[1360] In diesen Fällen bedarf es dynamischer Vorteilhaftigkeitsanalysen, die im Folgenden dargestellt werden.

III. Dynamischer Ansatz

1. Berücksichtigung von Zeiteffekten

Dynamische Modelle vermögen – im Unterschied zu rein statischen Analysen – auch Zeiteffekte abzubilden. Dies erweist sich gerade für die Untersuchung der Thesaurierungsbegünstigung als notwendig, da das Vorteilhaftigkeitskalkül von § 34a EStG auf Zeit-, Zins- bzw. Stundungswirkungen basiert. In concreto verfolgen die nachstehenden Modelle das Ziel, die relevanten Einflussgrößen der Vorteilhaftigkeit des § 34a EStG zu quantifizieren. Es wird zunächst eine einmalige Antragspolitik unterstellt.

2. Kritische Mindestthesaurierungsdauer

Die Vorteilhaftigkeit der Thesaurierungsbegünstigung hängt von drei Faktoren ab:

- dem persönlichen (Grenz-) Steuersatz des Steuerpflichtigen,
- der Thesaurierungsdauer sowie
- der internen Rendite im Betriebsvermögen.

[1356] Statt aller *Schiemann,* Stbg 2008, 141, 142; *Liess,* GStB 2012, 128, 129.

[1357] *Dörfler* in: Littmann/Bitz/Pust, EStG, § 34a, Rz. 121.

[1358] *Hey,* DStR 2007, 925, 930; *Rupp* in: Preißer/Pung, Besteuerung der Personen- und Kapitalgesellschaften, 733 f.

[1359] *Cordes,* WPg 2007, 526, 529 f.

[1360] *Dörfler/Graf/Reichl,* DStR 2007, 645, 651.

Der Steuerpflichtige wird nur dann die Thesaurierungsbegünstigung beantragen, wenn die daraus resultierende Gesamtbelastung geringer ist als die Steuerbelastung ohne § 34a EStG (Regelbesteuerung). Das dynamische Vorteilhaftigkeitskalkül[1361] lautet demnach:

Steuerbelastung ohne § 34a EStG > Steuerbelastung mit § 34a EStG

Regelbesteuerung > Thesaurierungsbelastung + Nachversteuerungsbelastung / (1 + r)^n

Regelbesteuerung - Thesaurierungsbelastung > Nachversteuerungsbelastung / (1 + r)^n

Daraus folgt:

[temporäre] Minderbelastung > Nachversteuerungsbelastung / (1 + r)^n

Dabei hängen sowohl die (temporäre) Minderbelastung als auch die Nachversteuerungsbelastung vom Thesaurierungsvolumen (Begünstigungsbetrag *B*), vom Gewerbesteuerhebesatz (*h*) und vom persönlichen Einkommensteuersatz (s_{Tarif}) ab. Das (max.) Thesaurierungsvolumen (*B*) wird durch die Tatsache determiniert, dass die Gewerbesteuer nicht begünstigt besteuert werden kann und die Zahlung der Einkommensteuer (s_{Tarif}) als Entnahme zu werten ist. Die Gewerbesteuer bzw. der Gewerbesteuerhebesatz (*h*) sind wegen der Anrechnung nach § 35 EStG von untergeordneter Bedeutung.[1362] Die Abhängigkeit der Minder- bzw. Mehrbelastung reduziert sich somit auf den persönlichen Einkommensteuersatz (s_{Tarif}) des Steuerpflichtigen.

Da der Steuersatz und die Rendite (nach Steuern) zumindest kurzfristig nicht beeinflusst werden können, sie mithin exogene Faktoren darstellen, hängt das steuerliche Optimierungskalkül einzig von der Thesaurierungsdauer (*n*) ab.[1363] Durch Umformen und Logarithmieren obiger Ungleichung ergibt sich hinsichtlich der Vorteilhaftigkeit folgende kritische Mindestthesaurierungsdauer:

$$n > \frac{\ln\left(\frac{\text{Nachversteuerungsbelastung}}{\text{Minderbelastung}}\right)}{\ln(1+r)}$$

In der nachfolgenden Abbildung 78 wird dargestellt, wie lange der Steuerpflichtige die thesaurierten Gewinne nicht entnehmen darf, damit der Antrag nach § 34a EStG vorteilhaft ist (Mindestthesaurierungsdauer). Es wird zwischen verschiedenen Einkommensteuersätzen und Nach-Steuer-Renditen (interne Renditen im Betriebsvermögen) differenziert.

1361 *Schiffers,* GmbHR 2007, 841, 845; *Houben/Maiterth,* StuW 2008, 228, 233; *Kessler/Schiffers* in: Müller/Hoffmann, Beck'sches Handbuch der Personengesellschaften, 2009, § 1, Rz. 152.

1362 So auch *Schiemann,* Stbg 2008, 141, 144; *Jessen,* GStB 2009, 425, 427.

1363 *Blum,* BB 2008, 322, 323. Ähnlich *Wangler/Schill* in: DHBW Villingen-Schwenningen, 2009, 41, 95 ff.

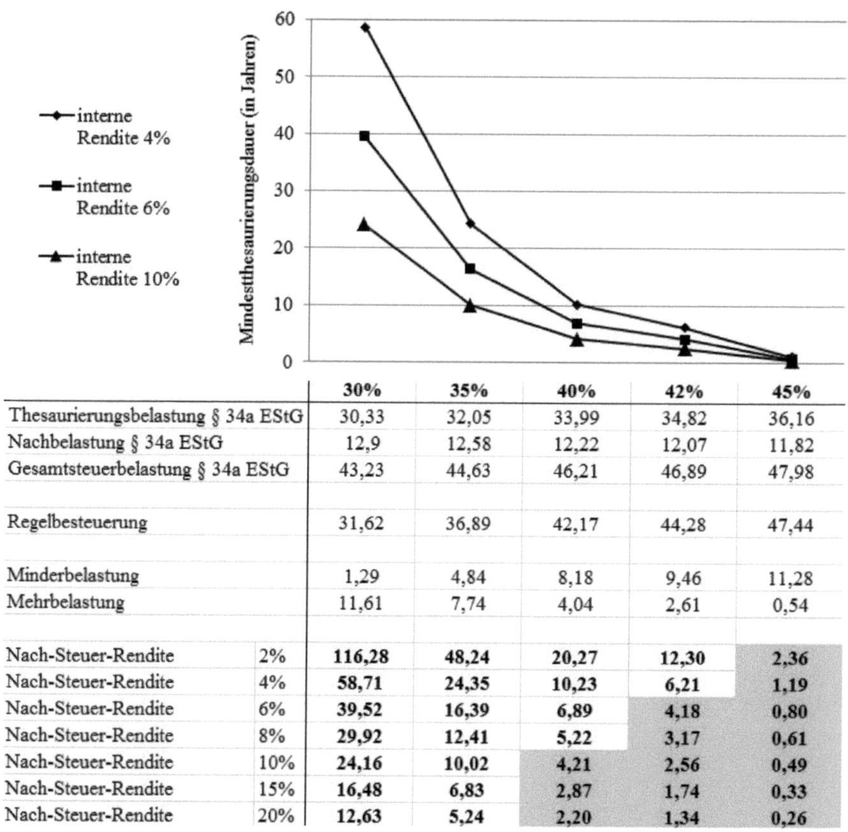

		30%	35%	40%	42%	45%
Thesaurierungsbelastung § 34a EStG		30,33	32,05	33,99	34,82	36,16
Nachbelastung § 34a EStG		12,9	12,58	12,22	12,07	11,82
Gesamtsteuerbelastung § 34a EStG		43,23	44,63	46,21	46,89	47,98
Regelbesteuerung		31,62	36,89	42,17	44,28	47,44
Minderbelastung		1,29	4,84	8,18	9,46	11,28
Mehrbelastung		11,61	7,74	4,04	2,61	0,54
Nach-Steuer-Rendite	2%	**116,28**	**48,24**	**20,27**	**12,30**	**2,36**
Nach-Steuer-Rendite	4%	**58,71**	**24,35**	**10,23**	**6,21**	**1,19**
Nach-Steuer-Rendite	6%	**39,52**	**16,39**	**6,89**	**4,18**	**0,80**
Nach-Steuer-Rendite	8%	**29,92**	**12,41**	**5,22**	**3,17**	**0,61**
Nach-Steuer-Rendite	10%	**24,16**	**10,02**	**4,21**	**2,56**	**0,49**
Nach-Steuer-Rendite	15%	**16,48**	**6,83**	**2,87**	**1,74**	**0,33**
Nach-Steuer-Rendite	20%	**12,63**	**5,24**	**2,20**	**1,34**	**0,26**

Abbildung 78: Mindestthesaurierungsdauer § 34a EStG (Nach-Steuer-Rendite)

Quelle: Erweitert nach *Blum,* BB 2008, 322, 324 (Tab. 5); *Förster,* Ubg 2008, 185, 192 (Tab. 9)

Demnach sinkt die notwendige Mindestthesaurierungsdauer mit steigendem Steuersatz und mit steigender Rendite. Wird bspw. ein Planungszeitraum von fünf Jahren angenommen (vgl. die markierte Fläche), so zeigt sich eine Vorteilhaftigkeit der Antragstellung nach § 34a EStG nur unter der Annahme eines relativ hohen Einkommensteuersatzes und/oder einer relativ hohen internen Rendite.[1364] Für den Fall einer Grenzsteuerbelastung von 42% und einer Unternehmensrendite (nach Steuern) von 8% ist z.B. eine Mindestthesaurierungsdauer von 3,17 Jahren notwendig. Bei Steuersätzen unter 40% sind unrealistisch hohe Mindestthesaurierungszeiträume und/oder sehr hohe interne Renditen erforderlich.[1365] Bei darüber liegenden Steuersätzen spricht jedoch vieles für eine Inanspruchnahme des § 34a EStG.[1366]

[1364] *Kessler/Pfuhl* in: Wege zu Eigenkapital, FS Kary, 2009, 59, 72 f.

[1365] Dies wäre nach *Blum,* BB 2008, 322, 324 bspw. auch dann der Fall, wenn durch die temporäre Steuerentlastung Kontokorrentüberziehungen dauerhaft vermieden bzw. reduziert werden könnten. Ähnlich auch *Schanz/Kollruss/Zipfel,* DStR 2008, 1702, 1704 f.

[1366] *Förster,* Ubg 2008, 185, 192.

Berücksichtigt man des Weiteren, dass die Erträge aus der zwischenzeitlichen Steuerersparnis der laufenden Besteuerung (s) unterliegen, ist die betriebsinterne *Vor-Steuer*-Rendite (im Nenner) mit dem Steuerfaktor ($1 - s$) zu multiplizieren. Die kritische Mindestthesaurierungsdauer ermittelt sich aus diesem Grund wie folgt:[1367]

$$n > \frac{\ln\left(\frac{\text{Nachversteuerungsbelastung}}{\text{Minderbelastung}}\right)}{\ln\left(1+\left(r\times\left(1-s\right)\right)\right)}$$

Unter Berücksichtigung unterschiedlicher interner *Vor-Steuer*-Renditen ergeben sich die folgenden Steuerbelastungen bzw. Mindestthesaurierungsdauern:

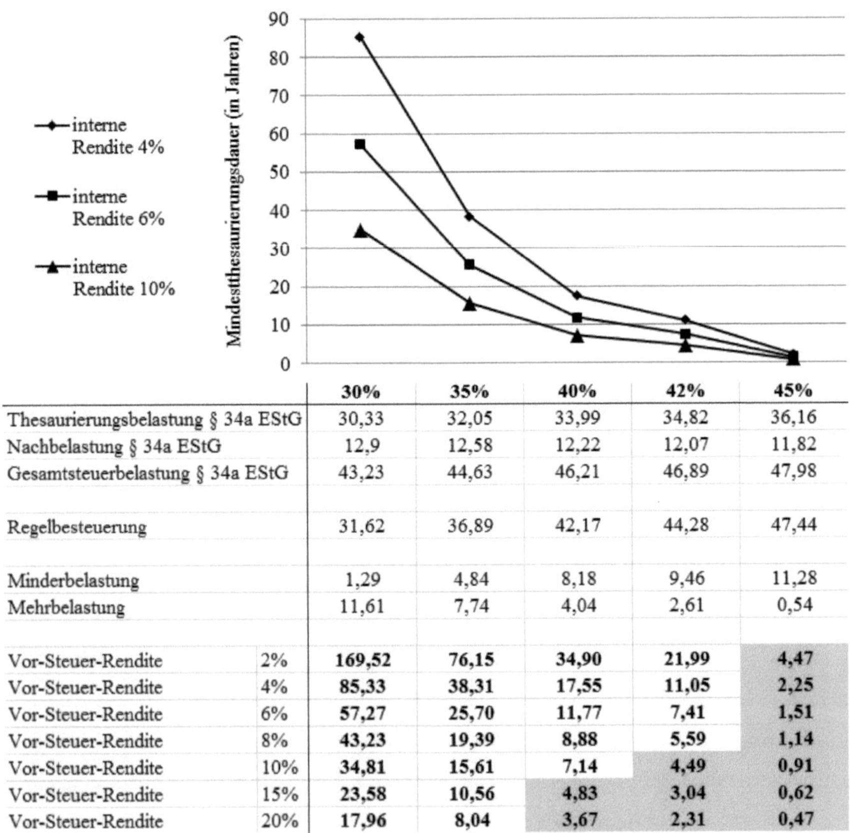

		30%	35%	40%	42%	45%
Thesaurierungsbelastung § 34a EStG		30,33	32,05	33,99	34,82	36,16
Nachbelastung § 34a EStG		12,9	12,58	12,22	12,07	11,82
Gesamtsteuerbelastung § 34a EStG		43,23	44,63	46,21	46,89	47,98
Regelbesteuerung		31,62	36,89	42,17	44,28	47,44
Minderbelastung		1,29	4,84	8,18	9,46	11,28
Mehrbelastung		11,61	7,74	4,04	2,61	0,54
Vor-Steuer-Rendite	2%	**169,52**	**76,15**	**34,90**	**21,99**	**4,47**
Vor-Steuer-Rendite	4%	**85,33**	**38,31**	**17,55**	**11,05**	**2,25**
Vor-Steuer-Rendite	6%	**57,27**	**25,70**	**11,77**	**7,41**	**1,51**
Vor-Steuer-Rendite	8%	**43,23**	**19,39**	**8,88**	**5,59**	**1,14**
Vor-Steuer-Rendite	10%	**34,81**	**15,61**	**7,14**	**4,49**	**0,91**
Vor-Steuer-Rendite	15%	**23,58**	**10,56**	**4,83**	**3,04**	**0,62**
Vor-Steuer-Rendite	20%	**17,96**	**8,04**	**3,67**	**2,31**	**0,47**

Abbildung 79: Mindestthesaurierungsdauer § 34a EStG (Vor-Steuer-Rendite)

Quelle: Erweitert nach *Schiemann,* Stbg 2008, 141, 145 (Abb. 2)

1367 *Houben/Maiterth,* StuW 2008, 228, 233; *Homburg/Houben/Maiterth,* zfbf 2008, 29, 36 f. Im Ergebnis auch *Dörfler* in: Littmann/Bitz/Pust, EStG, § 34a, Rz. 128.

Es wird deutlich, dass sich die kritische Mindestthesaurierungsdauer etwas verlängert. Sie beträgt für das Ausgangsbeispiel (ESt-Satz 42%, Zins 8%) 5,59 Jahre und liegt damit knapp außerhalb des angenommenen fünfjährigen Planungshorizonts. Für Steuerpflichtige, die dem Spitzensteuersatz unterliegen, lohnt sich die Antragstellung hingegen auch bei kürzeren Planungszeiträumen. Hier überwiegt der Zinsvorteil durch die Verschiebung der Nachversteuerung gegenüber dem (negativen) Tarifeffekt schon relativ früh.[1368]

3. Kritischer Einkommensteuersatz

Wie anhand nachstehender 3D-Graphik erkennbar ist, nähert sich der kritische Einkommensteuersatz mit zunehmender Thesaurierungsdauer und zunehmender interner Rendite asymptotisch dem § 34a EStG-Steuersatz von 28,25%.[1369] Es ist ferner ersichtlich, dass sich die Effektivsteuersätze bei Inanspruchnahme des § 34a EStG durch lange Thesaurierungszeiträume und/oder hohe Renditen spürbar senken lassen.

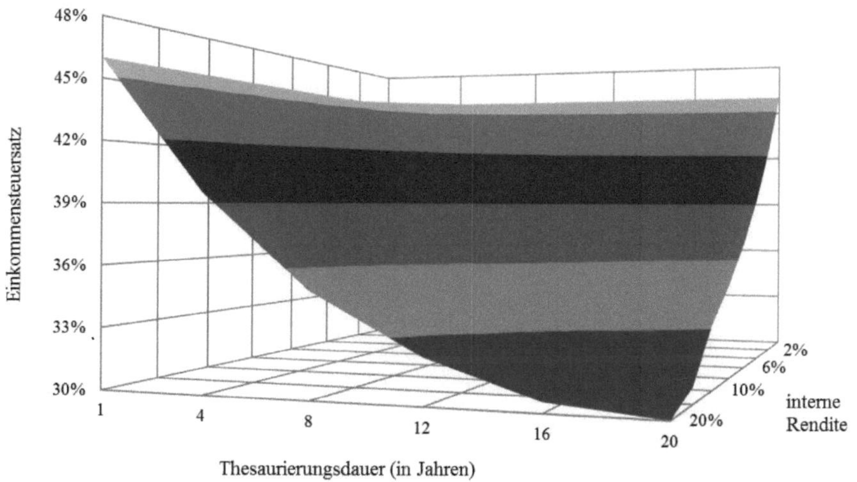

Abbildung 80: Kritischer Einkommensteuersatz für die Vorteilhaftigkeit des § 34a EStG

Quelle: Eigene Darstellung in Anlehnung an *Patek,* BFuP 2007, 443, 460 (Abb. 2)

Der Einkommensteuersatz ist aber keine vorgegebene Größe, sondern hängt im Wesentlichen vom z.v.E. nach § 32a EStG ab (siehe nachfolgendes Modell).

[1368] *Knirsch/Schanz,* ZfB 2008, 1231, 1237 f.

[1369] *Patek,* BFuP 2007, 443, 459. Die Darstellung beruht auf den Berechnungen zur kritischen Mindestthesaurierungsdauer (siehe oben).

4. Kritisches z.v.E.

Die folgende Berechnung quantifiziert die effektive Gesamtbelastung unter Inanspruchnahme des § 34a EStG. Es stellt – abhängig von der Thesaurierungsdauer – den jeweiligen Durchschnittssteuerbelastungen das korrespondierende z.v.E. gegenüber.[1370] Auf diese Weise kann abgelesen werden, nach wie viel Jahren (Spalte 2) welches z.v.E. (Spalte 6) notwendig gewesen wäre, um mit § 34a EStG Vorteile zu erzielen.[1371] Der Kalkulationszinssatz nach Steuern soll 5,5% betragen (analog zu § 12 Abs. 3 BewG).

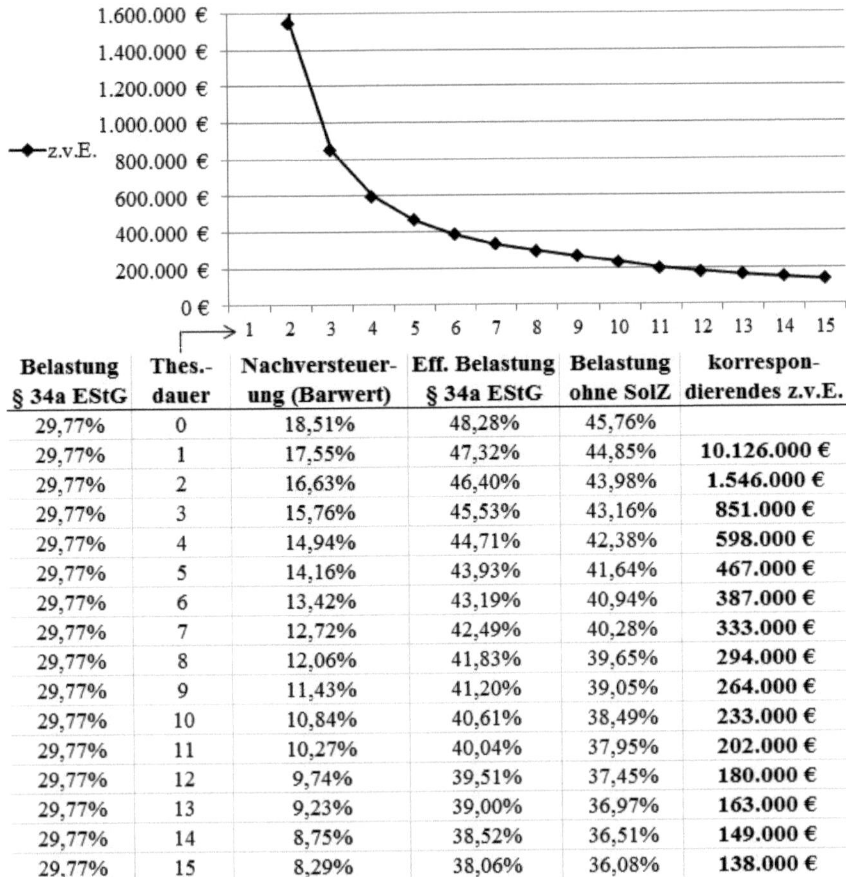

Belastung § 34a EStG	Thes.-dauer	Nachversteuerung (Barwert)	Eff. Belastung § 34a EStG	Belastung ohne SolZ	korrespondierendes z.v.E.
29,77%	0	18,51%	48,28%	45,76%	
29,77%	1	17,55%	47,32%	44,85%	**10.126.000 €**
29,77%	2	16,63%	46,40%	43,98%	**1.546.000 €**
29,77%	3	15,76%	45,53%	43,16%	**851.000 €**
29,77%	4	14,94%	44,71%	42,38%	**598.000 €**
29,77%	5	14,16%	43,93%	41,64%	**467.000 €**
29,77%	6	13,42%	43,19%	40,94%	**387.000 €**
29,77%	7	12,72%	42,49%	40,28%	**333.000 €**
29,77%	8	12,06%	41,83%	39,65%	**294.000 €**
29,77%	9	11,43%	41,20%	39,05%	**264.000 €**
29,77%	10	10,84%	40,61%	38,49%	**233.000 €**
29,77%	11	10,27%	40,04%	37,95%	**202.000 €**
29,77%	12	9,74%	39,51%	37,45%	**180.000 €**
29,77%	13	9,23%	39,00%	36,97%	**163.000 €**
29,77%	14	8,75%	38,52%	36,51%	**149.000 €**
29,77%	15	8,29%	38,06%	36,08%	**138.000 €**

Abbildung 81: Kritisches z.v.E. für die Vorteilhaftigkeit des § 34a EStG

Quelle: Erweitert nach *Breithecker* in: Breithecker/Förster/Förster u.a., UntStRefG 2008, 232 f.

[1370] Modellbedingt entspricht hier die Steuerbelastung nach § 34a EStG dem (theoretischen) Grundfall der Thesaurierungsbegünstigung (29,77% + 18,51% = 48,28% nominal).

[1371] So auch *Breithecker* in: Breithecker/Förster/Förster u.a., UntStRefG 2008, 232 f.

Mit zunehmender Thesaurierungsdauer sinkt das notwendige z.v.E., das zur Egalisierung der Belastungswirkungen führt. So wäre bspw. für einen Planungs- bzw. Thesaurierungszeitraum von sechs Jahren ein ursprüngliches z.v.E. von 387.000 € erforderlich gewesen, damit der Stundungsvorteil mittels § 34a EStG den nominalen Belastungsnachteil kompensiert. Bei einem z.v.E. von 851.000 € würde eine dreijährige Thesaurierungsdauer genügen.

5. Kritischer Zinssatz

Trägt man die nominale Mehrbelastung, die aus § 34a EStG im Vergleich zur Regelbesteuerung resultiert, in % der (temporären) Minderbelastung ab, ergeben sich für verschiedene Zinsverläufe folgende Auswirkungen.[1372]

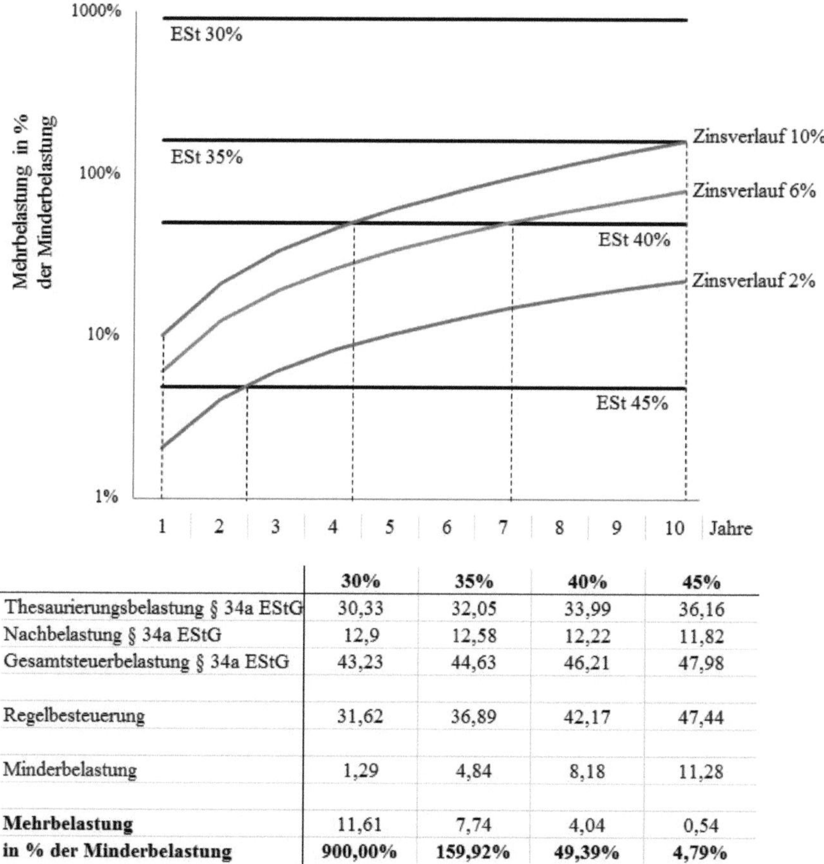

	30%	35%	40%	45%
Thesaurierungsbelastung § 34a EStG	30,33	32,05	33,99	36,16
Nachbelastung § 34a EStG	12,9	12,58	12,22	11,82
Gesamtsteuerbelastung § 34a EStG	43,23	44,63	46,21	47,98
Regelbesteuerung	31,62	36,89	42,17	47,44
Minderbelastung	1,29	4,84	8,18	11,28
Mehrbelastung	11,61	7,74	4,04	0,54
in % der Minderbelastung	**900,00%**	**159,92%**	**49,39%**	**4,79%**

Abbildung 82: Kritischer Zinsverlauf für die Vorteilhaftigkeit des § 34a EStG

Quelle: Eigene Darstellung in Anlehnung an *Jessen,* GStB 2009, 425, 430

[1372] *Jessen,* GStB 2009, 425, 429 f.

Der Schnittpunkt der entsprechenden Zinsverlaufsfunktion mit der jeweiligen ESt-Geraden (Mehrbelastung in % der Minderbelastung) markiert die Mindestthesaurierungsdauer. Wird also bspw. ein Steuersatz von 40% und eine interne Nach-Steuer-Rendite i.H.v. 6% festgestellt, sollte die Thesaurierungsbegünstigung nur dann beantragt werden, wenn die einbehaltenen Gewinne mindestens sieben Jahre im Unternehmen verbleiben. Bei einem Steuersatz von 45% und einer Rendite von 2% sind etwas mehr als zwei Thesaurierungsjahre notwendig.

IV. Quantifizierung der Vorteilhaftigkeit

Inwieweit der Steuerpflichtige zur Thesaurierungsbegünstigung optieren sollte, hängt jedoch nicht nur davon ab, *ob* die Antragstellung gem. § 34a EStG vorteilhaft ist, sondern auch *in welcher Höhe* sich dieser Vorteil niederschlägt.[1373] Für diese Zwecke sind die Endvermögen bei Inanspruchnahme der Thesaurierungsbegünstigung ($EV_{§34a}$) zu quantifizieren und den Endvermögen bei Regelbesteuerung ($EV_{§32a}$) gegenüberzustellen.[1374]

$$EV_{§34a} = B \cdot (1 + r \cdot (1 - s))^n - B \cdot 0{,}1851$$

$$EV_{§32a} = (1 - s) \cdot (1 + r \cdot (1 - s))^n$$

Als Ausgangspunkt wird exemplarisch ein Gewinn vor Steuern i.H.v. 100 GE, ein Steuersatz i.H.v. 42% und eine Rendite von 8% unterstellt.

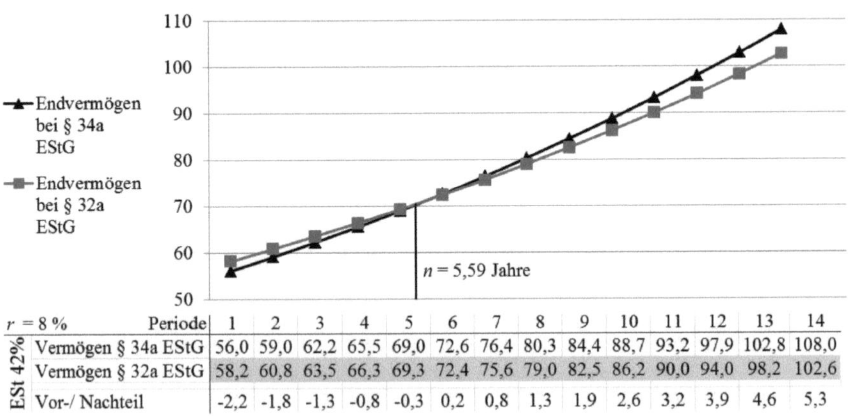

r = 8 %	Periode	1	2	3	4	5	6	7	8	9	10	11	12	13	14
ESt 42%	Vermögen § 34a EStG	56,0	59,0	62,2	65,5	69,0	72,6	76,4	80,3	84,4	88,7	93,2	97,9	102,8	108,0
	Vermögen § 32a EStG	58,2	60,8	63,5	66,3	69,3	72,4	75,6	79,0	82,5	86,2	90,0	94,0	98,2	102,6
	Vor-/ Nachteil	-2,2	-1,8	-1,3	-0,8	-0,3	0,2	0,8	1,3	1,9	2,6	3,2	3,9	4,6	5,3

Abbildung 83: Vermögensendwerte: § 34a EStG vs. § 32a EStG

Quelle: Eigene Darstellung in Anlehnung an *Schiemann,* Stbg 2008, 141, 146

Abbildung 83 bestätigt das oben ermittelte Ergebnis, wonach bei den angenommenen Parametern der Gewinn mindestens sechs Jahre lang thesauriert werden muss (n = 5,59 Jahre). Erst

1373 *Schiemann,* Stbg 2008, 141, 146.

1374 *Houben/Maiterth,* StuW 2008, 228, 223.

dann ergeben sich Vermögensvorteile mittels § 34a EStG. Der Vorteil erscheint indes relativ gering (hier z.B. nach 8 Perioden: 1,3 GE). Mit zunehmender Thesaurierungsdauer wächst er wegen des Zinseszinseffektes aber überproportional an. Das gleiche gilt für höhere Steuersätze und/oder höhere Renditen.[1375] Bei einem Steuersatz von 45% und einer internen Rendite von 10% beträgt der Vermögensvorteil nach 13 Perioden schon mehr als 10 GE.

V. Optimale Antragspolitik

1. Berücksichtigung der Antragstellung in Folgeperioden

Bisher wurde unterstellt, dass der Steuerpflichtige vor der Entscheidung steht, in der *ersten* Periode die Thesaurierungsbegünstigung in Anspruch zu nehmen oder nicht (einmalige Antragspolitik). In Abhängigkeit des Steuersatzes und der Unternehmensrendite konnte sodann die Mindestthesaurierungsdauer ermittelt werden.

§ 34a EStG bietet aber weitaus mehr Möglichkeiten. So kann der Steuerpflichtige in *jedem* VZ neu entscheiden, ob er die Thesaurierungsbegünstigung in Anspruch nehmen möchte. Unter einer optimalen Antragspolitik ist demzufolge die Entscheidung darüber zu verstehen, ob und in welcher Höhe ein Antrag nach § 34a EStG in der jeweiligen Periode zu stellen ist, der das Endvermögen maximiert. Da die Zwischen(zins)gewinne annahmegemäß nicht entnommen werden, stellt sich auch für diese (Sekundär- und Tertiär-) Gewinne in jedem VZ die Frage, ob sie begünstigt besteuert werden sollen oder nicht.[1376]

2. Konstante Antragspolitik

Bei konstanter Antragspolitik[1377] steht der Steuerpflichtige vor der Wahl, entweder den Antrag nach § 34a EStG in jedem VZ zu stellen oder stets darauf zu verzichten („immer oder nie"). Zur Lösung dieses Entscheidungsproblems sind daher die Endvermögen beider Alternativen gleichzusetzen und nach dem Planungs- bzw. Thesaurierungszeitraum (n) aufzulösen.[1378]

Die nachstehende Berechnung unterstellt einen Ausgangsgewinn i.H.v. 100 GE, der (nach Abzug der Steuerbelastung) im Unternehmen thesauriert wird und am Ende des Planungshorizonts (n = 10 Jahre) zur Entnahme gelangt. Dabei wird zum einen das Nettovermögen bei konstanter Inanspruchnahme des § 34a EStG und zum anderen das Nettovermögen bei Regelbesteuerung (§ 32a EStG) für jedes Jahr verglichen.[1379]

1375 *Schiemann,* Stbg 2008, 141, 146.
1376 *Houben/Maiterth,* StuW 2008, 228, 232.
1377 Auch „reine Strategie" genannt.
1378 *Homburg/Houben/Maiterth,* zfbf 2008, 29, 35.
1379 *Kessler/Ortmann-Babel/Zipfel* in: Ernst & Young/BDI, Unternehmensteuerreform 2008, 47.

$$EV_{\S 34a\_konst.} = B \cdot (1 + r \cdot B)^n \cdot (1 - 0{,}1851)$$

$$EV_{\S 32a} = (1 - s) \cdot (1 + r \cdot (1 - s))^n$$

In der nachstehenden Abbildung 84 lässt sich ablesen, wie lange der Gewinn im Unternehmen verbleiben muss, damit die Thesaurierungsbegünstigung unter Nutzung des Zeiteffekts vorteilhaft ist. Die Darstellung erfolgt in Abhängigkeit der betriebsinternen Rendite und des Einkommensteuersatzes. Das Kalkül entspricht dem Modell der Endwertmaximierung.[1380]

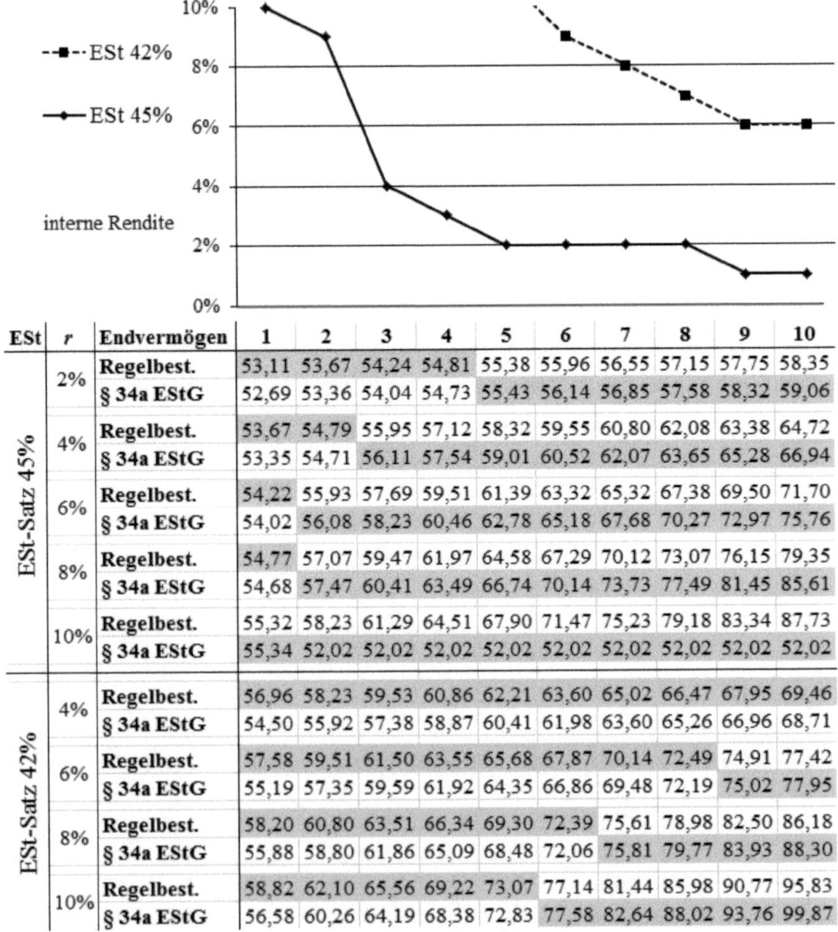

ESt	r	Endvermögen	1	2	3	4	5	6	7	8	9	10
ESt-Satz 45%	2%	Regelbest.	53,11	53,67	54,24	54,81	55,38	55,96	56,55	57,15	57,75	58,35
		§ 34a EStG	52,69	53,36	54,04	54,73	55,43	56,14	56,85	57,58	58,32	59,06
	4%	Regelbest.	53,67	54,79	55,95	57,12	58,32	59,55	60,80	62,08	63,38	64,72
		§ 34a EStG	53,35	54,71	56,11	57,54	59,01	60,52	62,07	63,65	65,28	66,94
	6%	Regelbest.	54,22	55,93	57,69	59,51	61,39	63,32	65,32	67,38	69,50	71,70
		§ 34a EStG	54,02	56,08	58,23	60,46	62,78	65,18	67,68	70,27	72,97	75,76
	8%	Regelbest.	54,77	57,07	59,47	61,97	64,58	67,29	70,12	73,07	76,15	79,35
		§ 34a EStG	54,68	57,47	60,41	63,49	66,74	70,14	73,73	77,49	81,45	85,61
	10%	Regelbest.	55,32	58,23	61,29	64,51	67,90	71,47	75,23	79,18	83,34	87,73
		§ 34a EStG	55,34	52,02	52,02	52,02	52,02	52,02	52,02	52,02	52,02	52,02
ESt-Satz 42%	4%	Regelbest.	56,96	58,23	59,53	60,86	62,21	63,60	65,02	66,47	67,95	69,46
		§ 34a EStG	54,50	55,92	57,38	58,87	60,41	61,98	63,60	65,26	66,96	68,71
	6%	Regelbest.	57,58	59,51	61,50	63,55	65,68	67,87	70,14	72,49	74,91	77,42
		§ 34a EStG	55,19	57,35	59,59	61,92	64,35	66,86	69,48	72,19	75,02	77,95
	8%	Regelbest.	58,20	60,80	63,51	66,34	69,30	72,39	75,61	78,98	82,50	86,18
		§ 34a EStG	55,88	58,80	61,86	65,09	68,48	72,06	75,81	79,77	83,93	88,30
	10%	Regelbest.	58,82	62,10	65,56	69,22	73,07	77,14	81,44	85,98	90,77	95,83
		§ 34a EStG	56,58	60,26	64,19	68,38	72,83	77,58	82,64	88,02	93,76	99,87

Abbildung 84: Ermittlung der Thesaurierungsdauer (§ 34a EStG) bei konstanter Antragspolitik

Quelle: Eigene Darstellung

1380 *Knief/Nienaber,* BB 2007, 1309, 1313 f. Ähnlich auch *Knirsch/Schanz,* ZfB 2008, 1231, 1236.

Auch hier wird deutlich, dass zur Vorteilhaftigkeit des § 34a EStG eine gewisse Thesaurierungsdauer nötig ist. Je höher die Rendite und der Steuersatz sind, desto schneller wird der „Break-Even" erreicht. Bei einem Steuersatz von bspw. 45% und einer internen Rendite von 8% tritt bereits nach zwei Jahren ein Vermögensvorteil mittels § 34a EStG ein (57,47 GE > 57,07 GE). Liegt der Steuersatz c.p. aber bei 42%, sollte der Steuerpflichtige mindestens sieben Jahre lang keine gewinnübersteigenden Entnahmen tätigen (75,81 GE > 75,61 GE).

Für geringere Steuersätze vermittelt Abbildung 85 ein Gefühl für die fraglichen Mindestthesaurierungszeiten. Es ist ersichtlich, dass § 34a EStG für Steuerpflichtige, die einer niedrigen Tarifbelastung unterliegen, illusorisch lange Thesaurierungszeiträume verlangt.

ESt-Satz	int. Rendite	5%	10%	20%
30%		300 Jahre	155 Jahre	83 Jahre
35%		56 Jahre	29 Jahre	16 Jahre
42%		11 Jahre	6 Jahre	3 Jahre
45%		2 Jahre	1 Jahr	1 Jahr

Abbildung 85: Mindestthesaurierungsdauer (§ 34a EStG) bei konstanter Antragspolitik
Quelle: *Homburg/Houben/Maiterth,* zfbf 2008, 29, 43 (Tab. 1)

3. Gemischte Antragspolitik

Unter einer gemischten Antragspolitik versteht man jene Strategie, den Antrag nach § 34a EStG in einigen Jahren zu stellen und in anderen Jahren zu unterlassen. Des Weiteren kann sich der Antrag, falls er gestellt wird, auf den maximal erreichbaren Begünstigungsbetrag oder auf einen Teil davon beziehen. Bei einem Thesaurierungszeitraum von N Perioden ergeben sich daher 2^{N+1} Handlungsalternativen.[1381]

Die optimale Handlungsstrategie kann durch sukzessive Paarvergleiche (Antrag ja/nein) ermittelt werden (Rekursion). Da sich die Inanspruchnahme des § 34a EStG in der letzten Periode (N) niemals lohnt[1382], erfolgt die Antragstellung bestenfalls für den Gewinn der vorletzten Periode ($N-1$). Sollte auch dies nicht vorteilhaft sein, ist zu prüfen, ob die Antragstellung in der vorherigen Periode ($N-2$) lohnenswert ist ... usw.[1383]

Die Optimierung beginnt deswegen stets am Ende des Planungszeitraums und hebt denjenigen Pfad hervor, der für den Steuerpflichtigen das höchste Endvermögen generiert (Rückwärtsinduktion, vgl. Abbildung 86). Daraus lässt sich ein optimaler Antrags<u>verzichts</u>zeitraum (a) ermitteln.

1381 *Homburg/Houben/Maiterth,* zfbf 2008, 29, 36.

1382 Der Tarifnachteil infolge der Nachversteuerung kann in der letzten Periode – mangels Thesaurierungsdauer – nicht durch den Zinseffekt kompensiert werden (vgl. *Knirsch/Schanz,* ZfB 2008, 1231, 1236).

1383 *Houben/Maiterth,* StuW 2008, 228, 232.

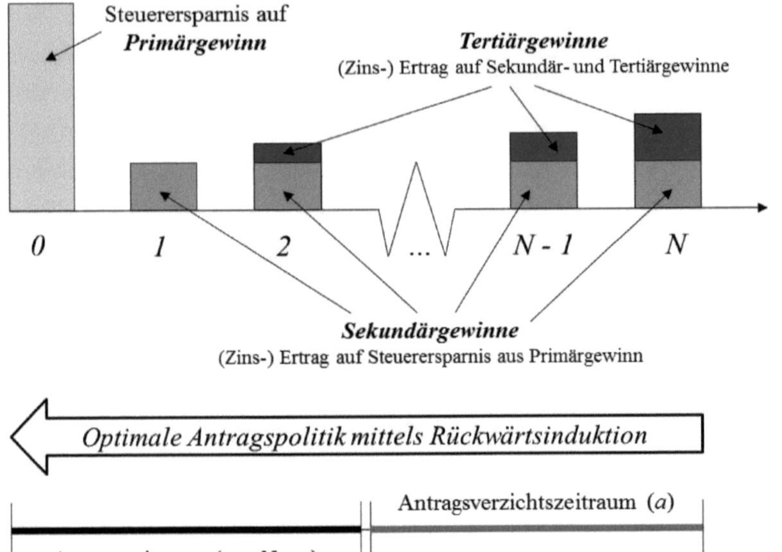

Abbildung 86: Optimale (gemischte) Antragspolitik bei § 34a EStG

Quelle: Eigene Darstellung in Anlehnung an *Houben/Maiterth,* StuW 2008, 228, 232 f.

Der optimale Antragszeitraum beträgt infolgedessen $n = N - a$. Es resultiert folgende Entscheidungsregel:

> Der Steuerpflichtige maximiert sein Endvermögen, wenn er die Thesaurierungsbegünstigung in den Jahren 0 bis ($n = N - a$) in vollem Umfang beantragt und in den letzten (a) Jahren keinen Antrag stellt.[1384]

Der optimale Antragsverzichtszeitraum (a) ist definiert als die kleinste ganze Zahl, für die das grundlegende Vorteilhaftigkeitskalkül erstmals (rückwärtsbetrachtet) erfüllt ist:[1385]

$$[temporäre]\ Minderbelastung \cdot \left(1+\left(r\cdot(1-s)\right)\right)^{a} > Nachversteuerungsbelastung$$

Daraus resultiert: $$a > \frac{\ln\left(\frac{Nachversteuerungsbelastung}{Minderbelastung}\right)}{\ln\left(1+\left(r\cdot(1-s)\right)\right)}$$

In Abhängigkeit verschiedener Einkommensteuersätze und Vor-Steuer-Renditen (r) lassen sich folgende Antragsverzichtszeiträume (in Jahren) berechnen, vgl. Abbildung 87. Es fällt

[1384] Ein mathematischer Beweis findet sich bei *Homburg/Houben/Maiterth,* zfbf 2008, 29, 36 f.

[1385] *Homburg/Houben/Maiterth,* zfbf 2008, 29, 36.

auf, dass die Ermittlung der Antragsverzichtszeiträume im Ergebnis der Quantifizierung der Mindestthesaurierungsdauer entspricht (siehe vorhin, Abbildung 79).

Im Unterschied zur vorigen Analyse kann dem Steuerpflichtigen aber zusätzlich mitgeteilt werden, in welchen Jahren er zur Besteuerung nach § 34a EStG optieren sollte ($n = N - a$) und wann besser darauf zu verzichten ist (a). Daraus ergibt sich mithin ein „optimaler Umschaltzeitpunkt". Hierzu muss freilich der Planungshorizont (N) bekannt sein.

	$s =$	**30%**	**35%**	**40%**	**42%**	**45%**
Thesaurierungsbelastung § 34a EStG		30,33	32,05	33,99	34,82	36,16
Nachbelastung § 34a EStG		12,9	12,58	12,22	12,07	11,82
Gesamtsteuerbelastung § 34a EStG		43,23	44,63	46,21	46,89	47,98
Regelbesteuerung (§ 32a EStG)		31,62	36,89	42,17	44,28	47,44
Minderbelastung		1,29	4,84	8,18	9,46	11,28
Mehrbelastung		11,61	7,74	4,04	2,61	0,54
Vor-Steuer-Rendite (r)	2%	**170**	**77**	**35**	**22**	**5**
Vor-Steuer-Rendite (r)	4%	**86**	**39**	**18**	**12**	**3**
Vor-Steuer-Rendite (r)	6%	**58**	**26**	**12**	**8**	**2**
Vor-Steuer-Rendite (r)	8%	**44**	**20**	**9**	**6**	**2**
Vor-Steuer-Rendite (r)	10%	**35**	**16**	**8**	**5**	**1**
Vor-Steuer-Rendite (r)	15%	**24**	**11**	**5**	**4**	**1**
Vor-Steuer-Rendite (r)	20%	**18**	**9**	**4**	**3**	**1**

Abbildung 87: Antragsverzichtszeiträume bei gemischter Antragspolitik (§ 34a EStG)

Quelle: Eigene Darstellung in Anlehnung an *Homburg/Houben/Maiterth*, zfbf 2008, 29, 44

Unterstellt man z.B. einen Planungshorizont von $N = 10$ Jahren, ergeben sich folgende Zeiträume, in denen § 34a EStG jeweils in Anspruch genommen werden sollte.

$N = 10$	$s =$	**30%**	**35%**	**40%**	**42%**	**45%**
Vor-Steuer-Rendite (r)	2%	**0**	**0**	**0**	**0**	**5**
Vor-Steuer-Rendite (r)	4%	**0**	**0**	**0**	**0**	**7**
Vor-Steuer-Rendite (r)	6%	**0**	**0**	**0**	**2**	**8**
Vor-Steuer-Rendite (r)	8%	**0**	**0**	**1**	**4**	**8**
Vor-Steuer-Rendite (r)	10%	**0**	**0**	**2**	**5**	**9**
Vor-Steuer-Rendite (r)	15%	**0**	**0**	**5**	**6**	**9**
Vor-Steuer-Rendite (r)	20%	**0**	**1**	**6**	**7**	**9**

Abbildung 88: Antragszeiträume bei gemischter Antragspolitik (§ 34a EStG, $N = 10$ Jahre)

Quelle: Eigene Darstellung

Beträgt der Steuersatz also bspw. 42% und liegt die Vor-Steuer-Rendite bei 8%, so ist dem Steuerpflichtigen zu raten, in den letzten sechs Jahren (Periode 5 bis 10) auf § 34a EStG zu verzichten ($a = 6$, vgl. Abbildung 87).[1386] Die Thesaurierungsbegünstigung sollte im Umkehrschluss nur in den ersten vier Perioden in Anspruch genommen werden ($n = N - a = 10 - 6 = 4$, vgl. Abbildung 88).

Bei einem Steuersatz von 45% erreicht der Steuerpflichtige c.p. das höchste Endvermögen, wenn er den Antrag in den Jahren 0 bis 8 stellt ($n = 8$) und in den Perioden 9 und 10 ($a = 2$) darauf verzichtet. Demgegenüber sollte bei Steuersätzen ≤ 35% gänzlich auf eine Option verzichtet werden, soweit die Rendite < 20% ist und der Planungszeitraum 10 Jahre nicht übersteigt (Antragszeitraum $n = 0$).

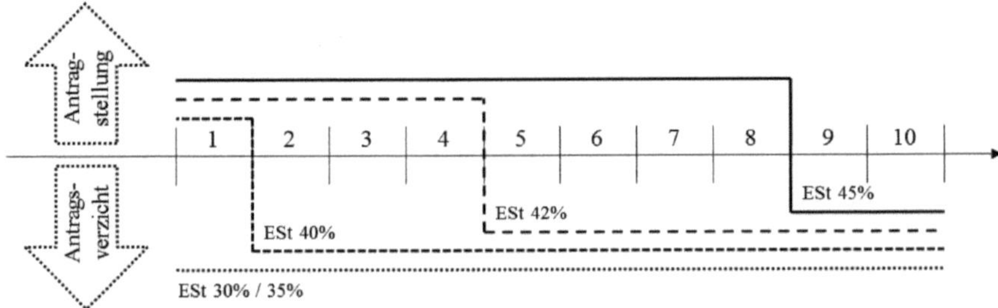

Abbildung 89: Antragsverzicht bzw. -stellung bei gemischter Antragspolitik ($N = 10$ Jahre, $r = 8\%$)
Quelle: Eigene Darstellung

Bei konstanter Antragspolitik ergeben sich durchweg längere Mindestthesaurierungszeiten. So müsste bspw. bei einem Steuersatz von 42% und einer internen Rendite i.H.v. 10% sechs Jahre lang thesauriert werden, während bei gemischter Antragspolitik bloß fünf Mindestthesaurierungsjahre resultieren. Die gemischte Antragspolitik ist daher die überlegene Strategie.

VI. Progressionseffekte

Während die bisherigen Modelle auf der Annahme (zeit-) konstanter Steuersätze basierten, wird im Folgenden ein progressiver Grenzsteuersatz unterstellt. Dadurch findet die Progression der Einkommensteuer explizite Berücksichtigung. Der (progressive) Steuersatz ist nicht mehr exogen vorgegeben, sondern wird zum endogenen Faktor.[1387] Allgemeingültige Aussagen lassen sich damit aber nicht mehr charakterisieren.[1388] Die Lösungen sind vielmehr für den Einzelfall zu berechnen. Hierfür eignet sich das Verfahren der kasuistischen Veranlagungssimulation.

Um die Progressions(entlastungs)effekte zu demonstrieren, wird in der nachstehenden Berechnung angenommen, dass neben den begünstigten Einkünften (hier § 18 EStG, per freiwil-

[1386] Ähnlich *Homburg/Houben/Maiterth,* zfbf 2008, 29, 44.
[1387] *Hechtner/Hundsdoerfer/Sielaff,* zfbf 2011, 214, 218.
[1388] *Homburg/Houben/Maiterth,* zfbf 2008, 29, 38.

liger Bilanzierung ermittelt: 200.000 €) auch andere Einkünfte (hier § 21 EStG: 100.000 €) und Steuerabzugsbeträge (hier Sonderausgaben bzw. außergewöhnliche Belastungen: 10.000 €) existieren.

	Regel-besteuerung (§ 32a EStG)	**Voll-thesaurierung (§ 34a EStG)**	**Antrags-begrenzung (§ 34a EStG)**
Einkünfte § 18 EStG	200.000 €	200.000 €	200.000 €
Antragsbegrenzung § 34a EStG			40.000 €
Einkünfte § 21 EStG	100.000 €	100.000 €	100.000 €
SoA / agB	10.000 €	10.000 €	10.000 €
z.v.E.	290.000 €	290.000 €	290.000 €
BMG für § 34a EStG	0 €	200.000 €	40.000 €
ESt § 34a EStG	0 €	56.500 €	11.300 €
BMG für § 32a EStG	290.000 €	90.000 €	250.000 €
ESt § 32a EStG	114.806 €	29.628 €	96.828 €
SolZ auf ESt	6.314 €	4.737 €	5.947 €
Gesamtsteuerbelastung	121.120 €	90.865 €	114.075 €
Durchschnittssteuersatz (Thesaurierung)	41,77%	31,33%	39,34%
Grenzsteuersatz (übrige Einkünfte)	45,00%	42,00%	42,00%
Nachversteuerungspflichtiger Betrag		140.393 €	28.079 €
latente Nachsteuerbelastung		37.029 €	7.406 €
Durchschnittssteuersatz (Gesamt)		44,10%	41,89%
Minderbelastung (sofort)		30.255 €	7.045 €
Mehrbelastung (später)		6.773 €	360 €
in % der Minderbelastung		22,39%	5,12%
Mindestthesaurierungsdauer (Jahre) (bei 6% Nach-Steuer-Rendite)		**3,47**	**0,86**

Abbildung 90: Kasuistische Veranlagungssimulation: Vorteilhaftigkeit des § 34a EStG

Quelle: Eigene Darstellung

Zunächst fällt aus, dass die Einkommensteuer komplett aus den Vermietungseinkünften (§ 21 EStG) beglichen werden kann, so dass für Zwecke des § 34a EStG eine Vollthesaurierung möglich ist. Diese wäre unter den obigen Voraussetzungen vorteilhaft, wenn der Gewinn vier Jahre lang nicht entnommen wird (n = 3,47 Jahre). Wesentlich wichtiger ist aber die Erkenntnis, dass die Inanspruchnahme der Thesaurierungsbegünstigung die begünstigten Einkünfte aus der Bemessungsgrundlage für den progressiven Tarif (§ 32a EStG) herausnimmt.[1389] Die

[1389] *Knirsch/Schanz,* ZfB 2008, 1231, 1240; *Henkel,* GStB 2009, 122, 123. Ebenso *Ley/Bodden* in: Korn/Carlé/Stahl u.a., EStG, § 34a, Rz. 19; *Breithecker* in: Breithecker/Förster/Förster u.a., UntStRefG 2008, 233, Fn. 10; *Patek,* BFuP 2007, 443, 460 f.; *Reiß* in: Kirchhof, EStG Kompaktkommentar, § 34a, Rz.

übrigen Einkünfte fallen somit in eine niedrigere Progressionsstufe. Vor diesem Hintergrund kann insbesondere die Antragstellung für Teilbeträge sinnvoll sein (Antragsbegrenzung § 34a EStG im Intervall $[0; B]$).[1390] Im obigen Beispiel wurde der Teilbetrag i.H.v. 40.000 € so gewählt, dass der Grenzsteuersatz von 45% für das nicht begünstigte Einkommen (§ 32a Abs. 1 Nr. 5 EStG: 250.731 €) knapp unterschritten wird.[1391] Der Grenzsteuersatz konnte damit auf 42% gesenkt werden; die „Reichensteuer" wurde vermieden.[1392] Der sofortigen Minderbelastung von ca. 7.000 € steht nur eine minimale Mehrbelastung von 360 € gegenüber (5,12% der Minderbelastung). Bereits nach 0,86 Jahren wird dieser Nachteil durch den Stundungseffekt kompensiert.

Wie *Hechtner/Hundsdoerfer/Sielaff*[1393] mittels komplexer Simulationen herausfanden, treten diese Progressionseffekte am stärksten im Bereich mittelhoher Einkünfte auf. Unter Berücksichtigung des Progressionseffekts kann § 34a EStG selbst bei moderater Antragsdauer und Steuersätzen unter 42% lohnenswert sein. Mit § 34a EStG ist es daher möglich, die Entlastungswirkungen der Einkommensteuerprogression optimal zu nutzen.[1394]

VII. Zwischenergebnis

Im Rahmen dieses Kapitels wurde untersucht, unter welchen Voraussetzungen die Inanspruchnahme der Thesaurierungsbegünstigung (§ 34a EStG) vorteilhaft ist. Dabei konnte unterstellt werden, dass die Mittel im Unternehmen verbleiben. Dies entspricht der Annahme eines nicht weiter in Frage zu stellenden Investitionsvorhabens.

Wenngleich unterschiedliche Modelle zur Anwendung kamen, kristallisierte sich ein konsistentes Ergebnis heraus: Die Vorteilhaftigkeit der Antragstellung (das Endvermögen $EV_{\S 34a}$) steigt mit zunehmendem Steuersatz (s_{Tarif}), mit zunehmendem Zinssatz bzw. mit zunehmender Rendite (r) und mit zunehmender Thesaurierungsdauer (n).[1395]

$$\partial EV_{\S 34a} / \partial s_{Tarif} > 0$$ → positive Abhängigkeit vom Steuersatz (s_{Tarif})

$$\partial EV_{\S 34a} / \partial r > 0$$ → positive Abhängigkeit von der Rendite (r)

$$\partial EV_{\S 34a} / \partial n > 0$$ → positive Abhängigkeit von der Thesaurierungsdauer (n)

16; *Wacker* in: Schmidt, EStG, § 34a, Rz. 50; *Schiffers/Köster,* DStZ 2008, 830, 839 f.; *Bodden,* FR 2012, 68, 72; BMF, Schreiben v. 11.8.2008, IV C 6 – S 2290-a/07/10001, BStBl. I 2008, 838, Rz. 23.

1390 *Homburg/Houben/Maiterth,* zfbf 2008, 29, 38.

1391 *Hechtner/Hundsdoerfer/Sielaff,* zfbf 2011, 214, 228 f.

1392 Ähnlich *Husken/Schmidt/Siegmund,* BB 2008, 1204, 1208.

1393 *Hechtner/Hundsdoerfer/Sielaff,* zfbf 2011, 214, 220 ff. verwendeten ein iterativ-approximatives Lösungsverfahren zur nicht-linearen Optimierung [Solver-API der Lindo-Suite] mit 2-wöchiger Rechenzeit.

1394 *Wilk,* DStZ 2007, 216, 218; *Kraus*, Körperschaftsteuerliche Integration, 2009, 146.

1395 Ähnlich *Schanz/Kollruss/Zipfel,* DStR 2008, 1702, 1706; *Kessler/Jüngling/Pfuhl,* Ubg 2008, 741, 747.

Des Weiteren konnten anhand obiger Modellrechnungen die Einflussfaktoren in ihrer jeweiligen Dimension und ihrer Interaktion quantifiziert werden. Die Vermögensvorteile, die mittels § 34a EStG erzielbar sind, ließen sich ebenfalls ermitteln. Besonders relevant erwies sich die Quantifizierung der Mindestthesaurierungsdauer bzw. der Antragsverzichtszeiträume. Diese wurden für verschiedene Steuersätze und interne Renditen exemplarisch berechnet. Die Beispiele vermittelten ein Gefühl für die fraglichen Größenordnungen.

Allgemein ist festzuhalten, dass Steuerpflichtige, die nachhaltig dem Spitzensteuersatz (45%) unterliegen, praktisch immer von der Thesaurierungsbegünstigung profitieren.[1396] Aber auch bei Steuersätzen i.H.v. 42% stellt § 34a EStG eine überlegenswerte Option dar, sofern für einen bestimmten Zeitraum auf Entnahmen verzichtet werden kann und gewisse interne Renditen zu erwarten sind.[1397] Dies dürfte insbesondere bei investitionsstarken (Personen-) Unternehmen der Fall sein.

Steuerpflichtige mit anderweitigen Einkünften können ferner von der Progressionsentlastung profitieren, die mittels (Teil-) Antragstellung nach § 34a EStG erzielbar ist. Für Steuerpflichtige mit einem geringen z.v.E. lohnt sich die Inanspruchnahme des § 34a EStG dagegen in den seltensten Fällen. Die Thesaurierungsbegünstigung entpuppt sich hier vielmehr als „Glücksspiel", da die Mindestthesaurierungsdauer nicht mehr seriös prognostizierbar ist.[1398] Statt der verheißenen Begünstigung droht eine Schlechterstellung.[1399] Daraus folgt, dass ausschließlich profitable Personenunternehmen, die ihr Wachstum aus eigenen Mitteln finanzieren wollen, von § 34a EStG profitieren können.[1400]

Für diese Zielgruppe stellt sich in einem nächsten Schritt die Frage nach der optimalen Antragspolitik. Das höchste Endvermögen ergibt sich i.d.R. dadurch, dass zunächst § 34a EStG beansprucht wird und später ein Verzicht erfolgt (gemischte Strategie).[1401] Per Rückwärtsinduktion kann der optimale Umschaltzeitpunkt – in Abhängigkeit von Steuersatz, Rendite und Planungshorizont – berechnet werden.

Die Rechtsformoptimierung mittels § 34a EStG stellt daher eine „mit beträchtlichem Aufwand verbundene Rechenaufgabe" dar.[1402] Inwieweit sich die Inanspruchnahme tatsächlich lohnt, bedarf sorgfältiger, mit Unsicherheit belasteter und einzelfallabhängiger Beratung.[1403]

1396 *Houben/Maiterth,* StuW 2008, 228, 234.

1397 *Blum,* BB 2008, 322, 326; *Steinhoff,* SteuerStud 2012, 334, 345.

1398 *Schiemann,* Stbg 2008, 141, 147; *Wied* in: Blümich, EStG/KStG/GewStG, § 34a EStG, Rz. 5.

1399 *Knirsch/Maiterth/Hundsdoerfer,* DB 2008, 1405; *Fechner/Bäuml,* DB 2008, 1652.

1400 So auch *Kessler/Ortmann-Babel/Zipfel* in: Ernst & Young/BDI, Unternehmensteuerreform 2008, 47; *Knief/Nienaber,* BB 2007, 1309, 1312 ff. Abwegig *Wilk,* WD 2007, 236, 238, der auch für kleinere Personenunternehmen eine Vorteilhaftigkeit sieht.

1401 *Homburg/Houben/Maiterth,* zfbf 2008, 29, 45.

1402 *Sachverständigenrat zur Begutachtung der gesamtwirtschaftlichen Entwicklung,* Jahresgutachten 2007/2008, 2007, 282.

1403 *Houben/Maiterth,* StuW 2008, 228, 236; *Wied* in: Blümich, EStG/KStG/GewStG, § 34a EStG, Rz. 6.

Dabei sollte berücksichtigt werden, dass sich § 34a EStG zugänglich für Gestaltungsmaßnahmen zeigt. Diese Aspekte werden im Folgenden analysiert.

C. Optimierung der Thesaurierungsbegünstigung

I. Steuerliche Gestaltungsmaßnahmen vor Inanspruchnahme

1. Überblick

Zur (rechtsform-) optimalen Anwendung der Thesaurierungsbegünstigung bedarf es bereits vor deren Inanspruchnahme steuerplanerischer Aktivität. Hierzu zählt zuvörderst die Schaffung der Antragsvoraussetzungen, sollten diese noch nicht vorliegen. Des Weiteren ist ggf. über den (Gewerbe-) steueroptimalen Standort nachzudenken. Zur Vermeidung eines Lock-In-Effekts wird es erforderlich sein, im VZ vor der erstmaligen Antragstellung vorhandene Altrücklagen zu entnehmen. Darüber hinaus können durch Installation separater Thesaurierungs- und Entnahmeeinheiten spürbare Vorteile erzielt werden.

2. Schaffung der Antragsvoraussetzungen

Voraussetzung für die Anwendung des § 34a EStG ist, dass

(a) nicht entnommene Gewinne aus Land- und Forstwirtschaft (§ 13 EStG), Gewerbebetrieb (§ 15 EStG) oder selbständiger Arbeit (§ 18 EStG) vorliegen, die

(b) per Bestandsvergleich (§ 4 Abs. 1 S. 1, § 5 EStG) ermittelt wurden und dass

(c) bei Mitunternehmerschaften der individuelle Gewinnanteil mehr als 10% beträgt oder 10.000 € übersteigt.

Zu (a) Die Einbeziehung aller Gewinneinkunftsarten gewährleistet ein weites Anwendungsfeld der Thesaurierungsbegünstigung. Denn über die gewerbliche Infektion (§ 15 Abs. 3 Nr. 1 EStG) oder die gewerbliche Prägung (§ 15 Abs. 3 Nr. 2 EStG) besteht – insbesondere durch Zwischenschalten einer GmbH & Co. KG – die Möglichkeit, auch für Einkünfte aus Vermögensverwaltung (§§ 20, 21 EStG) die Tarifoption nach § 34a EStG zu beanspruchen.[1404] Ferner kann über das Begründen eines atypisch stillen Gesellschaftsverhältnisses[1405] oder eine Nießbrauchbestellung[1406] nachgedacht werden.

All dies wird indes nur dann sinnvoll sein, wenn die Erträge langfristig thesauriert werden sollen. Im Übrigen ist die Thesaurierungsbegünstigung vor allem bei Zinstiteln

---

[1404] *Ley/Bodden* in: Korn/Carlé/Stahl u.a., EStG, § 34a, Rz. 35; *Schiffers,* GmbH-StB 2007, 345, 346. Speziell zur Thesaurierung von Mieterträgen *Paus,* EStB 2008, 403 f.; *Henkel,* GStB 2009, 122, 123 f.

[1405] *Wälzholz,* GmbH-StB 2008, 11, 15; *Paus,* EStB 2008, 322, 327; *Schulze zur Wiesche,* GmbHR 2008, 1140, 1143 ff.; *Kessler* in: Herzig/Tobin/Eckhardt u.a., Handbuch Unternehmensteuerreform 2008, 70.

[1406] *Schulze zur Wiesche,* DB 2008, 2728, 2729 f.; *von Oertzen/Stein,* Ubg 2012, 285, 289.

der Abgeltungsteuer steuerlich unterlegen.[1407] Bei der Vermietung von Immobilien gilt zu bedenken, dass im Betriebsvermögen etwaige Wertsteigerungen steuerverhaftet sind, während Veräußerungsgewinne im Privatvermögen nach einer Haltedauer von zehn Jahren steuerfrei bleiben (§ 23 Abs. 1 Nr. 1 EStG).[1408]

Zu (b) Da § 34a Abs. 2 EStG die Gewinnermittlung durch Betriebsvermögensvergleich verlangt, müssen insbesondere Überschussrechner i.S.d. § 4 Abs. 3 EStG (z.B. Freiberufler i.S.d. § 18 EStG) mit Beginn des jeweiligen VZ zur Bilanzierung übergehen.[1409] Hierzu ist zeitnah eine Eröffnungsbilanz zu erstellen.

Der Wechsel der Gewinnermittlungsart erfordert eine Übergangsbesteuerung nach R 4.6 EStR (Gewinnberichtigung). Ob die Thesaurierungsbegünstigung den Preis der Aufgabe der vorteilhaften und einfachen Gewinnermittlung nach § 4 Abs. 3 EStG rechtfertigt, will sorgfältig durchdacht sein.[1410]

Zu (c) Zum Erreichen der 10%- bzw. 10.000 €-Grenze kann erwogen werden, den Gewinnanteil ggf. über Sonderbilanzergebnisse zu erhöhen.[1411] Auf den gesellschaftsvertraglichen Gewinnverteilungsschlüssel kommt es nicht an.[1412] Anhand der obigen Vorteilhaftigkeitsüberlegungen sollte gleichwohl deutlich geworden sein, dass die 10%- bzw. 10.000 €-Grenze in der Praxis keine Rolle spielen dürfte. Denn im Ergebnis setzt die sinnvolle Inanspruchnahme des § 34a EStG wesentlich höhere Gewinnanteile voraus.

3. Standortwahl

Die innerdeutsche Standortwahl gewinnt für § 34a EStG insofern an Relevanz, als die vom lokalen Hebesatz abhängige Gewerbesteuer eine nicht abziehbare Betriebsausgabe darstellt (§ 4 Abs. 5b EStG) und damit nicht der Thesaurierungsbegünstigung unterworfen werden kann. Das Thesaurierungsvolumen lässt sich also dadurch steigern, dass der Gewinn in einer gewerbesteuerlich günstigen Gemeinde anfällt.[1413] Dies gilt insbesondere vor dem Hintergrund, dass zwar die (ebenfalls nicht begünstigte) Einkommensteuer durch Privateinlagen kompensiert werden kann, nicht aber die Gewerbesteuer.[1414]

[1407] *Schiffers/Köster,* DStZ 2007, 773, 783 f.; *Lothmann,* DStR 2008, 945, 947 f.; *Paus,* EStB 2008, 322 f.
[1408] *Schiffers,* GmbH-StB 2007, 345, 346.
[1409] *Nacke,* GStB 2008, 99, 105; *Schiffers,* GmbHR 2007, 841, 847.
[1410] *Korn/Strahl,* KÖSDI 2008, 16246, 16256; *Paus,* EStB 2008, 322, 324; *Ley/Bodden* in: Korn/Carlé/Stahl u.a., EStG, § 34a, Rz. 36. Allgemein zu den Vor- und Nachteilen der Gewinnermittlung nach § 4 Abs. 3 EStG: *Korn* in: Korn/Carlé/Stahl u.a., EStG, § 4, Rz. 502.
[1411] *Rupp* in: Preißer/Pung, Besteuerung der Personen- und Kapitalgesellschaften, 736.
[1412] BMF, Schreiben v. 11.8.2008, IV C 6 – S 2290-a/07/10001, BStBl. I 2008, 838, Rz. 9.
[1413] *Lüdicke* in: Lüdicke/Sistermann, Unternehmensteuerrecht, § 1, Rz. 67.
[1414] *Ley/Brandenberg,* FR 2007, 1085, 1092; *Levedag,* GmbHR 2009, 13, 15.

Hebesatz	200%	250%	300%	350%	400%	450%	500%
Thesaurierungsbelastung	30,66%	30,87%	31,08%	31,29%	32,25%	34,31%	36,36%
Nachsteuerbelastung	17,22%	16,89%	16,57%	16,25%	15,92%	15,59%	15,27%
Gesamtbelastung	47,88%	47,76%	47,65%	47,54%	48,17%	49,90%	51,63%
Regelbesteuerung	47,09%	46,99%	46,90%	46,80%	47,44%	49,19%	50,94%
Thesaurierungsvorteil	16,43%	16,12%	15,82%	15,51%	15,19%	14,88%	14,58%
Gesamtbelastungsnachteil	-0,79%	-0,77%	-0,75%	-0,74%	-0,73%	-0,71%	-0,69%

Abbildung 91: Gewerbesteuerliche Effekte bei § 34a EStG

Quelle: Erweitert nach *Ley,* KÖSDI 2007, 15737, 15741

Der obigen Belastungsrechnung[1415] lässt sich entnehmen, dass der Thesaurierungsvorteil (§ 34a EStG) mit höheren Gewerbesteuerhebesätzen abnimmt.[1416] Demgegenüber bleibt der Gesamtbelastungsnachteil mit ca. 0,7%-Punkten annähernd gleich hoch.[1417] Die Vorteile von § 34a EStG sind darum in Gemeinden mit geringen Hebesätzen am größten. Als vorbereitende Gestaltungsmaßnahme ist deshalb über den steueroptimalen (Thesaurierungs-) Standort nachzudenken. Dies stellt – ähnlich wie die Rechtsformwahl – eine konstitutive Unternehmensentscheidung dar.

4. Entnahme von Altrücklagen

a) Gestaltungsansatz

Sobald der Steuerpflichtige die Thesaurierungsbegünstigung in Anspruch nimmt, kommt es wegen der Verwendungsreihenfolge des § 34a EStG zu einer Einsperrung vorhandener Altrücklagen („Lock-In-Effekt").[1418] Gewinne, die in der Vergangenheit voll versteuert, aber nicht entnommen, sondern auf Rücklagenkonten gebucht wurden, können also nicht ohne Auslösung einer Nachversteuerung entnommen werden. Zur Vermeidung der „Gefangenschaft" bedarf es präventiver Maßnahmen.

Diese Zielsetzung wird über die Entnahme der Altrücklagen erreicht.[1419] Zusätzlich stehen die Mittel dann für Steuer(voraus)zahlungen[1420] oder konsumtive Zwecke zur Verfügung, so dass insoweit spätere Entnahmen unterbleiben können.[1421] Das so entstandene persönliche Finanz-

---

1415 Betrachtet sei hier der Fall, dass der vollständige Gewinn nach Abzug der Gewerbesteuer thesauriert werden kann (*PersU § 34a EStG - GewSt*). Der Einkommensteuersatz soll 45% betragen.

1416 *Eisgruber,* DK 2008, 343, 348.

1417 *Ley,* KÖSDI 2007, 15737, 15741.

1418 Statt aller *Hey,* DStR 2007, 925, 929; *Wacker* in: Schmidt, EStG, § 34a, Rz. 63.

1419 *Thiel/Sterner,* DB 2007, 1099, 1105; *Hey,* DStR 2007, 925, 929; *Forst/Schaaf,* EStB 2007, 263, 267; *Hölzerkopf/Taetzner,* BB 2007, 2769, 2774; *Kaligin* in: Lademann, EStG, § 34a, Rz. 10.

1420 Dies ist insofern von steuerplanerischer Relevanz, als bei der Festsetzung der Einkommensteuer-Vorauszahlungen (§ 37 Abs. 3 S. 5 EStG) der Sondertarif nach § 34a EStG außer Betracht bleibt (*Korn/Strahl,* NWB 2007, 4329, 4431).

1421 *Ley,* KÖSDI 2007, 15737, 15756; *Schiffers/Köster,* DStZ 2007, 773, 784.

polster führt in der Folgezeit zu einem höheren Thesaurierungsvolumen.[1422] Der negative Schatteneffekt, der aus dem Umstand resultiert, dass die Bezahlung der Einkommensteuer eine Entnahme darstellt und daher nicht begünstigt ist, kann demnach (vorübergehend) vermieden werden. Die Thesaurierungsbelastung lässt sich dadurch nachhaltig von 36,16% auf 32,25% senken.[1423]

Die Entnahme muss technisch gesehen die Sphäre der Personengesellschaft verlassen.[1424] Folgende (Transfer-) Fälle sind denkbar:[1425]

(a) Entnahmen aus dem Gesamthands- oder Sonderbetriebsvermögen in das *Privatvermögen*
(b) Entnahmen aus dem Gesamthands- oder Sonderbetriebsvermögen in ein *einzelunternehmerisches Betriebsvermögen*
(c) Entnahmen aus dem Gesamthands- oder Sonderbetriebsvermögen in das Vermögen einer *vermögensverwaltenden Schwester-Personengesellschaft*
(d) Entnahmen aus dem Gesamthands- oder Sonderbetriebsvermögen in das Betriebsvermögen einer *gewerblichen Schwester-Personengesellschaft*
(e) Entnahmen aus dem Gesamthands- oder Sonderbetriebsvermögen in das Betriebsvermögen einer *(Schwester- oder Tochter-) Kapitalgesellschaft*

Nicht ausreichend sind hingegen

(f) eine reine Umwandlung von Eigen- in Fremdkapital in der Gesamthandsbilanz, da hier die betrieblichen Mittel weiterhin Sonderbetriebsvermögen bleiben[1426] sowie
(g) Entnahmen aus dem Gesamthands- oder Sonderbetriebsvermögen in das Betriebsvermögen einer *Tochter-Personengesellschaft*, da das BMF bei doppelstöckigen Personengesellschaften eine zusammenfassende Betrachtung vornimmt.[1427]

Für die Steuerplanung stellen insbesondere die Entnahme in das (a) *Privatvermögen* sowie der Transfer in eine (c) *vermögensverwaltende (Schwester-) Personengesellschaft* interessante Gestaltungsansätze dar, weil die Mittel dort der Abgeltungsteuer unterliegen.[1428] Damit kann die „Steuer auf die Steuer" in den günstigen Lineartarif verlagert werden.[1429] Dies gilt aller-

---

[1422] *Korn/Strahl,* KÖSDI 2008, 16246, 16255.
[1423] *Dörfler/Graf/Reichl,* DStR 2007, 645, 652; *Forst/Schaaf,* EStB 2007, 263, 267.
[1424] *Reichert/Düll,* ZIP 2008, 1249, 1258; *Dörfler* in: Littmann/Bitz/Pust, EStG, § 34a, Rz. 202.
[1425] Ähnlich *Helmreich/Rupp,* Gewinnthesaurierung bei Personengesellschaften, 2008, 62 f.
[1426] *Ley/Brandenberg,* FR 2007, 1085, 1108; *Schulze zur Wiesche,* DB 2007, 1610, 1612.
[1427] BMF, Schreiben v. 11.8.2008, IV C 6 – S 2290-a/07/10001, BStBl. I 2008, 838, Rz. 21.
[1428] *Ortmann-Babel/Zipfel,* BB 2007, 2205, 2217; *Thiel/Sterner,* DB 2007, 1099, 1106; *Schiffers,* GmbH-StB 2007, 345, 347; *Weber,* NWB 2007, 3031, 3043; *Forst/Schaaf,* EStB 2007, 263, 268; *Schiffers,* GmbHR 2007, 841, 846; *Reichert/Düll,* ZIP 2008, 1249, 1258; *Schiffers/Köster,* DStZ 2009, 880, 894.
[1429] *Rüd,* FR 2008, 413, 416.

dings nur insofern, als keine schädliche Back-to-Back-Finanzierung i.S.d. § 32d Abs. 2 Nr. 1 Buchst. c) EStG vorliegt.[1430]

Die Entnahme der Altrücklagen stößt jedoch an zwei wesentliche Gestaltungsgrenzen, die im Folgenden näher untersucht werden:

- Zum einen muss die Vertretbarkeit und Zulässigkeit der (Vorab-) Entnahmen einer zivil-, gesellschaftsrechtlichen und betriebswirtschaftlichen Prüfung standhalten.[1431] In diesem Zusammenhang wird es in vielen Fällen an der erforderlichen Liquidität zur Finanzierung der Entnahmen fehlen [*Finanzierung der Entnahmen*].[1432]
- Zum anderen sollte der laufende Kapitalbedarf der Personengesellschaft ausreichend gedeckt sein [*Finanzierung der laufenden Geschäftstätigkeit*].[1433]

b) Finanzierung der Entnahmen

Für den Fall, dass keine entnahmefähigen (flüssigen) Mittel vorhanden sind, muss die Entnahme fremdfinanziert werden. Die Schuldzinsen wären dann aber nicht mehr betrieblich veranlasst und würden keine Betriebsausgaben darstellen. Dies lässt sich durch die Umsetzung des sog. *Zweikontenmodells* vermeiden.[1434] Im Rahmen des *Zweikontenmodells* werden betriebliche Aufwendungen fremdfinanziert, während Einnahmen für Entnahmezwecke verwendet werden.

Erfolgt die Entnahme von einem Gesellschafterkonto, das gesellschaftsrechtlich Fremdkapital darstellt, sind die Zinsen stets als Betriebsausgaben abzugsfähig. Dies gilt selbst dann, wenn es sich um steuerliches Sonderbetriebsvermögen handelt.[1435] Der Mittelabzug kann indes zu Überentnahmen i.S.d. § 4 Abs. 4a EStG führen. Damit wird der Betriebsausgabenabzug für Schuldzinsen (wieder) versagt.[1436] Des Weiteren sind die Beschränkungen nach § 4h EStG, § 15a EStG, § 13a Abs. 5 Nr. 3 ErbStG sowie § 3 Abs. 2 Nr. 2 UmwStG oder § 24 UmwStG zu berücksichtigen.[1437]

[1430] *Ley/Brandenberg,* FR 2007, 1085, 1107; *Ley/Bodden* in: Korn/Carlé/Stahl u.a., EStG, § 34a, Rz. 149.

[1431] *Schiffers/Köster,* DStZ 2008, 830, 842; *Korn/Strahl,* KÖSDI 2008, 16246, 16255; *Lausterer/Jetter* in: Blumenberg/Benz, Unternehmensteuerreform 2008, 27.

[1432] *Ley,* KÖSDI 2007, 15737, 15756.

[1433] *Thiel/Sterner,* DB 2007, 1099, 1105.

[1434] *Ley,* KÖSDI 2007, 15737, 15756; *Ley/Brandenberg,* FR 2007, 1085, 1108; *Korn/Strahl,* KÖSDI 2008, 16246, 16255.

[1435] BFH, Urteil v. 5.3.1991, VIII R 93/84, BStBl. II 1991, 516; BFH, Urteil v. 26.6.2007, IV R 29/06, BStBl. II 2008, 103.

[1436] Die Norm des § 4 Abs. 4a EStG ist auch im Personengesellschaftskonzern anwendbar (vgl. *Köhler* in: Kessler/Kröner/Köhler, Konzernsteuerrecht, 2008, 329 f.), selbst wenn die Mittel im Konzernverbund verbleiben (vgl. FG Düsseldorf, Urteil v. 8.4.2010, 11 K 3720/08 F, DStRE 2011, 537). Kritisch *Ley,* KÖSDI 2009, 16333, 16334 f.; *Meyering/Jegen,* DStR 2011, 2441 ff.

[1437] *Ley/Bodden* in: Korn/Carlé/Stahl u.a., EStG, § 34a, Rz. 149; *Ley/Brandenberg,* FR 2007, 1085, 1108; *Stein* in: Herrmann/Heuer/Raupach, EStG/KStG, § 34a EStG, Rz. 63.

Vor diesem Hintergrund müssen derartige Entnahmegestaltungen mittels individueller Vergleichsrechnungen überprüft werden. Dies kann bspw. anhand eines vollständigen Finanzplans erfolgen. Ausgehend von einem jährlichen Gewinn vor Steuern i.H.v. 5 Mio. € sind – in Anlehnung an *Schiffers*[1438] – folgende Fälle gegenüberzustellen:

(1) Entnahme der Altrücklagen per Refinanzierung über Fremdkapital zur Bezahlung künftiger Einkommensteuerbeträge aus dem Privatvermögen (Thesaurierung des laufenden Gewinns nach Abzug der Gewerbesteuer)

(2) „Normale“ Inanspruchnahme des § 34a EStG (effektiv, also Thesaurierung des laufenden Gewinns nach Abzug der Gewerbe- <u>und</u> Einkommensteuer)

(1)	**VZ**	**1**	**2**	**3**	**4**	**5**
Entnahme der Altrücklagen (per Entnahmefinanzierung) und Einlage der ESt aus dem PV	Gewinn v. Steuern u. Zinsen	5.000.000 €	5.000.000 €	5.000.000 €	5.000.000 €	5.000.000 €
	Zinsertrag im BV (4%)		164.353 €	334.673 €	511.192 €	694.150 €
	Zinsaufwand im BV (5%, s.u.)	213.617 €	204.836 €	195.355 €	185.130 €	174.115 €
	Gewinn v. Steuern	4.786.383 €	4.959.517 €	5.139.318 €	5.326.062 €	5.520.035 €
	GewSt (Hs 400%)	677.570 €	701.502 €	726.342 €	752.128 €	778.899 €
	Thesaurierungsvolumen	4.108.813 €	4.258.015 €	4.412.976 €	4.573.934 €	4.741.136 €
	ESt (45% bzw. 28,25%)	1.465.646 €	1.518.565 €	1.573.520 €	1.630.594 €	1.689.875 €
	Anrechnung § 35 EStG	643.692 €	666.426 €	690.025 €	714.522 €	739.954 €
	SolZ	45.207 €	46.868 €	48.592 €	50.384 €	52.246 €
	nachversteuerungspfl. Betrag	2.884.232 €	5.873.199 €	8.970.943 €	12.181.673 €	15.509.773 €
	Nachversteuerung (25%)					4.090.703 €
	Steuerbelastung (32,25%)	1.544.732 €	1.600.508 €	1.658.429 €	1.718.584 €	1.781.066 €
						4.090.703 €
	Liquide Mittel im BV	4.108.813 €	8.366.828 €	12.779.804 €	17.353.738 €	22.094.873 €
	(Anlagebetrag nach Einlage ESt)					
	Entnahme ins PV (Bestand)	4.272.330 €	3.530.988 €	2.735.970 €	1.884.457 €	973.498 €
	Bezahlung der ESt aus dem PV	867.162 €	899.006 €	932.087 €	966.456 €	1.002.167 €
	Anlageertrag im PV (4%)	170.893 €	141.240 €	109.439 €	75.378 €	38.940 €
	Abgeltungsteuer (inkl. SolZ)	45.073 €	37.252 €	28.864 €	19.881 €	10.270 €
	Bestand im PV (31.12.)	3.530.988 €	2.735.970 €	1.884.457 €	973.498 €	1 €
	Liquiditätszufluss (BV + PV)	3.367.471 €	3.462.996 €	3.561.463 €	3.662.975 €	3.767.638 €
	"Mehrliquidität"	175.603 €	189.625 €	204.506 €	220.298 €	237.053 €
	Darlehensbestand BV	4.272.330 €	4.096.727 €	3.907.103 €	3.702.597 €	3.482.299 €
	(Entnahmefinanzierung)					
	Tilgung aus "Mehrliquidität"	175.603 €	189.625 €	204.506 €	220.298 €	237.053 €
	Zinsaufwand (5%)	213.617 €	204.836 €	195.355 €	185.130 €	174.115 €
	Darlehensbestand BV (31.12.)	4.096.727 €	3.907.103 €	3.702.597 €	3.482.299 €	3.245.246 €
	Kapital (BV + PV) ./. Schulden	**3.543.074 €**	**7.195.695 €**	**10.961.664 €**	**14.844.937 €**	**18.849.628 €**

Abbildung 92: Entnahmefinanzierung bei § 34a EStG

Quelle: *Schiffers,* GmbH-StB 2007, 345, 348

[1438] *Schiffers,* GmbH-StB 2007, 345, 347 ff.

Der Planungszeitraum soll fünf Jahre, der Habenzins 4% und der Sollzins 5% betragen. Im ersten Fall (siehe Abbildung 92) wird die Einkommensteuer aus einer Entnahme bedient, die vor Anwendung der Thesaurierungsbegünstigung getätigt wurde. Auf Ebene der Personengesellschaft wird der Liquiditätsabfluss durch eine Fremdfinanzierung (5% Sollzins) ausgeglichen (gewerbesteuerliche Hinzurechnung § 8 Nr. 1 Buchst. a) GewStG). Dieses Darlehen wird durch die „Mehrliquidität" im Vergleich zum Alternativfall getilgt. Im Privatvermögen unterliegt der Anlageertrag (4% Habenzins) der Abgeltungsteuer nach § 32d Abs. 1 EStG. Im Betriebsvermögen werden die überschüssigen Mittel ebenfalls mit 4% angelegt. Es resultiert das obige Datentableau, das einen Kapitalbestand nach fünf Jahren i.H.v. 18.849.628 € aufweist.

Werden keine vorherigen Entnahmen getätigt, müssen die laufenden Einkommensteuerzahlungen in voller Höhe aus dem Betriebsvermögen beglichen werden (siehe Abbildung 93). Infolgedessen fallen zwar keine betrieblichen Schuldzinsen an. Gleichwohl mindert sich das Thesaurierungsvolumen, da die Zahlung der Einkommensteuer eine Privatentnahme darstellt. Die Thesaurierungsbelastung beträgt 36,16% und liegt mithin um 3,91%-Punkte über der Steuerbelastung von Fall 1 (32,25%). Im Betriebsvermögen werden die überschüssigen Mittel mit 4% angelegt. Daraus ergeben sich folgende Belastungswirkungen, die nach fünf Jahren einen Kapitalbestand i.H.v. 16.795.460 € zur Folge haben.

(2)	VZ	1	2	3	4	5
§ 34a EStG - effektiv (ESt aus dem BV)	Gewinn v. Steuern u. Zinsen	5.000.000 €	5.000.000 €	5.000.000 €	5.000.000 €	5.000.000 €
	Zinsertrag im BV (4%)		127.675 €	258.610 €	392.888 €	530.595 €
	Gewinn v. Steuern	5.000.000 €	5.127.675 €	5.258.610 €	5.392.888 €	5.530.595 €
	GewSt (Hs 400%)	700.000 €	717.874 €	736.205 €	755.004 €	774.283 €
	Thesaurierungsvolumen	3.191.868 €	3.273.372 €	3.356.958 €	3.442.677 €	3.530.586 €
	ESt (45% bzw. 28,25%)	1.715.362 €	1.759.164 €	1.804.084 €	1.850.151 €	1.897.395 €
	Anrechnung § 35 EStG	665.000 €	681.981 €	699.395 €	717.254 €	735.569 €
	SolZ	57.770 €	59.245 €	60.758 €	62.309 €	63.900 €
	nachversteuerungspfl. Betrag	2.240.572 €	4.538.356 €	6.894.815 €	9.311.445 €	11.789.784 €
	Nachversteuerung (25%)					3.109.555 €
	Steuerbelastung (36,16%)	1.808.132 €	1.854.303 €	1.901.652 €	1.950.211 €	2.000.010 €
						3.109.555 €
	Liquiditätszufluss (n. Steuern)	3.191.868 €	3.273.372 €	3.356.957 €	3.442.677 €	3.530.585 €
	Kapital	**3.191.868 €**	**6.465.240 €**	**9.822.197 €**	**13.264.875 €**	**16.795.460 €**
	Vorteil Entnahmefinanzierung					**2.054.167 €**
	Vorteil (nach Nachversteuerung)					**1.073.020 €**

Abbildung 93: Normale Inanspruchnahme des § 34a EStG im Vergleich zur Entnahmefinanzierung
Quelle: *Schiffers*, GmbH-StB 2007, 345, 348 f.

Die Ergebnisse der Vergleichsrechnung zeigen, dass eine fremdfinanzierte Entnahme der Altrücklagen (Fall 1) zu einem deutlich höheren Thesaurierungsvolumen und damit zu einer geringeren Steuerbelastung führt. Des Weiteren kann in der Zwischenzeit die Abgeltungsteuer im Privatvermögen genutzt werden. Der Gesamtvorteil mündet nach fünf Jahren in einem Mehrkapital i.H.v. 2.054.167 € (nach Nachversteuerung 1.073.020 €). Diese Gestaltung setzt aber voraus, dass der Steuerpflichtige (bzw. die Personengesellschaft) zur Erhaltung des laufenden Geschäftsbetriebs nicht auf die entnommenen Mittel angewiesen ist.[1439] Anderenfalls bedarf es weiterer Gestaltungsmaßnahmen, die im Folgenden erörtert werden.

c) Finanzierung der laufenden Geschäftstätigkeit

Soweit das Personenunternehmen die Mittel (Altrücklagen) zur Durchführung der operativen Geschäftstätigkeit benötigt, ist über Gestaltungen nachzudenken, mit denen das Kapital wieder zurückgeführt werden kann. Zur Erhaltung der Liquidität bieten sich folgende Möglichkeiten:

1. Wiedereinlage:

Da § 34a EStG streng wirtschaftsjahrbezogen ausgestaltet ist, könnten die vorab entnommenen Mittel nach dem Bilanzstichtag wieder in das Betriebsvermögen eingelegt werden.[1440] In den Folgejahren wäre dieses „rollierende Entnahme- und Einlagespiel" zu wiederholen.[1441] Es käme nur kurzfristig zu einem Liquiditätsentzug. Altrücklagen würden in vorrangig entnahmefähige Neueinlagen transferiert werden.[1442] Allerdings scheint fraglich, ob diese Gestaltung einer kritischen Prüfung nach § 42 AO standhalten würde. Der BFH hat in ähnlichen Fällen entschieden, dass dem kurzfristigen „Hin- und Herzahlen" von Geld (sog. window-dressing) der wirtschaftliche Hintergrund fehle und demzufolge nicht anzuerkennen sei.[1443] Die Entnahme und Wiedereinlage stellt daher keine zielführende Gestaltung dar.[1444]

2. Rückgabe als Darlehen:

Wurden die Altrücklagen ins (a) *Privatvermögen* übertragen, könnten die Mittel per *Gesellschafterdarlehen* zurückgegeben werden. Das Darlehen wäre dadurch aber als (f) *Sonderbetriebsvermögen I* (§ 15 Abs. 1 Nr. 2 S. 1 Hs. 2 EStG), mithin als Eigenkapital der Mitunter-

[1439] *Schiffers,* GmbHR 2007, 841, 846.
[1440] *Thiel/Sterner,* DB 2007, 1099, 1105 f.; *Ortmann-Babel/Zipfel,* BB 2007, 2205, 2217; *Rogall* in: Schaumburg/Rödder, Unternehmensteuerreform 2008, 430.
[1441] *Lausterer/Jetter* in: Blumenberg/Benz, Unternehmensteuerreform 2008, 27.
[1442] *Schultes-Schnitzlein/Keese,* NWB 2007, 2841, 2849.
[1443] BFH, Urteil v. 9.5.1957, IV 107/55 U, BStBl. III 1957, 258; BFH, Urteil v. 24.6.1969, I R 174/66, BStBl. II 1970, 205; BFH, Urteil v. 18.1.1972, VIII R 125/69, BStBl. II 1972, 344; BFH, Urteil v. 11.12.2002, VI R 48/00, BFH/NV 2003, 895; BFH, Urteil v. 21.8.2012, VIII R 32/09, DStR 2012, 2369.
[1444] So auch *Forst/Schaaf,* EStB 2007, 263, 267; *Stein* in: Herrmann/Heuer/Raupach, EStG/KStG, § 34a EStG, Rz. 63; *Reiß* in: Kirchhof, EStG Kompaktkommentar, § 34a, Rz. 72.

nehmerschaft, zu erfassen.[1445] Dies liefe dem grundlegenden Gestaltungsziel zuwider, da die Altrücklagen erneut im Betriebsvermögen „gefangen" wären.[1446] Von einer Mittelrückgabe per Gesellschafterdarlehen ist deshalb abzuraten. Das gleiche gilt für eine Darlehensgewährung aus einem (b) *einzelunternehmerischen Betriebsvermögen*, da die Qualifikation als Sonderbetriebsvermögen insoweit Vorrang hat.[1447]

Zielführender erscheint deswegen die Entnahme der Altrücklagen in eine – ggf. beteiligungsidentische – (d) *Schwester-Personengesellschaft* (Parallelgesellschaft).[1448] Von dort könnte dann eine Darlehensgewährung i.H.d. betriebsnotwendigen Liquidität erfolgen. Die laufenden Entnahmen (für ESt und Konsum) werden aus der Parallelgesellschaft getätigt und sind damit für Zwecke des § 34a EStG unschädlich.

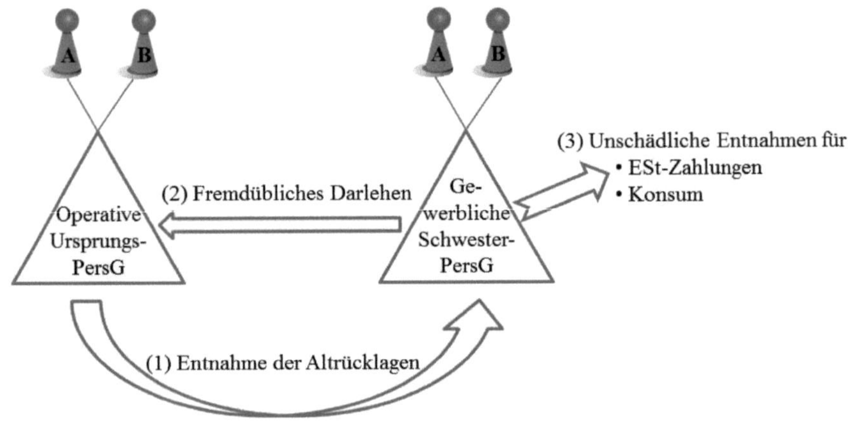

Abbildung 94: Entnahme der Altrücklagen in eine Schwester-PersGes (§ 34a EStG)
Quelle: Eigene Darstellung

Dies erfordert die Einhaltung zweier wesentlicher Voraussetzungen. Zum einen muss es sich bei der Schwester-Gesellschaft um eine gewerbliche, gewerblich infizierte oder gewerblich geprägte Personengesellschaft handeln. Zum anderen müssen der Darlehensvereinbarung fremdübliche Konditionen zugrundeliegen. Nur wenn beide Bedingungen erfüllt sind, qualifiziert das Darlehen als Betriebsvermögen der Schwester-Personengesellschaft. In allen anderen

1445 Statt aller *Lüdicke* in: Lüdicke/Sistermann, Unternehmensteuerrecht, § 1, Rz. 36; *Rupp* in: Preißer/Pung, Besteuerung der Personen- und Kapitalgesellschaften, 472 f.; *Wacker* in: Schmidt, EStG, § 15, Rz. 540.

1446 *Thiel/Sterner,* DB 2007, 1099, 1105; *Rogall* in: Schaumburg/Rödder, Unternehmensteuerreform 2008, 430; *Schröder,* WPg Sonderheft 2008, S 48, S 54.

1447 Grundlegend BFH, Urteil v. 18.7.1979, I R 199/75, BStBl. II 1979, 750.

1448 *Thiel/Sterner,* DB 2007, 1099, 1105; *Schulze zur Wiesche,* DB 2007, 1610, 1612; *Ley,* KÖSDI 2007, 15737, 15756 f.; *Schiffers,* GmbH-StB 2007, 345, 347 f.; *Ley/Brandenberg,* FR 2007, 1085, 1108; *Nacke,* GStB 2008, 99, 105; *Schiffers,* GmbHR 2007, 841, 846; *Kessler* in: Herzig/Tobin/Eckhardt u.a., Handbuch Unternehmensteuerreform 2008, 69 f.; *Rogall* in: Schaumburg/Rödder, Unternehmensteuerreform 2008, 430 f.; *Dörfler* in: Littmann/Bitz/Pust, EStG, § 34a, Rz. 202.

Fällen – z.B. (c) *vermögensverwaltende Personengesellschaft* oder Unentgeltlichkeit – wäre das Darlehen als Sonderbetriebsvermögen bei der Ursprungsgesellschaft zu betrachten.[1449]

Werden diese Grundsätze beachtet, kommt es zu dem gewünschten Ergebnis, dass die Altgewinne – bei größtmöglicher Inanspruchnahme der Thesaurierungsbegünstigung – den Gesellschaftern flexibel (z.B. für Entnahmen, Steuerzahlungen, Konsum) zur Verfügung stehen und die finanzielle Situation der Ursprungsgesellschaft gesichert ist.[1450] Die gewerbesteuerliche Hinzurechnung der Zinsen (§ 8 Nr. 1 Buchst. a) GewStG) erweist sich nur dann als nachteilig, falls die Anrechnung gem. § 35 EStG nicht (vollständig) gelingt. Bei sehr hohen Zinsaufwendungen wäre ggf. die Zinsschranke (§ 4h EStG) zu beachten.[1451]

Hinsichtlich doppel- und mehrstöckiger Personengesellschaften ist für den Mitunternehmer der Obergesellschaft nur ein einheitlicher begünstigter Gewinn zu ermitteln, der auch die Ergebnisse aus einer etwaigen Sonderbilanz nach § 15 Abs. 1 Nr. 2 S. 2 EStG bei der Untergesellschaft umfasst.[1452] Deshalb scheidet die Entnahme der Altrücklagen in eine (g) *Tochter-Personengesellschaft* bei gleichzeitiger Rückführung der Mittel per Darlehen als Gestaltungsmaßnahme grds. aus.[1453] Denkbar wäre jedoch, dass sich der Mitunternehmer der Obergesellschaft auch unmittelbar an der Untergesellschaft beteiligen würde (ggf. minimal). Damit lägen für Zwecke des § 34a EStG zwei getrennte Mitunternehmeranteile vor, mit denen das (entnahmefähige) Altkapital von der Thesaurierungseinheit separiert werden könnte.

Erfolgt der Vermögenstransfer in eine (e) *Kapitalgesellschaft*, unterliegen die Erträge dort zwar einer moderaten Thesaurierungsbelastung i.H.v. 29,83%-Punkten. Da die Mittel aber für Steuerzahlungen (und ggf. Konsumzwecke) benötigt werden, bedarf es einer Gewinnausschüttung, die zu einer zusätzlichen (Abgeltung-) Steuerbelastung i.H.v. 18,51%-Punkten führt.[1454] Die Gesamtbelastung würde mithin 48,34%-Punkte betragen.

Zusammenfassend lässt sich feststellen, dass zur Optimierung des § 34a EStG die vorbereitende Entnahme von Altrücklagen bei gleichzeitiger Finanzierung der laufenden Geschäftstätigkeit gerade für bestehende Unternehmensgruppen durchaus zu bewerkstelligen ist.[1455] In diesem Kontext hat sich das Schwester-Personengesellschafts-Modell als besonders geeignet

---

[1449] BFH, Urteil v. 16.6.1994, IV R 48/93, BStBl. II 1996, 82; BFH, Urteil v. 22.11.1994, VIII R 63/93, BStBl. II 1996, 93; BFH, Urteil v. 23.4.1996, VIII R 13/95, BStBl. II 1998, 325; BFH, Urteil v. 26.11.1996, VIII R 42/94, BStBl. II 1998, 328; BMF, Schreiben v. 28.4.1998, IV B 2 – S 2241 – 42/98, BStBl. I 1998, 583.

[1450] *Kessler/Ortmann-Babel/Zipfel* in: Ernst & Young/BDI, Unternehmensteuerreform 2008, 52.

[1451] *Forst/Schaaf,* EStB 2007, 263, 268; *Rödder,* Beihefter zu DStR 40 / 2007, 5; *Korn/Strahl,* KÖSDI 2008, 16246, 16256; *Rogall* in: Schaumburg/Rödder, Unternehmensteuerreform 2008, 431.

[1452] BMF, Schreiben v. 11.8.2008, IV C 6 – S 2290-a/07/10001, BStBl. I 2008, 838, Rz. 21.

[1453] *Stein* in: Herrmann/Heuer/Raupach, EStG/KStG, § 34a EStG, Rz. 63; *Rogall* in: Schaumburg/Rödder, Unternehmensteuerreform 2008, 441.

[1454] *Thiel/Sterner,* DB 2007, 1099, 1106.

[1455] *Korn/Strahl,* KÖSDI 2008, 16246, 16256.

erwiesen. Da die Finanzverwaltung[1456] eine steuerneutrale Übertragung (gem. § 6 Abs. 5 EStG) zwischen Schwester-Personengesellschaften aber nicht zulässt, gilt zu bedenken, dass es sich bei der Auslagerung um Wirtschaftsgüter handeln muss, in denen keine stillen Reserven ruhen (z.B. liquide Mittel).[1457]

Ein Gestaltungsmissbrauch steht – wie *Gosch*[1458] zutreffend ausführt – nicht zu befürchten, da die Auslagerung von Altrücklagen „im Normsystem gewissermaßen so angelegt" ist. Darüber hinaus kann die Ausgliederung von Eigenkapital auch mit haftungsrechtlichen – und demzufolge mit beachtlichen außersteuerlichen Argumenten i.S.d. § 42 Abs. 2 S. 2 AO – begründet werden.[1459]

5. Nutzung separater Thesaurierungs- und Entnahmeeinheiten

Stehen dem Steuerpflichtigen mehrere Einkunftsquellen zur Verfügung, die dem Grunde nach die Option nach § 34a EStG erlauben, sollte geprüft werden, ob eine Fokussierung auf einzelne Betriebe bzw. Mitunternehmeranteile zweckmäßig ist.[1460] In vielen Fällen dürfte es sinnvoll sein, nur eine Einkunftsquelle zu nutzen, um Gewinne höchstmöglich zu thesaurieren.

Bei der „Wahl" der Thesaurierungseinheit sollte auch der (gewerbesteueroptimale) Standort (siehe oben) berücksichtigt werden. Durch die Maximierung des Thesaurierungsvolumens würden die Vorteile des § 34a EStG in idealer Weise umgesetzt.[1461] Der andere Betrieb bzw. Mitunternehmeranteil kann dann – ohne Gefahr einer Nachversteuerung – für Entnahmen genutzt werden.

Liegt bisher nur eine einzige Einkunftsquelle vor, sollten ggf. vor Inanspruchnahme des § 34a EStG separate Thesaurierungs- und Entnahmeeinheiten geschaffen werden.[1462] Entnahmen sind dann nur aus der Entnahmeeinheit zu tätigen. Diese Gestaltung lässt sich zudem mit der oben dargestellten Entnahme von Altrücklagen in eine separate Parallelgesellschaft (z.B. gewerbliche Schwester-Personengesellschaft) kombinieren.

1456 BMF, Schreiben v. 29.10.2010, IV C 6 – S 2241/10/10002 :001, BStBl. I 2010, 1206. A.A. BFH, Beschluss v. 15.4.2010, IV B 105/09, BStBl. II 2010, 971. Ebenfalls zweifelnd *Ley/Brandenberg,* Ubg 2010, 767, 776 ff.; *Siegmund/Ungemach,* NWB 2010, 2206 ff.; *Ley,* DStR 2011, 1208 ff.

1457 *Rogall* in: Schaumburg/Rödder, Unternehmensteuerreform 2008, 432.

1458 *Gosch* in: Lüdicke, Unternehmensteuerreform 2008 im internationalen Umfeld, 2008, 103, 110.

1459 *Barth,* Unternehmensteuerreform 2008, 2007, 110.

1460 *Grützner,* StuB 2007, 445, 452; *Kaligin* in: Lademann, EStG, § 34a, Rz. 10.

1461 *Dörfler/Graf/Reichl,* DStR 2007, 645, 651 f.; *Kessler* in: Herzig/Tobin/Eckhardt u.a., Handbuch Unternehmensteuerreform 2008, 70; *Hey,* DStR 2007, 925, 929.

1462 *Husken/Schmidt/Siegmund,* BB 2008, 1204, 1208.

II. Laufende steuerliche Gestaltungsmaßnahmen während Inanspruchnahme

1. Überblick

Unter laufenden steuerlichen Gestaltungsmaßnahmen sind jene Optimierungsansätze zu verstehen, die einer gewissen Regelmäßigkeit unterliegen. Sie sollten zweckmäßigerweise in jedem VZ der Inanspruchnahme des § 34a EStG fortwährend durchgeführt werden. Darunter fallen die steueroptimale Antragstellung (nebst Möglichkeit zur Antragsrücknahme), das Entnahme- und Einlagemanagement sowie die Nutzung steuerfreier Einkünfte.

2. Antragstellung und Rücknahme

Das Konzept der optimalen Antragspolitik wurde bereits oben vorgestellt (Ermittlung der Antragsverzichtszeiträume durch Rückwärtsinduktion). In Bezug auf die eigentliche Antragstellung nach § 34a EStG oder deren Änderung muss in zeitlicher Hinsicht wie folgt differenziert werden:[1463]

- Bis zur Unanfechtbarkeit des Einkommensteuerbescheids für das Antragsjahr kann die Thesaurierungsbegünstigung nach Belieben gestellt, geändert oder zurückgenommen werden. Es gelten die allgemeinen Grundsätze zur Ausübung steuerlicher Wahlrechte.[1464]
- Bis zur Unanfechtbarkeit des Einkommensteuerbescheids für das dem Antragsjahr folgende Jahr steht es dem Steuerpflichtigen gem. § 34a Abs. 1 S. 4 EStG offen, den Antrag auf Thesaurierungsbegünstigung ganz oder teilweise wieder zurückzunehmen. Die erstmalige Stellung des Antrags oder dessen Erweiterung ist hingegen nicht mehr möglich.[1465]
- Danach ist eine Wahlrechtsausübung nur noch im Rahmen der allgemeinen verfahrensrechtlichen Korrekturmöglichkeiten (§§ 129, 164, 165, 172 – 177 AO) zulässig.

Steht die Veranlagung unter dem Vorbehalt der Nachprüfung (§ 164 AO), kann der Antrag nach § 34a EStG noch bis zur Aufhebung des Vorbehaltsvermerks erstmals gestellt, erweitert oder auch ganz bzw. teilweise zurückgenommen werden.[1466] Dies ist bspw. für Mehrergebnisse anlässlich einer Betriebsprüfung sinnvoll.[1467] In allen anderen Fällen kann es zur nachträg-

[1463] *Schiffers,* DStR 2008, 1805, 1808.

[1464] BMF, Schreiben v. 11.8.2008, IV C 6 – S 2290-a/07/10001, BStBl. I 2008, 838, Rz. 10 unter Hinweis auf Nr. 8 des AEAO vor § 172 - 177 AO.

[1465] *Stein* in: Herrmann/Heuer/Raupach, EStG/KStG, § 34a EStG, Rz. 43; *Lausterer/Jetter* in: Blumenberg/Benz, Unternehmensteuerreform 2008, 18 f.

[1466] *Ley,* Ubg 2008, 13, 16.

[1467] *Wacker* in: Schmidt, EStG, § 34a, Rz. 39; *Ley* in: Kessler/Förster/Watrin, FS Herzig, 2010, 469, 472.

lichen Modifikation des Thesaurierungswahlrechts empfehlenswert sein, vorsorglich Einspruch einzulegen.[1468]

Alternativ ist zu überlegen, den Antrag zunächst in maximalem Umfang zu stellen und anschließend ggf. bis zur Unanfechtbarkeit des Einkommensteuerbescheids für den folgenden VZ ganz oder teilweise zurückzunehmen.[1469] Dies dürfte vor allem in Situationen sinnvoll sein, in denen spätere Verluste nicht ausgeschlossen werden können, da anderenfalls § 34a Abs. 8 EStG einen Verlustausgleich bzw. -abzug verhindern würde. Schon daran wird deutlich, dass die Rücknahmemöglichkeit i.S.d. § 34a Abs. 1 S. 4 EStG weitreichende Optimierungsansätze eröffnet und weit mehr als ein „Mittel zur Risikominimierung bei unklaren Entwicklungstendenzen des Unternehmens“[1470] darstellt. Gleichwohl bringt sie auch erheblichen Planungs- und Beratungsbedarf mit sich.[1471]

Besondere Bedeutung erlangt § 34a Abs. 1 S. 4 EStG vor dem Hintergrund, dass der Steuerpflichtige kurzfristig Gewinne thesaurieren kann und ausschließlich den Zinseffekt der aufgeschobenen Steuerzahlung ausnutzen möchte. Hierzu stellt er einen Antrag nach § 34a EStG (z.B. für VZ 01 im März 02), den er bis zur Unanfechtbarkeit des darauffolgenden Einkommensteuerbescheids (VZ 02, bspw. im Juli 03) wieder zurücknimmt. Damit kann der Steuerpflichtige ohne Nachbelastung mehr als ein Jahr lang von § 34a EStG profitieren.

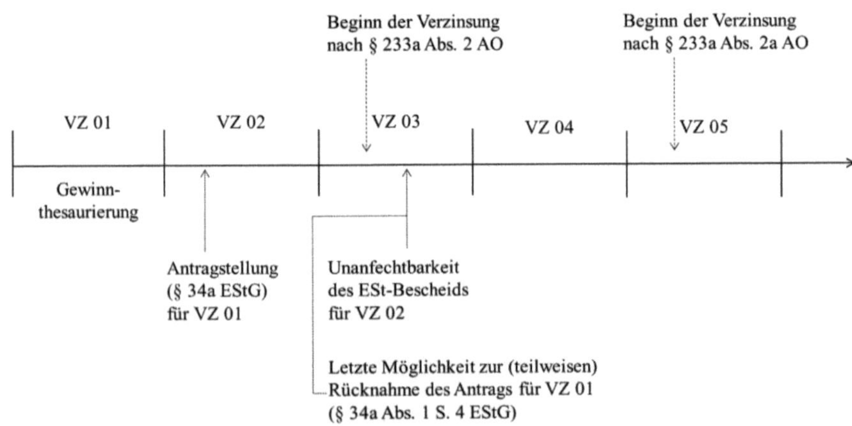

Abbildung 95: Antragsrücknahme nach § 34a Abs. 1 S. 4 EStG

Quelle: Eigene Darstellung

[1468] *Dörfler/Graf/Reichl,* DStR 2007, 645, 648; *Stein* in: Herrmann/Heuer/Raupach, EStG/KStG, § 34a EStG, Rz. 43. A.A. *Bäumer,* DStR 2007, 2089, 2093.

[1469] *Schiffers/Köster,* DStZ 2009, 880, 893; *Schiffers,* DStR 2008, 1805, 1808.

[1470] *van Heek,* SteuerStud 2010, 503, 505.

[1471] *Dörfler/Graf/Reichl,* DStR 2007, 645, 648.

Diese von *Broer/Dwenger*[1472] als „Pseudothesaurierung" bezeichnete Gestaltungsmaßnahme setzt voraus, dass in der Zwischenzeit keine Verzinsung der Steuernachforderung erfolgt. Gem. § 233a Abs. 2 AO beginnt der Zinslauf grds. 15 Monate nach Ablauf des Kalenderjahres, in dem die Steuer entstanden ist. Da die Einkommensteuer gem. § 25 Abs. 1, § 36 Abs. 1 EStG mit Ablauf des entsprechenden VZ entsteht (z.B. VZ 01), beginnt die Zinsberechnung (6% p.a.) daher am 1. April des übernächsten Jahres (z.B. 1. April 03). Die Verzinsung wirkt sich also im Rahmen einer „zeitnahen Pseudothesaurierung" nicht bzw. nur minimal (negativ) aus.

Folgt man indes der (m.E. zutreffenden) Auffassung, die Antragsrücknahme stelle ein rückwirkendes Ereignis dar[1473], kommt es sogar erst 15 Monate nach Ablauf des Kalenderjahres, in dem das rückwirkende Ereignis (Antragsrücknahme) eingetreten ist, zu einer Verzinsung, § 233a Abs. 2a AO (hier: 1. April 05). Das dadurch eröffnete Gestaltungsmodell sollte nach einer Prüfbitte des Bundesrats durch eine Zusatzregelung in § 233a Abs. 2a AO beseitigt werden[1474]; dieser Vorschlag ist aber nicht umgesetzt worden.[1475] Die „Pseudothesaurierung" stellt demnach ein wirkungsvolles Gestaltungsinstrument zur Erlangung einer zinsfreien Steuerstundung dar.

3. Entnahme- und Einlagepolitik

a) Gestaltungsansatz

Entnahmen und Einlagen nehmen bei Anwendung der Thesaurierungsbegünstigung eine elementare (steuerplanerische) Rolle ein.[1476] Sie beeinflussen die Höhe des begünstigungsfähigen Betrags (Thesaurierungsvolumen) und damit die Höhe der effektiven Steuerbelastung. Des Weiteren können mit gezielten Entnahmen negative Konsequenzen anlässlich der Verwendungsreihenfolge des § 34a EStG vermieden werden („Lock-In-Effekte"). Auf der anderen Seite kann die Entnahme zu einem Nachversteuerungsbetrag führen, mithin eine Nachversteuerung auslösen. Solche Entnahmen kann der Steuerpflichtige mittels Einlagen wieder kompensieren.

[1472] *Broer/Dwenger,* BFuP 2009, 422 ff.

[1473] So etwa *Bäumer,* DStR 2007, 2089, 2093; *Lüdicke* in: Lüdicke/Sistermann, Unternehmensteuerrecht, § 1, Rz. 63; *Paus,* EStB 2008, 322, 324; *Wendt,* Stbg 2009, 1, 6; *Wacker* in: Schmidt, EStG, § 34a, Rz. 40; *Reiß* in: Kirchhof, EStG Kompaktkommentar, § 34a, Rz. 28; *Renger/Kreimer,* BB 2011, 2086, 2087 [unter Hinweis auf FG Niedersachsen, Urteil v. 5.5.2011, 1 K 266/10, BB 2011, 2084]. Zweifelnd *Ley/Bodden* in: Korn/Carlé/Stahl u.a., EStG, § 34a, Rz. 57.1.

[1474] BR-Drs. 545/1/08 v. 9.9.2008, 30 ff.; *Gragert/Wißborn,* NWB 2008, 3995, 4001; *Wendt,* Stbg 2009, 1, 6.

[1475] *Wendt,* DStR 2009, 406, Fn. 10; *Stein* in: Herrmann/Heuer/Raupach, EStG/KStG, § 34a EStG, Rz. 43.

[1476] *Ley/Brandenberg,* FR 2007, 1085, 1093; *Ortmann-Babel/Zipfel,* BB 2007, 2205, 2216.

Anhand dessen wird deutlich, dass es zur (rechtsform-) optimalen Anwendung der Thesaurierungsbegünstigung einer durchdachten Entnahme- und Einlagepolitik bedarf.[1477] Diese beinhaltet

- eine laufende Überwachung der § 34a EStG-relevanten Zahlungsströme,
- die Entwicklung einer grundlegenden Entnahmestrategie,
- (Einlage-) Maßnahmen zum Ausgleich schädlicher Entnahmen sowie
- die Entnahmeplanung zur Vermeidung eines Lock-In laufender Einkünfte.

Die Entnahmen bzw. Einlagen müssen nicht zwingend in das bzw. aus dem Privatvermögen des Steuerpflichtigen erfolgen. Bei Unternehmensgruppen können entsprechende Zahlungen auch von einzelnen (Konzern-) Personengesellschaften stammen. In den meisten Fällen wird es sogar sinnvoll sein, Liquiditätszugriffe aus bestimmten „Entnahmeeinheiten“ (siehe oben) zu optimieren, um damit den privaten Liquiditätsbedarf decken zu können.[1478] Die steuerliche Entnahme- und Einlagepolitik ist stark ergebnisorientiert und erfordert Abstimmungsbedarf mit der Gewinnverwendung.[1479] Sie beinhaltet nicht nur Bar-, sondern auch Sach- und Leistungsentnahmen und -einlagen.

b) Unterjährige Überwachung relevanter Zahlungsströme

Ob und in welcher Höhe Entnahme- und Einlagegestaltungen notwendig sind, hängt von folgenden Parametern ab:[1480]

- der erwartete (ggf. anteilige) Steuerbilanzgewinn (inkl. Ergänzungs- und Sonderbilanz) nebst außerbilanzieller Korrekturen, also
  - erwartete Höhe der (ggf. anteiligen) steuerfreien Einkünfte,
  - erwartete Höhe der (ggf. anteiligen) nicht abziehbaren Betriebsausgaben,
- die Höhe der bisherigen und erwarteten Entnahmen,
- die Höhe der bisherigen und erwarteten Einlagen und
- die Höhe des festgestellten nachversteuerungspflichtigen Betrags des Vorjahres.

Anhand dieser Daten bzw. Hochrechnungen kann abgeschätzt werden,

a) ob und in welcher Höhe Gewinne nach § 34a EStG besteuert werden können,
b) ob Mittel rechtzeitig entnommen werden müssen, um einen Lock-In zu vermeiden,
c) ob ggf. eine Nachversteuerung droht, die es rechtzeitig abzuwenden gilt.

[1477] *Rogall* in: Schaumburg/Rödder, Unternehmensteuerreform 2008, 432; *Schiffers,* GmbHR 2007, 505, 510; *Schiffers,* DStR 2008, 1805, 1810.

[1478] *Schiffers,* GmbH-StB 2007, 345, 347.

[1479] *Ley,* KÖSDI 2007, 15737, 15748; *Liess,* GStB 2012, 128, 129.

[1480] Ähnlich *Korn/Strahl,* KÖSDI 2008, 16246, 16253.

Das „§ 34a EStG-Monitoring“[1481] umfasst die laufende Überwachung und Planung aller Entnahmen und Einlagen i.S.e. Früherkennungssystems. Dabei sollte das Sonderbetriebsvermögen unter besonderer Beobachtung stehen, da es hier bisweilen zu „unbeabsichtigten“ Entnahmen kommen kann.[1482] Die Gestaltungsziele bestehen darin, einen (ungeplanten) Entnahmeüberhang sowie die „Gefangenschaft“ von Eigenkapital zu erkennen und zu vermeiden.

Da die Ermittlung der relevanten Größen streng wirtschaftsjahrbezogen durchzuführen ist, müssen die Entnahmen und Einlagen bereits unterjährig beobachtet, ggf. geschätzt und mit dem voraussichtlichen (Steuerbilanz-) Ergebnisanteil abgeglichen werden.[1483] Damit können etwaige Entnahme- und Einlagegestaltungen, die zwingend vor dem Bilanzstichtag durchzuführen sind (siehe unten), noch rechtzeitig initiiert werden.

Diese Hochrechnungen sind für jeden Mitunternehmer betriebsbezogen vorzunehmen und sollten nicht nur den laufenden VZ umfassen, sondern eine mehrperiodige Zukunftsplanung beinhalten.[1484] Einer genauen (mehrperiodigen) Planung bedarf es gerade bei Unternehmen mit (konjunkturell) stark schwankenden Ergebnissen.[1485] Aus der Abschnittsbezogenheit erwachsen besondere Probleme, da nur ein den laufenden Gewinn nicht übersteigender Saldo zwischen Entnahmen und Einlagen nicht zu einer Nachversteuerung führt.[1486] Eine periodenübergreifende Betrachtung, wie sie bspw. bei § 4 Abs. 4a EStG praktiziert wird, sieht die Thesaurierungsbegünstigung nicht vor.[1487]

c) Entwicklung einer Entnahme- und Einlagestrategie

Der Entnahme- und Einlagepolitik sollte eine individuelle Strategie zugrundeliegen. Hierbei kann sich der Steuerpflichtige an folgender Gestaltungsabfolge orientieren:[1488]

1. Entnahme von Altrücklagen vor der erstmaligen Inanspruchnahme (siehe oben)
2. Wenn ein Entnahmeüberhang droht:
   a. Entnahme-Stopp
   b. Überbrückung von Entnahmen durch Darlehen
   c. Ausgleich durch Einlagen
   d. Ausgleich durch Bilanzpolitik

[1481] *Ley/Bodden* in: Korn/Carlé/Stahl u.a., EStG, § 34a, Rz. 140; *Schiffers,* GmbHR 2007, 505, 510.
[1482] *Wangler/Arendt* in: DHBW Villingen-Schwenningen, 2009, 1, 27.
[1483] *Schiffers,* GmbH-StB 2007, 345, 347; *Schiffers,* GmbHR 2007, 841, 846.
[1484] *Schiffers/Köster,* DStZ 2008, 830, 841; *Schiffers/Köster,* DStZ 2011, 851, 860.
[1485] *Schiffers,* GmbHR 2007, 841, 846; *Dörfler* in: Littmann/Bitz/Pust, EStG, § 34a, Rz. 209.
[1486] *Schiffers,* GmbH-StB 2007, 345, 347.
[1487] *Schiffers,* GmbHR 2007, 841, 846.
[1488] Ähnlich *Barth,* Unternehmensteuerreform 2008, 2007, 110.

3. Wenn kein Entnahmeüberhang droht:
   a. Entnahme von (Über-) Einlagen, soweit hierdurch kein Entnahmeüberhang entsteht
   b. Entnahme von steuerfreien und nicht steuerbaren Gewinnen
   c. Entnahme von laufenden Gewinnen, die nicht nach § 34a EStG begünstigt besteuert werden sollen

d) Ausgleich schädlicher Entnahmen

Kommt man anhand des „§ 34a EStG-Monitoring" zu dem Schluss, dass die Entnahmen voraussichtlich die Einlagen und den steuerbilanziellen Gewinn (-anteil) übersteigen, müssen Gestaltungen erwogen werden, um die drohende Nachversteuerung zu vermeiden. Zunächst sollten weitere Entnahmen verhindert und in den nächsten VZ hinausgeschoben werden (Entnahme-Stopp).[1489] Des Weiteren wäre zu überlegen, ob anstelle einer Entnahme eine Darlehensgewährung der Personengesellschaft an den Gesellschafter erfolgen könnte.[1490] Ein Entnahmeüberhang kann dadurch (kurzfristig) vermieden bzw. überbrückt werden.[1491] Sofern dem Darlehen fremdübliche Konditionen zugrundelägen, wäre es betrieblich veranlasst. Die Zinsen wären als Betriebseinnahmen zu erfassen, während sie auf Gesellschafterebene nicht abziehbare Privataufwendungen (§ 12 Nr. 1 EStG) darstellten.

Darüber hinaus ist dem Steuerpflichtigen zu raten, vor dem Bilanzstichtag (Bar-) Einlagen in das Gesamthandsvermögen zu leisten. Damit kann – auch noch kurz vor Ende des Wirtschaftsjahres – ein Entnahmeüberhang kompensiert werden.[1492] Dies gilt zumindest für Einlagen, die nicht sofort nach dem Bilanzstichtag wieder entnommen werden.[1493]

Schädliche Entnahmen können außerdem durch Einlagen in das (gewillkürte) Sonderbetriebsvermögen ausgeglichen werden.[1494] Hierzu bedarf es „bloß" einer ausdrücklichen (und dokumentierten) Zuordnungshandlung des Steuerpflichtigen.[1495] So kann es sich bspw. anbieten, ein separates Bankkonto als Sonderbetriebsvermögen zu willküren.[1496] Der steuerplanerische

---

[1489] *Korn/Strahl,* KÖSDI 2008, 16246, 16254.

[1490] *Ley,* KÖSDI 2007, 15737, 15757; *Ley/Brandenberg,* FR 2007, 1085, 1108.

[1491] *Dörfler* in: Littmann/Bitz/Pust, EStG, § 34a, Rz. 203.

[1492] *Wilk,* WD 2007, 236, 238; *Endres/Spengel/Reister,* WPg 2007, 478, 483, Fn. 4; *Hölzerkopf/Taetzner,* BB 2007, 2769, 2770; *Seitz,* StbJb 2007/2008, 314, 338; *Ley/Bodden* in: Korn/Carlé/Stahl u.a., EStG, § 34a, Rz. 140; *Schiffers/Köster,* DStZ 2008, 830, 841; *Dörfler* in: Littmann/Bitz/Pust, EStG, § 34a, Rz. 210; *Helmreich/Rupp,* Gewinnthesaurierung bei Personengesellschaften, 2008, 42.

[1493] BFH, Urteil v. 9.5.1957, IV 107/55 U, BStBl. III 1957, 258; BFH, Urteil v. 24.6.1969, I R 174/66, BStBl. II 1970, 205; BFH, Urteil v. 18.1.1972, VIII R 125/69, BStBl. II 1972, 344; BFH, Urteil v. 11.12.2002, VI R 48/00, BFH/NV 2003, 895; BFH, Urteil v. 21.8.2012, VIII R 32/09, DStR 2012, 2369. Ebenso *Thiel/Sterner,* DB 2007, 1099, 1106; *Stein* in: Herrmann/Heuer/Raupach, EStG/KStG, § 34a EStG, Rz. 60.

[1494] *Thiel/Sterner,* DB 2007, 1099, 1103; *Schiffers,* GmbH-StB 2007, 345, 346 f.; *Grützner,* StuB 2007, 445, 452; *Schiffers,* GmbHR 2007, 841, 846; *Lange* in: Strahl, Ertragsteuern, 2010, Rz. 123.

[1495] *Schiffers/Köster,* DStZ 2009, 880, 893; *Schiffers/Köster,* DStZ 2011, 851, 860.

[1496] *Rupp* in: Preißer/Pung, Besteuerung der Personen- und Kapitalgesellschaften, 717; *Ley/Bodden* in: Korn/Carlé/Stahl u.a., EStG, § 34a, Rz. 93.

Einsatz (gewillkürten) Sonderbetriebsvermögens empfiehlt sich insbesondere dann, wenn das Kapital der Gesamthand nicht berührt werden soll (z.B. aus Haftungsgründen oder hinsichtlich der Kapitalverhältnisse).[1497] Die erwirtschafteten Einkünfte wären dann aber Teil des Sonderbetriebsergebnisses und unterlägen u.a. nicht mehr der Abgeltungsteuer.[1498] Das Vermögen wäre zudem steuerlich verhaftet und müsste unter besonderer Beobachtung stehen, um ungewollte Entnahmen zu vermeiden.

Daneben können thesaurierungswillige Mitunternehmer erwägen, ihren Mitunternehmeranteil in eine Beteiligungs- bzw. Holding-Personengesellschaft einzubringen.[1499] Entnahmen aus dem Gesamthandsvermögen der Untergesellschaft wären durch Einlagen in die Beteiligungsgesellschaft zu kompensieren. Es entstünde insoweit keine schädliche Entnahme, da doppelstöckige Personengesellschaften für Zwecke des § 34a EStG als Einheit betrachtet werden.[1500] Ferner könnte damit – insbesondere bei unterschiedlichen Entnahmestrategien der Gesellschafter – ein Auseinanderlaufen der Kapitalkonten verhindert werden.[1501]

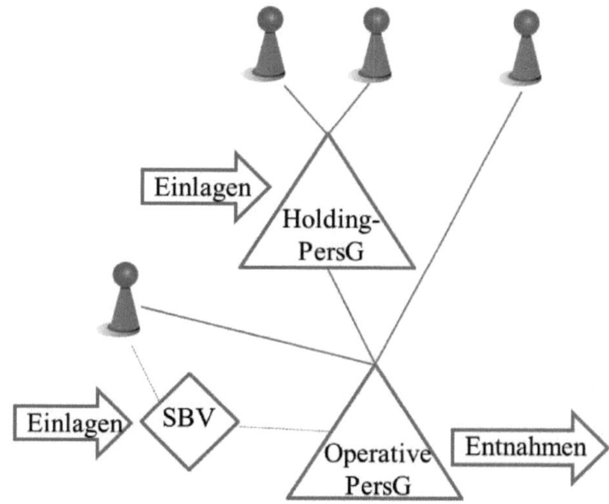

Abbildung 96: Einlagegestaltungen über SBV und doppelstöckige PersGes (§ 34a EStG)

Quelle: Eigene Darstellung

Bewusste Einlagen stellen keinen Gestaltungsmissbrauch i.S.d. § 42 AO dar, weil die Stärkung des Eigenkapitals zu den gesetzgeberischen Zielen gehört und die Kapitalerhöhung ein beachtlicher außersteuerlicher Grund ist.[1502] Im Unterschied zur österreichischen Thesaurie-

[1497] *Dörfler* in: Littmann/Bitz/Pust, EStG, § 34a, Rz. 205.
[1498] *Ley/Brandenberg,* FR 2007, 1085, 1108 f.
[1499] *Schiffers/Köster,* DStZ 2009, 880, 894; *Schiffers/Köster,* DStZ 2011, 851, 860.
[1500] BMF, Schreiben v. 11.8.2008, IV C 6 – S 2290-a/07/10001, BStBl. I 2008, 838, Rz. 21.
[1501] *Schiffers,* DStR 2008, 1805, 1810 f.; *Niehus/Wilke,* DStZ 2009, 14, 24.
[1502] *Korn/Strahl,* NWB 2010, 3946, 4010 f.; *Korn/Strahl,* NWB 2011, 4090, 4150.

rungsbegünstigung (§ 11a Abs. 1 S. 3 EStG-Ö a.F.) müssen die Einlagen auch nicht zwingend betriebsnotwendig sein.[1503] Gewillkürtes Betriebsvermögen ist ausreichend. Übereinlagen bewirken indes keine Vorteile, da gem. § 34a Abs. 2 EStG nur der positive Saldo aus Entnahmen und Einlagen zum Ansatz kommt.[1504] Da die Einlagen insoweit „verloren" gingen, ist es sinnvoll, solche Vorgänge zu vermeiden bzw. in den folgenden VZ zu verschieben.[1505]

Nicht zuletzt kann durch bilanzpolitische Maßnahmen das steuerliche (Sonder-) Bilanzergebnis positiv beeinflusst werden, um Entnahmeüberhänge zu vermeiden. Zu nennen wären z.B. der Aufschub betrieblicher Aufwendungen, die (Vorab-) Realisierung betrieblicher Erträge, die Aufdeckung stiller Reserven (bspw. Sale-and-Lease-Back) sowie die – seit BilMoG autonom mögliche – Ausübung (bilanz-) steuerlicher Ansatz- und Bewertungswahlrechte.[1506]

e) Maßnahme zur Vermeidung eines Lock-In laufender Einkünfte

Die implizite Verwendungsreihenfolge des § 34a EStG führt nicht nur zu einem Lock-In von Altrücklagen. Sie hat des Weiteren zur Folge, dass

a. Einlagenüberschüsse,
b. steuerfreie und nicht steuerbare Einkünfte sowie
c. regelbesteuerte Einkünfte, also laufende Gewinne, die nicht nach § 34a EStG begünstigt besteuert werden sollen,

eingeschlossen werden, falls der Steuerpflichtige diese nicht entnimmt.[1507] Zur Vermeidung des Lock-In laufender Einkünfte ist deshalb deren vorrangige Entnahme im VZ der Gewinnentstehung anzuraten.[1508] Durch die phasengleiche Entnahme wird die Auslösung der Nachversteuerung bei einer etwaigen Entnahme im Folgejahr verhindert. Darüber hinaus stehen diese Mittel für Einkommensteuerzahlungen oder Konsumzwecke zur Verfügung. Ferner können zukünftige Entnahmeüberhänge durch (Wieder-) Einlage dieser Gelder kompensiert werden.

1503 Zur österreichischen Rechtslage vgl. etwa *Doralt/Ruppe*, Grundriss des österreichischen Steuerrechts, 2003, 196; *Payerer,* ÖStZ 2003, 339, 341; *Neufang/Strathmann,* BB 2005, 2612, 2613; *Kanduth-Kristen*, Rechtsformneutrale Unternehmensbesteuerung, 2007, 103.

1504 *Ortmann-Babel/Zipfel,* BB 2007, 2205, 2216.

1505 *Schiffers,* GmbH-StB 2007, 345, 347; *Schiffers/Köster,* DStZ 2008, 830, 841.

1506 *Scheffler,* NWB 2012, 2353. Zur Steuerbilanzpolitik mittels autonomer Wahlrechtsausübung nach BilMoG vgl. bspw. *Dörfler/Adrian,* Ubg 2009, 385 ff.; *Herzig/Briesemeister,* WPg 2010, 63 ff.

1507 *Rödl/Lindner,* StB 2007, 131, 132; *Cordes,* WPg 2007, 526, 528; *Barth*, Unternehmensteuerreform 2008, 2007, 109 f.; *Kessler/Ortmann-Babel/Zipfel* in: Ernst & Young/BDI, Unternehmensteuerreform 2008, 51; *Helmreich/Rupp*, Gewinnthesaurierung bei Personengesellschaften, 2008, 61; *Wacker* in: Schmidt, EStG, § 34a, Rz. 63.

1508 *Forst/Schaaf,* EStB 2007, 263, 267; *Dörfler/Graf/Reichl,* DStR 2007, 645, 651 f.; *Hey,* DStR 2007, 925, 929; *Ortmann-Babel/Zipfel,* BB 2007, 2205, 2216 f.; *Lausterer/Jetter* in: Blumenberg/Benz, Unternehmensteuerreform 2008, 28.

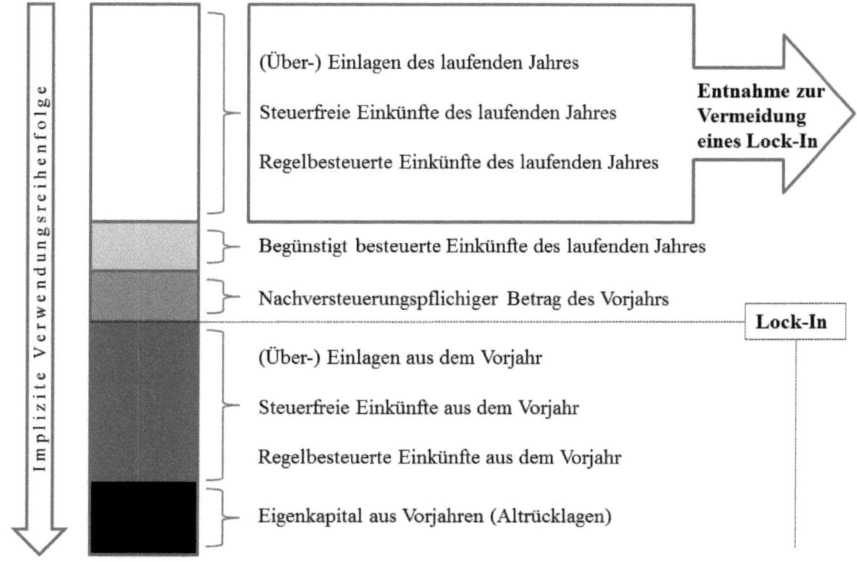

Abbildung 97: Phasengleiche Entnahmen zur Vermeidung eines Lock-In bei § 34a EStG
Quelle: Modifiziert nach *Rogall* in: Schaumburg/Rödder, Unternehmensteuerreform 2008, 433

Die implizite Verwendungsreihenfolge gibt zwar eine vorrangige Entnahme der (Über-) Einlagen, steuerfreien sowie regelbesteuerten Einkünfte vor. Das heißt, die Entnahme solcher Beträge löst grds. keine Nachversteuerung aus. Gleichwohl gilt zu bedenken, dass dies nur im VZ der Gewinnentstehung möglich ist. Unterbleibt die sofortige Entnahme, kommt es zu einem Einschluss dieser Mittel. Spätere Entnahmen können in diesem Fall – trotz Kompensationspotenzial – eine Nachversteuerung auslösen. Die „Nicht-Entnahme" steht somit unter „Steuerstrafe".[1509]

Folgendes Zahlenbeispiel verdeutlicht die Problematik:

> *Im VZ 01 beträgt der nicht entnommene Gewinn 100 GE, worauf § 34a EStG angewendet wird. Die Einlagen übersteigen die Entnahmen um 50 GE (Übereinlagen). Im VZ 02 kommt es zu einem Entnahmeüberhang i.H.v. 50 GE. Dadurch wird eine Nachversteuerung ausgelöst, obwohl Einlagen aus dem Vorjahr existieren (vgl. Abbildung 98). Zur Vermeidung des Lock-In hätte der Steuerpflichtige die Übereinlagen im VZ 01 entnehmen müssen. Damit hätte er die Nachversteuerung durch eine (Wieder-) Einlage im VZ 02 verhindern können. Die gleiche Problematik ergibt sich für (nicht entnommene) steuerfreie und regelbesteuerte Einkünfte des laufenden Jahres.*

1509 *Ortmann-Babel/Zipfel,* BB 2007, 2205, 2216 f.

	VZ 01	VZ 02
Steuerbilanzgewinn § 4 Abs. 1 EStG	100	0
Entnahmen	50	100
Einlagen	100	50
pos. Saldo (Entnahmen ./. Einlagen)	0	50
Nicht entnommener Gewinn	100	
Entnahmeüberhang		-50
Übereinlagen	50	
Thesaurierung (§ 34a Abs. 1 EStG)	(+)	
Nachversteuerung (§ 34a Abs. 4 EStG)		(+)

Abbildung 98: Zahlenbeispiel zum Lock-In von Übereinlagen aus dem Vorjahr (§ 34a EStG)

Quelle: Eigene Darstellung

Die Steuerplanung muss diese Effekte im Rahmen des laufenden „§ 34a EStG-Monitoring“ berücksichtigen. Gerade die phasengleiche Entnahme zur Vermeidung des Lock-In laufender Einkünfte erfordert, dass vor dem Bilanzstichtag das Entnahmepotenzial bekannt ist.[1510] Nur dann kann rechtzeitig mit Entnahmemaßnahmen reagiert werden.[1511] Zur Refinanzierung der operativen Geschäftstätigkeit kann auf das Schwester-Personengesellschafts-Modell (siehe oben) zurückgegriffen werden.

4. Nutzung steuerfreier Einkünfte

Steuerfreie Einkünfte bieten im Anwendungsbereich des § 34a EStG zahlreiche Vorteile. Wenngleich sie selbst nicht der (begünstigten) Besteuerung unterliegen, können mit ihnen nicht abziehbare Betriebsausgaben und Entnahmen kompensiert werden (zweifacher Kompensationseffekt).[1512] Dies wirkt sich positiv auf das Thesaurierungsvolumen und mithin auf die Steuerbelastung aus.[1513]

Sollte es gelingen, steuerfreie Einkünfte i.H.v. ca. 1/3 der Gesamteinkünfte zu erzielen, könnte die Thesaurierungsbelastung auf den Minimalwert von 29,77%-Punkte reduziert werden.[1514] Dieser Zusammenhang verdeutlicht sich bei der Betrachtung nachstehender Modellrechnung (Abbildung 99). Des Weiteren können steuerfreie Einkünfte im Entstehungsjahr ohne Nachversteuerung entnommen werden.[1515]

1510 *Meyer/Sterner,* Ubg 2008, 733, 736.
1511 *Schiffers,* GmbHR 2007, 841, 846; *Rogall* in: Schaumburg/Rödder, Unternehmensteuerreform 2008, 432.
1512 BMF, Schreiben v. 11.8.2008, IV C 6 – S 2290-a/07/10001, BStBl. I 2008, 838, Rz. 17.
1513 *Wacker,* FR 2008, 605, 608; *Husken/Schmidt/Siegmund,* BB 2008, 1204 ff.
1514 *Rupp* in: Preißer/Pung, Besteuerung der Personen- und Kapitalgesellschaften, 734.
1515 *Winkeljohann/Fuhrmann* in: PWC, Unternehmensteuerreform 2008, 42; *von Oertzen/Stein,* Ubg 2011, 353. Ebenso BMF, Schreiben v. 11.8.2008, IV C 6 – S 2290-a/07/10001, BStBl. I 2008, 838, Rz. 17, 29.

Inländische Einkünfte		100,00
Steuerfreie Einkünfte		29,77
GewSt		-14,00
Entnahmen für ESt/SolZ	28,25	
Anrechnung § 35 EStG	-13,30	
SolZ	0,82	
Entnahmen	15,77	-15,77
Steuerbilanzgewinn § 4 Abs. 1 EStG		115,77
Positiver Saldo (Entnahmen ./. Einlagen)		-15,77
Nicht entnommener Gewinn		100,00
Steuerbilanzgewinn § 4 Abs. 1 EStG		115,77
Nicht abziehbare GewSt		14,00
Steuerfreie Einkünfte		-29,77
Steuerpflichtige Einkünfte § 15 EStG		100,00
Bemessungsgrundlage § 34a EStG		100,00
Steuerbelastung § 34a EStG		-28,25
Anrechnung § 35 EStG		13,30
SolZ		-0,82
Gesamtsteuerbelastung (GewSt, ESt, SolZ)		**-29,77**

Abbildung 99: Zahlenbeispiel zum positiven Effekt steuerfreier Einkünfte bei § 34a EStG
Quelle: *Rupp* in: Preißer/Pung, Besteuerung der Personen- und Kapitalgesellschaften, 716

Zur praxisrelevanten Gruppe steuerfreier Einkünfte zählen ausländische Betriebsstättengewinne, die nach einem DBA von der inländischen Besteuerung ausgenommen sind, sowie Dividenden und Veräußerungsgewinne, die gem. § 3 Nr. 40 EStG zu 40% steuerfrei sind. Um die Thesaurierungsbegünstigung zu optimieren, bietet es sich an, steuerfreie Einkünfte in einer Thesaurierungseinheit zu bündeln.[1516] Ferner kann das Begünstigungsvolumen erhöht werden, indem Wirtschaftsgüter, die steuerfreie Einkünfte vermitteln (z.B. Aktien, GmbH-Anteile), in das (Sonder-) Betriebsvermögen eingelegt werden.[1517] Überdies wäre eine atypisch stille Beteiligung speziell an steuerfreien Einkunftsbestandteilen denkbar.[1518]

Steuerfreie Einkünfte verschaffen dem Mitunternehmer Potenzial, trotz getätigter Entnahmen oder außerbilanzieller Hinzurechnungen, auf die Vorteile des § 34a EStG nicht zu verzichten („Entnahme-Puffer“).[1519] Sie führen – wie *Wacker*[1520] anmerkt – zu einer deutlichen Steigerung des „Sympathiewerts“ der Thesaurierungsbegünstigung.

Steuerfreie Einkünfte, die nicht zur „Erweiterung“ der Thesaurierungsbegünstigung verwendet werden können, sollten aber im VZ der Gewinnentstehung (also phasengleich) entnom-

---

1516 *Meyer/Sterner,* Ubg 2008, 733, 735.
1517 *Höreth/Stelzer,* BB 2007, 2595, 2598; *Lange* in: Strahl, Ertragsteuern, 2010, Rz. 123.
1518 *Kessler* in: Herzig/Tobin/Eckhardt u.a., Handbuch Unternehmensteuerreform 2008, 70.
1519 *Forst/Schaaf,* EStB 2007, 263, 267; *Fischer* in: Spindler/Tipke/Rödder, FS Schaumburg, 2009, 319, 332.
1520 *Wacker,* FR 2008, 605, 608.

men werden.[1521] Bei jährlich wiederkehrenden steuerfreien Einkünften tritt der gewünschte Effekt auch dann ein, wenn die Entnahme erst im darauffolgenden Jahr getätigt wird. Insoweit wirkt die Entnahme – wegen der ebenfalls im Entnahmejahr angefallenen steuerfreien Einkünfte – wie eine Entnahme im Entstehungsjahr.[1522] In allen anderen Fällen droht ein Lock-In. Zur Refinanzierung der operativen Geschäftstätigkeit kann auf das Schwester-Personengesellschafts-Modell (siehe oben) zurückgegriffen werden.

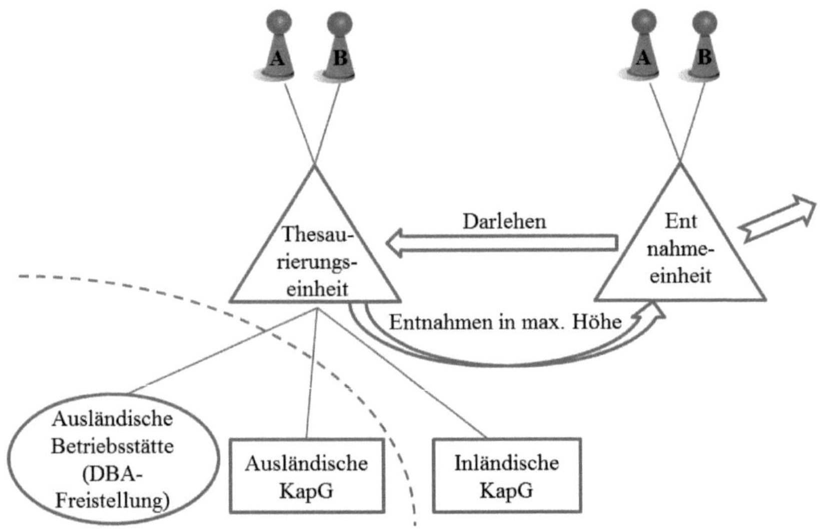

Abbildung 100: Steuerfreie Einkünfte einer § 34a EStG-Thesaurierungseinheit

Quelle: Eigene Darstellung

Vor diesem Hintergrund bietet es sich zudem an, steuerfreie Einkünfte auf einem separaten (Darlehens-) Konto (z.B. Kapitalkonto V) der Gesellschafter festzuhalten.[1523] Aus diesem Konto sind dann die privaten (Steuer-) Entnahmen der Gesellschafter sowie nicht abziehbare Betriebsausgaben vorrangig zu speisen.[1524] Danach vorhandene Beträge sollten entnommen werden. Dieser steuerlichen Empfehlung stehen möglicherweise aber gesellschaftsvertragliche Verfügungsbeschränkungen entgegen.[1525] Darüber hinaus dürfte sich das „richtige Ti-

[1521] *Hey,* DStR 2007, 925, 929; *Schiffers,* GmbHR 2007, 841, 846 f.; *Hölzerkopf/Taetzner,* BB 2007, 2769, 2774; *Pohl,* BB 2007, 2483, 2484; *Husken/Schmidt/Siegmund,* BB 2008, 1204, 1209; *Winkeljohann/Fuhrmann* in: PWC, Unternehmensteuerreform 2008, 42; *Ley/Bodden* in: Korn/Carlé/Stahl u.a., EStG, § 34a, Rz. 106; *Dörfler* in: Littmann/Bitz/Pust, EStG, § 34a, Rz. 69.

[1522] *Ley,* KÖSDI 2007, 15737, 15757; *Ley/Brandenberg,* FR 2007, 1085, 1108.

[1523] *Schiffers,* GmbHR 2007, 841, 846; *Schiffers/Köster,* DStZ 2007, 773, 784; *Schiffers/Köster,* DStZ 2008, 830, 840; *Schiffers/Köster,* DStZ 2009, 880, 893; *Schiffers/Köster,* DStZ 2011, 851, 860.

[1524] *Levedag* in: Wachter, FS Spiegelberger, 2009, 328, 336 f.

[1525] *Fischer* in: Spindler/Tipke/Rödder, FS Schaumburg, 2009, 319, 333.

ming" der Entnahme als problematisch erweisen, da die Höhe der steuerfreien Betriebsstättengewinne erst im Zuge der (späteren) Gewinnermittlung offenkundig wird.

III. Aperiodische steuerliche Gestaltungsmaßnahmen nach Inanspruchnahme

1. Überblick

Nicht alle Gestaltungsansätze müssen in regelmäßigen Abständen geprüft und initiiert werden. Es ist vielmehr so, dass eine Reihe von Optimierungsmaßnahmen nur anlassbezogen durchzuführen sind, sie mithin aperiodisch anfallen. Nach erfolgter Inanspruchnahme der Thesaurierungsbegünstigung sind folgende Anlässe denkbar:

- Betriebsveräußerung
- Rechtsformwechsel
- Erbschaften/Schenkungen
- Zusammenspiel mit anderen Tarifnormen

2. Zurückbehaltung von Resteinheiten

Bei der Veräußerung eines ganzen Betriebs oder eines ganzen Mitunternehmeranteils ist der nachversteuerungspflichtige Betrag gem. § 34a Abs. 6 Nr. 1 EStG in voller Höhe aufzulösen und nachzuversteuern. Dies gilt über § 34a Abs. 6 Nr. 2 EStG auch bei der Einbringung eines ganzen Betriebs oder eines ganzen Mitunternehmeranteils in eine Kapitalgesellschaft sowie in den Fällen des Formwechsels einer Personengesellschaft in eine Kapitalgesellschaft. Erfolgt die Veräußerung oder die Einbringung hingegen nur hinsichtlich eines Teils eines Betriebs/Mitunternehmeranteils oder hinsichtlich eines Teilbetriebs, löst dies keine Nachversteuerung aus. Das BMF merkt zutreffend an, dass die Nachversteuerung im Rahmen des zurückbleibenden Teils weiterhin möglich ist.[1526] Dadurch eröffnen sich Gestaltungsspielräume.[1527]

Zur Vermeidung der Nachversteuerung reicht es aus, einen (Zwergen-) Anteil zurückzubehalten.[1528] Eine Wesentlichkeitsgrenze für das zurückbleibende Betriebsvermögen (Resteinheiten) sieht weder der Gesetzeswortlaut noch das BMF-Schreiben vor.[1529] Um die stillen Reserven tarifermäßigt aufdecken zu können (§§ 16, 34 EStG), zugleich aber die drohende Nachversteuerung zu vermeiden, stellt deshalb der Verkauf eines Teilbetriebs eine steuergünstige

[1526] BMF, Schreiben v. 11.8.2008, IV C 6 – S 2290-a/07/10001, BStBl. I 2008, 838, Rz. 42 f.
[1527] *Wacker* in: Schmidt, EStG, § 34a, Rz. 76.
[1528] *Winkeljohann/Fuhrmann* in: PWC, Unternehmensteuerreform 2008, 46; *Niehus/Wilke,* DStZ 2009, 14, 29; *Dörfler* in: Littmann/Bitz/Pust, EStG, § 34a, Rz. 139 u. Rz. 145.
[1529] *Meyer/Sterner,* Ubg 2008, 733, 737; *Dörfler* in: Littmann/Bitz/Pust, EStG, § 34a, Rz. 139.

Lösung dar.[1530] Zwar hatte sich der Bundesrat im Gesetzgebungsverfahren auch für diese Fälle für eine Nachversteuerung ausgesprochen.[1531] Diese Prüfbitte wurde aber nicht umgesetzt. Es kann also davon ausgegangen werden, dass eine Nachversteuerung insoweit nicht bewirkt werden soll.[1532]

Diese Gestaltungen finden über § 42 AO allerdings dort ihre Grenzen, wo der Betrieb auf einen minimalen Umfang beschränkt und die Fortführung allein der Vermeidung der Nachsteuer dienen soll.[1533] Demnach sollten für die Zurückbehaltung von Resteinheiten stets auch außersteuerliche Gründe (z.B. Sicherung des Lebensunterhalts, Wahrung unternehmerischer Freiheit, Vorbereitung auf Unternehmensnachfolge, ...) nachgewiesen werden können.

3. Ausgliederung nachversteuerungspflichtiger Beträge

a) Gestaltungsansatz

Die Zwangsnachversteuerung i.S.d. § 34a Abs. 6 Nr. 1 bzw. Nr. 2 EStG kann ferner durch vorherige Umstrukturierungen vermieden werden. Hierzu ist der nachversteuerungspflichtige Betrag in ein anderes Betriebsvermögen zu verlagern.[1534] Die Norm des § 34a EStG sieht mehrere Möglichkeiten zur Separierung nachversteuerungspflichtiger Beträge vor. Zum einen kann die Verlagerung im Zuge einer Übertragung oder Überführung von Wirtschaftsgütern nach § 6 Abs. 5 EStG erfolgen (§ 34a Abs. 5 S. 2 EStG). Zum anderen geht der nachversteuerungspflichtige Betrag bei Einbringungen von Betrieben oder Mitunternehmeranteilen (§ 24 UmwStG) gem. § 34a Abs. 7 S. 2 EStG auf den neuen Mitunternehmeranteil über.

b) Übertragung und Überführung von Wirtschaftsgütern

Im Grundsatz führt die (buchwertneutrale) Übertragung oder Überführung eines Wirtschaftsguts i.S.d. § 6 Abs. 5 S. 1 – 3 EStG zu einer Entnahme beim abgehenden Betrieb und somit – unter den Voraussetzungen des § 34a Abs. 4 EStG – zu einer Nachversteuerung (§ 34a Abs. 5 S. 1 EStG). Der Steuerpflichtige kann jedoch gem. § 34a Abs. 5 S. 2 EStG beantragen, den nachversteuerungspflichtigen Betrag in Höhe des Buchwerts des übergehenden Wirtschaftsguts auf den anderen Betrieb oder Mitunternehmeranteil zu übertragen. Damit wird die Nachversteuerung auf den übernehmenden Betrieb verlagert und (vorübergehend) vermieden.[1535]

1530 Gleichwohl wird es nicht in allen Fällen gelingen, das Unternehmen im Vorfeld so umzustrukturieren, dass mindestens zwei Teilbetriebe (R 16 Abs. 3 EStR) entstehen. So auch *Paus,* EStB 2008, 322, 326.

1531 BT-Drs. 16/5377 v. 18.5.2007, 14 f.

1532 *Cordes,* WPg 2007, 526, 529, Fn. 22; *Bäumer,* DStR 2007, 2089, 2091; *Ratschow* in: Blümich, EStG/KStG/GewStG, § 34a EStG, Rz. 69.

1533 *Paus,* EStB 2008, 322, 326 f.

1534 *Söffing* in: Binnewies/Spatscheck, FS Streck, 2011, 195, 208.

1535 *Ley/Brandenberg,* FR 2007, 1085, 1101 f.; *Reiß* in: Kirchhof, EStG Kompaktkommentar, § 34a, Rz. 77.

Übrige Entnahmen sollen aber nach Ansicht der Finanzverwaltung (zulasten des Steuerpflichtigen) vorrangig mit dem nachversteuerungspflichtigen Betrag verrechnet werden.[1536]

Von der Norm des § 34a Abs. 5 S. 2 EStG kann jeder Transfer einzelner Wirtschaftsgüter i.S.d. § 6 Abs. 5 EStG[1537] profitieren, der grds. eine Entnahme auslösen würde, also

- die Übertragung zwischen verschiedenen Betriebsvermögen eines Steuerpflichtigen,
- die Überführung zwischen einem Betriebsvermögen eines Steuerpflichtigen in dessen Sonderbetriebsvermögen bei einer anderen Mitunternehmerschaft (et vice versa),
- die Überführung zwischen verschiedenen Sonderbetriebsvermögen desselben Steuerpflichtigen bei verschiedenen Mitunternehmerschaften sowie
- die unentgeltliche (oder gegen Gewährung bzw. Minderung von Gesellschaftsrechten erfolgende) Übertragung aus einem Betriebsvermögen des Mitunternehmers in das Gesamthandsvermögen einer Mitunternehmerschaft (et vice versa).

Ausgeschlossen sind demgegenüber

- Übertragungen zwischen Gesamthandsvermögen und Sonderbetriebsvermögen derselben Mitunternehmerschaft (§ 6 Abs. 5 S. 3 Nr. 2 EStG), da insoweit keine Entnahme vorliegt[1538],
- unentgeltliche Übertragungen zwischen den jeweiligen Sonderbetriebsvermögen verschiedener Mitunternehmer derselben Mitunternehmerschaft (§ 6 Abs. 5 S. 3 Nr. 3 EStG), da § 34a EStG eine personenbezogene Regelung darstellt[1539],
- Übertragungen zwischen Betrieben doppelstöckiger Personengesellschaften, da das BMF hier eine zusammenfassende Betrachtung vornimmt[1540] sowie
- Übertragungen zwischen den Gesamthandsvermögen von (beteiligungsidentischen) Schwester-Personengesellschaften, da die Finanzverwaltung insoweit keinen Anwendungsfall des § 6 Abs. 5 EStG annimmt.[1541]

[1536] BMF, Schreiben v. 11.8.2008, IV C 6 – S 2290-a/07/10001, BStBl. I 2008, 838, Rz. 33. Kritisch *Stein* in: Herrmann/Heuer/Raupach, EStG/KStG, § 34a EStG, Rz. 75; *Reiß* in: Kirchhof, EStG Kompaktkommentar, § 34a, Rz. 77; *Ley/Bodden* in: Korn/Carlé/Stahl u.a., EStG, § 34a, Rz. 170 ff.

[1537] Eingehend hierzu BMF, Schreiben v. 8.12.2011, IV C 6 – S 2241/10/10002, BStBl. I 2011, 1279.

[1538] *Fellinger,* DB 2008, 1877, 1881 f.; *Ley,* Ubg 2008, 214, 215; *Schiffers,* DStR 2008, 1805, 1812.

[1539] *Stein* in: Herrmann/Heuer/Raupach, EStG/KStG, § 34a EStG, Rz. 71; *Reiß* in: Kirchhof, EStG Kompaktkommentar, § 34a, Rz. 81. A.A. *Niehus/Wilke,* DStZ 2009, 14, 22; *Wendt,* Stbg 2009, 1, 8.

[1540] BMF, Schreiben v. 11.8.2008, IV C 6 – S 2290-a/07/10001, BStBl. I 2008, 838, Rz. 21.

[1541] BMF, Schreiben v. 29.10.2010, IV C 6 – S 2241/10/10002 :001, BStBl. I 2010, 1206. A.A. BFH, Beschluss v. 15.4.2010, IV B 105/09, BStBl. II 2010, 971. Ebenfalls zweifelnd *Ley/Brandenberg,* Ubg 2010, 767, 776 ff.; *Siegmund/Ungemach,* NWB 2010, 2206 ff.; *Ley,* DStR 2011, 1208 ff.

Mit der Möglichkeit, den nachversteuerungspflichtigen Betrag durch den Transfer von Wirtschaftsgütern nach § 6 Abs. 5 EStG auf andere Betriebsvermögen zu verlagern, besteht erhebliches Gestaltungspotenzial zum Aufschub einer Nachversteuerung.[1542] Die Norm des § 34a Abs. 5 S. 2 EStG kann daher gezielt zur Vorbereitung einer Betriebsveräußerung bzw. eines Rechtsformwechsels genutzt werden. Das Gestaltungspotenzial wird weiter dadurch gesteigert, dass beim empfangenden Betrieb das Wirtschaftsgut in Höhe des Buchwerts als Einlage gewertet wird und damit etwaige (nachversteuerungsschädliche) Entnahmen kompensiert werden können.[1543] Ein Gesetzänderungsvorschlag, wonach die Übertragung des nachversteuerungspflichtigen Betrags für Zwecke des § 34a EStG keine Einlage im aufnehmenden Betrieb auslösen soll, wurde nicht umgesetzt.[1544]

In der Praxis wird der Steuerpflichtige außersteuerliche Gründe für die Umstrukturierung vorzutragen haben, um die Anwendung des § 42 AO zu entkräften.[1545] Dies gilt im Besonderen für die Verlagerung auf funktionslose Vorratsgesellschaften. Als Rechtfertigung kommen bspw. folgende Gründe in Betracht:[1546]

- Auslagerung wertvollen Betriebsvermögens zur Haftungsbegrenzung
- Bündelung betrieblicher Verwaltungsfunktionen (Synergieeffekte)
- Vorbereitung auf Unternehmensnachfolge und/oder Betriebsveräußerung

Des Weiteren sollte – zur Vermeidung einer Gesamtplanunterstellung – ein zeitlicher Abstand zwischen der Ausgliederung und dem Verkauf/Rechtsformwechsel liegen. Gestaltungssicher scheinen zwei Jahre, da dies auch dem Zeitraum entspricht, innerhalb dessen sich eine begünstigte Betriebsaufgabe i.S.d. § 16 Abs. 2 EStG abwickeln kann.[1547] Ein Gesamtplan ist ferner zu verneinen, wenn wirtschaftliche Gründe für die einzelnen Teilschritte vorliegen und es dem Steuerpflichtigen gerade auf die Konsequenzen dieser Teilschritte ankommt.[1548]

Erfolgt in späteren Jahren aufgrund eines schädlichen Ereignisses rückwirkend der Teilwertansatz nach § 6 Abs. 5 S. 4, 6 EStG, ist insoweit die Übertragung des nachversteuerungs-

---

[1542] *Barth*, Unternehmensteuerreform 2008, 2007, 122 f. („Ausgliederungsmodell").

[1543] *Ley/Brandenberg,* FR 2007, 1085, 1103; *Pohl,* BB 2008, 1536, 1537; *Niehus/Wilke,* DStZ 2009, 14, 16 f.; *Grützner,* StuB 2007, 445, 450; *Meyer/Sterner,* Ubg 2008, 733, 738; *Dörfler* in: Littmann/Bitz/Pust, EStG, § 34a, Rz. 206; *Paus,* EStB 2008, 365 f. A.A. *Wacker* in: Schmidt, EStG, § 34a, Rz. 71; *Reiß* in: Kirchhof, EStG Kompaktkommentar, § 34a, Rz. 77.

[1544] Prüfbitte des Finanzausschusses des Bundesrats, BR-Drs. 545/1/08 v. 9.9.2008, 30 ff.

[1545] *Pohl,* BB 2008, 1536, 1537.

[1546] In Anlehnung an *Barth*, Unternehmensteuerreform 2008, 2007, 123.

[1547] BFH, Urteil v. 12.4.1989, I R 105/85, BStBl. II 1989, 653; BFH, Urteil v. 26.5.1993, X R 101/90, BStBl. II 1993, 710; BFH, Urteil v. 26.4.2001, IV R 14/00, BStBl. II 2001, 798. Ferner H 16.2 EStH „Zeitraum für die Betriebsaufgabe"; *Förster* in: Carlé/Stahl/Strahl, FS Korn, 2005, 3, 11; *Strahl,* FR 2004, 929, 936; *Strahl* in: Kessler/Förster/Watrin, FS Herzig, 2010, 577, 586 f. Für andere Zeitgrenzen vgl. etwa *Paus,* StBp 2004, 357, 360 (einige Monate); BFH, Urteil v. 14.3.2006, I R 8/05, BStBl. II 2007, 602 (1 Jahr); *Fischer* in: Hübschmann/Hepp/Spitaler, AO/FGO, § 42 AO, Rz. 371 (18 Monate); *Förster/Schmidtmann,* StuW 2003, 114, 123 (36 Monate); *Söffing,* BB 2004, 2777, 2787 (5 Jahre); *Spindler,* DStR 2005, 1, 4 (5 Jahre).

[1548] BFH, Urteil v. 9.11.2000, IV R 60/99, BStBl. II 2001, 101; *Förster/Schmidtmann,* StuW 2003, 114, 120.

pflichtigen Betrags zu korrigieren.[1549] Dies führt bei dem abgebenden Betrieb zu einer Nachversteuerung.[1550] Die Sperrfrist von drei bzw. sieben Jahren begrenzt daher den Gestaltungsspielraum in zeitlicher Hinsicht. Durch die Einhaltung dieser „Veräußerungssperre" wird aber zugleich sichergestellt, dass die Ausgliederung von Dauer war, mithin die Finanzverwaltung keinen Gesamtplan unterstellen kann.

Des Weiteren erfahren Ausgliederungsgestaltungen insofern eine Grenze, als Geldbeträge nach Ansicht der Finanzverwaltung keine Wirtschaftsgüter i.S.d. § 34a Abs. 5 EStG seien.[1551] Dies entbehrt jedweder Rechtsgrundlage, die entgegen den Bestrebungen des Bundesrats auch nicht nachträglich eingeführt wurde.[1552] Vom Schrifttum wird die Verwaltungsauffassung deshalb (zu Recht) kritisiert.[1553]

c) Einbringung von Betrieben oder Mitunternehmeranteilen

Bei der buchwertneutralen Einbringung von Betrieben oder Mitunternehmeranteilen in eine Personengesellschaft (§ 24 UmwStG) geht der für den eingebrachten Betrieb oder Mitunternehmeranteil festgestellte nachversteuerungspflichtige Betrag auf den neuen Mitunternehmeranteil über, § 34a Abs. 7 S. 2 EStG. Für diese Fälle besteht kein Nachversteuerungsbedürfnis, da bloß die betriebliche Einheit wechselt, nicht aber die Person, dem der nachversteuerungspflichtige Betrag zuzurechnen ist.[1554] Dies kann sich der Steuerpflichtige im Rahmen einer geplanten Betriebsveräußerung oder eines anstehenden Rechtsformwechsels wie folgt zu Nutze machen.

Die Mitunternehmeranteile werden zunächst nach § 24 UmwStG zum Buchwert in eine neue Personengesellschaft eingebracht. Dabei entsteht eine doppelstöckige Personengesellschaftsstruktur. Der bisherige Mitunternehmer erhält durch die Einbringung einen Mitunternehmeranteil an der Ober-Personengesellschaft.[1555]

[1549] BMF, Schreiben v. 11.8.2008, IV C 6 – S 2290-a/07/10001, BStBl. I 2008, 838, Rz. 32.

[1550] *Ley,* Ubg 2008, 214, 216.

[1551] BMF, Schreiben v. 11.8.2008, IV C 6 – S 2290-a/07/10001, BStBl. I 2008, 838, Rz. 32. Offen bleibt, was die Finanzverwaltung unter dem Begriff „Geldbeträge" subsumiert (bloß Bar- oder auch Giralgeld, Fest- und Termingeldeinlagen, Wertpapiere, Forderungen, Edelmetalle, etc.?).

[1552] BR-Drs. 545/1/08 v. 9.9.2008, 30 ff.

[1553] *Ley/Brandenberg,* FR 2007, 1085, 1103; *Meyer/Sterner,* Ubg 2008, 733, 738; *Pohl,* BB 2008, 1536, 1539; *Schiffers,* DStR 2008, 1805, 1812; *Paus,* EStB 2008, 365 f.; *Wendt,* Stbg 2009, 1, 7; *Niehus/Wilke,* DStZ 2009, 14, 19; *Wacker* in: Schmidt, EStG, § 34a, Rz. 67; *Ley/Bodden* in: Korn/Carlé/Stahl u.a., EStG, § 34a, Rz. 169; *Ratschow* in: Blümich, EStG/KStG/GewStG, § 34a EStG, Rz. 63. A.A. *Gragert/Wißborn,* NWB 2008, 3995, 4011 f.; *Reiß* in: Kirchhof, EStG Kompaktkommentar, § 34a, Rz. 77.

[1554] *Ratschow* in: Blümich, EStG/KStG/GewStG, § 34a EStG, Rz. 80; *Ley/Bodden* in: Korn/Carlé/Stahl u.a., EStG, § 34a, Rz. 203; *Reiß* in: Kirchhof, EStG Kompaktkommentar, § 34a, Rz. 81.

[1555] *Winkeljohann/Fuhrmann* in: PWC, Unternehmensteuerreform 2008, 49.

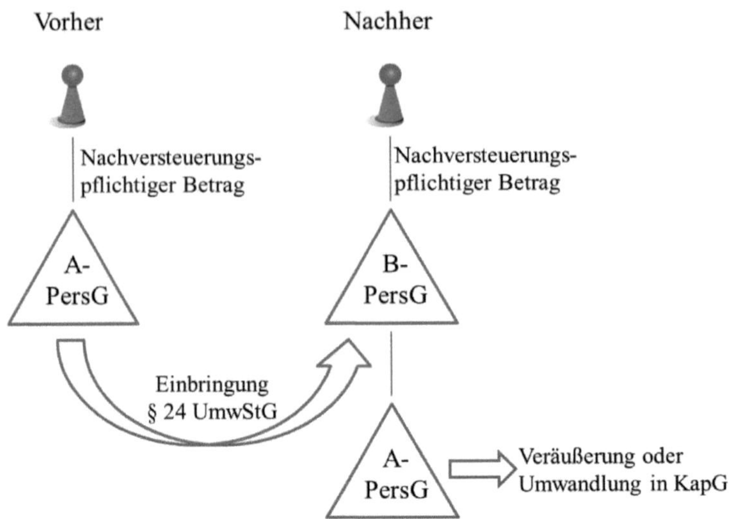

Abbildung 101: Einbringung eines MU-Anteils in eine PersGes zur Vermeidung einer Nachversteuerung

Quelle: Eigene Darstellung

Sodann kann die (operativ tätige) Unter-Personengesellschaft ohne Nachversteuerung veräußert[1556] oder formwechselnd in eine Kapitalgesellschaft umgewandelt[1557] werden. Die Veräußerung bzw. Umwandlung löst keine Nachversteuerung i.S.d. § 34a Abs. 6 EStG aus, da die Anteile an der Untergesellschaft nicht (mehr) mit einem nachversteuerungspflichtigen Betrag belastet sind.[1558] Der nachversteuerungspflichtige Betrag ist im Zuge der Einbringung nach § 34a Abs. 7 S. 2 EStG auf den Mitunternehmeranteil an der Ober-Personengesellschaft übergegangen.[1559]

Zu einer Nachversteuerung kann es aber kommen, wenn der Veräußerungsgewinn oder eine erhaltene Gewinnausschüttung (von der neuen Tochter-Kapitalgesellschaft) aus der Ober-Personengesellschaft entnommen wird und hierdurch ein Nachversteuerungsbetrag i.S.d. § 34a Abs. 4 S. 1 EStG entsteht.[1560] Außerdem sind gewerbesteuerliche Nachteile zu beachten, die aus dem Wegfall etwaiger Verlustvorträge i.S.d. § 10a GewStG oder der Gewerbesteuerpflicht des Veräußerungsgewinns (§ 7 GewStG) resultieren.[1561]

1556 *Niehus/Wilke,* DStZ 2009, 14, 29; *Thiel* in: Wachter, FS Spiegelberger, 2009, 504, 513; *Ley/Bodden* in: Korn/Carlé/Stahl u.a., EStG, § 34a, Rz. 206.

1557 *Ley,* Ubg 2008, 214, 218 f.; *Stein* in: Herrmann/Heuer/Raupach, EStG/KStG, § 34a EStG, Rz. 81; *Winkeljohann/Fuhrmann* in: PWC, Unternehmensteuerreform 2008, 49; *Ley/Bodden* in: Korn/Carlé/Stahl u.a., EStG, § 34a, Rz. 188; *Schiffers* in: Kessler/Förster/Watrin, FS Herzig, 2010, 823, 828; *Söffing* in: Binnewies/Spatscheck, FS Streck, 2011, 195, 208.

1558 *Thiel* in: Wachter, FS Spiegelberger, 2009, 504, 513.

1559 *Ley/Bodden* in: Korn/Carlé/Stahl u.a., EStG, § 34a, Rz. 206.

1560 Ähnlich *Winkeljohann/Fuhrmann* in: PWC, Unternehmensteuerreform 2008, 49.

1561 *Ley/Bodden* in: Korn/Carlé/Stahl u.a., EStG, § 34a, Rz. 206.

Ob diese Gestaltung vor dem Hintergrund des § 42 AO Bestand haben wird, hängt davon ab, inwieweit der Steuerpflichtige beachtliche außersteuerliche Gründe nachweisen kann. Da Betriebsveräußerungen und vor allem Umstrukturierungen oft auf nachgelagerten Ebenen vollzogen werden, dürfte (m.E.) keine Unangemessenheit vorliegen. Darüber hinaus ist die Bündelung von Gesellschafter- bzw. Familieninteressen in separaten Ober- bzw. Holdinggesellschaften ein beachtlicher außersteuerlicher Grund.[1562]

Ausgliederungen im zeitlichen und wirtschaftlichen Zusammenhang mit einer Einbringung sind des Weiteren dem Verdacht eines Gesamtplans ausgesetzt.[1563] Dieser Anschein kann dadurch vermieden werden, dass die Veräußerung/Umwandlung erst einige Zeit (bspw. zwei Jahre) nach der Ausgliederung erfolgt.[1564] Ausgliederungen sind ferner dann unschädlich, wenn sie zivilrechtlich wirksam, tatsächlich gewollt und auf Dauer angelegt sind.[1565]

4. Unschädliche Entnahmen für Erbschaft- und Schenkungsteuer

Wird ein Betrieb oder Mitunternehmeranteil vererbt oder verschenkt, liegt eine unentgeltliche Übertragung i.S.d. § 6 Abs. 3 EStG vor, wonach bei der Gewinnermittlung die Buchwerte vom Rechtsnachfolger fortzuführen sind. Sofern der Erblasser (Schenker) die Thesaurierungsbegünstigung in Anspruch genommen hat, geht der nachversteuerungspflichtige Betrag gem. § 34a Abs. 7 S. 1 EStG – ohne Zwangsnachversteuerung – auf den Rechtsnachfolger (natürliche Person) über. Handelt es sich um mehrere Erben, wird der nachversteuerungspflichtige Betrag – zunächst ungeachtet einer späteren Erbauseinandersetzung – bruchteilsmäßig entsprechend der Erbquote auf die einzelnen Erben übertragen.[1566]

Hat der Rechtsnachfolger aufgrund testamentarischer Anordnung ein Vermächtnis oder eine Auflage aus dem Betriebsvermögen zu erfüllen, so können entsprechende Entnahmen eine Nachversteuerung auslösen (§ 34a Abs. 4 S. 1 EStG).[1567] Zu einer Nachversteuerung kommt es gem. § 34a Abs. 6 Nr. 1 EStG auch dann, wenn die Erben den Betrieb veräußern, aufgeben oder real teilen.[1568]

Eine Nachversteuerung ist nach § 34a Abs. 4 S. 3 EStG aber *nicht* durchzuführen, soweit sie durch Entnahmen für die Erbschaft- bzw. Schenkungsteuer anlässlich der Übertragung des ganzen Betriebs oder Mitunternehmeranteils ausgelöst wird.[1569] Diese Regelung wurde erst im Zuge des Gesetzgebungsverfahrens (Kabinettsentwurf) aufgenommen und basiert auf den

[1562] So auch *Ley,* Ubg 2008, 214, 219.
[1563] BMF, Schreiben v. 11.11.2011, IV C 2 – S 1978-b/08/10001, BStBl. I 2011, 1314, Rz. 24.03 i.V.m. 20.07. Kritisch BFH, Urteil v. 25.11.2009, I R 72/08, BStBl. II 2010, 471.
[1564] Vgl. Fußnote 1547.
[1565] BFH, Urteil v. 9.11.2011, X R 60/09, DStR 2012, 648.
[1566] *Schulze zur Wiesche,* DB 2008, 1933.
[1567] *Wacker,* JbFSt 2010/2011, 711, 713; *Schulze zur Wiesche,* DB 2008, 1933.
[1568] BMF, Schreiben v. 11.8.2008, IV C 6 – S 2290-a/07/10001, BStBl. I 2008, 838, Rz. 42.
[1569] *Brüggemann,* ErbBstg 2007, 210, 211.

Überlegungen des *Wissenschaftlichen Beirats des Fachbereichs Steuern bei der Ernst & Young AG.*[1570] Der Rechtsnachfolger kann demnach die Bezahlung der Erbschaft- bzw. Schenkungsteuer durch nachversteuerungs*un*schädliche Entnahmen finanzieren.

Damit wird dem Umstand Rechnung getragen, dass bei den meisten mittelständischen Personengesellschaften Rücklagen für die bei der Unternehmensnachfolge anfallenden Steuern gebildet werden.[1571] Darüber hinaus zeichnen sich große (Familien-) Personengesellschaften dadurch aus, dass sich der jeweilige Mitunternehmer von seiner Beteiligung i.d.R. nicht durch Verkauf, sondern durch unentgeltliche Übertragung auf die nachfolgende Familiengeneration trennt.[1572] § 34a Abs. 4 S. 3 EStG stellt daher eine „echte Vergünstigung“[1573] dar, die es steueroptimal einzusetzen gilt (sog. „Erbschaftsteuer-Spardose“).

Der Fiskus verzichtet jedoch nicht endgültig auf die Nachversteuerung; sie wird vielmehr in die Zukunft verschoben.[1574] Gesetzestechnisch erfolgt dies durch eine entsprechende Minderung des Nachversteuerungsbetrags im VZ der Entnahme. Ungenutzte Beträge können aber nicht als „Puffer“ für Überentnahmen in den Folgejahren angesetzt werden.[1575]

Da ein wirtschaftlicher Zusammenhang zwischen Entnahme und Erbschaft-/ Schenkungsteuer bestehen muss, sollte der Steuerpflichtige darauf achten, die Beträge von einem betrieblichen Konto an die Finanzkasse zu überweisen.[1576] Wird die gesamte Erbschaft-/ Schenkungsteuer nur teilweise aus dem Betrieb entnommen, unterstellt die Finanzverwaltung (zugunsten des Steuerpflichtigen), dass mit den betrieblichen Mitteln der auf den jeweiligen Betrieb/Mitunternehmeranteil entfallende Teil der Steuer bezahlt wurde.[1577] Es sollte allerdings bedacht werden, dass die Entnahme möglicherweise mit der Entnahmebeschränkung des § 13a Abs. 5 Nr. 3 ErbStG kollidiert.

Um den Übergang des nachversteuerungspflichtigen Betrags gänzlich zu vermeiden, kann der Rechtsvorgänger vor Übertragung einen Antrag auf freiwillige (Teil-) Nachversteuerung gem. § 34a Abs. 6 Nr. 4 EStG stellen.[1578] Im Todesfall steht dieses Antragsrecht dem Gesamtrechtsnachfolger (dem/den Erbe/n) zu.[1579] Nur damit kann die Nachsteuer als Nachlassverbindlichkeit i.S.d. § 10 Abs. 5 Nr. 1 ErbStG berücksichtigt werden. Sollte mit dieser Gestaltung eine Entlastung des übergehenden Betriebs einhergehen, wird sie indes nur dann sinnvoll

---

1570 *Wissenschaftlicher Beirat Steuern der Ernst & Young AG,* BB 2005, 1653, 1655.
1571 *Ley/Bodden* in: Korn/Carlé/Stahl u.a., EStG, § 34a, Rz. 153.
1572 *Fischer* in: Spindler/Tipke/Rödder, FS Schaumburg, 2009, 319, 343.
1573 *Rogall* in: Schaumburg/Rödder, Unternehmensteuerreform 2008, 437.
1574 *Barth*, Unternehmensteuerreform 2008, 2007, 111.
1575 *Stein* in: Herrmann/Heuer/Raupach, EStG/KStG, § 34a EStG, Rz. 66; *Ley/Bodden* in: Korn/Carlé/Stahl u.a., EStG, § 34a, Rz. 153.1. A.A. *Grützner,* StuB 2007, 295, 299.
1576 *Paus,* EStB 2008, 322, 326; *Dörfler* in: Littmann/Bitz/Pust, EStG, § 34a, Rz. 157.
1577 BMF, Schreiben v. 11.8.2008, IV C 6 – S 2290-a/07/10001, BStBl. I 2008, 838, Rz. 31. Hierzu auch *Stein* in: Herrmann/Heuer/Raupach, EStG/KStG, § 34a EStG, Rz. 66; *Paus,* EStB 2008, 322, 326.
1578 BMF, Schreiben v. 11.8.2008, IV C 6 – S 2290-a/07/10001, BStBl. I 2008, 838, Rz. 47 i.V.m. Rz. 45.
1579 *Gragert/Wißborn,* NWB 2007, 2551, 2575; *Ley/Bodden* in: Korn/Carlé/Stahl u.a., EStG, § 34a, Rz. 194.1 u. Rz. 201. A.A. *Crezelius* in: Wachter, FS Spiegelberger, 2009, 65, 71 f.

zum Tragen kommen, wenn der Betriebsübernehmer nicht zu den Gesamtrechtsnachfolgern gehört.[1580]

5. Optimierung anderer steuerlicher (Tarif-) Normen

Die Thesaurierungsbegünstigung nach § 34a EStG stellt eine besondere Tarifvorschrift dar. Aus diesem Grund können sich Berührungspunkte mit anderen Tarifnormen ergeben. Für die Steuerplanung ist insbesondere das Zusammenspiel mit der Steuerermäßigung bei Einkünften aus Gewerbebetrieb i.S.d. § 35 EStG sowie die Interaktion mit der Tarifvergünstigung für außerordentliche Einkünfte (§ 34 EStG) relevant. Weil es lediglich eines Antrags durch den Steuerpflichtigen bedarf, stellt die Thesaurierungsbegünstigung insoweit ein flexibles Gestaltungsinstrument dar.[1581]

Hinsichtlich der Steuerermäßigung bei Einkünften aus Gewerbebetrieb sind die begünstigt besteuerten Gewinne nach § 34a EStG im VZ der Gewinnentstehung vollständig in die Steuerermäßigung nach § 35 EStG einzubeziehen. Im VZ der Nachversteuerung

- gehören die Nachversteuerungsbeträge nicht zu den begünstigten gewerblichen Einkünften i.S.d. § 35 Abs. 1 S. 2 EStG, während aber
- die Nachsteuer i.S.d. § 34a Abs. 4 EStG zur tariflichen Einkommensteuer zählt.[1582]

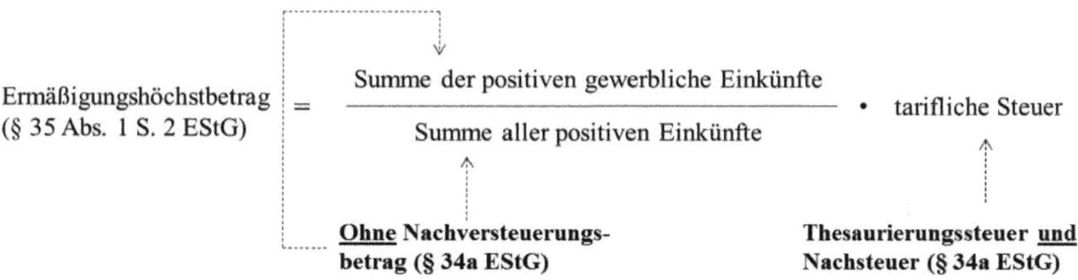

Abbildung 102: Einfluss der Thesaurierungsbegünstigung auf § 35 EStG

Quelle: Eigene Darstellung

Vor diesem Hintergrund kann durch eine Auslösung der Nachversteuerung die tarifliche Einkommensteuer erhöht und somit der Ermäßigungshöchstbetrag i.S.d. § 35 Abs. 1 S. 2 EStG aufgestockt werden.[1583] Etwaige Anrechnungsüberhänge ließen sich demnach reduzieren bzw. vermeiden. Hierfür eignet sich insbesondere der Antrag auf freiwillige Nachversteuerung

[1580] *Wacker,* JbFSt 2010/2011, 711, 713 f.

[1581] *Schmidtmann,* DBW 2012, 137, 140.

[1582] BMF, Schreiben v. 24.2.2009, IV C 6 – S 2296-a/08/10002, BStBl. I 2009, 440, Rz. 15.

[1583] *Förster,* DB 2007, 760, 764; *Rogall* in: Schaumburg/Rödder, Unternehmensteuerreform 2008, 443; *Schiffers,* DStR 2008, 1805, 1806; *Hechtner,* BB 2009, 1556, 1562; *Ley/Bodden* in: Korn/Carlé/Stahl u.a., EStG, § 34a, Rz. 21.0.1.

(§ 34a Abs. 6 Nr. 4 EStG).[1584] Wegen der gleichen Systematik können durch die bewusste Herbeiführung der Nachversteuerung auch Anrechnungsüberhänge i.S.d. § 34c Abs. 1 EStG (Anrechnung ausländischer Steuern) vermieden werden.[1585]

Droht z.B. durch Verlustausgleich mit anderen negativen Einkünften ein Anrechnungsüberhang, kann dieser durch (erstmalige) Inanspruchnahme der Thesaurierungsbegünstigung vermieden werden, weil die Einkünfte i.S.d. § 34a EStG nicht am Verlustausgleich teilnehmen (§ 34a Abs. 8 EStG).[1586] Entsprechendes gilt für einen Verlustabzug nach § 10d EStG, wobei hier zu beachten ist, dass der Verlustvortrag ggf. in den Folgeperioden zu einem (neuen) Anrechnungsüberhang führt.[1587] Diese Folgewirkungen sind im Rahmen einer mehrperiodigen Steuerplanungsrechnung zu berücksichtigen.[1588] Da die Regelungen über den Verlustausgleich und -abzug vorrangig zu beachten sind, mithin durch § 34a EStG kein Verlustvortrag generiert werden kann, bedarf es zur Umsetzung dieser (Abschirm-) Gestaltung aber eines positiven z.v.E.[1589]

Des Weiteren kann sich der Steuerpflichtige die Thesaurierungsbegünstigung für die Tarifoptimierung außerordentlicher Einkünfte zu Nutze machen. Die Entlastungswirkungen von § 34 Abs. 1 und Abs. 3 EStG hängen insbesondere von der Höhe des sog. „verbleibenden zu versteuernden Einkommens" ab.[1590] Das „verbleibende zu versteuernden Einkommen" lässt sich durch die Thesaurierungsbegünstigung reduzieren. Denn begünstigt besteuerte Einkünfte i.S.d. § 34a EStG nehmen nicht an der Tarifermittlung nach § 32a EStG teil (Schedulenbesteuerung). Damit kann die Steuersatzspreizung zwischen dem progressiven Regeltarif und dem Thesaurierungssteuersatz zweckdienlich eingesetzt werden.

Die Verlagerung in die Schedule für nicht entnommene Gewinne ist vorteilhaft, solange die zusätzliche Entlastungswirkung – sowie der Stundungs- und Progressionseffekt – die nominale Mehrbelastung durch § 34a EStG überwiegen. Diese Optimalitätsbedingung ist, wie *Schmidtmann*[1591] quantitativ nachgewiesen hat, gerade hinsichtlich der Fünftelregelung nach § 34 Abs. 1 EStG in vielen Fällen schon bei einjähriger Thesaurierungsdauer erfüllt. Dagegen erweist sich § 34a EStG zur Optimierung des § 34 Abs. 3 EStG (56%iger Durchschnittssteu-

---

1584 *Rohler,* GmbH-StB 2008, 238, 242 f.; *Dörfler* in: Littmann/Bitz/Pust, EStG, § 34a, Rz. 208.

1585 *Gragert/Wißborn,* NWB 2007, 2551, 2579; *Kessler/Jüngling/Pfuhl,* Ubg 2008, 741, 742; *Ley/Bodden* in: Korn/Carlé/Stahl u.a., EStG, § 34a, Rz. 21.

1586 *Förster,* DB 2007, 760, 764; *Forst/Schaaf,* EStB 2007, 263, 265; *Rogall* in: Schaumburg/Rödder, Unternehmensteuerreform 2008, 443; *Blaufus/Hechtner/Hundsdoerfer,* BB 2008, 80, 87.

1587 *Förster,* DB 2007, 760, 764.

1588 *Schiffers,* GmbHR 2007, 841, 847; *Dörfler* in: Littmann/Bitz/Pust, EStG, § 34a, Rz. 208.

1589 Ähnlich *Hechtner,* BB 2009, 1556, 1562.

1590 *Herzig/Förster,* DB 1999, 711, 714 f.; *Mellinghoff* in: Kirchhof, EStG Kompaktkommentar, § 34, Rz. 42.

1591 *Schmidtmann,* DBW 2012, 137, 148 ff.

ersatz) nur bei höheren „verbleibenden zu versteuernden Einkommen“ sowie unter Inkaufnahme gewisser Mindestthesaurierungszeiträume als empfehlenswert.[1592]

IV. Zwischenergebnis

Es konnte nachgewiesen werden, dass die Attraktivität der Thesaurierungsbegünstigung mit steuerlichen Optimierungsmaßnahmen erheblich gesteigert werden kann. Sie ist zwar nicht geeignet, eine steuerliche Gleichbelastung zur Kapitalgesellschaft zu erreichen. Ihre Inanspruchnahme kann aber durchaus vorteilhaft sein, wenn die Rechtsform der Personengesellschaft durch andere – ggf. nicht steuerliche – Umstände vorgegeben ist.[1593]

Vor diesem Hintergrund wurden ausgewählte Maßnahmen zur Optimierung des § 34a EStG vorgestellt. Der Aufbau folgte einem gestaltungs-chronologischen Ansatz. Dabei sind zunächst jene Gestaltungsmöglichkeiten analysiert worden, die zwingend *vor* der erstmaligen Inanspruchnahme der Thesaurierungsbegünstigung durchgeführt werden sollten. In diesem Kontext nahm insbesondere die Entnahme von Altrücklagen zur Vermeidung eines „Lock-In-Effekts“ eine bedeutende Rolle ein. Da es dadurch zu Liquiditätsproblemen kommen kann, sind weitergehende Finanzierungsgestaltungen entwickelt worden, die den Kapitalbedarf gewährleisten (bspw. das Schwester-Personengesellschafts-Modell).

In einem zweiten Schritt wurden Gestaltungsmaßnahmen analysiert, die *während* der Inanspruchnahme des § 34a EStG zu ergreifen sind. Hierbei erwies sich speziell das unterjährige Entnahme- und Einlagemanagement als effektives Instrument der Steuerplanung. Mit einem durchdachten „§ 34a EStG-Früherkennungssystem“ können ungeplante Entnahmen und „Lock-In-Effekte“ vermieden sowie notwendige Einlagen erkannt werden. Darauf aufbauend ist ein Konzept für eine grundlegende Entnahme- und Einlagestrategie abgeleitet worden. Ferner wurde analysiert, wie mit steuerfreien Einkünften die Anwendung des § 34a EStG optimiert werden kann.

Zuletzt sind Optimierungsansätze aufgezeigt worden, die *nach* einer erfolgten Inanspruchnahme der Thesaurierungsbegünstigung (anlassbezogen) vorgenommen werden können. In diesem Zusammenhang wurden Gestaltungen entwickelt, mit denen sich bspw. die Zwangsnachversteuerung bei einer Betriebsveräußerung oder bei einem Rechtsformwechsel vermeiden lässt.

[1592] *Schmidtmann,* DStR 2010, 2418, 2420.
[1593] *Mindermann/Lukas,* NWB 2011, 3847, 3857.

Lang[1594] stellt abschließend und zutreffend fest, dass der

> „Zweck des § 34a EStG [...] mit einer hochkomplexen Regelung erreicht [... wurde], die den Personenunternehmen viel Gestaltungsspielraum lässt und dementsprechend beratungsintensiv angelegt ist. Die betroffene Elite der ertragstarken Personenunternehmen dürfte das kaum stören, denn die steuerlichen Auswirkungen lohnen den Beratungsaufwand."

Kapitel 3.
Rechtsformoptimierung mit der Abgeltungsteuer

A. Entwicklung einer grundlegenden Gestaltungsabfolge

Die Abgeltungsteuer nach § 32d EStG konzentriert sich in ihrer Eigenschaft als Instrument der Rechtsformoptimierung auf *drei* zentrale Bereiche:

1. Sie beeinflusst zum einen die Entscheidung, wie ein Unternehmen unter steuerlichen Gesichtspunkten optimal finanziert werden sollte (*Unternehmensfinanzierung*).
2. Zum anderen kommt ihr bei der steueroptimalen *Gewinnverwendung* große Bedeutung zu. Hier geht es speziell um die Frage, ob es aus steuerlicher Sicht günstiger ist, freie Mittel im Unternehmen zu thesaurieren oder auszuschütten und im Privatvermögen (unter Anwendung der Abgeltungsteuer) anzulegen.
3. Gelangt man bei der Gewinnverwendungsentscheidung zu dem Schluss, dass Mittel im Privatvermögen investiert werden sollen, stellt sich sodann die Frage nach dem Weg des steueroptimalen *Gewinntransfers*.

Dabei beschränkt sich die optimale Anwendung der Abgeltungsteuer keineswegs auf Kapitalgesellschaften und deren Anteilseigner. Sie ist vielmehr auch in das (Rechtsform-) Optimierungskalkül von Personenunternehmen aufzunehmen.[1595] Die Abgeltungsteuer tritt dort mitunter in Konkurrenz zur Thesaurierungsbegünstigung (§ 34a EStG).

B. Unternehmensfinanzierung

I. Abgeltungsteuer als Instrument der Unternehmensfinanzierung

Die Unternehmensfinanzierung stellt eine funktionale Unternehmensentscheidung dar. Sie lässt sich nach der Herkunft der Mittel wie folgt differenzieren.

[1594] *Lang* in: Tipke/Lang, Steuerrecht, 2010, § 9, Rz. 838.

[1595] *Homburg,* DStR 2007, 686; *Kollruss,* GmbHR 2007, 1133; *Strahl,* Ubg 2008, 143, 145 f.

Finanzierungsarten	Außenfinanzierung	Innenfinanzierung
Eigenfinanzierung	Beteiligungs-finanzierung ☆ [Dividenden]	Selbstfinanzierung (Gewinnthesaurierung) ☆ [Veräußerungsgewinne]
Fremdfinanzierung	Kredit-finanzierung ☆ [Zinsen]	Finanzierung aus Abschreibungen und Rückstellungen

☆ = Einfluss der Abgeltungsteuer

Abbildung 103: Arten der Unternehmensfinanzierung

Quelle: Eigene Darstellung erweitert nach *Perridon/Steiner*, Finanzwirtschaft, 2009, 358

Dabei beeinflusst die Abgeltungsteuer sowohl die Außen- als auch die Innenfinanzierung (vgl. Abbildung 103). Einerseits strahlt sie starke Anreize zur Fremdfinanzierung aus.[1596] Andererseits besteht die Tendenz, Gewinne nicht im Unternehmen zu belassen, sondern im Privatvermögen anzulegen.[1597] Die mangelhafte Integration der Abgeltungsteuer in die Unternehmensbesteuerung kann daher im Rahmen der Rechtsformoptimierung genutzt werden. *Homburg* umschreibt dies als „Corporate Finance personenbezogener Unternehmen".[1598]

II. Anreiz zur Fremdfinanzierung

1. Eigen- vs. Fremdfinanzierung

a) Kapitalgesellschaft

Das Steuerrecht der Bundesrepublik Deutschland ist nicht finanzierungsneutral, d.h. unterschiedliche Finanzierungswege lösen unterschiedliche steuerliche Folgen aus. Dies hat bei einer Kapitalgesellschaft folgende Auswirkungen. Bei der *Beteiligungsfinanzierung* führt der Anteilseigner dem Unternehmen (von Außen) neues Eigenkapital zu. Die Gesellschaft thesauriert die Erträge und schüttet sie später aus. Die Gewinnausschüttung ist auf Ebene der Kapitalgesellschaft erfolgsneutral (§ 8 Abs. 3 S. 1 KStG). Beim Anteilseigner unterliegen die Dividenden (grds.) der Abgeltungsteuer, § 20 Abs. 1 Nr. 1 EStG i.V.m. § 32d Abs. 1 EStG.

Die *Selbstfinanzierung* erfolgt über die Einbehaltung (Thesaurierung) von Gewinnen. Der Anteilseigner partizipiert an den Gewinnen, wenn er die Anteile veräußert, deren (Kurs-) Wert sich entsprechend erhöht.[1599] Da der Veräußerungsgewinn ebenfalls der Abgeltungsteuer unterliegt (§ 20 Abs. 2 Nr. 1 EStG i.V.m. § 32d Abs. 1 EStG), ergeben sich – bei Vernachläs-

---

[1596] Statt aller *Endres/Spengel/Reister,* WPg 2007, 478, 482; *Hahne,* Stbg 2008, 477, 478; *Förster,* Stbg 2011, 49, 50; *ZEW/Stiftung Familienunternehmen*, Steuerpolitik, 2012, 10 f.

[1597] *Schreiber/Ruf,* BB 2007, 1099, 1101; *Jacobs*, Unternehmensbesteuerung und Rechtsform, 2009, 588.

[1598] *Homburg,* DStR 2007, 686. Ähnlich auch *Homburg/Houben/Maiterth,* zfbf 2008, 29, 45.

[1599] *Scheffler/Krebs,* IStR 2010, 859, 862.

sigung von Stundungswirkungen – die gleichen Belastungseffekte wie bei der Beteiligungsfinanzierung.

Bei der *Kreditfinanzierung* wird der Mittelbedarf der Gesellschaft über (Gesellschafter-) Darlehen gedeckt. Auf Ebene der Kapitalgesellschaft stellen die Zinsen abziehbare Betriebsausgaben dar. Die Steuerbelastung beschränkt sich darauf, dass die Zinsen für gewerbesteuerliche Zwecke zu einem Viertel hinzuzurechnen sind (§ 8 Nr. 1 Buchst. a) GewStG). Um diese Belastung zu finanzieren, können die Zinsen max. 95,25% des Ausgangsgewinns betragen.[1600] Beim Darlehensgeber unterliegen die Zinsen (grds.) der Abgeltungsteuer, § 20 Abs. 1 Nr. 7 EStG i.V.m. § 32d Abs. 1 EStG.

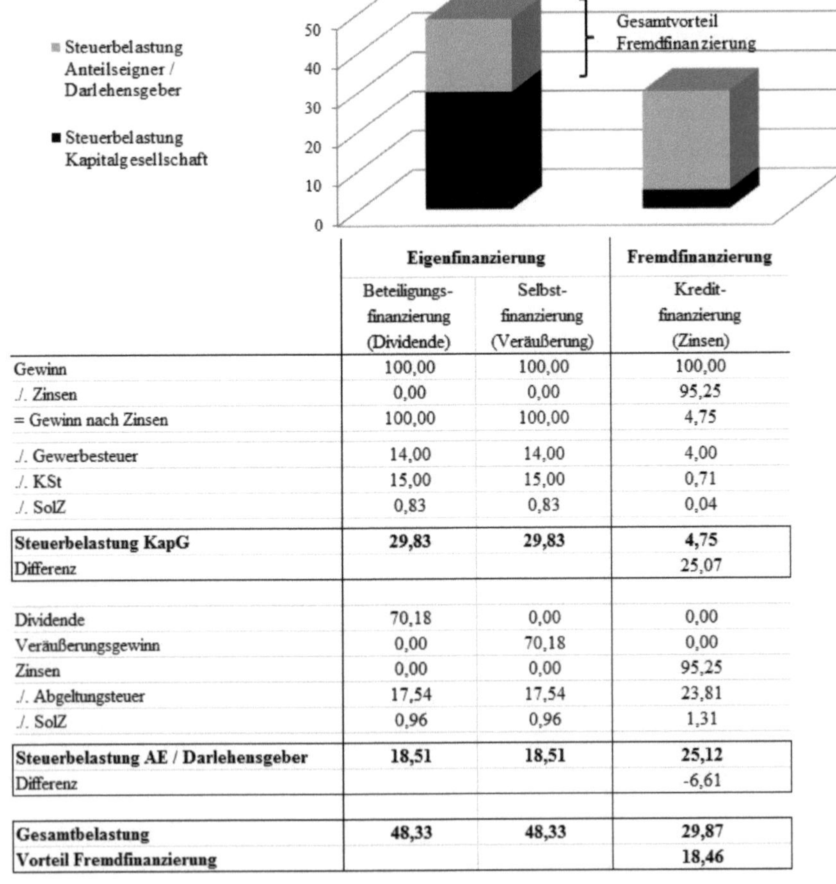

	Eigenfinanzierung		Fremdfinanzierung
	Beteiligungs-finanzierung (Dividende)	Selbst-finanzierung (Veräußerung)	Kredit-finanzierung (Zinsen)
Gewinn	100,00	100,00	100,00
./. Zinsen	0,00	0,00	95,25
= Gewinn nach Zinsen	100,00	100,00	4,75
./. Gewerbesteuer	14,00	14,00	4,00
./. KSt	15,00	15,00	0,71
./. SolZ	0,83	0,83	0,04
Steuerbelastung KapG	**29,83**	**29,83**	**4,75**
Differenz			25,07
Dividende	70,18	0,00	0,00
Veräußerungsgewinn	0,00	70,18	0,00
Zinsen	0,00	0,00	95,25
./. Abgeltungsteuer	17,54	17,54	23,81
./. SolZ	0,96	0,96	1,31
Steuerbelastung AE / Darlehensgeber	**18,51**	**18,51**	**25,12**
Differenz			-6,61
Gesamtbelastung	**48,33**	**48,33**	**29,87**
Vorteil Fremdfinanzierung			**18,46**

Abbildung 104: Belastungsvorteil der Fremdfinanzierung (KapGes)

Quelle: Erweitert nach *Jacobs*, Unternehmensbesteuerung und Rechtsform, 2009, 593

[1600] *Jacobs*, Unternehmensbesteuerung und Rechtsform, 2009, 592.

Es wird deutlich, dass die Fremdfinanzierung vorteilhafter als die Eigenfinanzierung ist.[1601] Dies gilt zumindest solange, als die Gewinne kurz- bis mittelfristig ausgeschüttet werden sollen.[1602] Im Thesaurierungsfall besteht in etwa eine gleich hohe Steuerbelastung.

Die Vorteilhaftigkeit, die bis zu 18,46%-Punkte betragen kann, resultiert aus dem Umstand, dass zwar bei der Abgeltungsteuer Zinsen, Dividenden und Veräußerungsgewinne gleich (niedrig) besteuert werden. Demgegenüber mindern ausschließlich Fremdkapitalzinsen die steuerliche Bemessungsgrundlage. Die Vorbelastung bei Eigenfinanzierung (Körperschaft- und Gewerbesteuer) bleibt unberücksichtigt. Eigenkapital wird mithin diskriminiert.[1603]

b) Personenunternehmen

Die *Beteiligungsfinanzierung* führt bei Personenunternehmen dazu, dass die Gewinne der Regelbesteuerung (§ 32a EStG) unterliegen. Die Inanspruchnahme der Thesaurierungsbegünstigung ist nicht möglich, da die Mittel (annahmegemäß) entnommen werden.

Im Gegensatz hierzu kann bei der *Selbstfinanzierung* die Thesaurierungsbegünstigung beantragt werden.[1604] Die nicht entnommenen Gewinne sind dann dem Sondertarif nach § 34a EStG zu unterwerfen. Im VZ der Entnahme kommt es zu einer 25%igen Nachversteuerung.

Bei der *Fremdfinanzierung* wird der Gewinn der Personengesellschaft über Zinszahlungen gemindert. Die Zinsen unterliegen beim Darlehensgeber der Abgeltungsteuer, soweit dieser kein Gesellschafter der Personengesellschaft ist (§ 15 Abs. 1 Nr. 2 EStG). Im Zusammenspiel mit der 25%igen Gewerbesteuer-Hinzurechnung und der einkommensteuerlichen Anrechnung (§ 35 EStG) ergibt sich eine optimale Zinshöhe von 90,5% des Ausgangsgewinns.[1605]

Auch hier ist die Fremdfinanzierung die vorteilhafteste Finanzierungsalternative. Der Vorteil beläuft sich im besten Fall auf über 19%-Punkte (vgl. Abbildung 105).

[1601] *Ortmann-Babel/Zipfel,* BB 2007, 1869, 1881 f.; *Harle,* BB 2008, 2151, 2160.

[1602] *Förster,* Stbg 2011, 49, 52.

[1603] *Endres/Spengel/Reister,* WPg 2007, 478, 485; *Maiterth/Müller,* Vierteljahreshefte zur Wirtschaftsforschung 2007, 49, 60; *Wagner* in: Tipke/Seer/Hey/Englisch, FS Lang, 2010, 345, 358 f.; *Scheffler,* Steuerplanung, 2010, 160.

[1604] *Strahl,* Ubg 2008, 143, 145; *Beckmann/Schanz,* FB 2009, 162, 164; *Förster,* Stbg 2011, 49, 59.

[1605] Höhere Zinszahlungen (bis 96 GE) könnten zwar noch aus dem Betriebsvermögen finanziert werden. Es entstünde jedoch ein gewerbesteuerlicher Anrechnungsüberhang, mithin eine höhere Gesamtbelastung.

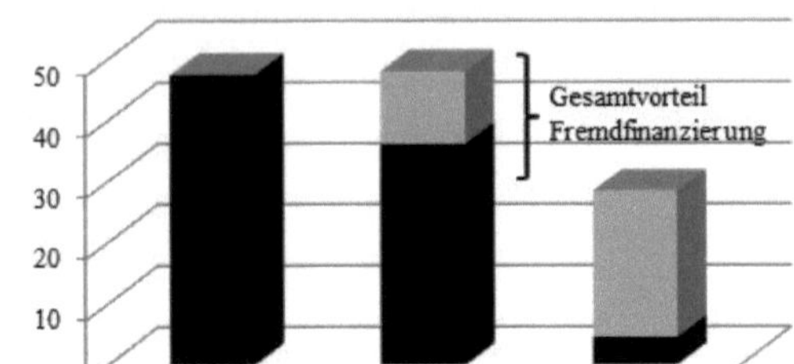

	Eigenfinanzierung		Fremdfinanzierung
	Beteiligungs-finanzierung (§ 32a EStG)	Selbst-finanzierung (§ 34a EStG)	Kredit-finanzierung (Zinsen)
Gewinn	100,00	100,00	100,00
./. Zinsen	0,00	0,00	90,50
= Gewinn nach Zinsen	100,00	100,00	9,50
./. Gewerbesteuer	14,00	14,00	4,50
./. ESt	45,00	34,31	4,28
+ Anrechnung § 35 EStG	13,30	13,30	4,27
./. SolZ	1,74	1,16	0,00
Steuerbelastung PersG	**47,44**	**36,16**	**4,50**
Differenz			42,94 / 31,66
Entnahme (nachversteuerungspflichtiger Betrag)	0,00	44,81	0,00
Zinsen	0,00	0,00	90,50
./. Nachsteuer / Abgeltungsteuer	0,00	11,20	22,63
./. SolZ	0,00	0,62	1,24
Steuerbelastung Entnahme / Darlehensgeber	**0,00**	**11,82**	**23,87**
Differenz			-23,87 / -12,05
Gesamtbelastung	**47,44**	**47,98**	**28,37**
Vorteil Fremdfinanzierung			**19,07 / 19,61**

Abbildung 105: Belastungsvorteil der Fremdfinanzierung (PersGes)

Quelle: Eigene Darstellung

2. Refinanzierung

Die Abgeltungsteuer entfaltet weitere Steuerwirkungen, für den Fall, dass der Gesellschafter einer Kapitalgesellschaft seine Beteiligung mit Fremdkapital refinanziert.[1606] Denn die Regelung nach § 20 Abs. 9 EStG führt dazu, dass Anteilseigner, deren Beteiligungserträge der Abgeltungsteuer unterliegen, Werbungskosten nicht abziehen dürfen (Bruttobesteuerung). Es kommt ausschließlich der Sparer-Pauschbetrag i.H.v. 801 € zur Anwendung. Für Steuerpflichtige, die ihre Kapitalgesellschaftsanteile im Privatvermögen halten, bleiben damit die Refinanzierungskosten steuerlich unberücksichtigt. Es kommt zu einer nochmaligen Verteue-

[1606] *Jacobs*, Unternehmensbesteuerung und Rechtsform, 2009, 588.

rung der Beteiligungsfinanzierung.[1607] Beteiligungserwerbe sollten demnach nicht fremdfinanziert werden.[1608]

Eine andere Rechtsfolge ergibt sich, soweit das Teileinkünfteverfahren genutzt werden kann (§ 3 Nr. 40 EStG). Dies ist der Fall, wenn die Beteiligung im Betriebsvermögen gehalten wird oder die Option nach § 32d Abs. 2 Nr. 3 EStG gelingt. Bei der Teileinkünfteoption muss der Gesellschafter aber mindestens zu 25% beteiligt sein oder über eine Beteiligung ≥ 1% verfügen und beruflich für die Kapitalgesellschaft tätig sein. Unter diesen Voraussetzungen wären die Refinanzierungskosten zu 60% abziehbar (§ 3c Abs. 2 EStG).

3. Substitution von Eigen- durch Fremdfinanzierung

Der Steuervorteil bei Fremdfinanzierung ergibt sich daraus, dass die (Zins-) Einkünfte beim Darlehensgeber dem niedrigen Abgeltungsteuersatz unterliegen. Zugleich sind die Zinsen auf Ebene der Gesellschaft als Betriebsausgaben abzugsfähig und mindern dort die steuerliche Bemessungsgrundlage (bei der Gewerbesteuer zu 75%).[1609] Die Steuerwirkungen lassen sich folgendermaßen skizzieren:

- Relativ geringe Belastungswirkung im Privatvermögen (26,38%)
- Relativ hohe Entlastungswirkung im Betriebsvermögen (47,44% bzw. 45,76%)

	PersU	KapG
FK-Zins	-100,00	-100,00
+ GewSt-Entlastung (75%)	10,50	10,50
+ KSt-Entlastung		15,00
+ ESt-Entlastung	45,00	
./. Anrechnung § 35 EStG	-9,98	
+ SolZ-Entlastung	1,93	0,83
Dividende		73,68
+ AbgSt-Entlastung (inkl. SolZ)		19,43
Entlastungswirkung	**47,44**	**45,76**
	↕ Steuersatz-	spreizung ↕
Belastungswirkung (AbgSt)	**-26,38**	**-26,38**
Gesamtwirkung	**21,06**	**19,38**

Abbildung 106: Steuersatzspreizung durch Fremdfinanzierung (AbgSt)

Quelle: Darstellung in Anlehnung an *Scheffler*, Steuerplanung, 2010, 179

[1607] *Homburg,* DStR 2007, 686, 689; *Müller/Houben,* FB 2008, 237, 242 ff.; *Kaminski,* Stbg 2010, 433, 436.
[1608] *Worgulla/Söffing,* FR 2007, 1005, 1010.
[1609] *Kollruss,* GmbHR 2007, 1133.

Die Steuerbelastung kann folglich von der (Personen- oder Kapital-) Gesellschaft in den günstigen Abgeltungstarif nach § 32d EStG verlagert werden. Die Nutzung dieser Steuersatzspreizung bezeichnet man als *Tax Rate Shopping*. Daraus lässt sich das steuerplanerische Ziel ableiten, die Fremdfinanzierung so weit wie möglich auszudehnen, mithin Eigen- durch Fremdkapital zu substituieren.[1610] *Homburg* spricht von einem „Wettlauf in die Fremdfinanzierung" bzw. von einer „Hände-weg-vom-Eigenkapital"-Doktrin.[1611]

Der Steuersatzvorteil mittels Umfinanzierung gilt aber nur dann, wenn der Sollzinssatz für das Fremdkapital nicht erheblich von der Rendite im Privatvermögen (Habenzins) abweicht.[1612] Hierzu darf der Aufwand aus der Fremdfinanzierung (vermindert um dessen Steuerentlastung) maximal so hoch sein wie die nach Abzug der Abgeltungsteuer verbleibenden Zinserträge im Privatvermögen.[1613] $i_{Soll} \cdot (1 - s_{Entlastung}) < i_{Haben} \cdot (1 - s_{AbgSt})$

Habenzins (PV)	**Sollzins**	
	PersU	**KapG**
	$i_{Haben} \cdot (1-0{,}2638) \div (1-0{,}4744)$	$i_{Haben} \cdot (1-0{,}2638) \div (1-0{,}4576)$
2,00%	2,80%	2,71%
3,00%	4,20%	4,07%
4,00%	5,60%	5,43%
5,00%	7,00%	6,79%
6,00%	8,40%	8,14%
7,00%	9,81%	9,50%
8,00%	11,21%	10,86%

Abbildung 107: Spanne zwischen Soll- und Habenzins bei Steuersatzspreizung (AbgSt)
Quelle: *Kessler/Ortmann-Babel/Zipfel* in: Ernst & Young/BDI, Unternehmensteuerreform 2008, 48

Beträgt der Habenzins bspw. 3%, ist die Substitution von Eigen- durch Fremdfinanzierung nur solange sinnvoll, wie der Sollzinssatz 4,2% (Personenunternehmen) bzw. 4,07% (Kapitalgesellschaften) nicht übersteigt. Für Personenunternehmen (45% ESt) ergibt sich damit ein max. zulässiger *Spread* i.H.d. 1,401-fachen des Habenzinssatzes; bei Kapitalgesellschaften beträgt er das 1,357-fache.[1614] Die Indifferenzspanne zwischen Soll- und Habenzinssatz, die bei geringeren Steuersätzen abnimmt, stellt eine ökonomische Gestaltungsgrenze dar.[1615]

1610 *Wiegard,* FR 2007, 1011, 1014; *Gratz,* BB 2008, 1105, 1106; *Bachmann/Schultze,* DBW 2008, 9, 19 ff.; *Kiesewetter/Niemann/Blaufus u.a.,* DB 2008, 957 f.; *Posch/Knoll,* Corporate Finance 2010, 297, 299 f.

1611 *Homburg,* DStR 2007, 686, 687.

1612 *Schanz/Kollruss/Zipfel,* DStR 2008, 1702, 1703; *Kessler/Ortmann-Babel/Zipfel* in: Ernst & Young/BDI, Unternehmensteuerreform 2008, 48; *Lange* in: Strahl, Ertragsteuern, 2010, Rz. 130; *Strahl,* Stbg 2010, 152, 161 f.; *Förster,* Stbg 2011, 49.

1613 *Jacobs*, Unternehmensbesteuerung und Rechtsform, 2009, 595 f.; *Scheffler*, Steuerplanung, 2010, 179.

1614 Ähnlich auch *Strahl,* Ubg 2008, 143, 146.

1615 *Strahl* in: Strahl, Ertragsteuern, 2010, Rz. 63.

III. Gesellschafterfremdfinanzierung

1. Gestaltungsgrenzen

Die Substitution der Eigen- durch Fremdfinanzierung erfolgt typischerweise über die Vereinbarung von Gesellschafterdarlehen („interne Fremdfinanzierung"). Dem Steuerpflichtigen steht es zwar grundsätzlich frei, wie er sein Unternehmen mit Eigen- oder Fremdkapital ausstattet (Finanzierungsfreiheit).[1616] Gleichwohl sind folgende Gestaltungsgrenzen zu beachten.[1617]

- *Einzelunternehmer* können keine Rechtsbeziehungen (z.B. Darlehen) mit ihrem Unternehmen eingehen (Einheitsprinzip).
- Bei *Personengesellschaften* gelten Vergütungen, die der Gesellschafter von der Gesellschaft für die Hingabe von Darlehen bezogen hat, als Einkünfte aus Gewerbebetrieb (§ 15 Abs. 1 S. 1 Nr. 2 EStG). Die Zinsen stellen daher keine abgeltungsteuerprivilegierten Einkünfte aus Kapitalvermögen dar (§ 20 Abs. 8 EStG). Sie können aber, sofern sie nicht entnommen werden, der Thesaurierungsbegünstigung (§ 34a EStG) unterworfen werden.[1618]
- Für Gesellschafter einer *Kapitalgesellschaft* findet die Abgeltungsteuer auf die Darlehenszinsen keine Anwendung, soweit die Zinsen gem. § 32d Abs. 2 Nr. 1 Buchst. b) EStG an Anteilseigner (und/oder deren nahe stehende Personen) gezahlt werden, die zu mindestens 10% an der Kapitalgesellschaft beteiligt sind. Darüber hinaus müssen die Zinsen fremdüblich sein, da sie ansonsten als vGA (§ 20 Abs. 1 Nr. 1 S. 2 EStG) den Gewinn gem. § 8 Abs. 3 S. 2 KStG nicht mindern dürfen.
- *Rechtsformübergreifend* wird die Abgeltungsteuer versagt, falls
    - Gläubiger und Schuldner einander *nahe stehende Personen* sind und der Schuldner der Kapitalerträge die Zinsen als Betriebsausgaben geltend machen kann (§ 32d Abs. 2 Nr. 1 Buchst. a) EStG) oder
    - ein Dritter die Kapitalerträge schuldet und diese Kapitalanlage im Zusammenhang mit einer Kapitalüberlassung an das Unternehmen steht (*back-to-back-Finanzierung* gem. § 32d Abs. 2 Nr. 1 Buchst. c) EStG). Betroffen sind Kapitalausreichungen an
        - einen Betrieb des Steuerpflichtigen
        - nahe stehende Personen des Steuerpflichtigen

[1616] BFH, Urteil v. 5.2.1992, I R 127/90, BStBl. II 1992, 532; BFH, Urteil v. 20.6.2000, VIII R 57/98, DB 2000, 2098.

[1617] *Homburg,* DStR 2007, 686, 689 f.; *Jacobs*, Unternehmensbesteuerung und Rechtsform, 2009, 593 f.; *Scheffler*, Steuerplanung, 2010, 174 f.; *Kaminski,* Stbg 2010, 433, 437 f.

[1618] *Thiel/Sterner,* DB 2007, 1099, 1102 f.; *Fuhrmann,* KÖSDI 2012, 17977, 17981.

- Personengesellschaften, bei welchen der Steuerpflichtige (oder eine diesem nahe stehende Person) als Mitunternehmer beteiligt ist
- Kapitalgesellschaften, an denen der Steuerpflichtige (oder eine diesem nahe stehende Person) zu mindestens 10% beteiligt ist.

- Finanzierungsgestaltungen stoßen letztlich dort an ihre Grenzen, wo der Schuldner die Zinsen nicht mehr (vollumfänglich) als Betriebsausgaben abziehen kann.[1619] Dies ist insbesondere im Anwendungsbereich der *Zinsschranke* (§ 4h EStG, § 8a KStG) der Fall.[1620] Mittelständische Unternehmen sind wegen der Freigrenze i.H.v. 3 Mio. € hiervon zwar kaum betroffen, müssen aber trotzdem die 25%ige *gewerbesteuerliche Hinzurechnung* nach § 8 Nr. 1 Buchst. a) GewStG in Kauf nehmen. Personenunternehmen haben die Begrenzung des betrieblichen *Schuldzinsenabzugs bei Überentnahmen* (§ 4 Abs. 4a EStG) zu beachten.

2. Systematisierung der Gestaltungsansätze

Im Rahmen der Rechtsformoptimierung gilt es, die obigen Restriktionen als Gestaltungsgrenzen zu erfassen und ggf. durch Gestaltungsmöglichkeiten zu vermeiden. Denn positive Steuereffekte können nur dann eintreten, wenn eine Umfinanzierung gelingt, die auf der einen Seite den Betriebsausgabenabzug erlaubt und auf der anderen Seite der Abgeltungsteuer unterliegt.[1621] Gesellschafterdarlehen bieten in diesem Kontext gewisse Flexibilitätsspielräume.[1622] Im Folgenden werden zunächst rechtsformübergreifende Gestaltungsansätze dargestellt. Anschließend sind rechtsformspezifische Gestaltungsmöglichkeiten für Kapital- und Personengesellschaften zu analysieren.

3. Rechtsformübergreifende Gestaltungen

a) Fremdfinanzierung durch Außenstehende

Mittels Fremdfinanzierung durch Außenstehende ist es möglich, die Unternehmensfinanzierung (rechtsformübergreifend) von der privaten Kapitalanlage zu trennen. Hierfür ist das Eigenkapital (bzw. Gesellschafterdarlehen) durch Fremddarlehen zu ersetzen. Die frei werdenden Mittel können privat am Kapitalmarkt angelegt werden (Abgeltungsteuer). Als außenstehende Fremdkapitalgeber kommen dabei grds. folgende Personen in Betracht:

1619 *Prinz,* FR 2009, 593, 595 ff.

1620 *Kollruss,* GmbHR 2007, 1133, 1134 ff.; *Homburg,* DStR 2007, 686, 690; *Gratz,* BB 2008, 1105, 1107; *Hahne,* Stbg 2008, 477, 483; *Schulz/Vogt,* DStR 2008, 2189, 2191.

1621 *Gratz,* BB 2008, 1105, 1108.

1622 *Förster,* Stbg 2011, 49, 56.

1. (Familien-) Angehörige,
2. Banken oder
3. fremde Dritte.

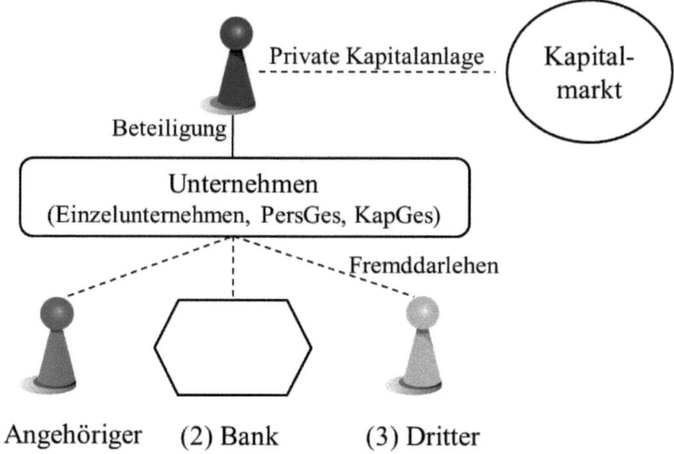

Abbildung 108: Fremdfinanzierung durch Außenstehende

Quelle: Modifiziert und erweitert nach *Scheffler*, Steuerplanung, 2010, 177

Zu 1. Es stellt sich die Frage, ob (Familien-) Angehörige per se als nahe stehende Personen anzusehen sind und damit von der Abgeltungsteuer ausgeschlossen wären (§ 32d Abs. 2 Nr. 1 Buchst. a) EStG).[1623] Dies wird von der h.M.[1624] verneint. Demnach komme es – in Anlehnung an § 1 Abs. 2 Nr. 3 AStG – vielmehr auf einen „beherrschenden Einfluss" und ein „eigenes wirtschaftliches Interesse" an.[1625] Ein persönliches Interesse sei nicht ausreichend.[1626]

Das Niedersächsische Finanzgericht führt weitergehend aus, dass die das Näheverhältnis begründenden Beziehungen familienrechtlicher, schuldrechtlicher, gesellschaftsrechtlicher oder auch tatsächlicher Art sein können.[1627] Es orientiert sich an den Kriterien, die der Feststellung verdeckter Gewinnausschüttungen bei Vorteilsgewährung an Nichtgesellschafter zugrundegelegt werden.

1623 Entsprechendes gilt über § 32d Abs. 2 Nr. 1 Buchst. b) S. 2 EStG bei Kapitalgesellschaften, wenn der Fremdkapitalgeber eine nahe stehende Person zu einem wesentlich beteiligten Anteilseigner (≥ 10%) ist.

1624 *Fischer,* DStR 2007, 1898, 1899; *Behrens/Renner,* BB 2008, 2319, 2321; *Strahl,* Ubg 2008, 143, 145; *Schulz/Vogt,* DStR 2008, 2189, 2191 f.; *Strahl,* Stbg 2010, 152, 160; *Baumgärtel/Lange* in: Herrmann/Heuer/Raupach, EStG/KStG, § 32d EStG, Rz. 20; *Schlotter* in: Littmann/Bitz/Pust, EStG, § 32d EStG, Rz. 27; *Koss* in: Korn/Carlé/Stahl u.a., EStG, § 32d, Rz. 47. Grundlegend *Wassermeyer* in: Flick/Wassermeyer/Baumhoff u.a., AStG, § 1, Rz. 826 („...nicht jede Ehe, Verwandtschaft oder Freundschaft [begründet] zwangsläufig ein Nahestehen"). A.A. *Weber-Grellet* in: Schmidt, EStG, § 32d, Rz. 8.

1625 Ebenso BT-Drs. 16/4841 v. 27.3.2007, 61.

1626 *Kollruss,* GmbHR 2007, 1133, 1134; *Schulz/Vogt,* DStR 2008, 2189, 2193.

1627 FG Niedersachsen, Urteil v. 6.7.2011, 4 K 322/10, EFG 2012, 242. So auch *Treiber* in: Blümich, EStG/KStG/GewStG, § 32d EStG, Rz. 69.

Demzufolge sei der Gläubiger der Kapitalerträge als eine dem Anteilseigner nahestehende Person anzusehen, wenn der Interessengegensatz zwischen Gläubiger und Schuldner in ähnlicher Weise eingeschränkt oder aufgehoben ist, wie dies bei einer Kapitalüberlassung durch den Anteilseigner selbst der Fall wäre.

Demgegenüber nimmt das BMF für verwandtschaftliche Beziehungen i.S.d. § 15 AO stets ein schädliches Näheverhältnis an.[1628] Vereinzelt wird auch eine Anlehnung an die zu § 10 Abs. 5 Nr. 1 UStG ergangene Rechtsprechung oder eine Übernahme der Legaldefinition des § 138 InsO diskutiert.[1629]

Zur Vermeidung langwieriger und kostspieliger (Klage-) Verfahren sollten Darlehensgestaltungen über (Familien-) Angehörige daher nur im Ausnahmefall umgesetzt werden und unbedingt einem Fremdvergleich standhalten.[1630] Dies gilt indes nur für die steuerliche Situation des Außenstehenden. Für die Unternehmensfinanzierung spielt die Versagung der Abgeltungsteuer insoweit keine Rolle; sie ist aus steuerlicher Sicht stets vorteilhaft.

Zu 2. Erfolgt die Fremdfinanzierung über eine Bank, ist zu prüfen, ob möglicherweise eine *back-to-back-Finanzierung* i.S.d. § 32d Abs. 2 Nr. 1 Buchst. c) EStG vorliegt. Dies wäre im Grunde zu bejahen, falls die private Kapitalanlage bei derselben Bank erfolgte, bei der die Gesellschaft Fremdkapital aufgenommen hatte und die Bank auf den Anteilseigner zurückgreifen konnte (Hausbankprinzip).[1631] Für die Zinserträge aus der privaten Kapitalanlage würde dann nicht die Abgeltungsteuer, sondern der progressive Regeltarif (§ 32a EStG) gelten.

Die Versagung der Abgeltungsteuer tritt allerdings nur dann ein, wenn ein enger zeitlicher Zusammenhang sowie eine Zinsverknüpfung zwischen Kapitalanlage und -überlassung bestehen (einheitlicher Plan i.S.d. § 32d Abs. 2 Nr. 1 Buchst. c) S. 3 ff. EStG). Bei marktüblichen Zinsvereinbarungen (vgl. EWU-Zinsstatistik) können die Kapitalerträge daher in den Anwendungsbereich der Abgeltungsteuer verlagert werden.[1632] Alternativ kann eine schädliche Rückgriffsfinanzierung durch gezielte Auswahl der zur Verfügung gestellten Sicherheiten vermieden werden (z.B. Grundstücke statt Kapitalanlage).[1633]

[1628] BMF, Schreiben v. 22.12.2009, IV C 1 – S 2252/08/10004, BStBl. I 2010, 94, Rz. 136.

[1629] *Homburg,* DStR 2007, 686, 690.

[1630] BMF, Schreiben v. 23.12.2010, IV C 6 – S 2144/07/10004, BStBl. I 2011, 37, Rz. 4 ff.

[1631] *Fischer,* DStR 2007, 1898, 1899; *Lambrecht* in: Kirchhof, EStG Kompaktkommentar, § 32d, Rz. 13.

[1632] *Gratz,* BB 2008, 1105, 1108; *Strahl,* KÖSDI 2008, 15896, 15898 f.; *Jacobs*, Unternehmensbesteuerung und Rechtsform, 2009, 597.

[1633] *Hahne/Lenz,* BC 2008, 207, 210; *Hahne,* Stbg 2008, 477, 485; *Ashauer-Moll/Rösch*, Abgeltungsteuer, 2008, 149.

Zu 3. Sofern ein fremder Dritter dem Unternehmen Fremdkapital zur Verfügung stellt, ergeben sich für die Optimierung der Unternehmensfinanzierung keine nachteiligen Konsequenzen. Darüber hinaus kommt der Außenstehende in den Genuss der Abgeltungsteuer. Die Missbrauchsvorschrift des § 32d Abs. 2 Nr. 1 EStG findet insoweit keine Anwendung.

b) Zinsverzicht

Thesaurierte Gewinne unterliegen bei Kapitalgesellschaften und Personenunternehmen, die das Wahlrecht nach § 34a EStG in Anspruch nehmen, einer relativ moderaten Steuerbelastung (29,83%- bzw. 36,16%-Punkte). Vor diesem Hintergrund kann es sich anbieten, auf Zinsen etwaiger Gesellschafterdarlehen zu verzichten („Thesaurierung statt Zinsleistung“).[1634] Dies gilt insbesondere dann, wenn auf Ebene der Anteilseigner der Abgeltungsteuertarif nicht genutzt werden kann (bspw. § 32d Abs. 2 Nr. 1 EStG).[1635] Während der Zinsverzicht bei Personengesellschaften vollumfänglich möglich ist, sollten Gesellschafterdarlehen bei Kapitalgesellschaften zumindest minimal verzinslich sein (bspw. 1%), um nicht in den Anwendungsbereich der Abzinsungsregel nach § 6 Abs. 1 Nr. 3 EStG zu gelangen.[1636] Seitens der Personengesellschaft kann der ersparte Zinsaufwand als Ertrag der Thesaurierungsbegünstigung (§ 34a EStG) unterworfen werden. Bei einer späteren (Über-) Entnahme kommt es hingegen zu einer Nachversteuerung.[1637]

Entsprechendes gilt für Kapitalgesellschaften. Hier ergibt sich jedoch die Besonderheit, dass ein Zusammenhang mit (möglichen) Gewinnausschüttungen gesehen wird.[1638] Etwaige Refinanzierungszinsen wären demnach i.H.d. unentgeltlichen Teils nur nach Maßgabe des Teileinkünfteverfahrens (im BV, § 3c Abs. 2 EStG) bzw. überhaupt nicht (im PV, § 20 Abs. 9 EStG) zu berücksichtigen. Die Gewährung eines unter- oder unverzinslichen Darlehens stellt – im Gegensatz zu einem nachträglichen Forderungsverzicht – keine (verdeckte) Einlage dar.[1639] Das Einkommen der Gesellschaft steigt um die ersparten Aufwendungen; Ertrag wird vom Gesellschafter auf die Gesellschaft verlagert.[1640] Nach Ansicht des BFH liegt insoweit kein Gestaltungsmissbrauch i.S.d. § 42 AO vor.[1641]

[1634] *Strahl,* Ubg 2008, 143, 147; *Strahl,* StbJb 2010/2011, 81, 107.
[1635] *Schiffers/Köster,* DStZ 2008, 830, 848.
[1636] *Bäuml,* DStZ 2010, 835 ff. Ergänzend BMF, Schreiben v. 26.5.2005, IV B 2 – S 2175 – 7/05, BStBl. I 2005, 699, Rz. 21; BFH, Beschluss v. 6.10.2009, I R 4/08, BStBl. II 2010, 177.
[1637] *Strahl* in: Strahl, Ertragsteuern, 2010, Rz. 63; *Fuhrmann,* KÖSDI 2012, 17977, 17979.
[1638] BFH, Urteil v. 25.7.2000, VIII R 35/99, BStBl. II 2001, 698. Ähnlich auch BMF, Schreiben v. 8.11.2010, IV C 6 – S 2128/07/10001, BStBl. I 2010, 1292.
[1639] BFH, Beschluss v. 9.6.1997, GrS 1/94, BStBl. II 1998, 307.
[1640] *Ott,* DStZ 2010, 623, 625 f.
[1641] BFH, Urteil v. 17.10.2001, I R 97/00, BB 2002, 181.

Verfügt die Kapital- oder Personengesellschaft über ausreichende Finanzmittel, ist aus steuerlicher Sicht auch eine (Teil-) Rückzahlung eines Gesellschafterdarlehens zu prüfen. In diesen Fällen kann der Gesellschafter die Gelder im Privatvermögen unter Anwendung der Abgeltungsteuer investieren.[1642]

4. Kapitalgesellschaften

a) Beteiligungsgrenze

Bei Kapitalgesellschaften ist die Steuersatzspreizung durch (fremdübliche) Gesellschafterdarlehen nur dann erreichbar, wenn der Anteilseigner weniger als 10% beteiligt ist (§ 32d Abs. 2 Nr. 1 Buchst. b) EStG).[1643] Hinsichtlich der Berechnung der Beteiligungsgrenze sind sowohl unmittelbare als auch mittelbare Beteiligungen einzubeziehen.[1644] Die Versagung der Abgeltungsteuer wird auch nicht dadurch beeinträchtigt, dass der Anteilseigner gem. § 32d Abs. 2 Nr. 3 EStG zum Teileinkünfteverfahren optiert, da sich dieser Antrag nur auf Dividenden (§ 20 Abs. 1 Nr. 1 EStG), nicht aber auf Zinsen (§ 20 Abs. 1 Nr. 7 EStG) bezieht.[1645]

Eine reine „interne Fremdfinanzierung" ist bei personalistisch strukturierten (Familien-) Kapitalgesellschaften daher nur dann zielführend, falls jeder Anteilseigner unter 10% beteiligt ist, also mindestens 11 Gesellschafter existieren.[1646] In diesen Fällen kann die Darlehensgewährung auch durch nahe stehende Personen erfolgen. Die Substitution von Eigen- durch Fremdkapital ist bspw. über das sog. „Schütt-Aus-Hol-Zurück-Verfahren" oder eine Kapitalherabsetzung gestaltbar. Die Rückführung erfolgt in diesen Fällen mittels Gesellschafterdarlehen. Dabei gilt es, auf Haftungsrisiken und gesellschaftsrechtliche Besonderheiten zu achten.[1647]

b) Hypothekendarlehen

Von der Missbrauchsvermeidungsnorm des § 32d Abs. 2 Nr. 1 EStG sind lediglich Kapitalerträge i.S.d. § 20 Abs. 1 Nr. 4 und 7 sowie Abs. 2 Nr. 4 und 7 EStG betroffen. Die abschließende Aufzählung umfasst ausschließlich laufende und aperiodische Einnahmen aus der Beteiligung als typisch stiller Gesellschafter, aus partiarischen Darlehen sowie aus Erträgen aus sonstigen Kapitalforderungen (insbesondere Darlehenszinsen).

Vor diesem Hintergrund bietet es sich für Anteilseigner, die mehr als 10% an ihrer Kapitalgesellschaft beteiligt sind, an, anstelle eines normalen Gesellschafterdarlehens ein (fremdübli-

---

[1642] *Korn/Strahl,* KÖSDI 2008, 16246, 16252; *Schiffers/Köster,* DStZ 2008, 830, 848.
[1643] *Weber,* NWB 2007, 3031, 3056; *Lange* in: Strahl, Ertragsteuern, 2010, Rz. 132; *Strahl,* Ubg 2008, 143, 146.
[1644] BMF, Schreiben v. 22.12.2009, IV C 1 – S 2252/08/10004, BStBl. I 2010, 94, Rz. 137.
[1645] *Förster,* Stbg 2011, 49, 50.
[1646] *Kollruss,* GmbHR 2007, 1133, 1136 f. Differenzierend *Schulz/Vogt,* DStR 2008, 2189, 2194.
[1647] *Gratz,* BB 2008, 1105, 1108.

ches) Hypothekendarlehen für die Finanzierung einer Betriebsimmobilie zu gewähren.[1648] Soweit auf diesem Grundstück eine Hypothek zugunsten des Gesellschafters eingetragen wird, erzielt der Gesellschafter Einkünfte gem. § 20 Abs. 1 Nr. 5 EStG (*lex specialis*: Zinsen aus Hypotheken und Grundschulden). Die Zinsen unterliegen der Abgeltungsteuer; § 32d Abs. 2 Nr. 1 EStG findet keine Anwendung.[1649] Dies gilt zumindest für die Zinsen aus der Verkehrshypothek (Brief- und Buchhypotheken), möglicherweise aber nicht für Zinsen aus Sicherungshypotheken.[1650]

c) Refinanzierung

Muss sich der Gesellschafter für das Gesellschafterdarlehen refinanzieren (i.d.R. über ein Kreditinstitut), stellt sich die Frage, inwieweit die Refinanzierungskosten steuerlich geltend gemacht werden können. Hierbei ist wie folgt zu unterscheiden.

Für den Fall, dass auf die Zinsen des Gesellschafterdarlehens die Abgeltungsteuer anzuwenden ist (z.B. Beteiligung < 10%), greift das Werbungskostenabzugsverbot nach § 20 Abs. 9 EStG. Es kann lediglich der Sparer-Pauschbetrag i.H.v. 801 € angesetzt werden. Wird allerdings die Anwendung der Abgeltungsteuer versagt (bspw. Beteiligung ≥ 10%), können die mit der Darlehensvergabe in wirtschaftlichem Zusammenhang stehenden Refinanzierungskosten vollumfänglich abgezogen werden. Denn nach § 32d Abs. 2 Nr. 1 S. 2 EStG wird insoweit das Abzugsverbot i.S.d. § 20 Abs. 9 EStG suspendiert.[1651]

Anhand dessen wird deutlich, dass die Anwendung der Abgeltungsteuer nicht in allen (Darlehens-) Fällen sinnvoll ist. Bei hohen Refinanzierungsaufwendungen kann es sich durchaus lohnen, auf etwaige Gestaltungen zu verzichten und die Versagung der Abgeltungsteuer bewusst in Kauf zu nehmen.

d) Ausfall eines Gesellschafterdarlehens

Verzichtet der Gesellschafter auf die Darlehensforderung gegenüber der Kapitalgesellschaft und ist dieser Verzicht durch das Gesellschaftsverhältnis veranlasst, wandelt sich Fremdkapital (Darlehen) zu Eigenkapital (Beteiligung). Davon ist auszugehen, wenn im Zeitpunkt der Darlehensgewährung die Rückzahlung angesichts der finanziellen Situation der Gesellschaft

---

[1648] *Delp,* DB 2011, 196, 200.

[1649] *Schlotter/Jansen*, Abgeltungsteuer, 2008, 39. Vgl. aber Prüfbitte des Bundesrats zum Entwurf eines JStG 2013, BR-Drs. 302/12 (B) v. 6.7.2012, 32 f.

[1650] *Harenberg* in: Herrmann/Heuer/Raupach, EStG/KStG, § 20 EStG, Rz. 233; *Schlotter* in: Littmann/Bitz/Pust, EStG, § 20 EStG, Rz. 545.

[1651] *Ott,* DStZ 2010, 623, 625; *Strahl,* Stbg 2010, 152, 161.

in dem Maße gefährdet ist, dass ein ordentlicher Kaufmann das Risiko einer Kreditgewährung zu denselben Bedingungen nicht mehr eingegangen wäre (sog. Krisendarlehen).[1652]

Bei der Kapitalgesellschaft wird der Forderungsverzicht i.H.d. werthaltigen Teils als verdeckte Einlage (erfolgsneutral) betrachtet.[1653] Der nicht werthaltige Teil führt zu einem steuerpflichtigen Ertrag. Beim Anteilseigner (Anteile im Privatvermögen) führt der Darlehensverzicht bzw. -ausfall zu nachträglichen Anschaffungskosten i.S.v. § 17 Abs. 2 EStG oder § 20 Abs. 2 Nr. 7 EStG.[1654] Dies gilt jedoch nur i.H.d. werthaltigen Teils. Der restliche Teil ist ohne Bedeutung; nach Auffassung des BMF liegt insoweit auch kein Veräußerungsverlust i.S.d. § 20 Abs. 2 S. 2 EStG vor.[1655] Aus diesem Grund könnte es sich anbieten, die (wertgeminderte) Darlehensforderung zu veräußern, um einen steuerwirksamen Verlust zu realisieren.[1656]

5. Holdingstruktur bei Personengesellschaften

Bei Personengesellschaften kann die Steuersatzspreizung durch die Implementierung einer Holdingstruktur genutzt werden. Ziel ist es, Gesellschafterdarlehen in den Anwendungsbereich der Abgeltungsteuer zu verlagern. Hierzu darf der darlehensgewährende Gesellschafter (oder Familienangehörige) aber nicht unmittelbar an der Personengesellschaft beteiligt sein (§ 20 Abs. 8 EStG i.V.m. § 15 Abs. 1 S. 1 Nr. 2 EStG).

Die unmittelbare Gesellschafterstellung lässt sich durch die Zwischenschaltung einer (Kommandit-) Kapitalgesellschaft vermeiden (vgl. Abbildung 109).[1657] In diesen Fällen kommt für die Darlehenszinsen nicht § 15 Abs. 1 S. 1 Nr. 2 EStG, sondern die Abgeltungsteuer (§ 32d Abs. 1 EStG) zur Anwendung. Voraussetzung ist, dass der Gesellschafter der Kapitalgesellschaft nicht auch Gesellschafter der Personengesellschaft ist und die Vergütung (Zins) für eine unmittelbare Leistung (Darlehensgewährung) gezahlt wird.[1658]

Die Einschränkung nach § 32d Abs. 2 Nr. 1 Buchst. b) EStG, wonach der (un-) mittelbare Anteilseigner nicht mehr als 10% beteiligt sein darf, gilt nicht für Personengesellschaften, auch nicht für Personengesellschaften, die einer Kapitalgesellschaft nachgeschaltet sind.[1659]

1652 BMF, Schreiben v. 21.10.2010, IV C 6 – S 2244/08/10001, BStBl. I 2010, 832, Rz. 3. Hinsichtlich des Umfangs ist zwischen folgenden Fallgruppen zu differenzieren: Hingabe des Darlehens in der Krise (Nennwert), stehen gelassenes Darlehen (gemeiner Wert), Finanzplandarlehen (Nennwert), krisenbestimmtes Darlehen aufgrund vertraglicher Vereinbarung (Nennwert), krisenbestimmtes Darlehen aufgrund gesetzlicher Neuregelung (gemeiner Wert).

1653 BFH, Beschluss v. 9.6.1997, GrS 1/94, BStBl. II 1998, 307.

1654 *Fleischer,* Stbg 2009, 437, 442. Differenzierend *Fischer,* Ubg 2008, 684, 690; *Heuermann,* DB 2009, 2173, 2177; *Bayer,* DStR 2009, 2397, 2400 f.; *Förster,* Stbg 2011, 49, 53.

1655 BMF, Schreiben v. 22.12.2009, IV C 1 – S 2252/08/10004, BStBl. I 2010, 94, Rz. 61. Kritisch *Ott,* DStZ 2010, 623, 633; *Bayer,* DStR 2009, 2397, 2402; *Niemeyer/Stock,* DStR 2011, 445, 446 f.

1656 *Förster,* Stbg 2011, 49, 53.

1657 *Kollruss,* GmbHR 2007, 1133, 1134; *Strahl,* Ubg 2008, 143, 147; *Lange* in: Strahl, Ertragsteuern, 2010, 132.

1658 BFH, Urteil v. 28.10.1999, VIII R 66-70/97, BStBl. II 2000, 183; *Wacker* in: Schmidt, EStG, § 15, Rz. 624.

1659 *Behrens/Renner,* BB 2008, 2319, 2322; *Schmidt/Wänger,* NWB 2008, 423, 434; *Baumgärtel/Lange* in: Herrmann/Heuer/Raupach, EStG/KStG, § 32d EStG, Rz. 21.

Es ist aber darauf zu achten, dass der Steuerpflichtige und die Personengesellschaft nicht als nahe stehende Personen i.S.d. § 32d Abs. 2 Nr. 1 Buchst. a) EStG gelten.

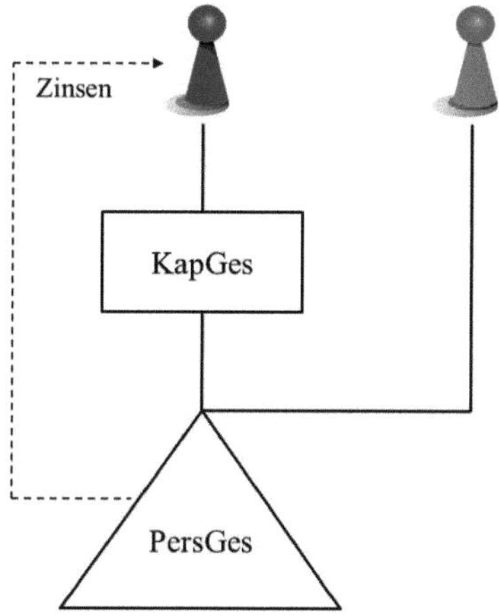

Abbildung 109: Holdingstruktur zur Nutzung der AbgSt bei PersGes
Quelle: *Kollruss*, GmbHR 2007, 1133, 1134; *Strahl*, Ubg 2008, 143, 147

Folgt man der Definition nach § 1 Abs. 2 Nr. 1 AStG, so wäre ein Nahestehen für jene Fälle anzunehmen, in denen der Steuerpflichtige zu mindestens ¼ unmittelbar oder mittelbar an der Mitunternehmerschaft beteiligt wäre.[1660] Andere Stimmen rekurrieren für Zwecke der Abgeltungsteuer auf den „beherrschenden Einfluss" (§ 1 Abs. 2 Nr. 3 AStG), der ein absolutes Abhängigkeitsverhältnis voraussetzt.[1661] Demnach läge ein Nahestehen erst ab einer Beteiligungsquote von mehr als 50% vor (mittelbare Stimmrechtsmehrheit). Eine Beherrschung könnte sich des Weiteren über einen Beherrschungsvertrag, Zustimmungsvorbehalte, Weisungsrechte, Geschäftsführerbenennungsrechte oder sonstige direkte Entscheidungsbeeinflussungen auf (gesellschafts-) rechtlicher Grundlage ergeben.[1662]

Da auch die Finanzverwaltung[1663] auf den „beherrschenden Einfluss" abstellt, sollte es m.E. ausreichen, dass der darlehensgebende Steuerpflichtige über die zwischengeschaltete Kapitalgesellschaft nicht mehr als 50% an der Mitunternehmerschaft beteiligt ist. Beträgt die (mittelbare) Beteiligung weniger als 25%, könnten zudem etwaige Risiken im Zusammenhang mit der Zinsschranke (§ 8a Abs. 2, 3 KStG) vermieden werden.[1664]

Die Abschirmwirkung der zwischengeschalteten Kapitalgesellschaft ist vor dem Hintergrund des § 42 AO nicht in Zweifel zu ziehen. Nach ständiger BFH-Rechtsprechung liegt gerade

[1660] So offenbar *Kollruss*, GmbHR 2007, 1133, 1134; *Lange* in: Strahl, Ertragsteuern, 2010, 132.
[1661] *Strahl*, Ubg 2008, 143, 148; *Behrens/Renner*, BB 2008, 2319, 2322.
[1662] *Schulz/Vogt*, DStR 2008, 2189, 2192.
[1663] BMF, Schreiben v. 22.12.2009, IV C 1 – S 2252/08/10004, BStBl. I 2010, 94, Rz. 136.
[1664] *Kollruss*, GmbHR 2007, 1133, 1135 f.

kein Gestaltungsmissbrauch vor, wenn der Steuerpflichtige – aus welchen Gründen auch immer – auf Dauer zwischen sich und eine Einkunftsquelle eine (inländische) Kapitalgesellschaft schaltet und alle sich daraus ergebenden Konsequenzen zieht.[1665] Die zwischengeschaltete Kapitalgesellschaft sollte indes nicht „funktionslos“ sein und ihre Errichtung mit beachtlichen außersteuerlichen Motiven begründet werden können (z.B. Haftungsbeschränkung).[1666] Insoweit wird die Holdingstruktur tatsächlich gelebt, ist möglicherweise mit der Übertragung von Anteilen verbunden und stellt sich nicht allein als Ausweichvehikel dar.[1667]

IV. Zwischenergebnis

Rechtsformübergreifend kann festgehalten werden, dass die Steuerbelastung bei Eigenfinanzierung stets über jener bei Fremdfinanzierung liegt. Damit ist die Fremdfinanzierung der Eigenfinanzierung steuerlich überlegen. Die Abgeltungsteuer führt – spätestens im Zeitpunkt einer Gewinnausschüttung bzw. Entnahme – zu einer steuerlichen Diskriminierung des Eigenkapitals.[1668] Dieser Zusammenhang verdeutlicht sich auch bei der Betrachtung der Kapitalkosten, die bei Fremdfinanzierung stets am geringsten sind.

$i = 5\%$	**Personenunternehmen**			**Kapitalgesellschaften**		
	Eigenfinanzierung		**Fremdfinanzierung**	**Eigenfinanzierung**		**Fremdfinanzierung**
	Beteiligungsfinanzierung (§ 32a EStG)	Selbstfinanzierung (§ 34a EStG)	Kreditfinanzierung (Zinsen)	Beteiligungsfinanzierung (Dividende)	Selbstfinanzierung (Thesaurierung)	Kreditfinanzierung (Zinsen)
Steuerbelastung	47,44%	36,16% (47,98%)	28,37%	48,34%	29,83% (48,34%)	29,87%
Kapitalkosten $= i \cdot \left(\frac{1-s_{AbgSt}}{1-s}\right)$	7,00%	5,77% (7,08%)	5,14%	7,13%	5,25% (7,13%)	5,25%

Abbildung 110: Kapitalkosten bei unterschiedlichen Unternehmensfinanzierungsalternativen

Quelle: Darstellung in Anlehnung an *Schreiber/Ruf,* BB 2007, 1099, 1103

Die von der Abgeltungsteuer ausgehende Steuersatzspreizung animiert dazu, Eigen- durch Fremdkapital zu substituieren. Für die Rechtsformoptimierung gewinnt daher die Gesellschafterfremdfinanzierung – hier speziell die Vermeidung des § 32d Abs. 2 Nr. 1 EStG – eine bedeutende Rolle. Vor diesem Hintergrund wurden verschiedene rechtsformspezifische Gestaltungsmöglichkeiten dargestellt und analysiert.

[1665] BFH, Urteil v. 9.12.1980, VIII R 11/77, BStBl. II 1981, 339; BFH, Urteil v. 23.10.1996, I R 55/95, BStBl. II 1998, 90; BFH, Urteil v. 29.5.2008, IX R 77/06, BStBl. II 2008, 789.

[1666] BFH, Urteil v. 17.3.2010, IV R 25/08, DStR 2010, 1022.

[1667] *Strahl,* Ubg 2008, 143, 148.

[1668] *Homburg/Houben/Maiterth,* WPg 2007, 376, 380 f.; *Homburg,* DStR 2007, 686, 688 f.; *Schreiber/Ruf,* BB 2007, 1099, 1101; *Wiegard,* FR 2010, 401, 403 f.

C. Gewinnverwendungspolitik

I. Abgeltungsteuer als Instrument der Gewinnverwendungspolitik

Gerade im Bereich mittelständischer Unternehmen stellt sich die Frage, ob (freie) Liquidität aus dem Unternehmen herausgenommen werden sollte, um sie im Privatvermögen anzulegen.[1669] Die Entscheidungssituation stellt sich wie folgt dar:[1670]

- Die Einbehaltung und Wiederanlage von Unternehmensgewinnen stärkt die *Selbstfinanzierung* und führt je nach Rechtsform zu einer günstigen Besteuerung. Dies gilt auch für Personenunternehmen, weil die Mittel dort der Thesaurierungsbegünstigung unterworfen werden können (§ 34a EStG).
- Die *Sofortausschüttung* hat in einem Alternativszenario zur Folge, dass die nach Steuern verbleibenden Gewinne im Privatvermögen angelegt werden können. Die Kapitalerträge unterliegen dort der Abgeltungsteuer (§ 32d EStG).

Die Abgeltungsteuer hat demnach direkten Einfluss auf die Frage der steueroptimalen Gewinnverwendung. Das dargestellte Entscheidungskalkül setzt indes voraus, dass die Mittel nicht zwingend im Unternehmen benötigt werden bzw. uneingeschränkte Kreditmöglichkeiten bestehen (keine Liquiditätsrestriktionen).[1671]

II. Anreiz zur Gewinnausschüttung

1. Lock-In (Betriebsvermögen) vs. Push-Out (Privatvermögen)

Soweit die steuerlichen Bedingungen auf Ebene des Unternehmens günstiger sind als jene im Privatvermögen, sollten Gewinne thesauriert werden. Die damit verbundene Diskriminierung von Gewinnausschüttungen führt zu einem *Lock-In-Effekt*. Ist es hingegen steuerlich vorteilhafter, Mittel im Privatvermögen anzulegen, resultiert ein *Push-Out-Effekt*. Im Folgenden wird daher untersucht, unter welchen Voraussetzungen die Abgeltungsteuer Anreize setzt, Gewinne vom betrieblichen in den privaten Bereich zu verlagern.

2. Vermögensverwaltende Kapitalgesellschaft vs. Privatvermögen

a) Fremdkapitalerträge

Gewinne einer Kapitalgesellschaft, die fortlaufend thesauriert werden und am Ende des Planungszeitraums zur Ausschüttung gelangen, ergeben folgendes Endvermögen:

$$EV_{Selbstfinanzierung} = Gewinn \cdot \left(1 - s_{KapG}\right) \cdot \left[1 + i \cdot \left(1 - \underline{s_{KapG}}\right)\right]^n \cdot \left(1 - s_{AbgSt}\right)$$

[1669] *Ashauer-Moll/Rösch*, Abgeltungsteuer, 2008, 184.
[1670] *Jacobs*, Unternehmensbesteuerung und Rechtsform, 2009, 589.
[1671] *Kudert/Klipstein*, zfbf 2010, 455, 459.

Demgegenüber resultiert folgendes Endvermögen, falls die Gewinne sofort ausgeschüttet werden und bis zum Ende des Planungszeitraums im Privatvermögen investiert werden:

$$EV_{Sofortausschüttung} = Gewinn \cdot (1 - s_{KapG}) \cdot (1 - s_{AbgSt}) \cdot [1 + i \cdot (1 - s_{AbgSt})]^n$$

Durch Gleichsetzen beider Formeln kann man erkennen, dass die Selbstfinanzierung durch Gewinnthesaurierung nur dann vorteilhaft ist, wenn die Steuerbelastung auf Ebene der Kapitalgesellschaft (s_{KapG}) geringer ausfällt als die abgeltende Besteuerung im Privatvermögen (s_{AbgSt}).[1672] Alle anderen Terme eliminieren sich. Diese Bedingung ist – wie nachfolgend dargestellt – lediglich bis zu einem kritischen Gewerbesteuerhebesatz i.H.v. 301,43% erfüllt.

$$\begin{array}{ccc} s_{KapG} & < & s_{AbgSt} \\ s_{KSt} \cdot (1 + s_{SolZ}) + s_{GewSt} & < & 25\% \cdot (1 + s_{SolZ}) \\ 15\% \cdot (1 + 5{,}5\%) + (3{,}5\% \cdot Hebesatz) & < & 25\% \cdot (1 + 5{,}5\%) \\ 15{,}825\% + (3{,}5\% \cdot Hebesatz) & < & 26{,}375\% \\ Hebesatz & < & 301{,}429\% \end{array}$$

Abbildung 111: Kritischer Hebesatz der Selbstfinanzierung bei KapGes

Quelle: *Jacobs*, Unternehmensbesteuerung und Rechtsform, 2009, 590

Bei Hebesätzen > 301,43% ist es dagegen lohnenswert, Gewinne umgehend auszuschütten und im Privatvermögen anzulegen. Dies ist praktisch immer der Fall, da die meisten Gemeinden mit ihren Hebesätzen (deutlich) über diesem kritischen Wert liegen.[1673] Die Abgeltungsteuer strahlt demnach erhebliche Anreize zur Gewinnausschüttung aus (*Push-Out-Effekt*).[1674]

Die Thesaurierungsdauer spielt für das Vorteilhaftigkeitskalkül keine Rolle. Auf den persönlichen Steuersatz kommt es ebenfalls nicht an.[1675] Demgegenüber ist relevant, inwieweit die Zinsen zwischen betrieblichen und privaten Investitionen variieren. In nachstehender Modellrechnung wird für einen konstanten Hebesatz i.H.v. 400% veranschaulicht, wie sich das Vermögen nach Steuern bei unterschiedlichen Zinsdifferenzen entwickelt (Abbildung 112).

Es ist ersichtlich, dass die Anlage im Betriebsvermögen einer Kapitalgesellschaft ab einer (relativen!) Zinsdifferenz i.H.v. 4,92% vorteilhaft wird. Erwirtschaftet also bspw. eine private

---

[1672] *Homburg,* DStR 2007, 686, 689; *Winkeljohann/Fuhrmann,* BFuP 2007, 464, 479 f.; *Maiterth/Müller,* Vierteljahreshefte zur Wirtschaftsforschung 2007, 49, 60; *Jacobs*, Unternehmensbesteuerung und Rechtsform, 2009, 590; *Kudert/Klipstein,* zfbf 2010, 455, 460.

[1673] Der durchschnittliche Gewerbesteuerhebesatz in Gemeinden mit 50.000 und mehr Einwohnern betrug im Jahr 2010 435%. Vgl. *Beland*, Entwicklung der Realsteuerhebesätze (IFSt-Schrift Nr. 465), 2010, 37.

[1674] *Schreiber/Ruf,* BB 2007, 1099 ff.; *Maiterth/Müller,* Vierteljahreshefte zur Wirtschaftsforschung 2007, 49, 60; *Homburg*, Allgemeine Steuerlehre, 2010, 255 f.; *Kudert/Klipstein,* zfbf 2010, 455, 460.

[1675] *Homburg,* DStR 2007, 686, 689.

Kapitalanlage einen Zinsertrag i.H.v. 5%, ist die Mittelanlage im Betriebsvermögen einer Kapitalgesellschaft schon ab einer Rendite von 5,25% überlegen.

	PV (AbgSt)	KapG	Zinsdifferenz (in %)
Zinsertrag	100	100	0,00%
Steuerbelastung	26,38	29,83	
Vermögen nach Steuern	73,62	70,17	
Zinsertrag	100	102	2,00%
Steuerbelastung	26,38	30,43	
Vermögen nach Steuern	73,62	71,57	
Zinsertrag	100	104	4,00%
Steuerbelastung	26,38	31,02	
Vermögen nach Steuern	73,62	72,98	
Zinsertrag	100	104,92	4,92%
Steuerbelastung	26,38	31,30	
Vermögen nach Steuern	73,62	73,62	
Zinsertrag	100	106	6,00%
Steuerbelastung	26,38	31,62	
Vermögen nach Steuern	73,62	74,38	

Abbildung 112: Kritische Zinsdifferenz zwischen Privat- und Betriebsvermögen (KapGes)

Quelle: Eigene Darstellung

b) Beteiligungserträge

Für die Frage, ob freie Mittel innerhalb oder außerhalb der (eigenen) Kapitalgesellschaft investiert werden sollten, muss des Weiteren berücksichtigt werden, welche Anlageform gewählt wird. Bisher wurde unterstellt, dass es sich um Fremdkapitalanlagen handelt (Zinsen). Hier ergab sich – bei identischen Renditen – ein Vorteil für die abgeltende Besteuerung im Privatvermögen. Bei Beteiligungserträgen (Dividenden, Veräußerungsgewinne) im Betriebsvermögen einer Kapitalgesellschaft stellt sich aus folgenden Gründen[1676] ein anderes Bild dar:

- Hinsichtlich der Körperschaftsteuer erfahren Dividenden auf Ebene der Kapitalgesellschaft eine vollständige Steuerbefreiung (§ 8b Abs. 1 KStG). Lediglich 5% gelten als nicht abziehbare Betriebsausgaben (§ 8b Abs. 5 KStG).
- In gleicher Weise unterliegen Dividenden aus Schachtelbeteiligungen (≥ 15%) im Ergebnis nur zu 5% der Gewerbesteuer (§ 8 Nr. 5, § 9 Nr. 2a GewStG), während Streubesitzdividenden in vollem Umfang der Gewerbesteuer zu unterwerfen sind.
- Veräußerungsgewinne unterliegen im Ergebnis zu 5% der Körperschaft- und Gewerbesteuer (§ 8b Abs. 2, 3 KStG, § 7 S. 4 GewStG).

[1676] *Schiffers*, GmbH-StB 2007, 243, 245; *Schiffers*, DStZ 2007, 744; *Lichtinghagen*, GmbH-Stpr. 2011, 33 f.

Der (statische) Belastungsvergleich in Abbildung 113 zeigt, dass die Erzielung von Beteiligungserträgen über eine Kapitalgesellschaft zu einer geringeren (Sofort-) Steuerbelastung führt, soweit die Erträge nicht direkt wieder ausgeschüttet werden.[1677] Ein besonders großer Vorteil stellt sich bei Schachtelbeteiligungen und Veräußerungsgewinnen ein (24,89%-Punkte). Selbst im Ausschüttungsfall ergibt sich in diesen Fällen nur eine marginale Mehrbelastung gegenüber dem Privatvermögen (1,09%-Punkte).

Dividenden aus Beteiligungen < 15% (Streubesitzanteile) unterliegen auf Ebene der Kapitalgesellschaft zwar ebenfalls einer vergleichsweise günstigen Besteuerung (14,79%). Sobald diese aber ausgeschüttet werden, resultiert ein relativ hoher Belastungsnachteil gegenüber dem Privatvermögen (10,89%-Punkte).

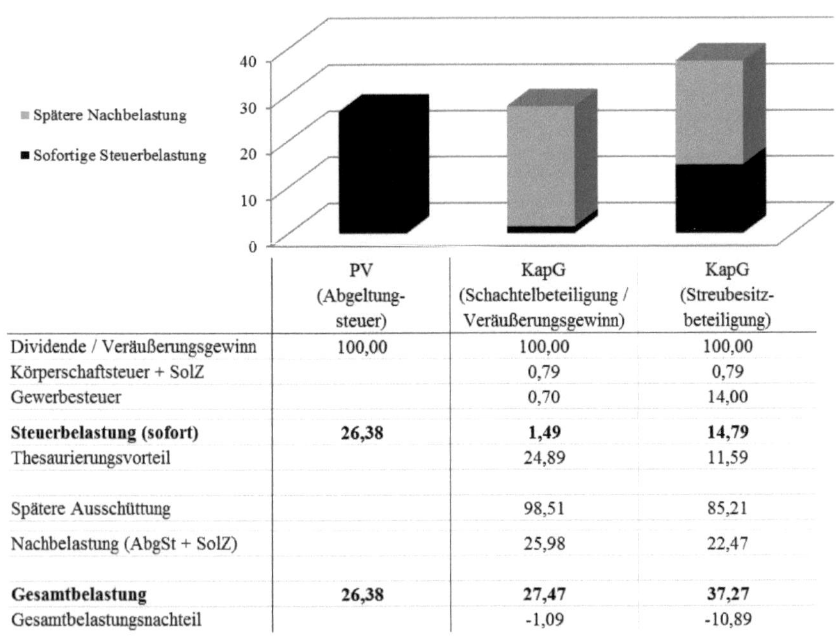

	PV (Abgeltung-steuer)	KapG (Schachtelbeteiligung / Veräußerungsgewinn)	KapG (Streubesitz-beteiligung)
Dividende / Veräußerungsgewinn	100,00	100,00	100,00
Körperschaftsteuer + SolZ		0,79	0,79
Gewerbesteuer		0,70	14,00
Steuerbelastung (sofort)	**26,38**	**1,49**	**14,79**
Thesaurierungsvorteil		24,89	11,59
Spätere Ausschüttung		98,51	85,21
Nachbelastung (AbgSt + SolZ)		25,98	22,47
Gesamtbelastung	**26,38**	**27,47**	**37,27**
Gesamtbelastungsnachteil		-1,09	-10,89

Abbildung 113: Statischer Belastungsvergleich PV (AbgSt) vs. KapGes (Beteiligungserträge)

Quelle: Eigene Darstellung

Die Mehrbelastungen können durch das zeitliche Hinausschieben der Ausschüttung kompensiert werden.[1678] Zur Ermittlung der notwendigen (Mindest-) Thesaurierungsdauer bedarf es dynamischer Berechnungen. Hierzu eignet sich die Vermögensendwertmethode.[1679] Dabei wird ein Ausgangsgewinn i.H.v. 100 GE unterstellt, der nach Abzug der Steuerbelastung

[1677] *Stollenwerk,* GmbH-StB 2008, 48 f.; *Ehrsam,* GmbH-Stpr. 2008, 41, 45.
[1678] *Ashauer-Moll/Rösch*, Abgeltungsteuer, 2008, 176.
[1679] So auch das Vorgehen bei *Wehrheim/Steinhoff,* DStR 2008, 989, 991 f.

reinvestiert wird. Bei der Kapitalanlage im Privatvermögen (Abgeltungsteuer) resultiert folgendes Endvermögen:

$$EV_{PV\_AbgSt} = 100 \cdot \left[1 + i \cdot \left(1 - s_{AbgSt}\right)\right]^n = 100 \cdot \left[1 + i \cdot (1 - 0{,}2638)\right]^n$$

Im Betriebsvermögen einer Kapitalgesellschaft führen Dividenden aus Schachtelbeteiligungen und Veräußerungsgewinne zu folgendem Endvermögen:

$$EV_{KapG\_Schachtel\_VG} = 100 \cdot \left[1 + i \cdot \left(1 - s_{KapG\_Schachtel\_VG}\right)\right]^n = 100 \cdot \left[1 + i \cdot (1 - 0{,}0149)\right]^n$$

Von diesem Wert ist die Ausschüttungsbelastung zu subtrahieren, die sich am Ende des Planungszeitraums ergibt:

$$./.\ \left(100 \cdot \left[1 + i \cdot \left(1 - s_{KapG\_Schachtel\_VG}\right)\right]^n - 100\right) \cdot s_{AbgSt} = \left(100 \cdot \left[1 + i \cdot (1 - 0{,}0149)\right]^n - 100\right) \cdot 0{,}2638$$

Für Dividenden aus Streubesitzbeteiligungen (< 15%) ist mit $s_{KapG\_Streubesitz} = 0{,}1479$ analog zu verfahren.

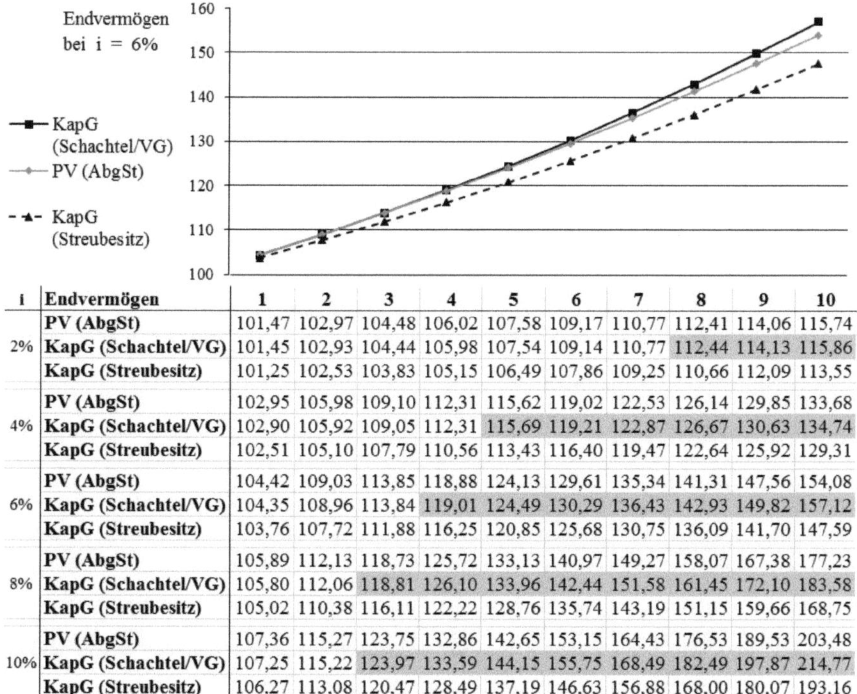

i	Endvermögen	1	2	3	4	5	6	7	8	9	10
	PV (AbgSt)	101,47	102,97	104,48	106,02	107,58	109,17	110,77	112,41	114,06	115,74
2%	**KapG (Schachtel/VG)**	101,45	102,93	104,44	105,98	107,54	109,14	110,77	112,44	114,13	115,86
	KapG (Streubesitz)	101,25	102,53	103,83	105,15	106,49	107,86	109,25	110,66	112,09	113,55
	PV (AbgSt)	102,95	105,98	109,10	112,31	115,62	119,02	122,53	126,14	129,85	133,68
4%	**KapG (Schachtel/VG)**	102,90	105,92	109,05	112,31	115,69	119,21	122,87	126,67	130,63	134,74
	KapG (Streubesitz)	102,51	105,10	107,79	110,56	113,43	116,40	119,47	122,64	125,92	129,31
	PV (AbgSt)	104,42	109,03	113,85	118,88	124,13	129,61	135,34	141,31	147,56	154,08
6%	**KapG (Schachtel/VG)**	104,35	108,96	113,84	119,01	124,49	130,29	136,43	142,93	149,82	157,12
	KapG (Streubesitz)	103,76	107,72	111,88	116,25	120,85	125,68	130,75	136,09	141,70	147,59
	PV (AbgSt)	105,89	112,13	118,73	125,72	133,13	140,97	149,27	158,07	167,38	177,23
8%	**KapG (Schachtel/VG)**	105,80	112,06	118,81	126,10	133,96	142,44	151,58	161,45	172,10	183,58
	KapG (Streubesitz)	105,02	110,38	116,11	122,22	128,76	135,74	143,19	151,15	159,66	168,75
	PV (AbgSt)	107,36	115,27	123,75	132,86	142,65	153,15	164,43	176,53	189,53	203,48
10%	**KapG (Schachtel/VG)**	107,25	115,22	123,97	133,59	144,15	155,75	168,49	182,49	197,87	214,77
	KapG (Streubesitz)	106,27	113,08	120,47	128,49	137,19	146,63	156,88	168,00	180,07	193,16

Abbildung 114: Dynamischer Vergleich PV (AbgSt) vs. KapGes (Beteiligungserträge)

Quelle: Eigene Darstellung erweitert nach *Wehrheim/Steinhoff,* DStR 2008, 989, 992 f.

Die Entwicklung der entsprechenden Endvermögen ist in Abbildung 114 dargestellt und ähnelt dem Vorteilhaftigkeitskalkül des § 34a EStG.[1680] Es wird deutlich, dass schon nach relativ kurzer Zeit ein höheres Vermögen mittels Thesaurierung erzielbar ist.[1681] Bei einer Rendite von bspw. 6% stellt sich bereits nach 4 Jahren ein Vorteil gegenüber der abgeltenden Besteuerung im Privatvermögen ein. Dies gilt indes nur für Dividenden aus Schachtelbeteiligungen sowie für Veräußerungsgewinne. Bei Dividenden aus einer Streubesitzbeteiligung bedarf es demgegenüber sehr langer Einbehaltungszeiten.[1682] So sind bei einer Rendite von $i = 6\%$ annähernd 40 Jahre notwendig.[1683]

Allgemein gilt: Je höher die Rendite und/oder je länger die Thesaurierungsdauer, desto vorteilhafter wird die vermögensverwaltende Kapitalgesellschaft.[1684] Innerhalb der Kapitalgesellschaft wird durch die geringe Thesaurierungsbelastung ein wesentlich größeres Vermögen aufgebaut als im Privatvermögen (Zinseffekt). Mit abnehmendem Gewerbesteuerhebesatz verstärkt sich diese Wirkung (et vice versa).

3. Thesaurierende Personenunternehmen vs. Privatvermögen

a) Fremdkapitalerträge

Die bisherigen Analysen zur Vorteilhaftigkeit des § 34a EStG basierten auf der (realitätsnahen) Annahme, dass die Gewinne auf jeden Fall im Unternehmen verbleiben sollen. Gleichwohl sind auch Situationen denkbar, in denen freie Mittel in das Privatvermögen transferiert werden können (Modell ohne Liquiditätsrestriktionen). In diesen Fällen wird der Alternativenraum um die Anwendung der Abgeltungsteuer erweitert. Die Vorteilhaftigkeit der Thesaurierungsbegünstigung ist demzufolge danach zu beurteilen, ob durch sie ein höheres Endvermögen realisiert werden kann als bei Entnahme in das Privatvermögen und Investition in eine abgeltend besteuerte Finanzanlage.[1685]

Die Steuerbelastung der Zinserträge im Privatvermögen beträgt $s_{AbgSt} = 26{,}38\%$, während im Betriebsvermögen bestenfalls eine Steuerbelastung von $s_{\S 34aEStG} = 29{,}77\%$ erreichbar ist. Hinzu kommt eine spätere Nachversteuerung.

Unter Annahme gleicher Vorsteuerrenditen offenbart sich, dass die abgeltende Besteuerung im Privatvermögen stets der (Thesaurierungs-) Besteuerung im Betriebsvermögen überlegen ist. Die externe Kapitalanlage dominiert die interne. Demnach sollte der Steuerpflichtige sämtliche freien Mittel aus seinem Personenunternehmen entnehmen und im Privatvermögen

---

[1680] Unterstellter Gewerbesteuerhebesatz: 400%.
[1681] *Schiffers,* DStZ 2007, 744, 745 f.; *Stollenwerk/Kühnemund,* GmbH-StB 2009, 336, 338.
[1682] Ähnlich auch *Schiffers,* GmbH-StB 2007, 243, 246; *Prinz,* GmbHR 2008, 626, 631.
[1683] Im Ergebnis auch *Ashauer-Moll/Rösch,* Abgeltungsteuer, 2008, 176 ff.
[1684] *Wehrheim/Steinhoff,* DStR 2008, 989, 992.
[1685] *Schanz/Kollruss/Zipfel,* DStR 2008, 1702.

anlegen (*Push-Out-Effekt*).[1686] Die Inanspruchnahme des § 34a EStG ist für diese Fälle niemals vorteilhaft. Dies gilt hinsichtlich beliebiger Annahmen über den Zinssatz, den persönlichen Steuersatz sowie den Gewerbesteuerhebesatz.[1687] Bei (Liquiditäts-) Bedarf können die Gelder allerdings wieder ins Betriebsvermögen eingelegt werden.

Der *Push-Out-Effekt* ist bei thesaurierenden Personenunternehmen ausgeprägter als bei Kapitalgesellschaften, da die effektive § 34a EStG-Belastung mit 36,16% deutlich über der Steuerbelastung von Kapitalgesellschaften (29,83%) und deutlich über der Abgeltungsteuerbelastung (26,38%) liegt. Des Weiteren übersteigt die Gesamtbelastung bei Inanspruchnahme des § 34a EStG stets die Regelsteuerbelastung nach § 32a EStG.[1688] Geht man indes davon aus, dass sich die Renditen im Privat- und Betriebsvermögen unterscheiden, muss das Vorteilhaftigkeitskalkül wie folgt modifiziert werden.[1689]

$$r_{BV} \cdot \left(1 - s_{\S 34aEStG} - \left[\frac{s_{Nachversteuerung}}{(1 + r_{BV})^n}\right]\right) > r_{PV} \cdot (1 - s_{AbgSt})$$

Die nachstehende Tabelle zeigt für einen gegebenen Anlagezins des Privatvermögens i.H.v. 5% an, welche Eigenkapitalrendite erforderlich wäre, um mittels § 34a EStG Vorteile zu erzielen.[1690] Unterstellt werden ein Hebesatz von 400% sowie ein Einkommensteuersatz von 45% (effektive § 34a EStG-Belastung 36,16% + Nachbelastung 11,82%).

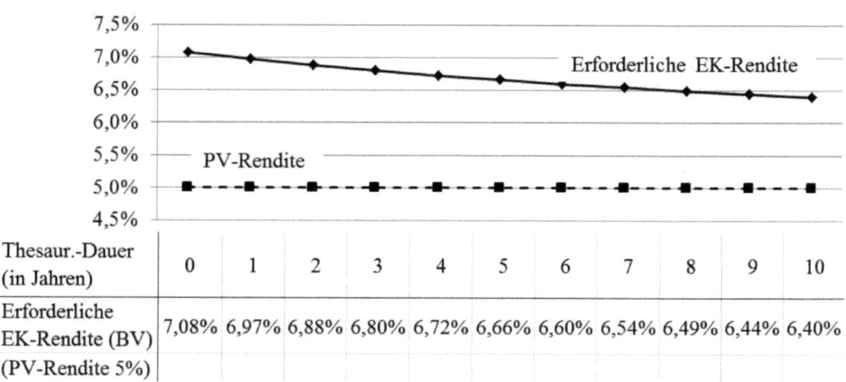

Thesaur.-Dauer (in Jahren)	0	1	2	3	4	5	6	7	8	9	10
Erforderliche EK-Rendite (BV) (PV-Rendite 5%)	7,08%	6,97%	6,88%	6,80%	6,72%	6,66%	6,60%	6,54%	6,49%	6,44%	6,40%

Abbildung 115: Erforderliche EK-Rendite zur Vorteilhaftigkeit des § 34a EStG vs. AbgSt

Quelle: Eigene Darstellung

1686 *Thiel/Sterner,* DB 2007, 1099, 1106; *Ley/Brandenberg,* FR 2007, 1085, 1107; *Winkeljohann/Fuhrmann,* BFuP 2007, 464, 477 ff.; *Homburg/Houben/Maiterth,* WPg 2007, 376, 381; *Lothmann,* DStR 2008, 945, 948; *Knirsch/Schanz,* ZfB 2008, 1231, 1239; *Reichert/Düll,* ZIP 2008, 1249, 1258 f.; *Beckmann/Schanz,* FB 2009, 162, 164; *Stollenwerk/Piron,* GmbH-StB 2010, 261, 266 f.; *Knirsch/Maiterth/Hundsdoerfer,* DB 2008, 1405 f.; *Dörfler* in: Littmann/Bitz/Pust, EStG, § 34a, Rz. 199.

1687 *Homburg,* DStR 2007, 686, 688.

1688 *Maiterth/Müller,* Vierteljahreshefte zur Wirtschaftsforschung 2007, 49, 60.

1689 *Schanz/Kollruss/Zipfel,* DStR 2008, 1702, 1703.

1690 Ähnlich *Helmreich/Rupp,* Gewinnthesaurierung bei Personengesellschaften, 2008, 60 f.; *Rupp* in: Preißer/Pung, Besteuerung der Personen- und Kapitalgesellschaften, 736.

Die Abbildung 115 veranschaulicht, dass die Eigenkapitalrendite im Betriebsvermögen den Zinssatz im Privatvermögen deutlich übersteigen muss, damit die Anwendung der Thesaurierungsbegünstigung Vorteile generiert. Liegt aber eine entsprechend hohe Zinsdifferenz vor, ist § 34a EStG der Abgeltungsteuer überlegen. Bei einem Anlagehorizont von bspw. 7 Jahren und einem Anlagezins von 5%, wäre die Inanspruchnahme der Thesaurierungsbegünstigung vorteilhaft, soweit im Betriebsvermögen mindestens eine 6,5%ige Rendite erwirtschaftet wird. Mit zunehmender Thesaurierungsdauer nähert sich die erforderliche Eigenkapitalrendite dem Zinsniveau im Privatvermögen asymptotisch an.

Die vorstehenden Überlegungen lassen sich auf Situationen übertragen, in denen der Steuerpflichtige eine teilweise fremdfinanzierte Investition im Betriebsvermögen durchführen möchte. In diesen Fällen wäre die Inanspruchnahme des § 34a EStG sinnvoll, wenn der Nettosollzins für das aufzunehmende Fremdkapital den Nettohabenzins überschreitet und der Steuerpflichtige einem hohen Grenzsteuersatz unterliegt.[1691]

b) Beteiligungserträge

Unter Berücksichtigung von Beteiligungserträgen wird die Steuerplanung etwas komplexer. Gegeneinander abzuwägen sind dann die abgeltende Besteuerung im Privatvermögen einerseits und das Teileinkünfteverfahren im Betriebsvermögen unter Nutzung des § 34a EStG andererseits.[1692] Wurde die Thesaurierungsbegünstigung bereits beansprucht, ist des Weiteren die Frage zu beantworten, ob es steuerlich sinnvoll ist, aus Liquiditätsreserven Entnahmen unter Inkaufnahme einer Nachversteuerung (§ 34a Abs. 4 EStG) zu tätigen, um sie im Privatvermögen zu investieren oder ob die Wiederanlage von Finanzmitteln im Betriebsvermögen eine lohnenswerte Alternative darstellt.[1693]

Für diese Entscheidungssituation ergibt sich der auf der nächsten Seite dargestellte Steuerbelastungsvergleich (Abbildung 116). Die Modellrechnung berücksichtigt, dass im (gewerblichen) Betriebsvermögen eines Personenunternehmens

- Dividenden aus Streubesitz (< 15%) vollumfänglich der Gewerbesteuer unterworfen werden (Hinzurechnung nach § 8 Nr. 5 GewStG),
- Dividenden aus Beteiligungen ≥ 15% (Schachteldividenden) nicht der Gewerbesteuer unterliegen (§ 9 Nr. 2a GewStG) und
- Veräußerungsgewinne zu 60% gewerbesteuerpflichtig sind.

[1691] *Schanz/Kollruss/Zipfel,* DStR 2008, 1702, 1703 f.
[1692] *Kiesewetter/Niemann/Blaufus u.a.,* DB 2008, 957; *Lothmann,* DStR 2008, 945.
[1693] *Stollenwerk/Piron,* GmbH-StB 2010, 261.

Demnach stellt sich bei Anwendung der Thesaurierungsbegünstigung (Betriebsvermögen) zum Zeitpunkt der Gewinnentstehung ein beachtlicher Belastungsvorteil gegenüber der abgeltenden Besteuerung im Privatvermögen ein (ca. 8,5%-Punkte).[1694] Dabei macht es kaum einen Unterschied, ob es sich um Veräußerungsgewinne oder Dividendenerträge handelt. Gleichfalls ist unbeachtlich, ob die Erträge aus Schachtel- oder Streubesitzbeteiligungen stammen. Zwar resultieren bei diesen Konstellationen unterschiedliche Gewerbesteuerbelastungen. Die Anrechnung nach § 35 EStG führt aber im Ergebnis zu einer annähernd gleich hohen Steuerbelastung.[1695] Es ergeben sich daher auch keine wesentlichen Unterschiede im Vergleich zu einer freiberuflichen Personenunternehmung, deren Gesellschafter ebenfalls § 34a EStG beanspruchen können, sofern die Gewinnermittlung nach § 4 Abs. 1 EStG erfolgt.[1696]

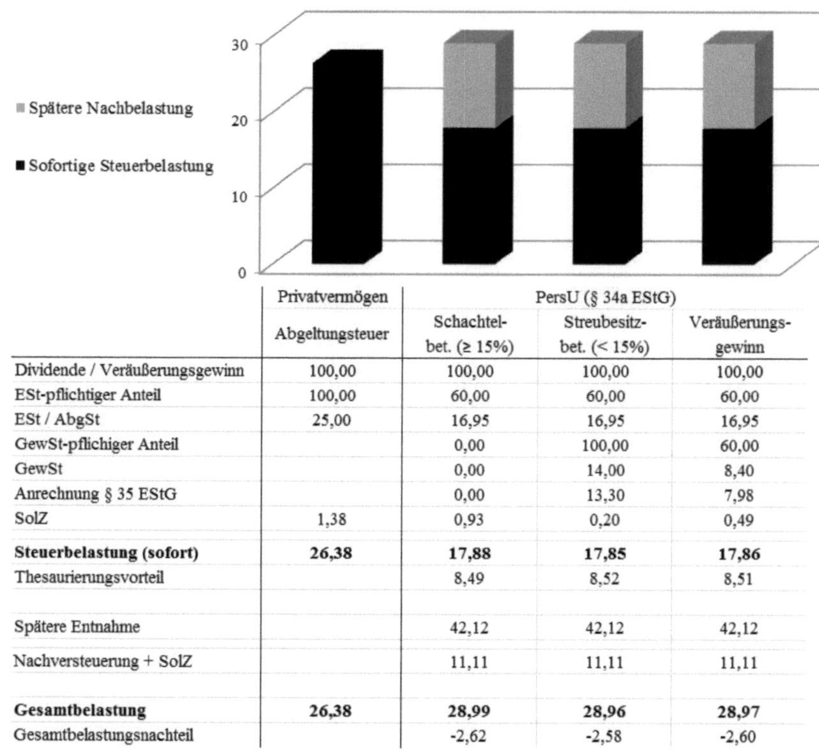

	Privatvermögen Abgeltungsteuer	PersU (§ 34a EStG) Schachtel-bet. (≥ 15%)	Streubesitz-bet. (< 15%)	Veräußerungs-gewinn
Dividende / Veräußerungsgewinn	100,00	100,00	100,00	100,00
ESt-pflichtiger Anteil	100,00	60,00	60,00	60,00
ESt / AbgSt	25,00	16,95	16,95	16,95
GewSt-pflichiger Anteil		0,00	100,00	60,00
GewSt		0,00	14,00	8,40
Anrechnung § 35 EStG		0,00	13,30	7,98
SolZ	1,38	0,93	0,20	0,49
Steuerbelastung (sofort)	**26,38**	**17,88**	**17,85**	**17,86**
Thesaurierungsvorteil		8,49	8,52	8,51
Spätere Entnahme		42,12	42,12	42,12
Nachversteuerung + SolZ		11,11	11,11	11,11
Gesamtbelastung	**26,38**	**28,99**	**28,96**	**28,97**
Gesamtbelastungsnachteil		-2,62	-2,58	-2,60

Abbildung 116: Statischer Belastungsvergleich PV (AbgSt) vs. PersU § 34a EStG (Beteiligungserträge)

Quelle: Eigene Darstellung

[1694] *Schiffers,* DStZ 2007, 744, 745; *Lothmann,* DStR 2008, 945, 947; *Schanz/Kollruss/Zipfel,* DStR 2008, 1702, 1705 f.; *Rech,* BC 2008, 86, 87.

[1695] *Lothmann,* DStR 2008, 945, 948.

[1696] *Schanz/Kollruss/Zipfel,* DStR 2008, 1702, 1705.

Im Kontext des § 34a EStG offenbaren sich die Vorteile steuerfreier Einkünfte. So reicht der steuerfreie Anteil der Beteiligungserträge (40% Steuerbefreiung nach § 3 Nr. 40 EStG, Teileinkünfteverfahren) aus, um die Einkommen- und Gewerbesteuer zu begleichen. Es treten insoweit keine negativen Schatteneffekte auf. Dies führt dazu, dass die Thesaurierungsbegünstigung in vollem Umfang beansprucht werden kann.[1697] Das Kalkül ist unabhängig vom individuellen Steuersatz, da ausschließlich die festen Lineartarife des § 34a EStG zur Anwendung kommen. Darüber hinaus kann – und sollte – der Steuerpflichtige die „restlichen" steuerfreien Gewinnanteile unmittelbar entnehmen.[1698] Es tritt diesbezüglich keine Nachversteuerung i.S.d. § 34a Abs. 4 EStG ein.[1699] Unterlässt er es hingegen, werden diese steuerfreien Einkünfte „eingesperrt".

Sobald es zu einer Nachversteuerung kommt, ergeben sich gegenüber dem Privatvermögen geringfügige Belastungsnachteile (ca. 2,6%-Punkte). Unter welchen Voraussetzungen der Zinseffekt diese Nachteile zu kompensieren vermag, kann mit Hilfe der grundlegenden Vorteilhaftigkeitsüberlegungen[1700] berechnet werden:

$$\textit{[temporäre] Minderbelastung} > \textit{Nachversteuerungsbelastung} / (1 + r)^n$$

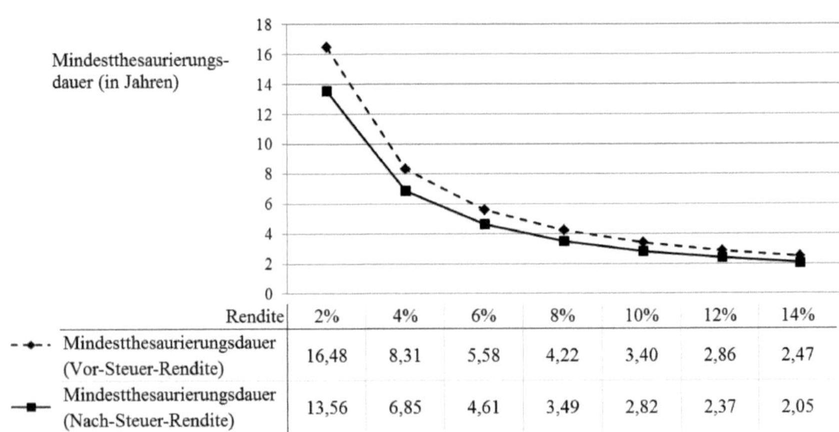

Rendite	2%	4%	6%	8%	10%	12%	14%
Mindestthesaurierungsdauer (Vor-Steuer-Rendite)	16,48	8,31	5,58	4,22	3,40	2,86	2,47
Mindestthesaurierungsdauer (Nach-Steuer-Rendite)	13,56	6,85	4,61	3,49	2,82	2,37	2,05

Abbildung 117: Mindestthesaurierungsdauer (§ 34a EStG) bei Beteiligungserträgen im BV vs. PV (AbgSt)

Quelle: Eigene Darstellung

Unter Berücksichtigung verschiedener Vor- bzw. Nach-Steuer-Renditen illustriert die obige Abbildung 117, wie lange die Beteiligungserträge (hier exemplarisch: Dividenden aus

1697 Ähnlich *Weber,* NWB 2008, 3075, 3082; *Lothmann,* DStR 2008, 945, 946.

1698 Statt vieler *Hey,* DStR 2007, 925, 929; *Levedag* in: Wachter, FS Spiegelberger, 2009, 328, 336 f.

1699 *Schanz/Kollruss/Zipfel,* DStR 2008, 1702, 1705.

1700 *Schiffers,* GmbHR 2007, 841, 845; *Houben/Maiterth,* StuW 2008, 228, 233; *Kessler/Schiffers* in: Müller/Hoffmann, Beck'sches Handbuch der Personengesellschaften, 2009, § 1, Rz. 152.

Schachtelbeteiligungen) im Betriebsvermögen einer Personenunternehmung thesauriert werden müssen, damit sich die Antragstellung nach § 34a EStG rentiert. Es wird deutlich, dass ab einer gewissen Rendite schon nach relativ kurzer Dauer Vorteile erzielt werden können.[1701] So sind bspw. bei einer Vor-Steuer-Rendite von 8% „bloß" etwas mehr als 4 Jahre notwendig, um einen Steuervorteil gegenüber dem Privatvermögen (Abgeltungsteuer) zu erreichen. Handelt es sich bei der 8%igen Verzinsung um eine Nach-Steuer-Rendite, muss der Steuerpflichtige sogar „nur" 3,5 Jahre auf eine Entnahme verzichten, um die nominalen Belastungsnachteile durch den Stundungseffekt zu kompensieren. Auch hier gilt: Je höher die Rendite, desto kürzer der Mindestthesaurierungszeitraum.[1702]

Vor diesem Hintergrund eignet sich die gewerbliche (bzw. gewerblich geprägte) thesaurierende „Spardosen-Personenunternehmung" insbesondere für solche Steuerpflichtige, die für einen gewissen Zeitraum auf Entnahmen verzichten können.[1703] Während bei kurz- bis mittelfristiger Thesaurierung aber bloß marginale Vorteile zu erwarten sind, können diese bei langer Einbehaltungszeit beträchtlich sein (z.B. im Rahmen der Altersvorsorge).[1704] Der individuelle Steuersatz hat für die Vorteilhaftigkeit indes keine Bedeutung, da sowohl die Thesaurierungsbegünstigung (§ 34a EStG) als auch die Abgeltungsteuer (§ 32d EStG) auf fixen Lineartarifen basieren. Wegen der Anrechnung nach § 35 EStG ist es im Ergebnis ebenfalls irrelevant, ob Dividenden (Beteiligungshöhe unmaßgeblich) oder Veräußerungsgewinne thesauriert werden.

4. Weitere gestaltungsrelevante Aspekte

Das Vorteilhaftigkeitskalkül muss im Einzelfall (rechtsformübergreifend) um folgende Aspekte erweitert werden. So ist zu beachten, dass Veräußerungsgewinne im Privatvermögen möglicherweise unter § 17 EStG fallen (Beteiligung ≥ 1%) und deswegen dem *Teileinkünfteverfahren* unterliegen. Für Dividenden steht ggf. die Option nach § 32d Abs. 2 Nr. 3 EStG offen. Beides wirkt sich bei hohen Steuersätzen zulasten, bei geringen Steuersätzen zugunsten der Mittelanlage im Privatvermögen (Abgeltungsteuer) aus.

Darüber hinaus muss bedacht werden, ob und in welcher Höhe etwaige *Aufwendungen* mit der Kapitalanlage anfallen.[1705] Im Privatvermögen führt § 20 Abs. 9 EStG dazu, dass tatsächliche Werbungskosten nicht geltend gemacht werden können. Im Betriebsvermögen einer Kapitalgesellschaft wirken sich laufende Betriebsausgaben in voller Höhe aus; Veräußerungskosten sind im Ergebnis zu 5% abziehbar.[1706] Das Teileinkünfteverfahren bewirkt im Betriebsvermögen eines Personenunternehmens, dass 60% der Betriebsausgaben steuerlich geltend ge-

[1701] *Schanz/Kollruss/Zipfel,* DStR 2008, 1702, 1705 f.
[1702] *Stollenwerk/Piron,* GmbH-StB 2010, 261, 268.
[1703] Ähnlich *Lothmann,* DStR 2008, 945, 949; *Rech,* BC 2008, 86, 88.
[1704] *Schanz/Kollruss/Zipfel,* DStR 2008, 1702, 1706.
[1705] *Schiffers,* DStZ 2007, 744, 745; *Stollenwerk,* GmbH-StB 2008, 48, 52 f.
[1706] *Schlotter/Jansen*, Abgeltungsteuer, 2008, 235.

macht werden können (§ 3c Abs. 2 EStG). Bei (hohen) Aufwendungen erweist sich daher die Thesaurierung innerhalb eines Betriebsvermögens als (noch) vorteilhaft(er).[1707]

Hinsichtlich der Möglichkeit zur *Verlustverrechnung* ist wie folgt zu differenzieren. Im Anwendungsbereich der Abgeltungsteuer gilt die Verrechnungsbeschränkung nach § 20 Abs. 6 EStG. Innerhalb einer Kapitalgesellschaft können laufende Verluste mit laufenden Gewinnen verrechnet werden. Eine „Weiterleitung" an die Gesellschafter ist allerdings nicht möglich. Veräußerungsverluste sind wegen § 8b Abs. 3 S. 3 KStG nicht abziehbar.[1708] Unter Berücksichtigung, dass Veräußerungsgewinne und Veräußerungsverluste aber bilanziell saldiert werden, kommt es auf diesem Weg zur Verlustverrechnung.[1709] Im Betriebsvermögen eines Personenunternehmens können gem. § 3c Abs. 2 EStG 60% der Verluste angesetzt werden. Tendenziell erweist sich demnach das Betriebsvermögen als vorteilhafter.[1710]

Demgegenüber ist zulasten einer Kapital- oder Personengesellschaft – selbst bei Beteiligungserträgen – *Kapitalertragsteuer* in voller Höhe einzubehalten.[1711] Die Beteiligungsertragsbefreiungen nach § 8b KStG oder § 3 Nr. 40 EStG bleiben für Zwecke des Quellensteuerabzugs unberücksichtigt (§ 43 Abs. 1 S. 3 EStG). Der Liquiditätsvorteil gegenüber dem Privatvermögen stellt sich daher erst zeitverzögert im Zuge der Veranlagung ein.

Im Rahmen der privaten Vermögensverwaltung (Abgeltungsteuer) ist darauf zu achten, dass die Tätigkeit nicht die Grenzen zum *gewerblichen Wertpapierhandel* überschreitet. Dies ist nach ständiger BFH-Rechtsprechung jedoch nur bei einer Betätigung der Fall, die derjenigen eines Wertpapierdienstleistungsunternehmens entspricht.[1712] Der Steuerpflichtige wird demzufolge selbst als sog. „day-trader" i.d.R. nicht zum gewerblichen Wertpapierhändler.[1713]

Für vermögensverwaltende Kapitalgesellschaften besteht die (ungleich höhere) Gefahr als *Finanzunternehmen* i.S.d. § 8b Abs. 7 S. 2 KStG eingestuft zu werden.[1714] Entsprechendes gilt für eine Personengesellschafts-Holding gem. § 3 Nr. 40 S. 3 f. EStG.[1715] Der BFH hob hervor, dass § 8b Abs. 7 KStG nicht nur für Unternehmen des Finanzsektors (z.B. Kreditinstitute) gilt, sondern ein Finanzunternehmen auch dann vorliegt, wenn die Haupttätigkeit der

---

[1707] *Weber,* NWB 2007, 3031, 3044; *Ashauer-Moll/Rösch*, Abgeltungsteuer, 2008, 178; *Lichtinghagen,* GmbH-Stpr. 2011, 33, 35 f.
[1708] *Wehrheim/Steinhoff,* DStR 2008, 989, 993.
[1709] *Stollenwerk,* GmbH-StB 2008, 48, 49.
[1710] *Stollenwerk/Piron,* GmbH-StB 2010, 261, 268; *Lothmann,* DStR 2008, 945, 950.
[1711] *Wehrheim/Steinhoff,* DStR 2008, 989, 993.
[1712] BFH, Urteil v. 30.7.2003, X R 7/99, BStBl. II 2004, 408; BFH, Urteil v. 2.9.2008, X R 14/07, BFH/NV 2008, 2012. Starke Indizien sind der Handel für Dritte, erfolgsabhängige Vergütungen, eigene Geschäftsräume, unmittelbarer Handel mit institutionellen Marktteilnehmern. Keine Indizien sind demgegenüber der Einsatz großen Kapitalvermögens, hohe Umschlaghäufigkeit, hohe Handelsvolumina, Einsatz von Spezialsoftware, Konzentration auf bestimmte Risikogeschäfte (Leerverkäufe, Derivate, Futures, etc.).
[1713] *Stollenwerk/Willems,* GmbH-StB 2012, 81, 84.
[1714] *Wehrheim/Steinhoff,* DStR 2008, 989, 993; *Korn/Strahl,* KÖSDI 2009, 16717, 16720 f.; *Prinz,* GmbHR 2008, 626, 631; *Strahl,* Stbg 2010, 152, 156; *Graf/Paukstadt,* FR 2011, 249, 265.
[1715] *Heurung/Seidel,* GmbHR 2009, 1084, 1090 f.; *Förster,* Stbg 2010, 199, 207 f.; *Stollenwerk/Piron,* GmbH-StB 2010, 261, 268.

Gesellschaft darin besteht, Beteiligungen mit der Absicht zu erwerben, einen kurzfristigen Eigenhandelserfolg zu erzielen.[1716] In diesen Fällen wird die Anwendung der Beteiligungsertragsbefreiung i.S.d. § 8b Abs. 1 – 6 KStG bzw. § 3 Nr. 40 EStG versagt (sog. „verunglückte Vermögensverwaltung").[1717] Die Folge ist eine deutliche Mehrbelastung.

Dem kann der Steuerpflichtige aber dadurch begegnen, dass er die Beteiligungen dem Anlagevermögen zuordnet (§ 247 Abs. 2 HGB). Die Anteile sollten also dazu bestimmt sein, dem Geschäftsbetrieb dauerhaft zu dienen (als Indiz gelten > 12 Monate).[1718] Insoweit ergeben sich keine Zielkonflikte, da die Vermögensanlage in einer Kapital- oder Personengesellschaft ohnehin eine mittel- bis langfristige Thesaurierungsstrategie erfordert. Die Absicht, die Beteiligung nicht nur kurzfristig zu halten, sondern längerfristige Wertsteigerungen zu erzielen, sollte dokumentiert werden.[1719]

Verfügt die Gesellschaft über weitere Tätigkeitsfelder, so kann die Einstufung als Finanzunternehmen ebenfalls abgewendet werden.[1720] Dies erfordert nach Ansicht der Finanzverwaltung, dass max. 75% der Bruttoerträge aus dem Halten der Beteiligungen stammen dürfen.[1721] *Gosch* verlangt hingegen, dass die Vermögensverwaltung nicht mehr als die Hälfte des Gesamtumsatzes (ggf. auch Bilanzsumme bzw. Eigenkapital) ausmacht.[1722]

Stollenwerk gewinnt der Versagung der Beteiligungsertragsbefreiung Vorteile ab, sofern Verluste im Zusammenhang mit der Vermögensverwaltung entstehen und § 8b Abs. 7 KStG (bzw. § 3 Nr. 40 S. 3 f. EStG) die einzige Möglichkeit zu deren voller Berücksichtigung darstellt.[1723] Gleichwohl sind mit diesem Gestaltungsweg nur kurzfristige Effekte verbunden, führt die Einordnung als Finanzunternehmen doch letztlich dazu, dass die Kapital- oder Personengesellschaft ihre Belastungsvorteile gegenüber der abgeltenden Besteuerung im Privatvermögen einbüßt.[1724]

Aus *erbschaftsteuerlicher* Sicht spricht ebenfalls vieles für die Vermögensverwaltung in einem Betriebsvermögen. Sollte der Steuerpflichtige (Erblasser/Schenker) zu mehr als 25% an der Kapitalgesellschaft beteiligt sein, kann die Begünstigung für Betriebsvermögen beansprucht werden (§ 13a ErbStG i.V.m. § 13b Abs. 1 Nr. 3 ErbStG). Die Übertragung von Personenunternehmen erfordert keine Mindestbeteiligungshöhe (§ 13b Abs. 1 Nr. 2 ErbStG). Das

---

[1716] BFH, Urteil v. 14.1.2009, I R 36/08, BStBl. II 2009, 672; BFH, Beschluss v. 15.6.2009, I B 46/09, BFH/NV 2009, 1843; BFH, Beschluss v. 12.10.2010, I B 82/10, BFH/NV 2011, 69; FG Hamburg, Urteil v. 14.12.2010, 3 K 40/10, EFG 2011, 1186; FG Hamburg, Urteil v. 31.1.2011, 2 K 6/10, EFG 2011, 1091; BFH, Urteil v. 12.10.2011, I R 4/11, BFH/NV 2012, 453. Hierzu etwa *Riegel,* Ubg 2011, 121 ff.

[1717] *Stollenwerk/Kühnemund,* GmbH-StB 2009, 336 f.

[1718] *Wagner,* DK 2010, 45, 46 f.; *Lichtinghagen,* GmbH-Stpr. 2011, 33, 39.

[1719] *Bauschatz,* DStZ 2009, 502, 506 ff.; *Stollenwerk/Kühnemund,* GmbH-StB 2009, 336, 341.

[1720] *Korn/Strahl,* KÖSDI 2009, 16717, 16721; *Lichtinghagen,* GmbH-Stpr. 2011, 33, 39.

[1721] BMF, Schreiben v. 25.7.2002, IV A 2 – S 2750 a – 6/02, BStBl. I 2002, 715 (C. I.) i.V.m. BMF, Schreiben v. 15.12.1994, IV B 7 – S 2742 a – 63/94, BStBl. I 1995, 25, Rz. 81.

[1722] *Gosch,* KStG, 2009, § 8b, Rz. 565.

[1723] *Stollenwerk/Kühnemund,* GmbH-StB 2010, 11, 12.

[1724] *Lichtinghagen,* GmbH-Stpr. 2011, 33, 38.

Vermögen der Personen- oder Kapitalgesellschaft darf jedoch max. zu 50% aus Verwaltungsvermögen bestehen (§ 13b Abs. 2 S. 1 ErbStG). Als Verwaltungsvermögen gelten insbesondere Anteile an anderen Kapitalgesellschaften unter 25% (§ 13b Abs. 2 S. 2 Nr. 2 ErbStG) sowie Wertpapiere und vergleichbare Forderungen (§ 13b Abs. 2 S. 2 Nr. 4 ErbStG). Barvermögen und sonstige Forderungen – wie etwa Sichteinlagen, Sparanlagen sowie Festgeldkonten – stellen nach Auffassung der Finanzverwaltung aber kein Verwaltungsvermögen dar.[1725] Zählen solche Guthaben hingegen zum Privatvermögen, sind sie in vollem Umfang der Erbschaft- bzw. Schenkungsteuer zu unterwerfen. Aus diesem Grund äußerte der BFH verfassungsmäßige Zweifel, obgleich diese als „Cash-GmbH“ bzw. „Cash-GmbH & Co. KG“ bezeichnete Erbschaftsteuergestaltung zweifelsohne vom Gesetzeswortlaut gedeckt ist.[1726]

Die vermögensverwaltende Kapitalgesellschaft kann – ebenso wie eine gewerbliche Personenunternehmung – Übertragungsgegenstand der *Vermögensübergabe gegen Versorgungsleistungen* sein (§ 10 Abs. 1 Nr. 1a EStG). Sollte es sich um eine Kapitalgesellschaft handeln, muss es zwingend eine GmbH sein. Ferner müssen mindestens 50% dieses GmbH-Anteils übertragen werden, der Übergeber als Geschäftsführer tätig gewesen sein und der Übernehmer diese Tätigkeit fortführen.[1727] Dies privilegiert das Betriebs- gegenüber dem Privatvermögen.[1728]

III. Zwischenergebnis

Sofern es um die Anlage von Fremdkapitaltiteln geht (Zinserträge), ist es sowohl für Gesellschafter einer Personengesellschaft als auch für Anteilseigner einer Kapitalgesellschaft i.d.R. steuerlich sinnvoll, freie Mittel zu entnehmen bzw. auszuschütten und unter Nutzung der Abgeltungsteuer im Privatvermögen anzulegen.[1729] Die Abgeltungsteuer führt somit zu einem *Push-Out-Effekt*, der zumindest solange besteht, wie keine wesentlichen Renditeunterschiede existieren. Die Inanspruchnahme des § 34a EStG ist für diese Fälle niemals vorteilhaft.

Dagegen gewinnt die („Spardosen“-) Unternehmung für Beteiligungserträge wegen § 8b KStG bzw. des Teileinkünfteverfahrens (§ 3 Nr. 40 EStG) große Bedeutung. Dies gilt speziell für Schachtelbeteiligungen und Veräußerungsgewinne. Hier wird – im Gegensatz zu Zinspapieren – keine höhere Rendite benötigt, um Vermögensvorteile zu erzielen.[1730] Die steuer-

---

[1725] H 32 AEErbSt; R E 13b.17 ErbStR 2011.

[1726] BFH, Beschluss v. 5.10.2011, II R 9/11, ZEV 2011, 672; BFH, Beschluss v. 27.9.2012, II R 9/11, DStR 2012, 2063. Vgl. auch Prüfbitte des Bundesrats zum Entwurf eines JStG 2013, BR-Drs. 302/12 (B) v. 6.7.2012, 113 ff.

[1727] Bspw. *Geck,* ZEV 2010, 161, 165; *Seitz,* DStR 2010, 629, 631 f. Ferner BMF, Schreiben v. 11.3.2010, IV C 3 – S 2221/09/10004, BStBl. I 2010, 227, Rz. 15 - 20.

[1728] *Lichtinghagen,* GmbH-Stpr. 2011, 33, 37.

[1729] Es sei nochmals darauf hingewiesen, dass diese Erkenntnisse auf der Annahme fehlender Entnahmebeschränkungen beruhen.

[1730] *Stollenwerk/Piron,* GmbH-StB 2010, 261, 268.

günstige Thesaurierungsmöglichkeit, die sich bei Kapitalgesellschaften per se ergibt und bei Personenunternehmen mittels § 34a EStG genutzt werden kann, führt im Zeitablauf zu einem wesentlich höheren Wiederanlagepotenzial. Schon nach wenigen Jahren vermag dieser Liquiditätsvorteil die zusätzliche Ausschüttungs- bzw. Nachversteuerungsbelastung zu kompensieren. Es resultiert mithin ein *Lock-In-Effekt*.

Bei den dargestellten Analysen handelt es sich zwar um Grundfälle, anhand derer sich „bloß" Tendenzen ableiten lassen. Gleichwohl konnten auch diejenigen (sonstigen) Steuerparameter identifiziert werden, die im Einzelfall für oder gegen die Vermögensanlage innerhalb des Betriebsvermögens sprechen (bspw. Aufwand, Verlustverrechnung, Erbschaftsteuer). Ob sich vor diesem Hintergrund die Implementierung einer „GmbH- bzw. GmbH & Co. KG - Holding für den Mittelstand"[1731] rentiert, ist individuell zu prüfen und sollte auch die Kosten für deren Errichtung und Verwaltung berücksichtigen.[1732] Für die Rechtsformoptimierung stellt die Vermögensverwaltung im Betriebsvermögen aber stets eine überlegenswerte Alternative dar, weil die gesellschaftsrechtliche Struktur bereits existiert.

Im direkten Vergleich zwischen Personen- und Kapitalgesellschaft spricht vieles für eine Personengesellschafts-Holding.[1733] Die steuerfreien Einkünfte anlässlich des Teileinkünfteverfahrens (§ 3 Nr. 40 EStG) ermöglichen – selbst bei Streubesitzanteilen – die volle Ausschöpfung des Thesaurierungshöchstbetrags nach § 34a EStG. Im Betriebsvermögen einer Kapitalgesellschaft unterliegen Dividenden aus Streubesitz hingegen der vollen Gewerbesteuer, ohne dass eine Anrechnungsmöglichkeit besteht. Der Nachteil für Kapitalgesellschaft würde sich weiter verstärken, sollte der Gesetzgeber – wie bisweilen gefordert[1734] – eine Mindestbeteiligungshöhe in § 8b KStG einführen.

D. Gewinntransfer

I. Abgeltungsteuer als Instrument des Gewinntransfers

Das Bedürfnis, Gewinne einer Kapital- oder Personengesellschaft auf die Gesellschafterebene zu transferieren, ergibt sich in den meisten Fällen aus außersteuerlichen Gründen (z.B. Konsum, angestrebte Eigenkapital- und Liquiditätsquote, Renditeüberlegungen).[1735] Wie oben nachgewiesen, können aber auch rein steuerliche Aspekte für einen Gewinntransfer sprechen, da bspw. die Abgeltungsteuer erhebliche Anreize ausstrahlt, überschüssige Mittel im Privatvermögen verzinslich anzulegen. Vor diesem Hintergrund ist im Folgenden zu analysieren,

---

1731 So bspw. *Gratz,* DB 2002, 489, 493; *Ehrsam,* GmbH-Stpr. 2008, 41.

1732 Skeptisch *Harle,* BB 2008, 2151, 2159.

1733 *Husken/Schmidt/Siegmund,* BB 2008, 1204 ff.; *Levedag* in: Wachter, FS Spiegelberger, 2009, 328, 336.

1734 So z.B. im Rahmen des Gesetzgebungsverfahrens zum JStG 2009 sowie die Prüfbitte des Bundesrats zum Entwurf eines JStG 2013, BR-Drs. 302/12 (B) v. 6.7.2012, 62 ff.

1735 *Kessler/Schiffers/Teufel,* Rechtsformwahl - Rechtsformoptimierung, 2002, § 3, Rz. 72 ff.; *Ashauer-Moll/Rösch,* Abgeltungsteuer, 2008, 184.

wie Gewinne steuergünstig an die Gesellschafter transferiert werden können und welche Bedeutung dabei der Abgeltungsteuer und der Thesaurierungsbegünstigung zukommt. Für diese Zwecke wird also unterstellt, dass die Gewinnverwendungsentscheidung bereits – zugunsten des Mitteltransfers – getroffen ist.

II. Zeitliche Terminierung des Gewinntransfers

Im Unterschied zu (regelbesteuerten) Personenunternehmen haben Anteilseigner einer Kapitalgesellschaft die Möglichkeit, durch gezielten Gewinntransfer den Zeitpunkt der einkommensteuerlichen Erfassung des Unternehmensgewinns zu beeinflussen. Denn solange weder eine Ausschüttung noch eine Leistungsbeziehung erfolgt, löst dies keine Einkommensteuer bei den Gesellschaftern aus.[1736] Die Thesaurierungsbegünstigung nach § 34a EStG eröffnet ähnliche Optimierungsmöglichkeiten für Personenunternehmen, weil ein Teil der Steuerbelastung in die Zukunft (spätere Entnahme) verlagert werden kann.[1737]

In der Vergangenheit hat der Steuerpflichtige sinnvollerweise die Ausschüttung in solche Jahre verlegt, in denen sein restliches Einkommen einer günstigen Progressionsstufe unterlag und/oder Verluste vorhanden waren.[1738] Damit konnte eine gewisse Verstetigung des Einkommens erzielt werden.[1739] Durch die pauschale Abgeltungsteuer geht diese Möglichkeit aber verloren.[1740] Dies gilt auch für die Thesaurierungsbegünstigung. In beiden Fällen erfolgt eine pauschale Nachbelastung mit 25%. Ein Verlustausgleich mit anderen Einkünften ist weder bei der Abgeltungsteuer (da nicht im z.v.E. enthalten, § 2 Abs. 5b EStG) noch bei der Thesaurierungsbegünstigung (§ 34a Abs. 8 EStG) möglich.

III. Möglichkeiten des Gewinntransfers und steuerliche Konsequenzen

Das Ziel des steueroptimalen Gewinntransfers kann auf verschiedenen Gestaltungswegen erreicht werden. Es kommen insbesondere folgende Möglichkeiten in Betracht:[1741]

- Gewinnausschüttung bzw. Entnahme (offen / verdeckt)
- Leistungsvergütung
  - Gesellschafter-Geschäftsführergehalt
  - Miete / Pacht (bewegliche / unbewegliche Wirtschaftsgüter)
  - Gesellschafterdarlehen
  - Stille Beteiligung (typisch / atypisch)

[1736] Grundlegend *Rose,* JbFSt 1986/1987, 55, 65. Ebenso *Lichtinghagen,* GmbH-Stpr. 2011, 33, 37.

[1737] *Förster,* Ubg 2008, 185, 192; *Herzig* in: Wachter, FS Spiegelberger, 2009, 210, 217 f.

[1738] Bspw. *Schneeloch/Rahier/Trockels-Brand,* DStR 2000, 1619, 1628; *Jacobs*, Unternehmensbesteuerung, 2002, 541 ff.; *Heinhold/Hüsing/Kühnel u.a.*, Besteuerung der Gesellschaften, 2010, 67 f.

[1739] *Paus,* EStB 2008, 403, 406.

[1740] *Stollenwerk/Kühnemund,* GmbH-StB 2009, 336, 338.

[1741] Ähnlich *Schiffers/Frings,* GmbH-StB 2002, 12 f.

Bei Personenunternehmen löst der Gewinntransfer keine steuerlichen Folgen aus, soweit nicht zur Thesaurierungsbesteuerung (§ 34a EStG) optiert wurde. Der Gewinn ist den Mitunternehmern in dem Zeitpunkt zuzurechnen, in dem er entsteht (Feststellungsprinzip).[1742] Dies gilt auch für Leistungsvergütungen, da sie als Einkünfte aus Gewerbebetrieb behandelt werden (§ 15 Abs. 1 S. 1 Nr. 2 Hs. 2 EStG). Bei Kapitalgesellschaft können die steuerlichen Konsequenzen der unterschiedlichen Transferwege wie folgt skizziert werden:

		Gewinn-ausschüttung	**Leistungsvergütungen**		
			Gehalt	Miete / Pacht	Darlehen / typisch stille Bet.
KapGes	KSt	erfolgsneutral	BA-Abzug	BA-Abzug	BA-Abzug
	GewSt		keine Hinzurechnung	Hinzurechnung 25% (Anteil: 20% / 50%)	Hinzurechnung 25%
	QSt-Abzug	KapESt	LSt	-	KapESt
Anteilseigner	ESt	AbgSt (keine WK) ggf. TEV	§ 19 EStG Regeltarif	§ 21 EStG Regeltarif	grds. AbgSt (keine WK) Regeltarif bei Bet. ≥ 10%
	Flexibilität	hohe Flexibilität aber einheitlich für alle AE	vGA-Gefahr	vGA-Gefahr ggf. BASP	vGA-Gefahr ggf. Zinsschranke ggf. atyp. stille Bet. (MU)

Abbildung 118: Instrumente des Gewinntransfers bei Kapitalgesellschaften

Quelle: Eigene Darstellung in Anlehnung an *Schiffers,* GmbH-StB 2008, 262, 263

Daraus ergeben sich die nachstehenden Steuerbelastungswirkungen (vgl. Abbildung 119). Die isolierte Betrachtung der Anteilseignerbesteuerung verleitet dabei zu der Annahme, dass Gewinnausschüttungen und Darlehenszinsen stets die geringste Steuerbelastung auslösen, namentlich eine Besteuerung mit der 25%igen Abgeltungsteuer. Alle anderen Transferwege (z.B. Gehalt, Miete, Pacht) unterliegen dem Regeltarif, der bis zu 45% betragen kann. Bezieht man indes die Vorbelastung auf Ebene der Kapitalgesellschaft ein, wird deutlich, dass in beinahe allen Fällen vergleichbare Gesamtsteuerbelastungen resultieren (47,48%- bis 49,97%-Punkte).

Einzig die Gesellschafterfremdfinanzierung (Beteiligung unter 10%) sticht mit einer Steuerbelastung i.H.v. 29,87%-Punkten positiv hervor. Das ist darauf zurückzuführen, dass es in diesen Fällen gelingt, Gewinne der Kapitalgesellschaft steuerwirksam abzusaugen und in den Anwendungsbereich der Abgeltungsteuer zu transferieren. Diese Wirkungsweise führt – wie bereits weiter oben dargestellt – zu dem Gestaltungsansatz, die Eigenfinanzierung durch Fremdfinanzierung zu substituieren.

[1742] BFH, Urteil v. 24.2.1988, I R 95/84, BStBl. II 1988, 663; BFH, Urteil v. 15.11.2011, VIII R 12/09, DB 2012, 23.

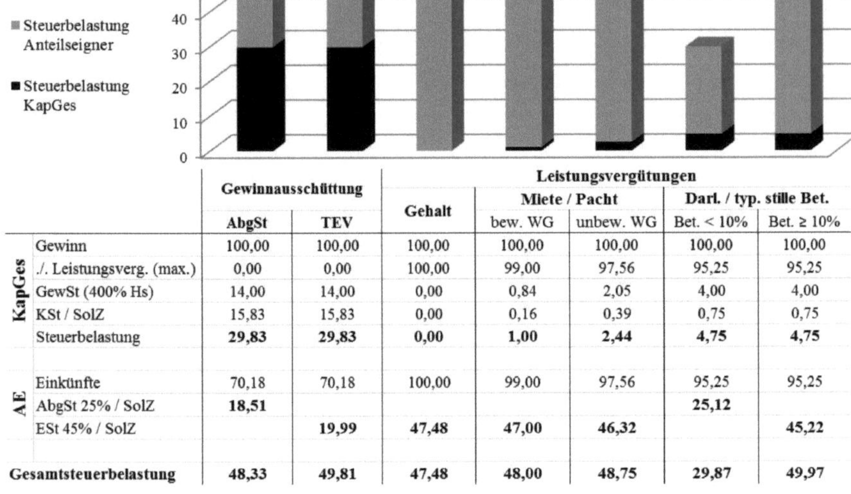

		Gewinnausschüttung			Leistungsvergütungen			
				Gehalt	Miete / Pacht		Darl. / typ. stille Bet.	
		AbgSt	TEV		bew. WG	unbew. WG	Bet. < 10%	Bet. ≥ 10%
KapGes	Gewinn	100,00	100,00	100,00	100,00	100,00	100,00	100,00
	./. Leistungsverg. (max.)	0,00	0,00	100,00	99,00	97,56	95,25	95,25
	GewSt (400% Hs)	14,00	14,00	0,00	0,84	2,05	4,00	4,00
	KSt / SolZ	15,83	15,83	0,00	0,16	0,39	0,75	0,75
	Steuerbelastung	**29,83**	**29,83**	**0,00**	**1,00**	**2,44**	**4,75**	**4,75**
AE	Einkünfte	70,18	70,18	100,00	99,00	97,56	95,25	95,25
	AbgSt 25% / SolZ	**18,51**					**25,12**	
	ESt 45% / SolZ		**19,99**	**47,48**	**47,00**	**46,32**		**45,22**
Gesamtsteuerbelastung		**48,33**	**49,81**	**47,48**	**48,00**	**48,75**	**29,87**	**49,97**

Abbildung 119: Steuerbelastungswirkungen unterschiedlicher Gewinntransfermöglichkeiten

Quelle: Eigene Darstellung

IV. Gestaltungsmöglichkeiten

1. Flexibilität von Gewinnausschüttungen

Im Gegensatz zu den Leistungsvergütungen erweist sich die Gewinnausschüttung als relativ flexibel.[1743] Höhe und Zeitpunkt können jedes Jahr frei bestimmt werden. Ein Teil des voraussichtlichen Gewinns kann ferner als Vorabausschüttung transferiert werden.

Es ergibt sich aber insoweit eine Einschränkung, als die Ausschüttungsstrategie von Kapitalgesellschaften grundsätzlich nur für alle Gesellschafter einheitlich bestimmt werden kann.[1744] Thesaurierende Personenunternehmen befinden sich hier wegen der gesellschafterbezogenen Anwendung des § 34a EStG deutlich im Vorteil.[1745] Demnach besteht bei Kapitalgesellschaften mitunter das Bedürfnis nach Gestaltungen, mit denen der Gewinntransfer nach den individuellen Interessen der einzelnen Anteilseigner ausgestaltet werden kann.

[1743] *Schiffers/Frings,* GmbH-StB 2002, 12, 13.

[1744] *Gratz,* DB 2002, 489, 492; *Schiffers,* GmbHR 2007, 505, 506 f.; *Schiffers,* GmbH-StB 2008, 262, 263.

[1745] *Hey,* DStR 2007, 925, 929; *Schiffers,* GmbHR 2007, 505, 507; *Kaminski/Hofmann/Kaminskaite,* Stbg 2007, 161, 165; *Müller,* FR 2010, 825.

Es bieten sich folgende Möglichkeiten:[1746]

- Individuelle Gewinnverteilung mittels
  - *inkongruenter bzw. disquotaler Gewinnausschüttungen*: Diese werden steuerlich aber nur unter strengen Voraussetzungen akzeptiert.[1747]
  - *Vorzugsanteile*: Diese werden steuerlich zwar anerkannt, beschneiden den Gesellschafter jedoch in seinen Anteilseignerrechten (bspw. stimmrechtslose Vorzugsaktien). Des Weiteren sind sie nicht flexibel genug, um einen jährlich wechselnden Gewinnzufluss zu vermitteln.
- *Individuelle Zuordnung der Einkunftsquellen der Kapitalgesellschaft:* Damit ist insbesondere die Thematik der *Tracking Stocks* („Spartenaktien") gemeint, d.h. Gesellschaftsanteile, die sich nur auf einen bestimmten Geschäftsbereich eines Unternehmens beziehen. Diese finden steuerlich zwar Anerkennung, sind jedoch mit erheblichen Rechtsunsicherheiten und zusätzlichem Aufwand behaftet.[1748]
- *Zwischenschaltung einer (Holding-) Gesellschaft*: Die thesaurierungswilligen Anteilseigner bringen ihre Anteile ein:
  - in eine (thesaurierende) Kapitalgesellschaft oder
  - in eine Personengesellschaft und nutzen die Thesaurierungsbegünstigung nach § 34a EStG. Es ergeben sich – wie oben dargestellt – erhebliche Vorteile mittels der steuerfreien Einkünfte (Teileinkünfteverfahren).
- *Verdeckte Gewinnausschüttungen*, da sie nur dem begünstigten Gesellschafter zugerechnet werden.

Obwohl auch mit *Leistungsvergütungen* ein individuell gesteuerter Gewinntransfer möglich ist, sind ihrer Vereinbarung gewisse Gestaltungsgrenzen gesetzt.[1749] Diese bestehen insbesondere darin, dass die Vertragsvereinbarungen einem Fremdvergleich standhalten müssen, da es ansonsten zu einer verdeckten Gewinnausschüttung (vGA) kommt. Dem vermeintlichen Vorteil durch die abgeltende Besteuerung des Gesellschafters steht ein beachtlicher Belastungsnachteil auf Ebene der Kapitalgesellschaft gegenüber (Vermögensverschiebungen).[1750] Dieser Zusammenhang verdeutlicht sich bei der Betrachtung untenstehender Modellrechnung.

1746 Zum Ganzen *Blumers/Beinert/Witt,* DStR 2002, 565 ff.; *Tavakoli,* DB 2006, 1882, 1884 ff.

1747 BMF, Schreiben v. 7.12.2000, IV A 2 – S 2810 – 4/00, DB 2000, 2501. Weniger restriktiv BFH, Urteil v. 19.8.1999, I R 77/96, DStR 1999, 1849; BFH, Urteil v. 8.8.2001, I R 25/00, BStBl. II 2003, 923; BFH, Urteil v. 28.6.2006, I R 97/05, FR 2007, 38. Vertiefend hierzu *Müller,* FR 2010, 825 ff.

1748 *Prinz,* FR 2001, 285, 286 ff.; *Breuninger/Krüger* in: Hommelhoff/Zätzsch/Erle, FS Müller, 2001, 527, 542 ff.; *Eilers,* StbJb 2001/2002, 413, 423 ff.; *Balmesund/Graessner,* DStR 2002, 838, 840 ff.

1749 *Kessler/Schiffers/Teufel*, Rechtsformwahl - Rechtsformoptimierung, 2002, § 3, Rz. 125 ff.; *Jacobs*, Unternehmensbesteuerung und Rechtsform, 2009, 647.

1750 Weiterführend *Herzig,* DB 1985, 353 ff.; *Herzig,* WPg 2001, 253, 262; *Marx,* DB 2003, 673, 678; *Schulte* in: Erle/Sauter, KStG, § 8, Rz. 101.

		Leistungsvergütung (Gehalt)	oGA	vGA
KapGes	vorläufiger Gewinn (KapG)	100,00	100,00	100,00
	./. Leistungsvergütung	100,00	0,00	0,00
	= Gewinn (z.v.E.)	0,00	100,00	100
	Steuern KapG (KSt, GewSt, SolZ)	0,00	29,83	29,83
	Gewinnausschüttung (GA)	0,00	70,17	100,00
	Vermögen nach Steuern / GA	**0,00**	**0,00**	**-29,83**
AE	Zufluss Anteilseigner	100,00	70,17	100,00
	ESt (45% + SolZ)	47,48		
	ESt (25% AbgSt + SolZ)		18,51	26,38
	Vermögen nach Steuern	**52,53**	**51,66**	**73,63**
Gesamtsteuerbelastung		**47,48**	**48,34**	**56,21**

Abbildung 120: Steuerbelastungswirkungen verdeckter Gewinnausschüttungen

Quelle: *Kessler/Schiffers*, Manuskript zum Deutschen Steuerberaterkongress, 2008, 39

Darüber hinaus sollte bei Nutzungsüberlassungen darauf geachtet werden, dass keine (ungewollte) Betriebsaufspaltung entsteht. Stille Beteiligungsverhältnisse müssen ggf. einer Einstufung als „atypisch" standhalten, da ansonsten eine Mitunternehmerschaft vorliegt. Leistungsvergütungen sind bei schwankenden Gewinnen dem zusätzlichen Risiko ausgesetzt, eine „Besteuerung von Aufwand"[1751] auszulösen. Dazu kommt es stets dann, wenn die Kapitalgesellschaft Verluste erzielt, die Gesellschafter jedoch die Leistungsvergütungen besteuern müssen.

2. Vorteilhaftigkeit von Leistungsvergütungen

Leistungsvergütungen erweisen sich i.d.R. dann als vorteilhaft, wenn die steuerlichen Bedingungen auf Anteilseignerebene günstiger sind als jene auf Ebene der Kapitalgesellschaft. Solche Situationen treten wegen der stark gesunkenen Körperschaftsteuertarifbelastung indes weniger oft ein als in früheren Jahren.[1752] Zu nennen wären insbesondere noch folgende Sachverhalte:

- Geringer individueller Einkommensteuersatz des Gesellschafters
- Besonderer Steuersatz für die Leistungsvergütung; z.B. Abgeltungsteuer auf Zinsen (§ 32d EStG), pauschale LSt für Zukunftssicherungsleistungen (§ 40b EStG)
- Fehlende (übrige) steuerpflichtige Einkünfte des Gesellschafters (z.B. infolge der schedularen Besteuerung nach § 32d, § 34a EStG)
- Zeitlich verzögerter Zufluss beim Gesellschafter (z.B. Pensionszusage)
- Anderweitige negative Einkünfte oder Verlustvorträge des Gesellschafters

[1751] *Herzig,* StBKongRep 1984, 319, 328 f.

[1752] *Schiffers,* GmbH-StB 2007, 243, 246; *Schiffers/Köster,* DStZ 2007, 773, 787.

- Ungenutzte einkommensteuerliche Frei- bzw. Pauschbeträge; z.B. Grundfreibetrag (§ 32a Abs. 1 Nr. 1 EStG), Sparer-Pauschbetrag (§ 20 Abs. 9 EStG), Arbeitnehmer-Pauschbetrag (§ 9a Nr. 1 Buchst. a) EStG), Versorgungsfreibetrag (§ 19 Abs. 2 EStG), Pauschbetrag für Versorgungsbezüge (§ 9a Nr. 1 Buchst. b) EStG), Härteausgleich nach § 46 Abs. 3 EStG
- Hohe Gewerbesteuerbelastung der Gesellschaft (Hebesatz, Hinzurechnungen)

Es fällt auf, dass es auch die mittels § 32d, § 34a EStG ausgelösten Steuersatz- und Progressionsentlastungseffekte sind, die die Steuerbelastung auf Ebene der Anteilseigner mindern und mithin zur Vorteilhaftigkeit von Gesellschaft-Gesellschafter-Verträgen beitragen. Die Anwendung der Thesaurierungsbegünstigung und der Abgeltungsteuer kann daher entscheidend zur Rechtfertigung bzw. Optimierung von Leistungsvergütungen beitragen.

3. Nutzung steuerlicher Freibeträge

Die Nutzung steuerlicher Freibeträge steht auch für Gewinnausschüttungen zur Verfügung. Sofern der Steuerpflichtige über keine weiteren Einkünfte verfügt, minimiert er seine Steuerlast, soweit er in Höhe des Grundfreibetrags, des Sparer-Pauschbetrags und des Sonderausgabenpauschbetrags Gewinne ausschüttet (ca. 10.000 €). Im Anwendungsbereich der Abgeltungsteuer muss dafür die Veranlagungsoption nach § 32d Abs. 6 EStG beantragt werden. Diese „Freibetragsausschüttung“[1753] kann jährlich angewendet werden und ist selbst in Verlustperioden möglich, wenn die Kapitalgesellschaft in den Vorjahren Gewinne thesauriert hat.

Im Rahmen der Thesaurierungsbegünstigung (§ 34a EStG) kommt die Nutzung steuerlicher Freibeträge durch gezielte Entnahmen nicht in Betracht. Die Nachversteuerung erfolgt stets mit 25% des Nachversteuerungsbetrags. Eine Einbeziehung in das z.v.E. ist nicht möglich. Es existiert keine Veranlagungsoption. Die Geltendmachung von Frei- und Abzugsbeträgen lässt sich lediglich im Zeitpunkt der Gewinnentstehung (Thesaurierungszeitpunkt) realisieren. Der Steuerpflichtige sollte deshalb ggf. den Antrag der Höhe nach begrenzen, um eine volle Steuerwirksamkeit zu erreichen.[1754]

4. Veranlagungsoption

Die Veranlagungsoption nach § 32d Abs. 6 EStG führt dazu, dass sämtliche Kapitalerträge des entsprechenden VZ in das z.v.E. eingehen und dort dem Regeltarif (§ 32a EStG) unterliegen. Sie greift allerdings nur, wenn dies zu einer niedrigeren Steuerbelastung führt (Günstigerprüfung).

[1753] *Küffner,* DStR 1996, 497.
[1754] *Krane/Czisz,* GStB 2008, 302, 304; *Fischer* in: Spindler/Tipke/Rödder, FS Schaumburg, 2009, 319, 335.

Damit lassen sich folgende Gestaltungsziele erreichen:

- Nutzung eines geringen individuellen Steuersatzes
- Verlustausgleich mit anderen negativen Einkünften
- Nutzung von (Grund-) Freibeträgen und anderer steuermindernder Tatbestände[1755]

Die steueroptimale Anwendung der Günstigerprüfung erfordert eine Schattenveranlagung.[1756] Hierbei gilt es zu kontrollieren, ob die Einkommensteuer unter Einbezug der Kapitaleinkünfte in die reguläre Besteuerung (§ 32a EStG) geringer ist als die Summe der Steuern bei Anwendung der Abgeltungsteuer (§ 32d Abs. 1 EStG).[1757] Dabei ist nicht allein auf die festgesetzte Einkommensteuer, sondern auf die gesamte effektive Steuerbelastung (einschließlich Zuschlagsteuern, z.B. SolZ) abzustellen.[1758] Dies darf jedoch nicht so verstanden werden, dass § 32d Abs. 6 EStG immer dann greift, wenn der (Grenz-) Steuersatz unter 25% liegt. Vielmehr muss der Differenzsteuersatz, also die durchschnittliche Zusatzbelastung auf die Kapitaleinkünfte, weniger als 25% betragen.[1759]

§ 32d Abs. 6 EStG kann auch dazu genutzt werden, um anderweitige Verluste mit positiven Kapitalerträgen zu verrechnen.[1760] Die Norm des § 20 Abs. 6 EStG steht dem nicht entgegen, da dort von negativen Kapitalerträgen die Rede ist. Ob die Antragstellung insoweit Vorteile bringt, hängt maßgeblich von den zukünftigen Einkünften des Steuerpflichtigen ab. Dem sofortigen Liquiditätsvorteil muss gegenübergestellt werden, dass – im Ergebnis – hochtarifliches Verlustausgleichspotenzial (bis zu 45%) auf 25% reduziert wird.[1761] Vor diesem Hintergrund kann es sich anbieten, auf den Antrag zugunsten eines höheren Verlustvortrags zu verzichten.[1762]

Die Veranlagungsoption mag im Einzelfall sinnvolle Anwendung finden. In ihrer Eigenschaft als Instrument der Rechtsformoptimierung kommt ihr allerdings keine sehr hohe Bedeutung zu. Dies hängt insbesondere mit ihrer vergleichsweise geringen quantitativen Auswirkung zusammen. Denn die Antragstellung lohnt sich i.d.R. nur bei einem z.v.E. unter 15.700 €.[1763] Des Weiteren kann mit § 32d Abs. 6 EStG auch kein Werbungskostenabzug erreicht werden, da § 20 Abs. 9 EStG weiterhin anwendbar ist.[1764]

[1755] Bspw. Altersentlastungsbetrag nach § 24a EStG (vgl. FG Düsseldorf, Urteil v. 13.10.2010, 15 K 2712/10 E, EFG 2011, 798; FG Münster, Urteil v. 28.3.2012, 11 K 3383/11 E, EFG 2012, 1464).

[1756] *Hechtner/Hundsdoerfer,* StuW 2009, 23, 34.

[1757] *Hechtner,* NWB 2011, 1769.

[1758] *Weber-Grellet* in: Schmidt, EStG, § 32d, Rz. 21.

[1759] *Hechtner,* NWB 2011, 1769.

[1760] *Behrens,* BB 2007, 1025, 1028; *Brusch,* FR 2007, 999, 1002; *Englisch,* StuW 2007, 221, 234.

[1761] *Baumgärtel/Lange* in: Herzig/Tobin/Eckhardt u.a., Handbuch Unternehmensteuerreform 2008, Rz. 802.

[1762] *Günther,* EStB 2010, 113, 115; *Graf/Paukstadt,* FR 2011, 249, 261; *Hechtner,* NWB 2011, 1769, 1771.

[1763] *Boochs* in: Lademann, EStG, § 32d, Rz. 24.

[1764] *Oho/Hagen/Lenz,* DB 2007, 1322, 1323; *Homburg,* SteuerConsultant 2007, 18, 21; *Treiber* in: Blümich, EStG/KStG/GewStG, § 32d EStG, Rz. 163; *Koss* in: Korn/Carlé/Stahl u.a., EStG, § 32d, Rz. 107.

5. Teileinkünftebesteuerung

a) Grundlegender Gestaltungsansatz

Im Rahmen von Gewinnausschüttungen bestehen die bedeutendsten Nachteile der Abgeltungsteuer darin, dass der Steuerpflichtige

- weder Werbungskosten in tatsächlicher Höhe abziehen darf
- noch Verluste verrechnet werden können
- noch der persönliche Steuersatz (angewandt auf eine geminderte Bemessungsgrundlage) berücksichtigt wird.

In Anbetracht dessen sind Gestaltungen zu suchen, die zum Ziel haben, diese Nachteile zu vermeiden. Hierfür eignet sich die Besteuerung nach dem Teileinkünfteverfahren. Anstelle der 25%igen Abgeltungsteuer werden 60% der Beteiligungserträge dem Regeltarif unterworfen (§ 3 Nr. 40 Buchst. d) EStG). Darüber hinaus können 60% der Werbungskosten bzw. 60% der Verluste geltend gemacht werden (§ 3c Abs. 2 EStG).

Das Teileinkünfteverfahren kann jedoch nicht ohne Weiteres angewendet werden, sondern bedarf gewisser Sachverhaltsgestaltungen oder der Ausübung des Wahlrechts nach § 32d Abs. 2 Nr. 3 EStG. Bevor auf diese Gestaltungsmittel eingegangen wird, soll vorab quantifiziert werden, unter welchen konkreten Bedingungen das Teileinkünfteverfahren vorteilhafter ist als die Abgeltungsteuer.

Bei einem simplen Steuersatzvergleich (zunächst ohne Werbungskosten) fällt auf, dass die Anwendung des Teileinkünfteverfahrens bis zu einem kritischen Einkommensteuersatz i.H.v. 41,67% günstiger ist als die abgeltende Besteuerung nach § 32d Abs. 1 EStG (60% v. 41,67% = 25%).[1765] Die kritische Höhe des z.v.E beträgt mithin 52.200 €. Bei höheren Steuersätzen bzw. höheren z.v.E. ist das Teileinkünfteverfahren von Nachteil.

Unter Berücksichtigung von Werbungskosten relativiert sich aber auch dieser Nacheil.[1766] So ist das Teileinkünfteverfahren bei einem Steuersatz von 45% bereits ab einer Kostenquote von 7,41% günstiger als die Abgeltungsteuer.[1767] Bei einem Steuersatz von 42% ergeben sich schon dann Vorteile, wenn die Werbungskosten eine kritische Höhe von 0,79% der Dividende übersteigen.[1768] Im Anwendungsbereich der Abgeltungsteuer ist ferner festzustellen, dass ab einer Kostenquote von 73,62% ein gänzlich negatives Nettoergebnis resultiert.[1769] Dies ver-

---

[1765] So auch *Knief/Nienaber,* BB 2007, 1309, 1310; *Ott,* StuB 2008, 815, 818 f.; *Strahl,* Ubg 2008, 143, 144; *König/Maßbaum/Sureth*, Besteuerung und Rechtsformwahl, 2009, 48.

[1766] *Baumgärtel/Lange* in: Herrmann/Heuer/Raupach, EStG/KStG, § 32d EStG, Rz. 50.

[1767] *Ashauer-Moll/Rösch*, Abgeltungsteuer, 2008, 186. Berechnung: [1 – (AbgSt / TEV)] = [1 – (25% / 27%)] = 7,41%.

[1768] *Jacobs*, Unternehmensbesteuerung und Rechtsform, 2009, 598. Berechnung: [1 – (AbgSt / TEV)] = [1 – (25% / 25,2%)] = 0,79%.

[1769] *Gratz,* BB 2008, 1105, 1108. Berechnung: [1 – AbgSt] = [1 – 26,38%] = 73,62%.

deutlicht, dass es in sehr vielen Fällen empfehlenswert ist, die Besteuerung nach dem Teileinkünfteverfahren anzustreben. Das Teileinkünfteverfahren erweist sich im Zuge dessen als effektive Gestaltungsalternative.[1770]

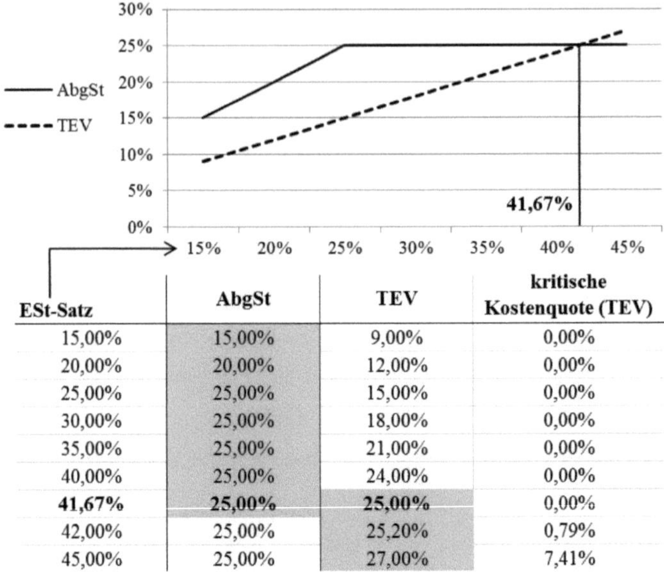

ESt-Satz	AbgSt	TEV	kritische Kostenquote (TEV)
15,00%	15,00%	9,00%	0,00%
20,00%	20,00%	12,00%	0,00%
25,00%	25,00%	15,00%	0,00%
30,00%	25,00%	18,00%	0,00%
35,00%	25,00%	21,00%	0,00%
40,00%	25,00%	24,00%	0,00%
41,67%	**25,00%**	**25,00%**	0,00%
42,00%	25,00%	25,20%	0,79%
45,00%	25,00%	27,00%	7,41%

Abbildung 121: Vorteilhaftigkeit AbgSt vs. TEV

Quelle: Eigene Darstellung

b) Option zum Teileinkünfteverfahren

Die Option nach § 32d Abs. 2 Nr. 3 EStG gewährt dem Steuerpflichtigen die Möglichkeit, bei einer „typischerweise unternehmerischen Beteiligung" auf die Anwendung der Abgeltungsteuer zu verzichten. Stattdessen erfolgt die Dividendenbesteuerung nach dem Teileinkünfteverfahren. Damit finden weder der Abgeltungsteuertarif noch das Werbungskostenabzugs- und Verlustverrechnungsverbot Anwendung (§ 32d Abs. 2 Nr. 3 S. 2 EStG).[1771] Das Wahlrecht eignet sich speziell für die (60%ige) Geltendmachung von Finanzierungskosten.[1772] Dies gilt im Übrigen auch für nachträgliche Werbungskosten, sofern der Veräußerungspreis nicht zur Tilgung des Darlehens ausgereicht hat und die Beteiligung nach dem 31.12.2008 veräußert wurde.[1773]

[1770] *Worgulla/Söffing,* FR 2007, 1005, 1010 f.; *Schiffers/Köster,* DStZ 2008, 830, 846.

[1771] *Baumgärtel/Lange* in: Herrmann/Heuer/Raupach, EStG/KStG, § 32d EStG, Rz. 46.

[1772] *Strahl,* KÖSDI 2008, 15896, 15899; *Korn,* DStR 2009, 2509, 2511; *Graf/Paukstadt,* FR 2011, 249, 261.

[1773] BFH, Urteil v. 16.3.2010, VIII R 20/08, BStBl. II 2010, 787. Die OFD Münster (Kurzinfo ESt Nr. 07/2012 v. 16.3.2012, DB 2012, 1007) führt hierzu aus, dass ein Werbungskostenabzug aber ausschließlich im VZ der Veräußerung möglich sei. Kritisch *Moritz/Strohm,* BB 2012, 3107, 3110 ff.

§ 32d Abs. 2 Nr. 3 EStG wurde nachträglich durch das JStG 2008 eingeführt und betrifft insbesondere Sachverhalte, bei denen der Anteilskauf nicht als bloße Kapitalanlage bezweckt wird, sondern vielmehr aus einem unternehmerischen Interesse heraus erfolgt. Dies ist z.B. bei einem (fremdfinanzierten) Beteiligungserwerb im Rahmen eines „Management Buy Out" oder bei einem (fremdfinanzierten) Erwerb eines Anteils an einer Berufsträgerkapitalgesellschaft – z.B. einer RA-, StB- oder WP-Gesellschaft – der Fall.[1774] Darüber hinaus kommt ihr große Bedeutung für die Unternehmensnachfolge im Mittelstand zu.[1775]

Die Nichtanwendung der Abgeltungsteuer („Opt-Out") erfordert einen Antrag. Verlangt wird, dass der Anteilseigner unmittelbar oder mittelbar

a) zu mind. 25% an der Kapitalgesellschaft beteiligt ist oder
b) zu mind. 1% an der Kapitalgesellschaft beteiligt und beruflich für diese tätig ist.

Sollten die Voraussetzungen (noch) nicht vorliegen, ist über deren Schaffung nachzudenken.[1776] So kann es sich bspw. anbieten, Anteile zuzukaufen, um die relevante Beteiligungsquote (25% bzw. 1%) zu erreichen.[1777] Dabei reicht es aus, wenn die Mindestbeteiligungshöhe (und/oder die berufliche Tätigkeit) zu irgendeinem Zeitpunkt – ggf. nur an einem einzigen Tag – in demjenigen VZ vorliegt, für den der Antrag erstmals gestellt wird.[1778]

Wird die Beteiligungsquote in einem späteren Jahr nicht mehr erreicht, soll nach Auffassung des BMF die vorher ausgeübte Option keine Wirkung mehr entfalten.[1779] Diese Ansicht vermag jedoch nicht zu überzeugen. Denn § 32d Abs. 2 Nr. 3 S. 4 EStG stellt nicht nur eine bloße Nachweiserleichterung, sondern eine gesetzliche Fiktion dar, wonach der Antrag auch für die vier folgenden VZ gilt, ohne dass die Voraussetzungen erneut zu belegen sind.[1780]

Es wird ferner zu überlegen sein, erstmals eine berufliche Tätigkeit zu begründen, um in den Anwendungsbereich des § 32d Abs. 2 Nr. 3 EStG zu gelangen. Unerheblich ist, ob die Beschäftigung selbständig oder nichtselbständig ausgeübt wird.[1781] Auch Teilzeit- und freie Mitarbeitsverhältnisse genügen.[1782] Die Arbeitsleistung kann überdies unentgeltlich erbracht werden.[1783] Wenngleich kein unternehmerischer Einfluss gegeben sein muss, darf die Tätig-

[1774] BT-Drs. 16/7036 v. 8.11.2007, 14. Ferner *Ott,* StuB 2008, 815, 820.
[1775] *Schulz/Vogt,* DStR 2008, 2189, 2196.
[1776] *Schiffers,* GmbH-StB 2008, 262, 266.
[1777] *Strahl* in: Strahl, Ertragsteuern, 2010, Rz. 59; *Worgulla/Söffing,* FR 2007, 1005, 1011.
[1778] BMF-Schreiben v. 22.12.2009, IV C 1 – S 2252/08/10004, BStBl. I 2010, 94, Rz. 139; *Koss* in: Korn/Carlé/Stahl u.a., EStG, § 32d, Rz. 68; *Boochs* in: Lademann, EStG, § 32d, Rz. 19.
[1779] BMF, Schreiben v. 9.10.2012, IV C 1 – S 2252/10/10013, BStBl. I 2012, 953, Rz. 139.
[1780] So auch *Moritz/Strohm,* BB 2012, 3107, 3111.
[1781] BMF-Schreiben v. 22.12.2009, IV C 1 – S 2252/08/10004, BStBl. I 2010, 94, Rz. 138.
[1782] *Schmidt/Wänger,* NWB 2008, 423, 435; *Koss* in: Korn/Carlé/Stahl u.a., EStG, § 32d, Rz. 70.
[1783] *Baumgärtel/Lange* in: Herrmann/Heuer/Raupach, EStG/KStG, § 32d EStG, Rz. 49.

keit nicht von untergeordneter Bedeutung sein.[1784] Eine hauptberufliche, gehobene oder gar geschäftsführende Tätigkeit wird hingegen nicht verlangt.[1785]

Ist der Steuerpflichtige an mehreren Kapitalgesellschaften (qualifiziert) beteiligt, kann für jede Beteiligung, nicht aber für jeden einzelnen Anteil, zur Besteuerung nach dem Teileinkünfteverfahren optiert werden.[1786] Eine selektive Anwendung ist daher möglich und sinnvoll, erfordert allerdings ein gewisses Antragsmanagement.[1787] Hinzuerwerbe teilen das Schicksal einer bereits ausgeübten Option.[1788] Die Teileinkünfteoption ist selbst dann möglich, wenn in dem betreffenden VZ keine Kapitalerträge realisiert werden.[1789]

Der spätestens mit Abgabe der Einkommensteuererklärung zu stellende Antrag ist für fünf Jahre bindend, kann jedoch widerrufen werden. Im Falle eines Widerrufs ist eine erneute Option für diese Beteiligung nicht mehr zulässig (§ 32d Abs. 2 Nr. 3 S. 6 EStG). Nach Ablauf der Fünf-Jahres-Frist verlängert sich der Antrag nicht automatisch. Er ist ggf. neu zu stellen. Das Auslaufen stellt keinen Widerruf dar. Folglich wird das Widerrufsrecht auch nicht verbraucht.[1790]

Das Widerrufen des Antrags kann bspw. sinnvoll sein, wenn der Kredit getilgt wurde, keine Schuldzinsen mehr anfallen und der Steuerpflichtige einem hohen Steuersatz unterliegt (> 41,67%).[1791] Der Widerruf sollte aber sehr sorgfältig geprüft werden, da es keine „Rückkehrmöglichkeit" gibt (§ 32d Abs. 2 Nr. 3 S. 6 EStG).[1792] Um in diesen Fällen das Wahlrecht erneut zu erhalten, müsste der Steuerpflichtige seine Beteiligung vollständig veräußern und zurückerwerben.[1793] Soweit der Rückkauf zu einem anderen Preis als beim Verkauf erfolgt, stellt dies zwar keinen Missbrauch i.S.d. § 42 AO dar.[1794] Gleichwohl käme es zu einer Realisierung von Gewinnen bzw. Verlusten. Vor diesem Hintergrund wird es in den meisten Fällen vorteilhaft sein, auf den Widerruf zu verzichten und die Option auslaufen zu lassen.[1795]

Die Teileinkünfteoption betrifft laufende Bezüge aus Beteiligungen an Kapitalgesellschaft (§ 20 Abs. 1 Nr. 1, 2 EStG), insbesondere offene und verdeckte Gewinnausschüttungen. Bei Veräußerungsgewinnen ergibt sich kein entsprechendes Bedürfnis, da diese über § 17 EStG

[1784] *Neumann/Stimpel,* GmbHR 2008, 57, 61; BMF, Schreiben v. 22.12.2009, IV C 1 – S 2252/08/10004, BStBl. I 2010, 94, Rz. 138.

[1785] *Treiber* in: Blümich, EStG/KStG/GewStG, § 32d EStG, Rz. 143; *Strahl,* DStR 2008, 9, 11; *Schlotter* in: Littmann/Bitz/Pust, EStG, § 32d, Rz. 37.

[1786] *Baumgärtel/Lange* in: Herrmann/Heuer/Raupach, EStG/KStG, § 32d EStG, Rz. 47.

[1787] *Hahne,* Stbg 2008, 477, 481.

[1788] BMF-Schreiben v. 22.12.2009, IV C 1 – S 2252/08/10004, BStBl. I 2010, 94, Rz. 140.

[1789] Die Vorschrift erfordert nur abstrakt das Vorliegen von Kapitalerträgen i.S.d. § 20 Abs. 1 Nr. 1, 2 EStG. Vgl. BMF, Schreiben v. 22.12.2009, IV C 1 – S 2252/08/10004, BStBl. I 2010, 94, Rz. 143.

[1790] *Koss* in: Korn/Carlé/Stahl u.a., EStG, § 32d, Rz. 78; *Boochs* in: Lademann, EStG, § 32d, Rz. 19.

[1791] *Prinz,* GmbHR 2008, 626, 630.

[1792] *Treiber* in: Blümich, EStG/KStG/GewStG, § 32d EStG, Rz. 153.

[1793] So auch die Gesetzesbegründung, vgl. BT-Drs. 16/7036 v. 8.11.2007, 20 f.

[1794] BFH, Urteil v. 25.8.2009, IX R 60/07, DB 2009, 2354.

[1795] Instruktiv *Hahne,* Stbg 2008, 477, 481; *Schiffers,* GmbH-StB 2008, 262, 266.

stets dem Teileinkünfteverfahren gem. § 3 Nr. 40 Buchst. c) EStG unterliegen.[1796] Sollte im Veräußerungsfall die Abgeltungsteuer günstiger sein (Steuersatz > 41,67%; keine Werbungskosten), könnten die Gewinne vorab ausgeschüttet werden.[1797]

Mittels § 32d Abs. 2 Nr. 3 EStG ist es ferner möglich, Dividendeneinkünfte zu 60% an der regulären Ermittlung der S.d.E. teilhaben zu lassen. Dadurch kommt es zu einer 60%igen Verlustverrechnung.[1798] Zudem kann die Gewinnausschüttung auf das Jahr einer geringen Progression des Gesellschafters terminiert werden (zielgerichtete Ausschüttungspolitik).[1799]

c) Einlage in ein Betriebsvermögen

Kommt die Option gem. § 32d Abs. 2 Nr. 3 EStG nicht in Betracht, verbleibt es grds. bei der Anwendung der Abgeltungsteuer ohne Berücksichtigung tatsächlicher Werbungskosten. In diesen Fällen ist darüber nachzudenken, die Anteile in ein Betriebsvermögen einzulegen.[1800] Erhaltene Gewinnausschüttungen unterliegen dort *per se* dem Teileinkünfteverfahren (§ 20 Abs. 8 i.V.m. § 3 Nr. 40 Buchst. b) i.V.m. § 3c Abs. 2 EStG). Für den Steuerpflichtigen ergeben sich folgende Handlungsmöglichkeiten:[1801]

- Einlage in das (gewillkürte) Betriebsvermögen eines Einzelunternehmens
- Einlage in das (gewillkürte) Betriebs- oder Sonderbetriebsvermögen einer gewerblichen Personengesellschaft
- Einlage in das (gewillkürte) Betriebs- oder Sonderbetriebsvermögen einer vermögensverwaltenden, aber gewerblich geprägten Personengesellschaft (insbesondere GmbH & Co. KG)
- Begründen einer Betriebsaufspaltung oder einer atypisch stillen Beteiligung

Dabei ist darauf zu achten, dass durch die (verdeckte) Einlage keine stillen Reserven aufgedeckt werden. Dies erfordert, dass die Anteilseinlage unentgeltlich, also ohne Gewährung von Gesellschaftsrechten erfolgt. Dazu ist die Übertragung ausschließlich auf dem gesamthänderisch gebundenen Kapitalrücklagekonto gutzuschreiben.[1802] Zur Vermeidung einer teilentgeltlichen Übertragung müssen etwaige Schulden zurückbehalten werden. Damit entsteht negati-

---

1796 *Baumgärtel/Lange* in: Herrmann/Heuer/Raupach, EStG/KStG, § 32d EStG, Rz. 47.
1797 *Korn/Strahl,* NWB 2010, 3946, 3987.
1798 *Englisch,* StuW 2007, 221, 234.
1799 *Gebhardt,* EStB 2010, 232, 234; *Graf/Paukstadt,* FR 2011, 249, 265. Ähnlich bereits *Küffner,* DStR 1996, 497 („optimale Progressionsausschüttung").
1800 *Schmidt/Wänger,* NWB 2008, 423, 437; *Schiffers,* GmbH-StB 2008, 262, 266; *Strahl* in: Strahl, Ertragsteuern, 2010, Rz. 54.
1801 *Rädler,* DB 2007, 988, 992; *Endres/Spengel/Reister,* WPg 2007, 478, 486; *Worgulla/Söffing,* FR 2007, 1005, 1010; *Ott,* StuB 2008, 815, 820 f.; *Gratz,* BB 2008, 1105, 1108; *Schiffers/Köster,* DStZ 2008, 830, 846; *Prinz,* GmbHR 2008, 626, 630; *Jorde/Götz,* BB 2008, 1032, 1035; *Herzig* in: Wachter, FS Spiegelberger, 2009, 210, 215; *Haarmann* in: Kessler/Förster/Watrin, FS Herzig, 2010, 423, 426.
1802 BMF, Schreiben v. 11.7.2011, IV C 6 – S 2178/09/10001, BStBl. I 2011, 713.

ves Sonderbetriebsvermögen, mit der Folge, dass 60% der Darlehenszinsen abziehbar sind.[1803]

Mit der Verlagerung in ein gewerbliches Betriebsvermögen unterliegen Streubesitzdividenden (Beteiligungshöhe unter 15%) der Gewerbesteuer (§ 8 Nr. 5, § 9 Nr. 2a GewStG). Für den Fall, dass die Anrechnung nach § 35 EStG nicht (vollständig) gelingen sollte, ergeben sich insoweit Belastungsnachteile.[1804] Im Betriebsvermögen eines Personenunternehmens kann ferner die Thesaurierungsbegünstigung nach § 34a EStG genutzt werden. Da die Gewinne aber annahmegemäß an die Gesellschafter transferiert werden sollen und somit nicht thesaurierungsfähig sind, scheidet diese Möglichkeit aus.

Des Weiteren kann erwogen werden, eine (Holding-) Kapitalgesellschaft zwischenzuschalten.[1805] Dies ist unter den Voraussetzungen des § 21 UmwStG steuerneutral möglich.[1806] Aufwendungen im Zusammenhang mit der Beteiligung können auf Ebene der (Holding-) Kapitalgesellschaft geltend gemacht werden; gleichwohl gelten 5% der Dividenden als nicht abziehbare Betriebsausgaben (§ 8b Abs. 5 KStG). Auf der Einnahmenseite erfolgt eine 100%ige Freistellung von der Körperschaftsteuer (§ 8b Abs. 1 KStG). Diese Gestaltung erfordert eine zusätzliche Gewinnausschüttung der Holdinggesellschaft an deren Anteilseigner („Durchschüttung"). Darüber hinaus ergeben sich gewerbesteuerliche Hinzurechnungen nach § 8 Nr. 5 GewStG i.V.m. § 9 Nr. 2a GewStG, sollte die Beteiligungsquote unter 15% liegen.

6. Umfinanzierung

Außerhalb der Option nach § 32d Abs. 2 Nr. 3 EStG und des Betriebsvermögens ist kein Werbungskostenabzug möglich. In diesen Fällen kann erwogen werden, eine Umfinanzierung zur Sicherung des Schuldzinsenabzugs vorzunehmen.[1807] Dazu reicht es aber nicht aus, die Darlehensverbindlichkeit einer anderen Einkunftsart zuzuordnen („reine Umwidmung").[1808] Es muss sich vielmehr um eine vollständige Ablösung dergestalt handeln, dass der Steuerpflichtige bspw. (nicht steuerverstricktes) Vermögen veräußert und der Erlös zur Tilgung der Darlehensschuld verwendet wird. Anschließend kann der Steuerpflichtige eine neue, gleichfalls fremdfinanzierte Anlageentscheidung treffen, die den Werbungskostenabzug gestattet

[1803] *Schiffers*, GmbH-StB 2008, 262, 266; *Ott*, StuB 2008, 815, 820.
[1804] *Hahne*, Stbg 2008, 477, 480.
[1805] *Rädler*, DB 2007, 988, 993; *Schiffers*, GmbHR 2007, 505, 511; *Ott*, StuB 2008, 815, 820; *Schiffers/Köster*, DStZ 2008, 830, 847; *Prelle/Krumsieck*, ErbStB 2009, 393, 394 f.
[1806] *Weber*, NWB 2007, 3031, 3044; *Ott*, StuB 2008, 815, 820.
[1807] *Strahl* in: Strahl, Ertragsteuern, 2010, Rz. 60.
[1808] BFH, Urteil v. 19.8.1998, X R 96/95, BStBl. II 1999, 353; BFH, Urteil v. 23.10.2001, IX R 65/99, BFH/NV 2002, 341.

(z.B. Immobilien, § 21 EStG).[1809] Im Rahmen betrieblicher Einkünfte kann in diesem Kontext auch die Praktizierung des „Zweikontenmodells“ in Betracht kommen.[1810]

7. Progressionsentlastung

Verfügt der Steuerpflichtige – neben der Gewinnausschüttung – über andere Einkünfte (bspw. §§ 19, 21 EStG), so eröffnen sich mittels der abgeltenden Besteuerung nach § 32d Abs. 1 EStG interessante Gestaltungsmöglichkeiten. Denn die sondertarifierten Einkünfte scheiden – ähnlich wie bei Anwendung der Thesaurierungsbegünstigung – aus dem progressiv zu versteuernden Einkommen aus (§ 2 Abs. 5b EStG). Damit fallen die übrigen Einkünfte möglicherweise in eine niedrigere Progressionsstufe.[1811] Dies wirkt sich bei hohen Kapitaleinkünften positiv, bei Verlusten aus Kapitalvermögen hingegen nachteilig aus.[1812]

Aus der Tatsache, dass abgeltend besteuerte Kapitalerträge nicht an der regulären Einkommensermittlung teilnehmen, ergeben sich weitere (positive) Folgewirkungen. So finden entsprechende Einkünfte weder Berücksichtigung

- bei der Ermittlung des Progressionsvorbehalts (§ 32b EStG) noch
- bei der Berechnung des 56%igen Durchschnittssteuersatzes (§ 34 Abs. 3 EStG)
- noch bei der Ermittlung des verbleibenden zu versteuernden Einkommens i.S.d. § 34 Abs. 1 EStG („Fünftelregelung“).[1813]

Die Abgeltungsteuer kann daher gezielt zur Optimierung dieser Tarifvorschriften genutzt werden. Sofern (noch) keine Einkünfte aus Kapitalvermögen existieren, können diese bspw. durch Herbeiführung einer verdeckten Gewinnausschüttung – anstelle einer (angemessenen) Leistungsvergütung – generiert werden.[1814]

V. Zwischenergebnis

Der Gewinntransfer von der Kapitalgesellschaft auf die Anteilseignerebene lässt sich steuergünstig gestalten. Im Anwendungsbereich der Abgeltungsteuer ergeben sich gewisse (Tarif- und Progressions-) Vorteile, die es zu nutzen gilt, aber auch (Werbungskostenabzugs- und Verlustverrechnungs-) Nachteile, die der Steuerpflichtige vermeiden sollte. Aus diesem Grund kann es bspw. sinnvoll sein, Kapitalanteile in der Form aufzuteilen, dass ertragreiche Anlagen im Privatvermögen verbleiben, während (ggf. verlustträchtige) Kapitalanteile mit

---

[1809] *Strahl,* KÖSDI 2002, 13346, 13348 f.
[1810] *Korn* in: Korn/Carlé/Stahl u.a., EStG, § 4, Rz. 835.
[1811] *Schiffers/Köster,* DStZ 2007, 773, 786; *Worgulla/Söffing,* FR 2007, 1005, 1006; *Spengel/Ernst,* DStR 2008, 835 f.; *Hechtner/Hundsdoerfer,* StuW 2009, 23, 24 f.; *Graf/Paukstadt,* FR 2011, 249, 261.
[1812] *Busch/Brandtner,* GmbHR 2007, R 289 f.
[1813] *Schmidtmann,* DStR 2010, 2418, 2419; *Schmidtmann,* DBW 2012, 137, 141.
[1814] *Schmidtmann,* DBW 2012, 137, 139 f.

einem hohen Werbungskostenanteil in ein Betriebsvermögen eingebracht werden.[1815] Da derartige Gestaltungen mit hohen Implementierungs- und Verwaltungskosten verbunden sind, dürfte die Teileinkünfteoption gem. § 32d Abs. 2 Nr. 3 EStG i.d.R. vorteilhafter sein.[1816]

Für Gesellschafter einer Personengesellschaft, die das Wahlrecht nach § 34a EStG in Anspruch genommen haben, erübrigen sich entsprechende „Transfergestaltungen“. Die Nachversteuerung erfolgt stets mit 25% des Nachversteuerungsbetrags. Es existiert weder eine Veranlagungsoption noch die Möglichkeit, das Teileinkünfteverfahren zu nutzen.[1817] Von Vorteil erweist sich in diesen Fällen, dass etwaige Refinanzierungskosten vollumfänglich als (Sonder-) Betriebsausgaben abziehbar sind, mithin keinem Abzugsverbot unterliegen. Des Weiteren ist § 34a EStG hinsichtlich der individuellen Gewinnverwendung deutlich flexibler als der (einheitliche) Gewinntransfer bei Kapitalgesellschaften.

Kapitel 4.
Schlussfolgerungen

Die steuerliche Rechtsformoptimierung ist integraler Bestandteil der betrieblichen Steuerplanung. Sie macht sich Erkenntnisse der Steuergestaltungslehre zu Nutze, insbesondere den Gedanken der instrumentellen Rechtsverwendung („Ziel-Mittel-Relation“). Dabei geben sowohl § 34a EStG als auch § 32d EStG Anlass und Anreiz zur Gestaltungssuche.

Vor diesem Hintergrund wurde der Versuch unternommen, die Thesaurierungsbegünstigung und die Abgeltungsteuer in das Grundkonzept steuerlicher Gestaltungsfindung – zunächst abstrakt, später konkret – zu integrieren. Es hat sich gezeigt, dass mit beiden Normen der relative Steuerbarwert minimiert werden kann. Sowohl die Thesaurierungsbegünstigung als auch die Abgeltungsteuer stellen wirkungsvolle Gestaltungsinstrumente im Baukasten der steuerlichen Rechtsformoptimierung dar. Sie ermöglichen es, die Steuerbelastung eines Personenunternehmens bzw. einer Kapitalgesellschaft (und ihrer Gesellschafter) unter Wahrung ihrer Rechtsform zu optimieren.

Indes sollten sie nur mit Bedacht und nur nach qualifizierter Analyse (zieladäquat) eingesetzt werden, da mit ihnen auch Belastungsrisiken verbunden sind. Ihre wechselseitigen Zusammenhänge führten u.a. dazu, dass das grundlegende Vorteilhaftigkeitskalkül von § 34a EStG um die Frage zu erweitern war, wie Unternehmensgewinne verwendet werden sollen. Denn sofern keine Liquiditäts- bzw. Entnahmerestriktionen bestehen, kann es möglicherweise sinnvoll sein, freie Mittel in das Privatvermögen zu überführen und die dortigen (Zins-) Erträge der Abgeltungsteuer zu unterwerfen.

[1815] *Boochs* in: Lademann, EStG, § 32d, Rz. 3.
[1816] *Koss* in: Korn/Carlé/Stahl u.a., EStG, § 32d, Rz. 8.
[1817] *Hey,* DStR 2007, 925, 929 f.; *Knief/Nienaber,* BB 2007, 1309, 1312.

Dies verdeutlicht exemplarisch, dass steuerplanerische Handlungsempfehlungen nur innerhalb der angenommenen Modellprämissen gelten.[1818] Inwieweit die Entscheidungsträger den Mut haben, die dargestellten (Rechtsform-) Optimierungsmaßnahmen in die Realität zu übertragen, soll anhand des nächsten Kapitels empirisch überprüft werden.

[1818] *Schneider* in: Fischer, FS Scherpf, 1983, 21, 30 ff.; *Hundsdoerfer/Kiesewetter/Sureth,* ZfB 2008, 61, 64.

Teil 7.
Empirische Analyse

Kapitel 1.
Empirische Steuerforschung

Empirische Forschung gewinnt auch in der Betriebswirtschaftlichen Steuerlehre zunehmend an Bedeutung.[1819] Wenngleich ihr Stellenwert nicht überschätzt werden darf, können empirische Steuerwirkungsanalysen aufschlussreiche Erkenntnisse für steuerplanerische und steuerpolitische Handlungsempfehlungen liefern. Hierfür müssen Hypothesen abgeleitet und empirisch überprüft werden. Des Weiteren dienen empirische Analysen dazu, theoretische Ausführungen um praktische Einschätzungen zu ergänzen.

Kapitel 2.
Empirische Analyse zur Thesaurierungsbegünstigung

A. Konzeption

I. Motivation

Ob ihrer Komplexität, ihrer (vermeintlich) mangelnden Zielerreichung und ihres (vermeintlich) geringen faktischen Anwendungsbereichs ist die Thesaurierungsbegünstigung in der Literatur häufig kritisiert, bisweilen sogar ihre Abschaffung gefordert worden.[1820] Auf der anderen Seite finden sich im steuerlichen Fachschrifttum aber auch gewichtige und überzeugende Stimmen, die sich für die Beibehaltung und (moderate) Fortentwicklung des § 34a EStG aussprechen.[1821] Vor diesem Hintergrund wurde eine onlinebasierte Umfrage unter Steuerberatern durchgeführt, die über eine entsprechende Mandantschaft (primär ertragstarke Personenunternehmen) verfügen.[1822]

Mit Hilfe der Untersuchung sollen der Umfang sowie die Entscheidungsgründe für oder gegen eine Inanspruchnahme des § 34a EStG beleuchtet werden. Darüber hinaus werden Erfahrungen aus dem praktischen Umgang mit § 34a EStG aufgezeigt. Die erzielten Ergebnisse sollen empirisch fundierte, qualitative Aussagen zur typischen Entscheidungssituation deutscher Personenunternehmer erlauben. Ferner soll überprüft werden, ob und – bejahendenfalls – welche (Rechtsform-) Optimierungs- und Gestaltungsmaßnahmen ergriffen werden. Die persönliche Einschätzung der Befragten ermöglicht sodann eine Bewertung der bestehen-

[1819] *Hundsdoerfer/Kiesewetter/Sureth,* ZfB 2008, 61, 64 f.; *Endres/Rödl/Spengel u.a.,* DStR 2009, 2500, 2505 f.
[1820] *Knirsch/Maiterth/Hundsdoerfer,* DB 2008, 1405 ff.
[1821] *Fechner/Bäuml,* DB 2008, 1652 ff.; *Dörfler/Fellinger/Reichl,* Beihefter zu DStR 29 / 2009, 69 ff.; *Fechner/Bäuml,* FR 2010, 744 ff.
[1822] Die Ergebnisse der empirischen Untersuchung wurden vorab veröffentlicht und finden sich in komprimierter Form bei *Kessler/Pfuhl/Grether,* DB 2011, 185 ff.

den Rechtslage. Darauf aufbauend sollen Anhaltspunkte für mögliche Nachbesserungspotenziale und notwendige Modifikationen erarbeitet werden.

II. Datenerhebung und Untersuchungsaufbau

Empirische Untersuchungen zu § 34a EStG sind Mangelware.[1823] Soweit ersichtlich existieren mit der Sekundärdatenauswertung von *Broer/Dwenger*[1824], der Mikrodatenuntersuchung von *Oestreicher/Klett/Koch*[1825], der Umfrage des *DIHK e.V.*[1826] sowie den Expertenbefragungen des *ZEW*[1827] lediglich vier empirische Arbeiten, die sich partiell mit der Thesaurierungsbegünstigung beschäftigen. Nach Abschluss der vorliegenden Untersuchung haben sich auch *Brähler/Guttzeit/Scholz*[1828] dieser Thematik angenommen.

Um diese Forschungslücke zu schließen und dabei den Zielen der Arbeit gerecht zu werden, wurde im Frühjahr des Jahres 2010 eine onlinebasierte Expertenbefragung explizit zu § 34a EStG durchgeführt (Primärdatenerhebung).[1829] Da davon auszugehen ist, dass sich die in Rede stehenden (ertragstarken) Personenunternehmen nicht selbst mit derartigen steuerlichen Fragestellungen auseinandersetzen, richtete sich die Onlinebefragung[1830] an Vertreter der steuerberatenden Berufe.[1831] Die Befragung konzentrierte sich auf (qualifizierte) Berater der führenden Wirtschaftsprüfungs-, Steuerberatungs- und Rechtsanwaltsgesellschaften, die in der steuerlichen Beratung großer Personenunternehmen aktiv sind. Der Fragebogen wurde vorab von praktizierenden Steuerexperten getestet (Pretest).

Um den Untersuchungsgegenstand in einer bewältigungsfähigen Dimension zu belassen, wurden insgesamt 450 Einladungen zur Teilnahme an der empirischen Erhebung versandt (Teilerhebung). Nach Abschluss der Befragung lagen 61 vollständige Datensätze vor. Dies entspricht einer erfreulich hohen Teilnahme- bzw. Rücklaufquote von annähernd 14%.[1832] Durch die ressourcenbedingten Schwächen der Stichprobenwahl kann kein Anspruch auf Repräsentativität erhoben werden. Das war auch nicht das Ziel der Erhebung. Vielmehr möchte die Untersuchung ein möglichst realistisches Bild vom Umgang mit der Thesaurie-

[1823] So auch der Befund von *Hechtner/Hundsdoerfer/Sielaff,* zfbf 2011, 214, 216.
[1824] *Broer/Dwenger,* BFuP 2009, 422 ff.
[1825] *Oestreicher/Klett/Koch,* StuW 2008, 15 ff.
[1826] *DIHK*, Evaluation der Unternehmensteuerreform 2008, 2009, passim.
[1827] *ZEW*, Auswirkungen von Steuervereinfachungen, 2010, 48 ff.; *ZEW/Stiftung Familienunternehmen*, Steuerpolitik, 2012, 108 ff.
[1828] *Brähler/Guttzeit/Scholz,* StuW 2012, 119 ff.
[1829] Der Fragenkatalog ist im Anhang dargestellt.
[1830] Eine Onlinebefragung bietet sich insbesondere bei Erhebungen an, bei denen spezielle (homogene) Populationen, z.B. Experten, mit hoher Erreichbarkeit und Internetanschluss befragt werden sollen. Ferner lässt sich ein großer Personenkreis mit geringem Kosten- und Personalaufwand in relativ kurzer Zeit befragen. Vgl. *Häder*, Empirische Sozialforschung, 2006, 236; *Hollaus*, Einsatz von Onlinebefragungen, 2007, 27.
[1831] Für ein Meinungsbild zu § 34a EStG der großen deutschen Personengesellschaftskonzerne (mit eigenen Steuerabteilungen) vgl. *Fechner/Bäuml*, DB 2008, 1652 ff.
[1832] Die durchschnittliche Rücklaufquote bei schriftlichen Befragungen liegt, abhängig von der Zielgruppe, zwischen 5% und 20% (vgl. *Diekmann*, Empirische Sozialforschung, 2009, 516).

rungsbegünstigung in der steuerlichen (Beratungs-) Praxis wiedergeben. Die Arbeit soll mithin durch empirische Eindrücke abgerundet werden.

III. Ziele der Befragung

Die zum Teil harsche Kritik an der Regelung des § 34a EStG wird als Ausgangspunkt für die wesentlichen Fragestellungen der vorliegenden empirischen Erhebung genommen. Nachdem zum 28. Februar 2010 auch die letzte Frist zur Abgabe der Einkommensteuererklärung 2008 – der VZ, für den erstmals § 34a EStG in Anspruch genommen werden konnte (§ 52 Abs. 48 EStG) – verstrichen ist, soll die Akzeptanz der Thesaurierungsbegünstigung überprüft werden. Von besonderem Interesse sind vor allem folgende Punkte:

- Wer und wie viele Steuerpflichtige nehmen die begünstigte Besteuerung in Anspruch bzw. planen die Inanspruchnahme für zukünftige Veranlagungszeiträume?
- Welche Gründe sprechen für und welche gegen die Inanspruchnahme?
- Werden Planungs- und Gestaltungsmaßnahmen zur Optimierung der Thesaurierungsbegünstigung ergriffen?
- Wie fällt die persönliche Einschätzung – auch im Vergleich zur Situation der Kapitalgesellschaften und ihrer Anteilseigner (Abgeltungsteuer) – aus?
- Bedarf es etwaiger gesetzgeberischer Nachbesserungen bei § 34a EStG – gerade im Vergleich zur Situation der Kapitalgesellschaften und ihrer Anteilseigner?

Die erzielten Ergebnisse ermöglichen eine empirische Auseinandersetzung mit den in der Literatur vorgetragenen Kritikpunkten am Sondertarif des § 34a EStG. So wird ein Bild der tatsächlichen steuerlichen Beweggründe und Optimierungskalküle der betroffenen Unternehmer gewonnen. Zudem werden Nachbesserungsmöglichkeiten untersucht, welche die bemängelten Schwachpunkte der Regelung beheben oder zumindest mindern sollen.

B. Untersuchungsergebnisse

I. Umfang der Inanspruchnahme

Der Thesaurierungsbegünstigung wird regelmäßig entgegengehalten, sie werde wegen ihrer Wirkungsweise und Komplexität in der Praxis nicht oder nur in ganz geringem Ausmaß genutzt.[1833] Die erste Arbeitshypothese lautet demnach:

H_1: Die Thesaurierungsbegünstigung kommt in der Praxis eher selten zum Einsatz.

[1833] Statt vieler *Harle/Kulemann,* GmbHR 2007, 1138, 1144; *Baretti/Radulescu/Stimmelmayr,* ifo-Schnelldienst 2/2008, 30, 35; *Breithecker* in: Breithecker/Förster/Förster u.a., UntStRefG 2008, 234 f.; *König/Maßbaum/Sureth,* Besteuerung und Rechtsformwahl, 2011, 40.

Die Erhebung zielte also auf den tatsächlichen Umfang der Inanspruchnahme des § 34a EStG. Von den befragten Steuerberatern gaben 57% an, sie betreuen mindestens einen Personenunternehmer, der die Thesaurierungsbegünstigung in Anspruch nimmt oder eine Beantragung plant. Etwas mehr als jeder zweite Befragte verfügt daher offenbar über Mandanten, die das Wahlrecht nach § 34a EStG nutzen. Im Gegenzug folgt, dass in 43% der Fälle keine Beantragung der Begünstigung im Mandantenstamm zu verzeichnen ist.[1834]

Von denjenigen, die über „§ 34a EStG-Mandate" verfügen, wurde darüber hinaus eine relative Quantifizierung der tatsächlichen Beantragungen verlangt. Konkret war die Frage zu beantworten, wie viel Prozent der betreuten Steuerpflichtigen, die grundsätzlich § 34a EStG in Anspruch nehmen könnten, tatsächlich zur Thesaurierungsbesteuerung optieren. Die Mehrzahl der befragten Steuerberater (71%) gab an, dass weniger als 10% der von ihnen betreuten Personenunternehmer die begünstigte Besteuerung gemäß § 34a EStG beantragt haben.

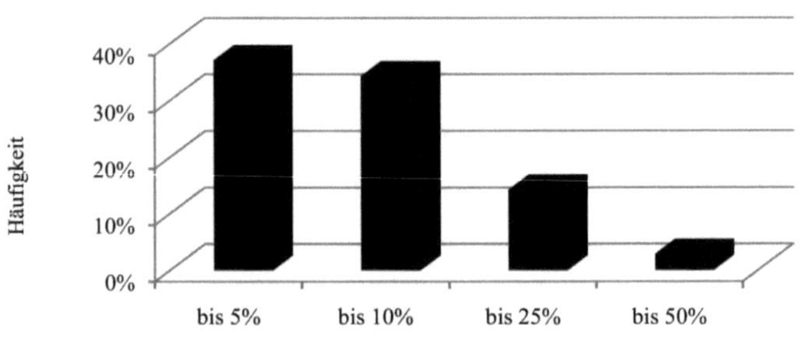

Abbildung 122: Umfang der Inanspruchnahme des § 34a EStG
Quelle: Eigene Darstellung

Die gewonnenen Ergebnisse decken sich größtenteils mit den theoretischen Hochrechnungen aus dem Schrifttum, wonach die Thesaurierungsbegünstigung de facto nur für einen überschaubaren Kreis von Steuerpflichtigen in Frage kommt.[1835] Mit absoluten Zahlen aus der offiziellen Einkommensteuerstatistik 2008 ist hingegen erst im Jahr 2014 zu rechnen.[1836] Von einer flächendeckenden Inanspruchnahme kann jedoch in keinem Fall ausgegangen werden; H_1 kann deshalb in qualitativer Hinsicht bestätigt werden. Gleichwohl scheint das Wahlrecht nach § 34a EStG in der Praxis in etwas stärkerem Maße genutzt zu werden, als Teile der (kritischen) Literatur zunächst annahmen.[1837]

1834 Die exakten Auswertungsergebnisse sind im Anhang dargestellt.
1835 Bspw. *Schanz/Kollruss/Zipfel,* DStR 2008, 1702, 1706.
1836 So auch die Antwort der Bundesregierung auf die Kleine Anfrage der Fraktion BÜNDNIS 90/DIE GRÜNEN, vgl. BT-Drs. 17/2696 v. 3.8.2010, 5; BT-Drs. 17/10355 v. 18.7.2012, 1.
1837 In diesem Sinne bereits *Kessler/Jüngling/Pfuhl,* Ubg 2008, 741.

II. Gründe für die Inanspruchnahme

Das Hauptmotiv für die mögliche Inanspruchnahme der Thesaurierungsbegünstigung liegt klar auf der Hand: der steuerliche Barwertvorteil. Ein rational handelnder Steuerpflichtiger wird, so er sich im Anwendungsbereich des § 34a EStG befindet, die Thesaurierungsbegünstigung in Anspruch nehmen, wenn sein individueller Nutzen[1838] die Kosten[1839] übersteigt und Alternativinvestitionen keine höheren Renditen abwerfen. Die zweite Hypothese kann demnach wie folgt formuliert werden:

H_2: *Falls zur Thesaurierungsbegünstigung optiert wurde, waren hierfür allein Barwert- und Liquiditätsvorteile ausschlaggebend.*

In der Tat sahen 88% der Befragten in der Stundungswirkung den Hauptgrund für die Inanspruchnahme des § 34a EStG. Allerdings wurden auch andere Motive genannt. So gab eine Vielzahl (74%) der befragten Steuerberater an, dass bei ihren „§ 34a EStG-Mandanten" ohnehin kein wesentlicher Entnahmebedarf bestünde und/oder keine (gesellschaftsvertraglichen) Entnahmemöglichkeiten gegeben wären und allein aus diesem Grund die Thesaurierungsbegünstigung vorteilhaft sein könne. Ferner scheinen sich einige Steuerpflichtige (43%) schon aufgrund ihrer Finanzierungsstrategie (Innen- bzw. Selbstfinanzierung durch Gewinnthesaurierung) für eine Inanspruchnahme der begünstigten Besteuerung des nicht entnommenen Gewinns zu qualifizieren.

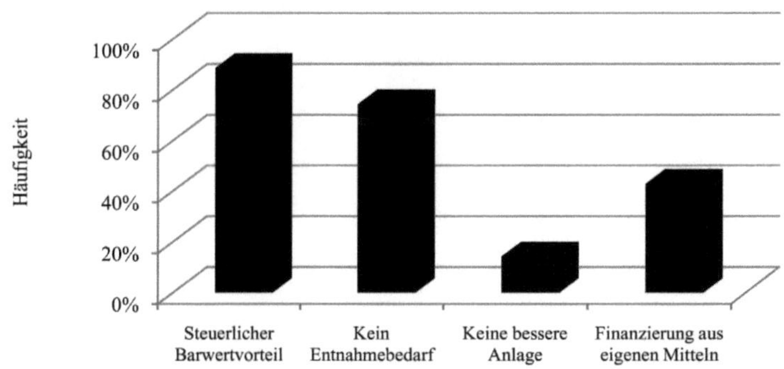

Abbildung 123: Gründe für die Inanspruchnahme des § 34a EStG

Quelle: Eigene Darstellung

Die Inanspruchnahme von § 34a EStG basiert mithin nicht nur auf steuerlichen Barwertüberlegungen. Vor diesem Hintergrund kann der zweiten Hypothese nicht zugestimmt werden.

[1838] Temporäre Minderbelastung im Vergleich zur Situation ohne Inanspruchnahme des § 34a EStG.

[1839] Permanente (abgezinste) Mehrbelastung im Vergleich zur Situation ohne Inanspruchnahme des § 34a EStG zuzüglich Planungsaufwand.

Weniger ausschlaggebend ist hingegen die Tatsache, dass sich keine bessere Anlageform außerhalb des Betriebsvermögens finden lässt (14%).

III. Wer nimmt die Thesaurierungsbegünstigung in Anspruch?

Wie bereits nachgewiesen ist der persönliche Grenzeinkommensteuersatz, neben der Thesaurierungsdauer und der internen Rendite im Betriebsvermögen, der wesentliche Einflussfaktor für die Vorteilhaftigkeit der Thesaurierungsbegünstigung. Die Umfrage sollte daher klären, welchen Grenzeinkommensteuersätzen die Steuerpflichtigen, die die Thesaurierungsbegünstigung beanspruchen, in der Praxis (typischerweise) unterliegen. Als dritte Hypothese dient folgende Aussage:

H_3: *Wer die Thesaurierungsbegünstigung in Anspruch nimmt, unterliegt einem hohen Grenzeinkommensteuersatz.*

Das empirische Bild ist eindeutig. Keiner der optierenden Steuerpflichtigen weist einen Grenzeinkommensteuersatz unter 40% auf. Diejenigen Personenunternehmer, die die Thesaurierungsbegünstigung in Anspruch nehmen, unterliegen zu 91% mindestens dem „regulären" Spitzentarif von 42%. Dem sog. „Reichensteuersatz" i.H.v. 45% unterliegen gar 40% der beantragenden Mandanten.

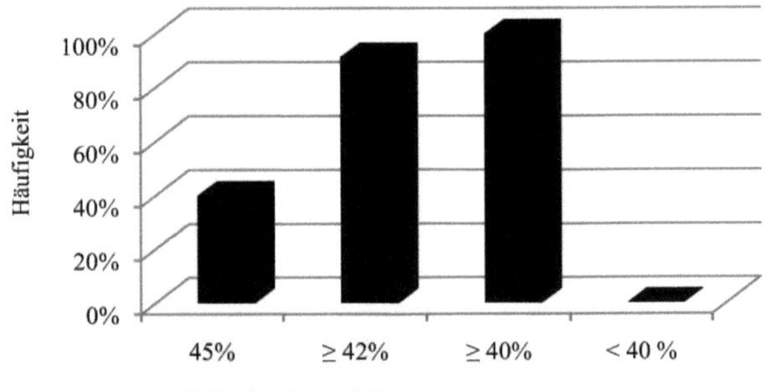

Abbildung 124: Höhe des Grenzsteuersatzes bei Inanspruchnahme des § 34a EStG
Quelle: Eigene Darstellung

Die Inanspruchnahme des § 34a EStG lohnt sich im Wesentlichen für Steuerpflichtige mit hohen Grenzeinkommensteuersätzen.[1840] Von der Thesaurierungsbegünstigung geht somit ein steuerlicher Klienteleffekt aus. Ebenso scheint die Kritik, die Option entlaste nur wenige klein- und mittelständische Personenunternehmen, empirisch gerechtfertigt. Dies gilt insbesondere unter Berücksichtigung, dass nur 9% aller in Deutschland steuerpflichtigen natürli-

[1840] Bspw. *Dörfler/Fellinger/Reichl*, Beihefter zu DStR 29 / 2009, 69 ff.

chen Personen einem Steuersatz von 42% und lediglich 1% dem Spitzensteuersatz i.H.v. 45% unterliegen.[1841]

Es gilt allerdings zu bedenken, dass der Gesetzgeber mit Einführung des § 34a EStG insbesondere Gesellschafter großer und ertragstarker Personenunternehmen entlasten wollte.[1842] Die deutlichen Belastungsnachteile gegenüber Kapitalgesellschaften sollten gemindert werden, nicht zuletzt um den steuerlich motivierten Druck zur Umwandlung zu minimieren.[1843] Vor diesem Hintergrund scheint die gesetzgeberische Zielsetzung nicht vollständig verfehlt worden zu sein. Offen bleibt, ob dennoch nicht auch eine größere Anzahl Unternehmer mit geringeren Steuersätzen in den Genuss der begünstigten Besteuerung kommen sollte, da diese ebenso durch die Gegenfinanzierungsmaßnahmen der Unternehmensteuerreform 2008 belastet werden.

IV. Vorteilhaftigkeitsberechnungen und Gestaltungsmaßnahmen

Zur optimalen Nutzung der Thesaurierungsbegünstigung sind in dieser Arbeit zahlreiche Vorteilhaftigkeitsberechnungen und Gestaltungsmaßnahmen dargestellt worden. Infolgedessen wurde im Rahmen der Befragung untersucht, inwieweit die Steuerberater tatsächlich individuelle Vorteilhaftigkeitsanalysen durchführen und Gestaltungsmaßnahmen ergreifen. Die vierte Arbeitshypothese lautet:

H_4: *Wer die Thesaurierungsbegünstigung in Anspruch nimmt, tut dies bewusst und nutzt steuerliche Planungs- und Gestaltungsmöglichkeiten.*

91% der befragten Steuerberater gaben an, vor der Beantragung der Thesaurierungsbegünstigung eine mandantenindividuelle Vorteilhaftigkeit kalkuliert zu haben. Dies zeigt, dass trotz des erheblichen Aufwands eine gewissenhafte und auf den Einzelfall bezogene Beratung angeboten wird.

Darüber hinaus erfordert – wie oben gezeigt – die implizite Verwendungsreihenfolge des § 34a Abs. 4 EStG bereits im Veranlagungszeitraum vor der erstmaligen Inanspruchnahme steuerplanerische Aktivitäten, um die „Gefangenschaft“ von voll versteuerten Altgewinnen zu vermeiden. In diesem Sinne gaben 74% der befragten Steuerberater an, bereits vor der erstmaligen Beantragung Gestaltungsmaßnahmen zu ergreifen. Konkret empfahlen 63% der Befragten die vorherige Entnahme der Altgewinne, mitunter auch kombiniert mit der Errichtung gewerblicher bzw. vermögensverwaltender Schwester-Personengesellschaften.

1841 *Schanz/Kollruss/Zipfel,* DStR 2008, 1702, 1706 unter Verweis auf *Maiterth/Müller,* Vierteljahreshefte zur Wirtschaftsforschung 2007, 49, 56.
1842 BR-Drs. 220/07 v. 30.3.2007, 55.
1843 *Hey,* DStR 2007, 925, 926.

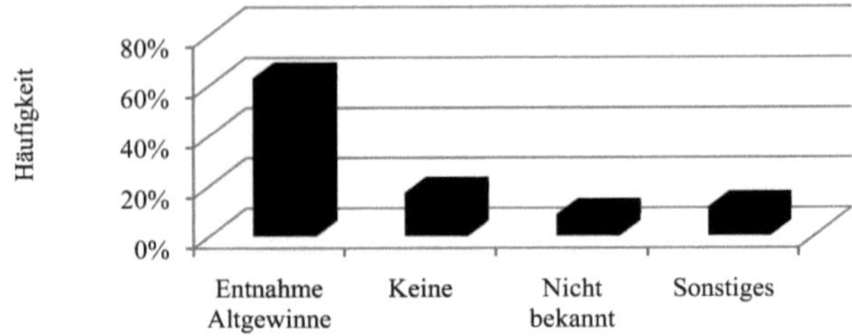

Abbildung 125: Gestaltungsmaßnahmen vor erstmaliger Inanspruchnahme des § 34a EStG

Quelle: Eigene Darstellung

Die Vermutung, dass es im Vorfeld zu massiven Entnahmen und damit Minderungen des vorhandenen Eigenkapitals kommt, wird durch die vorliegenden Angaben bestätigt und konterkariert das Ziel der Eigenkapitalstärkung deutscher Personenunternehmen.[1844] Auf der anderen Seite machen die Zahlen deutlich, dass eine Beantragung der begünstigten Besteuerung bereits im Vorfeld Maßnahmen und Berechnungen zur langfristig optimalen Gestaltung erfordert. Nur etwa 18% ergreifen vor der Beantragung des § 34a EStG keine steuergestalterischen Maßnahmen. H_4 kann daher qualitativ als bestätigt angesehen werden.

Des Weiteren bedarf es – wie in Teil 6 dieser Arbeit nachgewiesen – erheblicher laufender und ggf. aperiodischer Gestaltungsmaßnahmen, um die nachteiligen Folgen der Thesaurierungsbegünstigung (Nachversteuerung) zu vermeiden bzw. in die Zukunft zu verlagern. Die Nachversteuerung wird unter anderem ausgelöst, wenn der Saldo aus Entnahmen und Einlagen den laufenden Gewinn des Wirtschaftsjahres übersteigt (§ 34a Abs. 4 S. 1 EStG). Es wird das Ziel der Steuerpflichtigen sein, möglichst auf (schädliche) Entnahmen zu verzichten, um einen Entnahmeüberhang, also einen positiven Saldo von Entnahmen und Einlagen, zu vermeiden. Inwiefern entsprechende Gestaltungen in der Besteuerungspraxis anzutreffen sind, war Erkenntnisziel der nächsten Frage.

Als Ergebnis kann festgehalten werden, dass so gut wie kein Steuerpflichtiger auf die Anwendung von Optimierungsmaßnahmen verzichtet. Die überwiegende Mehrheit der Berater, etwa 80%, wendet zur laufenden Optimierung ein durchdachtes Einlagen-/ Entnahmen-Management an. Eine unterjährige Überwachung der wichtigsten Zahlungsströme kann frühzeitig auf erforderliche Maßnahmen hinweisen und ein rechtzeitiges Eingreifen zur Vermeidung der Nachversteuerung ermöglichen.[1845]

Der Einsatz von Schwester-Personengesellschaften und mithin die Schaffung separater Entnahme- und Thesaurierungseinheiten wird als zweithäufigste Gestaltungsmaßnahme genannt

1844 *Knirsch/Maiterth/Hundsdoerfer*, DB 2008, 1405, 1406; *Kessler/Pfuhl* in: Wege zu Eigenkapital, FS Kary, 2009, 59, 74 ff.

1845 *Schiffers*, GmbHR 2007, 841, 846 f.; *Meyer/Sterner*, Ubg 2008, 733, 736.

(34%). Ferner nutzen 29% der Steuerpflichtigen regelmäßige Entnahmen steuerfreier Gewinne zur Optimierung der Thesaurierungsbegünstigung, primär die phasengleiche Entnahme steuerfreier Dividendenanteile und ausländischer Betriebsstättengewinne.

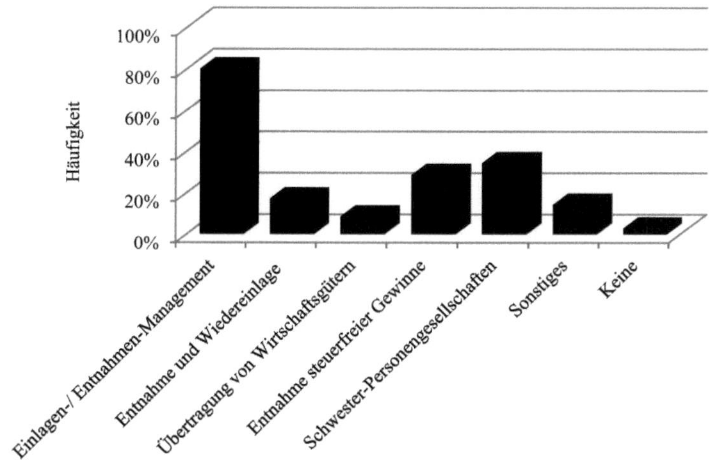

Abbildung 126: Laufende und aperiodische Gestaltungsmaßnahmen bei § 34a EStG

Quelle: Eigene Darstellung

Die Entnahme und Wiedereinlage im Folgejahr ist deutlich unattraktiver als zu erwarten war (17%). Dies dürfte insbesondere mit den in der Literatur geäußerten Bedenken hinsichtlich § 42 AO zusammenhängen, so dem Geldtransfer der wirtschaftliche Hintergrund fehlen könnte.[1846] Auch die Mitübertragung des nachversteuerungspflichtigen Betrags nach § 34a Abs. 5 S. 2 EStG im Zuge einer Überführung von Wirtschaftsgütern nach § 6 Abs. 5 EStG scheint als Gestaltungselement (noch) nicht besonders genutzt zu werden (9%). Hierfür könnte u.a. die – dem Gesetzeswortlaut widersprechende – Auffassung der Finanzverwaltung[1847] verantwortlich sein, wonach § 34a Abs. 5 S. 2 EStG nicht auf die Übertragung von Geldbeträgen anzuwenden ist.

V. Maschinelle Verarbeitung

Wie der Tagespresse zu entnehmen war, scheint die Thesaurierungsbegünstigung so kompliziert zu sein, dass es einzelnen Finanzbehörden nicht gelang, sie rechtzeitig in ihre eigene Software zu implementieren.[1848] Mit Hilfe der Befragung galt es daher zu ermitteln, inwieweit es zum Zeitpunkt der Befragung zu Problemen bei der maschinellen Verarbeitung des § 34a

1846 *Thiel/Sterner*, DB 2007, 1099, 1105 f.
1847 BMF, Schreiben v. 11.8.2008, IV C 6 - S 2290-a/07/10001, BStBl. I 2008, 838, Rz. 32.
1848 *Schäfers*, FAZ v. 30.11.2009, 11 („Das deutsche Steuerrecht überfordert Finanzämter").

EStG kam. Darüber hinaus sollte untersucht werden, ob die Berechnungssoftware der Steuerberater in der Lage ist, § 34a EStG EDV-mäßig abzubilden. Arbeitshypothese fünf lautet:

H_5: Die Thesaurierungsbegünstigung verursacht Probleme bei der EDV-mäßigen Verarbeitung.

Als Ergebnis ist festzustellen, dass nur in 17% der Fälle ein problemloser Erlass der Steuerbescheide möglich war. Dabei gilt zu bedenken, dass 66% der Berater – in Ermangelung diesbezüglicher Rückmeldungen der Finanzbehörden – noch keine Auskünfte erteilen konnten. Definitive Schwierigkeiten bei der elektronischen Verarbeitung der Thesaurierungsbegünstigung traten jedoch bei 17% der befragten Steuerberater ein. Folglich kann H_5 hinsichtlich der Software der Finanzbehörden (eingeschränkt) zugestimmt werden.

Inwiefern demnach von einem „Offenbarungseid“[1849], einer „Kapitulation“[1850] oder einer „Bankrotterklärung“[1851] der Finanzverwaltung gesprochen werden kann, sei dahingestellt. Fakt ist, dass sich der Gesetzgeber mit der Vorschrift des § 34a EStG bewusst für eine komplexe und schwer administrierbare Regelung entschieden hat, die sicherlich nicht der Steuervereinfachung dient. Hieraus die Forderung nach einer (ersatzlosen) Abschaffung der Thesaurierungsbegünstigung abzuleiten, geht indes zu weit.[1852] Anderenfalls müsste man in letzter Konsequenz eine Vielzahl von Steuernormen aufheben.[1853] Zudem stellt § 34a EStG ein Wahlrecht dar, das zwar genutzt werden kann, aber nicht zwingend genutzt werden muss.

Die Umstände machen vielmehr deutlich, welche Probleme aus einem in Art. 108 GG verankerten föderalen Steuerverwaltungsaufbau resultieren können, bei dem die 16 Bundesländer über „Art, Umfang und Organisation des Einsatzes der automatischen Einrichtungen für die Festsetzung und Erhebung von Steuern“ autonom bestimmen (§ 20 Abs. 1 S. 1 FVG). Eigene Recherchen ergaben, dass im Dezember 2009 lediglich die Finanzbehörden in Baden-Württemberg, Hessen und Rheinland-Pfalz in der Lage waren, die Thesaurierungsbegünstigung automatisch zu verarbeiten. Von einem verwirklichten KONSENS[1854] sind wir – trotz zwischenzeitlicher „§ 34a EStG-Erfolgsmeldungen“ der anderen Bundesländer – offensichtlich weiter entfernt als gedacht.[1855]

[1849] *Sieverding*, FAZ v. 30.11.2009, 11.

[1850] *Prinz*, DB, Standpunkte, 2010, 3.

[1851] *Vinken*, FAZ v. 8.12.2009, 12.

[1852] So auch *Fechner/Bäuml*, FR 2010, 744 ff.

[1853] So *Fechner* beim 35. Berliner Steuergespräch „Besteuerung von Personengesellschaften – unpraktikabel und realitätsfremd?“ (vgl. *Richter/Welling*, FR 2010, 752, 753).

[1854] So die Bezeichnung des Vorhabens einer bundeseinheitlichen Software für das Besteuerungsverfahren (Koordinierte neue Software-Entwicklung der Steuerverwaltung).

[1855] Gleichwohl muss eingeräumt werden, dass in der Zwischenzeit die Vereinheitlichung der Steuersoftware vorangekommen ist. Nach einer Pressemitteilung des Bayerischen Landesamts für Steuern v. 27.1.2011 (022/2011) ist bereits in zwölf Bundesländern eine einheitliche Steuersoftware im Einsatz.

Im Gegensatz zu den Computerprogrammen der Finanzverwaltung war die Software der Steuerberater in nur 6% der Fälle nicht in der Lage, die Anträge auf die begünstigte Besteuerung maschinell zu bearbeiten. Bei der überwiegenden Mehrheit der Berater stellt § 34a EStG wohl kein wesentliches EDV-Problem dar. In Bezug auf die Steuerberatungssoftware ist H_5 deshalb nicht beizupflichten.

VI. Gründe gegen die Inanspruchnahme

Mit Hilfe des nächsten Frageblocks galt es, die wesentlichen praktischen Erwägungen, die gegen eine Anwendung der Thesaurierungsbegünstigung sprechen, zu identifizieren. Überdies sollten die Hemmnisse in ihrer Bedeutung gewichtet werden. Hypothese sechs lautet:

H_6: *Es existieren zahlreiche gewichtige Gründe, die gegen eine Inanspruchnahme des § 34a EStG sprechen.*

Aufgrund der Antworten der Steuerberater lassen sich *vier* ausschlaggebende Gründe gegen die Inanspruchnahme des § 34a EStG feststellen. Der wichtigste Grund, der gegen die Beantragung spricht, ist ein absehbarer Entnahmebedarf. Das Risiko einer zeitnahen Nachversteuerung wird mit 75% offensichtlich sehr hoch eingeschätzt. Die implizite Verwendungsreihenfolge des § 34a Abs. 1 EStG und die dadurch begrenzte Möglichkeit steuerunschädlicher Entnahmen schränken die Attraktivität einer Inanspruchnahme deutlich ein. Dies gilt insbesondere im Hinblick auf die kritische Mindestthesaurierungsdauer, die zur Erzielung eines Vorteils aus der Beantragung erforderlich ist.

Ein zu geringer Steuersatz bzw. ein zu geringes z.v.E. ist der zweite bedeutsame Entscheidungsgrund gegen die begünstigte Besteuerung (59%). Bereits die obigen Ausführungen zur Vorteilhaftigkeit offenbarten, dass bei einem zu geringen persönlichen Steuersatz nur schwer eine Vorteilhaftigkeit durch die Anwendung des § 34a EStG realisiert werden kann.

Darüber hinaus ist die Unsicherheit über die weitere Geschäftsentwicklung ein wesentlicher Grund, der gegen die Beantragung der Besteuerung gemäß § 34a EStG spricht (54%). Der lange Planungshorizont, der dem individuellen Vorteilhaftigkeitskalkül regelmäßig zugrunde liegt, bedeutet grundsätzlich unvorhersehbare Entwicklungen und Unwägbarkeiten. Falls keine deutliche Vorteilhaftigkeit zu erkennen ist, kann die Unsicherheit massiv gegen die Inanspruchnahme sprechen. So sehen auch 13% der Befragten in den Konsequenzen von Finanz- bzw. Unternehmenskrisen einen Hinderungsgrund für die Inanspruchnahme der Thesaurierungsbegünstigung.[1856] Da die Nachversteuerung oftmals in wirtschaftlich schwierigen Zeiten

[1856] In diese Richtung auch *Schulze zur Wiesche,* DB 2007, 1610, 1612; *Harle/Geiger,* BB 2009, 587, 589; *Wrede/Friederich,* Stbg 2010, 57, 60.

eintritt, wird der Steuerpflichtige – trotz „Warnungen“ seines Beraters – nicht verstehen wollen, dass er Steuern (nach) zu zahlen habe, obschon ihm kein Einkommen zugeflossen ist.[1857] Gleichwohl bleibt anzumerken, dass es dem Steuerpflichtigen offen steht, den Antrag bis zur Unanfechtbarkeit des Einkommensteuerbescheids für den nächsten Veranlagungszeitraum ganz oder teilweise wieder zurückzunehmen (§ 34a Abs. 1 S. 4 EStG).

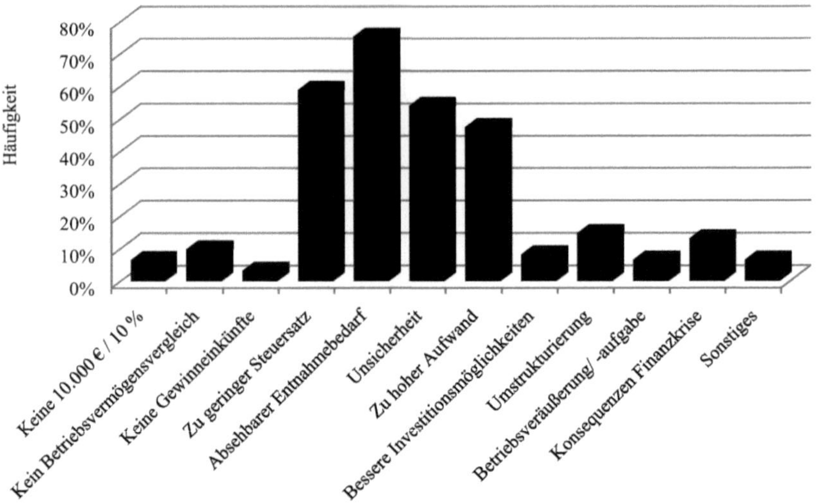

Abbildung 127: Gründe gegen die Inanspruchnahme des § 34a EStG

Quelle: Eigene Darstellung

Der verhältnismäßig hohe Aufwand, der mit der begünstigten Besteuerung thesaurierter Gewinne einhergeht, stellt einen weiteren praktischen Entscheidungsgrund gegen die Inanspruchnahme des § 34a EStG dar (48%). Wie die bisherigen Ergebnisse zeigen, ist im Vorfeld nicht nur eine individuelle Vorteilhaftigkeitsberechnung geboten, sondern auch der vorherige und laufende Einsatz von Gestaltungs- und Überwachungsmaßnahmen. Diesem erforderlichen Aufwand muss ein beachtlicher Barwertvorteil gegenüberstehen.

Die persönlichen und sachlichen Voraussetzungen[1858] zur Inanspruchnahme des § 34a EStG scheinen – mit Ausnahme der Existenz nicht entnommener Gewinne – einer Anwendung der Thesaurierungsbegünstigung nicht vehement entgegen zu stehen. Ebenso wenig scheinen (steuer-) lukrativere Anlagemöglichkeiten außerhalb des Betriebsvermögens[1859] (bspw. infolge der Abgeltungsteuer im Privatvermögen) die Inanspruchnahme des § 34a EStG zu behindern. Andererseits wurde die Befürchtung bestätigt, eine geplante Umwandlung, Aufgabe

[1857] *Eisgruber,* DK 2008, 343, 351.

[1858] Insbesondere die Gewinnermittlung per Betriebsvermögensvergleich (§ 4 Abs. 1 S. 1 EStG, § 5 EStG), das Vorhandensein von Gewinneinkünften (§§ 13, 15, 18 EStG) und ein gewisser Mindestgewinn bei Mitunternehmern (> 10% oder > 10.000 €).

[1859] *Homburg,* DStR 2007, 686, 688; *Schreiber/Ruf,* BB 2007, 1099 f.; *Houben/Maiterth,* StuW 2008, 228, 235.

bzw. Veräußerung hemme wegen der zwingenden Nachversteuerung (§ 34a Abs. 6 EStG) eine Geltendmachung der Thesaurierungsbegünstigung.[1860]

Es wird deutlich, dass sich die Praxis zahlreicher (gewichtiger) Nachteile bei der Anwendung des § 34a EStG gegenübersieht. H_6 kann somit in qualitativer Hinsicht bejaht werden.

VII. Persönliche Einschätzungen der Befragten

Schließlich wurden die Steuerberater nach ihrer persönlichen Einschätzung ausgewählter Problembereiche des § 34a EStG befragt. Arbeitshypothese sieben lautet:

H_7: *Die Thesaurierungsbegünstigung wird von der Praxis eher negativ eingeschätzt.*

Die symbolische Frage, ob mit der Thesaurierungsbegünstigung eine Belastungsgleichheit zur Kapitalgesellschaft hergestellt werden könne, verneinten 70%. Gleichwohl sahen viele der Befragten eine gewisse Annäherung der tariflichen Steuerbelastung von (ertragstarken) Personenunternehmen und Kapitalgesellschaften. Von steuerlicher Rechtsformneutralität sei man hingegen – so die einhellige Auffassung der Steuerberater – weit entfernt. Diese könne nur durch eine einheitliche Unternehmensteuer bzw. eine (optionale) Körperschaftsbesteuerung der Personenunternehmen erreicht werden.

Schon der oben identifizierte hohe Planungsaufwand, der mit einer effizienten Nutzung des § 34a EStG verbunden ist und in vielen Fällen gegen eine Inanspruchnahme spricht, sowie die Probleme bei der maschinellen Verarbeitung lassen darauf schließen, dass die Thesaurierungsbegünstigung in ihrer Anwendung für viele Steuerpflichtige (und Steuerberater) zu kompliziert ist. Infolgedessen lässt auch die Einschätzung der Befragten zur Komplexität keinen Zweifel zu: 90% sind der Ansicht, § 34a EStG sei zu kompliziert gestaltet.

Auf die Frage, ob § 34a EStG prinzipiell Steuervorteile für ihre Mandanten biete, antworteten immerhin 61% der Berater mit „Ja“. Dieser Wert liegt deutlich über der Anzahl der tatsächlichen Wahlrechtsausübungen und gibt zu bedenken, dass es nicht die Grundsystematik des § 34a EStG ist, die vor der Inanspruchnahme abschreckt, sondern vielmehr die damit verbundenen Handhabungs- und Folgeprobleme. Würde man diese Schwierigkeiten minimieren, so sollte die Thesaurierungsbegünstigung auch einem größeren Kreis an Steuerpflichtigen offen stehen. Nur 36% der Befragten sehen in der Regelung prinzipiell keine Steuervorteile für ihre Mandanten. Für H_7 kann demnach kein eindeutiges Bild gewonnen werden.

[1860] *Cordes,* WPg 2007, 526, 529; *Bindl,* DB 2008, 949, 954.

VIII. Gesetzgeberischer Nachbesserungsbedarf

Nach den bisherigen Ausführungen stellt sich die Frage nach notwendigen gesetzgeberischen Nachbesserungen. Die Steuerberater waren daher aufgefordert, die aus ihrer Sicht relevantesten Überarbeitungspunkte zu benennen. Als letzte Hypothese dient folgende Aussage:

H_8: Die Praxis fordert erhebliche gesetzgeberische Nachbesserungen bei § 34a EStG.

Den größten Nachbesserungsbedarf sehen die Befragten in der mangelnden Thesaurierungsfähigkeit der Gewerbe- und Einkommensteuer (66%).[1861] Die geltende Rechtslage führt zu einer effektiven Thesaurierungsbelastung von bis zu 36,16%, statt den angestrebten 29,77%.[1862] Hierdurch wird weder der Mittelstand ausreichend entlastet noch dem gesetzgeberischen Anliegen entsprochen, eine Gleichstellung mit der Kapitalgesellschaft zu erreichen.[1863]

Dabei wäre es ohne weiteres möglich, diesen Mangel zu beseitigen. Der „nicht entnommene Gewinn" müsste schlicht auch diejenigen Steuerbeträge umfassen, die auf den ermäßigt zu besteuernden Betrag entfallen (ESt, GewSt, SolZ, ggf. Kirchensteuer).[1864] Es wäre mithin eine Modifikation der Bemessungsgrundlage des § 34a EStG durch eine Art „Thesaurierungsgutschrift" vorzunehmen (vgl. Abbildung 128).[1865] Damit ließe sich zudem ein systematischer Gleichlauf zur Besteuerung der Kapitalgesellschaften erreichen.[1866]

Alternativ könnte der Gesetzgeber – so auch die Auffassung von 26% der Befragten – den Steuersatz senken, der auf die thesaurierten Gewinne anzuwenden ist. Bei einem unterstellten Einkommensteuersatz i.H.v. 45% und einem Gewerbesteuerhebesatz von 400% müsste der Thesaurierungstarif i.S.d. § 34a EStG bei 21,21% liegen, um realistische Belastungsgleichheit zur Kapitalgesellschaft zu gewährleisten.[1867] Gleichzeitig wäre die Ermittlung des nachversteuerungspflichtigen Betrags – entgegen der bisherigen Rechtspraxis (§ 34a Abs. 3 S. 2 EStG) – ohne Abzug der Thesaurierungsbelastung vorzunehmen.

Im Rechtsformvergleich ergäben sich die unten dargestellten Steuerbelastungen (vgl. Abbildung 128).

[1861] So auch *BDI*, Mängelliste des deutschen Steuerrechts, 2010, 11.

[1862] Bspw. *Ley/Brandenberg,* FR 2007, 1085, 10896; *Förster,* Ubg 2008, 185, 187.

[1863] Statt aller *Fechner/Bäuml,* DB 2008, 1652 f.

[1864] *Fechner/Bäuml,* DB 2008, 1652, 1654.

[1865] *Dörfler/Fellinger/Reichl,* Beihefter zu DStR 29 / 2009, 69, 70 f.

[1866] *Hey,* DStR 2007, 925, 928.

[1867] Ähnlich *Rödl/Lindner,* StB 2007, 131, 132; *Siegel,* FR 2008, 663, 667; *Wesselbaum-Neugebauer,* Schumpeter Discussion Papers 2008-009, 12 ff.; *Fechner/Bäuml,* FR 2010, 744, 746; *Höller*, Unternehmensteuerreform 2008 im historischen Kontext, 2010, 267.

	Bisherige Rechtslage § 34a EStG (effektiv)	**Modifikation Bemessungsgrundlage § 34a EStG (inkl. ESt/GewSt)**	**Modifikation Thesaurierungstarif § 34a EStG (effektiv)**	**KapGes (Anteile im PV)**
z.v.E. = Gewinn *(G)*	100,00	100,00	100,00	100,00
GewSt (*h = 400%*)	14,00	14,00	14,00	14,00
Begünstigter Gewinn (*B*)	63,84	100,00	70,17	---
ESt (§ 34a EStG: 28,25% / 21,21%)	18,03	28,25	14,88	---
Nicht begünstigter Gewinn (*G - B*)	36,16	0,00	29,83	---
ESt (Regelbesteuerung: 45%)	16,27	0,00	13,42	---
Anrechnung (§ 35 EStG)	13,30	13,30	13,30	---
Körperschaftsteuer (15%)	---	---	---	15,00
SolZ (5,5%)	1,16	0,82	0,83	0,83
Thesaurierungsbelastung	**36,16**	**29,77**	**29,83**	**29,83**
Nachversteuerungspfl. Betrag	44,81	70,20	70,17	70,17
Nachversteuerung (25%)	11,20	17,55	17,54	17,54
SolZ (5,5%)	0,62	0,97	0,96	0,96
Nachbelastung	**11,82**	**18,51**	**18,51**	**18,51**
Gesamtbelastung	**47,98**	**48,29**	**48,34**	**48,34**

Abbildung 128: § 34a EStG-Modifikationen zur Herstellung effektiver Belastungsneutralität

Quelle: Eigene Darstellung

Die Höhe und Ausgestaltung der Nachversteuerung werden als zweitwichtigste Schwachstelle des § 34a EStG genannt, die es zu beseitigen gilt (53%).[1868] Im Gegensatz zur Abgeltungsteuer, die für die Nachversteuerung als Vorbild[1869] diente, sieht § 34a Abs. 4 EStG weder eine Günstigerprüfung (analog § 32d Abs. 6 EStG) noch eine Option zur Besteuerung nach dem Teileinkünfteverfahren (analog § 32d Abs. 2 Nr. 3 EStG) vor.[1870] Die Nachversteuerung erfolgt stets mit einem fixen Steuersatz i.H.v. 25% (+ SolZ). Damit werden diejenigen Steuerpflichtigen benachteiligt, die einem geringen bzw. sinkenden persönlichen Steuersatz unterliegen oder eine derartige Entwicklung prognostizieren.

Um die Thesaurierungsbegünstigung auch für solche Personenunternehmer attraktiv zu gestalten, bedarf es abermals nur minimalinvasiver Gesetzesüberarbeitungen, bspw. in Form einer personalisierten Nachbelastung durch eine (optionale) Teileinkünftebesteuerung.[1871] Das nähme der Nachversteuerung den Charakter einer „Strafsteuer“, trüge zur Besteuerung nach der Leistungsfähigkeit bei und stellte einen systematischen Gleichlauf mit dem Anteilseigner einer Kapitalgesellschaft her.[1872]

Darüber hinaus monieren 44% der befragten Steuerberater die Ausgestaltung der impliziten Verwendungsreihenfolge des § 34a Abs. 4 EStG, insbesondere die fehlende Eigenkapitalglie-

[1868] Ähnlich auch *Kavcic,* FR 2008, 404, 410.
[1869] BR-Drs. 220/07 v. 30.3.2007, 55.
[1870] Bspw. *Hey,* DStR 2007, 925, 929 f.; *Knief/Nienaber,* BB 2007, 1309, 1312.
[1871] *Dörfler/Fellinger/Reichl,* Beihefter zu DStR 29 / 2009, 69, 71; *Fechner/Bäuml,* FR 2010, 744, 746 f.
[1872] *Fechner/Bäuml,* DB 2008, 1652, 1654; *Fechner/Bäuml,* FR 2010, 744, 746.

derung. Diese als Verwaltungsvereinfachung[1873] gedachte Regelung führt dazu, dass regelbesteuerte Gewinne aus der Vergangenheit erst dann nachversteuerungsfrei entnommen werden können, wenn der nachversteuerungspflichtige Betrag komplett aufgebraucht wurde.[1874] Sind entsprechende Bestände vor der erstmaligen Inanspruchnahme des § 34a EStG nicht entnommen worden, bleiben diese bis auf weiteres „eingeschlossen". Gleiches gilt für im laufenden Betrieb nicht entnommene, regelbesteuerte bzw. steuerfreie Gewinne.

Infolgedessen sehen auch 30% der befragten Steuerberater speziell den „Lock-In-Effekt" nicht entnommener steuerfreier Gewinne als überarbeitungsbedürftig.[1875] Mit einer gesonderten Feststellung nicht nachversteuerungspflichtiger Rücklagen könnte die „Einsperrwirkung" relativ einfach vermieden werden.[1876] Parallel würden damit Anreize zur regelmäßigen Entnahme gesenkt und im Ergebnis die Eigenkapitalausstattung verbessert werden.

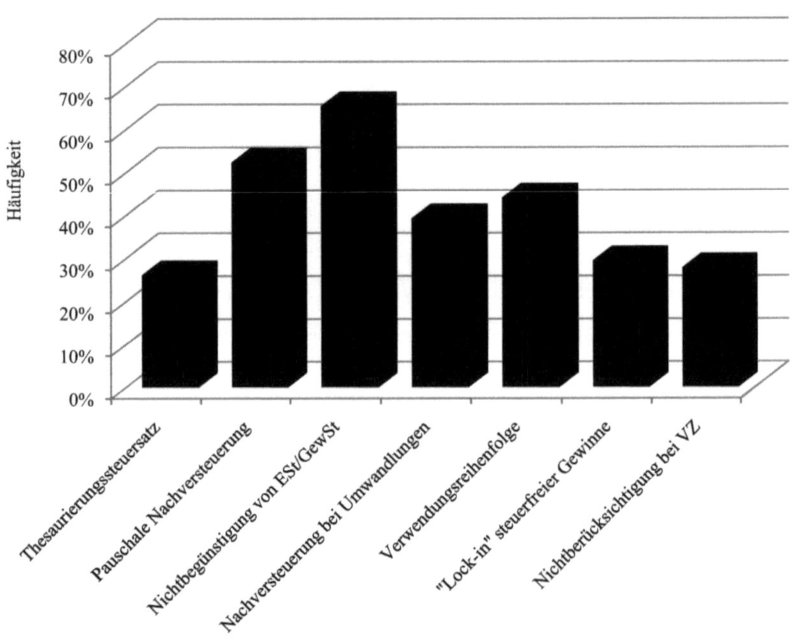

Abbildung 129: Gesetzgeberischer Nachbesserungsbedarf bei § 34a EStG

Quelle: Eigene Darstellung

1873 *Gragert/Wißborn,* NWB 2007, 2551, 2568.

1874 Statt aller *Ley,* KÖSDI 2007, 15737, 15747 f.

1875 Steuerfreie Gewinne können nur im Jahr der Vereinnahmung ohne negative Konsequenzen für die Thesaurierungsbegünstigung entnommen werden.

1876 So auch *Schulze zur Wiesche,* DB 2007, 1610, 1612; *Fechner/Bäuml,* DB 2008, 1652, 1654; *Dörfler/Fellinger/Reichl,* Beihefter zu DStR 29 / 2009, 69; *Fechner/Bäuml,* FR 2010, 744, 747 f. Ähnlich *Rogall* in: Schaumburg/Rödder, Unternehmensteuerreform 2008, 409, 427.

Die Zwangsnachversteuerung bei der Umwandlung in eine Kapitalgesellschaft (§ 34a Abs. 6 Nr. 2 EStG) wird als weiterer wesentlicher Nachbesserungsbereich gesehen (39%).[1877] Auch steuersystematisch ist diese Regelung in Frage zu stellen. Die Fortführung des nachversteuerungspflichtigen Betrags wäre auch bzw. gerade bei einer Kapitalgesellschaft möglich, da eine spätere Ausschüttung (äquivalent zur Entnahme) der gleichhohen 25%igen Abgeltungsteuer unterläge.[1878] Mit einem Transfer der thesaurierten Beträge in die Kapitalrücklage der Kapitalgesellschaft[1879] bzw. einem „Steuerkreditmodell"[1880] könnten zudem Umstrukturierungshemmnisse vermieden werden, die mit der Thesaurierungsbegünstigung einhergehen.

Nicht zuletzt bemängeln 28% der Befragten die Nichtberücksichtigung des § 34a EStG bei der Bemessung der Einkommensteuer-Vorauszahlungen (§ 37 Abs. 3 S. 5 EStG).[1881] Dieser Mangel ließe sich dadurch beseitigen, dass der Gesetzgeber die Anwendung der Tarifermäßigung auch im Vorauszahlungsverfahren zulässt. Dabei könnte ggf. ein pauschalisierter Thesaurierungssteuersatz zum Tragen kommen.[1882] Vor diesem Hintergrund kann die achte Arbeitshypothese qualitativ bestätigt werden.

C. Ergebnisse anderer empirischer Untersuchungen

Nach Abschluss der vorliegenden Online-Befragung haben *Brähler/Guttzeit/Scholz*[1883] in einer weiteren Studie das Ausmaß der Antragstellungen nach § 34a EStG überprüft. An dieser Umfrage nahmen 2.469 Steuerberater teil, die ganz überwiegend in Einzelpraxen und kleineren Kanzleien tätig sind. Die Untersuchung ergab, dass 13,7% dieser Steuerberater mindestens einmal die Thesaurierungsbegünstigung bei ihren Mandanten angewendet haben. Bezogen auf die Gesamtheit aller in Frage kommenden Personenunternehmen wurde eine relativ geringe Anwendungsquote von 0,45% errechnet.

Darüber hinaus zeigt die Studie von *Brähler/Guttzeit/Scholz*[1884], dass diejenigen, die noch keine eigenen Erfahrungen mit § 34a EStG gesammelt haben, gegenüber der Vorschrift sehr skeptisch eingestellt sind. Die negative Haltung mündet in diesen Fällen nicht selten in der Forderung nach Abschaffung. Dagegen wissen diejenigen Steuerberater, die § 34a EStG bereits beantragt haben, viel Gutes zu berichten.

[1877] Ähnlich *BDI*, Mängelliste des deutschen Steuerrechts, 2010, 12; *Prinz,* FR 2010, 736, 741.
[1878] Eingehend *Cordes,* WPg 2007, 526, 530; *Bindl,* DB 2008, 949, 954 f.; *Dörfler/Fellinger/Reichl,* Beihefter zu DStR 29 / 2009, 69, 72 ff.
[1879] *Cordes,* WPg 2007, 526, 530.
[1880] *Dörfler/Fellinger/Reichl,* Beihefter zu DStR 29 / 2009, 69, 72 ff.
[1881] *Dörfler/Graf/Reichl,* DStR 2007, 645, 649 f. quantifizieren die Thesaurierungsbelastung unter diesen Voraussetzungen auf 38,16%.
[1882] *Dörfler/Fellinger/Reichl,* Beihefter zu DStR 29 / 2009, 69, 71.
[1883] *Brähler/Guttzeit/Scholz,* StuW 2012, 119 ff.
[1884] *Brähler/Guttzeit/Scholz,* StuW 2012, 119 ff.

In der Sekundärdatenauswertung von *Broer/Dwenger*[1885] wurden die kurzfristigen Steuereffekte mittels Antragstellung nach § 34a EStG untersucht. Dabei quantifizierten die Verfasser den finanziellen Vorteil aus der Möglichkeit, die Thesaurierungsbegünstigung innerhalb von zwei Jahren wieder zurückzunehmen. Anhand einer geschichteten 10% Stichprobe aus der ESt-Statistik 2002 konnte nachgewiesen werden, dass von dieser sog. „Pseudothesaurierung" zwischen 4% und 48% der Steuerpflichtigen profitieren können.

Oestreicher/Klett/Koch[1886] haben die Auswirkungen der Unternehmensteuerreform 2008 mit Hilfe unternehmensbezogener Mikrodaten empirisch analysiert. Die Autoren kamen zu dem Ergebnis, dass die Thesaurierungsbegünstigung keine nennenswerten Auswirkungen auf das gesamtwirtschaftliche Steueraufkommen entfalte. Ferner lohne sich § 34a EStG primär für mittelgroße und große Personenunternehmen.

Der *DIHK*[1887] hat im Rahmen einer Mitgliederbefragung die „Nebenwirkungen" der Unternehmensteuerreform 2008 untersucht. Die Umfrage unter 143 Personenunternehmen ergab, dass 26% von der Thesaurierungsbegünstigung Gebrauch machen. Die vollständige Thesaurierung sei dabei ein Ausnahmefall. Zudem verfügten die Befragten über hohe Altrücklagen.

In zwei Expertenbefragungen des *ZEW*[1888] wurden aktuelle Problemfelder der Unternehmensbesteuerung identifiziert, beurteilt und konkretisiert. Im Kontext des § 34a EStG kam man zu dem Ergebnis, dass die Regelung ihre Ziele nicht erreiche und zu komplex sei. Zur Beseitigung dieses Mangels könne man entweder das Trennungsprinzip auf Personengesellschaften (ggf. optional) ausweiten oder § 34a EStG attraktiver ausgestalten.

D. Zwischenergebnis

Es lässt sich festhalten, dass die Thesaurierungsbegünstigung de facto nur für einen überschaubaren Kreis von Personenunternehmen in Frage kommt, namentlich für Steuerpflichtige, die dem Spitzentarif unterliegen. In der Praxis spielt § 34a EStG daher eine eher untergeordnete Rolle. Gleichwohl wird das Wahlrecht durchaus genutzt. Neben der Möglichkeit eines steuerlichen Barwertvorteils sprechen – nach Ansicht vieler Befragter – auch gesellschaftsvertragliche Entnahmebeschränkungen bzw. unternehmenspolitische Finanzierungsstrategien für eine Inanspruchnahme des § 34a EStG.

Um die Wirkungen der Thesaurierungsbegünstigung zu optimieren, werden von der Mehrheit der Steuerberater individuelle Vorteilhaftigkeitsberechnungen durchgeführt sowie Gestal-

---

1885 *Broer/Dwenger,* BFuP 2009, 422 ff.
1886 *Oestreicher/Klett/Koch,* StuW 2008, 15 ff.
1887 *DIHK*, Evaluation der Unternehmensteuerreform 2008, 2009, passim.
1888 *ZEW*, Auswirkungen von Steuervereinfachungen, 2010, 48 ff.; *ZEW/Stiftung Familienunternehmen*, Steuerpolitik, 2012, 108 ff.

tungsmaßnahmen (i.S.e. Rechtsformoptimierung) ergriffen. Aus der Befragung geht aber ebenfalls hervor, dass weiteres Potenzial für die Optimierung von § 34a EStG besteht.

Gegen eine Inanspruchnahme des § 34a EStG sprechen aus Sicht der Steuerberater insbesondere das Risiko einer zeitnahen Nachversteuerung (Entnahmebedarf), ein zu geringer Steuersatz, die Unsicherheit über die weitere Geschäftsentwicklung sowie die Komplexität. Die Berater stimmen weitestgehend überein, dass mit der Thesaurierungsbegünstigung keine steuerliche Rechtsformneutralität, zumindest aber eine gewisse Angleichung der Tarifbelastung von ertragstarken Personenunternehmen und Kapitalgesellschaften erreicht werden könne. In diesem Sinne sei in vielen Fällen ein grundsätzlicher Steuervorteil für ihre Mandanten erkennbar, wenngleich beinahe alle Befragten die Norm des § 34a EStG für zu komplex erachten.

Um die praktische Akzeptanz der Thesaurierungsbegünstigung zu erhöhen, bedarf es gesetzgeberischer Nachbesserungen. Dies lässt sich sowohl der vorliegenden Analyse als auch den anderen Studien zu § 34a EStG entnehmen. So verwundert auch nicht, dass die Mehrheit der Befragten gegen eine (unveränderte) Beibehaltung votierte.

Obwohl die Bundesregierung derzeit keine Gesetzesänderungen plant[1889], legen die Ergebnisse nahe, die dringlichsten Problembereiche nochmals zu überdenken und mögliche Verbesserungen zu erwägen.[1890] Gesetzgeberischen Nachbesserungsbedarf sehen die Praktiker speziell bei der mangelnden Thesaurierungsfähigkeit der Gewerbe- und Einkommensteuer, der pauschalen Nachversteuerung, der Verwendungsreihenfolge und der Zwangsnachversteuerung in Umwandlungsfällen. Praxistaugliche Vorschläge zur (moderaten) Fortentwicklung der Thesaurierungsbegünstigung wurden im Rahmen der vorliegenden Arbeit unterbreitet. Diese orientieren sich insbesondere an den Vorarbeiten von *Fechner/Bäuml*[1891] und *Dörfler/Fellinger/Reichl*[1892].

Die Ergebnisse verdeutlichen, dass die Thesaurierungsbegünstigung in der Praxis durchaus ihre Berechtigung findet. Solange der Gesetzgeber den Personenunternehmen keine (optionale) Körperschaftsbesteuerung ermöglicht, gehen Forderungen nach einer (ersatzlosen) Abschaffung des § 34a EStG zu weit. Die Thesaurierungsbegünstigung ist ein steuerliches Wahlrecht, das genutzt werden kann, jedoch nicht zwingend genutzt werden muss. Mit ihr verfügen ertragstarke Personenunternehmen über ein komplexes, aber attraktives Gestaltungsinstrument zur begünstigten Besteuerung des nicht entnommenen Gewinns. Aller-

---

1889 Antwort der Bundesregierung auf die Kleine Anfrage der Fraktion BÜNDNIS 90/DIE GRÜNEN, vgl. BT-Drs. 17/2696 v. 3.8.2010, 5; BT-Drs. 17/10355 v. 18.7.2012, 5 ff.

1890 So sieht bspw. das Parteiprogramm der *GRÜNEN* vor, die „Investitionstätigkeit von einkommensteuerpflichtigen Unternehmen [...] durch eine vernünftige Ausgestaltung der Thesaurierungsbegünstigung" zu fördern (vgl. Beschluss der 33. Ordentlichen Bundesdelegiertenkonferenz v. 25.-27.11.2011, 5. Ebenso *BÜNDNIS 90/DIE GRÜNEN*: Eckpunktepapier zur Unternehmensbesteuerung v. 3.7.2012, 5).

1891 *Fechner/Bäuml,* DB 2008, 1652 ff.; *Fechner/Bäuml,* FR 2010, 744 ff.

1892 *Dörfler/Fellinger/Reichl,* Beihefter zu DStR 29 / 2009, 69 ff.

dings sind moderate – technische und konzeptionelle – Fortentwicklungen notwendig, um die Regelung mittelstands- und anwenderfreundlicher zu gestalten.

Kapitel 3.
Empirische Ergebnisse zur Abgeltungsteuer

Im Gegensatz zur Thesaurierungsbegünstigung war die Abgeltungsteuer bereits Gegenstand zahlreicher Praxisberichte.[1893] Ihr (faktischer) Anwendungsbereich ist unumstritten; ihre Wahlrechte sind selten mit großen Nachteilen verbunden. Vor diesem Hintergrund wird auf eine eigenständige empirische Analyse verzichtet. Gleichwohl sollen im Folgenden zwei empirische Feststellungen präsentiert werden, die für Zwecke dieser Arbeit relevant erscheinen. Vorangestellt seien folgende Arbeitshypothesen:

H_9: *Die Abgeltungsteuer wird gezielt zur Steuerplanung eingesetzt.*

H_{10}: *Die Praxis fordert auch bei der Abgeltungsteuer gesetzliche Nachbesserungen.*

Das *DIW*[1894] hat empirisch untersucht, welche Auswirkungen der steuerplanerische Einsatz der Abgeltungsteuer auf die Unternehmensfinanzierung hat. Anhand von 40.000 Jahresabschlussdaten (*DAFNE*-Datenbank) konnte nachgewiesen werden, dass Personengesellschaften (*GmbH & Co. KG*) tatsächlich ihre Fremdfinanzierung ausgeweitet haben, um von der Abgeltungsteuer zu profitieren. Die Steuersatzspreizung nach § 32d EStG strahlt demzufolge – nicht nur theoretisch – Anreize aus, weniger Eigenkapital im eigenen Unternehmen einzusetzen und stattdessen am Kapitalmarkt zu investieren. H_9 kann daher bestätigt werden.

Steuerpolitische Schlussfolgerungen für die Abgeltungsteuer können anhand einer Studie des *ZEW*[1895] gezogen werden. Um die Finanzierungsneutralität der Besteuerung zu erhöhen, sollten demnach Beteiligungserträge (Dividenden und Veräußerungsgewinne) nur zu einem festgelegten Prozentsatz in die Abgeltungsteuer einbezogen werden oder einem ermäßigten Steuersatz unterliegen.[1896] Darüber hinaus bedürfe es Vereinfachungsmaßnahmen bzw. Nachbesserungen hinsichtlich der Verlustverrechnung, der Günstigerprüfung, des Werbungskostenabzugs und der Veräußerungsgewinnbesteuerung.[1897] Langfristig wäre die Rechtsform- und Finanzierungsneutralität durch Integration der Unternehmensbesteuerung in die persönliche Einkommensteuer zu stärken. Damit findet auch H_{10} Bestätigung.

[1893] Etwa *Strauch,* GStB 2010, 326 ff.; *Brucker,* SteuerConsultant 9/2010, 16 ff.; *Schmidt/Eck,* BB 2010, 1123 ff.; *Ronig,* NWB 2010, 1618 ff.; *Paukstadt/Kerpf,* DStR 2010, 678 ff.; *Hofrichter,* SteuK 2010, 177 ff.; *Haarmann* in: Kessler/Förster/Watrin, FS Herzig, 2010, 423 ff.; *Delp,* DB 2011, 196 ff.; *Graf/Paukstadt,* FR 2011, 249 ff.; *Prelle/Krumsieck,* ErbStB 2009, 393 ff.

[1894] *Fossen/Simmler,* DIW Discussion Paper 1190, 2012, passim.

[1895] *ZEW/Stiftung Familienunternehmen*, Steuerpolitik, 2012, 138 f. Ähnlich bereits *ZEW*, Auswirkungen von Steuervereinfachungen, 2010, 46 ff.

[1896] So auch *IDW,* Stellungnahme zur Notwendigkeit steuerlicher Maßnahmen, Ubg 2009, 808, 812.

[1897] Ähnlich auch *Schmidt/Eck,* RdF 2012, 251, 254 ff.

Kapitel 4.
Schlussfolgerungen

Es wurde der Nachweis erbracht, dass personenbezogene Unternehmen sowohl die Thesaurierungsbegünstigung als auch die Abgeltungsteuer durchaus als steuerliche Gestaltungsinstrumente einsetzen. Ihre Gestaltungspotenziale scheinen in der Praxis jedoch nicht vollständig ausgeschöpft zu werden. Dies gilt zuvörderst für § 34a EStG, dessen Ausgestaltung viele Steuerpflichtige vor einer Inanspruchnahme abschreckt. Auf dieser Grundlage konnten dem Gesetzgeber konkrete steuerpolitische Nachbesserungsempfehlungen gegeben werden. Hierbei erwies sich insbesondere der systematische Vergleich mit dem Besteuerungsregime der Kapitalgesellschaften und ihrer Anteilseigner (Abgeltungsteuer) als hilfreich.

Teil 8.
Zusammenfassung der zentralen Erkenntnisse

Teil 1 der vorstehenden Abhandlung widmete sich der strategischen *Grundlegung*. Als Ausgangspunkt diente die Feststellung, wonach die Unternehmensteuerreform 2008 zu einer wesentlichen Änderung der steuerlichen Rahmenbedingungen für die Rechtsformwahl und Rechtsformoptimierung führte. Dabei hatte gerade die *Thesaurierungsbegünstigung* für Personenunternehmen das Interesse des (rechtsformoptimierenden) Steuerplaners geweckt, ist § 34a EStG doch explizit dem zweistufigen Besteuerungsverfahren der Kapitalgesellschaften und ihrer Anteilseigner nachempfunden.

Im Zuge dessen erwies es sich als unverzichtbar, die *Abgeltungsteuer* nach § 32d EStG in die Untersuchung einzubeziehen. Beide Normen werfen (interdependente) steuerplanerische Fragen auf, die bisher noch keiner überzeugenden Lösung zugeführt wurden. Im Sinne eines „steuerrechtlich-fundierten, betriebswirtschaftlichen Ansatzes" ist das Untersuchungsziel formuliert worden, den Einfluss von § 34a EStG und § 32d EStG auf die *steuerorientierte Rechtsformplanung* zu identifizieren, zu qualifizieren, zu quantifizieren und empirisch zu überprüfen.

Zur *systematischen Aufbereitung* des Untersuchungsgegenstands wurden in Teil 2 die Grundstrukturen der gegenwärtigen Unternehmensbesteuerung skizziert. Das Steuerrecht der Bundesrepublik Deutschland ist de lege lata durch fehlende Rechtsformneutralität gekennzeichnet. Gestützt auf dieser Erkenntnis sind diverse Konzepte zur Beseitigung des Steuerbelastungsgefälles zwischen Personen- und Kapitalgesellschaften dargestellt worden. Besonderes Augenmerk galt den einkommensteuerlichen Integrationsmodellen, denen auch die Thesaurierungsbegünstigung zugeordnet werden kann. Ein Blick in die Vergangenheit zeigte, dass es bereits ähnliche Regelungen gab, diese aber kurze Zeit nach ihrer Einführung wieder abgeschafft wurden. Hieran anknüpfend sind § 34a EStG und § 32d EStG einer steuersystematischen Analyse unterzogen worden. Es wurde deutlich, dass es sich in beiden Fällen um schedulare (Sonder-) Tarifnormen handelt, die auf dem Konzept der partiell nachgelagerten Besteuerung basieren. Sie finden im internationalen Umfeld durchaus ihresgleichen und sehen sich verfassungsrechtlichen Bedenken ausgesetzt.

Als fundamentales Motiv jedweder steuerlicher Rechtsformgestaltungen kristallisierte sich die fehlende Entscheidungsneutralität heraus. Weder die Thesaurierungsbegünstigung noch die Abgeltungsteuer gewährleisten in ihrer gegenwärtigen Ausgestaltung Rechtsform- bzw. Finanzierungsneutralität. Im Gegenteil: Ihre mangelnde Abstimmung mit dem Unternehmensteuerrecht führt vielmehr zu Friktionen, die den Steuerplaner zu Gestaltungen einladen. Vor diesem Hintergrund wurde das Konzept der steuerorientierten Rechtsformplanung vorgestellt und speziell für die Steueroptimierung mittels § 34a EStG und § 32d EStG aufbereitet. Es beruht auf betriebswirtschaftlichen Überlegungen und macht sich die (steuerliche) Gestaltungsfreiheit zu Nutze. In diesem Zusammenhang wurde deutlich, dass beide Normen äußerst komplexe und beratungsintensive (Tarif-) Vorschriften darstellen, die erst bei zieladäquater Planung und sachgemäßer Anwendung ihre volle Positivwirkung entfalten.

In Teil 3 der Arbeit ist dargelegt worden, wie sich die Thesaurierungsbegünstigung und die Abgeltungsteuer konkret in die Unternehmensbesteuerung einfügen. Es wurde die *materiell-rechtliche Ausgestaltung* analysiert, mithin der Anwendungsbereich und die Belastungswirkungen umrissen. Dabei konnte für Personenunternehmen abgeleitet werden, dass die „realistische" § 34a EStG-Belastung erheblich von der „idealtypischen" Thesaurierungsbelastung abweicht. Im Vergleich zur Regelbesteuerung (§ 32a EStG) sind gleichwohl (temporäre) Thesaurierungsvorteile erzielbar. Zusammen mit der (späteren) Nachversteuerung resultiert aber eine Gesamtbelastung, die stets über der Steuerbelastung liegt, die sich ergeben hätte, wenn auf die Thesaurierungsbegünstigung verzichtet worden wäre. Mit dieser Feststellung wurde das grundlegende Vorteilhaftigkeitskalkül des § 34a EStG identifiziert: Der Stundungsvorteil aus der vorübergehend ersparten Steuerbelastung muss die nominale Mehrbelastung kompensieren.

Die Abgeltungsteuer kann für Anteilseigner einer Kapitalgesellschaft an mehreren Stellen zur (steuerplanerischen) Anwendung kommen: Gewinnausschüttungen (Dividenden), Leistungsvergütungen (Darlehenszinsen) und Beteiligungsveräußerungen (Veräußerungsgewinne). Mit dem Teileinkünfteverfahren – und ggf. der Thesaurierungsbegünstigung – bieten sich der Abgeltungsteuer hingegen auch Gestaltungsalternativen. Zur steuerplanerischen Entscheidungshilfe wurden deshalb (Teil-) Steuersätze und Steuerbelastungsquoten entwickelt. Damit offenbarte sich der grundlegende Optimierungsansatz von § 32d EStG, namentlich die Möglichkeit zur Steuersatzspreizung.

Auf Grundlage dieser Basisinformationen widmete sich der 4. Teil den elementaren betriebswirtschaftlichen *Steuerwirkungen*, die von der Thesaurierungsbegünstigung und der Abgeltungsteuer ausgehen. Dabei wurden zunächst jene Wirkungen analysiert, die nach *Wagner* den Bemessungsgrundlagen-, Tarif- oder Zeiteffekten zuzuordnen sind. Außerdem konnten steuerliche Reflexe identifiziert werden, die *Rose* als Liquiditäts-, Vermögens- oder Organisationswirkungen bezeichnet hätte. Ferner sind weitere Wirkungen von § 34a EStG und § 32d EStG gefunden und untersucht worden, die einen Einfluss auf steuerliche (Optimierungs-) Entscheidungen haben. Hierzu zählen Progressionsentlastungseffekte, Lock-In-Effekte, Klienteleffekte, Verlustverrechnungseffekte, Antimissbrauchseffekte, Wahlrechtseffekte, Flexibilitätseffekte, verfahrensrechtliche Auswirkungen, Komplexitätseffekte, Unsicherheitseffekte sowie fremdbestimmte Steuerwirkungen. Die eingehende Untersuchung dieser betriebswirtschaftlichen Wirkungen erfolgte vor dem Hintergrund, dass die Erarbeitung steuerplanerischer Entscheidungsregeln eine sorgfältige Wirkungsanalyse voraussetzt.

Gegenstand des 5. Teils der Arbeit war die Frage, welchen Einfluss die Thesaurierungsbegünstigung und die Abgeltungsteuer auf die *steuerliche Rechtsformwahl* haben. Zu diesem Zweck sind vielschichtige betriebswirtschaftliche Belastungsvergleiche und Vorteilhaftigkeitsanalysen durchgeführt worden. Es kamen statische, dynamische und alternative Modellrechnungen zum Einsatz. Des Weiteren wurden die Parameter (bspw. Steuersatz, Gewerbesteuerhebesatz, Ausschüttungsquote, Unternehmensgröße) und die Zustände (z.B. Verlustfall, Leistungsvergütungen, steuerfreie Einkünfte, Refinanzierungskosten) variiert. Im Anschluss sind aperiodische Geschäftsvorfälle betrachtet worden (Umstrukturierungen, Unternehmenskauf, Unternehmensnachfolge).

Das Ergebnis ist ebenso eindeutig wie ernüchternd. Die Thesaurierungsbegünstigung und die Abgeltungsteuer vermögen zwar durchaus die einzelnen rechtsformspezifischen Steuercharakteristika zu beeinflussen. Ihre Wirkungen sind in der Summe allerdings nicht so stark, einer bestimmten Rechtsform den (steuerlichen) Vorzug zu geben. Punktuelle Belastungsneutralität kann nur unter idealtypischen Zuständen erreicht werden. Ertragstarke Personenunternehmen haben mit § 34a EStG zwar eine steuerliche Annäherung erfahren, werden aber stets mit einem Tarifnachteil gegenüber thesaurierenden Kapitalgesellschaften leben müssen. Dafür bieten Personengesellschaften „Progressions- und Transparenzvorteile", die sich insbesondere bei geringen Steuersätzen, bei der Verlustverrechnung, bei der Vereinnahmung steuerfreier Einkünfte sowie hinsichtlich der Gewerbesteuer zeigen. Im Sinne einer nicht-autonomen Steuerplanung kommt der *Rechtsformwahl* insoweit die (strategische) Aufgabe zu, die Wirkungen von § 34a EStG und § 32d EStG bei der Entscheidungsfindung zu berücksichtigen.

Im Gegensatz hierzu geht die steuerliche *Rechtsformoptimierung* (Teil 6) weit über diese „bloße" Einplanung hinaus. Sie wirkt operativ-gestaltend auf die Steuerbelastung ein und kommt in erster Linie dann zum Tragen, wenn die zivilrechtliche Gesellschaftsform durch außersteuerliche Gründe vorgegeben ist. Im Zuge der instrumentellen Rechtsverwendung wurde daher ein steuerliches Zielsystem für die Rechtsformoptimierung mittels § 34a EStG und § 32d EStG erarbeitet.

In concreto konnte für die Anwendung der Thesaurierungsbegünstigung eine grundlegende Gestaltungsabfolge entwickelt werden. Diese basiert auf steuerrechtlichen, gesellschaftsrechtlichen, betriebswirtschaftlichen und finanzmathematischen Gedankengängen. Unter Anwendung verschiedener Entscheidungsmodelle zeigte sich, dass die Vorteilhaftigkeit des § 34a EStG mit zunehmendem Steuersatz, zunehmender Rendite und zunehmender Thesaurierungsdauer steigt. Von besonderer Relevanz erwiesen sich die Quantifizierung der Mindestthesaurierungsdauer und die Bestimmung einer optimalen Antragspolitik. Im Ergebnis ist festzuhalten, dass primär ertragstarke Personenunternehmen von § 34a EStG profitieren können, die ihr Wachstum aus einbehaltenen Gewinnen finanzieren möchten. Für diese Zielgruppe wurde (gestaltungs-chronologisch) dargelegt, wie mit ausgewählten Maßnahmen die Anwendung der Thesaurierungsbegünstigung weiter optimiert werden kann.

Darüber hinaus konnte gezeigt werden, dass sich die Abgeltungsteuer als Instrument der Rechtsformoptimierung auf drei zentrale Bereiche fokussiert: Unternehmensfinanzierung, Gewinnverwendung und Gewinntransfer. Diese Feststellung beruhte vor allem darauf, dass die Steuerbelastung von Personen- aber auch Kapitalgesellschaften i.d.R. über dem Abgeltungsteuertarif nach § 32d EStG liegt (Steuersatzspreizung). Das führte zu der steuerplanerischen (rechtsformübergreifenden) Empfehlung, Eigen- durch Fremdkapital zu substituieren.

Die Abgeltungsteuer setzt überdies Anreize, Gewinne zu entnehmen bzw. auszuschütten und im Privatvermögen anzulegen („Push-Out-Effekt"). Sie tritt damit in Konkurrenz zur Thesaurierungsbegünstigung. Das Vorteilhaftigkeitskalkül von § 34a EStG war deshalb um die Frage zu erweitern, wie die thesaurierten Gewinne verwendet werden sollen (Betriebsvermögen vs. Privatvermögen). In diesem Kontext wurden folgende Entscheidungsregeln abgeleitet:

- Sofern keine Liquiditäts- bzw. Entnahmerestriktionen existieren und die Alternativinvestition in einer Zinsanlage besteht, ist es vorteilhaft, Gewinne aus dem Betriebsvermögen zu entnehmen (bzw. auszuschütten) und unter Nutzung der Abgeltungsteuer im Privatvermögen anzulegen. Für diese Fälle wurde erarbeitet, wie betriebliche Mittel steuergünstig an die Gesellschafter transferiert werden können.
- Etwas anderes gilt für Beteiligungserträge (z.B. Dividenden). Hier können sich bereits nach wenigen Jahren Belastungsvorteile im Betriebsvermögen mittels Gewinnthesaurierung ergeben (Kapitalgesellschaft bzw. § 34a EStG).
- Die Thesaurierung im Betriebsvermögen kann ferner dann sinnvoll sein, wenn die Eigenkapitalrendite den Anlagezins im Privatvermögen (deutlich) übersteigt.
- Sollen (oder müssen) die Gewinne ohnehin im Unternehmen verbleiben, hängt die Vorteilhaftigkeit der Thesaurierungsbegünstigung einzig vom Steuersatz, von der Rendite und der Thesaurierungsdauer ab.

Es wurde deutlich, dass sowohl die Thesaurierungsbegünstigung als auch die Abgeltungsteuer wirkungsvolle, interdependente Gestaltungsinstrumente im Baukasten der steuerlichen Rechtsformoptimierung darstellen. Sie sollten jedoch nur mit Bedacht und nur nach qualifizierter Analyse (zieladäquat) eingesetzt werden, da mit ihnen auch Steuerbelastungsrisiken verbunden sind.

In Teil 7 ist der Versuch unternommen worden, ein empirisches Bild von der Thesaurierungsbegünstigung und der Abgeltungsteuer in der steuerlichen (Beratungs-) Praxis zu gewinnen. Hierzu wurden ausgewählte Steuerberater führender Kanzleien zu typischen Problembereichen des § 34a EStG befragt. Wenig überraschend gab die Mehrzahl an, die Thesaurierungsbegünstigung komme de facto nur für Steuerpflichtige in Frage, die sich nachhaltig im oberen Tarifsegment befinden. In der täglichen Steuer(beratungs)praxis spielt § 34a EStG daher eine eher untergeordnete Rolle. Gleichwohl wird das Wahlrecht durchaus genutzt und als Gestaltungsinstrument eingesetzt. Hinsichtlich der Abgeltungsteuer weist eine Studie des *DIW* in eine ähnliche Richtung, so sie den steuerplanerischen Einsatz von § 32d EStG im Rahmen der Unternehmensfinanzierung empirisch attestiert.

Allerdings scheinen die Gestaltungspotenziale in der Praxis (noch) nicht vollständig ausgeschöpft zu werden. Dies gilt insbesondere für § 34a EStG, dessen Ausgestaltung viele Steuerpflichtige vor einer Inanspruchnahme abschreckt. Auf dieser Grundlage konnten dem Gesetzgeber konkrete steuerpolitische Nachbesserungsvorschläge an die Hand gegeben werden. Hierbei erwies sich der systematische Vergleich mit dem Besteuerungsregime der Kapitalgesellschaften und ihrer Anteilseigner (also der Abgeltungsteuer) als hilfreich.

Anhang

Empirische Erhebung zur Thesaurierungsbegünstigung

Herzlich Willkommen!

Mit der Einführung der Begünstigung für nicht entnommene Gewinne nach § 34a EStG verfolgte der Gesetzgeber ehrgeizige Ziele. Nach der erstmaligen Anwendung im Veranlagungszeitraum 2008 stellt sich nun nicht nur für Skeptiker die Frage nach der tatsächlichen Akzeptanz und Anwendung der Neuregelung.

Der Lehrstuhl für Betriebswirtschaftliche Steuerlehre der Albert-Ludwigs-Universität Freiburg führt daher eine empirische Erhebung unter Steuerberatern durch, die über eine entsprechende Mandantschaft verfügen. Mit Hilfe der Untersuchung soll die tatsächliche Inanspruchnahme und Sinnhaftigkeit der Thesaurierungsbegünstigung beleuchtet und hilfreiche Verbesserungsvorschläge abgeleitet werden.

Die Umfrage erfolgt anhand eines Online-Fragebogens (Dauer ca. 15 Minuten).

Alternativ können Sie den Fragebogen auch ausdrucken und uns per Post bzw. Fax zukommen lassen.

Die Ergebnisse werden nach Abschluss der Untersuchung auf unserer Homepage veröffentlicht. Wenn Sie uns am Ende der Befragung eine E-Mail-Adresse hinterlassen, schicken wir Ihnen die Auswertung auch gerne per E-Mail zu. Ihre Daten werden selbstverständlich anonym behandelt.

Unter allen Teilnehmern, die uns eine (E-Mail-) Adresse hinterlassen, verlosen wir zudem zehn wertvolle Buchpreise (u.a. Kessler/Kröner/Köhler, Konzensteuerrecht, 2. Auflage 2008).

Für weitere Rückfragen stehen wir Ihnen unter den genannten Kontaktdaten gerne zur Verfügung.

Wir danken Ihnen schon jetzt ganz herzlich für Ihre Mithilfe!

StB Prof. Dr. Wolfgang Kessler | Andreas Pfuhl | Bianca Grether

Lehrstuhl für Betriebswirtschaftliche Steuerlehre der Albert-Ludwigs-Universität Freiburg

Werthmannstraße 8

D-79098 Freiburg im Breisgau

Telefon: +49 761 203 9207

Abbildung 130: Startseite der Onlinebefragung (www.tax.uni-freiburg.de/thesaurierung)

Quelle: Eigene Darstellung

Fragebogen zur Inanspruchnahme der Thesaurierungsbegünstigung nach § 34a EStG

Empirische Erhebung zur Thesaurierungsbegünstigung nach § 34a EStG

PDF-Fragebogen
(Deckblatt)

Bitte übersenden Sie den ausgefüllten Fragebogen per Post oder Fax an folgende Adresse:

Lehrstuhl für Betriebswirtschaftliche Steuerlehre
der Albert-Ludwigs-Universität Freiburg
Werthmannstraße 8
D-79085 Freiburg im Breisgau
Telefax: +49 761 203 9202

Bei Rückfragen stehen wir Ihnen gerne unter folgenden Kontaktdaten zur Verfügung:

Telefon: +49 761 203 9207
Telefax: +49 761 203 9202
E-Mail: thesaurierung@tax.uni-freiburg.de

Wir danken Ihnen schon jetzt ganz herzlich für Ihre Mithilfe!

Abbildung 131: Fragebogen zur Thesaurierungsbegünstigung (Deckblatt, Seite 1)
Quelle: Eigene Darstellung

Fragebogen zur Inanspruchnahme der Thesaurierungsbegünstigung nach § 34a EStG

A Grundlagen

1. Beraten Sie als Steuerberater unbeschränkt einkommensteuerpflichtige, natürliche Personen als Einzelunternehmer oder Gesellschafter einer Personengesellschaft?

Ja } Bitte fahren Sie mit der Beantwortung der Frage **A.2** fort.

Nein } Sie können leider nicht an der Umfrage teilnehmen!

2. Wie viele unbeschränkt einkommensteuerpflichtige, natürliche Personen als Gesellschafter einer Personengesellschaft (bzw. Einzelunternehmer) betreuen Sie bzw. Ihre Abteilung ungefähr?

Wenn Ihnen die genaue Anzahl bekannt ist, nutzen Sie bitte das Kommentarfeld.

0-10
11-20
21-30
31-40
41 oder mehr
Ggf. genaue Anzahl: __________

3. Wurde bzw. wird die Thesaurierungsbegünstigung nach § 34a EStG von mindestens einem der von Ihnen betreuten Gesellschafter (bzw. Einzelunternehmer) in Anspruch genommen?

Bitte wählen Sie eine der folgenden Antworten.

Ja
In Planung
} Bitte fahren Sie mit der Beantwortung des Frageblocks **B** fort, S. 3/10.

Nein
Nicht bekannt
} Bitte fahren Sie mit der Beantwortung des Frageblocks **C** fort, S. 7/10.

Abbildung 132: Fragebogen zur Thesaurierungsbegünstigung (Seite 2)
Quelle: Eigene Darstellung

Fragebogen zur Inanspruchnahme der Thesaurierungsbegünstigung nach § 34a EStG

B Inanspruchnahme

1. Wie viele der von Ihnen betreuten Gesellschafter (bzw. Einzelunternehmer) haben die Thesaurierungsbegünstigung nach § 34a EStG in Anspruch genommen bzw. planen die Inanspruchnahme?

   Bitte wählen Sie eine der folgenden Antworten.

   Keiner
   Bis 5 %
   Bis 10 %
   Bis 25 %
   Bis 50 %
   Bis 75 %
   Bis 100 %
   Ggf. genaue Anzahl: ___________

2. Welche Gründe waren bzw. sind für die Inanspruchnahme ausschlaggebend?

   Bitte wählen Sie einen oder mehrere Punkte aus der Liste aus.

   Temporärer Steuervorteil (Barwertvorteil) durch begünstigte Besteuerung
   Kein absehbarer Entnahmebedarf
   Keine bessere Anlagemöglichkeit wegen hoher Rendite des Betriebsvermögens
   Finanzierung aus eigenen Mitteln zwecks Unabhängigkeit von Gläubigern
   Sonstiges: ________________________________

3. Wie gewichtig waren bzw. sind die genannten Gründe (durchschnittlich) bei der Entscheidung für die Thesaurierungsbegünstigung nach § 34a EStG? Bitte ordnen Sie den Gründen ihre relative Bedeutung zu!

	sehr wichtig	wichtig	teilweise wichtig	weniger wichtig	unwichtig	keine Antwort
Temporärer Steuervorteil						
Kein absehbarer Entnahmebedarf						
Keine bessere Anlagemöglichkeit						
Finanzierung aus eigenen Mitteln						
Sonstiges: _______________						

Abbildung 133: Fragebogen zur Thesaurierungsbegünstigung (Seite 3)

Quelle: Eigene Darstellung

Fragebogen zur Inanspruchnahme der Thesaurierungsbegünstigung nach § 34a EStG

4. Können Sie einschätzen, welchen persönlichen Grenzeinkommensteuersätzen diejenigen Gesellschafter (typischerweise) unterliegen, welche die Thesaurierungsbegünstigung nach § 34a EStG nutzen bzw. nutzen werden?

Bitte wählen Sie eine der folgenden Antworten.

Ausschließlich dem Spitzeneinkommensteuersatz i.H.v. 45% („Reichensteuer")
Ab Grenzeinkommensteuersätzen i.H.v. 42%
Ab Grenzeinkommensteuersätzen i.H.v. ca. 40%
Auch bei Grenzeinkommensteuersätzen unter 40%
Sonstiges: ______________________________
Keine Einschätzung möglich

5. Wurden vor der erstmaligen Inanspruchnahme der Thesaurierungsbegünstigung nach § 34a EStG Gestaltungsmaßnahmen ergriffen? Wenn ja, welche?

Bitte wählen Sie einen oder mehrere Punkte aus der Liste aus.

Ja: Entnahme von Altgewinnen
Ja: Sonstige: ______________________________
Nein
Nicht bekannt

6. Wurde im Vorfeld eine genaue individuelle Vorteilhaftigkeitsberechnung durchgeführt?

Ja
Nein
Nicht bekannt

Abbildung 134: Fragebogen zur Thesaurierungsbegünstigung (Seite 4)

Quelle: Eigene Darstellung

Fragebogen zur Inanspruchnahme der Thesaurierungsbegünstigung nach § 34a EStG

7. Welche laufenden Maßnahmen werden von Ihnen zur Optimierung der Thesaurierungsbegünstigung nach § 34a EStG bzw. zur Vermeidung der Nachversteuerung angewendet?

   Bitte wählen Sie einen oder mehrere Punkte aus der Liste aus.

   Einlagen-/Entnahmen-Management
   Entnahme und Wiedereinlage im Folgejahr
   Übertragung von Wirtschaftsgütern auf andere Personengesellschaften
   Entnahme steuerfreier Gewinne im Entstehungsjahr
   Einsatz von Schwesterpersonengesellschaften
   Sonstiges: ____________________________
   Keine

8. Wie häufig werden die von Ihnen ergriffenen Maßnahmen angewendet?

   Bitte ordnen Sie den Maßnahmen ihre relative Häufigkeit zu!

	immer	häufig	manchmal	selten	nie	keine Antwort
Einlagen-/Entnahmen-Management						
Entnahme und Wiedereinlage im Folgejahr						
Übertragung von Wirtschaftsgütern						
Entnahme steuerfreier Gewinne						
Schwesterpersonengesellschaften						
Sonstiges: _________________						

Abbildung 135: Fragebogen zur Thesaurierungsbegünstigung (Seite 5)

Quelle: Eigene Darstellung

Fragebogen zur Inanspruchnahme der Thesaurierungsbegünstigung nach § 34a EStG

9. Wurden bzw. werden im Rahmen der gesonderten und einheitlichen Gewinnfeststellung der Personengesellschaft entsprechende Angaben für die (spätere) Anwendung des § 34a EStG (auf Gesellschafterebene) gemacht (bspw. gesellschafterbezogene Höhe der Entnahmen und Einlagen)?

   Ja
   Nein
   Nicht bekannt
   Anmerkung: ______________________________

10. Ist Ihre Steuersoftware in der Lage, den Antrag auf die begünstigte Besteuerung nach § 34a EStG maschinell zu verarbeiten?

   Ja
   Nein
   Nicht bekannt
   Anmerkung: ______________________________

11. Waren bzw. sind die jeweiligen Finanzbehörden in der Lage, den Antrag auf die begünstigte Besteuerung nach § 34a EStG maschinell zu verarbeiten?

   Ja
   Nein
   Nicht bekannt
   Anmerkung: ______________________________

Abbildung 136: Fragebogen zur Thesaurierungsbegünstigung (Seite 6)
Quelle: Eigene Darstellung

Fragebogen zur Inanspruchnahme der Thesaurierungsbegünstigung nach § 34a EStG

C Keine Inanspruchnahme

1. Welche Gründe sprachen bzw. sprechen (typischerweise) bei den von Ihnen beratenen Steuerpflichtigen gegen die Inanspruchnahme der Thesaurierungsbegünstigung nach § 34a EStG?

   Bitte wählen Sie einen oder mehrere Punkte aus der Liste aus.

   Nicht Erreichen der 10.000 € - Grenze bzw. des 10 %igen Anteils am Gewinn der PersGes
   Keine Gewinnermittlung durch Betriebsvermögensvergleich
   Keine Gewinneinkünfte
   Keine erkennbare Vorteilhaftigkeit wegen zu geringem Steuersatz / zu geringem z.v.E.
   Absehbarer Entnahmebedarf
   Unsicherheit über weitere Geschäftsentwicklung
   Zu hoher Beratungs- und Durchführungsaufwand
   Bessere / steuergünstigere Investitionsmöglichkeiten außerhalb des Unternehmens
   Absehbare Umstrukturierungsvorhaben
   Absehbare Betriebsaufgabe / -veräußerung
   Unvorhersehbare Konsequenzen der Finanzkrise
   Sonstiges: ______________________________

2. Wie gewichtig waren bzw. sind diese Gründe (durchschnittlich) bei der Entscheidung gegen die Inanspruchnahme der Thesaurierungsbegünstigung nach § 34a EStG?

   Bitte ordnen Sie den Gründen ihre relative Bedeutung zu!

	sehr wichtig	wichtig	teilweise wichtig	weniger wichtig	unwichtig	keine Antwort
10.000 €- bzw. 10 %-Grenze						
Kein Betriebsvermögensvergleich						
Keine Gewinneinkünfte						
Zu geringer Steuersatz / z.v.E.						
Entnahmebedarf						
Unsicherheit						
Zu hoher Aufwand						
Bessere Investitionsmöglichkeiten						
Absehbare Umstrukturierungsvorhaben						
Absehbare Betriebsveräußerung						
Konsequenzen der Finanzkrise						
Sonstiges: ________________						

Abbildung 137: Fragebogen zur Thesaurierungsbegünstigung (Seite 7)

Quelle: Eigene Darstellung

Fragebogen zur Inanspruchnahme der Thesaurierungsbegünstigung nach § 34a EStG

D Persönliche Einschätzung

1. Wie ist Ihre persönliche Meinung: Sollte § 34a EStG weiterhin beibehalten werden?

   Ja
   Nein
   Keine Meinung
   Anmerkung: ______________________________

2. Ist nach Ihrer Einschätzung durch § 34a EStG eine weitgehende Belastungsneutralität zwischen Personenunternehmen und Kapitalgesellschaften möglich?

   Ja
   Nein
   Keine Meinung
   Anmerkung: ______________________________

3. Sehen Sie in der Regelung des § 34a EStG grundsätzlich einen Steuervorteil für einige Ihrer Mandanten?

   Ja
   Nein
   Keine Meinung
   Anmerkung: ______________________________

4. Ist die Regelung des § 34a EStG zu kompliziert gestaltet?

   Ja
   Nein
   Keine Meinung
   Anmerkung: ______________________________

Abbildung 138: Fragebogen zur Thesaurierungsbegünstigung (Seite 8)

Quelle: Eigene Darstellung

Fragebogen zur Inanspruchnahme der Thesaurierungsbegünstigung nach § 34a EStG

5. Sehen Sie Bedarf für etwaige Nachbesserungen des § 34a EStG? Wenn ja, in welchen Bereichen?

Bitte wählen Sie einen oder mehrere Punkte aus der Liste aus.

Ja: Höhe bzw. Ausgestaltung des Thesaurierungs-Steuersatzes
Ja: Höhe bzw. Ausgestaltung des Nachversteuerungs-Steuersatzes
Ja: Nichtschädlichkeit der Entnahmen für Steuerzahlungen
Ja: Keine Zwangsnachversteuerung bei Umwandlung in eine Kapitalgesellschaft
Ja: Verwendungsreihenfolge
Ja: Kein „Lock-In" bei steuerfreien Gewinnen
Ja: Berücksichtigung bei Festsetzung der Vorauszahlungen
Ja: Definition von Einlagen und Entnahmen
Ja: Ermittlung des nachversteuerungspflichtigen Betrags / Nachversteuerungsbetrags
Sonstiges: ____________________
Nein
Keine Meinung

6. Welche Bedeutung messen Sie den unterschiedlichen Nachbesserungsvorschlägen bei?

	sehr wichtig	wichtig	teilweise wichtig	weniger wichtig	unwichtig	keine Antwort
Höhe bzw. Ausgestaltung Thesaurierungs-Steuersatzes						
Höhe bzw. Ausgestaltung des Nachversteuerungs-Steuersatzes						
Nichtschädlichkeit der Entnahmen für Steuerzahlungen						
Keine Zwangsnachversteuerung bei Umwandlung						
Verwendungsreihenfolge						
Kein „Lock-In" steuerfreier Gewinne						
Berücksichtigung b. Vorauszahlungen						
Definition der Entnahmen und Einlagen						
Ermittlung nachversteuerungspflichtiger Betrag / Nachversteuerungsbetrag						
Sonstiges: ____________						

Abbildung 139: Fragebogen zur Thesaurierungsbegünstigung (Seite 9)

Quelle: Eigene Darstellung

Fragebogen zur Inanspruchnahme der Thesaurierungsbegünstigung nach § 34a EStG

7. Haben Sie weitere Anmerkungen bzw. Verbesserungsvorschläge?

____

____

____

____

Vielen Dank für Ihre Teilnahme!

Hinweis:

Die Ergebnisse werden nach Abschluss der Untersuchung auf unserer Homepage veröffentlicht. Wenn Sie uns eine E-Mail-Adresse hinterlassen, schicken wir Ihnen die Auswertung auch gerne per E-Mail zu. Ihre Daten werden selbstverständlich anonym behandelt. Unter allen Teilnehmern, die uns eine E-Mail-Adresse hinterlassen, verlosen wir zudem zehn Buchpreise (u.a. Kessler/Kröner/Köhler, Konzernsteuerrecht, 2. Auflage 2008).

Freiwillige Angabe Ihrer E-Mail-Adresse: ______________________

Bitte übersenden Sie diesen Fragebogen per Post oder Fax an folgende Adresse:

Lehrstuhl für Betriebswirtschaftliche Steuerlehre der Albert-Ludwigs-Universität Freiburg
Werthmannstraße 8
D-79095 Freiburg im Breisgau
Telefon: +49 761 203 9207
Telefax: +49 761 203 9202
thesaurierung@tax.uni-freiburg.de

Abbildung 140: Fragebogen zur Thesaurierungsbegünstigung (Seite 10)
Quelle: Eigene Darstellung

Auswertung

Frage A.1.

Beraten Sie als Steuerberater unbeschränkt einkommensteuerpflichtige, natürliche Personen als Einzelunternehmer oder Gesellschafter einer Personengesellschaft?

Ja	Nein	Summe
61	4	65

Nur die 61 Ja-Antworten nehmen an der Auswertung der weiteren Fragen teil.

Frage A.2.

Wie viele unbeschränkt einkommensteuerpflichtige, natürliche Personen als Gesellschafter einer Personengesellschaft (bzw. Einzelunternehmer) betreuen Sie bzw. Ihre Abteilung ungefähr?

0-10	11-20	21-30	31-40	> 40	Ungültig	Summe
9	14	8	3	26	1	61

Frage A.3.

Wurde bzw. wird die Thesaurierungsbegünstigung nach § 34a EStG von mindestens einem der von Ihnen betreuten Gesellschafter (bzw. Einzelunternehmer) in Anspruch genommen?

<table>
<tr><th>Ja</th><th>In Planung</th><th>Nein</th><th>Nicht bekannt</th><th>Summe</th></tr>
<tr><td>29</td><td>6</td><td>25</td><td>1</td><td>61</td></tr>
<tr><td colspan="2">∑ 35
= 57,4%</td><td colspan="2">∑ 26
= 42,6%</td><td>61
= 100%</td></tr>
</table>

Nur die 35 Ja-Antworten nehmen an der Auswertung des Frageblocks B teil.

Frage B.1.

Wie viele der von Ihnen betreuten Gesellschafter (bzw. Einzelunternehmer) haben die Thesaurierungsbegünstigung nach § 34a EStG in Anspruch genommen bzw. planen die Inanspruchnahme?

Bis 5%	Bis 10%	Bis 25%	Bis 50%	Bis 75%	Bis 100%	Summe
13	12	5	1	4	0	35
37,1%	34,3%	14,3%	2,9%	11,4%	0%	100%

Frage B.2.

Welche Gründe waren bzw. sind für die Inanspruchnahme ausschlaggebend?

(Mehrfachnennungen möglich)

Steuervorteil	Kein Entnahmebedarf	Keine bessere Anlage	Eigenfinanzierung	Summe
31	26	5	15	77 Nennungen
88,6%	74,3%	14,3%	42,9%	35 Teilnehmer

Frage B.3.

Wie gewichtig waren bzw. sind die genannten Gründe (durchschnittlich) bei der Entscheidung für die Thesaurierungsbegünstigung nach § 34a EStG?

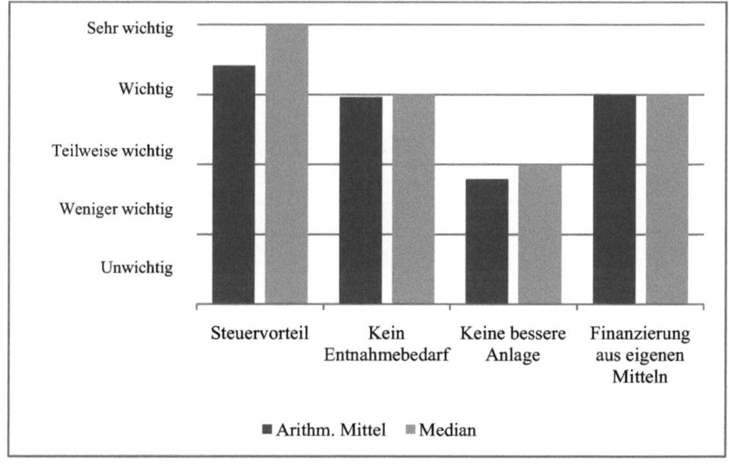

Frage B.4.

Können Sie einschätzen, welchen persönlichen Grenzeinkommensteuersätzen diejenigen Gesellschafter (typischerweise) unterliegen, welche die Thesaurierungsbegünstigung nach § 34a EStG nutzen bzw. nutzen werden?

45%	**≥ 42%**	**≥ 40%**	**< 40%**	**Summe**
14	18	3	0	35
40%	51,4%	3%	0	100%
40%	91,4%	100%	100%	kumuliert

Frage B.5.

Wurden vor der erstmaligen Inanspruchnahme der Thesaurierungsbegünstigung nach § 34a EStG Gestaltungsmaßnahmen ergriffen? Wenn ja, welche?

Entnahme v. Altgewinnen	**Sonstige**	**Nicht bekannt**	**Nein**	**Summe**
22	4	3	6	35
62,9%	11,4%	8,6%	17,1%	100%
∑ 74,3%		∑ 25,7%		100%

Frage B.6.

Wurde im Vorfeld eine genaue individuelle Vorteilhaftigkeitsberechnung durchgeführt?

Ja	**Nein**	**Nicht bekannt**	**Summe**
32	2	1	35
91,4%	5,7%	2,9%	100%

Frage B.7.

Welche laufenden Maßnahmen werden von Ihnen zur Optimierung der Thesaurierungsbegünstigung nach § 34a EStG bzw. zur Vermeidung der Nachversteuerung angewendet? *(Mehrfachnennungen möglich)*

Einl./ Entnahme-Management	**Wiedereinlage**	**WG-Übertragung**	**Steuerfreie Gewinne**
28	6	3	10
80%	17,1%	8,6%	28,6%
Schwester-PersG	**Sonstige**	**Keine**	**Summe**
12	5	1	65 Nennungen
34,3%	14,3%	2,9%	35 Teilnehmer

Frage B.8.

Wie häufig werden die von Ihnen ergriffenen Maßnahmen angewendet?

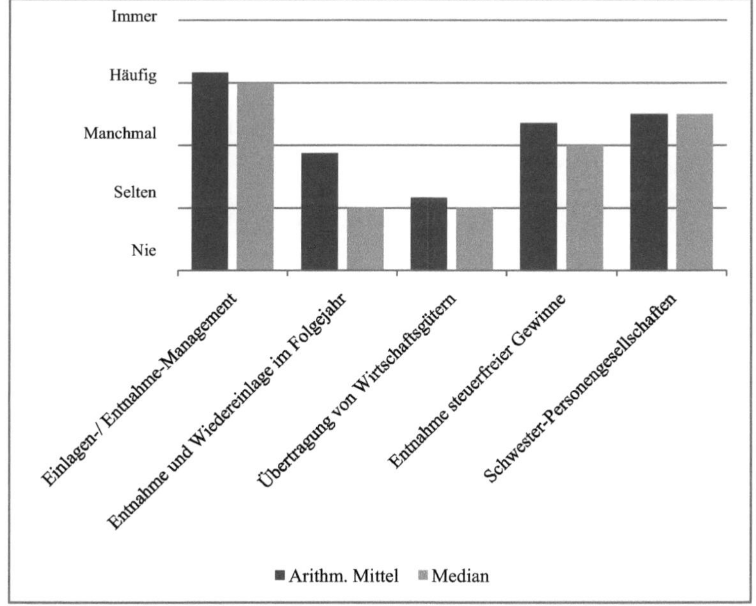

Frage B.9.

Wurden bzw. werden im Rahmen der gesonderten und einheitlichen Gewinnfeststellung der Personengesellschaft entsprechende Angaben für die (spätere) Anwendung des § 34a EStG (auf Gesellschafterebene) gemacht (bspw. gesellschafterbezogene Höhe der Entnahmen und Einlagen)?

Ja	Nein	Nicht bekannt	Summe
18	7	10	35
51,4%	20%	28,6%	100%

Frage B.10.

Ist Ihre Steuersoftware in der Lage, den Antrag auf die begünstigte Besteuerung nach § 34a EStG maschinell zu verarbeiten?

Ja	Nein	Nicht bekannt	Summe
26	2	7	35
74,3%	5,7%	20%	100%

Frage B.11.

Waren bzw. sind die jeweiligen Finanzbehörden in der Lage, den Antrag auf die begünstigte Besteuerung nach § 34a EStG maschinell zu verarbeiten?

Ja	Nein	Nicht bekannt	Summe
6	6	23	35
17,1%	17,1%	65,8%	100%

Frage C.1.

Welche Gründe sprachen bzw. sprechen (typischerweise) bei den von Ihnen beratenen Steuerpflichtigen gegen die Inanspruchnahme der Thesaurierungsbegünstigung nach § 34a EStG? *(Mehrfachnennungen möglich)*

10.000 € / 10% Grenze	Bilanzierung	Gewinneinkünfte	Steuersatz	Entnahmen
4	6	2	36	46
6,6%	9,8%	3,3%	59%	75,4%
Unsicherheit	**Aufwand**	**Bessere Investitionen**	**Umstrukturierungen**	**Veräußerung/ Aufgabe**
33	29	5	9	4
54,1%	47,6%	8,2%	14,8%	6,6%
Finanzkrise	**Sonstiges**	**Summe**		
8	4	186 Nennungen		
13,1%	6,6%	61 Teilnehmer		

Frage C.2.

Wie gewichtig waren bzw. sind diese Gründe (durchschnittlich) bei der Entscheidung gegen die Inanspruchnahme der Thesaurierungsbegünstigung nach § 34a EStG?

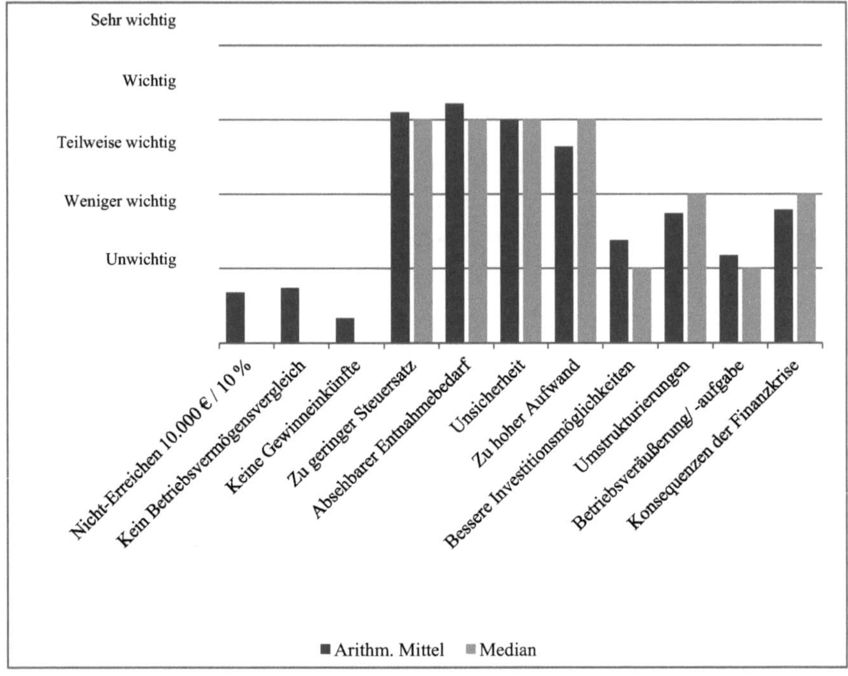

Frage D.1.

Wie ist Ihre persönliche Meinung: Sollte § 34a EStG weiterhin beibehalten werden?

Ja	Nein	Keine Meinung	Summe
25	30	6	61
41%	49,2%	9,8%	100%

Frage D.2.

Ist nach Ihrer Einschätzung durch § 34a EStG eine weitgehende Belastungsneutralität zwischen Personenunternehmen und Kapitalgesellschaften möglich?

Ja	Nein	Keine Meinung	Summe
12	43	6	61
19,7%	70,5%	9,8%	100%

Frage D.3.

Sehen Sie in der Regelung des § 34a EStG grundsätzlich einen Steuervorteil für einige Ihrer Mandanten?

Ja	Nein	Keine Meinung	Summe
37	22	2	61
60,7%	36%	3,3%	100%

Frage D.4.

Ist die Regelung des § 34a EStG zu kompliziert gestaltet?

Ja	Nein	Keine Meinung	Summe
55	5	1	61
90,2%	8,2%	1,6%	100%

Frage D.5.

Sehen Sie Bedarf für etwaige Nachbesserungen des § 34a EStG? Wenn ja, in welchen Bereichen? *(Mehrfachnennungen möglich)*

Thes.-Steuersatz	Nachver-steuerung	Nichtbegünsti-gung GewSt/ESt	Nachversteuerung b. Umwandlungen	Verw.-Reihenfolge
16	32	40	24	27
26,2%	52,5%	65,6%	39,3%	44,3%
Lock-In	**VZ**	**Einl./Entnahmen**	**Nach.pfl. Betrag**	**Summe**
18	17	14	16	204 Nenn.
29,5%	27,9%	23%	26,2%	61 TN

Frage D.6.

Welche Bedeutung messen Sie den unterschiedlichen Nachbesserungsvorschlägen bei?

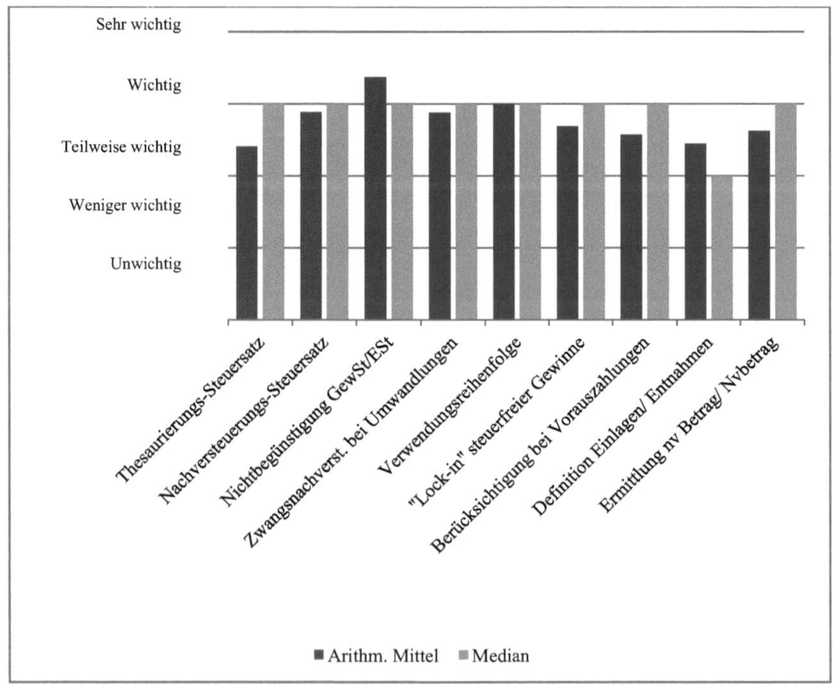

Frage D.7.

Haben Sie weitere Anmerkungen bzw. Verbesserungsvorschläge?

Originalzitate:

„In § 1 (1) Nr. 7 KStG einfügen: Personengesellschaften nach § 1 a KStG. Dort müsste dann geregelt werden, dass Personengesellschaften als Kapitalgesellschaften mit allen Konsequenzen besteuert werden, d.h. u.a. Entnahmen sind Gewinnausschüttungen oder EK-Rückzahlungen, selbstständige Steuersubjektfähigkeit für DBA, Buchwertumwandlung analog §§ 20 UmwStG."

„Besser wäre die Ausweitung des Investitionsabzugsbetrages auf größere Unternehmen. Die Anwendung des § 34a ist für das Durchschnittsunternehmen Blödsinn, weil die Gewinne zum Leben benötigt werden. Sie können, wenn überhaupt nur temporär im Unternehmen belassen werden."

„Diese Regelung ist ein weiterer typischer Beleg für den gesetzgeberischen Dilettantismus in Berlin. Die Absicht ist in Ordnung, die Umsetzung misslungen."

„Mit einem Optionsmodell wäre vieles leichter!"

„Mit wenigen Änderungen wäre es möglich, mit § 34a EStG eine ähnliche Steuerbelastung für Personenunternehmen zu schaffen wie für Kapitalgesellschaften. Diese Chance sollte nicht vertan werden."

Literaturverzeichnis

Aigner, Dietmar/Moshammer, Harald/Schneiderbauer, Agnes: Freibetrag für investierte Gewinne versus Gewinnfreibetrag - Ein Vorteilhaftigkeitsvergleich anlässlich der Regierungsvorlage, SWK 2009, 379-388

Alefs, Ralf: Abgeltungsteuer und Teileinkünfteverfahren - Vergleich zwischen altem und neuem Recht, GmbH-StB 2009, 39-45

Arens, Wolfgang: Eintragungsfähigkeit von Steuerberatungs- und Wirtschaftsprüfungs-GmbH & Co. KG im Handelsregister, DStR 2011, 1825-1828

Arntz, Thomas: Abgeltungsteuer auf Einkünfte aus Kapitalvermögen, StbJb 2010/2011, 381-417

Ashauer-Moll, Ellen/Rösch, Sonja (Abgeltungsteuer): Abgeltungsteuer - Kapital schützen - Steuern optimieren, Wiesbaden 2008

Axer, Jochen: Abgeltungs- und Veräußerungsgewinnbesteuerung ab 2009, Stbg 2007, 201-210

Bach, Stefan/Buslei, Hermann/Dwenger, Nadja/Fossen, Frank: Aufkommens- und Verteilungseffekte der Unternehmensteuerreform 2008 - Eine Analyse mit dem Unternehmensteuer-Mikrosimulationsmodell BizTax, Vierteljahreshefte zur Wirtschaftsforschung 2007, 74-85

Bachmann, Carmen/Schultze, Wolfgang: Unternehmensteuerreform 2008 und Unternehmensbewertung - Auswirkungen auf den Steuervorteil der Fremdfinanzierung von Kapitalgesellschaften, DBW 2008, 9-34

Balmes, Frank/Rautenstrauch, Gabriele/Kott, Michael: Societas Privata Europaea (Europäische Privatgesellschaft) - laufende Besteuerung und ausgewählte steuerliche Sonderfragen, DStR 2009, 1557-1564

Balmesund, Frank/Graessner, Hans-Christoph: Steuerrechtliche Behandlung von tracking stocks, DStR 2002, 838-841

Bareis, Peter: Vom Nutzen der doppelten Buchführung für das Steuerrecht - Anmerkungen zu BFH I R 74/06 und zur Auslegung des § 34a EStG, FR 2008, 537-547

Bareis, Peter: "Belastungswirkungen" verdeckter Gewinnausschüttungen - Ergänzende Anmerkungen zum Aufsatz von Binz, DStR 2008, 1820, DStR 2009, 600-604

Bareis, Peter: Korrektur verdeckter Gewinnausschüttungen außerhalb der Bilanz? Ergänzung zu Harle, GmbHR 2008, 1257 ff., GmbHR 2009, 813-816

Bareis, Peter: Irrungen und Wirrungen bei verdecktem Einkommen (vGA) - Ein Gegenentwurf zur herrschenden Lehre, in: Baumhoff/Dücker/Köhler (Hrsg.), Besteuerung, Rechnungslegung und Prüfung der Unternehmen - Festschrift für Professor Dr. Norbert Krawitz, Wiesbaden 2010, 3-20

Bareis, Peter: Verfassungswidriger Übergang auf das Halbeinkünfteverfahren - Anmerkungen zum Beschluss des BVerfG - 1 BvR 2192/05, FR 2010, 472, FR 2010, 455-462

Bareis, Peter: Änderungen der Verfügungsrechte bei Mitunternehmerschaften ohne oder mit Gewinnrealisierung? Zur Diskussion zwischen I. und IV. Senat des BFH, FR 2011, 153-165

Baretti, Christian/Radulescu, Doina Maria/Stimmelmayr, Michael: Die Unternehmensteuerreform 2008: Deutschlands Antwort auf die Globalisierung - oder doch ein Stückwerk?, ifo-Schnelldienst 2/2008, 30-38

Barth, Alexander (Unternehmensteuerreform 2008): Unternehmensteuerreform 2008, Baden-Baden 2007

Bäumer, Heike: Die Thesaurierungsbegünstigung nach § 34a EStG - einzelne Anwendungsprobleme mit Lösungsansätzen, DStR 2007, 2089-2095

Baumgärtel, Martina/Lange, Ulf in: Herrmann/Heuer/Raupach, Einkommensteuer- und Körperschaftsteuergesetz: Kommentar, 246. Erg. Loseblatt, August 2011, Köln

Baumgärtel, Martina/Lange, Ulf in: Herzig/Tobin/Eckhardt/Kessler/Eisgruber/Hölzl/Ester-er/Kaeser/Blumers/Cazzonelli/Käßner/Welling/Hölzemann/Edelmann/Geberth/Baumg ärtel/Lange, Handbuch Unternehmensteuerreform 2008 (Lexis Nexis): Kommentar, Münster 2008

Bäuml, Swen O. (Besteuerung privater Veräußerungsgeschäfte): System und Reform der Besteuerung privater Veräußerungsgeschäfte - Bestandsaufnahme und Analyse von Reformansätzen unter steuersystematischen und verfassungsrechtlichen Aspekten, Frankfurt 2005, zugl. Diss.

Bäuml, Swen O.: Erbschaftsteuerreform: Auswirkungen auf (kapitalmarktorientierte) Unternehmen, Wahl der "richtigen" Bewertungsmethode und Rechtsformwirkungen, GmbHR 2009, 1135-1141

Bäuml, Swen O.: Aktuelle Rechtsprechung zur Abzinsung von Gesellschafterdarlehen, DStZ 2010, 835-840

Bauschatz, Peter: Finanzunternehmen nach § 8b Abs. 7 Satz 2 KStG, DStZ 2009, 502-507

Bayer, Frank: Verlorene Gesellschafterdarlehen im steuerlichen Privatvermögen, DStR 2009, 2397-2402

Bayer, Walter/Hoffmann, Thomas: Die Wahrnehmung der *limited* als Rechtsformalternative zur GmbH, GmbHR 2007, 414-417

Bayer, Walter/Hoffmann, Thomas/Lieder, Jan: Ein Jahr MoMiG in der Unternehmenspraxis - Rechtstatsachen zu Unternehmergesellschaft, Musterprotokoll, genehmigtes Kapital, GmbHR 2010, 9-16

Bayer, Walter/Hoffmann, Thomas/Schmidt, Jessica: Ein Blick in die deutsche SE-Landschaft fünf Jahre nach Inkrafttreten der SE-VO, AG 2009, 480-482

BDI (Mängelliste des deutschen Steuerrechts): BDI-Mängelliste des deutschen Steuerrechts - Steuerrecht vereinfachen und Bürokratie abbauen, Berlin 2010

Beck, Ralf/Klar, Michael: Asset Deal versus Share Deal - Eine Gesamtbetrachtung unter expliziter Berücksichtigung des Risikoaspekts, DB 2007, 2819-2826

Becker, Enno/Lion, Max: Ist es wünschenswert, das Einkommen aus Gewerbebetrieb nach gleichmäßigen Grundsätzen zu besteuern, ohne Rücksicht auf die Rechtsform, in der das Gewerbe betrieben wird? Welche Wege rechtlicher Ausgestaltung bieten sich für eine solche Besteuerung?, in: Deutscher Juristentag (Hrsg.), 33. Deutscher Juristentag, Berlin/Leipzig 1925, 429-495

Becker, Wolfgang/Ulrich, Patrick: Mittelstand, KMU und Familienunternehmen in der Betriebswirtschaftslehre, WISt 2009, 2-7

Becker, Wolfgang/Ulrich, Patrick/Baltzer, Björn: Controlling in mittelständischen Unternehmen - Effekte von Unternehmensgröße und Familieneinfluss, DB 2011, 309-313

Beckers, Markus (Deferred Compensation): Internationale Probleme bei der Besteuerung von deferred compensation, Baden-Baden 2007, zugl. Diss.

Beckmann, Ute/Schanz, Sebastian: Investitions- und Finanzierungsentscheidungen in Personenunternehmen nach der Unternehmensteuerreform 2008, FB 2009, 162-169 (entspricht arqus Diskussionsbeitrag Nr. 62 v. Februar 2009)

Behrens, Stefan: Neuregelung der Besteuerung der Einkünfte aus Kapitalvermögen ab 2009 nach dem Regierungsentwurf eines Unternehmenssteuerreformgesetzes vom 14.3.2007, BB 2007, 1025-1032

Behrens, Stefan/Renner, Georg: Beschränkung des Anwendungsbereichs der Abgeltungsteuer zur Missbrauchsvermeidung nach § 32d Abs. 2 Nr. 1 EStG, BB 2008, 2319-2328

Beland, Ulrike (Entwicklung der Realsteuerhebesätze (IFSt-Schrift Nr. 465)): Entwicklung der Realsteuerhebesätze der Gemeinden mit 50.000 und mehr Einwohnern im Jahr 2010 gegenüber 2009 (IFSt-Schrift Nr. 465), Bonn 2010

Benecke, Andreas/Schnitger, Arne: Die steuerliche Behandlung nicht wesentlich beteiligter Anteilseigner bei Umwandlungen: Ein Diskussionsbeitrag, Ubg 2011, 1-12

Benz, Sebastian/Goß, Katja Maria: Die gewerbesteuerliche Anerkennung des Treuhandmodells - Anmerkungen zum Urteil des BFH vom 3.2.2010, IV R 26/07, DStR 2010, 743, DStR 2010, 839-845

Benz, Sebastian/Grundke, Matthias: Gewerbesteuerliches Treuhandmodell - Die Entscheidung des FG Düsseldorf vom 14.9.2007 unter dem Blickwinkel der wertungsjuristischen Methodenlehre nach Karl Larenz und des Legalitätsprinzips im Steuerrecht, StuW 2009, 151-162

Beranek, Axel: Steuerlicher Rechtsformvergleich zwischen Personen- und Kapitalgesellschaft, SteuerStud 1999, 494-505

Bergemann, Achim/Markl, Richard/Althof, Michael: Die Gewerbesteuer im Lichte des Regierungsentwurfs zur Unternehmensteuerreform 2008 - Die Auswirkungen der geplanten Änderungen für die Praxis, DStR 2007, 693-700

Bergemann, Achim/Raffel, Michael: Bemessung der Gewerbesteuer, in: RP Richter & Partner (Hrsg.), Gewerbesteuer - Gestaltungsberatung in der Praxis, Wiesbaden 2008, 93-135

Betriebsteuerausschuß der Verwaltung für Finanzen: Bericht und Gesetzentwürfe zur Betriebsteuer, StuW 1949, 929-1068

Bindl, Elmar: § 34a EStG bei Umwandlungen, DB 2008, 949-956

Binnewies, Burkhard: Steuerrechtliche Behandlung von Gewinnausschüttungen - Schwierigkeiten bei Rückforderungsansprüchen und Zugriff auf das Einlagekonto, GmbH-StB 2009, 255-261

Binz, Hans-Bert: Unternehmensteuerreform 2008: Rechtsformspezifische Steuerwirkungen im Überblick, DStR 2007, 1692-1695

Binz, Hans-Bert: Verdeckte Gewinnausschüttungen - gestern und morgen - Belastungswirkungen an einem praktischen Beispiel, DStR 2008, 1820-1823

Binz, Mark K./Sorg, Martin: Hat die GmbH & Co. KG bei den Familienunternehmen immer noch die Nase vorn?, GmbHR 2011, 281-283

Birk, Dieter: "Besteuerung nach Wahl" als verfassungsrechtliches Problem, NJW 1984, 1325-1329

Bisle, Michael: Steuerklauseln in Gesellschaftsverträgen von Personengesellschaften, SteuK 2012, 182-184

Blaufus, Kay/Hechtner, Frank/Hundsdoerfer, Jochen: Die Gewerbesteuerkompensation nach § 35 EStG im Jahressteuergesetz 2008 - Was will und der Gesetzgeber mit der Neufassung sagen?, BB 2008, 80-88

Blum, Andreas: Wann lohnt sich die Thesaurierungsbesteuerung für Personengesellschaften nach der Unternehmensteuerreform 2008?, BB 2008, 322-326

Blumers, Wolfgang/Beinert, Stefanie/Witt, Sven-Christian: Individuell gesteuerter Gewinnzufluss zur Gesellschafterebene bei Kapitalgesellschaften (Teil I), DStR 2002, 565-570

BMF (Planspiele Unternehmensteuerreform): Administrierbarkeit der Modelle zur Unternehmensteuerreform bei Finanzverwaltung, Steuerpflichtigen und Steuerberatern - Ergebnisse der Planspiele und des Modellvergleichs (Schriftenreihe des Bundesministeriums der Finanzen, Heft 67), Eschborn/Köln 2000

BMF (21. Subventionsbericht): Einundzwanzigster Subventionsbericht - Bericht der Bundesregierung über die Entwicklung der Finanzhilfen des Bundes und der Steuervergünstigungen für die Jahre 2005-2008, Berlin 2008

BMF (Steuern im internationalen Vergleich): Die wichtigsten Steuern im internationalen Vergleich 2009, Berlin 2010

Bodden, Guido: Verfahrensrechtliche Zusammenhänge der Thesaurierungsbesteuerung nach § 34a EStG, FR 2011, 829-840

Bodden, Guido: Die Thesaurierungsbegünstigung des § 34a EStG im Gesamtgefüge der Einkommensbesteuerung, FR 2012, 68-77

Boettcher, Carl: Vorschlag eines Betriebssteuerrechts, StuW 1947, 67-90

Bogenschütz, Eugen: Hybride Finanzierungen im grenzüberschreitenden Kontext, Ubg 2008, 533-543

Bogenschütz, Eugen: Aktuelle Entwicklungen bei der Umwandlung von Kapital- in Personengesellschaften, Ubg 2009, 604-618

Bogenschütz, Eugen: Umwandlung von Kapital- in Personengesellschaften, Ubg 2011, 393-408

Bohley, Peter (Öffentliche Finanzierung): Die Öffentliche Finanzierung - Steuern, Gebühren und öffentliche Kreditaufnahme, München/Wien 2003

Böhmer, Julian: Das Trennungsprinzip im Körperschaftsteuerrecht - Grundsatz ohne Zukunft?, StuW 2012, 33-42

Bolik, Andreas (Steueroptimale Unternehmensfinanzierung und Gewinnthesaurierung): Die neue deutsche Körperschaftsteuer - Steueroptimale Unternehmensfinanzierung und Gewinnthesaurierung im körperschaftsteuerlichen Halbeinkünfteverfahren, Lohmar/Köln 2006, zugl. Diss.

Boochs, Wolfgang in: Lademann, Kommentar zum Einkommensteuergesetz: Kommentar, 182. Erg. Loseblatt, Juli 2011, Stuttgart

Borell, Rolf/Schemmel, Lothar: Steuervereinfachung - I. Teil, DStZ 1987, 110-116

Bösl, Konstantin (Schedulensteuer): Ökonomische und steuersystematische Aspekte einer Schedulensteuer, 2007

Brähler, Gernot: Statische versus dynamische Steuerbelastungsvergleiche - Vorteilhaftigkeitsüberlegungen anhand einer empirischen Untersuchung der Steuergesetzgebung in Deutschland, DBW 2008, 654-670

Brähler, Gernot/Guttzeit, Mandy/Scholz, Christoph: Gelungene Reform oder überflüssige Norm? Eine quantitative Studie zu § 34a EStG, StuW 2012, 119-130

Brandenberg, Hermann Bernwart: Personengesellschaften in der Unternehmensteuerreform, insbesondere Thesaurierungsmodell, JbFSt 2007/2008, 324-340

Brandenberg, Hermann Bernwart: Besteuerung der Personengesellschaften - unpraktikabel und realitätsfremd? Plädoyer für die Beibehaltung der Rechtslage, FR 2010, 731-736

Breithecker, Volker in: Breithecker/Förster/Förster/Klapdor, UntStRefG - Unternehmensteuerreformgesetz 2008: Kommentar, Berlin 2007

Breithecker, Volker/Baumann, Arnd: Beratereinfluss auf die Rechtsformwahlentscheidung für Existenzgründer, DStR 1998, 219-224

Breithecker, Volker/Garden, Christian/Thönnes, Marco: Steuerbelastung jenseits der Steuerbelastung, DStR 2007, 361-367

Breuninger, Gottfried E./Krüger, Astrid: Tracking Stocks als Gestaltungsmittel im Spannungsfeld von Aktien- und Steuerrecht, in: Hommelhoff/Zätzsch/Erle (Hrsg.), Gesellschaftsrecht, Rechnungslegung, Steuerrecht - Festschrift für Welf Müller zum 65. Geburtstag, München 2001, 527-556

Broer, Michael: Finanzierungsneutrale Besteuerung von Einzelunternehmen - Zum politischen Bedeutungsverlust eines ökonomischen Postulats in Europa, StuW 2010, 57-64

Broer, Michael/Dwenger, Nadja: Die kurzfristigen Steuereffekte der "Thesaurierungsbegünstigung" - eine mikrofundierte Analyse, BFuP 2009, 422-437 (entspricht DIW-Discussion Paper 765 v. Februar 2008)

Bron, Jan F./Seidel, Karsten: Kapitalerträge und private Veräußerungsgeschäfte - Änderungen durch das Jahressteuergesetz 2010, Deutscher AnwaltSpiegel Spezial "Private Clients" 2011, 17-20

Brück, Michael J. J./Sinewe, Patrick (Steueroptimierter Unternehmenskauf): Unternehmenskauf, 2. Auflage, Wiesbaden 2010

Brucker, Markus: Die Abgeltungsteuer in der Beratungspraxis, SteuerConsultant 9/2010, 16-22

Bruckner, Karl E.: Duale Einkommensteuer mit Zinsabzug für das Eigenkapital - neue Konzepte für die Unternehmensbesteuerung, in: Urnik/Fritz-Schmied/Kanduth-Kristen (Hrsg.), Steuerwissenschaften und betriebliches Rechnungswesen: Strukturen - Prinzipien - Neuerungen: Festschrift für Herbert Kofler zum 60. Geburtstag, Wien 2009, 423-450

Brüggemann, Gerd: Personenunternehmen: Erbschaft- und Schenkungsteuer bei Thesaurierung, ErbBstg 2007, 210-211

Brümmerhoff, Dieter (Finanzwissenschaft): Finanzwissenschaft, 8. Auflage, München/Wien 2001

Brusch, Friedrich: Unternehmensteuerreformgesetz 2008: Abgeltungsteuer, FR 2007, 999-1004

Buchna, Johannes/Seeger, Andreas/Brox, Wilhelm (Gemeinnützigkeit im Steuerrecht): Gemeinnützigkeit im Steuerrecht - Die steuerlichen Begünstigungen für Vereine, Stiftungen und andere Körperschaften - Steuerliche Spendenbehandlung, 10. Auflage, Bremen 2010

Buchwald, Carsten (Expertensysteme für das Steuermanagement): Expertensysteme für das Steuermanagement im internationalen Konzern - Einsatz in der Steuerplanung und bei steuerlichen Mitwirkungspflichten, Berlin 2007, zugl. Diss.

Bühler, Ottmar: Der Einfluß des Steuerrechts auf die Gesellschaftsformen, Zeitschrift für handelswissenschaftliche Forschung 1941, 81-129

Bühler, Ottmar: Umstrittener Wert des § 32a EStG, DB 1950, 13-18

Bühler, Ottmar (Steuerrecht der Gesellschaften): Steuerrecht der Gesellschaften und Konzerne, 2. Auflage, Berlin/Frankfurt 1953

Bünning, Martin: Steuer- und handelsbilanzielle Gestaltungsmöglichkeiten bei der Übertragung von Vermögensgegenständen auf Personengesellschaften, BB 2010, 2357-2361

Busch, Jochen/Brandtner, Urs Bernd: Die neue Abgeltungsteuer, GmbHR 2007, R 289-R 290

Busch, Stephan/Wrede, Klaus C. in: Priester/Mayer, Münchener Handbuch des Gesellschaftsrechts - Band 3 - Gesellschaft mit beschränkter Haftung: Kommentar, 3. Auflage, München 2009

Buschmann, Birgit/Reif, Marcel-Steffen/Hillenbrand, Sven: Rechtsformwahl in kleinen und mittleren Unternehmen - Ergebnisse einer empirischen Untersuchung, in: Achleitner/Klandt/Koch/Voigt (Hrsg.), Jahrbuch Entrepreneurship 2004/2005 - Gründungsforschung und Gründungsmanagement, Berlin/Heidelberg/New York 2005, 121-144

Carlé, Dieter/Demuth, Ralf: Steuerklauseln in Verträgen, KÖSDI 2008, 15979-15989

Carlé, Thomas: Steuerlicher "Durchgriff" bei Mitunternehmern und Körperschaften, KÖSDI 2009, 16769-16778

Carlé, Thomas/Helms, Ulrike: Steuerberaterhaftung - Vorbeugung und Reaktion, KÖSDI 2009, 16571-16582

Chmielewicz, Klaus (Forschungskonzeptionen): Forschungskonzeptionen der Wirtschaftswissenschaften, 2. Auflage, Stuttgart 1979

Cnossen, Sijbren: Taxing capital income in the Nordic countries: a model for the European Union?, Finanzarchiv 1999, 18-37

Cordes, Martin: Thesaurierungsbegünstigung nach § 34a EStG n.F. bei Personenunternehmen - Analyse der Be- bzw. Entlastungswirkungen bei der laufenden Besteuerung und der Auswirkungen auf Umstrukturierungen, WPg 2007, 526-530

Cordes, Martin: Gewerbesteueranrechnung: Begrenzung auf die tatsächlich zu zahlende Gewerbesteuer bei mehreren unternehmerischen Engagements, DStR 2010, 1416-1418

Creutzmann, Andreas: Unternehmensbewertung im Steuerrecht - Neuregelungen des Bewertungsgesetzes ab 1.1.2009, DB 2008, 2784-2791

Crezelius, Georg: Kodifizierte und rechtsprechungstypisierte Umgehungen, StuW 1995, 313-325

Crezelius, Georg: Besteuerung aus Drittverhalten? Überlegungen zu sog. Behaltefristen, FR 2002, 805-811

Crezelius, Georg: Zur Thesaurierungsbegünstigung nach § 34a EStG, in: Kirchhof/Nieskens (Hrsg.), Festschrift für Wolfram Reiß zum 65. Geburtstag, Köln 2008, 399-412

Crezelius, Georg: Personengesellschaftsverträge und Thesaurierungsbegünstigung, in: Wachter (Hrsg.), Festschrift für Sebastian Spiegelberger zum 70. Geburtstag - Vertragsgestaltung im Zivil- und Steuerrecht, Bonn 2009, 65-72

Crezelius, Georg: Nachsteuertatbestände und Umwandlungssteuerrecht, FR 2011, 401-411

Damas, Jens Peter/Ungemach, Markus: Schreckgespenst Gesamtplanrechtsprechung? Erwägungen für die Gestaltungspraxis, Dogmatik und Historie eines Argumentationstopos, DStZ 2007, 552-560

Delp, Udo A.: Obliegenheiten, versteckte Risiken und Rechte der Kapitalanleger unter der Abgeltungsteuer, DB 2010, 526-532

Delp, Udo A.: Aktuelle Gestaltungs- und Problemzonen der Abgeltungsteuer, DB 2011, 196-201

Derlien, Ulrich/Wittkowski, Ansas: Neuerungen bei der Gewerbesteuer - Auswirkungen in der Praxis, DB 2008, 835-844

Desens, Marc in: Herrmann/Heuer/Raupach, Einkommensteuer- und Körperschaftsteuergesetz: Kommentar, 246. Erg. Loseblatt, August 2011, Köln

Desens, Marc (Halbeinkünfteverfahren): Das Halbeinkünfteverfahren - Eine theoretische, historische, systematische und verfassungsrechtliche Würdigung, Köln 2004, zugl. Diss.

Devereux, Michael P./Griffith, Rachel: Taxes and the location of production: evidence from a panel of US multinationals, Journal of Public Economics 1998, 335-367

Devereux, Michael P./Griffith, Rachel (The Taxation of Discrete Investment Choices): The Taxation of Discrete Investment Choices - Revision 2, IFS Working Paper W 98/16, London 1999

Diekmann, Andreas (Empirische Sozialforschung): Empirische Sozialforschung - Grundlagen, Methoden, Anwendungen, 20. Auflage, Reinbek 2009

DIHK (Evaluation der Unternehmensteuerreform 2008): Evaluation der Unternehmensteuerreform - Umfrage zu den Auswirkungen der Unternehmensteuerreform 2008, Berlin 2009

Diller, Markus: Steuerplanung bei Personenunternehmen unter Berücksichtigung der Thesaurierungsbegünstigung, WISt 2008, 674-677

Diller, Markus/Wimmer, Kilian: Unternehmensteuerreform 2008: Steuerwirkungsanalyse und Rechtsformwahl - Analyse der Steuertarifänderungen und deren Auswirkungen auf die Rechtsformwahl, FB 2007, 573-578

Dinkelbach, Andreas: Einlagen und Abgeltungsteuer - Gestaltungsmöglichkeiten und Nachbesserungsbedarf, DStR 2011, 941-946

Djanani, Christiana/Weitbrecht, Götz: Vergleich der deutschen Abgeltungsteuer mit der österreichischen Endbesteuerung, in: Urnik/Fritz-Schmied/Kanduth-Kristen (Hrsg.), Steuerwissenschaften und betriebliches Rechnungswesen: Strukturen - Prinzipien - Neuerungen: Festschrift für Herbert Kofler zum 60. Geburtstag, Wien 2009, 237-252

Doralt, Werner/Ruppe, Hans-Georg (Grundriss des österreichischen Steuerrechts): Grundriss des österreichischen Steuerrechts - Band I: Einkommensteuer, Körperschaftsteuer, Umgründungssteuergesetz, Umsatzsteuer, Kommunalsteuer, 8. Auflage, Wien 2003

Dorenkamp, Christian: Unternehmenssteuerreform und partiell nachgelagerte Besteuerung von Einkommen, StuW 2000, 121-132

Dorenkamp, Christian (Nachgelagerte Besteuerung): Nachgelagerte Besteuerung von Einkommen - Besteuerungsaufschub für investierte Reinvermögensmehrungen, Berlin 2004, zugl. Diss.

Dorenkamp, Christian (Systemgerechte Neuordnung der Verlustverrechnung (IFSt-Schrift Nr. 461)): Systemgerechte Neuordnung der Verlustverrechnung - Haushaltsverträglicher Ausstieg aus der Mindestbesteuerung (IFSt-Schrift Nr. 461), Bonn 2010

Dörfler, Harald in: Littmann/Bitz/Pust, Das Einkommensteuerrecht - Kommentar zum Einkommensteuerrecht: Kommentar, 91. Erg. Loseblatt, Mai 2011, Stuttgart

Dörfler, Harald/Fellinger, Antje/Reichl, Alexander: Kleine Schritte, große Wirkung - Vorschläge zur Fortentwicklung des § 34a EStG, Beihefter zu DStR 29 / 2009, 69-74

Dörfler, Harald/Graf, Roland W./Reichl, Alexander: Die geplante Besteuerung von Personenunternehmen ab 2008 - Ausgewählte Problembereiche des § 34a EStG im Regierungsentwurf, DStR 2007, 645-652

Dörfler, Oliver/Adrian, Gerrit: Steuerbilanzpolitik nach BilMoG, Ubg 2009, 385-394

Döring, Ulrich: Bemerkungen zum Sperreffekt, zfbf 1985, 81-82

Dörner, Bernhard M. (Rechtsform): Rechtsform nach Maß - Entscheidungshilfen für eine zweckmäßige Rechtsform, Freiburg 1994

Dörner, Bernhard M.: Verdeckte Gewinnausschüttungen sowie Leistungen zwischen Kapitalgesellschaft und Gesellschafter nach dem Halbeinkünfteverfahren, INF 2001, 76-81

Dörner, Bernhard M.: Vor- und Nachteile der Vermögensverwaltungs-GmbH in ertrag- und erbschaftsteuerlicher Sicht, INF 2002, 11-18

Dörschell, Andreas/Franken, Lars/Schulte, Jörn: Ermittlung eines objektivierten Unternehmenswerts für Personengesellschaften nach der Unternehmensteuerreform 2008, WPg 2008, 444-454

Dötsch, Ewald in: Dötsch/Jost/Pung/Witt, Die Körperschaftsteuer - Kommentar zum Körperschaftsteuergesetz, Umwandlungssteuergesetz und zu einkommensteuerrechtlichen Vorschriften der Anteilseignerbesteuerung: Kommentar, 70. Erg. Loseblatt, Dezember 2010, Stuttgart

Dötsch, Ewald: Einbindung von Personengesellschaften in einen Organkreis, in: Kessler/Förster/Watrin (Hrsg.), Unternehmensbesteuerung - Festschrift für Norbert Herzig zum 65. Geburtstag, München 2010, 243-257

Dötsch, Ewald/Pung, Alexandra in: Dötsch/Jost/Pung/Witt, Die Körperschaftsteuer - Kommentar zum Körperschaftsteuergesetz, Umwandlungssteuergesetz und zu einkommensteuerrechtlichen Vorschriften der Anteilseignerbesteuerung: Kommentar, 70. Erg. Loseblatt, Dezember 2010, Stuttgart

Dötsch, Ewald/Pung, Alexandra: SEStEG: Die Änderungen des UmwStG (Teil I), DB 2006, 2704-2714

Drüen, Klaus-Dieter in: Tipke/Kruse, Abgabenordnung - Finanzgerichtsordnung (Kommentar): Kommentar, 125. Erg. Loseblatt, März 2011, Köln

Drüen, Klaus-Dieter: Rechtsformneutralität der Unternehmensbesteuerung als verfassungsrechtlicher Imperativ?, GmbHR 2008, 393-403

Drüen, Klaus-Dieter: Über Theorien im Steuerrecht, in: Tipke/Seer/Hey/Englisch (Hrsg.), Festschrift für Joachim Lang zum 70. Geburtstag - Gestaltung der Steuerrechtsordnung, Köln 2010, 57-82

Drüen, Klaus-Dieter: Unternehmensbesteuerung und Verfassung im Lichte der jüngsten Rechtsprechung des BVerfG - Anmerkungen zum Beschluss des BVerfG vom 17.11.2009 zur Verfassungswidrigkeit von Umgliederungsverlusten beim Körperschaftsteuerminderungspotential, DStR 2010, 513-520

Ebling, Iris/Ebling, Klaus: Die Quadratur des Gordischen Knotens im Steuerrecht, in: Mellinghoff/Schön/Viskorf (Hrsg.), Steuerrecht im Rechtsstaat - Festschrift für Wolfgang Spindler zum 65. Geburtstag, Köln 2011, 51-66

Eckhoff, Rolf: Die Schedule - de lege lata und de lege ferenda, in: Kirchhof/Lambsdorff/Pinkwart (Hrsg.), Perspektiven eines modernen Steuerrechts - Festschrift für Hermann Otto Solms, Berlin 2005, 27-34

Eckhoff, Rolf: Abgeltungsteuer: Steuersystematische und verfassungsrechtliche Aspekte, FR 2007, 989-998

Ehlers, Harald: Ein Plädoyer für eine begrenzte Haftung der Steuerberater, DStR 2010, 2154-2160

Ehrke-Rabel, Tina/Kofler, Georg: Gratwanderungen - Das Niemalsland zwischen aggressiver Steuerplanung, Missbrauch und Abgabenhinterziehung, ÖStZ 2009, 456-472

Ehrsam, Jörn: GmbH-Holding für den Mittelstand, GmbH-Stpr. 2008, 41-46

Eichfelder, Sebastian: Teilsteuerrechnung nach der Unternehmensteuerreform 2008/2009, StB 2008, 199-205

Eichfelder, Sebastian (Folgekosten der Besteuerung): Folgekosten der Besteuerung aus entscheidungstheoretischer Perspektive, Wuppertal 2009, zugl. Diss.

Eichfelder, Sebastian: Steuerkomplexität als Markteintrittsbarriere?: Entscheidungswirkungen steuerlicher Planungs- und Vollzugskosten, zfbf 2011, 810-831

Eidenmüller, Horst/Engert, Andreas/Hornuf, Lars: Die Societas Europaea: Empirische Bestandsaufnahme und Entwicklungslinien einer neuen Rechtsform, AG 2008, 721-730

Eigenstetter, Hans (Steuerpolitik): Entscheidungsmodelle für eine anteilseignerbezogene Steuerpolitik - zugleich ein Beitrag zur Wahl der Mitunternehmer-GmbH als Gestaltungsinstrument, Frankfurt 1997, zugl. Diss.

Eilers, Stephan: Disquotale Gewinnausschüttungen und Tracking Stocks, StbJb 2001/2002, 413-433

Eisenach, Manfred (Steuerplanung): Grundlagen, Instrumente und Konzept einer entscheidungsorientierten Steuerplanung: Ein Beitrag zur Planung der Steuerbelastung der Unternehmung mittels dynamischer Teilsteuerrechnung, Köln 1974, zugl. Diss.

Eisgruber, Thomas: Belastungsvergleiche nach Rechtsformen nach der Unternehmensteuerreform, DK 2008, 343-351

Eisgruber, Thomas: Rechtsformneutrale Besteuerung: Die steuerpolitische Diskussion seit 2003, in: Wachter (Hrsg.), Festschrift für Sebastian Spiegelberger zum 70. Geburtstag - Vertragsgestaltung im Zivil- und Steuerrecht, Bonn 2009, 103-112

Elschen, Rainer: Entscheidungsneutralität, Allokationseffizienz und Besteuerung nach der Leistungsfähigkeit - oder: Gibt es ein gemeinsames Fundament der Steuerwissenschaften?, StuW 1991, 99-115

Elser, Thomas: Warum die GmbH nur selten als Spardose taugt, BB 2001, 805-810

Elser, Thomas/Bindl, Elmar: Einzelfragen zur Abgeltungsteuer - Teil II (Anm. zum BMF-Schreiben, BStBl. I 2010, 94), FR 2010, 360-369

Emmerich, Volker in: Scholz, GmbHG - Kommentar zum GmbHG: Kommentar, 10. Auflage, Köln 2010

Endres, Dieter/Rödl, Christian/Spengel, Christoph/Scheffler, Wolfram: Konsequenzen der Internationalisierung der Steuerberatung für Forschung und Lehre im Fach "Betriebswirtschaftliche Steuerlehre", DStR 2009, 2500-2506

Endres, Dieter/Spengel, Christoph/Reister, Timo: Neu Maß nehmen: Auswirkungen der Unternehmensteuerreform 2008, WPg 2007, 478-489

Engels, Wolfram/Stützel, Wolfgang (Teilhabersteuer): Teilhabersteuer - Ein Beitrag zur Vermögenspolitik, zur Verbesserung der Kapitalstruktur und zur Vereinfachung des Steuerrechte, 2. Auflage, Frankfurt 1968

Englisch, Joachim (Duale Einkommensteuer (IFSt-Schrift Nr. 432)): Die Duale Einkommensteuer - Reformmodell für Deutschland? (IFSt-Schrift Nr. 432), Bonn 2005

Englisch, Joachim: Verfassungsrechtliche und steuersystematische Kritik der Abgeltungssteuer, StuW 2007, 221-240

Englisch, Joachim: Kommentar zur Verfassungsmäßigkeit des Halbabzugsverbots gemäß § 3c Abs. 2 EStG, FR 2008, 230-232

Erdweg, Anton: Die Publikums-GmbH & Co. KG und ihre Gesellschafter im Ertragsteuerrecht - Anmerkungen zum Beschluß des großen Senats des BFH vom 25.7.1984 GrS 4/82, FR 1984, 601-606

Erle, Bernd/Heurung, Rainer in: Erle/Sauter, Körperschaftsteuergesetz - Die Besteuerung der Kapitalgesellschaft und ihrer Anteilseigner: Kommentar, 3. Auflage, Heidelberg 2010

Eßers, Claus/Sirchich von Kis-Sira, Patricia: Gesellschaftsverträge und Steuerklauseln, StbJb 2009/2010, 89-106

Ewert, Ralf/Niemann, Rainer: Haftungsbeschränkungen, Verlustverrechnungsbeschränkungen und die Bereitschaft zur Risikoübernahme - Zur Bedeutung einer rechtsformabhängigen Besteuerung für die Gewährleistung risikobezogener Entscheidungsneutralität, zfbf Sonderheft 63/11, 94-131 (entspricht arqus Diskussionsbeitrag Nr. 103 v. Mai 2010)

Faltlhauser, Kurt: Die Verlockungen der Schedule, in: Kley/Sünner/Willemsen (Hrsg.), Festschrift für Wolfgang Ritter zum 70. Geburtstag - Steuerrecht, Steuer- und Rechtspolitik, Wirtschaftsrecht und Unternehmensverfassung, Umweltrecht, Köln 1997, 511-518

Fechner, Ullrich/Bäuml, Swen O.: Replik zum Aufruf der Wissenschaft zur Abschaffung der satzermäßigten Besteuerung thesaurierter Gewinne von Personenunternehmen, DB 2008, 1652-1655

Fechner, Ullrich/Bäuml, Swen O.: Fortentwicklung des Rechts der Besteuerung von Personenunternehmen, FR 2010, 744-750

Fechner, Ullrich/Lethaus, Hans (Die Tarifrücklage): Die Tarifrücklage - Eine Alternative zur satzermäßigten Besteuerung von Personenunternehmen, Bonn 2006, IFSt-Schrift Nr. 437

Fechner, Ullrich/Lethaus, Hans: Die optional transparente Besteuerung der GmbH, ein Ausweg aus der GmbH & Co. KG?, in: Spindler/Tipke/Rödder (Hrsg.), Steuerzentrierte Rechtsberatung - Festschrift für Harald Schaumburg zum 65. Geburtstag, Köln 2009, 287-318

Felix, Günther: Rechtssichere Gesetzesanwendung und Steuerplanung, DStJG Band 5, in: Tipke (Hrsg.), Grenzen der Rechtsfortbildung durch Rechtsprechung und Verwaltungsvorschriften im Steuerrecht, Köln 1982, 99-135

Fellinger, Antje: Tarifbegünstigung nicht entnommener Gewinne: Das Anwendungsschreiben zu § 34a EStG, DB 2008, 1877-1883

Fellinger, Antje: Tagungs- und Diskussionsbericht zum Steuerkongress "Personengesellschaften im Internationalen Steuerrecht" am 28.11.2008, FR 2009, 221-225

Fellinger, Antje in: Wassermeyer/Richter/Schnittker, Personengesellschaften im Internationalen Steuerrecht: Kommentar, Köln 2010

Ferdinand, Andre/Hallebach, David: Abgeltungsteuer - Die wesentlichen Neuerungen bei der Besteuerung von Kapitalerträgen ab dem 1.1.2009, SteuerStud 2010, 115-121

Findeis, Patrick Bernd: Kapitalertragsteuer-Außenprüfung unter dem Regime der Abgeltungsteuer, DB 2009, 2397-2402

Findeisen, Franz (Unternehmung und Steuer): Unternehmung und Steuer - Steuerbetriebslehre, Stuttgart 1923

Finke, Katharina/Heckemeyer, Jost H./Reister, Timo/Spengel, Christoph: Impact of Tax Rate Cut Cum Base Broadening Reforms on Heterogeneous Firms - Learning from the German Tax Reform 2008, ZEW Discussion Paper 10-036 / 2010

Fischer, Brigitte: Thesaurierungsbegünstigung nach § 34a EStG - Bewertung aus Sicht eines international tätigen deutschen Personengesellschaftskonzerns, in: Spindler/Tipke/Rödder (Hrsg.), Steuerzentrierte Rechtsberatung - Festschrift für Harald Schaumburg zum 65. Geburtstag, Köln 2009, 319-344

Fischer, Brigitte: Thesaurierungsbegünstigung - Auslandseinkünfte, in: Schaumburg/Piltz (Hrsg.), Grenzüberschreitende Gesellschaftsstrukturen im Internationalen Steuerrecht - Tarifabsenkung, Zinsschranke, Thesaurierungsbegünstigung, Verrechnungspreise,

Funktionsverlagerungen (Forum der Internationalen Besteuerung - Band 34), Köln 2010, 55-73

Fischer, Carola: Problemfelder bei der Abgeltungsteuer - Ein Appell für Korrekturen noch vor 2009, DStR 2007, 1898-1900

Fischer, Detlev: Die höchstrichterliche Rechtsprechung zur Haftung des steuerlichen Beraters in den Jahren 2009 bis 2011, DB 2011, 1905-1912

Fischer, Lutz: Die Reform des Unternehmenssteuerrechts in den wichtigsten Industriestaaten - Übereinstimmungen und Unterschiede, in: Herzig (Hrsg.), Betriebswirtschaftliche Steuerlehre und Steuerberatung - Gerd Rose zum 65. Geburtstag, Wiesbaden 1991, 217-238

Fischer, Lutz/Breithecker, Volker (Geleitwort zur Reihe "Rechtsformen der Wirtschaft"): Geleitwort zur Reihe "Rechtsformen der Wirtschaft" (Band 1 - 17), 4. Auflage, Berlin 2007

Fischer, Lutz/Schneeloch, Dieter/Sigloch, Jochen: Betriebswirtschaftliche Steuerlehre und Steuerberatung - Gedanken zum 60jährigen "Jubiläum" der Betriebswirtschaftlichen Steuerlehre, DStR 1980, 699-705

Fischer, Michael: Querbezüge des MoMiG zum Unternehmensteuerrecht, Ubg 2008, 684-692

Fischer, Peter in: Hübschmann/Hepp/Spitaler, Abgabenordnung - Finanzgerichtsordnung: Kommentar, 212. Erg. Loseblatt, Mai 2011, Köln

Fleischer, Heinrich: Besteuerung von Kapitalmaßnahmen der Gesellschafter in der Sanierung - Steine statt Brot?, Stbg 2009, 437-446

Flick, Hans F. W.: Praktische Hinweise zur vorausschauenden Steuerberatung: Möglichkeiten - Grenzen - Anwendungsfälle, StbKongRep 1964, 83-97

Flick, Hans F. W.: Wer wird zuletzt lachen? Revolutionäre Steuervereinfachung durch die US-Finanzverwaltung: Die "Check the Box" Regeln, IStR 1998, 110-111

Flume, Werner: Der Weg aus dem Steuerchaos der Gegenwart, DB 1948, 502-507

Flume, Werner: Die Betriebsertragsteuer als Möglichkeit der Steuerreform, DB 1971, 692-696

Forst, Paul/Schaaf, Axel: Die Thesaurierungsbegünstigung für Personengesellschaften - Regelungsinhalt, Wirkungen und Handlungsempfehlungen, EStB 2007, 263-268

Förster, Guido: Die Gesamtplanrechtsprechung im Steuerrecht - Reichweite, Risiken und Chancen, in: Carlé/Stahl/Strahl (Hrsg.), Gestaltung und Abwehr im Steuerrecht - Festschrift für Klaus Korn zum 65. Geburtstag am 28. Januar 2005, Bonn/Berlin 2005, 3-18

Förster, Guido: Unternehmensteuerreform 2008: Kapitalgesellschaften, Stbg 2007, 559-571

Förster, Guido: Rechtsformwahl und Rechtsformoptimierung nach der Unternehmensteuerreform, Ubg 2008, 185-196

Förster, Guido: Kapitaleinkünfte bei Personengesellschaften, Stbg 2010, 199-208

Förster, Guido: Reichweite des Halb- bzw. Teilabzugsverbots gemäß § 3c Abs. 2 EStG bei Beteiligungsaufwand, GmbHR 2010, 1009-1018

Förster, Guido: Bedeutung der Finanzierung für die Besteuerung, Stbg 2011, 49-60

Förster, Guido/Schmidtmann, Dirk: Die Gesamtplanrechtsprechung im Steuerrecht, StuW 2003, 114-124

Förster, Ursula: Anrechnung der Gewerbesteuer auf die Einkommensteuer nach der Unternehmensteuerreform 2008, DB 2007, 760-764

Fossen, Frank/Simmler, Martin: Differential Taxation and Firm's Financial Leverage - Evidence from the Introduction of a Flat Tax on Interest Income, DIW Discussion Paper 1190, 2012

Freyer, Thomas (Unternehmensrechtsform und Steuern): Unternehmensrechtsform und Steuern - Ertragsteuerliche Optimierungsstrategien, Bielefeld 2004, zugl. Diss.

Friauf, Karl Heinrich: Die Teilhabersteuer als Ausweg aus dem Dilemma der Doppelbelastung der Körperschaftsgewinne, FR 1969, 27-31

Frotscher, Gerrit in: Frotscher/Maas, Körperschaftsteuergesetz - Umwandlungssteuergesetz: Kommentar, 108. Erg. Loseblatt, August 2011, Freiburg

Frotscher, Gerrit (Körperschaftsteuer): Körperschaftsteuer - Gewerbesteuer - Studium und Praxis, 2. Auflage, München 2008

Frotscher, Gerrit (Internationales Steuerrecht): Internationales Steuerrecht - Studium und Praxis, 3. Auflage, München 2009

Frotscher, Gerrit: Personengesellschaften im ertragsteuerlichen Organschaftsverbund, Ubg 2009, 426-434

Früchtl, Bernd/Prokscha, Armin: Vermögensverwaltende Personengesellschaften im Gesellschafts-, Handels- und Steuerrecht, DStZ 2010, 595-603

Früchtl, Bernd/Prokscha, Armin: Vermögensverwaltende Personengesellschaften, in: Strahl (Hrsg.), Ertragsteuern - Problemfelder der steuerlichen Beratung - Problemanalyse, Problemlösungen, Gestaltungen, 5. Auflage, Bonn 2011

Frye, Bernd: Unternehmensteuerreform 2008: Steuerliche Auswirkungen der Rechtsformwahl, BC 2008, 93-98

Fuest, Clemens/Mitschke, Joachim (Gutachten zur Einführung einer Ertragsteuerbegünstigung der Eigenkapitalbildung mittelständischer Unternehmen): Gutachten zur Einführung einer Ertragsteuerbegünstigung der Eigenkapitalbildung mittelständischer Unternehmen, Baden-Baden 2007

Fuhrmann, Claas: Auswirkungen des MoMiG auf die steuerliche Beratungspraxis - Bestandsaufnahme und Handlungsempfehlungen, NWB 2008, 3745-3756

Fuhrmann, Claas: Die GmbH & Co. KG als Rechtsform für die Steuerberatungsgesellschaft - Erste Handlungserwägungen aufgrund der berufsrechtlichen Neuregelung, NWB 2008, 1673-1686

Fuhrmann, Claas: Organschaft als steuerliches Gestaltungsinstrument, KÖSDI 2008, 15989-15999

Fuhrmann, Claas: Gesellschafterfremdfinanzierung von Personen- und Kapitalgesellschaften, KÖSDI 2012, 17977-17988

Fuhrmann, Claas/Demuth, Ralf: Verdeckte Gewinnausschüttungen: Neue Rechtsentwicklungen und Beratungsstrategien, KÖSDI 2009, 16613-16623

Fuhrmann, Claas/Urbach, Elmar: Gewerbesteuer bei Personengesellschaften, KÖSDI 2011, 17630-17639

Funnemann, Carl-Bernhard/Kerssenbrock, Otto-Ferdinand Graf: Ausschüttungssperren im BilMoG-RegE, BB 2008, 2674-2680

Gabel, Monika G. (Missbrauchsnormen): Verfassungsrechtliche Maßstäbe spezieller Missbrauchsnormen im Steuerrecht, Baden-Baden 2010, zugl. Diss.

Gabel, Monika G.: Spezielle Missbrauchsnormen und der allgemeine Gleichheitssatz, StuW 2011, 3-17

Galeano, Giuseppe A./Rhode, Alan M.: Italy: 2008 Budget Law reduces corporate tax rate, but expands tax base, Tax Planning International Review 2008, 18-22

Gebhardt, Thomas: Die Qual der Wahl - Option zum Teileinkünfteverfahren bei Beteiligungen an Kapitalgesellschaften ab 2009, EStB 2010, 232-234

Geck, Reinhard: Der Rentenerlass IV zur Vermögensübergabe gegen Versorgungsleistungen - Schwerpunkte und Bewertung aus Sicht der Beratungspraxis, ZEV 2010, 161-168

Geck, Reinhard: Die vermögensverwaltende Personengesellschaft im Ertrag- und Erbschaftsteuerrecht, KÖSDI 2010, 16843-16853

Gehrlein, Markus: Die Rechtsprechung des IX. Zivilsenats des BGH zur Steuerberaterhaftung in den Jahren 2007 bis 2009 (Teil I), DStR 2010, 350-355

Genser, Bernd/Reutter, Andreas: Moving Towards Dual Income Taxation in Europe, Finanzarchiv 2007, 436-456

Gerner, Mathias: Die Bedeutung der Thesaurierungsvergünstigung für die Besteuerung der Personengesellschaften nach der Unternehmensteuerreform 2008, in: Oestreicher (Hrsg.), Unternehmensbesteuerung 2008: Neue Wege gehen - Vortragsreihe an der Georg-August-Universität Göttingen, Herne 2008, 73-91

Geurts, Matthias: Die neue Abgeltungssteuer - das Ende einer steuerinduzierten Kapitalanlage?, DStZ 2007, 341-347

Gieralka, Adam (Viadrina Discussion Paper No. 273): Optionale Schedulenbesteuerung unternehmerischer Einkünfte als praktikable Alternative zur Regelbesteuerung? - Eine vergleichende Analyse der deutschen und polnischen Steuerregelungen - European University Viadrina Frankfurt (Oder) - Departement of Business Administration and Economics - Discussion Paper No. 273, Frankfurt (Oder) 2009

Gierlinger, Bernadette Marianne/Sutter, Franz Philipp: Die Eckpfeiler des Steuerreformgesetzes 2009, ÖStZ 2009, 93-111

Giloy, Jörg: Zur Symmetrie der Einkunftsarten, FR 1978, 205-208

Glanegger, Peter in: Schmidt, Einkommensteuergesetz: Kommentar, 29. Auflage, München 2010

Glorius-Rose, Cornelia (Gestaltungsmissbrauch und Steuerberatung): Gestaltungsmissbrauch und Steuerberatung - Die Bedeutung des Missbrauchsvorschrift des § 42 AO und anderer allgemeiner Regeln zur Verhinderung von Steuerumgehungen für die Steuerberatung, Berlin 2005, zugl. Diss.

Goebel, Sören/Ungemach, Markus/Schmidt, Sebastian/Siegmund, Olaf: Outbound-Investitionen über ausländische Personengesellschaften im DBA-Fall unter Inanspruchnahme des Thesaurierungsmodells i.S. des § 34a EStG, IStR 2009, 877-883

Gordon, Roger H./MacKie-Mason, Jeffrey K.: Tax distortions to the choice of organizational form, Journal of Public Economics 1994, 279-306

Gordon, Roger H./MacKie-Mason, Jeffrey K.: How much do taxes discourage incorporation?, The Journal of Finance 1997, 477-505

Gosch, Dietmar: Thesaurierungsbegünstigung - Podiumsdiskussion, in: Lüdicke (Hrsg.), Unternehmensteuerreform 2008 im internationalen Umfeld - Forum der Internationalen Besteuerung (Band 33), Köln 2008, 103-114

Gosch, Dietmar (KStG): Körperschaftsteuergesetz (Kommentar), 2. Auflage, München 2009

Gosch, Dietmar: Über Streu- und Schachtelbesitz - Ein Episodenbeitrag in sieben lose miteinander verbundenen Teilen, orientiert an neuerer Rechtsprechung und Gesetzgebung und den mannigfaltigen Interessen des Jubilars, in: Kessler/Förster/Watrin (Hrsg.),

Unternehmensbesteuerung - Festschrift für Norbert Herzig zum 65. Geburtstag, München 2010, 63-88

Gosch, Dietmar: Übergangsregelungen vom KSt-Anrechnungs- zum KSt-Halbeinkünfteverfahren gleichheitswidrig, BFH/PR 2010, 172-174

Graf, Roland W./Paukstadt, Maik: Abgeltungsteuer - Praxiserfahrungen, Verbesserungsbedarf und Gestaltungsempfehlungen, FR 2011, 249-267

Gräfe, Jürgen/Lenzen, Rolf/Schmeer, Andreas (Steuerberaterhaftung): Steuerberaterhaftung: Zivilrecht - Steuerrecht - Strafrecht, 4. Auflage, Herne/Berlin 2006

Gragert, Katja/Wißborn, Jan-Peter: Die Thesaurierungsbegünstigung nach § 34a EStG - Ermäßigte Besteuerung nicht entnommener Gewinne von Einzel- und Mitunternehmern ab 2008, NWB 2007, 2551-2582

Gragert, Katja/Wißborn, Jan-Peter: Begünstigung der nicht entnommenen Gewinne nach § 34a EStG - Erläuterungen zum Anwendungsschreiben vom 11.8.2008, NWB 2008, 3995-4014

Gragert, Katja/Wißborn, Jan-Peter: Steuerermäßigung bei Einkünften aus Gewerbebetrieb, NWB 2009, 1980-1984

Grangl, Ines/Petuschnig, Matthias: Investitionsförderung durch Steuerreformgesetz 2009 und Konjunkturbelebungsgesetz 2009, ÖStZ 2009, 172-178

Grashoff, Dietrich (Steuerrecht): Aktuelles Steuerrecht 2011 - Alle wichtigsten Steuerarten, Verfahrensrecht, Gesetzesänderungen 2011, 7. Auflage, München 2011

Gratz, Kurt: Finanzierungs- und Ausschüttungsstrategien der mittelständischen GmbH, DB 2002, 489-494

Gratz, Kurt: Optimierung des Zusammenspiels von privater und betrieblicher Kapitalanlage nach Einführung der Abgeltungsteuer, BB 2008, 1105-1110

Grawert, Jeremy (Lock-In-Effekte): Die nachgelagerte Besteuerung und Lock-In Effekte, Hamburg 2010

Grieger, Rudolf: Anwendung des Körperschaftsteuersatzes auf Gewinne aus Gewerbebetrieb natürlicher Personen, BB 1951, 481-483

Grieger, Rudolf: Anwendung des Körperschaftsteuersatzes auf Gewinne aus Gewerbebetrieb natürlicher Personen - Ergänzung des Aufsatzes im BB 1951 S. 481, BB 1951, 889-893

Grieger, Rudolf: Zur Entscheidung der Frage, ob § 32b EStG in Anspruch genommen werden soll, DStZ 1952, 327-328

Grieser, Utho/Faller, Patrick: Europarechtswidrigkeit der Nichtanrechenbarkeit deutscher Quellensteuern bei beschränkt steuerpflichtigen Kapitalgesellschaften, DB 2011, 2798-2804

Gröschel, Michael (Steuerbelastungsvergleiche): Objektorientierte Softwarewiederverwendung für nationale und internationale Steuerbelastungsvergleiche, Lohmar/Köln 2000, zugl. Diss.

Großmann, Walter: Ausständige Verordnungen - Offene Neuerungen - Probleme durch den Regierungswechsel und den Austausch der Schlüsselstellen (Südtiroler Wirtschaftszeitung), SWZ v.29.8.2008

Großmann, Walter: Option mit Fußangeln - Entwurf Haushaltsgesetz 2008 - Begünstigte Besteuerung für thesaurierte Gewinne von Personengesellschaften und Einzelunternehmen (Südtiroler Wirtschaftszeitung), SWZ v.8.11.2007

Grotherr, Siegfried: Grundlagen der internationalen Steuerplanung, in: Grotherr (Hrsg.), Handbuch der internationalen Steuerplanung, Herne/Berlin 2002, 3-28

Grottke, Markus/Kittl, Maximilian: Komplexitätsabbau durch das Steuervereinfachungsgesetz 2011? Eine kritische Bestandsaufnahme, StuB 2011, 819-824

Grund, Walter: Anreiz zur Option nach § 32b EStG durch "Kleine Steuerreform" - Letztmalige Anwendung der Steuererleichterung für 1952, DB 1953, 493-494

Grützner, Dieter: Die vorgesehene Begünstigung nicht entnommener Gewinne, StuB 2007, 295-300

Grützner, Dieter: Steuerliche Entlastung thesaurierter Gewinne von Personenunternehmen durch § 34a EStG, StuB 2007, 445-452

Grützner, Dieter: Neuregelungen zur Steuerermäßigung nicht entnommener Gewinne durch das JStG 2009, StuB 2009, 182-186

Grziwotz, Herbert in: Priester/Mayer, Münchener Handbuch des Gesellschaftsrechts - Band 3 - Gesellschaft mit beschränkter Haftung: Kommentar, 3. Auflage, München 2009

Günther, Karl-Heinz: Einkommensteuerveranlagung trotz Abgeltungsteuer - Die Veranlagungstatbestände des § 32d EStG, EStB 2010, 113-118

Günther, Karl-Heinz: Kommt die Abgeltungsteuer nicht zum Zuge, geht der Sparer-Pauschbetrag verloren!, Mandat im Blickpunkt 2011, 95-96

Güroff, Georg in: Glanegger/Güroff, Gewerbesteuergesetz: Kommentar, 7. Auflage, München 2009

Gutekunst, Gerd (Steuerbelastungen und Steuerwirkungen): Steuerbelastungen und Steuerwirkungen bei nationaler und grenzüberschreitender Geschäftstätigkeit, Lohmar/Köln 2005, zugl. Diss.

Haag, Maximilian: Nachversteuerung gemäß § 34a EStG bei unentgeltlicher Unternehmensnachfolge durch juristische Personen, BB 2012, 1966-1968

Haarmann, Wilhelm: Aktuelle Problemkreise bei der Abgeltungsteuer, in: Kessler/Förster/Watrin (Hrsg.), Unternehmensbesteuerung - Festschrift für Norbert Herzig zum 65. Geburtstag, München 2010, 423-437

Haase, Klaus Dittmar: Zur Steuerreform im Lichte betriebswirtschaftlicher Neutralitätspostulate, in: Herzig (Hrsg.), Betriebswirtschaftliche Steuerlehre und Steuerberatung - Gerd Rose zum 65. Geburtstag, Wiesbaden 1991, 239-253

Haase, Klaus Dittmar (Betriebliche Steuerplanung): Betriebliche Steuerplanung - Eine systematische Einführung mit Fallbeispielen, 4. Auflage, Norderstedt 2009

Haase, Klaus Dittmar/Hinterdobler, Toni: Besteuerung nicht entnommener Gewinne von Personenunternehmen - Ein Modell zur kurzfristigen Verbesserung der Eigenkapitalbildung, BB 2006, 1191-1197

Haase, Klaus Dittmar/Lüdemann, Lars: Auswirkungen der Unternehmenssteuerreform auf die Finanzierungspolitik der Kapitalgesellschaften, DStR 2000, 747-752

Haberstock, Lothar: Die steuerliche Planung der internationalen Unternehmung, BFuP 1984, 260-278

Häder, Michael (Empirische Sozialforschung): Empirische Sozialforschung - Eine Einführung, Wiesbaden 2006

Haegert, Lutz: Eine empirische Widerlegung der gängigen Thesen über die Ursachen für die Überlastung der Finanzgerichte, BB 1991, 36-46

Hageböge, Jens (KGaA-Modell): Das "KGaA Modell" - Ein Beitrag zur Steuergestaltungssuche, Düsseldorf 2008, zugl. Diss.

Hahne, Klaus D.: Die Begünstigung von Beteiligungen an Personengesellschaften bei der "Zinsschranke", DStR 2007, 1947-1950

Hahne, Klaus D.: Auswirkungen der Abgeltungsteuer auf die Besteuerung von Gesellschaftern insbesondere mittelständischer Kapitalgesellschaften, Stbg 2008, 477-485

Hahne, Klaus D.: BFH contra Finanzverwaltung: Keine eigenständige Gewerbesteuerpflicht von sog. Treuhand-KGs, StuB 2010, 420-424

Hahne, Klaus D./Lenz, Thomas: Gesellschafter-Finanzierungen im Mittelstand: Chancen und Tücken der Abgeltungsteuer, BC 2008, 207-211

Haig, Robert M. (Federal Income Tax): The Concept of Income - Economic and Legal Aspects - The Federal Income Tax, New York 1921

Haisch, Martin L./Krampe, Stephan: Überschusserzielungsabsicht bei der Kapitalanlage unter der Abgeltungsteuer, DStR 2011, 2178-2183

Hallerbach, Dorothee: Anwendungsschreiben zur Gewerbesteueranrechnung nach § 35 EStG, StuB 2009, 390-394

Hamacher, Rolfjosef/Dahm, Joachim in: Korn/Carlé/Stahl/Strahl, Einkommensteuergesetz: Kommentar, 58. Erg. Loseblatt, März 2011, Köln

Hänsch, Falco: Die Abgeltungsteuer im System der Einkommensteuer - Die Einführung der Schedulenbesteuerung aus verfassungsrechtlicher Sicht, SteuerStud 2012, 275-283

Hansen, Herbert: Der gestiegene wirtschaftliche Stellenwert der GmbH, GmbHR 2004, 39-42

Happe, Rüdiger: Veräußerungen von GmbH-Anteilen - Wesentlichkeitsgrenzen und Teilabzugsverbot, SteuK 2011, 91-94

Harenberg, Friedrich in: Herrmann/Heuer/Raupach, Einkommensteuer- und Körperschaftsteuergesetz: Kommentar, 246. Erg. Loseblatt, August 2011, Köln

Harenberg, Friedrich: Lexikon zur Abgeltungsteuer - Was Anleger und ihre Berater wissen sollten, NWB Beilage 4/2008

Harenberg, Friedrich: Lexikon zur Abgeltungsteuer, NWB 2010

Harenberg, Friedrich/Zöller, Stefan (Abgeltungsteuer): Abgeltungsteuer 2011, 3. Auflage, Herne 2012

Harle, Georg: Die Auswirkungen der Unternehmensteuerreform 2008 auf die Rechtsformen, BB 2008, 2151-2166

Harle, Georg: Verdeckte Gewinnausschüttung: Korrektur innerhalb oder außerhalb der Bilanz? Oder: Das zu Unrecht vergessene BMF-Schreiben vom 28.5.2002, GmbHR 2008, 1257-1259

Harle, Georg: § 34a EStG: Begünstigung der nicht entnommenen Gewinne, SteuerStud 2009, 244-254

Harle, Georg/Geiger, Annette: Die Auswirkungen betrieblicher Übertragungsvorgänge und Überentnahmen auf die Nachversteuerung nach § 34a EStG, BB 2009, 587-591

Harle, Georg/Geiger, Annette: § 34a EStG: Begünstigung der nicht entnommenen Gewinne - Gefahr der Zwangsnachversteuerung durch Prüfungsfeststellungen (Teil 1), StBp 2009, 1-8

Harle, Georg/Geiger, Annette: § 34a EStG: Begünstigung der nicht entnommenen Gewinne - Gefahr der Zwangsnachversteuerung durch Prüfungsfeststellungen (Teil 2), StBp 2009, 39-45

Harle, Georg/Kulemann, Grit: Besteuerung der Kapital- und Personengesellschaft nach der Unternehmensteuerreform 2008 - ein Belastungsvergleich, GmbHR 2007, 1138-1144

Hartmann, Rainer: Neuregelung des Steuerabzugs bei Honorarzahlungen an beschränkt steuerpflichtige Künstler durch das JStG 2009, DB 2009, 197-201

Hauber, Bruno/Höreth, Ulrike/Schaden, Michael in: Ernst & Young, Verdeckte Gewinnausschüttungen und verdeckte Einlagen - Grundlagen, Problemfelder von A bis Z, Vermeidungsstrategien: Kommentar, 42. Erg. Loseblatt, Juni 2011, Bonn

Hauschildt, Jürgen/Wacker, Wilhelm: Zum unangemessenen Gewicht steuerlicher Gesichtspunkte in unternehmenspolitischen Entscheidungsprozessen, StuW 1974, 252-254

Hebig, Michael (Steuerabteilung und Steuerberatung): Steuerabteilung und Steuerberatung in der Großunternehmung - Eine empirische Untersuchung, Berlin 1984, zugl. Diss.

Hechtner, Frank: Kritische Anmerkungen zum BMF-Schreiben - Steuerermäßigung bei Einkünften aus Gewerbebetrieb gemäß § 35 EStG - Gesetzesänderung per Verwaltungsanweisung?, BB 2009, 1556-1563

Hechtner, Frank (Einkommensteuertarife): Eine theoretische und empirische Studie über Einkommensteuertarife aus Sicht der Wirtschaftswissenschaft - Progressionswirkungen der synthetischen Einkommensteuer, Schedulenbesteuerung und Vermeidung von Doppelbesteuerung, Berlin 2010, zugl. Diss. (kumulativ)

Hechtner, Frank: Die Bedeutung der Günstigerprüfung im Rahmen der Einkommensteuerveranlagung, NWB 2011, 1769-1771

Hechtner, Frank: Enteignende Besteuerung durch steuerfreie Einkünfte? - Paradoxe Wirkungen des Progressionsvorbehalts aus theoretischer und empirischer Sicht, ZfB 2011, 1141-1171

Hechtner, Frank/Hundsdoerfer, Jochen: Schedulenbesteuerung von Kapitaleinkünften mit der Abgeltungsteuer: Belastungswirkungen und neue Problemfelder, StuW 2009, 23-41

Hechtner, Frank/Hundsdoerfer, Jochen/Sielaff, Christian: Progressionseffekte und Varianten zur optimalen Steuerplanung bei der Thesaurierungsbegünstigung - Eine Abweichungsanalyse, zfbf 2011, 214-239

Heidemann, Otto (Rechtsformwahl): Rechtsformwahl für ein Ein-Mann-Unternehmen, Düsseldorf 1992, zugl. Diss.

Heidinger, Gerald: Nochmals: Für und Wider Betriebsteuer - Zu den Argumenten des 53. DJT aus Sicht eines Österreichers, StuW 1982, 268-272

Heinen, Edmund (Zielsystem): Das Zielsystem der Unternehmung - Grundlagen betriebswirtschaftlicher Entscheidungen, Wiesbaden 1966

Heinen, Edmund (Entscheidungsorientierte BWL): Grundfragen der entscheidungsorientierten Betriebswirtschaftslehre, München 1976

Heinhold, Michael (Betriebliche Steuerplanung): Betriebliche Steuerplanung mit quantitativen Methoden, München 1979, zugl. Habil.

Heinhold, Michael/Hüsing, Silke/Kühnel, Mirko/Streif, Dominik (Besteuerung der Gesellschaften): Besteuerung der Gesellschaften - Rechtsformen und ihre steuerliche Behandlung, 2. Auflage, Herne 2010

Heinicke, Wolfgang in: Schmidt, Einkommensteuergesetz: Kommentar, 13. Auflage, München 1994a

Heinicke, Wolfgang in: Schmidt, Einkommensteuergesetz: Kommentar, 29. Auflage, München 2010b

Helmreich, Heinz/Rupp, Thomas (Gewinnthesaurierung bei Personengesellschaften): Gewinnthesaurierung bei Personengesellschaften - Unternehmensteuerreform 2008, Besteuerung von Personenunternehmen, Wahlrechte, Problembereiche, Gestaltungsüberlegungen, Tübingen 2008

Helsper, Helmut: Die Chaotisierung der Steuerrechtsordnung als Folge eines verfehlten Zusammenspiels von politischer Führung und juristischer Expertenkompetenz, BB 1995, 17-25

Henkel, Martin: Gestaltungsansätze bei der neuen Thesaurierungsbegünstigung nutzen, GStB 2009, 122-125

Hennerkes, Brun-Hagen/Kirchdörfer, Rainer (Familiengesellschaften): Unternehmenshandbuch Familiengesellschaften - Sicherung von Unternehmen, Vermögen und Familie, 2. Auflage, Köln/Berlin/Bonn/München 1998

Hennerkes, Brun-Hagen/May, Peter: Überlegungen zur Rechtsformwahl im Familienunternehmen (I), DB 1988, 483-489

Hennrichs, Joachim: Dualismus der Unternehmensbesteuerung aus gesellschaftsrechtlicher und steuersystematischer Sicht - Oder: Die nach wie vor unvollendete Unternehmenssteuerreform, StuW 2002, 201-216

Hennrichs, Joachim: Besteuerung von Personengesellschaften - Transparenz- oder Trennungsprinzip, FR 2010, 721-731

Hennrichs, Joachim/Lehmann, Ulrike: Rechtsformneutralität der Unternehmensbesteuerung - Kritische Anmerkungen zum Beschluss des BVerfG v. 21.6.2006 - 2 BvL 2/99, DStR 2006, 1316 = NJW 2006, 2757, StuW 2007, 16-21

Hensel, Albert (Steuerrecht): Steuerrecht - Enzyklopädie der Rechts- und Staatswissenschaft - Abteilung Rechtswissenschaft, Berlin 1924

Henssler, Martin: Die Personengesellschaft - das Stiefkind des deutschen Gesellschaftsrechts, BB-Special 3, 2010, 2-4

Henssler, Martin: Keine Organisationsfreiheit für Rechtsanwälte - Das Verbot der Rechtsanwalts-GmbH & Co. KG, NZG 2011, 1121-1130

Hermann, Julia: Die Folgen der Unternehmensteuerreform 2008 für Kapitalgesellschaften, NWB 2008, 507-521

Herzig, Norbert: Betriebsaufspaltung als Gestaltungsform im mittelständischen Bereich, StBKongRep 1984, 319-338

Herzig, Norbert: Ausgewählte Steuerfragen zur Beendigung einer unternehmerischen Tätigkeit, BB 1984, 741-748

Herzig, Norbert: Divergenzeffekt verdeckter Gewinnausschüttungen und Ausschüttungsverhalten, DB 1985, 353-356

Herzig, Norbert: Ausgewählte Schwachstellen des Körperschaftsteuerrechts - Inflexibilität der Kapitalgesellschaft, Verlustproblematik und Liquidationsbesteuerung, GmbHR 1987, 140-152

Herzig, Norbert: Rechtsformneutralität der Besteuerung bei Rechtsformwechsel, StuW 1988, 342-348

Herzig, Norbert: Expertensysteme in der Steuerberatung - Bindeglied zwischen Betriebswirtschaftlicher Steuerlehre und Steuerberatung, in: Herzig (Hrsg.), Betriebswirtschaftliche Steuerlehre und Steuerberatung - Gerd Rose zum 65. Geburtstag, 1991, 23-54

Herzig, Norbert: Globalisierung und Besteuerung, WPg 1998, 280-296

Herzig, Norbert: Aspekte der Rechtsformwahl für mittelständische Unternehmen nach der Steuerreform, WPg 2001, 253-270

Herzig, Norbert (Organschaft): Organschaft: laufende und aperiodische Besteuerung, nationale und internationale Aspekte, Hinweise zum EU-Recht, Stuttgart 2003

Herzig, Norbert: Die einheitliche Unternehmensteuer - Ein Reformkonzept zur Erlangung internationaler Wettbewerbsfähigkeit, in: Kirchhof/Lambsdorff/Pinkwart (Hrsg.), Perspektiven eines modernen Steuerrechts - Festschrift für Hermann Otto Solms, Berlin 2005, 115-122

Herzig, Norbert: Die Gewerbesteuer als dominierende Unternehmensteuer, DB 2007, 1541-1543

Herzig, Norbert: Reform der Unternehmensbesteuerung, WPg 2007, 7-14

Herzig, Norbert: Rechtsformneutralität, Rechtsformwahl und Rechtsformoptimierung nach der Unternehmensteuerreform 2008, in: Wachter (Hrsg.), Festschrift für Sebastian Spiegelberger zum 70. Geburtstag - Vertragsgestaltung im Zivil- und Steuerrecht, Bonn 2009, 210-224

Herzig, Norbert: Die Organschaft im Umbruch, Beihefter zu DStR 30 / 2010, 61-67

Herzig, Norbert: Die Zukunft der Gruppenbesteuerung, StuW 2010, 214-231

Herzig, Norbert/Bohn, Alexander: Reform der Unternehmensbesteuerung - Zwischenbericht zum Konzept der Stiftung Marktwirtschaft, DB 2006, 1-7

Herzig, Norbert/Briesemeister, Simone: Unterschiede zwischen Handels- und Steuerbilanz nach BilMoG - Unvermeidbare Abweichungen und Gestaltungsspielräume, WPg 2010, 63-77

Herzig, Norbert/Dempfle, Urs: Konzernsteuerquote, betriebliche Steuerpolitik und Steuerwettbewerb, DB 2002, 1-8

Herzig, Norbert/Förster, Guido: Steuerentlastungsgesetz 1999/2000/2002: Die Änderungen von § 17 und § 34 EStG mit ihren Folgen, DB 1999, 711-718

Herzig, Norbert/Kessler, Wolfgang: Die begrenzte Steuerrechtsfähigkeit von Personenmehrheiten nach dem Beschluß des großen Senats vom 25.6.1984 (Teil 1), DB 1985, 2476-2480

Herzig, Norbert/Kessler, Wolfgang: Tatbestandsmerkmale und Anwendungsbereich des Gepräge-Gesetzes, DStR 1986, 451-457

Herzig, Norbert/Kessler, Wolfgang: Steuerorientierte Wahl der Unternehmensform GmbH, OHG, GmbH & Co. und Betriebsaufspaltung - Ein EDV-gestützter Steuerbelastungsvergleich, GmbHR 1992, 232-249

Herzig, Norbert/Kessler, Wolfgang/Wawroschek, Dietmar: EDV-gestützte Planung der Steuerbelastung, DB 1989, Beilage 13, 8-9

Herzig, Norbert/Kessler, Wolfgang/Wawroschek, Dietmar: Personal Computer als Instrument der Steuerplanung - Konzeption und Anwendungsmöglichkeiten des neuen DATEV-Programms PC-SBV, BB 1990, Beilage 12, 1-7

Herzig, Norbert/Lochmann, Uwe: Die Steuerermäßigung für gewerbliche Einkünfte bei der Einkommensteuer nach dem Entwurf zum Steuersenkungsgesetz, DB 2000, 1192-1202

Herzig, Norbert/Lochmann, Uwe: Unternehmensteuerreform 2008 - Wirkung des neuen Systems zur Entlastung gewerblicher Personenunternehmen von der Gewerbesteuer, DB 2007, 1037-1044

Herzig, Norbert/Schiffers, Joachim: Rechtsformwahl unter Beachtung der laufenden Besteuerung und von aperiodischen Besteuerungstatbeständen, StuW 1994, 103-120

Herzig, Norbert/Watrin, Christoph: Betriebswirtschaftliche Anforderungen an eine Unternehmenssteuerreform, StuW 2000, 378-388

Heuermann, Bernd: Finanzierungshilfen eines nach § 17 EStG qualifiziert beteiligten Gesellschafters nach Abgeltungsteuer und MoMiG, DB 2009, 2173-2178

Heurung, Rainer in: Erle/Sauter, Körperschaftsteuergesetz - Die Besteuerung der Kapitalgesellschaft und ihrer Anteilseigner: Kommentar, 3. Auflage, Heidelberg 2010

Heurung, Rainer/Seidel, Philipp: Steuerplanung bei Finanzunternehmen mit ausländischen GmbH-Anteilen, GmbHR 2009, 1084-1092

Heuser, Paul J./Frye, Bernd: Die deutsche Familienstiftung - steuerrechtliche Gestaltungsmöglichkeiten für Familienvermögen, BB 2011, 983-994

Hey, Johanna in: Herrmann/Heuer/Raupach, Einkommensteuer- und Körperschaftsteuergesetz: Kommentar, 246. Erg. Loseblatt, August 2011, Köln

Hey, Johanna: Besteuerung von Unternehmensgewinnen und Rechtsformneutralität, DStJG Band 24, in: Ebling (Hrsg.), Besteuerung von Einkommen, Köln 2001, 155-223

Hey, Johanna (Steuerplanungssicherheit): Steuerplanungssicherheit als Rechtsproblem, Köln 2002, zugl. Habil.

Hey, Johanna: Unternehmensteuerreform 2008 - Die Vorschläge der Kommission Steuergesetzbuch der Stiftung Marktwirtschaft für eine wettbewerbsfähige Unternehmensteuerstruktur, StuB 2006, 267-273

Hey, Johanna: Unternehmensteuerreform: Integration von Personenunternehmen in die niedrige Besteuerung thesaurierter Gewinne - Die Reformvorschläge im Vergleich, in: Kirchhof/Schmidt/Schön/Vogel (Hrsg.), Festschrift für Arndt Raupach zum 70. Geburtstag - Steuer- und Gesellschaftsrecht zwischen Unternehmerfreiheit und Gemeinwohl, Köln 2006, 479-494

Hey, Johanna: Unternehmensteuerreform: das Konzept der Sondertarifierung des § 34a EStG-E - Was will der Gesetzgeber und was hat er geregelt?, DStR 2007, 925-931

Hey, Johanna: Verletzung fundamentaler Besteuerungsprinzipien durch die Gegenfinanzierungsmaßnahmen des Unternehmensteuerreformgesetzes 2008, BB 2007, 1303-1309

Hey, Johanna: Spezialgesetzliche Missbrauchsgesetzgebung aus steuersystematischer, verfassungs- und europarechtlicher Sicht, StuW 2008, 167-183

Hey, Johanna: Spezialgesetzgebung und Typologie zum Gestaltungsmissbrauch, DStJG Band 33, in: Hüttemann (Hrsg.), Gestaltungsfreiheit und Gestaltungsmissbrauch im Steuerrecht - 34. Jahrestagung der Deutschen Steuerjuristischen Gesellschaft e.V., Köln 2010, 139-176

Hey, Johanna in: Tipke/Lang, Steuerrecht: Kommentar, 20. Auflage, Köln 2010

Hey, Johanna: Verfassungsrechtliche Maßstäbe der Unternehmensbesteuerung, in: Kessler/Förster/Watrin (Hrsg.), Unternehmensbesteuerung - Festschrift für Norbert Herzig zum 65. Geburtstag, München 2010, 7-22

Hey, Johanna/Bauersfeld, Heide: Die Besteuerung der Personen(handels)gesellschaften in den Mitgliedstaaten der Europäischen Union, der Schweiz und den USA, IStR 2005, 649-657

Hick, Christian in: Herrmann/Heuer/Raupach, Einkommensteuer- und Körperschaftsteuergesetz: Kommentar, 246. Erg. Loseblatt, August 2011, Köln

Hierl, Susanne/Huber, Steffen (Rechtsformen und Rechtsformwahl): Rechtsformen und Rechtsformwahl - Recht, Steuern, Beratung (DATEV), Nürnberg 2008

Hilpold, Peter/Steinmair, Walter: Die Körperschaftsteuersysteme Deutschlands, Österreichs und Italiens - Ein Vergleich unter Bezugnahme auf die aktuelle Standortdiskussion in Europa, in: Brähler/Lösel (Hrsg.), Deutsches und Internationales Steuerrecht: Gegenwart und Zukunft - Festschrift für Christiana Djanani zum 60. Geburtstag, Wiesbaden 2008, 363-379

Hoffmann, Wolf-Dieter in: Littmann/Bitz/Pust, Das Einkommensteuerrecht - Kommentar zum Einkommensteuerrecht: Kommentar, 91. Erg. Loseblatt, Mai 2011, Stuttgart

Hoffmann, Wolf-Dieter: Tücken des Steuerbelastungsvergleichs, GmbH-StB 2002, 86-87

Hoffmann, Wolf-Dieter: Wenn die Finanzverwaltung Steuersparmodelle initiiert, GmbH-StB 2004, 31-32

Hofrichter, Markus: Praxisrelevante Zweifelsfragen zur Abgeltungsteuer - Teil II, SteuK 2010, 177-181

Höhn, Ernst: Die Aufgabe des Juristen bei der Steuerplanung im internationalen Bereich, StuW 1977, 170-180

Hollaus, Martin (Einsatz von Onlinebefragungen): Der Einsatz von Online-Befragungen in der empirischen Sozialforschung, Aachen 2007, zugl. Diss.

Höller, Timo (Unternehmensteuerreform 2008 im historischen Kontext): Eine kritische Analyse der Unternehmensteuerreform 2008 im historischen Kontext, Frankfurt am Main 2010, zugl. Diss.

Hölscheidt, Norbert H.: Die Steuerberatungs-GmbH & Co. KG im Spannungsfeld zwischen Berufs- und Handelsrecht, NWB 2011, 3311-3314

Hölscheidt, Norbert H.: Maßnahmen zur Haftungsprävention - Vermeidung von Haftungsgefahren in der Praxis des Steuerberaters, NWB 2011, 1898-1911

Holzapfel, Hans-Joachim/Pöllath, Reinhard (Unternehmenskauf in Recht und Praxis): Unternehmenskauf in Recht und Praxis - Rechtliche und steuerliche Aspekte, 14. Auflage, Köln 2010

Hölzer, Camilla/Schnüttgen, Helena/Bornheim, Wolfgang: Die Mediation im Steuerrecht nach dem Referentenentwurf zum Mediationsgesetz, DStR 2010, 2538-2544

Hölzerkopf, Florian/Taetzner, Tobias: Steuerfalle für mittelständische Personengesellschaften? Die neue Verwendungsreihenfolge des § 34a EStG heißt BiFo, BB 2007, 2769-2774

Homburg, Stefan: Unternehmensteuerreform: Welche Wirkungen sind zu erwarten?, ifo-Schnelldienst 23/2006, 6-10

Homburg, Stefan: BB-Forum: Die Steuerreformvorschläge der Stiftung Marktwirtschaft, BB 2005, 2382-2386

Homburg, Stefan: Die Abgeltungsteuer als Instrument der Unternehmensfinanzierung, DStR 2007, 686-690

Homburg, Stefan: Unternehmensteuerreform: Zinsschranke, Abgeltungsteuer und Begünstigung einbehaltener Gewinne aus Beratersicht, SteuerConsultant 2007, 18-23

Homburg, Stefan (Allgemeine Steuerlehre): Allgemeine Steuerlehre, 6. Auflage, München 2010

Homburg, Stefan/Houben, Henriette/Maiterth, Ralf: Rechtsform und Finanzierung nach der Unternehmensteuerreform 2008, WPg 2007, 376-381

Homburg, Stefan/Houben, Henriette/Maiterth, Ralf: Optimale Eigenfinanzierung der Personenunternehmen nach der Unternehmensteuerreform 2008/2009, zfbf 2008, 29-47 (entspricht Discussion Paper No. 365 der Universität Hannover v. Mai 2007)

Hommelhoff, Peter/Teichmann, Christoph: Die SPE vor dem Gipfelsturm - Zum Kompromissvorschlag der schwedischen EU-Ratspräsidentschaft, GmbHR 2010, 337-349

Höreth, Ulrike/Stelzer, Brigitte: Gestaltungsüberlegungen zum Jahresende 2007, BB 2007, 2595-2603

Horst, Alexander: Verdeckte Gewinnausschüttungen und Abgeltungsteuer - Probleme, Unicherheiten und Denkanstöße, NWB 2010, 982-987

Hörster, Ralf: Steuervereinfachungsgesetz 2011 - ein Überblick, NWB 2011, 3350-3364

Houben, Henriette/Maiterth, Ralf: "Reichensteuer" und Thesaurierungsbegünstigung versus 42%iger Spitzensteuersatz, FR 2008, 1044-1046

Houben, Henriette/Maiterth, Ralf: Optimale Nutzung und Wirkungen von § 34a EStG, StuW 2008, 228-237

Hundsdoerfer, Jochen: Halbeinkünfteverfahren und Lock-In-Effekt, StuW 2001, 113-125

Hundsdoerfer, Jochen/Kiesewetter, Dirk/Sureth, Caren: Forschungsergebnisse in der Betriebswirtschaftlichen Steuerlehre - eine Bestandsaufnahme, ZfB 2008, 61-139

Husken, Carl-Josef/Schmidt, Sebastian/Siegmund, Olaf: Steuerfreie Einnahmen jetzt mehr als steuerfrei?! Steuerfreie Einnahmen sowie nicht abziehbare Betriebsausgaben und der neue § 34a EStG, BB 2008, 1204-1209

Hüttemann, Rainer: Verfassungsrechtliche Grenzen der steuerlichen Begünstigung von Unternehmen, DStJG Band 23, in: Pelka (Hrsg.), Europa- und verfassungsrechtliche Grenzen der Unternehmensbesteuerung, Köln 2000, 127-153

Iliou, Christopher D.: Der "Gesellschafter-Führerschein" für die GmbH erst mit 25? Gestaltungsmittel für die Unternehmensnachfolge in Familiengesellschaften, GmbHR 2009, 81-85

Institut für Mittelstandsforschung (Die größten Familienunternehmen in Deutschland): Die größten Familienunternehmen in Deutschland - Eine Studie im Auftrag der Deutschen Bank und des Bundesverbandes der Deutschen Industrie, Bonn 2010

Intemann, Jens: Einbeziehung von Dividenden in die Abgeltungsteuer verfassungswidrig?, DB 2007, 1658-1661

Intemann, Jens: Zur Verfassungsmäßigkeit des Halbabzugsverbots nach § 3c Abs. 2 EStG, DB 2007, 2797-2800

Jachmann, Monika: Sondervergütungen i.S. von § 15 Abs. 1 Satz 1 Nr. 2 EStG für Leistungen im Dienste der Gesellschaft, DStR 2005, 2019-2023

Jachmann, Monika: Ermittlung von Vermögenseinkünften - Abgeltungsteuer, DStJG Band 34, in: Hey (Hrsg.), Einkünfteermittlung, Köln 2011, 251-277

Jacobs, Otto H.: Das unterkapitalisierte deutsche Unternehmen - Eigenkapitalbildung und Steuern, StbKongRep 1985, 53-67

Jacobs, Otto H.: Körperschaftsteuersysteme in der EU - Eine Analyse der Wettbewerbswirkungen und Reformvorschläge, in: Kleineidam (Hrsg.), Unternehmenspolitik und Internationale Besteuerung - Festschrift für Lutz Fischer zum 60. Geburtstag, Berlin 1999, 85-116

Jacobs, Otto H. (Unternehmensbesteuerung): Unternehmensbesteuerung und Rechtsform, 3. Auflage, München 2002

Jacobs, Otto H. (Unternehmensbesteuerung und Rechtsform): Unternehmensbesteuerung und Rechtsform - Handbuch zur Besteuerung deutscher Unternehmen, 4. Auflage, München 2009

Jacobs, Otto H./Spengel, Christoph (European Tax Analyzer): European Tax Analyzer - EDV-gestützter Vergleich der Steuerbelastungen von Kapitalgesellschaften in Deutschland, Frankreich und Großbritannien, Baden-Baden 1996

Jacobs, Otto H./Spengel, Christoph/Hermann, Rico A./Stetter, Thorsten: Steueroptimale Rechtsformwahl: Personengesellschaften besser als Kapitalgesellschaften, StuW 2003, 308-325

Jacobsen, Hendrik (Methodik steuerlicher Gestaltungssuche): Die Methodik steuerlicher Gestaltungssuche, Lohmar, Köln 2007

Jacobsen, Hendrik: Die Suche nach steuerlicher Gestaltung, FR 2009, 162-173

Jamrozy, Marcin in: Wassermeyer/Richter/Schnittker, Personengesellschaften im Internationalen Steuerrecht: Kommentar, Köln 2010

Jasmand, Antje: Unternehmensbesteuerung in Schweden, IStR 2004, 847-852

Jehke, Christian: Umstrukturierungen und steuerlicher Gestaltungsmissbrauch, DStR 2012, 677-682

Jehner, Hansgeorg: Gründe für einen Wechsel von der Gewinnbesteuerung zur nachgelagerten Besteuerung der Unternehmenserträge - Argumentativer Zwischenbericht über das Reformvorhaben einer Stiftung, in: Kohl/Kübler/Ott/Schmidt (Hrsg.), Zwischen Markt und Staat - Gedächtnisschrift für Rainer Walz, Berlin 2008, 307-326

Jessen, Tom: Analyse der notwendigen Thesaurierungszeiten je nach Steuersatz und Kalkulationszinssatz, GStB 2009, 425-430

Jochum, Heike: Verfassungsrechtliche Grenzen der Pauschalierung und Typisierung am Beispiel der Besteuerung privater Aktiengeschäfte, DStZ 2009, 309-315

Jonas, Martin: Relevanz persönlicher Steuern? - Mittelbare und unmittelbare Typisierung der Einkommensteuer in der Unternehmensbewertung, WPg 2008, 826-833

Jonas, Martin: Die Bewertung mittelständischer Unternehmen - Vereinfachungen und Abweichungen, WPg 2011, 299-309

Jorde, Thomas R./Götz, Hellmut: Kapital- oder Personengesellschaft? Steuerliche Gesichtspunkte der Rechtsformwahl - national und international, BB 2008, 1032-1038

Jung, Stefanie: Welche SPE braucht Europa? Eine Analyse und Bewertung der Verordnungsentwürfe von Kommission, Parlament und Präsidentschaft im Hinblick auf die Kapitalverfassung, DStR 2009, 1700-1709

Kainz, Robert/Knirsch, Deborah/Schanz, Sebastian: Schafft die deutsche oder die österreichische Begünstigung für thesaurierte Gewinne höhere Investitionsanreize?, arqus-Diskussionsbeitrag Nr.41 2008

Kaligin, Thomas in: Lademann, Kommentar zum Einkommensteuergesetz: Kommentar, 182. Erg. Loseblatt, Juli 2011, Stuttgart

Kaminski, Bert: Ausgewählte Überlegungen zur Rechtsformwahl nach der Unternehmensteuerreform 2008, StuB 2008, 3-11

Kaminski, Bert: Aktuelle steuerliche Überlegungen zur Finanzierung von mittelständischen Unternehmen, Stbg 2010, 433-441

Kaminski, Bert/Hofmann, Katrin/Kaminskaite, Rasa: Erste Überlegungen zur Rechtsformwahl nach dem Entwurf zur Unternehmensteuerreform 2008 - Teil I, Stbg 2007, 161-177

Kaminski, Bert/Hofmann, Katrin/Kaminskaite, Rasa: Erste Überlegungen zur Rechtsformwahl nach dem Entwurf zur Unternehmensteuerreform 2008 - Teil II, Stbg 2007, 210-216

Kanduth-Kristen, Sabine (Rechtsformneutrale Unternehmensbesteuerung): Rechtsformneutrale Unternehmensbesteuerung, Wien 2007, zugl. Habil.

Kanzler, Hans-Joachim: Steuerreform: Von der synthetischen Einkommensteuer zur Schedulenbesteuerung? Oder: Die Schedule ist tot! Es lebe die Schedule!, FR 1999, 363-367

Kanzler, Hans-Joachim: Tarifbegrenzungsbeschluss des BVerfG und Zukunft der Einkommensteuer - BVerfG macht Weg für Schedulenbesteuerung frei, NWB 2006, 3191-3200

Karl, Roland: Sind die Einkünfte einer WP/StB-GmbH & Co. KG gewerbesteuerpflichtig?, DStR 2011, 159-160

Kavcic, Claudia: Steuerbelastungsunterschiede durch Einführung der Thesaurierungsbegünstigung des § 34a EStG: Verbesserungsmöglichkeiten / Lösungsalternativen, FR 2008, 404-412

Kempermann, Michael: Mitunternehmerschaft, Mitunternehmer und Mitunternehmeranteil - steuerrechtliche Probleme der Personengesellschaft aus Sicht des BFH, GmbHR 2002, 200-204

Kern, Charles: Frankreich: Neue Optionsmöglichkeiten der Kapitalgesellschaften für das Steuerfestsetzungsverfahren der Personengesellschaften: Bedingungen und steuerliche Vorteile, IStR-LB 2009, 74-75

Kessler, Wolfgang: Entlastung durch das T-Modell - Auf dem Weg zu rechtsformunabhängigen Unternehmensteuern, Der Mittelstand 9/2005, 38-39

Kessler, Wolfgang (Typologie der Betriebsaufspaltung): Typologie der Betriebsaufspaltung - Treuhandschaft, Mitunternehmerschaft und Vermögensverwaltung, Wiesbaden 1989, zugl. Diss.

Kessler, Wolfgang (Euro-Holding): Die Euro-Holding - Steuerplanung, Standortwahl, Länderprofile, München 1996, zugl. Habil.

Kessler, Wolfgang in: Herzig/Tobin/Eckhardt/Kessler/Eisgruber/Hölzl/Esterer/Kaeser/ Blumers/Cazzonelli/Käßner/Welling/Hölzemann/Edelmann/Geberth/Baumgärtel/Lange, Handbuch Unternehmensteuerreform 2008 (Lexis Nexis): Kommentar, Münster 2008

Kessler, Wolfgang: § 1 Rahmenbedingungen der Konzernbesteuerung, in: Kessler/Kröner/Köhler (Hrsg.), Konzernsteuerrecht - National - International, 2. Auflage, München 2008

Kessler, Wolfgang/Dietrich, Marie-Louise: (Keine) Kapitalertragsteuer auf Streubesitzdividenden beschränkt steuerpflichtiger Kapitalgesellschafen - Klares Votum des EuGH dürfte Diskussion über Abschaffung der Steuerbefreiung neu beleben, IStR 2011, 2131-2134

Kessler, Wolfgang/Eicke, Rolf: Die Limited - Fluch oder Segen für die Steuerberatung?, DStR 2005, 2101-2108

Kessler, Wolfgang/Eicke, Rolf: Anzeigepflicht für Steuergestaltungen nach § 138a AO durch das JStG 2008 - Transparente Perspektiven für die Finanzverwaltung, BB 2007, 2370-2379

Kessler, Wolfgang/Jüngling, Friederike/Pfuhl, Andreas: Internationale Aspekte der Thesaurierungsbegünstigung nach § 34a EStG: Steuersatz- und Anrechnungseffekte bei grenzüberschreitender Geschäftstätigkeit, Ubg 2008, 741-747

Kessler, Wolfgang/Knörzer, Daniel: Die Verschärfung der gewerbesteuerlichen Schachtelstrafe - erneute Diskriminierung inländischer Holdinggesellschaften?, IStR 2008, 121-124

Kessler, Wolfgang/Kröner, Michael/Köhler, Stefan (Konzernsteuerrecht): Konzernsteuerrecht - Organisation, Recht, Steuern, München 2004

Kessler, Wolfgang/Ortmann-Babel, Martina/Zipfel, Lars in: Ernst & Young/BDI, Die Unternehmensteuerreform 2008: Kommentar, Bonn 2007

Kessler, Wolfgang/Ortmann-Babel, Martina/Zipfel, Lars: Unternehmensteuerreform 2008: Die geplanten Änderungen im Überblick, BB 2007, 523-533

Kessler, Wolfgang/Pfuhl, Andreas: Steuergesetzgeberische Bemühungen zur Förderung der Eigenkapitalbildung bei Personenunternehmen - Eine Analyse der Thesaurierungsbegünstigung nach § 34a EStG, in: Wege zu Eigenkapital (Hrsg.), Den Mittelstand begleiten - Wege zu Eigenkapital und gelungener Nachfolge - Festschrift für Horst Kary zu seinem 65. Geburtstag am 1. November 2009, Freiburg 2009, 59-82

Kessler, Wolfgang/Pfuhl, Andreas/Grether, Bianca: Die Thesaurierungsbegünstigung nach § 34a EStG in der steuerlichen (Beratungs-) Praxis - Ergebnisse einer onlinebasierten Umfrage, DB 2011, 185-188

Kessler, Wolfgang/Schiffers, Joachim in: Müller/Hoffmann, Beck'sches Handbuch der Personengesellschaften - Gesellschaftsrecht - Steuerrecht: Kommentar, 1. Auflage, München 1999

Kessler, Wolfgang/Schiffers, Joachim (Manuskript zum Deutschen Steuerberaterkongress): Die neue Unternehmensbesteuerung in der Praxis - Manuskript zum Deutschen Steuerberaterkongress 2008 (19. / 20. Mai 2008), Berlin 2008

Kessler, Wolfgang/Schiffers, Joachim in: Müller/Hoffmann, Beck'sches Handbuch der Personengesellschaften - Gesellschaftsrecht - Steuerrecht: Kommentar, 3. Auflage, München 2009

Kessler, Wolfgang/Schiffers, Joachim/Teufel, Tobias (Rechtsformwahl - Rechtsformoptimierung): Rechtsformwahl - Rechtsformoptimierung, München 2002

Kessler, Wolfgang/Teufel, Tobias: Auswirkungen der Unternehmensteuerreform 2001 auf die Rechtsformwahl, DStR 2000, 1836-1842

Kiesel, Hanno: Wahl der Unternehmensrechtsform unter Berücksichtigung der vorgesehenen Steuerreform, in: Ernst & Young (Hrsg.), Die Unternehmenssteuerreform - Informationen und Gestaltungsempfehlungen zum StSenkG, Bonn/Berlin 2000, 106-110

Kiesewetter, Dirk/Niemann, Rainer/Blaufus, Kay/Hundsdoerfer, Jochen/Knirsch, Deborah/König, Rolf/Kruschwitz, Lutz/Löffler, Andreas/Maiterth, Ralf/Müller, Heiko/Sureth, Caren/Treisch, Corinna: arqus-Stellungnahme zur notwendigen Reform der Abgeltungsteuer, DB 2008, 957-958

King, Mervyn A./Fullerton, Don (The Taxation of Income from Capital): The Taxation of Income from Capital: A Comparative Study of the United States, the United Kingdom, Sweden, and Germany, Chicago 1984

Kirch, Georg: Thesaurierung und Nachversteuerung - neuer Erlass, in: Fachinstitut der Steuerberater (Hrsg.), Tagungsunterlage zur 27. Kölner Steuerkonferenz (20.10.2008), Köln 2008

Kirchhof, Gregor: Der qualifizierte Gesetzesvorbehalt im Steuerrecht - Schedulenbesteuerung, Nettoprinzip, Steuerkonkurrenzen, Beihefter zu DStR 49 / 2009

Kirchhof, Paul: Steuergleichheit durch Steuervereinfachung, DStJG Band 21, in: Fischer (Hrsg.), Steuervereinfachung, Köln 1998, 9-28

Kirchhof, Paul (Karlsruher Entwurf): Karlsruher Entwurf zur Reform des Einkommensteuergesetzes, Heidelberg 2001

Kirchhof, Paul (Bundessteuergesetzbuch): Bundessteuergesetzbuch - Ein Reformentwurf zur Erneuerung des Steuerrechts, Heidelberg 2011

Kläne, Sebastian (Fremdbestimmte Steuerwirkungen): Fremdbestimmte Steuerwirkungen bei Personen- und Kapitalgesellschaften - Erscheinungsformen und Implikationen aus Sicht der Betriebswirtschaftlichen Steuerlehre, Baden-Baden 2010, zugl. Diss.

Klass, Tobias: Vertrauensschutz im Steuerrecht außerhalb von verbindlicher Auskunft und verbindlicher Zusage, DB 2010, 2464-2468

Klein, Franz: Münchner Steuerfachtagung und deutsches Steuerrecht – Vergangenheit, Gegenwart und Zukunft, DStR 1991, 793-797

Klein, Peter: The capital gain lock-in effect and equilibrium returns, Journal of Public Economics 1999, 355-378

Klein, Sabine B.: Internationale Familienunternehmen - Definition und Selbstbild, in: Rödl/Scheffler/Winter (Hrsg.), Internationale Familienunternehmen - Recht, Steuern, Bilanzierung, Finanzierung, Nachfolge, Strategien - Festschrift für Bernd Rödl, München 2008, 1-14

Kleineidam, Hans-Jochen/Liebchen, Daniel: Die Mär von der Steuerentlastung durch die Unternehmensteuerreform 2008 - Die Gesamtsteuerbelastung von Personenunternehmen nach dem Entwurf eines Unternehmensteuerreformgesetzes vom 5.2.2007, DB 2007, 409-412

Kleinmanns, Florian (Besteuerung inflationsbedingter Scheingewinne): Besteuerung inflationsbedingter Scheingewinne im System des deutschen Einkommensteuerrechts und ihre verfassungsrechtliche Rechtfertigung, Baden-Baden 2010, zugl. Diss.

Klipstein, Ivonne: Rechtsformwahl im Lichte der Besteuerung thesaurierter Gewinne, DStZ 2009, 805-809

Klöne, Herbert (Steuerplanung): Steuerplanung, Neuwied 1980

Knief, Joachim/Nienaber, Mark: Gewinnthesaurierung bei Personengesellschaften im Rahmen der Unternehmensteuerreform 2008 - ein Belastungsvergleich mit Fokus auf den Mittelstand, BB 2007, 1309-1315

Knirsch, Deborah/Maiterth, Ralf/Hundsdoerfer, Jochen: Aufruf zur Abschaffung der misslungenen Thesaurierungsbegünstigung!, DB 2008, 1405-1406

Knirsch, Deborah/Schanz, Sebastian: Steuerreformen durch Tarif- oder Zeiteffekte? Eine Analyse am Beispiel der Thesaurierungsbegünstigung für Personenunternehmen, ZfB 2008, 1231-1250 (entspricht arqus Diskussionsbeitrag Nr. 37 v. Januar 2008)

Knobbe-Keuk, Brigitte: Die Besteuerung des Gewinns der Personengesellschaft und der Sondervergütungen der Gesellschaft, StuW 1974, 1-49

Knobbe-Keuk, Brigitte: Möglichkeiten und Grenzen einer Unternehmenssteuerreform, DB 1989, 1303-1309

Knobbe-Keuk, Brigitte (Bilanz- und Unternehmenssteuerrecht): Bilanz- und Unternehmenssteuerrecht, 9. Auflage, Köln 1993

Knörzer, Daniel (Unterkapitalisierungsnormen): Unterkapitalisierungsnormen - Eine konsequent-steuerwissenschaftliche Untersuchung für die Bundesrepublik Deutschland, Frankfurt 2012, zugl. Diss.

Knott, Hermann J./Mielke, Werner (Unternehmenskauf): Unternehmenskauf, 3. Auflage, Köln 2008

Köhler, Stefan: Erhöhte Eigenkapitalbildung durch den ESt-Tarif 1990 in Personenunternehmen?, DStZ 1989, 185-188

Köhler, Stefan: Erste Gedanken zur Zinsschranke nach der Unternehmensteuerreform, DStR 2007, 597-604

Köhler, Stefan: § 4 Konzernstruktur und Umstrukturierungen, in: Kessler/Kröner/Köhler (Hrsg.), Konzernsteuerrecht - National - International, 2. Auflage, München 2008

Kohlhepp, Ralf: Die Korrespondenzprinzipien der verdeckten Gewinnausschüttung, DStR 2007, 1502-1507

Kollruss, Thomas: Steuersatzspreizung bei Familienunternehmen - das Zusammenspiel von Abgeltungsteuer und Zinsschranke, GmbHR 2007, 1133-1137

Kollruss, Thomas: Abgeltungsteuer auf verdeckte Gewinnausschüttungen trotz Nichtbesteuerung der verdeckten Gewinnausschüttung auf Gesellschaftsebene, BB 2008, 2437-2439

Kollruss, Thomas/Erl, Stephan/Seitz, Anna/Gruebner, Isaac/Niedental, Swetlana: Zur Rechtsformabhängigkeit der Zinsschranke, DStZ 2009, 117-123

Kommission zur Reform der Unternehmensbesteuerung: Brühler Empfehlungen zur Reform der Unternehmensbesteuerung, BB 1999, 1188-1192

Kommission zur Reform der Unternehmensbesteuerung (Brühler Empfehlungen): Brühler Empfehlungen zur Reform der Unternehmensbesteuerung (Schriftenreihe des Bundesministeriums der Finanzen, Heft 66), 1999

König, Rolf: Theoriegestützte betriebswirtschaftliche Steuerwirkungs- und Steuerplanungslehre, StuW 2004, 260-266

König, Rolf/Maßbaum, Alexandra/Sureth, Caren (Besteuerung und Rechtsformwahl): Besteuerung und Rechtsformwahl, 4. Auflage, Herne 2009

König, Rolf/Maßbaum, Alexandra/Sureth, Caren (Besteuerung und Rechtsformwahl): Besteuerung und Rechtsformwahl - Personen-, Kapitalgesellschaften und Mischformen im Vergleich, 5. Auflage, Herne 2011

König, Rolf/Wosnitza, Michael (Betriebswirtschaftliche Steuerplanung): Betriebswirtschaftliche Steuerplanungs- und Steuerwirkungslehre, Heidelberg 2004

Korn, Christian: Ausgaben und Verluste bei Anteilen an Kapitalgesellschaften in Teileinkünfteverfahren und Abgeltungsteuer, DStR 2009, 2509-2513

Korn, Klaus in: Korn/Carlé/Stahl/Strahl, Einkommensteuergesetz: Kommentar, 58. Erg. Loseblatt, März 2011, Köln

Korn, Klaus: Übergang vom Anrechnungs- zum Halbeinkünfteverfahren mit dem Gleichheitssatz nicht vereinbar - Kommentar, NWB 2010, 641-641

Korn, Klaus/Fuhrmann, Claas: Checkliste steuerlicher Behalte- und Nachversteuerungsfristen mit Gestaltungshinweisen, KÖSDI 2010, 17077-17095

Korn, Klaus/Strahl, Martin: Steuerliche Hinweise und Dispositionen zum Jahresende 2007 - Orientierungen, Planungen und Gestaltungen (Teil I), NWB 2007, 4329-4448

Korn, Klaus/Strahl, Martin: Steuerliche Hinweise und Dispositionen zum Jahresende 2008, NWB 2008, 4537-4659

Korn, Klaus/Strahl, Martin: Steuerliche Hinweise zum Jahresende 2008, KÖSDI 2008, 16246-16271

Korn, Klaus/Strahl, Martin: Steuerliche Hinweise zum Jahresende 2009, KÖSDI 2009, 16717-16747

Korn, Klaus/Strahl, Martin: Steuerliche Hinweise und Dispositionen zum Jahresende 2010, NWB 2010, 3946-4026

Korn, Klaus/Strahl, Martin: Steuerliche Hinweise und Dispositionen zum Jahresende 2011 - Orientierungen, Planungen und Gestaltungen, NWB 2011, 4090-4167

Kornblum, Udo: Bundesweite Rechtstatsachen zum Unternehmens- und Gesellschaftsrecht (Stand: 1.1.2011), GmbHR 2011, 692-699

Kornblum, Udo: Bundesweite Rechtstatsachen zum Unternehmens- und Gesellschaftsrecht (Stand: 1.1.2012), GmbHR 2012, 728-735

Koss, Claus in: Korn/Carlé/Stahl/Strahl, Einkommensteuergesetz: Kommentar, 58. Erg. Loseblatt, März 2011, Köln

Kraft, Anders/Sönnichsen, Lisa: Steuerliche Aspekte der Begründung und Beendigung des Treuhandmodells, DB 2011, 1936-1942

Krämer, Joachim: § 2 Abs. 5b EStG i.d.F. nach dem StVereinfG 2011 - Das "Hin und Her" der Einbeziehung von Kapitalerträgen - und seine Folgen, ESt 2012, 105-108

Krane, Manuela/Czisz, Konrad: Thesaurierungsbegünstigung: Auswirkung auf Steuerbelastung nicht begünstigter Einkünfte, GStB 2008, 302-306

Kraus, Christoph (Körperschaftsteuerliche Integration): Körperschaftsteuerliche Integration von Personenunternehmen, Frankfurt 2009, zugl. Diss.

Krawitz, Norbert: Reicher Gesellschafter - Arme Gesellschaft: Neue Strategien für den Mittelstand: "Klassische" Empfehlungen gelten nicht mehr, BB 2003, 1925-1930

Kromer, Christoph: Ertragsteuerlich irrelevante Ausgliederungen von Unternehmensteilen bei Kapitalgesellschaften, DStR 2000, 2157-2163

Kröner, Michael (Verrechnungsbeschränkte Verluste): Verrechnungsbeschränkte Verluste im Ertragsteuerrecht - Materiellrechtliche Grundlagen und systematische Gestaltungssuche, Wiesbaden 1986, zugl. Diss.

Kröner, Michael/Beckenbaub, Claus: Konzernsteuerquote: Vom Tax Accounting zum Tax Management, Ubg 2008, 631-640

Krüger, Dirk (Zweckmäßige Wahl der Unternehmensform): Zweckmäßige Wahl der Unternehmensform - Eine synoptische Darstellung, 7. Auflage, Bonn/Berlin 2002

Kruschwitz, Lutz (Investitionsrechnung): Investitionsrechnung, 12. Auflage, München 2009

Kudert, Stephan/Jamrozy, Marcin: Die optimale steuerliche Rechtsformwahl bei einem wirtschaftlichen Engagement in Polen, PIStB 2010, 275-284

Kudert, Stephan/Klipstein, Ivonne: Die Steuerreform 2008: Ein Beitrag zur Stärkung des Eigenkapitals deutscher Unternehmen?, zfbf 2010, 455-480 (entspricht Discussion Paper No. 260 v. May 2007 der European University Viadrina Frankfurt/Oder, Department of Business Administration and Economics)

Küffner, Peter: Dividendenpolitik der Kapitalgesellschaft - Ausschüttung nach steuerlicher Optimierung, DStR 1996, 497-499

Kühling, Christof/Gühne, Thomas: Kein Progressionsvorbehalt für Kapitaleinkünfte ab Veranlagungszeitraum 2009 - Notwendigkeit einer systematischen Auslegung des § 32b Abs. 2 Satz 1 EStG, NWB 2011, 226-231

Kühn, Alfons: Unternehmensteuerreform: Welche Wirkungen sind zu erwarten?, ifo-Schnelldienst 23/2006, 10-13

Kuhn, Klaus: Das Steuerwesen der Unternehmung, Teil I - zugleich Anmerkungen zur Betriebswirtschaftlichen Steuerlehre, in: John (Hrsg.), Besteuerung und Unternehmenspolitik: Festschrift für Günter Wöhe, München 1989, 229-251

Kühn, Martin: Stand und Perspektiven der Einkommensteuer-Vereinfachung, FR 2012, 543-550

Kühnold, Jörg/Mannweiler, Marcus: Bewertung des Betriebsvermögens und der GmbH-Anteile nach der Erbschaftsteuer-Reform 2008, DStZ 2008, 167-174

Kußmaul, Heinz/Hilmer, Karina: Steuerbelastungsreduktion bei Gewinnausschüttungen im Jahre 2008 durch das Unternehmensteuerreformgesetz 2008, GmbHR 2007, 1021-1022

Kußmaul, Heinz/Meyering, Stephan: Abgeltungsteuer: Der Umgang mit der Kirchensteuer am Beispiel von Zinseinnahmen und Dividenden, DStR 2008, 2298-2302

Kußmaul, Heinz/Schäfer, René: Die Option von Personengesellschaften für eine Besteuerung durch die Körperschaftsteuer im französischen Steuerrecht - Voraussetzungen und steuerliche Wirkungen im Optionszeitpunkt -, IStR 2000, 161-166

Kutschker, Susanne (Steueroptimale Gewinnverwendung): Steueroptimale Gewinnverwendung personenbezogener Unternehmen, Hamburg 2004, zugl. Diss.

Lahmann, Peter: Die Steuerberatungsgesellschaft mbH & Co. KG, DStR 2008, 1847-1852

Lambrecht, Claus in: Kirchhof, EStG Kompaktkommentar - Einkommensteuergesetz: Kommentar, 9. Auflage, Heidelberg 2010

Lammersen, Lothar (Steuerbelastungsvergleiche): Steuerbelastungsvergleiche - Anwendungsfelder und Grenzen in der Steuerplanung und der Steuerwirkungslehre, Wiesbaden 2005, zugl. Diss.

Lang, Friedbert in: Dötsch/Jost/Pung/Witt, Die Körperschaftsteuer - Kommentar zum Körperschaftsteuergesetz, Umwandlungssteuergesetz und zu einkommensteuerrechtlichen Vorschriften der Anteilseignerbesteuerung: Kommentar, 70. Erg. Loseblatt, Dezember 2010, Stuttgart

Lang, Joachim: Wege aus dem Steuerchaos, Stbg 1994, 10-23

Lang, Joachim: Prinzipien und Systeme der Besteuerung von Einkommen, DStJG Band 24, in: Ebling (Hrsg.), Besteuerung von Einkommen, Köln 2001, 49-133

Lang, Joachim: BB-Forum: Unternehmenssteuerreform im Staatenwettbewerb, BB 2006, 1769-1773

Lang, Joachim: Kritik der Unternehmensteuerreform 2008, in: Kirchhof/Nieskens (Hrsg.), Festschrift für Wolfram Reiß zum 65. Geburtstag, Köln 2008, 379-397

Lang, Joachim: Auf der Suche nach rechtsformneutraler Besteuerung der Unternehmen, in: Kessler/Förster/Watrin (Hrsg.), Unternehmensbesteuerung - Festschrift für Norbert Herzig zum 65. Geburtstag, München 2010, 323-333

Lang, Joachim: Steuerberatung und Steuergerechtigkeit, in: Tipke (Hrsg.), Steuerberatung und Rechtsstaat - Symposium für Jürgen Pelka zum 65. Geburtstag, München 2010, 51-69

Lang, Joachim in: Tipke/Lang, Steuerrecht: Kommentar, 20. Auflage, Köln 2010

Lang, Joachim: Über die Unfähigkeit deutscher Politik zur Steuervereinfachung, in: Mellinghoff/Schön/Viskorf (Hrsg.), Steuerrecht im Rechtsstaat - Festschrift für Wolfgang Spindler zum 65. Geburtstag, Köln 2011, 139-152

Lang, Joachim: Unternehmensbesteuerung im internationalen Wettbewerb, StuW 2011, 144-158

Lang, Joachim/Herzig, Norbert/Hey, Johanna/Horlemann, Heinz-Gerd/Pelka, Jürgen/Pezzer, Heinz-Jürgen/Seer, Roman/Tipke, Klaus (Kölner Entwurf eines Einkommensteuergesetzes): Kölner Entwurf eines Einkommensteuergesetzes, Köln 2005

Lange, Benno: Finanzierung, in: Strahl (Hrsg.), Ertragsteuern - Problemfelder der steuerlichen Beratung - Problemanalyse, Problemlösungen, Gestaltungen, 3. Auflage, Bonn 2010

Lange, Knut Werner: Corporate Governance in Familienunternehmen, BB 2005, 2585-2590

Lappas, Marc: Verrechnung von Verlusten aus Kapitalvermögen und Verrechnung von so genannten Altverlusten, Stbg 2009, 446-453

Lausterer, Martin/Jetter, Jann I. in: Blumenberg/Benz, Die Unternehmensteuerreform 2008: Kommentar, Köln

Lauterbach, Frank (Rechtsformneutralität): Ein neues Unternehmenssteuerrecht für Deutschland? Fehlende Rechtsformneutralität der Unternehmensbesteuerung und allgemeiner Gleichheitssatz, Frankfurt 2008, zugl. Diss.

Laves, Benjamin: Das System der Abgeltungsteuer: Eine Herausforderung für die Kreditinstitute, FB 2007, 561-573

Lechner, Florian/Haisch, Martin L./Bindl, Elmar: Einlagenrückgewähr durch Kapitalgesellschaften, Ubg 2010, 339-346

Lenz, Christofer/Gerhard, Torsten: Das "Grundrecht auf steueroptimierende Gestaltung" - Ist der Regierungsentwurf zu § 42 AO mit der Gestaltungsfreiheit des Steuerpflichtigen vereinbar?, BB 2007, 2429-2434

Lethaus, Hans: Wege zur Abkommensberechtigung der Personengesellschaft, in: Kley/Sünner/Willemsen (Hrsg.), Festschrift für Wolfgang Ritter zum 70. Geburtstag - Steuerecht, Steuer- und Rechtspolitik, Wirtschaftsrecht und Unternehmensverfassung, Umweltrecht, Köln 1997, 427-456

Leuering, Dieter: Die Unternehmergesellschaft als Alternative zur Limited, NJW-Spezial 2007, 315-316

Levedag, Christian (Begünstigung gewerblicher Einkünfte): Die Begünstigung der gewerblichen Einkünfte - Eine verfassungs- und europarechtliche Untersuchung zu § 32c EStG und den "Brühler Empfehlungen", Hamburg 2000, zugl. Diss.

Levedag, Christian: Anpassungsbedarf von Gesellschaftsverträgen bei Personen- und Kapitalgesellschaften nach der Unternehmensteuerreform 2008 anhand ausgewählter Problemfälle, GmbHR 2009, 13-24

Levedag, Christian in: Gummert/Weipert, Münchener Handbuch des Gesellschaftsrechts - Band 2 - KG, GmbH & Co. KG, Publikums-KG, Stille Gesellschaft: Kommentar, 3. Auflage, München 2009

Levedag, Christian: Prüfung des Anpassungsbedarfs von Gesellschaftsverträgen bei Personengesellschaften nach der Unternehmensteuerreform 2008 anhand ausgewählter Problemfälle, in: Wachter (Hrsg.), Festschrift für Sebastian Spiegelberger zum 70. Geburtstag - Vertragsgestaltung im Zivil- und Steuerrecht, Bonn 2009, 328-343

Levedag, Christian: Vorweggenommene Erbfolge in Personengesellschaften am Beispiel der GmbH & Co. KG, GmbHR 2010, 855-864

Ley, Ursula: Personengesellschaften nach der Unternehmensteuerreform 2008 unter besonderer Berücksichtigung der Thesaurierungsbegünstigung, KÖSDI 2007, 15737-15757

Ley, Ursula: Die Sondertatbestände der Tarifbegünstigung für nicht entnommene Gewinne gemäß § 34a Abs. 5 - 7 EStG - Anmerkungen zu den Ausführungen des im Entwurf vorliegenden BMF-Schreibens, Ubg 2008, 214-220

Ley, Ursula: Tarifbegünstigung für nicht entnommene Gewinne gemäß § 34a EStG - Eine erste Analyse ausgewählter Teile des im Entwurf vorliegenden BMF-Schreibens, Ubg 2008, 13-23

Ley, Ursula: Behandlung des Transfers von Wirtschaftsgütern zwischen Betrieben im Rahmen des § 4 Abs. 4a EStG, KÖSDI 2009, 16333-16336

Ley, Ursula: Zur gewerbesteuerlichen Bemessungsgrundlage einer gewerbesteuerlichen Tochterpersonengesellschaft im Rahmen des Treuhandmodells, Ubg 2009, 260-263

Ley, Ursula: Zur Thesaurierungsbesteuerung von Personengesellschaften unter besonderer Berücksichtigung von doppelstöckigen Personengesellschaften und von ausländischen Betriebsstätten, in: Kessler/Förster/Watrin (Hrsg.), Unternehmensbesteuerung - Festschrift für Norbert Herzig zum 65. Geburtstag, München 2010, 469-494

Ley, Ursula: Der Wirtschaftsgutstransfer zwischen Schwesterpersonengesellschaften - eine abgekürzte Aus- und Einbringung, DStR 2011, 1208-1211

Ley, Ursula: Steuerliche Transparenz von Personengesellschaften, Ubg 2011, 274-281

Ley, Ursula/Bodden, Guido in: Korn/Carlé/Stahl/Strahl, Einkommensteuergesetz: Kommentar, 58. Erg. Loseblatt, März 2011, Köln

Ley, Ursula/Brandenberg, Hermann Bernwart: Unternehmensteuerreform 2008: Thesaurierung und Nachversteuerung bei Personenunternehmen, FR 2007, 1085-1109

Ley, Ursula/Brandenberg, Hermann Bernwart: Umstrukturierungen von Personengesellschaften (§§ 6 Abs. 5, 24 UmwStG), Ubg 2010, 767-785

Lichtinghagen, Ulrich: Die vermögensverwaltende GmbH als Instrument zur Renditeoptimierung?, GmbH-Stpr. 2011, 33-39

Liekenbrock, Bernhard: Die Duale Einkommensteuer des Sachverständigenrates als Alternative zur Herstellung von Rechtsform- und Finanzierungsneutralität, DStZ 2007, 279-286

Liekenbrock, Bernhard (Zinsschrankenrisiken): Management und Bilanzierung von Zinsschrankenrisiken - Qualitative Rechts- und quantitative Steuerwirkungsanalyse, Wiesbaden 2011, zugl. Diss.

Liess, Jutta: Abschlüsse und Steuererklärungen 2011: Aktuelle Brennpunkte bei Personenunternehmen, GStB 2012, 128-134

Lindberg, Klaus in: Frotscher, Einkommensteuergesetz: Kommentar, 164. Erg. Loseblatt, Juli 2011, Freiburg

Lion, Max (Steuerersparung): Gesetzlich erlaubte Steuerersparung, Berlin/Wien 1931

Löbe, Kerstin: Abgeltungsteuer bei Darlehensverträgen zwischen nahen Angehörigen - Kommentar, NWB 2011, 176-177

Loos, Gerold: Benachteiligung der Aktionäre/Gesellschafter mit Anteilen im Privatvermögen in der Unternehmensteuerreform, DB 2007, 704-706

Lösel, Christian/Brähler, Gernot/Hackert, Christian: Die Tipke'schen Steuerzahlertypen - Eine empirische Analyse nach der Q-Methode, StuW 2009, 221-231

Lothmann, Werner: Aktienanlage in der gewerblich geprägten thesaurierenden Personengesellschaft als Alternative zur Abgeltungsteuer?, DStR 2008, 945-950

Lüdicke, Jochen in: Lüdicke/Sistermann, Unternehmensteuerrecht: Gründung, Finanzierung, Umstrukturierung, Übertragung, Liquidation: Kommentar, München 2008

Lüdicke, Jürgen/Kempf, Andreas/Brink, Thomas (Verluste im Steuerrecht): Verluste im Steuerrecht - Schriften des Interdisziplinären Zentrums für Internationales Finanz- und Steuerwesen (International Tax Institute) der Universität Hamburg: Band 47, Baden-Baden 2010

Lüdicke, Jürgen/Naumburg, Caroline in: Debatin/Wassermeyer, Doppelbesteuerung: Kommentar, 113. Erg. Loseblatt, Januar 2011, München

Lühn, Andreas: Das Zielsystem der internationalen Konzernsteuerplanung, DK 2008, 93-106

Lühn, Andreas: Gestaltbarkeit der Konzernsteuerquote im Rahmen der internationalen Konzernsteuerplanung, in: Grotherr (Hrsg.), Handbuch der internationalen Steuerplanung, 3. Auflage, Herne 2011, 153-174

Lühn, Andreas/Lühn, Michael: Vergleich der Besteuerung von Personenunternehmen und Kapitalgesellschaften nach der Unternehmensteuerreform 2008, StuB 2007, 253-259

Lüking, Niels/Schanz, Sebastian: Ein Vergleich der Besteuerung in Deutschland und Österreich nach der deutschen Unternehmensteuerreform 2008, ÖStZ 2007, 597-601

Maiterth, Ralf/Müller, Heiko: Unternehmensteuerreform 2008 - Mogelpackung statt großer Wurf, Vierteljahreshefte zur Wirtschaftsforschung 2007, 49-73

Maiterth, Ralf/Sureth, Caren: Unternehmensfinanzierung, Unternehmensrechtsform und Besteuerung, BFuP 2006, 225-245

Makowicz, Bartosz/Werner, Aleksander/Wierzbicki, Jaroslaw (Polnisches Steuerrecht): Grundriss des polnischen Rechts - Band 16: Polnisches Steuerrecht, Warschau 2010

Mammen, Andreas/Sassen, Remmer: Steuerliche Auswirkungen von M&A-Transaktionen, StuB 2011, 667-673

Mann, Gerhard: Betriebswirtschaftliche Steuerpolitik als Bestandteil der Unternehmenspolitik, WISt 1973, 114-119

Mansmann, Till/König, Sascha: Es war einmal: eine Steuerlegende, StBMag 3/2008, 10-15

Marettek, Alexander: Entscheidungsmodell der betrieblichen Steuerbilanzpolitik - unter Berücksichtigung ihrer Stellung im System der Unternehmenspolitik, BFuP 1970, 7-31

Marettek, Alexander: Die Stellung der Steuerplanung im Gesamtplansystem der Unternehmung, WISU 1982, 19-25

Marettek, Alexander: Die Techniken der Steuerplanung (I), WISU 1982, 389-392

Marettek, Alexander: Die Techniken der Steuerplanung (II), WISU 1982, 439-444

Martini, Ruben: Das Verhältnis des persönlichen Körperschaftsteuertatbestandes zur Mitunternehmerschaft - Die steuerliche Zuordnung von Personenvereinigungen als Herausforderungen für die Kongruenz von Einkommen- und Körperschaftsteuer, DStR 2012, 388-393

Marx, Jürgen: Steuerwirkungen bei der Aufdeckung verdeckter Gewinnausschüttungen, DB 2003, 673-679

Marx, Jürgen: Entwicklungen in der Betriebswirtschaftlichen Steuerlehre - Zum 90. Geburtstag der betriebswirtschaftlichen Teildisziplin, SteuerStud 2009, 521-525

Marx, Jürgen/Hetebrügge, Dirk: Unternehmensteuerreform 2008 im Spiegel der Teilsteuerrechnung, DB 2007, 2381-2385

Marx, Jürgen/Löffler, Christoph/Kläne, Sebastian: Fremdbestimmte Steuerwirkungen bei Personen- und Kapitalgesellschaften - Erscheinungsformen und Möglichkeiten der Berücksichtigung aus Sicht der Betriebswirtschaftlichen Steuerlehre, StuW 2010, 65-80

Marx, Jürgen/Nienaber, Mark: Steueroptimaler Einsatz mezzaniner Finanzierungsinstrumente bei personenbezogenen Kapitalgesellschaften, GmbHR 2006, 686-694

Matzat, Wilhelm: Die deutsche Land- und Steuerordnung von Tsingtau und ihr Weiterwirken auf China, ZfSö Folge 120, März 1999

Mayr, Siegfried: Neuerungen im italienischen Steuerrecht zum Jahreswechsel 2007/2008, IWB 2008, 339-350

Mayr, Siegfried/Frei, Robert: Transparente Besteuerung von italienischen Kapitalgesellschaften, IWB 2004, 913-916

Mellert, Christofer Rudolf/Verfürth, Ludger C. (Wettbewerb der Gesellschaftsformen): Wettbewerb der Gesellschaftsformen - Ausländische Kapitalgesellschaften als Alternative zu AG und GmbH, Berlin 2005

Mellinghoff, Rudolf in: Kirchhof, EStG Kompaktkommentar - Einkommensteuergesetz: Kommentar, 9. Auflage, Heidelberg 2010

Mennel, Annemarie: Steuerrecht und Steuersysteme im internationalen Vergleich, StuW 1973, 1-14

Merkel, Christian: Rechtsformwahl - GmbH oder GmbH & Co. KG, SteuerStud 2007, 539-545

Merkle, Franz: Zur Problematik des § 32b EStG, WPg 1951, 451-455

Merkle, Franz: § 32b EStG in der Praxis, WPg 1952, 437-440

Mertens, Peter/Borkowski, Volker/Geis, Wolfgang (Expertensystem-Anwendungen): Betriebliche Expertensystem-Anwendungen, 3. Auflage, Berlin/Heidelberg/New York/Tokyo 1993

Meßmer, Kurt: Die höchstrichterliche Rechtsprechung zu Familienpersonengesellschaften - Bestandsaufnahme und kritische Betrachtung, StbJb 1979/1980, 163-258

Meyer, Henrik/Sterner, Ingo: Thesaurierung und Nachversteuerung - BMF-Schreiben und JStG 2009, Ubg 2008, 733-740

Meyer, Justus: Die GmbH und andere Handelsgesellschaften im Spiegel empirischer Forschung (I), GmbHR 2002, 177-189

Meyering, Stephan/Jegen, Björn: Die Anwendung des § 4 Abs. 4a EStG im Konzern - eine kritische Würdigung des Urteils des FG Düsseldorf vom 8.4.2010, DStR 2011, 2441-2443

Michel, Günter: Betriebsbezogene Begrenzung der Steuerermäßigung nach § 35 EStG entspricht Gesetzeszweck und -systematik, DStR 2011, 611-613

Michels, Rolf (Steuerliche Wahlrechte): Steuerliche Wahlrechte - Analyse der außerbilanziellen steuerlichen Wahlrechte (Rechtswahlmöglichkeiten), ihre Zuordnung zu Entscheidungsträgern und Entwicklung von Entscheidungshilfen, Wiesbaden 1982, zugl. Diss.

Mielke, Axel P. (Steuerorientierte Rechtsformwahl): Steuerorientierte Rechtsformwahl - Teilsteuerrechnung und Teilsteuerartenrechnung im Mittelstand, Wiesbaden 1997, zugl. Diss.

Miller, Merton H.: Debt and Taxes, The Journal of Finance 1977, 261-275

Mindermann, Torsten/Lukas, Karsten: Bedeutung der Rechtsformwahl bei der Unternehmensgründung - Aspekte der Unternehmensbesteuerung in Abhängigkeit von der Rechtsform, NWB 2011, 3847-3857

Mitschke, Joachim (Erneuerung des deutschen Einkommensteuerrechts): Erneuerung des deutschen Einkommensteuerrechts - Gesetzestextentwurf und Begründung - mit einer Grundsicherungsvariante, Köln 2004

Mitschke, Joachim: Eine Lanze für die nachgelagerte Gewinnbesteuerung, in: Wehrheim/Heurung (Hrsg.), Steuerbelastung - Steuerwirkung - Steuergestaltung - Festschrift zum 65. Geburtstag von Winfried Mellwig, Wiesbaden 2007, 309-330

Mitschke, Joachim: Eine Lanze für die nachgelagerte Gewinnbesteuerung, FR 2008, 249-256

Monz, Heribert (Methodische Entscheidungshilfen bei der Rechtsformwahl): Methodische Entscheidungshilfen der Rechtsformwahlberatung, Bergisch Gladbach/Köln 1985, zugl. Diss.

Morawitz, Markus/Wiegard, Wolfgang: Steuerpolitischer Handlungsbedarf: Nachjustierung der Unternehmensteuerreform, in: Schulze (Hrsg.), Reformen für Deutschland - Die wichtigsten Handlungsfelder aus ökonomischer Sicht, Stuttgart 2009, 207-227

Moritz, Joachim/Strohm, Joachim: Nachträgliche Schuldzinsen nach Veräußerung einer wesentlichen Beteiligung i.S.d. § 17 EStG, BB 2012, 3107-3112

Mössner, Jörg Manfred: Die Grundkonzeption der Unternehmensteuerreform 2008, in: Rautenberg (Hrsg.), Neue Unternehmensbesteuerung - Gesetzesreform und Wandel der Rechtsprechung - Sächsische Steuertagung, Stuttgart 2007, 15-32

Müller, Heiko/Houben, Henriette: Zum steuerlichen Nachteil der Fremdfinanzierung von Beteiligungen an Kapitalgesellschaften nach dem Unternehmensteuerreformgesetz 2008, FB 2008, 237-247

Müller, Heiko/Langkau, Dirk/Schmidt, Thomas-Patrick: Ertragsteueroptimale Alternativen zur Umwandlung einer Kapitalgesellschaft in ein Personenunternehmen, zfbf 2011, 90-117

Müller, Heiko/Schmidt, Thomas-Patrick/Langkau, Dirk: Steuerlicher Rechtsformvergleich in einem dynamischen Modell, StuW 2010, 81-92

Müller, Sebastian: Individuelle Rücklagenbildung - ein Gestaltungsmittel auch für Kapitalgesellschaften?, FR 2010, 825-830

Müller, Thorsten/Marchand, Jens: Vertragsklauseln bei mittelständischen Unternehmen - Anpassungen aufgrund der Unternehmensteuerreform 2008 und weiterer Entwicklungen, ErbStB 2008, 272-280

Müller-Bölling, Detlef/Kirchhoff, Susanne: Zum Einsatz von Expertensystemen in der Gründungsberatung, DBW 1991, 231-244

Müller-Gatermann, Gert: Unternehmensteuerreform 2008, Stbg 2007, 145-161

Munkert, Michael: Fallstricke der neuen Thesaurierungsbegünstigung, SteuerConsultant 2007, 34-35

Musil, Andreas: Abzugsbeschränkungen bei der Abgeltungsteuer als steuersystematisches und verfassungsrechtliches Problem, FR 2010, 149-155

Musil, Andreas/Leibohm, Thomas: Die Forderung nach Entscheidungsneutralität der Besteuerung als Rechtsproblem, FR 2008, 807-814

Nacke, Alois Th.: Die Thesaurierungsbegünstigung nach § 34a EStG in der Praxis optimal nutzen, GStB 2008, 99-105

Nacke, Alois Th.: Änderungen durch das Jahressteuergesetz 2009 - Teil 2, StuB 2009, 87-95

Nawrath, Axel: Entscheidungskompetenz des Gesetzgebers und gleichheitsgerechte Sicherung des Steueraufkommens, DStR 2009, 2-4

Neubert, Bob/Plenk, Tobias: Einfluss der Unternehmensteuerreform 2008 auf die Rechtsformwahl von Unternehmen, SteuerStud 2008, 37-44

Neufang, Bernd: BB-Forum: Steuerberater - ein Berufsstand im Wandel!, BB 2006, 1420-1424

Neufang, Bernd: Bewertung des Betriebsvermögens und von Anteilen an Kapitalgesellschaften, BB 2009, 2004-2014

Neufang, Bernd/Strathmann, Roland: BB-Forum: Privilegierung des nicht entnommenen Gewinns - Eine ökonomische Notwendigkeit, BB 2005, 2612-2616

Neugebauer, Claudia/Schneider, Kerstin: Die Gewerbesteuer in der Unternehmensteuerreform 2008 - Eine Simulation der Aufkommens- und Belastungseffekte, zfbf 2011, 832-857

Neumann, Ralf/Stimpel, Thomas: Wesentliche Änderungen für Kapitalgesellschaften und deren Gesellschafter durch das JStG 2008, GmbHR 2008, 57-67

Neumark, Fritz (Einkommensbesteuerung): Theorie und Praxis der modernen Einkommensbesteuerung, Bern 1947

Neumark, Fritz (Ökonomisch rationale Steuerpolitik): Grundsätze gerechter und ökonomisch rationaler Steuerpolitik, Tübingen 1970

Neumayer, Jochen: Gesellschaftsvertragliche Bilanzklauseln und Ausschüttungsregelungen nach BilMoG, BB 2011, 2411-2415

Nickert, Cornelius (Haftung des Steuerberaters): Die Haftung des Steuerberaters - Richtig handeln und Haftung vermeiden, Offenburg 2008

Niedling, Dirk: Neuregelung des Kapitalertragsteuerabzugs durch das OGAW-IV-UmsG - erste Bestandsaufnahme und Problemfelder in der Praxis, RdF 2012, 43-51

Niehus, Ulrich/Wilke, Helmuth: Anmerkungen zur Thesaurierungsbegünstigung in Umstrukturierungsfällen unter Berücksichtigung des Anwendungsschreibens zu § 34a EStG und der durch das JStG 2009 nicht umgesetzten gesetzgeberischen Änderungsüberlegungen, DStZ 2009, 14-29

Niehus, Ulrich/Wilke, Helmuth (Besteuerung der Kapitalgesellschaften): Die Besteuerung der Kapitalgesellschaften, 2. Auflage, Stuttgart 2009

Niehus, Ulrich/Wilke, Helmuth (Besteuerung der Personengesellschaften): Die Besteuerung der Personengesellschaften, 5. Auflage, Stuttgart 2010

Nieland, Marius (Betriebliche Steuergestaltung): Betriebliche Steuergestaltung - Eine Einführung in die Unternehmensbesteuerung und ihre Einflußfaktoren, Herne/Berlin 1997

Niemann, Rainer: Was der deutsche Steuergesetzgeber von Österreich lernen kann - und was nicht, in: Rautenberg (Hrsg.), Neue Unternehmensbesteuerung - Gesetzesreform und Wandel der Rechtsprechung - Sächsische Steuertagung, Stuttgart 2007, 45-82

Niemann, Rainer/Kastner, Christoph: Wie streitanfällig ist das österreichische Steuerrecht? - Eine empirische Untersuchung der Urteile des österreichischen Verwaltungsgerichtshofs nach Bemessungsgrundlagen-, Zeit- und Tarifeffekten, StuW 2009, 128-138

Niemeier, Wilhelm: Die "Mini-GmbH" (UG) trotz Marktwende bei der Limited?, ZIP 2007, 1794-1801

Niemeyer, Markus/Stock, Cornelius: Notleidende Gesellschafterdarlehen im Lichte der Abgeltungsteuer, DStR 2011, 445-448

Nippel, Peter/Podlech, Nils: Die Entscheidung über den Verkauf von Wertpapieren unter der Abgeltungsteuer und auf Basis subjektiver Erwartungen, ZfB 2011, 519-549

o.V. (66. DJT, Band II/2): Verhandlungen des sechsundsechzigsten deutschen Juristentages - Band II/2 (Sitzungsberichte - Diskussion und Beschlussfassung), München 2006

o.V.: Anwendungsschreiben des BMF zur Thesaurierungsbegünstigung, GmbHR 2008, R 279-R 282

Oestreicher, Andreas/Klett, Melanie/Koch, Reinald: Empirisch basierte Analyse von Auswirkungen der Unternehmensteuerreform 2008 mit Hilfe unternehmensbezogener Mikrodaten, StuW 2008, 15-26

Offerhaus, Klaus: Der "Gesamtplan" - eine zulässige Rechtsfigur im Steuerrecht?, in: Mellinghoff/Schön/Viskorf (Hrsg.), Steuerrecht im Rechtsstaat - Festschrift für Wolfgang Spindler zum 65. Geburtstag, Köln 2011, 677-691

Offerhaus, Klaus: § 42 AO und der "Gesamtplan", FR 2011, 878-884

Oho, Wolfgang/Hagen, Alexander/Lenz, Thomas: Zur geplanten Einführung einer Abgeltungsteuer im Rahmen der Unternehmensteuerreform 2008, DB 2007, 1322-1326

Ondracek, Dieter: Steuervereinfachung ist machbar - aber wie und wann?, DStR 2011, 1-4

Ortmann-Babel, Martina/Zipfel, Lars: Unternehmensteuerreform 2008 Teil I: Gewerbesteuerliche Änderungen und Besteuerung von Kapitalgesellschaften und deren Anteilseignern, BB 2007, 1869-1882

Ortmann-Babel, Martina/Zipfel, Lars: Unternehmensteuerreform 2008 Teil II: Besteuerung von Personengesellschaften insbesondere nach der Einführung der Thesaurierungsbegünstigung, BB 2007, 2205-2217

Ott, Hans: Ausschüttungspolitik der mittelständischen GmbH im Jahre 2008 vor Einführung der Abgeltungsteuer, StuB 2008, 815-821

Ott, Hans: Finanzierungshilfen bei der GmbH, Forderungsverzicht und Ausfall von Gesellschafterdarlehen, DStZ 2010, 623-637

Otto, Thomas: Vereinbarkeit des Halbabzugsverbots gemäß § 3c Abs. 2 EStG mit dem Grundgesetz - Zugleich Stellungnahme zum BFH-Urteil vom 19.6.2007, VIII R 69/05, DStR 2007, 1756, DStR 2008, 228-234

Painter, Thomas: Das Steuervereinfachungsgesetz 2011 im Überblick, DStR 2011, 1877-1882

Palm, Ulrich: Juristische Person und Leistungsfähigkeit, JZ 2012, 297-303

Patek, Guido: Auswirkungen der Unternehmensteuerreform 2008 auf ausgewählte Entscheidungsfelder der betrieblichen Steuerpolitik, BFuP 2007, 443-463

Paukstadt, Maik/Kerpf, Andreas: Der neue Anwendungserlass zur Abgeltungsteuer - Darstellung praxisrelevanter Sachverhalte des BMF-Schreibens vom 22.12.2009, DStR 2010, 678-683

Paukstadt, Maik/Luckner, Markus: Die Abgeltungsteuer ab 2009 nach dem Regierungsentwurf zur Unternehmensteuerreform, DStR 2007, 653-657

Paulus, Hans-Jürgen (Ziele und Phasen steuerlicher Entscheidungen): Ziele, Phasen und organisatorische Probleme steuerlicher Entscheidungen in der Unternehmung, Berlin 1978

Paus, Bernhard: Die entgeltliche und unentgeltliche Übertragung von Mitunternehmeranteilen und Anteilen an Einzelunternehmen - Teil I, StBp 2004, 357-362

Paus, Bernhard: Die Thesaurierungsbegünstigung (§ 34a EStG): Der - nicht immer überzeugende - Einführungserlass des BMF, EStB 2008, 322-328

Paus, Bernhard: Gewinnthesaurierung bei Übertragung von WG und Betrieben - Sonderregelungen eröffnen neue Gestaltungsspielräume, EStB 2008, 365-368

Paus, Bernhard: Gewinnthesaurierung: Einzelunternehmen/Personengesellschaft oder GmbH? Einflussfaktoren, Gestaltungsmöglichkeiten und Gefahrenquellen, EStB 2008, 403-407

Payerer, Andreas: Steuerreform 2004: Begünstigte Besteuerung für nicht entnommene Gewinne gem. § 11a EStG, ÖStZ 2003, 339-345

Pelka, Jürgen: Rechtsanwendung und Rechtsetzung durch Verwaltungsvorschriften zum Einkommensteuerrecht und zum Bewertungsrecht, DStJG Band 5, in: Tipke (Hrsg.), Grenzen der Rechtsfortbildung durch Rechtsprechung und Verwaltungsvorschriften im Steuerrecht, Köln 1982, 209-239

Pelka, Jürgen: Der Steuerberater als Mittler zwischen Steuerpflichtigem und Finanzamt, in: Tipke (Hrsg.), Steuerberatung und Rechtsstaat - Symposium für Jürgen Pelka zum 65. Geburtstag, München 2010, 95-117

Perridon, Louis/Steiner, Manfred (Finanzwirtschaft): Finanzwirtschaft der Unternehmung, 15. Auflage, München 2009

Petersen, Karl/Zwirner, Christian/Froschhammer, Matthias: Funktionsweise und Problembereiche der im Rahmen des BilMoG neu eingeführten außerbilanziellen Ausschüttungssperre des § 268 Abs. 8 HGB, KoR 2010, 334-341

Pflüger, Hansjörg: Unternehmensteuerreform 2008: Wann lohnt sich die Gewinnthesaurierung?, GStB 2007, 390-397

Pflüger, Hansjörg: Die richtige Rechtsformwahl nach der Unternehmensteuerreform, GStB 2008, 83-89

Pflüger, Hansjörg: Ist die GmbH oder die GmbH & Co. KG die steuerlich günstigere Rechtsform? Ein Steuerbelastungsvergleich, GStB 2011, 424-428

Piltz, Detlev/Stalleiken, Jörg: Gesellschafterfremdfinanzierung in der Erbschaftsteuer: Gravierende Rechtsformunterschiede zwischen GmbH und KG/OHG, ZEV 2011, 67-69

Pinkernell, Reimar (Einkünftezurechnung bei Personengesellschaften): Einkünftezurechnung bei Personengesellschaften, Berlin 2001, zugl. Diss.

Pohl, Carsten: Außerbilanzielle Korrekturen bei der Ermittlung des nicht entnommenen Gewinns nach § 34a EStG, BB 2007, 2483-2486

Pohl, Carsten: Zweifelsfragen bei der Korrektur von Steuerbescheiden nach § 32a Abs. 1 KStG, DStR 2007, 1336-1339

Pohl, Carsten: Thesaurierungsbegünstigung nach § 34a EStG in Organschaftsfällen, DB 2008, 84-86

Pohl, Carsten: Thesaurierungsbegünstigung und Nachversteuerung bei der Umstrukturierung von Personenunternehmen nach § 6 Abs. 5 EStG, BB 2008, 1536-1540

Pohl, Dirk/Raupach, Arndt: Verdeckte Gewinnausschüttungen und verdeckte Einlagen nach dem JStG 2007 - Formelle und materielle Korrespondenz als "Tummelfeld legislatorische Einfälle", FR 2007, 210-217

Pöhland, Dagmar/Keilhoff, Jörn: Kritische Bestandsaufnahme der steuerlichen Rahmenbedingungen international ausgerichteter Familienunternehmen, in: Baumhoff/Dücker/Köhler (Hrsg.), Besteuerung, Rechnungslegung und Prüfung der Unternehmen - Festschrift für Professor Dr. Norbert Krawitz, Wiesbaden 2010, 328-347

Popp, Matthias: Ausgewählte Aspekte der objektivierten Bewertung von Personengesellschaften, WPg 2008, 935-944

Posch, Ingeborg/Knoll, Leonhard: Tax Shield Multiplikator, Abgeltungsteuer und Eigenkapitaldiskriminierung, Corporate Finance 2010, 297-300

Preißer, Michael/von Rönn, Matthias (GmbH & Co. KG): Die KG und die GmbH & Co. KG - Recht, Besteuerung, Gestaltungspraxis, 2. Auflage, Stuttgart 2010

Prelle, Gerrit/Krumsieck, Jens-Peter: Abgeltungsteuer im Praxistest - Teil II, ErbStB 2009, 393-395

Prinz, Ulrich: Verbesserte steuerliche Rahmenbedingungen für Tracking Stock-Strukturen nach der Unternehmenssteuerreform 2001, FR 2001, 285-288

Prinz, Ulrich: Die "formgewechselte GmbH" und ihr Börsengang: "Steuerfallen" für Anteilseigner, GmbHR 2008, 626-631

Prinz, Ulrich: Zinsschranke und Organisationsstruktur: Rechtsformübergreifend, aber nicht rechtsformneutral, DB 2008, 368-370

Prinz, Ulrich: § 10 Finanzströme, in: Kessler/Kröner/Köhler (Hrsg.), Konzernsteuerrecht - National - International, 2. Auflage, München 2008

Prinz, Ulrich: Finanzierungsfreiheit im Steuerrecht - Plädoyer für einen wichtigen Systemgrundsatz, FR 2009, 593-599

Prinz, Ulrich: Besteuerung der Personengesellschaften - unpraktikabel und realitätsfremd? 4 Thesen zu Bestandsaufnahme und Neujustierung der deutschen Personengesellschaftsbesteuerung, FR 2010, 736-744

Prinz, Ulrich (DB, Standpunkte): DB 2010, Standpunkte, 3-4: Unternehmensbesteuerung 2010 - Systematische Strukturverbesserung ist das Gebot der Stunde!, 2010

Prinz, Ulrich: Unvereinbarkeit der Übergangsregeln vom Anrechnungs- zum Halbeinkünfteverfahren mit dem Gleichheitssatz - Der GmbHR-Kommentar, GmbHR 2010, 375-377

Pyszka, Tillmann/Brauer, Michael (Ausländische Personengesellschaften im Unternehmenssteuerrecht): Ausländische Personengesellschaften im Unternehmenssteuerrecht - Outbound-Gestaltungen, Umwandlungen, Hinzurechnungsbesteuerung, Herne/Berlin 2004

Quantschnigg, Peter: Vereinfachung des Einkommensteuerrechts, DStJG Band 21, in: Fischer (Hrsg.), Steuervereinfachung, Köln 1998, 129-143

Rabald, Bernd (Fremdbestimmte Steuerwirkungen): Fremdbestimmte Steuerwirkungen und Personalgesellschaftsverträge, Wiesbaden 1987, zugl. Diss.

Rädler, Albert: Überlegungen zur Harmonisierung der Unternehmensbesteuerung in der Europäischen Gemeinschaft, DStJG Band 16, in: Lang (Hrsg.), Unternehmensbesteuerung in EU-Staaten, Köln 1994, 277-293

Rädler, Albert: Ceterum censeo - Eine sichere Goldmedaille geht in Luft auf, FR 2004, 1039-1039

Rädler, Albert: Gedanken zur deutschen Steuerreform zu Beginn 2006, in: Kirchhof/Schmidt/Schön/Vogel (Hrsg.), Festschrift für Arndt Raupach zum 70. Geburtstag - Steuer- und Gesellschaftsrecht zwischen Unternehmerfreiheit und Gemeinwohl, Köln 2006, 97-105

Rädler, Albert: Die Schlechterstellung des inländischen Portfolioaktionärs nach dem Regierungsentwurf und die Reaktionsmöglichkeiten des Aktionärs, DB 2007, 988-993

Raffelhüschen, Bernd: Zur Inkonsistenz lokaler Progressionsmaße, WISt 1988, 581-584

Ratschow, Eckart in: Blümich, Einkommensteuer, Körperschaftsteuer, Gewerbesteuer: Kommentar, 111. Erg. Loseblatt, Mai 2011, München

Ratschow, Eckart in: Klein, Abgabenordnung: Kommentar, 10. Auflage, München 2009

Rau, Stephan: Das neue Kapitalertragsteuererhebungssystem für inländische, von einer Wertpapiersammelbank verwahrte Aktien, DStR 2011, 2325-2331

Rauenbusch, Bruno: Unternehmensteuerreform 2008: Steuerliche Vorteilhaftigkeit des Formwechsels einer Kapital- in eine Personengesellschaft?, DB 2008, 656-664

Raupach, Arndt: "The Hidden Champions" - Mittelständische Unternehmen im Zeichen der Globalisierung - Einführung, JbFSt 2008/2009, 451-463

Raupach, Arndt: Die Betriebswirtschaftliche Steuerlehre aus der Sicht eines Steuerrechtlers, in: Wehrheim/Heurung (Hrsg.), Steuerbelastung - Steuerwirkung - Steuergestaltung - Festschrift zum 65. Geburtstag von Winfried Mellwig, Wiesbaden 2007, 367-386

Rausch, Rainer: Die Kirchensteuer auf Kapitalerträge - Auswirkungen der Abgeltungsteuer ab 2009, NWB 2009, 3725-3736

Rech, Christian: Das Teileinkünfteverfahren im Rahmen der Abgeltungsteuer 2009, BC 2008, 86-89

Recnik, Gabriel (Besteuerung privater Kapitaleinkünfte): Die Besteuerung privater Kapitaleinkünfte durch die Abgeltungsteuer - Verfassungsrechtliche Aspekte des Systemwechsels, Hamburg 2011, zugl. Diss.

Rehbinder, Eckard (Vertragsgestaltung): Vertragsgestaltung - Juristische Lehrbücher, 2. Auflage, Neuwied/Kriftel/Berlin 1993

Rehkugler, Heinz (Finanzwirtschaft): Grundzüge der Finanzwirtschaft, München/Wien 2007

Reichert, Jochem/Düll, Alexander: Gewinnthesaurierung bei Personengesellschaften nach der Unternehmensteuerreform 2008 - Konsequenzen für die gesellschaftsvertragliche und steuerliche Gestaltungspraxis, ZIP 2008, 1249-1259

Reiß, Wolfram in: Kirchhof, EStG Kompaktkommentar - Einkommensteuergesetz: Kommentar, 9. Auflage, Heidelberg 2010

Reitsam, Michael (Verlustverwertung im Konzern): Gestaltungen zur Verlustverwertung im Konzern - Ersatzlösungen zur ertragsteuerlichen Organschaft, Berlin 2006, zugl. Diss.

Renger, Stefan/Kreimer, Björn: Das Urteil macht die Thesaurierungsbegünstigung attraktiver - Anmerkung zum Urteil des FG Niedersachen v. 5.5.2011, 1 K 266/10, BB 2011, 2086-2087

Rengier, Christian: Besteuerung von Kapitalversicherungen nach der Unternehmensteuerreform 2008, DB 2007, 1771-1777

Reuter, Dieter: Probleme der Unternehmensnachfolge - Gewerblicher Erbhof, verfaßtes Familienunternehmen, Unternehmen an sich, ZGR 1991, 467-487

Richter, Andreas/Welling, Berthold: Diskussionsbericht zum 35. Berliner Steuergespräch "Besteuerung der Personengesellschaften - unpraktikabel und realitätsfremd?", FR 2010, 752-756

Riegel, Martin: Die Ausnahme vom Beteiligungsprivileg für Finanzunternehmen, Ubg 2011, 121-132

Risse, Robert: Steuerliches Risikomanagement, Ubg 2012, 169-176

Ritter, Wolfgang: Reform der Unternehmensbesteuerung aus Sicht der Wirtschaft, StuW 1989, 319-328

Ritter, Wolfgang: Konzept einer Reform der Unternehmensbesteuerung, BB 1993, 2197-2202

Robinson, Joan (Theory of Economic Growth): Essays in the Theory of Economic Growth, London 1962

Rödder, Thomas: Steuerplanungslehre und steuerliche Gestaltungsfindung, BB 1988, Beilage 19, 1-11

Rödder, Thomas: Unternehmenspolitische und im Steuerrecht begründete Grenzen der Steuerplanung, FR 1988, 355-360

Rödder, Thomas (Gestaltungssuche im Ertragsteuerrecht): Gestaltungssuche im Ertragsteuerrecht - Entwicklung von Gestaltungsmöglichkeiten und Gestaltungsbeispiele, Wiesbaden 1991, zugl. Diss.

Rödder, Thomas: Good business reasons - Theorie des Gestaltungsmissbrauchs und praktische Vorgaben für die Steuergestaltungsberatung, in: Wassermeyer/Baumhoff/Hürholz (Hrsg.), Liber Amicorum - Rudolf Gocke zum 65. Geburtstag, Bonn 2002, 235-244

Rödder, Thomas: Gewerbesteuerliche Behandlung einer Personengesellschaft im Rahmen des sog. Treuhandmodells, DStR 2005, 955-958

Rödder, Thomas: Unternehmensteuerreformgesetz 2008, Beihefter zu DStR 40 / 2007

Rödder, Thomas: Rechtsformwahl - Unternehmensbesteuerung nach der Reform, WPg Sonderheft 2008, S 66-S 71

Rödder, Thomas: Steuerzentrierte Rechtsberatung, in: Spindler/Tipke/Rödder (Hrsg.), Steuerzentrierte Rechtsberatung - Festschrift für Harald Schaumburg zum 65. Geburtstag, Köln 2009, 87-94

Rödder, Thomas: Steuergestaltung aus Sicht der Beratungspraxis, DStJG Band 33, in: Hüttemann (Hrsg.), Gestaltungsfreiheit und Gestaltungsmissbrauch im Steuerrecht - 34. Jahrestagung der Deutschen Steuerjuristischen Gesellschaft e.V., Köln 2010, 93-106

Rödder, Thomas/Hötzel, Oliver/Mueller-Thuns, Thomas (Unternehmenskauf): Unternehmenskauf - Unternehmensverkauf: Zivilrechtliche und steuerrechtliche Gestaltungspraxis, München 2003

Rödder, Thomas/Schumacher, Andreas: Unternehmenssteuerreform 2001 - Eine erste Analyse des Regierungsentwurfs aus Beratersicht, DStR 2000, 353-368

Rödding, Adalbert in: Lüdicke/Sistermann, Unternehmensteuerrecht: Gründung, Finanzierung, Umstrukturierung, Übertragung, Liquidation: Kommentar, München 2008

Röder, Erik (Verlustverrechnung): Das System der Verlustverrechnung im deutschen Steuerrecht - Verfassungsrechtliche Vorgaben und Ausgestaltung de lege ferenda, Köln 2010, zugl. Diss.

Rodewald, Jörg/Pohl, Matthias: Unternehmensteuerreform 2008: Auswirkungen auf Gesellschafterbeziehungen und Gesellschaftsverträge, DStR 2008, 724-730

Rödl, Christian: Rechtsformwahl internationaler Familienunternehmen, in: Rödl/Scheffler/Winter (Hrsg.), Internationale Familienunternehmen - Recht, Steuern, Bilanzierung, Finanzierung, Nachfolge, Strategien - Festschrift für Bernd Rödl, München 2008, 61-88

Rödl, Christian/Lindner, Franz: Unternehmensteuerreform 2008 - Ein Überblick, StB 2007, 131-137

Rogall, Matthias in: Schaumburg/Rödder, Unternehmensteuerreform 2008 - Gesetze, Materialien, Erläuterungen: Kommentar, München 2007

Rogall, Matthias: Thesaurierungsbegünstigung - Regelungslücken bei der Organschaft und der doppelstöckigen Personengesellschaft, DStR 2008, 429-434

Rogall, Matthias: Thesaurierungsbegünstigung: Handlungsnotwendigkeiten und Neuerungen durch das BMF-Schreiben vom 11.08.2008, SR 2008, 326-327

Rohler, Thomas: Wechselwirkung der neuen Thesaurierungsbegünstigung (§ 34a EStG) mit der Steuerermäßigung nach § 35 EStG, GmbH-StB 2008, 238-243

Romani, Brigitte/Grabbe, Christian/Imbrenda, Alessandro: Wichtige Steueränderungen in Italien, IStR 2008, 210-216

Ronig, Ronald: Anlage KAP 2009 - Abgeltungsteuer auf Kapitalerträge - Praxisleitfaden, NWB 2010, 1618-1631

Ronig, Ronald: Einzelfragen zur Abgeltungsteuer - Anmerkungen zum BMF-Schreiben vom 22.12.2009 - IV C 1 - S 2252/08/1004, DB 2010, 128-137

Rönitz, Dieter: Verfahrensrechtliche Überlegungen zur Ausübung von Wahlrechten des materiellen Steuerrecht, StbJb 1980/1981, 359-384

Rose, Gerd: Besteuerung nach Wahl - Probleme aus der Existenz steuerlicher Rechtswahlmöglichkeiten, Grundsätze für ihre Ausnutzung, StbJb 1979/1980, 49-96

Rose, Gerd: Der Steuerberater im Spannungsfeld permanenter Steuerrechtsänderungen durch Gesetzgebung und Rechtsprechung, StbKongRep 1992, 37-52

Rose, Gerd: Die Betriebswirtschaftliche Steuerlehre als Steuerberatungswissenschaft, StbKongRep 1977, 191-211

Rose, Gerd: Steuerberatung und Wissenschaft - Gedanken anläßlich des 50jährigen Bestehens der Betriebswirtschaftlichen Steuerlehre, StbJb 1969/1970, 31-70

Rose, Gerd: Steuerliche Absicherung langfristiger Dispositionen - ein Gesetzgebungsvorschlag, StbJb 1987/1988, 361-389

Rose, Gerd: Unternehmensrechtsformwahl - Versuch einer Auflistung kautelarjuristischer und betriebswirtschaftlicher Schwerpunkte, JbFSt 1986/1987, 55-78

Rose, Gerd: Untersuchungen über die Steuerbelastung der Unternehmung (Teilsteuerrechnung), DB 1968, Beilage 7

Rose, Gerd: Verunsicherte Steuerpraxis, StbJb 1975/1976, 41-86

Rose, Gerd (Teilsteuerrechnung): Die Steuerbelastung der Unternehmung - Grundzüge der Teilsteuerrechnung, Wiesbaden 1973

Rose, Gerd: Verachtet mit die Zinsfüß' nicht! Zinssatzfragen in der Steuerpraxis, FR 1974, 49-56

Rose, Gerd: Zur Anwendung der Teilsteuerrechnung bei praktischen Aufgabenstellungen aus dem Bereich der steuerlichen Kautelarjurisprudenz, in: Jakobs/Knobbe-Keuk/Picker/Wilhelm (Hrsg.), Festschrift für Werner Flume zum 70. Geburtstag (12. September 1978) - Band II, Köln 1978, 257-279

Rose, Gerd: Einführung in die Teilsteuerrechnung, BFuP 1979, 293-308

Rose, Gerd: Betriebswirtschaftliche Überlegungen zur Unternehmungsrechtsformwahl, in: Fachinstitut der Steuerberater (Hrsg.), Beiträge zum Zivil-, Steuer- und Unternehmensrecht - Festschrift für Heinz Meilicke, Berlin/Heidelberg/New York/Tokyo 1985, 111-123

Rose, Gerd: Der Bundesfinanzhof und die betriebswirtschaftliche Steuerplanung, in: Klein/Vogel (Hrsg.), Der Bundesfinanzhof und seine Rechtsprechung: Grundfragen - Grundlagen, Festschrift für Hugo von Wallis zum 75. Geburtstag am 12. April 1985, Bonn 1985, 275-289

Rose, Gerd: Schwerpunkte der Steuerplanung in der mittelständischen Unternehmung, in: Ackermann (Hrsg.), Festschrift 40 Jahre DER BETRIEB, Stuttgart 1988, 93-113

Rose, Gerd: Steuerrechtssprünge und Betriebswirtschaftliche Steuerplanung, in: John (Hrsg.), Besteuerung und Unternehmenspolitik - Festschrift für Günter Wöhe, München 1989, 291-308

Rose, Gerd (Betriebswirtschaftliche Steuerlehre): Betriebswirtschaftliche Steuerlehre - Eine Einführung für Fortgeschrittene, 3. Auflage, Wiesbaden 1992

Rose, Gerd: Ein Grundgerüst planungsrelevanter Steuerrechtsrisiken, in: Elschen/Siegel/Wagner (Hrsg.), Unternehmenstheorie und Besteuerung - Festschrift zum 60. Geburtstag von Dieter Schneider, Wiesbaden 1995, 479-493

Rose, Gerd: Über die Entstehung von "Dummensteuern" und ihre Vermeidung, in: Lang (Hrsg.), Die Steuerrechtsordnung in der Diskussion - Festschrift für Klaus Tipke, Köln 1995, 153-164

Rose, Gerd (Abgabenordnung): Abgabenordnung mit Finanzgerichtsordnung, 4. Auflage, Bielefeld 2003

Rose, Gerd: Bemerkungen zur Forderung nach Rechtsformneutralität der Besteuerung, in: Hebig/Kaiser/Koschmieder/Oblau (Hrsg.), Aktuelle Entwicklungsaspekte der Unternehmensbesteuerung - Festschrift für Wilhelm H. Wacker, Berlin 2006, 49-58

Rose, Gerd/Glorius-Rose, Cornelia (Rechtsformen und Verbindungen): Unternehmen - Rechtsformen und Verbindungen - Ein Überblick aus betriebswirtschaftlicher, rechtlicher und steuerlicher Sicht, 3. Auflage, Köln 2001

Rose, Gerd/Glorius-Rose, Cornelia (Steuerplanung und Gestaltungsmissbrauch): Steuerplanung und Gestaltungsmissbrauch - Eine Auswertung der jüngeren Rechtsprechung des BFH zu § 42 AO, 3. Auflage, Bielefeld 2002

Rose, Gerd/Glorius-Rose, Cornelia: Bemerkungen zur aktuellen Missbrauchs-Rechtsprechung (§ 42 AO) des BFH, DB 2003, 409-413

Rose, Manfred (Einfachsteuer): Reform der Einkommensbesteuerung in Deutschland - Konzept, Auswirkungen und Rechtsgrundlagen der Einfachsteuer des Heidelberger Steuerkreises, Heidelberg 2002

Roser, Frank: Gewerbesteuerausgleich zwischen den Gesellschaftern - Fälle & Folgen der Mischung von Gesellschafts- und Gesellschafterebene, EStB 2003, 157-158

Roser, Frank: Die Auslegung sog. "alternativer Missbrauchsbestimmungen" - Inwieweit können derartige Vorschriften Steueransprüche begründen?, FR 2005, 178-184

Rüd, Eberhard: Thesaurierungsbegünstigung gem. § 34a EStG, Abgeltungsteuer (ab 2009) und Schatteneffekt, FR 2008, 413-416

Ruiz de Vargas, Santiago/Zollner, Thomas: Der typisierte Einkommensteuersatz bei der Bewertung von Personengesellschaften in Abfindungsfällen, WPg 2012, 606-614

Rumpf, Dominik/Wiegard, Wolfgang: Kapitalertragsbesteuerung und Kapitalkosten, Arbeitspapier 05/2010 des Sachverständigenrats zur Begutachtung der gesamtwirtschaftlichen Entwicklung

Rupp, Thomas in: Preißer/Pung, Die Besteuerung der Personen- und Kapitalgesellschaften - Kommentar: Kommentar, Stuttgart 2009

Rürup, Bert/Wiegard, Wolfgang/Schön, Wolfgang/Schreiber, Ulrich/Spengel, Christoph (Reform der Einkommens- und Unternehmensbesteuerung): Reform der Einkommens- und Unternehmensbesteuerung durch die Duale Einkommensteuer - Expertise im Auftrag der Bundesminister der Finanzen und für Wirtschaft und Arbeit vom 23. Februar 2005, Wiesbaden 2006

Sachverständigenrat zur Begutachtung der gesamtwirtschaftlichen Entwicklung (Jahresgutachten 2007/2008): Jahresgutachten 2007/2008 - Das Erreichte nicht verspielen, Wiesbaden 2007

Sachverständigenrat zur Begutachtung der gesamtwirtschaftlichen Entwicklung (Jahresgutachten 2008/2009): Jahresgutachten 2008/2009 - Die Finanzkrise meistern - Wachstumskräfte stärken, Wiesbaden 2008

Sarrazin, Viktor in: Lenski/Steinberg, Gewerbesteuergesetz: Kommentar, 101. Erg. Loseblatt, August 2011, Köln

Schalburg, Martin: Hinweise zu den ESt-Erklärungsvordrucken 2010, Stbg 2011, 102-119

Schanz, Georg: Der Einkommensbegriff und die Einkommensteuergesetze, Finanzarchiv 1896, 1-87

Schanz, Sebastian/Kollruss, Thomas/Zipfel, Lars: Zur Vorteilhaftigkeit der Thesaurierungsbegünstigung für Personenunternehmen: Stand der Diskussion und Beispiele, DStR 2008, 1702-1706

Scharfenberg, Jens/Marbes, Frank: Das Steuervereinfachungsgesetz 2011, DB 2011, 2282-2290

Schaumburg, Harald (Unternehmenskauf im Steuerrecht): Unternehmenskauf im Steuerrecht - Grundsätze des steuerorientierten Unternehmenskaufs und -verkaufs, 3. Auflage, Stuttgart 2004

Scheffler, Wolfram: Private Vermögensverwaltung über eine GmbH?, BB 2001, 2297-2304

Scheffler, Wolfram (Besteuerung von Unternehmen): Besteuerung von Unternehmen I - Ertrag-, Substanz- und Verkehrsteuern, 10. Auflage, Heidelberg 2007

Scheffler, Wolfram: Einfluss der Rechtsform eines Unternehmens auf die Erbschaftsteuerbelastung, BB 2009, 2469-2474

Scheffler, Wolfram (Steuerplanung): Besteuerung von Unternehmen III - Steuerplanung, Heidelberg 2010

Scheffler, Wolfram: Innerstaatliche Erfolgszuordnung als Instrument der Steuerplanung, Ubg 2011, 262-273

Scheffler, Wolfram: Grenzen einer gewinnnachverlagernden Steuerbilanzpolitik, NWB 2012, 2353-2353

Scheffler, Wolfram/Krebs, Claudia: Einfluss der Besteuerung von privaten Dividenden, Veräußerungsgewinnen und Zinsen auf die Unternehmensfinanzierung, IStR 2010, 859-864

Scheidle, Günther/Jahn, Michael in: Lüdicke/Rieger, Münchener Anwaltshandbuch Unternehmenssteuerrecht: Kommentar, München 2004

Schenke, Ralf Peter (Rechtsfindung im Steuerrecht): Die Rechtsfindung im Steuerrecht - Konstitutionalisierung, Europäisierung, Methodengesetzgebung, Tübingen 2007, zugl. Habil.

Schiemann, Maik: Thesaurierungsbesteuerung nach § 34a EStG bei Personenunternehmen - ein dynamisches Entscheidungsmodell, Stbg 2008, 141-147

Schiffers, Joachim in: Korn/Carlé/Stahl/Strahl, Einkommensteuergesetz: Kommentar, 58. Erg. Loseblatt, März 2011, Köln

Schiffers, Joachim: Steueroptimale Gewinnverwendung bei personenbezogenen GmbH - Die wichtigsten Prüfungskriterien und Handlungsempfehlungen für 2001, GmbH-StB 2001, 136-141

Schiffers, Joachim: Gewinnverwendungspolitik als Mittel der steuerlichen Rechtsformoptimierung - Personengesellschaft, Kapitalgesellschaft und GmbH & Co. KG, DStR 2003, 302-308

Schiffers, Joachim: Steuerliches Informationssystem und Steuercontrolling als notwendige Voraussetzungen für die Erfüllung der Aufgaben in einer Steuerberatungskanzlei, in: Carlé/Stahl/Strahl (Hrsg.), Gestaltung und Abwehr im Steuerrecht - Festschrift für Klaus Korn zum 65. Geburtstag am 28. Januar 2005, Bonn/Berlin 2005, 19-40

Schiffers, Joachim: Die mittelständische GmbH & Co. KG im Rechtsformvergleich nach der Unternehmensteuerreform 2008 - Eine erste Analyse auf Grundlage des Regierungsentwurfs vom 14.03.2007, GmbHR 2007, 505-513

Schiffers, Joachim: Die Tarifänderung für GmbH und GmbH & Co. KG nach der Unternehmensteuerreform 2008 und ihre Konsequenzen, GmbH-StB 2007, 243-249

Schiffers, Joachim: Eignung einer GmbH oder GmbH & Co. KG zur Verwaltung größeren privaten Kapitalvermögens ("Spardosen GmbH"), DStZ 2007, 744-752

Schiffers, Joachim: Neue Thesaurierungsbegünstigung der GmbH & Co. KG - Handlungsbedarf im Hinblick auf die erstmalige Anwendung, GmbH-StB 2007, 345-349

Schiffers, Joachim: Unternehmensteuerreform 2008: Sondertarif für nicht entnommene Gewinne nach § 34a EStG - Fluch oder Segen?, GmbHR 2007, 841-847

Schiffers, Joachim: Anmerkungen zum Anwendungsschreiben zur Begünstigung der nicht entnommenen Gewinne nach § 34a EStG, DStR 2008, 1805-1814

Schiffers, Joachim: BMF-Schreiben zur Begünstigung der nicht entnommenen Gewinne nach § 34a EStG, DStZ 2008, 623-624

Schiffers, Joachim: Erbschaftsteuerreformgesetz - Erste Überlegungen zur Verschonungsregelung für Betriebsvermögen und Kapitalgesellschaftsanteile, DStZ 2008, 887-891

Schiffers, Joachim: Gewinntransfer von der GmbH auf die Gesellschafterebene, GmbH-StB 2008, 262-268

Schiffers, Joachim: Steuerliche Aspekte der Ausschüttungspolitik in 2008 - Einflüsse der Tarifsenkung 2008 und der Abgeltungsteuer 2009, GmbH-StB 2008, 141-145

Schiffers, Joachim: Bewertung von Unternehmensvermögen nach der Erbschaftsteuerreform - Hinweise zur Bewertung von Unternehmensvermögen insbesondere nach den gleich lautenden Ländererlassen, DStZ 2009, 548-559

Schiffers, Joachim: Rechtsformwahl, in: Strahl (Hrsg.), Ertragsteuern - Problemfelder der steuerlichen Beratung - Problemanalyse, Problemlösungen, Gestaltungen, 3. Auflage, Bonn 2010

Schiffers, Joachim: Steuerliche Rechtsformwahl - Umwandlungshemmnisse als Problem im Hinblick auf eine rechtsformneutrale Besteuerung, in: Kessler/Förster/Watrin (Hrsg.), Unternehmensbesteuerung - Festschrift für Norbert Herzig zum 65. Geburtstag, München 2010, 823-838

Schiffers, Joachim: Beteiligung an einer Mitunternehmerschaft in der Steuerbilanz - Gleichklang und Unterschiede mit/zur Handelsbilanz, GmbH-StB 2011, 176-181

Schiffers, Joachim/Frings, Thomas: Steuergünstiger Gewinn-Transfer auf die Gesellschafterebene bei der GmbH, GmbH-StB 2002, 12-17

Schiffers, Joachim/Köster, Thomas: Gestaltungshinweise zur Unternehmensbesteuerung zum Jahreswechsel 2007/2008, DStZ 2007, 773-790

Schiffers, Joachim/Köster, Thomas: Gestaltungshinweise zur Unternehmensbesteuerung zum Jahreswechsel 2008/2009, DStZ 2008, 830-852

Schiffers, Joachim/Köster, Thomas: Gestaltungshinweise zur Unternehmensbesteuerung zum Jahreswechsel 2009/2010, DStZ 2009, 880-904

Schiffers, Joachim/Köster, Thomas: Gestaltungshinweise zur Unternehmensbesteuerung zum Jahreswechsel 2011/2012, DStZ 2011, 851-875

Schlotter, Josef in: Littmann/Bitz/Pust, Das Einkommensteuerrecht - Kommentar zum Einkommensteuerrecht: Kommentar, 91. Erg. Loseblatt, Mai 2011, Stuttgart

Schlotter, Josef/Jansen, Gabi (Abgeltungsteuer): Abgeltungsteuer, Stuttgart 2008

Schmidt, Carsten/Eck, Anne-Kathrin: Von der Jahressteuerbescheinigung zur Anlage KAP: Praxisorientierte Hinweise zur Abgeltungsteuer unter Berücksichtigung des BMF-Schreibens vom 22.12.2009, BB 2010, 1123-1131

Schmidt, Carsten/Eck, Anne-Kathrin: Die Kapitalertragsteuer-Sonderprüfung unter dem Regime der Abgeltungsteuer - rechtliche Aspekte und praxisorientierte Hinweise, BB 2011, 1751-1761

Schmidt, Carsten/Eck, Anne-Kathrin: Quo vadis, Abgeltungsteuer? - Eine Zwischenbilanz auf Basis von zehn Thesen zu den Zielen ihrer geistigen Väter, RdF 2012, 251-262

Schmidt, Karsten (Gesellschaftsrecht): Gesellschaftsrecht, 4. Auflage, Köln 2002

Schmidt, Karsten: Plädoyer für die freiberufliche (GmbH & Co.-)Kommanditgesellschaft, DB 2009, 271-274

Schmidt, Karsten: Die Anwalts-GmbH & Co. KG: Kraftprobe des Berufsrechts oder des § 105 Abs. 2 HGB? - Bemerkungen zum Urteil des BGH vom 18.7.2011 - AnwZ (Brfg.) 18/10, DB 2011, 2477-2480

Schmidt, Olesja (Zinsschranke und Rechtsformwahl): Zinsschranke und Rechtsformwahl - Rechtsformspezifische Besonderheiten und Steuerbelastungsvergleich im Konzern, Hamburg 2010, zugl. Diss.

Schmidt, Volker/Wänger, Manuela: Änderungen bei der Abgeltungsteuer durch das Jahressteuergesetz 2008 - Die erste, aber sicherlich nicht letzte Gesetzeskorrektur, NWB 2008, 423-438

Schmidt-Keßeler, Nora: Das Achte Steuerberatungsänderungsgesetz, DStR 2008, 525-527

Schmidtmann, Dirk: Anwendung des Durchschnittssteuersatzes und des Progressionsvorbehalts beim Zusammentreffen mit schedular besteuerten Einkünften, DStR 2010, 2418-2421

Schmidtmann, Dirk: Optimierung der Fünftelregelung für außerordentliche Einkünfte durch die Schedulenbesteuerung, DBW 2012, 137-158

Schmiel, Ute: Rechtsformneutralität als Leitlinie für eine Neukonzeption der Unternehmensbesteuerung, BFuP 2006, 246-261

Schmiel, Ute: Steuerfreiheit von Gewinnen aus der Veräußerung von Kapitalgesellschaftsanteilen durch natürliche Personen?, ZfB 2011, 1053-1078

Schmieszek, Hans-Peter in: Beermann/Gosch, Abgabenordnung - Finanzgerichtsordnung - mit Nebengesetzen - EuGH-Verfahrensrecht (Kommentar): Kommentar, 90. Erg. Loseblatt, September 2011, Bonn

Schmitt, Joachim in: Schmitt/Hörtnagl/Stratz, Umwandlungsgesetz, Umwandlungssteuergesetz - Kommentar: Kommentar, 5. Auflage, München 2009

Schmitt, Michael: Die neue Besteuerung der Kapitalerträge - Systemwechsel hin zur Abgeltungsteuer, Stbg 2009, 101-111

Schmitt, Michael: Besteuerung der Personengesellschaften? Plädoyer für die Beibehaltung der transparenten Besteuerung, FR 2010, 750-752

Schmölders, Günter: Permanente Steuerreform, StuW 1971, 37-45

Schneeloch, Dieter: Betriebliche Steuerpolitik, WISt 1987, 326-332

Schneeloch, Dieter: Gedanken zum Stand und zum Selbstverständnis der Betriebswirtschaftlichen Steuerlehre, in: Siegel/Kirchhof/Schneeloch/Schramm (Hrsg.), Steuertheorie, Steuerpolitik und Steuerpraxis - Festschrift für Peter Bareis zum 65. Geburtstag, Stuttgart 2005, 251-274

Schneeloch, Dieter (Rechtsformwahl und Rechtsformwechsel): Rechtsformwahl und Rechtsformwechsel mittelständischer Unternehmen - Auswahlkriterien, Steuerplanung, Gestaltungsempfehlungen, 2. Auflage, München 2006

Schneeloch, Dieter (Betriebliche Steuerpolitik): Betriebswirtschaftliche Steuerlehre, Band 2: Betriebliche Steuerpolitik, 3. Auflage, München 2009

Schneeloch, Dieter: Zum Stand der Betriebswirtschaftlichen Steuerlehre - Eine kritische Bestandsaufnahme, BFuP 2011, 244-261

Schneeloch, Dieter/Rahier, Gabriele/Trockels-Brand: Steuerplanerische Überlegungen zur Unternehmenssteuerreform, DStR 2000, 1619-1628

Schneider, Dieter: Körperschaftsteuerreform und Gleichmäßigkeit der Besteuerung, StuW 1975, 97-112

Schneider, Dieter: Betriebswirtschaftliche Steuerlehre als Steuerplanungslehre oder als ökonomische Analyse des Rechts?, in: Fischer (Hrsg.), Unternehmung und Steuer - Festschrift zur Vollendung des 80. Lebensjahres von Peter Scherpf, Wiesbaden 1983, 21-37

Schneider, Dieter (Investition): Investition, Finanzierung und Besteuerung, 7. Auflage, Wiesbaden 1992

Schneider, Dieter (BWL Band 3): Betriebswirtschaftslehre - Band 3: Theorie der Unternehmung, München/Wien 1997

Schneider, Dieter: Steuervermeidung - ein Kavaliersdelikt?, DB 1997, 485-490

Schneider, Dieter (Steuerlast und Steuerwirkung): Steuerlast und Steuerwirkung - Einführung in die steuerliche Betriebswirtschaftslehre, München 2002

Schneider, Hans-Peter/Hoffmann, Peter: Härteausgleich und Abgeltungsteuer - Praxistipp Nr. 174/10, Stbg 2010, 457-457

Schneider, Kerstin/Wesselbaum-Neugebauer, Claudia: Innovation im Steuerrecht: Wie kann die Thesaurierungsbegünstigung eine annähernd belastungsneutrale Besteuerung von Personen- und Kapitalgesellschaften gewährleisten?, Schumpeter Discussion Papers 2010-002

Schneider, Kerstin/Wesselbaum-Neugebauer, Claudia: Von der Thesaurierungsbegünstigung zum virtuellen Trennungsprinzip - Einstieg in eine annähernd belastungsneutrale Besteuerung von Einzelunternehmen, Personen- und Kapitalgesellschaften, FR 2011, 166-173

Schoberth, Jörg/Ihlau, Susann: Besonderheiten und Handlungsempfehlungen bei der Bewertung von Familienunternehmen, BB 2008, 2114-2119

Scholes, Myron/Wolfson, Mark/Erickson, Merle/Maydew, Edward/Shevlin, Terry (Taxes and Business Strategy): Taxes and Business Strategy - A Planning Approach, 4. Auflage, New Jersey 2008

Schön, Wolfgang: Zum Entwurf eines Steuersenkungsgesetzes, StuW 2000, 151-159

Schön, Wolfgang: Vermeidbare und unvermeidbare Hindernisse der Steuervereinfachung, StuW 2002, 23-35

Schön, Wolfgang: Legalität, Gestaltungsfreiheit und Belastungsgleichheit als Grundlagen des Steuerrechts, DStJG Band 33, in: Hüttemann (Hrsg.), Gestaltungsfreiheit und Gestaltungsmissbrauch im Steuerrecht - 34. Jahrestagung der Deutschen Steuerjuristischen Gesellschaft e.V., Köln 2010, 29-63

Schön, Wolfgang/Schreiber, Ulrich/Spengel, Christoph/Wiegard, Wolfgang: Reform der Einkommens- und Unternehmensbesteuerung durch die Duale Einkommensteuer, Stbg 2006, 103-106

Schoor, Walter: Darlehensverträge zwischen nahen Angehörigen - Aktuelle Rechtsentwicklungen und Gestaltungsmöglichkeiten, NWB 2011, 2650-2658

Schreiber, Ulrich (Rechtsformabhängige Unternehmensbesteuerung): Rechtsformabhängige Unternehmensbesteuerung? Eine Kritik des Verhältnisses von Einkommen- und Körperschaftsteuer auf der Grundlage eines Modells für mehrperiodige Steuerbelastungsvergleiche, Köln 1987, zugl. Habil.

Schreiber, Ulrich: Die Steuerbelastung der Personenunternehmen und der Kapitalgesellschaften - Ein Beitrag zur Weiterentwicklung der Unternehmensbesteuerung, WPg 2002, 557-571

Schreiber, Ulrich (Besteuerung der Unternehmen): Besteuerung der Unternehmen - Eine Einführung in Steuerrecht und Steuerwirkung, 2. Auflage, Berlin/Heidelberg 2008

Schreiber, Ulrich/Rogall, Matthias: Der Einfluss der Reform der Körperschaftsteuer auf Investitionsentscheidungen und den Wert der Gewinnrücklagen von Kapitalgesellschaften, DBW 2000, 721-737

Schreiber, Ulrich/Ruf, Martin: Reform der Unternehmensbesteuerung: ökonomische Auswirkungen bei Unternehmen mit inländischer Geschäftstätigkeit, BB 2007, 1099-1105

Schreiber, Ulrich/Spengel, Christoph: Allgemeine Unternehmenssteuer und Duale Einkommensteuer, BFuP 2006, 275-288

Schröder, Karl-Wilhelm: Besteuerung von Personenunternehmen, WPg Sonderheft 2008, S 48-S 56

Schröder, Peter/Patek, Guido: Die Anrechnungsfalle des § 35 EStG - Gestaltungsempfehlungen zur optimalen Ausnutzung des gewerbesteuerlichen Anrechnungspotenzials bei Mitunternehmerschaften, DStZ 2009, 922-929

Schult, Eberhard: Grenzsteuerrechnung versus Differenzsteuerrechnung, WPg 1979, 376-386

Schulte, Wilfried in: Erle/Sauter, Körperschaftsteuergesetz - Die Besteuerung der Kapitalgesellschaft und ihrer Anteilseigner: Kommentar, 3. Auflage, Heidelberg 2010

Schultes-Schnitzlein, Stefan/Kaiser, Sascha: Formwechsel einer Personengesellschaft in eine Kapitalgesellschaft - Handelsrechtliche und steuerrechtliche Implikationen, NWB 2009, 2500-2512

Schultes-Schnitzlein, Stefan/Keese, Christian: Steuersatzermäßigung für Personengesellschaften - Neue Aspekte für die Rechtsformwahl, NWB 2007, 2841-2852

Schultes-Schnitzlein, Stefan/Keese, Christian: Die neue Thesaurierungsbegünstigung für Personenunternehmen ab 2008 - Neuen Gestaltungsspielraum richtig nutzen, NWB 2008, 1305-1318

Schulz, Andreas/Vogt, Rita: Unternehmensfinanzierung mittelständischer Unternehmen nach Inkrafttreten der Abgeltungsteuer im Jahr 2009, DStR 2008, 2189-2196

Schulze zur Wiesche, Dieter: Folgen der Entlastung des nicht entnommenen Gewinns für die Ertragsbesteuerung der Personengesellschaft, DB 2007, 1610-1612

Schulze zur Wiesche, Dieter: Der Nießbrauch am Gesellschaftsanteil nach der Unternehmenssteuerreform, DB 2008, 2728-2730

Schulze zur Wiesche, Dieter: Die GmbH & Still unter Berücksichtigung des Unternehmenssteuerreformgesetzes 2008 ab 2009, GmbHR 2008, 1140-1147

Schulze zur Wiesche, Dieter: Thesaurierungsbegünstigung: Der nachversteuerungspflichtige Betrag im Rahmen einer betrieblichen Erbauseinandersetzung, DB 2008, 1933-1937

Schulze-Osterloh, Joachim: Verfassungswidrigkeit der Kodifikation der Abfärbetheorie (§ 15 Abs. 3 Nr. 1 EStG), in: Schön (Hrsg.), Gedächtnisschrift für Brigitte Knobbe-Keuk - Im Zusammenwirken mit Werner Flume, Horst Heinrich Jakobs, Eduard Picker, Jan Wilhelm, Köln 1997, 531-539

Schumm, Harald: Gestaltungsbedarf für Gesellschaftsverträge - Anpassungsbedarf infolge der Unternehmensteuerreform 2008, NWB 2009, 1266-1273

Schumpeter, Joseph (Nationalökonomie): Das Wesen und der Hauptinhalt der theoretischen Nationalökonomie, Leipzig 1908

Schwab, Hartmut/Ende, Claudia: Verfassungsrechtliche Prinzipien im Steuerrecht - Anmerkungen eines Steuerberaters, in: Mellinghoff/Schön/Viskorf (Hrsg.), Steuerrecht im

Rechtsstaat - Festschrift für Wolfgang Spindler zum 65. Geburtstag, Köln 2011, 203-217

Schwarz, Reinhard: Der Gewinnfreibetrag - ein gelungener Ansatz mit Optimierungspotenzial, in: öBMF/JKU Linz (Hrsg.), Einkommensteuer, Körperschaftsteuer, Steuerpolitik - Gedenkschrift für Peter Quantschnigg, Wien 2010, 389-397

Schwendy, Klaus: Steuerberaterpraxis als Gewerbebetrieb - Anmerkungen zum Urteil des BFH vom 10.8.1994, IR 133/93, INF 1995, 75-76

Seer, Roman in: Tipke/Kruse, Abgabenordnung - Finanzgerichtsordnung (Kommentar): Kommentar, 125. Erg. Loseblatt, März 2011, Köln

Seer, Roman: Rechtsformabhängige Unternehmensbesteuerung - Kritische Bestandsaufnahme der derzeitigen Rechtslage, StuW 1993, 114-140

Seer, Roman: Steuerplanungssicherheit durch Zusage - Zum Auskunftserlass vom 29.12.2003, in: Carlé/Stahl/Strahl (Hrsg.), Gestaltung und Abwehr im Steuerrecht - Festschrift für Klaus Korn zum 65. Geburtstag am 28. Januar 2005, Bonn/Berlin 2005, 707-720

Seer, Roman: Die Besteuerung der GmbH im Spiegel der Zeit, GmbHR 2009, 1036-1047

Seer, Roman: Der Untersuchungsgrundsatz im heutigen Besteuerungsverfahren - Steuerliche Sachaufklärung, SteuerStud 2010, 369-374

Seer, Roman: Personenunternehmerbesteuerung - Zur Willkürlichkeit des Einkunftsarten-Steuerrechts, in: Tipke/Seer/Hey/Englisch (Hrsg.), Festschrift für Joachim Lang zum 70. Geburtstag - Gestaltung der Steuerrechtsordnung, Köln 2010, 655-681

Seer, Roman/Drüen, Klaus-Dieter: Ausgliederung gewerblicher Tätigkeiten zur Vermeidung der Gewerbesteuerpflicht freiberuflicher Sozietäten, BB 2000, 2176-2183

Seitz, Werner: Aktuelles zu Personenunternehmen, StbJb 2007/2008, 314-355

Seitz, Werner: Verrechnung von Verlusten im Rahmen der Abgeltungsteuer - Akuter Handlungsbedarf zum Jahresende, StB 2009, 426-430

Seitz, Werner: Die wesentlichen Änderungen bei der Vermögensübergabe gegen Versorgungsleistungen durch den sog. 4. Rentenerlass, DStR 2010, 629-636

Siara: Anwendung des Körperschaftsteuertarifs auf gewerbliche Einkünfte - § 32b Einkommensteuergesetz in der Praxis, DB 1951, 512-513

Siara: Behandlung von Personengesellschaften als GmbH?, DB 1951, 101-102

Siegel, Theodor (Steuerwirkungen und Steuerpolitik): Steuerwirkungen und Steuerpolitik in der Unternehmung, Würzburg 1982

Siegel, Theodor: Rechtsformneutralität - ein klares und begründetes Ziel, in: Winkeljohann/Bareis/Volk (Hrsg.), Rechnungslegung, Eigenkapital und Besteuerung - Entwicklungstendenzen - Festschrift für Dieter Schneeloch zum 65. Geburtstag, München 2007, 271-290

Siegel, Theodor: Steuern, Ethik und Ökonomie, BFuP 2007, 625-646

Siegel, Theodor: Zu Diagnose und Therapie bei § 34a EStG, FR 2008, 663-668

Siegel, Theodor: Die aufgedeckte verdeckte "Gewinn"-Ausschüttung als Darlehensgewährung, DB 2009, 2116-2124

Siegel, Theodor: Zuordnungsänderungen in Personengesellschaften - Zur Klärung der steuerlichen Gewinnrealisierung mit dem Konzept der Individualbilanz, FR 2011, 45-61

Siegel, Theodor/Bareis, Peter/Herzig, Norbert/Schneider, Dieter/Wagner, Franz W./Wenger, Ekkehard: Verteidigt das Anrechnungsverfahren gegen unbedachte Reformen!, BB 2000, 1269-1270

Siegel, Theodor/Kirchner, Christian/Elschen, Rainer/Küpper, Hans-Ulrich/Rückle, Dieter: Juristen und Ökonomen: Kooperation oder Mauerbau?, StuW 2000, 257-260

Siegmund, Olaf (Unternehmensbesteuerung im Halbeinkünfteverfahren): Unternehmensbesteuerung im Halbeinkünfteverfahren - Eine betriebswirtschaftliche Analyse unter besonderer Berücksichtigung der Kapitallebensversicherung, Hamburg 2006, zugl. Diss.

Siegmund, Olaf/Kleene, Michael: Steuerbelastung von Dividenden ab dem Jahr 2009, DStZ 2009, 366-372

Siegmund, Olaf/Ungemach, Markus: Gewerbliche Infektion freiberuflicher Tätigkeiten von Personengesellschaften - Darstellung praxisrelevanter Fallgruppen und ökonomische Analyse, DStZ 2009, 133-136

Siegmund, Olaf/Ungemach, Markus: Übertragungen von Einzelwirtschaftsgütern zwischen Schwesterpersonengesellschaften, NWB 2010, 2206-2210

Sieker, Susanne: Möglichkeiten rechtsformneutraler Besteuerung von Einkommen, DStJG Band 25, in: Seeger (Hrsg.), Perspektiven der Unternehmensbesteuerung, Köln 2002, 145-177

Sielaff, Christian: Der steuerliche Lock-in-Effekt, WISt 2011, 96-99

Sigloch, Jochen: Die Wahl der Unternehmensrechtsform (II), WISU 1989, 345-350

Sigloch, Jochen: Unternehmensteuerreform 2001 - Darstellung und Analyse, StuW 2000, 160-181

Sikorski, Ralf: Keine nachträgliche Ausübung von Wahlrechten bei der Abgeltungsteuer? - Verfahrensrechtliche Probleme bei der nachträglichen Erklärung von Kapitaleinkünften, NWB 2011, 1064-1070

Simons, Henry C. (Personal Income Taxation): Personal Income Taxation - The Definition of Income as a Problem of Fiscal Policy, Chicago/London 1938

Sinn, Hans Werner: Deutsches Außensteuerrecht - Standortvorteil durch die Unternehmenssteuerreform?, IStR-Länderbericht 7/ 2007, 1-1

Söffing, Andreas: Fremdbestimmte Steuerwirkungen bei doppelstöckigen Personengesellschaften, DStZ 1993, 587-591

Söffing, Andreas (Gestaltung der steuerlichen Beratung): Gestaltung der steuerlichen Beratung - Ein Ansatz zur Begründung der institutionell-orientierten Steuerlehre als Teilbereich der Betriebswirtschaftlichen Steuerlehre, Köln 1993, zugl. Diss.

Söffing, Andreas: Besteuerung des Unternehmensvermögens nach dem Erbschaftsteuerreformgesetz, DStZ 2008, 867-876

Söffing, Andreas: Ausgewählte Beratungsaspekte beim Formwechsel einer Personengesellschaft in eine Kapitalgesellschaft, in: Binnewies/Spatscheck (Hrsg.), Festschrift für Michael Streck zum 70. Geburtstag, Köln 2011, 195-215

Söffing, Günter: Die Steuerumgehung und die Figur des Gesamtplans, BB 2004, 2777-2787

Söffing, Günter: Der im zu versteuernden Einkommen enthaltene nicht entnommene Gewinn im Sinne des § 34a EStG, DStZ 2008, 471-473

Söffing, Günter (GmbH & Co. KG): Die GmbH & Co. KG, Herne 2009

Söffing, Matthias/Worgulla, Niels: Gewinnbegriff des § 34a EStG - Außerbilanzielle Hinzurechnungen sind eingeschlossen, NWB 2009, 841-848

Söffing, Matthias/Worgulla, Niels: Probleme der Thesaurierungsbegünstigung - Doppelstöckige Mitunternehmerschaft und nachversteuerungspflichtiger Betrag, NWB 2009, 916-921

Söhn, Hartmut in: Hübschmann/Hepp/Spitaler, Abgabenordnung - Finanzgerichtsordnung: Kommentar, 212. Erg. Loseblatt, Mai 2011, Köln

Speidel, Roland/Widinski, Margit: Überblick über die Unternehmensteuerreform 2008 in Deutschland, ÖStZ 2007, 422-424

Spengel, Christoph: Unternehmensgewinne und Steuerbelastung im internationalen Vergleich - Indikator der Leistungsfähigkeit?, in: Statistisches Bundesamt (Hrsg.), Ökonomische Leistungsfähigkeit Deutschlands - Bestandsaufnahme und statistische Messung im internationalen Vergleich - Beiträge zum wissenschaftlichen Kolloquium am 20./21. November 2003 in Wiesbaden, Forum der Bundesstatistik Band 44, Wiesbaden 2004, 91-113

Spengel, Christoph: Norbert Herzig und die europäische Steuerharmonisierung, in: Kessler/Förster/Watrin (Hrsg.), Unternehmensbesteuerung - Festschrift für Norbert Herzig zum 65. Geburtstag, München 2010, 879-895

Spengel, Christoph/Elschner, Christina: Bewertung von Betriebsvermögen und Grundvermögen im Rahmen der ErbStRG - Gelingt eine einheitliche Bewertung mit dem gemeinen Wert?, Ubg 2008, 408-414

Spengel, Christoph/Elschner, Christina/Grünewald, Michael/Reister, Timo: Einfluss der Unternehmensteuerreform 2008 auf die effektive Steuerbelastung, Vierteljahreshefte zur Wirtschaftsforschung 2007, 86-97

Spengel, Christoph/Ernst, Christof: Private Kapitalanlagen vor und nach der Einführung der Abgeltungsteuer - eine steuerplanerische Analyse, DStR 2008, 835-841

Spengel, Christoph/Lammersen, Lothar: Methoden zur Messung und zum Vergleich von internationalen Steuerbelastungen, StuW 2001, 222-238

Spengel, Christoph/Reister, Timo: Die Pläne zur Unternehmenssteuerreform 2008 drohen ihre Ziele zu verfehlen, DB 2006, 1741-1747

Spengel, Christoph/Schaden, Michael/Wehrße, Martin: Besteuerung von Personengesellschaften in der 27 EU-Mitgliedstaaten und den USA - eine Analyse der nationalen Besteuerungskonzeptionen, StuW 2010, 44-56

Spindler, Wolfgang: Der "Gesamtplan" in der Rechtsprechung des BFH, DStR 2005, 1-5

Steckmeister, Jürgen: Das Halbsteuersatzverfahren für Personenunternehmen - Ein Vorschlag zur Unternehmensteuerreform, Stbg 2006, 161-164

Stein, Klaus in: Herrmann/Heuer/Raupach, Einkommensteuer- und Körperschaftsteuergesetz: Kommentar, 246. Erg. Loseblatt, August 2011, Köln

Steinhoff, Stefan: GmbH oder GmbH & Co. KG? Ein Rechtsformvergleich - Personengesellschaft versus Kapitalgesellschaft - Teil I, SteuerStud 2012, 334-345

Stiftung Familienunternehmen (Volkswirtschaftliche Bedeutung der Familienunternehmen): Die volkswirtschaftliche Bedeutung der Familienunternehmen - Eine Studie des Zentrums für Europäische Wirtschaftsforschung und des Instituts für Mittelstandsforschung im Auftrag der Stiftung Familienunternehmen, München 2009

Stiftung Marktwirtschaft (Tagungsbericht der Kommission "Steuergesetzbuch"): Tagungsbericht der Kommission "Steuergesetzbuch": Expertengespräch Integrationsmodelle, Berlin 2005

Stiftung Marktwirtschaft (Steuerpolitisches Programm): Steuerpolitisches Programm der Kommission "Steuergesetzbuch", Berlin 2006

Stiftung Marktwirtschaft (Entwurf eines Einkommensteuergesetzes): Entwurf eines Einkommensteuergesetzes - Kommission "Steuergesetzbuch", 2. Auflage, Berlin 2009

Stollenwerk, Arnd: Die vermögensverwaltende GmbH im Vergleich mit Direktanlage und Fondsanlage - eine Standortbestimmung nach dem UntStRefG, GmbH-StB 2008, 48-54

Stollenwerk, Arnd/Kühnemund, Ulf: Geglückte oder verunglückte Verwaltung von Finanzvermögen in der GmbH - Neue Grenzen in § 8b KStG durch die Rechtsprechung (Teil I), GmbH-StB 2009, 336-341

Stollenwerk, Arnd/Kühnemund, Ulf: Geglückte oder verunglückte Verwaltung von Finanzvermögen in der GmbH - Neue Grenzen in § 8b KStG durch die Rechtsprechung (Teil II), GmbH-StB 2010, 11-15

Stollenwerk, Arnd/Piron, Barbara: Verwaltung von Finanzvermögen in der GmbH & Co. KG als Folge der Nutzung der Thesaurierungsbesteuerung, GmbH-StB 2010, 261-268

Stollenwerk, Arnd/Willems, Gabriele: Börsenspekulationen einer GmbH (I) - vGA aufgrund Verlagerung von Geschäftschancen?, GmbH-StB 2012, 81-84

Storg, Alexander in: Frotscher, Einkommensteuergesetz: Kommentar, 164. Erg. Loseblatt, Juli 2011, Freiburg

Strahl, Martin: Gesellschafterdarlehen bei Personen- und Kapitalgesellschaften, StbJb 2010/2011, 81-107

Strahl, Martin: Schuldzinsenabzug: Rechtsprechungsentwicklungen und Gestaltungsmöglichkeiten, KÖSDI 2002, 13346-13357

Strahl, Martin: Die Bedeutung der Gesamtplanrechtsprechung bei der Umstrukturierung von Personengesellschaften unter steuerneutraler Ausgliederung einzelner Wirtschaftsgüter, FR 2004, 929-938

Strahl, Martin: Abgeltungsteuer aus Sicht mittelständischer Unternehmen, Ubg 2008, 143-147

Strahl, Martin: Beratungsrelevante Aspekte rund um das JStG 2008, KÖSDI 2008, 15896-15914

Strahl, Martin: Eilige Selbstberichtigung und andere Änderungen des Unternehmensteuerreformgesetzes 2008 durch das Jahressteuergesetz 2008, DStR 2008, 9-13

Strahl, Martin: Abgeltungsteuer, in: Strahl (Hrsg.), Ertragsteuern - Problemfelder der steuerlichen Beratung - Problemanalyse, Problemlösungen, Gestaltungen, 3. Auflage, Bonn 2010

Strahl, Martin: Der Gesamtplan im Bilanzsteuerrecht, in: Kessler/Förster/Watrin (Hrsg.), Unternehmensbesteuerung - Festschrift für Norbert Herzig zum 65. Geburtstag, München 2010, 577-594

Strahl, Martin: Hinweise zum Anwendungsschreiben zur Abgeltungsteuer und zu Kapitalerträgen in der Steuererklärung 2009, KÖSDI 2010, 16853-16863

Strahl, Martin: Kapitaleinkünfte bei Kapitalgesellschaften, Stbg 2010, 152-162

Strahl, Martin: Umstrukturierung und Gesamtplan, KÖSDI 2011, 17363-17371

Strauch, Robert: Die Abgeltungsteuer in der Veranlagung: So meistern Sie die Anlage KAP erfolgreich, GStB 2010, 326-334

Strauch, Robert: Strategien zur Nutzung von Altverlusten im Rahmen der Abgeltungsteuer, DStR 2010, 254-256

Streck, Michael: Steuercontrolling, Tax Compliance und Haftungsvorsorge, StbJb 2009/2010, 415-436

Streck, Michael: Gewerbebetrieb, Mitunternehmerschaft, Bilanzbündeltheorie - Zur methodischen Präzisierung bei aktuellen Problemen, FR 1974, 297-307

Streck, Michael/Binnewies, Burkhard: Tax Compliance, DStR 2009, 229-234

Streck, Michael/Mack, Alexandra/Schwedhelm, Rolf (Tax Compliance): Tax Compliance - Risikominimierung durch Pflichtenbefolgung und Rechteverfolgung, Köln 2010

Strohm, Joachim (Abgeltungsteuer): Abgeltungsteuer - Systematische Darstellung und ausgewählte Zweifelsfragen, Stuttgart 2010, zugl. Diss.

Tanenbaum, Edward/Otto, Lieselotte: Wahl des Steuerstatus eines US-Unternehmens - "Check the Box" - Zum Entwurf neuer IRS-Richtlinien, RIW 1996, 678-681

Tavakoli, Anusch: Disquotale Gewinnausschüttungen in der Unternehmensnachfolge: Gesellschafts- und steuerrechtliche Rahmenbedingungen, DB 2006, 1882-1888

Tersteegen, Jens: Fehlende Eintragungsfähigkeit einer Freiberufler-GmbH & Co. KG ins Handelsregister am Beispiel der Steuerberatungs- bzw. Wirtschaftsprüfungs-GmbH & Co. KG, NZG 2010, 651-655

Teufel, Tobias (Steuerliche Rechtsformoptimierung): Steuerliche Rechtsformoptimierung - Gestaltungssuche im Gesellschaft-Gesellschafter-Verhältnis, Frankfurt 2002, zugl. Diss.

Teufel, Tobias in: Lüdicke/Sistermann, Unternehmensteuerrecht: Gründung, Finanzierung, Umstrukturierung, Übertragung, Liquidation: Kommentar, München 2008

Theis: Risiko und Folgen der Option (§ 32b EStG), DB 1951, 552-553

Thiel, Jochen: Die doppelstöckige Personengesellschaft - Besteuerung im Widerstreit von Steuergesetzgebung und Rechtsprechung, in: Wachter (Hrsg.), Festschrift für Sebastian Spiegelberger zum 70. Geburtstag - Vertragsgestaltung im Zivil- und Steuerrecht, Bonn 2009, 504-517

Thiel, Jochen: Vom gesellschaftlichen Nutzen der Steuerberatung, in: Tipke (Hrsg.), Steuerberatung und Rechtsstaat - Symposium für Jürgen Pelka zum 65. Geburtstag, München 2010, 9-31

Thiel, Jochen/Sterner, Ingo: Entlastung der Personenunternehmen durch Begünstigung des nicht entnommenen Gewinns, DB 2007, 1099-1107

Thiel, Rudolf: Ist die Ausnutzung steuergesetzlicher Unzulänglichkeiten illegitim?, FR 1976, 53-56

Tipke, Klaus: Zur Problematik einer rechtsformunabhängigen Besteuerung der Unternehmen, NJW 1980, 1079-1085

Tipke, Klaus: Über Steuergesetzgebung und parlamentarische Demokratie - Zu F. A. von Hayek: Recht, Gesetzgebung und Freiheit, StuW 1983, 1-9

Tipke, Klaus (Besteuerungsmoral und Steuermoral): Besteuerungsmoral und Steuermoral - Vorträge G Heft Nr. 366 der Nordrhein-Westfälischen Akademie der Wissenschaften, Wiesbaden 2000

Tipke, Klaus (Steuerrechtsordnung Band I): Die Steuerrechtsordnung - Band I - Wissenschaftsorganisatorische, systematische und grundrechtlich-rechtsstaatliche Grundlagen, 2. Auflage, Köln 2000

Tipke, Klaus (Steuerrechtsordnung Band II): Die Steuerrechtsordnung - Band II - Steuerrechtfertigungstheorie, Anwendung auf alle Steuerarten, sachgerechtes Steuersystem, 2. Auflage, Köln 2003

Tipke, Klaus: Steuerberatung - auf rechtsunsicherem Fundament, in: Spindler/Tipke/Rödder (Hrsg.), Steuerzentrierte Rechtsberatung - Festschrift für Harald Schaumburg zum 65. Geburtstag, Köln 2009, 183-205

Tipke, Klaus: Einführung, in: Tipke (Hrsg.), Steuerberatung und Rechtsstaat - Symposium für Jürgen Pelka zum 65. Geburtstag, München 2010, 1-8

Treiber, Andreas in: Blümich, Einkommensteuer, Körperschaftsteuer, Gewerbesteuer: Kommentar, 111. Erg. Loseblatt, Mai 2011, München

Turner, George: Beiräte in Familiengesellschaften, in: Hommelhoff/Schmidt-Diemitz/Sigle (Hrsg.), Familiengesellschaften - Festschrift für Walter Sigle, Köln 2000, 111-127

van Heek, Stephanie: Die Thesaurierungsbegünstigung nach § 34a EStG - Innovation oder halbherziger Versuch einer Revitalisierung?, SteuerStud 2010, 503-508

Vera, Antonio: Das steuerliche Zielsystem einer international tätigen Großunternehmung - Ergebnisse einer empirischen Untersuchung, StuW 2001, 308-315

Vera, Antonio (Organisation von Steuerabteilungen): Organisation von Steuerabteilungen und Einsatz externer Steuerberatung in deutschen Großunternehmen - Eine empirische Analyse, Lohmar/Köln 2001, zugl. Diss.

Vinken, Horst: Steuerpolitische Perspektiven der neuen Legislaturperiode - insb. Steuervereinfachung: Die Sichtweise der Bundessteuerberaterkammer, FR 2010, 417-421

Vinken, Horst: Steuerberatung 2020 - Perspektiven für Steuerberater: Sieben Thesen, DStR 2012, 725-727

Vituschek, Michael (Steuerbelastung): Die Steuerbelastung von Personenunternehmen und Kapitalgesellschaften - Ermittlung, Vergleich und Analyse unter besonderer Berücksichtigung des Generationenwechsels im Unternehmen, Mannheim 2003, zugl. Diss.

Vogel, Klaus: Perfektionismus im Steuerecht, StuW 1980, 206-212

Vogel, Klaus: Der Verlust des Rechtsgedankens im Steuerrecht als Herausforderung an das Verfassungsrecht, DStJG Band 12, in: Friauf (Hrsg.), Steuerrecht und Verfassungsrecht, Köln 1989, 123-144

Vogt: Das Wahlrecht der zwei Tarife: Rechtsunsicherheit!, FR 1951, 257-258

Volmer, Norbert: Die zivilrechtliche Haftung des Steuerberaters, StB 1967, 69-77

von Arps-Aubert, Michael: Praxisprobleme bei der Ermittlung der als Sonderausgaben abzugsfähigen Kirchensteuern, DStR 2011, 1548-1551

von Beckerath, Hans-Jochem in: Kirchhof, EStG Kompaktkommentar - Einkommensteuergesetz: Kommentar, 9. Auflage, Heidelberg 2010

von Freeden, Arne/Rogall, Matthias: Organschaftliche Mehr- und Minderabführungen im Anwendungsbereich der Thesaurierungsbegünstigung des § 34a EStG, FR 2009, 785-795

von Oertzen, Christian/Stein, Thomas: Sonderausgabenabzug bei Übertragung von Mitunternehmeranteilen gegen Versorgungsleistungen, DStR 2009, 1117-1122

von Oertzen, Christian/Stein, Thomas: Die Sicherung erbschaftsteuerlicher Vergünstigungen für Drittstaaten-Personengesellschaften durch Organschaften, Ubg 2011, 353-35

von Oertzen, Christian/Stein, Thomas: Vorbehaltsnießbrauch an mitunternehmerischen Personengesellschaftsanteilen - Probleme in der laufenden steuerlichen Behandlung, Ubg 2012, 285-292

Voß, Jörg-Peter (IFSt-Schrift Nr. 324): Erfahrungen und Schwierigkeiten bei der Anwendung des Körperschaftsteuersatzes auf Gewinne aus Gewerbebetrieb von Einzelkaufleuten und Personengesellschaften [§ 32b EStG 1951] (IFSt-Schrift Nr. 324), Bonn 1994

Wachter, Thomas: Auswirkungen der Finanzmarktkrise auf die neue Unternehmergesellschaft (haftungsbeschränkt), GmbHR 2008, 1296-1301

Wachter, Thomas: Auswirkungen der GmbH-Reform auf die GmbH & Co. KG, Stbg 2008, 554-563

Wacker, Roland: Entwicklungslinien bei Vermögens- und Unternehmensnachfolge, JbFSt 2010/2011, 711-798

Wacker, Roland: Notizen zur Thesaurierungsbegünstigung nach § 34a EStG, FR 2008, 605-611

Wacker, Roland in: Schmidt, Einkommensteuergesetz: Kommentar, 31. Auflage, München 2012

Wacker, Wilhelm (Steuerplanung): Steuerplanung im nationalen und transnationalen Unternehmen, Berlin 1979

Wagner, Franz W.: Grundsätzliche Anmerkungen zu Irrtümern und Mängeln steuerlicher Rechtsformvergleiche, DStR 1981, 243-246

Wagner, Franz W.: Grundfragen und Entwicklungstendenzen der betriebswirtschaftlichen Steuerplanung, BFuP 1984, 201-222

Wagner, Franz W.: Der gesellschaftliche Nutzen einer betriebswirtschaftlichen Steuervermeidungslehre, Finanzarchiv 1986, 32-54

Wagner, Franz W.: Neutralität und Gleichmäßigkeit als ökonomische und rechtliche Kriterien steuerlicher Normkritik, StuW 1992, 2-13

Wagner, Franz W.: Leitlinien steuerlicher Rechtskritik als Spiegel betriebswirtschaftlicher Theoriegeschichte, in: Elschen/Siegel/Wagner (Hrsg.), Unternehmenstheorie und Besteuerung - Festschrift zum 60. Geburtstag von Dieter Schneider, Wiesbaden 1995, 724-746

Wagner, Franz W.: Die Integration einer Abgeltungssteuer in das Steuersystem - Ökonomische Analyse der Kapitaleinkommensbesteuerung in Deutschland und der EU, DB 1999, 1520-1528

Wagner, Franz W.: Korrektur des Einkünftedualismus durch Tarifdualismus - Zum Konstruktionsprinzip der Dual Income Taxation, StuW 2000, 431-447

Wagner, Franz W.: Deutschland bei Österreich in der Steuerlehre: Die falsche Lektion gelernt, in: Wagner (Hrsg.), Zum Erkenntnisstand der Betriebswirtschaftslehre am Beginn des 21. Jahrhunderts - Festschrift für Erich Loitlsberger zum 80. Geburtstag, Berlin 2001, 431-447

Wagner, Franz W.: Karlsruher Entwurf zur Reform des Einkommensteuergesetzes - Anmerkungen aus der Perspektive ökonomischer Vernunft, StuW 2001, 354-362

Wagner, Franz W.: Gegenstand und Methoden betriebswirtschaftlicher Steuerforschung, StuW 2004, 237-250

Wagner, Franz W.: Steuervereinfachung und Entscheidungsneutralität - konkurrierende oder komplementäre Leitbilder für Steuerreformen?, StuW 2005, 93-108

Wagner, Franz W.: Zu Meriten und Defiziten der Rechtskritik zu den Steuerwissenschaften, in: Schneider/Rückle/Küpper/Wagner (Hrsg.), Kritisches zu Rechnungslegung und Unternehmensbesteuerung - Festschrift zur Vollendung des 65. Lebensjahres von Theodor Siegel, Berlin 2005, 611-631

Wagner, Franz W.: Was bedeutet und wozu dient Rechtsformneutralität der Unternehmensbesteuerung?, StuW 2006, 101-114

Wagner, Franz W.: Steuerforschung: Welche Probleme finden Ökonomen interessant, und welche sind relevant?, StuW 2008, 97-116

Wagner, Franz W.: Warum sind nur manche Steuern reformbedürftig und andere nicht?, in: Tipke/Seer/Hey/Englisch (Hrsg.), Festschrift für Joachim Lang zum 70. Geburtstag - Gestaltung der Steuerrechtsordnung, Köln 2010, 345-365

Wagner, Franz W./Baur, Thomas B./Wader, Dominic: Was ist von den 'Brühler Empfehlungen' für die Investitionspolitik, die Finanzierungsstrukturen und die Neugestaltung von Gesellschaftsverträgen der Unternehmen zu erwarten?, BB 1999, 1296-1300

Wagner, Franz W./Dirrigl, Hans (Steuerplanung der Unternehmung): Die Steuerplanung der Unternehmung, Stuttgart 1980

Wagner, Franz W./Zeller, Susanne: Deutschland als Weltmeister der Steuerliteratur? Fallstudie einer Legende, Perspektiven der Wirtschaftspolitik 2011, 303-316

Wagner, Klaus J. in: Blümich, Einkommensteuer, Körperschaftsteuer, Gewerbesteuer: Kommentar, 111. Erg. Loseblatt, Mai 2011, München

Wagner, Siegfried: Die Abgeltungssteuer, Stbg 2007, 313-329

Wagner, Siegfried: Das "übermäßig" weite Verständnis des Begriffs der Finanzunternehmen i.S. des § 8b Abs. 7 KStG durch den BFH, DK 2010, 45-48

Wälzholz, Eckhard: Die GmbH & Still nach der Unternehmensteuerreform 2008 - Auswirkungen, Probleme und Optimierungsmöglichkeiten, GmbH-StB 2008, 11-16

Wälzholz, Eckhard: Versorgungsleistungen: Aktuelle Gestaltungsprobleme nach dem JStG 2008, FR 2008, 641-648

Wangler, Clemens/Arendt, Sönke: Thesaurierungsbegünstigung für Einzelunternehmer und Personengesellschaften: Wurde Rechtsformneutralität erreicht?, in: DHBW Villingen-Schwenningen (Hrsg.), Diskussionsbeiträge 9/2009, Villingen-Schwenningen 2009, 1-40

Wangler, Clemens/Schill, Philip: Die Begünstigung nicht entnommener Gewinne gemäß § 34a EStG: Anwendung, Gesetzeszweck und Vorteilhaftigkeitsüberlegungen, in: DHBW Villingen-Schwenningen (Hrsg.), Diskussionsbeiträge 9/2009, Villingen-Schwenningen 2009, 41-111

Waschbusch, Gerd/Kaminski, Volker/Staub, Nadine: Mittelstandsfinanzierung: Wer ist Mittelstand? Eine Annäherung an den Begriff des wirtschaftlichen Mittestands, StB 2009, 105-112

Waschbusch, Gerd/Staub, Nadine: Mittelstandsfinanzierung: Volkswirtschaftliche Bedeutung und Internationalisierungsverhalten mittelständischer Unternehmen, StB 2009, 157-166

Wassermeyer, Franz in: Flick/Wassermeyer/Baumhoff/Schönfeld, Außensteuerrecht: Kommentar, 68. Erg. Loseblatt, November 2011, Köln

Wassermeyer, Franz: Die beschränkte Steuerpflicht, DStJG Band 8, in: Vogel (Hrsg.), Grundfragen des Internationalen Steuerrechts - 9. Jahrestagung der Deutschen Steuerjuristischen Gesellschaft e.V., Köln 1985, 49-77

Wassermeyer, Franz: Der Ansatz verdeckter Gewinnausschüttungen innerhalb oder außerhalb der Steuerbilanz, DB 2010, 1959-1963

Watrin, Christoph/Benhof, Hanno: Zum Lock in-Effekt einer Besteuerung von Veräußerungsgewinnen - Eine empirische Untersuchung am Beispiel neu emittierter Aktien, StuW 2009, 300-310

Watrin, Christoph/Wittkowski, Ansas/Strohm, Christiane: Auswirkungen der Unternehmensteuerreform 2008 auf die Besteuerung von Kapitalgesellschaften, GmbHR 2007, 785-793

Weber, Klaus: Rechtsformwahl - Auswirkungen der Unternehmensteuerreform 2008, NWB 2007, 3031-3062

Weber, Klaus: Rechtsformwahl - Steueroptimierung durch Änderung der Rechtsform, NWB 2008, 3075-3090

Weber-Grellet, Heinrich: Die Qual der Wahl - Zur steuerrechtlichen Behandlung von Wahlrechten, DStR 1992, 1417-1422

Weber-Grellet, Heinrich: Die Abgeltungsteuer: Irritiertes Rechtsempfinden oder Zukunftschance?, NJW 2008, 545-550

Weber-Grellet, Heinrich in: Schmidt, Einkommensteuergesetz: Kommentar, 31. Auflage, München 2012

Wehrheim, Michael (Partnerschaftsgesellschaft): Die Partnerschaftsgesellschaft - Recht, Steuer, Betriebswirtschaft - Band 15 der Buchreihe "Rechtsformen der Wirtschaft", 4. Auflage, Berlin 2007

Wehrheim, Michael/Haussmann, Katrin: Die gewerbesteuerliche Verlustnutzung von Personenunternehmen und Körperschaften: Eine vergleichende Analyse, StuW 2008, 317-324

Wehrheim, Michael/Steinhoff, Stefan: Die vermögensverwaltende GmbH nach Einführung der Unternehmensteuerreform bei Veräußerungsgewinnen - Eine dynamische Vorteilhaftigkeitsanalyse unter Berücksichtigung des Zinseffekts der Thesaurierung, DStR 2008, 989-993

Weinelt, Andrea (Körperschaftsteuersystem): Das deutsche Körperschaftsteuersystem im Spannungsfeld zwischen nationaler Steuerordnung und europäischem Steuerwettbewerb, Lohmar 2007, zugl. Diss.

Weißmann, Carmen (Einkommensbesteuerung): Einkommensbesteuerung natürlicher Personen im Vergleich ausgewählter europäischer Länder unter Berücksichtigung bedeutender Sonderfaktoren, Hamburg 2008, zugl. Diss.

Wendt, Michael: Die Freiberufler-GmbH & Co. KG - Ist sie ertragsteuerlich ein Gewerbebetrieb?, EStB 2008, 245-247

Wendt, Michael: "Meistbegünstigung" des nicht entnommenen Gewinns nach § 34a EStG?, DStR 2009, 406-409

Wendt, Michael: Personengesellschaften - Verluste und Gewinne, Stbg 2009, 1-8

Wendt, Rudolf: Reform der Unternehmensbesteuerung aus europäischer Sicht, StuW 1992, 66-80

Wenzel, Sebastian: Ist der Sparer-Pauschbetrag verfassungswidrig?, DStR 2009, 1182-1185

Wernsmann, Rainer/Falkner, Melanie: Verbieten die Grundfreiheiten bei einer nachgelagerten Besteuerung der Unternehmensgewinne (Gewinneinkünfte) die Besteuerung der im Inland erwirtschafteten Gewinne sicherzustellen?, in: Fuest/Mitschke (Hrsg.), Nachgelagerte Besteuerung und EU-Recht, Baden-Baden 2008, 161-222

Wesselbaum-Neugebauer, Claudia: § 34a EStG - Einstieg in eine rechtsformneutrale Besteuerung oder Option für ein virtuelles Trennungsprinzip?, Schumpeter Discussion Papers 2008-009

Westhoff, André O.: Die Verbreiterung der englischen *Limited* mit Verwaltungssitz in Deutschland, GmbHR 2007, 474-480

Wied, Edgar in: Blümich, Einkommensteuer, Körperschaftsteuer, Gewerbesteuer: Kommentar, 111. Erg. Loseblatt, Mai 2011, München

Wiegard, Wolfgang: Abgeltungsteuer: Achilles' Ferse der Unternehmensteuerreform, FR 2007, 1011-1014

Wiegard, Wolfgang: Zwanzig Thesen zur Steuerpolitik, FR 2010, 401-407

Wiesmann, Frank in: Erle/Sauter, Körperschaftsteuergesetz - Die Besteuerung der Kapitalgesellschaft und ihrer Anteilseigner: Kommentar, 3. Auflage, Heidelberg 2010

Wilk, Ekkehart: Unternehmensteuerreform: Steuervergünstigung für Personenunternehmen - Resultat einer verfehlten Reformdebatte?, WD 2007, 236-242

Wilk, Ekkehart: Unternehmensteuerreform: Wie effizient ist die Begünstigung nicht entnommener Gewinne von Personenunternehmen?, DStZ 2007, 216-220

Winkeljohann, Norbert/Fuhrmann, Sven: Renaissance der Personengesellschaften in der betriebswirtschaftlichen Rechtsformwahl?, BFuP 2007, 464-481

Winkeljohann, Norbert/Fuhrmann, Sven in: PWC, Unternehmensteuerreform 2008: Kommentar, Stuttgart 2007

Winter, Michael: Personengesellschaftsverträge nach der Unternehmen- und Erbschaftsteuerreform, Ubg 2009, 822-829

Wissenschaftlicher Beirat Steuern der Ernst & Young AG: BB-Forum: Grundsätzliche Überlegungen zu einem T-Modell zur Tarifbegünstigung des nicht entnommenen Gewinns bei Personenunternehmen, BB 2005, 1653-1660

Wöhe, Günter: Bemerkungen zur Steuerbilanzpolitik, BFuP 1977, 216-229

Wöhe, Günter (Betriebswirtschaftliche Steuerlehre II/1): Betriebswirtschaftliche Steuerlehre II/1 - Der Einfluß der Besteuerung auf die Wahl und den Wechsel der Rechtsform des Betriebs, 5. Auflage, München 1990

Wöhe, Günter/Bilstein, Jürgen/Ernst, Dietmar/Häcker, Joachim (Unternehmensfinanzierung): Grundzüge der Unternehmensfinanzierung, 10. Auflage, München 2009

Wöhe, Günter/Döring, Ulrich (Betriebswirtschaftslehre): Einführung in die Allgemeine Betriebswirtschaftslehre, 24. Auflage, München 2010

Worgulla, Niels/Söffing, Matthias: Gestaltungsmöglichkeiten und -pflichten bis zur bzw. nach der Einführung der Abgeltungsteuer auf Kapitalerträge, FR 2007, 1005-1011

Wrede, Johannes/Friederich, Rouven: Die Thesaurierungsbesteuerung nach § 34a EStG - Begünstigung der nicht entnommenen Gewinne, Stbg 2010, 57-60

Wünschmann: Die Belastung der verschiedenen Gesellschaftsformen nach den neuen Steuergesetzen, StuW 1925, 1721-1752

Wüster, Matthias: Steuerrechtliche Anerkennung von Darlehensverträgen zwischen Angehörigen - Gestaltungspotenzial mit Risiko, NWB 2011, 1240-1246

ZEW (Auswirkungen von Steuervereinfachungen): Auswirkungen von Steuervereinfachungen - Eine Studie des Zentrums für Europäische Wirtschaftsforschung, der Bergischen Universität Wuppertal und Ebner Stolz Mönning Bachem im Auftrag des Bundesministeriums für Wirtschaft und Technologie (Forschungsprojekt I C 4 - 18/10), Mannheim 2010

ZEW/Stiftung Familienunternehmen (Steuerpolitik): Unternehmensbesteuerung in Deutschland - Eine kritische Bewertung und Handlungsempfehlungen für die aktuelle Steuerpolitik, München 2012

Zielke, Rainer: Internationale Steuerplanung nach der Unternehmensteuerreform 2008, DB 2007, 2781-2791

Zieren, Wolfgang (Unternehmungsrechtsformwahl): Unternehmungsrechtsformwahl - Analyse einer empirischen Bestandsaufnahme des mittelständischen Handwerks, Bergisch Gladbach 1989, zugl. Diss.

Zimmermann, Michael (Steuercontrolling): Steuercontrolling - Beziehungen zwischen Steuern und Controlling, Wiesbaden 1997, zugl. Diss.

Ziólek, Lukasz/von Brocke, Klaus: Polnisches Steuerrecht, in: Pelka/Niemann (Hrsg.), Beck'sches Steuerberater-Handbuch 2010/2011, München 2010, 1223-1233

Zugehör, Horst: Schwerpunkte der zivilrechtlichen Haftung aus Steuerberatung (Teil I) - Im Anschluss an Zugehör, DStR 2001, 1613 und 1663, DStR 2007, 673-684

Rechtsquellenverzeichnis

1. Völkerrecht
Freundschafts-, Handels- und Schifffahrtsvertrag zwischen der BRD und den USA v. 29.10.1954, BGBl. II 1956, 487
OECD-Musterabkommen 2010 zur Vermeidung der Doppelbesteuerung auf dem Gebiet der Steuern vom Einkommen und vom Vermögen, Stand: Oktober 2010

2. Gemeinschaftsrecht
Vertrag zur Gründung der EG i.d.F. des Vertrages v. Amsterdam v. 02.10.1997, ABl. EG 1997, Nr. C 340 (EGV)
Vertrag über die Arbeitsweise der Europäischen Union i.d.F. des Vertrags v. Lissabon v. 1.12.2009, ABl. EG 2008, Nr. C 115, 47 (AEUV)
Richtlinie 90/435/EWG des Rates v. 23.7.1990 über das gemeinsame Steuersystem der Mutter- und Tochtergesellschaften verschiedener Mitgliedstaaten, ABl. EG Nr. L 225, 6, Nr. L 266, 20, 1997 Nr. L 16, 98; zuletzt geändert durch die Richtlinie 2003/123/EG des Rates v. 22.12.2003, ABl. EG 2004, Nr. L 7, 41 (Mutter-Tochter-Richtlinie)
Verordnung Nr. 2157/2001 des Rates v. 8.10.2001 über das Statut der Europäischen Gesellschaft, ABl. EG Nr. L 294

3. Änderungsgesetze der Bundesrepublik Deutschland	
StÄVO	Steueränderungs-Verordnung 20.8.1941, RStBl. 1941, 5593
ESt- u. KSt-Änderungsgesetz 1951	Gesetz zur Änderung und Vereinfachung des Einkommensteuergesetzes und des Körperschaftsteuergesetzes v. 27.6.1951, BGBl. I 1951, 411; BStBl. I 1951, 223
	Gesetz zur Änderung steuerlicher Vorschriften und zur Sicherung der Haushaltsführung v. 24.5.1953, BGBl. I 1953, 413; BStBl. I 1953, 192
EinglAnpG	Gesetz zur Anpassung von Eingliederungsleistungen für Aussiedler und Übersiedler v. 22.12.1989, BGBl. I 1989, 2398
StandOG	Gesetz zur Verbesserung der steuerlichen Bedingungen zur Sicherung des Wirtschaftsstandorts Deutschland im Europäischen Binnenmarkt (Standortsicherungsgesetz) v. 13.9.1993, BGBl. I 1993, 1569
StSenkG	Gesetz zur Senkung der Steuersätze und zur Reform der Unternehmensbesteuerung v. 23.10.2000, BGBl. I 2000, 1433
SEEG	Gesetz zur Einführung der Europäischen Gesellschaft (SEEG) v. 28.12.2004, BGBl. I 2004, 3675
UntStRefG	Unternehmensteuerreformgesetz v. 14.8.2007, BGBl. I 2007, 1912
BARefG	Gesetz zur Stärkung der Berufsaufsicht und zur Reform berufsrechtlicher Regelungen in der Wirtschaftsprüferordnung (Siebente WPO-Novelle) v. 3.9.2007, BGBl. I 2007, 2178
JStG 2008	Jahressteuergesetz 2008 v. 20.12.2007, BGBl. I 2007, 3150

	Achtes Gesetz zur Änderung des Steuerberatungsgesetzes v. 8.4.2008, BGBl. I 2008, 666
MoMiG	Gesetz zur Modernisierung des GmbH-Rechts und zur Bekämpfung von Missbräuchen v. 23.10.2008, BGBl. I 2008, 2026
JStG 2009	Jahressteuergesetz 2009 v. 19.12.2008, BGBl. I 2008, 2794
BilMoG	Gesetz zur Modernisierung des Bilanzrechts v. 25.5.2009, BGBl. I 2009, 1102
JStG 2010	Jahressteuergesetz 2010 v. 8.12.2010, BGBl. I 2010, 1768
OGAW-IV-Umsetzungsgesetz	Gesetz zur Umsetzung der Richtlinie 2009/65/EG zur Koordinierung der Rechts- und Verwaltungsvorschriften betreffend bestimmte Organismen für gemeinsame Anlagen in Wertpapiere v. 22.6.2011, BGBl. I 2011, 1126
StVerG 2011	Steuervereinfachungsgesetz 2011 v. 1.11.2011, BGBl. I 2011, 2131

4. Einzelgesetze der Bundesrepublik Deutschland	
AktG	Aktiengesetz i.d.F. der Bekanntmachung v. 6.9.1965, BGBl. I 1965, 1089; zuletzt geändert durch Art. 2 Abs. 49 des Gesetzes v. 22.12.2011, BGBl. I 2011, 3044
AO	Abgabenordnung i.d.F. der Bekanntmachung v. 1.10.2002, BGBl. I 2002, 3866, BGBl. I 2003, 61; zuletzt geändert durch Art. 5 des Gesetzes v. 22.12.2011, BGBl. I 2011, 3044
AStG	Gesetz über die Besteuerung bei Auslandsbeziehungen (Außensteuergesetz) i.d.F. der Bekanntmachung v. 8.9.1972, BGBl. I 1972, 1713; zuletzt geändert durch Art. 7 des Gesetzes v. 8.12.2010, BGBl. I 2010, 1768
BewG	Bewertungsgesetz i.d.F. der Bekanntmachung v. 1.2.1991, BGBl. I 1991, 230; zuletzt geändert durch Art. 13 Abs. 3 des Gesetzes v. 12.4.2012, BGBl. I 2012, 579
BGB	Bürgerliches Gesetzbuch i.d.F. der Bekanntmachung v. 2.1.2002, BGBl. I 2002, 42, 2909; BGBl. I 2003, 738; zuletzt geändert durch Art. 1 des Gesetzes v. 10.5.2012, BGBl. I 2012, 1084
ErbStG	Erbschaft- und Schenkungsteuergesetz i.d.F. der Bekanntmachung v. 27.2.1997, BGBl. I 1997, 378; zuletzt geändert durch Art. 5 des Gesetzes v. 15.3.2012, BGBl. I 2012, 178
EStG	Einkommensteuergesetz i.d.F. der Bekanntmachung v. 8.10.2009, BGBl. I 2009, 3366, 3862; zuletzt geändert durch Art. 3 des Gesetzes v. 8.5.2012, BGBl. I 2012, 1030
FGO	Finanzgerichtsordnung i.d.F. der Bekanntmachung v. 28.3.2001, BGBl. I 2001, 442, 2262; BGBl. I 2002, 679; zuletzt geändert durch Art. 2 Abs. 35 des Gesetzes v. 22.12.2011, BGBl. I 2011, 3044
FVG	Gesetz über die Finanzverwaltung i.d.F. der Bekanntmachung v. 4.4.2006, BGBl. I 2006, 846, 1202; zuletzt geändert durch Art. 17 des Gesetzes v. 8.12.2010, BGBl. I 2010, 1768
GewStG	Gewerbesteuergesetz i.d.F. der Bekanntmachung v. 15.10.2002, BGBl. I 2002, 4167; zuletzt geändert durch Art. 5 des Gesetzes v. 7.12.2011, BGBl. I 2011, 2592
GG	Grundgesetz für die Bundesrepublik Deutschland v. 23.5.1949, BGBl. I 1949, 1; zuletzt geändert durch Art. 1 des Gesetzes v. 21.7.2010 , BGBl. I 2010, 944

GmbHG	Gesetz betreffend die Gesellschaften mit beschränkter Haftung v. 20.4.1892, RGBl. I 1892, 477; zuletzt geändert durch Art. 2 Abs. 51 des Gesetzes v. 22.12.2011, BGBl. I 2011, 3044
HGB	Handelsgesetzbuch v. 10.5.1897, RGBl. I 1897, 219; zuletzt geändert durch Art. 2 Abs. 39 des Gesetzes v. 22.12.2011, BGBl. I 2011, 3044
InsO	Insolvenzordnung vom 5.10.1994, BGBl. I 1994, 2866; zuletzt geändert durch Art. 19 des Gesetzes vom 20.12.2011, BGBl. I 2011, 2854
InvZulG	Investitionszulagengesetz 2010 v. 7.12.2008, BGBl. I 2008, 2350; zuletzt geändert durch Art. 10 des Gesetzes v. 22.12.2009, BGBl. I 2009, 3950
KStG	Körperschaftsteuergesetz i.d.F. der Bekanntmachung v. 15.10.2002, BGBl. I 2002, 4144; zuletzt geändert durch Art. 4 des Gesetzes v. 7.12.2011, BGBl. I 2011, 2592
KWG	Kreditwesengesetz i.d.F. der Bekanntmachung v. 9.9.1998, BGBl. I 1998, 2276; zuletzt geändert durch Art. 9 des Gesetzes v. 26.6.2012, BGBl. I 2012, 1375
SolZG	Solidaritätszuschlaggesetz 1995 i.d.F. der Bekanntmachung v. 15.10.2002, BGBl. I 2002, 4130; zuletzt geändert durch Art. 6 des Gesetzes v. 7.12.2011, BGBl. I 2011, 2592
StBerG	Steuerberatungsgesetz i.d.F. der Bekanntmachung v. 4.11.1975, BGBl. I 1975, 2735; zuletzt geändert durch Art. 19 des Gesetzes v. 6.12.2011, BGBl. I 2011, 2515
UStG	Umsatzsteuergesetz i.d.F. der Bekanntmachung v. 21.2.2005, BGBl. I 2005, 386; zuletzt geändert durch Art. 2 des Gesetzes v. 8.5.2012, BGBl. I 2012, 1030
UmwStG	Umwandlungssteuergesetz v. 7.12.2006, BGBl. I 2006, 2782, 2791; zuletzt geändert durch Art. 4 des Gesetzes v. 22.12.2009, BGBl. I 2009, 3950
VermBG	Fünftes Gesetz zur Förderung der Vermögensbildung der Arbeitnehmer i.d.F. der Bekanntmachung v. 4.3.1994, BGBl. I 1994, 406; zuletzt geändert durch Art. 13 des Gesetzes v. 7.12.2011, BGBl. I 2011, 2592
WoPG	Wohnungsbau-Prämiengesetz i.d.F. der Bekanntmachung v. 30.10.1997, BGBl. I 1997, 2678; zuletzt geändert durch Art. 7 des Gesetzes v. 5.4.2011, BGBl. I 2011, 544
WPO	Gesetz über eine Berufsordnung der Wirtschaftsprüfer i.d.F. der Bekanntmachung v. 5.11.1975, BGBl. I 1975, 2803; zuletzt geändert durch Art. 21 des Gesetzes v. 6.12.2011, BGBl. I 2011, 2515

5. Rechtsverordnungen der Bundesrepublik Deutschland	
EStDV	Einkommensteuer-Durchführungsverordnung i.d.F. der Bekanntmachung v. 10.5.2000, BGBl. I 2000, 717; zuletzt geändert durch Art. 2 des Gesetzes v. 1.11.2011, BGBl. I 2011, 2131
StAuskV	Verordnung zur Durchführung von § 89 Abs. 2 der Abgabenordnung v. 30.11.2007, BGBl. I 2007, 2783

6. Ausländische Steuergesetze	
Italien	Gesetz Nr. 244 v. 24.12.2007 „Disposizioni per la formazione del bilancio annuale e pluriennale dello Stato – legge finanziaria 2008", Gesetzesblatt (gazzetta ufficiale) Nr. 300 v. 28.12.2007
Österreich	Österreichisches Einkommensteuergesetz (EStG-Ö) 1988 i.d.F. der Bekanntmachung v. 7.7.1988, BGBl. Nr. 400/1988, zuletzt geändert durch das Bundesgesetz BGBl. I Nr. 77/2011
Schweden	Schwedisches Einkommensteuergesetz *„inkomstskattelag" (1999:1229); zuletzt geändert durch Änderungsgesetz* 2011:937
Polen	Polnisches Einkommensteuergesetz (EStG-PL) „ustawa o podatku dochodowym od osób fizycznych" v. 26.7.1991; zuletzt geändert durch Änderungsgesetz 2011 r. Nr. 45, poz. 235

Rechtsprechungsverzeichnis

1. Europäischer Gerichtshof (EuGH)		
Datum	**Aktenzeichen, Rechtsache**	**Fundstelle**
9.3.1999	Rs. C-212/97, *Centros*	NJW 1999, 2027
5.11.2002	Rs. C-208/00, *Überseering*	GmbHR 2002, 1137
12.6.2003	Rs. C-234/01, *Gerritse*	BStBl. II 2003, 859
30.9.2003	Rs. C-167/01, *Inspire Art*	GmbHR 2003, 1260
12.9.2006	Rs. C-196/04, *Cadbury Schweppes*	IStR 2006, 670
3.10.2006	Rs. C-290/04, *Scorpio*	BStBl. II 2007, 352
15.2.2007	Rs. C-345/04, *Centro Equestre*	IStR 2007, 212
20.10.2011	Rs. C-284/09, *Komm./Deutschland*	DStR 2011, 2038

2. Bundesverfassungsgericht (BVerfG)		
Datum	**Aktenzeichen**	**Fundstelle**
14.4.1959	1 BvL 23, 34/57	BVerfGE 9, 237
4.5.1982	1 BvL 26/77, 1 BvL 66/78	BVerfGE 60, 329
27.6.1991	2 BvR 1493/89	BStBl. II 1991, 654
26.10.2004	2 BvR 246/98	DStRE 2005, 877
21.6.2006	2 BvL 2/99	DStR 2006, 1316
7.11.2006	1 BvL 10/02	DStR 2007, 235
15.1.2008	1 BvL 2/04	DStRE 2008, 1003
14.2.2008	1 BvR 19/07	HFR 2008, 754
17.11.2009	1 BvR 2192/05	DStR 2010, 434
27.1.2010	2 BvR 2185/04, 2 BvR 2189/04	LKV 2010, 219
24.3.2010	1 BvR 2130/09	FR 2010, 670

12.10.2010	1 BvL 12/07	BB 2011, 92
6.12.2011	1 BvR 2280/11	BeckRS 2012, 46345

3. Bundesgerichtshof (BGH)		
Datum	**Aktenzeichen**	**Fundstelle**
10.12.1992	IX ZR 54/92	NJW 1995, 1605
21.9.2000	IX ZR 439/99	NJW 2000, 3560
28.9.2000	IX ZR 6/99	DB 2001, 329
6.2.2003	IX ZR 77/02	WM 2003, 1138
20.2.2003	IX ZR 384/99	NJW-RR 2003, 931
16.10.2003	IX ZR 167/02	DStRE 2004, 237
15.7.2004	IX ZR 472/00	NJW 2004, 3487
7.7.2005	IX ZR 425/00	DStR 2006, 344
23.3.2006	IX ZR 140/03	DStRE 2006, 958
8.2.2007	IX ZR 188/05	DStRE 2007, 992
15.11.2007	IX ZR 34/04	DB 2008, 55
19.3.2009	IX ZR 214/07	DK 2009, 506
23.9.2010	IX ZR 26/09	DB 2010, 2325
18.7.2011	AnwZ (Brfg) 18/10	NZG 2011, 1063

4. Reichsfinanzhof (RFH)		
Datum	**Aktenzeichen**	**Fundstelle**
29.10.1929	I Aa 378/29	RStBl. 1929, 667
12.2.1930	VI A 899/27	RStBl. 1930, 444
25.8.1937	VI A 449/37	RStBl. 1937, 1129

5. Bundesfinanzhof (BFH)		
Datum	**Aktenzeichen**	**Fundstelle**
22.8.1951	IV 246/50 S	BStBl. III 1951, 181
9.5.1957	IV 107/55 U	BStBl. III 1957, 258
24.6.1969	I R 174/66	BStBl. II 1970, 205
15.12.1971	I R 5/69	BStBl. II 1972, 438
18.1.1972	VIII R 125/69	BStBl. II 1972, 344
26.1.1978	IV R 97/76	BStBl. II 1978, 368
8.2.1979	IV R 163/76	BStBl. II 1979, 405
18.7.1979	I R 199/75	BStBl. II 1979, 750
17.1.1980	IV R 115/76	BStBl. II 1980, 336
9.12.1980	VIII R 11/77	BStBl. II 1981, 339
29.11.1982	GrS 1/81	BStBl. II 1983, 272
25.6.1984	GrS 4/82	BStBl. II 1984, 751
7.11.1985	IV R 7/83	BStBl. II 1986, 176
31.10.1986	VI R 52/81	BStBl. II 1987, 139
9.12.1987	I R 148/86	BFH/NV 1988, 524
24.2.1988	I R 95/84	BStBl. II 1988, 663
12.7.1988	IX R 149/83	BStBl. II 1988, 942
22.2.1989	I R 44/85	BStBl. II 1989, 475
12.4.1989	I R 105/85	BStBl. II 1989, 653
5.3.1991	VIII R 93/84	BStBl. II 1991, 516
8.10.1991	VIII R 48/88	BStBl. II 1992, 174
5.2.1992	I R 127/90	BStBl. II 1992, 532
23.6.1992	IX R 182/87	BStBl. II 1992, 972
26.5.1993	X R 101/90	BStBl. II 1993, 710

16.6.1994	IV R 48/93	BStBl. II 1996, 82
22.11.1994	VIII R 63/93	BStBl. II 1996, 93
3.7.1995	GrS 1/93	BStBl. II 1995, 617
12.9.1995	IX R 54/934	BStBl. II 1996, 158
23.4.1996	VIII R 13/95	BStBl. II 1998, 325
23.10.1996	I R 55/95	BStBl. II 1998, 90
26.11.1996	VIII R 42/94	BStBl. II 1998, 328
4.12.1996	I R 54/95	BFHE 182, 123
9.6.1997	GrS 1/94	BStBl. II 1998, 307
3.2.1998	IX R 38/96	BStBl. II 1998, 539
19.2.1998	IV R 11/97	BStBl. II 1998, 603
19.8.1998	X R 96/95	BStBl. II 1999, 353
17.11.1998	VIII R 24/98	BStBl. II 1999, 223
10.3.1999	XI R 86/95	BStBl. II 1999, 522
19.8.1999	I R 77/96	DStR 1999, 1849
28.10.1999	VIII R 66-70/97	BStBl. II 2000, 183
20.6.2000	VIII R 57/98	DB 2000, 2098
25.7.2000	VIII R 35/99	BStBl. II 2001, 698
24.8.2000	IV R 51/98	BStBl. II 2005, 173
6.9.2000	IV R 18/99	BStBl. II 2001, 229
9.11.2000	IV R 60/99	BStBl. II 2001, 101
6.12.2000	VIII R 21/00	BStBl. II 2003, 194
26.4.2001	IV R 14/00	BStBl. II 2001, 798
17.10.2001	I R 97/00	BB 2002, 181
23.10.2001	IX R 65/99	BFH/NV 2002, 341
20.3.2002	I R 63/99	BStBl. II 2003, 50

7.8.2002	I R 2/02	BStBl. II 2004, 131
11.12.2002	VI R 48/00	BFH/NV 2003, 895
24.7.2003	X B 123/02	BFH/NV 2003, 1571
30.7.2003	X R 7/99	BStBl. II 2004, 408
13.8.2003	XI R 27/03	BStBl. II 2004, 547
18.3.2004	III R 25/02	BStBl. II 2004, 787
22.2.2005	VIII R 89/00	BFH/NV 2005, 1411
11.4.2005	GrS 2/02	BStBl. II 2005, 679
31.5.2005	I R 107/04	BStBl. II 2005, 884
14.3.2006	I R 8/05	BStBl. II 2007, 602
28.6.2006	I R 97/05	FR 2007, 38
6.9.2006	XI R 26/04	DStR 2006, 2019
27.9.2006	X R 25/04	DStR 2007, 387
20.11.2006	VIII R 33/05	BStBl. II 2007, 261
10.1.2007	I R 53/06	DStR 2007, 1078
7.2.2007	I R 15/06	BStBl. II 2008, 340
14.3.2007	XI R 15/05	HFR 2007, 651
19.6.2007	VIII R 69/05	DStR 2007, 1756
26.6.2007	IV R 29/06	BStBl. II 2008, 103
29.8.2007	IX R 17/07	BStBl. II 2008, 502
23.4.2008	X R 32/06	DStR 2008, 1582
29.5.2008	IX R 77/06	BStBl. II 2008, 789
20.8.2008	I R 34/08	IStR 2008, 811
2.9.2008	X R 14/07	BFH/NV 2008, 2012
14.1.2009	I R 36/08	BStBl. II 2009, 672
7.4.2009	IV B 109/08	DB 2009, 1930

27.4.2009	IV R 41/04	BStBl. II 2006, 755
15.6.2009	I B 46/09	BFH/NV 2009, 1843
25.6.2009	IX R 42/08	GmbHR 2009, 1110
14.7.2009	VIII R 10/07	BFH/NV 2009, 1815
25.8.2009	IX R 60/07	DB 2009, 2354
6.10.2009	I R 4/08	BStBl. II 2010, 177
28.10.2009	I R 116/08	DStR 2010, 215
25.11.2009	I R 72/08	BStBl. II 2010, 471
3.2.2010	IV R 26/07	BStBl. II 2010, 751
16.3.2010	VIII R 20/08	BStBl. II 2010, 787
17.3.2010	IV R 25/08	DStR 2010, 1022
15.4.2010	IV B 105/09	BStBl. II 2010, 971
5.5.2010	I R 104/08	BFH/NV 2010, 1814
17.6.2010	VI R 50/09	DStR 2010, 1886
12.10.2010	I B 82/10	BFH/NV 2011, 69
7.12.2010	IX R 40/09	DB 2011, 506
5.10.2011	II R 9/11	ZEV 2011, 672
12.10.2011	I R 4/11	BFH/NV 2012, 453
9.11.2011	X R 60/09	DStR 2012, 648
15.11.2011	VIII R 12/09	DB 2012, 23
21.8.2012	VIII R 32/09	DStR 2012, 2369
27.9.2012	II R 9/11	DStR 2012, 2063
10.10.2012	VIII R 42/10	DStR 2012, 2532

6. Finanzgerichte (FG)			
Gericht	**Datum**	**Aktenzeichen**	**Fundstelle**
FG Baden-Württemberg	Anhängig	9 K 1637/10	NWB 2011, 602
FG Düsseldorf	8.4.2010	11 K 3720/08 F	DStRE 2011, 537
FG Düsseldorf	13.10.2010	15 K 2712/10 E	EFG 2011, 798
FG Hamburg	14.12.2010	3 K 40/10	EFG 2011, 1186
FG Hamburg	31.1.2011	2 K 6/10	EFG 2011, 1091
FG Hessen	16.2.2012	4 K 639/11	EFG 2012, 1163
FG Münster	28.3.2011	11 K 3383/11 E	EFG 2012, 1464
FG Münster	Anhängig	8 K 1763/11 E	
FG Münster	Anhängig	6 K 607/11 F	
FG Niedersachsen	5.5.2011	1 K 266/10	BB 2011, 2084
FG Niedersachsen	6.7.2011	4 K 322/10	EFG 2012, 242
FG Niedersachsen	18.6.2012	15 K 417/10	EFG 2012, 2009
FG Niedersachsen	Anhängig	14 K 335/10	NWB 2011, 2176
FG Nürnberg	7.3.2012	3 K 1045/11	EFG 2012, 1054
FG Saarland	5.2.2003	1 K 49/99	EFG 2003, 566

7. Oberlandesgerichte (OLG)			
Gericht	**Datum**	**Aktenzeichen**	**Fundstelle**
BayObLG	16.2.1912	III 12/12	GmbHR 1914, 9
KG Berlin	8.9.2009	1 W 244/09	DStR 2009, 2114
OLG Düsseldorf	29.1.2008	I-23 U 64/07	DStR 2008, 1159
OLG Koblenz	22.1.1971	2 U 958/69	DStR 1971, 545
OLG Stuttgart	15.12.2009	12 U 110/09	DStR 2010, 401

8. Ausländische Gerichte			
Gericht	**Datum**	**Aktenzeichen**	**Fundstelle**
Österreichisches Verfassungsgericht	29.6.1990	G 81/82/90	VfSlg. 12420/1990

Verzeichnis der Verwaltungsanweisungen

1. Allgemeine Verwaltungsvorschriften	
BpO	Betriebsprüfungsordnung 2000 (BpO 2000), Allgemeine Verwaltungsvorschrift für die Betriebsprüfung v. 15.3.2000 (BStBl. I 2000, 368); zuletzt geändert durch Allgemeine Verwaltungsvorschrift v. 20.7.2011 (BStBl. I 2011, 710)
EStR	Einkommensteuer-Richtlinien 2008 (EStR 2008), Allgemeine Verwaltungsvorschrift zur Anwendung des Einkommensteuerrechts v. 16.12.2005 (BStBl. I 2005, Sondernummer 1) i.d.F. der EStÄR 2008 v. 18.12.2008 (BStBl. I 2008, 1017)
ErbStR	Erbschaftsteuer-Richtlinien 2011 (ErbStR 2011), Allgemeine Verwaltungsvorschrift zur Anwendung des Erbschaftsteuer- und Schenkungsteuerrechts v. 19.12.2011 (BStBl. I 2011, Sondernummer 1)
GewStR	Gewerbesteuer-Richtlinien 2009 (GewStR 2009), Allgemeine Verwaltungsvorschrift zur Anwendung des Gewerbesteuerrechts v 28.4.2010 (BStBl. I 2010, Sondernummer 1)
KStR	Körperschaftsteuer-Richtlinien 2004 (KStR 2004), Allgemeine Verwaltungsvorschrift zur Körperschaftsteuer v. 13.12.2004 (BStBl. I 2004, Sondernummer 2)

2. BMF-Anwendungserlasse	
AEAO	Anwendungserlass zur Abgabenordnung (AEAO) v. 2.1.2008, BStBl. I 2008, 26; zuletzt geändert durch BMF, Schreiben v. 17.3.2011, BStBl. I 2011, 241
AEErbSt	Gleich lautende Erlasse der obersten Finanzbehörden der Länder zur Umsetzung des Gesetzes zur Reform des ErbschSt- und Bewertungsrechts, Anwendung der geänderten Vorschriften des Erbschaftsteuer- und Schenkungsteuergesetzes (AEErbSt) v. 25.6.2009, BStBl. I 2009, 713

3. BMF-Schreiben
BMF, Schreiben v. 15.12.1994, IV B 7 – S 2742 a – 63/94, Gesellschafter-Fremdfinanzierung (§ 8a KStG), BStBl. I 1995, 25
BMF, Schreiben v. 28.4.1998, IV B 2 – S 2241 – 42/98, Sonderbetriebsvermögen bei Vermietung an eine Schwester-Personengesellschaft, BStBl. I 1998, 583
BMF, Schreiben v. 24.12.1999, IV B 4 – S 1300 – 111/99, Grundsätze der Verwaltung für die Prüfung der Aufteilung der Einkünfte bei Betriebsstätten international tätiger Unternehmen (Betriebsstätten-Verwaltungsgrundsätze), BStBl. I 1999, 1076
BMF, Schreiben v. 7.12.2000, IV A 2 – S 2810 – 4/00, Inkongruente Gewinnausschüttungen, DB 2000, 2501
BMF, Schreiben v. 28.5.2002, IV A 2 – S 2742 – 32/02, Korrektur einer verdeckten Gewinnausschüttung innerhalb oder außerhalb der Steuerbilanz, BStBl. I 2002, 603
BMF, Schreiben v. 25.7.2002, IV A 2 – S 2750 a – 6/02, Behandlung des Aktieneigenhandels nach § 8 b Abs. 7 KStG, BStBl. I 2002, 712
BMF, Schreiben v. 19.3.2004, IV B 4 – S 1301 USA – 22/04, Steuerliche Einordnung der nach dem Recht der Bundesstaaten der USA gegründeten LLC, BStBl. I 2004, 411
BMF, Schreiben v. 26.5.2005, IV B 2 – S 2175 – 7/05, Abzinsung von Verbindlichkeiten und Rückstellungen in der steuerlichen Gewinnermittlung nach § 6 Abs. 1 Nrn. 3 und 3a EStG, BStBl. I 2005, 699
BMF, Schreiben v. 11.8.2008, IV C 6 – S 2290-a/07/10001, Anwendungsschreiben zur Begünstigung der nicht entnommenen Gewinne (§ 34a EStG), BStBl. I 2008, 838

BMF, Schreiben v. 24.2.2009, IV C 6 – S 2296-a/08/10002, Steuerermäßigung bei Einkünften aus Gewerbebetrieb gemäß § 35 EStG, BStBl. I 2009, 440
BMF, Schreiben v. 20.8.2009, IV A 4 – S 1450/08/10001, Einordnung in Größenklassen gem. § 3 BpO 2000; Festlegung neuer Abgrenzungsmerkmale zum 1. Januar 2010, BStBl. I 2009, 886
BMF, Schreiben v. 22.12.2009, IV C 1 – S 2252/08/10004, Einzelfragen zur Abgeltungsteuer, BStBl. I 2010, 94
BMF, Schreiben v. 11.3.2010, IV C 3 – S 2221/09/10004, Einkommensteuerrechtliche Behandlung von wiederkehrenden Leistungen im Zusammenhang mit einer Vermögensübertragung, BStBl. I 2010, 227
BMF, Schreiben v. 21.10.2010, IV C 6 – S 2244/08/10001, Auswirkung des Gesetzes zur Modernisierung des GmbH-Rechts und zur Bekämpfung von Missbräuchen (MoMiG) auf nachträgliche Anschaffungskosten gemäß § 17 Absatz 2 EStG, BStBl. I 2010, 832
BMF, Schreiben v. 29.10.2010, IV C 6 – S 2241/10/10002 :001, Gewinnrealisierung bei Übertragung eines Wirtschaftsguts zwischen beteiligungsidentischen Schwesterpersonengesellschaften; BFH-Beschluss vom 15. April 2010 - IV B 105/09, BStBl. I 2010, 1206
BMF, Schreiben v. 8.11.2010, IV C 6 – S 2128/07/10001, Anwendung des Teileinkünfteverfahrens in der steuerlichen Gewinnermittlung, BStBl. I 2010, 1292
BMF, Schreiben v. 25.11.2010, IV C 3 – S 2303/09/10002, Steuerabzug gemäß § 50a EStG bei Einkünften beschränkt Steuerpflichtiger aus künstlerischen, sportlichen, artistischen, unterhaltenden oder ähnlichen Darbietungen, BStBl. I 2010, 1350
BMF, Schreiben v. 25.11.2010, IV C 6 – S 2296-a/09/10001, Steuerermäßigung nach § 35 EStG bei mehrstöckigen Personengesellschaften, BStBl. I 2010, 1312
BMF, Schreiben v. 23.12.2010, IV C 6 – S 2144/07/10004, Steuerrechtliche Anerkennung von Darlehensverträgen zwischen Angehörigen, BStBl. I 2011, 37
BMF, Schreiben v. 11.7.2011, IV C 6 – S 2178/09/10001, Behandlung der Einbringung zum Privatvermögen gehörender Wirtschaftsgüter in das betriebliche Gesamthandsvermögen einer Personengesellschaft, BStBl. I 2011, 713
BMF, Schreiben v. 11.11.2011, IV C 2 – S 1978-b/08/10001, Anwendung des Umwandlungssteuergesetzes i.d.F. des Gesetzes über steuerliche Begleitmaßnahmen zur Einführung der Europäischen Gesellschaft und zur Änderung weiterer steuerrechtlicher Vorschriften (SEStEG), BStBl. I 2011, 1314
BMF, Schreiben v. 8.12.2011, IV C 6 – S 2241/10/10002, Zweifelsfragen zur Übertragung und Überführung von einzelnen Wirtschaftsgütern nach § 6 Absatz 5 EStG, BStBl. I 2011, 1279
BMF, Schreiben v. 9.10.2012, IV C 1 – S 2252/10/10013, Einzelfragen zur Abgeltungsteuer, Ergänzung des BMF-Schreibens v. 22.12.2009, BStBl. I 2012, 953

4. OFD-Verfügungen	
OFD Hannover	Verfügung v. 23.11.2009, S 2137 – 135 – StO 221/StO 222, Auswirkung des § 4 Abs. 5b EStG, DB 2010, 24
OFD Münster	Verfügung v. 15.12.2008, Kurzinformation KSt 11/2008, Steuerliche Behandlung der Unternehmergesellschaft (haftungsbeschränkt), BeckVerw 153967
OFD Münster	Kurzinfo ESt Nr. 07/2012 v. 16.3.2012, DB 2012, 1007
OFD Rheinland	Verfügung v. 5.5.2009, S 2137 – 2009/006 – St 141, Auswirkung des § 4 Abs. 5b EStG, DB 2009, 1046

Verzeichnis sonstiger Quellen

1. Bundestags-Drucksachen
BT-Drs. 14/2683 v. 15.2.2000 (Gesetzentwurf der Fraktionen SPD und BÜNDNIS 90/DIE GRÜNEN - Entwurf eines Gesetzes zur Senkung der Steuersätze und zur Reform der Unternehmensbesteuerung)
BT-Drs. 16/4714 v. 19.3.2007 (Antwort der Bundesregierung auf die Kleine Anfrage der FDP - Auswirkungen der Abgeltungsteuer auf den Kapitalmarkt)
BT-Drs. 16/4841 v. 27.3.2007 (Gesetzentwurf der Fraktionen der CDU/CSU und SPD - Entwurf eines UntStRefG 2008)
BT-Drs. 16/5377 v. 18.5.2007 (Gesetzentwurf der Bundesregierung - Entwurf eines UntStRefG 2008)
BT-Drs. 16/7036 v. 8.11.2007 (Bericht des Finanzausschusses zum Entwurf eines JStG 2008)
BT-Drs. 16/7077 v. 12.11.2007 (Gesetzentwurf der Bundesregierung - Entwurf eines Achten Gesetzes zur Änderung des Steuerberatungsgesetzes)
BT-Drs. 16/10140 v. 19.8.2008 (Unterrichtung durch die Bundesregierung - Siebzehntes Hauptgutachten der Monopolkommission 2006/2007)
BT-Drs. 17/2249 v. 21.6.2010 (Gesetzentwurf der Bundesregierung - Entwurf eines JStG 2010)
BT-Drs. 17/2696 v. 3.8.2010 (Antwort der Bundesregierung auf die Kleine Anfrage der Fraktion BÜNDNIS 90/DIE GRÜNEN - Auswirkungen der Unternehmensteuerreform 2008)
BT-Drs. 17/4878 v. 22.2.2011 (Antrag der Fraktion DIE LINKE - Die Abgeltungsteuer abschaffen - Kapitalerträge wie Löhne besteuern)
BT-Drs. 17/5568 v. 15.4.2011 (Schriftliche Fragen mit den in der Woche vom 11. April 2011 eingegangenen Antworten der Bundesregierung)
BT-Drs. 17/10355 v. 18.7.2012 (Antwort der Bundesregierung auf die Kleine Anfrage der Fraktion BÜNDNIS 90/DIE GRÜNEN - Inanspruchnahme und Ausgestaltung der Thesaurierungsbegünstigung)

2. Bundesrats-Drucksachen
BR-Plenarprotokoll 835 v. 6.7.2007 (Stenografischer Bericht zur 835. Sitzung des Bundesrates)
BR-Drs. 220/07 v. 30.3.2007 (Gesetzentwurf der Bundesregierung - Entwurf eines UntStRefG 2008)
BR-Drs. 545/1/08 v. 9.9.2008 (Empfehlungen der Ausschüsse zum Entwurf eines JStG 2009)
BR-Drs. 302/12 (B) v. 6.7.2012 (Stellungnahme zum Entwurf eines JStG 2013)

3. Referentenentwürfe
Referentenentwurf des BMJ v. 3.2.2012 zur Einführung einer Partnerschaftsgesellschaft mit beschränkter Berufshaftung und zur Änderung des Berufsrechts der Rechtsanwälte, Patentanwälte und Steuerberater

4. Studien / Gutachten / Statistiken
BDI: Mängelliste des deutschen Steuerrechts - Steuerrecht vereinfachen und Bürokratie abbauen, Berlin 2010
Creditreform Wirtschaftsforschung: Wirtschaftslage und Finanzierung im Mittelstand, Frühjahr 2011
DAI: Factbook 2009, Statistiken, Analysen und Graphiken zu Aktionären, Aktiengesellschaften und Börsen, Frankfurt 2009
DIHK: Evaluation der Unternehmensteuerreform - Umfrage zu den Auswirkungen der Unternehmensteuerreform 2008, Berlin 2009
Ernst & Young: Studie im Auftrag der EU über die Umsetzung und Auswirkungen des Statuts der Europäischen Gesellschaft (SE), 2009
IDW: Stellungnahme zur Notwendigkeit steuerlicher Maßnahmen, Ubg 2009, 808-812
Institut für Mittelstandsforschung: Die größten Familienunternehmen in Deutschland - Eine Studie im Auftrag der Deutschen Bank und des Bundesverbandes der Deutschen Industrie, Bonn 2010
PWC: Fels in der Brandung? Studie über Familienunternehmen 2010/11, 2011
PWC/Weltbank: Paying Taxes 2011 - The global picture, 2011
Statistisches Bundesamt: Umsatzsteuerstatistik 2009 v. 31.3.2011, Fachserie 14, Reihe 8, Wiesbaden 2011
Stiftung Familienunternehmen: Die volkswirtschaftliche Bedeutung der Familienunternehmen, bearbeitet von ZEW und IfM, München 2009
Stiftung Marktwirtschaft: Tagungsbericht der Kommission "Steuergesetzbuch": Expertengespräch Integrationsmodelle, Berlin 2005
ZEW: Auswirkungen von Steuervereinfachungen - Eine Studie des Zentrums für Europäische Wirtschaftsforschung, der Bergischen Universität Wuppertal und Ebner Stolz Mönning Bachem im Auftrag des Bundesministeriums für Wirtschaft und Technologie (Forschungsprojekt I C 4 - 18/10), Mannheim 2010

5. Publikationen des BMF
BMF: Administrierbarkeit der Modelle zur Unternehmensteuerreform bei Finanzverwaltung, Steuerpflichtigen und Steuerberatern - Ergebnisse der Planspiele und des Modellvergleichs (Schriftenreihe des BMF, Heft 67), Eschborn/Köln 2000
BMF: Unternehmensteuerreform 2008 - Häufige Fragen und Antworten (Teil 1)
BMF: Einundzwanzigster Subventionsbericht - Bericht der Bundesregierung über die Entwicklung der Finanzhilfen des Bundes und der Steuervergünstigungen für die Jahre 2005-2008, Berlin 2008
BMF: Die wichtigsten Steuern im internationalen Vergleich, Ausgabe 2009, Bundesministerium der Finanzen, Berlin 2010
BMF: Bericht der Facharbeitsgruppe "Verlustverrechnung und Gruppenbesteuerung", Berlin, 15. September 2011

6. IDW-Prüfungsstandards
IDW S 1: Grundsätze zur Durchführung von Unternehmensbewertungen, WPg Supplement 3/2008, 68 ff.

7. Zeitungsartikel / Pressemitteilungen
Appel, Frank-Holger: Fehlerhafte Steuerbescheinigungen, Frankfurter Allgemeine Zeitung (FAZ) v. 2.11.2010, 21
Bayerisches Landesamt für Steuern: Pressemitteilung v. 27.1.2011 (022/2011)
BStBK: Leitbild des steuerberatenden Berufs – Perspektiven für morgen, Berlin 2006
Göggelmann, Ute/Lebert, Rolf/Hinterberger, Markus: Computer-Chaos bei Deutschlands Banken, Financial Times Deutschland (FTD) v. 4.5.2010, 1
Großmann, Walter: Option mit Fußangeln - Entwurf Haushaltsgesetz 2008 - Begünstigte Besteuerung für thesaurierte Gewinne von Personengesellschaften und Einzelunternehmen, Südtiroler Wirtschaftszeitung (SWZ) v. 8.11.2007
Großmann, Walter: Ausständige Verordnungen - Offene Neuerungen - Probleme durch den Regierungswechsel und den Austausch der Schlüsselstellen, Südtiroler Wirtschaftszeitung (SWZ) v. 29.8.2008
Kracht, Robert: Fiskus reicht Bescheide nach, Financial Times Deutschland (FTD) v. 25.10.2010, 15
Schäfers, Manfred: Das deutsche Steuerrecht überfordert Finanzämter, Frankfurter Allgemeine Zeitung (FAZ) v. 30.11.2009, 11
Schäfers, Manfred: Abgeltungsteuer bringt viel weniger ein, Frankfurter Allgemeine Zeitung (FAZ) v. 25.1.2011, 11
Sieverding, Jörg: Das deutsche Steuerrecht überfordert Finanzämter, Frankfurter Allgemeine Zeitung (FAZ) v. 30.11.2009, 11
Vinken, Horst: Die Steuer mit dem Stift ausrechnen, Frankfurter Allgemeine Zeitung (FAZ) v. 8.12.2009, 12
von Landenberg, Marcus: Fiskus lässt Anleger verzweifeln, Financial Times Deutschland (FTD) v. 2.8.2010, 1

8. Parteiprogramme
BÜNDNIS 90/DIE GRÜNEN: Ergebnisse der Arbeitsgruppe Steuerpolitik v. 3.7.2008
BÜNDNIS 90/DIE GRÜNEN: Beschluss der 33. Ordentlichen Bundesdelegiertenkonferenz v. 25.-27.11.2011
BÜNDNIS 90/DIE GRÜNEN: Eckpunktepapier zur Unternehmensbesteuerung v. 3.7.2012
CDU, CSU und SPD: Koalitionsvertrag v. 11.11.2005, Gemeinsam für Deutschland – Mit Mut und Menschlichkeit
CDU, CSU und FDP: Koalitionsvertrag v. 26.10.2009, Wachstum-Bildung-Zusammenhalt
DIE LINKE: Beschluss des Parteivorstands v. 29./30.1.2011, Steuerkonzept
FDP: Beschluss des 61. Ordentlichen Bundesparteitages v. 24./25.4.2010
SPD: Beschluss Nr. 53 des Ordentlichen Parteitags v. 4.-6.12.2011

STEUER, WIRTSCHAFT UND RECHT

Herausgegeben von vBP StB Prof. Dr. Johannes Georg Bischoff, Wuppertal, Dr. Alfred Kellermann, Vorsitzender Richter am BGH (a. D.), Karlsruhe, Prof. (em.) Dr. Günter Sieben, Köln, und WP StB Prof. Dr. Dr. h. c. Norbert Herzig, Köln

Band 338
Janine v. Wolfersdorff
Steuerbilanzielle Gewinnermittlung – Stand und Entwicklungsperspektiven aus deutscher und europäischer Sicht
Lohmar – Köln 2014 • 360 S. • € 64,- (D) • ISBN 978-3-8441-0312-0

Band 339
Stefan Stein
Verlagerung von Forschungs- und Entwicklungsfunktionen in multinationalen Konzernen – Eine entscheidungstheoretische Untersuchung von Outbound-Verlagerungen in die Niederlande
Lohmar – Köln 2014 • 544 S. • € 75,- (D) • ISBN 978-3-8441-0325-0

Band 340
Martina Köster
Prüfungen und Kontrollen bei gemeinnützigen Kapitalgesellschaften – Eine empirische Untersuchung zur Anerkennung und Sicherstellung des Gemeinnützigkeitsstatus
Lohmar – Köln 2014 • 620 S. • € 82,- (D) • ISBN 978-3-8441-0326-7

Band 341
Sebastian Johannes Paul Schröder
Unternehmensbewertung für Zwecke der Erbschaft- und Schenkungsteuer – Analyse der Steuerbemessungsfunktion der Unternehmensbewertung und ökonomische Rechtskritik am Gesetz zur Reform des Erbschaftsteuer- und Bewertungsrechts
Lohmar – Köln 2014 • 548 S. • € 75,- (D) • ISBN 978-3-8441-0328-1

Band 342
Andreas Pfuhl
Steuerorientierte Rechtsformplanung mittels Thesaurierungsbegünstigung und Abgeltungsteuer – Steuerwirkung, Steuerplanung, Steuergestaltung
Lohmar – Köln 2014 • 508 S. • € 73,- (D) • ISBN 978-3-8441-0334-2

JOSEF EUL VERLAG